CLOFRES
CHECKLIST OF THE FISHES OF THE RED SEA

Chaetodon austriacus (97.7.2)

Author's Address:
College of Kibbutz Education,
Qiryat Tiv'on, Israel

ISBN 965-208-061-6

Typeset by Israel Wellerstein, Jerusalem
Printed in Israel

CLOFRES

CHECKLIST OF THE FISHES
OF THE RED SEA

by

MENAHEM DOR

JERUSALEM 1984

THE ISRAEL ACADEMY OF SCIENCES AND HUMANITIES

DEDICATION

This work is dedicated to the memory of Professor Heinz Steinitz, who made it possible for others to engage in research, and whose assistance and encouragement were a constant source of support.

His wide-ranging reference library on fishes, as well as the large collection of Red Sea fishes that he built up in the Zoological Department of the Hebrew University of Jerusalem, made it possible for me to prepare this work.

I am deeply indebted to Prof. Steinitz for his goodwill, his time and his invaluable advice. To my great sorrow, he did not live to see this work published.

PREFACE

IN RECENT YEARS research on Red Sea fishes has become considerably extended and deepened. A number of factors have brought this about. The H. Steinitz Marine Biological Laboratory of the Hebrew University of Jerusalem at Elat, as well as the large fish collections of the Hebrew University of Jerusalem and Tel-Aviv University, stimulated numerous taxonomic studies. Field work both in the Red Sea and in the laboratory was considerably facilitated as a result. The literature, however, remained to be systematically treated.

Since the appearance of Klunzinger's Synopsis (1870–1871) no complete work on Red Sea fishes has been published. The importance of Klunzinger's monumental work today, 110 years later, is as great as it was originally. Its outstanding merit lies not only in the large number of fishes described (500 species) but also in the lucidity and conciseness of their description.

The initiative of Dr W. Klausewitz in reprinting Klunzinger's book is much to be appreciated. In the reprinted (1964) edition Klausewitz updated the information on Red Sea ichthyofauna in a comprehensive introduction, which covered the history of ichthyological exploration of the Red Sea, the fishes of the Suez Canal, and the zoogeography and palaeogeography of the Red Sea. He also listed 100 nominal species found in the Red Sea since the publication of Klunzinger's Synopsis, and added 159 references.

Botros (1971) published a general review of Red Sea fishes, adding 150 nominal species, but without any critical observations. His account followed Klunzinger's systematics, without taking into consideration the subsequent taxonomic changes.

I became aware of the necessity of revising these nominal lists so that a distinction could be made between valid names, synonyms and misidentifications. Of the 500 species mentioned by Klunzinger, about 400 are valid. Since the publication of the Synopsis nearly 600 additional species belonging to the fish fauna of the Red Sea have been described.

While I was working on Klunzinger's list, *Check-List of the Fishes of the North-Eastern Atlantic and of the Mediterranean* [*CLOFNAM*] was published. At the suggestion of Professor T. Monod, the editor of *CLOFNAM* (who suggested the name *Check-List of Fishes of the Red Sea* [*CLOFRES*]), and with the encouragement of Dr J. E. Randall, I decided to adapt the structure of my work as far as possible to that of *CLOFNAM*.

Unlike *CLOFNAM*, which employed a specialist for each family, my book had to be content with a single author; I therefore sought, and indeed received, the kindest help from many specialists, who checked and corrected the material of the separate families and gave me the benefit of their advice.

My work is mostly based on the literature, where differences of opinion are not uncommon; thus it happens that some names regarded by some authors as synonyms are considered by others as valid. An explanatory comment is added in each of these cases.

Information about eggs and larvae is scarce in the Red Sea literature; they are therefore not mentioned in this work. Common names of fishes are not given.

In spite of all my efforts and the generous assistance of many ichthyologists, this work may not be devoid of faults and errors. For these I alone am responsible.

It is my hope that *CLOFRES* will prove helpful for future research work on Red Sea fishes, and will contribute to a better understanding of the Indo-Pacific fauna.

CONTENTS

INTRODUCTION

CLOFRES consists of three sections: (1) Checklist of Fishes; (2) Bibliography; (3) Index.

The Checklist of Fishes includes all the species that have been recorded from the Red Sea. Fishes which originate in the Red Sea and are recorded from the Suez Canal are mentioned, but fishes of Mediterranean origin recorded from the Suez Canal are omitted. Doubtful names and misidentifications of species described in error as appearing in the Red Sea are also listed here; these are noted by letters instead of the regular code number designating the species. After the book went to press, I added a letter after the code number of some species to signify their doubtful validation.

Although some authors describe the families Anguillidae and Cichlidae as found in the Red Sea there is no doubt that they cannot exist in it permanently. They are listed here by number to enable their location in the index; however, their genera and species are not indicated by numbers.

Fishes that have been ascribed in literature to the Red Sea without name of author are generally not mentioned. Species of which specimens were examined by an author mentioned in the reference are listed with the name of the locality in the Red Sea or only with the name Red Sea. Species whose distribution in the Red Sea was taken from the literature are referred to as "(R.S. quoted)". References to lists of Red Sea fishes (not containing descriptions or observations) that have been copied from authors who are themselves mentioned in this work are omitted. The description of the genus starts with mention of the gender. The method of designation of genera is noted; for many genera this method is according to Jordan.

Observations regarding synonyms are mentioned after the author of the synonym. Observations regarding misidentification of a species are noted at the end of all references of the species.

The arrangement of the families of Chondrichthyes is mostly according to Bigelow & Schroeder (1948). The arrangement of the families of Osteichthyes is — with some changes — according to Greenwood, Rosen, Weitzman & Myers (1966). Genera and species are arranged alphabetically in the families or subfamilies. Subfamilies are indicated by Roman numerals.

The list of fishes includes 18 orders, 139 families, 466 genera and about a thousand species. I have preserved the precedence of sources which, according to taxonomic rules, may not be mentioned as authors of the species, either because their works were not published or because they gave vulnerable names. Their names are mentioned with the appropriate reference in parentheses *before* the name of the legal author. This refers particularly to the works of Russell and Ehrenberg, and in part to those of Lacepède and Forster.

I have attempted as far as possible to record the location and museum number of the types. In those cases where the type data are not given, this does not imply that the types do not exist. Even the types of Linnaeus have not yet been clarified.

The distribution has been given according to data in Weber & Beaufort, in Smith, and in various monographs — also if the Red Sea is not listed there — so as to present a general picture of the distribution in the Indian Ocean.

The Bibliography includes all publications containing records from the Red Sea, or determining the type of a Red Sea fish even if the record is not from the Red Sea. It also includes works mentioning Red Sea fishes without specific records. Papers on Systematics, Zoogeography, Ecology, Anatomy, etc. are included.

An asterisk in the text refers to additional species or change of name given in the *Addenda*, below, p. 429; in the Bibliography, it refers to additional literature.

In the numeration of the Checklist, the letter a, b or c signifies a doubtful species; the Greek letter α signifies an additional valid taxa.

In the Index, the valid names are given in italics; synonyms and misidentifications are printed in regular type.

ACKNOWLEDGEMENTS

This work must be regarded as a cooperative effort, as I could not have accomplished it without the invaluable assistance of others.

The work stems in part from the Red Sea studies of the late H. W. Fowler. Through the courtesy of Dr H. R. Roberts, Director of the Academy of Natural Sciences of Philadelphia, I was able to use copies of the unpublished manuscript of Volumes 2–7 of Fowler's work, *The Fishes of the Red Sea and Southern Arabia*, which proved to be a treasure trove of references.

Of the many ichthyologists to whom I am indebted, I must first thank Dr John E. Randall, Bishop Museum, Honolulu. His own work, as well as his continuous interest, care and advice, were of inestimable importance to me. He helped me with many families (Serranidae, Cirrhitidae, Labridae, Scaridae, Acanthuridae and parts of others) and directed me to other specialists.

My work started at the Hebrew University of Jerusalem, where I was able to examine the rich collection of Red Sea fishes, and peruse much of the literature on Red Sea fish fauna. My sincere thanks are due to the late Prof. H. Steinitz, Prof. F. D. Por, Prof. A. Ben-Tuvia, A. Baranes, Ms Ilana Medanski, D. Golani, A. Diamant, Ms Rivka Tadmor and Ms Louisa Naor of the Hebrew University, for their help.

My work was greatly aided by the generous help of members of the British Museum (Natural History) and by the opportunity afforded me to explore its excellent library and invaluable collections. Special thanks are due to Dr Peter J. Whitehead, for his courteous and valuable assistance. His guidance, suggestions and the time he spent answering my questions are much appreciated. His publications were also extremely helpful. I am most obliged to Dr P. Humphry Greenwood for his cordiality, advice and help with problems of systematics and for making available to me the facilities of the Fish Section. My gratitude goes to Mr Alwyne Wheeler for his painstaking research on types in the collections of the BMNH, and for the advice and information he gave me. Thanks go to Dr Ethelwynn Trewavas for her help with the family Mugilidae, and to Mr G. Palmer, who helped me with the literature.

I also received generous and useful help from Mr M. J. Rowlands, O.B.E., former Chief Librarian, and members of his staff, especially Mr M. R. Halliday, Ms Angela Jackson and Ms Dorothy Norman, the Library Archivist.

Invaluable help was given by the staff of the Muséum national d'histoire naturelle, Paris. I am deeply indebted to Prof. T. Monod for his important advice and suggestions. I am particularly grateful to him for checking and completing the genders of all the genera.

Valuable assistance, time and goodwill were afforded me by Dr Marie Louise Bauchot; I am grateful to her for her comments and suggestions and for clarifying nomenclatural problems. The large collections of types in MNHN compelled me to turn to her frequently for data on type material. Her valuable "critical catalogues" of fish families were of great help. Special thanks are due to Dr Yseult Le Danois for her assistance with the family Antennariidae, for her useful advice and help in the library, and for her publications. Thanks go to Ms M. Desoutter for her help with the collections and bibliography. I am grateful to Dr J. C. Hureau, Dr Plessis and Dr P. Fourmanoir for their publications and advice.

I am greatly indebted to Prof. Margaret M. Smith, Director of the J. L. B. Smith Institute of Ichthyology, Grahamstown, South Africa, for her help, advice and comments at the outset of this work and for sending me data on the types of fishes in the important collections of the J. L. B. Smith Institute.

It is a pleasure for me to acknowledge with gratitude the generous help and important advice of Dr Eugenie Clark, University of Maryland.

I wish to express my sincere appreciation to Dr W. Klausewitz, SMF, for his comments and publications, and for his continuous help and great patience in identifying and clarifying the type material of the important collections of Rüppell, Klunzinger, and Kossman & Räuber. I am grateful to Prof. Enrico Tortonese, MSNG, for his information, comments and advice.

My sincere appreciation is due to Dr M. Boeseman of RMNH for his help and goodwill in identifying and clarifying the type material of the great and valuable collection of Bleeker, and of the collections of Kuhl & Van Hasselt, Müller & Henle and Temminck & Schlegel.

I express my sincere feelings of gratitude to Dr Christine Karrer of ZIM for her indefatigable efforts to identify and clarify the important collection of Bloch.

I am also most grateful to Prof. L. Fishelson of TAU for his comments, and for making available to me the fish collection of that University.

I am greatly indebted to the following ichthyologists for their important comments and suggestions, for providing me with their publications and for their assistance with the various families: Dr Bruce B. Collette, NMFS, for his advice and help with the Hemiramphidae, Belonidae and Scombridae; Dr William N. Eschmeyer, CAS, for his advice and help with the Scorpaenidae and Tetrarogidae; Dr Gerald R. Allen, WAM, for his advice and help with the Pomacentridae and Lutjanidae; and to the following ichthyologists for their help: Dr Victor G. Springer, USNM (Blenniidae); Dr William F. Smith-Vaniz, ANSP (Carangidae and Opistognathidae); Dr Charles E. Dawson, GCRLM (Syngnathidae); Dr James C. Tyler, NSF (Tetraodontiformes); Mr Alec Fraser-Brunner, RZS (Chaetodontidae); Mr Ronald Fricke of Braunschweig (Callionymidae); Dr Menachem Goren, TAU (Gobiidae).

During the years of working on *CLOFRES* I benefited from the advice and help of the following persons through correspondence, to whom I wish to express my deep gratitude: Dr John C. Briggs, USF (Gobiesocidae); Dr Daniel M. Cohen, NMFS (Ophidiidae); Dr Leonard J. V. Compagno, SU (*Mobula*; Gobiidae); Dr Roger W. Cressey, USNM (Synodontidae); Dr W. I. Follett, CAS (Haemulidae); Dr Thomas H. Fraser, formerly of RUSI (Apogonidae); Prof. J. A. F. Garrick, VUW (Carcharhinidae); Dr Martin F. Gomon, USNM (*Bodianus*); Dr G. S. Hardy, NMNZ (*Torquigener*); Dr Douglass Hoese, AMS (Gobiidae); the late Prof. Carl L. Hubbs, UC (*Scomberesox*); Dr Gerhard Kreft, ZIM (Hypotremata); Dr Frank J. Mather, WHOI (Seriolinae); Dr R. J. Mckay, QM (Plectorhynchus); Dr Leslie W. Knapp (Platycephalidae); Dr F. H. Talbot, MU (Lutjanidae); Mr Jeffrey T. Williams, FSM (Cirripectes); Dr David Woodland, UNE (Siganidae).

I wish to express my sincere appreciation and gratitude for clarifying the type material of various species and for providing information to Dr Lars Walin of ZMU and Dr Bo Fernholm of NRMS for the type material of Linnaeus; Dr Jorgen Nielsen of ZMUC for the type material of Forsskål; Dr Paul Kähsbauer, Dr Herald Ahnelt of NW and Dr Gerd von Wahlert of MNS for the type material of Klunzinger; Dr Giuseppe Osella of MSNV for the type material of D'Ancona; Dr H. Nijseen of ZMA for the type material of Weber; Prof. H. Wilkins of ZIM for information on the type material of Duncker; Mr Robert Kanazawa of USNM, Mrs Myvanwy, M. Dick, Mr William L. Fink and Mr Karsten E. Hartel of the MCZH, Mr John Bruner of FMNH, Dr P. Alexander Hulley and Ms A. E. Louw of SAM and Dr M. Cohen of NMFS, Mrs N. Feinberg of AMNH and Dr Ø. Frøiland of ZMUB for the type material of various species; Prof. Dr Adolf Kotthaus of ZIM for the new information on new records and species from the Red Sea collected by him.

It is my pleasant duty to express my thanks to Ms Norma Schneider, formerly Senior Editor, Mrs Shirley Smith and Ms Ilana Ferber for their expertise in preparing the manuscript for printing; and to Mrs Joheved Rutman and Mr Ido Abravaya for assisting me in various ways.

This work was prepared for and supported by the Fauna Palaestina Committee of the Israel Academy of Sciences and Humanities; my thanks are due to Professors H. Mendelssohn and D. Por, members of the Committee, and to Dr S. Amir, Director of the Academy, for their assistance in the publication of this volume, and to Mr S. Reem, Director of the Publishing Department, for his devoted care and advice on the layout and production of this work; and last but not least, to Mrs Edith Galili for the time she spent and the immeasurable assistance she gave me with correspondence and other tasks.

M.D.

LIST OF FAMILIES

LIST OF ABBREVIATIONS OF INSTITUTES

AMNH	American Museum of Natural History, New York
AMS	Australian Museum, Sydney
ANSP	Academy of Natural Sciences, Philadelphia
BMNH	British Museum (Natural History), London
BPBM	Bernice P. Bishop Museum, Honolulu
CAS	California Academy of Sciences, San Francisco
CAS(SU)	Stanford University Collections, CAS, San Francisco
CM	Carnegie Museum of Natural History, Pittsburg
CNHM	Chicago Museum of Natural History
FMNH	Field Museum of Natural History
FSM	Florida State Museum
GCRLM	Golf Coast Research Laboratory Museum, Mississippi
HUJ	Hebrew University, Jerusalem
ISZZ	Institut für Spezielle Zoologie und Zoologisches Museum, Berlin
LACM	Natural History Museum of Los Angeles County
LSJUM	Museum of Leland Stanford Junior University
MBSG	Marine Biological Station, Ghardaqa
MCZH	Museum of Comparative Zoology, Harvard
MCZR	Museo civico di zoologia, Roma
MMF	Museu Municipal do Funchal, Madeira
MNHN	Muséum national d'histoire naturelle, Paris
MNS	Staatliches Museum für Naturkunde, Stuttgart
MSNG	Museo civico di Storia naturale, Genova
MSNV	Museo di Storia naturale, Verona
MU	Macquarie University, Sydney
MUI	Museum University of Indiana
MUT	Museum University of Tokyo
NMFS	National Marine Fisheries Service, Washington, D.C.
NMH	Naturhistorisches Museum, Hamburg
NMNZ	National Museum of New Zealand
NMW	Naturhistorisches Museum, Wien
NOAA	National Oceanic and Atmospheric Administration, Washington, D.C.
NRMS	Naturhistoriska Riksmuseet, Stockholm
NSF	National Science Foundation, Washington, D.C.
QM	Queensland Museum, Australia

RMNH	Rijksmuseum van Natuurlijke Historie, Leiden
ROM	Royal Ontario Museum, Toronto
RUSI	Rhodes University, Smith Institute of Ichthyology, Grahamstown
RZS	Royal Zoological Society of Scotland, Edinburgh
SAM	South African Museum, Capetown
SFRS	Sea Fisheries Research Station, Haifa
SMF	Senckenberg Museum, Frankfurt am Main
SU	Stanford University
TAU	Tel-Aviv University
UC	University of California, San Diego
UMUTZ	v. MUT
UNE	University of New England, Australia
USF	University of South Florida
USNM	United States National Museum, Washington, D.C.
VUW	Victoria University of Wellington, New Zealand
WAM	Western Australian Museum
WHOI	Woods Hole Oceanographic Institution, Massachusetts
ZI	v. MUT
ZIAS	Zoological Institute, Academy of Sciences, Leningrad
ZIM	Zoologischen Institut Museum, Hamburg
ZIN	v. ZIAS
ZMA	Zoologisch Museum, University of Amsterdam
ZMB (ZMHU)	Zoologisches Museum der Humboldt-Universität, Berlin
ZMC	Zoological Museum, Cambridge
ZMH	Zoologisches Museum, Hamburg
ZMU	Zoologiska Museet, Uppsala
ZMUB	Zoologisk Museum, Universitetet Bergen
ZMUC	Universitetets Zoologiske Museum, Copenhagen
ZSI	Zoological Survey of India, Calcutta

El Hamira
Marsa el Muqebila
Marsa Abu Samra
Ras Umm Burqa
Ras Mal'ab
GULF OF SUEZ
Abu Zanima
Abu Rudeis
El Bilayim
Abu Durba
Ras Abu Suweira
Et Tur
Ras Garra
EGYPT
GULF OF ELAT ('AQABA)
Nuweiba
El Hibeiq
Ras Abu Galum
Dahab
El Kura
Ras Atantur
Marsa Abu Zabad
El Gharqana
Nabk
Strait of Tiran
Ras Nasrani
Marsa el 'At
Sharm esh Sheikh
TIRAN
SINAFIR Isl.
RED SEA
Marsa Bareika
Ras Muhammad
Strait of Gubal
SAUDI ARABIA
0
50 km
33°
34°
35°
28°
29°

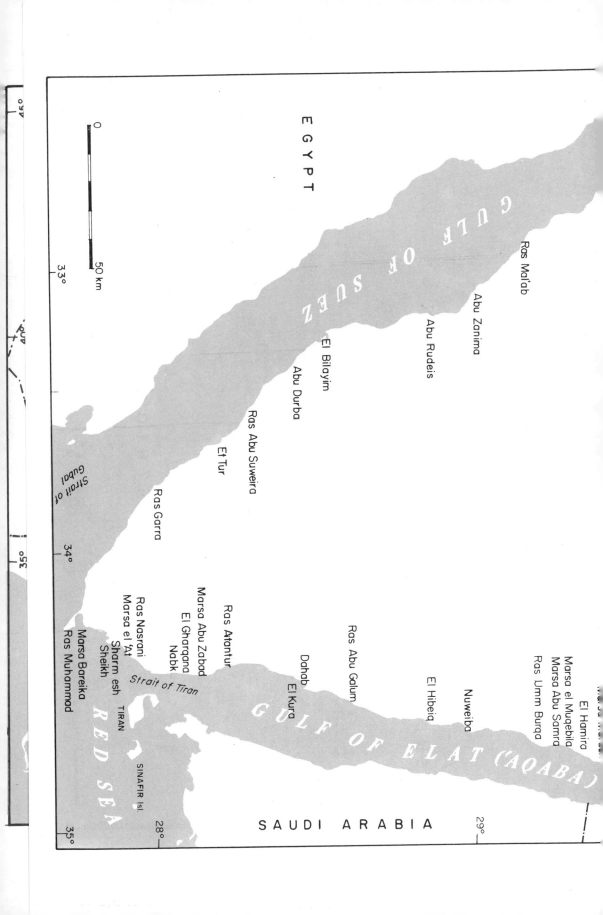

MEDITERRANEAN SEA
ISRAEL
31°
Firdan Bridge
Lake Timsah
Suez Canal
Great Bitter Lake
Little Bitter Lake
Suez
Port Taufiq
Ras Misalla
Ras es Sudr
SINAI
30°
JORDAN
Elat (Eilat)
Taba
Faraun Isl.
'Aqaba (Akaba)

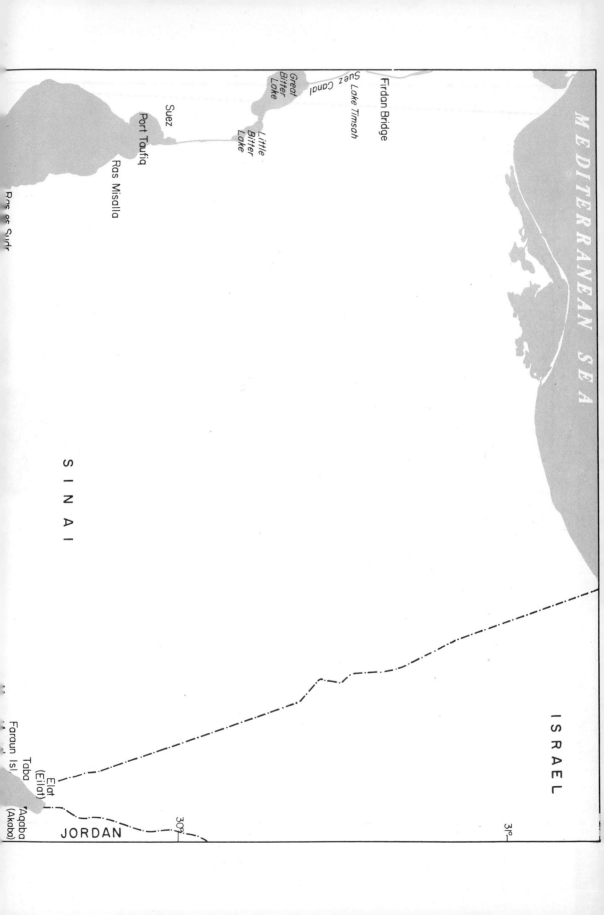

CHONDRICHTHYES
Fam. 1–15

I **PLEUROTREMATA**

Fam. 1–8

1 ODONTASPIDAE

G: 1
Sp: 1

1.1 ***ODONTASPIS* Agassiz,** 1838 Gender: F

Rech. Poiss. foss. **3** : 87 (type species: *Carcharias ferox* Risso, 1826, by monotypy).

Carcharias Rafinesque, 1810, *Caratt. Gen. Spec. Sicil.* : 10 (type species: *Carcharias taurus* Rafinesque, 1810, by monotypy) (see Opinion 723, *Bull. Zool. Nomencl.* 1965, **22** (1) : 32–36).

1.1.1 ***Odontaspis tricuspidata* (Day,** 1878)

Carcharias tricuspidatus Day, 1878, *Fishes of India* : 713, Pl. 186, fig. 1, Baluchistan. Type: ZSI 2337, lost.

Carcharias tricuspidatus.– Tortonese, 1935–36 [1937], **45** : 157–158 (sep.: 7–8), Assab.– Smith, 1949 : 48, Fig. 24, S. Africa.– Fowler, 1956 : 8–10, 1 fig. (R.S. quoted).

2 LAMNIDAE

G: 1
Sp: 1

2.1 ***ISURUS* Rafinesque,** 1810 Gender: M

Caratt. Gen. Spec. Sicil. : 11 (type species: *Isurus oxyrhinchus* Rafinesque, 1810, by monotypy).

Oxyrhina Agassiz, 1835, *Rech. Poiss. foss.* **3** : 86–87 (type species: *Lamna oxyrhina* Valenciennes, by monotypy).

2.1.1 ***Isurus oxyrinchus* Rafinesque,** 1810

Isurus oxyrinchus Rafinesque, 1810a, *Caratt. Gen. Spec. Sicil.* : 12, Pl. 13, Sicily. Type unknown.

Isurus oxyrinchus.– Smith, 1957e (6) : 94, 1 fig., S. Africa.– Garrick, 1967, **118** : 674–677, 6 textfigs, Pl. 2.

Oxyrhina glauca Müller & Henle, 1841, *Syst. Beschr. Plagiost.* : 69–70, Pl. 29, Java (syn. v. Garrick).

Isurus glaucus.– Fowler, 1941, **13** : 104–106 (R.S. quoted); 1956 : 10–11 (R.S. quoted).– Smith, 1957e (6) : 94, 1 fig., S. Africa.– Misra, 1962, **1** : 27–28, Textfig. 7 (R.S. quoted).– Gohar & Mazhar, 1964 (13) : 15–16, Figs 4–6, Ghardaqa.

Isurus spallanzani Rafinesque, 1810b, *Indice Ittiol. sicil.* : 45, Sicily (syn. v. Garrick).

Oxyrhina spallanzanii.– Brusina, 1888, **3** : 226 (R.S., pass. ref.).

Lamna spallanzani.– Day, 1878 : 722, Pl. 186, fig. 2 (R.S. quoted); 1889, **1** : 26–27, Fig. 7 (R.S. quoted).

Lamna (Oxyrhina) spallanzani.– Klunzinger, 1871, **21** : 669–670, Quseir.

2.A.a   *Squalus carcharias* Linnaeus, 1758 : 235, Europe.
Carcharodon carcharias.— Fowler, 1956 : 11 (R.S. on *Squalus carcharias* Forsskål).
Acc. to Bigelow & Schroeder, 1948, **1** (1) : 146, descr. insufficient. No other
record; probably mistake.

3   ALOPIIDAE

G: 1
Sp: 1

3.1   *ALOPIAS* Rafinesque, 1810   Gender: M
Caratt. Gen. Spec. Sicil. : 12 (type species: *Alopias macrourus* Rafinesque, 1810,
by monotypy).

3.1.1   *Alopias vulpinus* (Bonnaterre, 1788)
Squalus vulpinus Bonnaterre, 1788, *Tabl. encyc. méth.* . . . *Ichthyol* : 9, Pl. 85,
fig. 349, Mediterranean Sea. Type unknown.
Alopias vulpinus.— Smith, 1949 : 47, Fig. 22, S. Africa.— Gohar & Mazhar, 1964 : 17–
20, Textfigs 6–8, Pl. 2, fig. 1, Pl. 9, fig. 4, Ghardaqa.

4   ORECTOLOBIDAE

G: 3
Sp: 3

4.1   *GINGLYMOSTOMA* Müller & Henle, 1837a   Gender: N
Ber. Akad. Wiss. Berlin : 113 (type species: *Squalus cirratus* Bonnaterre, 1788, by
subs. design. of Hay, 1902).

4.1.1   *Ginglymostoma ferrugineum* (Lesson, 1830)
Scyllium ferrugineum Lesson, 1830, *Voy. Coquille, Zool.* **2** (pt. 1) : 95–97, Praslin
(Melanesia). Type unknown.
Nebrius ferrugineum.— Fowler, 1941, **13** : 69–70 (R.S. quoted).
Ginglymostoma ferrugineum.— Fowler, 1945, **26** : 114 (R.S. quoted); 1956 : 14,
Fig. 3 (R.S. quoted).
Ginglymostoma mülleri Günther, 1870, *Cat. Fishes Br. Mus.* 8 : 408, India (syn. v.
Fowler, 1941).— Klunzinger, 1871, **21** : 670–671, Quseir.— Brusina, 1888, **3** : 226
(R.S. quoted).— Day, 1889, **1** : 33 (R.S. quoted).
Scymnus porosus [Ehrenberg MS] syn. in *Ginglymostoma mülleri*, Klunzinger, 1871,
21 : 670; Hemprich & Ehrenberg, 1899, Pl. 6, fig. 3 + a–d, Red Sea.

4.2   *NEBRIUS* Rüppell, 1837   Gender: M
Neue Wirbelth., Fische : 62 (type species: *Nebrius concolor* Rüppell, 1837, by
monotypy).

4.2.1   *Nebrius concolor* Rüppell, 1837
Nebrius concolor Rüppell, 1837, *Neue Wirbelth., Fische* : 62–63, Pl. 17, fig. 2,
Massawa. Lectotype: SMF 3583.— Fowler, 1941, **13** : 70–71 (R.S. quoted);
1956 : 14 (R.S. quoted).— Klausewitz, 1960d : 289–290, 2 figs, Massawa.— Gohar
& Mazhar, 1964 : 8–11, 2 textfigs, Pl. 1, figs 1–2, Red Sea.

3

Ginglymostoma concolor.– Müller & Henle, 1841 : 22–23, Red Sea (Rüppell, 1852) : 36, Red Sea (*Ginglynostoma*, misprint).– Günther, 1870, 8 : 409 (R.S. quoted).– Klunzinger, 1871, 21 : 672, Red Sea.– Brusina, 1888, 3 : 226 (R.S. quoted).– Day, 1889, 1 : 32, Fig. 12 (R.S. quoted).– Fowler, 1945, 26 : 114, 1 fig. (R.S. quoted).– Tortonese, 1954a, 14 : 6, Dahlak, Dur Gulla.

Ginglymostoma rüppellii Bleeker, 1852a, *Natuurk. Tijdschr. Ned.-Indië* 3 : 83–84. Type: RMNH 7400 (syn. v. Klunzinger).– Duméril, 1865, 1 : 334 (R.S. quoted).

4.3   *STEGOSTOMA* **Müller & Henle**, 1837a   Gender: N
Ber. Akad. Wiss. Berlin : 112 (type species: *Squalus fasciatus* Hermann, 1783, by orig. design.).

4.3.1   ***Stegostoma varium*** (Seba, 1761)
Squalus varius Seba, 1761, *Loc. rer. nat. thesauri* 3 : 105, Pl. 34, fig. 1. Type unknown.

Stegostoma varium.– Tortonese, 1933b : 222, Red Sea; 1935–36 [1937], 45 : 158 (sep. : 8), Assab.– Klausewitz, 1960d : 290–291, Fig. 3, Jiddah.– Misra, 1962, 1 : 15–18, Fig. 3 (*varius* sic) (R.S. quoted).

Scyllium heptagonum Rüppell, 1837, *Neue Wirbelth., Fische* : 61–62, Pl. 17, fig. 1. Lectotype: SMF 3152, Jiddah (syn. v. Klausewitz).

Squalus fasciatus Hermann, 1783, *Tabula affin. anim.* : 302 (on *Squalus varius* Seba), no loc. (syn. v. Tortonese and v. Klausewitz).

Stegostoma fasciatum.– Müller & Henle, 1841 : 24–26, Pl. 7, Red Sea.– Rüppell, 1852 : 36, Red Sea.– Klunzinger, 1871, 21 : 672–673, Quseir.– Fowler, 1941, 13 : 100–103, Fig. 7, Red Sea; 1956 : 15 (R.S. quoted).– Smith, 1949 : 51, Text-fig. 30, Pl. 2, fig. 30, S. Africa.– Gohar & Mazhar, 1964 (13) : 12–14, Textfig. 3, Pl. 1, fig. 4, Pl. 9, figs 1–3, Ghardaqa.

Squalus tigrinus Bonnaterre, 1788, *Tabl. encyc. méth. . . . Ichthyol.* : 8, Pl. 8, fig. 2, Indian Ocean (syn. v. Tortonese).– Day, 1878 : 725–726, Pl. 187, fig. 4 (R.S. quoted); 1889, 1 : 33–34, Fig. 13 (R.S. quoted).– Brusina, 1888, 3 : 227 (R.S. quoted).– Gudger, 1940, 91 : 357 (R.S. quoted).

Stegostoma tygrina.– Fowler, 1945, 26 (1) : 114 (R.S. quoted).

4.A.a   *Hemiscyllium colax.*– Fowler, 1941, *Bull. U.S. natn. Mus.* 13 : 89–91 (R.S. quoted).

4.A.b   *Hemiscyllium griseum.*– Fowler, 1941, *Bull. U.S. natn. Mus.* 13 : 88–89 (R.S. quoted). (mistake, v. Fowler, 1956 : 15).

5   **RHINEODONTIDAE**
                                                                                         G : 1
                                                                                         Sp : 1

5.1   *RHINEODON* **Smith**, 1829   Gender: M
Zool. J. Lond. 4 : 443 (type species: *Rhincodon typus* Smith, 1829, by monotypy).

5.1.1   ***Rhineodon typus*** A. **Smith**, 1829
Rhincodon typus Smith, 1829, *Zool. J. Lond.* 4 : 443. Holotype: MNHN 9855 ♂, mounted, Table Bay (S. Africa).– Gudger, 1938 (4) : 171, Red Sea; 1940, 91 : 356, Perim.– Bigelow & Schroeder, 1948, 1 (1) : 189–195, Fig. 30 (R.S. quoted).– Smith, 1949 : 50, Fig. 29, S. Africa.– Tortonese, 1954, 14 : 6–7, Dur Gulla, Dahlak.– Fowler, 1956 : 12 (R.S. quoted).– Baranes, 1973 : 94–106, 8 figs, Tb. 2, Elat.

6 # CARCHARHINIDAE

G: 9
Sp: 20

6.1 *CARCHARHINUS* **Blainville,** 1816* Gender: M

Bull. Soc. philomath. Paris **8** : 121 (type species: *Carcharias melanopterus* Quoy & Gaimard, 1824, under suspension of the Rules by the International Commission on Zoological Nomenclature; see Opinion 723, *Bull. zool. Nom.* **22** (1) : 32).

Aprionodon Gill, 1861a [1862], *Proc. Acad. nat. Sci. Philad.* **13** : 59 (type species: *Aprionodon punctatus* Gill, 1862, by orig. design.).

Eulamia Gill, 1862, *Ann. Lyceum nat. Hist.* **7** : 401, 410 (type species: *Carcharias (Prionodon) milberti* Valenciennes, 1841, by monotypy).

Galeolamna Owen, 1853, *Descr. Cat. osteol. . . . Pisces* **1** : 96 (type species: *Galeolamna greyi* Owen, by orig. design.).

Isogomphodon Gill, 1861c [1862], *Ann. Lyceum nat. Hist.* **7** : 401 (type species: *Carcharias (Prionodon) sorra* Müller & Henle, 1841, by orig. design.).

Gymnorhinus Hemprich & Ehrenberg, 1899, *Symbol. Physic.* Pl. 7, fig. 2 (type species: *Gymnorhinus pharaonis* Hemprich & Ehrenberg, 1899, by orig. design.).

Longmania Whitley, 1939, *Aust. Zool.* **9** (3) : 231 (type species: *Carcharias (Aprion) brevipinna* Müller & Henle, 1841, by orig. design.).

6.1.1 ***Carcharhinus albimarginatus*** **(Rüppell,** 1837)*

Carcharias albimarginatus Rüppell, 1837, *Neue Wirbelth., Fische* : 64, Pl. 18, fig. 1, Ras Muhammad. Lectotype: SMF 3582.

Carcharias (Prionodon) albimarginatus.– Rüppell, 1852 : 37, Red Sea.– Müller & Henle, 1841 : 44, Ras Muhammad.– Duméril, 1865, **1** : 366, Red Sea.

Carcharias albomarginatus.– Günther, 1870, **8** : 370–371 (R.S. quoted).– Klunzinger, 1871, **21** : 660, Quseir.– Hemprich & Ehrenberg, 1899, Pl. 4, fig. 1 + a–c, Quseir.

Carcharhinus albimarginatus.– Garman, 1913, **36** : 141 (R.S. quoted).– Marshall, 1952, **1** : 221, Sharm esh Sheikh.– Tortonese, 1954, **14** : 9, Red Sea.– Klausewitz, 1960d, **41** : 293, Pl. 42, fig. 3, Ras Muhammad.– Gohar & Mazhar, 1964 (13) : 71–74, Textfigs 59–62, Pl. 5, fig. 13, Ghardaqa.

Eulamia albimarginata.– Fowler, 1941, **13** : 174–175 (R.S. quoted).

Galeolamna albimarginata.– Fowler, 1956 : 26, Fig. 14 (R.S. quoted).

Carcharhinus obscurus (not Lesueur).– Gohar & Mazhar, 1964 (13) : 75–77, Textfigs 63–66, Pl. 5, fig. 4, Ghardaqa (the young of *Carcharhinus albimarginatus*, Baranes, pers. commun.).

6.1.2 ***Carcharhinus altimus*** **(Springer,** 1950)

Eulamia altimus Springer, 1950, *Am. Mus. Novit.* (1451) : 9–12. Holotype: USNM 133828, Florida.

Carcharhinus altimus.– Baranes & Ben-Tuvia, 1978 (4) : 61–64, 3 figs, Elat.

6.1.3 ***Carcharhinus brevipinna*** **(Müller & Henle,** 1841)

Carcharias (Aprion) brevipinna Müller & Henle, 1841, *Syst. Beschr. Plagiost.* : 31–32, Pl. 9. Holotype: RMNH 2525 (stuffed), Java.

Aprionodon brevipinna.– Gohar & Mazhar, 1964 (13) : 43–45, Textfigs 27–30, Gulf of Suez.

Longmania brevipinna.– Fowler, 1956 : 20, Fig. 7 (R.S. quoted).

Isogomphodon maculipinnis Poey, 1865, *Repert. fisico-nat. Cuba* **1** : 191–192, Pl. 4, figs 2–3, Cuba. Type unknown (syn. v. Bass, D'Aubrey & Kistnasmy, 1973).

Carcharhinus maculipinnis.– Gohar & Mazhar, 1964 (13) : 58–62, Textfigs 43–46, Pl. 4, fig. 3, Ghardaqa.

6.1.4 ***Carcharhinus dussumieri*** **(Valenciennes,** 1841)

Carcharias (Prionodon) dussumieri Valenciennes, in Müller & Henle, 1841, *Syst.*

Beschr. Plagiost. : 47–48, Pl. 19, fig. 8. Syntypes: MNHN 1135 ♂, Pondichery, 1136 ♂, Bombay; ZMB 4464, China.
Carcharhinus dussumieri.– Ben-Tuvia, 1968 (52) : 49, Entedebir.

6.1.5 ***Carcharhinus limbatus*** **(Valenciennes, 1841)**
Carcharias (Prionodon) limbatus Valenciennes, in Müller & Henle, 1841, *Syst. Beschr. Plagiost.*: 49, Pl. 19, fig. 9. Syntype: MNHN 3468, no loc.
Carcharhinus limbatus.– Smith, 1949 : 40, Pl. 104, fig. 5, S. Africa.– Tortonese, 1954, **14** : 11–12, Massawa.– Gohar & Mazhar, 1964 (13) : 56–58, Textfigs 40–42, Pl. 4, fig. 2, Ghardaqa.– Ben-Tuvia, 1968 (52) : 49, Ethiopia.
Eulamia limbata.– Fowler, 1941 (13) : 150–151 (R.S. quoted).
Galeolamna limbata.– Fowler, 1956 : 23, Fig. 9 (R.S. quoted).
Carcharias Ehrenbergi Klunzinger, 1871, *Verh. zool.-bot. Ges. Wien* **21** : 661–662, Quseir (syn. v. Fowler).
Carcharias abbreviatus [Ehrenberg MS] syn. in *Carcharias Ehrenbergi* Klunzinger, 1871 : 661.
Gymnorhinus abbreviatus Hemprich & Ehrenberg, 1899, *Symbol. Physic.* Pl. 7, fig. 2 + a–c, Red Sea.

6.1.6 ***Carcharhinus longimanus*** **(Poey, 1861)**
Squalus longimanus Poey, 1861, *Mem. Hist. nat. Isla de Cuba* **2** : 338, Cuba. Type unknown.
Carcharhinus longimanus.– Gohar & Mazhar, 1964 (13) : 52–56, Figs 36–39, Pl. 4, fig. 1, S. Egypt.

6.1.7 ***Carcharhinus melanopterus*** **(Quoy & Gaimard, 1824)**
Carcharias melanopterus Quoy & Gaimard, 1824, *Voy. Uranie, Zool.* : 194–196, Pl. 43, figs 1–2, Vaigiou. Holotype: MNHN 1129, Vaigiou; Paratypes: MNHN 771, New Guinea, 1128, 3463, Vanicoro.– Rüppell, 1837 : 63–64, Red Sea.– Playfair & Günther, 1866 : 142 (R.S. quoted).– Klunzinger, 1871, **21** : 658–659, Red Sea.– Picaglia, 1894, **3** : 38, Red Sea.– Günther, 1910 (17) : 480 (R.S. quoted).– Pellegrin, 1912, **3** : 2, Assab.
Carcharias (Prionodon) melanopterus.– Müller & Henle, 1841 : 43–44, Red Sea.– Rüppell, 1852 : 37, Red Sea.– Duméril, 1865, **1** : 365–366, Red Sea.
Carcharhinus melanopterus.– Tortonese, 1935–36 [1937], **45** : 159 (sep. : 9), Red Sea; 1954, **14** : 10–11, Dahlak.– Smith, 1949 : 41, Fig. 7, S. Africa.– Melouk, 1948 (6) : 47, Ghardaqa; 1949 (7) : 9, Ghardaqa; 1957 (9) : 229, Red Sea.– Marshall, 1952, **1** : 221, Sinafir Isl.– Budker & Fourmanoir, 1954, **26** : 323, Ghardaqa.– Klausewitz, 1959a, **40** (1–2) : 46–47, Fig. 4, Sarso Isl.; 1967c (2) : 62, Sarso Isl.– Saunders, 1960, **79** : 241, Red Sea; 1968 (3) : 493, Red Sea.– Gohar & Mazhar, 1964 : 62–65, Textfigs 47–50, Pl. 4, fig. 4, Pl. 9, fig. 3, Ghardaqa.– Ben-Tuvia, 1968 (52) : 49, Entedebir.– Randall & Helfman, 1973, **27** : 226–238, Figs 1–4, Tb. 1 (R.S. quoted).
Eulamia melanoptera.– Fowler, 1941, **13** : 158–161 (R.S. quoted).
Galeolamna melanoptera.– Fowler, 1956 : 24–26, Fig. 12 (R.S. quoted).
Carcharias elegans [Ehrenberg MS], syn. in *Carcharias melanopterus* Klunzinger, 1871. Type: ZMB 4473; Hemprich & Ehrenberg, 1899, *Symbol. Physic.* Pl. 4, fig. 2 + a, d, Red Sea.
Squalus carcharias minor Forsskål, 1775, *Descr. Anim.* : viii, 20, Lohaja. Type lost (syn. v. Klunzinger).

6.1.8 ***Carcharhinus menisorrah*** **(Valenciennes, 1841)**
Carcharias (Prionodon) menisorrah Valenciennes, in Müller & Henle, 1841, *Syst. Beschr. Plagiost.* : 46–47, Pl. 17, Pl. 19, fig. 7, Java. Syntypes: ZMB 4476 (dried), Red Sea; MNHN A-9662 ♂ (mounted), Indian Ocean.
Carcharias menisorrah.– Duméril, 1865, **1** : 369–370 (R.S. quoted).– Klunzinger,

1871, **21**:660, Red Sea.– Day, 1878:716, Pl. 184, fig. 1 (R.S. quoted); 1889, **1**:16–17 (R.S. quoted).– Borodin, 1930, **1**:42, Red Sea.

Carcharhinus menisorrah.– Tortonese, 1954, **14**:9, Fig. 2, Red Sea.– Klausewitz, 1959a, **40** (1–2):44–46, Figs 2–3, Sarso Isl.– Gohar & Mazhar, 1964 (13):65– 68, Textfigs 51–54, Giftum Saghier Isl. (Ghardaqa).

Eulamia menisorrah.– Fowler, 1941, **13**:161–163 (R.S. quoted).

Galeolamna menisorrah.– Fowler, 1956:23–24, Fig. 11 (R.S. quoted).

Carcharias Pharaonis [Ehrenberg MS] syn. in *Carcharias menisorrah* Klunzinger, 1871: 660.

Gymnorhinus Pharaonis Hemprich & Ehrenberg, 1899, *Symbol. Physic.*:8, Pl. 7, fig. 1 + a–c, Red Sea.

6.1.9   *Carcharhinus plumbeus* (Nardo, 1827)
Squalus plumbeus Nardo, 1827, *Isis, Jena* **20**:483, Adriatic. Type unknown.
Carcharhinus plumbeus.– Baranes & Ben-Tuvia, 1978, **27** (1):45–51, Figs 1–4, Ras Muhammad.

6.1.10   *Carcharhinus sorrah* (Valenciennes, 1841)
Carcharias (Prionodon) sorrah Valenciennes, in Müller & Henle, 1841, *Syst. Beschr. Plagiost.*:45–46, Pl. 16. Syntypes: MNHN a 1131 ♀, Pondichery, b 1132 ♂, Madagascar; RMNH 4294.
Carcharhinus sorrah.– Misra, 1962:70–71, Fig. 22 (R.S. quoted).– Gohar & Mazhar, 1964 (13):68–71, Textfigs 55–58, Pl. 5, fig. 2, Shab Abu Galava (Ghardaqa).
Galeolamna sorrah.– Fowler, 1956:23, Fig. 10 (R.S. quoted).
Carcharias taeniatus Hemprich & Ehrenberg, 1899, *Symbol. Physic.*, Pl. 4, fig. 3 + a–e, Red Sea (syn. v. Fowler).

6.1.11   *Carcharhinus spallanzani* (Péron & Lesueur, 1822)
Squalus Spallanzani Péron & Lesueur, 1822, *J. Acad. nat. Sci. Philad.* **2**, Pt. 2:351, New Holland.
Eulamia spallanzani.– Fowler, 1941, **13**:163–164 (R.S. quoted).
Galeolamna spallanzani.– Fowler, 1956:24 (R.S. quoted).
Carcharhinus spallanzani.– Misra, 1962, **1**:72–74, Fig. 23 (R.S. quoted).
Carcharias (Prionodon) bleekeri Duméril, 1865, *Hist. nat. Poiss.* **1**:367. Holotype: MNHN A-9660 ♂ (mounted), Pondichery (syn. v. Fowler).
Carcharias bleekeri.– Bamber, 1915, **31**:477, W. Red Sea.
Carcharhinus bleekeri.– Misra, 1962, **1**:58, Pl. 6 (R.S. quoted).

6.2   *GALEOCERDO* **Müller & Henle**, 1837a   Gender: M
Ber. Akad. Wiss. Berlin:115 (without species); 1837b, *Arch. Naturgesch.* **3** (1): 397 (type species: *Squalus arcticus* Faber, 1829, by monotypy).

6.2.1   *Galeocerdo cuvier* (Péron & Lesueur, 1822)
Squalus cuvier Péron & Lesueur, in Lesueur, 1822, *J. Acad. nat. Sci. Philad.* **2**:351, northwest coast of New Holland. Type unknown.
Galeocerdo cuvier.– Smith, 1949:44, Pl. 1, fig. 14, S. Africa.– Fowler, 1941, **13**: 186–188 (R.S. quoted); 1956:17–18, Fig. 4 (R.S. quoted).– Misra, 1962, **1**:80– 82, Fig. 27 (R.S. quoted).– Gohar & Mazhar, 1964 (13):24–27, Textfigs 9–12, Pl. 2, fig. 2, Pl. 9, fig. 5, Ghardaqa.
Galeocerdo cuvieri.– Tortonese, 1954, **14**:7, Red Sea; 1968 (51):8, Elat.
Galeocerdo tigrinus Müller & Henle, 1841, *Syst. Beschr. Plagiost.*:59–60, Pl. 25. Syntype: MNHN 3465 ♀ (mounted), Pondichery (syn. v. Fowler).– Klunzinger, 1871, **21**:663, Red Sea.– Day, 1878:718–719 (R.S. quoted); 1889, **1**:21 (R.S. quoted).

7

Carcharias Hemprichii [Ehrenberg MS] syn. in *Galeocerdo tigrinus* Klunzinger, 1871, **21** : 663; Hemprich & Ehrenberg, 1899, *Symbol. Physic.*, Pl. 5, fig. 3 + a–c, Red Sea.

Galeocerdo obtusus Klunzinger, 1871, *ibid.* : 664, Quseir (syn. v. Fowler).

6.3   *HEMIPRISTIS* **Agassiz**, 1833   Gender: F

Rech. Poiss. foss. **3** : 237, 302 (type species: *Hemipristis serra* Agassiz, by subs. design. of Woodward, 1889).

Dirrhizodon Klunzinger, 1871, *Verh. zool.-bot. Ges. Wien* **21** : 664 (type species: *Dirrhizodon elongatus* Klunzinger, 1871, by monotypy).

Heterogaleus Gohar & Mazhar, 1964, *Publs mar. biol. Stn Ghardaqa* (13) : 28 (type species: *Heterogaleus ghardaqensis* Gohar & Mazhar, 1964, by monotypy).

6.3.1   *Hemipristis elongata* (Klunzinger, 1871)

Dirrhizodon elongatus Klunzinger, 1871, *Verh. zool.-bot. Ges. Wien* **21** : 665, Quseir.

Dirrhizodon elongatus.– Brusina, 1888, **3** : 225 (R.S. quoted).– Fowler, 1945, **26** : 114 (R.S. quoted); 1956 : 17 (R.S. quoted).

Hemipristis elongatus.– Fowler, 1941, **13** : 193 (R.S. quoted); 1945 : 114 (R.S. quoted).– Misra, 1962, **1** : 78–79, Fig. 26 (R.S. quoted).– Bass, d'Aubrey & Kistnasamy, 1975 (38) : 29–30, Textfig. 18, Pl. 5 (R.S. quoted).– Baranes & Ben-Tuvia, 1979, **28** (1) : 39–45, Figs 1–7, Tb. 1, Nuweiba.

Heterogaleus ghardaqensis Gohar & Mazhar, 1964, *Publs mar. biol. Stn Ghardaqa* (13) : 29–33, Textfigs 13–16, Pl. 2, figs 3–4, Ghardaqa (syn. v. Bass, d'Aubrey & Kistnasamy).

6.4   *IAGO* **Campagno & Springer**, 1971   Gender: M

Fishery Bull. Fish Wildl. Serv. U.S. **69** : 616 (type species: *Eugaleus omanensis* Norman, 1939, by monotypy).

6.4.1   *Iago omanensis* (Norman, 1939)

Eugaleus omanensis Norman, 1939, *Scient. Rep. John Murray Exped.* **7** (1) : 11, Fig. 3, Gulf of Oman. Holotype: BMNH 1939.5.24.9, Gulf of Oman.

Iago omanensis.– Campagno & Springer, 1971, **69** : 619–625, Gulf of Oman (Red Sea? acc. to a photograph of Marshall & Bourne, 1964).– Baranes & Ben-Tuvia, 1979, **28** (1) : 45–49, Figs 8–11, Tb. 2, Nuweiba.

6.5   *LOXODON* **Müller & Henle**, 1838   Gender: M

Mag. nat. Hist. **2** : 36 (type species: *Loxodon macrorhinus* Müller & Henle, 1838, by monotypy).

6.5.1   *Loxodon macrorhinus* **Müller & Henle**, 1841

Loxodon macrorhinus Müller & Henle, 1841, *Syst. Beschr. Plagiost.* : 61–62, Pl. 23. Holotype: ZMB 4479, no loc.

Loxodon macrorhinus.– Klunzinger, 1871, **20** : 662–663, Quseir.– Brusina, 1888, **3** : 224 (R.S. quoted).– Fowler, 1941, **13** : 181–182 (R.S. quoted); 1956 : 18, Fig. 5 (R.S. quoted).– Gohar & Mazhar, 1964 (13) : 33–36, Figs 17–20, Red Sea.– Springer, 1964, **115** (3493) : 588–589, Fig. 4, Pl. 1A, Quseir.– Bass, d'Aubrey & Kistnasamy, 1975 (38) : 37–39, Textfig. 22, Pl. 8 (R.S. quoted).

6.6   *MUSTELUS* **Linck**, 1790   Gender: M

Magasin Neueste Phys. Naturgesch. **6** (2) : 31 (type species: *Mustelus laevis* Linck, 1790, by monotypy).

6.6.1   *Mustelus manazo* **Bleeker**, 1854

Mustelus manazo Bleeker, 1854e, *Natuurk. Tijdschr. Ned.-Indië* **6** : 422–423, Nagasaki (Japan). Syntypes: RMNH 7396 (2 ex.).

Mustelus manazo.– Hamdi, A.R., 1959, **13** : 18–22, Red Sea.– Baranes, 1973 : 53–57, Figs 32–34, Tbs 6, 7a, 8, Red Sea.

Mustelus vulgaris (not Cloquet, 1821).– Klunzinger, 1871, **21** : 668, Massawa.– Kossmann & Räuber, 1877a, **1** : 415, Red Sea; 1877b : 31, Red Sea (misidentification v. Baranes).

Mustelus mustelus (not *Squalus mustelus* Linnaeus, 1758).– Fowler, 1956 : 28 (R.S. quoted) (misidentification v. Baranes).

6.6.2   ***Mustelus mosis* Ehrenberg, 1871***

Mustelus Mosis [Ehrenberg MS] syn. in *Mustelus laevis* Klunzinger, 1871, *Verh. zool.-bot. Ges. Wien* **21** : 668, Red Sea.

Mustelus Mosis Hemprich & Ehrenberg, 1899, *Symbol. Physic.* Pl. 7, fig. 3 + a–d, Red Sea.– Baranes, 1973 : 43–52, Figs 24–31, Tbs 7a, 7b, 8, Gulf of Aqaba, Gulf of Suez.

Mustelus laevis (not Linck, 1790).– Klunzinger, 1871, *Verh. zool.-bot. Ges. Wien* **21** : 668, Red Sea (misidentification v. Baranes).

Mustelus canis (not *Squalus canis* Mitchill, 1815).– Ben-Tuvia & Steinitz, 1952 (2) : 3, Elat (misidentification v. Baranes).– Fowler, 1956 : 29 (R.S. quoted).

Mustelus puctulatus (not Risso, 1826).– Fowler, 1941, **13** : 208–209 (R.S. quoted); 1956 : 29, Fig. 17 (R.S. quoted) (misidentification v. Baranes).

6.7   *NEGAPRION* Whitley, 1940b   Gender : M

Roy. Zool. Soc. N.S. Wales, Aust. Zool. Handbook : 111 (type species: *Aprionodon acutidens queenslandicus* Whitley, 1939, by orig. design.).

6.7.1   *Negaprion acutidens* (Rüppell, 1837)

Carcharias acutidens Rüppell, 1837, *Neue Wirbelth., Fische* : 65, Pl. 18, fig. 3. Lectotype: SMF 2825, Jiddah.

Carcharias acutidens.– Müller & Henle, 1841 : 33–34, Jiddah.– Günther, 1870, 8 : 361 (R.S. quoted); 1910 (17) : 478 (R.S. quoted).– Klunzinger, 1871, **21** : 657–658, Quseir.– Day, 1878 : 713, Pl. 189, fig. 1 (R.S. quoted); 1889, **1** : 11 (R.S. quoted).– Picaglia, 1894, **13** : 38, Assab.

Carcharias (Aprion) acutidens.– Rüppell, 1852 : 37, Red Sea.

Carcharias (Aprionodon) acutidens.– Duméril, 1865, **1** : 349, Red Sea.

Negaprion acutidens.– Fowler, 1956 : 18, Fig. 6 (R.S. quoted).– Marshall, 1952, **1** (8) : 221, Ras Muhammad.– Klausewitz, 1960d, **41** (5–6) : 292, Fig. 5, Jiddah.

Aprionodon acutidens.– Tortonese, 1935–36 [1937], **45** : 159 (sep. : 9), Massawa; 1954, **14** : 7–8, Fig. 1, Dahlak.– Fowler, 1941, **13** : 141–143 (R.S. quoted).

Carcharias Forskalii (Ehrenberg MS] syn. in *Carcharias acutidens* Klunzinger, 1871, *Verh. zool.-bot. Ges. Wien* **21** : 657–658 (in text); Hemprich & Ehrenberg, 1899, *Symbol. Physic.* Pl. 5, fig. 2 + a–d, Red Sea.

Carcharias munzingeri Kossmann & Räuber, 1877a, *Verh. naturh.-med. Ver. Heidelb.* **1** : 415, Suez; 1877b : 31, Suez. No type material, Klausewitz in lit. (syn. v. Fowler).

6.8   *RHIZOPRIONODON* Whitley, 1929c   Gender : M

Aust. Zool. **5** (4) : 354 (type species: *Carcharias (Scoliodon) crenidens* Klunzinger, 1880, by monotypy).

6.8.1   *Rhizoprionodon acutus* (Rüppell, 1837)

Carcharias acutus Rüppell, 1837, *Neue Wirbelth., Fische* : 65–66, Pl. 18, fig. 4, Jiddah. Lectotype: SMF 2783.

Carcharias acutus.– Klunzinger, 1871, **21** : 655–657, Quseir.– Kossmann & Räuber, 1877a, **1** : 414, Red Sea; 1877b : 31, Red Sea.– Day, 1878 : 712, Pl. 188, fig. 2 (R.S. quoted); 1889, **1** : 10 (R.S. quoted).

Carcharias (Scoliodon) acutus.– Müller & Henle, 1841 : 29–30, Red Sea.– Rüppell,

1852 : 37, Red Sea.– Bass, d'Aubrey & Kistnasamy, 1975 (38) : 39–40, Textfig. 23, Pl. 9 (R.S. quoted).

Hypoprion acutus.– Klausewitz, 1960d, 41 : 292–293, Pl. 42, fig. 2, Jiddah.

Rhizoprionodon acutus.– Springer, 1964, 115 : 594–601, Figs 5–6, Red Sea.

Carcharias palasorrah Cuvier, 1829, *Règne anim.*, ed. II, 2 : 388 (based on Palasorrah Russel, 1803, *Fish Coromandel* 1 : 9, Pl. 14, Vizagapatam). (Vulnerable name, not valid, v. Klausewitz, 1960d.)

Scoliodon palasorrah.– Tortonese, 1935–36 [1937], 45 : 158 (sep. : 8), Massawa.– Fowler, 1941, 13 : 137–139, Red Sea; 1956 : 20–22 (R.S. quoted).– Smith, 1949 : 43, S. Africa.– Gohar & Mazhar, 1964 : 46–48, Figs 31–33, Pl. 3, fig. 3, Dished El Dabba, Suez.

Carcharias (Scoliodon) Walbeehmi Bleeker, 1856, *Natuurk. Tijdschr. Ned.-Indië* 10 : 353–355. Holotype: BMNH 1864.11.28.191 ♀, Rio Bintang Isl. (syn. v. Springer).– Picaglia, 1894, 13 : 38, Red Sea.

Scoliodon walbeehmii.– Smith, 1949 : 43, Fig. 12, S. Africa.– Fowler, 1956 : 20 Fig. 8 (R.S. quoted).– Gohar & Mazhar, 1964 (13) : 48–51, Textfigs 34–35, Pl. 3, fig. 4, Pl. 10, fig. 1, Abu Sadaf (N.W. Red Sea).

Carcharias aronis [Ehrenberg MS] syn. in *Carcharias acutus* Klunzinger, 1871.

Carcharias aaronis Hemprich & Ehrenberg, 1899, *Symbol. Physic.* Pl. 5, fig. 1 + a–c, Red Sea. Syntypes: ZMB 2261 (dried), 4453 (3 ex.), 4456, 4530, 7817, 22611, 22613.

Carcharias albomarginatus (not Rüppell) Hemprich & Ehrenberg, 1899, Pl. 4, fig. 1 (misidentification, mentioned in *Carcharias acutus.*– Klunzinger).

6.9   *TRIAENODON* Müller & Henle, 1837a   Gender: M
           Ber. Akad. Wiss. Berlin : 117 (type species: *Carcharias obesus* Rüppell, 1837, by subs. design. of Jordan, 1919).

6.9.1   *Triaenodon obesus* (Rüppell, 1837)
           Carcharias obesus Rüppell, 1837, *Neue Wirbelth., Fische* : 64–65, Pl. 18, fig. 2. Holotype: SMF 3149, Jiddah.

Carcharias obesus.– Müller & Henle, 1841 : 55–56, Pl. 20 (R.S. quoted).

Triaenodon obesus.– Rüppell, 1852 : 37, Red Sea.– Duméril, 1865, 1 : 386–387, Red Sea.– Günther, 1870, 8 : 383 (R.S. quoted); 1910 (17) : 482–483 (R.S. quoted).– Klunzinger, 1871, 21 : 667–668, Quseir.– Fowler, 1941, 13 : 194–195 (R.S. quoted).– Smith, 1953 : 511, Fig. 13a, S. Africa.– Klausewitz, 1959a, 40 (1–2) : 47–48, Figs 5–6, Ghardaqa; 1960d, 41 (5–6) : 291–292, Fig. 4, Pl. 42, fig. 1, Jiddah; 1967c : 62, Sarso Isl.– Abel, 1960a, 49 : 444, Ghardaqa.– Gohar & Mazhar, 1964 (13) : 36–39, Figs 21–23, Pl. 3, fig. 1, Ghardaqa.– Baranes, 1973 : 58–60, Figs 35–41, Tbs 6, 8, Elat.– Randall, 1977, 31 : 143–164, 11 figs (R.S. quoted).

6.A.a   *Carcharias punctatus*? (not Mitchill) Picaglia, 1894, 13 : 38, Red Sea (possibly a species of *Scoliodon*, v. Fowler, 1956 : 22).

7   # SPHYRNIDAE

G: 1
Sp: 2

7.1   *SPHYRNA* Rafinesque, 1810   Gender: F
           Indice Ittiol. sicil. : 46, 60 (type species: *Squalus zygaena* Linnaeus, 1758, by subs. design. of Jordan & Gilbert, 1883).

Cestracion Klein, in Walbaum, 1792, *Artedi Pisc.*, pt. 3 : 580 (type species: *Squalus zygaena* Linnaeus, 1758, by subs. design. of Gill, 1861. Name inadmissible, as result of Rules of the International Commission on Zoological Nomenclature, 1907 and 1910).

Zygaena Cuvier, 1817 [1816], *Règne anim.* 2 : 127 (type species: *Squalus zygaena* Linnaeus, 1758, name preoccupied by *Zygaena* Fabricius, 1775, for Lepidoptera).

7.1.1   *Sphyrna (Sphyrna) lewini* (Griffith & Smith, 1834)

Zygaena lewini Griffith & Smith, 1834, *Animal Kingdom Cuv.* 10 : 639–640, Pl. 50, New Holland. No type material.

Zygaena lewini.– Tortonese, 1954, 14 : 12, Sfirnidi (Red Sea).

Sphyrna (Sphyrna) lewini.– Gilbert, 1967, 119 (3539) : 37–45, Figs 10, 21d, 22d, Pls 3, 6B, 7B, 10B, Map 3, Massawa.

Sphyrna diplana Springer, 1940 [1941] *Proc. Fla. Acad. Sci.* 5 : 46–52. Holotype : USNM 108451, Florida (syn. v. Gilbert).– Gohar & Mazhar, 1964 (13) : 81–83, Textfigs 70–72, Market of Suez.

Cestracion oceanica Garman, 1913, *Mem. Mus. comp. Zool. Harv.* 36 : 158–159. Syntypes: MCZ 460 (3 ex.); USNM 153587 (1 ex.), Society Isls (syn. v. Gilbert).

Sphyrna oceanica.– Fowler, 1956 : 30 (R.S. quoted).

Zygaena malleus (not Cuvier, 1817 [1816] : 223, not Risso, 1826 : 125).– Klunzinger, 1871, 21 : 666, Red Sea.– Picaglia, 1894, 13 : 38, Assab (misidentification v. Gilbert).

Zygaena erythraea [Ehrenberg MS] syn. in *Zygaena malleus.–* Klunzinger, 1871, 21 : 666, Red Sea.– Hemprich & Ehrenberg, 1899, *Symbol. Physic.* Pl. 6, fig. 2, Red Sea.

Sphyrna zygaena (not Linnaeus).– Tortonese, 1935–36 [1937] 45 : 160–161 (sep. : 10–11), Massawa.– Fowler, 1941, 13 : 217–220 (R.S. quoted) (misidentification v. Fowler, 1956 and v. Gilbert).

7.1.2   *Sphyrna mokarran* (Rüppell, 1837)

Zygaena mokarran Rüppell, 1837, *Neue Wirbelth., Fische* : 66–67, Pl. 17, fig. 3. Lectotype : SMF 3590, Massawa.

Zygaena mokarran.– Günther, 1870, 8 : 383 (R.S. quoted).– Klunzinger, 1871, 21 : 667, Red Sea.– Day, 1889, 1 : 23 (R.S. quoted).

Sphyrna mokarran.– Müller & Henle, 1841 : 54, Red Sea.– Rüppell, 1852 : 37, Red Sea.– Klausewitz, 1960d, 41 (5–6) : 293–294, Fig. 6, Massawa.– Misra, 1962, 1 : 89–90 (R.S. quoted).– Gohar & Mazhar, 1964 (13) : 78–81, Textfigs 67–69, Pl. 6, figs 1–2, Ghardaqa.– Ben-Tuvia, 1968 (52) : 49, Elat, Dahlak, Sinai.

Sphyrna (Sphyrna) mokarran.– Gilbert, 1967, 119 (3529) : 25–31, Figs 6–7 (R.S. quoted).

Cestracion (Zygaena) mokarran.– Duméril, 1865, 1 : 383 (R.S. quoted).

Sphyrna tudes (not *Zygaena tudes* Val., 1822).– Fowler, 1941, 13 : 214–215 (R.S. quoted) ; 1956 : 30 (R.S. quoted) (misidentification v. Klausewitz).

8   # SQUATINIDAE

G : 1
Sp : 1

8.1   *SQUATINA* Duméril, 1806   Gender : F

Zool. analyt. : 102 (type species : *Squalus squatina* L., 1758, by absolute tautonomy).

Rhina Schaeffer, 1760, *Epist. Stud. ichthyol. Meth.* : 20 (atypic), rejected by the International Commission on Zoological Nomenclature, 1958 : 32, and put on the 'Official index of . . . generic names', 1. inst., 1958 : 32, no. 252.

Squatinidae

8.1.1   *Squatina squatina* (Linnaeus, 1758)

    Squalus Squatina Linnaeus, 1758, *Syst. Nat.*, ed. X, **1** : 233–234, Europe. Two specimens, possibly syntypes, in Linnaean Coll., ZMU L-161 (dried) and NRMS L-87.

    Squatina squatina.– Fowler, 1956 : 32 (R.S. quoted).

    Rhina squatina.– Kossmann & Räuber, 1877a, **1** : 415, Red Sea; 1877b : 31, Red Sea.

II HYPOTREMATA

Fam. 9–15

9 PRISTIDAE

G: 1
Sp: 2

9.1 *PRISTIS* Linck, 1790 — Gender: F

Mag. Phys. Naturgesch. **6** (3) : 31 (type species: *Squalus pristis* Linnaeus, 1758, by absolute tautonomy).

9.1.1 ***Pristis cuspidata*** **Latham, 1794**

Pristis cuspidatus Latham, 1794, *Trans. Linn. Soc. Lond.* **2** (25) : 279–280, Pl. 26, fig. 3, no loc.

Pristis cuspidatus.– Garman, 1913, **36** : 261–262 (R.S. quoted).– Fowler, 1941, **13** : 296–297 (R.S. quoted); 1956 : 34 (R.S. quoted).– Misra, 1962, **1** : 120–122, Fig. 41 (R.S. quoted).

9.1.2 ***Pristis pectinata*** **Latham, 1794**

Pristis pectinatus Latham, 1794, *Trans. Linn. Soc. Lond.* **2** (25) : 278–279, Pl. 26, fig. 2, no loc. No type material.

Pristis pectinatus.– Rüppell, 1837 : 67–68, Pl. 17, fig. 1, Et Tur; 1852 : 38, Red Sea.– Duméril, 1865, **1** : 475–476, Red Sea.– Klunzinger, 1871, **21** : 673–674, Quseir.– Kossmann & Räuber, 1877a, **1** : 416, Red Sea; 1877b : 32, Red Sea.– Ogilby, 1888, **1** : 14, Red Sea.– Day, 1889, **1** : 39 (R.S. quoted).– Picaglia, 1894, **13** : 39, Assab.– Tortonese, 1931, **44** (54) : 5, Assab; 1935–36 [1937] **45** : 161 (sep. : 11), Assab; 1954, **14** : 12, Red Sea.– Smith, 1949 : 63, Pl. 3, fig. 59.– Fowler, 1941, **13** : 291–293 (R.S. quoted); 1956 : 33 (R.S. quoted).– Misra, 1962, **1** : 125–126, Fig. 43 (R.S. quoted).– Gohar & Mazhar, 1964 (13) : 89–91, Pl. 10, figs 3–4, Ghardaqa.

Squalus pristis (not Linnaeus).– Forsskål, 1775, *Descr. Anim.* : x, Jiddah, Lohaja (misidentification v. Fowler).

Pristis leptodon Duméril, 1865, *Hist. nat. Poiss.* **1** : 479–480. Holotype: MNHN 3486 ♀ (skin), Red Sea; Paratype: MNHN 3485 ♀ (mounted), Red Sea (syn. v. Fowler).

10 RHINIDAE

G: 2
Sp: 2

10.1 *RHINA* Bloch & Schneider, 1801 — Gender: M

Syst. Ichthyol. : 352 (type species: *Rhina ancylostomus* Bloch & Schneider, 1801, by subs. design. of Jordan, 1917).

Rhamphobatis Gill, 1862, *Ann. Lyceum nat. Hist.* **7** : 408 (type species: *Rhina* *ancylostomus* Bloch & Schneider, 1801, by monotypy, proposed as a replacement name for *Rhina* Bloch & Schneider).

10.1.1   *Rhina ancylostomus* **Bloch & Schneider**, 1801
Rhina ancylostomus Bloch & Schneider, 1801, *Syst. Ichthyol.* : 352, Pl. 72, Coromandel (Indian Ocean). Type: ZMB 4621, lost.
Rhina ancylostoma.– Vinciguerra, 1919, 8 : 251–253, Red Sea.– Norman, 1926b : 943, Fig. 1a (R.S. quoted).– Tortonese, 1935–36 [1937], **45** : 161 (sep. : 11), Assab; 1954, **14** : 13, Massawa.– Smith, 1953 : 503, Fig. 59a, S. Africa.– Fowler, 1941, **13** : 299–300 (R.S. quoted); 1956 : 34–35 (R.S. quoted).– Misra, 1962, **1** : 113–115, Fig. 38 (R.S. quoted).– Gohar & Mazhar, 1964 (13) : 95–98, Pl. 7, fig. 2, Pl. 11, figs 1–4, Ghardaqa.
Rhamphobatis ancylostomus.– Duméril, 1865, **1** : 482, Red Sea.

10.2   *RHYNCHOBATUS* **Müller & Henle**, 1873a   Gender: M
Ber. Akad. Wiss. Berlin : 116 (type species: *Rhinabatus laevis* Bloch & Schneider, 1801, by monotypy).

10.2.1   *Rhynchobatus djiddensis* (**Forsskål**, 1775)
Raja djiddensis Forsskål, 1775, *Descr. Anim.* : viii, 18, Jiddah, Lohaja. Type lost.
Raja djiddensis.– Bloch & Schneider, 1801 : 356 (R.S. on Forsskål) (*djidsensis*, misprint).– Shaw, 1804, **5** : 319 (R.S. quoted).
Rhinobatus djeddensis.– Rüppell, 1829 : 54–55, Pl. 13, fig. 1, Red Sea.
Rhinobatus djettensis.– Rüppell, 1837 : 68, Pl. 14, fig. 1, Red Sea.
Rhinchobatus djettensis.– Rüppell, 1852 : 38, Red Sea.
Rhynchobatus djeddensis.– Günther, 1870, 8 : 441, Red Sea.– Day, 1878 : 730–731, Pl. 192, fig. 1 (R.S. quoted).– Tortonese, 1935–36 [1937], **45** : 161 (sep. : 11), Assab; 1954, **14** : 13, Red Sea.– Fowler, 1945, **26** : 114, Fig. 1 (R.S. quoted).– Smith, 1949 : 63, Fig. 60, S. Africa.
Rhynchobatus djiddensis.– Klunzinger, 1871, **21** : 674–675, Quseir.– Picaglia, 1894, **13** : 39, Perim.– Garman, 1913, **36** : 268–269, Pl. 65, fig. 1 (R.S. quoted).– Norman, 1926a (4) : 944, Textfig. B, Red Sea.– Melouk, 1949 (7) : 5, Ghardaqa.– Fowler, 1941, **13** : 300–303 (R.S. quoted); 1956 : 35, Fig. 18 (R.S. quoted).– Hamdi, 1959, **13** : 18–22, Red Sea; 1960, **14** : 82–89, Red Sea.– Misra, 1962, **1** : 116–118, Fig. 39 (R.S. quoted).– Gohar & Mazhar, 1964 (13) : 93–95, Pl. 7, fig. 1, Pl. 10, figs 5–6, Ghardaqa.
Rhinobatus maculata [Ehrenberg MS] Rüppell, 1829, *Atlas Reise N. Afrika, Fische* : 56, Red Sea (in text of *Rhinobatus halavi* as syn. of *Rhinobatus djeddensis*).
Rhinobatus laevis Bloch & Schneider, 1801, *Syst. Ichthyol.* : 354, Pl. 71, Tranquebar (syn. v. Fowler, 1941).
Rhynchobatus laevis.– Müller & Henle, 1837a : 111–112, Red Sea.– Gray, 1851 : 92, Red Sea.– Duméril, 1865, **1** : 483–484, Red Sea.

11   **RHINOBATIDAE**
G: 1
Sp: 5

11.1   *RHINOBATOS* **Linck**, 1790   Gender: M
Mag. Phys. Naturgesch. **6** (3) : 32 (type species: *Raja rhinobatos* Linnaeus, 1758, by absolute tautonomy).

11.1.1   *Rhinobatos granulatus* **Cuvier**, 1829
Rhinobatus (Rhinobatus) granulatus Cuvier, 1829, *Règne anim.*, ed. II, **2** : 396. Syntypes: MNHN 1253 ♀, 1254 ♀, Pondichery.

Rhinobatus granulatus.– Bamber, 1915, **31** : 477, W. Red Sea.– Fowler, 1941, **13** : 315–317 (R.S. quoted); 1956 : 36 (R.S. quoted).– Misra, 1962, **1** : 103–106, Fig. 34 (R.S., pass. ref.).– Hamdi & Khalil, 1964a, **17** : 60–69, Red Sea.– Hamdi & Gohar, 1974, **25** : 21–22, Figs 1–2, Red Sea.

11.1.2 ***Rhinobatos halavi* (Forsskål, 1775)**

Raja halavi Forsskål, 1775, *Descr. Anim.* : viii, 19–20, Jiddah. No type material.

Rhinobatus halavi.– Rüppell, 1828 : 55–56, Pl. 14, fig. 2, Red Sea; 1852 : 38, Red Sea.– Gray, 1851 : 95, Red Sea.– Günther, 1870, **8** : 442, Red Sea.– Klunzinger, 1871, **21** : 675–676, Quseir.– Day, 1878 : 731–732, Pl. 193, fig. 4 (R.S. quoted); 1889, **1** : 43 (R.S. quoted).– Kossmann & Räuber, 1877a, **1** : 416–417, Red Sea; 1877b : 32, Red Sea.– Picaglia, 1894, **13** : 39, Red Sea.– Norman, 1926a (4) : 956, Fig. 9, Red Sea.– Melouk, 1949 (7) : 1–98, Figs 7–8, 10–11, Pls 6–9, Ghardaqa.– Marshall, 1952, **1** (8) : 222, Ras Muhammad.– Hamdi, 1952, **17c** : 166, Red Sea; 1956, **11** : 74–78, 3 figs, Red Sea; *ibid.* : 79–83, 8 textfigs, Red Sea; 1957, **12** : 58–71, 8 textfigs, Ghardaqa; 1959, **13** : 18–22, 7 figs, Red Sea; *ibid.* : 23–28, 15 figs, Red Sea.– Gohar & Mazhar, 1964 (13) : 98–100, Fig. 76, Ghardaqa.

Rhinobatos halavi.– Fowler, 1941, **13** : 320–321, Red Sea; 1956 : 37 (R.S. quoted).– Norman, 1926a (4) : 956–957, Red Sea.

Rhinobatus (Rhinobatus) halavi.– Müller & Henle, 1841 : 120, Red Sea.– Duméril, 1865, **1** : 496, Red Sea.

Rhinobatus rhinobatus (not *Raja rhinobatus* Linnaeus).– Bloch & Schneider, 1801 : 353 (R.S. quoted) (misidentification v. Fowler).

Rhinobatus granulatus (not Cuvier).– Bamber, 1915, **31** : 477, W. Red Sea (misidentification v. Fowler).

11.1.3 ***Rhinobatos obtusus* Müller & Henle, 1841***

Rhinobatus (Rhinobatus) obtusus Müller & Henle, 1841, *Syst. Beschr. Plagiost.* : 122–123, Pl. 37, fig. 1. Syntypes: MNHN A-7855 ♂, A-7912 ♂, 3740 ♀, Malabar, A-7857 ♂, A-8585, Pondichery; ZMB 7589 (dried).

Rhinobatus obtusus.– Smith, 1949 : 64, S. Africa.– Gohar, 1954 (2, 3) : 30, Red Sea.

11.1.4 ***Rhinobatos schlegelii* Müller & Henle, 1841**

Rhinobatus (Rhinobatus) Schlegelii Müller & Henle, 1841, *Syst. Beschr. Plagiost.* : 123, Pl. 41. Syntypes: RMNH 4225 (4 ex.), 2689 (stuffed), 2680, 2681, 2684, 2685, 2686, 2687, Japan.

Rhinobatos schlegelii.– Smith, 1949 : 64, Fig. 64, S. Africa.– Gohar & Mazhar, 1964 (13) : 100–101, Fig. 77, Ghardaqa.

11.1.5 ***Rhinobatos thouin* (Anonymous, 1798)**

Raja thouin Anonymous, 1798, *Allg. lit. Zeit.* **3** (287) : 677–678, Pl. 1, figs 2–4, no loc. Latinisation of vernacular name, Lacepède, 1798, **1** : 134–138, Pl. 1, figs 3–5.

Rhinobatos thouin.– Fowler, 1941, **13** : 317–319 (R.S. quoted); 1956 : 36–37 (R.S. quoted).

Rhinobatus (Rhinobatus) thouini.– Duméril, 1865, **1** : 500–501, Pl. 10, figs 2a–b, Red Sea.

Rhinobatus thouini.– Day, 1878 : 732, Pl. 190, fig. 4 (R.S. quoted); 1889, **1** : 44 (R.S. quoted).

Raja thouinianus.– Shaw, 1804, *Gen. Zool. Syst. nat. Hist.* **5** : 318, Pl. 147, fig. 2, on La raie thouin Lacepède.

Rhinobatus thouiniana.– Norman, 1926a (4) : 951 (R.S. quoted).

11.1.a *Rhinobatus cemiculus* E. Geoffroy Saint-Hilaire, 1817, *Descr. Égypte, Poiss.* Holotype: MNHN 1966, Mediterranean Coast of Egypt.

Rhinobatus cemiculus.– Duméril, 1865, **1** : 495–496, Pl. 10, fig. 3 (R.S. quoted).–

Bertin, 1939 : 79, Red Sea (based on the type MNHN 1966 of Geoffroy St. Hilaire, but acc. to E. Geoffroy St. Hilaire, 1809 : 338, Pl. 27, fig. 3, the records are from the Mediterranean Sea).

12 TORPEDINIDAE

G: 1
Sp: 2

12.1 ***TORPEDO* Houttuyn**, 1764 Gender: F

Nat. Hist. Dier. Plant. Miner. **1** (6) : 453 (type species: *Raja torpedo* Linnaeus, 1758, by absolute tautonomy; generally accepted).

Narcacion Gill, 1862, *Ann. Lyceum nat. Hist.* **7** : 387 (based on *Narcacion* Klein, 1777, *Neuer Schaupl. Nat.* (4) : 726, not permissible, the type species of which is *Raja torpedo* Linnaeus, by subs. design. of Jordan, 1917 : 39).

12.1.1 ***Torpedo panthera* Olfers**, 1831

Torpedo marmorata var. *panthera* Olfers, 1831, *Gattung Torpedo* : 16, Red Sea.

Torpedo panthera.– Rüppell, 1837 : 68–69, Pl. 19, fig. 1a–b, Et Tur; 1852 : 38, Red Sea.– Müller & Henle, 1841 : 193, Red Sea.– Günther, 1870, **8** : 451 (R.S. quoted).– Klunzinger, 1871, **21** : 678, Red Sea.– Bamber, 1915, **31** : 477, W. Red Sea.– Gruvel & Chabanaud, 1937, **35** : 2, Suez Canal.– Fraser-Brunner, 1949 : 945, Fig. 1, Red Sea.– Klausewitz, 1959a, **40** : 49–50, Elat; 1960d, **41** : 295, Pl. 43, fig. 6, Et Tur.– Misra, 1962, **1** : 219–221, Textfig. 72, Pl. 19 (R.S. quoted).– Gohar & Mazhar, 1964 (13) : 102–103, Ghardaqa.

Narcacion panthera.– Garman, 1913, **36** : 307–308 (R.S. quoted).

Torpedo marmorata (not Risso, 1810).– Fowler, 1941, **13** : 342–344 (R.S. quoted); 1956 : 48 (R.S. quoted).– Abel, 1960a, **49** : 444, Ghardaqa.– Saunders, 1960, **79** (3) : 241, Red Sea.– Magnus, 1966, **2** : 372, Ghardaqa (misidentification v. Klausewitz).

12.1.2 ***Torpedo sinuspersici* Olfers**, 1831

Torpedo sinus-persici Olfers, 1831, *Gattung Torpedo* : 15, 17 (on Kaempfer, 1778 : 509–515, Pl. 1).

Torpedo sinus-persici.– Duméril, 1852 : 239–240, Red Sea; 1865 : 509–510, Red Sea.– Klunzinger, 1871, **21** : 677–678, Quseir.– Bamber, 1915, **31** : 477, W. Red Sea.– Gruvel & Chabanaud, 1937, **35** : 2, Suez Canal.– Fowler, 1941, **13** : 344–345 (R.S. quoted); 1956, **1** : 48–49, Fig. 22 (R.S. quoted).– Bigelow & Schroeder, 1953, **1** (2) : 95 (R.S. quoted).– Misra, 1962 : 221–222 (R.S. quoted).

Torpedo suessii Steindachner, 1898, *Sber. Akad. Wiss. Wien* **107** : 784–786, Pl. 2, Mocho, Perim (syn. acc. to Fraser-Brunner, 1949, **2** : 946–947).

Narcacion suessii.– Garman, 1913, **36** : 308 (R.S. quoted).

13 DASYATIDAE

G: 4
Sp: 10

13.I DASYATINAE

13.1 ***DASYATIS* Rafinesque**, 1810 Gender: F

Caratt. Gen. Spec. Sicil. : 16 (type species: *Raja pastinaca* Linnaeus, 1758, by monotypy).

Himantura Müller & Henle, 1837a, *Ber. Akad. Wiss. Berlin* : 117 (type species: *Raja uarnak* Forsskål, by orig. design.).

Hypolophus Müller & Henle, 1837a, *Ber. Akad. Wiss. Berlin* : 117 (type species: *Raja sephen* Forsskål, 1775, by subs. design. of Bonaparte, 1838).

Pastinachus Rüppell, 1828, *Atlas Reise N. Afrika, Fische* (footnote) : 51 (type species: *Raja sephen* Forsskål, 1775, by orig. design.).

Trygon Cuvier, 1817 [1816], *Règne anim.* 2 : 136 (type species: *Raja pastinaca* Linnaeus, 1758, by subs. design. of Bonaparte, 1838, *Sel. Tab. anal.* : 203).

13.1.1   *Dasyatis gerrardi* (Gray, 1851)
  Trygon gerrardi Gray, 1851, *List Spec. Fish Br. Mus.* : 116—117. Syntypes: BMNH 1843.5.19.1 ♂, India, 1846.11.18.49 ♀, India.
  Dasyatis gerrardi.– Fowler, 1941, **13** : 409—410 (R.S. quoted); 1956, **1** : 42 (R.S. quoted).– Gohar & Mazhar, 1964 (13) : 113—115, Pl. 13, figs 4—5, Pl. 14, fig. 1, Jubal Isl., Red Sea.
  Dasyatis (Himantura) gerrardi.– Misra, 1962, **1** : 160—161, Fig. 53 (R.S. quoted).
  Trygon liocephalus Klunzinger, 1871, *Verh. zool.-bot. Ges. Wien* **21** : 678—679, Quseir (syn. v. Fowler).

13.1.2   *Dasyatis imbricata* (Schneider, 1801)
  Raja imbricata Schneider, in Bloch & Schneider, 1801, *Syst. Ichthyol.* : 366. Type: ZMB 7585 (stuffed), Coromandel (India).
  Dasyatis imbricatus.– Fowler, 1941, **13** : 434—436 (R.S. quoted); 1956 : 43 (R.S. quoted).
  Trygon walga Müller & Henle, 1841, *Syst. Beschr. Plagiost.* : 159—160, Pl. 50, fig. 1. Paratypes: MNHN 2337 ♂, Red Sea, 2431 ♀, Ganges (syn. v. Fowler).– Day, 1878 : 738—739, Pl. 194, fig. 3 (R.S. quoted).
  Dasyatis (Himantura) walga.– Misra, 1962, **1** : 169—171, Fig. 58 (R.S. quoted).
  Trygon polylepis Bleeker, 1852f, *Verh. batav. Genoot. Kunst. Wet.* **24** : 73. Holotype: RMNH 7453 ♂, Batavia.– Klunzinger, 1871, **21** : 680, Red Sea (syn. v. Fowler).
  Raja obtusa [Ehrenberg MS] syn. in *Trygon polylepis* Klunzinger, 1871, *Verh. zool.-bot. Ges. Wien* **21** : 680, Red Sea.

13.1.3   *Dasyatis kuhlii* (Müller & Henle, 1841)
  Trygon kuhlii Müller & Henle, 1841, *Syst. Beschr. Plagiost.* : 164—165, Pl. 50, fig. 2. Syntypes: MNHN 2440 ♀, Vanicoro, A-7931, New Guinea.
  Dasyatis kuhlii.– Tortonese, 1954, **14** : 15—17, Fig. 4, Dur Gulla.– Halstead, Pl. IX, fig. 2, Elat.
  Trygon kuhlii.– Melouk, 1954 (32) : 71—72, Red Sea; 1959 (34) : 12—13, Ghardaqa.

13.1.4   *Dasyatis sephen* (Forsskål, 1775)
  Raja sephen Forsskål, 1775, *Descr. Anim.* : viii, 17—18, Jiddah, Lohaja. No type material.
  Raja sephen.– Bloch & Schneider, 1801 : 364 (R.S. on Forsskål).– Shaw, 1804, **5** : 288—289 (R.S. quoted).
  Trigon sephen.– Rüppell, 1829 : 52—53, Red Sea; 1837 : 69, Red Sea.
  Hypolophus sephen.– Müller & Henle, 1841 : 170—171, Red Sea.– Rüppell, 1852 : 38, Red Sea.– Duméril, 1865, **1** : 616—617, Red Sea.
  Trygon sephen.– Günther, 1870, **8** : 482—483 (R.S. quoted).– Day, 1878 : 740, Pl. 195, fig. 2 (R.S. quoted); 1889, **1** : 50—52, Figs 21—22 (R.S. quoted).– Bamber, 1915, **31** : 478, Red Sea.
  Trygon (Hypolophus) sephen.– Klunzinger, 1871, **21** : 680, Red Sea.
  Dasyatis (Pastinachus) sephen.– Tortonese, 1935—36 [1937], **45** : 162 (sep. : 12), Massawa.– Misra, 1962, **1** : 173—175, Fig. 60 (R.S. quoted).
  Dasyatis sephen.– Fowler, 1941, **13** : 415—417 (R.S. quoted); 1956 : 42—43, Fig. 19 (R.S. quoted).– Tortonese, 1954, **14** : 15, Red Sea.– Klausewitz, 1960d, **41** : 294,

Pl. 43, fig. 4, Red Sea.– Gohar & Mazhar, 1964 (13) : 115–118, Fig. 80, Pl. 8, figs 2a–b, Pl. 14, figs 5–6, Ghardaqa.

Trigon forskalii Rüppell, 1829, *Atlas Reise N. Afrika, Fische* : 53, Pl. 13, fig. 2. Lectotype: SMF 2538; Paralectotype: SMF 2537, Red Sea; 1837 : 69, Red Sea (syn. v. Klunzinger and v. Klausewitz).

13.1.5   *Dasyatis uarnak* (Forsskål, 1775)

Raja uarnak Forsskål, 1775, *Descr. Anim.* : viii, 18, Red Sea. No type material.

Raja uarnak.– Bloch & Schneider, 1801 : 364–365 (R.S. on Forsskål).

Pastinachus uarnak.– Rüppell, 1837 : 69–70, Pl. 19, fig. 2a–b, Red Sea.

Trygon uarnak.– Müller & Henle, 1841 : 158–159, Red Sea.– Gray, 1851, 8 : 116, Red Sea.– Rüppell, 1852 : 38, Red Sea.– Playfair & Günther, 1866 : 143 (R.S. quoted).– Günther, 1870, 8 : 473–474, Red Sea.– Klunzinger, 1871, 21 : 679–680 (R.S. on Rüppell).– Day, 1878 : 737–738, Pl. 194, fig. 1 (R.S. quoted).– Tillier, 1902, 15 : 318 (R.S. quoted).– Bamber, 1915, 31 : 478, W. Red Sea.– Gruvel, 1936, 29 : 149, Bitter Lake, Suez Canal.– Gruvel & Chabanaud, 1937, 35 : 2, Fig. 1, Suez Canal.

Trygon uarnack.– Richardson, 1846 : 197 (R.S. quoted).

Trygon (Himantura) uarnak.– Duméril, 1865, 1 : 585–586 (R.S. quoted).

Dasyatis uarnak.– Fowler, 1941, 13 : 405–409 (R.S. quoted); 1956, 1 : 40–42 (R.S. quoted).– Smith, 1949 : 70, Pl. 4, fig. 79, S. Africa.– Marshall, 1952, 1 : 222, Sinafir Isl.– Hamdi, 1959, 13 : 18–22, Red Sea.– Gohar & Mazhar, 1964 (13) : 110–113, Figs 78–79, Pl. 8, fig. 3a–b, Pl. 13, figs 2–3, Ghardaqa.

Himantura uarnak.– Tortonese, 1954, 14 : 15, Dahlak.– Klausewitz, 1960d, 41 : 294–295, Pl. 43, fig. 5, Red Sea.

Dasyatis (Himantura) uarnak.– Misra, 1962 : 166–169, Fig. 57 (R.S. quoted).

13.1.a   *Raja Pastinaca* Linnaeus, 1758, *Syst. Nat.*, ed. X, 1 : 232, Europe. No type material.

Raja pastinaca.– Gmelin, 1789, 1 : 1509 (R.S. quoted).

Dasyatis (Dasyatis) pastinaca.– Misra, 1962, 1 : 154–155 (R.S. quoted).

13.II   GYMNURINAE

13.2   **GYMNURA Van Hasselt**, 1823   Gender: F

Algem. Konst- en Letter-bode : 316 (type species: *Raja micrura* Bloch & Schneider, 1801, by monotypy).

Aetoplatea Valenciennes, in Müller & Henle, 1841, *Syst. Beschr. Plagiost.* : 175 (type species: *Aetoplatea tentaculata* Valenciennes, in Müller & Henle, 1841, by monotypy).

Pteroplatea Müller & Henle, 1837, *Ber. Akad. Wiss. Berlin* : 117 (type species: *Raja altavela* Linnaeus, 1758, by subs. design. of Bonaparte, 1838 : 202).

13.2.1   *Gymnura poecilura* (Shaw, 1804)

Raja poecilura Shaw, 1804, *Gen. Zool. Syst. nat. Hist.* 5 : 291 (based on Tenkee kunsal Russel, 1803, *Fish Coromandel* 1 : 4, Pl. 6, India).

Pteroplatea poecilura.– Garman, 1913, 36 : 412–413 (R.S. quoted).

Gymnura poecilura.– Fowler, 1941, 13 : 452–453 (R.S. quoted); 1956, 1 : 44 (R.S. quoted).

Gymnura (Gymnura) poecilura.– Misra, 1962, 1 : 182–184, Textfig. 63, Pl. 14, fig. 2 (R.S. quoted).

Pteroplatea micrura.– Müller & Henle, 1841 : 169, Red Sea.– Richardson, 1846 : 197 (R.S. quoted) (misidentification, v. Fowler, 1941).

13.2.2   *Gymnura tentaculata* (Valenciennes, 1841)
          Aetoplatea tentaculata Valenciennes, 1841, in Müller & Henle, *Syst. Beschr.*
          Plagiost. : 175, Red Sea. Lectotype: MNHN 2330 ♂; Paralectotypes: MNHN
          2329 ♀ ♀.
          Gymnura tentaculata.– Fowler, 1941, **13** : 450–451 (R.S. quoted); 1956 : 44 (R.S.
          quoted).
          Gymnura (Aetoplatea) tentaculata.– Misra, 1962, **1** : 179–180, Fig. 62 (R.S. quoted).

13.3   *TAENIURA* Müller & Henle, 1837b   Gender: F
          Arch. Naturgesch. **3** : 400 (type species: *Trygon ornatum* Gray, 1832 = *Raja lymma*
          Forsskål, 1775, by subs. design. of Bonaparte, 1838, *Sel. Tab. anal.* : 202).

13.3.1   *Taeniura lymma* (Forsskål, 1775)
          Raja lymma Forsskål, 1775, *Descr. Anim.* : viii, 17, Lohaja. Type lost.
          Raja lymna.– Bloch & Schneider, 1801 : 365 (R.S. on Forsskål).– Shaw, 1804, **5** : 287
          (R.S. quoted).
          Trygon lymma.– E. Geoffroy Saint-Hilaire, 1808, Pl. 17, fig. 1, Red Sea (loc. Mediter-
          ranean erroneous).– I. Geoffroy Saint-Hilaire, 1827 : 333, Pl. 27, fig. 1, Red Sea
          (loc. Mediterranean erroneous).
          Trigon lymma.– Rüppell, 1829 : 51–52, Pl. 13, fig. 1, N. Red Sea; 1837 : 69, N. Red
          Sea.
          Taeniura lymma.– Müller & Henle, 1841 : 171–172, Pl. 24, fig. 3, Red Sea.– Gray,
          1851 : 124, Red Sea.– Rüppell, 1852 : 38, Red Sea.– Duméril, 1865, **1** : 619–620,
          Red Sea.– Playfair & Günther, 1866 : 143 (R.S. quoted).– Günther, 1870, **8** : 483,
          Red Sea.– Klunzinger, 1871, **21** : 681–682, Quseir.– Kossmann & Räuber, 1877a,
          1 : 447, Red Sea; 1877b : 22, Red Sea.– Picaglia, 1894, **13** : 39, Assab.– Tortonese,
          1935–36 [1937], **45** : 162 (sep. : 12), Egypt; 1954, **14** : 13, Dur Gulla.– Fowler,
          1941, **13** : 398–401, Red Sea; 1956 : 39–40, Massawa.– Ben-Tuvia & Steinitz,
          1952 (2) : 4, Elat.– Marshall, 1952, **1** (8) : 222, Sinafir Isl., Mualla, Um Nageila.–
          Roux-Estève & Fourmanoir, 1955, **30** : 195, Abu Latt.– Klausewitz, 1959a, **40** :
          48–49, Fig. 7, Ghardaqa.– Abel, 1960a, **49** : 444, Ghardaqa.– Misra, 1962, **1** :
          141–142, Pl. 10, fig. 2 (R.S. quoted).– Gohar & Mazhar, 1964 (13) : 107–109,
          Pl. 8, figs 1–2, Pl. 12, figs 4–6, Ghardaqa.– Ben-Tuvia, 1968 (52) : 50, Entedebir.
          Taeniura lymna.– Martens, 1866, **16** : 379, Red Sea.

13.3.2   *Taeniura melanospilos* Bleeker, 1853
          Taeniura melanospilos Bleeker, 1853c, *Natuurk. Tijdschr. Ned.-Indië* **4** : 513. Holo-
          type: RMNH 7453 ♂, Batavia.
          Taeniura melanospilos.– Day, 1889, **1** : 56 (R.S. quoted).– Tortonese, 1954, **14** :
          14–15, Fig. 3, Diburi (Ethiopia).– Misra, 1962, **1** : 142–143, Pl. 10, fig. 3 (R.S.
          quoted).
          Taeniura melanospila.– Klunzinger, 1871, **21** : 682, Quseir.

13.3.a   *Taeniura grabata.*– Fowler, 1956 : 39, Red Sea on *Trygon grabata* Geoffroy Saint-
          Hilaire, 1827 : 332. Loc. mistake, the specimen is from Alexandria, not Red Sea.

13.4   *UROGYMNUS* Müller & Henle, 1837a   Gender: M
          Arch. Naturgesch. **3** : 434 (type species: *Raja asperrima* Bloch & Schneider, 1801)
          (proposed as a replacement name for *Gymnura* Müller & Henle, 1837 : 117).
          Anacanthus Müller & Henle, 1837, *Ber. Akad. Wiss. Berlin* : 117 (type species: *Raja
          africana* Bloch & Schneider, 1801, by monotypy).

13.4.1   *Urogymnus africanus* (Bloch & Schneider, 1801)
          Raja africana Bloch & Schneider, 1801, *Syst. Ichthyol.* : 367. Holotype: ZMB 7837
          (dried skin), Guinea.
          Urogymnus africanus.– Fowler, 1941, **13** : 438–439 (R.S. quoted); 1956, **1** : 43,

Fig. 20 (R.S. quoted).– Smith, 1953 : 514, Fig. 82a, S. Africa.– Tortonese, 1954, **14** : 13, Dissei, Sciumma (Red Sea).– Misra, 1962, **1** : 176–178, Textfig. 61, Pls 12–13 (R.S. quoted).

Anacanthus africanus.– Müller & Henle, 1841 : 157, Red Sea.

Urogymnus rhombeus Klunzinger, 1871, *Verh. zool.-bot. Ges. Wien* **21** : 683–684, Red Sea (syn. v. Fowler).

Raja asperrima Bloch & Schneider, 1801, *Syst. Ichthyol.* : 367, Bombay (descr. probably based on the specimen of *Raja africana*, Karrer in lit.) (syn. v. Fowler).

Urogymnus asperrimus.– Klunzinger, 1871, **21** : 684, Red Sea.– Day, 1878 : 736–737, Pl. 195, fig. 1 (R.S. quoted); 1889, **1** : 48–49, Fig. 20 (R.S. quoted).

14   MYLIOBATIDAE

G: 2
Sp: 2

14.1   *AETOBATUS* Blainville, 1816   Gender: M
Bull. Soc. philomath. Paris : 122 (type species: *Raja narinari* Euphrasen, 1790, by subs. design. of Gill, 1894).
Stoasodon Cantor, 1850, *J. Asiat. Soc. Beng.* **43** (1849): 1416 (sep.: 434) (type species: *Raja narinari* Euphrasen, 1790, by monotypy).

14.1.1   *Aëtobatus narinari* (Euphrasen, 1790)
Raja narinari Euphrasen, 1790, *K. svenska VetenskAkad. Handl.* **11** : 217–219, Pl. 10, West Indies (on *Narinari brasiliensis* Marcgrave, 1648, *Hist. nat. Brasil* : 175, Brazil). No type material.
Aëtobatus narinari.– Tortonese, 1935–36 [1937], **45** : 162 (sep.: 12), Red Sea; 1954, **14** : 17, Red Sea.– Fowler, 1941, **13** : 471–475 (R.S. quoted); 1956 : 45–46 (R.S. quoted).– Bigelow & Schroeder, 1953, **1** (2): 453–465, Figs 105–106 (R.S. quoted).– Gohar & Mazhar, 1964 (13): 119–123, Pl. 7, fig. 3, Pl. 15, figs 1–5, Ghardaqa.
Aëtobatis narinari.– Müller & Henle, 1841 : 179–180, Red Sea.– Rüppell, 1852: 38, Red Sea (*Arctobatis*, misprint).– Klunzinger, 1871, **21** : 685–686, Quseir.– Day, 1878 : 743, Pl. 194, fig. 4 (R.S. quoted); 1889, **1** : 59–60, Fig. 24 (R.S. quoted).– Bamber, 1915, **31** : 478, W. Red Sea.
Stoasodon narinari.– Smith, 1949 : 68, Fig. 74, S. Africa.– Hamdi, 1959, **13** : 18–22, Red Sea.
Myliobatis eeltenkee Rüppell, 1837, *Neue Wirbelth., Fische* : 70–71, Jiddah, Massawa (based on Eel-tenkee Russel, 1803, **1** : 5, Pl. 8, Vizagapatam) (syn. v. Klunzinger and v. Fowler).
Raja flagellum Bloch & Schneider, 1801, *Syst. Ichthyol.* : 361, Pl. 73. Holotype? : ZMB 7845 (mounted), Coromandel (syn. v. Fowler).
Aëtobatis flagellum.– Müller & Henle, 1841 : 180–181, Red Sea.– Duméril, 1865, **1** : 642–643 (R.S., pass. ref.).– Klunzinger, 1871, **21** : 686, Red Sea.
Aëtobatus flagellum.– Misra, 1962, **1** : 192–194, Fig. 66 (R.S. quoted).

14.1.a   *Raja ocellata* Van Hasselt, 1823b, *Algem. Konst- en Letter-bode* **1** (20): 316 (on Myliobatis eeltenkee Russel, 1803 : 5, Pl. 8, Java). Type: RMNH D-2429 (being the only spotted K.v.H. Java ex., Boeseman in lit.).
Aëtobatus ocellatus.– Misra, 1962, **1** : 194–196, Fig. 67 (R.S. quoted).

14.2   *AETOMYLUS* Garman, 1908   Gender: M
Bull. Mus. comp. Zool. Harv. **51** : 252 (type species: *Myliobatis maculatus* Gray, 1832–34, by orig. design.).

20

14.2.1   *Aetomylus milvus* (Valenciennes, 1841)
          Myliobatis milvus Valenciennes, in Müller & Henle, 1841, *Syst. Beschr. Plagiost.* :
          178, Red Sea. Types: MNHN 2338 ♂, Indian Ocean, 2399 ♂, Indian Ocean, 3480,
          Mauritius, Indian Ocean.
          Myliobatis milvus.– Klunzinger, 1871, 21 : 686, Red Sea.
          Aetomylus milvus.– Fowler, 1941, 13 : 466–467 (R.S. quoted); 1956 : 45 (R.S.
          quoted).– Misra, 1962, 1 : 187–189, Fig. 64 (R.S. quoted).

15   MOBULIDAE

                                                                              G : 2
                                                                              Sp : 2

15.1   *MANTA* Bancroft, 1829   Gender : F
        Zool. J. Lond. 4 : 144 (type species : *Cephalopterus manta*, Bancroft, 1829, by
        monotypy).
        Ceratoptera Müller & Henle, 1837a, *Ber. Akad. Wiss. Berlin* : 118 (type species : *Cera-
        toptera lesueurii* Swainson, 1839).

15.1.1   *Manta ehrenbergii* (Müller & Henle, 1841)
          Ceratoptera ehrenbergii Müller & Henle, 1841, *Syst. Beschr. Plagiost.* : 187, Red
          Sea.
          Ceratoptera ehrenbergii.– Günther, 1870, 8 : 498 (R.S. quoted).– Klunzinger, 1871,
          21 : 687 (R.S. quoted).– Picaglia, 1894, 13 : 40, Red Sea.
          Manta ehrenbergii.– Fowler, 1945, 26 : 116, Fig. 1 (R.S. quoted); 1956 : 47, Fig. 21
          (R.S. quoted).– Gohar & Bayoumi, 1959 (10) : 191–238, Ghardaqa.– Misra,
          1962 : 208–209 (R.S. quoted).– Gohar & Mazhar, 1964 (13) : 128–129, Pl. 16,
          figs 6–7, Ghardaqa.– Clark, Ben-Tuvia & Steinitz, 1968 (49) : 21, Entedebir.–
          Ben-Tuvia, 1968 (52) : 50, Elat, Dahlak.
          Manta birostris (not Walbaum, 1792).– Fowler, 1941, 13 : 483–486 (R.S. quoted).–
          Klausewitz, 1967c (2) : 62, Sarso Isl.– Smith, 1949 : 73, Fig. 88 (misidentification,
          Klausewitz in lit.).
          Manta birostris ehrenbergii.– Tortonese, 1954, 14 : 18–20, Fig. 5, Massawa, P. Sudan ;
          1968 (51) : 9, Elat.
          Cephaloptera stelligera [Ehrenberg MS] syn. in *Ceratoptera ehrenbergii.*– Günther,
          1870, 8 : 498 (footnote) Hemprich & Ehrenberg, 1899, *Symbol. Physic.* Pl. 2,
          figs 1–9, Red Sea (syn. v. Klunzinger).

15.2   *MOBULA* Rafinesque, 1810   Gender : F
        Indice Ittiol. sicil. : 48, 61 (type species : *Mobula auriculata* Rafinesque, 1810,
        = *Raia mobular* Bonnaterre, 1788, by monotypy).
        Dicerobatus Blainville, 1816, *Bull. Soc. philomath. Paris* 8 : 120 (type species : *Raja
        mobular* Bonnaterre, 1788, by subs. design. of Jordan, 1917).

15.2.1   *Mobula diabolus* (Shaw, 1804)
          Raja diabolus Shaw, 1804, *Gen. Zool. Syst. nat. Hist.* 5 : 291 (based on Eregoodoo
          tenkee Russel, 1803, *Fish Coromandel* 1 : 5, Pl. 9, India).
          Mobula diabolus.– Fowler, 1941, 13 : 480–482 (R.S. quoted); 1956 : 47 (R.S.
          quoted).– Smith, 1949 : 72, Fig. 87, S. Africa.– Tortonese, 1954, 14 : 17, Dahlak.–
          Misra, 1962, 1 : 202–204, Fig. 68, Pl. 16, figs 1–2 (R.S. quoted).
          Dicerobatis monstrum Klunzinger, 1871, *Verh. zool.-bot. Ges. Wien* 21 : 687–688,
          Quseir (syn. v. Fowler).
          Raja eregoodoo-tenkee Cuvier, 1829, *Règne anim.* 2 : 402 (on Eregoodoo tenkee
          Russel, 1803, 1 : 5, Pl. 9, Vizagapatam) (syn. v. Fowler).

Mobulidae

Mobula eregoodoo-tenkee.– Garman, 1913 : 451, Red Sea.
Cephaloptera kuhlii Valenciennes, in Müller & Henle, 1841, *Syst. Beschr. Plagiost.* :
   185, Pl. 59, fig. 1. Type: MNHN 1596 ♂, Indian Ocean; Syntype: BMNH, no
   number, no loc. (syn. v. Smith).
Mobula kuhlii.– Gohar & Bayoumi, 1959 (10) : 191–238, Ghardaqa.– Gohar &
   Mazhar, 1964 (13) : 125–128, Fig. 81, Pl. 16, figs 1–5, Ghardaqa.

OSTEICHTHYES
Fam. 16–133

III

ELOPIFORMES
Fam. 16–17

16 **ELOPIDAE**

G: 1
Sp: 1

16.1 ***ELOPS* Linnaeus, 1766** Gender: M

Syst. Nat., ed. XII, **1** : 518 (type species: *Elops saurus* Linnaeus, 1766, by monotypy).

16.1.1 ***Elops machnata* (Forsskål, 1775)**

Argentina machnata Forsskål, 1775, *Descr. Anim.* : viii, 68–69, Jiddah. Holotype: ZMUC P-17153 (dried skin).

Argentina machnata.– Bonnaterre, 1788 : 176 (R.S. quoted).– Gmelin, 1789, **1** : 1395 (R.S. quoted).– Shaw, 1804, **5** : 129 (R.S. quoted).– Klausewitz & Nielsen, 1965, **22** : 25, Pl. 36, fig. 65, Jiddah.

Elops machnata.– Rüppell, 1837 : 80, Red Sea.– Richardson, 1846 : 59–60, Pl. 36, figs 3–5 (R.S. quoted).– Playfair & Günther, 1866 : 121–122, 1 textfig. (R.S. quoted).– Weber & Beaufort, 1913, **2** : 4 (R.S. quoted).– Fowler, 1945, **26** : 116, Fig. 2 (R.S. quoted); 1956 : 56–57 (R.S. quoted).– Whitehead, 1965, **12** : 231 (R.S. quoted); 1966 (41) : 9 (R.S. quoted).

Elops saurus (not Linnaeus, 1758).– Bloch & Schneider, 1801 : 430–432 (R.S. on Forsskål).– Valenciennes, in Cuv. Val., 1846, **19** : 365, Massawa.– Rüppell, 1852 : 27, Red Sea.– Günther, 1868, **7** : 470, Jiddah.– Klunzinger, 1871, **21** : 603–604, Quseir.– Day, 1878 : 649–650, Pl. 166, fig. 1 (R.S. quoted).– Fowler, 1941, **13** : 524–527 (R.S. quoted).– Smith, 1949 : 86, Fig. 100, S. Africa (misidentification v. Fowler and v. Whitehead).

17 **ALBULIDAE**

G: 1
Sp: 1

17.1 ***ALBULA* Scopoli, 1777** Gender: F

Introd. Hist. nat. : 450 (on *Albula* of Gronovius, 1763, *Zoophylacium* : 102, suppressed under Opinion 89 of International Commission on Zoological Nomenclature; type species: *Esox vulpes* Linnaeus, 1758, by subs. design. of Desmarest, 1874).

Butyrinus Lacepède, 1803, *Hist. nat. Poiss.* **5** : 45 (type species: *Butyrinus banana* Lacepède, 1803, by monotypy).

17.1.1 ***Albula vulpes* (Linnaeus, 1758)**

Esox Vulpes Linnaeus, 1758, *Syst. Nat.*, ed. X : 313, America.

Albula vulpes.– Weber & Beaufort, 1913, **2** : 7–8, Fig. 5, Indian Ocean.– Tortonese, 1935–36 [1937], **45** : 162–163 (sep.: 12–13), Red Sea.– Fowler, 1941, **13** :

529–532 (R.S. quoted); 1945 : 116, Fig. 2 (R.S. quoted); 1956 : 57 (R.S. quoted).– Smith, 1949 : 85, Fig. 99, S. Africa.– Whitehead, 1965, 12 : 232, Red Sea; 1966 (41) : 9, Red Sea.

Argentina glossodonta Forsskål, 1775, *Descr. Anim.* : xiii, 68–69. Holotype: ZMUC P-17152 (dried skin), Red Sea (syn. v. Whitehead).– Bonnaterre, 1788 (R.S. quoted).– Gmelin, 1789, 1 : 1394 (R.S. quoted).– Shaw, 1804, 5 : 127–128 (R.S. quoted.– Klausewitz & Nielsen, 1965, 22 : 25, Pl. 36, fig. 63 (Jiddah or Lohaja).

Butirinus glossodontus.– Rüppell, 1837, 1838 : 80–81, Pl. 20, fig. 3, Jiddah.

Butyrinus glossodontus.– Playfair & Günther, 1866 : 120 (R.S. quoted).

Albula glossodonta.– Rüppell, 1852 : 27, Red Sea.– Klunzinger, 1871, 21 : 602–603, Quseir.– Steinitz & Ben-Tuvia, 1955 (11) : 4, Elat.

Albula conorhynchus Bloch & Schneider, 1801, *Syst. Ichthyol.* : 432–433, Antilles (based on literature) (syn. v. Whitehead).– Günther, 1868, 7 : 468–469, Red Sea.– Day, 1878 : 648–649 (R.S. quoted).

Butyrinus bananus [Commerson MS] Lacepède, 1803, *Hist. nat. Poiss.* 5 : 45, 46, no loc. (based on descr. Commerson) (syn. v. Whitehead).

Albula bananus.– Valenciennes, in Cuv. Val., 1846, 19 : 345–350, Massawa.

IV
ANGUILLIFORMES
Fam. 18–24

18a   ## ANGUILLIDAE

G: 1
Sp: 1

18a.A   *ANGUILLA* Schrank, 1798   Gender: F
Fauna Boica 1 (2): 304 (type species: *Muraena anguilla* Linnaeus, 1758, by orig. design.).

18a.A.a   *Anguilla anguilla* (Linnaeus, 1758)
Muraena Anguilla Linnaeus, 1758, *Syst. Nat.*, ed. X : 245, Europe. Type lost.
Anguilla anguilla.– D'Ancona, 1930, *Annali idrogr., Genova* 11 : 247, Pl. 1, Massawa (with reservation).– Fowler, 1956 : 108 (R.S. quoted).
Anguilla mauritiana Bennett, 1831b, *Proc. zool. Soc. Lond.* : 128, Mauritius. Type unknown.– Weber & Beaufort, 1916, 3 : 245–247, Figs 100–102, Indian Ocean.– Fowler, 1956 : 107–108 (R.S. quoted).
Anguilla labiata (not Peters).– D'Ancona, 1930, 11 bis : 248, Red Sea (syn. v. Fowler).
Anguilla nilotica Heckel. Acc. to D'Ancona supra, "There is in the Berlin Mus. an eel determined as *Anguilla nilotica* Heck, from the 'Rothes Meer' collected 1820–1825 by Hemprich and Ehrenberg. Unfortunately no further data are available as to where precisely in the Red Sea this specimen was caught (Professor P. Pappenheim in letter). It seems to belong to *Anguilla labiata* Peters, though it is not typical" (Fowler, 1956 : 108). Does not exist in the Red Sea.

19   ## MURAENIDAE

G: 4
Sp: 17

19.1   *ECHIDNA* Forster, 1788, 1844   Gender: F
1788, *Enchiridion* : 81, generic name and descr., but no type species. 1844, *Descriptiones Animalium* : 181, full descr. and type species: *Echidna variegata* = *Muraena echidna* Gmelin, 1789, by tautonomy.
Arndha Deraniyagala, 1931, *Spolia zeylan.* 16 : 132 (type species: *Gymnothorax zebra* Shaw, 1797, by monotypy).

19.1.1   *Echidna nebulosa* (Ahl, 1789)
Muraena nebulosa Ahl, 1789, *Spec. ichthyol. Muraena et Ophichtho* : 7–8, Pl. 1, fig. 2, E. India. Type probably lost (Fernholm in lit.).
Muraena nebulosa.– Klunzinger, 1871, 21 : 618–619, Quseir.– Day, 1878 : 673, Pl. 172, fig. 2 (R.S. quoted); 1889, 1 : 83, Fig. 33 (R.S. quoted).– Borsieri, 1904 (3), 1 : 218, Dissei, Dahlak.– Günther, 1910 (17) : 423 (R.S. quoted).
Echidna nebulosa.– Weber & Beaufort, 1916, 3 : 348–350, Fig. 170 (R.S. quoted).– Tortonese, 1935–36 [1937], 45 : 166 (sep. : 16), Egypt; 1968 (51) : 9, Elat.– Ben-Tuvia & Steinitz, 1952 (2) : 4, Elat.– Marshall, 1952, 1 : 223, Abu-Zabad.–

Fowler, 1956 : 130, Fig. 68 (R.S. quoted.– Smith, 1962a (23) : 423, Pl. 60F (R.S. quoted).
Muraena ophis Forsskål, 1775, *Descr. Anim.* : xiv, Lohaja, Jiddah (nomen nudum). No type material.
Muraena ophis Rüppell, 1830, *Atlas Reise N. Afrika, Fische* : 116–117, Pl. 29, fig. 2, Red Sea (syn. v. Klunzinger).– Richardson, 1848 : 93–94 (R.S. quoted).
Thaerodontis ophis.– McClelland, 1845, **5** : 217 (R.S. quoted).

19.1.2   *Echidna polyzona* (Richardson, 1845)
Muraena polyzona Richardson, 1845, *Zool. Voy. Sulphur* : 112, Pl. 55, figs 11–14. Holotype: BMNH 1977.4.22.3, no loc., 1855.9.19.1292 (probably paratype).
Muraena polyzona.– Klunzinger, 1871, **21** : 617–618, Quseir.– Day, 1878 : 673–674, Pl. 169, fig. 3 (R.S. quoted); 1889, **1** : 83–84 (R.S. quoted).
Echidna polyzona.– Weber & Beaufort, 1916, **3** : 346–348, Fig. 169.– Marshall, 1952, **1** : 223, Abu-Zabad, Sinafir Isl.– Fowler, 1956 : 130 (R.S. quoted).– Smith, 1962a (23) : 423, Pl. 60D (R.S. quoted).

19.1.3   *Echidna zebra* (Shaw, 1797)
Gymnothorax zebra Shaw, 1797, *Nat. Miscell.* **9** (no page), Pl. 322. Holotype: BMNH 1977.4.22.4, Sumatra.
Muraena zebra.– Klunzinger, 1871, *Verh. zool.-bot. Ges. Wien* **21** : 620, Quseir.– Day, 1878 : 673 (R.S. quoted); 1889, **1** : 82–83 (R.S. quoted).
Echidna zebra.– Weber & Beaufort, 1916, **3** : 345–346, Fig. 168 (R.S. quoted).– Fowler, 1945, **26** : 119, Fig. 3, Sudan.– Smith, 1962a, (23) : 423, Pl. 60C (R.S. quoted).– Clark, Ben-Tuvia & Steinitz, 1968 (49) : 21, Entedebir.
Arudha (sic) *zebra*.– Fowler, 1956 : 130–131 (R.S. quoted).

19.2   *LYCODONTIS*[1] McClelland, 1844 [1845] *   Gender: M
Calcutta J. nat. Hist. **5** : 173, 185 (type species: *Lycodontis literata* McClelland, 1844, by subs. design. of Jordan, 1919).
Thaerodontis McClelland, 1844, *Calcutta J. nat. Hist.* **5** : 174, 187 (type species: *Thaerodontis reticulata* McClelland, 1844, by monotypy).

19.2.1a   *Lycodontis afer* (Bloch, 1795)
Gymnothorax afer Bloch, 1795, *Naturgesch. ausl. Fische* **9** : 85–86, Pl. 417. Syntypes: ZMB 3991 (alcohol), 7784, 7785 (mounted), Guinea.
Muraena afra.– Pellegrin, 1912, **3** : 10, Massawa.– Weber & Beaufort, 1916, **3** : 386 (R.S. quoted) ("Possibly syn. of *Gymnothorax boschi* Bleeker").– Smith, 1962a (23) : 439 (R.S. quoted) ("Identity uncertain").
Gymnothorax afer.– Fowler, 1956 : 128 (R.S. quoted).

19.2.2   *Lycodontis corallinus* (Klunzinger, 1871)
Muraena corallina Klunzinger, 1871, *Verh. zool.-bot. Ges. Wien* **24** : 614, Quseir.
Gymnothorax corallinus.– Tortonese, 1955, **15** : 51–52, Dahlak.– Fowler, 1956 : 128 (R.S. quoted).
Muraena atra Ehrenberg (syn. in Klunzinger, loc. cit. : 614).

19.2.3   *Lycodontis flavimarginatus* (Rüppell, 1830)
Muraena flavimarginata Rüppell, 1830, *Atlas Reise N. Afrika, Fische* : 119–120, Pl. 30, fig. 3, Red Sea; 1852 : 33, Red Sea. Holotype: SMF 765; Paratype: SMF 8280.
Muraena flavimarginata.– McClelland 1844 [1845], **5** : 214 (R.S. quoted).– Günther, 1870, **8** : 119–120 (R.S. quoted).– Klunzinger, 1871, **21** : 615, Quseir.– Day, 1876 : 671 (R.S. quoted); 1889, **1** : 80 (R.S. quoted).

[1] Acc. to Randall, *Red Sea Reef Fishes*, the valid name is *Gymnothorax*.

Muraena flavomarginata.– Playfair & Günther, 1866 : 127 (R.S. quoted).
Muraena (Gymnothorax) flavimarginata.– Weber & Beaufort, 1916, **3** : 374–375 (R.S. quoted).
Gymnothorax flavimarginatus.– Marshall, 1952, **1** : 223, Abu-Zabad, Ras Muhammad.– Tortonese, 1955, **15** : 51, Dahlak.– Klausewitz, 1967c (2) : 62, Sarso Isl.
Lycodontis flavomarginatus.– Roux-Estève & Fourmanoir, 1955, **30** : 196, Abu Latt.– Roux-Estève, 1956, **32** : 62, Abu Latt.
Lycodontis flavimarginatus.– Smith, 1962a (23) : 435, Pl. 59A (R.S. quoted).– Abel, 1960a, **49** : 460, Ghardaqa.

19.2.4   ***Lycodontis hepaticus*** (Rüppell, 1830)
Muraena hepatica Rüppell, 1830, *Atlas Reise N. Afrika, Fische* : 120, Red Sea; 1852 : 33, Red Sea. Holotype : SMF 3554.
Strophidon hepatica.– McClelland, 1844 [1845], **5** : 215 (R.S. quoted).
Muraena hepatica.– Günther, 1870, **8** : 12 (R.S. quoted).– Klunzinger, 1871, **21** : 614 (on Rüppell).
Muraena (Gymnothorax) hepatica.– Weber & Beaufort, 1916, **3** : 385–386 (R.S. quoted).
Gymnothorax hepatica.– Bamber, 1915 : 478, W. Red Sea.– D'Ancona, 1928, **146** : 14, Pl. 1, fig. 2, Massawa; 1930, **11** : 253, Massawa.
Gymnothorax hepaticus.– Fowler, 1956 : 127–128 (R.S. quoted).– Clark, Ben-Tuvia & Steinitz, 1968 (49) : 21, Entedebir.
Lycodontis hepaticus.– Smith, 1962a (23) : 437 (R.S. quoted).
Leptocephalus muraenae hepatica.– D'Ancona, 1928, **146** : 82, Pl. 4, figs 14–16b, Perim, Assab, P. Sudan; 1930, **11** : 305, Fig. 20, Massawa. Holotype : MSNV P-13.
Muraena hemprichii Klunzinger, 1871, *Verh. zool.-bot. Ges. Wien* **21** : 613, Quseir (syn. v. Smith).

19.2.5   ***Lycodontis javanicus*** (Bleeker, 1859)
Muraena javanica Bleeker, 1859b, *Natuurk. Tijdschr. Ned.-Indië* **19** : 347–348, Java. Type : BMNH 1867.11.28.214, Java.
Muraena javanica.– Klunzinger, 1871, **21** : 616, Quseir.
Lycodontis javanicus.– Smith, 1962a (23) : 436, Pl. 62A (R.S. quoted).

19.2.6   ***Lycodontis meleagris*** (Shaw & Nodder, 1795)
Muraena meleagris Shaw & Nodder, 1795, *Nat. Miscell.* **7** : 229, Pl. 220. Holotype : BMNH 1977.4.22.2, no loc.
Muraena (Gymnothorax) meleagris.– Weber & Beaufort, 1916, **3** : 367–369, Indian Ocean.
Lycodontis cf. *meleagris.–* Ben-Tuvia & Steinitz, 1952 (2) : 4, Elat.
Gymnothorax meleagris.– Marshall, 1952, **1** : 223, Dahab, Abu-Zabad, Sinafir Isl., Sharm esh Sheikh.– Tortonese, 1955, **15** : 51, Dahlak.– Fowler, 1956 : 128 (R.S. quoted).– Fowler & Steinitz, 1956, **5 B** : 270, Elat.
Lycodontis meleagris.– Smith, 1962a (23) : 435–436, Pl. 58A (R.S. quoted).

19.2.7   ***Lycodontis nudivomer*** (Playfair & Günther, 1866)
Muraena nudivomer Playfair & Günther, 1866, *Fishes of Zanzibar* : 127, Pl. 18. Holotype : BMNH 1867.3.9.48, Zanzibar.
Lycodontis cf. *nudivomer.–* Ben-Tuvia & Steinitz, 1952 (2) : 4, Elat.
Lycodontis nudivomer.– Smith, 1962a (23) : 438, Pl. 56A (R.S. quoted).
Gymnothorax nudivomer.– Fowler, 1956 : 125 (R.S. quoted).– Fowler & Steinitz, 1956, **5 B** : 271, Elat.

19.2.8   ***Lycodontis punctatus*** (Bloch & Schneider, 1801)
Gymnothorax punctatus Bloch & Schneider, 1801, *Syst. Ichthyol.* : 526. Holotype (probably) : ZMB 6141 (stuffed); Paratypes : ZMB 3989, Tranquebar.
Gymnothorax punctatus.– Fowler & Steinitz, 1956, **5 B** : 269–270, Elat.

).2.9   *Lycodontis rueppelli* (McClelland, 1845)

     Dalophis rüppelliae McClelland, 1844 [1845], *Calcutta J. nat. Hist.* **5** : 213 (based on *Muraena reticulata* (not Bloch) Rüppell, 1830 : 117).

     Muraena Rüppellii.– Klunzinger, 1871, **21** : 615–616, Quseir.– Günther, 1910 (17) : 412 (R.S. quoted).

     Muraena (Gymnothorax) rüppellii.– Weber & Beaufort, 1916, **3** : 372–373 (R.S. quoted).

     Gymnothorax rüppellii.– Fowler, 1956 : 124–125, Fig. 66 (R.S. quoted).

     Muraena reticulata (not Bloch).– Rüppell, 1830 : 117, Red Sea (misidentification v. Klunzinger and v. Smith).

     Muraena umbrofasciata Rüppell, 1852, *Verz. Mus. Senckenb. Samml.* : 33, Red Sea (syn. v. Klunzinger).

     Muraena Petelli Bleeker, 1856c, *Natuurk. Tijdschr. Ned.-Indië* **11** : 84–85. Type: BMNH 1867.11.28.282, Java (syn. of *Lycodontis rüppelli*). "The two (*rüppelli* and *petelli*) are so closely related that in dimensions and structure there is no difference of even subspecific rank. The sole divergence of doubtful significance is in the livery, . . . I find some that are difficult to identify as one or the other" (Smith in *Lycodontis petelly*). I agree with Smith after observing the numerous specimens in the British Museum.

     Muraena petelli.– Günther, 1870, 8 : 105 (R.S.? quoted).

     Muraena (Gymnothorax) petelli.– Weber & Beaufort, 1916, **3** : 372 (R.S. quoted).

     Lycodontis petelli.– Smith, 1962a (23) : 435, Pl. 58B (R.S. quoted).

     Muraena interrupta Kaup, 1856, *Cat. Apod. Fish* : 67, Fig. 51, Red Sea. Type unknown.– Günther, 1870, 8 : 105, lists as *petelli* with query. Acc. to Smith, 1962a (23) : 440 (R.S. quoted) "uncertain identity".

     Gymnothorax favagineus (not Bloch & Schneider).– Fowler, 1956 : 127, Fig. 67 (R.S. quoted on *Muraena reticulata* Rüppell, 1830).

).2.10   *Lycodontis undulatus* (Lacepède, 1803)

     Muraenophis undulatus Lacepède, 1803, *Hist. nat. Poiss.* **5** : 629, 641–642, 644, Pl. 19, fig. 2 (based on descr. and drawing by Commerson, no loc.).

     Muraena undulata.– Klunzinger, 1871, **21** : 615, Quseir.– Day, 1878 : 671, Pl. 171, fig. 5, Pl. 173, fig. 2 (R.S. quoted); 1889, 1 : 80 (R.S. quoted).– D'Ancona, 1928, **146** : 14, Pl. 1, fig. 3, Massawa; 1930, **11 bis** : 254, Massawa.

     Muraena (Gymnothorax) undulata.– Weber & Beaufort, 1916, **3** : 376–378, Fig. 186 (R.S. quoted).

     Leptocephalus muraena undulatae.– D'Ancona, 1928, **146** : 75, Perim.

     Gymnothorax undulatus.– Tortonese, 1935–36 [1937], **45** : 156 (sep. : 16), Massawa; 1955, **15** : 51, Dahlak.– Fowler, 1956 : 126–127 (R.S. quoted).

     Lycodontis undulatus.– Smith, 1962a (23) : 439, Pl. 57A–E (R.S. quoted).

     Muraena cinerascens Rüppell, 1830, *Atlas Reise N. Afrika, Fische* : 120. Holotype: SMF 3486, Mohila (syn. v. Day); 1852 : 32, Red Sea.– Günther, 1870, 8 : 123 (R.S. quoted).– Klunzinger, 1871, **21** : 615, Red Sea (listed as a subspecies of *Muraena undulatus*; acc. to Smith, 1962a (23) : 440, "uncertain identity").– Kossman & Räuber, 1877a, 1 : 412–413, Red Sea; 1877b : 29, Red Sea.

     Thaerodontis cinerascens.– McClelland, 1844 [1845], **5** : 216 (R.S. quoted).

).3   *SIDEREA* Kaup, 1856a   Gender: F

     Arch. Naturgesch. : 58 (type species: *Siderea pfeifferi* Kaup, 1856, by orig. design.).

).3.1   *Siderea grisea* (Lacepède, 1803)

     Muraenophis grisea Lacepède, 1803, *Hist. nat. Poiss.* **5** : 629, 641, 642, 644–645, Pl. 19, fig. 3, Madagascar (based on descr. and drawing by Commerson).

     Siderea grisea.– Smith, 1962a (23) : 441, Pl. 61C (R.S. quoted).

     Echidna grisea.– Klausewitz, 1964a, **45** : 125–126, Fig. 2, Ghardaqa.– Magnus, 1966, **2** : 372, Ghardaqa.– Tortonese, 1968 (51) : 9, Elat.

Muraena geometrica Rüppell, 1830, *Atlas Reise N. Afrika, Fische* : 118, Pl. 30, fig. 1.
Holotype: SMF 130, Massawa (syn. v. Smith); 1852 : 33, Red Sea.– Klunzinger,
1871, **21** : 617, Quseir.– Borsieri, 1904 (3) **1** : 219, Dahlak.
Dalophis geometrica.– McClelland, 1844 [1845], **5** : 213 (R.S. quoted).
Echidna geometrica.– Tortonese, 1935–36 [1937], **45** : 166–168 (sep. : 16–18),
Fig. 2, Massawa; 1955, **15** : 52, Dahlak.– Roux-Estève & Fourmanoir, 1955, **30** :
197, Abu Latt.– Roux-Estève, 1956, **32** : 62, Abu Latt.
Gymnothorax geometricus.– Marshall, 1952, **1** : 223–224, Sharm el Moiya, Sinafir
Isl.– Steinitz & Ben-Tuvia, 1955 (11) : 4, Elat.– Fowler, 1956 : 125 (R.S. quoted).
Siderea geometrica.– Clark, Ben-Tuvia & Steinitz, 1968 (49) : 21, Entedebir.
Muraena bilineata Rüppell, 1838, *Neue Wirbelth., Fische* : 84. Holotype: SMF 911,
Jiddah (syn. v. Smith).

19.3.2   **Siderea picta (Ahl, 1789)**
Muraena picta Ahl, 1789, *Spec. ichthyol. Muraena et Ophichtho* : 8, East India.
Type probably lost (Fernholm in lit.).
Muraena (Gymnothorax) picta.– Weber & Beaufort, 1916, **3** : 363–365, Figs 175, 180,
182, 183, Indian Ocean.
Gymnothorax pictus.– Tortonese, 1935–36 [1937], **45** : 166 (sep. : 16), Massawa.
Siderea picta.– Fowler, 1956 : 123 (R.S. quoted).– Smith, 1962 (23) : 440–441, Pl.
61A–B, S. Africa.

19.4   **UROPTERYGIUS Rüppell, 1838**   Gender: M
Neue Wirbelth., Fische : 83 (type species: *Uropterygius concolor* Rüppell, by orig.
design.).
Gymnomuraena Lacepède, 1803, *Hist. nat. Poiss.* **5** : 648 (type species: *Gymno-
muraena doliata* Lacepède, 1803, by subs. design. of Bleeker, 1865).

19.4.1   **Uropterygius concolor Rüppell, 1838**
Uropterygius concolor Rüppell, 1838, *Neue Wirbelth., Fische* : 83, Pl. 20, fig. 4.
Lectotype: SMF 746, Massawa; Paralectotype: SMF 7422, Massawa, 1852 : 33,
Red Sea.
Uropterygius concolor.– Fowler, 1956 : 129 (R.S. quoted).– Smith, 1962a (23) : 427,
Pl. 53 E (R.S. quoted).
Gymnomuraena concolor.– McClelland, 1844 [1845], **5** : 217 (R.S. quoted).–
Günther, 1870, 8 : 134 (R.S. quoted).– Klunzinger, 1871, **21** : 620–621, Red
Sea.– Weber & Beaufort, 1916, **3** : 395–396 (R.S. quoted).

19.4.2   **Uropterygius polyspilus (Regan, 1909)**
Gymnomuraena polyspila Regan, 1909, *Ann. Mag. nat. Hist.* (8) **4** : 438. Holotype:
BMNH 1909.12.14.23, Tahiti.
Uropterygius polyspilus.– Marshall, 1952, **1** : 224, Sinafir Isl.– Smith, 1962a (23) :
427 (R.S. quoted).
Leptocephalus, genus not valid.

19.A.1   **Leptocephalus erythraeus D'Ancona**, 1928a, *Memorie R. Com. talassogr. ital.* **146** : 87,
Pl. 4, figs 17, 17a, Assab; 1928b, 7 : 430, Assab; 1928c, 7 : 520, Assab.– Fowler,
1956 : 14, Fig. 63 (R.S. quoted).– Castle, 1969 (7) : 39, N.W. Indian Ocean.

19.A.2   **Leptocephalus muraenoides D'Ancona**, 1928a, *Memorie R. Com. talassogr. ital.* **146** :
79, Pl. 4, figs 12, 12a, Assab, Perim; 1928b, 7 : 430; 1928c, 7 : 520.– Fowler,
1956 : 114, Fig. 61 (R.S. quoted).– Castle, 1969 (7) : 49, N.W. Indian Ocean.

19.A.3   **Leptocephalus grassianus D'Ancona**, 1928a, *Memorie R. Com. talassogr. ital.* **146** : 79,
Pl. 4, figs 6–8a. Holotype: MSNV P-11, Massawa, Bab el Mandeb, Perim.– Fowler,
1956 : 112, Fig. 60 (R.S. quoted).– Castle, 1969 (7) : 41, N.W. Indian Ocean.

0 MURAENESOCIDAE

G: 2
Sp: 2

0.1 *CONGRESOX* Gill, 1890 — Gender: M

Proc. U.S. natn. Mus. **13** : 231 (type species: *Conger talabon* Cuvier, 1829, by orig. design.).

0.1.1 ***Congresox talabanoides* (Bleeker, 1853)**

Conger talabanoides Bleeker, 1853i, *Verh. batav. Genoot. Kunst. Wet.* **25** : 20. Specimen in BMNH probably the type (Boeseman in lit.).

Muroenesox talabon (not Cuvier).– Tortonese, 1935–36 [1937], **45** : 166 (sep.: 16), Massawa.– Fowler, 1956 : 116 (R.S. quoted) (misidentification, not in Red Sea, v. Castle & Williamson).

Congresox talabanoides.– Castle & Williamson, 1975 (15) : 4, Figs 2, 4b, Red Sea.

0.2 *MURAENESOX* McClelland, 1844 — Gender: M

Calcutta J. nat. Hist. 408 (type species: *Muraenesox tricuspidata*, McClelland, 1844, by subs. design.).

0.2.1 ***Muraenesox cinereus* (Forsskål, 1775)**

Muraena tota cinerea Forsskål, 1775, *Descr. Anim.* : x, 22. Type: ZMUC P-31250 (dried skin), Jiddah.

Muraena tota cinerea.– Klausewitz & Nielsen, 1965, **22** : 13, Pl. 1, fig. 1, Jiddah.

Muraenesox cinereus.– Klunzinger, 1871, **21** : 608 (R.S. on Forsskål).– Day, 1878 : 662, Pl. 168, fig. 4 (R.S. quoted); 1889, **2** : 91–92 (R.S. quoted).– Günther, 1910 (17) : 395 (R.S. quoted).– Weber & Beaufort, 1916, **3** : 253–255, Fig. 104 (R.S. quoted).– Smith, 1949 : 394, Fig. 1117, S. Africa.– Castle, 1967 (2) : 1–10, 1 pl., 1 tb.– Castle & Williamson, 1975 (15) : 4, Fig. 4a, Red Sea.

Muraena Arabica Bloch & Schneider, 1801, *Syst. Ichthyol.* : 488 (R.S. on *Muraena tota cinerea* Forsskål) (syn. v. Castle).

Muraenesox arabicus.– Fowler, 1956 : 116 (R.S. quoted).

1 NEENCHELYIDAE

G: 1
Sp: 1

1.1 *NEENCHELYS* Bamber, 1915 — Gender: F

J. Linn. Soc. (Zool.) **31** : 479 (type species: *Neenchelys microtretus* Bamber, 1915, by orig. design.).

1.1.1 ***Neenchelys microtretus* Bamber, 1915**

Neenchelys microtretus Bamber, 1915, *J. Linn. Soc. (Zool.)* **31** : 479, Pl. 46, fig. 3. Holotype: BMNH 1915.10.25.1, Suez.

Neenchelys microtretus.– Fowler, 1956 : 115, Fig. 64 (R.S. quoted).– Smith, 1962b (23) : 463, Fig. 11 (R.S. quoted).

22 **NETTASTOMATIDAE**

G : ?
Sp : 3

22.A   *LEPTOCEPHALUS*, genus not valid.

22.A.1   **Leptocephalus bellotii** D'Ancona, 1928
            Leptocephalus bellotii D'Ancona, 1928a, *Memorie R. Com. talassogr. ital.* **146** : 60,
            Pl. 3, figs 16–17. Holotype: MSNV P-8, Jiddah; 1928b, 7 : 430, Jiddah; 1928c,
            7 : 519, Jiddah; 1930, **11** : 283, Fig. 12, Jiddah.
            Leptocephalus bellotii.– Fowler, 1956 : 112, Fig. 54 (R.S. quoted).– Castle, 1969
            (7) : 34, N.W. Indian Ocean.

22.A.2   **Leptocephalus lateromaculatus** D'Ancona, 1928
            Leptocephalus lateromaculatus D'Ancona, 1928a, *Memorie R. Com. talassogr. ital.*
            146 : 56–60, Pl. 3, figs 13–15a. Holotype: MSNV P-7, Massawa; 1928b, 7 : 430,
            Jiddah; 1928c, 7 : 519, Jiddah; 1930, **11** : 285, 288, Fig. 11, Jiddah.
            Leptocephalus lateromaculatus.– Fowler, 1956 : 112, Fig. 56 (R.S. on D'Ancona).–
            Castle, 1969 (7) : 44, N.W. Indian Ocean.

22.A.3   **Leptochephalus saurencheloides**, D'Ancona, 1928
            Leptocephalus saurencheloides D'Ancona, 1928a, *Memorie R. Com. talassogr. ital.*
            146 : 52–56, Pl. 3, figs 10–12b. Holotype: MSNV P-6, Kamaran; 1928b, 7 : 430,
            Kamaran; 1928c, 7 : 519, Kamaran; 1930, **11** : 282–285, Fig. 10, Kamaran.
            Leptocephalus saurencheloides.– Fowler, 1956 : 112, Fig. 55 (R.S. quoted).– Castle,
            1969 (7) : 52, 66, N.W. Indian Ocean.

23 **CONGRIDAE**

G : 5
Sp : 10

23.I   **CONGRINAE**

23.1   *ARIOSOMA* Swainson, 1838   Gender : N
            Nat. Hist. Fish. 1838, **1** : 220; 1839, **2** : 196 (type species : *Ophisoma acuta* Swain-
            son, by subs. design. of Bleeker, 1864).
            Congrellus Ogilby, 1898, *Proc. Linn. Soc. N.S.W.* **23** : 288 (type species : *Muraena
            balearica* Delaroche, 1809, by orig. design.).
            Ophisoma Swainson, 1839, *Nat. Hist. Fish.* **2** : 334 (type species : *Ophisoma acuta*
            Swainson, 1839, preoccupied by *Ophisomus* Swainson : 277.)

23.1.1   **Ariosoma balearicum** (Delaroche, 1809)
            Muraena balearica Delaroche, 1809, *Annls Mus. Hist. nat., Paris* **13** : 314, 327,
            Fig. 3, Iviza (Balearic Isls). Type lost.
            Ariosoma balearicum.– Bauchot & Blache, 1979, *Bull. Mus. natn. Hist. nat., Paris* **1**
            (4) : 1131–1137, 2 figs, 1 tb., Elat.

23.1.2   **Ariosoma mauritianum** (Pappenheim, 1914)
            Leptocephalus mauritianus Pappenheim, 1914, *Dtn Südpolar Exped.* **15** (Zool.
            Abh. 7) : 189, Textfig. 8, Pl. 10, fig. 2, E. Madagascar.
            Leptocephalus mauritianus.– D'Ancona, 1928a, **146** : 36, Pl. 2, figs 12–12a, Jiddah;
            1930, **11** : 270, Fig. 4, Jiddah.– Fowler, 1956 : 110 (R.S. quoted).

Leptocephalus ariosoma mauritianum.– Della Croce & Castle, 1966, **34**: 150 (R.S. quoted).
Ariosoma mauritianum.– Castle, 1968 (33): 693–694, Pl. 106 C (R.S. quoted).
Leptocephalus macrenteron D'Ancona, 1928a, *Memorie R. Com. talassogr. ital.* **146**: 32, Pl. 2, figs 10–11a. Holotype: MSNV P-2 (syn. v. Castle); 1930, **11**: 267, Fig. 3, Jiddah.– Fowler, 1956: 110 (R.S. quoted).

23.1.3 **Ariosoma scheelei (Strömman, 1896)**
Leptocephalus scheelei Strömman, 1896, *Leptocephalids Mus. Upsala* (in part): 21–24, Pl. 1, figs 6–7, Malaya. Type: ZMU (without number) (Wallin in lit.).
Ariosoma scheelei.– Castle, 1968 (33): 690–693, Pl. 106 B, Pl. 108 A,B,D (R.S. quoted).
Ophisoma anago (not Temminck & Schlegel).– D'Ancona, 1928a, **146**: 13, Pl. 1, fig. 1, Suez; 1930, **11**: 253, Suez.
Ariosoma anago.– Smith, 1949: 393, Fig. 1112, S. Africa.– Fowler, 1956: 114 (R.S. on D'Ancona) (misidentification v. Castle).
Leptocephalus ophisomatis anagoi (not Temminck & Schlegel).– D'Ancona, 1928a, **146**: 17, Pl. 2, figs 1–4a (R.S. quoted); 1930, **11**: 256, Fig. 1 (R.S. quoted) (misidentification v. Castle).
Leptocephalus sanzoi D'Ancona, 1928a, *Memorie R. Com. talassogr. ital.* **146**: 27, Pl. 2, figs 5–9a; 1930, **11**: 263, Fig. 2 (syn. v. Castle).– Fowler, 1956: 110, Fig. 48 (R.S. quoted).

23.2 **CONGER [Cuvier] Oken, 1817**   Gender: M
Isis, Jena **1**: 1181a (type species: *Muraena conger* Linnaeus, 1758, by absolute tautonomy).
Leptocephalus Gronovius, 1763, *Zoophyl. Gron.* **1**: 135 (type species: *Leptocephalus morrisii* Gmelin, 1789). Genus not valid.

23.2.1 **Conger cinereus cinereus Rüppell, 1830**
Conger cinereus Rüppell, 1830, *Atlas Reise N. Afrika, Fische*: 115–116, Pl. 29, fig. 1. Holotype: SMF 766, Red Sea; 1838: 84, Red Sea; 1852: 32, Red Sea.
Conger cinereus.– Klunzinger, 1871, **21**: 607–608, Quseir.– Weber & Beaufort, 1916, **3**: 258–259, Figs 107–108 (R.S. quoted).– Tortonese, 1935–36 [1937], **45**: 165–166 (sep.: 15–16), Massawa.– Ben-Tuvia & Steinitz, 1952 (2): 4, Elat.– Fowler, 1956: 109 (R.S. quoted).
Conger cinereus cinereus.– Kanazava, 1958, **108**: 234–235, Figs 107–108 (R.S. quoted).– Castle, 1968 (33): 699–700, Pl. 106 F (R.S. quoted).
Leptocephalus congricinerei D'Ancona, 1928a, *Memorie R. Com. talassogr. ital.* **146**: 38, Pl. 3, figs 1–2c. Holotype: MSNV P-3, Red Sea (syn. v. Castle).
Conger altipinnis Playfair & Günther, 1866, *Fishes of Zanzibar*: 125 (R.S. quoted) (syn. v. Castle).

23.3 **DIPLOCONGER Kotthaus, 1968**   Gender: M
Meteor Forsch. Ergebn.: 34 (type species: *Diploconger polystigmatus* Kotthaus, 1968, by monotypy).

23.3.1 **Diploconger polystigmatus Kotthaus, 1968**
Diploconger polystigmatus Kotthaus, 1968, (3): 34–35, Figs 134, 137, Map 152. Holotype: ZIM 4960, Somalia; Paratypes: ZIM 4961, 4962, Perim.

23.4 **UROCONGER Kaup, 1856a**   Gender: M
Arch. Naturgesch. **22**: 71 (type species: *Conger lepturus* Richardson, 1854, by orig. design.).
Congrus Richardson, 1848, *Zool. Voy. Erebus & Terror*: 107 (type species: *Muraena conger* Linnaeus, 1758, by orig. design.).

Congridae

23.4.1   *Uroconger erythraeus* Castle, 1982
            Uroconger erythraeus Castle, 1982, *Senckenberg. biol.*, 1982, **62** (4–6) : 205–209.
            Holotype: SMF 15125, Red Sea. Paratypes: SMF 15126, 15127, 15129, 16013,
            Red Sea.

23.4.2   *Uroconger lepturus* (Richardson, 1844)
            Congrus lepturus Richardson, 1844, *Zool. Voy. Sulphur* : 106, Pl. 56, figs 1–6.
            Holotype: BMNH 1978.3.1.1, China.
            Uroconger lepturus.– Weber & Beaufort, 1916, **3** : 265–266, Figs 113–114, Indian
            Ocean.– Dor, 1970 (54) : 10, Massawa.
            Leptocephalus magnaghii D'Ancona, 1928a, *Memorie R. Com. talassogr. ital.* **146** : 44,
            Pl. 3, figs 4–5a. Holotype: MSNV P-4, Red Sea (syn. v. Castle, 1969, 7 : 46;
            1928b, 7 : 430, Red Sea; 1928c, 7 : 518, Red Sea; 1930, **11** : 276, Fig. 7, Red
            Sea.– Fowler, 1956 : 110, Fig. 52 (R.S. quoted).

23.II   **HETEROCONGRINAE**

23.5   *GORGASIA* Meek & Hildebrand, 1923   Gender : F
            Publs Field Mus. nat. Hist., Zool. Ser. **15** (215) : 133 (type species: *Gorgasia
            punctata*, Meek & Hildebrand, 1923, by monotypy).

23.5.1   *Gorgasia sillneri* Klausewitz, 1962
            Gorgasia sillneri Klausewitz, 1962c, *Senckenberg. biol.* **43** : 433–435, Figs 1–2.
            Holotype: SMF 5683, Gulf of Aqaba.
            Gorgasia sillneri.– Castle, 1968 (33) : 715, Pl. 107 G (R.S. quoted).– Fricke, 1969,
            269 : 1678–1680, 1 pl., Elat, Mirsa Alami, Dished el Dabba; 1970b, **27** : 1076–
            1099, 23 figs, Elat; 1970c, **51** : 307–309, 1 fig., Elat.– Klausewitz & Hentig, 1975,
            56 (4–6) : 216, Fig. 5, Red Sea.

23.A   *Leptocephalus*, genus not valid.

23.A.1   *Leptocephalus congroides* D'Ancona, 1928
            Leptocephalus congroides D'Ancona, 1928a, *Memorie R. Com. talassogr. ital.* **146** :
            43, Pl. 3, figs 3–3a, Kamaran; 1928b, 7 : 430, Kamaran; 1928c, 7 : 518, Kamaran;
            1930, **11** : 274, Fig. 6, Kamaran.
            Leptocephalus congroides.– Fowler, 1956 : 110, Fig. 51 (R.S. quoted).– Castle, 1968
            (33) : 717 ("has relatively a high number of myomeres and a pigmentation similar
            to that of larval *Conger cinereus*").

23.A.2   *Leptocephalus cotroneii* D'Ancona, 1928
            Leptocephalus cotroneii D'Ancona 1928a, *Memorie R. Com. talassogr. ital.* **146** :
            47, Pl. 3, figs 6–8b. Holotype: MSNV P-5, P. Sudan; 1928b, 7 : 430, P. Sudan;
            1928c, 7 : 518, P. Sudan; 1930, **11** : 274, Fig. 6, P. Sudan.
            Leptocephalus cotroneii.– Fowler, 1956 : 110, Fig. 50 (R.S. quoted).– Castle, 1968
            (33) : 717 ("possibly larva of *Congriscus maldivensis*"); 1969 (7) : 37, N.W. Indian
            Ocean.

24*   # OPHICHTHIDAE

G: 8
Sp: 15

24.I   OPHICHTHINAE

24.1   ***CALLECHELYS* Kaup**, 1856a   Gender: F
Arch. Naturgesch. **22** : 51 (type species: *Callechelys guichenoti* Kaup, 1856, by
orig. design.).

24.1.1   ***Callechelys marmorata* (Bleeker, 1853)**
Dalophis marmorata Bleeker, 1853g, *Natuurk. Tijdschr. Ned.-Indië* **5** : 246. Holo-
type: BMNH 1867.11.28.260, Siboga.
Callechelys marmoratus.– Weber & Beaufort, 1916, **3** : 288–289, Fig. 132, Indian
Ocean.– Smith, 1962b (24) : 451–452, Pl. 67A.– Klausewitz, 1969b, **50** : 39–40,
1 tb., Ghardaqa.

24.1.2   ***Callechelys striata* Smith**, 1957
Callechelys striatus Smith, 1957, *Ann. Mag. nat. Hist.* **10** : 858, Pl. 27. Holotype:
RUSI 96, Baixo Pinda; 1962b (24) : 450–451, Pl. 65C, S. Africa.
Ophichthys melanotaenia (not Bleeker).– Klunzinger, 1871, **21** : 612, Quseir.
Callechelys melanotaenia.– Fowler, 1956 : 119, Fig. 65 (R.S. quoted) (misidentifica-
tion v. Smith).

24.2   ***JENKINSIELLA* Jordan & Evermann**, 1905   Gender: F
Bull. U.S. Fish Commn, **23** : 83 (type species: *Microdonophis macgregori* Jenkins,
by orig. design.).

24.2.1   ***Jenkinsiella playfairi* (Günther, 1870)**
Ophichthys playfairii Günther, 1870, *Cat. Fishes Br. Mus.* **8** : 76. Type: BMNH
1864.11.15.64, Zanzibar.
Cirrhimuraena playfairii.– Fowler, 1956 : 122 (R.S. quoted).
Jenkinsiella playfairi.– Smith, 1962b (24) : 449, Pl. 64A (R.S. quoted).
Ophichthys arenicola Klunzinger, 1871, *Verh. zool.-bot. Ges. Wien* **21** : 609–610.
Syntypes: SMF 835, Quseir; MNS 1782 (2 ex.), Quseir (syn. v. Smith).– Borsieri,
1904 (3) **1** : 219, Zula.

24.3   ***MYRICHTHYS* Girard**, 1859   Gender: M
Proc. Acad. nat. Sci. Philad. **11** : 58 (type species: *Myrichthys tigrinus* Girard,
1859, by orig. design.).
Chlevastes Jordan & Snyder, 1901, *Proc. U.S. natn. Mus.* **23** : 864–867 (type species:
Muraena colubrina Boddaert, 1781, by orig. design.).

24.3.1   ***Myrichthys colubrinus* (Boddaert, 1781)**
Muraena colubrina (on Pallas) Boddaert, 1781, *Neue nor. Beytr.* **2** : 56–57, Pl. 2,
fig. 3, Amboina. No type material in Leiden (Boeseman in lit.).
Ophichthys colubrinus.– Klunzinger, 1871, **21** : 610–611, Quseir.– Day, 1878 : 665
Pl. 167, fig. 4 (R.S. quoted); 1889, **1** : 96 (R.S. quoted).– Günther, 1910 (17) : 401
(R.S. quoted).
Myrichthys (Chlevastes) colubrinus.– Weber & Beaufort, 1916, **3** : 285–286, Figs
130–131 (R.S. quoted).
Chlevastes colubrinus.– Fowler, 1956 : 118 (R.S. quoted).
Myrichthys colubrinus.– Smith, 1962b (24) : 448, Pl. 63B,C (R.S. quoted).

24.3.2   *Myrichthys maculosus* (Cuvier, 1816)   Gender: M
          Muraena maculosa Cuvier, 1817 [1816], *Règne anim.* **2** : 232 (based on *Ophisurus ophis* Lacèpede, 1800, *Hist. nat. Poiss.* **2** : 195, 196, Pl. 6 fig. 2, "European Seas"). No type material.
          Ophichthys maculosus.− Klunzinger, 1871, **21** : 611−612, Quseir.− Günther, 1910 (17) : 401−402 (R.S. quoted).
          Myrichthys (Myrichthys) maculosus.− Weber & Beaufort, 1916, **3** : 284, Fig. 129 (R.S. quoted).
          Myrichthys maculosus.− Fowler, 1956 : 118 (R.S. quoted).− Smith, 1962b (24) : 448−449, Pl. 63A (R.S. quoted).
          Muraena tigrina Rüppell, 1830 : 118−119, Pl. 30, fig. 2. Holotype: SMF 3525, Mohila; 1838 : 84, Red Sea; 1852 : 33, Red Sea.− Günther, 1870, **8** : 108 (R.S. quoted).
          Dalophis tigrina.− McClelland, 1844 [1845] **5** : 213 (R.S. quoted).
          Gymnomuraena tigrina.− Picaglia, 1894, **13** : 36, Perim (no descr.).
          Uropterygius tigrinus.− Fowler, 1956 : 129 (R.S. quoted) (misidentification acc. to Smith, 1962a (23) : 426−427).

24.4   *OPHICHTHUS* Ahl, 1789   Gender: M
          Spec. ichthyol. Muraena et Ophichtho : 9 (type species: *Muraena ophis* Linnaeus, 1758, by subs. design. of Bleeker, 1865).

24.4.1   *Ophichthus retifer* Fowler, 1935
          Ophichthus retifer Fowler, 1935, *Proc. Acad. nat. Sci. Philad.* 87 : 368, Fig. 9. Types: ANSP 72145, 72146, 72147, Durban.
          Ophichthus retifer.− Smith, 1962b (24) : 459, Pl. 67B, S. Africa.− Dor, 1970 (54) : 10, Red Sea.

24.5   *PANTONORA* Smith, 1964a [1965]   Gender: F
          Ann. Mag. nat. Hist. **7** : 719 (type species: *Ophichthys tenuis* Günther, 1870, by orig. design. and monotopy).

24.5.1   *Pantonora tenuis* (Günther, 1870)
          Ophichthys tenuis Günther, 1870, *Cat. Fishes Br. Mus.* **8** : 88−89. Lectotype: BMNH 1965.1.2.1, no loc.
          Pantonora tenuis.− Dor & Palmer, 1977, **26** : 140, Figs 3−4, Elat.

24.6   *PISODONOPHIS* Kaup, 1856   Gender: M
          Arch. Naturgesch. **22** : 47 (type species: *Ophisurus cancrivorus* Richardson, 1848, by subs. design. of Bleeker, 1865).

24.6.1   *Pisodonophis cancrivorus* (Richardson, 1846)
          Ophisurus cancrivorus Richardson, 1846, *Zool. Voy. Erebus and Terror* : 97−98, Pl. 50, figs 6−9. Syntypes: BMNH 1938.12.21.1, Singapore, 1938.12.21.2, Philippines.
          Pisodonophis cancrivorus.− Smith, 1962b (24) : 456−457, Fig. 3, S. Africa.− Dor & Palmer, 1977, **26** : 137−138, Figs 1−2, Elat.

24.II   **MYROPHINAE**

24.7   *MURAENICHTHYS* Bleeker, 1853c   Gender: M
          Natuurk. Tijdschr. Ned.-Indië, **4** : 506 (type species: *Muraenichthys gymnopterus* Bleeker, 1853, by orig. design.).
          Myropterura Ogilby, 1897, *Proc. Linn. Soc. N.S.W.*, **22** : 247 (type species: *Myropterura laticauda* Ogilby, by orig. design.).

24.7.1   *Muraenichthys erythraensis* Bauchot & Maugé, 1980
          Muraenichthys erythraensis Bauchot & Maugé, 1980, *Bull. Mus. natn. Hist. nat.,*
          Paris **2** (3) : 934–936, Figs 1–2, Tb 1. Holotype: MNHN 1977–948, Nuweiba;
          Paratypes: MNHN 1977–950, Elat, HUJ 9826, 9828, Et Tur, 9720, 9722, Esh
          Shira El Gharqana.

24.7.2   *Muraenichthys gymnotus* Bleeker, 1857
          Muraenichthys gymnotus Bleeker, 1857a, *Act. Soc. Sci. Indo-Neerl.* **2** : 90–91.
          Holotype: BMNH 1867.11.28.334, Amboina.– Klunzinger, 1871 : 608–609,
          Quseir.– Weber & Beaufort, 1916, **3** : 277, Indian Ocean.– Fowler, 1956 : 117
          (R.S. quoted).– Smith, 1962b (24) : 461, Fig. 8, S. Africa.

24.7.3   *Muraenichthys laticaudatus* (Ogilby, 1897)
          Myropterura laticaudata Ogilby, 1897, *Proc. Linn. Soc. N.S.W.* **22** : 247, Fiji.
          Syntypes: AMS I.162 68–001 (2 ex.), Fiji.
          Murenichthys laticaudata.– Smith, 1962b (24) : 462, Fig. 9, S. Africa.– Bauchot &
          Maugé, 1980, **2** (3) : 936–938, Tb. 2, Elat, Esh Shira El Gharqana, Et Tur.

24.7.4   *Muraenichthys schultzei* Bleeker, 1857
          Muraenichthys schultzei Bleeker, 1857b, *Natuurk. Tijdschr. Ned.-Indië* **13** : 366–
          367. Holotype: BMNH 1867.11.28.331, South Java.– Bamber, 1915, **31** : 479, W.
          Red Sea.– Weber & Beaufort, 1916, **3** : 277–278, Figs 123–124 (R.S. quoted).–
          Fowler, 1956 : 117 (R.S. quoted).– Smith, 1962b (24) : 461–462 (R.S. quoted).

24.8   *MYROPHIS* Lütken, 1851 [1852]   Gender: M
          Vidensk. Meddr. dansk. naturh. Foren (1) : 14 (type species: *Myrophis punctatus*
          Lütken, 1852, by orig. design.).
          Paramyrus Günther, 1870, *Cat. Fishes Br. Mus.* 8 : 20, 51 (type: *Conger cylindroideus*
          Ranzani, 1840, by orig. design.).

24.8.1   *Myrophis microchir* (Bleeker, 1865)
          Echelus microchir Bleeker, 1865f,* *Ned. Tijdschr. dierk.* **2** : 40, Celebes.– Karrer,
          1982 : 79–83, Fig. 24, Nabek, A-Tur.
          Myrophis uropterus.– Smith, 1962b (24) : 460, Fig. 6, S. Africa.– Dor, 1970 (54) : 10,
          Gulf of Aqaba. (Misidentification v. Karrer).
          Leptocephalus genus not valid.

24.?A.1   *Leptocephalus echeloides* D'Ancona, 1928
          Leptocephalus echeloides D'Ancona, 1928a, *Memorie R. Com. talassogr. ital.* **146** :
          69, Pl. 4, figs 5–5b. Holotype: MSNV P-10, Perim; 1928b, 7 : 430, Perim; 1928c,
          7 : 519.– Castle, 1969 (7) : 38, N.W. Indian Ocean.
          Leptocephalus echeloides.– Fowler, 1956 : 112, Fig. 59 (R.S. on D'Ancona).– Castle,
          1969 (7) : 38, N.W. Indian Ocean.

24.?A.2   *Leptocephalus ophichthoides* D'Ancona, 1928
          Leptocephalus ophichthoides D'Ancona, 1928a, *Memorie R. Com. talassogr. ital.*
          146 : 65, Pl. 4, figs 2–4a, Massawa; 1928b, 7 : 430, Massawa; 1928c, 7 : 519,
          Massawa.
          Leptocephalus ophichthoides.– Fowler, 1956 : 112, Fig. 58 (R.S. on D'Ancona).–
          Castle, 1969 (7) : 49, N.W. Indian Ocean.

          SPECIES OF UNCERTAIN IDENTITY

?24.A.a   *Leptocephalus arabicus* D'Ancona, 1928a, *Memorie R. Com. talassogr. ital.* **146** : 51,
          Aden.

Ophichthidae

Leptocephalus arabicus.– Fowler, 1956 : 112, Fig. 53 (R.S. on D'Ancona). (Mistake – the record of D'Ancona is from Aden).

?24.A.b   **Leptocephalus synaphobranchoides** D'Ancona, 1928a, *Memorie R. Com. talassogr. ital.* **146** : 63–65, Pl. 14, figs 1–2b. Holotype: MSNV P-9, Shadwan Isl.; 1930, **11** : 290–292, Fig. 13, Shadwan Isl.
Leptocephalus synaphobranchoides.– Fowler, 1956 : 112, Fig. 57 (R.S. on D'Ancona).– Castle, 1969 (7) : 53, N.W. Indian Ocean (family unknown).

?24.A.c   **Leptocephalus vermicularis** Southwell & Prashad, 1919, *Rec. Indian Mus.* **16** : 216, Pl. 16, figs 2–3. Type: ZSI F-9749, N. Indian Ocean.– D'Ancona, 1928a, **146** : 80, Pl. 4, figs 13–13a, Jiddah; 1928b, 7 : 430, Jiddah; 1928c, 7 : 520, Jiddah; 1930, **11** : 304, Fig. 19, Jiddah.
Leptocephalus vermicularis.– Fowler, 1956 : 114, Fig. 62 (R.S. on D'Ancona).– Castle, 1969 (7) : 56, N.W. Indian Ocean.

V **CLUPEIFORMES**

Fam. 25–27

25 CLUPEIDAE by M. Dor & P. J. P. Whitehead

G: 5
Sp: 12

25.I DUSSUMIERIINAE

25.1 ***DUSSUMIERIA*** **Valenciennes** in Cuv. Val., 1847 Gender: F
Hist. nat. Poiss. **20** : 467–472 (type species: *Dussumieria acuta* Valenciennes, 1847, by orig. design., implied).

25.1.1 ***Dussumieria acuta*** **Valenciennes**, 1847
Dussumieria acuta Valenciennes, in Cuv. Val., 1847, *Hist. nat. Poiss.* **20** : 467–472, Pl. 606. Syntypes: MNHN 3217 (9 ex.), Malabar, 3694 (7 ex.), Malabar, 3697 (2 ex.), Coromandel (largest of latter – lectotype v. Whitehead, 1967a : 13).
Dussumieria acuta.– Weber & Beaufort, 1913, **2** : 21–22, Indian Ocean.– Fowler, 1941, **13** : 570–572 (R.S. quoted); 1956 : 62 (R.S. quoted).– Fowler & Steinitz, 1956, **5 B** : 261, Mediterranean Sea.– Whitehead, 1965, **12** : 234–235, Massawa; 1966 (41) : 9, Massawa; 1973, **14** : 170–171 (R.S. quoted).
Dussumieria hasseltii Bleeker, 1851, *Natuurk. Tijdschr. Ned. Indië* **1** : 422, Batavia, Cheribon, Samarang, Surabaya. Putative neotype: BMNH 1867.11.28.21; Syntypes: RMNH 7128 (2 ex.); AMS P-7757 (syn. v. Whitehead, Boeseman & Wheeler, 1966 : 31).– Tillier, 1902, **15** : 318, Suez Canal.
Dussumieria hasseltii.– Chabanaud, 1932, **4** : 823, Bitter Lake.
Dussumieria productissima Chabanaud, 1933, *Bull. Inst. océanogr. Monaco* (627) : 4–8, Figs 3–6. Syntypes: MNHN 1966-258-264 (7 ex.), Red Sea; MNHN 3997, Gulf of Suez (syn. v. Whitehead, 1963); 1933b, **58** : 290, Suez Canal.– Bertin, 1943, **15** : 390, Gulf of Suez.– Demidow & Viskerbentsev, 1970, **30** : 95–97, Gulf of Suez, Ghardaqa.

25.2 ***ETRUMEUS*** **Bleeker**, 1853j Gender: M
Verh. batav. Genoot. Kunst. Wet. **25** : 58 (type species: *Clupea micropus* Temminck & Schlegel, 1846, by orig. design.).

25.2.1 ***Etrumeus teres*** **(De Kay**, 1842)
Alosa teres De Kay, 1842, *Nat. Hist. N.Y., Pt. 4, Fishes* : 262, Pl. 40, fig. 128, New York. Type lost.
Etrumeus teres.– Whitehead, 1963, **10** : 321, Elat; 1965, **12** : 236, Elat.
Clupea micropus Temminck & Schlegel, 1846, *Fauna Japonica*, Pt. 13 : 236, Pl. 107, fig. 2, Japan. Type lost, v. Boeseman, 1947 (syn. v. Whitehead).
Etrumeus micropus.– Smith, 1949 : 88–89, Fig. 106, S. Africa.– Fowler & Steinitz, 1956, **5 B** : 261, Elat (in part, v. Whitehead, 1965).

25.II SPRATELLOIDINAE

25.3 ***SPRATELLOIDES*** **Bleeker, 1851b** Gender: F

Natuurk. Tijdschr. Ned. Indië **2** : 214 (type species: *Clupea argyrotaenia* Bleeker = *Clupea argyrotaeniata* Bleeker, 1849, by orig. design., but no diagnosis given; Bleeker, 1852, *Verh. batav. Genoot. Kunst. Wet.* **24** : 29, generic diagnosis, type the same).

25.3.1 ***Spratelloides delicatula*** **(Bennett, 1831)**

Clupea delicatula Bennett, 1831b, *Proc. zool. Soc. Lond.* **1** : 168, Mauritius. Type unknown.

Spratelloides delicatulus.– Weber & Beaufort, 1913, **2** : 20, Indian Ocean.– Marshall, 1952, **1** : 222, Sinafir Isl.– Fowler & Steinitz, 1956, **5 B** : 262, Elat.– Whitehead, 1963, **10** : 345, Red Sea; 1965, **12** : 241–242, Figs 2–3, Elat, Dahlak; 1966 (41) : 10, Elat, Nocra; 1973, **14** : 172–173, Fig. 6 (R.S. quoted).– Clark, Ben-Tuvia & Steinitz, 1968 (49) : 21, Entedebir.

Stolephorus delicatulus.– Smith, 1949 : 89, Fig. 107, S. Africa.– Roux Estève & Fourmanoir, 1955, **30** : 196, Abu Latt.– Roux Estève, 1956, **32** : 62, Abu Latt.

Etrumeus micropus (not Temminck & Schlegel).– Fowler & Steinitz, 1956, **5 B** : 261, Elat (misidentification of 58 mm specimen acc. to Whitehead, 1965 : 241).

25.3.2 ***Spratelloides gracilis*** **(Temminck & Schlegel, 1846)**

Clupea gracilis Temminck & Schlegel, 1846, *Fauna Japonica*, Pts 10–14 : 238–239, Pl. 108, fig. 2. Type: RMNH 3260a, Nagasaki.

Spratelloides gracilis.– Klunzinger, 1871, **21** : 601–602, Quseir.– Borsieri, 1904, (3) **1** : 218, Nocra, Dahlak (*Spatelloides*, misprint).– Weber & Beaufort, 1913 : 20–21 (R.S. quoted).– Chabanaud, 1932, **4** : 824, Bitter Lake, Suez Canal.– Gruvel & Chabanaud, 1937, **35** : 4, Suez Canal.– Bertin, 1943, **15** : 390, Gulf of Suez.– Marshall, 1952, **1** : 222, Sinafir Isl.– Whitehead, 1963, **10** : 338, Figs 15–18, Ghardaqa, Sinafir Isl.; 1965, **12** : 237–240, Figs 2–3, Elat, Ghardaqa; 1966 (41) : 9–10, Elat; 1973, **14** : 171–172, Fig. 5 (R.S. quoted).

Stolephorus gracilis.– Fowler, 1945, **26** : 116, Red Sea.

Stolephorus japonicus (not Lacepède, 1803).– Fowler, 1941, **13** : 567–569 (R.S. quoted); 1956 : 61–62, Fig. 23 (R.S. quoted) (misidentification v. Whitehead, 1965).

25.III CLUPEINAE

25.4 ***HERKLOTSICHTHYS*** **Whitley, 1951** Gender: M

Proc. R. zool. Soc. N.S.W. 1949–50 [1951] : 67 (replacement name for *Herklotsella* Fowler, 1934 – preoccupied by *Herklotsella* Herre, 1933) (type species: *Harengula dispilonotus* Bleeker, 1852, by orig. design.).

25.4.1 ***Herklotsichthys punctatus*** **(Rüppell, 1837)**

Clupea punctata Rüppell, 1837, *Neue Wirbelth., Fische* : 78, Pl. 21, fig. 2. Lectotype: SMF 567, Red Sea; Paralectotypes: SMF 4649–4652, 6649–6650, Red Sea.

Harengula punctata.– Valenciennes, in Cuv. Val., 1847, **20** : 297–298, Massawa.– Chabanaud, 1932, **4** : 823 (R.S. quoted).– Fowler, 1945, **26** : 116, Red Sea.– Klausewitz, 1967c (2) : 60, 66, Sarso Isl.

Clupeone punctata.– Rüppell, 1852 : 26, Red Sea.

Alosa punctata.– Playfair & Günther, 1866 : 123 (R.S. quoted).

Herklotsichthys punctatus.– Whitehead, 1965, **12** : 244–246, Elat; 1973, **14** : 174–176, Fig. 7 (R.S. quoted).

Herklotsichthys punctata.– Ben-Tuvia, 1968 (52) : 47–48, Entedebir.

? *Harengula bipunctata* [Ehrenberg MS *Clupea bipunctata*] Valenciennes, in Cuv. Val., 1847, *Hist. nat. Poiss.* 20 : 298, Massawa (syn. v. Whitehead, 1965).

? *Harengula arabica* [Ehrenberg MS *Clupea arabica*] Valenciennes, in Cuv. Val., 1847, *Hist. nat. Poiss.* 20 : 298–299, Mohila. Type: ZMB 3839 (syn. v. Whitehead, 1965).

25.4.2   *Herklotsichthys quadrimaculatus* (Rüppell, 1837)
    Clupea quadrimaculata Rüppell, 1837, *Neue Wirbelth., Fische* : 78–79, Pl. 21, fig. 3. Lectotype: SMF 4648, Massawa; Paralectotype: SMF 78, Massawa; 1852 : 26, Red Sea.– Klunzinger, 1871, 21 : 601, Red Sea.– Tillier, 1902, 15 : 318, Suez Canal.– Borsieri, 1904 (3), 1 : 217–218, Massawa.
    Meletta venenosa Valenciennes, in Cuv. Val., 1847, *Hist. nat. Poiss.* 20 : 377, Seychelles. Type lost.
    Clupea venenosa.– Klunzinger, 1871, 21 : 599–600, Quseir.
    Harengula moluccensis Bleeker, 1853, *Natuurk. Tijdschr. Ned.-Indië* 4 : 609. Lectotype: RMNH 7098, Amboina.
    Clupea moluccensis.– Bamber, 1915, 31 : 478, W. Red Sea.
    ? *Harengula ovalis* (not *Clupea ovalis* Bennett, 1830).– Fowler, 1941, 13 : 589–593 (R.S. quoted); 1956 : 64, Fig. 24 (R.S. quoted) (misidentification v. Whitehead).
    ? *Spratella erythraea* Rüppell, 1852, *Verz. Mus. Senckenb. Samml.* : 26, Red Sea. No type material (syn. in *Clupea venenosa* Klunzinger, 1871).

5.5   *SARDINELLA* Valenciennes in Cuv. Val., 1847   Gender: F
    Hist. nat. Poiss. 20 : 8 (type species: *Sardinella aurita* Valenciennes, 1847, by subs. design. of Gill, 1861).
    Clupeonia Valenciennes, 1847, *ibid.* : 345 (type species: *Clupeonia jussieui* Valenciennes, 1847).

5.5.1   *Sardinella fimbriata* (Valenciennes, 1847)
    Spratella fimbriata Valenciennes, in Cuv. Val., 1847, *Hist. nat. Poiss.* 20 : 359–361, Pl. 601. Paratypes: MNHN 3227 (5 ex.), Malabar.
    Clupea fimbriata.– Day, 1878 : 637–638, Pl. 161, fig. 3 (R.S. quoted); 1889 : 373–374 (R.S. quoted).
    Clupea (Harengula) fimbriata.– Weber & Beaufort, 1913, 2 : 75–76, Figs 26–27, Indian Ocean.
    Sardinella fimbriata.– Whitehead, 1965, 12 : 254–255, S. Red Sea; 1966 (41) : 11, S. Red Sea; 1973, 14 : 184–185, Fig. 14 (R.S. quoted).
    Clupea kowal (not Cuvier, 1816).– Rüppell, 1837 : 79, Jiddah, Massawa.– Günther, 1868, 7 : 450 (R.S. on Rüppell).– Klunzinger, 1871, 21 : 599, Red Sea.– Giglioli, 1888, 6 : 72, Assab.
    Kowala coval.– Tortonese, 1947, 43 : 82 (R.S. on Rüppell).– Fowler, 1956 : 69–70 (R.S. quoted).
    Alosa kowal.– Playfair & Günther, 1866 : 123 (R.S. quoted) (misidentification v. Whitehead).
    Harengula bulan (not Bleeker).– Fowler, 1941, 13 : 588; 1956 : 63 (R.S. quoted) (on *Clupea kowal.*– Klunzinger).– Tortonese, 1947a : 82 (R.S. quoted) (on *Clupea kowal.*– Klunzinger).

5.5.2   *Sardinella gibbosa* (Bleeker, 1849)
    Clupea gibbosa Bleeker, 1849a, *J. Indian Archipel. & E. Asia* 3 : 72–73, Batavia, Macassar. Putative neotype: BMNH 1867.11.28.46, Macassar?
    Sardinella gibbosa.– Demidow & Viskrebentsev, 1970, 30 : 85–91, Figs 12–13, Gulf of Suez, Ghardaqa.– Whitehead, 1973, 14 : 185, Fig. 15 (R.S. quoted).
    Sardinella (Clupeonia) gibbosa.– Bertin, 1943a, 15 : 389, Gulf of Suez.
    Harengula dollfusi Chabanaud, 1933a, *Bull. Inst. océanogr. Monaco* (627) : 1–4, Figs 1–2. Syntypes: MNHN 1966-343, 1966-344, Gulf of Suez (syn. v. Whitehead).– Fowler, 1941, 13 : 600–601 (R.S. quoted).– Tortonese, 1947a, 43 : 82 (R.S. quoted).

Clupanodon jussieu Lacepède, 1803, *Hist. nat. Poiss.* 5 : 469, 474, Pl. 11, fig. 2, Mauritius (based on descr. by Commerson) (syn. acc. to Whitehead, 1967a : 54).
Sardinella jussieu.– Smith, 1949 : 92, S. Africa.– Whitehead, 1965, **12** : 252–254, Red Sea (syn. acc. to Whitehead, 1967a : 54).

25.5.3   **Sardinella leiogaster Valenciennes**, 1847
Sardinella leiogaster Valenciennes, in Cuv. Val., 1847, *Hist. nat. Poiss.* **20** : 270. Holotype: MNHN 3792, Indian Ocean.
Sardinella leiogaster.– Whitehead, 1973, **14** : 188–189, Fig. 19 (R.S. quoted).
Clupea liogaster.– Klunzinger, 1871, **21** : 598, Quseir.
Sardinella clupeoides Fowler, 1941, *Bull. U.S. natn. Mus.* **13** : 619 (R.S. quoted); 1956, **1** : 68 (R.S. quoted) (syn. v. Whitehead, 1965, **12** : 256).
Sardinella sirm (not *Clupea sirm* Walbaum).– Whitehead, 1965, **12** : 256–257 (in part) (syn. v. Whitehead, 1973).

25.5.4   **Sardinella longiceps Valenciennes**, 1847
Sardinella longiceps Valenciennes, in Cuv. Val., 1847, *Hist. nat. Poiss.* **20** : 273. Type: MNHN 3743, Pondichery.
Sardinella longiceps.– Whitehead, 1973, **14** : 177–178, Fig. 8, Red Sea.

25.5.5   **Sardinella melanura** (Cuvier, 1829)
Clupea melanura Cuvier, 1829, *Règne anim.* **2** : 318 (on *Clupanodon jussieu* Lacepède – *nomen dubium* acc. to Whitehead, 1967a, **2** : 61). Neotype: MNHN 3233, Vanikoro = Lectotype of *Clupeonia vittata.*– Budker & Fourmanoir, 1954 (3) : 323, Suez.
Sardinella melanura.– Demidow & Viskrebentsev, 1970, **30** : 94–95, Fig. 15, Gulf of Suez.
Clupeonia vittata Valenciennes, in Cuv. Val., 1847, *Hist. nat. Poiss.* **20** : 352. Type: MNHN 3233, Vanikoro (syn. v. Whitehead, 1967a : 54).
Harengula vittata.– Smith, 1949 : 91, Fig. 112, S. Africa.
Herklotsichthys vittatus.– Whitehead, 1965, **12** : 247–248, Red Sea; 1966 (19) : 10–11, Red Sea.

25.5.6   **Sardinella sirm** (Walbaum, 1792)
Clupea sirm Walbaum, 1792, in *Artedi pisc.* **3** : 38 (based on *Sirm* Forsskål, 1775, *Descr. Anim.* : xvii, Red Sea; vulnerable name, not valid). No type material.
Sardinella sirm.– Rüppell, 1852 : 26, Red Sea.– Tortonese, 1935–6 [1937], **45** : 163–164 (sep. : 13–14), Fig. 1, Massawa; 1947a, **43** : 82 (R.S. quoted); 1955, **15** : 50, Dahlak.– Fowler, 1941, **13** : 616–618 (R.S. quoted); 1945, **26** : 116, Fig. 2, Red Sea; 1956 : 68 (R.S. quoted).– Whitehead, 1965, **12** : 256–257, Massawa; 1973, **14** : 187, Fig. 17 (R.S. quoted).– Demidow & Viskrebentsev, 1970, **30** : 91–97, Fig. 14, Gulf of Suez, Ghardaqa.
Alosa sirm.– Playfair & Günther, 1866 : 123 (R.S. quoted).
Clupea sirm.– Klunzinger, 1871, **21** : 599, Red Sea.– Günther, 1868, **7** : 425 (R.S. quoted); 1909 (16) : 383 (R.S. quoted).
Clupea (Amblygaster) sirm.– Weber & Beaufort, 1913, **2** : 62, Indian Ocean.

26   **ENGRAULIDAE** by M. Dor & P. J. P. Whitehead
G : 4
Sp : 6

26.1   *ENGRAULIS* Cuvier, 1817 [1816]   Gender: M
Règne anim. **2** : 174 (type species: *Clupea encrasicolus* Linnaeus, 1758, by monotypy).

26.1.1   ***Engraulis encrasicolus*** **(Linnaeus, 1758)**
          Clupea encrasicolus Linnaeus, 1758, *Syst. Nat.*, ed. X, **1** : 318 (? based on Artedi).
          No type material.
          Engraulis encrasicolus.– Tillier, 1902, **15** : 291, Suez Canal, Gulf of Suez.– Whitehead,
          1965, **12** : 264–265 (R.S. quoted).– Steinitz, 1967 : 169 (R.S., pass. ref.).

26.2   ***STOLEPHORUS*** **Lacepède, 1803**   Gender : M
          Hist. nat. Poiss. **5** : 381 (type species: *Stolephorus commersonii* Lacepède, 1803, by
          subs. design.). (Opinion 93 of 1926, International Commission on Zoological
          Nomenclature, reinforced by Opinion 749 of 1965).
          Amentum Whitley, 1940, *Aust. Zool.* **9** : 402 (type species: *Stolephorus commersonii*
          Lacepède, 1803, by orig. design., as a replacement name for *Stolephorus*).
          Anchoviella Fowler, 1941 (not *Anchoviella* Fowler, 1911), *Bull. U.S. natn. Mus.* **13** :
          696.

26.2.1   ***Stolephorus buccaneeri*** **Strasburg, 1960[1]**
          Stolephorus buccaneeri Strasburg, 1960, *Pacif. Sci.* **14** : 396. Holotype: USNM
          177742; Paratypes: USNM 177743, 177744, Hawaii.
          Stolephorus buccaneeri.– Whitehead, 1965, **12** : 268–270, Gulf of Suez; 1973, **14** :
          222, Fig. 44 (R.S. quoted).– Ozawa & Tasukahara, 1973, **17** : 166, Fig. 7, N. Red
          Sea.

26.2.2   ***Stolephorus heterolobus*** **(Rüppell, 1837)[1]**
          Engraulis heteroloba Rüppell, 1837, *Neue Wirbelth., Fische* : 79–80, Pl. 21, fig. 4.
          Holotype: SMF 4305; Paratypes: SMF 4714–17, Massawa; BMNH, 1845.10.29.
          104, Red Sea; 1852 : 26, Red Sea.– Martens, 1866, **16** : 379, Quseir.
          Engraulis heterolobus.– Günther, 1868, **7** : 392, Red Sea.– Klunzinger, 1871, **21** :
          596, Red Sea.– Gruvel, 1936, **29** : 151, Suez Canal.– Gruvel & Chabanaud, 1937,
          35 : 4, Suez Canal.– Bertin, 1943, **15** : 389, Gulf of Suez, Lake Timsah.
          Stolephorus heterolobus.– Weber & Beaufort, 1913, **2** : 44 (R.S. quoted).– Whitehead,
          1965 : 266–268, Fig. 4a, Massawa; 1966 (41) : 12, Massawa; 1973, **14** : 220–221,
          Fig. 42 (R.S. quoted).– Ben-Tuvia, 1968 (52) : 48–49, Dahlak Arch.– Demidow &
          Viskrebentsev, 1970, **30** : 97–98, Figs 17–18, Gulf of Suez, Ghardaqa.
          Anchoviella heteroloba.– Fowler, 1941, **13** : 698–699 (R.S. quoted); 1945 : 116 (R.S.
          quoted).
          Amentum heterolobum.– Fowler, 1956 : 73, Fig. 26 (R.S. quoted).

26.2.3   ***Stolephorus indicus*** **(Van Hasselt, 1823)**
          Engraulis indicus Van Hasselt, 1823a, *Algem. Konst- en Letter-bode*, **1** (23) : 329,
          Java. No type material.
          Stolephorus indicus.– Weber & Beaufort, 1913, **2** : 46–47, Indian Ocean.– Whitehead,
          1965, **12** : 270–271, Massawa, Mocho; 1966 (41) : 12, Massawa, Mocho; 1973, **14** :
          225–226, Fig. 49 (R.S. quoted).
          Anchoviella indica.– Smith, 1949 : 94, Fig. 118, S. Africa.

26.3   ***THRYSSA*** **Cuvier, 1829**   Gender : F
          Règne anim. **2** : 323 (type species: *Clupea setirostris* Broussonet, 1782, since
          Thryssa is an emendation of Thrissa).

---

[1] This name is predated by *Encrasicholina punctifer* Fowler, 1938. *Monogr. Acad. nat.
Sci. Philad. **2** : 157, Fig. 13. Type ANSP 6838, Society Isl. Recent work suggests that
this and certain related species (e.g. *S. heterolobus* of the Red Sea) are generically
distinct, for which the name *Encrasicholina* is available (Nelson & Whitehead, in
prep.).

Thrissocles Jordan & Evermann, 1917, *Genera of Fishes*, Pt. 1 : 98 (type species: *Clupea setirostris* Broussonet, 1782, by subs. design. of Jordan & Evermann, 1917, since *Thrissocles* a replacement name for *Thrissa*).

26.3.1   *Thryssa setirostris* (Broussonet, 1782)
Clupea setirostris Broussonet, 1782, *Ichthyol. sist. piscium* 1 : text (no pagination), Pl. 2, Tanna (Society Isls). No type material; 1788 : 186, Pl. 70, fig. 218, Red Sea.
Clupea setirostris.– Shaw, 1804, 2 : 174–175 (R.S. quoted).
Thryssa setirostris.– Whitehead, 1965, 12 : 275–276, Red Sea; 1973, 14 : 230, Fig. 53 (R.S. quoted).
Engraulis setirostris.– Day, 1878 : 626–627 (R.S. quoted); 1889, 1 : 391 (R.S. quoted). Weber & Beaufort, 1913, 2 : 40–41 (R.S. quoted).
Thrissocles setirostris.– Fowler, 1941, 13 : 679–681 (R.S. quoted); 1956 : 71–72 (R.S. quoted).– Smith, 1949 : 95, Pl. 5, fig. 122, S. Africa.

26.4   *THRISSINA* Jordan & Seale, 1925   Gender : F
Copeia (141) : 30 (type species: *Clupea baelama* Forsskål, 1775, by orig. design.).

26.4.1   *Thrissina baelama* (Forsskål, 1775)
Clupea Baelama Forsskål, 1775, *Descr. Anim.* : xiii, 72, Jiddah. Type lost.
Clupea Baelama.– Bloch & Schneider, 1801 : 429 (R.S. on Forsskål).
Engraulis baelama.– Valenciennes, in Cuv. Val., 1847, 21 : 35, Red Sea.– Budker & Fourmanoir, 1954 (3) : 323, Ghardaqa.
Engraulis boelama.– Playfair & Günther, 1866 : 123 (R.S. quoted).– Günther, 1868, 7 : 393, Quseir; 1871 : 671, Red Sea.– Klunzinger, 1871, 21 : 597, Quseir.– Day, 1878 : 626, Pl. 158, fig. 7 (R.S. quoted).– Weber & Beaufort, 1913, 2 : 33–34 (R.S. quoted).– Bamber, 1915, 31 : 478, W. Red Sea.
Thrissina boelama.– Tortonese, 1935–36 [1937], 45 : 164 (sep. : 14), Massawa.
Thrissina baelama.– Whitehead, 1965, 12 : 271–272, Quseir, Mukalla, Djibouti; 1966 (41) : 13, Red Sea.
Thrissocles baelama.– Fowler, 1941, 13 : 683–686 (R.S. quoted); 1945, 25 : 116 (*boelana*, misprint) (R.S. quoted); 1956 : 72 (R.S. quoted).– Ben-Tuvia, 1968 (52) : 48–49, Dahlak Arch.

27   CHIROCENTRIDAE by M. Dor & P. J. P. Whitehead

G : 1
Sp : 1

27.1   *CHIROCENTRUS* Cuvier, 1817 [1816]   Gender : M
Règne anim. 2 : 178 (type species: *Clupea dorab* Forsskål, 1775, by monotypy, but cited as *Esox chirocentrus* Lacepède, 1803, *Clupea dentex* Bloch & Schneider, 1801 and *Clupea dorab* Gmelin, 1789).

27.1.1   *Chirocentrus dorab* (Forsskål, 1775)
Clupea dorab Forsskål, 1775, *Descr. Anim.* : 72, Jiddah, Mocho. Type lost.
Chirocentrus dorab.– Rüppell, 1837 : 81, Red Sea; 1852 : 27, Red Sea.– Valenciennes, in Cuv. Val., 1847, 19 : 150–168, Pl. 565, Massawa.– Playfair & Günther, 1866 : 120 (R.S. quoted).– Klunzinger, 1871, 21 : 606, Quseir.– Day, 1878 : 652, Pl. 166, fig. 3 (R.S. quoted).– Weber & Beaufort, 1913, 2 : 18, Fig. 11 (R.S. quoted).– Tortonese, 1935–36 [1937] : 163 (sep. : 13), Massawa.– Fowler, 1941, 13 : 724–727 (R.S. quoted); 1945 : 116 (R.S. quoted).– Smith, 1949 : 87, Pl. 5, fig. 104, S. Africa.– Ben-Tuvia & Steinitz, 1952 (2) : 4, Elat.– Fowler, 1956 : 78–80 (R.S. quoted).– Whitehead, 1965, 12 : 233, Red Sea; 1966 (41) : 9, Jiddah, Massawa.
Clupea dentex.– Bloch & Schneider, 1801 : 407–409 (R.S. on *Clupea dorab* Forsskål).

VI

SALMONIFORMES
Fam. 28–34

28 **GONOSTOMATIDAE** G: 2
Sp: 2

28.1 *MAUROLICUS* **Cocco**, 1838 Gender: M
Nuovi Ann. Sci. nat. Bologna **1** (2) : 192 (type species: *Maurolicus amethystino-punctatus* Cocco, 1838, by orig. design.).

28.1.1 ***Maurolicus muelleri*** **(Gmelin**, 1789)
Salmo mülleri Gmelin, 1789, *Syst. Nat. Linn.*, ed. XIII, **1** : 1378.
Maurolicus mülleri.– Aron & Goodyear, 1969 : 239, Elat.
Maurolicus mucronatus Klunzinger, 1871, *Verh. zool.-bot. Ges. Wien* **21** : 593–594, Quseir (syn. v. Aron & Goodyear).– Fowler, 1956 : 83–84 (R.S. quoted).

28.2 *VINCIGUERRIA* **Jordan & Evermann** in Goode & Bean, 1896 Gender: F
Smithson. Contr. Knowl. **30** : 513 (type species: *Maurolicus attenuatus* Cocco, 1838, by orig. design.).

28.2.1 ***Vinciguerria lucetia*** **(Garman**, 1899)
Maurolicus lucetius Garman, 1899, *Mem. Mus. comp. Zool. Harv.* **26** : 242, Pl. J, fig. 1. Holotype: MCZH 2853.
Vinciguerria lucetia.– Weber & Beaufort, 1913, **2** : 119–120, Fig. 44, Indian Ocean.– Smith, 1949 : 106 (*Vincinguerria*, misprint), S. Africa.– Aron & Goodyear, 1969 : 239–240, Elat.

29 **ASTRONESTHIDAE** G: 1
Sp: 1

29.1 *ASTRONESTHES* **Richardson**, 1844 Gender: M
Zool. Voy. Sulphur **2** : 97 (type species: *Astronesthes nigra* Richardson, 1844, by orig. design.).

29.1.1 ***Astronesthes martensii*** **Klunzinger**, 1871
Astronesthes martensii Klunzinger, 1871, *Verh. zool.-bot. Ges. Wien* **20** : 594–595. Syntypes: MNS 1776 (2 ex.), Quseir; BMNH 1871.7.15.33, Quseir.
Astronesthes martensii.– Fowler, 1956 : 85 (R.S. quoted).

30 **CHAULIODONTIDAE** G: 1
Sp: 1

30.1 *CHAULIODUS* **Bloch & Schneider**, 1801 Gender: M
Syst. Ichthyol. : 430 (type species: *Chauliodus sloani* Bloch & Schneider, 1801, by orig. design. and monotypy).

30.1.1   *Chauliodus sloani* **Bloch & Schneider, 1801**
          Chauliodus sloani Bloch & Schneider, 1801, *Syst. Ichthyol.* : 430, Pl. 85. Holotype:
          BMNH 1978.9.11.1, Gibraltar.
          Chauliodus sloani.– Fuchs, 1901, **110**: 257, Red Sea.– Weber & Beaufort, 1913, **2**:
          110, Fig. 38, Indian Ocean.– Smith, 1949: 102, Pl. 5, fig. 145, S. Africa.

31   **STOMIATIDAE**

                                                                                          G: 1
                                                                                          Sp: 1

31.1   *STOMIAS* **Cuvier, 1817 [1816]**   Gender: M
          Règne Anim. **2**: 184 (type species: *Esox boa* Risso, 1810, by subs. design. of
          Goode & Bean, 1896).

31.1.1   *Stomias affinis* **Günther, 1887**
          Stomias affinis Günther, 1887, *Rep. scient. Results Voy. Challenger* **22**: 205, Pl.
          54, fig. A. Type: BMNH 1887.12.7.224, Sombrero Isl.
          Stomias affinis.– Norman, 1939: 22, Red Sea.– Fowler, 1956: 87, Fig. 35 (R.S.
          quoted).

32   **SYNODONTIDAE**

                                                                                          G: 3
                                                                                          Sp: 9

32.1   *SAURIDA* **Valenciennes in Cuv. Val., 1849**   Gender: F
          Hist. nat. Poiss. **22**: 499 (type species: *Salmo tumbil* Bloch, 1795, by subs. design.
          of Jordan, Tanaka & Snyder, 1913).

32.1.1   *Saurida gracilis* **(Quoy & Gaimard, 1825)**
          Saurus gracilis Quoy & Gaimard, 1825, *Voy. Uranie, Zool.* : 224–225. Holotype:
          MNHN A-7616, Sandwich Isl.
          Saurida gracilis.– Weber & Beaufort, 1913, **2**: 143–144, Fig. 53 (R.S. quoted).–
          Chabanaud, 1933b, **58**: 290, Bitter Lake.– Smith, 1949: 113, S. Africa.– Fowler,
          1956: 92 (R.S. quoted).
          Saurida nebulosa Valenciennes, in Cuv. Val., 1850, *Hist. nat. Poiss.* **22**: 504–506,
          Pl. 648. Syntypes: MNHN B-1027, B-1029 (6 ex.), Mauritius, B-1028 (4 ex.),
          Mauritius (syn. v. W.B.).– Klunzinger, 1871, **21**: 591–592, Quseir.– Day, 1877:
          505 (R.S. quoted); 1889, **1**: 411 (R.S. quoted).
          Saurida sinaitica Dollfus in Gruvel, 1936, *Mém. Inst. Egypte* **29**: 174, Suez Canal
          (syn. v. Fowler) (nomen nudum, no type material, Bauchot in lit.).

32.1.2   *Saurida tumbil* **(Bloch, 1795)**
          Salmo tumbil Bloch, 1795, *Naturgesch. ausl. Fische* **9**: 112–113, Pl. 430. One
          stuffed ex. ZMB, possibly the type (Karrer in lit.).
          Saurida tumbil.– Valenciennes, in Cuv. Val., 1849, **22**: 500–504, Suez.– Günther,
          1864, **5**: 399 (R.S. quoted); 1909 (8): 376 (R.S. quoted).– Playfair & Günther,
          1866: 116 (R.S. quoted).– Klunzinger, 1871, **21**: 591, Quseir.– Kossmann &
          Räuber, 1877a, **1**: 412, Red Sea; 1877b: 29, Red Sea.– Day, 1878: 504–505,
          Pl. 117, fig. 6 (R.S. quoted); 1889, **1**: 410–411, Fig. 131 (R.S. quoted).– Picaglia,
          1894, **13**: 35, Assab.– Pellegrin, 1912, **3**: 10, Massawa.– Weber & Beaufort, 1913,
          2: 142–143, Indian Ocean.– Chabanaud, 1932, **4**: 824, Red Sea.– Tortonese,

1935–36 [1937] **45** : 165 (sep. : 15), Massawa; 1947 : 86, Massawa.– Smith, 1949 : 113, S. Africa.– Fowler, 1956 : 93, Fig. 37 (R.S. quoted).– Klausewitz, 1967 (2) : 61, Sarso Isl.– Ben-Tuvia, 1968 (52) : 46–47, Fig. 5, Tbs 16–17, Massawa.– Bayoumi, 1972, **2** : 167, Red Sea.

Saurus badimottah Cuvier, 1829, *Règne anim.* **2** : 314 (based on Badi mottah Russel, **2** : 56, Pl. 172 (syn. v. Klunzinger).– Rüppell, 1837 : 77, Gulf of Suez.

Saurida badi.– Rüppell, 1852, *Verz. Mus. Senckenb. Samml.* : 25, Red Sea.

32.1.3 ***Saurida undosquamis* (Richardson, 1848)**

Saurus undosquamis Richardson, 1848, *Zool. Voy. Erebus & Terror* : 138–139, Pl. 51, figs 1–6. Holotype: BMNH 1977.4.22.1, N.W. Australia.

Saurida undosquamis.– Norman, 1939, 7 (1) : 23, Red Sea.– Smith, 1949 : 113, Fig. 176, S. Africa.– Fowler, 1956 : 93 (R.S. quoted).– Demidow & Viskrebentsev, 1970, **30** : 105–107, Fig. 21, Gulf of Suez, Ghardaqa.– Bayoumi, 1972, **2** : 167, Red Sea.

Saurida grandisquamis Günther, 1864, *Cat. Fishes Br. Mus.* **5** : 400–401. Syntypes: BMNH 1850.7.20.92, 1851.2.30.13, Australia, 1856.9.11.28, Louisiade Arch. (syn. v. Smith).– Weber & Beaufort, 1913, **2** : 141–142, Indian Ocean.

32.2 ***SYNODUS* Gronovius, 1763** Gender: M

Zoolphyl. Gron. : 112 (type species: *Esox synodus* Linnaeus, 1758, by absolute tautonomy).

Saurus Cuvier, 1817 [1816], *Règne anim.* **2** : 169 (type species: *Salmo saurus* Linnaeus, 1758, by absolute tautonomy).

32.2.1 ***Synodus englemani* Schultz, 1953**

Synodus englemani Schultz, 1953, *Bull. U.S. natn. Mus.* (202), **1** : 41–42, Fig. 9. Holotype: USNM 140815, Kieshiechi Isl.; Paratypes: USNM 140816 (2 ex.), Amen Isl., Univ. Wash. (4 ex.), Ion Isl.

Synodus englemani.– Cressey, 1981 (342) : 14–16, Figs 9, 10, 37, Gulf of Aqaba, Et Tur, P. Sudan.

Synodus varius (not Lacepède).– Klunzinger, 1871, **21** : 589–590, Quseir (misidentification v. Cressey with query, in lit.).

32.2.2 ***Synodus hoshinonis* Tanaka, 1917**

Synodus hoshinonis Tanaka, 1917, *Zool. Mag. Tokyo* **390** : 38–39. Type material Saburo Isl., no data, no number.

Synodus hoshinonis.– Cressey, 1981 (342) : 19–21, Figs 14, 15, 43, S. Red Sea.

Synodus indicus (not Day).– Bayoumi, 1972, **2** : 167, Red Sea.– Ben-Tuvia & Grofit, 1973, 8 (1) : 14, 16, Gulf of Suez (misidentification v. Cressey).

32.2.3 ***Synodus indicus* (Day, 1873)**

Saurus indicus Day, 1873, *J. Linn. Soc.* **11** : 526. Paralectotype: RMNH 8817, India.

Synodus indicus.– Bayoumi, 1972, **2** : 167, Red Sea.– Ben-Tuvia & Grofit, 1973, 8 (1) : 14, 16, Gulf of Suez.– Cressey, 1981 (342) : 21–23, Figs 16, 17, 43, Tbs 2–4. Holotype: BPBM 24807, P. Sudan.

Synodus dietrichi Kotthaus, 1967, *Meteor Forsch. Ergebn.* (1) : 72–74, Figs 62–65. Holotype: ZIM 4904, Somalia; Paratypes: ZIM 4905, 4907, Bab el Mandeb, 4906, S. Red Sea, 4908.

2.2.4 ***Synodus randalli* Cressey, 1981**

Synodus randalli Cressey, 1981, *Smithson. Contr. Zool.* (342) : 33–34, Figs 27, 40, Tbs 2–4. Holotype: BPBM 24807, P. Sudan.

32.2.5   *Synodus variegatus* (Lacepède, 1803)
         Salmo variegatus Lacepède, 1803, *Hist. nat. Poiss.* 5 : 157, Mauritius (based on descr. by Commerson).
         Saurus variegatus.– Weber & Beaufort, 1913, **2** : 147–148, Fig. 54 (R.S. quoted).
         Synodus variegatus.– Smith, 1949 : 112, Pl. 6, fig. 174, S. Africa.– Marshall, 1952, **1** : 223, Dahab.– Tortonese, 1968 (51) : 9, Elat.– Cressey, 1981 (342) : 6–9, Figs 2, 3, 36, Gulf of Aqaba, Ras Muhammad, Strait of Jubal.
         Saurus erythraeus Klunzinger, 1871, *Verh. zool.-bot. Ges. Wien* **21** : 590, Quseir (syn. v. Fowler, 1956 : 91 and Cressey with query in lit.).

IDENTITY UNCERTAIN

32.2.a   *Saurus nebulosus* (not Cuv. Val.).– Tillier, 1902, *Mém. Soc. zool. Fr.* **15** : 318, Suez Canal.

32.2.b   *Saurus melasma* [Dollfus MS] Gruvel & Chabanaud, 1937, *Mém. Inst. Egypte* **36** : 4, P. Suez (nomen nudum, no type material, Bauchot in lit.).

32.2.c   *Saurus japonicus* (not *Cobitis japonicus* Houttuyn).– Ben-Tuvia & Steinitz, 1952 (2) : 4, Elat.
         Synodus japonicus (not Houttuyn).– Fowler, 1956 : 91–92 (R.S. quoted).– Saunders, 1960, **79** : 241, Red Sea; 1968 (3) : 493, Red Sea.

32.3   *TRACHINOCEPHALUS* Gill, 1861   Gender: M
         Proc. Acad. nat. Sci. Philad. : 53 (type species: *Salmo myops* Schneider, 1801, by orig. design.).

32.3.1   *Trachinocephalus myops* ([Forster MS] **Schneider**, 1801)
         Salmo myops [Forster IV : 82 MS] Schneider, in Bloch & Schneider, 1801, *Syst. Ichthyol.* : 421–422, St. Helena (based on painting in Forster Coll., folio 232, BMNH).
         Saurus myops.– Weber & Beaufort, 1913, **2** : 145–146, Indian Ocean.
         Trachinocephalus myops.– Smith, 1949 : 113, Pl. 6, fig. 178, S. Africa.– Ben-Tuvia & Steinitz, 1952 (2) : 4, Elat.– Fowler, 1956 : 90–91 (R.S. quoted).– Saunders, 1960, **79** : 241, Red Sea.– Tortonese, 1968 (51) : 9, Elat.– Bayoumi, 1972, **2** : 167, Red Sea.

33   PARALEPIDIDAE

G: 2
Sp: 2

33.1   *LESTROLEPIS* Harry, 1953   Gender: F
         Pacif. Sci. 7 (2) : 219 (type species: *Lestdium intermedium* (Poey, 1876), by orig. design., as subgenus).
         Rofen, 1966, *Mem. Sears Fdn. mar. Res.* **1** (5) : (under his new name Rofen, R.R., he raised *Lestrolepis* to generic rank).

33.1.1   *Lestrolepis pofi* (**Harry**, 1953)
         Lestidium pofi Harry, 1953, *Proc. Acad. nat. Sci. Philad.* **105** : 189–191, Fig. 6, Tb. 3. Holotype: USNM (P.O.F.I. 626) 163316, Christmas Isl.; Paratype: CAS (SU) 18632, same data as Holotype.
         Lestrolepis pofi.– Dor, 1970 (54) : 11, 1, textfig., Elat.

33.2   *PARALEPIS* Cuvier, 1817 [1816]
        Règne anim. **2** : 289–290 (type species: *Paralepis coregonoides* Risso, 1820, by
        subs. design. of Jordan, 1917 : 104, 120).

33.2.1 *Paralepis luetkeni* Ege, 1933
        Paralepis luetkeni Ege, 1933, *Vidensk. Meddr. dansk. naturh. Foren* **94** : 226–227.
        Holotype: CZM P–2318776, Mozambique Canal.
        Paralepis luetkeni.– Aron & Goodyear, 1969, **18** : 240–241, Elat.

34   MYCTOPHIDAE

                                                                        G : 2
                                                                        Sp : 2

34.1   *DIAPHUS* Eigenmann & Eigenmann, 1893   Gender : M
        Proc. Calif. Acad. Sci. **3** : 3 (type species: *Diaphus theta* Eigenmann, 1893, by orig.
        design.).

34.1.1 *Diaphus coeruleus* (Klunzinger, 1871)
        Scopelus coeruleus Klunzinger, 1871, *Verh. zool.-bot. Ges. Wien* **21** : 592–593,
        Quseir.
        Diaphus coeruleus.– Fowler, 1956 : 103, Fig. 45 (R.S. quoted).
        Myctophum caeruleum.– Weber & Beaufort, 1913, **2** : 168–170 (R.S. quoted).

34.2   *BENTHOSEMA* Goode & Bean, 1896   Gender : N
        Mem. Mus. comp. Zool. Harv. **22** : 75 (type species: *Benthosema mülleri* = *Scopelus
        glacialis* Reinhardt, 1837, by orig. design.).

34.2.1 *Benthosema pterotum* (Alcock, 1890)
        Scopelus (Myctophum) pterotus Alcock, 1890, *Ann. Mag. nat. Hist.* : 217–218,
        Bengal. Types: BMNH 1890.11.28.31–36, Gansam Coast; Syntypes: MNHN 90-
        348a-351 (4 ex.); ZSI F-12737, 12738, 12739, Bengal.
        Myctophum pterotum.– Weber & Beaufort, 1913, **2** : 157–158, Indian Ocean.–
        Smith, 1949 : 121, S. Africa.– Fowler, 1956 : 98 (R.S. quoted).
        Benthosema pterota.– Aron & Goodyear, 1969, **18** : 241, Red Sea.

VII

GONORYNCHIFORMES
Fam. 35

35 **CHANIDAE**

G: 1
Sp: 1

35.1 ***CHANOS* Lacepède**, 1803 Gender: M

Hist. nat. Poiss. **5** : 395 (type species: *Chanos arabicus* Lacepède, 1803, by monotypy).

Lutodeira Van Hasselt, 1823, *Algem. Konst- en Letter-bode* (21) : 330 (type species: *Lutodeira indica* Van Hasselt, by monotypy).

35.1.1 ***Chanos chanos* (Forsskål, 1775)**

Mugil chanos Forsskål, 1775, *Descr. Anim.* : xiv, 74–75. Holotype: ZMUC P-17154, Jiddah.

Mugil chanos.– Bloch & Schneider, 1801 : 116–121 (R.S. quoted).– Shaw, 1804, **5** : 140 (R.S. quoted).– Klausewitz & Nielsen, 1965, **22** : 26, Pl. 37, fig. 69, Jiddah.

Chanos chanos.– Klunzinger, 1871, **21** : 605, Quseir.– Weber & Beaufort, 1913, **2** : 15, Fig. 8 (R.S. quoted).– Tortonese, 1935–36 [1937], **45** : 163 (sep. : 13), Massawa; 1947a, **43** : 86, Massawa; 1955, **15** : 49–50, Dahlak.– Fowler, 1941, **13** : 537–540, Red Sea; 1956 : 58 (R.S. quoted).– Smith, 1949 : 88, Fig. 105, S. Africa.– Clark, Ben-Tuvia & Steinitz, 1968 (49) : 21, Entedebir.– Ben-Tuvia, 1968 (52) 47, Elat, Entedebir, Sula Bay.

Lutodeira chanos.– Rüppell, 1828 : 18–19, Pl. 5, fig. 1, Jiddah, Mohila; 1837 : 80, Red Sea; 1852 : 27, Red Sea.– Martens, 1866, **16** : 379, Berenice (Red Sea).

Chanos arabicus Lacepède, 1803, *Hist. nat. Poiss.* **5** : 395, 396 (R.S. on *Mugil chanos* Forsskål) (syn. v. Fowler).– Valenciennes, in Cuv. Val., 1846, **19** : 187–194, Jiddah.

Mugil mugilem salmoneus [Forster MS] Schneider, in Bloch & Schneider, 1801, *Syst. Ichthyol.* : 121–122 (based on descr. Forster MS *IV* : 14) (syn. v. Klunzinger).

Chanos salmoneus.– Günther, 1868, **7** : 473–474, Red Sea.– Day, 1878 : 651, Pl. 166, fig. 2 (R.S. quoted).

SILURIFORMES
Fam. 36–37

36 ## ARIIDAE

G: 1
Sp: 1

36.1 *ARIUS* **Valenciennes** in Cuv. Val., 1840 Gender: M

Hist. nat. Poiss. **15** : 53 (type species: *Pimelodus arius* Hamilton, by tautonomy).

36.1.1 ***Arius thalassinus*** **(Rüppell, 1837)**

Bagrus thalassinus Rüppell, 1837, *Neue Wirbelth., Fische* : 75–76, Pl. 20, fig. 2. Type material: SMF 2627, Massawa.

Arius thalassinus.– Günther, 1864, **5** : 139–140, 1 textfig., Red Sea.– Playfair & Günther, 1866 : 114 (R.S. quoted).– Klunzinger, 1871, **21** : 589 (R.S. on Rüppell).– Day, 1877 : 463, Pl. 104, fig. 4, Pl. 106, fig. 1 (R.S. quoted); 1889, **1** : 181 (R.S. quoted).– Picaglia, 1894, **13** : 35, Assab.– Weber & Beaufort, 1913, **2** : 286–288, Figs 106, 114 (R.S. quoted).

Arius (Netuma) thalassinus.– Tortonese, 1935–36 [1937] : 165 (sep. : 15), Massawa.

Tachysurus thalassinus.– Fowler, 1941, **13** : 764–766 (R.S. quoted); 1956 : 133, Figs 69–71 (R.S. quoted).

Arius nasutus Valenciennes, in Cuv. Val., 1840, *Hist. nat. Poiss.* **15** : 60–61, Red Sea (on *Catastoma nasutum* Kuhl & Van Hasselt) (Syntype: RMNH D-2390, Java).– Rüppell, 1852 : 23, Red Sea (syn. v. Günther, 1864).

37 ## PLOTOSIDAE

G: 1
Sp: 1

37.1 *PLOTOSUS* **Lacepède**, 1803 Gender: M

Hist. nat. Poiss. **5** : 129 (type species: *Platystacus anguillaris* Bloch, 1794, by monotypy).

37.1.1 ***Plotosus lineatus*** **(Thunberg, 1791)**

Silurus lineatus Thunberg, 1791, *K. svenska VetenskAkad. Handl.* **12** : 191–192, Pl. VI. Type probably lost (Fernholm in lit.).

Plotosus lineatus.– Valenciennes, in Cuv. Val., 1840, **15** : 412, Red Sea.

Silurus arab Forsskål, 1775, *Descr. Anim.* : xvi, Mocho (name not valid, v. Klausewitz & Nielsen, 1965 : 24). No type material.

Plotosus arab.– Klunzinger, 1871, **21** : 588 (R.S. on Forsskål).– Day, 1878 : 483, Pl. 112, fig. 4 (R.S. quoted); 1889, **1** : 113 (R.S. quoted).

Platystacus anguillaris Bloch, 1794, *Naturgesch. ausl. Fische*, Pt. 8 : 61–62, Pl. 373, figs 1–2. Syntypes: ZMB 3078, 3079, no loc. (priority to *silurus lineatus* Thunberg).

Plotosus anguillaris.– Rüppell, 1837 : 76, Et Tur; 1852 : 24, Red Sea.– Weber &

Plotosidae

Beaufort, 1913, **2** : 229–230 (R.S. quoted).– Bamber, 1915 : 478, W. Red Sea.–
Chabanaud, 1932, 4 : 824, Suez Canal.– Tortonese, 1935–36 [1937], **45** : 165
(sep. : 15), Massawa.– Fowler, 1941, **13** : 747–751 (R.S. quoted); 1956 : 132
(R.S. quoted).– Smith, 1949 : 108, Textfig. 163, Pl. 6, fig. 163, S. Africa.–
Bayoumi, 1972, **2** : 167, Red Sea.

IX BATRACHOIDIFORMES

Fam. 38

38 BATRACHOIDIDAE

G: 1
Sp: 1

38.1 ***THALASSOTHIA* Berg,** 1895 Gender: F

An. Mus. Nac. B. Aires **4** : 66 (type species: *Thalassophryne montevidensis* Berg, 1895, by orig. design.).

Batrachus Schneider, in Bloch & Schneider, 1801, *Syst. Ichthyol.* : 42 (type species: *Batrachus surinamensis* Schneider, by subs. design. of Jordan & Evermann).

38.1.1 ***Thalassothia cirrhosa* (Klunzinger,** 1871)

Batrachus cirrhosus Klunzinger, 1871, *Verh. zool.-bot. Ges. Wien* **21** : 500, Quseir. Type: NMW, no number; 1884 : 124, Quseir.

Barchatus (misprint) *cirrhosus*.– Steinitz & Ben-Tuvia, 1955b, **5B** (2) : 5, Elat.

GOBIESOCIFORMES
Fam. 39

39 GOBIESOCIDAE

G: 1
Sp: 2

39.1 ***LEPADICHTHYS* Waite, 1904** Gender: M
Rec. Aust. Mus. **5** : 180 (type species: *Lepadichthys frenatus* Waite, 1904, by orig. design.).

39.1.1 ***Lepadichthys erythraeus* Briggs & Link, 1963***
Lepadichthys erythraeus Briggs & Link, 1963, *Senckenberg. biol.* **44** (22) : 102–105, Fig. 2, Map 1. Holotype: SMF 5586, Ghardaqa.– Briggs, 1966 (42) : 37, Fig. 2, Ghardaqa.

39.1.2 ***Lepadichthys lineatus* Briggs, 1966**
Lepadichthys lineatus Briggs, 1966, *Bull. Sea Fish. Res. Stn Israel* (42) : 37–40, Fig. 1. Holotype: CAS(SU) 62701, Elat.

39.A.a *Cotylis fimbriata* Müller & Troschel, 1849, *Horae ichthyologicae* (3) : 18, Red Sea.
Gobiesox strumosus.– Briggs, 1955, *Stanford ichthyol. Bull.* **6** : 115–117 (R.S. on *Cotylis fimbriata* Müller & Troschel). Acc. to Smith, 1964 (30) : 593–594 and to Briggs (in lit.), the locality is clearly erroneous.

XI

LOPHIIFORMES
Fam. 39α–40

39α **LOPHIIDAE**

G: 1
Sp: 1

39α.1 *LOPHIODES* **Goode & Bean,** 1895 Gender: M
Spec. Bull. U.S. natn Mus.: 537 (type species: *Lophius mutilus* Alcock, 1893, by orig. design.).

39.α.1.1 ***Lophiodes mutilus*** **(Alcock,** 1893)
Lophius mutilus Alcock, 1893, *J. Asiat. Soc. Beng.* **62** : 179.
Lophiodes mutilus Smith, 1949 : 426, S. Africa.– Klausewitz, 1981, **13** (4–6) : 195–198, Pl. 1, fig. 1, Pl. 2, fig. 3, Sudan, Central Red Sea.

40 **ANTENNARIIDAE**

G: 3
Sp: 12

40.1 *ANTENNARIUS* [Commerson MS] **Lacepède,** 1798 Gender: M
Hist. nat. Poiss. **1** : 325 (type species: la Lophie chironecte [*Antennarius chironectes*] [Commerson MS] Lacepède, 1798, by subs. design. of Bleeker, 1865).
Chironectes Rafinesque, 1815, *Analyse nat.* : 92. Nomen nudum.
Uniantennatus Schultz, 1957, *Proc. U.S. natn. Mus.* **107** (3383) : 83 (new subgenus – type species: *Antennarius horridus* Bleeker, 1853).

40.1.1 ***Antennarius caudimaculatus*** **(Rüppell,** 1838)
Chironectes caudimaculatus Rüppell, 1838, *Neue Wirbelth., Fische* : 141–142, Pl. 33, fig. 2. Holotype: SMF 6783, Et Tur.
Chironectes caudimaculatus.– Richardson, 1848 : 125, Pl. 60, figs 8–9 (R.S. quoted).
Antennarius caudimaculatus Rüppell, 1852 : 17, Red Sea.– Günther, 1861, **3** : 197 (R.S. quoted).– Klunzinger, 1871, **21** : 500, Red Sea.– Beaufort (W.B.), 1962, **11** : 207–209 (R.S. quoted).
Lophiocharon caudimaculatus.– Schultz, 1957, **107** : 82 (R.S. quoted).– Le Danois, 1964, **31** : 111, Fig. 55g (R.S. quoted).
Uniantennatus caudimaculatus.– Le Danois, 1970, **19** (2) : 90, Fig. 3D, Dahab.

40.1.2 ***Antennarius chironectes*** [Commerson MS] **Lacepède,** 1798
La Lophie chironecte [*Antennarius chironectes*] [Commerson MS] Lacepède, 1798, *Hist. nat. Poiss.* **1** : 302, 325–326, Pl. 14, fig. 2, Mauritius (based on descr. and drawing by Commerson).
Antennarius chironectes.– Beaufort (W.B.), 1962, **11** : 209–211, Indian Ocean (in part).– Le Danois, 1964, **31** : 99–100, Fig. 47c; 1970, **19** : 88–89, Elat, Dahab, Nabek, Wasset.

40.1.3 ***Antennarius chlorostigma*** ([Ehrenberg MS] **Valenciennes,** 1837)
Chironectes chlorostigma [Ehrenberg MS] Valenciennes, in Cuv. Val., 1837, *Hist.*

nat. Poiss. **12** : 426 (based on drawing by Ehrenberg). Type-specimen in ZMB 2233, Massawa.
Antennarius chlorostigma.– Le Danois, 1970, **19** : 84–86, Figs 1, 3c, Dahlak.

40.1.4   *Antennarius coccineus* (Lesson, 1830)*
       Chironectes coccineus Lesson, 1830, *Voy. Coquille, Zool.* **2** : 143–144, Pl. 16, fig. 1. Holotype: MNHN A-4500, Mauritius.
       Antennarius coccineus.– Klunzinger, 1871, **21** : 499–500, Quseir; 1884 : 126, Red Sea.– Smith, 1949 : 431, Pl. 98, fig. 1238, S. Africa.– Beaufort, (W.B.), 1962, **11** : 203–204 (R.S. quoted).– Le Danois, 1970, **19** (2) : 87–88, Elat, Dahab.

40.1.5   *Antennarius commersoni* (Shaw, 1804)*
       Lophius Commersonii Shaw, 1804, *Gen Zool. Syst. nat. Hist.* **5** (Pt. 2) : 387, on la Lophie Commerson Lacepède, 1798, *Hist. nat. Poiss.* **1** : 302, 327–329, Pl. 14, fig. 3 (based on *Antennarius bivertex*, Commerson MS).
       Chironectes Commersonii.– Cuvier, 1817, *Mém. Mus. Hist. nat. Paris* **3** : 331, Pl. 18, fig. 1. Neotype: MNHN A-4623.
       Antennarius commersoni.– Smith, 1949 : 430, Pl. 98, fig. 1236, S. Africa.– Dor, 1970 (54) : 11, Elat.– Le Danois, 1970, **19** (2) : 89, Elat.

40.1.6   *Antennarius hispidus* (Bloch & Schneider, 1801)
       Lophius hispidus Bloch & Schneider, 1801, *Syst. Ichthyol.* : 142–143. Holotype: ZMB 2221, Coromandel.
       Antennarius hispidus.– Smith, 1949 : 430, Pl. 98, fig. 1234, S. Africa.– Beaufort (W.B.), 1962, **11** : 214–216, Indian Ocean.– Le Danois, 1964, **31** : 104, Fig. 50; 1970, **19** : 89–90, 94, Elat.

40.1.7   *Antennarius immaculatus* Le Danois, 1970
       Antennarius immaculatus Le Danois, 1970, *Israel J. Zool.* **19** (2) : 91–93, 94, Figs 2, 3e. Holotype: TAU 254, Elat; Paratypes: HUJ 348, Elat, 605, Esh Shira El Gharqana, 805, Dahab.

40.1.8   *Antennarius notophthalmus* Bleeker, 1853*
       Antennarius notophthalmus Bleeker, 1853k, *Natuurk. Tijdschr. Ned.-Indië* **5** : 544.
       Antennarius notophthalmus.– Kotthaus, 1979, *Meteor Forsch. Ergebn.* (28) : 46, Fig. 494, S. Red Sea.

40.1.9   *Antennarius nummifer* (Cuvier, 1817)
       Chironectes nummifer Cuvier, 1817, *Mém. Mus. Hist. nat. Paris* **3** : 430, Pl. 17, fig. 4. Neosyntypes: MNHN 181, Malabar, A-4613, Mahé.
       Chironectes nummifer.– Rüppell, 1838 : 141–142, Massawa.
       Antennarius nummifer.– Rüppell, 1852 : 17, Red Sea.– Günther, 1861, **3** : 195–196 (R.S. on Rüppell).– Playfair & Günther, 1866 : 70 (R.S. quoted).– Klunzinger, 1871, **21** : 499, Red Sea; 1884 : 125–126, Red Sea.– Day, 1876 : 272, Pl. 59, fig. 2 (R.S. quoted); 1889, **2** : 232–233 (R.S. quoted).– Ben-Tuvia & Steinitz, 1952 (2) : 11, Elat.– Fowler & Steinitz, 1956, **5B** (3–4) : 288, Elat.– Beaufort (W.B.), 1962, **11** : 217–219 (R.S. quoted).

40.2   *HISTIOPHRYNE* Gill, 1863   Gender: M

40.2.1   *Histiophryne bigibbus* ([Commerson MS] Lacepède, 1798)
       Lophius bigibbus [Commerson] Lacepède, 1798, *Hist. nat. Poiss.* **1** : 302, 325, 326 (based on descr. in Commerson MS, Mus. natn. Hist. Nat., Paris).
       Antennarius bigibbus.– Smith, 1949 : 430, Pl. 98, fig. 1235, S. Africa.– Beaufort (W.B.), 1962, **11** : 202–203, Indian Ocean.

Histiophryne bigibba.− Le Danois, 1964, **31** (1) : 106, Fig. 52B; 1970, **19** (2) : 84, Fig. 3B, Dahlak.

40.2.2   *Histiophryne tuberosus* (Cuvier, 1817)
Chironectes tuberosus Cuvier, 1817, *Mém. Mus. natn. Hist. nat. Paris* **3** : 432−434. Holotype : MNHN A-4615, New Ireland ; Paratypes : MNHN 182, 1104, Mauritius.
Histiophryne tuberosa.− Le Danois, 1970, *Israel J. Zool.* **19** (2) : 86−87, 93−94, Fig. 3A, Elat, Dahab, Nabek.

40.3   *HISTRIO* Fischer, 1813   Gender : M
Zoognosia tab. synopt. **1** : 78 (type species : *Lophius histrio* Linnaeus, 1758, by tautonomy).

40.3.1   *Histrio histrio* (Linnaeus, 1758)
Lophius histrio Linnaeus, 1758, *Syst. Nat.*, ed. X : 237. (One specimen in ZMU, Linnaean Coll. 100, possibly the type.)
Histrio histrio.− Tortonese, 1935−36 [1937], **45** : 214 (sep. : 64), Massawa; 1947, **43** : 87, Massawa.− Smith, 1949 : 431, Pl. 98, fig. 1243, S. Africa.− Beaufort (W.B.), 1962, **11** : 197, Indian Ocean.− Le Danois, 1970, **19** (2) : 83−84, Dahlak.
Lophius histrio var. c, *marmoratus* Bloch & Schneider, 1801, *Syst. Ichthyol.* : 141 (misprint 142) (syn. v. Beaufort (W.B.)).
Antennarius marmoratus.− Day, 1876 : 272−273 (R.S. quoted); 1889, **2** : 233 (R.S. quoted).− Klunzinger, 1884 : 125, Quseir.− Borsieri, 1904 (3), **1** : 203−204, Red Sea.

XII

GADIFORMES
Fam. 41–43

41 **BREGMACEROTIDAE** G: 1 Sp: 3

41.1 ***BREGMACEROS*** [Cantor MS] **Thompson**, 1840 Gender: M
Mag. nat. Hist. **4** : 184 (type species: *Bregmaceros Macclellandi* Thompson, 1840, by orig. design.).

41.1.1 ***Bregmaceros arabicus*** **D'Ancona & Cavinati**, 1965
Bregmaceros arabicus D'Ancona & Cavinati, 1965, *Dana Rep.* (64) : 15.
Bregmaceros arabicus.– Aron & Goodyear, 1969, *Israel J. Zool.* **18** : 2, Elat.

41.1.2 ***Bregmaceros macclellandi*** [Cantor MS] **Thompson**, 1840
Bregmaceros Macclellandi [Cantor MS] Thompson, 1840, *Mag. nat. Hist.* **4** : 184.
Bregmaceros macclellandi.– Fuchs, 1901, **110** : 257, Red Sea.– Weber & Beaufort, 1929, **5** : 6–7, Fig. 2, Indian Ocean.– Smith, 1949 : 137–138, Fig. 251, S. Africa.– Marshall & Bourne, 1964 : 233, Red Sea. Acc. to D'Ancona & Cavinati, 1965 : 19, probably *Bregmaceros arabicus.*

41.1.3 ***Bregmaceros nectabanus*** **Whitley**, 1941
Bregmaceros nectabanus Whitley, 1941, *Aust. Zool.* **10** (1) : 1. Holotype: AMS IA-1719.
Bregmaceros nectabanus.– Kotthaus, 1967 : 39–40, Figs 184, 185, 194, S. Red Sea.

42 **OPHIDIIDAE*** G: 4 Sp: 4

42.1 ***BROSMOPHYCIOPS*** **Schultz**, 1960 Gender: M
Bull. U.S. natn. Mus. (202), **2** : 384–385 (type species: *Brosmophyciops pautzkei* Schultz, 1960, by orig. design.).

42.1.1 ***Brosmophyciops pautzkei*** **Schultz**, 1960
Brosmophyciops pautzkei Schultz, 1960, in Schultz et al. *Fishes Marshall and Marianas Isls* (202), **2** : 386–388, Fig. 128. Holotype: USNM 142023, Bikini Atoll. Paratypes: USNM 142024, Bikini Atoll; 142025, Bikini Atoll; 142026, Rongelap Atoll.
Brosmophyciops sp. Cohen & Nielsen, 1978 (417) : 53, Fig. 86, Red Sea.
Brosmophyciops pautzkei.– Cohen (in lit.), Gulf of Akaba, Ras Muhammad.

42.2 ***BROTULA*** **Cuvier**, 1829 Gender: F
Règne anim., ed. II, **20** : 335 (type species: *Enchelyopus barbatus* Schneider, in Bloch & Schneider, 1801, by monotypy).

42.2.1 ***Brotula multibarbata*** **Temminck & Schlegel**, 1846
Brotula multibarbata Temminck & Schlegel, 1846, *Fauna Japonica* : 251–253, Pl. 111, fig. 2. Type: RMNH 3468, Japan.

Brotula multibarbata.– Klunzinger, 1871, **21** : 574–575, Quseir.– Smith, 1949 : 361, Fig. 1041, S. Africa.– Beaufort (W.B.), 1951, 9 : 403–404, Fig. 60 (R.S. quoted).

42.3   *DINEMATICHTHYS* Bleeker, 1855a   Gender: M
Natuurk. Tijdschr. Ned.-Indië 8 : 318 (type species: *Dinemtichthys iluocoetoides* Bleeker, 1855, by orig. design.).

42.3.1 *Dinematichthys iluocoeteoides* Bleeker, 1855
Dinematichthys iluocoeteoides Bleeker, 1855a, *Natuurk. Tijdschr. Ned.-Indië* 8 : 319–320. Holotype: BMNH 1862.2.28.65, Arch. Batu.
Dinematichthys iluocoeteoides.– Beaufort (W.B.), 1951, 9 : 438–439, Fig. 79, Indian Ocean.– Clark, Ben-Tuvia & Steinitz, 1968 (49) : 23, Entedebir.

42.4   *SIREMBO* Bleeker, 1858   Gender: M
Act. Soc. Sci. Indo-Neerl. 3 : (type species: *Brotula imberbis* Temminck and Schlegel, 1846, by subs. design. of Vaillant, 1888).

42.4.1 *Sirembo jerdoni* (Day, 1888)
Brotula jerdoni Day, 1888, *Fishes of India, Suppl.* : 804, Madras. No type material (Whitehead in lit.).
Sirembo.– Cohen & Nielsen, 1978 (417) : 19–20, Red Sea. The species is *jerdoni* (Cohen in lit.).

43   CARAPIDAE*
                                                                                  G: 2
                                                                                  Sp: 3

43.1   *CARAPUS* Rafinesque, 1810   Gender: M
Indice Ittiol. sicil. : 57 (type species: *Gymnotus acus* Linnaeus, by subs. design., International Commission on Zoological Nomenclature, 1912, and Jordan, 1917 : 73).
Oxybeles Richardson, 1846, *Zool. Voy. Erebus & Terror* : 73 (type species: *Oxybeles homei* Richardson, 1845, by orig. design.).

43.1.1 *Carapus homei* (Richardson, 1845)
Oxybeles homei Richardson, 1845, *Zool. Voy. Erebus & Terror* : 74–75, Pl. 4, figs 7–18. Holotype: BMNH 1952.10.30.3, Tasmania.
Oxybeles homei.– Beaufort (W.B.), 1951, 9 : 450–452, Fig. 88, Indian Ocean.– Arnold, 1956, 4 : 273, Ghardaqa.

43.1.2 *Carapus variegatus* Fowler & Steinitz, 1956
Carapus variegatus Fowler & Steinitz, 1956, *Bull. Res. Coun. Israel* **5B** (3–4) : 286, Fig. 23. Type: ANSP 72145; Paratype: ANSP 72146, 72147, Elat.

43.2   *ENCHELIOPHIS* Müller, 1842   Gender: M
Ber. Akad. Wiss. Berlin : 205 (type species: *Encheliophis vermicularis* Müller, 1842, by orig. design.).

43.2.1 *Encheliophis (Jordanicus) gracilis* (Bleeker, 1856)
Oxybeles gracilis Bleeker, 1856f, *Natuurk. Tijdschr. Ned.-Indië* **11** : 105–106. Syntypes: BMNH 1861.2.28.51; RMNH 6714 (3 ex.), Amboina, Banda.
Jordanicus gracilis.– Smith, 1949 : 360, Pl. 82, fig. 1010, S. Africa.
Carapus gracilis.– Beaufort (W.B.), 1951, 9 : 453–454, Fig. 87, Indian Ocean.
Encheliophis (Jordanicus) gracilis.– Arnold, 1956 : 299–301, Fig. 20, Ghardaqa.

XIII **ATHERINIFORMES**

Fam. 44–49

44 **EXOCOETIDAE**

G: 4
Sp: 6

44.1 ***CYPSELURUS* Swainson,** 1838 Gender: M

Nat. Hist. Fish. 1838, **1** : 299; 1839, **2** : 187, 296 (type species: *Exocoetus nuttallii* Lesueur, by subs. design. of Jordan & Gilbert, 1882). (Spelling changed from *Cypsilurus* Swainson to *Cypselurus* Lowe, *Proc. zool. Soc. Lond.* **8** : 38, 1841, by the International Commission on Zoological Nomenclature, No. 26.)

44.1.1 ***Cypselurus altipennis* (Valenciennes,** 1847)

Exocoetus altipennis Valenciennes, in Cuv. Val., 1847, *Hist. nat. Poiss.* **19** : 109–111, Pl. 560. Syntypes: MNHN A-9920, Cape of Good Hope, A-9921, Indian Ocean.

Cypselurus altipennis.– Weber & Beaufort, 1922, **4** : 184 (R.S. quoted).– Tortonese, 1955, **15** : 53, Dahlak.

44.1.2 ***Cypselurus cyanopterus* (Valenciennes,** 1847)

Exocoetus cyanopterus Valenciennes, in Cuv. Val., 1847, *Hist. nat. Poiss.* **19** : 97–98. Syntypes: MNHN A-7605, Rio de Janeiro, B-769 (2 ex.), Brazil.

Cypsilurus cyanopterus.– Fowler, 1956 : 149 (R.S. quoted).

Exocoetus bahiensis Ranzani, 1842, *Novi Comment. Acad. sci. Inst. bonon.* **5** : 362, Tb. 38 (syn. v. Fowler).– Klunzinger, 1871, **21** : 585–586, Quseir.– Day, 1877 : 519, Pl. 121, fig. 10, Red Sea; 1889, **1** : 431 (R.S. quoted).

Cypsilurus bahiensis Weber & Beaufort, 1922, **4** : 190–191 (R.S. quoted).

Cypselurus bahiensis.– Smith, 1949 : 126, Pl. 7, fig. 212, S. Africa.

44.2 ***EXOCOETUS* [Artedi] Linnaeus,** 1758 Gender: M

Syst. Nat., ed. X : 316 (type species: *Exocoetus volitans* Linnaeus, 1758, by monotypy).

44.2.1 ***Exocoetus volitans* Linnaeus,** 1758

Exocoetus volitans Linnaeus, 1758, *Syst. Nat.*, ed. X : 316. One specimen, in Linnaean Coll., ZMU L-59 (possibly type), Pelagic, Europe, America.

Exocoetus volitans.– Forsskål, 1775 : xvi, Jiddah.– Weber & Beaufort, 1922, **4** : 177–178, Fig. 62, Indian Ocean.– Smith, 1949 : 125, Fig. 210, S. Africa.– Fowler, 1956 : 148 (R.S. quoted).

44.3 ***HIRUNDICHTHYS* Breder,** 1928 Gender: M

Bull. Bingham. oceanogr. Coll. **2** (2) : 20 (type species: *Exocoetus rubescens* Rafinesque, 1810, by orig. design.).

44.3.1 ***Hirundichthys rondeletti* (Valenciennes,** 1847)

Exocoetus Rondeletii Valenciennes, in Cuv. Val., 1847, *Hist. nat. Poiss.* **19** : 115–118, Pl. 562. Syntypes: MNHN A-2544, A-2545, Sicily, A-2548, Naples.

Cypselurus rondeletii.– Weber & Beaufort, 1922, **4** : 193–194, Indian Ocean.–
Tortonese, 1955, **15** : 54–55, Red Sea.

4.3.2   ***Hirundichthys socotranus* (Steindachner, 1902)**
Exocoetus socotranus Steindachner, 1902, *Anz. Akad. Wiss. Wien* **39** (24) : 318,
Socotra.
Cypsilurus socotranus.– Fowler & Steinitz, 1956, **5B** (3–4) : 271–272, Elat.

4.4   ***PAREXOCOETUS* Bleeker, 1866b**   Gender: M
Ned. Tijdschr. Dierk. **3** : 126 (type species: *Exocoetus mento* Valenciennes, in Cuv.
Val., 1846, by monotypy).

4.4.1   ***Parexocoetus mento* (Valenciennes, 1846)**
Exocoetus mento Valenciennes, in Cuv. Val., 1847, *Hist. nat. Poiss.* **19** : 124–125,
Red Sea. Holotype: MNHN 3410, Pondichery.
Exocoetus mento.– Day, 1877 : 520, Pl. 131, fig. 9 (R.S. quoted); 1889, **1** : 431 (R.S.
quoted).
Exocoetus brachypterus [Solander MS] Richardson, 1846, *Ichthyol. China and Japan* :
265. No type material.
Exocoetus brachypterus.– Günther, 1909 (16) : 362, Red Sea.
Parexocoetus brachypterus.– Weber & Beaufort, 1922, **4** : 174–175, Fig. 60 (R.S.
quoted).– Norman, 1939, **7** (1) : 46, Red Sea.– Smith, 1949 : 126, Pl. 7, fig. 215,
S. Africa.– Steinitz & Ben-Tuvia, 1955, (11) : 4, Elat.– Roux-Estève & Fourmanoir,
1955, **30** : 196, Abu Latt.– Roux-Estève, 1956, **32** : 64, Abu Latt.– Fowler, 1956 :
148 (R.S. quoted) (misidentification v. Parin in *CLOFNAM*, 1973, **1** : 266–267).
Exocoetus gryllus Klunzinger, 1871, *Verh. zool.-bot. Ges. Wien* **21** : 586, Quseir.
Syntypes: BMNH 1871.7.15.38–39; SMF 696, MNS 1769 (3 ex.), Quseir (syn. v.
Fowler).

5   # HEMIRAMPHIDAE

G: 4
Sp: 7

5.1   ***EULEPTORHAMPHUS* Gill, 1859e [1860]**   Gender: M
Proc. Acad. nat. Sci. Philad. **11** : 155 (type species: *Euleptorhamphus brevoorti*
Gill, 1860, by orig. design.).

5.1.1   ***Euleptorhamphus viridis* (Van Hasselt, 1823)**
Hemiramphus viridis Van Hasselt, 1823, *Konst. Letter-bode* **2** (35) : 131, on
Kuddera Russell, 1803 : 62, India.
Euleptorhamphus viridis.– Parin, Collette & Shcherbachev, 1980, **97** : 140–145,
Figs 40–41, Tbs 19–21, Elat.

5.2   ***HEMIRAMPHUS* Cuvier, 1817 [1816]**   Gender: M
Règne anim., ed. I, **2** : 186 (type species: *Esox brasiliensis* Linnaeus, 1758, by subs.
design. of Gill, 1863).
Farhians Whitley, 1930, *Aust. Zool.* (type species: *Hemiramphus commersonii* Cuvier,
1829, by orig. design.).

5.2.1   ***Hemiramphus far* (Forsskål, 1775)**
Esox far Forsskål, 1775, *Descr. Anim.* : xiii, 67, Lohaja. No type material.
Hemiramphus commersonii Cuvier, 1829, *Règne anim.* **2** : 286, on *Esox gladius* Lace-
pède, 1803, **5** : 295, 313, Pl. 7, fig. 3 (based on drawing by Commerson). Syn-
types: MNHN B-1054 (2 ex.), Red Sea, B-1055, Zanzibar, B-1056, Red Sea, 4584,

Mauritius (syn. v. Fowler).– Valenciennes in Cuv. Val., 1846, **19**: 28, Massawa, Suez.– Playfair & Günther, 1866: 117 (R.S. quoted).
Hemirhamphus commersonii.– Günther, 1866, **6**: 271 (R.S. quoted).
Hemiramphus far.– Rüppell, 1837: 74–75, Red Sea; 1852: 22, Red Sea.– Klunzinger, 1871, **21**: 582–583, Quseir.– Day, 1889, **1**: 424–425 (R.S. quoted).– Picaglia, 1894, **41**: 34–35, Assab.– Tillier, 1902, **15**: 318, Suez Canal.
Hemirhamphus far.– Day, 1877: 516, Pl. 120, fig. 3.– Weber & Beaufort, 1922, **4**: 156–157, Fig. 55 (R.S. quoted).– Norman, 1927, **22** (3): 378, Suez Canal.– Smith, 1949: 128, Textfig. 222, Pl. 7, fig. 222, S. Africa.– Marshall, 1952, **1** (8): 224, Sinafir Isl.– Tortonese, 1955, **15**: 53, Dahlak.– Klausewitz, 1967c: 62, Sarso Isl.
Farhians far.– Ben-Tuvia & Steinitz, 1952 (2): 4, Elat.– Fowler, 1956: 143 (R.S. quoted).

45.2.2   **Hemiramphus marginatus** (Forsskål, 1775)
Esox marginatus Forsskål, 1775, *Descr. Anim.*: xiii, 67. Holotype: ZMUC P-342523, Jiddah.
Hemirhamphus marginatus.– Günther, 1866, **6**: 270 (R.S. quoted).– Weber & Beaufort, 1922, **4**: 157–159 (R.S. quoted).– Gruvel, 1936, **29**: 171, Suez Canal.– Gruvel & Chabanaud, 1937, **35**: 6, Lake Timsah.– Smith, 1949: 128, S. Africa.– Roux-Estève & Fourmanoir, 1955, **30**: 196, Abu Latt.– Fowler, 1956: 144, Fig. 74 (R.S. quoted).– Klausewitz, 1967c (2): 62, 66, Sarso Isl.
Hemiramphus marginatus.– Klunzinger, 1871, **21**: 583, Red Sea.– Weber & Beaufort, 1922, **4**: 157–159 (R.S. quoted).– Chabanaud, 1933b, **58**: 290, Suez Canal; 1934, **6**: 157, Lake Timsah.– Tortonese, 1935–36 [1937], **45**: 169 (sep.: 19), Massawa.– Roux-Estève, 1956, **32**: 63, Abu Latt.– Fowler, 1956: 144 (R.S. quoted).
Esox marginatus.– Klausewitz & Nielsen, 1965, **22**: 25, Pl. 35, fig. 62, Jiddah.

45.2.a   *Hemiramphus georgii* (not Valenciennes (C.V.)).– Tillier, 1902, **15**: 295, Suez Canal.– Borodin, 1932, **1**: 73, Red Sea.
Rhynchorhamphus georgii.– Fowler, 1956: 146 (R.S. quoted) (misidentification, not in the Red Sea, acc. to Collette, 1976, **26**: 91).

45.3   **HYPORHAMPHUS** Gill, 1859 [1860] *   Gender: M
Proc. Acad. nat. Sci. Philad. **11**: 131 (type species: *Hyporhamphus tricuspidatus* Gill, 1859 [1860], by monotypy).

REPORHAMPHUS Whitley, 1931 [subgenus]
The subgenus *Reporhamphus* was proposed as a genus by Whitley, 1931, *Aust. Zool.* **6** (4): 314 (type species: *Hemiramphus australis* Steindachner, 1866, by orig. design.). It was retained as a subgenus by Parin, Collette & Shcherbachev, 1980, **97**: 52.

45.3.1   *Hyporhamphus (Reporhamphus) affinis* (Günther, 1866)
Hemirhamphus affinis Günther, 1866, *Cat. Fish. Brit. Mus.* **6**: 267. Lectotype: BMNH, selected by Collette (no number).
Hyporhamphus (Reporhamphus) affinis.– Parin, Collette & Shcherbachev, 1980, **97**: 73–77, Figs 13b, 14-2, 18A, 20, Tbs 6–10, Elat, Safaga.
Hemiramphus Dussumieri Valenciennes, in Cuv. Val., 1846, *Hist. nat. Poiss.* **19**: 33–35, Pl. 554. Holotype: MNHN B-1063, Seychelles.
Hemiramphus dussumieri.– Klunzinger, 1871, **21**: 584, Quseir.– Bamber, 1915, **31**: 479, W. Red Sea.– Norman, 1927, **22**: 379, Suez Canal.– Chabanaud, 1932, **4**: 825, Suez Canal; 1934, **6**: 157, Lake Timsah.
Hemirhamphus dussumieri.– Günther, 1909 (16): 354 (R.S. quoted).– Gruvel, 1936, **29**: 171, Suez Canal.– Gruvel & Chabanaud, 1937, **35**: 5, Suez Canal.

Hyporhamphus dussumieri.– Weber & Beaufort, 1922, 4 : 155–156 (R.S. quoted).–
Tortonese, 1948, **33** : 276, Lake Timsah; 1955, **15** : 53, Dahlak.– Smith, 1949 :
Hemiramphus (Hyporamphus) dussumieri.– Tortonese, 1935–36 [1937], **45** : 169
(sep. : 19), Massawa. (Misidentification, Collette in lit. Also v. Parin et al., 1980).

5.3.2   *Hyporhamphus (Reporhamphus) balinensis* (Bleeker, 1859)
Hemiramphus balinensis Bleeker, 1859c, *Nat. Tijdschr. Ned.-Indië* 17 : 170. Lecto-
type: BMNH 1866.5.2.14, Bali. Paralectotype: RMNH 6950, Bali.
Hyporhamphus (Reporhamphus) balinensis.– Parin, Collette & Shcherbachev, 1980,
97 : 58–61, 72, Figs 13 A, 14-1, 17, 18 B, Red Sea.

5.3.3   *Hyporhamphus (Reporhamphus) gamberur* (Rüppell, 1837)
Hemiramphus gamberur Rüppell, 1837, *Neue Wirbelth., Fische* : 74, Massawa.
Collette and Parin have doubts about the validity and identity of *gambarur* of
Lacepède and they use *gamberur* Rüppell. After examining some of Rüppell's
material, Collette plans to designate a neotype (Collette in lit.); 1852 : 22, Red
Sea.
Hemiramphus gamberur.– Klunzinger, 1871, **21** : 585, Red Sea.– Roux-Estève, 1956,
32 : 64, Abu Latt.
Hemirhamphus gamberur.– Borsieri, 1904 (3), **1** : 217, Massawa.– Roux-Estève &
Fourmanoir, 1955, **30** : 196, Abu Latt.
Hyporhamphus gambarur (sic).– Fowler, 1956 : 145, Fig. 75 (R.S. quoted).

5.3.a   *Hyporhamphus xanthopterus* (Valenciennes, 1847)
Hemiramphus xanthopterus Valenciennes, in Cuv. Val. 1847, *Hist. nat. Poiss.* **19** :
47, Alipey. Type: MNHN, apparently lost.
Hyporhamphus xanthopterus.– Saunders, 1960, **79** : 241, Red Sea (no descr.).

5.4   *OXYPORHAMPHUS* Gill, 1863f [1864]   Gender: M
Proc. Acad. nat. Sci. Philad. **15** : 275 (type species: *Hemiramphus cuspidatus*
Valenciennes, in Cuv. Val., 1847 = *Exocoetus micropterus* Valenciennes, 1847,
by orig. design.).

5.4.1   *Oxyporhamphus convexus* (Weber & Beaufort, 1922)
Hemirhamphus convexus Weber & Beaufort, 1922, *Fishes Indo-Aust. Arch.* **3** :
159–161. Lectotype: ZMA 109–672, Timor; Paralectotype: ZMA 109-671
(2 ex.), Halmahera Sea.

5.4.1.1   *Oxyporhamphus convexus bruuni* Parin, Collette & Shcherbachev, 1980
Oxyporhamphus convexus bruuni Parin, Collette & Shcherbachev, 1980, *Trudÿ
Inst. Okeanol.* 97 : 159–160, Figs 42, 43, 47, Tbs 23–25. Holotype: ZIN 42670,
Vitiaz; Paratypes: ZIN 42670A (2 ex.), Poïmany; IOAN B-4817 (7 ex.); B-4849,
no loc.; USNM, no number, Red Sea, but no locality mentioned.

46   **BELONIDAE**

G: 3
Sp: 5

46.1   *ABLENNES* **Jordan & Fordice**, 1886 [1887]   Gender: M
        Proc. U.S. natn. Mus. **9** : 342, 359 (type species: *Belone hians* Valenciennes, in Cuv.
        Val., 1846). *Athlennes* is a typographic error which was corrected to *Ablennes* by
        Jordan & Evermann, 1898, **47** : 717. Emendation accepted by the International
        Commission on Zoological Nomenclature, 1912, Opinion 41.

46.1.1   *Ablennes hians* (**Valenciennes**, 1846)
          Belone hians Valenciennes, in Cuv. Val., 1846, *Hist. nat. Poiss.* **18** : 432–436, Pl.
          548. Lectotype: MNHN B-1125, Bahia (selected by Collette and Parin, 1970 : 40);
          Paralectotype: MNHN B-1204, Bahia.
          Belone hians.– Günther, 1909 (16) : 353, Red Sea.
          Athlennes (sic) *hians.–* Weber & Beaufort, 1922, **4** : 131–132, Fig. 49 (R.S. quoted).
          Ablennes hians.– Fowler, 1945, **26** : 119, Fig. 3 (R.S. quoted); 1956 : 140–141 (R.S.
          quoted).– Smith, 1949 : 130, Pl. 7, fig. 226, S. Africa.– Ben-Tuvia & Steinitz,
          1952 (2) : 4, Elat.– Parin, 1967, **84** : 45–49 (57–62), Fig. 17, Tb. 14, Red Sea.
          Belone melanostigma [Ehrenberg MS] Valenciennes, in Cuv. Val., 1846, *Hist. nat.
          Poiss.* **18** : 450. Syntypes: MNHN, Massawa, not available (syn. v. Parin).– Günther,
          1866, **6** : 241 (R.S. quoted).– Klunzinger, 1871, **21** : 581, Quseir.– Day, 1877 :
          509–510 (R.S. quoted); 1889, **1** : 418–419 (R.S. quoted).
          Belone schismatorhynchus Bleeker, 1851a, *Natuurk. Tijdschr. Ned.-Indië* **1** : 95. Syn-
          types: RMNH 6941 (incl. in 8 ex.), Batavia (syn. v. Parin).– Günther, 1866, **6** :
          239, Red Sea.– Bamber, 1915 : 479, W. Red Sea.

46.2   *PLATYBELONE* **Fowler**, 1919   Gender: F
        Proc. Acad. nat. Sci. Philad. **71** : 2 (type species: *Belone platyura* Bennett, 1832,
        by orig. design.).

46.2.1   *Platybelone argalus* (**Lesueur**, 1821)
          Belona argalus Lesueur, 1821, *J. Acad. nat. Sci. Philad.* **2** (1) : 125–126. Pl. x,
          fig. 1, W. Indies, near Guadeloupe. Apparently no type material.

46.2.1.1   *Platybelone argalus platura* **Rüppell**, 1837
            Belone platura Rüppell, 1837, *Neue Wirbelth., Fische* : 73, Pl. 20, fig. 1. Lecto-
            type: SMF 673; Paralectotypes: SMF 11913, 11914. Massawa.
            Platybelone argala platura.– Parin, 1967, **84** : 18–21 (20–23), Fig. 6, Tb. 7, Quseir,
            Jiddah.
            Platybelone argalus platura.– Collette & Parin, 1970 (11) : 31, Red Sea.
            Belone platura.– Valenciennes, in Cuv. Val., 1846, **18** : 451 (Massawa on Rüppell).–
            Günther, 1866, **6** : 237, Red Sea; 1909 (16) : 349, Red Sea.– Klunzinger, 1871,
            21 : 577, Quseir.– Picaglia, 1894, **41** : 34, Red Sea.
            Belone (Tylosurus) platura Rüppell, 1852 : 22, Red Sea.
            Belone (Eurycaulus) platyura (not Bennett, 1832).– Weber & Beaufort, 1922, **4** : 118
            (R.S. quoted).
            Belone platyura (not Bennett, 1832).– Tortonese, 1935–36 [1937], **45** : 168 (sep.:
            18), Massawa.– Fowler, 1956 : 137–138 (R.S. quoted).– Saunders, 1960, **79** : 241,
            Red Sea.

46.3   *TYLOSURUS* **Cocco**, 1833   Gender: M
        Giorn. Sci. Lett. Arti Sicilia **42** (124) : 18 (type species: *Tylosurus cantrainii*
        Cocco, 1833, by monotypy).

46.3.1 **Tylosurus acus (Lacepède, 1803)**
Sphyraena acus Lacepède, 1803, *Hist. nat. Poiss.* **5** : 59. Orig. descr. based on a drawing by Plumier, W. Indies.

46.3.1.1 **Tylosurus acus melanotus (Bleeker, 1851)**
Belone melanotus Bleeker, 1851a, *Natuurk. Tijdschr. Ned.-Indië* **1** : 94–95. Lectotype: RMNH 6940, Batavia (selected by Mees, 1962 (54) : 53).
Tylosurus acus melanotus.– Parin, 1967, **84** : 53–57 (68–73), Figs 20–21 (R.S. quoted).
Tylosurus melanotus.– Weber & Beaufort, 1922, **4** : 127–128, Fig. 47, Indian Ocean.– Smith, 1949 : 130, S. Africa.
Belone appendiculatus Klunzinger, 1871, *Verh. zool.-bot. Ges. Wien* : 580, Quseir. Type: MNS 1615, lost (syn. v. Parin).
Strongylura appendiculata.– Fowler, 1956 : 140, Fig. 73 (R.S. quoted).

46.3.2 **Tylosurus choram (Rüppell, 1837)**
Belone choram Rüppell, 1837, *Neue Wirbelth., Fische* : 72–73. Lectotype: SMF 671, Red Sea; Paralectotypes: SMF 7821, 7823, 7825, Red Sea; 1852 : 22, Red Sea.
Belone choram.– Klunzinger, 1871, **21** : 578–579, Quseir.– Day, 1877 : 510–511, Pl. 118, fig. 4 (R.S. quoted); 1889, **1** : 419–420 (R.S. quoted).
Tylosurus choram.– Parin, 1967, **84** : 65–68 (82–87), Fig. 25, Tbs 18–19, Quseir.– Collette & Parin, 1970 (11) : 56, Fig. 13, Tb. 14 (R.S. quoted).– Kossman & Räuber, 1877a, **1** : 412, Red Sea; 1877b : 22, Red Sea.– Kossmann, 1879, **2** : 21, Red Sea.– Tillier, 1902, **15** : 297, Suez Canal.
Tylosurus choram.– Chabanaud, 1934, **6** (1) : 157, Suez Canal.– Gruvel, 1936, **29** : 171, Suez Canal.– Gruvel & Chabanaud, 1937, **35** : 5, Lake Timsah.
Belone robusta Günther, 1866, *Cat. Fishes Br. Mus.* **6** : 242–243. Syntypes: BMNH 1859.6.11.5, Egypt, 1861.1.12.1, Red Sea (syn. v. Parin).– Tortonese, 1935–36 [1937], **45** : 169 (sep. : 19), Egypt.
Belone robustus (sic).– Klunzinger, 1871, **21** : 579, Quseir.– Borsieri, 1904 (3), **1** : 217, Massawa.
Strongylura robusta.– Fowler, 1956 : 140 (R.S. quoted).

46.3.3 **Tylosurus crocodilus crocodilus (Peron & Le Sueur, 1821)**
Belone crocodila Peron & Le Sueur, in Lesueur, 1821, *J. Acad. nat. Sci. Philad.* **2** : 129, Mauritius. Type unknown.
Belone crocodilus.– Valenciennes, in Cuv. Val., 1846, **18** : 440, Red Sea.
Tylosurus crocodilus.– Weber & Beaufort, 1922, **4** : 128–129 (R.S. quoted).– Smith, 1949 : 130, S. Africa.– Roux-Estève & Fourmanoir, 1955, **30** : 196, Abu Latt.– Roux-Estève, 1956, **32** : 63, Abu Latt.
Strongylura crocodila.– Ben-Tuvia & Steinitz, 1952 (2) : 4, Elat.– Fowler, 1956 : 139, Fig. 72 (R.S. quoted).– Saunders, 1960, **79** : 241, Red Sea.
Strongylura crocodilus.– Marshall, 1952, **1** : 224, Sinafir Isl.– Tortonese, 1955, **15** : 53, Dahlak.
Tylosurus crocodilus crocodilus.– Parin, 1967 : 58–65 (74–82), Figs 22–24, Tbs 16–17, Quseir.
Esox belone (not Linnaeus) Forsskål, 1775, *Descr. Anim.* : xiii, 67, Red Sea. No type material (misidentification v. Fowler).
Esox belone Maris Rubri Bloch & Schneider, 1801, *Syst. Ichthyol.* : 391–392 (R.S. on Forsskål).
Tylosurus marisrubri marisrubri.– Mees, 1962 : 45 (in part syn. v. Parin).
Belone fasciata Ehrenberg in Cuv. Val., 1846, *Hist. nat. Poiss.* **18** : 442, Massawa (syn. in text of *Belone crocodilus*).

Belone annulata Valenciennes, in Cuv. Val., 1847, *Hist. nat. Poiss.* **19** : 447. Holotype: MNHN, China, not available; Paratypes: MNHN B-1132, Tonga Isl., 4582, Celebes, A-6351, Seychelles (syn. v. Parin).
Belone annulata.– Day, 1877 : 510, Pl. 120, fig. 1 (R.S. quoted).
Belone Koseirensis Klunzinger, 1871, *Verh. zool.-bot. Ges. Wien* **21** : 579. Lectotype: ZIN 2570, Quseir (v. Parin also for synonymy).
Strongylura koseirensis.– Fowler, 1956 : 139–140 (R.S. quoted).

47   # SCOMBERESOCIDAE

G: 1
Sp: 1

47.1   *SCOMBERESOX* Lacepède, 1803   Gender: M
Hist. nat. Poiss. **5** : 345 (type species: *Scomberesox camperi* Lacepède, 1803, by monotypy).

47.1.1   **Scomberesox saurus (Walbaum, 1792)**
Esox saurus Walbaum, 1792, *Artedi Pisc.* **3** : 93, British Seas.
Scomberesox saurus.– Borodin, 1930, **1** : 46, Red Sea.– Smith, 1949 : 129, Fig. 224, S. Africa.– Fowler, 1956 : 141–142 (R.S. quoted).

48   # CYPRINODONTIDAE

G: 1
Sp: 1

48.1   *APHANIUS* Nardo, 1827   Gender: M
Prodr. Adr. Ichthyol. : 34, 40 (type species: *Aphanius nanus* Nardo, 1827, by subs. design. of Jordan, 1917).

48.1.1   **Aphanius dispar (Rüppell, 1829)**
Lebias dispar Rüppell, 1829, *Atlas Reise N. Afrika, Fische* : 66–67, Pl. 18, figs 1–2, Red Sea. Lectotype: SMF 821; Paralectotypes: SMF 1988 (10 ex.).
Cyprinodon dispar Rüppell, 1852 : 27, Red Sea.– Klunzinger, 1871, **21** : 587–588. Quseir.– Day, 1877 : 521, Pl. 121, figs 1–2 (R.S. quoted); 1889, **1** : 414–415, Fig. 134 (R.S. quoted).– Giglioli, 1888, **6** : 71, Assab.– Picaglia, 1894, **13** : 35, Massawa.– Borsieri, 1904 (3), **1** : 218, Massawa.– Bamber, 1915, **31** : 479, W. Red Sea.
Aphanius dispar.– Marshall, 1952, **1** : 225, Abu-Zabad.– Fowler, 1956 : 134–136 (R.S. quoted).– Klausewitz, 1967c (2) : 52, 57, Sarso Isl.
Cyprinus leuciscus (not Linnaeus).– Forsskål, 1775 : xiii, 71, Jiddah (misidentification v. Klunzinger).
Cyprinodon lunatus (on *Lebias lunatus* Ehrenberg MS) Valenciennes, in Cuv. Val., 1846, *Hist. nat. Poiss.* **18** : 161–167. Syntypes: MNHN A-3975, A-3976, B-908, Jiddah, A-3971, A-3974, A-3978, Massawa (syn. v. Klunzinger).
Cyprinodon moseas Valenciennes, in Cuv. Val., 1846, *Hist. nat. Poiss.* **18** : 168–169. Syntypes: MNHN A-3821, Suez, 5745, Ethiopia (syn. v. Klunzinger).
Lebias velifer [Ehrenberg MS] Valenciennes, in Cuv. Val., 1846 (syn. in *Cyprinodon lunatus*, **18** : 161).

49   ATHERINIDAE

G: 2
Sp: 2

49.1   *ALLANETTA* Whitley, 1943   Gender: F
    Proc. Linn. Soc. N.S.W. **68** : 135 (type species: *Atherina mugiloides* McCulloch,
    1913, by monotypy).
    Hypoatherina Schultz, 1948, *Proc. U.S. natn. Mus.* **98** : 8, 23 (type species: *Atherina
    uisila* Jordan & Seale, 1906, by orig. design.).

49.1.1   *Allanetta afra* (Peters, 1855)
    Atherina afra Peters, 1855, *Arch. Naturgesch.* : 244–245, 436–437. Holotype ? :
        ZMB 1893; Paratype: ZMB 23575.
    Allanetta afra.– Smith, 1965a (31) : 621–623, Textfig. 5, Pl. 98C, Elat.– Tortonese,
        1968 (51) : 13–14, Fig. 2B, Elat.
    Atherina cylindrica (not Cuv. Val.) Klunzinger, 1870, *Verh. zool.-bot. Ges. Wien* **20** :
        834. Syntypes: SMF 1854 (2 ex.), Quseir; MNS 2772 (3 ex.), Quseir; BMNH 1871.
        7.15.37, Red Sea (syn. v. Smith).
    Atherina gobio Klunzinger, 1884, *Fische Rothen Meeres* : 130, Pl. 11, figs 4, 4a. (As
        Valenciennes had previously named another species *Atherina cylindrica*, he changed
        his *Atherina cylindrica* to *Atherina gobio*, hence the syntypes of *Atherina cylin-
        drica* are the syntypes of *Atherina gobio*.)
    Hypoatherina gobio.– Marshall, 1952, **1** (8) : 242, Dahab, Sinafir Isl. Sharm esh
        Sheikh.

49.2a   *PRANESUS* Whitley, 1930b   Gender: M
    Mem. Qd Mus. **10** : 9 (type species: *Pranesus ogilbyi* Whitley, 1930, by monotypy).
    Hepsetia Bonaparte, 1836, *Icon. Fauna ital.*, Fasc. 18 (pro parte) (type species:
        Atherina boyeri Risso).

49.2.1a*   *Pranesus pinguis* (Lacepède, 1803)
    Atherina pinguis Lacepède, 1803, *Hist. nat. Poiss.* **5** : 372–373, 376–377, Pl. 11,
        fig. 1 (based on descr. and drawing by Commerson from Mauritius).
    Pranesus pinguis.– Smith, 1965a (31) : 616–617, Pl. 99, figs A–F, Pl. 100, figs A–C
        (R.S. quoted). Acc. to Randall, 1983, *Red Sea Reef Fishes*, the valid name is
        Atherinomorus lacunosus (Bloch & Schneider).

49.2.1a.1   *Pranesus pinguis forskali* Smith, 1965a, *Ichthyol. Bull. Rhodes Univ.* (31) : 617 (R.S.
        quoted) (based on *Atherina forskalii* Rüppell).
    Atherina forskalii Rüppell, 1838, *Neue Wirbelth., Fische* : 132–133, Pl. 33, fig. 1, Red
        Sea. Lectotype: SMF 1898; Paralectotypes: SMF 6856–60 (5 ex.), Red Sea; 1852:
        11, Red Sea.– Günther, 1861, **3** : 397, Red Sea.
    Atherina pinguis.– Klunzinger, 1884 : 130, Pl. 11, fig. 2, Red Sea.
    Atherina hepsetus (not Linnaeus).– Forsskål, 1775, *Descr. Anim.* : 69–70, Jiddah.
        Acc. to Klausewitz & Nielsen, 1965 (22) : 25, it seems that the type in ZMUC
        belongs to *Atherina forsskalii* Rüppell.– Tortonese, 1968 (51) : 12–13, Fig. 2A,
        Elat ("It is doubtful – on theoretical grounds – that two different subspecies
        (*Pranesus pinguis forsskali* and *Pranesus pinguis rüppelli*) actually coexist in one
        and the same region [Red Sea] ").

49.2.1a.2   *Pranesus pinguis rüppelli* Smith, 1965a, *Ichthyol. Bull. Rhodes Univ.* (31) : 617 (based
        on *Atherina forskalii* Klunzinger).
    Atherina pectoralis Valenciennes, in Cuv. Val., 1835, **10** : 447. Syntypes: MNHN 8103
        (4 ex.), A-4304 (5 ex.), A-4305 (5 ex.), A-4389 (3 ex.), A-4399 (5 ex.), all Mau-
        ritius, A-962 (2 ex.), Red Sea, A-4388 (2 ex.), Massawa, A-4395 (4 ex.), Suez,

67

Atherinidae

A-4390 (2 ex.), Bombay, A-4389 (4 ex.), Seychelles (syn. acc. to Blanc & Hureau, 1971 (15) : 708).
Atherina forskalii (not Rüppell).– Klunzinger, 1884 : 130, Pl. 11, figs 3, 3a, Red Sea.

IDENTITY OF SUBSPECIES UNCERTAIN

Atherina pinguis.– Klunzinger, 1870, **20** : 833–834, Quseir.– Borsieri, 1904, **41** : 213, Massawa.– Bamber, 1915, **31** : 482, W. Red Sea.– Norman, 1927, **22** : 380, P. Taufiq.

Hepsetia pinguis.– Chabanaud, 1932, **4** (7) : 826, Bitter Lake, Suez Canal; 1933b, **58** : 290, Lake Timsah; 1934, **5** (1) : 158, Lake Timsah.– Gruvel, 1936, **29** : 172, Suez Canal.– Gruvel & Chabanaud, 1937, **35** : 11, Bitter Lake.– Tortonese, 1948, **33** : 279, Mersa Matruch.– Budker & Fourmanoir, 1954, **24** : 324, Ghardaqa.

Pranesus pinguis.– Fowler & Steinitz, 1956, **5B** (3–4) : 273, Elat.– Ben-Tuvia, 1968 (52) : 43, Elat, Entedebir.

Atherina forskalii.– Günther, 1861, **3** : 397, Red Sea.– Martens, 1866, **16** : 379, Quseir.– Giglioli, 1888, **6** : 70, Assab.– Tillier, 1902, **15** : 292, Suez Canal, Bitter Lake.– Pellegrin, 1912, **3** (27) : 7, Eritrea.– Weber & Beaufort, 1922, **4** : 274–275 (R.S. quoted).– Borodin, 1930, **1** (2) : 49, Red Sea.– Tortonese, 1935–36 [1937], **45** : 171 (sep. : 21), Massawa.

Allanetta forskali.– Steinitz & Ben-Tuvia, 1955 (11) : 5, Elat.– Klausewitz, 1967c (2) : 57, 59, Sarso Isl.

XIV BERYCIFORMES
Fam. 50–53

50 TRACHICHTHYIDAE

G: 1
Sp: 1

50.1 ***HOPLOSTETHUS* Cuvier in Cuv. Val., 1829** Gender: M
Hist. nat. Poiss. **4** : 469 (type species: *Hoplostethus mediterraneus* Cuvier, 1829, by monotypy).

50.1.1 ***Hoplostethus mediterraneus* Cuvier, 1829**
Hoplostethus mediterraneus Cuvier, in Cuv. Val., 1829, *Hist. nat. Poiss.* **4** : 469. Holotype: MNHN 7442, Nice.
Hoplostethus mediterraneus.– Fuchs, 1901, **110** : 257, Red Sea.– Weber & Beaufort, 1929, **5** : 217, Fig. 59, Indian Ocean.– Norman, 1939, 7 (1) : 54–56, Textfig. 20, Gulf of Aden.– Smith, 1949 : 151, Textfig. 288, Pl. 8, fig. 288, S. Africa.

51 MONOCENTRIDAE

G: 1
Sp: 1

51.1 ***MONOCENTRIS* Bloch & Schneider, 1801** Gender: F
Syst. Ichthyol. : 100 (type species: *Monocentris carinata* Bloch & Schneider, 1801, by monotypy).

51.1.1 ***Monocentris japonica* (Houttuyn, 1782)**
Gastrosteus japonicus Houttuyn, 1782, *Verh. holland. Maatsch. Wet.* **20** : 329–330, Japan. No type material.
Monocentris japonicus.– Weber & Beaufort, 1929, **5** : 223–224, Figs 63–64, Indian Ocean.– Smith, 1949 : 149, Textfig. 284, Pl. 8, fig. 284, S. Africa.– Dor, 1970 (54) : 12, Elat.– Kropach, 1975 [1976], **24** : 194–196, Pl. 1, Elat.

52 ANOMALOPIDAE

G: 1
Sp: 1

52.1 ***PHOTOBLEPHARON* Weber, 1902** Gender: N
Siboga Exped., Introd. : 108 (type species: *Sparus palpebratus* Boddaert, 1781, by orig. design.).

52.1.1 ***Photoblepharon palpebratum* (Boddaert, 1781)**
Sparus palpebratus Boddaert, 1781, *Neue nord. Beytr.* **2** : 55–57, Banda. Type presumably lost (Boeseman in lit.).

52.1.1.1 ***Photoblepharon palpebratum steinitzi* Abe & Haneda, 1973**

Anomalopidae

Photoblepharon palpebratus steinitzi Abe & Haneda, 1973, *Bull. Sea Fish. Res. Stn. Israel* (60) : 57–62, Figs 1–4, Tbs 1–2. Holotype: HUJ F-5368a, Ras El Burqa (Red Sea); Paratypes: HUJ F-5368b, same data as holotype, HUJ F-5131, Elat.

53   HOLOCENTRIDAE

G: 3
Sp: 8

53.1   *ADIORYX* Starks, 1908*   Gender: M
Science, N.Y. **28** : 614 (type species: *Holocentrum suborbitale* Gill, by orig. design.).

53.1.1   *Adioryx caudimaculatus* (Rüppell, 1838)
Holocentrus caudimaculatus Rüppell, 1838, *Neue Wirbelth., Fische* : 96–97. Lectotype: SMF 1335, Red Sea; Paralectotype: SMF 7901, Red Sea.
Holocentrus caudimaculatus.– Fowler, 1956 : 216, Fig. 114 (R.S. quoted).– Klausewitz, 1967c (2) : 62, Sarso Isl.
Holocentrum caudimaculatum.– Rüppell, 1852 : 4, Red Sea.– Günther, 1859, **1** : 41 (R.S. quoted); 1874 (7) : 95 (R.S. quoted).– Klunzinger, 1870, **20** : 724, Quseir.– Day, 1876 : 172 (R.S. quoted); 1889, **2** : 96 (R.S. quoted).– Steindachner, 1861, **1** : 71–73, Red Sea.– Weber & Beaufort, 1929, **5** : 247–249 (R.S. quoted).
Holocentrus spinifer (not Forsskål, 1775).– Rüppell, 1829 : 86, Pl. 23, fig. 1, Jiddah (misidentification v. Rüppell, 1852 : 4).

53.1.2   *Adioryx diadema* (Lacepède, 1802)
Holocentrus diadema [Commerson MS] Lacepède, 1802, *Hist. nat. Poiss.* **4** : 335, 372, 373, 374–375, Pl. 32, fig. 3 (based on drawing by Commerson).
Holocentrus diadema.– Rüppell, 1829 : 84, Pl. 22, fig. 2, Mohila.– Smith, 1949 : 153, Pl. 9, fig. 296, S. Africa.– Fowler, 1956 : 216–218 (R.S. quoted).– Ben-Tuvia & Steinitz, 1952 (2) : 5, Elat.– Tortonese, 1968 (51) : 12, Elat.
Holocentrum diadema.– Rüppell, 1852 : 4, Red Sea.– Günther, 1859, **1** : 42–43 (R.S. quoted).– Klunzinger, 1870, **20** : 723, Quseir.– Day, 1876 : 171–172 (R.S. quoted); 1889, **2** : 95 (R.S. quoted).– Weber & Beaufort, 1929, **5** : 238–240 (R.S. quoted).– Marshall, 1852, **1** : 226, Tiran Isl.

53.1.3   *Adioryx lacteoguttatus* (Cuvier, 1829)
Holocentrum lacteo-guttatum Cuvier, in Cuv. Val., 1829, *Hist. nat. Poiss.* **3** : 214–215. Lectotype: MNHN 2634, Indian Ocean.
Holocentrum lacteoguttatum.– Weber & Beaufort, 1929, **5** : 240–242 (R.S. quoted).– Marshall, 1952, **1** (8) : 226, Abu-Zabad.– Roux-Estève & Fourmanoir, 1955, **30** : 196, Abu Latt.– Roux-Estève, 1956, **32** : 67, Abu Latt.
Holocentrus lacteoguttatum.– Smith, 1949 : 153, Pl. 9, fig. 297, S. Africa.
Holocentrus lacteoguttata.– Fowler, 1956 : 218, Fig. 115 (R.S. quoted).
Holocentrum argenteum (not Cuv. Val.).– Klunzinger, 1870, **20** : 721–722, Quseir (misidentification v. Klausewitz & Bauchot, 1967 : 124–125).

53.1.4   *Adioryx ruber* (Forsskål, 1775)
Sciaena rubra Forsskål, 1775, *Descr. Anim.* : xi, 48, Red Sea. Type lost.
Sciaena rubra.– Shaw, 1803, **1** : 540 (R.S. quoted).
Perca rubra.– Bloch & Schneider, 1801 : 90 (R.S. on Forsskål).
Holocentrus ruber.– Rüppell, 1829 : 83–84, Pl. 22, fig. 1, Red Sea; 1838 : 96, Red Sea.– Bamber, 1915, **31** : 480, W. Red Sea.– Ben-Tuvia & Steinitz, 1952 (2) : 5, Elat.– Fowler, 1956 : 215–216 (R.S. quoted).– Clark, Ben-Tuvia & Steinitz, 1968 (49) : 21, Entedebir.

Holocentrum rubrum.– Rüppell, 1852 : 4, Red Sea.– Günther, 1859, 1 : 35–38, Red Sea.– Klunzinger, 1870, 20 : 722–723, Red Sea.– Day, 1876 : 172–173, Pl. 41, fig. 4 (R.S. quoted); 1889, 2 : 96–97, Fig. 44 (R.S. quoted).– Picaglia, 1894, 13 : 25, Assab.– Borsieri, 1904 (3), 1 : 199, Suakin.– Weber & Beaufort, 1929, 5 : 244–246 (R.S. quoted).– Tortonese, 1935–36 [1937], 45 : 172 (sep. : 22), Massawa.– Gruvel & Chabanaud, 1937, 35 : 10, Suez Canal.
Holocentrus rubrum.– Smith, 1949 : 153, Fig. 295, S. Africa.
Holocentrum orientale Cuv. Val., 1829, *Hist. nat. Poiss.* 3 : 197, Red Sea. Lectotype: MNHN, A-5516, Pondichery; Paralectotypes: A-77, A-78, Red Sea, A-73, Indian Ocean (syn. v. Klunzinger).

53.1.5   *Adioryx spinifer* (Forsskål, 1775)
Sciaena spinifera Forsskål, 1775, *Descr. Anim.* : xii, 49. Holotype: ZMUC P-4043, Jiddah.
Sciaena spinifera.– Klausewitz & Nielsen, 1965, 22 : 19, Pl. 16, fig. 32, Jiddah.
Perca spinifera.– Bloch & Schneider, 1801 : 86 (R.S. on Forsskål).
Holocentrus spinifer.– Cuvier, in Cuv. Val., 1829, 3 : 206, Red Sea.– Rüppell, 1838 : 96–97, Pl. 25, fig. 1, Jiddah.– Smith, 1953 : 515, Fig. 297a, S. Africa.– Fowler, 1956 : 215, Fig. 113 (R.S. quoted).– Abel, 1960a, 49 : 444, Ghardaqa.– Saunders, 1960, 79 : 241, Red Sea.
Holocentrum spiniferum.– Rüppell, 1852 : 4, Red Sea.– Günther, 1859, 1 : 39–40, Red Sea; 1874 (7) : 94–95 (R.S. quoted).– Martens, 1866, 16 : 378, Red Sea.– Klunzinger, 1870, 20 : 725, Quseir.– Weber & Beaufort, 1929, 5 : 235–237 (R.S. quoted).– Marshall, 1952, 1 : 226, Sinafir Isl., Sharm esh Sheikh.– Roux-Estève & Fourmanoir, 1955, 30 : 196, Abu Latt.– Roux-Estève, 1956, 32 : 66, Abu Latt.

53.2   *FLAMMEO* Jordan & Evermann, 1898   Gender : M
Bull. U.S. natn. Mus. 47 (3) : 2871 (type species: *Holocentrum marianum* Cuvier & Valenciennes, 1831, by orig. design.).

53.2.1   *Flammeo sammara* (Forsskål, 1775)
Sciaena sammara Forsskål, 1775, *Descr. Anim.* : xii, 48–49. Holotype: ZMUC P-4042, Jiddah.
Sciaena sammara.– Klausewitz & Nielsen, 1965, 22 : 19, Pls 15–16, fig. 31, Jiddah.
Perca sammara.– Bloch & Schneider, 1801 : 89–90 (R.S. on Forsskål).
Holocentrus sammara.– Rüppell, 1829 : 85, Pl. 22, fig. 3, Red Sea; 1838 : 96, Red Sea.– Smith, 1949 : 153, Pl. 9, fig. 294, S. Africa.– Budker & Fourmanoir, 1954 (3) : 323, Ghardaqa.– Abel, 1960a, 49 : 444, Ghardaqa.– Klausewitz, 1967c (2) : 62, Sarso Isl.
Holocentrum sammara.– Rüppell, 1852 : 4, Red Sea.– Günther, 1859, 1 : 46–47, Red Sea.– Martens, 1866, 16 : 378, Quseir.– Klunzinger, 1870, 20 : 720–721, Quseir.– Day, 1876 : 173 (R.S. quoted); 1889, 2 : 97–98 (R.S. quoted).– Borsieri, 1904 (3), 1 : 199, Suakin.– Weber & Beaufort, 1929, 5 : 233–235 (R.S. quoted).– Tortonese, 1935–36 [1937], 45 : 172 (sep. : 22), Red Sea.– Marshall, 1952, 1 : 226, Sinafir Isl.– Roux-Estève & Fourmanoir, 1955, 30 : 196, Abu Latt.– Roux-Estève, 1956, 32 : 66, Abu Latt.
Flammeo sammara.– Fowler, 1956 : 218–219, Fig. 116 (R.S. quoted).– Saunders, 1960, 79 : 241, Red Sea.
Holocentrum christianum Ehrenberg, 1829, *Isis, Jena* 22 : 1310–1314, Red Sea (syn. v. Rüppell, 1830 : 85, footnote).– Cuvier [Ehrenberg MS], in Cuv. Val., 1829, 3 : 219, Quseir.
Holocentrum platyrrhinum Klunzinger, 1870, *Verh. zool.-bot. Ges. Wien* 20 : 725–726. Type: BMNH 1871.7.15.33, Quseir (syn. v. Fowler).

53.3   *MYRIPRISTIS* Cuvier, 1829   Gender: F
        (*Myripristis* Cuvier, 1827, in Berthold in Latreille, *Nat. Fam. Thierr.* : 132, nomen
        nudum).
        Cuvier, 1829, *Règne anim.* 2 : 150 (type species: *Myripristis jacobus*, by orig. design.).

53.3.1 *Myripristis murdjan* (Forsskål, 1775)
        Sciaena murdjan Forsskål, 1775, *Descr. Anim.* : xii, 48. Holotype: ZMUC P-4041,
        Jiddah.
        Perca murdian (sic).– Bloch & Schneider, 1801 : 86 (R.S. on Forsskål).
        Myripristis murdjan.– Rüppell, 1829 : 86–87, Pl. 23, fig. 2, Mohila; 1838 : 95, Red
        Sea; 1852 : 4, Red Sea.– Günther, 1859, **1** : 21–22, Red Sea; 1874 (6) : 92–93,
        Pls 61–62 (R.S. quoted).– Playfair & Günther, 1866 : 51 (R.S. quoted).– Martens,
        1866, **16** : 378, Quseir.– Klunzinger, 1870, **20** : 726–727, Quseir.– Day, 1889, **2** :
        94 (R.S. quoted).– Weber & Beaufort, 1929, **5** : 259–262, Red Sea.– Tortonese,
        1935–36 [1937], **45** : 172 (sep.: 22), Massawa; 1968 (51) : 12, Elat.– Smith,
        1949 : 154, Pl. 9, fig. 298, S. Africa.– Roux-Estève & Fourmanoir, 1955, **30** : 30,
        196, Abu Latt.– Roux-Estève, 1956, **32** : 67, Abu Latt.– Ben-Tuvia & Steinitz,
        1952 (2) : 5, Elat.– Fowler, 1956 : 212–214, Fig. 112 (R.S. quoted).– Abel,
        1960a, **49** : 444, Ghardaqa.– Klausewitz, 1967 (2) : 62, Sarso Isl.– Greenfield,
        1974 : 19–22, Fig. 15, Red Sea.– Randall & Guézé, 1981 (334) : 13–15, Figs 1B,
        7, 13, Tbs 1, 2, 5, 6, Red Sea.
        Myripristis parvidens Cuvier, in Cuv. Val., 1829, *Hist. nat. Poiss.* **3** : 129. Lectotype:
        MNHN A-2581, N. Ireland (syn. v. Randall & Guézé).
        Myripristis parvidens.– Greenfield, 1974 : 11–12, Fig. 7, Red Sea.

53.3.2 *Myripristis xanthacrus* **Randall & Guézé**, 1981
        Myripristis xanthacrus Randall & Guézé, 1981, *Contr. Sci.* (334) : 6–10, Figs 1C,
        4, 10. Holotype: BPBM 19784, Suakin Harbor; Paratypes: BMNH 1960.3.15.100–
        101, Mersa Sheikh Ibrahim; BMNH 1960.3.15.111–113, Red Sea; USNM 216608
        (17 ex.), Ras Coral (Red Sea); 216609 (12 ex.) Sciumma Isl.; 216610 (5 ex.),
        Massawa; 216611, Harat Isl.; BPBM 20381 (2 ex.), Suakin Harbor; 20443 (2 ex.),
        Port Sudan: 20469 (6 ex.) ANSP 137869; CAS 38534; HUJ 8374; LACM 36278-1;
        MNHN 1977-1, all collected with holotype; MNHN 1977-452 (7 ex.), Gulf of
        Aden, Gulf of Tadjoura; BPBM 21568 (2 ex.), Gulf of Aden, Djibouti.
        Myripristis hexagonus (not Lacepède).– Greenfield, 1974 (19) : 24–27, Fig. 17, Red
        Sea (misidentification v. Randall & Guézé, 1981 (334) : 6).

53.A   *BEANEA* **Steindachner**, 1902   Gender: F
        Anz. Akad. Wiss. Wien : 337 (type species: *Beanea trivittata* Steindachner, 1902,
        by orig. design.).

53.A.a *Beanea trivittata* **Steindachner**, 1902
        Beanea trivittata Steindachner, 1902, *Anz. Akad. Wiss. Wien* **39** (26) : 337–338,
        Et Tur.
        Beanea trivittata.– Fowler, 1956 : 214 (R.S. quoted). "It is probably not a holo-
        centrid, I suspect it was an apogonid" (Randall in lit., Randall, Shmizu & Yama-
        kawa MS). I fully agree, the description of Steindachner fits apogonid.

XV

GASTEROSTEIFORMES
Fam. 54–57

54 ## FISTULARIIDAE

G: 1
Sp: 2

54.1 *FISTULARIA* **Linnaeus**, 1758 Gender: F
Syst. Nat., ed. X : 312 (type species: *Fistularia tabacaria* Linnaeus, 1758, by monotypy).

54.1.1 ***Fistularia commersoni*** **Rüppell**, 1838
Fistularia commersoni Rüppell, 1838, *Neue Wirbelth., Fische* : 142. Lectotype: SMF 3139, Mohila.
Fistularia commersoni.– Fritzsche, 1976, **26** : 199–201, Fig. 2, Tb. 1 (R.S. quoted).
Fistularia petimba (not Lacepède).– Weber & Beaufort, 1922, **4** : 14–15, Fig. 4, Indian Ocean.– Ben-Tuvia & Steinitz, 1952 (2) : 5, Elat.– Fowler, 1956 : 194 (R.S. quoted).– Tortonese, 1968 (51) : 10, Elat (misidentification, Randall in lit. and v. Fritzsche).
Fistularia serrata (not Cuvier, 1816).– Klunzinger, 1871, **21** : 516, Quseir.– Bamber, 1915, **31** : 479, W. Red Sea (misidentification, v. Fritzsche).

54.1.2 ***Fistularia petimba*** **Lacepède**, 1803
Fistularia petimba Lacepède, 1803, *Hist. nat. Poiss.* **5** : 350–355, Pl. 18, fig. 3, Reunion (based on Commerson MS).
Fistularia petimba.– Fritzsche, 1976, **26** : 197–199, Fig. 1 (R.S. quoted).
Fistularia tabaccaria (not Linnaeus).– Rüppell, 1852 : 12, Red Sea (misidentification, not in Red Sea).
Fistularia villosa Klunzinger, 1871, *Verh. zool.-bot. Ges. Wien* **21** : 516, Quseir (syn., Randall in lit. and v. Fritzsche).– Weber & Beaufort, 1922, **4** : 12–14, Fig. 5 (R.S. quoted).– Tortonese, 1935–36 [1937], **45** : 171 (sep. : 21), Massawa.– Smith, 1949 : 171, S. Africa.– Marshall, 1952, **1** : 225, Dahab.– Fowler, 1956 : 193–194 (R.S. quoted).

55 ## CENTRISCIDAE

G: 2
Sp: 2

55.1 *AEOLISCUS* **Jordan & Starks**, 1902 Gender: M
Proc. U.S. natn. Mus. **26** : 71 (type species: *Amphisile strigata* Günther, 1861, by orig. design.).

55.1.1 ***Aeoliscus punctulatus*** **(Bianconi**, 1855)
Amphisile punctulata Bianconi, 1854 [1855], *Spec. Zool. Mos.* (10) : 221, Pl. 1, fig. 2, Mozambique.

Amphisile punctulata.– Günther, 1861, **3** : 527–528, Red Sea.– Playfair & Günther, 1866 : 80 (R.S. quoted).– Klunzinger, 1871, **21** : 516, Quseir.

Aeoliscus punctulatus.– Norman, 1927, **22** : 379, El Ferdan.– Chabanaud, 1932, **4** (7) : 825, Bitter Lake, Suez Canal.– Smith, 1949 : 173, Pl. 12, fig. 369, S. Africa.– Fowler, 1956 : 195–196 (R.S. quoted).

Aeoliscus punctatus (sic).– Gruvel & Chabanaud, 1937, **35** : 11, Suez Canal.

55.2   ***CENTRISCUS* Linnaeus, 1758**   Gender : M

Syst. Nat., ed. X : 336 (type species: *Centriscus scutatus* Linnaeus, 1758, by monotypy).

Amphisile Cuvier, in Cloquet, 1816, *Dict. Sci. Nat.* **2** (suppl.) : 26; 1817 [1816], *Règne anim.* **2** : 350 (type species: *Centriscus scutatus* Linnaeus, 1758, by monotypy).

55.2.1   ***Centriscus scutatus* Linnaeus, 1758**

Centriscus scutatus Linnaeus, 1758, *Syst. Nat.*, ed. X : 336, E. India.

Centriscus scutatus.– Forsskål, 1775 : xvii, Lohaja.– Bloch & Schneider, 1801 : 113 (R.S. on Forsskål).– Weber & Beaufort, 1922, **4** : 22–23, Figs 8, 11 (R.S. quoted).– Fowler, 1956 : 196 (R.S. quoted).– Tortonese, 1968 (51) : 10, Elat.

Amphisile scutata.– Rüppell, 1838 : 142, Red Rea; 1852 : 12, Red Sea.– Klunzinger, 1871, **21** : 516, Red Sea.

56   **SOLENOSTOMIDAE**

G : 1
Sp : 1

56.1   ***SOLENOSTOMUS* Lacepède, 1803**   Gender : M

Hist. nat. Poiss. **5** : 360–361 (type species: *Fistularia paradoxa* Pallas, 1770, by monotypy).

Solenostomatichthys Bleeker, 1873a, *Ned. Tijdschr. Dierk.* **4** : 126 (*Emend. Pro. Solenichthys* Bleeker, 1865, taking the same type species, *Fistularia paradoxa* Pallas, 1770).

56.1.1   ***Solenostomus cyanopterus* Bleeker, 1854f**

Solenostoma cyanopterus Bleeker, 1854f, *Natuurk. Tijdschr. Ned.-Indië* **6** : 507 (in text of *Solenostomus paradoxum*). Syntypes: RMNH 7220; BMNH 1867.11.28.362, Ceram; 1855 : 434, Amboina.

Solenostomus cyanopterus.– Weber & Beaufort, 1922, **4** : 26–27, Figs 12–13 (R.S. quoted).– Smith, 1949 : 173, Pl. 12, fig. 370, S. Africa.– Fishelson, 1966, **15** : 95–103, Figs 1–7, Tbs 1–2, Elat.

Solenostoma cyanopterum.– Klunzinger, 1871, **21** : 654, Quseir.

Solenostomatichthys paradoxus (not *Fistularia paradoxa* Pallas, 1770).– Fowler, 1956 : 208 (R.S. on *Solenostoma cyanopterum.*– Klunzinger) (the descr. in Fowler is based on a specimen from Formosa).

57   **SYNGNATHIDAE**

G : 16
Sp : 24

57.1   ***ACENTRONURA* Kaup, 1853**   Gender : F

Arch. Naturgesch. **19** (1) : 230 (type species: *Hippocampus gracilissimus* Temminck & Schlegel, 1850, by orig. design.).

57.1.1   *Acentronura tentaculata* Günther, 1870
    Acentronura tentaculata Günther, 1870, *Cat. Fishes Br. Mus.* 8 : 516. Holotype:
    BMNH 1869.6.21.8, Gulf of Suez.
    Acentronura tentaculata.— Duncker, 1915, **32** : 114—115, Et Tur, Gulf of Suez; 1940
    (3) : 86, Ghardaqa.— Dollfus & Petit, 1938, **10** : 502 (R.S. quoted).— Whitley,
    1949, **22** (2) : 149, Fig. 2, Suez.— Fowler, 1956 : 204 (R.S. quoted).— Smith,
    1963a (27) : 522 (R.S. quoted).

57.2   *CHOEROICHTHYS* Kaup, 1856   Gender: M
    (Kaup, 1853 : 233, nomen nudum). Kaup, 1856, *Cat. Lophobranch. Fish* : 55 (type
    species: *Choeroichthys valencienni* Kaup, 1856 (=*Syngnathus brachysoma* Bleeker,
    1855), by orig. design.).

57.2.1   *Choeroichthys brachysoma* (Bleeker, 1855)
    Syngnathus brachysoma Bleeker, 1855a, *Natuurk. Tijdschr. Ned.-Indië* 8 : 327.
    Holotype: RMNH 7250 ♂, Batu Arch.
    Choeroichthys brachysoma.— Weber & Beaufort, 1922, 4 : 62—63, Indian Ocean.—
    Dawson, 1976, 89 : 43—48, Figs 2—4, Tbs 1—4, Gulf of Aqaba, Ethiopia.

57.3   *CORYTHOICHTHYS* Kaup, 1853   Gender: M
    Arch. Naturgesch. **19** (1) : 231 (type species: *Syngnathus haematopterus* Bleeker,
    1851, by subs. design. of Whitley, 1948).

57.3.1   *Corythoichthys flavofasciatus* (Rüppell, 1838)
    Syngnathus flavofasciatus Rüppell, 1838, *Neue Wirbelth., Fische* : 144, Jiddah.
    No type collected. Neotype: USNM 214919, Et Tur (selected by Dawson).
    Syngnathus flavofasciatus.— Klunzinger, 1871, **21** : 649—650, Quseir.— Borsieri, 1904
    (3), **1** : 219, Massawa.
    Corythoichthys flavofasciatus.— Fowler, 1956 : 202, Fig. 108 (R.S. quoted).— Klause-
    witz, 1961, **91** : 48—51, 2 figs, Red Sea.— Clark, Ben-Tuvia & Steinitz, 1968 (49) :
    21, Dahlak.— Dawson, 1977b (2) : 306—310, Figs 3—6, Tbs 1—7, Israel, Egypt,
    Saudia, Ethiopia.
    Corythoichthys flavofasciatus flavofasciatus.— Smith, 1963a (27) : 535, Red Sea.
    Corythoichthys sealei (not Jordan & Starks, 1904).— Roux-Estève & Fourmanoir,
    1955, **30** : 196, Abu Latt (*scalei*, misprint) (misidentification v. Smith).
    Corythoichthys fasciatus (not *Syngnathus fasciatus* Risso, not Gray).— Bamber, 1915,
    31 : 479, W. Red Sea.— Duncker, 1915, **32** : 72—73 (R.S. on *Syngnthus flavo-*
    fasciatus Rüppell).— Weber & Beaufort, 1922, 4 : 70—72, Fig. 31 (R.S. on *Syng-*
    nathus flavofasciatus Rüppell).— Tortonese, 1935—6 [1937], **45** : 171 (sep. : 21),
    Massawa.— Dollfus & Petit, 1938, **10** : 497, Red Sea.— Roux-Estève, 1956, **32** : 64,
    Abu Latt (on *Corythoichthys sealei*.— Roux-Estève & Fourmanoir, 1955). Mis-
    identification of *Corythoichthys flavofasciatus*, most authors mentioning the latter
    as syn. of *Corythoichthys fasciatus*. Acc. to Dawson, 1977b (2) : 327—332, *Syngna-*
    thus fasciatus Gray is syn. of *Corythoichthys haematopterus* and apparently does
    not enter the Red Sea.
    Syngnathus fasciatus.— Abel, 1960a, 49 : 444, Ghardaqa (misidentification).
    Corythoichthys haematopterus (not Bleeker).— Smith, 1963a (27) : 536 (in part) (R.S.
    on *Corythoichthys fasciatus*).

57.3.2   *Corythoichthys nigripectus* Herald, 1953
    Corythoichthys nigripectus Herald, 1953, in Schultz et al., *Bull. U.S. natn. Mus.*
    (202), **1** : 275—276, Fig. 41b. Holotype: USNM 140230 ♂, Bikini Atoll; Paratypes:
    USNM 140231 (4 ♂, 2 ♀), taken with holotype.
    Corythoichthys nigripectus.— Dawson, 1977b (2) : 318—319, Figs 6, 12—14, Tbs 1—4,
    11, Gulf of Aqaba, Strait of Jubal.

75

Syngnathidae

57.3.3   *Corythoichthys schultzi* **Herald, 1953**
         Corythoichthys schultzi Herald, 1953, in Schultz et al., *Bull. U.S. natn. Mus.* (202),
         1 : 271–273, Fig. 42. Holotype: USNM 140233 ♂, Bikini Atoll; Paratypes: USNM
         140234 (1 ♂, 3 ♀, taken with holotype); USNM 140241 ♀, Rongelap Lagoon;
         USNM 140240 ♀, Rongelap Atoll.
         Corythoichthys schultzi.– Dawson, 1977b (2): 319–324, Figs 11, 14, 15, Tbs 1–4,
         12, Israel, Sudan, Ethiopia.

57.4   *COSMOCAMPUS* **Dawson, 1979**   Gender: M
         Proc. biol. Soc. Wash. **92** (4): 674–675 (type species: *Corythoichthys albirostris*
         Kaup, 1856, by orig. design.).

57.4.1   *Cosmocampus maxweberi* **(Whitley, 1933)**
         Syngnathus (Parasyngnathus) maxweberi Whitley, 1933, *Rec. Aust. Mus.* **19** : 66.
         Holotype: ZMA 112.623, Sumbawa Isl. (Indonesia).
         Cosmocampus maxweberi.– Dawson, 1980, **50** (1): 221–223, Fig. 1, Gulf of Aqaba.

57.5   *DORYRHAMPHUS* **Kaup, 1856**   Gender: M
         Arch. Naturgesch. **19** (1): 233 (type species: *Doryrhamphus excisus* Kaup, 1853,
         by orig. design.) (nomen nudum); 1956b, *Cat. Lophobranch. Fish* : 54.

57.5.1   *Doryrhamphus excisus* **Kaup, 1856***
         Doryrhamphus excisus Kaup, 1853, *Arch. Naturgesch.* **19** : 233 (nomen nudum);
         1856, *Cat. Lophobranch. Fish* : 54, Pl. 3, fig. 5. Syntypes: MNHN 6211 ♂ (2 ex.),
         Massawa; ZMB 4386, Red Sea.
         Doryrhamphus excisus.– Duncker, 1915, **32**: 62, Massawa.– Bamber, 1915, **31** :
         480, W. Red Sea.– Weber & Beaufort, 1922, **4** : 64 (R.S. quoted) (footnote).–
         Dollfus & Petit, 1938 (2) **10** : 497, Massawa.– Fowler, 1956 : 198 (R.S. quoted).–
         Smith, 1963a (27): 530 (R.S. quoted).– Magnus, 1967b (5): 657–658, Figs 10,
         14, Red Sea.– Duméril, 1870, **2** : 586, Massawa.
         Doryichthys excisus.– Günther, 1870, 8 : 186–187, Red Sea.
         Doriichthys excisus (sic).– Klunzinger, 1871, **21** : 652, Red Sea.

57.6   *DUNCKEROCAMPUS* **Whitley, 1933**   Gender: M
         Rec. Aust. Mus. **19**: 67 (a replacement name for *Acanthognathus*, preoccupied,
         taking the same genotype: *Syngnathus dactyliophorus* Bleeker, 1853).
         Acanthognathus Duncker, 1912, *Mitt. naturh. Mus. Hamb.* **29**: 228 (type species:
         Syngnathus dactyliophorus Bleeker, 1853, by orig. design., preoccupied by *Acan-
         thognathus* Mayr, 1887).

57.6.1   *Dunckerocampus dactyliophorus* **(Bleeker, 1853)**
         Syngnathus dactyliophorus Bleeker, 1853c, *Natuurk. Tijdschr. Ned.-Indië* **4** : 506–
         507. Syntype: RMNH 7247, Batavia.
         Acanthognathus dactyliophorus.– Duncker, 1915, **32**: 41–42, Indian Ocean.– Weber
         & Beaufort, 1922, **4** : 42–43, Fig. 20, Indian Ocean.
         Dunckerocampus dactyliophorus.– Dor, 1970 (54): 12, Gulf of Aqaba.– Herald &
         Randall, 1972c, **39** : 131 (R.S. quoted).

57.6.2   *Dunckerocampus multiannulatus* **(Regan, 1903)**
         Dorichthys multiannulatus Regan, 1903, *Revue suisse Zool.* **11** : 413–414, Pl. 13,
         fig. 3. Type: Mus. Geneva, Mauritius.

57.6.2.1 *Dunckerocampus multiannulatus bentuviae* **Fowler & Steinitz, 1956**
         Dunckerocampus bentuviae Fowler & Steinitz, 1956, *Bull. Res. Coun. Israel* **5B**
         (3–4): 273–274, Fig. 22. Holotype: ANSP 72137, Elat.

Dunckerocampus dactyliophorus bentuviae.– Smith, 1963a (27) : 526, Pl. 77B (R.S. quoted) (misidentification v. Dor).
Dunckerocampus multiannulatus bentuviae.– Dor, 1970 (54) : 12 (v. text of *Dunckerocampus dactyliophorus*).
Acanthognathus dactyliophorus (not Bleeker).– Ben-Tuvia & Steinitz, 1952 (2) : 5–6, Elat (misidentification v. Fowler & Steinitz and v. Dor).

7.7 ***HALICAMPUS* Kaup, 1856** Gender: M
Arch. Naturgesch. **19** : 231 (type species: *Halicampus grayi* Kaup, 1956, by monotypy).
Phanerotokeus Duncker, 1940, *Publs mar. biol. Stn Ghardaqa* (3) : 84 (type species: *Halicampus macrorhynchus* Bamber, 1915, by orig. design.).
Halicampoides Fowler, 1956, *Fishes Red Sea* : 204 (type species: *Halicampus macrorhynchus* Bamber, 1915, by monotypy).

7.7.1 ***Halicampus macrorhynchus* Bamber, 1915**
Halicampus macrorhynchus Bamber, 1915, *J. Linn. Soc. (Zool.)* **31** : 480, Pl. 46, fig. 4. Type: BMNH 1915.10.25.2, Suez.– Dollfus & Petit, 1938, **10** : 501 (R.S. quoted).– Dawson & Randall, 1975, **88** : 276–279, Ghardaqa.
Halicampoides macrorhynchus.– Fowler, 1956 : 204, Fig. 109 (R.S. quoted).
Phanerotokeus macrorhynchus.– Smith, 1963a (27) : 530, Pl. 76H (R.S. quoted).– Tortonese, 1968 (51) : 11–12, Fig. 1b, Elat.
Phanerotokeus gohari Duncker, 1940, *Publs mar. biol. Stn Ghardaqa* (3) : 85, Figs 1–3, Ghardaqa. Type: NMH, lost (syn. v. Smith).

7.8 ***HIPPICHTHYS* Bleeker, 1849** Gender: M
Verh. batav. Genoot. Kunst. Wet. **22** : 15 (type species: *Hippichthys heptagonus* Bleeker, 1849, by orig. design.).

7.8.1 ***Hippichthys cyanospilus* (Bleeker, 1854)**
Syngnathus cyanospilos Bleeker, 1854a, *Natuurk. Tijdschr. Ned.-Indië* **6** : 114. Holotype: RMNH 7228, Banda Neira.
Syngnathus cyanospilos.– Weber & Beaufort, 1922, **4** : 83–84 (R.S. quoted).– Smith, 1963a (27) : 538, Textfig. 17, Pl. 82D, S. Africa.
Syngnathus (Parasyngnathus) cyanospilus.– Dollfus & Petit, 1938, **10** : 498, Perim.– Duncker, 1940 (3) : 83, Ghardaqa.
Hippichthys cyanospilus.– Dawson, 1978, **91** (1) : 150–154, Figs 3, 6–7, Tbs 1–4, Israel, Ethiopia.

7.8.2 ***Hippichthys spicifer* (Rüppell, 1838)**
Syngnathus spicifer Rüppell, 1838, *Neue Wirbelth., Fische* : 143–144, Pl. 33, fig. 4. Lectotype: SMF 937; Paralectotype: SMF 4908, Et Tur; 1852 : 35, Red Sea.
Syngnathus spicifer.– Kaup, 1853a : 232, Red Sea.– Duméril, 1870, **2** : 546 (R.S. quoted).– Klunzinger, 1871, **21** : 650–651, Quseir.– Day, 1889, **2** : 462–463 (R.S. quoted).– Duncker, 1915, **32** : 79–80, Quseir.– Weber & Beaufort, 1922, **4** : 80–82, Fig. 34 (R.S. quoted).– Dollfus & Petit, 1938, **10** : 498 (R.S. quoted).– Fowler, 1956 : 201–202 (R.S. quoted).– Smith, 1963a : 537, Fig. 15, Pl. 82F (R.S. quoted).
Syngnathus (Parasyngnathus) spicifer.– Duncker, 1940 (3) : 83, Ghardaqa.
Hippichthys spicifer.– Dawson, 1978, **91** (1) : 142–150, Figs 3–5, Tbs 1–4, Quseir.
Syngnathus pelagicus (not Linnaeus).– Forsskål, 1775 : xvii, no loc. (misidentification v. Klunzinger).
Syngnathus tapeinosoma Bleeker, 1854d, *Natuurk. Tijdschr. Ned.-Indië* **6** : 376. Holotype: RMNH 7229, Java (syn. v. Duncker, 1915, and v. Smith).– Klunzinger, 1871, **21** : 651, Quseir.– Picaglia, 1894, **41** : 37, Assab.

57.9   **HIPPOCAMPUS Rafinesque, 1810**   Gender: M
        Caratt. Gen. Spec. Sicil. : 18 (type species: *Syngnathus hippocampus* Linnaeus,
        1758, by orig. design.).

57.9.1 *Hippocampus fuscus* **Rüppell, 1838***
        Hippocampus fuscus Rüppell, 1838, *Neue Wirbelth., Fische* : 143, Pl. 33, fig. 3.
        Holotype: SMF 876, Jiddah; Paratype: SMF 4914 Jiddah; 1852 : 35, Red Sea.
        Hippocampus fuscus.– Duméril, 1870, **2** : 511, Suez.– Klunzinger, 1871, **21** : 653,
        Red Sea.– Dollfus & Petit, 1938, **10** : 502, Suez.– Fowler, 1956 : 206 (R.S.
        quoted).– Smith, 1963a (27) : 518, Pl. 75J (R.S. quoted).
        Hippocampus obscurus [Ehrenberg MS] syn. in *Hippocampus fuscus* Klunzinger, 1871,
        loc. cit.

57.9.2 *Hippocampus histrix* **Kaup, 1856***
        Hippocampus histrix Kaup, 1856, *Cat. Lophobranch. Fish* : 17, Pl. 2, fig. 5. Syn-
        types: MNHN A-906, Japan; RMNH D-1537, Japan.
        Hippocampus histrix.– Bamber, 1915, **31** : 480, W. Red Sea.– Weber & Beaufort,
        1922, **4** : 109–110 (R.S. quoted).– Duncker, 1940 (3) : 86, Ghardaqa.– Fowler
        & Steinitz, 1956, **5B** (3–4) : 274, Elat.– Smith, 1963 (27) : 518, Pl. 76C (R.S.
        quoted).– Tortonese, 1968 (51) : 12, Elat.

57.9.3 *Hippocampus kuda* **Bleeker, 1852**
        Hippocampus kuda Bleeker, 1852a, *Natuurk. Tijdschr. Ned.-Indië* **3** : 82–83,
        Singapore. Syntypes: RMNH 5167; BMNH 1867.11.28.360, E. Indian Arch.
        Hippocampus kuda.– Weber & Beaufort, 1922, **4** : 110–112, Indian Ocean.– Dollfus
        & Petit, 1938, **10** : 503–504, Gulf of Suez.– Fowler & Steinitz, 1956, 5B (3–4) :
        274, Elat.– Fowler, 1956 : 205 (R.S. quoted).– Smith, 1963a (27) : 518, Pl. 75E,
        F (R.S. quoted).
        Hippocampus aff. *kuda.*– Ben-Tuvia & Steinitz, 1952 (2) : 5, Elat.
        Hippocampus guttulatus (not Cuvier, 1829, **2** : 363).– Günther, 1870, **8** : 202–204,
        Red Sea.– Klunzinger, 1871, **21** : 654 (R.S. quoted).– Day, 1878 : 682–683,
        Pl. 174, fig. 6 (R.S. quoted); 1889, **2** : 469 (R.S. on Günther).– Bamber, 1915,
        31 : 480, W. Red Sea.– Gruvel, 1936, **29** : 171, Suez Canal.– Gruvel & Chabanaud,
        1937, **35** : 11, Lake Timsah (misidentification v. Smith).

57.9.4 *Hippocampus suezensis* **Duncker, 1940**
        Hippocampus suezensis Duncker, 1940, *Publs mar. biol. Stn Ghardaqa* (3) : 86–87,
        Suez. Type: NMH, lost.
        Hippocampus suezensis.– Smith, 1963a (27) : 519 (R.S. on Duncker).

57.9.a *Hippocampus lichtensteinii* Kaup, 1856, *Cat. Lophobranch. Fish* : 8. Type: BMNH
        (probably from the Red Sea).
        Hippocampus lichtensteinii.– Günther, 1870, **8** : 205, Red Sea?– Fowler, 1956 : 207
        (R.S. quoted).– Smith, 1963a (27) : 519 (R.S.? quoted) (Possibly *Hippocampus
        camelopardalis* Bianconi, 1855 : 145).

57.10   **LISSOCAMPUS Waite & Hale, 1921**   Gender: M
        Rec. S. Aust. Mus. **1** : 306 (type species: *Lissocampus caudalis* Waite & Hale, 1921,
        by orig. design.).

57.10.1 *Lissocampus bannwarthi* **(Duncker, 1915)**
        Ichthyocampus bannwarthi Duncker, 1915, *Mitt. zool. Mus. Hamb.* **32** : 93–94.
        Syntypes: NMH, lost; Neotype: USNM 216292, Red Sea (selected by Dawson);
        1940 (3) : 84, Ghardaqa.
        Ichthyocampus bannwarthi.– Hora, 1925, **27** : 462, Sinai.– Dollfus & Petit, 1938,
        10 : 499 (R.S. quoted).

Lissocampus bannwarthi.– Dawson, 1977a, **89** : 616–618, Figs 6–7, Tbs 1–3, El-Muzeini, Nuweiba.

57.11   *MICROGNATHUS* **Duncker, 1912**   Gender : M
       Mitt. naturh. Mus. Hamb. **29** : 235 (type species : *Syngnathus brevirostris* Rüppell, 1838, by orig. design.).

57.11.1   *Micrognathus brevirostris* **(Rüppell, 1838)**
       Syngnathus brevirostris Rüppell, 1838, *Neue Wirbelth., Fische* : 144, Massawa. Lectotype: SMF 902; Paralectotypes: SMF 4909–4913; Paratype: BMNH 1860. 11.9.60; 1852 : 35, Red Sea.
       Syngnathus brevirostris.– Günther, 1870, 8 : 167, Massawa.– Klunzinger, 1871, **21** : 652, Quseir.
       Corythoichthys brevirostris.– Kaup, 1853a : 231, Red Sea.
       Micrognathus brevirostris.– Bamber, 1915, **31** : 479. W. Red Sea.– Duncker, 1915, **32** : 75–76 (R.S. quoted); 1940 (3) : 83, Ghardaqa.– Weber & Beaufort, 1922, **4** : 75–76 (R.S. quoted).– Norman, 1929, **22** : 372, Gulf of Suez.– Dollfus & Petit, 1938, **10** : 498, Red Sea.– Tortonese, 1948, **33** : 277, Suez Canal.– Marshall, 1952, **1** : 226, Sinafir Isl.– Steinitz & Ben-Tuvia, 1955 (11) : 5, Elat.– Fowler, 1956 : 203 (R.S. quoted).– Smith, 1963a (27) : 533–534, Pl. 79F, H, Red Sea.

57.12   *PHOXOCAMPUS* **Dawson, 1977**   Gender : M
       Bull. mar. Sci. **27** : 612 (type species : *Ichthyocampus belcheri* Kaup, 1856, by orig. design.).

57.12.1   *Phoxocampus belcheri* **Kaup, 1856**
       Ichthyocampus belcheri Kaup, 1856, *Cat. Lophobranch. Fish* : 30. Lectotype: BMNH 1977.4.22.5 ♀, China (selected by Dawson); Paralectotype: BMNH 1977. 4.22.6 ♂, China.
       Ichthyocampus belcheri.– Duncker, 1915, **32** : 95–96, Quseir.– Smith, 1963a (27) : 527, Pl. 79D, E (R.S. quoted).
       Phoxocampus belcheri.– Dawson, 1977c, **27** : 615–618, Fig. 6, Tbs 1–9, 11, Red Sea.

57.13   *SIOKUNICHTHYS* **Herald, 1953**   Gender : M
       Proc. U.S. natn. Mus. (202) **1** : 254 (type species : *Siokunichthys herrei* Herald, 1953, by monotypy).

57.13.1   *Siokunichthys bentuviai* **Clark, 1966**
       Siokunichthys bentuviai Clark, 1966, *Bull Sea Fish. Res. Stn Israel* (41) : 4–6, Figs 1–2. Holotype: HUJ E62-488a ♂, Nocra: Paratypes: HUJ E62-488b, 488c (30 ex.), Nocra, E62-492 (4 ex.), Entedebir, E62-551 (5 ex.), Nocra, E62-619 (2 ex.), Nocra; USNM 197763 (4 ex.), Nocra.
       Siokunichthys bentuviai.– Clark, Ben-Tuvia & Steinitz, 1968 (49) : 21, Entedebir.

57.13.2   *Siokunichthys herrei* **Herald, 1953**
       Siokunichthys herrei Herald, 1953, in Schultz et al., 1953, *Bull. U.S. natn. Mus.* (202) **1** : 254–256, Fig. 38. Holotype: USNM 112296, Philippines; Paratypes: USNM 112297 (2 ex.), Philippines; CAS 5920, Fiji.
       Siokunichthys herrei.– Clark, 1966 (41) : 6, Elat.

57.14   *SYNGNATHOIDES* **Bleeker, 1851g**   Gender : M
       Natuurk. Tijdschr. Ned.-Indië **2** : 231, 259 (type species : *Syngnathoides blochi* Bleeker, 1851, by orig. design.).
       Gastrotokeus Kaup, 1853, *Arch. Naturgesch.* **19** : 230 (type species : *Syngnathus biaculeatus* Bloch, 1785, by orig. design.).

57.14.1   *Syngnathoides biaculeatus* (Bloch, 1785)
            Syngnathus biaculeatus Bloch, 1785, *Naturgesch. ausl. Fische* 1 : 10–11, Pl. 121, figs 1–2a. Syntypes: ZMB 4329 (2 ex.), E. India.
            Syngnathus biaculeatus.– Playfair & Günther, 1866 : 139 (R.S. quoted).
            Gastrotokeus biaculeatus.– Kaup, 1856 : 19, Red Sea.– Klunzinger, 1871, 21 : 653, Quseir.– Day, 1878 : 681, Pl. 174, fig. 5 (R.S. quoted); 1889, 2 : 467, Fig. 167 (R.S. quoted).– Duncker, 1915, 32 : 38–40 (R.S. on Klunzinger); 1940 (3) : 83, Ghardaqa.
            Syngnathoides biaculeatus.– Weber & Beaufort, 1922, 4 : 40–41, Figs 18–19 (R.S. quoted).– Dollfus & Petit, 1938, 10 : 496–497, Gulf of Suez.– Fowler, 1956 : 197–198 (R.S. quoted).– Saunders, 1960, 79 : 241, Red Sea.– Smith, 1963a (27) : 523, Pl. 80C (R.S. quoted).

57.15   *SYNGNATHUS* [Artedi] **Linnaeus**, 1758   Gender: M
            Syst. Nat., ed. X : 336 (type species: *Syngnathus Acus* Linnaeus, 1758, by subs. design. of Jordan, 1917).

57.15.1   *Syngnathus macrophthalmus* **Duncker**, 1915
            Syngnathus macrophthalmus Duncker, 1914 [1915], *Mitt. zool. Mus. Hamb.* 32 : 85. Type: BMNH 1869.6.21.7, Suez.
            Syngnathus macrophthalmus.– Fowler, 1956 : 202 (R.S. quoted).– Smith, 1963a (27) : 538 (R.S. quoted).
            Syngnathus (Parasyngnathus) macrophthalmus.– Dollfus & Petit, 1938, 10 : 499, Suez.– Duncker, 1940 (3) : 83, Ghardaqa.
            Syngnathus cyanospilus (not Bleeker).– Günther, 1870, 8 : 515 (not 170), Gulf of Suez (misidentification v. Duncker, 1915 and v. Smith).

57.15.a   *Syngnathus crinitus* Jenyns, 1842, *Zool. Voy. Beagle, Fish.* : 148, Pl. 27, fig. 5. Holotype: BMNH 1917.7.14.29, Patagonia.
            Micrognathus crinitus.– Duméril, 1870, 2 : 564 (R.S. quoted).

57.15.b   *Syngnathus phlegon* Risso, 1826, *Hist. nat. Europe mérid.* 3 : 181, Nice.
            Syngnathus phlegon.– Kaup, 1856a : 41, Quseir.– Günther, 1870, 8 : 156–157, Quseir? (Known from Mediterranean Sea only).

57.16   *YOZIA* **Jordan & Snyder**, 1901c*   Gender: F
            Proc. U.S. natn. Mus. 24 : 58 (type species: *Yozia wakanourae* Jordan & Snyder, 1901, by orig. design.).

57.16.1   *Yozia bicoarctata* (Bleeker, 1857)
            Syngnathus bicoarctatus Bleeker, 1857a, *Act. Soc. Sci. Indo-Neerl.* 2 : 99–100. Holotype: RMNH 7237, Amboina.
            Yozia bicoarctata.– Weber & Beaufort, 1922, 4 : 101–102, Fig. 42, Indian Ocean.– Duncker, 1940 (3) : 86, Ghardaqa.– Smith, 1963a : 532, Pl. 8A (R.S. quoted).– Tortonese 1968 (51) : 10–11, 1A, Elat.– Dawson, Yasuda & Imai, 1979, 25 (4) : 244–245, Fig. 1, Gulf of Aqaba.
            Yozia bicoarctata erythraensis Dollfus & Petit, 1938, *Bull. Mus. Hist. nat., Paris* (2) 10 : 500–501. Holotype: MNHN 60-576, Gulf of Suez (acc. to Smith, loc. cit., the dorsal count of 32 instead of 29 scarcely justifies subspecific rank).

XVI

SCORPAENIFORMES
Fam. 58–62

58 SCORPAENIDAE

G: 14
Sp: 33

58.I APISTINAE

58.1 ***APISTUS* Cuvier** in Cuv. Val., 1829 Gender: M

Hist. nat. Poiss. **4**: 391–392 (type species: *Apistus alatus* Cuvier, in Cuv. Val., 1829, by subs. design.).

58.1.1 ***Apistus carinatus* (Bloch & Schneider,** 1801)

Scorpaena carinata Bloch & Schneider, 1801, *Syst. Ichthyol.* : 193, Tranquebar. Type unknown (not in ZMB).

Apistus carinatus.– Day, 1889, **2** : 64, Fig. 24 (R.S. quoted).– Smith, 1957d (5) : 84–85, Pl. 6, fig. E, S. Africa.– Beaufort (W.B.), 1962, **11** : 55–57, Fig. 11 (R.S. quoted).– Bayoumi, 1972, **2** : 165, Red Sea.– Frøiland, 1972 : 96–98, Fig. 18, Elat, Massawa.

Apistus Israelitarum [Ehrenberg MS] Cuvier, in Cuv. Val., 1829, *Hist. nat. Poiss.* **4** : 396–397, Et Tur. Type: ZMB 806 (syn. v. Smith, 1957d).– Günther, 1860, **2** : 131 (R.S. quoted).– Klunzinger, 1870, **20** : 809–810, Red Sea.

Apistus alatus Cuvier, in Cuv. Val, 1829, *Hist. nat. Poiss.* **4** : 392–395. Syntypes: MNHN 6642 (2 ex.), Pondichery (syn. v. Smith).– Klunzinger, 1884 : 73, Red Sea.

58.II SCORPAENINAE

58.2 ***PARASCORPAENA* Bleeker,** 1876b Gender: F

Versl. Meded. K. Akad. wet. Amst. **9** : 295 (type species: *Scorpaena picta* Kuhl & Van Hasselt, 1824, by orig. design.).

58.2.1 ***Parascorpaena aurita* (Rüppell,** 1838)

Scorpaena aurita Rüppell, 1838, *Neue Wirbelth., Fische* : 106–109, Pl. 27, fig. 2, Massawa. Holotype: SMF 1266, Massawa; 1852 : 5, Red Sea.

Scorpaena aurita.– Klunzinger, 1870, **20** : 802, Red Sea; 1884 : 70, Red Sea.– Kossman & Räuber, 1877a, **1** : 394, Red Sea; 1877b : 15, Red Sea.– Kossmann, 1879, **2** : 22, Red Sea.– Borsieri, 1904 (3), **1** : 197–198, Dahlak.

Parascorpaena aurita.– Smith, 1957c (4) : 57–58, Fig. 2, Pl. 2C (R.S. on Rüppell).– Clark, Ben-Tuvia & Steinitz, 1968 (49) : 22, Entedebir.– Frøiland, 1972 : 49–52, Massawa, Entedebir, Nocra, Um-Aabak.

Scorpaena erythraea (not Cuv. Val.).– Günther 1860, **2** : 116, Red Sea (misidentification with query, Eschmeyer in lit.).

58.2.2 ***Parascorpaena mossambica* (Peters,** 1855)

Scorpaena mossambica Peters, 1855, *Arch. Naturgesch.* **1** : 241. Eschmeyer found one specimen in ZMB, 75.5 mm, locality Ibo. He believes it is the type (Eschmeyer in lit.).

Scorpaena longicornis Playfair & Günther, 1866, *Fishes of Zanzibar* : 47, Pl. 8, fig. 1. Holotype: BMNH 1865.2.27.37, 1865.3.18.10, Zanzibar. Only two of the four are *Scorpaena longicornis* (syn., Eschmeyer in lit.).– Bamber, 1915, **31** : 484, W. Red Sea.

58.3 ***SCORPAENA*** [Artedi] **Linnaeus,** 1758 Gender: F

Syst. Nat., ed. X : (type species: *Scorpaena porcus* Linnaeus, by subs. design. of Bleeker, 1876).

58.3.1 ***Scorpaena porcus*** **Linnaeus,** 1758

Scorpaena porcus Linnaeus, 1758, *Syst. Nat.*, ed. X : 266, Mediterranean Sea.

Scorpaena porcus.– Frøiland, 1972 : 23–24, Elat.

Scorpaena klausewitzi Frøiland, 1972, Diss. : 25–29, Figs 5–7. Holotype: TAU P-2578, Elat (misidentification, Eschmeyer via Klausewitz in lit.).

Scorpaena erythraea.– Klunzinger, 1870, **20** : 803, Red Sea; 1884, 68, 70, Red Sea.– Fowler & Steinitz, 1956, **5B** (3–4) : 281–282, Elat.

Scorpaenopsis erythraea.– Frøiland, 1972 : 72–74, Massanabi, Red Sea. Probably misidentification, Eschmeyer in lit.

58.3.2 ***Scorpaena scrofa*** **Linnaeus,** 1758

Scorpaena scrofa Linnaeus, 1758, *Syst. Nat.*, ed. X : 266, Mediterranean Sea.

Scorpaena scrofa.– Frøiland, 1972 : 22–23, Elat.

58.4 ***SCORPAENODES*** **Bleeker,** 1857 Gender: M

Natuurk. Tijdschr. Ned.-Indië **13** : 371 (type species: *Scorpaena polylepis* Bleeker, 1851, by monotypy.).

58.4.1 ***Scorpaenodes corallinus*** **Smith,** 1957

Scorpaenodes corallinus Smith, 1957c, *Ichthyol. Bull. Rhodes Univ.* (4) : 64–65, Fig. 5, Pl. 3E. Holotype: RUSI 301, Baixo Pinda; Paratypes: RUSI 375 (14 ex.), Mozambique, 373, Pinda, 369 (2 ex.), Zanzibar, 371, Pemba, 372, Tekomaji, 374, Aldabra, 376, Tekomaji.

Scorpaenodes corallinus.– Frøiland, 1972 : 65–66, Ras Muhammad.

58.4.2 ***Scorpaenodes guamensis*** **(Quoy & Gaimard,** 1825)

Scorpaena guamensis Quoy & Gaimard, 1825, *Voy. Uranie, Zool.* : 326–327. Syntypes: MNHN 6667, 6670, Guam.

Scorpaena guamensis.– Günther, 1874 (7) : 74–75, Pl. 56, Red Sea.

Sebastes (Sebastopsis) guamensis.– Klunzinger, 1884 : 72, Red Sea.

Scorpaenodes guamensis.– Smith, 1957c (4) : 65–66, Fig. 5, Pl. 1C, D (R.S. quoted).– Beaufort (W.B.), 1962, **11** : 31–34, Fig. 6 (R.S. quoted).– Clark, Ben-Tuvia & Steinitz, 1968 (49) : 22, Entedebir.– Frøiland, 1972 : 58–61, Elat, Massawa.

Scorpaena rubro-punctata [Ehrenberg MS] Cuvier, in Cuv. Val., 1829, *Hist. nat. Poiss.* **4** : 324–325. Syntypes: ZMB 765 (5 ex.), Red Sea, 766 (2 ex.), Massawa, 772, Red Sea (syn., Eschmeyer in lit.).

Sebastes rubropunctatus.– Klunzinger, 1870, **20** : 804–805, Quseir.– Kossman & Räuber, 1877a, **1** : 394–395, Red Sea; 1877b : 15, Red Sea.– Borsieri, 1904, (3), **1** : 197, Massawa, Dahlak.

Scorpaena chiliopristа Rüppell, 1838, *Neue Wirbelth., Fische* : 107, Pl. 27, fig. 3. Holotype: SMF 476, Massawa (syn., Eschmeyer in lit.); 1852 : 5, Red Sea.– Günther, 1860, **2** : 121 (R.S. on Rüppell).

Scorpaena polylepis Bleeker, 1851g, *Natuurk. Tijdschr. Ned.-Indië* **2** : 173–174. Syntypes: RMNH 5855 (10 ex.), W. Sumatra (syn. v. Smith).

Sebastes polylepis.– Bamber, 1915, **31** : 484, W. Red Sea.

58.4.3   *Scorpaenodes hirsutus* (Smith, 1957)
           Parascorpaenodes hirsutus Smith, 1957c, *Ichthyol. Bull. Rhodes Univ.* (4) : 63,
           S. Africa. Holotype: RUSI 331, Bazaruto Isl. (Mozambique); Paratypes: RUSI
           388, Aldabra, 389, Baixo Pinda (Mozambique), 390, Bazaruto Isl.
           Scorpaenodes hirsutus.– Frøiland, 1972 : 56–58, Elat.– Eschmeyer & Randall, 1975,
           11 : 277–278, Fig. 3, Red Sea.

58.4.4   *Scorpaenodes parvipinnis* (Garrett, 1864)
           Scorpaena parvipinnis Garrett, 1863 [1864], *Proc. Calif. Acad. Sci.* : 105–106.
           Type evidently lost, Eschmeyer in lit.
           Scorpaenodes parvipinnis.– Eschmeyer & Randall, 1975, **11** : 280–282, Fig. 5a, Red
           Sea.

58.4.5a   *Scorpaenodes scaber* (Ramsay & Ogilby, 1866)
           Sebastes scaber Ramsay & Ogilby, 1886, *Proc. Linn. Soc. N.S.W.* **10** : 577. Syn-
           types: AMS B-8450, B-8451, P. Jackson (Australia).
           Scorpaenodes scaber.– Smith, 1957c (4) : 66, Fig. 5, S. Africa (possibly var. of *Scor-
           paenodes guamensis*).– Frøiland, 1972 : 61–62, Red Sea (no data) (valid species
           with query).

58.4.6   *Scorpaenodes steinitzi* Klausewitz & Fröiland, 1970
           Scorpaenodes steinitzi Klausewitz & Fröiland, 1970, *Senckenberg. biol.* **51** (5–6) :
           317–321, Figs 1–2. Holotype: HUJ E64/15a, Elat; Paratypes: HUJ E64/15b–j,
           Elat, SMF 10546–9, Elat.
           Scorpaenodes steinitzi.– Eschmeyer & Rama Rao, 1972, **39** : 57, Red Sea.– Frøiland,
           1972 : 54–56, Elat.

58.4.7   *Scorpaenodes varipinnis* Smith, 1957
           Scorpaenodes varipinnis Smith, 1957c, *Ichthyol. Bull. Rhodes Univ.* (4) : 65, Fig. 5,
           Pl. 3D. Holotype: RUSI 119, Zanzibar; Paratypes: RUSI 364 (2 ex.), Aldabra, 365
           (4 ex.), Pinda, 366, Masia, 367, Kenya.
           Scorpaenodes varipinnis.– Frøiland, 1972 : 63–64, Elat, Ras Muhammad, Farasan Isl.,
           Sarad Sarso.

58.5   *SCORPAENOPSIS* Heckel, 1837   Gender: F
           Annln wien. Mus. Naturg. **2** : 159 (type species: *Scorpaena gibbosa* Bloch &
           Schneider, 1801, by subs. design. of Bleeker, 1876, synonymized by Bleeker with
           Scorpaena nesogallica Cuvier, in Cuv. Val., 1829).
           Dendroscorpaena Smith, 1957a, *Ichthyol. Bull. Rhodes Univ.* (4) : 60, replacing
           Scorpaenichthys Bleeker, 1856 (preoccupied by *Scorpaenichthys* Girard, 1854,
           taking the same type species *Scorpaena gibbosa* Bloch & Schneider, 1801).

58.5.1   *Scorpaenopsis barbata* (Rüppell, 1838)
           Scorpaena barbata Rüppell, 1838, *Neue Wirbelth., Fische* : 105–106, Pl. 27, fig. 1.
           Holotype: SMF 1381, Massawa; 1852 : 5, Red Sea (syn. v. Klunzinger).
           Scorpaena gibbosa Bloch & Schneider, 1801, *Syst. Ichthyol.* : 192–193, Pl. 44. Holo-
           type: ZMB 768, America.
           Scorpaena gibbosa.– Klunzinger, 1870, **20** : 800–801, Quseir; 1884 : 70–71, Red
           Sea.– Günther, 1874 (7) : 79–80, Pl. 53 (R.S. quoted).– Picaglia, 1894, **13** : 29,
           Assab.
           Scorpaenopsis gibbosa.– Steinitz & Ben-Tuvia, 1955 (11) : 10, Elat.– Smith, 1957a
           (4) : 59–60, Pl. 4, fig. E, S. Africa.– Beaufort (W.B.), 1962, **11** : 21–23 (R.S.
           quoted).– Halstead, 1970, Pl. XXXI, fig. 1, Elat, fig. 2, Jiddah (misidentification,
           Eschmeyer in lit.).

58.5.2   *Scorpaenopsis diabolus* (Cuvier, 1829)
          Scorpaena diabolus Cuvier, in Cuv. Val., 1829, *Hist. nat. Poiss.* 4 : 312–315.
          Syntypes: MNHN 6684, 6718, New Guinea, 6719, no loc.
          Scorpaenopsis diabolus.– Eschmeyer & Randall, 1975, 11 : 305–308, Figs 16, 17a, b,
          Red Sea.

58.5.3   *Scorpaenopsis oxycephalus* (Bleeker, 1849)
          Scorpaena oxycephalus Bleeker, 1849, *Verh. batav. Genoot. Kunst. Wet.* 22 : 7.
          Lectotype: RMNH 5865, Batavia.
          Perca cirrosa Thunberg, 1793, *K. VetenskAkad. Nya Handl.* 14 : 199–200, Pl. 7,
          Japan. Type probably lost (Fernholm in lit.).
          Scorpaena cirrhosa.– Klunzinger, 1870, 20 : 801, Quseir; 1884 : 70, Red Sea.
          Scorpaenopsis cirrhosa.– Day, 1889, 2 : 57 (R.S. quoted).– Beaufort (W.B.), 1962,
          11 : 15–17 (R.S. quoted).– Frøiland, 1972 : 70–72, Elat.
          Scorpaenopsis cirrhosus.– Ben-Tuvia & Steinitz, 1952 (2) : 10, Elat.
          Dendroscorpaena cirrhosa.– Smith, 1957 : 60–61, Pl. 4, fig. B, S. Africa (misidentifi-
          cation, Eschmeyer in lit.).

58.5.a   *Scorpaenopsis rosea* (Day, 1867)*
          Scorpaena rosea Day, 1867, *Proc. zool. Soc. Lond.* 1867 : 703, Madras. Type:
          BMNH 1868.5.14.3; 1875 : 151, Pl. 36, fig. 4.
          Scorpaenopsis rosea.– Saunders, 1960, 79 (3) : 243, Red Sea (pass. ref.).

58.6   *SEBASTAPISTES* Gill in Streets, 1878   Gender: M
          Bull. U.S. natn. Mus. 7 : 62–63 (type species: *Scorpaena strongia* Cuvier, in Cuv.
          Val., 1829, by orig. design.).
          Kantapus, Smith 1946, *Ann. Mag. nat. Hist.* 13 : 817 (type species: *Kantapus oglinus*,
          Smith, by monotypy).

58.6.1   *Sebastapistes cyanostigma* (Bleeker, 1856)
          Scorpaena cyanostigma Bleeker, 1856g, *Natuurk. Tijdschr. Ned.-Indië* 11 : 400.
          Types: RMNH 4756 (2 ex.), Cocos Isls.
          Sebastapistes cyanostigma.– Frøiland, 1972 : 39–43, Figs 10–11, Elat, Dahab, Sharm
          esh Sheikh.
          Scorpaena albobrunnea Günther, 1874, *J. Mus. Godeffroy* (7) : 77, Pelow Isl. Syn-
          types: BMNH 1874.11.9.27–29, 1881.10.18.8 (syn. v. Frøiland).
          Scorpaenopsis albobrunneus.– Marshall, 1952, 1 : 243, Dahab, Sharm esh Sheikh.
          Scorpaena aqabae Fowler & Steinitz, 1956, *Bull. Res. Coun. Israel* 5B (3–4) : 282,
          Fig. 25. Holotype: ANSP 72139, Elat; Paratypes: HUJ 2138, Elat; SFRS A127
          (2 ex.), Elat (syn., Eschmeyer in lit. and v. Frøiland).

58.6.2   *Sebastapistes maderensis* (Valenciennes, 1833)
          Scorpaena madurensis Valenciennes, in Cuv. Val., 1833, *Hist. nat. Poiss.* 9 : 463–
          465. Syntypes: MNHN 6682 (4 ex.), Madeira, 6683 (4 ex.), Madeira (*madurensis*,
          misprint v. Blanc & Hureau, 1968 (23) : 14).
          Scorpaena madurensis.– Frøiland, 1972 : 43–47, Figs 12–14, Elat.

58.6.3   *Sebastapistes strongia* (Cuvier, in Cuv. Val., 1829)
          Scorpaena strongia Cuvier, in Cuv. Val., 1829, *Hist. nat. Poiss.* 4 : 323. Syntypes:
          MNHN 1940 (3 ex.), Strongile (Caroline).
          Sebastes strongia.– Klunzinger, 1870, 20 : 803–804, Quseir. Types: NMW 3550
          (2 ex.).
          Sebastapistes strongia.– Beaufort (W.B.) 1962, 11 : 24–26, Fig. 4 (R.S. quoted).

58.6.4   *Sebastapistes tristis* (Klunzinger, 1870)
          Scorpaena tristis Klunzinger, 1870, *Verh. zool.-bot. Ges. Wien.* 20 : 802–803.

Lectotype: SMF 1413. Quseir: Paralectotype: SMF 10626, Quseir; NMW 3550;
ZMB 7870 (probably type, Eschmeyer in lit.); 1884 : 70, Red Sea.
Scorpaena tristis.– Günther, 1874 (7) : 77 (R.S. quoted).
Sebastapistes tristis.– Frøiland, 1972, **53** : 357–360, Figs 1–3, Gulf of Aqaba; 1972 :
32–35, Fig. 8, Gulf of Aqaba, Shura el Manqata, Sudan.
Kantapus oglinus Smith, 1946, *Ann. Mag. nat. Hist.* **13** : 817–818. Holotype: RUSI
314, Inhaca Isl. (syn. v. Frøiland).– Roux-Estève & Fourmanoir, 1955, **30** : 201,
Abu Latt.– Roux-Estève, 1956, **32** : 102, Abu Latt.
Sebastapistes bynoensis (not Richardson).– Beaufort (W.B.), 1962, **11** : 28–30 (in
part) (R.S. quoted) (misidentification v. Frøiland).

58.III   PTEROINAE

58.7   *BRACHYPTEROIS* Fowler, 1938   Gender: F
Proc. U.S. natn. Mus. **85** : 79 (type species: *Brachypterois serrulifer* Fowler, 1938,
by orig. design.).

58.7.1   *Brachypterois serrulata* (Richardson, 1846)
Sebastes serrulatus Richardson, 1846, *Ichthyol. China and Japan* : 215. Type:
BMNH, lost.
Brachypterois serrulifer Fowler, 1938, *Proc. U.S. natn. Mus.* **85** : 79. Holotype: USNM
98886, Philippines (syn., Eschmeyer in lit.).
Brachypterois serrulifer.– Frøiland, 1972 : 86–87, Red Sea.

58.8   *DENDROCHIRUS* Swainson, 1839   Gender: M
Nat. Hist. Fish. **2** : 180 (type species: *Pterois zebra* Cuvier, in Cuv. Val., 1829, by
subs. design.).

58.8.1   *Dendrochirus brachypterus* (Cuvier, 1829)
Pterois brachyptera Cuvier, in Cuv. Val., 1829, *Hist. nat. Poiss.* **4** : 368–369.
Holotype: MNHN 6565. No loc.
Pterois brachyptera.– Klunzinger, 1870, **20** : 808–809, Quseir; 1884 : 73, Red Sea.–
Gruvel & Chabanaud, 1937, **35** : 25, Suez Canal.– Beaufort (W.B.), 1962, **11** : 49–
51 (R.S. quoted).
Pterois (Dendrochirus) brachypterus.– Tortonese, 1935–36 [1937], **45** : 203 (sep. :
53), Massawa.
Dendrochirus brachypterus.– Ben-Tuvia & Steinitz, 1952 (2) : 10, Elat.– Smith,
1957b (5) : 82, Pl. 7, fig. B, S. Africa.– Saunders, 1960, 79 : 243, Red Sea; 1968
(3) : 446, Red Sea.– Tortonese, 1968 (51) : 25, Elat.– Bayoumi, 1972, **2** : 165,
Red Sea.– Frøiland, 1972 : 88–91, Fig. 16, Elat, Massawa.

58.9   *PTEROIDICHTHYS* Bleeker, 1856a   Gender: M
Act. Soc. Sci. Indo-Neerl. **1** : 33 (type species: *Pteroidichthys amboinensis* Bleeker,
1856, by orig. design.).

58.9.1   *Pteroidichthys amboinensis* Bleeker, 1856
Pteroidichthys amboinensis Bleeker, 1856a, *Act. Soc. Sci. Indo-Neerl.* **1** : 33. Syn-
types: RMNH 5873 (2 ex.), Amboina, Manado (Celebes).
Pteroidichthys amboinensis.– Beaufort (W.B.), 1962, **11** : 54–55, Celebes.– Frøiland,
1972 : 92–94, Fig. 17, Elat.

58.10   *PTEROIS* [Cuvier] Oken, 1817   Gender: F
Isis, Jena : 1183 (misprint 1783) (type species: *Scorpaena volitans* Bloch, 1787 =
Gastrosteus volitans Linnaeus, by monotypy, based on Cuvier's "les *Pterois*").

Pteropterus Swainson, 1839, *Nat. Hist. Fish.* **2** : 180, 264 (type species: *Pterois radiata* Cuvier, in Cuv. Val., 1829, by subs. design.).

58.10.1   ***Pterois radiata* Cuvier, 1829**
Pterois radiata Cuvier, in Cuv. Val., 1829, *Hist. nat. Poiss.* **4** : 369–370, Tahiti. No type material.
Pterois radiata .– Klunzinger, 1884 : 73, Red Sea.– Day, 1889, **2** : 63 (R.S. quoted).– Abel, 1960a, **49** : 459–460, Ghardaqa.– Beaufort (W.B.), 1962, **11** : 47 (R.S. quoted).– Klausewitz, 1967c (2) : 61, Sarso Isl.– Tortonese, 1968 (51) : 25, Elat.– Frøiland, 1972 : 82–85, Um-Aabak, Sharm esh Sheikh, Massawa.
Pteropterus radiata.– Smith, 1957d (5) : 79–80, Pl. 5, fig. E (R.S. quoted).– Halstead, 1970, Pl. 15, Jiddah.
Pterois cincta Rüppell, 1838, *Neue Wirbelth., Fische* : 108–109, Pl. 26, fig. 3. Holotype: SMF 349, Jiddah (syn. v. Klunzinger, 1884); 1852 : 6, Red Sea.– Günther, 1860, **2** : 125 (R.S. quoted).– Playfair & Günther, 1866 : 48 (R.S. quoted).– Klunzinger, 1870, **20** : 806, Quseir.– Day, 1878 : 154, Pl. 37, fig. 3 (R.S. quoted).– Roux-Estève & Fourmanoir, 1955, **30** : 201, Abu Latt.– Roux-Estève, 1956, **32** : 102, Abu Latt.

58.10.2   ***Pterois russelli* Bennett, 1831b**
Pterois russelli Bennett, 1831, *Proc. zool. Soc. Lond.* **1** : 128 (based on Kodipungi Russel, 1803 : 25, Pl. 133, Coromandel).
Pterois russelli.– Smith, 1957d (5) : 77–78, Fig. 6, S. Africa.– Beaufort (W.B.), **11** : 42–44, Indian Ocean.– Frøiland, 1972 : 80–82, Fig. 15, Elat.

58.10.3   ***Pterois volitans* (Linnaeus, 1758)**
Gasterosteus volitans Linnaeus, 1758, *Syst. Nat.*, ed. X : 296, Amboina.
Pterois volitans.– Cuvier, in Cuv. Val., 1829, **4** : 352–361, Pl. 88, Red Sea.– Rüppell, 1852 : 6, Red Sea.– Günther, 1860, **2** : 122–124, Egypt.– Klunzinger, 1870, **20** : 806–807, Quseir; 1884 : 73, Red Sea.– Day, 1875 : 154, Pl. 37, fig. 1 (R.S. quoted); 1889, **2** : 62–63 (R.S. quoted).– Picaglia, 1894, **13** : 29, Perim.– Tortonese, 1935–36 [1937] **45** : 203 (sep. : 53), Massawa; 1968 (51) : 25, Elat.– Ben-Tuvia & Steinitz, 1952 (2) : 10, Elat.– Marshall, 1952, **1** : 243, Dahab, El Hibeiq, Abu-Zabad.– Smith, 1957d (5) : 76–77, Pl. 5, figs A–D, S. Africa.– Abel, 1960a, **49** : 459, Ghardaqa.– Beaufort (W.B.), 1962, **11** : 39–42, Fig. 8 (R.S. quoted).– Frøiland, 1972 : 76–80, Elat.
Pterois muricata Cuvier, in Cuv. Val., 1829, *Hist. nat. Poiss.* **4** : 363–366, Red Sea. Syntypes: MNHN 6597, Red Sea, 6598, Reunion Isl. (syn. v. Smith, 1957b).– Rüppell, 1838 : 107, Red Sea; 1852 : 6, Red Sea.– Klunzinger, 1870, **20** : 807–808, Red Sea.
Scorpaena miles Bennett, 1828, *Fishes of Ceylon* : 9, Pl. 9, Ceylon. Type lost (syn. v. Smith).
Pterois miles.– Günther, 1860, **2** : 125–126 (R.S. quoted).– Day, 1875 : 153, Pl. 37, fig. 2 (R.S. quoted); 1889, **2** : 61 (R.S. quoted).– Bamber, 1915, **31** : 484, W. Red Sea.

58.IV   SYNANCEIINAE

58.11   ***CHORIDACTYLUS* Richardson, 1848**   Gender: M
Zool. Voy. Samarang : 8 (type species: *Choridactylus multibarbus* Richardson, 1848, by orig. design.).

58.11.1   ***Choridactylus multibarbus* Richardson, 1848***
Choridactylus multibarbus Richardson, 1848, *Zool. Voy. Samarang* : 8–10, Pl. 2,

figs 1–3. Holotype: BMNH 1977.4.22.7, China.– Eschmeyer, Rama-Rao & Hallacher, 1979, **41** : 479–482, Figs 2a, 8, Tb. 1 (R.S. quoted).

Choridactylus multibarbis.– Tortonese, 1933b, **43** : 227, Massawa; 1935–36 [1937], **45** : 205 (sep. : 55). Massawa.– Smith, 1958d (12) : 176, Pl. 7J (R.S. quoted).– Frøiland, 1972 : 122–123, Fig. 23, Eritrea.

58.12   *INIMICUS* Jordan & Starks, 1904   Gender : M

Proc. U.S. natn. Mus. **27** : 158 (type species: *Pelor japonicum* Cuvier, in Cuv. Val., 1829, by orig. design.).

Pelor Cuvier, 1829, *Règne anim.* **2** : 168 (type species: *Pelor obscurum* Cuvier, 1829 = *Scorpaena didactyla* Pallas, 1769–78, by monotypy, preoccupied by Bon, 1813, in Coleoptera).

58.12.1   *Inimicus filamentosus* (Cuvier, 1829)

Pelor filamentosum Cuvier, in Cuv. Val., 1829, *Hist. nat. Poiss.* **4** : 428–434, Pl. 94. Holotype: MNHN 6714, Mauritius.

Inimicus filamentosus.– Smith, 1958d (12) : 176, Pl. 8C, Zanzibar.– Dor, 1965 : 27, Pl. 2, fig. 8, Elat; 1970 (54) : 12–13, Elat.– Tortonese, 1968 (51) : 25, Elat.– Frøiland, 1972b : 119–120, Fig. 22, Elat, Sharm esh Sheikh.– Eschmeyer, Rama-Rao & Hallacher, 1979, **41** : 484–486, Figs 1c, 3a, 8, Tb. 1, Red Sea.

58.13   *MINOUS* Cuvier in Cuv. Val., 1829*   Gender : M

Hist. nat. Poiss. **4** : 420–421 (type species: *Scorpaena monodactyla* Bloch & Schneider, 1801, by subs. design.).

58.13.1   *Minous coccineus* Alcock, 1890

Minous coccineus Alcock, 1890, *Ann. Mag. nat. Hist.* **6** : 428–429. Syntype: ZSI 12924, Ganjam Coast (India).

Minous coccineus.– Eschmeyer, Hallacher & Rama-Rao, 1979, **41** : 465–467, Figs 1, 2d, 7, Tbs 1–2, Massawa.

Minous superciliosus Gilchrist & Thompson, 1908, **6** : 177–178. Holotype: SAM 11858, Natal (syn. v. Eschmeyer, Hallacher & Rama-Rao).– Frøiland, 1972, 111–113, Fig. 21, Elat, Massawa.

58.13.2   *Minous monodactylus* (Bloch & Schneider), 1801

Scorpaena mondactyla Bloch & Schneider, 1801, *Syst. Ichthyol.* : 194, no loc. Type probably lost (not in ZMB).

Minous monodactylus.– Tortonese, 1935–36 [1937], **45** : 203–205 (sep. : 55), Massawa.– Smith, 1958b (12) : 174–175, Pl. 8A, Mauritius.– Beaufort (W.B.), 1962, **11** : 111–112, Fig. 31 (R.S. quoted).

58.13.3a   *Minous pictus* Günther, 1880

Minous pictus Günther, 1880, *Rep. scient. Results Voy. Challenger* **6** : 41. Syntypes: BMNH 1879.5.14.371–372.

Minous pictus.– Beaufort (W.B.), 1962, **11** : 111, Arafura Sea.– Frøiland, 1972 : 114–116, Elat. (With query, since 10 anal rays appear in all specimens at Elat, as compared with 13 in the type.)

58.13.4   *Minous trachycephalus* (Bleeker, 1854)

Aploactis trachycephalus Bleeker, 1854i, *Natuurk. Tijdschr. Ned.-Indië* **7** : 451. Type: RMNH 5901, Celebes.

Minous trachycephalus.– Beaufort (W.B.), 1962, **11** : 109–110, Indian Ocean.– Frøiland, 1972 : 113–114, Red Sea.

58.14   *SYNANCEIA* Bloch & Schneider, 1801   Gender : F

Syst. Ichthyol. : 194 (type species: *Scorpaena horrida* Linnaeus, 1766, by subs.

design. of Jordan, 1919). (*Synanceja*, misprint for *Synanceia*, corrected in corrigenda on p. 573).

Synanceichthys Bleeker, 1863b, *Ned. Tijdschr. Dierk.* **1** : 234 (type species: *Synanceia verrucosa* Bloch & Schneider, 1801, by monotypy).

58.14.1   *Synanceia nana* **Eschmeyer & Rama-Rao**, 1973

Synanceia nana Eschmeyer & Rama-Rao, 1973, *Proc. Calif. Acad. Sci.* **39** : 343–347, Figs 1–2, Tbs 1, 3–5. Holotype: USNM 209417, El Hamira; Paratypes: CAS 14991, 14992, El Hamira; HUJ 6757, Gulf of Aqaba; USNM 209418, Gulf of Aqaba, 209419, Gulf of Suez; CAS 14993, P. Safaga (Gulf of Suez); AMNH 18385, Ras Tanura (Persian Gulf).

58.14.2   *Synanceia verrucosa* **Bloch & Schneider**, 1801

Synanceja verrucosa Bloch & Schneider, 1801, *Syst. Ichthyol.* : 195, Pl. 45. Holotype: ZMB 821, India.

Synanceia verrucosa.– Rüppell, 1838 : 109, Red Sea.– Günther, 1860, **2** : 146–147 (R.S. quoted).– Playfair & Günther, 1866 : 49 (R.S. quoted).– Day, 1875 : 162–163, Pl. 39, fig. 4; 1889, **2** : 76, fig. 34 (R.S. quoted).– Tortonese, 1935–36 [1937], **45** : 203 (sep. : 53), Red Sea.– Beaufort (W.B.), 1962, **11** : 97–99, Fig. 27 (R.S. quoted).– Halstead, 1970, Pl. XLI, figs 2–3, Elat.– Eschmeyer & Rama-Rao, 1973, **39** : 357–363, Fig. 8, Tbs 3–5, Red Sea.

Synanceja verrucosa.– Klunzinger, 1870, **20** : 811–812, Quseir; 1884 : 74, Red Sea.– Günther, 1874 (7) : 84–85 (R.S. quoted).– Bamber, 1915, **31** : 484, W. Red Sea.– Ben-Tuvia & Steinitz, 1952 (2) : 10, Elat.– Frøiland, 1972b : 106–108, Fig. 20, Quseir, Gubal el Sequir.

Synanceichthys verrucosus.– Smith, 1958b (12) : 173–174, Pl. 8D, E (R.S. quoted).

Synanceia sanguinolenta [Ehrenberg MS] Cuvier, in Cuv. Val., 1829, *Hist. nat. Poiss.* **4** : 447 (footnote) Hemprich & Ehrenberg, 1899, *Symbol. Physic.*, Pl. 3, Egypt (syn. v. Eschmeyer & Rama-Rao).

59   TETRAROGIDAE

G : 3
Sp : 3

59.I   TETRAROGINAE

59.1   *PTARMUS* **Smith**, 1947   Gender: M

Ann. Mag. nat. Hist. **13** : 817 (type species: *Ptarmus languidus* Smith, 1947 = *Coccotropus jubatus* Smith, 1935, by orig. design.).

59.1.1   *Ptarmus gallus* **(Kossmann & Räuber**, 1877)

Tetraroge gallus Kossmann & Räuber, 1877a, *Verh. naturh.-med. Ver. Heidelb.* **1** : 395, Pl. 2, fig. 6, Red Sea; 1877b : 15–16, Pl. 2, fig. 6, Red Sea.

Tetraroge gallus.– Klunzinger, 1884 : 74 (R.S. on Kossmann & Räuber).

Ptarmus gallus.– Smith, 1958b (12) : 167–168, Pl. 7, fig. G (R.S. quoted).– Frøiland, 1972b : 99–101, Fig. 19, Suakin, Massawa.

59.2   *VESPICULA* **Jordan & Richardson**, 1910   Gender: F

Fishes Philippines : 52 (type species: *Prosopodasys gogorzae* Jordan & Seale, 1905, by orig. design.).

Prosopodasys Cantor, 1849 [1850], *J.R. Asiat. Soc.* **18** : 44 (type species: *Apistus alatus* Cuvier, in Cuv. Val., 1829, by orig. design.).

59.2.1   *Vespicula bottae* (Sauvage, 1878)
           Prosopodasys Bottae Sauvage, 1878, *Nouv. Archs Mus. Hist. nat. Paris* **1** : 132,
           Pl. 1, fig. 11, Red Sea. Holotype: MNHN 6753, Red Sea.
           Vespicula bottae.– Smith, 1958b (12) : 168 (R.S. quoted).– Frøiland, 1972 : 102–
           103 (R.S. quoted).

59.II   **APLOACTINAE**

59.3   *COCOTROPUS* Kaup, 1858   Gender: M
           Arch. Naturgesch. **24** : 333 (type species: *Corythobatus echinatus* Cantor, 1849,
           by orig. design.).

59.3.1   *Cocotropus steinitzi* **Eschmeyer & Dor**, 1978
           Cocotropus steinitzi Eschmeyer & Dor, 1978, *Israel J. Zool.* **27** (4) : 166–168,
           Fig. 1. Holotype: HUJ E59719/10, Elat; Paratype: CAS-SU 14650, Andaman Isls
           (Indian Ocean).

60   **TRIGLIDAE**
                                                                        G: 1
                                                                        Sp: 2

60.1   *LEPIDOTRIGLA* Günther, 1860   Gender: F
           Cat. Fishes Br. Mus. **2** : 196 (type species: *Trigla aspera* Cuvier, in Cuv. Val., 1829,
           by subs. design. of Jordan, 1919).

60.1.1   *Lepidotrigla bispinosa* **Steindachner**, 1898
           Lepidotrigla bispinosa Steindachner, 1898, *Sber. Akad. Wiss. Wien* **107** : 780–782,
           Pl. 1, figs 1, 1a. Syntypes: NMW 11296 (4 ex.), 11297 (3 ex.), 11298 (17 ex.),
           11299 (3 ex.), 11300 (4 ex.), 11301 (4 ex.), Gulf of Suez; ZMUC 128, Gulf of
           Suez.
           Lepidotrigla bispinosa.– Gruvel, 1936, **29** : 173, Suez Canal.– Gruvel & Chabanaud,
           1937, **35** : 26, Suez Canal.– Fowler, 1945, **26** : 126 (R.S. quoted).

60.1.2   *Lepidotrigla spiloptera* **Günther**, 1880
           Lepidotrigla spiloptera Günther, 1880, *Zool. Voy. Challenger* **1**, Pt. 6 : 42, Pl. 18,
           fig. C, Arafura Sea.
           Lepidotrigla spiloptera var. *longipinnis* Alcock, 1890, *Ann. Mag. nat. Hist.* **6** : 429–
           430. Holotype: ZSI 12925, Bengal.
           Lepidotrigla longipinnis.– Bayoumi & Gohar, 1967, **20** : 86, Fig. 19, Red Sea.–
           Bayoumi, 1972, **2** : 165, Gulf of Suez.

61   **PLATYCEPHALIDAE**
                                                                        G: 6
                                                                        Sp: 9

61.1   *COCIELLA* Whitley, 1940   Gender: F
           Aust. Nat. **10** : 243 (type species: *Platycephalus crocodilus* Tilesius, 1812, replacing
           Cocius Jordan & Hubbs, preoccupied).

61.1.1   *Cociella crocodila* (Tilesius, 1812)*
           Platycephalus crocodilus Tilesius, 1812, *Krusenstein's Reise*, Pl. 59, fig. 2.

Platycephalidae

Platycephalus crocodilus.– Fowler, 1945, **26** : 126 (R.S. quoted).– Smith, 1949 : 378,
S. Africa.– Beaufort (W.B.), 1962, **11** : 159–162, Indian Ocean.

61.2   ***GRAMMOPLITES*** Fowler, 1904   Gender : M
J. Acad. nat. Sci. Philad. **12** : 550 (type species : *Cottus scaber* Linnaeus, 1758, by
orig. design.).

61.2.1   *Grammoplites suppositus* (Troschel, 1840)
Platycephalus suppositus Troschel, 1840, *Arch. Naturgesch.* **6** : 269–270. Syntype :
ZMB 727 (two other type specimens probably lost, Knapp in lit.), no loc.
Grammoplites suppositus.– Knapp, 1979 (29) : 52, Figs 524–525, 527, Massawa.
Platycephalus maculipinna Regan, 1905, *J. Bombay nat. Hist. Soc.* **16** : 323–324, Pl. 1,
fig. 3. Syntype : BMNH 1904.5.25.70–72, Muscat (syn., Knapp in lit.).
Platycephalus maculipinnis.– Dor, 1970 (54) : 13–14, 1 textfig., Red Sea.

61.3   ***PAPILLOCULICEPS*** Fowler & Steinitz, 1956   Gender : M
Bull. Res. Coun. Israel **5B** : 283 (type species : *Platycephalus grandidieri* Sauvage,
1878, by orig. design.).

61.3.1   *Papilloculiceps grandidieri* (Sauvage, 1878)
Platycephalus grandidieri Sauvage, 1878, *Nouv. Archs Mus. Hist. nat. Paris* **9** :
308, Pl. 36, figs 3–3q. Syntypes : MNHN 2388, Zanzibar, 5659, Madagascar.
Platycephalus grandidieri.– Fowler & Steinitz, 1956, **5B** : 283–284, Elat.

61.3.2   *Papilloculiceps longiceps* (Cuvier, 1829)
Platycephalus longiceps [Ehrenberg MS] Cuvier, in Cuv. Val., 1829, *Hist. nat. Poiss.*
4 : 255–256, Massawa.
Platycephalus longiceps.– Klunzinger, 1870, **20** : 813–814, Quseir; 1884 : 127,
Quseir.– Gruvel, 1936, **29** : 167, Suez Canal.– Gruvel & Chabanaud, 1937, **35** : 26,
Suez Canal.– Beaufort (W.B.), 1962, **11** : 134–136 (R.S. quoted).
Platycephalus tentaculatus Rüppell, 1838, *Neue Wirbelth., Fische* : 103, Pl. 26, fig. 2.
Holotype : SMF 1614; Paratype : SMF 3115, Red Sea (syn. v. Beaufort); 1852 :
5, Red Sea.– Günther, 1860, **2** : 184 (R.S. on Rüppell); 1876 (11) : 166 (R.S.
quoted).– Smith, 1949 : 378–379, Fig. 1066, S. Africa.– Ben-Tuvia & Steinitz,
1952 (2) : 10, Elat.

61.4   ***PLATYCEPHALUS*** Bloch, 1795   Gender : M
Naturgesch. ausl. Fische Pt. 9 : 96 (type species : *Platycephalus spathula* Bloch, by
monotypy).

61.4.1   *Platycephalus indicus* (Linnaeus, 1758)
Callionymus indicus Linnaeus, 1758, *Syst. Nat.*, ed. X : 250, Asia.
Platycephalus indicus.– Bamber, 1915 : 484, W. Red Sea.– Tortonese, 1935–36
[1937], **45** : 205 (sep. : 55), Massawa.– Fowler, 1945, **26** : 126 (R.S. quoted).–
Smith, 1949 : 378, Textfig. 1063, Pl. 86, fig. 1063, S. Africa.– Saunders, 1960,
79 : 243, Red Sea.– Beaufort (W.B.), 1962, **11** : 131–134 (R.S. quoted).–
Bayoumi, 1972, **2** : 165, Red Sea.
Cottus insidiator Forsskål, 1775, *Descr. Anim.* : x, 25. Holotype : ZMUC P-8012
(dried skin), Red Sea (syn. v. Beaufort).– Klausewitz & Nielsen, 1965, **22** : 13,
Pl. 1, fig. 3, Red Sea.
Platycephalus insidiator.– Cuvier, in Cuv. Val., 1829, **4** : 227, Red Sea.– Rüppell,
1852 : 5, Red Sea.– Günther, 1860, **2** : 177–179, Red Sea.– Playfair & Günther,
1866 : 49 (R.S. quoted).– Klunzinger, 1870, **20** : 815, Red Sea; 1884 : 127, Red
Sea.– Day, 1878 : 276–277 (R.S. quoted); 1889, **2** : 238–239 (R.S. quoted).–
Picaglia, 1894, **13** : 29, Eritrea, Assab.– Tillier, 1902, **15** : 296, Suez Canal.–
Pellegrin, 1912 : 7, Red Sea.– Norman, 1927, **22** : 381, Suez Canal.– Chabanaud,

1932, **4** : 830, Suez Canal.– Gruvel, 1936, **29** : 167, Fig. 46, Suez Canal.– Gruvel & Chabanaud, 1937, **35** : 26 (R.S. on Chabanaud).

61.4.2   *Platycephalus micracanthus* Sauvage, 1873
Platycephalus micracanthus Sauvage, 1873, *Nouv. Archs Mus. Hist. nat. Paris* 9 : 60. Holotype : MNHN 7441, Red Sea.

61.4.a   *Platycephalus pristis* Peters, 1855
Platycephalus pristis Peters, 1855b, *Arch. Naturgesch.* **1** : 240–241. Holotype : ZMB 736, Mozambique.
Platycephalus pristis.– Smith, 1949 : 379, S. Africa.– Bayoumi, 1972, **2** : 165, Red Sea. (Does not appear to be in the Red Sea, Knapp in lit.)

61.5   *ROGADIUS* Jordan & Richardson, 1908   Gender : M
Proc. U.S. natn. Mus. **33** : 630 (type species: *Platycephalus asper* Cuvier, in Cuv. Val., 1829, by orig. design.).

61.5.1   *Rogadius asper* (Cuvier, 1829)
Platycephalus asper Cuvier, in Cuv. Val., 1829, *Hist. nat. Poiss.* **4** : 257–258. Holotype : MNHN A-2338, Japan (not the type v. Knapp).
Rogadius asper.– Knapp, 1979 (29) : 48–49, Figs 515–516, 527, Red Sea.
Platycephalus pristiger (not Cuvier).– Dor, 1970 (54) : 14, 1 textfig., Red Sea. (Probably misidentification of *Rogadius asper*, Knapp in lit.)

61.6   *SORSOGONA* Herre, 1934   Gender : F
Notes Fish. Zool. Mus. Stanf. Univ. : 67 (type species: *Sorsogona serrulata* Herre = *Platycephalus tuberculatus* Cuvier, in Cuv. Val., 1829, by orig. design.).

61.6.1   *Sorsogona prionota* (Sauvage, 1873)
Platycephalus prionotus Sauvage, 1873, *Nouv. Archs Mus. Hist. nat. Paris* 8 : 57, Red Sea. Holotype : MNHN 2338, Japan catalogued. (*Platycephalus asper* is probably the type, v. Knapp.)
Platycephalus tuberculatus (not Cuvier).– Ben-Tuvia & Steinitz, 1952 (2) : 10, Elat.– Bayoumi, 1972, **2** : 165, Red Sea (misidentification, Knapp in lit.).
Sorgosna prionota.– Knapp, 1979 (29) : 50–51, Figs 519–521, 527, Red Sea.
Platycephalus townsendi Regan, 1905, *J. Bombay nat. Hist. Soc.* **16** : 323, 331, Pl. A, fig. 1. Holotype : BMNH 1904.5.25.130, Karachi, Muscat (syn., Knapp in lit.).
Platycephalus townsendi.– Norman, 1939, 7 (1) : 97, Red Sea.

62   CYCLOPTERIDAE
G : 1
Sp : 1

62.1   *LIPARIS* Artedi in Scopoli, 1777   Gender : M
Introd. hist. nat. : 453 (type species: *Cyclopterus liparis* Linnaeus, 1758, by subs. design. of Jordan, 1917).

62.1.1   *Liparis fishelsoni* Smith, 1968
Liparis fishelsoni Smith, 1968a, *J. nat. Hist.* **2** : 105–109, 1 textfig. Holotype : RUSI 328, Dahlak Arch.

XVII DACTYLOPTERIFORMES

Fam. 63

63 DACTYLOPTERIDAE

G: 1
Sp: 1

63.1 ***DACTYLOPTENA* Jordan & Richardson, 1908** Gender: F
Proc. U.S. natn. Mus. **33** : 665 (type species: *Dactylopterus orientalis* Cuvier, in Cuv. Val., 1829, by orig. design.).

63.1.1 ***Dactyloptena peterseni* (Nystrom, 1887)**
Dactylopterus peterseni Nystrom, 1887, *Bih. K. svenska VetenskAkad. Handl.* **8** : 24, Japan. Type: ZMU (no number).
Dactyloptena peterseni.– Dor, 1970 (54) : 14, Elat.

.VIII

PEGASIFORMES
Fam. 64

4 ## PEGASIDAE

G: 1
Sp: 1

4.1 ***PEGASUS* Linnaeus, 1758** Gender: M
Syst. Nat., ed. X : 338 (type species: *Pegasus volitans* Linnaeus, 1758, by orig. design.).

4.1.1 ***Pegasus draconis* Linnaeus, 1766**
Pegasus draconis Linnaeus, 1766, *Syst. Nat.*, ed. XII : 418.
Pegasus draconis.– Günther, 1910 (17) : 428, Red Sea.– Smith, 1949 : 173, Pl. 12, fig. 371, S. Africa.– Steinitz & Ben-Tuvia, 1955a (11) : 10, Elat.

XIX PERCIFORMES
Fam. 65–123

65 CENTROPOMIDAE

G: 1
Sp: 3

65.1 ***CHANDA*** **Hamilton-Buchanan,** 1822 Gender: F

Fish. Ganges : 103, 370 (type species: *Chanda lala* Hamilton-Buchanan, by subs. design. of Fowler, 1905).

Ambassis [Commerson MS] Cuvier, in Cuv. Val., 1828, *Hist. nat. Poiss.* **2** : 175 (type species: *Centropomus ambassis* Lacepède, by tautonomy).

65.1.1 ***Chanda commersonii*** **Cuvier,** 1828

Ambassis Commersonii Cuvier, in Cuv. Val., 1828, *Hist. nat. Poiss.* **2** : 176–181, Pl. 25. Syntypes: MNHN 2955, Java, A-5470, Mauritius, 9164, Pondichery, 9352, Java.

Ambassis commersonii.– Rüppell, 1838 : 89, Red Sea; 1852 : 2, Red Sea.– Günther, 1859, **1** : 223–224 (R.S. quoted).– Playfair & Günther, 1866 : 18 (R.S. quoted).– Klunzinger, 1870, **20** : 719 (Red Sea).– Day, 1878 : 52–53, Pl. 15, fig. 3 (R.S. quoted).– Weber & Beaufort, 1929, **5** : 406–408 (R.S. quoted).– Smith, 1949 : 245–246, Fig. 635, S. Africa.

65.1.2 ***Chanda gymnocephalus*** **(Lacepède,** 1801)

Lutjanus gymnocephalus Lacepède, 1801, *Hist. nat. Poiss* **3**, Pl. 23, fig. 3; 1802, *ibid.* **4** : 181, 216, Mauritius. No type material in MNHN.

Ambassis gymnocephalus.– Fraser-Brunner, 1954 (25) : 200–201, Indian Ocean.

Ambassis denticulata Klunzinger, 1870, *Verh. zool.-bot. Ges. Wien* **20** : 719, Red Sea (syn. v. Fraser-Brunner).

Ambassis klunzingeri Steindachner, 1880, [1881] *Sber. Akad. Wiss. Wien* **82** : 238–239, Madagascar (R.S. quoted) (syn. v. Fraser-Brunner).– Klunzinger, 1884 : 24, Pl. 3, fig. 3, Red Sea.

65.1.3 ***Chanda safgha*** **(Forsskål,** 1775)

Sciaena safgha Forsskål, 1775, *Descr. Anim.* : xii, 53, Red Sea. Type lost. (Acc. to Fraser-Brunner, 1954 : 212, identity uncertain.)

Perca safgha.– Bloch & Schneider, 1801 : 86 (R.S. on *Sciaena safgha* Forsskål).

Ambassis safgha.– Fowler & Bean, 1930, **10** : 153–155 (R.S. quoted).– Smith, 1949 : 245, S. Africa.

65.1.a *Ambassis urotaenia* (not Bleeker).– Fowler & Bean, 1930, **10** : 150–153 (R.S. quoted on *Ambassis commersoni*.– Rüppell and *Ambassis denticulata* Klunzinger).

6 **SERRANIDAE**

G: 11
Sp: 33

6.I **SERRANINAE**

6.1 *AETHALOPERCA* Fowler, 1904 Gender: F
J. Acad. nat. Sci. Philad. **12** : 522 (type species: *Perca rogaa* Forsskål, 1775, by orig. design.).

6.1.1 *Aethaloperca rogaa* (Forsskål, 1775)
Perca rogaa Forsskål, 1775, *Descr. Anim.* : xi, 38–39. Type lost, Jiddah.
Bodianus rogaa.– Bloch & Schneider, 1801 : 334 (R.S. on Forsskål).– Shaw, 1803, **4** : 575 (R.S. quoted).
Serranus rogaa.– Rüppell, 1830 : 105, Pl. 26, fig. 1, Jiddah; 1852 : 2, Red Sea.– Valenciennes, in Cuv. Val., 1828, **2** : 349, Egypt.– Günther, **1** : 116, Red Sea.– Klunzinger, 1870, **20** : 679, Quseir; 1884 : 3, Red Sea.
Serranus fuscoguttatus rogan (sic).– Martens, 1866, *Verh. zool.-bot. Ges. Wien* **16** : 378, Red Sea.
Epinephelus rogaa.– Boulenger, 1895, **1** : 185, Red Sea.– Weber & Beaufort, 1931, **6** : 24–25 (R.S. quoted).
Cephalopholis rogaa.– Fowler & Bean, 1930, **10** : 233–235 (R.S. quoted).– Fowler, 1945, **26** : 122, Fig. 5 (R.S. quoted).– Smith, 1949 : 191, Fig. 420, S. Africa.– Roux-Estève & Fourmanoir, 1955, **30** : 197, Abu Latt.– Roux-Estève, 1956, **32** : 69, Abu Latt.– Saunders, 1960, **79** : 241, Red Sea.
Cephalopholis (Aethaloperca) rogaa.– Tortonese, 1935–36 [1937] **45** : 173 (sep. : 23), Red Sea.
Aethaloperca rogaa.– Klausewitz, 1967c (2) : 62, Sarso Isl.
Perca lunaria Forsskål, 1775, *Descr. Anim.* : xi, 39, Jiddah, Lohaja. Type lost (syn. v. Klunzinger).
Serranus lunaria.– Rüppell, 1852 : 3, Red Sea.

6.2 *ANYPERODON* Günther, 1859 Gender: M
Cat. Fishes Br. Mus. **1** : 95–96 (type species: *Serranus leucogrammicus* Cuvier & Valenciennes, 1828, by monotypy).

6.2.1 *Anyperodon leucogrammicus* (Valenciennes, 1828)
Serranus leucogrammicus [Reinvardt MS] Valenciennes, in Cuv. Val., 1828, *Hist. nat. Poiss.* **2** : 347–348. Syntypes: MNHN 7165–7166, Seychelles. Doubtful if it is a syntype (Bauchot in lit.).
Anyperodon leucogrammicus.– Steinitz & Ben-Tuvia, 1955b, **5B** : 5, Elat.
Serranus micronottatus Rüppell, 1838, *Neue Wirbelth., Fische* : 90. Holotype: SMF 2001, Massawa (syn. Randall in lit.); 1852 : 3, Red Sea.– Günther, 1859, **1** : 137–138 (R.S. quoted).– Klunzinger, 1870, **20** : 685–686, Quseir.
Epinephelus micronottatus.– Boulenger, 1895, **1** : 246 (R.S. quoted).
Serranus summana var. *micronotatus.–* Kossman & Räuber, 1877a, **1** : 383, Red Sea; 1877b : 7, Red Sea.

6.3 *CEPHALOPHOLIS* Schneider in Bloch & Schneider, 1801 Gender: F
Syst. Ichthyol. : 311 (type species: *Cephalopholis argus* Bloch & Schneider, 1801, by monotypy).

6.3.1 *Cephalopholis argus* Schneider, 1801
Cephalopholis argus Schneider, in Bloch & Schneider, 1801, *Syst. Ichthyol.* : 311–

312. Holotype: ZMB 220, India (syn. v. Peters, 1858a : 235 and Randall in lit.).
Cephalopholis argus.– Fowler & Bean, 1930, **10** : 226–229 (R.S. quoted).– Fowler, 1931, 83 : 247, Sudan.– Smith, 1949 : 192, Fig. 425, Pl. 16, fig. 425, S. Africa.– Roux-Estève & Fourmanoir, 1955, **30** : 197, Abu Latt.– Roux-Estève, 1956, **32** : 69, Abu Latt.– Saunders, 1960, 79 : 241, Red Sea.– Clark, Ben-Tuvia & Steinitz, 1968 (49) : 21, Entedebir.– Ben-Tuvia, 1968 (52) : 37, Red Sea.
Epinephelus argus.– Weber & Beaufort, 1931, **6** : 28–30 (R.S. quoted).
Bodianus guttatus Bloch, 1790, *Naturgesch. ausl. Fische* 4 : 36–39, Pl. 224. Syntype: ZMB 5213 (skin), Indian Ocean (not valid v. Randall & Ben-Tuvia).
Serranus guttatus.– Klunzinger, 1870, **20** : 686, Quseir; 1884 : 3–4, Red Sea.– Day, 1875 : 24–25, Pl. 6, fig. 3 (R.S. quoted); 1889, 1 : 457 (R.S. quoted).– Picaglia, 1894, 3 : 24, Assab.
Serranus myriaster Valenciennes, in Cuv. Val., 1828, *Hist. nat. Poiss.* 2 : 365. Syntypes: MNHN 7218, Bora Bora, 7219, Sandwich Isl. (syn. v. W.B. and v. Smith).– Rüppell, 1830 : 107–108, Pl. 27, fig. 1, Red Sea.

66.3.2   *Cephalopholis hemistiktos* (Rüppell, 1830)
Serranus hemistiktos Rüppell, 1830, *Atlas Reise N. Afrika, Fische* : 109, Pl. 27, fig. 3. Lectotype: SMF 314, Massawa: Paralectotypes: SMF 299, 3007, 4895, 4896, Massawa; BMNH 1860.11.9.96, Red Sea; 1852 : 3, Red Sea.
Serranus hemistictus.– Günther, 1859, 1 : 119, Red Sea.– Klunzinger, 1870, **20** : 680, Quseir; 1884 : 4, Red Sea.– Kossmann, 1879, 2 : 21, Red Sea.
Serranus miniatus var. *hemistictus* Kossmann & Räuber, 1877a, *Verh. naturh.-med. Ver. Heidelb.* 1 : 382–383, Red Sea; 1877b : 6–7, Red Sea.
Epinephelus hemistictus.– Boulenger, 1895, 1 : 190–191, Red Sea.– Borsieri, 1904 (3) 1 : 189, Nocra, Gubbet Sogra, Dahlak Arch.– Bamber, 1915, **31** : 480, W. Red Sea.– Gruvel & Chabanaud, 1937, **35** : 17, Suez Canal, Bitter Lake.
Epinephelus hemistictos.– Klausewitz, 1967c (2) : 61, 65, Sarso Isl.
Cephalopholis hemistictus.– Tortonese, 1933a, **43** : 205–209 (sep. : 1–7), Massawa.– Smith, 1949 : 192, S. Africa.– Marshall, 1952, 1 : 227, Dahab, El Hibeiq.– Roux-Estève & Fourmanoir, 1955, **30** : 197, Abu Latt.– Roux-Estève, 1956, **32** : 69, Abu Latt.– Saunders, 1960, 79 : 241, Red Sea; 1968 (3) : 493, Red Sea.
Cephalopholis hemistiktos.– Ben-Tuvia & Steinitz, 1952 (2) : 6, Elat.
Cephalopholis (Enneacentrus) hemistictus.– Tortonese, 1935–36 [1937], **45** : 173 (sep. : 23), Massawa.

66.3.3   *Cephalopholis miniata* (Forsskål, 1775)
Perca miniata Forsskål, 1775, *Descr. Anim.* : xi, 41, Jiddah, Lohaja. Holotype: ZMUC 43567, Red Sea.
Perca miniata.– Klausewitz & Nielsen, 1965, **22** : 17, Pl. 9, fig. 20, Red Sea.
Bodianus miniatus.– Bloch & Schneider, 1801 : 332 (R.S. on Forsskål).
Serranus miniatus.– Rüppell, 1830 : 106–107, Pl. 26, fig. 3, Red Sea; 1852 : 2, Red Sea.– Günther, 1859, 1 : 118 (R.S. quoted); 1873 (3) : 5–6, Pl. 5 (R.S. quoted).– Klunzinger, 1870, **20** : 679–680, Quseir; 1884 : 4, Quseir.– Day, 1875 : 24, Pl. 6, fig. 2 (R.S. quoted); 1889, 1 : 456 (R.S. quoted).
Epinephelus miniatus.– Weber & Beaufort, 1931, **6** : 30–32 (R.S. quoted).– Gruvel, 1936, **29** : 159, Suez Canal.– Gruvel & Chabanaud, 1937, **35** : 17, Fig. 20, Suez Canal.
Cephalopholis miniatus.– Fowler & Bean, 1930, **10** : 210–213, Fig. 8 (R.S. quoted).– Smith, 1949 : 192, Pl. 16, fig. 423, S. Africa.– Ben-Tuvia & Steinitz, 1952 (2) : 6, Elat.– Marshall, 1952, 1 : 226, Dahab.– Saunders, 1960, 79 : 241, Red Sea; 1968 (3) : 493, Red Sea.– Klausewitz, 1967c (2) : 62, 65, Sarso Isl.– Tortonese, 1968 (51) : 15, Elat. Randall & Ben-Tuvia, 1983, **33** (2) : 385–386, Pl. IC.
Cephalopholis (Enneacentrus) miniatus.– Tortonese, 1935–36 [1937], **45** : 172 (sep. : 22), Egypt.

Pomacentrus burdi Lacepède, 1802, 4 : 511, Red Sea (syn. v. Randall & Ben-Tuvia).
Perca miniata caeruleo-ocellata Forsskål, 1775, *Descr. Anim.* : xi, 41, Red Sea. No type material.
Perca miniata caeruleo-guttata Forsskål, 1775, *Descr. Anim.* : xi, no type material, Red Sea.

66.3.4 **Cephalopholis oligosticta Randall & Ben-Tuvia, 1983**
   Cephalopholis oligosticta Randall & Ben-Tuvia, 1983, *Bull. mar. Sci.* **33** (2): 386–390, Pl. ID, Tb. 1. Holotype: BPBM 19709 ♀, P. Sudan; Paratypes: BMNH 1981.4.6.1, Elat; BPBM 20401, P. Sudan; 20837, Elat; CAS 47921, P. Sudan; HUJ 10543, P. Sudan; MNHN 1981-720, Jiddah; NMW 39259, Red Sea; RUSI 513; SMF 8618; Sarso Isl.; USNM 226618, Jiddah.

66.3.5 **Cephalopholis sexmaculata (Rüppell, 1830)**
   Serranus sexmaculatus Rüppell, 1830, *Atlas Reise N. Afrika, Fische* : 107. Holotype: SMF 2994, Red Sea; 1852 : 2, Red Sea.
   Serranus sexmaculatus.– Klunzinger, 1870, **20** : 680–681, Quseir; 1884 : 4, Red Sea.– Günther, 1859, **1** : 118 (R.S. quoted); 1873 (3) : 3, Pl. 2 (R.S. quoted).
   Epinephelus sexmaculatus.– Boulenger, 1895, **1** : 194–195, Red Sea.
   Cephalopholis sexmaculatus.– Fowler & Bean, 1930, **10** : 229–230 (R.S. quoted).

66.3.a **Cephalopholis boenack (Bloch, 1790)**
   Bodianus boenack Bloch, 1790, *Naturgesch. ausl. Fische* 4 : 43–44, Pl. 226. Types: ZMB 5220 (skin, 2 ex.), Japan.
   Epinephelus boenack.– Weber & Beaufort, 1931, **6** : 20.
   Serranus boelang Valenciennes, in Cuv. Val., 1828, *Hist. nat. Poiss.* **2** : 308–309, Indian Ocean. Holotype: MNHN, apparently lost (syn. v. W.B.).– Day, 1875 : 26, Pl. 7, fig. 2 (R.S. quoted); 1889, **1** : 458–459 (R.S. quoted).

66.3.b **Cephalopholis pachycentron (Valenciennes, 1828)**
   Serranus pachycentrum Valenciennes, in Cuv. Val., 1828, *Hist. nat. Poiss.* **2** : 295. Type: MNHN 7432, Bourbon.
   Epinephelus pachycentrum.– Weber & Beaufort, 1931, **6** : 19–20, Indian Ocean.
   Cephalopholis pachycentron.– Saunders, 1960, **79** (3) : 241, Red Sea (no descr.).

66.4 *DICENTRARCHUS* **Gill, 1860**   Gender: M
   Proc. Acad. nat. Sci. Philad. **12** : 109, 111 (type species: *Perca elongata* Geoffroy St. Hilaire, by orig. design.).

66.4.1 *Dicentrarchus punctatus* **(Bloch, 1792)**
   Sciaena punctata Bloch, 1792, *Naturgesch. ausl. Fische* 6 : 64–65, Pl. 305, Mediterranean Sea. Type lost.
   Dicentrarchus punctatus.– Ben-Tuvia, 1971 (4) : 741–743, Gulf of Suez.

66.4.a *Dicentrarchus labrax* (Linnaeus, 1758)
   Perca Labrax Linnaeus, 1758, *Syst. Nat.*, ed. X : 290, S. Europe. BMNH 1853.11.12.1, probably type (v. Wheeler, 1958 : 218).
   Dicentrarchus labrax.– Steinitz, 1967 : 169, Red Sea (pass. ref.).

66.5 *EPINEPHELUS* **Bloch, 1793**   Gender: M
   Naturgesch. ausl. Fische 7 : 11 (type species: *Epinephelus marginalis* Bloch = *Perca fasciata* Forsskål, by plenary powers of the International Commission on Zoological Nomenclature, Opinion 93, 1926).

Serranidae

66.5.1a   *Epinephelus angularis* (Valenciennes, 1828)
           Serranus angularis Valenciennes, in Cuv. Val., 1828, *Hist. nat. Poiss.* 2 : 353–354.
           Type: MNHN 7280, Ceylon.
           Serranus angularis.– Day, 1889, 1 : 454 (R.S. quoted).– Borodin, 1930, 1 : 50,
           Sudan (syn. of *Epinephelus areolatus*, Randall in lit.).

66.5.2   *Epinephelus areolatus* (Forsskål, 1775)
           Perca areolata Forsskål, 1775, *Descr. Anim.* : xi, 42. Holotype? : ZMUC P-43570
           (dried skin), Jiddah (v. Nielsen, 1974 : 61).
           Serranus areolatus.– Valenciennes, in Cuv. Val., 1828, 2 : 350, Red Sea.– Rüppell,
           1852 : 2, Red Sea.– Günther, 1859, 1 : 149, Red Sea.– Playfair & Günther, 1866 :
           11 (R.S. quoted).– Day, 1875 : 12, Pl. 1, fig. 4 (R.S. quoted); 1889, 1 : 445
           (R.S. quoted).– Klunzinger, 1884 : 3, Pl. 1, fig. 1, Quseir.– Giglioli, 1888, 6 : 68,
           Assab.– Picaglia, 1894, 13 : 24, Red Sea.– Fowler & Bean, 1930, 10 : 246–248
           (R.S. quoted).
           Serranus (Cynichthys) areolatus.– Tortonese, 1935–36 [1937], 45 : 174–175 (sep.:
           24–25), Red Sea.
           Epinephelus areolatus.– Boulenger, 1895, 1 : 202, Fig. 17, Red Sea.– Weber & Beau-
           fort, 1931, 6 : 37–39, Fig. 5 (R.S. quoted).– Gruvel, 1936, 29 : 160, Fig. 36,
           Suez Canal.– Gruvel & Chabanaud, 1937, 35 : 18, Bitter Lake, Suez Canal.–
           Smith, 1949 : 197, Pl. 18, fig. 146, S. Africa.– Abel, 1960a, 49 : 442, Ghardaqa.–
           Saunders, 1960, 79 : 241, Red Sea; 1968 (3) : 493, Red Sea.– Klausewitz, 1967c
           (2) : 59, 65, Sarso Isl.– Clark, Ben-Tuvia & Steinitz, 1968, 49 : 21, Entedebir.–
           Ben-Tuvia, 1968 (52) : 37, S. Red Sea.
           Bodianus melanurus E. Geoffroy St. Hilaire, 1809, *Descr. Égypte, Poiss.* : 319–320,
           Pl. 21, figs 1–2. Types: MNHN 7409, 7410, Suez (syn v. W.B.).
           Serranus melanurus.– I. Geoffroy St. Hilaire, 1827 : 319.– Valenciennes, in Cuv. Val.,
           1828, 2 : 351–352, Suez.– Günther, 1859, 1 : 147 (R.S. quoted).– Klunzinger,
           1870, 20 : 687 (R.S. on Geoffroy St. Hilaire).
           Serranus celebicus Bleeker, 1851h, *Natuurk. Tijdschr. Ned.-Indië* 2 : 217, Celebes.
           Holotype: RMNH 5492 (included in 7 ex.) (syn. v. Klunzinger, 1884, and v.
           W.B.).– Klunzinger, 1870, 20 : 676–677, Quseir.– Kossmann, 1879, 2 : 21, Red
           Sea.

66.5.3a   *Epinephelus caeruleopunctatus* (Bloch, 1790)
           Holocentrus coeruleo-punctatus Bloch, 1790, *Naturgesch. ausl. Fische* 4 : 94–95,
           Pl. 242, fig. 2. Holotype: ZMB 232 (no loc.)
           Epinephelus caeruleopunctatus.– Boulenger, 1895, 1 : 246–248 (R.S. quoted).–
           Weber & Beaufort, 1931, 6 : 66–68 (R.S. quoted).– Smith, 1949 : 198, Pl. 18,
           fig. 450, S. Africa.
           Serranus caeruleopunctatus.– Fowler & Bean, 1930, 10 : 276–280, Figs 18–19 (R.S.
           quoted).– Tortonese, 1935–36 [1937], 45 : 173 (sep.: 23), Massawa (misidentifi-
           cation of *Epinephalus summana*, Randall in lit.).
           Serranus leucostigma [Ehrenberg MS] Valenciennes, in Cuv. Val., 1828, *Hist. nat.
           Poiss.* 2 : 346 (based on drawing by Ehrenberg) (syn. v. W.B.).– Klunzinger, 1870,
           20 : 677, Red Sea.

66.5.4   *Epinephelus chlorostigma* (Valenciennes, 1828)
           Serranus chlorostigma Valenciennes, in Cuv. Val., 1828, *Hist. nat. Poiss.* 2 : 352–
           353. Syntypes: MNHN 7429, 7430, Seychelles.
           Epinephelus chlorostigma.– Boulenger, 1895, 1 : 203–204, Massawa.– Tillier, 1902 :
           318 (R.S. quoted).– Weber & Beaufort, 1936, 6 : 39–40 (R.S. quoted).– Chaba-
           naud, 1932, 4 (7) : 829, Bitter Lake, Suez Canal.– Gruvel, 1936, 29 : 68, Fig. 38,
           Suez Canal.– Gruvel & Chabanaud, 1937, 35 : 18, P. Suez.– Tortonese, 1947a, 43 :
           84, Massawa.– Smith, 1949 : 197, S. Africa.
           Serranus chlorostigma.– Fowler & Bean, 1930, 10 : 252–254 (R.S. quoted).

Serranus areolatus (not Forsskål).– Günther, 1859, 1 : 149 (R.S. quoted).– Klunzinger, 1870, 20 : 675–676, Quseir ; 1884 : 3, Pl. 1, fig. 1, Quseir (misidentification v. W.B.).
Serranus celebicus var. *multipunctatus* Kossmann & Räuber, 1877a, *Verh. naturh.-med. Ver. Heidelberg* 1 : 382, Red Sea ; 1877b : 6, Red Sea (syn. v. W.B.).
Serranus assabensis Giglioli, 1888, *Annali Mus. civ. Stor. nat. Giacomo Doria* 6 : 68, Assab, in text of *Serranus areolatus* (syn. v. W.B.).

66.5.5   **Epinephelus epistictus (Temminck & Schlegel, 1842)***
Serranus epistictus Temminck & Schlegel, 1842, *Fauna Japonica* : 8. Type : RMNH 88, Japan.
Epinephelus epistictus.– Dor, 1970 (54) : 16, 1 textfig., Eritrea.

66.5.6   **Epinephelus fasciatus (Forsskål, 1775)**
Perca fasciata Forsskål, 1775, *Descr. Anim.* : xi, 40, Ras Muhammad. Type lost.
Serranus fasciatus.– Klunzinger, 1870, 20 : 681–682, Quseir ; 1884 : 6, Red Sea.–
Day, 1875 : 15–16, Pl. 3, fig. 2 (R.S. quoted) ; 1889, 1 : 448 (R.S. quoted).–
Fowler & Bean, 1930, 10 : 263–266 (R.S. quoted).– Ben-Tuvia & Steinitz, 1952 (2) : 6, Elat.
Epinephelus fasciatus.– Boulenger, 1895, 1 : 238–240, Red Sea.– Weber & Beaufort, 1931, 6 : 58–60 (R.S. quoted).– Gruvel, 1936, 29 : 160, Fig. 37, Suez Canal.–
Gruvel & Chabanaud, 1937, 35 : 17, Suez Canal.– Smith, 1949 : 195, Pl. 18, fig. 436, S. Africa.– Marshall, 1952, 1 : 227–228, Dahab, Abu-Zabad, Sinafir Isl.–
Abel, 1960a, 49 : 444, Ghardaqa.– Saunders, 1960, 79 : 241, Red Sea ; 1968 (3) : 493, Red Sea.– Ben-Tuvia, 1968 (52) : 37, Elat.
Holocentrus erythraeus Bloch & Schneider, 1801, *Syst. Ichthyol.* : 320 (R.S. on *Perca fasciata* Forsskål).
Holocentrus forsskael Lacepède, 1802, *Hist. nat. Poiss.* 4 : 337, 377 (R.S. on *Perca fasciata* Forsskål).
Holocentrus forskalii.– Shaw, 1803, 4 : 561 (R.S. quoted).
Holocentrus oceanicus Lacepède, 1802, *Hist. nat. Poiss.* 4 : 346, 389, 393, Pl. 7, fig. 3. Syntypes : MNHN A-5734 (2 ex.), 7295, Mauritius ; (syn. v. Klunzinger and v. W.B.).– Rüppell, 1852 : 12, Red Sea.– Günther, 1859, 1 : 109 (R.S. quoted) ; 1873 (3) : 6–7 (R.S. quoted).

66.5.7   **Epinephelus fuscoguttatus (Forsskål, 1775)**
Perca summana var. *fusco-guttata* Forsskål, 1775, *Descr. Anim.* : xi, 42, Suez, Jiddah. Type lost.
Serranus fuscoguttatus.– Martens, 1866, 16 : 378, Mirsa Elei (Red Sea).– Rüppell, 1830 : 108, Pl. 27, fig. 2, Red Sea ; 1852 : 2, Red Sea.– Playfair & Günther, 1866 : 5–6 (R.S. quoted).– Klunzinger, 1870, 20 : 684, Quseir ; 1884 : 4–5, Red Sea.–
Day, 1875 : 22–23, Pl. 5, fig. 3 (R.S. quoted).– Giglioli, 1888, 6 : 67, Assab.–
Fowler & Bean, 1930, 10 : 284–287, Fig. 22 (R.S. quoted).– Tortonese, 1935–36 [1937], 45 : 174 (sep. : 24), Red Sea.
Epinephelus fuscoguttatus.– Weber & Beaufort, 1931, 6 : 68–69 (R.S. quoted).–
Smith, 1949 : 198, Pl. 19, fig. 451, S. Africa.– Marshall, 1952, 1 : 227, Abu-Zabad, Sinafir Isl.– Saunders, 1960, 79 : 241, Red Sea ; 1968 (3) : 493, Red Sea.– Randall, 1964b, 18 : 289–294, Fig. 10. Neotype : USNM 147594, Jiddah.

66.5.8   **Epinephelus latifasciatus (Temminck & Schlegel, 1842)**
Serranus latifasciatus Temminck & Schlegel, 1842, *Fauna Japonica* : 6. Type : RMNH 21, Japan.
Epinephelus latifasciatus.– Ben-Tuvia, 1968 (52) : 37, Ethiopia.– Dor, 1970 (54) : 14, 2 figs, Red Sea.

66.5.9   *Epinephelus malabaricus* (Bloch & Schneider, 1801)
          Holocentrus malabaricus Bloch & Schneider, 1801, *Syst. Ichthyol.* : 319, Pl. 63,
          Tranquebar.
          Serranus malabaricus.– Fowler & Bean, 1930, **10** : 289–293, Fig. 23 (R.S. quoted).–
          Tortonese, 1935–36 [1937], **45** : 174 (sep. : 24), Egypt.
          Serranus Geoffroyi Klunzinger, 1870, *Verh. zool.-bot. Ges. Wien* **20** : 675, Red Sea
          (footnote); 1884 : 3, Red Sea (syn. Randall in lit.).
          Holocentrus salmoides Lacepède (1801, *Hist. nat. Poiss.* **3**, Pl. 34, fig. 3) (only name
          Holocentre salmoide); 1802, 4 : 346, 389. Holotype: MNHN A-5444, Reunion.
          Serranus salmoides.– Rüppell, 1852 : 2, Red Sea.
          Serranus salmonoides.– Valenciennes, in Cuv. Val., 1828, **2** : 343–344, Suez.–
          Günther, 1859, **1** : 128, Red Sea.– Klunzinger, 1870, **20** : 682, Quseir; 1884 : 5,
          Red Sea.– Kossmann & Räuber, 1877a, **1** : 383, Red Sea; 1877b : 7, Red Sea.–
          Day, 1889, **1** : 452 (R.S. quoted) (syn. of *Epinephelus malabaricus*, Randall in lit.).

66.5.10a *Epinephelus merra* Bloch, 1793
          Epinephelus merra Bloch, 1793, *Naturgesch. ausl. Fische* **7** : 17–19, Pl. 329.
          Syntype: ZMB 8716 (skin).
          Epinephelus merra.– Weber & Beaufort, 1931, **6** : 64–66, Indian Ocean.– Smith,
          1949 : 196, Pl. 18, fig. 439, S. Africa.– Steinitz & Ben-Tuvia, 1955 (11) : 5, Elat.–
          Roux-Estève & Fourmanoir, 1955, **30** : 197, Abu Latt.– Roux-Estève, 1956, **32** :
          70, Abu Latt.
          Serranus merra.– Day, 1875 : 13, Pl. 2, fig. 2 (R.S. quoted).– Fowler & Bean, 1930,
          10 : 272–273, Figs 16–17 (R.S. quoted).– Tortonese, 1935–36 [1937], **45** : 174
          (sep. : 24), Massawa (misidentification of *Epinephelus tauvina*, Randall in lit.).
          Serranus faveatus Valenciennes, in Cuv. Val., 1828, *Hist. nat. Poiss.* **2** : 329–330.
          Syntype: MNHN 1822, Ceylon (syntypes from Mauritius apparently lost) (syn.
          v. W.B.).– Rüppell, 1838 : 102, Red Sea; 1852 : 2, Red Sea.

66.5.11   *Epinephelus microdon* (Bleeker, 1856)
          Serranus microdon Bleeker, 1856e, *Natuurk. Tijdschr. Ned.-Indië* **11** : 86. Holo-
          type: RMNH 5510, Java.
          Epinephelus microdon.– Randall & Ben-Tuvia, Red Sea (in press).

66.5.12   *Epinephelus morrhua* (Valenciennes, 1833)
          Serranus morrhua Valenciennes, in Cuv. Val., 1833, *Hist. nat. Poiss.* **9** : 434–435.
          Holotype: MNHN 7431, Mauritius.
          Serranus morrhua.– Klunzinger, 1870, **20** : 678–679, Quseir; 1884 : 3, Pl. 1, fig. 2,
          Quseir.– Day, 1875 : 21–22, Pl. 5, fig. 1 (R.S. quoted); 1889, **1** : 453–454 (R.S.
          quoted).– Fowler & Bean, 1930, **10** : 243–244 (R.S. quoted).
          Epinephelus morrhua.– Boulenger, 1895, **1** : 208–209, Red Sea.– Weber & Beaufort,
          1931, **6** : 42–44 (R.S. quoted).– Smith, 1949 : 196, Pl. 18, fig. 438, S. Africa.

66.5.13   *Epinephelus stoliczkae* (Day, 1875)
          Serranus stoliczkae Day, 1875, *Fishes of India* **1** : 11–12, Pl. 1, fig. 3. Syntypes:
          ZSI 898 Aden?; AMS B-8157.
          Epinephelus stoliczkae.– Boulenger, 1895, **1** : 221–222, Massawa.– Borsieri, 1904 (3),
          1 : 189, Massawa.– Gruvel, 1936, **29** : 160, Fig. 35, Suez Canal.

66.5.14   *Epinephelus summana* (Forsskål, 1775)
          Perca summana Forsskål, 1775, *Descr. Anim.* : xi, 42. Holotype: ZMUC P-43569,
          Red Sea.
          Perca summana.– Klausewitz & Nielsen, 1965, **22** : 18, Pl. 10, fig. 22, Red Sea.
          Bodianus summana.– Bloch & Schneider, 1801 : 334 (R.S. on Forsskål).
          Serranus summana.– Valenciennes, in Cuv. Val., 1828, **2** : 344, Massawa.– Rüppell,
          1830 : 104, Red Sea (pro parte); 1852 : 2, Red Sea.– Guichenot, 1847, **6** : 229–

230, Pl. 5, fig. 1, Massawa.– Günther, 1859, **1** : 137, Red Sea.– Playfair & Günther, 1866 : 8, Pl. 2, fig. 1 (R.S. quoted).– Day, 1875 : 21, Pl. 4, fig. 4 (R.S. quoted); 1889, **1** : 453 (R.S. quoted).– Fowler & Bean, 1930, **10** : 280–284, Figs 20–21 (R.S. quoted).– Tortonese, 1935–36 [1937], **45** : 174 (sep. : 24), Massawa.

Serranus sumana.– Klunzinger, 1870, **20** : 685, Quseir (pro parte); 1884 : 5–6, Pls 1–2, figs 1–2, Red Sea.– Kossmann, 1879, **2** : 21, Red Sea.

Epinephelus summana.– Boulenger, 1895, **1** : 248–249, Massawa.– Tillier, 1902, **15** : 318, Suez Canal.– Borsieri, 1904 (3), **1** : 189, Massawa.– Weber & Beaufort, 1931, **6** : 54–56 (R.S. quoted).– Smith, 1949 : 198, Fig. 449, S. Africa.– Marshall, 1952, **1** : 227, Sinafir Isl.– Roux-Estève & Fourmanoir, 1955, **30** : 197, Abu Latt.– Roux-Estève, 1956, **32** : 69–70, Abu Latt.– Saunders, 1960, **79** : 241, Red Sea; 1968 (3) : 494, Red Sea.– Klausewitz, 1967c (2) : 62, 65, Sarso Isl.– Clark, Ben-Tuvia & Steinitz, 1968 (49) : 21, Entedebir.– Ben-Tuvia, 1968 (52) : 37, Dahlak.

Serranus tumilabris Valenciennes, in Cuv. Val., 1828, *Hist. nat. Poiss.* **2** : 346–347. Holotype: MNHN 7336, Seychelles (syn. v. Klunzinger).– Playfair & Günther, 1866 : 8–9, Pl. 2, fig. 1 (R.S. on *Serranus summana* Rüppell).

Sebastes meleagris Peters, 1865 : 392, Massawa (syn. v. Randall & Ben-Tuvia).

66.5.15   *Epinephelus tauvina* (Forsskål, 1775)

Perca tauvina Forsskål, 1775, *Descr. Anim.* : xi, 39–40. Holotype: ZMUC P-34565, dried skin, Jiddah.

Perca tauvina.– Klausewitz & Nielsen, 1965, **22** : 17, Pl. 8, fig. 18, Red Sea.

Holocentrus tauvina.– Bloch & Schneider, 1801 : 321 (R.S. on Forsskål).

Serranus tauvina.– Klunzinger, 1870, **20** : 683, Quseir; 1884 : 6, Pl. 1, fig. 3, Red Sea.– Picaglia, 1894, **13** : 24, Assab, Dahlak.– Bamber, 1915, **31** : 480, W. Red Sea.– Fowler & Bean, 1930, **10** : 287–289 (R.S. quoted).– Tortonese, 1935–36 [1937], **65** : 174 (sep. : 24), Massawa, Egypt.

Epinephelus tauvina.– Boulenger, 1895, **1** : 244–246, Red Sea.– Tillier, 1902, **15** : 297, Suez Canal.– Weber & Beaufort, 1931, **6** : 60–64, Fig. 7 (R.S. quoted).– Tortonese, 1947a, **63** : 86, Massawa; 1947, **2** : 4, Suez Canal; 1948, **33** : 281, Lake Timsah.– Smith, 1949 : 197, Textfig. 447, Pl. 19, fig. 447, S. Africa.– Roux-Estève & Fourmanoir, 1955, **30** : 197, Abu Latt.– Roux-Estève, 1956, **32** : 70, Abu Latt.– Abel, 1960, **49** : 442, Ghardaqa.– Saunders, 1960, **79** : 241, Red Sea; 1968 (3) : 494, Red Sea.– Randall, 1964b, **18** : 294–295, Fig. 12, Red Sea.– Klausewitz, 1967c (2) : 62, Sarso Isl.– Ben-Tuvia, 1968 (52) : 37, Ethiopia.– Bayoumi, 1972, **2** : 167, Red Sea.

66.6   *LIOPROPOMA* Gill, 1861 [1862]   Gender: N

Proc. Acad. nat. Sci. Philad. **13** : 51 (type species: *Perca aberrans* Poey, by orig. design.).

66.6.1   *Liopropoma mitratum* Lubbock & Randall, 1978

Liopropoma mitratum Lubbock & Randall, 1978, *J. Linn. Soc. (Zool.)* **64** : 191–194, Fig. 2, Tb. 1. Holotype: BMNH 1976.7.13.8, Jiddah; Paratypes: BPBM 17892, Gulf of Aqaba; HUJ F 8300, El Hamira; SMF 13614, Gulf of Aqaba; USNM 216427, 216428, Ras Muhammad.

66.6.2   *Liopropoma susumi* (Jordan & Seale, 1906)

Chorististium susumi Jordan & Seale, 1906, *Bull. Bur. Fish., Wash.* **25** : 256. Type: USNM 51738, Samoa.

Liopropoma susumi.– Lubbock & Randall, 1978, **64** : 187–195, Marset Mahash el Ala, Ras El Burqa, El Hamira, Gulf of Aqaba, P. Sudan.

66.7   *PLECTROPOMUS* (Cuvier) Oken, 1817   Gender: M

Isis, Jena : 1782 [1182] (on les Plectropomes (vernacular) Cuvier, 1817 [1816] **2** : 277) (type species: *Bodianus maculatus* Bloch, by subs. design. of Jordan, Tanaka & Snyder).

Serranidae

66.7.1   *Plectropomus maculatus* (Bloch, 1790)
    Bodianus maculatus Bloch, 1790, *Naturgesch. ausl. Fische* 4 : 48–49, Pl. 228,
    Japan. Holotype: ZMB 8599 (skin).
    Plectropoma maculatum.– Rüppell, 1830 : 110, Mohila; 1838 : 90, Jiddah; 1852 : 3,
    Red Sea.– Günther, 1859, 1 : 156–157, Red Sea.– Playfair & Günther, 1866 :
    12–14 (R.S. quoted).– Klunzinger, 1870, 20 : 689–690, Quseir; 1884 : 8, Red
    Sea.– Weber & Beaufort, 1931, 6 : 77–79, Fig. 8 (R.S. quoted).– Marshall, 1952,
    1 : 226, Sinafir Isl.– Roux-Estève, 1956, 32 : 70, Abu Latt.
    Plectropomus maculatus Fowler & Bean, 1930, 10 : 197–199, Fig. 6 (R.S. quoted).–
    Smith, 1949 : 189, Pl. 17, fig. 417, S. Africa; 1953, Pl. 106, fig. 417 (3 varia-
    tions).– Roux-Estève & Fourmanoir, 1955, 30 : 197, Abu Latt.– Abel, 1960a,
    49 : 442, Ghardaqa.– Saunders, 1960, 79 : 241, Red Sea; 1968 (3) : 493, Red Sea.–
    Ben-Tuvia, 1968 (52) : 37, Ethiopia.
    Plectropoma maculatum areolatum Rüppell, 1830, *Atlas Reise N. Afrika, Fische* : 143
    (in the index). Holotype: SMF 4503; Paratype: SMF 3013, Mohila (syn. v. Klun-
    zinger, 1870).
    Plectropoma maculatum.– Boulenger, 1895, 1 : 160–162, Red Sea.

66.7.2   *Plectropomus truncatus* Fowler & Bean, 1930
    Plectropomus truncatus Fowler & Bean, 1930, *Bull. U.S. natn Mus.* (100), 10 :
    196, Fig. 5. Holotype: USNM 89984, Luzon (Philippines).
    Plectropomus truncatus.– Randall & Ben-Tuvia, Red Sea (in press).

66.7.a   *Holocentrus leopardus* Lacepède, 1802, *Hist. nat. Poiss.* 4 : 332, 367, 370. Type:
    MNHN 7673 (skin, dried), Indian Ocean.
    Plectropoma leopardinum.– Günther, 1859, 1 : 157 (R.S. quoted).
    Serranus leopardus.– Day, 1875 : 25, Pl. 6, fig. 4 (R.S. quoted); 1889, 1 : 457 (R.S.
    quoted).
    Plectropomus leopardus.– Fowler & Bean, 1930, 10 : 199–201 (R.S. quoted).

66.8   *SERRANUS* Cuvier, 1817   Gender: M
    Règne anim. : 276. Type species: *Perca cabrilla* Linnaeus, 1758, by plenary decision
    of the International Commission on Zoological Nomenclature, Opinion 93, 1926).

66.8.1   *Serranus cabrilla* (Linnaeus, 1758)
    Perca cabrilla Linnaeus, 1758, *Syst. Nat.*, ed. X, 1 : 294 (no loc.).
    Pseudoserranus cabrilla.– Klunzinger, 1884 : 7–8, Pl. 2, figs. 4–5, Red Sea.
    Serranus cabrilla.– Boulenger, 1895, 1 : 283–284 (R.S. quoted).– Norman, 1927,
    22 : 376, Gulf of Suez.– Smith, 1949 : 193, Pl. 17, fig. 429, S. Africa.– Bayoumi,
    1972, 2 : 167, Red Sea.
    Pseudoserranus bicolor Kossmann & Räuber, 1877a, *Verh. naturh.-med. Ver. Heidelb.*
    1 : 384, Pl. 1, fig. 1, Red Sea; 1877b : 7, Pl. 1, fig. 1, Red Sea. Apparently no type
    material (Klausewitz in lit.) (syn. v. Klunzinger).

66.8.a   *Holocentrus hexagonatus* Bloch & Schneider, 1801, *Syst. Ichthyol.* : 323 (on *Perca
    hexagonata* Forster).
    Serranus hexagonatus.– Day, 1875 : 14, Pl. 2, fig. 3 (R.S. quoted); 1889, 1 : 447
    (R.S. quoted) (based on Klunzinger, 1870, 20 : 683, but not mentioned in Klun-
    zinger that it is from the Red Sea).

66.9   *VARIOLA* Swainson, 1839   Gender: F
    Nat. Hist. Fish. 2 : 168, 202 (type species: *Variola longipinna* Swainson, 1839, by
    monotypy).
    Pseudoserranus Klunzinger, 1870, *Verh. zool.-bot. Ges. Wien* 20 : 687 (type species:
    Perca louti Forsskål, 1775, by monotypy).

66.9.1   *Variola louti* (Forsskål, 1775)
   Perca louti Forsskål, 1775, *Descr. Anim.* : xi, 40–41, Lohaja, Jiddah. Holotype:
   ZMUC P-43566, Red Sea.
   Perca louti.– Klausewitz & Nielsen, 1965 : 17, Pl. 9, fig. 19, Red Sea.
   Bodianus louti.– Bloch & Schneider, 1801 : 332 (R.S. on Forsskål).– Shaw, 1803, 4 :
   572 (R.S. quoted).
   Serranus louti.– Rüppell, 1830 : 106, Pl. 26, fig. 2, Mohila; 1852 : 3, Red Sea.–
   Günther, 1859, 1 : 101–102, Red Sea; 1873 (3) : 2 (R.S. quoted).– Playfair &
   Günther, 1866 : 1 (R.S. quoted).
   Serranus luti (sic).– Valenciennes, in Cuv. Val., 1828, 2 : 263, Red Sea.– Guichenot,
   1847, 6 : 230–231, Pl. 5, fig. 2, Pl. 6, fig. 2, Dahlak, Jiddah, Lohaja.
   Pseudoserranus louti.– Klunzinger, 1870, 20 : 687–688, Quseir; 1884 : 7, Red Sea.
   Variola louti.– Day, 1875 : 26–27, Pl. 7, fig. 3 (R.S. quoted); 1889, 1 : 459–460,
   Fig. 143 (R.S. quoted).– Fowler & Bean, 1930, 10 : 203–206 (R.S. quoted).–
   Weber & Beaufort, 1931, 6 : 12–14, Fig. 4 (R.S. quoted).– Tortonese, 1935–36
   [1937], 45 : 172 (sep. : 22), Red Sea; 1968 (51) : 15, Elat.– Smith, 1949 : 192,
   Pl. 17, fig. 426, S. Africa.– Ben-Tuvia & Steinitz, 1952 (2) : 6, Elat.– Marshall,
   1952, 1 : 226, Dahlak.– Roux-Estève & Fourmanoir, 1955, 30 : 197, Abu Latt.–
   Roux-Estève, 1956, 32 : 68, Abu Latt.– Abel, 1960a, 49 : 442, Ghardaqa.–
   Saunders, 1960, 79 : 241, Red Sea; 1968 (3) : 493, Red Sea.– Ben-Tuvia, 1968
   (52) : 37, Elat, Dahlak.
   Epinephelus louti.– Boulenger, 1895, 1 : 173–175, Fig. 14, Red Sea.
   Serranus flavimarginatus Rüppell, 1830, *Atlas Reise N. Afrika, Fische* : 109. Holotype:
   SMF 544, Mohila (syn. v. W.B.).
   Serranus flavimarginatus.– Klunzinger, 1870, 20 : 689, Quseir.
   Pseudoserranus louti var. *flavimarginatus.*– Klunzinger, 1884 : 7, Red Sea.

66.II   **ANTHIINAE**

66.10   *ANTHIAS* **Bloch, 1792**   Gender: M
   Naturgesch. ausl. Fische 6 : 97 (type species: *Labrus anthias* Linnaeus, 1758, by
   tautonomy).

66.10.1   *Anthias lunulatus* **Kotthaus, 1973**
   Anthias lunulatus Kotthaus, 1973, *Meteor Forsch.-Ergebn.* (16) : 20–25, Figs 290,
   301. Holotype: ZIM 5127, Somalia; Paratype: ZIM 5128, S. Red Sea.

66.10.2   *Anthias squamipinnis* **(Peters, 1855)**
   Serranus (Anthias) squamipinnis Peters, 1855, *Mber. det. Akad. Wiss. Berl.* : 429–
   430, Mozambique. Holotype?: ZMB 258, Mozambique.
   Anthias squamipinnis.– Klunzinger, 1870, 20 : 706, Quseir.– Boulenger, 1895, 1 : 329
   (R.S. quoted).– Borsieri, 1904 (3), 1 : 193–194, Gulf of Zula (Red Sea).– Fowler
   & Bean, 1930, 10 : 304–308, Figs 26–27 (R.S. quoted).– Weber & Beaufort, 1931,
   6 : 104–105 (R.S. quoted).– Norman, 1939, 7 (1) : 58, Red Sea.– Ben-Tuvia &
   Steinitz, 1952 (2) : 6, Elat.– Abel, 1960a, 49 : 444–445, Ghardaqa.– Smith,
   1961a (21) : 362, Pls 34B, C, E (R.S. quoted).– Klausewitz, 1967c (2) : 62, Sarso
   Isl.– Tortonese, 1968 : 15–16, Elat.
   Anthias (Pseudanthias) squamipinnis.– Klunzinger, 1884 : 9, Pl. 3, figs 1, 1a, Quseir.
   Anthias (Pseudanthias) gibbosus Klunzinger, 1884, *Fische Rothen Meeres* : 9, Red Sea
   (syn. v. Smith).

66.10.3   *Anthias taeniatus* Klunzinger, 1884[1]
   Anthias (Pseudotaeniatus) taeniatus Klunzinger, 1884, *Fische Rothen Meeres* : 9,
   Pl. 3, fig. 2. Lectotype: MNS 3447, Quseir (selected by Heemstra); Paralectotypes,
   no number.
   Anthias taeniatus.– Smith, 1961a (21) : 362–363, Fig. 1 (R.S. quoted).
   Anthias pleurotaenia Bleeker, 1857a, *Act. Soc. Sci. Indo-Neerl.* **2** : 34. Holotype:
   RMNH 5452, Amboina.
   Anthias pleurotaenia.– Fowler & Bean, 1930, **10** : 302–304 (R.S. quoted).– Weber &
   Beaufort, 1931, **6** : 101 (R.S. quoted) (misidentification, Randall in lit.).

66.11   *PLECTRANTHIAS* Bleeker, 1873
   Ned. Tijdschr. Dierk. **4** : 328 (type species: *Plectropoma anthioides* Günther, by
   monotypy).

66.11.1   *Plectranthias winniensis* (Tyler, 1966)
   Pteranthias winniensis Tyler, 1966. *Notul. Nat.* (389) : 2, Fig. 1. Holotype: ANSP
   103583, Seychelles.
   Plectranthias winniensis.– Randall, 1980, **16** (1) : 182–183, Fig. 31, Gulf of Aqaba,
   Ras Abu Galum (Sinai Peninsula).

67   **PERCICHTHYIDAE**

                                 G : 1
                                  Sp : 1

67.1   *SYNAGROPS* Günther, 1887   Gender: M
   Rep. Results Voy. Challenger : 16 (type species: *Melanostoma japonicum* Döder-
   lein, in Steindachner & Döderlein, 1884, by monotypy).

67.1.1   *Synagrops philippinensis* (Günther, 1880)
   Acropoma philippinensis Günther, 1880, *Zool. Voy. Challenger* (6) : 51. Type:
   BMNH 1879.5.14.167, Philippines.
   Synagrops philippinensis.– Aron & Goodyear, 1969, **18** : 241, Red Sea.

68   **GRAMMISTIDAE**

                                  G : 2
                                  Sp : 2

68.1   *DIPLOPRION* Kuhl & Van Hasselt, 1828, in Cuv. Val., 1828   Gender: M
   Hist. nat. Poiss. **2** : 137 (type species: *Diploprion bifasciatum* Kuhl & Van Hasselt,
   1828, by monotypy).

---

[1] Klunzinger (1884) mentioned that the characters given in the footnote of his earlier
paper (1871, p. 106) refer to *Anthias taeniatus*: body depth 4 in body length; white
longitudinal band from opercle to tail, a similar band along the base of dorsal fin and
along the belly.

58.1.1 *Diploprion drachi* Estève, in Roux-Estève & Fourmanoir, 1955
Diploprion drachi Estève, in Roux-Estève & Fourmanoir, 1955, *Annls Inst. océanogr., Monaco* **30** : 197. Holotype: MNHN 52253, Abu Latt.
Diploprion drachi.– Roux-Estève, 1956, **32** : 67–68, Fig. 1, Abu Latt.– Randall et al., 1971 : 173, Ras Muhammad.

58.2 *GRAMMISTES* Bloch & Schneider, 1801   Gender: M
Syst. Ichthyol. : 182 (type species: *Perca sexlineata* Thunberg, 1792, by subs. design. of Bleeker, 1876).

58.2.1 *Grammistes sexlineatus* (Thunberg, 1792)
Perca sexlineata Thunberg, 1792, *K. VetenskAkad. Nya Handl.* **13** : 142–143, Pl. 5, Japan. Type lost.
Grammistes sexlineatus.– Klunzinger, 1884 : 10, Red Sea.– Fowler & Bean, 1930 : 311–312 (R.S. quoted).– Weber & Beaufort, 1931, **6** : 4–6, fig. 1 (R.S. quoted).– Smith, 1949 : 190, Pl. 16, fig. 418, S. Africa.– Marshall, 1952, **1** : 229, Abu-Zabad.– Tortonese, 1968 (51) : 16, Elat.
Grammistes orientalis Bloch & Schneider, 1801, *Syst. Ichthyol.* : 188–189, India. Syntypes: ZMB 103, 106 (on *Perca sexlineata* Thunberg, which has priority).– Rüppell, 1838 : 89, Et Tur; 1852 : 2, Red Sea.– Klunzinger, 1870, **20** : 707, Quseir.– Day, 1875 : 28, Pl. 9, fig. 1 (R.S. quoted); 1889, **1** : 461–462, Fig. 144 (R.S. quoted).
Labrax orientalis.– Steindachner, 1895, **32** (24–25) : 259, Suez.

59 **PSEUDOCHROMIDAE***

G: 3
Sp: 10

59.1 *CHLIDICHTHYS* Smith, 1954 [1]   Gender: M
Ann. Mag. nat. Hist. **7** : 200 (type species: *Chlidichthys johnvoelckeri* Smith, 1954, by orig. design.).

59.1.1 *Chlidichthys auratus* Lubbock, 1975
Chlidichthys auratus Lubbock, 1975, *J. Zool., Lond.* **176** : 152–154, Pl. 3, fig. b. Holotype: BMNH 1973.12.20.172, P. Sudan; Paratypes: BMNH 1973.12.20.173–179, P. Sudan, 1973.12.20.180, Jiddah; BPBM 16411, P. Sudan; HUJ F-6759, Ras Muhammad; USNM 211778 (4 ex.), Ras Muhammad, 211779, El Hamira.

59.1.2 *Chlidichthys johnvoelkeri* Smith, 1954
Chlidichthys johnvoelkeri Smith, 1954, *Ann. Mag. nat. Hist.* **7** : 203–205, Fig. 2. Holotype: RUSI 163, Pinda.
Chlidichthys johnvoelkeri.– Abel, 1960a, **49** : 460, Ghardaqa.

59.1.3 *Chlidichthys rubiceps* Lubbock, 1975
Chlidichthys rubiceps Lubbock, 1975, *J. Zool., Lond.* **176** : 150–152, Pl. 3, fig. a. Holotype: BMNH 1973.12.20.106, Jiddah; Paratypes: BMNH 1973.12.20.167, Jiddah, 1973.12.20.1970, P. Sudan; USNM 211776 (12 ex.), El Hamira; HUJ F-6762, El Hamira; BPBM 13383, Elat; BMNH 1973.12.20.171, Aqaba.

[1] Acc. to Randall (in lit.), *Chlidichthys* is a synonym of *Pseudoplesiops* Bleeker, 1858a, **15** : 215 (type species: *Pseudoplesiops typus*, by orig. design.).

69.2 *PSEUDOCHROMIS* Rüppell, 1835* Gender: F
Neue Wirbelth., Fische : 8 (type species: *Pseudochromis olivaceus* Rüppell, 1835, by subs. design. of Bleeker, 1875).

69.2.1 ***Pseudochromis dixurus*** **Lubbock**, 1975
Pseudochromis dixurus Lubbock, 1975, *J. Zool., Lond.* **176** : 130–131, Pl. 1, fig. a. Holotype: BMNH 1973.12.20.21, P. Sudan; Paratypes: BMNH 1973.12.20. 22–26, P. Sudan, 1973.12.20.27–28, Aqaba; USNM 211764, P. Sudan (2 ex.); BPBM 16409, Jiddah; HUJ F-6761, Aqaba.

69.2.2 ***Pseudochromis flavivertex*** **Rüppell**, 1835
Pseudochromis flavivertex Rüppell, 1835, *Neue Wirbelth., Fische* : 9, Pl. 2, fig. 4. Lectotype: SMF 1527, Massawa; Paralectotype: SMF 8144, Massawa; 1852 : 9, Red Sea.
Pseudochromis flavivertex.– Günther, 1860, **2** : 258, Red Sea.– Klunzinger, 1871, **21** : 518 (R.S. on Rüppell); 1884 : 124, Red Sea.– Kossmann & Räuber, 1877a, **1** : 403–404, Red Sea; 1877b : 22, Red Sea.– Fowler, 1931, **11** : 37 (R.S. quoted).– Lubbock, 1975, **176** : 134–136, Pl. 1, fig. c, Gulf of Aqaba, Gulf of Suez, Jiddah, Massawa.

69.2.3 ***Pseudochromis fridmani*** **Klausewitz**, 1968
Pseudochromis fridmani Klausewitz, 1968c, *Senckenberg. biol.* **49** (6) : 443–450. Holotype: SMF 9435 (adult ♂), Elat; Paratypes: SMF E 57/208 (adult ♀), 9514, 9515 (adult ♀), 9517, 9518, Sharm esh Sheikh; HUJ F-4744 (adult ♂).– Lubbock, 1975, **176** : 147–149, Pl. 2, fig. c, Elat, Ras Muhammad, Jiddah.

69.2.4 ***Pseudochromis olivaceus*** **Rüppell**, 1835
Pseudochromis olivaceus Rüppell, 1835, *Neue Wirbelth., Fische* : 8–9, Pl. 2, fig. 3. Lectotype: SMF 436; Paralectotype: SMF 9504–6, Red Sea; 1852 : 9, Red Sea.
Pseudochromis olivaceus.– Günther, 1860, **2** : 257 (R.S. on Rüppell).– Klunzinger, 1871, **21** : 517–518, Quseir; 1884 : 124, Red Sea.– Kossmann & Räuber, 1877a, **1** : 403, Red Sea; 1877b : 22, Red Sea.– Schmeltz, 1877 (6) : 13, Red Sea; 1879 (7) : 44, Red Sea.– Kossmann, 1879, **2** : 22, Red Sea.– Borsieri, 1904 (3), **1** : 203, Massawa, Dahlak, Dilemi.– Pellegrin, 1904, **10** : 544, Red Sea.– Bamber, 1915, **31** : 480, Red Sea.– Fowler, 1931, **11** : 37–38 (R.S. quoted).– Ben Tuvia & Steinitz, 1952 (2) : 7, Elat.– Marshall, 1952, **1** : 229, Gulf of Aqaba, Sinafir Isl., Sharm-el-Moyia.– Roux-Estève & Fourmanoir, 1955, **30** : 197, Abu Latt.– Roux-Estève, 1956, **32** : 71, Abu Latt.– Abel, 1960a, **49** : 442, Fig. 19, Ghardaqa.– Clark, Ben-Tuvia & Steinitz, 1968 : 21, Entedebir.– Kotthaus, 1970a (6) : 51–52, Figs 223, 224, 233, Sarso Isl.– Lubbock, 1975, **176** : 131–134, Pl. 1, fig. b, Pl. 5 (eggs), P. Sudan.

69.2.5 ***Pseudochromis pesi*** **Lubbock**, 1975
Pseudochromis pesi Lubbock, 1975, *J. Zool., Lond.* **176** : 136–140, Pl. 1, fig. d. Holotype: BMNH 1973.12.20.94, Aqaba; Paratypes: BMNH 1973.12.20.95, Gulf of Aqaba; USNM 211771 (11 ex.), El Hamira; HUJ F-6760 (2 ex.), El Hamira; BPBM 13402 (2 ex.), Dahab.

69.2.6 ***Pseudochromis sankeyi*** **Lubbock**, 1975
Pseudochromis sankeyi Lubbock, 1975, *J. Zool., Lond.* **176** : 145–147, Pl. 2, fig. d. Holotype: BMNH 1973.12.20.104, Massawa; Paratypes: USNM 211772, 211773 (3 ex.), Dahlak, 211774 (29 ex.), Dahlak; HUJ F-6990, Dahlak.

69.2.7 ***Pseudochromis springeri*** **Lubbock**, 1975
Pseudochromis springeri Lubbock, 1975, *J. Zool., Lond.* **176** : 128–129, Pl. 2, fig. d. Holotype: USNM 211761, Gulf of Aqaba; Paratypes: USNM 211762 (12

ex.); HUJ F-6758 Gulf of Aqaba; BPBM 13365; BMNH 1973.12.20.17–19, P. Sudan, 1937.12.20.20, Jiddah.

69.2.a   *Pseudochromis xanthochir* Bleeker, 1855c, *Natuurk. Tijdschr. Ned.-Indië* 8 : 443–444. Syntype: RMNH 5959, Manado.
Pseudochromis xanthochir.– Clark & Gohar, 1953 : 40, Ghardaqa (misidentification, Randall in lit.).

70   # PLESIOPIDAE

G : 2
Sp : 3

70.1   *CALLOPLESIOPS* Fowler & Bean, 1930   Gender : M
Bull. U.S. natn. Mus. 10 : 316 (type species: *Calloplesiops niveus* Fowler & Bean, 1930, by orig. design.).

70.1.1   *Calloplesiops altivelis* (Steindachner, 1903)
Plesiops altivelis Steindachner, 1903, *Sber. Akad. Wiss. Wien* 113 : 17. Holotype: NMW 1146.66, Nias (Sumatra).
Calloplesiops abulati Roux-Estève, 1956, *Annls. Inst. océanogr., Monaco* 32 : 77–78, Fig. 2. Holotype: MNHN 52–301, Abu Latt (syn. v. McCosker).
Calloplesiops altivelis.– McCosker, 1978 (4) : 707–710, 1 fig., Gulf of Aqaba, Abu Latt, Strait of Jubal.

70.2   *PLESIOPS* (Cuvier) Oken, 1817   Gender : M
Isis, Jena : 1782 [1182] (type species: *Pharopteryx nigricans* Rüppell, 1828, by subs. design. of Bleeker, 1876).

70.2.1   *Plesiops caeruleolineatus* Rüppell, 1835
Plesiops caeruleolineatus Rüppell, 1835, *Neue Wirbelth., Fische* : 5, Pl. 2, fig. 5. Holotype: SMF 1696, Massawa.
Plesiops caeruleolineatus Rüppell, 1852 : 9, Red Sea.– Günther, 1861, 3 : 363–364 (R.S. quoted).– Smith, 1953 : 187, Pl. 104, fig. 411, S. Africa.– Clark, Ben-Tuvia & Steinitz, 1968 (49) : 21, Entedebir.
Plesiops coeruleolineatus.– Klunzinger, 1871, 21 : 517, Quseir.

70.2.2   *Plesiops nigricans* (Rüppell, 1828)
Pharopteryx nigricans Rüppell, 1828, *Atlas Reise N. Afrika, Fische* : 15–16, Pl. 4, fig. 2. Lectotype: SMF 1779, Mohila; Paralectotype: SMF 9502, Mohila.
Plesiops nigricans Rüppell, 1835 : 5, Red Sea; 1852 : 9, Red Sea.– Günther, 1861, 3 : 363 (R.S. quoted).– Playfair & Günther, 1866 : 39 (R.S. quoted).– Klunzinger, 1871, 21 : 517, Quseir.– Day, 1875 : 128, Pl. 31, fig. 5 (R.S. quoted).– Boulenger, 1895, 1 : 340–341 (R.S. quoted).– Weber & Beaufort, 1929, 5 : 375–377 (R.S. quoted).– Fowler & Bean, 1930, 10 : 313–316 (R.S. quoted).– Fowler, 1945, 26 (1) : 122 (R.S. quoted).– Smith, 1949 : 186, Fig. 410, S. Africa.– Marshall, 1952, 1 (8) : 229, Abu-Zabad.– Clark, Ben-Tuvia & Steinitz, 1968 (49) : 21, Entedebir.

71   **THERAPONIDAE**

G: 2
Sp: 4

71.1   *PELATES* Cuvier, 1829   Gender: M
Règne anim. 2 : 148 (type species: *Holocentrus quadrilineatus* Bloch, 1790, by
monotypy).

71.1.1   *Pelates quadrilineatus* (Bloch, 1797)
Holocentrus quadrilineatus Bloch, 1797, *Naturgesch. ausl. Fische* 4 : 82–83,
Pl. 238, fig. 2, Orient. Syntypes: ZMB 449 (2 ex.).
Therapon (Pelates) quadrilineatus.– Klunzinger, 1884 : 26, Red Sea.
Pelates quadrilineatus.– Weber & Beaufort, 1931, 6 : 161–163 (R.S. quoted).– Smith,
1949 : 184, Pl. 15, fig. 402, S. Africa.

71.2   *THERAPON* Cuvier, 1817 [1816]   Gender: N
Règne anim. 2 : 295 (*Terapon*, lapsus calami or misprint, in Cloquet, 1819, *Thera-
pon*) (type species: *Holocentrus servus* Bloch, 1790, by subs. design. of Bleeker,
1876).

71.2.1   *Therapon jarbua* (Forsskål, 1775)
Sciaena jarbua Forsskål, 1775, *Descr. Anim.* : xii, 50, Jiddah, Suez. Lectotype:
ZMUC P-43571, Red Sea; Paralectotype: ZMUC P-43572, Red Sea (dried skin).
Sciaena jarbua.– Klausewitz & Nielsen, 1965 : 20, Pl. 18, fig. 34, Jiddah, Suez.
Therapon jarbua.– Klunzinger, 1870, 20 : 729–730, Quseir; 1884 : 26, Quseir.– Day,
1875 : 69–70, Pl. 18, fig. 4 (R.S. quoted).– Picaglia, 1894, 13 : 24, Red Sea.–
Borsieri, 1904 (3), 1 : 195, Massawa, Dahlak Arch.–Boulenger, 1915, 3 : 113,
Fig. 86, Red Sea.– Borodin, 1930, 1 (2) : 50, Red Sea.– Weber & Beaufort, 1931,
6 : 147–150, Fig. 5 (R.S. quoted).– Fowler, 1931, 83 : 247, P. Sudan.– Gruvel &
Chabanaud, 1937, 35 : 19, P. Suez.– Smith, 1949 : 183–184, Fig. 401, S. Africa.–
Marshall, 1952, 1 : 228–229, Abu-Zabad, Sharm esh Sheikh.– Tortonese, 1968
(51) : 16, Elat.
Terapon jarbua.– Fowler, 1931b, 11 : 330–337, Figs 25–26, Red Sea.– Tortonese,
1935–36 [1937], 65 : 180–81 (sep. : 30–31), Massawa.– Klausewitz, 1967c
(2) : 52, 57, Sarso Isl.– Fowler, 1945, 26 : 122 (R.S. quoted).– Ben-Tuvia &
Steinitz, 1952 (2) : 7, Elat.– Vari, 1978, 159 : 255–259, Figs. 47–48, Sharm esh
Sheikh.
Holocentrus servus Bloch, 1790, *Naturgesch. ausl. Fische* 4 : 80. Syntypes: ZMB 439,
8724 (skin), 8725 (skin), 8727 (skin), Japan (syn. v. Klunzinger and v. W.B.).
Therapon servus.– Cuvier, in Cuv. Val., 1829, 3 : 125, Red Sea.– Rüppell, 1838 : 95,
Red Sea; 1852 : 4, Red Sea.– Günther, 1859, 1 : 278–280, Red Sea.– Playfair
& Günther, 1866 : 22 (R.S. quoted).– Martens, 1866, 16 : 378, Abu-Amameh
Harbour, Red Sea.

71.2.2   *Therapon puta* Cuvier, 1829
Therapon puta Cuvier, in Cuv. Val., 1829, *Hist. nat. Poiss.* 3 : 131–133. Syntypes:
MNHN 7930, Mahé, 7932, Pondichery, A-5421, Pondichery.
Therapon puta.– Klunzinger, 1884 : 26, Red Sea.– Weber & Beaufort, 1931, 6 : 143–
145 (R.S. quoted).– Fowler, 1931, 11 : 328–330 (R.S. quoted).
Terapon puta.– Vari, 1978, 159 : 262–264, Figs 52–53 (R.S. quoted).
Therapon ghebul Ehrenberg, in Cuv. Val., 1829, *Hist. nat. Poiss.* 2 : 133. Type: MNHN
7904, Red Sea (syn. v. Klunzinger, 1884 and v. W.B.).– Günther, 1859, 1 : 281
(R.S. quoted).– Klunzinger, 1870, 20 : 728–729, Red Sea.

71.2.3   *Therapon Theraps* Cuvier, 1829
Therapon Therapas Cuvier, in Cuv. Val., 1829, *Hist. nat. Poiss.* 3 : 129–131, Fig.

53. Holotype: MNHN A-5518, Indian Ocean; Paratypes: MNHN 7901, Java, A-210 (2 ex.), Java.

Therapon theraps.– Rüppell, 1838 : 95, Red Sea; 1852 : 4, Red Sea.– Klunzinger, 1870, **20** : 728, Red Sea; 1884 : 26, Red Sea.– Borsieri, 1904, (3), **1** : 194, Massawa, Rig Rig, Dahlak.– Weber & Beaufort, 1931, **6** : 145–147, Fig. 26 (1–4) (R.S. quoted).– Smith, 1953 : 183, Pl. 104, fig. 400, S. Africa.

Terapon Theraps.– Fowler, 1931b, **11** : 337–340, Glen Isl. (Red Sea).– Vari, 1978, **159** : 259–262, Figs 49–51 (R.S. quoted).

72   KUHLIIDAE

G: 1
Sp: 1

72.1   *KUHLIA* Gill, 1861 [1862]   Gender: F

Proc. Acad. Sci. nat. Philad. **13** : 48 (type species: *Perca ciliata* Cuvier, in Cuv. Val., 1828, by orig. design.).

Dules Cuvier, in Cuv. Val., 1829, *Hist. nat. Poiss.* **3** : 111 (type species: *Dules auriga* Cuvier, 1829, by orig. design.).

72.1.1   *Kuhlia mugil* (Schneider, 1801)

Sciaena mugil [Forster II : 110 MS] Schneider, in Bloch & Schneider, 1801, *Syst. Ichthyol.* : 541, Otaiti.

Dules taeniurus Cuvier, in Cuv. Val., 1829, *Hist. nat. Poiss.* **3** : 114–116. Type: MNHN A-994, Java (syn. acc. to Randall, 1973 (11) : 187).

Dules taeniurus.– Fowler & Bean, 1930, **10** : 172–173 (R.S. quoted).– Ben-Tuvia & Steinitz, 1952 (2) : 6, Elat.– Smith, 1949 : 187, Fig. 412, S. Africa.

Kuhlia taeniura.– Weber & Beaufort, 1929, **5** : 273–274 (R.S. quoted).

73   PRIACANTHIDAE

G: 2
Sp: 3

73.1   *PRIACANTHUS* (Cuvier) Oken, 1817   Gender: M

Isis, Jena : 1782 [1182] (on Cuvier, 1816 : 281, "Priacanthe" vernacular (type species: *Anthias macrophthalmus* Bloch, 1785, by monotypy).

73.1.1   *Priacanthus boops* (Schneider, 1801)*

Anthias boops Schneider in Bloch & Schneider, 1801, *Syst. Ichthyol.* : 308 (based on Forster MS IV : 31 = Forster, 1844, *Descr. Anim.* : 411, and G. Forster drawing 219 in BMNH, type locality St Helena).

Priacanthus boops.– Gruvel & Chabanaud, 1937, **35** : 19, Suez Canal.– Smith, 1949 : 184, Fig. 404, S. Africa.

73.1.2   *Priacanthus hamrur* (Forsskål, 1775)

Sciaena hamrur Forsskål, 1775, *Descr. Anim.* : xi, 45, Jiddah, Lohaja. Lectotype: ZMUC P-4773 (dried skin), Red Sea; Paralectotype: ZMUC P-4774 (dried skin), Red Sea.

Sciaena hamrur.– Klausewitz & Nielsen, 1965 : 18, Pl. 11, fig. 24, Red Sea.

Anthias hamrur.– Bloch & Schneider, 1801 : 307, Red Sea (on Forsskål).

Priacanthus hamrur.– Rüppell, 1838 : 95, Red Sea; 1852 : 4, Red Sea.– Günther, 1859, **1** : 219 (R.S. quoted).– Playfair & Günther, 1866 : 18 (R.S. quoted).–

109

Klunzinger, 1870, **20** : 708–709, Quseir; 1884 : 17–18, Red Sea.– Boulenger, 1895, **1** : 355–356, Red Sea.– Weber & Beaufort, 1929, **5** : 384–386, Fig. 93 (R.S. quoted).– Fowler, 1931b, **11** : 74–77 (R.S. quoted).– Tortonese, 1935–36 [1937], **45** : 157 (sep. : 27), Massawa.– Fowler, 1945, **26** : 122 (R.S. quoted).– Smith, 1949 : 185, Pl. 15, fig. 406, S. Africa.– Ben-Tuvia & Steinitz, 1952 (2) : 7, Elat.– Kotthaus, 1970a (6) : 55, Figs 321, 233, Farasan Isl.

Priacanthus hamruhr.– Günther, 1859, **1** : 219 (R.S. quoted).

Priacanthus blochii Bleeker, 1853c, *Natuurk. Tijdschr. Ned.-Indië* **4** : 456 (syn. v. W.B.).– Day, 1875 : 48, Pl. 8, fig. 2 (R.S., pass. ref.).

73.2   *PRISTIGENYS* **Agassiz, 1839**   Gender: M

Neues Jahrb. Mineral 1835 : 299, nomen nudum. *Rech. poiss. foss.* 1839, **4** : 136 (type species: *Pristigenys macrophthalmus,* Agassiz, by orig. design.).

73.2.1   *Pristigenys niphonius* **(Cuvier), in Cuv. Val., 1829**

Priacanthus niphonius Cuvier, in Cuv. Val., 1829, *Hist. nat. Poiss.* **3** : 107, Japan.

Pristigenys niphonius.– Weber & Beaufort, 1829, **5** : 390–392, Indian Ocean.– Ben-Tuvia (in press), Nuweiba.

Pseudopriacanthus niphonius.– Smith, 1951 : 517, Pl. 106, fig. 406a, S. Africa.

74   APOGONIDAE*

G: 7
Sp: 39

74.1   *APOGON* **Lacepède, 1801***   Gender: M

Hist. nat. Poiss. **3** : 411 (type species: *Apogon ruber* Lacepède, 1801, by monotypy).

Amia Gronow, 1763, *Zoophylac.* : 80. Non-binominal, rejected.

Apogonichthyoides Smith, 1949 : 209 (type species: *Amia uninotatus* Smith & Radcliffe, in Radcliffe, 1912, by orig. design. and monotypy).

? *Ostorhinchus* Lacepède, 1802, **4** : 23, nomen dubium (type species: *Ostorhinchus fleurieu* Lacepède, by monotypy).

APOGON **Fraser, 1972 [subgenus]**

Fraser, 1972, *Ichthyol. Bull. Rhodes Univ.* (34) : 18.

74.1.1   *Apogon (Apogon) coccineus* **Rüppell, 1838**

Apogon coccineus Rüppell, 1838, *Neue Wirbelth., Fische* : 88, Pl. 22, fig. 5. Holotype: SMF 973, Massawa; Paratypes: SMF 4704–06, Massawa; 1852 : 2, Red Sea.

Apogon coccineus.– Klunzinger, **20** : 710, Quseir; 1884 : 20, Red Sea.– Klausewitz, 1959b, **40** (5–6) : 256, Fig. 3, Ghardaqa.– Abel, 1960a, **49** : 442, Ghardaqa.– Smith, 1961b (22) : 387, Pl. 49C (R.S. quoted).

Apogon igneus Ehrenberg, in Klunzinger, 1870, *Verh. zool.-bot. Ges. Wien.* **20** : 710, Red Sea (noted as syn. in footnote).

Apogon erythrinus Snyder, 1902, *Bull. U.S. Fish Commn* **22** : 526, Pl. 9, fig. 17, Hawaii (syn. v. Smith, and Randall in lit.).– Lachner, in Schultz et al., 1953, **1** : 446–448, Red Sea.

Apogon (Apogon) erythrinus.– Fraser, 1972 (34) : 18.

LEPIDAMIA **Gill, 1864 [subgenus]**

The subgenus *Lepidamia* was proposed as a genus by Gill, 1863 [1864], *Proc.*

Acad. nat. Sci. Philad. **15** : 81 (type species: *Apogon kalosoma* Bleeker, 1852, by monotypy). It was retained as a subgenus by Fraser, 1972 (34) : 18.

74.1.2   *Apogon (Lepidamia) multitaeniatus* [Ehrenberg MS] **Cuvier**, 1828
Apogon multitaeniatus [Ehrenberg MS] Cuvier, in Cuv. Val., 1828, *Hist. nat. Poiss.* **2** : 159, Red Sea. Type: MNHN, apparently lost.
Apogon multitaeniatus.– Rüppell, 1829 : 47, Red Sea (footnote).– Klunzinger, 1870, **20** : 713, Quseir; 1884 : 20, Red Sea.– Weber & Beaufort, 1929, **5** : 291–292 (R.S. quoted).
Lepidamia multitaeniata.– Smith, 1961b (22) : 381, Pl. 49A (R.S. quoted).– Clark Ben-Tuvia & Steinitz, 1968 (49) : 21, Entedebir.
Apogon [Lepidamia] multitaeniatus.– Fraser, 1972 (34) : 18.

NECTAMIA **Jordan**, 1917 [subgenus]
The subgenus *Nectamia* was proposed as a genus by Jordan, 1917, *Copeia* (44) : 46 (type species: *Apogon fuscus* Quoy & Gaimard, 1825, by orig. design. and monotypy). It was retained as a subgenus by Fraser, 1972 (34) : 18.
Apogonichthyoides Smith, 1949, *Sea Fishes S. Africa* : 209 (type species: *Amia uninotatus* Smith & Radcliffe, in Radcliffe, 1912, by orig. design. and monotypy) (syn., Fraser in lit.).
Ostorhinchus Lacepède, 1802, *Hist. nat. Poiss.* **4** : 23 (type species: *Ostorhinchus fleurieu* Lacepède, by monotypy). Acc. to Fraser, 1972 (34) : 24, it is nomen dubium (syn., Fraser in lit.).
Jaydia Smith, 1961b, *Ichthyol. Bull. Rhodes Univ.* (22) : 392 (type species: *Apogon ellioti* Day, 1875, by orig. design.) (syn., Fraser in lit.).

74.1.3   *Apogon (Nectamia) angustatus* (**Smith & Radcliffe**, 1911)
Amia angustata Smith & Radcliffe, 1911, *Proc. U.S. natn. Mus.* **41** : 253, Fig. 1, Malanipa Isl. (Philippines).
Ostorhynchus angustatus.– Smith, 1961b (22) : 401, Pl. 46, fig. J, Red Sea.

74.1.4   *Apogon (Nectamia) annularis* **Rüppell**, 1829
Apogon annularis Rüppell, 1829, *Atlas Reise N. Afrika, Fische* : 48. Lectotype: SMF 1774, Et Tur; Paralectotypes: SMF 4679–81, Et Tur.; 1838 : 85, Et Tur; 1852 : 2, Red Sea.
Apogon annularis.– Günther, 1859, **1** : 239 (R.S. quoted).– Playfair & Günther, 1866 : 20 (R.S. quoted).– Klunzinger, 1870, **20** : 713–714, Quseir.– Kossmann & Räuber, 1877a, **1** : 385, Red Sea; 1877b : 8, Red Sea.– Bamber, 1915, **31** : 480, W. Red Sea.
Ostorhynchus annularis.– Smith, 1961b (22) : 398, Pl. 47C, Red Sea.– Clark, Ben-Tuvia & Steinitz, 1968 (49) : 21, Entedebir.
Apogon aureus annularis.– Klausewitz, 1959b, *Senckenberg. biol.* **40** (5–6) : 252– 254, Figs 6–8, Ghardaqa (syn. v. Smith); 1967c (2) : 61, Sarso Isl.– Abel, 1960a, **49** : 442, Ghardaqa.
Apogon erdmani Lachner, 1951, *Proc. U.S. natn. Mus.* **101** : 595–596, Pl. 18A. Holotype: USNM 147518, Jiddah; Paratypes: USNM 112040 (21 ex.), Jiddah, 147522, Jiddah (syn. v. Smith).

74.1.5   *Apogon (Nectamia) bandanensis* **Bleeker**, 1854
Apogon bandanensis Bleeker, 1854a, *Natuurk. Tijdschr. Ned.-Indië* **6** : 95–96. Syntypes: RMNH 5504 (2 ex.), Banda Neira.
Apogon bandanensis.– Klunzinger, 1884 : 21–22, Red Sea.– Weber & Beaufort, 1929, **5** : 317–319 (R.S. quoted).– Roux-Estève & Fourmanoir, 1955, **30** : 197, Abu Latt.– Roux-Estève, 1956, **32** : 72, Abu Latt.– Steinitz & Ben-Tuvia, 1955, (11) : 5, Elat.

Amia bandanensis.– Fowler & Bean, 1930, **10** : 40–44 (R.S. quoted). Acc. to Smith, 1961b (22) : 404, doubtful identification, possibly *Amia savayensis.*
Apogon (Nectamia) bandanensis.– Fraser, 1972 (34) : 18.

74.1.6   ***Apogon (Nectamia) cyanosoma* Bleeker, 1853**
Apogon cyanosoma Bleeker, 1853e, *Natuurk. Tijdschr. Ned.-Indië* **5** : 71–72. Holotype: RMNH 5595, Lawajong.
Apogon cyanosoma.– Klunzinger, 1870, **20** : 714, Quseir.– Weber & Beaufort, 1929, **5** : 315–316 (R.S. quoted).– Steinitz & Ben-Tuvia, 1955 (11) : 5, Elat.
Apogon (Amia) cyanosoma.– Klunzinger, 1884 : 20, Quseir.
Amia cyanosoma.– Fowler & Bean, 1930, **10** : 46–48 (R.S. quoted).
Ostorhynchus cyanosoma.– Smith, 1961 (22) : 403, Pl. 48H, Red Sea.
Apogon (Nectamia) cyanosoma.– Fraser, 1972 (34) : 18.
Apogon chrysotaenia (not Bleeker) Klausewitz, 1959b, **40** (5–6) : 255, Figs 2, 9, Elat, Ghardaqa; 1967c : 61, Sarso Isl.– Abel, 1960a, **49** : 445, Ghardaqa.– Magnus, 1964, **27** : 405, Ghardaqa; 1967b (5) : 652, Fig. 10, Red Sea (misidentification v. Smith).

74.1.7   ***Apogon (Nectamia) endekataenia* Bleeker, 1852**
Apogon endekataenia Bleeker, 1852d, *Natuurk. Tijdschr. Ned.-Indië* **3** : 449–450. Holotype: RMNH 5593, Banka, Lepar Isl.
Apogon endekataenia.– Day, 1875 : 59, Pl. 16, fig. 7 (R.S. quoted).– Pellegrin, 1904, **10** : 544, Red Sea.– Weber & Beaufort, 1929, **5** : 306–307, Indian Ocean.– Fowler & Bean, 1930, **10** : 50–51 (R.S. quoted).– Marshall, 1952, **1** (8) : 229–230, Abu-Zabad.
Ostorhynchus endekataenia.– Smith, 1961b (22) : 399–400, Pls 46I, 47E, Red Sea.
Apogon fasciatus (not Shaw in White, 1790).– Klunzinger, 1870, **20** : 712–713, Quseir (syn. v. Smith); 1884 : 20–21, Red Sea.– Günther, 1873 : 19 (R.S. quoted).– Weber & Beaufort, 1929, **5** : 302–305 (R.S. quoted) (misidentification v. Smith).
Apogon (Nectamia) endekataenia.– Fraser, 1872 (34) : 18.
Apogon novemfasciatus (not Cuvier [C.V.]).– Ben-Tuvia & Steinitz, 1952 (2) : 6, Elat.– Roux-Estève & Fourmanoir, 1955, **30** : 197, Abu Latt.– Roux-Estève, 1956, **32** : 72, Abu Latt.
Amia novemfasciatus.– Fowler & Bean, 1930, **10** : 56–58 (R.S. quoted) (misidentification v. Smith).

74.1.8   ***Apogon (Nectamia) fleurieu* (Lacepède, 1802)***
Ostorhynchus fleurieu Lacepède, 1802, *Hist. nat. Poiss.* **3** : 23, **4** : 24–25, Pl. 32, fig. 2 (based on descr. by Commerson, Great Equatorial Ocean).
Ostorhinchus fleurieu.– Smith, 1961b (22) : 399, Pl. 46D, Red Sea.
Amia fleurieu.– Fowler & Bean, 1930, **10** : 84–88 (R.S. quoted).
Apogon annularis (not Rüppell).– Klunzinger, 1870, **20** : 713–714, Quseir.– Bamber, 1915, **13** : 480, W. Red Sea (misidentification v. Smith).
Centropomus aureus Lacepède, 1802, *Hist. nat. Poiss.* **4** : 253, 273, Mauritius, Reunion (based on descr. by Commerson) (syn. v. Smith).
Apogon aureus.– Day, 1875 : 61–62, Pl. 16, fig. 8 (R.S. quoted).– Klunzinger, 1884 : 22, Quseir (on *Apogon annularis* Klunzinger, 1870).– Borsieri, 1904 (3), **1** : 190, Massawa.– Weber & Beaufort, 1929, **5** : 319–321 (R.S. quoted) (in part).

74.1.9   ***Apogon (Nectamia) fraxineus* (Smith, 1961)**
Apogonichthyoides fraxineus Smith, 1961b (22), *Ichthyol. Bull. Rhodes Univ.* (22) : 396, Pl. 48D. Holotype: RUSI 356, Red Sea.
Apogon monochrous (not Bleeker).– Klunzinger, 1870, **20** : 715, Quseir.
Amia monochroa.– Fowler & Bean, 1930, **10** : 90 (R.S. quoted) (misidentification v. Smith).
Apogon (Nectamia) fraxineus.– Fraser, 1972 (34) : 18.

74.1.10   *Apogon (Nectamia) heptastigma* [Ehrenberg MS] Cuvier, 1828
   Apogon heptastigma [Ehrenberg MS] Cuvier, in Cuv. Val., 1828, *Hist. nat. Poiss.*
   2 : 160, Red Sea. Type: MNHN, apparently lost.
   Apogon heptastigma.– Günther, 1 : 231 (R.S. quoted).– Klunzinger, 1870, 20 :
   714–715, Red Sea.– Kossmann & Räuber, 1877a, 1 : 385, Red Sea; 1877b : 8,
   Red Sea.
   Apogon (Amia) heptastigma.– Klunzinger, 1884 : 22, Red Sea.
   Ostorhynchus heptastigma.– Smith, 1961b (22) : 401–402, Pl. 50J, Red Sea.
   Apogon enneastigma Rüppell, 1838, *Neue Wirbelth., Fische* : 87, Pl. 22, fig. 3. Lecto-
   type: SMF 1065, Massawa; Paralectotypes: SMF 12130 (2 ex.), Massawa (syn. v.
   Klunzinger); 1852 : 2, Red Sea.– Günther, 1859, 1 : 236 (R.S. quoted).

74.1.11   *Apogon (Nectamia) hungi* (Fourmanoir, 1967)
   Jaydia hungi Fourmanoir, 1967, *Bull. Mus. Hist. nat., Paris* 39 (2): 265–266,
   Fig. 1. Holotype: MNHN 1965-711, Gulf of Suez.
   Jaydia ellioti (not Day).– Smith, 1961b (22) : 392–393, Fig. 7, Red Sea (misidentifi-
   cation v. Fourmanoir) (may be *ellioti*, Fraser in lit.).

74.1.12   *Apogon (Nectamia) kiensis* Jordan & Snyder, 1901
   Apogon kiensis Jordan & Snyder, 1901, *J. Coll. Sci. imp. Univ. Tokyo* 15 : 905,
   Fig. 9. Holotype: SU 6514, Wakanoura; Paratype: USNM 49881, Wakanoura.
   Apogon kiensis.– Smith, 1961b (22) : 388, Fig. 5, Red Sea.
   Apogon (Nectamia) kiensis.– Fraser, 1972 (34) : 18.

74.1.13   *Apogon (Nectamia) micromaculatus* (Kotthaus, 1970)
   Ostorhynchus micromaculatus Kotthaus, 1970b, *Meteor Forsch.-Ergebn.* (6) :
   70–72, Figs 254, 255, 260. Holotype: ZIM 5050, S. Red Sea; Paratypes: ZIM
   5051 (10 ex.), Red Sea, 5052 (4 ex.), Somalia, 5053 (3 ex.), Somalia.

74.1.14   *Apogon (Nectamia) nigripinnis* Cuvier, 1828
   Apogon nigripinnis (Cuvier, in Cuv. Val., 1828, *Hist. nat. Poiss.* 2 : 152–153. Type:
   MNHN 8694, Pondichery.
   Apogon nigripinnis.– Weber & Beaufort, 1929, 5 : 321–322, Indian Ocean.
   Apogonichthyoides nigripinnis.– Smith, 1961b (22): 395–396, Pl. 48A, 52C, D
   (R.S. quoted).
   Apogon pharaonis Bellotti, 1874, *Atti Soc. ital. Sci. nat.* 17 : 264–265, Suez. Type lost
   (syn. v. Smith).
   Apogon suezii Sauvage, 1883, *Bull. Soc. philomath. Paris* 7 : 156. Type: MNHN 5137,
   Suez (syn. v. Smith).
   Apogon thurstoni Day, 1888 : *Fishes of India, Suppl.* : 784. Paratype: BMNH
   1889.8.17.2, Madras; Holotype lost (syn. v. Smith).– Norman, 1927, 32 : 379,
   Lake Timsah, Bitter Lake (syn. v. Smith).– Gruvel & Chabanaud, 1937, 35 : 16,
   Suez Canal.– Tortonese, 1948, 33 : 279, Fig. 1, Lake Timsah.
   Cheilodipterus thurstoni.– Chabanaud, 1932, 4 (7) : 828, Suez Canal, Bitter Lake.

74.1.15   *Apogon (Nectamia) nubilus* Garman, 1903
   Apogon nubilus Garman, 1903, *Bull. Mus. comp. Zool. Harv.* 39 : 229–230, Pl. 1,
   fig. 1. Type: MCZ 28315, Suva Reef (Fiji Isls).
   Apogon nubilus.– Lachner, 1951 : 600–604, Pl. 18C, Red Sea.
   Ostorhynchus nubilus.– Smith, 1961b : 398, Pl. 50L (R.S. quoted).– Clark, Ben-Tuvia
   & Steinitz, 1968 : 21, Entedebir.
   Apogon (Nectamia) nubilus.– Fraser, 1972 (34) : 19.

74.1.16   *Apogon (Nectamia) quadrifasciatus* Cuvier, 1828
   Apogon quadrifasciatus Cuvier, in Cuv. Val., 1828, *Hist. nat. Poiss.* 2 : 153, Pondi-
   chery. Holotype: MNHN 865, Pondichery.

Ostorhynchus quadrifasciatus.– Smith, 1961b : 404, Pl. 48G, Red Sea.– Kotthaus, 1970b : 69–70, Figs 253, 260, S. Red Sea.

74.1.17   *Apogon (Nectamia) queketti* **Gilchrist**, 1903
Apogon queketti Gilchrist, 1903, *Mar. Invest. S. Afr.* **2** : 206, Pl. 14, Natal. Syntypes: SAM 11657, 11658 (5 ex.), Natal. Probable syntype: BMNH 1903.1.29.3, Natal.
Jaydia queketti.– Smith, 1961b (22) : 393, Pl. 47G, Red Sea.
Apogon (Nectamia) queketti.– Fraser, 1972 (34) : 19.

74.1.18   *Apogon (Nectamia) spongicolus* **(Smith**, 1965)
Ostorhynchus spongicolus Smith, 1964b [1965], *Mag. nat. Hist.* **7** : 529–531, Fig. 1. Holotype: RUSI 354, Entedebir; Paratypes: RUSI 354-A (2 ex.), Entedebir, Kenya.

74.1.19   *Apogon (Nectamia) taeniatus* [Ehrenberg MS] **Cuvier**, 1828*
Apogon taeniatus [Ehrenberg MS] Cuvier, in Cuv. Val., 1828, *Hist. nat. Poiss.* **2** : 158. Syntypes: MNHN 8693 (2 ex.), Red Sea.
Apogon taeniatus.– Rüppell, 1829 : 48, Red Sea; 1838 : 87, Jiddah; 1852 : 2, Red Sea.– Günther, 1859, **1** : 234 (R.S. quoted).– Klunzinger, 1870, **20** : 712, Quseir.– Day, 1875 : 59, Pl. 8, fig. 4 (R.S. quoted).– Giglioli, 1888, **6** : 69, Assab.– Picaglia, 1894, **13** : 25, Massawa.– Weber & Beaufort, 1929, **5** : 307–309 (R.S. quoted).– Budker & Fourmanoir, 1954 (3) : 323, Ghardaqa.– Roux-Estève & Fourmanoir, 1955, **30** : 197, Abu Latt.– Roux-Estève, 1956, **32** : 72, Abu Latt.– Klausewitz, 1959b, **40** (5–6) : 257–258, Fig. 4, Gulf of Suez; 1967c (2) : 61, Sarso Isl.
Apogonichthyoides taeniatus.– Smith, 1961b (22) : 394–395, Pls 47K, 50D, 52A,B, Red Sea.
Amia taeniata.– Fowler & Bean, 1930, **10** : 33–34 (R.S. quoted).
Apogon (Nectamia) taeniatus.– Fraser, 1972 (34) : 19.
Apogon bifasciatus Rüppell, 1838, *Neue Wirbelth., Fische* : 86–87, Pl. 22, fig. 2. Syntypes: SMF 4622–23, Jiddah (syn. v. Smith); 1852 : 2, Red Sea.– Günther, 1859, **1** : 238, Red Sea.– Playfair & Günther, 1866 : 20 (R.S. quoted).– Klunzinger, 1870, **20** : 711–712, Quseir; 1884 : 21, Pl. 3, fig. 5, Red Sea.– Day, 1875 : 62, Pl. 16, fig. 9 (R.S. quoted).– Borsieri, 1904 (3), **1** : 190–191, Nocra.

PRISTIAPOGON **Klunzinger**, 1870 [subgenus]
The genus *Pristiapogon* was proposed as a subgenus by Klunzinger, 1870, *Verh. zool.-bot. Ges. Wien* **20** : 715 (type species: *Apogon frenatus* Valenciennes, 1832, by monotypy). It was retained as a subgenus by Fraser, 1972 (34) : 19.

74.1.20   *Apogon (Pristiapogon) fraenatus* **Valenciennes**, 1832
Apogon fraenatus Valenciennes, 1832, *Nouv. Ann. Mus. Hist. nat. Paris* **1** : 57–58, Pl. 4, fig. 4. Syntypes: MNHN 8709, New Guinea, 8710 (2 ex.), Guam 8711, Guam.
Apogon fraenatus.– Günther, 1873 (3) : 19, Pl. 19, fig. 8 (R.S. quoted).– Weber & Beaufort, 1929, **5** : 295–297 (R.S. quoted).– Ben-Tuvia & Steinitz, 1952 (2) : 6, Elat.– Klausewitz, 1959b, **40** (5–6) : 256–257, Fig. 5, Ghardaqa.– Abel, 1960a, **49** : 442, Gharda.
Pristiapogon fraenatus.– Smith, 1961b (22) : 389, Pls 51F, 52E (R.S. quoted).– Clark, Ben-Tuvia & Steinitz, 1968 (49) : 21, Entedebir.
Amia frenata.– Fowler & Bean, 1930, **10** : 72–75 (R.S. quoted).
Apogon (Pristiapogon) fraenatus.– Fraser, 1972 (34) : 19.

74.1.21   *Apogon (Pristiapogon) kallopterus* **Bleeker**, 1856
Apogon kallopterus Bleeker, 1856a, *Act. Soc. Sci. Indo-Neerl.* **1** : 33. Holotype: RMNH 5592, Celebes.

Apogon snyderi Jordan & Evermann, 1902, *Bull. U.S. Fish Commn*, 22 : 180. Holotype:
USNM 50640, Honolulu; Paratypes: USNM 50641 (3 ex.), Honolulu; SU 7459
(7 ex.), Honolulu, 3333 (3 ex.), Honolulu, 7154, Honolulu (syn., Randall in lit.).
Pristiapogon snyderi.– Smith, 1961b (22) : 390, Pl. 49B, Red Sea.
Apogon (Pristiapogon) snyderi.– Fraser, 1972 (34) : 19.
Apogon (Pristiapogon) frenatus (not Valenciennes).– Klunzinger, 1870, 20 : 715–716,
Quseir; 1884 : 22, Red Sea (misidentification v. Smith).

YARICA Whitley, 1930 [subgenus]
The subgenus *Yarica* was proposed as a genus by Whitley, 1930c, *Mem. Qd Mus.*
10 : 12 (type species: *Apogon hyalosoma* var. *torresiensis* Castelnau, 1875, by orig.
design. and monotypy). It was retained as a subgenus by Fraser, 1972 (34) : 19.

74.1.22   *Apogon (Yarica) hyalosoma* **Bleeker**, 1853
Apogon hyalosoma Bleeker, 1853h, *Natuurk. Tijdschr. Ned.-Indië* 5 : 329–330,
Amboina. Type presumably lost (Boeseman in lit.).
Apogon hyalosoma.– Weber & Beaufort, 1929, 5 : 341–342, Indian Ocean.– Fowler &
Steinitz, 1956 : 275, Elat.– Smith, 1961b (22) : 404–405 (R.S. quoted, noted as
doubtful).
Apogon (Yarica) hyalosoma.– Fraser, 1972 (34) : 19.

ZORAMIA Jordan, 1917 [subgenus]
The subgenus *Zoramia* was proposed as a genus by Jordan, 1917, *Copeia* (44) : 46
(type species: *Apogon graffei* Günther, 1873, by orig. design.). It was retained as
a subgenus by Fraser, 1972 (34) : 19.

74.1.23   *Apogon (Zoramia) leptacanthus* **Bleeker**, 1857
Apogon leptacanthus Bleeker, 1856, *Natuurk. Tijdschr. Ned.-Indië* 12 : 204, E.
Indies.
Apogon leptacanthus.– Weber & Beaufort, 1929, 5 : 344–345, Indian Ocean.– Smith,
1961b (22) : 385, Pl. 46G, S. Africa.– Randall, *Red Sea Reef Fishes* 1983,
Jiddah.

74.1.a   *Amia fusca* (not *Apogon fuscus* Quoy & Gaimard, 1824).– Fowler & Bean, 1930,
10 : 59–62 (R.S. quoted on *Apogon cupreus* [Ehrenberg MS] Cuvier, in Cuv. Val.).

74.1.b   *Apogon cupreus* [Ehrenberg MS] Cuvier, in Cuv. Val., 1828, *Hist. nat. Poiss.* 2 : 158,
Red Sea. Type apparently lost.
Apogon cupreus.– Günther, 1859, 1 : 237 (R.S. quoted).– Smith, 1961a (22) : 404
"identity uncertain" (R.S. quoted).

74.1.c   *Apogon latus* [Ehrenberg MS] Cuvier, in Cuv. Val., 1829, *Hist. nat. Poiss.* 2 : 159, Red
Sea. Type apparently lost. (Acc. to Smith, 1961b (22) : 405, a doubtful species.)

74.2   *APOGONICHTHYS* Bleeker, 1854c   Gender: M
Verh. batav. Genoot. Kunst. Wet. 26 : 56 (type species: *Apogonichthys perdix*
Bleeker, 1854, by monotypy).

74.2.1   *Apogonichthys perdix* **Bleeker**, 1854
Apogonichthys perdix Bleeker, 1854c, *Natuurk. Tijdschr. Ned.-Indië* 6 : 321.
Holotype: RMNH 5616.
Apogonichthys perdix.– Steinitz & Ben-Tuvia, 1955 (11) : 5, Elat.– Smith, 1961b :
391, Pl. 47I (R.S. quoted).– Fraser, 1972 (34) : 9.
Apogon perdix.– Weber & Beaufort, 1929, 5 : 328–329, Indian Ocean.

Apogonidae

Apogon (Apogonichthys) infuscus Fourmanoir, in Roux-Estève & Fourmanoir, 1955, *Annls Inst. océanogr., Monaco* **30** : 197–198. Holotype : MNHN 52-298, Abu Latt (syn. v. Smith).– Roux-Estève, 1956, **32** : 72–73, Abu Latt.

74.2.a   *Apogonichthys zuluensis* Fowler, 1934. *Ann. Natal Mus.* **7** : 424, Fig. 10. Zululand.
           Apogon zuluensis.– Budker & Fourmanoir, 1954, **26** (3) : 323, Ghardaqa. (Acc. to Smith, 1961 (22) : 383, it is syn. of *Foa brachygramma*.)

74.3   *ARCHAMIA* Gill, 1864   Gender : F
           Proc. Acad. nat. Sci. Philad. **15** : 81 (type species: *Apogon bleekeri* Günther, 1859, by monotypy).

74.3.1   *Archamia fucata* (Cantor, 1850)
           Apogon fucatus Cantor, 1849 [1850], *J. Asiat. Soc. Bengal* **18** : 986–987. Type : BMNH 1860.3.19.353, Sea of Penang.
           Apogon fucatus.– Smith, 1961b (22) : 380–381, Pl. 46B, Red Sea.
           Archamia fucata.– Fraser, 1972 (34) : 25.

74.3.2   *Archamia lineolata* [Ehrenberg MS] **Cuvier**, 1828
           Apogon lineolatus [Ehrenberg MS] Cuvier, in Cuv. Val., 1828, *Hist. nat. Poiss.* **2** : 160, Red Sea. Holotype : MNHN, apparently lost.
           Apogon lineolatus.– Rüppell, 1829 : 47–48, Pl. 12, fig. 1, Massawa; 1838 : 85, Red Sea; 1852 : 2, Red Sea.– Günther, 1859, **1** : 244 (R.S. quoted).– Klunzinger, 1870, **20** : 710–711, Red Sea; 1884 : 19–20, Red Sea.– Weber & Beaufort, 1929, **5** : 347–349 (R.S. quoted).
           Archamia lineolata.– Fowler & Bean, 1930, **10** : 113–117 (R.S. quoted).– Lachner 1951, **101** : 591–599, Pl. 17A (R.S quoted).– Smith, 1961b (22) : 379–380, Pl. 50H (R.S. quoted).– Klausewitz, 1964a, **45** (2) : 128–129, Fig. 5, Ghardaqa.– Magnus, 1964, **27** : 404–417, Fig. 9, Ghardaqa; 1967b (5) : 635–664, Fig. 10, Red Sea.– Fraser, 1972 (34) : 25.

74.4   *CHEILODIPTERUS* Lacepède, 1801   Gender : M
           Hist. nat. Poiss. **3** : 539 (type species: *Cheilodipterus lineatus* Lacepède, 1801, by subs. design. of Cuvier, in Cuv. Val., 1828).
           Paramia Bleeker, 1863b, *Ned. Tijdschr. Dierk.* **1** : 233 (type species: *Cheilodipterus quinquelineatus* Cuvier, in Cuv. Val., 1828, by monotypy).

74.4.1   *Cheilodipterus bipunctatus* (Lachner, 1951)
           Paramia bipunctata Lachner, 1951, *Proc. U.S. natn. Mus.* **101** : 604–606, Pl. 18D. Holotype : USNM 147944, Rastanura (Persian Gulf).
           Paramia bipunctata.– Saunders 1960, **79** : 241, Red Sea.– Smith, 1961b (22) : 407, Pl. 50K (R.S. quoted).– Magnus, 1963 [1964], **27** : 404–417, Figs 1–7, Ghardaqa; 1967b : 635–664, Figs 10–12, Red Sea.– Klausewitz, 1964a, 45 (2) : 130–131, Fig. 7, Ghardaqa.
           Cheilodipterus bipunctatus.– Fraser, 1972 (34) : 16, Gulf of Aqaba.
           Apogon novemstriatus Rüppell, 1838, *Neue Wirbelth., Fische* : 85–86, Pl. 22, fig. 1, Massawa. Type lost; 1852 : 2, Red Sea (syn. v. Klausewitz).
           Cheilodipterus novemstriatus.– Abel, 1960a, **49** : 445, Ghardaqa.

74.4.2   *Cheilodipterus caninus* **Smith**, 1949
           Cheilodipterus caninus Smith, 1949, *Sea Fishes S. Africa* : 205, Pl. 22, fig. 472. Holotype : RUSI 352, Inhaca.
           Cheilodipterus caninus Smith, 1961b (22) : 408–409, Pl. 51C (R.S. quoted).
           Perca lineata (not Linnaeus).– Forsskål, 1775 : xi, 42, Jiddah (v. Smith (22) : 407).
           Cheilodipterus lineatus.– Rüppell, 1852 : 2, Red Sea.– Klunzinger, 1870, **20** : 717, Quseir.– Day, 1875 : 66, Pl. 18, figs 8–9 (R.S. quoted).– Borsieri, 1904 (3) **1** :

192, Dahlak, Sciumma.– Fowler & Bean, 1930, **10**:131–136 (R.S. quoted).–
Lachner, 1953, **1** (202): 482–483, Pl. 3, Red Sea.– Klausewitz, 1959b, **40**: 258–
260, Fig. 10, Red Sea; 1967c (2): 60–61, Sarso Isl.– Tortonese, 1968 (51): 15,
Elat (misidentification v. Smith and v. Klausewitz).
Chilodipterus lineatus.– Günther, 1859, **1**: 248 (R.S. quoted).– Playfair & Günther,
1866 : 21, Red Sea.– Klunzinger, 1884 : 23, Red Sea.
Perca arabica Gmelin, 1789, *Syst. Nat. Linn.* **1**: 1312 (on *Perca lineata*.– Forsskål)
(syn. v. Smith).– Bloch & Schneider, 1801 : 85–86 (R.S. on Forsskål).
Cheilodipterus arabicus.– Cuvier, in Cuv. Val., 1828, **2**: 165–166, Pl. 23, Jiddah,
Lohaja.– Abel, 1960a, **49**: 445, Ghardaqa.

74.4.3   *Cheilodipterus lachneri* Klausewitz, 1959b
         Cheilodipterus lachneri Klausewitz, 1959b, *Senckenberg. biol.* **40** (5–6): 260–262,
         Fig. 11. Holotype: SMF 4616, Ghardaqa; Paratype: SMF 4713, Ghardaqa; 1964a,
         45 : 129–130, Fig. 6, Ghardaqa; 1967c (2): 61, Sarso Isl.
         Cheilodipterus lachneri.– Smith, 1961b (22): 408, Pl. 50B,C, Red Sea.– Magnus,
         1964 : 404–417, Fig. 8, Ghardaqa; 1967b (5): 635–664, Red Sea.– Fraser, 1972
         (34) : 16, Gulf of Aqaba.

74.4.4   *Cheilodipterus lineatus* Lacepède, 1801
         Cheilodipterus lineatus Lacepède, 1801, *Hist. nat. Poiss.* **3** : 539, 543–544, Pl. 34,
         fig. 1. Holotype: MNHN 9143, Mauritius.
         Cheilodipterus lineatus.– Smith, 1961b (22) : 408–409, Pl. 51B (R.S. quoted).
         Cheilodipterus octovittatus Cuvier, in Cuv. Val., 1828, *Hist. nat. Poiss.* **2**: 163–165,
         Mauritius (based on the specimen–type of *Cheilodipterus lineatus* Lacepède).–
         Günther, 1859, **1**: 248 (R.S. quoted).– Playfair & Günther, 1866 : 21 (R.S.
         quoted).– Klunzinger, 1870, **20**: 717, Quseir; 1884 : 23, Red Sea.– Ben-Tuvia &
         Steinitz, 1952 (2) : 6, Elat.

74.4.5   *Cheilodipterus macrodon* (Lacepède, 1802)
         Centropomus macrodon Lacepède, 1802, *Hist. nat. Poiss.* **4** : 252, 273 (based on
         drawing by Commerson).
         Chilodipterus macrodon.– Klunzinger, 1884 : 23, Red Sea.
         Cheilodipterus macrodon.– Weber & Beaufort, 1929, **5** : 363–365 (R.S. quoted).–
         Roux-Estève & Fourmanoir, 1955, **30**: 197, Abu Latt.– Roux-Estève, 1956, **32** :
         71, Abu Latt.

74.4.6   *Cheilodipterus quinquelineatus* Cuvier, 1828
         Cheilodipterus quinquelineatus Cuvier, in Cuv. Val., 1828, *Hist. nat. Poiss.* **2**: 167–
         168. Holotype: MNHN 9147, Bora Bora, Society Isl.
         Cheilodipterus quinquelineatus.– Rüppell, 1838 : 89, Red Sea.– Günther, 1859, **1** :
         248–249 (R.S. quoted).– Klunzinger, 1870, **20**: 716, Red Sea.– Weber &
         Beaufort, 1929, **5** : 361–363 (R.S. quoted).– Fowler & Bean, 1930, **10**: 127–131
         (R.S. quoted).– Ben-Tuvia & Steinitz, 1952 (2): 6, Elat.– Marshall, 1952, **1** (8) :
         230, Abu-Zabad.– Roux-Estève & Fourmanoir, 1955, **30**: 197, Abu Latt.– Roux-
         Estève, 1956, **32** : 71, Abu Latt.– Fraser, 1972 (34) : 16.
         Chilodipterus quinquelineatus.– Playfair & Günther, 1866 : 22 (R.S. quoted).–
         Klunzinger, 1884 : 23, Red Sea.
         Paramia quinquelineata.– Smith, 1961 (22): 406, Pl. 51A (R.S. quoted).– Clark,
         Ben-Tuvia & Steinitz, 1968 (49): 21, Entedebir.– Magnus, 1967b : 656, Red Sea.

74.5   *FOWLERIA* Jordan & Evermann, 1902   Gender: F
         Bull. U.S. Fish Commn, **22** : 180 (type species: *Apogon auritus* Valenciennes, in
         Cuv. Val., 1831, by orig. design. and monotypy).

74.5.1 *Fowleria abocellata* **Goren & Karplus**, 1980
 Fowleria abocellata Goren & Karplus, 1980, *Zool. Meded. Leiden* **55** (20) : 232–234, 1 fig. Holotype: TAU 7377, Elat; Paratypes: TAU 7378 (2 ex.), Elat; RMNH 28022 (2 ex.), Elat.

74.5.2 *Fowleria aurita* (**Valenciennes**, 1831)
 Apogon auritus Valenciennes, in Cuv. Val., 1831, *Hist. nat. Poiss.* 7 : 443. Holotype: MNHN 8760, Mauritius.
 Apogon (Apogonichthys) auritus.– Klunzinger, 1870, **20** : 709–710, Red Sea; 1884 : 19, Red Sea.
 Apogon auritus.– Günther, 1873 (3) : 23 (R.S. quoted).– Day, 1875 : 63, Pl. 17, fig. 2, Suez, Massawa.– Pellegrin, 1904, **10**, 544, Red Sea.– Borsieri, 1904 (3), **1** : 191–192, Massawa.– Bamber, 1915, **31** : 480, W. Red Sea.– Weber & Beaufort, 1929, **5** : 325–327 (R.S. quoted).– Lachner, in Schultz et al., 1953, **1** (202) : 432, 442, 475–476, Red Sea.
 Apogonichthys auritus.– Günther, 1859, **1** : 246 (R.S. quoted).– Playfair & Günther, 1866 : 21 (R.S. quoted).– Kossmann & Räuber, 1877a, **1** : 385, Red Sea; 1877b : 8, Red Sea.– Kossmann, 1879, **2** : 21, Red Sea.– Klausewitz, 1959b, **40** (5–6) : 251–252, Fig. 1, Elat.
 Fowleria aurita.– Smith, 1961b (22) : 382–383, Pl. 51D, Red Sea.– Fraser, 1972 (34) : 11.– Goren & Karplus, 1980, **55** (20) : 232, Ras Muhammad.
 Apogon punctulatus Rüppell, 1838, *Neue Wirbelth., Fische* : 88, Pl. 22, fig. 4, Massawa. Holotype: SMF 1261; Paratypes: SMF 4685–6 (syn. v. Smith); 1852 : 2, Red Sea.

74.5.3 *Fowleria isostigma* (**Jordan & Seale**, 1906)
 Apogonichthys isostigma Jordan & Seale, 1905 [1906], *Bull. Bur. Fish., Wash.* **25** : 251. USNM 51736 (4 ex. incl. Holotype), Samoa; Paratypes: CAS(SU) 8687 (3 ex.) Samoa: BPBM 5326, Samoa.
 Fowleria isostigma.– Goren & Karplus, 1980, **55** (20) : 232, Musseri, Massawa.

74.5.4 *Fowleria marmorata* **Alleyne & Macleay**, 1877
 Apogonichthys marmoratus Alleyne & Macleay, 1877, *Proc. Linn. Soc. N.S.W.* **1** : 268, Pl. 5, fig. 2, Cape Grenville (N. Australia).
 Fowleria marmorata.– Goren & Karplus, 1980, **55** (20) : 232, Muqebla (Gulf of Elat).

74.5.5 *Fowleria variegata* (**Valenciennes**, 1832)
 Apogon variegatus Valenciennes, 1832, *Nouv. Ann. Mus. Hist. nat. Paris* **1** : 55, Mauritius. No type material.
 Apogon variegatus.– Bamber, 1915, **31** : 480, W. Red Sea.– Lachner, in Schultz et al., 1953, **1** : 475–476, Red Sea.
 Fowleria variegata.– Goren & Karplus, 1980, **55** (20) : 232, El Hamira, Et Tur.

74.6 *RHABDAMIA* **Weber**, 1909 Gender: F
 Notes Leyden Mus. **31** : 165 (type species: *Rhabdamia clupeiformes* Weber, by subs. design. of Jordan, 1920).

 BENTUVIAICHTHYS **Smith**, 1961 [subgenus]
 The subgenus *Bentuviaichthys* was proposed as a genus by Smith, 1961b, *Ichthyol. Bull. Rhodes Univ.* (22) : 412 (type species: *Bentuviaichthys nigrimentum* Smith, 1961, by orig. design. and monotypy). It was retained as a subgenus by Fraser, 1972 (34) : 28.

74.6.1 *Rhabdamia (Bentuviaichthys) nigrimentum* (**Smith**, 1961)
 Bentuviaichthys nigrimentum Smith, 1961b, *Ichthyol. Bull. Rhodes Univ.* (22) : 412–413, Pl. 50E. Holotype: RUSI 359, Red Sea.

Bentuviaichthys nigrimentum.− Kotthaus, 1970b (6) : 72−74, Figs 256, 257, 260, Subair Isl. (S. Red Sea).− Fraser, 1972 (34) : 28, Eritrea.

74.7   *SIPHAMIA* Weber, 1909   Gender: F
       Notes Leyden Mus. **31** : 168 (type species: *Siphamia tubifer*, Weber, 1909, by monotypy).

74.7.1 *Siphamia permutata* Klausewitz, 1966
       Siphamia permutata Klausewitz, 1966, *Senckenberg. biol.* **47** (3) : 217−222, Figs 1−3. Holotype: SMF 8265, Ghardaqa; Paratype SMF 8266−70, Ghardaqa.
       Siphamia permutata.− Magnus, 1967b : 657, Figs 10, 13, Red Sea.

75   SILLAGINIDAE

G: 1
Sp: 1

75.1   *SILLAGO* Cuvier, 1817   Gender: F
       Règne anim. **2** : 258 (type species: *Sillago acuta* Cuvier, 1817, by subs. design. of Gill, 1861).

75.1.1 *Sillago sihama* (Forsskål, 1775)
       Atherina sihama Forsskål, 1775, *Descr. Anim.* : xiii, 70. Holotype: ZMUC P-45164 (dried skin), Lohaja.
       Atherina sihama.− Klausewitz & Nielsen, 1965 : 27, Pl. 38, fig. 71, Lohaja.
       Sillago sihama.− Rüppell, 1828 : 9−11, Pl. 3, fig. 1, Red Sea; 1852 : 4, Red Sea.−
       Günther, 1860, **2** : 243−244, Red Sea.− Klunzinger, 1870, **20** : 818−819, Quseir; 1884 : 123, Red Sea.− Day, 1875 : 265, Pl. 57, fig. 3 (R.S. quoted).− Picaglia, 1894, **13** : 30, Massawa.− Tillier, 1902, **15** : 297, Suez Canal.− Weber & Beaufort, 1931, **6** : 172−173, Fig. 33 (R.S. quoted).− Fowler, 1933, **12** : 417−421, Red Sea; 1945, **1** : 12, Fig. 5 (R.S. quoted).− Tortonese, 1935−36 [1937], **45** : 183 (sep. : 33), Massawa.− Gruvel & Chabanaud, 1937, **35** : 25, Suez Canal.− Smith, 1949 : 204, Fig. 467, S. Africa.
       Platycephalus sihamus.− Bloch & Schneider, 1801 : 60 (R.S. on Forsskål).
       Sillago erythraea Cuvier, in Cuv. Val., 1829, *Hist. nat. Poiss.* **3** : 409−411. Syntypes: MNHN A-3127, Suez, A-3137, Massawa (syn. v. Günther and v. W.B.).

75.α   ACROPOMATIDAE

G: 1
Sp: 1

75.α.1 *ACROPOMA* Temminck & Schlegel, 1843   Gender: N
       Fauna Japonica (*Acropoma* sp.) **4** : 41 (type species: *Acropoma japonicum* Günther, 1859, by orig. design.).

75.α.1.1 *Acropoma japonicum* Günther, 1859
       Acropoma japonicum Günther, 1859, *Cat. Fishes Brit. Mus.* **1** : 250, Japan. Weber & Beaufort, 1929, **5** : 390−392, Indian Ocean.
       Acropoma japonicum.− Weber & Beaufort, 1929, **5** : 369−370, Indian Ocean.− Smith, 1949 : 212, Pl. 23, fig. 499, S. Africa.− Ben-Tuvia, 1982, Article 26, Nuweiba.

76   BRANCHIOSTEGIDAE

G: 3
Sp: 4

76.1   *BRANCHIOSTEGUS* Rafinesque, 1815   Gender: M
        Analyse nat. : 86 (type species: *Coryphenoides hottuynii* Lacepède, 1801, by
        monotypy).

76.1.1 *Branchiostegus sawakinensis* Amirthalingam, 1969
        Branchiostegus sawakinensis Amirthalingam, 1969, *Sudan Notes Rec.* **50** : 129–
        133, Textfig. 1, Pls 1–3. Holotype: BMNH 1969.3.12.1, Port Suakin (Sudan);
        Paratype: BMNH 1969.3.12.2, Port Suakin.
        Branchiostegus sawakinensis.– Clark & Ben-Tuvia, 1973 (60) : 73 (R.S. quoted).

76.2   *HOPLOLATILUS* Günther, 1887   Gender: M
        Proc. zool. Soc. Lond. : 550 (type species: *Latilus fronticinctus* Günther, by mono-
        typy).

        ASYMMETRURUS Clark & Ben-Tuvia, 1973 [subgenus]
        The subgenus *Asymmetrurus* was proposed as a genus by Clark & Ben-Tuvia, 1973,
        Bull. Sea Fish. Res. Stn Israel (60) : 68 (type species: *Asymmetrurus oreni* 1973,
        by monotypy). It was retained as a subgenus by Randall & Dooley, 1974 (2) :
        470.

76.2.1 *Hoplolatilus (Asymmetrurus) oreni* Clark & Ben-Tuvia, 1973
        Asymmetrurus oreni Clark & Ben-Tuvia, 1973, *Bull. Sea Fish. Res. Stn Israel*
        (60) : 70–73, Figs 6–8. Holotype USNM 208593, Massawa; Paratypes: HUJ 5841,
        6264, Massawa.
        Hoplolatilus (Asymmetrurus) oreni.– Randall & Dooley, 1974 (2) : 470, Figs 11–12,
        Tbs 1–3, Massawa.

76.3   *MALACANTHUS* Cuvier, 1829   Gender: M
        Règne anim. **2** : 264 (type species: *Coryphaena plumieri* Bloch, 1786 by mono-
        typy).

76.3.1 *Malacanthus brevirostris* Guichenot, 1848
        Malacanthus brevirostris Guichenot, 1848, *Rev. zool.* **11** : 14–15. Lectotype:
        MNHN A-3661 (selected by Dooley), Madagascar; Paralectotype: MNHN A-3662,
        Reunion.
        Malacanthus hoedtii Bleeker, 1859a, *Act. Soc. Sci. Indo-Neerl.* **6** : 18–19. Holotype:
        RMNH 6351, New Guinea (syn. v. Dooley).– Weber Beaufort, 1936, 7 : 549–550,
        Indian Ocean.– Marshall, 1952, **1** : 230, Sharm esh Sheikh.– Clark & Ben-Tuvia,
        1973 (60) : 63–68, Figs 1–4, Elat.
        Malacanthus brevirostris.– Dooley, 1978 : 58–60, Fig. 35.

76.3.2 *Malacanthus latovittatus* (Lacepède, 1801)
        Labrus latovittatus Lacepède, 1801, *Hist. nat. Poiss.* **3** : 527, Pl. 28, fig. 2 (based on
        descr. and drawing by Commerson).
        Malacanthus latovittatus.– Weber & Beaufort, 1936, 7 : 551–552, Indian Ocean.–
        Smith, 1949 : 179, Pl. 13, fig. 384, S. Africa.– Clark & Ben-Tuvia, 1973 (60) : 68,
        Fig. 5, Elat.

77   RACHYCENTRIDAE

G: 1
Sp: 1

77.1   *RACHYCENTRON* Kaup, 1826   Gender: N
Isis, Jena 19 : 89 (type species: *Rachycentron typus* Kaup, 1826, by monotypy).
Elacate Cuvier, in Cuv. Val., 1832, *Hist. nat. Poiss.* 8 : 328 (no type designated but
Elacate pondiceriana is the first species mentioned; Jordan & Gilbert, 1882 : 418,
have designated *Elacate malabarica* as type).

77.1.1   *Rachycentron canadum* (Linnaeus, 1766)
Gasterosteus canadus Linnaeus, 1766, *Syst. Nat.*, ed. XII : 491.
Rachycentron canadus.– Weber & Beaufort, 1931, 6 : 302–304, Fig. 63 (R.S.
quoted).– Smith, 1949 : 225, Fig. 548, S. Africa.– Steinitz & Ben-Tuvia (11) : 5,
Elat.
Elacate pondiceriana Cuvier, in Cuv. Val., 1832, *Hist. nat. Poiss.* 8 : 329. Holotype:
MNHN A-806, Pondichery (syn. v. W.B.).– Rüppell, 1836 : 43–44, Pl. 12, fig. 3,
Massawa; 1852 : 12, Red Sea.
Scomber niger Bloch, 1793, *Naturgesch. ausl. Fische* 4 : 57–59, Pl. 337. Based (? in
part) on a drawing in the Count Moritz coll. (Whitehead in lit.) (syn. v. Smith).
Elacate nigra.– Klunzinger, 1871, 21 : 445, Quseir; 1884 : 114, Red Sea.– Gruvel &
Chabanaud, 1937, 35 : 16, Suez.

78   ECHENEIDAE

G: 3
Sp: 4

78.1   *ECHENEIS* [Artedi] Linnaeus, 1758   Gender: F
Syst. Nat., ed. X : 261 (type species: *Echeneis naucrates* Linnaeus, 1758, by mono-
typy).

78.1.1   *Echeneis naucrates* Linnaeus, 1758
Echeneis naucrates Linnaeus, 1758, *Syst. Nat.*, ed. X, 1 : 261, Indian Ocean (*Neu-
crates*, misprint). Type: ZMU Linn. Coll. 82.
Echeneis naucrates.– Forsskål, 1775 : xiv, Lohaja.– Klunzinger, 1871, 21 : 446,
Quseir; 1884 : 115, Quseir.– Day, 1876 : 257–258, Pl. 57, Fig. 1 (R.S. quoted).–
Kossmann & Räuber, 1877a, 1 : 396, Red Sea; 1877b : 17, Red Sea.– Kossmann,
1879, 2 : 22, Red Sea.– Picaglia, 1894, 13 : 30, Massawa.– Borsieri, 1904 (3),
1 : 202, Dahlak.– Pellegrin, 1912, 3 : 7, Red Sea.– Bamber, 1915, 31 : 485, Suez.–
Tortonese, 1935–36 [1937], 45 : 206 (sep.: 56), Massawa; 1955, 15 : 55,
Dahlak.– Smith, 1949 : 342, Fig. 949, S. Africa.– Marshall, 1952, 1 : 243, Sharm
esh Sheikh.– Steinitz & Ben-Tuvia, 1955 (11) : 10, Elat.– Saunders, 1960, 79 :
243, Red Sea.– Beaufort (W.B.), 1962, 11 : 439–441, Fig. 96, Indian Ocean.
Echeneis vittatus Rüppell, 1838, *Neue Wirbelth., Fische* : 82–84. Lectotype: SMF
1424, Red Sea; Paralectotypes: 2713, 2731 (dried), 15862, 15863, Red Sea (syn.
v. Klunzinger and v. W.B.).– Martens, 1866, 16 : 378, Mirsa Elei.

78.2   *REMORA* Gill, 1863   Gender: F
Proc. Acad. nat. Sci. Philad. 1862 [1863], 14 : 239 (type species: *Echeneis remora*
Linnaeus, by absolute tautonomy).

78.2.1   *Remora brachyptera* (Lowe, 1839)
Echeneis brachyptera Lowe, 1839, *Proc. zool. Soc. Lond.* 7 : 89, Madeira.

Echeneidae

Echeneis brachyptera.– Klunzinger, 1884 : 115, Red Sea.
Remora brachyptera.– Smith, 1949 : 342, S. Africa.
Echeneis sex-decimlamellata Eydoux & Gervais, 1839, *Voy. Favorite* **5** : 7, Pl. 31, Indian Ocean? No type material (syn. v. *CLOFNAM* **1** : 639).– Beaufort (W.B.), 1962, **11** : 439 (R.S. quoted).

78.2.2 **Remora remora (Linnaeus, 1758)**
Echeneis remora Linnaeus, 1758, *Syst. Nat.*, ed. X : 260–261, Indian Ocean. Type: ZMU Linn. Coll. 58.
Echeneis remora.– Bamber, 1915, **31** : 485, W. Red Sea.– Beaufort (W.B.), 1962, **11** : 437–438, Indian Ocean.
Remora remora.– Smith, 1949 : 341, Fig. 947, S. Africa.

78.3 **REMORINA Jordan & Evermann, 1896** Gender: F
Rep. U.S. Commnr Fish. 1895 [1896] : 94 (type species: *Echeneis albescens* Temminck & Schlegel, by monotypy).

78.3.1 **Remorina albescens (Temminck & Schlegel, 1850)**
Echeneis albescens Temminck & Schlegel, 1850, *Fauna Japonica* : 272, Pl. 120, fig. 4 (based on Japan Plates in Burgeis Coll.).
Echeneis albescens.– Beaufort (W.B.), 1962, **11** : 441–442, Indian Ocean.– Dor, 1970 (54) : 17, Elat.
Remora albescens.– Smith, 1949 : 341, S. Africa.

79 **CARANGIDAE**
G: 17
Sp: 32

79.I **CARANGINAE**

79.1 **ALECTIS Rafinesque, 1815** Gender: M
Analyse nat. : 84 (replacement name for *Gallus* Lacepède, 1802, preoccupied by Brisson, 1760, in Aves, taking the same type species: *Gallus virescens* Lacepède).
Blepharis Cuvier, 1817 [1816], *Règne anim.* **2** : 322, (type species: *Zeus ciliaris* Bloch, 1788, by monotypy).

79.1.1 **Alectis ciliaris (Bloch, 1788)**
Zeus ciliaris Bloch, 1787, *Naturgesch. ausl. Fische* **3** : 36–37, Pl. 191. Holotype (probably): ZMB 1593, E. India (Karrer in lit.).
Caranx ciliaris.– Günther, 1860, **2** : 454 (R.S. quoted).– Playfair & Günther, 1866 : 61–62 (R.S. quoted).– Klunzinger, 1871, **21** : 454 (R.S. on *Blepharis fasciatus* Rüppell).– Günther, 1876 (11) : 135, Pl. 89 (R.S. quoted).– Day, 1876 : 224–225 (R.S. quoted); 1889, **2** : 160–167 (R.S. quoted).
Scyris ciliaris.– Klunzinger, 1884 : 101, Red Sea.
Alectis ciliaris.– Weber & Beaufort, 1931, **6** : 269–271 (R.S. quoted).– Smith, 1949 : 219, Pl. 24, fig. 527.– Williams, 1958, **1** : 413–414, Pl. 13, fig. 20 (R.S. quoted).
Blepharis fasciatus Rüppell, 1830, *Atlas Reise N. Afrika, Fische* : 129–130, Pl. 33, fig. 2. Syntypes: SMF 429 (2 ex.), Jiddah (syn. v. Klunzinger and v. W.B.); 1836 : 51, Red Sea (in Atlas); 1852 : 13, Red Sea.

79.1.2 **Alectis indicus (Rüppell, 1830)**
Scyris indicus Rüppell, 1830, *Atlas Reise N. Afrika, Fische* : 128–129, Pl. 33, fig. 1. Holotype: SMF 1647, Jiddah; 1836 : 51, Red Sea; 1852 : 13, Red Sea.

Scyris indica.– Cuvier, in Cuv. Val., 1833, 9 : 145–151, Pl. 255, Massawa.

Alectis indica.– Weber & Beaufort, 1931, 6 : 271–272, Fig. 53 (R.S. quoted).–
Tortonese, 1935–36 [1937], 45 : 192 (sep. : 42), Massawa.

Alectis indicus.– Smith, 1949 : 219–220, Pl. 24, fig. 528, S. Africa.– Williams, 1958,
1 : 414–415 (R.S. quoted).

Caranx gallus (not *Zeus gallus* Linnaeus, 1758 : 267).– Günther, 1860, 2 : 455–457
(R.S. quoted).– Playfair & Günther, 1866 : 62 (R.S. quoted).– Klunzinger, 1871,
21 : 454–455, Quseir.– Day, 1876 : 224, Pl. 51, fig. 3 (R.S. quoted).

Scyris gallus.– Klunzinger, 1884 : 101, Red Sea (misidentification v. W.B.).

9.2   *ALEPES* Swainson, 1839   Gender: M
Nat. Hist. Fish. 2 : 176, 248 (type species: *Alepes melanoptera* Swainson, 1839, by
monotypy).
Atule Jordan & Jordan, 1922, *Mem. Carneg. Mus.* 10 (1) : 38 (type species: *Caranx
affinis* Rüppell, 1836 = *Caranx mate* Cuvier, in Cuv. Val., 1833, by orig. design.).

9.2.1   *Alepes djedaba* (Forsskål, 1775)
Scomber djedaba Forsskål, 1775, *Descr. Anim.* : xii, 56–57. Type: ZMUC P-46441,
Jiddah or Suez, Lohaja.
Scomber djedaba.– Klausewitz & Nielsen, 1965, 22 : 22, Pl. 26, fig. 48, Lohaja, Jiddah
or Suez.
Caranx djeddaba.– Rüppell, 1830 : 97, Pl. 25, fig. 3, Red Sea.– Cuvier, in Cuv. Val.,
1833, 9 : 51–52 (R.S. quoted).– Günther, 1860, 2 : 432–433 (R.S. quoted).–
Playfair & Günther, 1866 : 59 (R.S. quoted).– Klunzinger, 1871, 21 : 458, Red Sea
(on Forsskål); 1884 : 97, Red Sea.– Day, 1878 : 218–219, Pl. 49, fig. 3 (R.S.
quoted); 1889, 2 : 158 (R.S. quoted).– Tillier, 1902, 15 : 275, Red Sea.– Norman,
1927, 22 : 379, Kabret, Lake Timsah, Suez Canal.– Fowler, 1931a, 83 : 249,
Suez.– Chabanaud, 1932, 4 (7) : 828, Suez Canal.– Gruvel, 1936, 29 : 170, Suez
Canal.– Gruvel & Chabanaud, 1937, 35 : 16, Suez Canal.– Ben-Tuvia, 1962, 4
(3–4) : 11, S. Red Sea.
Caranx djedaba.– Rüppell, 1852 : 13, Red Sea.– Smith, 1949 : 215, Pl. 25, fig. 508,
S. Africa.
Alepes djeddaba.– Tortonese, 1948, 33 : 283, Suez Canal.
Atule djeddaba.– Ben-Tuvia, 1968 (52) : 36, S. Red Sea.– Williams, 1958, 1 : 379–
381, Red Sea.
Caranx kalla Cuvier, in Cuv. Val., 1833, *Hist. nat. Poiss.* 9 : 49–51. Lectotype: MNHN
A-6081, Malabar; Paralectotypes: MNHN A-6082, Red Sea, A-6126, A-6127,
A-6128, A-6145, 5858, Pondichery, A-6129, Indian Ocean, A-6203 (2 ex.),
A-6204 (2 ex.), Malabar. Syn. acc. to Smith-Vaniz, Bauchot & Desoutter, 1979,
1 (2 suppl.) : 12–13.
Caranx calla (sic).– Günther, 1860, 2 : 433 (R.S. quoted).
Caranx kalla.– Day, 1876 : 219–220, Pl. 49, fig. 5 (R.S. quoted); 1889, 2 : 160
(R.S. quoted).
Caranx (Selar) kalla.– Klunzinger, 1884 : 97, Red Sea.– Weber & Beaufort, 1931,
6 : 216–218, Fig. 44 (R.S. quoted).
Selar kalla.– Smith, 1949 : 213, S. Africa.

9.2.2   *Alepes mate* (Cuvier, 1833)
Caranx mate Cuvier, in Cuv. Val., 1833, *Hist. nat. Poiss.* 9 : 54–55. Syntypes:
MNHN 5837, New-Guinea, 5838, Seychelles, 5839, Strait of Antjer.
Caranx (Selar) mate.– Weber & Beaufort, 1931, 6 : 207–208 (R.S. quoted).– Torto-
nese, 1935–36 [1937], 45 : 191 (sep. : 41), Massawa.
Caranx mate.– Smith, 1949 : 216, Fig. 510, S. Africa.– Bayoumi, 1972, 2 : 167,
Gulf of Suez.
Alepes mate.– Tortonese, 1947, 43 : 87, Massawa.
Atule mate.– Williams, 1958, 1 : 378–379, Pl. 6, fig. 2 (R.S. quoted).

Caranx affinis Rüppell, 1836, *Neue Wirbelth., Fische* : 49, Pl. 14, fig. 1. Syntypes: SMF 1606 (3 ex.), Massawa (syn. v. W.B.); 1852 : 13, Red Sea.– Klunzinger, 1871, **21** : 459, Quseir; 1884 : 97, Red Sea.– Day, 1876 : 219, Pl. 49, fig. 4 (R.S. quoted); 1889, **2** : 158–159, Fig. 56 (R.S. quoted).

Decapterus normani Bertin & Dollfus, 1948, *Mem. Mus. natn. Hist. nat. Paris* **26** : 21–22, Fig. 7, Red Sea. Holotype: MNHN 6147, Madagascar (syn., Smith-Vaniz in lit.).

79.3   *CARANGOIDES* Bleeker, 1851   Gender: M

Natuurk. Tijdschr. Ned.-Indië **1** : 343, 352 (type species: *Caranx praeustus* Bennett, 1830, by subs. design. of Jordan, 1919 : 248).

Citula Cuvier, 1817 [1816], *Règne anim.* **2** : 315 (type species: *Citula plumbeus* Quoy & Gaimard, 1824, by subs. design., nomen dubium, genus not valid).

Olistus Cuvier, 1829, *Règne anim.* **2** : 209 (type species: *Olistus malabaricus* Cuvier & Valenciennes, 1833, by subs. design. of Jordan, 1917).

Turrum Whitley, 1932, *Rec. Aust. Mus.* **18** (6) : 337 (type species: *Turrum embury* Whitley, 1832, by orig. design.).

79.3.1   *Carangoides bajad* (Forsskål, 1775)

Scomber ferdau var. *bajad* Forsskål, 1775, *Descr. Anim.* : xii, 55–56. Syntypes: ZMUC P-46437, P-46438, Red Sea (syn. v. Klunzinger and v. Smith).

Caranx bajad.– Rüppell, 1830 : 98–99, Pl. 25, fig. 5. Holotype: SMF 1603, Red Sea; Paratypes: SMF 2857, 2858, 2871, Red Sea; 1852 : 13, Red Sea.– Günther, 1860, **2** : 438 (R.S. quoted).

Caranx bayad.– Martens,1866, *Verh. zool.-bot. Ges. Wien* **16** : 378, Mirsa Elei (Red Sea).

Caranx auroguttatus [Ehrenberg MS] Cuvier, in Cuv. Val., 1833, *Hist. nat. Poiss.* **9** : 71–73. Syntypes: MNHN A-5587, A-5752, Red Sea; ZMB 1537, Red Sea (syn., Smith-Vaniz in lit.).– Rüppell, 1852 : 13, Red Sea.– Smith, 1967a (12), Pl. 30, fig. A.– Clark, Ben-Tuvia & Steinitz, 1968 (49) : 21, Entedebir.

Caranx (Carangoides) auroguttatus.– Klunzinger, 1884 : 98, Red Sea.– Weber & Beaufort, 1931, **6** : 225–226 (R.S. quoted).

Carangoides auroguttatus.– Ben-Tuvia, 1962, **4** (3–4) : 11, Dahlak; 1968 (52) : 35–36, Dahlak.

Caranx fulvoguttatus (not Forsskål).– Rüppell, 1830 : 100–101, Pl. 25, fig. 7, Red Sea.– Klunzinger, 1871, **21** : 460, Quseir (misidentification v. W.B.).

Caranx fulvoguttatus var. *flava.–* Klunzinger, 1871, **21** : 460, Quseir.

Caranx immaculatus Ehrenberg, in *Caranx auroguttatus* Cuv. Val., 1833, *Hist. nat. Poiss.* **9** : 71–73 (acc. to Cuv. Val., it is a variety).

79.3.2   *Carangoides caeruleopinnatus* (Rüppell, 1830)

Caranx coeruleopinnatus Rüppell, 1830, *Atlas Reise N. Afrika, Fische* : 100. Lectotype: SMF 2873, Jiddah; Paralectotype: SMF 2874, Jiddah; 1836 : 47–48, Pl. 13, fig. 2, Jiddah; 1852 : 13, Red Sea.

Caranx caeruleopinnatus.– Smith, 1967a (12) : 140, Pl. 31, fig. C.

Caranx malabaricus (not Bloch & Schneider).– Klunzinger, 1871, *Verh. zool.-bot. Ges. Wien* **21** : 463, Red Sea.– Day, 1876 : 221–222, Pl. 50, fig. 2 (R.S. quoted).

Caranx (Carangoides) malabaricus.– Klunzinger, 1884 : 99, Red Sea (misidentification v. Smith).

79.3.3   *Carangoides ciliarius* (Rüppell, 1830)

Citula ciliaria Rüppell, 1830, *Atlas Reise N. Afrika, Fische* : 102–103, Pl. 25, fig. 8. Syntypes: SMF 1601 (3 ex.), Massawa; 1836 : 50, 51, Massawa. Nomen dubium, v. Smith-Vaniz, Bauchot & Desoutter, 1979, **1** (2 suppl.) : 10.

Carangoides ciliarius.– Smith, M.M., 1973 : 352–355, Red Sea.

Sciaena armata Forsskål, 1775, *Descr. Anim.* : xii, 53, Red Sea. Type lost (nomen dubium, probably *Carangoides ciliarius*, v. M.M. Smith, 1973).

Citula armata.– Rüppell, 1830 : 103, Red Sea.

Scomber armatus.– Bloch & Schneider, 1801 : 38 (R.S. on Forsskål).

Caranx armatus.– Rüppell, 1852 : 13, Red Sea.– Günther, 1860, **2** : 453 (R.S. quoted).– Playfair & Günther, 1866 : 61 (R.S. quoted).– Klunzinger, 1871, **21** : 455, Red Sea.– Day, 1876 : 223–224, Pl. 51, fig. 2 (R.S. quoted); 1889, **2** : 165– 166 (R.S. quoted).– Bamber, 1915, **31** : 480, W. Red Sea.– Smith, 1949 : 217, Fig. 518, S. Africa; 1967a (12) : 140, Pl. 31, fig. K.

Caranx (Carangoides) armatus.– Klunzinger, 1884 : 99, Red Sea.– Weber & Beaufort, 1931, **6** : 233–235 (R.S. quoted).– Tortonese, 1935–36 [1937], **45** : 192 (sep. : 42), Egypt.

Carangoides armatus.– Williams, 1958, **1** : 398–400 (R.S. quoted).

Caranx citula Cuvier, in Cuv. Val., 1833, *Hist. nat. Poiss.* **9** : 126–127, Red Sea. Syntypes: ZMB 1571–1572, Red Sea (syn. v. Klunzinger).

Caranx cirrhosus Ehrenberg, syn. of *Caranx citula*, Cuv. Val., 1833, **9** : 126, Red Sea.

Olistus rüppelli Cuvier, in Cuv. Val., 1833, *Hist. nat. Poiss.* **9** : 144 (on *Citula ciliaria* Rüppell).– Rüppell, 1852 : 13, Red Sea (acc. to Williams, Heemstra & Shameem, 1980, *Citula ciliaria* is a dubious name, and *Carangoides armatus* (Rüppell, 1830) is a good species and a valid name. Lectotype: SMF 1601, Massawa; Paralectotype: SMF 15074, Massawa).

9.3.4   ***Carangoides ferdau*** (Forsskål, 1775)

Scomber ferdau Forsskål, 1775, *Descr. Anim.* : xii, 55. No type material. The label *Scomber ferdau* (Holotype: ZMUC P-46442, in Klausewitz & Nielsen, 1965, **22** : 22, Pl. 27) is not this species (v. Smith, 1968b (15) : 173).

Scomber ferdau.– Shaw, 1803, **4** : 602 (R.S. quoted).– Klausewitz & Nielsen, 1965, **22**, Pl. 27, fig. 48a, Jiddah (misidentification by Klausewitz & Nielsen, v. Smith).

Caranx ferdau.– Rüppell, 1852 : 13, Red Sea.– Klunzinger, 1871, **21** : 462–463, Quseir.– Day, 1876 : 217 (R.S. quoted).– Günther, 1876 (11) : 134, Pls 87–88, Red Sea.– Smith, 1949 : 218, Fig. 523, S. Africa; 1967a (12) : 140, Pl. 30, fig. D.

Caranx (Carangoides) ferdau.– Klunzinger, 1884 : 99, Red Sea.– Weber & Beaufort, 1931, **6** : 228–230 (R.S. quoted).

Carangoides ferdau.– Fowler & Steinitz, 1956, **5B** : 275, Elat.– Williams, 1958, **1** : 392–394, Pl. 9, fig. 8 (R.S. quoted).

9.3.5   ***Carangoides fulvoguttatus*** (Forsskål, 1775)

Scomber fulvoguttatus Forsskål, 1775, *Descr. Anim.* : xii, 56, Red Sea. Type lost.

Caranx fulvoguttatus.– Rüppell, 1852 : 13, Red Sea.

Caranx (Carangoides) fulvoguttatus.– Klunzinger, 1884 : 98–99, Pl. 12, fig. 4, Red Sea.– Weber & Beaufort, 1931, **6** : 227–228 (R.S. quoted).

Caranx fulvoguttatus.– Borsieri, 1904, **41** : 200–201, Massawa, Adaf, Gulf of Zula, Dahlak Arch.– Smith, 1949 : 218, Pl. 25, fig. 522, S. Africa; 1953, Pl. 105, fig. 522, S. Africa; 1967a (12), Pl. 30, fig. G.– Marshall, 1952, **1** : 230, Sinafir Isl.– Klausewitz, 1967c (2) : 62, Sarso Isl.

Carangoides fulvoguttatus.– Williams, 1958, **1** : 394–395, Pl. 9, figs 9–10 (R.S. quoted).

Caranx bleekeri Klunzinger, 1871, *Verh. zool.-bot. Ges. Wien* **21** : 461–462, Quseir (syn. v. Klunzinger, 1884).– Picaglia, 1894, **13** : 31, Red Sea.– Bamber, 1915, **31** : 480, W. Red Sea.

Turrum emburyi Whitley, 1932, Rec. Aust. Mus. 18(6) : 337–338, Pl. 38, fig. 4, Queensland (syn., Smith-Vaniz in lit.).– Reed, 1964 : 41, Red Sea.

9.3.6   ***Carangoides malabaricus*** (Bloch & Schneider, 1801)

Scomber malabaricus Bloch & Schneider, 1801, *Syst. Ichthyol.* : 31. Type: ZMB 8760, Tranquebar.

Caranx malabaricus.– Günther, 1860, **2** : 436–437 (R.S. quoted).– Playfair & Günther, 1866 : 60 (R.S. quoted).– Klunzinger, 1871, **21** : 463, Red Sea.– Day, 1876 : 221–222, Pl. 50, fig. 2 (R.S. quoted); 1889, **2** : 163 (R.S. quoted).– Smith, 1949 : 217, Fig. 517, S. Africa.

Caranx (Carangoides) malabaricus.– Klunzinger, 1884 : 99, Red Sea.– Weber & Beaufort, 1931, **6** : 237–239, Fig. 47 (R.S. quoted).

Carangoides malabaricus.– Williams, 1958, **1** : 402–407, Pl. 9, figs 14–15, Pl. 12, figs 16–17 (R.S. quoted).

Caranx talamparoides (not Bleeker).– Klunzinger, 1871, **21** : 463–464, Red Sea (misidentification v. Klunzinger, 1884).

Caranx (Carangoides) impudicus Klunzinger, 1884, *Fische Rothen Meeres* : 99, Red Sea (syn. v. W.B. and v. Smith, 1967b).

79.3.7 **Carangoides plagiotaenia Bleeker, 1857**
Carangoides plagiotaenia Bleeker, 1857, *Act. Soc. Sci. Indo-Neerl.* **2** : 59. Lectotype: RMNH 26974, Manado; Paralectotype: RMNH 6096 (3 ex.), Manado.

Caranx compressus Day, 1870, *Proc. zool. Soc. Lond.* : 689. Type: ZSI 252, Andaman (syn., Smith-Vaniz in lit.); 1876 : 221, Pl. 50, fig. 1 (R.S. quoted); 1889, **2** : 160–162 (R.S. quoted).– Borodin, 1930, **2** : 49, Red Sea.– Smith, 1953 : 216, Pl. 105, fig. 514, S. Africa.

Caranx (Carangoides) compressus.– Klunzinger, 1884 : 98, Red Sea.– Weber & Beaufort, 1931, **6** : 223–224 (R.S. quoted).

Caranx ferdau (not Forsskål).– Rüppell, 1828 : 99, Pl. 25, fig. 6, Red Sea (misidentification of *Caranx compressus*, v. Klunzinger, 1884, i.e. *Carangoides plagiotaenia*).

Caranx brevicarinatus Klunzinger, 1871, *Verh. zool.-bot. Ges. Wien* **21** : 461, Quseir (syn. v. Klunzinger, 1884).

79.3.a *Caranx chrysophris* Cuvier, in Cuv. Val., 1833, *Hist. nat. Poiss.* **9** : 77.
Carangoides chrysophris.– Williams, 1958, **1** : 407–409, Pl. 13, fig. 8 (R.S., pass. ref.). Holotype: MNHN A-560, Seychelles.

79.3.b *Carangoides dinema* Bleeker, 1851, *Natuurk. Tijdschr. Ned.-Indië* **1** : 365.– Williams, 1958, **1** : 400–401, Pl. 10, fig. 12 (R.S., pass. ref.).

79.3.c *Carangoides gymnostethoides* Bleeker, 1851, *Natuurk. Tijdschr. Ned.-Indië* **1** : 364.– Williams, 1958, **1** : 395–397, Pl. 10, fig. 11 (R.S., pass. ref.).

79.3.d *Caranx oblongus* Cuvier, in Cuv. Val., 1833, *Hist. nat. Poiss.* **9** : 128. Holotype: MNHN A-6172, Vanicolo or N. Guinea.
Carangoides oblongus.– Williams, 1958, **1** : 397–398 (R.S., pass. ref.).

79.3.e *Carangoides rectipinnus* Williams, 1958, *Ann. Mag. nat. Hist.* **1** : 401–402, Pl. 10, fig. 13. Holotype: BMNH 1958.3.26.1, Zanzibar (R.S. on *Carangoides impudicus* Klunzinger).

79.4 **CARANX Lacepède, 1801** Gender: M
Hist. nat. Poiss. **3** : 57 (type species: *Scomber carangus* Bloch, 1887 = *Scomber hippos* Linnaeus, 1766, by subs. design. of Bleeker, 1851).

79.4.1 **Caranx ignobilis (Forsskål, 1775)**
Scomber ignobilis Forsskål, 1775, *Descr. Anim.* : xii, 55–56. Syntypes: ZMUC P-46439, P-46440, Jiddah, Lohaja.
Scomber ignobilis.– Klausewitz & Nielsen, 1965, **22** : 22, Pl. 26, fig. 47, Jiddah, Lohaja.
Caranx ignobilis.– Klunzinger, 1884 : 100–101, Red Sea.– Smith, 1949 : 217, Fig. 520; 1953, Pl. 105, fig. 520, S. Africa; 1968b (15) : 173–184, Red Sea.– La

Monte, 1952 : 70, Pl. 26, Red Sea.– Williams, 1958, 1 : 388–390, Pl. 8, fig. 6 (R.S. quoted).– Ben-Tuvia, 1962, 4 (3–4) : 11, S. Red Sea; 1968 (52) : 36, Dahlak.

Caranx (Caranx) ignobilis.– Weber & Beaufort, 1936, 6 : 255–257 (R.S. quoted).

Caranx sansun (not Forsskål).– Rüppell, 1830 : 101, Jiddah; 1836 : 48, Red Sea (in part); 1852 : 13, Red Sea (in part).– Klunzinger, 1871, 21 : 466, Quseir.– Day, 1876 : 216–217, Pl. 50, fig. 5 (R.S. quoted); 1889, 2 : 155 (R.S. quoted) (misidentification v. Klunzinger, 1884 and v. Smith, 1968b).

Caranx hippus (not *Scomber hippos* Linnaeus, 1766).– Klunzinger, 1871, 21 : 465, Quseir (probably misidentification, Smith-Vaniz in lit. and v. Smith).

79.4.2   **Caranx melampygus** Cuvier, 1833
   Caranx melampygus Cuvier, in Cuv. Val., 1833, *Hist. nat. Poiss.* 9 : 116–117. Syntypes: MNHN A-6028, Bourou, A-6069, Mauritius, A-6083, Vaigiou, A-6162, A-6163, Vanicolo.
   Caranx melampygus.– Day, 1889, 2 : 152 (R.S. quoted).– Smith, 1949 : 216, S. Africa.– Williams, 1958, 1 : 382–383, Pl. 7, fig. 3 (R.S. quoted).
   Caranx (Caranx) melampygus.– Klunzinger, 1884 : 99–100, Red Sea.– Weber & Beaufort, 1931, 6 : 248–251 (R.S. quoted).
   Caranx bixanthopterus Rüppell, 1836, *Neue Wirbelth., Fische* : 49–50, Pl. 14, fig. 2. Holotype: SMF 2876, Jiddah (syn. v. W.B.); 1852 : 13, Red Sea.– Klunzinger, 1871, 21 : 464, Quseir.
   Caranx stellatus Eydoux & Souleyet, 1841, *Voy. Bonite, Zool.* 1 : 167–168, Pl. 3, fig. 2. Holotype: MNHN A-6068, Sandwich Isls (syn., Smith-Vaniz in lit.).– Smith, 1949 : 216, Pl. 25, fig. 521, S. Africa.– Roux-Estève & Fourmanoir, 1955, 30 : 198, Abu Latt.– Roux-Estève, 1956, 32 : 79–80, Abu Latt.
   Caranx (Caranx) stellatus.– Weber & Beaufort, 1931, 6 : 253–254, Fig. 48, Indian Ocean.

79.4.3   **Caranx sexfasciatus** Quoy & Gaimard, 1825
   Caranx sexfasciatus Quoy & Gaimard, 1825, *Voy. Uranie, Zool.* : 358–359, Pl. 65, fig. 4. Holotype: MNHN A-6054, Vaigiou.
   Caranx sexfasciatus.– Weber & Beaufort, 1931, 6 : 243–248 (R.S. quoted).– Marshall, 1952, 1 : 230, Sinafir Isl.– Williams, 1958, 1 : 385–388, Pl. 7, fig. 5 (R.S. quoted).
   Caranx sansun (not Forsskål).– Rüppell, 1830 : 101, Syntypes: SMF 33 (3 ex.), 2855, Jiddah. Acc. to Smith, 1968b (15) : 175, misidentification of *Caranx forsteri* which is syn. of *Caranx sexfasciatus* (Smith-Vaniz in lit.); 1836 : 48, Red Sea (in part); 1852 : 13, Red Sea (in part).
   Caranx forsteri Cuvier, in Cuv. Val., 1833, *Hist. nat. Poiss.* 9 : 107–108. Syntypes: MNHN A-6058 (2 ex.), Malabar, A-6059, N. Guinea, A-6060 (2 ex.), Celebes, A-563, Mauritius, 739 (3 ex.), Vanicolo (syn., Smith-Vaniz in lit.).– Smith, 1968b (15) : 173–183, Red Sea.

79.4.a   *Caranx elongatus* Klunzinger, 1871, *Verh. zool.-bot. Ges. Wien* 21 : 458, Quseir (the young of *Caranx* sp., Klunzinger, 1884 : 97).

79.4.b   *Caranx rhabdolepis* Klunzinger, 1871, *Verh. zool.-bot. Ges. Wien* 21 : 457–458, Quseir (the young of *Caranx* sp., Klunzinger, 1884 : 97).

79.4.c   *Scomber sansun* Forsskål, 1775, *Descr. Anim.* : xii, 56, Lohaja. Type lost.– Smith, 1968b (15) : 173–184 (nomen dubium).
   Caranx sansun.– Williams, 1958, 1 : 390–391, Pl. 8, fig. 7, Tb. 4 (R.S. quoted).

79.5   **DECAPTERUS** Bleeker, 1851d   Gender: M
   Natuurk. Tijdschr. Ned.-Indië : 358 (type species: *Caranx kurra* Cuvier, in Cuv. Val., 1833, by monotypy).

Carangidae

79.5.1   **Decapterus macarellus (Cuvier, 1833)**
          Caranx macarellus Cuvier, in Cuv. Val., 1833, *Hist. nat. Poiss.* 9 : 40–42. Lectotype: MNHN 5850, Martinique; Paralectotypes: MNHN B-2880, Martinique, A-6245, Martinique.
          Decapterus macarellus.– Smith-Vaniz, Bauchot & Desoutter, 1979, **1** : 13, Red Sea.
          Decapterus macarellus macrosomus.– Bertin & Dollfus, 1948, **26** : 14–17 (R.S. on *Decapterus jacobeus* Klunzinger, 1884).
          Decapterus jacobeus Klunzinger, 1884 : 92, Pl. 12, fig. 2 (syn. v. Bertin & Dollfus).

79.5.2   **Decapterus russelli (Rüppell, 1830)**
          Caranx russelli Rüppell, 1830, *Atlas Reise N. Afrika, Fische* : 99–100, Et Tur. No type material. Neotype: CM 7706 (proposed by Bertin & Dollfus) (misinterpretation in part, Red Sea specimens apparently based on *Caranx kiliche* Cuvier, Smith-Vanz in lit.).
          Caranx russelli.– Norman, 1935, **15** : 258, Gulf of Suez.
          Decapterus russelli.– Klunzinger, 1884 : 91, Red Sea.– Weber & Beaufort, 1931, **6** : 196–197, Fig. 41 (R.S. quoted).– Fowler, 1931a, **83** : 166–168, Suez.– Smith, 1949 : 220, S. Africa.
          Caranx kiliche Cuvier, in Cuv. Val., 1833, *Hist. nat. Poiss.* 9 : 43–44. Holotype: MNHN 5848, Pondichery (syn. acc. to Smith-Vaniz, Bauchot & Desoutter, 1979, **1** : 13).
          Decapterus kiliche.– Berlin & Dollfus, 1948, **26** (1) : 11–14, Figs 1–4, Gulf of Suez.– Demidow & Viskrebentsev, 1970, **30** : 102–105, Fig. 20, Gulf of Suez, Ghardaqa.
          Caranx kurra Cuvier, in Cuv. Val., 1833, *Hist. nat. Poiss.* 9 : 44–45 (based on Kurra wodagawah Russell, 1803, **2** : 30, Pl. 139). Identity doubtful, v. Smith-Vaniz, Bauchot & Desoutter, 1979, **1** : 13, 37.– Günther, 1860, **2** : 427 (R.S. quoted) (syn. v. Klunzinger, 1884).– Playfair & Günther, 1866 : 58 (R.S quoted).– Klunzinger, 1871, **21** : 453 (R.S. quoted).– Day, 1876 : 214, Pl. 48, fig. 5 (R.S. quoted); 1889, **2** : 150–151 (R.S. quoted).– Norman, 1927, **22** : 379, Gulf of Suez.

79.5.a   *Caranx Sanctae Helenae* Cuvier, in Cuv. Val., 1833, *Hist. nat. Poiss.* 9 : 37–38. Lectotype: MNHN 5852, Sainte Hélène; Paralectotypes: MNHN 5946, 5947, 5948, 2532 (13 ex.), Sainte Hélène.
          Decapterus sanctae helenae.– Bayoumi & Gohar, 1967, **20** : 82, Red Sea (probably misidentification, Smith-Vaniz in lit.).

79.6   **ELAGATIS Bennett, 1840**   Gender: M
          Narrative Whaling Voy. : 283 (type species: *Seriola bipinnulata* Quoy & Gaimard. 1824, by monotypy).
          Seriolichthys Bleeker, 1854, *Natuurk. Tijdschr. Ned.-Indië* **6** : 196 (type species: *Seriola bipinnulata* Quoy & Gaimard, by monotypy).

79.6.1   **Elagatis bipinnulatus (Quoy & Gaimard, 1825)**
          Seriola bipinnulata Quoy & Gaimard, 1825, *Voy. Uranie, Zool.* : 363–364, Pl. 61, fig. 3. Holotype lost; Paratype: MNHN 2233, no loc.
          Seriolichthys bipinnulatus.– Klunzinger, 1871, **21** : 452, Quseir; 1884 : 103, Red Sea.– Day, 1889, **2** : 171–172, Fig. 58 (R.S. quoted).
          Elagatis bipinnulatus.– Weber & Beaufort, 1931, **6** : 293–294, Fig. 58 (R.S. quoted).– Smith, 1949 : 223, Textfig. 543, Pl. 24, fig. 543, S. Africa.– Williams, 1958, **1** : 426 (R.S. quoted).

79.7   **GNATHANODON Bleeker, 1851**   Gender: M
          Natuurk. Tijdschr. Ned.-Indië **1** : 159 (type species: *Scomber speciosus* Forsskål, 1775, by orig. design.).

128

79.7.1   *Gnathanodon speciosus* (Forsskål, 1775)
   Scomber rim speciosus Forsskål, 1775, *Descr. Anim.* : xii, 54–55, Jiddah. No type
   material.
   Scomber speciosus.– Bloch & Schneider, 1801 : 31 (R.S. on Forsskål).– Shaw, 1803,
   1 : 603 (R.S. quoted).
   Caranx speciosus.– Cuvier, in Cuv. Val., 1833, 9 : 130, Massawa.– Rüppell, 1830 : 96,
   Jiddah; 1838 : 45, Jiddah; 1852 : 13, Red Sea.– Richardson, 1848 : 136, Pl. 58,
   figs 4–5 (R.S. quoted).– Günther, 1860, 2 : 444–445 (R.S. quoted).– Playfair &
   Günther, 1866 : 61 (R.S. quoted).– Klunzinger, 1871, 21 : 455–456, Quseir.–
   Day, 1876 : 226 (R.S. quoted); 1889, 2 : 168–169 (R.S. quoted).– Gruvel, 1936,
   29 : 170, Suez Canal.– Gruvel & Chabanaud, 1937, 35 : 16, Suez Canal.– Smith,
   1949 : 215, Pl. 25, fig. 506; 1953, Pl. 105, fig. 506, S. Africa.– Klausewitz, 1967c :
   62, Sarso Isl.– Ben-Tuvia, 1962, 4 (3–4) : 11, Sula Bay; 1968 (52) : 36, Sula Bay.
   Caranx (Hypocaranx) speciosus.– Rüppell, 1830 : 96, Red Sea.
   Caranx (Gnathanodon) speciosus.– Weber & Beaufort, 1931, 6 : 264–266, Fig. 50
   (R.S. quoted).
   Gnathanodon speciosus.– Fowler, 1945, 1 : 121, Fig. 4 (R.S. quoted).– Williams,
   1958, 1 : 409–411, Pl. 13, fig. 19 (R.S. quoted).
   Caranx petaurista Geoffroy St. Hilaire, E., 1809, *Descr. Egypte, Poiss.* : 325–327,
   Pl. 23. Holotype: MNHN, 1964, Suez (syn. v. Cuv. Val. and v. W.B.).– Rüppell,
   1830 : 95–96, Pl. 25, fig. 2, Massawa.– Klunzinger, 1871, 21 : 456, Quseir.
   Caranx rüppellii Günther, 1860, *Cat. Fishes Br. Mus.* 2 : 445 (based on *Caranx petaurista* Rüppell) (syn. v. Klunzinger).– Playfair & Günther, 1866 : 61 (R.S. quoted).

79.8   *MEGALASPIS* Bleeker, 1851f   Gender: F
   Natuurk. Tijdschr. Ned.-Indië 1 : 213 (type species: *Scomber cordyla* Linnaeus,
   1758, by orig. design.).

79.8.1   *Megalaspis cordyla* (Linnaeus, 1758)
   Scomber cordyla Linnaeus, 1758, *Syst. Nat.*, ed. X : 298, America.
   Megalaspis cordyla.– Weber & Beaufort, 1931, 6 : 193–194, Fig. 40 (R.S. quoted).–
   Williams, 1958, 1 : 371–372 (R.S. quoted).– Smith, 1949 : 221, Fig. 534, S.
   Africa.– Ben-Tuvia, 1962, 4 (3–4) : 11, Entedebir; 1968 (52) : 36, Massawa,
   Entedebir.
   Scomber rottleri Bloch, 1793, *Naturgesch. ausl. Fische* 7 : 88–89, Pl. 346, Malaya
   (apparently no type material) (syn. v. W.B.).
   Caranx rottleri.– Rüppell, 1830 : 102, Massawa; 1836 : 48, Red Sea; 1852 : 13, Red
   Sea.– Günther, 1860, 2 : 424–425 (R.S. quoted); 1876 (11) : 130 (R.S. quoted).–
   Playfair & Günther, 1866 : 58 (R.S. quoted).– Klunzinger, 1871, 21 : 453, Red
   Sea.– Day, 1876 : 213–214 (R.S. quoted); 1889, 2 : 150 (R.S. quoted).
   Megalaspis rottleri.– Klunzinger, 1884 : 91, Red Sea.

79.9   *NAUCRATES* Rafinesque, 1810   Gender: M
   Caratt. Gen. Spec. Sicil. : 43 (type species: *Naucrates fanfarus* Rafinesque, 1810,
   by monotypy).

79.9.1   *Naucrates ductor* (Linnaeus, 1758)
   Gastrosteus Ductor Linnaeus, 1758, *Syst. Nat.*, ed. X : 295, no loc. One ex. in
   NRMS, Linnaean Coll. (45), possibly the type.
   Naucrates ductor.– Klunzinger, 1871, 21 : 445, Quseir; 1884 : 102, Red Sea.– Borsieri, 1904, 41 : 203, Red Sea.– Weber & Beaufort, 1931, 6 : 300–301, Figs. 60–62
   (R.S. quoted).– Smith, 1949 : 221, Pl. 24, fig. 535, S. Africa.– Steinitz & Ben-
   Tuvia, 1955 (11) : 5, Elat.

79.10   *SCOMBEROIDES* Lacepède, 1801   Gender: M
   Hist. nat. Poiss. 3 : 50 (type species: *Scomberoides commersonianus* Lacepède,
   1801, by subs. design. of Jordan, 1917 : 60).

Carangidae

Chorinemus Cuvier, in Cuv. Val., 1832, *Hist. nat. Poiss.* 8 : 367 (type species: *Scomberoides commersonianus* Lacepède, 1801, by subs. design. of Jordan, 1917 : 137).

79.10.1   *Scomberoides commersonianus* Lacepède, 1801
        Scomberoides commersonnianus Lacepède, 1801, *Hist. nat. Poiss.* 3 : 50, 53–54,
        Madagascar (based on descr. and drawing by Commerson).
        Scomberoides commersonianus.– Smith-Vaniz & Staiger, 1973, **39** : 194–199, Figs 1a,
        2a, 3a, 4a, 5–7, 14c, 16b, 19, 23b, 25b, Tbs 2–3 (R.S. quoted).
        Chorinemus commersonianus.– Cuvier, in Cuv. Val., 1831, 8 : 370–376, Jiddah.
        Lichia lysan (not Forsskål).– Rüppell, 1830 : 91, Jiddah (misidentification acc. to
        Smith-Vaniz & Staiger, 1973, **39** : 206).
        Chorinemus lysan.– Rüppell, 1836 : 91, Jiddah; 1852 : 12, Red Sea.– Günther, 1860,
        2 : 471–472 (R.S. quoted).– Playfair & Günther, 1866 : 63 (R.S. quoted).–
        Klunzinger, 1871, **21** : 448, Red Sea; 1884 : 105, Red Sea.– Day, 1876 : 231
        (R.S. quoted).– Weber & Beaufort, 1931, **6** : 277–278, Fig. 56b (R.S. quoted).–
        Smith, 1949 : 224, S. Africa; 1970 (17) : 225, Pls 42B, 43.– Williams, 1958, **1** :
        416–418, Pl. 14, fig. 21 (R.S. quoted).
        Scomberoides lysan.– Ben-Tuvia & Steinitz, 1952 (2) : 7, Elat (misidentification v.
        Smith-Vaniz & Staiger).
        Chorinemus exoletus on *Lichia exoleta* [Ehrenberg MS] Cuvier, in Cuv. Val., 1831,
        Hist. nat. Poiss. 8 : 379, Jiddah (based on drawing by Ehrenberg) (syn. v. Smith-
        Vaniz & Staiger).

79.10.2   *Scomberoides lysan* (Forsskål, 1775)
        Scomber lysan Forsskål, 1775, *Descr. Anim.* : xii, 54, Jiddah, Lohaja. No type
        material.
        Scomber lysan.– Klausewitz & Nielsen, 1965, **22** : 22, Pl. 25, fig. 44, Jiddah, Lohaja.
        Chorinemus lysan.– Day, 1889, **2** : 175–176 (R.S. quoted).
        Scomberoides lysan.– Smith-Vaniz & Staiger, 1973, **39** : 205–208, Figs 1c, 2c, 3b, 4c,
        5–7, 19, Tbs 2–3, Red Sea.
        Lichia tolooparah Rüppell, 1830, *Atlas Reise N. Afrika, Fische* : 91–92. Lectotype:
        SMF 386, Massawa; Paralectotype: SMF 8761 (syn. v. Smith-Vaniz & Staiger).
        Chorinemus tolooparah.– Weber & Beaufort, 1931, **6** : 278–280, Figs 54, 56a (R.S.
        quoted).– Tortonese, 1935–36 [1937], **45** : 192 (sep. : 42), Red Sea.– Smith,
        1970 (17) : 221–222, Pls 40B, 41A, 42A, Red Sea.
        Chorinemus moadetta on *Lichia moadetta* [Ehrenberg MS] Cuvier, in Cuv. Val., 1832,
        Hist. nat. Poiss. 8 : 382, Massawa. Syntype: MNHN A-569, Red Sea (syn. v. Smith-
        Vaniz & Staiger).– Klunzinger, 1884 : 105–106, Red Sea.
        Chorinemus toloo (not Cuvier in Cuv. Val.).– Günther, 1860, **2** : 473 (R.S. on *Lichia
        toloo-parah* Rüppell).– Klunzinger, 1871, **21** : 447, Quseir (misidentification
        of *Chorinemus moadetta* Cuvier in Cuv. Val. acc. to Klunzinger, 1884 : 105).–
        Picaglia, 1894, **13** : 30, Red Sea (probably also *Scomberoides lysan*).
        Chorinemus tala (not Cuvier in Cuv. Val.).– Weber & Beaufort, 1931, **6** : 281–282
        (R.S. quoted on *Chorinemus toloo.*– Klunzinger).
        Chorinemus sancti-petri Cuvier, in Cuv. Val., 1831, *Hist. nat. Poiss.* 8 : 379–381,
        Pl. 236. Holotype: MNHN 5893, Malabar (syn. v. Smith-Vaniz & Staiger).–
        Rüppell, 1852 : 12, Red Sea.– Day, 1876 : 230 (R.S. quoted); 1889, **2** : 174 (R.S.
        quoted).– Weber & Beaufort, 1931, **6** : 280–281 (R.S. quoted).– Williams, 1958,
        1 : 418–420, Pl. 16, fig. 22 (R.S. quoted).
        Caranx sanctipetri.– Günther, 1876 : 138 (R.S. quoted).
        Scomberoides sancti-petri.– Tortonese, 1968 (51) : 19, Elat.

79.10.3   *Scomberoides tol* (Cuvier, 1832)
        Chorinemus tol Cuvier, in Cuv. Val., 1832, *Hist. nat. Poiss.* 8 : 385–387. Lecto-
        type: MNHN A-6605, Malabar (selected by Smith-Vaniz); Paralectotypes: MNHN

A-6587 (2 ex.), B-2650 (2 ex.), Malabar, B-5542, Pondichery, A-6585, Bourou Isl., A-6620, Amboina.

Chorinemus tol.– Klunzinger, 1884 : 106, Red Sea.

Scomberoides tol.– Smith-Vaniz & Staiger, 1973, **39** : 209–211, Figs 1d, 2d, 4d, 5–7, 14d, 19, 20b, 21c, 22c, Tbs 2–3, Red Sea.

Chorinemus moadetta (not Cuv. Val., 1831).– Rüppell, 1836 : 45, Red Sea; 1852 : 12, Red Sea.– Klunzinger, 1871, **21** : 448, Red Sea.– Day, 1876 : 230–231, Pl. 51B, fig. 1 (R.S. quoted); 1889, **2** : 174–175, Fig. 60 (R.S. quoted) (misidentification v. Klunzinger, 1884).

79.11   *SELAR* Bleeker, 1851d   Gender: M

Natuurk. Tijdschr. Ned.-Indië **1** : 352 (type species: *Selar hasseltii* Bleeker, 1851, by subs. design.).

79.11.1   *Selar crumenophthalmus* (Bloch, 1793)

Scomber crumenophthalmus Bloch, 1793, *Natuurgesch. ausl. Fische* **7** : 77–78, Pl. 343. Holotype: ZMB 1532, Acara.

Caranx crumenophthalmus.– Günther, 1876 (11) : 131, Red Sea.– Day, 1876 : 217–218, Pl. 49, fig. 1 (R.S. quoted).– Borsieri, 1904, **41** : 201, Massawa.

Caranx (Selar) crumenophthalmus.– Weber & Beaufort, 1931, **6** : 210–213 (R.S. quoted).– Tortonese, 1935–36 [1937], **45** : 191 (sep. : 41), Massawa.

Selar crumenophthalmus.– Tortonese, 1948, **33** : 284, Lake Timsah, Suez Canal.– Smith, 1949 : 214, Fig. 503, S. Africa.– Williams, 1958, **1** : 376–377, Pl. 6, fig. 1 (R.S. quoted).

Caranx macrophthalmus Rüppell, 1830, *Atlas Reise N. Afrika, Fische* : 97–98, Pl. 25, fig. 4. Type material: SMF 27 (3 ex.) (syn. v. W.B.).– Klunzinger, 1871, **21** : 458–459, Quseir.– Picaglia, 1894, **13** : 30–31, Assab.

Caranx (Selar) macrophthalmus.– Klunzinger, 1884 : 97–98, Red Sea.

Caranx mauritianus Quoy & Gaimard, 1824, *Voy. Uranie, Zool.* : 359. Holotype: MNHN A-6169, Mauritius (syn. v. W.B.).– Rüppell, 1852 : 13, Red Sea.

79.12   *TRACHINOTUS* Lacepède, 1801   Gender: M

Hist. nat. Poiss. **3** : 78 (type species: *Scomber falcatus* Forsskål, 1775, by monotypy).

Caesiomorus Lacepède, 1802, **4** : 92 (type species: *Caesiomorus bailloni* Lacepède, by subs. design. of Jordan, 1917).

79.12.1   *Trachinotus baillonii* Lacepède, 1801

Caesiomorus baillonii Lacepède, 1801, *Hist. nat. Poiss.* **3** : 93–94, Pl. 3, fig. 1 (based on descr. and drawing by Commerson).

Trachynotus baillonii.– Klunzinger, 1871, **21** : 449, Red Sea; 1884 : 104, Red Sea.– Day, 1876 : 233, Pl. 51A, fig. 4 (R.S. quoted); 1889, **2** : 178 (R.S. quoted).

Trachinotus baillonii.– Weber & Beaufort, 1931, **6** : 288–289, Fig. 57 (R.S. quoted).– Smith, 1949 : 223, Fig. 541, S. Africa; 1967c (14) : 163–164, Pl. 37 (R.S. quoted).– Williams, 1958, **1** : 423–424, Pl. 16, fig. 26 (R.S. quoted).– Klausewitz, 1967c (2) : 66, Sarso Isl.

Caesiomorus quadripunctatus Rüppell, 1829, *Atlas Reise N. Afrika, Fische.* : 90, Pl. 24, fig. 1. Type: SMF 1655, Massawa (syn. v. Klunzinger).

Trachinotus quadripunctatus (Rüppell, 1852) : 12, Red Sea.

79.12.2   *Trachinotus blochii* (Lacepède, 1801)

Caesiomorus blochii Lacepède, 1801, *Hist. nat. Poiss.* **3** : 95, Pl. 3, fig. 2 (based on descr. and drawing by Commerson).

Trachinotus blochii.– Cuvier, in Cuv. Val., 1832, **8** : 425, Massawa.– Weber & Beaufort, 1931, **6** : 286–288 (R.S. quoted).– Tortonese, 1935–36 [1937], **45** : 192 (sep. : 42), Massawa.– Smith, 1949 : 223, Pl. 25, fig. 542, S. Africa; 1967c (14) :

159—160, Pls 34—36 (R.S. quoted).— Williams, 1958, **1** : 421—423, Pl. 15, figs 23—25 (R.S. quoted).— Ben-Tuvia, 1962, **4** (3—4) : 11, Sula Bay; 1968 (52) : 36, Dahlak, Sula Bay.— Clark, Ben-Tuvia & Steinitz, 1968 (49) : 21, Entedebir.

Scomber falcatus (not *Labrus falcatus* Linnaeus, 1758 : 284, see comment by W.B., 1931, 6 : 286).

Scomber falcatus Forsskål, 1775, *Descr. Anim.* : xii, 57. Syntypes: ZMUC P-46443, P-46444, P-46445, Jiddah, Lohaja.— Bloch & Schneider, 1801 : 31 (R.S. on Forsskål).— Klausewitz & Nielsen, 1965, **22** : 22, Jiddah, Lohaja.

Trachinotus falcatus.— Rüppell, 1829 : 88—89, Massawa; 1852 : 12, Red Sea.

Trachynotus ovatus (not *Gastrosteus ovatus* Linnaeus, 1758 : 296).— Günther, 1860, **2** : 481—482, Red Sea.— Klunzinger, 1871, **21** : 449, Quseir; 1884 : 104, Red Sea.— Day, 1876 : 234, Pl. 51B, fig. 2 (R.S. quoted) (misidentification v. Smith, 1967).

79.12.a *Trachinotus russelli* Cuvier, in Cuv. Val., 1831, *Hist. nat. Poiss.* 8 : 436. Syntype: MNHN A-5663, Pondichery.— Williams, 1958, **1** : 424—425, Pl. 16, fig. 27 (R.S., pass. ref.).

79.13 **TRACHURUS Rafinesque, 1810**   Gender: M
Caratt. Gen. Spec. Sicil. : 41 (type species: *Scomber trachurus* Linnaeus, 1758, by tautonomy).

79.13.1 **Trachurus indicus Necrassov, 1966**
Trachurus mediterraneus indicus Necrassov, 1966, *Zool. Zh.* **45** : 141—145.
Trachurus mediterraneus indicus.— Demidow & Viskrebentsev, **30** : 98—102, Fig. 19, Gulf of Suez, Ghardaqa.
Caranx trachurus (not Linnaeus).— Klunzinger, 1871, **21** : 453, Quseir.
Trachurus trachurus.— Klunzinger, 1884 : 92, Quseir (misidentification, acc. to Berry & Cohen, 1974, **35** : 177—211, *Trachurus indicus* is the single species existent in the Indian Ocean).

79.14 **ULUA Jordan & Snyder, 1908**   Gender: F
Mem. Carnegie Mus. **4** : 39 (type species: *Ulua richardsoni* Jordan & Snyder, 1908, by orig. design.).

79.14.1 **Ulua mentalis (Cuvier, 1833)**
Caranx mentalis [Ehrenberg MS], Cuvier, in Cuv. Val., 1833, *Hist. nat. Poiss.* **9** : 124, Massawa. Holotype: ZMB 5226, Red Sea.
Caranx mentalis.— Klunzinger, 1871, **21** : 456—457, Red Sea.
Caranx (Hypocaranx) mentalis.— Klunzinger, 1884 : 96, Red Sea.

79.15 **URASPIS Bleeker, 1855b**   Gender: F
Natuurk. Tijdschr. Ned.-Indië **8** : 417—418 (type species: *Uraspis carangoides* Bleeker, 1855, by orig. design.).

79.15.1 **Uraspis helvola [Forster MS] Schneider, 1801**
Scomber helvolus [Forster MS] Schneider, in Bloch & Schneider, 1801, *Syst. Ichthyol.* : 35—36. Holotype: BMNH 1963.3.27.4.
Caranx helvolus.— Günther, 1860, **2** : 443—444 (R.S. quoted).— Klunzinger, 1871, **21** : 457, Red Sea (on *Caranx micropterus* Rüppell).
Caranx (Hypocaranx) helvolus.— Klunzinger, 1884 : 96, Red Sea.
Uraspis helvola.— Smith, 1962d (26) : 507—508, Pl. 73E (R.S. quoted).
Caranx micropterus Rüppell, 1836, *Neue Wirbelth., Fische* : 46—47, Pl. 13, fig. 1. Holotype: SMF 478, Jiddah (syn. v. Günther).
Caranx micropteryx (sic) Rüppell, 1852 : 13, Red Sea.

79.II SERIOLINAE

79.16 **SERIOLA** Cuvier, 1817 [1816]   Gender: F
Règne anim. **2** : 315 (type species: *Caranx dumerili* Risso, 1810, by monotypy).

79.16.1 *Seriola aureovittata* **Temminck & Schlegel**, 1845
Seriola aureovittata Temminck & Schlegel, 1845, *Fauna Japonica* : 115, Pl. 62, fig. 1. Type: RMNH 2168, Japan.
Seriola aureovittata.– Klunzinger, 1871, **21** : 450, Quseir (Klunzinger was doubtful of its identity, and believed that it agreed generally with *aureovittata* less than with *lalandii*).– Smith, 1959c (15) : 260 (on Klunzinger, doubtful).

79.16.2 *Seriola dumerili* (**Risso**, 1810)
Caranx dumerili Risso, 1810, *Ichthyol. Nice* : 175, Pl. 6, fig. 20. Holotype: MNHN B-868, Nice.
Seriola dumerilii.– Klunzinger, 1884 : 103, Red Sea.– Weber & Beaufort, 1931, **6** : 297–298 (R.S. quoted).– Smith, 1959c (15) : 260 (on Klunzinger, doubtful).

79.17 **SERIOLINA** Wakiya, 1924   Gender: F
Ann. Carnegie Mus. **15** : 222 (type species: *Seriola intermedia* Temminck & Schlegel, by orig. design.).
Micropteryx L. Agassiz, 1829, *Selecta genera pisc. Brasiliam* : 102 (type species: *Seriola dumerili* Risso, 1810, by subs. design. of Jordan, 1917).
Zonichthys Swainson, 1839, *Nat. Hist. Class. Fishes* **2** : 176, 248 (type species: *Scomber fasciatus* Bloch, by subs. design. of Swain, 1820).

79.17.1 *Seriolina nigrofasciata* (**Rüppell**, 1829)
Nomeus nigrofasciatus Rüppell, 1829, *Atlas Reise N. Afrika, Fische* : 92–93, Pl. 24, fig. 2. Syntypes: SMF 1655 (2 ex.), Massawa; 1836 : 51, Red Sea.
Seriola nigrofasciata.– Günther, 1860, **2** : 465–466, Red Sea.– Playfair & Günther, 1866 : 62 (R.S. quoted).– Klunzinger, 1871, **21** : 450–451, Quseir; 1884 : 103, Red Sea.– Day, 1876 : 227–228, Pl. 51, fig. 6 (R.S. quoted); 1889, **2** : 170–171, Fig. 57 (R.S. quoted).– Weber & Beaufort, 1931, **6** : 295–296, Fig. 59, Indian Ocean.– Fowler & Steinitz, 1956, **5B** (3–4) : 275, Elat.
Micropteryx nigrofasciata.– Rüppell, 1852 : 12, Red Sea.
Zonichthys nigrofasciatus.– Williams, 1958, **1** : 427–428 (R.S. quoted).
Seriolina nigrofasciata.– Smith, 1959c (15) : 260–261, Fig. 6, S. Africa.
Seriola rüppelli Cuvier, in Cuv. Val., 1833, *Hist. nat. Poiss.* **9** : 216–217 (on *Nomeus nigrofasciatus* Rüppell) (syn. v. Klunzinger).

80   CORYPHAENIDAE

G: 1
Sp: 1

80.1 **CORYPHAENA** Linnaeus, 1758   Gender: F
Syst. Nat., ed. X : 261 (type species: *Coryphaena hippurus* Linnaeus, 1758, by subs. design. of Jordan & Gilbert, 1882).

80.1.1 *Coryphaena hippurus* **Linnaeus**, 1758
Coryphaena hippurus Linnaeus, 1758, *Syst. Nat.*, ed. X : 269, no loc.
Coryphaena hippurus.– Klunzinger, 1871, **21** : 446, Quseir; 1884 : 117, Red Sea.– Weber & Beaufort, 1931, **6** : 185–187, Figs 37–39, Indian Ocean.– Fowler, 1945, **26** : 120 (R.S. quoted).– Smith, 1949 : 314, Pl. 63, fig. 872, S. Africa.

81 **FORMIONIDAE**

G: 1
Sp: 1

81.1   *APOLECTUS* Cuvier in Cuv. Val., 1832   Gender: M
        Hist. nat. Poiss. 8 : 438 (type species: *Apolectus stromateus* Cuvier, in Cuv. Val.,
        1832 = *Stromateus niger* Bloch, 1795, by orig. design.).
        Parastromateus Bleeker, 1865d, *Ned. Tijdschr. Dierk.* 2 : 174 (type species: *Stromateus
        niger* Bloch, 1795, by orig. design.).

81.1.1 *Apolectus niger* (Bloch, 1795)
        Stromateus niger Bloch, 1795, *Naturgesch. ausl. Fische* 9 : 93–94, Pl. 422. Holo-
        type: ZMB 8755 (skin).
        Apolectus niger.– Smith, 1949 : 212, Pl. 24, fig. 500, S. Africa.– Dor, 1970 (54) : 17,
        Red Sea.
        Parastromateus niger.– Beaufort (W.B.), 1951, 9 : 459–460, Indian Ocean.

82 **LEIOGNATHIDAE**

G: 2
Sp: 7

82.1   *GAZZA* Rüppell, 1835   Gender: F
        Neue Wirbelth., Fische : 3 (type species: *Gazza equulaeformis* Rüppell, 1835, by
        orig. design.).

82.1.1 *Gazza minuta* (Bloch, 1797)
        Scomber minutus Bloch, 1797, *Naturgesch. ausl. Fische* 12 : 110–111, Pl. 429,
        fig. 2. Holotype: ZMB 1670, Malabar.
        Gazza minuta.– Weber & Beaufort, 1931, 6 : 339–341, Figs 71–72 (R.S. quoted).–
        Smith, 1949 : 244, Pl. 35, fig. 627, S. Africa.
        Gazza equulaeformis Rüppell, 1835, *Neue Wirbelth., Fische* : 4, Pl. 1, fig. 3. Holotype:
        SMF 1384, Massawa (syn. v. W.B.).– Günther, 1860, 2 : 506 (R.S. quoted); 1876
        (11) : 144, Red Sea.– Klunzinger, 1871, 21 : 468, Red Sea; 1884 : 108, Red Sea.–
        Day, 1876 : 244 (R.S. quoted).
        Gazza equuliformis (sic).– Rüppell, 1852 : 14, Red Sea.– Playfair & Günther, 1866 :
        65 (R.S. quoted).
        Zeus argentarius [Forster MS] Bloch & Schneider, 1801, *Syst. Ichthyol.* : 96 (based on
        painting in Forster Coll., folio 232, BMNH) (syn. v. W.B.).
        Gazza argentaria.– Klunzinger, 1871, 21 : 467, Quseir; 1884 : 108, Red Sea.–
        Günther, 1876 (11) : 144–145, Pl. 91, fig. B (R.S. quoted).– Day, 1888 : 790
        (R.S. quoted).

82.2   *LEIOGNATHUS* Lacepède, 1802   Gender: M
        Hist. nat. Poiss. 4 : 448 (type species: *Leiognathus argenteus* Lacepède = *Scomber
        edentulus* Bloch, by monotypy).
        Equula Cuvier, 1817 [1816], *Règne anim.* 2 : 323 (type species: *Centrogaster equula*
        Gmelin = *Scomber edentulus* Bloch, by tautonomy).

82.2.1 *Leiognathus berbis* (Valenciennes, 1835)
        Equula berbis Valenciennes, in Cuv. Val., 1835, *Hist. nat. Poiss.* 10 : 85 (based on
        Scomber equula var. *minimus* Forsskål).
        Equula berbis.– Klunzinger, 1884 : 107, Red Sea.
        Leiognathus berbis.– Weber & Beaufort, 1931, 6 : 336–337 (R.S. quoted).
        ?*Scomber equula* var. *minimus* Forsskål, 1775, *Descr. Anim.* : xii, 58, Jiddah, Lohaja.
        No type material (syn. v. Klunzinger).

Equula oblonga Valenciennes, in Cuv. Val., 1835, *Hist. nat. Poiss.* **10** : 28. Holotype: MNHN A-6754, Timor; Paratype: A-6756, Malabar (syn. v. Klunzinger, 1884).– Günther, 1860, **2** : 502 (R.S. quoted).– Klunzinger, 1871, **21** : 467 (R.S. on Forsskål *Scomber equula* var., syn. v. Klunzinger, 1884).– Day, 1876 : 243 (R.S. quoted).

82.2.2 **Leiognathus bindus (Valenciennes, 1835)**
Equula bindus Valenciennes, in Cuv. Val., 1835, *Hist. nat. Poiss.* **10** : 78, Coromandel (based on Bindoo karah Russell, 1803, **1** : 50, Pl. 64).
Leiognathus bindus.– Weber & Beaufort, 1931, **6** : 334, Indian Ocean.– Bayoumi, 1972, **2** : 171, Gulf of Suez.

82.2.3 **Leiognathus fasciatus (Lacepède, 1803)**
Clupea fasciata Lacepède, 1803, *Hist. nat. Poiss.* **5** : 425, 460, 463 (based on Commerson MS).
Equula fasciata.– Günther, 1860, **2** : 498, Red Sea; 1876 (11) : 144 (R.S. quoted).– Klunzinger, 1871, **21** : 467 (R.S. on Günther); 1884 : 107, Red Sea.– Day, 1876 : 243, Pl. 51C, fig. 2 (R.S. quoted).
Leiognathus fasciatus.– Weber & Beaufort, 1931, 6 : 320–322 (R.S. quoted).
Equula filigera Cuvier, 1814, *Mem. Mus. Hist. nat. Paris* **1** : 402. Syntypes: MNHN 3092, Malabar, A-6750 (3 ex.) Seychelles, A-6751 (4 ex.), Seychelles, A-6752 (3 ex.), Trinquemalé (syn. v. W.B.).– Rüppell, 1852 : 14, Red Sea.

82.2.4 **Leiognathus equulus (Forsskål, 1775)**
Scomber equula Forsskål, 1775, *Descr. Anim.* : xii, 58. Lectotype: ZMUC P-48219, dried skin, Lohaja.
Scomber equula.– Bloch & Schneider, 1801 : 36–37 (R.S. on Forsskål).– Klausewitz & Nielsen, 1965 : 23, Pl. 28, fig. 50 (Red Sea).
Equula equula.– Klunzinger, 1884 : 107, Red Sea.
Leiognathus equulus.– Weber & Beaufort, 1931, **6** : 322–324 (R.S. quoted).– Tortonese, 1935–36 [1937], **45** (63) : 43, Massawa.
Leiognathus equula.– Smith, 1949 : 243, Fig. 626, S. Africa.– Budker & Fourmanoir, 1954 (3) : 323, Ghardaqa.
Equula caballa Valenciennes, in Cuv. Val., 1835, *Hist. nat. Poiss.* **10** : 73. Syntypes: MNHN A-6618, Guam, A-6722, Red Sea. One syntype from Red Sea lost (Bauchot in lit.) (syn. v. Klunzinger, 1884).– Rüppell, 1836 : 51, Red Sea.– Günther, 1860, **2** : 499–500 (R.S. quoted).– Klunzinger, 1871, **21** : 467 (R.S. on Forsskål).
Scomber edentulus Bloch, 1795, *Naturgesch. ausl. Fische*, Pt. 9 : 109–110, Pl. 428, Tranquebar (syn. v. Klunzinger, 1884).
Equula edentula.– Günther, 1860, **2** : 498–499, Red Sea.– Playfair & Günther, 1866 : 65 (R.S. quoted).– Klunzinger, 1871, **21** : 467 (on Günther).– Day, 1876 : 238–239, Pl. 52, fig. 1 (R.S. quoted).

82.2.5 **Leiognathus klunzingeri (Steindachner, 1898)**
Equula klunzingeri Steindachner, 1898, *Sber. Akad. Wiss. Wien* **107** : 782, Pl. 1, figs 2, 2a. Syntypes: NMW 22366, 59908 (21 ex.), 76009 (8 ex.), Ghulej Faka (Gulf of Suez), 59904, 68276 (8 ex.), 68277 (26 ex.), 68278 (9 ex.), 68279 (4 ex.), Abayil (Gulf of Suez), 68281 (13 ex.), 76008 (16 ex.), Suez, 68280 (2 ex.), Perim.
Leiognathus klunzingeri.– Chabanaud 1933a (627) : 12, Lake Timsah; 1933b, **58** : 290, Suez Canal; 1934, **6** : 158, Lake Timsah, Suez Canal.– Gruvel & Chabanaud, 1937, **35** : 16, Suez Canal.– Tortonese, 1948, **33** : 284, Suez Canal.
Leiognathus lineolatus (not Cuv. Val.).– Norman, 1929, *Proc. zool. Soc. Lond.* **1** : 615, Suez Canal.– Weber & Beaufort, 1931, **6** : 337–338 (Suez Canal on Norman).– Chabanaud, 1932, 4 (7) : 828, Lake Timsah, Suez Canal (misidentification v. Chabanaud, 1933).

135

Leiognathidae

82.2.6   *Leiognathus splendens* (Cuvier, 1829)
          Equula splendens Cuvier, 1829, *Règne anim.*, ed. II, **2** : 212 (based on Gomorah
          Karah Russell, 1803, **1** : 48, Pl. 61).
          Equula splendens.– Günther, 1860, **2** : 501–502, Red Sea.– Klunzinger, 1871, **21** :
          467 (R.S. on Cuv. Val., 1835 : 80); 1884 : 107, Red Sea.– Day, 1876 : 239–240,
          Pl. 52, fig. 3 (R.S. quoted).
          Leiognathus splendens.– Weber & Beaufort, 1931, **6** : 324–326 (R.S. quoted).
          Equula gomorah Valenciennes, in Cuv. Val., 1835, *Hist. nat. Poiss.* **10** : 80–82. Syn-
          types: MNHN A-6725, Malabar, A-6724, Pondichery (one syntype from Red Sea
          lost, Bauchot in lit.) (syn. v. Klunzinger).– Rüppell, 1836 : 51, Red Sea.

83   BRAMIDAE

                                                                      G: 1
                                                                      Sp: 1

83.1   *TARACTICHTHYS* Mead & Maul, 1958   Gender: M
         Bull. Mus. comp. Zool. Harv. **119** : 407 (type species: *Brama longipinnis* Lowe,
         1843, by orig. design.).
         Argo Döderlein, in Steindachner & Döderlein, 1883, *Denkschr. Akad. Wiss. Wien,
         Math. Naturwiss. Cl.* **47** : 34 and caption for Pl. 7 (type: *Argo steindachneri* Döder-
         lein, 1883, by monotypy, preoccupied in Mollusca).

83.1.1   *Taractichthys steindachneri* (Döderlein, 1883)
         Argo steindachneri Döderlein, in Steindachner & Döderlein, 1883, *Denkschr. Akad.
         Wiss. Wien* **47**, Pl. 7 (without text).
         Taractichthys steindachneri.– Aron & Goodyear, 1969, **18** : 241, Red Sea.

84   LUTJANIDAE

                                                                      G: 6
                                                                      Sp: 26

84.I   APHAREINAE

84.1   *APHAREUS* Cuvier in Cuv. Val., 1830   Gender: M
         Hist. nat. Poiss. **6** : 485 (type species: *Aphareus caerulescens* Cuvier, in Cuv. Val.,
         by subs. design. of Jordan, Tanaka & Snyder, 1913).

84.1.1   *Aphareus rutilans* Cuvier, 1830
         Aphareus rutilans Cuvier, in Cuv. Val., 1830, *Hist. nat. Poiss.* **6** : 490–491. Holo-
         type: MNHN, Red Sea, Ehrenberg Coll., apparently lost; Paratype: MNHN A-7453,
         Red Sea.
         Aphareus rutilans.– Rüppell, 1838 : 121, Jiddah; 1852 : 7, Red Sea.– Günther, 1859,
         1 : 386 (R.S. quoted); 1873 (3) : 17 (R.S. quoted).– Klunzinger, 1870, **20** : 768,
         Quseir; 1884 : 45, Red Sea.– Day, 1888 : 782 (R.S. quoted); 1889, **1** : 530 (R.S.
         quoted).– Fowler, 1931, **11** : 198–199 (R.S. quoted).– Weber & Beaufort, 1936,
         7 : 319–321, Fig. 68 (R.S. quoted).– Marshall, 1952, **1** (8) : 231, Aqaba.
         Labrus furca Lacepède, 1801, *Hist. nat. Poiss.* **3** : 429, 477, Pl. 21, fig. 1, Mauritius
         (based on drawing by Commerson).– Günther, 1873 (3) : 17 (R.S. quoted) (acc.
         to Weber & Beaufort, 1936, **7** : 318, probably syn. of *Aphareus rutilans*).

84.II   CAESIONINAE*

84.2   *CAESIO* Lacepède, 1801   Gender: M
          Hist. nat. Poiss. 3 : 85 (type species: *Caesio caerulaureus* Lacepède, 1801, by subs.
          design. of Bleeker, 1876).
          Apsilus Valenciennes, in Cuv. Val., 1830, *Hist. nat. Poiss.* 6 : 548 (type species: *Apsilus
          fuscus* Valenciennes, in Cuv. Val., 1830, by monotypy).
          Paracaesio Bleeker, 1875a, in Pollen & Van Dam, *Rech. Poiss.* : 92 (type species:
          Caesio xanthurus, by monotypy).

84.2.1   *Caesio azuraureus* Rüppell, 1830
          Caesio azuraureus Rüppell, 1830, *Atlas Reise N. Afrika, Fische* : 130–131. Lecto-
          type: SMF 1707, Jiddah; Paralectotype: SMF 8614, Jiddah.
          Caesio caerulaureus (not Lacepède).– Cuvier, in Cuv. Val., 1830, 6 : 434, Red Sea.–
          Rüppell, 1852 : 7, Red Sea.– Playfair & Günther, 1866 : 32 (R.S. quoted).–
          Klunzinger, 1870, 20 : 770, Quseir; 1884 : 46, Red Sea.– Borsieri, 1904 (3), 1 :
          195, Massawa.– Fowler, 1931, 11 : 213–218 (R.S. quoted).– Tortonese, 1935–36
          [1937], 45 : 178 (sep. : 28), Massawa.– Weber & Beaufort, 1936, 7 : 306–308
          (R.S. quoted).– Ben-Tuvia & Steinitz, 1952 (2) : 7, Elat.– Roux-Estève & Four-
          manoir, 1955, 30 : 198, Abu Latt. (*Caeruleus*, misprint).– Roux-Estève, 1956,
          32 : 74, Abu Latt.– Klausewitz, 1967c (2) : 62, 66, Sarso Isl.– Clark, Ben-Tuvia &
          Steinitz, 1968 (49) : 21, Entedebir.– Bayoumi, 1972, Red Sea (misidentification,
          Allen in lit.).

84.2.2   *Caesio lunaris* Ehrenberg, 1830
          Caesio lunaris [Ehrenberg MS] Cuvier, in Cuv. Val., 1830, *Hist. nat. Poiss.* 6 : 441–
          442, Red Sea. Holotype: MNHN 9560, New Ireland.
          Caesio lunaris.– Rüppell, 1838 : 120, Massawa; 1852 : 7, Red Sea.– Günther, 1859,
          1 : 390–391 (R.S. quoted).– Playfair & Günther, 1866 : 31 (R.S. quoted).–
          Klunzinger, 1870, 20 : 769–770, Quseir; 1884 : 46, Red Sea.– Bamber, 1915, 31 :
          481, W. Red Sea.– Fowler, 1931b, 11 : 205–207 (R.S. quoted).– Weber & Beau-
          fort, 1936, 7 : 299–301 (R.S. quoted).– Steinitz & Ben-Tuvia, 1955 (11) : 6,
          Elat.– Roux-Estève & Fourmanoir, 1955, 30 : 198, Abu Latt.– Roux-Estève,
          1956, 32 : 74, Abu Latt.– Klausewitz, 1967c (2) : 62, 66, Sarso Isl.– Tortonese,
          1968 (51) : 18, Elat.

84.2.3   *Caesio suevicus* Klunzinger, 1884
          Caesio suevicus Klunzinger, 1884, *Fische Rothen Meeres* : 46, Pl. 5, fig. 2. Type:
          NMW (no number).

84.2.4   *Caesio xanthurus* Bleeker, 1869
          Caesio xanthurus Bleeker, 1869a, *Versl. Meded. K. Akad. wet. Amst.* 3 : 78–79.
          Syntypes? : RMNH 5716, 3948 (original descr. not available, Boeseman in lit.).
          Paracaesio xanthurus.– Klunzinger, 1884 : 17, Red Sea.– Smith, 1949 : 252, Fig. 655,
          S. Africa.
          Apsilus fuscus (not Cuv. Val.).– Klunzinger, 1870, 20 : 705, Quseir.– Fowler, 1931,
          11 : 183 (R.S. quoted) (misidentification acc. to Klunzinger, 1884, loc. cit.).

84.2.a   *Caesio chrysozona* [Kuhl & Van Hasselt MS] Cuvier, in Cuv. Val., 1830, *Hist. nat.
          Poiss.* 6 : 440, E. Indies (based on drawing by Kuhl & Van Hasselt).
          Caesio chrysozona.– Day, 1875 : 95–96, Pl. 24, fig. 5 (R.S. quoted); 1889 : 533
          (R.S. quoted).– Weber & Beaufort, 1936, 7 : 303–304 (R.S. quoted). (Doubtful
          if it occurs in the Red Sea, Allen in lit.)

84.2.b   *Caesio xanthonotus* Bleeker, 1853c, *Natuurk Tijdschr. Ned. Indië* 4 : 466–467. Holo-
          type: RMNH 5709, Batavia.
          Caesio xanthonotus.– Fowler, 1931, 11 : 207–209 (R.S. quoted).

Lutjanidae

84.3   *PTEROCAESIO* **Bleeker, 1876**   Gender: M
        Versl. Meded. K. Akad. wet. Amst. **9** : 153 (type species: *Caesio multiradiatus*
        Steindachner, by orig. design).

84.3.1 *Pterocaesio striatus* (**Rüppell,** 1830)
        Caesio striatus Rüppell, 1830, *Atlas Reise N. Afrika, Fische* : 131, Pl. 34, fig. 1.
        Type material: SMF 1767, 8614, Massawa; 1852 : 7, Red Sea.– Günther, 1859,
        1 : 392, Red Sea.– Playfair & Günther, 1866 : 32 (R.S. quoted).– Klunzinger,
        1870, **20** : 770, Quseir (var. of *Caesio caerulaureus*).
        Caesio caerulaureus striatus.– Tortonese, 1935–36 [1937], **45** : 179 (sep.: 29),
        Massawa.

84.III **LUTJANINAE**

84.4   *LUTJANUS* **Bloch, 1790**   Gender: M
        Naturgesch. ausl. Fische : 105 (type species: *Lutjanus lutjanus* Bloch, 1790, by
        absolute tautonomy).
        Diacope Cuvier, 1815, *Mem. Mus. Hist. nat. Paris* **1** : 360 (type species: *Holocentrus
        bengalensis* Bloch, 1790, by subs. design. of Jordan, 1917).
        Genyoroge Cantor, 1849 [1850], *J. Asiat. Soc. Beng.* **18** (2) : 994 (replacement name
        for *Diacope* Cuvier).
        Mesoprion Cuvier, in Cuv. Val., 1828, *Hist. nat. Poiss.* **2** : 441 (type species: *Lutjanus
        lutjanus* Bloch, 1790, by subs. design. of Jordan, 1917).

84.4.1 *Lutjanus argentimaculatus* (**Forsskål,** 1775)
        Sciaena argentimaculata Forsskål, 1775, *Descr. Anim.* : xi, 47–48, Red Sea. Type
        lost.
        Diacope argentimaculata.– Rüppell, 1829 : 71–72, Pl. 19, fig. 1, Red Sea; 1852 : 3,
        Red Sea.– Klunzinger, 1870, **20** : 699, Quseir.– Kossmann & Räuber, 1877a, **1** :
        385, Red Sea; 1877b : 8, Red Sea.– Kossmann, 1879, **2** : 21, Red Sea.
        Mesoprion argentimaculatus.– Günther, 1859, **1** : 192 (R.S. quoted).– Playfair &
        Günther, 1866 : 144 (R.S. quoted).– Klunzinger, 1884 : 14–15, Red Sea.
        Lutianus argentimaculatus.– Day, 1876 : 37–38, Pl. 11, fig. 5 (R.S. quoted).– Smith,
        1949 : 255, Textfig. 664, Pl. 37, fig. 664, S. Africa.– Talbot, 1957, **10** : 244–245
        (R.S. quoted).
        Lutjanus argentimaculatus.– Pellegrin, 1912, **3** (27) : 5, Massawa.– Fowler, 1931,
        11 : 97–103 (R.S. quoted).– Weber & Beaufort, 1936, 7 : 246–248 (R.S. quoted).–
        Tortonese, 1947, **43** : 86, Massawa.– Marshall, 1952, **1** : 230, Sinafir Isl.– Ben-
        Tuvia, 1968 (52) : 38, Ethiopia.
        Perca argentata Bloch & Schneider, 1801, *Syst. Ichthyol.* : 86 (R.S. on Forsskål).
        Sciaena argentata.– Shaw, 1803, 4 : 540 (R.S. quoted).
        Diacope macrolepis Ehrenberg, Red Sea, syn. in *Mesoprion rubellus* Cuv. Val., 1828,
        Hist. nat. Poiss. **2** : 475–476. Holotype: ZMB 5210; Paratype: MNHN, lost (syn.
        v. Klunzinger, 1884 : 15).
        Diacope macrolepis.– Klunzinger, 1870, **20** : 703, Red Sea.

84.4.2 *Lutjanus bengalensis* (**Bloch,** 1790)
        Holocentrus bengalensis Bloch, 1790, *Naturgesch. ausl. Fische*, Pt 4 : 102–104,
        Pl. 246, fig. 2, Bengal. Type: ZMB 303.
        Genyoroge bengalensis.– Günther, 1859, **1** : 178–179, Red Sea.– Playfair & Günther,
        1866 : 15 (R.S. quoted).– Giglioli, 1888, **6** : 68, Assab.
        Lutianus bengalensis.– Day, 1875 : 33–34, Pl. 10, fig. 4 (R.S. quoted).

84.4.3   *Lutjanus bohar* (Forsskål, 1775)
    Sciaena bohar Forsskål, 1775, *Descr. Anim.* : xi, 46. Holotype: ZMUC P-4779,
    Red Sea.
    Sciaena bohar.– Shaw, 1803, 4 : 539 (R.S. quoted).– Klausewitz & Nielsen, 1965,
    22 : 19, Pl. 14, fig. 27, Red Sea.
    Lutianus bohar.– Bloch & Schneider, 1801 : 325 (R.S. on Forsskål).– Day, 1876 : 44,
    Pl. 13, fig. 4 (R.S. quoted); 1889, 1 : 477–478 (R.S. quoted).– Bamber, 1915,
    31 : 480, W. Red Sea.– Fowler, 1931, 11 : 107–111 (R.S. quoted).– Marshall,
    1952, 1 (8) : 230, Sinafir Isl., Sharm esh Sheikh.– Roux-Estève & Fourmanoir,
    1955, 30 : 198, Abu Latt.– Roux-Estève, 1956, 32 : 73–74, Abu Latt.– Talbot,
    1957, 10 : 249–250 (R.S. quoted).– Saunders, 1960, 79 : 241, Red Sea; 1968 (3) :
    494, Red Sea.
    Lutjanus bohar.– Weber & Beaufort, 1936, 7 : 276–278 (R.S. quoted).– Steinitz &
    Ben-Tuvia, 1955 (11) : 6, Elat.
    Diacope bohar.– Rüppell, 1829 : 73–74, Ras Muhammad Jubal Isl., Gomfuda; 1838 :
    103, Red Sea; 1852 : 3, Red Sea.– Klunzinger, 1870, 20 : 699–700, Quseir.
    Mesoprion bohar.– Günther, 1859, 1 : 190–191 (R.S. quoted); 1873 (3) : 12–13
    (R.S. quoted).– Playfair & Günther, 1866 : 17 (R.S. quoted).– Klunzinger, 1884 :
    14, Red Sea.
    Diacope quadruguttata Cuvier, in Cuv. Val., 1828, *Hist. nat. Poiss.* 2 : 427. Paratype:
    MNHN 72, Seychelles; Holotype from Mauritius and Paratype from Massawa lost
    (syn. v. Klunzinger and v. W.B.).– Rüppell, 1829 : 73–74, Red Sea.

84.4.4   *Lutjanus coccineus* (Ehrenberg, 1828)
    Diacope coccinea [Ehrenberg MS] Cuvier, in Cuv. Val., 1828, *Hist. nat. Poiss.* 2 :
    437, Massawa (no type in MNHN). Acc. to Klunzinger, 1870, 20 : 693, syn. of
    Diacope gibba.
    Diacope coccinea.– Rüppell, 1829 : 75, Jiddah; 1838 : 91, Pl. 23, fig. 2, Jiddah; 1852 :
    3, Red Sea. Acc. to Blegvad, 1944 (3) : 107, Pl. 5, it is a valid species.

84.4.5   *Lutjanus caeruleolineatus* (Rüppell, 1838)
    Diacope caeruleolineata Rüppell, 1838, *Neue Wirbelth., Fische* : 93–94, Pl. 24,
    fig. 3. Lectotype: SMF 1712; Paralectotype: SMF 2983; 1852 : 3, Red Sea.– Klun-
    zinger, 1870, 20 : 701, Jiddah.
    Lutjanus caeruleolineatus.– Day, 1889, 1 : 473 (R.S. quoted).
    Mesoprion caeruleolineatus.– Playfair & Günther, 1866 : 18 (R.S. quoted).
    Mesoprion (Mesoprion) coeruleolineatus.– Klunzinger, 1884 : 15, Red Sea.

84.4.6   *Lutjanus ehrenbergii* (Peters, 1869)
    Diacope ehrenbergii Peters, 1869, *Sber. dt. Akad. Wiss.* 1868 [1869] : 704. Syn-
    types: ZMB 359, 360.
    Diacope ehrenbergi.– Klunzinger, 1870, 20 : 701, Quseir.
    Mesoprion ehrenbergi.– Klunzinger, 1884 : 13, Pl. 2, fig. 6, Quseir.
    Lutjanus ehrenbergi.– Weber & Beaufort, 1936, 7 : 242–243 (R.S. quoted).
    Lutianus ehrenbergi.– Talbot, 1957, 10 : 242–244 (R.S. quoted).– Klausewitz, 1967c
    (2) : 57, 59, Sarso Isl.

84.4.7   *Lutjanus fulviflamma* (Forsskål, 1775)
    Sciaena fulviflamma Forsskål, 1775, *Descr. Anim.* : xi, 45–46. Lectotype: ZMUC
    P-4775 (dried skin), Red Sea; Paralectotype: ZMUC P-4776 (dried skin), Red Sea
    (selected by Klausewitz & Nielsen).
    Sciaena fulviflamma.– Shaw, 1803, 4 : 542 (R.S. quoted).– Klausewitz & Nielsen,
    1965 : 18, Pl. 12, fig. 25, Red Sea.
    Perca fulviflamma.– Bloch & Schneider, 1801 : 90 (R.S. on Forsskål).
    Diacope fulviflamma.– Cuvier, in Cuv. Val., 1828, 2 : 423–424, Lohaja.– Rüppell,
    1828 : 72–73, Pl. 19, fig. 2, Red Sea; 1852 : 3, Red Sea.– Klunzinger, 1870, 20 :

700–701, Quseir.– Kossmann & Räuber, 1877a, **1** : 385, Red Sea; 1877b : 8, Red Sea.– Kossmann, 1879, **2** : 21, Red Sea.– Picaglia, 1894, **13** : 25, Assab, Massawa.
Mesoprion fulviflamma.– Günther, 1859, **1** : 201–202 (R.S. quoted).– Martens, 1866, **16** : 378, Quseir.– Klunzinger, 1884 : 15, Red Sea.– Giglioli, 1888, **6** : 68, Assab.
Lutianus fulviflamma.– Day, 1875 : 41–42, Pl. 12, figs 5–6 (R.S. quoted); 1889, **1** : 475–476 (R.S. quoted).– Marshall, 1952, **1** (8) : 230, Sinafir Isl., Sharm esh Sheikh.– Roux-Estève & Fourmanoir, 1955, **30** : 198, Abu Latt.– Roux-Estève, 1956, **32** : 73, Abu Latt.– Talbot, 1957, **10** : 253–255 (R.S. quoted).– Saunders, 1960, 79 : 241, Red Sea.– Klausewitz, 1967c (2) : 60, 62, Sarso Isl.
Lutjanus fulviflamma.– Sauvage, 1891 : 88–89, Red Sea.– Borsieri, 1904 (3), **1** : 193, Massawa.– Fowler, 1931a, **83** : 247, P. Sudan; 1931b, **11** : 128–135 (R.S. quoted).– Weber & Beaufort, 1936, **7** : 270–272 (R.S. quoted).– Tortonese, 1947, **43** : 86, Massawa.– Smith, 1949 : 254, Pl. 38, fig. 659, S. Africa.
Lutjanus (Neomaenis) fulviflamma.– Tortonese, 1935–36 [1937], **45** (sep. : 28), Massawa.

84.4.8   *Lutjanus gibbus* (Forsskål, 1775)
Sciaena gibba Forsskål, 1775, *Descr. Anim.* : xi, 46–47, Red Sea. No type material.
Sciaena gibbosa.– Shaw, 1803, **4** : 539 (R.S. quoted).
Lutjanus gibbus.– Bloch & Schneider, 1801 : 326 (R.S. on Forsskål).– Pellegrin, 1912, **3** : 5, Massawa.– Fowler, 1931, **2** : 168–174, Red Sea.– Weber & Beaufort, 1936, **7** : 263–265 (in part) (R.S. quoted).– Tortonese, 1947, **43** : 87, Sudan. Ben-Tuvia, 1968 : 37–38, Dahlak.
Lutianus gibbus.– Day, 1875 : 43–44, Pl. 13, figs. 2–3 (R.S. quoted); 1889, **1** : 447 (R.S. quoted).– Bamber, 1915, **31** : 480, W. Red Sea.– Smith, 1949 : 254, Pl. 37, fig. 662, S. Africa.– Roux-Estève & Fourmanoir, 1955, **30** : 198, Abu Latt.– Roux-Estève, 1956, **32** : 73, Abu Latt.– Talbot, 1957, **10** : 247–248 (R.S. quoted).
Genyoroge gibba.– Günther, 1859, **1** : 180 (R.S. quoted).
Diacope gibba.– Klunzinger, 1870, **20** : 693, Quseir.
Mesoprion gibbus.– Günther, 1873 (3) : 12–13, Pls 12, 13, fig. A (R.S. quoted).– Klunzinger, 1884 : 12, Jiddah, Quseir.
Diacope melanura Rüppell, 1838, *Neue Wirbelth., Fische* : 92, Pl. 23, fig. 1. Holotype: SMF 1294, Jiddah (syn. v. Smith); 1852 : 3, Red Sea.– Klunzinger, 1870, **20** : 693–694, Quseir (var. of *Diacope gibba*).
Genyoroge melanura.– Günther, 1859, **1** : 183, Red Sea.

84.4.9   *Lutjanus johnii* (Bloch, 1792)
Anthias johnii Bloch, 1792, *Naturgesch. ausl. Fische* (6) : 113–114, Pl. 318. Syntypes? : ZMB 336 (3 ex.), Surrata, Arabian Sea.
Lutjanus johnii.– Weber & Beaufort, 1936, **7** : 244–246, Indian Ocean.– Ben-Tuvia, 1968 (52) : 38, Dahlak.

84.4.10   *Lutjanus kasmira* (Forsskål, 1775)
Sciaena kasmira Forsskål, 1775, *Descr. Anim.* : xi, 46. Lectotype : P-4777 (dried skin), Red Sea; Paralectotype : P-4778 (dried skin), Red Sea.
Sciaena kasmira.– Klausewitz & Nielsen, 1965 : 18–19, Pl. 13, fig. 26, Red Sea.
Grammistes kasmira.– Bloch & Schneider, 1801 : 189 (R.S. on Forsskål).
Diacope kasmira.– Klunzinger, 1870, **20** : 695–696, Quseir.
Lutjanus kasmira.– Day, 1889, **1** : 468 (R.S. quoted).– Fowler, 1931, **11** : 157 162, Fig. 14 (R.S. quoted); 1945, **66** : 123, Fig. 5 (R.S. quoted).– Weber & Beaufort, 1936, **7** : 256–259 (R.S. quoted).– Tortonese, 1947, **43** : 87, P. Sudan.– Ben-Tuvia & Steinitz, 1952 (2) : 7, Elat.
Lutianus kasmira.– Smith, 1949 : 254, Pl. 39, fig. 657, S. Africa.– Marshall, 1952, **1** (8) : 230, El Hibeiq, Sharm esh Sheikh.– Abel, 1960a, **49** : 446, Ghardaqa.–

Saunders, 1960, **79** : 241, Red Sea; 1968 (3) : 494, Red Sea.– Kotthaus, 1974a : 51, Figs 321, 323, 324, Perim.

Mesoprion (Diacope) kasmira.– Klunzinger, 1884 : 12, Red Sea.

Lutjanus (Diacope) kasmira.– Tortonese, 1935–36 [1937], **45** : 178 (sep. : 28), Red Sea.

Diacope octolineata Cuvier, in Cuv. Val., 1828, *Hist. nat. Poiss.* **2** : 418–422, Red Sea. Syntypes: MNHN A-5446 (2 ex.), A-5448 (2 ex.), 7971, 7972, all from Mauritius, A-5447 (2 ex.) Indian Ocean, 7973, Tahiti, one syntype Red Sea lost (syn. v. Klunzinger) (in part).– Rüppell, 1829 : 75, N. Red Sea; 1852 : 3, Red Sea.

4.4.11a   ***Lutjanus lemniscatus*** (Valenciennes, 1828)

Serranus lemniscatus Valenciennes, in Cuv. Val., 1828, *Hist. nat. Poiss.* **2** : 240. Holotype: MNHN 7146, Ceylon.

Mesoprion janthinuropterus Bleeker, 1852i, *Natuurk. Tijdschr. Ned.-Indië* **3** : 751– 752. Holotype: RMNH 5533, Bulucomba (syn., Allen in lit.).

Lutjanus janthinuropterus.– Weber & Beaufort, 1936, **7** : 281–283, Indian Ocean.– Smith, 1949 : 256, Textfig. 668, Pl. 37, fig. 668, S. Africa.– Ben-Tuvia, 1968 (52) : 38, Ethiopia (may not occur in the Red Sea, Allen in lit.).

Diacope lineata Quoy & Gaimard, 1824, *Voy. Uranie, Zool.* : 309. Syntypes: MNHN 8211 (2 ex.), New Guinea, 8212, New Guinea (syn. v. Smith).

Lutjanus lineatus.– Ben-Tuvia & Steinitz, 1952 : 7, Elat.

4.4.12   ***Lutjanus lutjanus*** Bloch, 1790

Lutjanus lutjanus Bloch, 1790, *Naturgesch. ausl. Fische* **4** : 107–108, Pl. 245, Japan.

Diacope lineolata Rüppell, 1829, *Atlas Reise N. Afrika, Fische* : 76, Pl. 19, fig. 3. Holotype: SMF 1111, Massawa; 1852 : 3, Red Sea (syn., Randall in lit.).

Diacope lineolata.– Klunzinger, 1870, **20** : 698, Red Sea.

Mesoprion lineolatus.– Günther, 1859, **1** : 205, Red Sea.– Playfair & Günther, 1866 : 17 (R.S. quoted).

Mesoprion (Diacope) lineolatus.– Klunzinger, 1884 : 14, Red Sea.

Lutjanus lineolatus.– Pellegrin, 1912, **3** : 5, Red Sea.– Fowler, 1931, **11** : 144–147 (R.S. quoted).– Weber & Beaufort, 1936, **7** : 253–255 (R.S. quoted).

Lutianus lineolatus.– Day, 1875 : 35–36, Pl. 11. figs 1–2 (R.S. quoted); 1889, **1** : 469–470 (R.S. quoted).– Smith, 1949 : 256, Pl. 9, fig. 671, S. Africa.– Talbot, 1957, **10** : 256 (R.S. quoted).

4.4.13   ***Lutjanus malabaricus*** (Schneider, 1801)

Sparus malabaricus Schneider, in Bloch & Schneider, 1801, *Syst. Ichthyol.* : 278. Holotype: ZMB 8161 (skin), Coromandel, India.

Lutjanus malabaricus.– Pellegrin, 1912, **3** : 5, Massawa.– Weber & Beaufort, 1936, **7** : 268–269 (R.S., pass. ref.).

Diacope sanguinea Ehrenberg, in Cuv. Val., 1828, *Hist. nat. Poiss.* **2** : 437. Holotype from Massawa: MNHN, apparently lost (syn., Talbot in lit.).

Diacope sanguinea.– Klunzinger, 1870, **20** : 697, Red Sea.

Lutjanus sanguinea.– Weber & Beaufort, 1936, **7** : 265–267 (R.S. quoted).

Lutianus sanguineus.– Smith, 1949 : 254, Pl. 37, fig. 663, S. Africa.– Talbot, 1957, **10** : 250–251 (R.S. quoted).

Mesoprion annularis Cuvier, in Cuv. Val., 1828, *Hist. nat. Poiss.* **2** : 484. Syntypes: MNHN A-5744, Indian Ocean, 8310, no loc. (acc. to W.B. and to Smith, syn. of *Lutjanus sanguineus,* i.e. of *Lutjanus malabaricus*).– Günther, 1859, **1** : 204 (R.S. quoted).– Playfair & Günther, 1866 : 17 (R.S. quoted).

Mesoprion (Mesoprion) annularis.– Klunzinger, 1884 : 13–14, Red Sea.

Diacope annularis.– Rüppell, 1829 : 74–75, Massawa; 1838 : 91, Pl. 24, fig. 2, Massawa.– Klunzinger, 1870, **20** : 697, Red Sea.

Diacope (Mesoprion) annularis.– Rüppell, 1852 : 3, Red Sea.

Diacope erythrina Rüppell, 1838, *Neue Wirbelth., Fische* : 92–93, Pl. 23, fig. 3. Holotype: SMF 2972, Massawa (syn. v. Klunzinger and Talbot in lit.); 1852 : 3, Red Sea.– Martens, 1866, **16** : 378, Egypt.– Klunzinger, 1870, **20** : 702, Red Sea.
Mesoprion erythrinus.– Günther, 1859, **1** : 199 (R.S. quoted).

84.4.14   *Lutjanus monostigma* (Cuvier, 1828)
Mesoprion monostigma Cuvier, in Cuv. Val., 1828, *Hist. nat. Poiss.* **2** : 446–447. Holotype: MNHN 8278, Seychelles.
Mesoprion monostigma.– Rüppell, 1838 : 94, Massawa; 1852 : 3, Red Sea.– Günther, 1873 (3) : 14, Pl. 16 (R.S. quoted).
Diacope monostigma.– Klunzinger, 1870, **20** : 702–703, Quseir.
Lutjanus monostigma.– Weber & Beaufort, 1936, 7 : 284–285 (R.S. quoted).– Tortonese, 1947, **43** : 86, Massawa.
Lutianus monostigma.– Talbot, 1957, **10** : 252–253 (R.S. quoted).
Lutjanus lioglossus Bleeker, 1873b, *Versl. Meded. K. Akad. wet. Amst.* 7 : 44. Holotype or syntype: RMNH 5549, included in 4 ex., Batavia (syn. v. W.B.).
Mesoprion (Mesoprion) lioglossus.– Klunzinger, 1884 : 14, Quseir.
Lutianus lioglossus.– Day, 1875 : 39–40, Pl. 12, fig. 1 (R.S. quoted).
Lutjanus lioglossus.– Borsieri, 1904 (3), **1** : 192–193, Massawa.

84.4.15   *Lutjanus rivulatus* (Cuvier, 1828)
Diacope rivulata Cuvier, in Cuv. Val., 1828, *Hist. nat. Poiss.* **2** : 414–415, Fig. 38, Red Sea. Syntypes: MNHN A-7747, Pondichery, A-7748, 7989, Malabar.
Diacope rivulata.– Rüppell, 1838 : 94, Jiddah; 1852 : 3, Red Sea.– Klunzinger, 1870, **20** : 694, Red Sea.
Genyoroge rivulata.– Günther, 1859, **1** : 182, Red Sea.– Playfair & Günther, 1866 : 16 (R.S. quoted).
Mesoprion (Diacope) rivulatus.– Klunzinger, 1884 : 12 (R.S. on Rüppell).
Lutjanus rivulatus.– Day, 1889, **1** : 471 (R.S. quoted).– Fowler, 1931, **11** : 111–115, Fig. 11 (R.S. quoted).– Weber & Beaufort, 1936, 7 : 287–289 (R.S. quoted).
Lutianus rivulatus.– Day, 1875 : 37, Pl. 11, fig. 4 (R.S. quoted).– Smith, 1949 : 255, Pl. 38, fig. 666, S. Africa.– Talbot, 1957, **10** : 255–256 (R.S. quoted).
Lutjanus (Neomaenis) rivulatus.– Tortonese, 1935–36 [1937], **45** : 178 (sep. : 28), Red Sea.

84.4.16   *Lutjanus russellii* (Bleeker, 1849)
Mesoprion russellii Bleeker, 1849b, *Verh. batav. Genoot. Kunst. Wet.* **22** : 41. Syntype: RMNH 5526, Batavia.
Lutianus russelli.– Clark, Ben-Tuvia & Steinitz, 1968 (49) : 21, 27, Dahlak.
Lutjanus russelli.– Weber & Beaufort, 1936, 7 : 272–274, Indian Ocean.– Ben-Tuvia, 1968 (52) : 38, Dahlak.

84.4.17   *Lutjanus sebae* (Cuvier, 1828)
Diacope Sebae Cuvier, in Cuv. Val., 1828, *Hist. nat. Poiss.* **2** : 411–414. Syntypes: MNHN A-7745, Pondichery, 7849, Vaigiou.
Diacope sebae.– Klunzinger, 1870, **20** : 692, Quseir.
Mesoprion (Diacope) sebae.– Klunzinger, 1884 : 11, Red Sea.
Lutianus sebae.– Day, 1875 : 30–31, Pl. 9, fig. 3 (R.S. quoted).– Smith, 1949 : 255, Pl. 97, fig. 665, S. Africa.– Talbot, 1957, **10** : 251–252 (R.S. quoted).
Lutjanus sebae.– Day, 1889, **1** : 465 (R.S. quoted).– Fowler, 1931 : 176–178 (R.S. quoted).– Weber & Beaufort, 1936, 7 : 261–262 (R.S. quoted).

84.4.a   *Lutjanus erythropterus* Bloch, 1790, *Naturgesch. ausl. Fische* 4 : 115–116, Pl. 249. Syntypes: ZMB 8197, 8198 (skin), Japan.
Lutianus erythropterus.– Day, 1875 : 32–33, Pl. 10, fig. 1 (R.S. on *Diacope annularis.*– Rüppell).– Fowler, 1931, **11** : 165–168, Fig. 15 (R.S. on *Diacope erythrina* Rüppell).

Lutjanus (Loxolutjanus) erythropterus.– Tortonese, 1935–36 [1937], **45** : 178 (sep. : 28), Massawa.

4.4.b **Lutjanus quinquelineatus (Bloch, 1790)**
Holocentrus quinquelineatus Bloch, 1790, *Naturgesch. ausl. Fische* **4** : 84–85, Pl. 239, Japan. Apparently no type material.
Mesoprion quinquelineatus.– Günther, 1859, 1 : 209 (R.S. quoted).
Lutianus quinquelineatus.– Day, 1875 : 40–41, Pl. 12, fig. 3 (R.S. quoted).– Bamber, 1915, **31** : 481, W. Red Sea. (Does not occur in the Red Sea, Allen in lit.)

4.4.c *Lutjanus spilurus* (not Bennett).– Fowler, 1931, **11** : 153–157, Fig. 13 (not identifiable, Allen in lit.).

4.5 *MACOLOR* Bleeker, 1860   Gender : M
Act. Soc. Sci. Indo-Neerl. **8** : 25 (type species : *Diacope macolor* Cuvier & Valenciennes, 1828, by tautonomy).

4.5.1 **Macolor niger (Forsskål, 1775)**
Sciaena nigra Forsskål, 1775, *Descr. Anim.* : xi, 47, Jiddah. Holotype : ZMUC P-4780 (dried skin), Red Sea.
Sciaena nigra.– Klausewitz & Nielsen, 1965 (22) : 19, Pl. 14, fig. 29, Pl. 15, fig. 29, Jiddah.
Diacope nigra.– Rüppell, 1838 : Pl. 24, fig. 1, Jiddah ; 1852 : 3, Red Sea.– Klunzinger, 1870, **20** : 696, Quseir.
Genyoroge nigra.– Günther, 1859, **1** : 176, Red Sea.
Mesoprion (Diacope) niger.– Klunzinger, 1884 : 11, Quseir.
Lutjanus niger.– Bloch & Schneider, 1801 : 326 (R.S. on Forsskål).– Day, 1888 : 783 (R.S. quoted) ; 1889, **1** : 465 (R.S. quoted).– Weber & Beaufort, 1936, **7** : 289–291, Fig. 62 (R.S. quoted).
Lutjanus nigra.– Day, 1888 : 783 (R.S. quoted).
Macolor niger.– Fowler, 1931, **11** : 179–181 (R.S. quoted).– Roux-Estève & Fourmanoir, 1955, **30** : 198, Abu Latt.
Lutianus niger.– Roux-Estève, 1956, **32** : 74, Abu Latt.
Diacope macolor Lesson, 1827, *Bull. Sci. nat. Ferusac* : 138, New Guinea. Holotype : MNHN 8172, New Guinea.– Cuvier, in Cuv. Val., 1828, **2** : 415–418 (syn. v. W.B.).
Genyoroge macolor.– Playfair & Günther, 1866 : 14–15 (R.S. quoted).

4.6 *PRISTIPOMOIDES* Bleeker, 1852g   Gender : M
Natuurk. Tijdschr. Ned.-Indië **3** : 574 (type species : *Pristipomoides typus* Bleeker, 1852, by monotypy).
Chaetopterus Temminck & Schlegel, 1844, *Fauna Japonica* : 78 (type species : *Chaetopterus sieboldii* Bleeker, 1879, by orig. design., name preoccupied, replaced by *Pristipomoides*).

4.6.1 **Pristipomoides argyrogrammicus (Valenciennes, 1832)**
Serranus argyrogrammicus Valenciennes, in Cuv. Val., 1832, *Hist. nat. Poiss.* **8** : 472–474. Holotype : MNHN 7037, Mauritius.
Pristipomoides argyrogrammicus.– Tortonese, 1935–36 [1937], **45** : 178 (sep. : 28), Massawa.– Smith, 1949 : 252, Pl. 36, fig. 653, S. Africa.
Pristipomoides typus Bleeker, 1852g, *Natuurk. Tijdschr. Ned.-Indië* **3** : 575. Syntypes : RMNH 5449 (2 ex.), Sumatra (syn. v. Smith).
Aprion (Pristipomoides) typus.– Weber & Beaufort, 1936, **7** : 313–315 (R.S. quoted).
Aprion (Aprion) pristipoma Bleeker, 1873c, *Verh. K. Akad. Wet. Amst.* **13** : 96 (same syntype as that belonging to *Pristipomoides typus*, Boeseman in lit.) (syn. v. Tortonese).– Day, 1889, **1** : 533–534 (R.S. quoted).
Centropristis (Aprion) pristipoma.– Klunzinger, 1884 : 16, Red Sea.

84.6.2   *Pristipomoides filamentosus* (Valenciennes, 1830)
         Serranus filamentosus Valenciennes, in Cuv. Val., 1830, *Hist. nat. Poiss.* 6 : 508–
         509. Type: MNHN 7033, Bourbon.
         Centropristis filamentosus.– Klunzinger, 1870, **20** : 703–704, Quseir.
         Centropristis (Aprion) filamentosus.– Klunzinger, 1884 : 16, Red Sea.
         Pristipomoides filamentosus.– Fowler, 1931, **11** : 191–193 (R.S. quoted).

84.6.3   *Pristipomoides microlepis* (Bleeker, 1869)
         Chaetopterus microlepis Bleeker, 1869b, *Versl. Meded. K. Akad. wet. Amst.* **3** :
         80–81. Syntype? : RMNH 5448, Amboina.
         Aprion (Pristipomoides) microlepis.– Weber & Beaufort, 1936, 7 : 312–313, Fig. 66,
         Indian Ocean.
         Pristipomoides microlepis.– Dor, 1970, **54** : 17, Sharm esh Sheikh.

85   **NEMIPTERIDAE**

                                                                            G: 3
                                                                            Sp: 9

85.1   *NEMIPTERUS* Swainson, 1839   Gender: M
        Nat. Hist. Fish. **2** : 223 (type species: *Dentex filamentosus* Valenciennes, in Cuv.
        Val., 1830, by monotypy).
        Synagris Günther, 1859, *Cat. Fishes Br. Mus.* **1** : 373 (type species: *Dentex furcosus*
        Valenciennes, in Cuv. Val., 1830, by subs. design. of Jordan, 1919).

85.1.1   *Nemipterus celebicus* (Bleeker, 1854)
         Dentex celebicus Bleeker, 1854g, *Natuurk. Tijdschr. Ned.-Indië* 7 : 245–246.
         Holotype: RMNH 5691, Macassar, Celebes.
         Nemipterus celebicus.– Weber & Beaufort, 1936, 7 : 362–364 (R.S. quoted).
         Synagris celebicus.– Klunzinger, 1884 : 36, Red Sea.
         Dentex tolu (not Cuv. Val.).– Rüppell, 1838 : 115, 120, Red Sea; 1852 : 7, Red Sea.
         Synagris tolu.– Klunzinger, 1870, **20** : 706, Red Sea (misidentification v. Klunzinger,
         1884).

85.1.2   *Nemipterus japonicus* (Bloch, 1791)
         Sparus japonicus Bloch, 1791, *Naturgesch. ausl. Fische* (5) : 110–111, Pl. 277,
         fig. 1, Japan. Holotype: ZMB 8147 (skin).
         Synagris japonicus.– Day, 1875 : 92–93, Pl. 24, fig. 2 (R.S. quoted); 1889, **1** : 527
         (R.S. quoted).– Klunzinger, 1884 : 36, Red Sea.– Fowler, 1933, **12** : 101–103,
         Red Sea.
         Nemipterus japonicus.– Weber & Beaufort, 1936, 7 : 369–371 (R.S. quoted).–
         Norman, 1939, 7 (1) : 62, Red Sea.– Tortonese, 1947, **43** : 84–86, 1 textfig.,
         Massawa.– Ben-Tuvia, 1968 (52) : 40–41, Fig. 5, Harkika Bay, Massawa.–
         Bayoumi, 1972 : 172, Red Sea.– Kotthaus, 1974b : 44–46, Figs 327–328, 336,
         Perim.
         Cantharus filamentosus Rüppell, 1829, *Atlas Reise N. Afrika, Fische* : 50, Pl. 12,
         fig. 3. Syntype: SMF 1227, Massawa (syn. v. Day, 1875 and v. Klunzinger, 1884).
         Synagris filamentosus.– Günther, 1859, **1** : 378 (R.S. quoted).– Klunzinger, 1870,
         20 : 766, Red Sea.– Schmeltz, 1881 (8) : 5, Red Sea.– Gruvel & Chabanaud, 1937,
         35 : 22, Suez Canal.
         Dentex bipunctatus [Ehrenberg MS] Cuvier, in Cuv. Val., 1830, *Hist. nat. Poiss.* 6 :
         247, Jiddah. No type material (syn. v. Klunzinger).
         Dentex tambulus Valenciennes, in Cuv. Val., 1830, *Hist. nat. Poiss.* 6 : 249, 558–559
         (on *Sparus japonicus* Bloch) (R.S. quoted).– Rüppell, 1838 : 114, Red Sea; 1852 :
         7, Red Sea.

85.1.3 *Nemipterus marginatus* (**Valenciennes,** 1830)
Dentex marginatus Valenciennes, in Cuv. Val., 1830. *Hist. Nat. Poiss.* 6 : 245.
Syntypes: MNHN 9043 (2 ex.), Vanicolo, 9055, Java.
Nemipterus marginatus.– Weber & Beaufort, 1936, 7 : 272–273, Indian Ocean.–
Bayoumi, 1972, **2** : 173, Gulf of Suez.

85.1.4 *Nemipterus tolu* (**Valenciennes,** 1830)
Dentex tolu Valenciennes, in Cuv. Val., 1830, *Hist. nat. Poiss.* 6 : 248–249. Syntypes: MNHN A-6151, A-8086, 8772, Pondichery, 9038, New Guinea.
Synagris tolu.– Fowler, 1933, **12** : 114–115 (R.S. quoted).– Gruvel, 1936, **29** : 196,
Suez Canal.– Gruvel & Chabanaud, 1937, **35** : 22, Suez Canal.
Nemipterus tolu.– Weber & Beaufort, 1936, 7 : 367–369, Indian Ocean.

85.2 *PARASCOLOPSIS* **Boulenger,** 1901   Gender: F
Ann. Mag. nat. Hist. 7 : 262 (type species: *Parascolopsis townsendi*, by orig.
design.).

85.2.1 *Parascolopsis eriomma* (**Jordan & Richardson,** 1909)
Scolopsis eriomma Jordan & Richardson, 1909, *Mem. Carneg. Mus.* **4** : 188, Pl. 70,
Formosa.
Parascolopsis eriomma.– Smith, 1949 : 261, Pl. 41, fig. 686, S. Africa.– Bayoumi,
1972, **2** : 164, Gulf of Suez.

85.3 *SCOLOPSIS* **Cuvier,** 1817 [1816] *   Gender: F
Bull. Soc. philomath. Paris : 90 (type species: *Scolopsides kurite* Cuvier = *Anthias
vosmeri* Bloch, by subs. design. of Bleeker, 1876).
Scolopsides Cuvier, 1829, *Règne anim.*, ed. II, **2** : 178 (type species: *Scolopsis kurite*
Cuvier, by subs. design. of Jordan, 1917).

85.3.1 *Scolopsis bimaculatus* **Rüppell,** 1828
Scolopsis bimaculatus Rüppell, 1828, *Atlas Reise N. Afrika, Fische* : 8, Pl. 2, fig. 2.
Syntypes: SMF 2229, 3038, Massawa; 1852 : 9, Red Sea.
Scolopsis bimaculatus.– Günther, 1859, **1** : 357 (R.S. quoted).– Klunzinger, 1870,
20 : 740, Red Sea; 1884 : 33, Red Sea.– Day, 1875 : 85, Pl. 22, fig. 1 (R.S.
quoted); 1889, **1** : 521 (R.S. quoted).– Kossmann & Räuber, 1877a, **1** : 388–389,
Red Sea; 1877b : 10–11, Red Sea.– Kossmann, 1879, **2** : 21, Red Sea.– Fowler,
1931a, **11** : 285–286, Red Sea.– Smith, 1949 : 260, Pl. 41, fig. 684, S. Africa.
Scolopsides bimaculatus.– Cuvier, in Cuv. Val., 1830, **5** : 340 (R.S. quoted).
Scolopsides taeniatus [Ehrenberg MS] Cuvier, in Cuv. Val., 1830, *Hist. nat. Poiss.* **5** :
340. Holotype: MNHN, from Massawa, apparently lost (Bauchot in lit.) (syn. v.
Klunzinger, 1870).

85.3.2 *Scolopsis ghanam* (**Forsskål,** 1775)
Sciaena ghanam Forsskål, 1775, *Descr. Anim.* : xii, 50, Lohaja or Jiddah. Holotype:
ZMUC P-4782 (dried skin), Lohaja or Jiddah.
Sciaena ghanam.– Klausewitz & Nielsen, 1965, **22** : 19, Pl. 17, fig. 33, Jiddah or
Lohaja.
Grammistes ghanam.– Bloch & Schneider, 1801 : 187 (R.S. on Forsskål).
Scolopsides ghanam.– Cuvier, in Cuv. Val., 1830, **5** : 348–351, Massawa.– Tillier,
1902 : 318, Suez Canal.
Scolopsis ghanam.– Rüppell, 1838 : 126, Red Sea; 1852 : 9, Red Sea.– Günther,
1859, **1** : 362 (R.S. quoted).– Playfair & Günther, 1866 : 30 (R.S. quoted).
Klunzinger, 1870, **20** : 739, Quseir.– Day, 1875 : 86, Pl. 22, fig. 4 (R.S. quoted);
1889, **1** : 522 (R.S. quoted).– Kossmann & Räuber, 1877a, **1** : 388, Red Sea;
1877b : 10, Red Sea.– Kossmann, 1879, **2** : 21, Red Sea.– Picaglia, 1894, **13** :
26, Assab.– Borsieri, 1904 (3) **1** : 196, Massawa.– Pellegrin, 1912, **3** : 6, Red Sea.–

Weber & Beaufort, 1936, 7 : 337–338 (R.S. quoted).– Tortonese, 1935–36 [1937], **45** : 179 (sep. : 29), Massawa; 1947a, **45** : 87, Massawa.– Gruvel & Chabanaud, 1937, **35** : 21, Suez Canal.– Fowler, **26** : 122 (R.S. quoted).– Smith, 1949 : 260, Pl. 41, fig. 685, S. Africa.– Roux-Estève & Fourmanoir, 1955, **30** : 198, Abu Latt.– Roux-Estève, 1956, **30** : 75, Abu Latt.–- Saunders, 1960, **79** : 241, Red Sea.– Klausewitz, 1967c (2) : 60, Sarso Isl.– Clark, Ben-Tuvia & Steinitz, 1968 (49) : 21, Entedebir.

Scolopsis lineatus Quoy & Gaimard, 1825, *Voy. Uranie Zool.* : 322, Pl. 60, fig. 2, Vaigiou. Type apparently lost (Bauchot in lit.) (syn. v. Klunzinger).– Rüppell, 1828 : 7–8, Pl. 2, fig. 1, S. Red Sea.

Scolopsis ocularis? Ehrenberg (syn. in *Scolopis lineatus*.– Rüppell, 1828).

85.3.3   *Scolopsis inermis* **(Temminck & Schlegel, 1843)**
Scolopsides inermis Temminck & Schlegel, 1843, *Fauna Japonica* : 63, Pl. 28, fig. 1. Type : RMNH 4337, Japan.
Scolopsis inermis.– Klunzinger, 1884 : 32–33, Pl. 7, fig. 3, Red Sea.– Weber & Beaufort, 1936, 7 : 330–331, Indian Ocean.

85.3.4   *Scolopsis vosmeri* **(Bloch, 1792)**
Anthias vosmeri Bloch, 1792, *Naturgesch. ausl. Fische* **6** : 120, Pl. 321. Holotype : ZMB 8729 (skin of left side), Japan.
Scolopsis vosmeri.– Day, 1875 : 87–88, Pl. 23, figs 1–3 (R.S. quoted); 1889, **1** : 524 (R.S. quoted).– Klunzinger, 1884 : 33, Red Sea.– Weber & Beaufort, 1936, 7 : 341–342 (R.S. quoted).– Tortonese, 1935–36 [1937], **45** : 179 (sep. : 29), Massawa.– Smith, 1949 : 260, Pl. 41, fig. 683, S. Africa.
Scolopsis Kurite Cuvier, in Rüppell, 1828, *Atlas Reise N. Afrika, Fische* : 9, Pl. 2, fig. 3. Lectotype : SMF 1326, Massawa; Paralectotype : SMF 5468, Massawa (syn. v. Klunzinger, 1884).– Rüppell, 1838 : 126, Red Sea.
Scolopsides rüppellii Cuvier, in Cuv. Val., 1830, *Hist. nat. Poiss.* **5** : 332. Syntypes : MNHN 3047 (2 ex.), Massawa (syn. v. Klunzinger, 1884).
Scolopsis rüppellii.– Rüppell, 1852 : 9, Red Sea.
Anthias japonicus Bloch, 1792, *Naturgesch. ausl. Fische* 7 : 5–6, Pl. 325, fig. 2. Japan. Apparently no type material (syn. v. Smith).
Scolopsis japonicus.– Playfair & Günther, 1866 : 29 (R.S. quoted).– Klunzinger, 1870, **20** : 740, Red Sea.

86   # GERREIDAE

G : 1
Sp : 6

86.1   *GERRES* (Cuvier) **Quoy & Gaimard, 1824**   Gender : M
Voy. Uranie, Zool. : 293 (type species : *Gerres vaigiensis* Quoy & Gaimard, 1824, by monotypy).
Cichla Bloch & Schneider, 1801, *Syst. Ichthyol.* : 336 (type species : *Cichla ocellaris* Bloch & Schneider).

86.1.1   *Gerres acinaces* **Bleeker, 1854**
Gerres acinaces Bleeker, 1854b, *Natuurk. Tijdschr. Ned.-Indië* 6 : 194. Holotype : RMNH 6688 (included in 2 ex.), Batavia.
Gerres acinaces.– Weber & Beaufort, 1931, 6 : 355 (R.S. quoted).– Chabanaud, 1932, 4 (7) : 829, Bitter Lake, Suez Canal.– Gruvel & Chabanaud, 1937, **35** : 23, Suez Canal.– Smith, 1949 : 244, S. Africa.
Gerres rüppellii Klunzinger, 1884, *Fische Rothen Meeres* : 48, Pl. 5, fig. 6, Pl. 13, fig. 2, Red Sea (syn. v. W.B.).

86.1.2   ***Gerres argyreus*** (Schneider, 1801)
        Cichla argyrea Schneider, in Bloch & Schneider, 1801, *Syst. Ichthyol.*: 344–345,
        Tanna (based on *Sciaena argyrea* Forster MS IV: 8). "Virtual iconotype, Georg
        Forster drawing No. 291, BMNH." (Whitehead in lit.).
        Gerres argyreus.– Günther, 1862, **4**: 263 (R.S. quoted).– Klunzinger, 1884: 48–49,
        Pl. 13, fig. 3, Red Sea.– Sauvage, 1891: 242–243, Red Sea.– Picaglia, 1894,
        13: 27, Assab.– Weber & Beaufort, 1931, **6**: 355–356 (R.S. quoted).– Fowler,
        1933, **12**: 246–248 (R.S. quoted).
        Labrus oyena var. b, Forsskål, 1775, *Descr. Anim.*: xi, 35, Red Sea (syn. v. Weber &
        Beaufort).– Klausewitz & Nielsen, 1965: 16, Red Sea (syn. v. Klunzinger, 1870:
        772 (footnote).

86.1.3   ***Gerres filamentosus*** Cuvier, 1829
        Gerres filamentosus Cuvier, 1829, *Règne anim.*, ed. II, **2**: 188 (based on Woda-
        wahah Russel, **1**: 52, Pl. 67). Syntypes: MNHN 9480, New Guinea, 9483, Vani-
        colo; RMNH 1087 (4 ex.), D-273, D-275, D-276. (Only one specimen was examined
        by Cuvier.)
        Gerres filamentosus.– Klunzinger, 1870, **20**: 773, Quseir; 1884: 48, Red Sea.–
        Borodin, 1930, **1**: 52, Sudan.– Fowler, 1933, **12**: 248–253, Fig. 18 (R.S. quoted).
        Gerres punctatus Valenciennes, in Cuv. Val., 1830, *Hist. nat. Poiss.* **6**: 345. Syntypes:
        MNHN 9495, Pondichery, 9496 (3 ex.), Malabar (syn. v. Fowler).– Weber &
        Beaufort, 1931, **6**: 349–351, Fig. 73 (R.S. quoted).

86.1.4   ***Gerres oblongus*** Cuvier, 1830
        Gerres oblongus Cuvier, in Cuv. Val., 1830, *Hist. nat. Poiss.* **5**: 479–480. Type:
        MNHN 9497, Trinquemale (Ceylon).
        Gerres oblongus.– Tillier, 1902, **15**: 296, Bitter Lake, Timsah, Suez, P. Said, Is-
        ma'iliya.– Weber & Beaufort, 1931, **6**: 352–353, Indian Ocean.

86.1.5   ***Gerres oyena*** (Forsskål, 1775)
        Labrus oyena Forsskål, 1775, *Descr. Anim.*: xi, 35. Holotype: ZMUC P-48209
        (dried skin), Jiddah.
        Labrus oyena.– Bloch & Schneider, 1801: 245 (R.S. on Forsskål).– Klausewitz &
        Nielsen, 1965, **22**: 16–17, Pl. 7, fig. 15a, Jiddah.
        Smaris oyena.– Rüppell, 1828: 11–13, Pl. 3, fig. 2, Red Sea.
        Gerres oyena.– Cuvier, in Cuv. Val., 1830, **6**: 472, Red Sea.– Rüppell, 1852: 7, Red
        Sea.– Günther, 1859, **1**: 352–353 (R.S. quoted).– Klunzinger, 1870, **20**: 772–
        773, Quseir.– Day, 1875: 99, Pl. 25, fig. 4 (R.S. quoted); 1889, **1**: 538 (R.S.
        quoted).– Kossmann & Räuber, 1877a, **1**: 390, Red Sea; 1877b: 12, Red Sea.–
        Kossmann, 1879, **2**: 22, Red Sea.– Giglioli, 1888, **2**: 60, Assab.– Sauvage, 1891:
        244–245, Pl. 36A, fig. 2, Red Sea.– Picaglia, 1894, **13**: 27, Assab.– Weber &
        Beaufort, 1931, **6**: 345–347 (R.S. quoted).– Fowler, 1931a, **83**: 247, P. Sudan,
        Red Sea; 1933, **12**: 236–241, Fig. 16 (R.S. quoted).– Tortonese, 1935–36
        [1937], **45**: 182 (sep.: 32), Massawa; 1968 (51): 19, Elat.– Smith, 1949: 244,
        Pl. 35, fig. 629, S. Africa.– Roux-Estève & Fourmanoir, 1955, **30**: 198, Abu
        Latt.– Roux-Estève, 1956, **32**: 77, Abu Latt.– Saunders, 1960, **79**: 242, Red
        Sea.– Klausewitz, 1967c (2): 59, 60, Sarso Isl.
        Gerres oeyena.– Klunzinger, 1884: 49, Pl. 5, figs 1–1a, Red Sea.– Norman, 1927:
        380, Kabat, P. Taufiq, Isma'iliya.– Chabanaud, 1932, **4** (7): 829, Suez, Bitter
        Lake; 1934, **4** (1): 159, Lake Timsah, Suez Canal.– Gruvel & Chabanaud, 1937,
        35: 22, Suez Canal.– Ben-Tuvia & Steinitz, 1952 (2): 8, Elat.
        Gerres argyreus (not Bloch & Schneider).– Günther, 1859, **1**: 353–354 (R.S.
        quoted).– Klunzinger, 1870, **20**: 773–774, Quseir (misidentification v. Klunzinger,
        1884).

86.1.6   ***Gerres rappi*** (Barnard, 1927)
        Xystaema rappi Barnard, 1927, *Ann. S. Afr. Mus.* **21**: 630, Fig. 21, Natal Coast.

Gerreidae

Gerres rappi.– Smith, 1949 : 245, S. Africa.– Bayoumi & Gohar, 1967, **20** : 82, Figs 10a, 10b, Red Sea.– Bayoumi, 1972, **2** : 164, Gulf of Suez.

86.1.a   *Gerres poeti* Cuvier, 1829, *Règne anim.* **2** : 188 (based on Renard, 1718–1719, Pl. 11, fig. 1).
Gerres poeti.– Day, 1875 : 100, Pl. 26, Fig. 1 (R.S., pass. ref.).– Smith, 1949 : 244, S. Africa.– Weber & Beaufort, 1931, **6** : 347 (Indian Ocean).

87   **HAEMULIDAE**
(Priority over Pomadasyidae, Follett in lit.)   G : 3
Sp : 18

87.1   *DIAGRAMMA* (Cuvier) **Oken, 1817***   Gender : N
Isis, Jena : 280 (type species: *Anthias diagramma* Bloch, by monotypy).
Spilotichthys Fowler, 1904, *J. Acad. nat. Sci. Philad.* **14** : 256 (type species: *Holocentrus radjabau* Lacepède, 1802, by orig. design.).

87.1.1   *Diagramma pictum* **(Thunberg, 1792)**
Perca picta Thunberg, 1792, *K. VetenskAkad. Nya Handl.* **13** : 143, Pl. 5, Japan. Type probably lost (Fernholm in lit.).
Diagramma pictum.– Klunzinger, 1884 : 30, Red Sea.– Day, 1875 : 81–83, Pl. 21, fig. 3 (R.S. quoted); 1889, **1** : 518 (R.S. quoted).– Smith, 1962c (25) : 472–474, Figs 1–2, Pl. 69D, Red Sea.
Plectorhynchus pictus.– Tortonese, 1935–36 [1937], **45** : 179 (sep. : 29), Massawa.– Fowler, 1931b : 260–266, Figs 22–23 (R.S. quoted).– Weber & Beaufort, 1936, **7** : 426–429 (R.S. quoted).– Ben-Tuvia & Steinitz, 1952 (2) : 7, Elat.
Spilotichthys pictus.– Abel, 1960a, **49** : 447, Fig. 5, Ghardaqa.
Diagramma lineatum (not *Perca lineata* Linnaeus).– Rüppell, 1830 : 125, Massawa.– Klunzinger, 1870, **20** : 735, Red Sea.– Day, 1875 : 78–80, Pl. 20, fig. 5 (R.S. quoted); 1889, **1** : 515–516 (R.S. quoted).
Plectorhynchus lineatus.– Fowler, 1931b, **11** : 252–254, Fig. 20 (R.S. quoted).
Gaterin lineatus.– Saunders, 1960, **79** : 242, Red Sea (misidentification v. Klunzinger, 1884).
Diagramma punctatum [Ehrenberg MS] Cuvier, in Cuv. Val., 1830, *Hist. nat. Poiss.* **5** : 302–304. Paratypes: MNHN 7801, Batavia, 7802 (2 ex.), Vanicolo, 7836, Indian Arch. Holotype from Red Sea, Ehrenberg Coll., possibly ZMB (syn. v. Klunzinger, 1884, and v. Smith).– Rüppell, 1830 : 126, Pl. 32, fig. 2, N. Red Sea.– Günther, 1859, **1** : 323–325, Red Sea.– Klunzinger, 1870, **20** : 734–735, Quseir.– Day, 1875 : 83, Pl. 21, fig. 4 (R.S. quoted); 1889, **1** : 518–519 (R.S. quoted).– Picaglia, 1894, **13** : 26, Red Sea.
Diagramma cinerascens Cuvier, in Cuv. Val., 1830, *Hist. nat. Poiss.* **5** : 507. Type: MNHN 7803, Trinquemale (syn. v. Klunzinger, 1884).– Rüppell, 1830 : 127, Red Sea.– Klunzinger, 1870, **20** : 735, Red Sea.

87.2   *PLECTORHYNCHUS* **Lacepède, 1801**   Gender : M
Hist. nat. Poiss. **3** : 134 (type species: *Plectorhynchus chaetodonoides* Lacepède, 1801, by monotypy).
Gaterin Forsskål, 1775, *Descr. Anim.* : 44 (type species: *Sciaena gaterina* Forsskål, by tautonomy). Vulnerable name, not valid (McKay in lit.).

87.2.1   *Plectorhynchus diagramma* **(Linnaeus, 1758)**
Perca diagramma Linnaeus, 1758, *Syst. Nat.*, ed. X : 293 (no loc.).

Diagramma albovittatum Rüppell, 1838, *Neue Wirbelth., Fische* : 125, Pl. 31, fig. 2. Holotype: SMF 1228, Massawa; 1852:8, Red Sea. (The young of *Plectorhynchus diagramma*, McKay in lit.)

Diagramma albovittatum.– Günther, 1859, 1 : 330 (R.S. quoted).– Klunzinger, 1870, 20 : 736, Red Sea; 1884 : 31, Red Sea.

Plectorhynchus albovittatus.– Fowler, 1931, 11 : 242–243 (R.S. quoted).– Weber & Beaufort, 1936, 7 : 422–423, Fig. 82 (R.S. quoted).

Gaterin albovittatus.– Smith, 1962 (25) : 488, Pl. 69A (R.S. quoted).

87.2.2   **Plectorhynchus flavomaculatus** ([Ehrenberg MS] **Cuvier**, 1830)

Diagramma flavomaculatum [Ehrenberg MS] Cuvier, in Cuv. Val., 1830, *Hist. nat. Poiss.* 5 : 304, Red Sea.

Diagramma flavomaculatum.– Rüppell, 1830 : 127, Et Tur; 1852 : 8, Red Sea.

Gaterin flavomaculatus.– Smith, 1962c (25) : 484–485, Figs 12–14, Pls 70B, D, Red Sea.

Diagramma faetela (not Forsskål).– Rüppell, 1838 : 129, Red Sea.– Günther, 1859, 1 : 322 (R.S. quoted).– Klunzinger, 1870, 20 : 737–738, Quseir; 1884 : 30, Quseir.

Plectorhynchus faetela.– Fowler, 1931, 11 : 237–240 (R.S. quoted); 1945, 26 : 122 (R.S. quoted) (misidentification v. Smith).

Diagramma ornatum Kossmann & Räuber, 1877a, *Verh. naturh.-med. Ver. Heidelb.* 1 : 387–388, Pl. 1, fig. 3, Red Sea; 1877b : 10, Pl. 1, fig. 3, Red Sea. Syntype: SMF 14332, Et Tur (Klausewitz in lit.) (syn. v. Smith).

87.2.3   **Plectorhynchus gaterinus** (Forsskål, 1775)

Sciaena gaterina Forsskål, 1775, *Descr. Anim.* : xii, 50. Lectotype: ZMUC P-48212 (dried skin), Red Sea; Paralectotype: ZMUC P-48213 (dried skin, head missing), Red Sea.

Sciaena gaterina.– Klausewitz & Nielsen, 1965 : 20, Pl. 18, fig. 35, Jiddah.

Holocentrus gaterin.– Bloch & Schneider, 1801 : 320 (R.S. on Forsskål).

Diagramma gaterina.– Rüppell, 1830 : 124–125, Pl. 32, fig. 1, Jiddah; 1852 : 8, Red Sea.– Cuvier, in Cuv. Val., 1830, 5 : 301, Lohaja.– Günther, 1859, 1 : 322–323, Red Sea.– Playfair & Günther, 1866 : 27 (R.S. quoted).– Martens, 1866, 16 : 378, Quseir.– Klunzinger, 1870, 20 : 737, Quseir; 1884 : 30–31, Red Sea.– Picaglia, 1894, 13 : 28, Red Sea.

Plectorhynchus gaterinus.– Bamber, 1915, 31 : 481 (gaterina sic), Red Sea.– Fowler, 1931, 11 : 254–255 (R.S. quoted); 1945, 26 : 122 (R.S. quoted).– Tortonese, 1935–36 [1937], 45 : 179, Massawa; 1947, 43 : 87, Massawa.– Roux-Estève & Fourmanoir, 1955, 30 : 198, Abu Latt.– Roux-Estève, 1956, 32 : 76, Abu Latt.

Gaterin gaterinus.– Abel, 1960a, 49 : 442, Ghardaqa.– Saunders, 1960, 79 : 242, Red Sea.– Smith, 1962c : 485–486, Pl. 69E, F, G (R.S. quoted).– Klausewitz, 1967c (2) : 62, Sarso Isl.

Sciaena abu-mugaterin Forsskål, 1775, *Descr. Anim.* : xii, 51. Syntypes: ZMUC P-48216, P-48217 (dried skins), Red Sea (syn. v. Smith).– Klausewitz & Nielsen, 1965 : 20, Red Sea.

Sciaena abu-mugaterin.– Klunzinger, 1870, 20 : 737, Red Sea.

87.2.4   **Plectorhynchus harrawayi** (Smith, 1952)

Gaterin (Leitectus) harrawayi Smith, 1952, *Ann. Mag. nat. Hist.* 5 : 712–713, Pl. 26 (based on photograph of a large specimen in Kenya, M.M. Smith in lit.).

Gaterin harrawayi.– Smith, 1962c (25) : 488–490, Fig. 16A–D, Pl. 70E, Red Sea.

Diagramma schotaf (not Forsskål).– Rüppell, 1830 : 126, Red Sea; 1838 : 125, Red Sea; 1852 : 9, Red Sea.– Günther, 1859, 1 : 322 (R.S. on Rüppell).– Klunzinger, 1870, 20 : 738, Red Sea; 1884 : 31, Red Sea.

Plectorhynchus schotaf.– Fowler, 1931, 11 : 255–257 (R.S. quoted) (misidentification v. Smith).

Haemulidae

87.2.5   *Plectorhynchus nigrus* ([Martens MS] **Cuvier**, 1830)
          Pristipoma nigrum [Martens MS] Cuvier, in Cuv. Val., 1830, *Hist. nat. Poiss.* **5** :
          258 (based on drawing by Martens).
          Plectorhynchus nigrus.– Fowler, 1931b, **11** : 233–237, Fig. 17 (R.S. quoted).
          Gaterin nigrus.– Smith, 1962c (25) : 490–491, Figs 17–18 (R.S. quoted).
          Diagramma crassispinum Rüppell, 1838, *Neue Wirbelth., Fische* : 125–126, Pl. 30,
          fig. 4. Type material: SMF 978, 3033, Jiddah (syn. v. Smith) ; 1852 : 8, Red Sea.–
          Günther, 1859, **1** : 319 (R.S. quoted).– Klunzinger, 1870, **20** : 738, Red Sea ;
          1884 : 31, Red Sea.– Day, 1875 : 78, Pl. 20, fig. 4 (R.S. quoted).
          Plectorhynchus crassispina.– Weber & Beaufort, 1936, 7 : 410–413 (R.S. quoted).

87.2.6   *Plectorhynchus playfairi* (**Pellegrin**, 1914)
          Diagramma griseum var. *playfairi* Pellegrin, 1914, *Bull. Soc. zool. Fr.* **39** : 233–234.
          Type : MNHN 14–12, Madagascar.
          Gaterin playfairi.– Smith, 1962c (25) : 480–481, Fig. 8 (R.S. quoted).
          Plectorhynchus schotaf (not Forsskål).– Roux-Estève & Fourmanoir, 1955, **30** : 198,
          Abu Latt.– Roux-Estève, 1956, **32** : 76, Abu Latt (misidentification v. Smith).

87.2.7   *Plectorhynchus schotaf* (**Forsskål**, 1775)
          Sciaena gaterina var. c, *schotaf* Forsskål, 1775, *Descr. Anim.* : xii, 51. Holotype :
          ZMUC P-48214 (dried skin), Red Sea.
          Sciaena schotaf.– Klausewitz & Nielsen, 1965 : 20, Pl. 19, fig. 36, Red Sea.
          Holocentrus schotaf.– Bloch & Schneider, 1801 : 320–321 (R.S. on Forsskål).
          Gaterin schotaf.– Smith, 1962c (25) : 477–479, Figs 4–6, Pls 70F, 71E, Red Sea.
          Diagramma griseum (not Cuv. Val.).– Kossmann & Räuber, 1877a, **1** : 386–387,
          Pl. 3, fig. 2, Red Sea ; 1877b : 9, Pl. 3, fig. 2, Red Sea.– Picaglia, 1894, **13** : 26,
          Assab (misidentification v. Smith).

87.2.8   *Plectorhynchus sordidus* (**Klunzinger**, 1870)
          Diagramma sordidum Klunzinger, 1870, *Verh. zool.-bot. Ges. Wien* **20** : 735–736.
          Syntypes : BMNH 1871.7.15.26, Quseir, MNS 2059, Quseir ; 1884 : 31, Pl. 3, fig. 6,
          Red Sea.
          Gaterin sordidus.– Smith, 1962c : 479–480, Fig. 7, Pls 70C, 71D, Red Sea.

87.2.9   *Plectorhynchus umbrinus* (**Klunzinger**, 1870)
          Diagramma umbrinum Klunzinger, 1870, *Verh. zool.-bot. Ges. Wien* **20** : 736.
          Syntype : SMF 975, Quseir ; 1884 : 31, Pl. 3, fig. 9, Red Sea.
          Diagramma umbrinum.– Smith, 1962c (25) : 494–495, Pl. 71C, Quseir.

87.2.a   *Sciaena faetela* Forsskål, 1775 : xii, 51, Red Sea. No type material. Acc. to Smith,
          1962c (25) : 496, the identity is uncertain.

87.3   *POMADASYS* **Lacepède**, 1802   Gender : M
          Hist. nat. Poiss. **4** : 515 (type species : *Sciaena argentea* Forsskål, 1775, by mono-
          typy).

87.3.1   *Pomadasys argenteus* (**Forsskål**, 1775)
          Sciaena argentea Forsskål, 1775, *Descr. Anim.* : xii, 51. Holotype : ZMUC P-48218
          (dried skin), Jiddah.
          Sciaena argentea.– Klausewitz & Nielsen, 1965, **22** : 20, Pl. 19, fig. 38, Pl. 20, fig. 38,
          Jiddah.
          Pristipoma argenteum.– Cuvier, in Cuv. Val., 1830, **5** : 249, Red Sea.– Rüppell, 1852 :
          8, Red Sea.– Günther, 1859, **1** : 291–292, Red Sea.– Klunzinger, 1870, **20** : 733,
          Red Sea ; 1884 : 28, Red Sea.– Day, 1875 : 75, Pl. 8, fig. 3 (R.S. quoted).– Picaglia,
          1894, **13** : 26, Assab.

Pomadasys argenteus.– Fowler, 1931, 11 : 311–313 (R.S. quoted); 1945, 26 : 122 (R.S. quoted).
Pristipoma nageb Rüppell, 1838, *Neue Wirbelth., Fische* : 124, Pl. 30, fig. 2. Lectotype: SMF 1756, Jiddah; Paralectotypes: SMF 7523, 7524, Jiddah (syn. v. Klunzinger); 1852 : 8, Red Sea.– Günther, 1859, 1 : 290 (R.S. quoted).

87.3.2   **Pomadasys furcatus** (Bloch & Schneider, 1801)
Grammistes furcatus Bloch & Schneider, 1801, *Syst. Ichthyol.* : 187- 188, Pl. 48. Holotype: ZMB 960, India.
Pristipoma furcatum.– Klunzinger, 1884 : 28, Red Sea.
Pomadasys furcatus.– Fowler, 1931b, 11 : 320–322 (R.S. quoted).– Weber & Beaufort, 1936, 7 : 399–400 (R.S. quoted).
Pristipoma punctulatum Rüppell, 1838, *Neue Wirbelth., Fische* : 124, Pl. 30, fig. 3. Holotype: SMF 2238, Massawa (syn. v. Klunzinger 1884); 1852 : 8, Red Sea.– Günther, 1859, 1 : 290 (R.S. quoted).– Playfair & Günther, 1866 : 27 (R.S. quoted).– Klunzinger, 1870, 20 : 732, Quseir.

87.3.3   **Pomadasys hasta** (Bloch, 1790)
Lutjanus Hasta Bloch, 1790, *Naturgesch. ausl. Fische* 4 : 109–110, Pl. 246, fig. 1. Holotype: ZMB 8713 (dried skin), Japan; Paratypes? 969 (3 ex.), Japan.
Pristipoma hasta.– Günther, 1859, 1 : 289–290, Red Sea.– Playfair & Günther, 1866 : 23 (R.S. quoted).– Klunzinger, 1870, 20 : 733, Red Sea; 1884 : 28, Red Sea.– Day, 1875 : 73–74, Pl. 19, figs 3–4 (R.S. quoted).
Pomadasys hasta.– Fowler, 1931, 11 : 313–317, Red Sea; 1945, 26 : 122 (R.S. quoted).– Weber & Beaufort, 1936, 7 : 402–405, Fig. 78 (R.S. quoted).– Smith, 1949 : 258, Fig. 676, S. Africa.
Pristipoma kaakan Cuvier, in Cuv. Val., 1830, *Hist. nat. Poiss.* 5 : 244, Pondichery. Paratypes: MNHN 74 (2 ex.), Pondichery; Holotype apparently lost (Bauchot in lit.) (syn. v. Günther).– Rüppell, 1838 : 123, Pl. 30, fig. 1, Massawa; 1852 : 8, Red Sea.

87.3.4   **Pomadasys maculatus** (Bloch, 1797)
Anthias maculatus Bloch, 1797, *Naturgesch. ausl. Fische* 7 : 9, Pl. 326, fig. 2. Syntypes: ZMB 8702, 8703, 8712 (dried skins), E. India.
Pristipoma maculatum.– Klunzinger, 1870, 20 : 734, Red Sea; 1884 : 28, Red Sea.– Günther, 1859, 1 : 293 (R.S. quoted).– Playfair & Günther, 1866 : 25 (R.S. quoted).– Day, 1875 : 74–75, Pl. 19, fig. 5 (R.S. quoted).
Pomadasys maculatus.– Fowler, 1931b, 11 : 309–311 (R.S. quoted).– Weber & Beaufort, 1936, 7 : 400–402 (R.S. quoted).– Smith, 1949 : 258, Pl. 40, fig. 677, S. Africa.– Fowler & Steinitz, 1956, 5B (3–4) : 276, Elat.
Pristipoma caripa Cuvier, in Cuv. Val., 1830, *Hist. nat. Poiss.* 5 : 261–263. Syntypes: MNHN 7736, Malabar, 7697, Pondichery (syn. v. Klunzinger).– Rüppell, 1835 : 124, Red Sea; 1852 : 8, Red Sea.

87.3.5   **Pomadasys olivaceus** (Day, 1875)
Pristipoma olivaceum Day, 1875, *Fishes of India* : 73, Pl. 19, fig. 1, Beloochistan, Sind. Type: ZSI 1992.
Pomadasys olivaceus.– Weber & Beaufort, 1936, 7 : 407–408, Indian Ocean.
Pomadasys olivacea.– Gruvel & Chabanaud, 1937, 35 : 19, Suez Canal.
Pomadasys olivaceum.– Smith, 1949 : 257, Pl. 40, fig. 675, S. Africa.

87.3.6   **Pomadasys opercularis** (Playfair & Günther, 1866)
Pristipoma operculare Playfair & Günther, 1866, *Fishes of Zanzibar* : 24–25, Pl. 4, fig. 1, Aden, Port Natal. Holotype: BMNH 1867.3.9.154; Paratype: (probable) BMNH 1862.11.9.15.
Pomadasys operculare.– Smith, 1949 : 258, Pl. 40, fig. 679, S. Africa.

Pomadasys opercularis.– Fowler, 1931b, **11** : 317–318 (R.S. quoted).– Reed, 1964 : 81, Sudan.

87.3.7   **Pomadasys striatus (Gilchrist & Thompson, 1908)**
Pristipoma striatum Gilchrist & Thompson, 1908, *Ann. S. Afr. Mus.* **6** : 153. Holotype: SAM 9950, Natal.
Pomadasys striatus.– Roux-Estève & Fourmanoir, 1955, **30** : 198, Abu Latt.– Roux-Estève, 1956, **32** : 75, Abu Latt.
Rhonciscus striatus.– Smith, 1949 : 259, Textfig. 680, Pl. 40, fig. 680, S. Africa.

87.3.8   **Pomadasys stridens (Forsskål, 1775)**
Sciaena stridens Forsskål, 1775, *Descr. Anim.* : xii, 50, Red Sea. No type material.
Pristipoma stridens.– Rüppell, 1838 : 122, Pl. 31, fig. 1, Suez; 1852 : 8, Red Sea.– Günther, 1859, **1** : 300, Red Sea.– Klunzinger, 1870, **20** : 732, Quseir; 1884 : 28, Quseir.– Day, 1875 : 72–73, Pl. 18, fig. 8 (R.S. quoted).– Pfeffer, 1889, **6** : 22, Suez; 1893 : 134, Suez.– Picaglia, 1894, **13** : 26, Massawa.– Tillier, 1902, **15** : 296, Suez, Isma'iliya, Lake Timsah, P. Said.– Pellegrin, 1912, **3** : 6, Massawa.– Norman, 1927, **22** : 380, Gulf of Suez.– Chabanaud, 1932, 4 (7) : 829, Bitter Lake; 1934, (1) : 159, Lake Timsah, Suez.– Gruvel, 1936, **29** : 170, Suez Canal.
Pomadasys stridens.– Fowler, 1931b, **11** : 319–320 (R.S. quoted); 1945, **26** : 122 (R.S. quoted).– Gruvel & Chabanaud, 1937, **35** : 19, Suez Canal.– Norman, 1939, 7 (1) : 63, Red Sea.– Ben-Tuvia & Steinitz, 1952 (2) : 7, Elat.
Rhonciscus stridens.– Smith, 1949 : 259, Fig. 681, S. Africa.
Pristipoma simmene Ehrenberg, in Cuv. Val., 1830, *Hist. nat. Poiss.* **5** : 260. Syntypes: MNHN 7705 (2 ex.), Massawa (syn. v. Klunzinger).

88   LETHRINIDAE

G: 2
Sp: 12

88.1   *LETHRINELLA* Fowler, 1904   Gender: F
J. Acad. nat. Sci. Philad. **12** : 529 (type species: *Sparus miniatus* Fowler, 1904, by orig. design.). Syn. of *Lethrinus* by Sato, 1978.

88.1.1   **Lethrinella microdon (Valenciennes, 1830)**
Lethrinus microdon Valenciennes, in Cuv. Val., 1830, *Hist. nat. Poiss.* **6** : 295. Holotype: MNHN 9073, Bourou (W. Indies).
Lethrinus microdon.– Weber & Beaufort, 1936, 7 : 436–438, Fig. 87, Red Sea.– Marshall, 1952, **1** (8) : 231, Aqaba, Dahab, Sinafir Isl.– Budker & Fourmanoir, 1954 (3) : 324, Ghardaqa.
Lethrinella microdon.– Smith, 1959e (17) : 293, Pl. 25, fig. 9073 (R.S. quoted). Doubtful validity.– Sato, 1978 (15) : 55–56, Fig. 32, Red Sea.

88.1.2   **Lethrinella miniata ([Forster MS] Schneider)***
Sparus miniatus [Forster MS] Schneider, in Bloch & Schneider, 1801, *Syst. Ichthyol.* 281–282, Pacific Ocean (based on Forster MS, IV : 7). "Virtual iconotype, Georg Forster drawing No. 200, BMNH" (Whitehead in lit.).
Lethrinus miniatus.– Günther, 1874 (3) : 63 (R.S. quoted).– Klunzinger, 1884 : 38, Pl. 7, fig. 2, Red Sea.– Fowler, 1933, **12** : 8–11, Fig. 1 (R.S. quoted).– Weber & Beaufort, 1936, 7 : 445–447, Fig. 89 (R.S. quoted).– Ben-Tuvia & Steinitz, 1952 (2) : 7, Elat.– Saunders, 1960, **79** : 242, Red Sea.– Sato, 1978 : 40, Red Sea.
Lethrinella miniatus.– Smith, 1959e (17) : 292–293, Pl. 22A, F, Pl. 25, fig. 9065, S. Africa.

Lethrinus rostratus Valenciennes, in Cuv. Val., 1830, *Hist. nat. Poiss.* 6 : 296–297.
Holotype: RMNH D-443 (stuffed), Batavia (syn. v. Sato, 1978 (15) : 40).
Lethrinus rostratus.– Day, 1875 : 134–135, Pl. 33, fig. 1 (R.S., pass. ref.).– Nagaty,
1958 : 455, Ghardaqa.– Smith, 1959e (17) : 293 (probably *Lethrinus miniatus*).

88.1.3   *Lethrinella variegata* ([Ehrenberg MS] Valenciennes)*
Lethrinus variegatus [Ehrenberg MS] Valenciennes, in Cuv. Val., 1830, *Hist. nat.
Poiss.* 6 : 287–288. Syntype: MNHN 9062, Massawa. Syntype: MNHN from Suez,
apparently lost (Bauchot in lit.).
Lethrinus variegatus.– Rüppell, 1852 : 7, Red Sea (possibly the adult of *Lethrinus
ramak*).– Klunzinger, 1870, **20** : 751, Quseir; 1884 : 38, Red Sea.– Kossmann &
Räuber, 1877a, **1** : 389, Red Sea; 1877b : 11, Red Sea.– Borsieri, 1904 (3), **1** :
197, Nocra, Dahlak.– Fowler, 1933, **12** : 39–41, Fig. 5 (R.S. quoted).– Weber &
Beaufort, 1936, **7** : 435–436, Red Sea.– Ben-Tuvia & Steinitz, 1952 (2) : 7, Elat.–
Roux-Estève & Fourmanoir, 1955, **30** : 198, Abu Latt.– Roux-Estève, 1956, **32** :
76, Abu Latt.– Saunders, 1960, **79** : 242, Red Sea; 1968 (3) : 491, Red Sea.
Lethrinella variegatus.– Smith, 1959e (17) : 291–292, Pl. 22C, D, Pl. 24, fig. 9085
(R.S. quoted).
Lethrinus elongatus [Ehrenberg MS] Valenciennes, in Cuv. Val., 1830, *Hist. nat. Poiss.*
6 : 289. Types: ZMB 22245, Red Sea (syn. v. Klunzinger and v. Smith).
Lethrinus latifrons Rüppell, 1838, *Neue Wirbelth., Fische* : 118, Pl. 28, fig. 4. Lecto-
type: SMF 1331, Mohila; Paralectotypes: SMF 5562, 5563, Mohila (syn. v. Klun-
zinger); 1852 : 7, Red Sea.– Günther, 1859, **1** : 458 (R.S. quoted).
Lethrinus ramak (not Forsskål).– Klunzinger, 1870, **20** : 752, Quseir (misidentification
v. Klunzinger, 1884).
Lethrinus acutus Klunzinger, 1884, *Fische Rothen Meeres* : 39, Pl. 7, fig. 1, Red Sea
(based on *Lethrinus ramak* (not Forsskål) Klunzinger, 1870) (syn. v. Smith).

88.1.4   *Lethrinella xanthochilus* (Klunzinger, 1870)
Lethrinus xanthochilus Klunzinger, 1870, *Verh. zool.-bot. Ges. Wien* **20** : 753,
Quseir. Type: MNS 1602, not available; 1884 : 39, Pl. 6, fig. 3, Red Sea.
Lethrinus xanthochilus.– Fowler, 1933, **12** : 51–52 (R.S. quoted).– Saunders, 1960,
79 : 242, Red Sea; 1968 (3) : 491, Red Sea.– Sato, 1978 : 52, Red Sea.
Lethrinella xanthocheilus.– Smith, 1959e (17) : 292, Pl. 22B (R.S. quoted).

88.2   *LETHRINUS* Cuvier, 1829   Gender: M
Règne anim. **2** : 184 (type species: *Sparus choerorynchus* Bloch & Schneider,
1801, by subs. design. of Jordan & Thompson, 1912).

88.2.1   *Lethrinus harak* (Forsskål, 1775)
Sciaena harak Forsskål, 1775, *Descr. Anim.* : xii, 52. Lectotype: ZMUC P-49348;
Paralectotype: ZMUC P-49349, Red Sea.– Syn. v. Sato, 1978 : 38.
Sciaena harak.– Klausewitz & Nielsen, 1965 : 21, Pl. 22, fig. 41, Red Sea (on Forsskål).
Sparus harak.– Bloch & Schneider, 1801 : 276 (R.S. on Forsskål.– Shaw, 1803 : 425
(R.S. quoted).
Aurata harak.– Cloquet, 1818, **12** : 554 (R.S. quoted).
Lethrinus harak.– Rüppell, 1838 : 116–117, Pl. 29, fig. 3, Jiddah; 1852 : 7, Red Sea.–
Günther, 1859, **1** : 458–459, Red Sea.– Playfair & Günther, 1866 : 45 (R.S.
quoted).– Klunzinger, 1870, **20** : 755–756, Quseir; 1884 : 40, Red Sea.– Day,
1875 : 137–138, Pl. 33, fig. 3 (R.S. quoted); 1889, **1** : 41 (R.S. quoted).– Fowler,
1933, **12** : 21–27, Fig. 2 (R.S. quoted).– Roux-Estève & Fourmanoir, 1955, **30** :
198, Abu Latt.– Roux-Estève, 1956, **32** : 76, Abu Latt.– Smith, 1959e (17) :
288, Pl. 20C (R.S. quoted).– Abel, 1960a, **49** : 443, Ghardaqa.– Clark, Ben-Tuvia
& Steinitz, 1968 : 21, Entedebir.– Sato, 1978 : 15, Fig. 10, Red Sea.

Lethrinidae

88.2.2   ***Lethrinus kallopterus*** Bleeker, 1856
         Lethrinus kallopterus Bleeker, 1856a, *Act. Soc. Sc. Indo-Neerl.* 1 : 47. Holotype:
         RMNH 5760.
         Lethrinus kallopterus.– Weber & Beaufort, 1936, 7 : 432–433, Fig. 85, Indian
         Ocean.– Smith, 1959e (17) : 288, Pl. 21C, D, S.Africa.– Dor, 1970 (54) : 17,
         Elat.

88.2.3   ***Lethrinus lentjan*** (Lacepède, 1802)
         Bodianus lentjan Lacepède, 1802, *Hist. nat. Poiss.* 4 : 281, 293, 295. Type: MNHN
         A-7847, Java.
         Lethrinus lentjan.– Smith, 1959e (17) : 291, Pl. 21A, B (R.S. quoted).
         Lethrinus mahsenoides (not Ehrenberg in Cuv. Val.).– Klunzinger, 1870, 20 : 755,
         Quseir; 1884 : 39–40, Pl. 6, fig. 2, Red Sea (misidentification v. Smith).

88.2.4   ***Lethrinus mahsena*** (Forsskål, 1775)
         Sciaena mahsena Forsskål, 1775, *Descr. Anim.* : xii, 52. Lectotype: ZMUC
         P-49346, Red Sea.
         Sciaena mahsena.– Klausewitz & Nielsen, 1965, 22 : 21, Pl. 21, fig. 40, Red Sea.
         Sparus mahsenus.– Bloch & Schneider, 1801 : 275–276 (R.S. on Forsskål).
         Lethrinus mahsena.– Rüppell, 1838 : 119, Pl. 29, fig. 4, Jiddah.– Günther, 1859,
         1 : 463, Red Sea; 1874 (7) : 65–66, Pl. 48 (R.S. quoted).– Klunzinger, 1870,
         20 : 753–754, Quseir; 1884 : 40, Red Sea.– Kossmann & Räuber, 1877a, 1 : 389,
         Red Sea; 1877b : 11, Red Sea.– Kossmann, 1879, 2 : 22, Red Sea.– Giglioli, 1888,
         6 : 69, Assab.– Picaglia, 1894, 13 : 26–27, Assab.– Bamber, 1915, 31 : 481, W.
         Red Sea.– Fowler, 1933, 12 : 53–57 (R.S. quoted).– Weber & Beaufort, 1936,
         7 : 444–445, Red Sea.– Gruvel & Chabanaud, 1937, 35 : 20, Suez Canal.– Ben-
         Tuvia & Steinitz, 1952 (2) : 7, Elat.– Marshall, 1952, 1 (8) : 231, Dahab, Sinafir
         Isl.– Roux-Estève & Fourmanoir, 1955, 30 : 198, Abu Latt.– Roux-Estève, 1956,
         32 : 77, Abu Latt.– Smith, 1959e (17) : 289, Fig. 1, Pl. 23, fig. 40 (R.S. quoted).–
         Saunders, 1960, 79 : 242, Red Sea; 1968 (3) : 491, Red Sea.
         ?*Lethrinus bungus* [Ehrenberg MS] Valenciennes, in Cuv. Val., 1830, *Hist. nat. Poiss.*
         6 : 279, Suez, Massawa. Types: MNHN, apparently lost (Bauchot in lit.) (probably
         syn. Smith, *ibid* : 293).– Rüppell, 1852 : 7, Red Sea.
         Lethrinus abbreviatus [Ehrenberg MS] Valenciennes, in Cuv. Val., 1830, *Hist. nat.
         Poiss.* 6 : 312, Red Sea (based on drawing of Ehrenberg) (syn. v. Klunzinger and
         v. Sato, 1978 : 25).

88.2.5   ***Lethrinus mahsenoides*** Valenciennes, 1830
         Lethrinus mahsenoides Ehrenberg, in Cuv. Val., 1830, *Hist. nat. Poiss.* 6 : 286–287.
         Holotype: MNHN 9076, Massawa.– Fowler, 1933, 12 : 45–46 (R.S. quoted).–
         Tortonese, 1935–36 [1937], 45 : 182 (sep. : 32), Massawa.– Marshall, 1952,
         1 : 231, Aqaba, Dahab, El Hibeiq.– Ben-Tuvia & Steinitz, 1952 (2) : 7, Elat.–
         Saunders, 1960, 79 : 242, Red Sea; 1968 (3) : 491, Red Sea.– Sato, 1978 : 38, Red
         Sea.
         Lethrinus borbonicus Valenciennes, in Cuv. Val., 1830, *Hist. nat. Poiss.* 6 : 303–304.
         Syntype: MNHN 9373, Bourbon.
         Lethrinus borbonicus.– Smith, 1959e (17) : 290, Pl. 20F, Pl. 24, fig. 9373, Red Sea.

88.2.6   ***Lethrinus nebulosus*** (Forsskål, 1775)
         Sciaena nebulosa Forsskål, 1775, *Descr. Anim.* : xii, 52. Holotype: ZMUC P-49345
         (dried skin), Red Sea.
         Sciaena nebulosa.– Klausewitz & Nielsen, 1965, 22 : 21, Pl. 20, fig. 39, Red Sea.
         Lethrinus nebulosus.– Valenciennes, in Cuv. Val., 1830, 6 : 284–286, Massawa.–
         Rüppell, 1838 : 118, Et Tur; 1852 : 7, Red Sea.– Günther, 1859, 1 : 460–461,
         Red Sea.– Playfair & Günther, 1866 : 45, 145 (R.S. quoted).– Klunzinger, 1870,
         20 : 754, Quseir; 1884 : 40, Pl. 6, fig. 1, Red Sea.– Day, 1875 : 136, Pl. 33, fig. 4

154

(R.S. quoted); 1889 : 39–40, Fig. 15 (R.S. quoted).– Kossmann & Räuber, 1877a, 1 : 389, Red Sea; 1877b : 12, Red Sea.– Kossmann, 1879, 2 : 22, Red Sea.– Fowler, 1933, 12 : 33–39, Fig. 4 (R.S. quoted).– Weber & Beaufort, 1936, 7 : 453–455, Fig. 84 (R.S. quoted).– Gruvel & Chabanaud, 1937, 35 : 19, Suez Canal.– Tortonese, 1947, 43 : 87, Massawa.– Ben-Tuvia & Steinitz, 1952 (2) : 7, Elat.– Marshall, 1952, 1 (8) : 231, Sinafir Isl., Dahab.– Smith, 1959e (17) : 290–291, Pl. 20E, Pl. 24, figs 9066, 9075, Red Sea.– Abel, 1960a, 49 : 442, Ghardaqa.– Saunders, 1960, 79 : 242, Red Sea; 1968 (3) : 491, Red Sea.

Lethrinus gothofredi Valenciennes, in Cuv. Val., 1830, *Hist. nat. Poiss.* **6** : 286. Holotype: MNHN, Suez, apparently lost (Bauchot in lit.) (syn. v. Rüppell);1852 : 7 (footnote).– Rüppell, 1838 : 120, Red Sea.

Lethrinus nebulosus var. *chumchum* Klunzinger, 1870, *Verh. zool.-bot. Ges. Wien* **20** : 754, Quseir (syn. v. Klunzinger, 1884).– Kossmann & Räuber, 1877a, 1 : 389, Red Sea; 1877b : 12, Red Sea.

Lethrinus nebulosus var. *ochrolineatus* Kossmann & Räuber, 1877a, *Verh. naturh.-med. Ver. Heidelb.* **1** : 390, Red Sea; 1877b : 12, Red Sea (syn. v. Klunzinger, 1884).

88.2.7   *Lethrinus obsoletus* (Forsskål, 1775)
Sciaena ramak obsoleta Forsskål, 1775, *Descr. Anim.* : xii, 52. Lectotype: ZMUC P-49352, Red Sea; Paralectotype: ZMUC P-49353, Red Sea (selected by Klausewitz & Nielsen).
Lethrinus ramak (not Forsskål).– Rüppell, 1838 : 117, Pl. 28, Fig. 3, Jiddah; 1852 : 7, Red Sea.– Günther, 1859, 1 : 459, Red Sea.– Playfair & Günther, 1866 : 45 (R.S. quoted); 1874 (7) : 64–65, Pl. 46, fig. B (R.S. quoted).– Day, 1875 : 137 (R.S. quoted); 1889, 1 : 40–41 (R.S. quoted).– Schmeltz, 1877 (6) : 12, Massawa.– Kossmann & Räuber, 1877a, 1 : 389, Red Sea; 1877b : 11, Red Sea.– Kossmann, 1879, 2 : 22, Red Sea.– Klunzinger, 1884 : 40, Red Sea.– Fowler, 1933, 12 : 47–49 (R.S. quoted).– Weber & Beaufort, 1936, 7 : 455–456, Massawa.– Sato, 1978 : 35–36, Fig. 20, Red Sea (misinterpretation v. Smith).
Lethrinus obsoletus.– Smith, 1959e (17) : 289, Pl. 20G, 23, 43 (R.S. quoted).
Sciaena obsoleta.– Klausewitz & Nielsen, 1965, 22 : 21, Pl. 23, fig. 42, Red Sea.
Lethrinus abbreviatus [Ehrenberg MS] Valenciennes, in Cuv. Val., 1830, *Hist. nat. Poiss.* **6** : 312, Red Sea (based on drawing of Ehrenberg) (syn. v. Smith) (acc. to Klunzinger and Sato, 1978 : 30, syn. of *Lethrinus mahsena*).

88.2.8   *Lethrinus sanguineus* Smith, 1955
Lethrinus sanguineus Smith, 1955a, *Mems Mus. Dr Alvaro de Castro* (3) : 12, Pl. 3, fig. 14. Holotype: RUSI 606, Kenya; 1959e (17) : 289–290, Pl. 20, fig. D.
Lethrinus sanguineus.– Dor, 1970 (54) : 18, Sharm esh Sheikh.

88.2.a   *Lethrinus ehrenbergi* Valenciennes, in Cuv. Val., 1830, *Hist. nat. Poiss.* **6** : 312. Holotype: MNHN, apparently lost (Bauchot in lit.) (syn. v. Klunzinger) (acc. to Smith, 1959 : 293, doubtful validity).

88.2.b   *Lethrinus karwa* Valenciennes, 1830
Lethrinus karwa Valenciennes, in Cuv. Val., 1830, *Hist. nat. Poiss.* **6** : 311–312 (based on Karwa Russell, 1803, 1 : 71, Pl. 89).
Lethrinus karwa.– Day, 1875 : 135–136, Pl. 33, fig. 2 (R.S., pass. ref.); 1889, 2 : 38–39 (R.S., pass. ref.).

89 **PENTAPODIDAE**

G: 3
Sp: 3

89.1 *GYMNOCRANIUS* **Klunzinger**, 1870   Gender: M
Verh. zool.-bot. Ges. Wien **20** : 764 (type species: *Dentex rivulatus* Rüppell, 1838, by monotypy).

89.1.1 *Gymnocranius griseus* **(Temminck & Schlegel, 1843)***
Dentex griseus Temminck & Schlegel, 1843, *Fauna Japonica* : 72–73, Pl. 36, Japan. Type: RMNH 2248.
Gymnocranius griseus.– Weber & Beaufort, 1936, 7 : 391–394, Fig. 76, Indian Ocean.– Smith, 1949 : 250, Fig. 649, S. Africa.– Marshall, 1952, 1 : 231, El Hibeiq, Red Sea.
Dentex rivulatus Rüppell, 1838, *Neue Wirbelth., Fische* : 116, Pl. 29, fig. 2. Holotype: SMF 3042, Jiddah (syn. v. Smith); 1852 : 7, Red Sea.– Günther, 1859, 1 : 372 (R.S. on Rüppell).– Day, 1875 : 90 (R.S. quoted).
Gymnocranius rivulatus.– Klunzinger, 1870, **20** : 765, Quseir.– Saunders, 1960, **79** : 241, Red Sea.
Dentex robinsoni Gilchrist & Thomson, 1908, *Ann. S. Afr. Mus.* 6 : 226, Natal Coast. Holotype: SMA 10037, Durban (syn. v. Smith).
Gymnocranius (Gymnocranius) robinsoni.– Fowler, 1933, **12** : 133–134 (R.S. quoted).
Dentex robinsoni.– Ben-Tuvia & Steinitz, 1952 (2) : 7, Elat.

89.2 *MONOTAXIS* **Bennett**, 1830a   Gender: F
Cat. Fish. Sumatra : 688 (type species: *Monotaxis indica* Bennett, 1830, by monotypy).

89.2.1 *Monotaxis grandoculis* **(Forsskål, 1775)**
Sciaena grandoculis Forsskål, 1775, *Descr. Anim.* : xii, 53, Jiddah. Type lost.
Sparus grandoculis.– Bloch & Schneider, 1801 : 276 (R.S. on Forsskål).
Sphaerodon grandoculis.– Rüppell, 1838 : 113, Pl. 28, fig. 2, Jiddah; 1852 : 6, Red Sea.– Günther, 1859, 1 : 465, Red Sea.– Klunzinger, 1870, **20** : 756–757, Quseir; 1884 : 41, Red Sea.– Picaglia, 1894, **13** : 27, Red Sea.
Monotaxis grandoculis.– Tortonese 1935–36 [1937] : 182 (sep. : 32), Red Sea.– Fowler 1933, **12** : 134–138 (R.S. quoted).– Weber & Beaufort, 1936, 7 : 350– 352, Fig. 73 (R.S. quoted).– Smith, 1949 : 250, Pl. 36, fig. 650; 1953, Pl. 107, fig. 650, S. Africa.– Roux-Estève & Fourmanoir, 1955, **30** : 198, Abu Latt.– Roux-Estève, 1956, **32** : 75, Abu Latt.

89.3 *PENTAPODUS* **Quoy & Gaimard**, 1824   Gender: M
Voy. Uranie, Zool. : 294 (type species: *Pentapodus vitta* Quoy & Gaimard, 1824, by monotypy).

89.3.1 *Pentapodus multidens* **(Valenciennes, 1830)**
Dentex multidens Valenciennes, in Cuv. Val., 1830, *Hist. nat. Poiss.* 6 : 238–239. Holotype: MNHN 8085, Lohaja.
Dentex multidens.– Günther, 1859, 1 : 373 (R.S. on Valenciennes).
Dentex dispar Ehrenberg, syn. in *Dentex multidens* Cuvier & Valenciennes, *ibid*.

0 **SPARIDAE**

G: 7
Sp: 12

0.1   *ACANTHOPAGRUS* Peters, 1855   Gender: M
       Arch. Naturgesch. **21** (1): 242 (type species: *Chrysophris (Acanthopagrus) vagus*
       Peters, 1852, by monotypy) (no descr.).

0.1.1   *Acanthopagrus berda* (Forsskål, 1775)
        Sparus berda Forsskål, 1775, *Descr. Anim.*: xi, 32–33. Holotype: ZMUC P-50555
        (dried skin), Lohaja.
        Sparus berda.– Bloch & Schneider, 1801: 278 (R.S. on Forsskål).– Klunzinger, 1884:
        44, Pl. 13, fig. 1, Red Sea (on Forsskål).– Tortonese, 1935–36 [1937], **45**: 181
        (sep.: 31), Massawa.– Fowler, 1933, **12**: 157–160, Fig. 8 (R.S. quoted).– Weber
        & Beaufort, 1936, **7**: 470–473, Fig. 93 (R.S. quoted).– Klausewitz & Nielsen,
        1965, **22**: 16, Pl. 6, fig. 13, Red Sea.
        Chrysophris berda.– Rüppell, 1838: 111, Pl. 27, fig. 4, Jiddah; 1852: 6, Red Sea.–
        Günther, 1859, **1**: 494 (R.S. on Rüppell).
        Chrysophrys berda.– Klunzinger, 1870, **20**: 758, Red Sea.– Day, 1875: 140–141,
        Pl. 34, fig. 2, Pl. 35, fig. 2 (R.S. quoted).
        Sparus (Chrysoblephus) berda.– Tortonese, 1935–36 [1937], **45**: 181 (sep.: 31),
        Massawa.
        Acanthopagrus berda.– Smith, 1949: 267, Pl. 44, fig. 707, S. Africa.

0.1.2   *Acanthopagrus bifasciatus* (Forsskål, 1775)
        Chaetodon bifasciatus Forsskål, 1775, *Descr. Anim.*: xiii, 64–65. Holotype: 50557
        (dried skin), Red Sea.
        Chaetodon bifasciatus.– Klausewitz & Nielsen, 1965, **22**: 24, Pl. 35, fig. 59, Jiddah.
        Chrysophrys bifasciata.– Valenciennes, in Cuv. Val., 1830, **6**: 118, Massawa.– Rüp-
        pell, 1838: 12, Red Sea; 1852: 6, Red Sea.– Günther, 1859, **1**: 488–489, Red
        Sea.– Playfair & Günther, 1866: 46 (R.S. quoted).– Martens, 1866, **16**: 378,
        Suakin.– Klunzinger, 1870, **20**: 758–759, Quseir.– Kossmann & Räuber, 1877a,
        1: 390, Red Sea; 1877b: 12, Red Sea.– Day, 1875: 141, Pl. 34, fig. 5 (R.S.
        quoted).– Picaglia, 1894, **13**: 27. Massawa.– Bamber, 1915, **31**: 181, W. Red
        Sea.
        Chrysophris bifasciatus.– Rüppell, 1838: 112, Red Sea.
        Chrysophrys (Sparus) bifasciatus.– Gruvel, 1936, **29**: 169, Suez Canal.
        Sparus (Chrysophrys) bifasciatus.– Klunzinger, 1884: 43–44, Red Sea.
        Sparus bifasciatus.– Fowler, 1933, **12**: 160–161 (R.S. quoted).– Weber & Beaufort,
        1936, **7**: 473–474 (R.S. quoted).– Gruvel & Chabanaud, 1937, **35**: 20, Fig. 23,
        Suez Canal.- Marshall, 1952, **1**: 232, Sinafir Isl.
        Sparus (Chrysoblephus) bifasciatus.– Tortonese, 1935–36 [1937], **45**: 181 (sep.:
        31), Massawa.
        Acanthopagrus bifasciatus.– Smith, 1949: 266, Textfig. 706, Pl. 44, fig. 706, S.
        Africa.– Abel, 1960a, **49**: 443, Ghardaqa.– Clark, Ben-Tuvia & Steinitz, 1968
        (49): 21, Entedebir.
        Holocentrus rabaji Lacepède, 1802, *Hist. nat. Poiss.* **4**: 725 (R.S. on Forsskål) (syn. v.
        Klunzinger).

0.1.a   *Acanthopagrus latus* (Houttuyn, 1782)
        Sparus latus Houttuyn, 1782, *Verh. holland. Maatsch. Wet.* **20**: 322–323. Type
        presumably lost.
        Sparus latus.– Fowler, 1933, **12**: 155–156 (R.S. quoted).
        Coius datnia Hamilton-Buchanan, 1822 [1823], *Fish. Ganges*: 88, 369, Pl. 9, fig. 29,
        Mouth of River Ganges (syn. v. Fowler).

Sparidae

Chrysophrys datnia.– Day, 1875 : 140, Pl. 34, fig. 1 (R.S., pass. ref.).– Pellegrin, 1912, **3** : 6, Massawa (probably not in the Red Sea, Bauchot in lit.).

90.2   *ARGYROPS* Swainson, 1839   Gender : M
            Nat. Hist. Fish. : 221 (type species : *Sparus spinifer* Forsskål, 1775, by monotypy).

90.2.1   *Argyrops filamentosus* (Valenciennes, 1830)
            Pagrus filamentosus Valenciennes, in Cuv. Val., 1830, *Hist. nat. Poiss.* **6** : 158. Holotype : MNHN 8633, Bourbon Isl.
            Sparus filamentosus.– Weber & Beaufort, 1936, **7** : 4, Indian Ocean.
            Argyrops filamentosus.– Smith, 1949 : 270, Pl. 45, fig. 716.– Bayoumi, 1972, **2** : 164, Gulf of Suez.

90.2.2   *Argyrops megalommatus* (Klunzinger, 1870)
            Pagrus megalommatus Klunzinger, 1870, *Verh. zool.-bot. Ges. Wien* **20** : 762, Quseir.
            Sparus (Pagrus) megalommatus.– Klunzinger, 1884 : 43, Pl. 4, fig. 3, Red Sea.
            Sparus megalommatus.– Fowler, 1933, **12** : 162 (R.S. quoted) (probably syn. of *Argyrops filamentosus*, Bauchot in lit.).

90.2.3   *Argyrops spinifer* (Forsskål, 1775)
            Sparus spinifer Forsskål, 1775, *Descr. Anim.* : xi, 32, Jiddah. Type lost.
            Sparus spinifer.– Bloch & Schneider, 1801 : 281 (R.S. on Forsskål).– Klunzinger, 1884 : 43, Red Sea.– Weber & Beaufort, 1936, **7** : 466–468 (R.S. quoted).
            Pagrus spinifer.– Cuvier, in Cuv. Val., 1830, **7** : 156 (R.S. quoted).– Rüppell, 1838 : 114, Suez; 1852 : 6, Red Sea.– Günther, 1859, **1** : 472 (R.S. quoted).– Martens, 1866, **16** : 378, Mirsa Elei, Red Sea.– Playfair & Günther, 1866 : 45 (R.S. quoted).– Klunzinger, 1870, **20** : 761–762, Quseir.– Day, 1875 : 138–139, Pl. 33, fig. 5 (R.S. quoted).– Bamber, 1915, **31** : 481, W. Red Sea.– Gruvel, 1936, **29** : 169, Suez Canal.– Gruvel & Chabanaud, 1937, **35** : 20, Suez Canal.
            Sparus (Pagrus) spinifer.– Klunzinger, 1884 : 43, Red Sea.
            Chrysophrys spinifer.– Steindachner, 1861, **11** : 179, Kark, Red Sea.
            Argyrops spinifer.– Fowler, 1933, **12** : 143–145 (R.S. quoted).– Smith, 1949 : 270, Pl. 45, fig. 715, S. Africa.– Marshall, 1952, **1** (8) : 232, Sinafir Isl.– Budker & Fourmanoir, 1954 (3) : 324, Suez.– Saunders, 1960, **79** : 242, Red Sea; 1968 (3) : 491, Red Sea.– Bayoumi, 1972, **2** : 164, Gulf of Suez.

90.3   *CHEIMERIUS* Smith, 1938   Gender : M
            Trans. R. Soc. S. Afr. **26** : 292 (type species : *Dentex nufar* [Ehrenberg MS] Valenciennes, in Cuv. Val., 1830, by monotypy).

90.3.1   *Cheimerius nufar* ([Ehrenberg MS] **Valenciennes,** 1830)
            Dentex nufar [Ehrenberg MS] Valenciennes, in Cuv. Val., 1830, *Hist. nat. Poiss.* **6** : 240–241. Syntypes : MNHN 9021, Massawa, 9022 (2 ex.), Red Sea, 9023–9024, Massawa.
            Dentex nufar.– Rüppell, 1838 : 115, Suez; 1852 : 7, Red Sea.– Günther, 1859, **1** : 371 (R.S. quoted).– Klunzinger, 1884 : 35, Pl. 4, fig. 2, Red Sea.– Fowler, 1933, **12** : 127 (R.S. quoted).– Gruvel, 1936, **29** : 169, Suez.– Gruvel & Chabanaud, 1937, **35** : 21–22, Fig. 24, P. Suez, Suez Canal.
            Dentex (Polysteganus) nufar.– Klunzinger, 1870, **20** : 764, Red Sea.
            Cheimerius nufar.– Smith, 1949 : 277, Textfig. 740, Pl. 49, fig. 740, S. Africa.
            Dentex variabilis [Ehrenberg MS] Valenciennes, in Cuv. Val., 1830, **6** : 241, Red Sea (type not in MNHN, possibly in ZMB) (syn. v. Klunzinger).– Günther, 1859, **1** : 376 (R.S. quoted).
            Dentex fasciolatus [Ehrenberg MS] Valenciennes, in Cuv. Val., 1830, *Hist. nat. Poiss* **6** : 242, Red Sea (type not in MNHN, possibly in ZMB) (syn. v. Klunzinger).

0.4 *CRENIDENS* Valenciennes in Cuv. Val., 1830 Gender: M
Hist. nat. Poiss. **6** : 377 (type species: *Crenidens forsskali* Valenciennes, 1830, by monotypy).

0.4.1 ***Crenidens crenidens*** **(Forsskål, 1775)**
Sparus crenidens Forsskål, 1775, *Descr. Anim.* : xv. Holotype: ZMUC P-50551 (dried skin), Red Sea.
Sparus crenidens.– Bloch & Schneider, 1801 : 285 (R.S. on Forsskål).– Klausewitz & Nielsen, 1965, **22** : 16, Pl. 5, fig. 10, Jiddah or Suez.
Crenidens crenidens crenidens.– Marshall, 1952, **1** (8) : 234, Dahab, Sinafir Isl.
Crenidens crenidens.– Norman, 1929, **22** : 380, Gulf of Suez, Kabret, Isma'iliya.– Fowler, 1933, **12** : 201–202, Red Sea.– Chabanaud, 1934b, **6** : 159, Lake Timsah, Suez Canal.– Tortonese, 1935–36 [1937], **45** : 182 (sep.: 32), Red Sea; 1948, **33** : 283, Lake Timsah.– Gruvel, 1936, **29** : 169, Suez Canal.– Gruvel & Chabanaud, 1937, **35** : 22, Fig. 25, Suez Canal.– Smith, 1949 : 275, Pl. 44, fig. 732, S. Africa.– Budker & Fourmanoir, 1954 (3) : 324, Ghardaqa.– Abel, 1960a, **49** : 443, Ghardaqa.
Crenidens forskali Cuvier, in Cuv. Val., 1830, ***Hist. nat. Poiss.*** **5** : 377, Pl. 126. Syntype: MNHN 8764, Massawa (syn. v. Smith).– Rüppell, 1852 : 7, Red Sea.– Günther, 1859, **1** : 424, Red Sea.– Klunzinger, 1870, **20** : 748–749, Quseir; 1884 : 45, Red Sea.– Day, 1875 : 133 (R.S. quoted); 1889, **2** : 35 (R.S. quoted).– Schmeltz, 1877 (6) : 12, Massawa.– Giglioli, 1888, **6** : 69, Assab.– Tillier, 1902, **15** : 296, Port Said, Isma'iliya.– Chabanaud, 1932, **4** (7) : 829, Bitter Lake, Suez Canal.
Crenidens indicus Day, 1873, *Rep. Sea Fish. and Fisher. India* : clxxxvi, No. 184. Holotype: ZSI F-1774, Sind; Paratypes: ZSI F-1775, 1776, Sind (syn. acc. to Fowler, 1933 : 201); 1875 : 132–133, Pl. 32, fig. 4, Suez; 1889, **2** : 34–35 (R.S. quoted).

90.5 ***DIPLODUS*** **Rafinesque**, 1810 Gender: M
Indice. Ittiol. Sicil. **26** : 54 (type species: *Sparus annularis* Linnaeus, 1758, by monotypy).
Sargus Klein, 1775, *Neuer Schaupl. Nat.* **1** : 966 (type species: *Sparus sargus* Linnaeus, 1758, by absolute tautonomy). Inadmissible, polynomial nomenclature.

90.5.1 ***Diplodus noct*** [Ehrenberg MS] **Valenciennes, 1830)**
Sargus noct [Ehrenberg MS] Valenciennes, in Cuv. Val., 1830, *Hist. nat. Poiss.* **6** : 51–53. Syntypes: MNHN 8565, 8566, Suez, 8564, 8575, Red Sea.
Sargus noct.– Rüppell, 1838 : 110, Gulf of Suez, Et Tur; 1852, Red Sea.– Günther, 1859, **1** : 444, Red Sea.– Klunzinger, 1870, **20** : 749–750, Quseir; 1884 : 45, Red Sea.– Day, 1875 : 133–134, Pl. 32, fig. 5 (R.S. quoted).– Norman, 1929, **22** : 380, Gulf of Suez.– Fowler, 1933, **12** : 176–177 (R.S. quoted).– Gruvel, 1936, **29** : 169, Suez Canal.– Gruvel & Chabanaud, 1937, **35** : 20, Suez Canal.– Saunders, 1960, **79** : 242, Red Sea; 1968 (3) : 491, Red Sea.
Diplodus noct.– Tortonese, 1947, **2** : 4, Suez Canal; 1948, **33** : 282, Lake Timsah; 1968 : 18, Elat.– Ben-Tuvia & Steinitz, 1952 (2) : 7, Elat.– Marshall, 1952, **1** : 233, Abu-Zabad, Dahab, Sinafir Isl.
Diplodus sargus (not Linnaeus).– Ben-Tuvia & Steinitz, 1952 (2) : 7, Elat (misidentification, Ben-Tuvia pers. commun.).

90.A.a *Pagellus mormyrus* (not *Sparus Mormyrus* Linnaeus, 1758).– Fowler & Steinitz, 1956 : 276, Elat (misidentification, Bauchot in lit.).

90.7 ***POLYSTEGANUS*** **Klunzinger**, 1870 Gender: M
Verh. zool.-bot. Ges. Wien : 763 (type species: *Polysteganus coeruleopunctatus* Klunzinger, 1870, by subs. design. of Jordan, 1919).

90.7.1 ***Polysteganus coeruleopunctatus* (Klunzinger, 1870)**
Dentex (Polysteganus) coeruleopunctatus Klunzinger, 1870, *Verh. zool.-bot. Ges. Wien* **20** : 763, Quseir; 1884 : 35, Pl. 4, fig. 1, Red Sea.
Dentex coeruleopunctatus.– Fowler, 1933, **12** : 128–129 (R.S. quoted).
Polysteganus coeruleopunctatus.– Smith, 1949 : 278, Pl. 49, fig. 744, S. Africa.

90.8 ***RHABDOSARGUS* Fowler, 1933**
Bull. U.S. natn. Mus. **12** : 175, 178 (type species: *Sargus nudiventris* Peters, 1855, by orig. design.).

90.8.1 ***Rhabdosargus haffara* (Forsskål, 1775)**
Sparus haffara Forsskål, 1775, *Descr. Anim.* : xi, 33, Red Sea. Type lost.
Sparus haffara.– Bloch & Schneider, 1801 : 279 (R.S. on Forskål).– Fowler, 1933, **12** : 162–163 (R.S. quoted).– Tortonese, 1948, **33** : 282, Lake Timsah.– Ben-Tuvia & Steinitz, 1952 (2) : 7, Elat.– Marshall, 1952, **1** (8) : 232, Sinafir Isl.
Sparus (Chrysophrys) haffara.– Klunzinger, 1844 : 44, Red Sea.
Chrysophrys haffara.– Valenciennes, in Cuv. Val., 1830, **6** : 108, Red Sea.– Günther, 1859, **1** : 488 (R.S. quoted).– Klunzinger, 1870, **20** : 760, Quseir.– Tillier, 1902, **15** : 296, Lake Timsah, Bitter Lake, Suez Canal.– Chabanaud, 1934, **6** : 159, Lake Timsah.– Saunders, 1960, **79** : 242, Red Sea; 1968 (3) : 491, Red Sea.
Chrysophris haffara.– Rüppell, 1838 : 111, Pl. 29, fig. 1, N. Red Sea; 1852 : 6, Red Sea.– Day, 1875 : 142, Pl. 35, fig. 1 (R.S. quoted).
Chrysophris (Sparus) haffara.– Gruvel, 1936, **27** : 168, Fig. 47, Suez Canal.
Sparus haffara.– Gruvel & Chabanaud, 1937, **35** : 20, Fig. 22, Suez Canal.

90.8.2 ***Rhabdosargus sarba* (Forsskål, 1775)**
Sparus sarba Forsskål, 1775, *Descr. Anim.* : xi, 31–32. Lectotype: ZMUC P-50551 (dried skin), Jiddah.
Sparus sarba.– Bloch & Schneider, 1801 : 280 (R.S. on Forsskål).– Fowler, 1933, **12** : 149–151 (R.S. quoted).– Weber & Beaufort, 1936, **7** : 468–469 (R.S. quoted).– Tortonese, 1935–36 [1937], **45** : 181 (sep. : 31), Massawa.– Klausewitz & Nielsen, 1965, **22** : 16, Pl. 5, fig. 12, Pl. 6, fig. 12, Jiddah.
Sparus (Chrysophrys) sarba.– Klunzinger, 1884 : 43, Quseir, El Wudj.
Aurata sarba.– Cloquet, 1818, **12** : 554, Red Sea.
Chrysophris sarba.– Rüppell, 1838 : 110–111, Pl. 28, fig. 1, Red Sea; 1852 : 6, Red Sea.
Chrysophrys sarba.– Günther, 1859, **1** : 488, Red Sea.– Playfair & Günther, 1866 : 45 (R.S. quoted).– Klunzinger, 1870, **20** : 759–760, Quseir.– Day, 1875 : 142, Pl. 34, fig. 6 (R.S. quoted).– Picaglia, 1894, **13** : 27, Massawa.
Chrysophris aries Temminck & Schlegel, 1843, *Fauna Japonica* : 67, Pl. 31 (syn. v. Fowler and v. W.B.).– Day, 1889, **2** : 46 (R.S. quoted).

91 SCIAENIDAE

G: 1
Sp: 1

91.1 ***ARGYROSOMUS* De La Pylaie, 1835** Gender: M
C.r. Congr. Sci. France, Poitiers : 532 (type species: *Argyrosomus procerus* De La Pylaie, 1835, replacement name for *Sciaena aquila* Cuvier).

91.1.1 ***Argyrosomus regius* (Asso, 1801)**
Perca regia Asso, 1801, *An. Cienc. nat. Madrid* **4** : 42. Neotype: MNHN 7511, Spain.
Sciaena aquila.– Gohar, 1954 : 30, Red Sea (no descr.) (syn. v. Trewavas, 1958 : 298).

91.A   *UMBRINA* Cuvier, 1817 [1816]   Gender: F
Règne anim. **2** : 297 (type species: *Sciaena cirrosa* Linnaeus, 1758, by monotypy).

91.A.a   *Umbrina cirrosa* (Linnaeus, 1758)
Sciaena cirrosa Linnaeus, 1758, *Syst. Nat.*, ed. X : 289, Mediterranean Sea.
Umbrina cirrosa.— Steinitz, 1967, **16** : 169, Red Sea (pass. ref.).

92   MULLIDAE   by M. Dor & A. Ben-Tuvia

G: 3
Sp: 11

92.1   *MULLOIDES* Bleeker, 1849   Gender: M
Mulloides Bleeker, 1849b, *Verh. Batav. Genoot. Kunst. Wet.* **22** : 12 (type species:
Mullus flavolineatus Lacepède, 1802, by orig. design.).
Mulloidichthys Whitley, 1929, *Rec. Aust. Mus.* **17** : 122 (type species: *Mullus flavo-
lineatus* Lacepède, 1802, proposed as a replacement name for *Mulloides* Bleeker,
1849).

92.1.1   *Mulloides flavolineatus* (Lacepède, 1802)
Mullus flavolineatus Lacepède, 1802, *Hist. nat. Poiss.* **3** : 384, 406, 409, 410, no
loc. (based on descr. by Commerson).
Upeneus flavolineatus.— Cuvier, in Cuv. Val., 1829, **3** : 456, Massawa.— Rüppell, 1838 :
101–102, Pl. 26, fig. 1, Mohila; 1852 : 5, Red Sea.
Mulloides flavolineatus.— Günther, 1859, **1** : 403 (R.S. quoted).— Day, 1875, 122–
123, Pl. 30, fig. 6 (R.S. quoted); 1889, **2** : 28–29, Fig. 11 (R.S. quoted).—
Boulenger, 1887 : 658, Red Sea.— Sauvage, 1891, **16** : 231, Red Sea.— Gruvel,
1936, **29** : 166, Suez Canal.— Gruvel & Chabanaud, 1937, **35** : 23, Suez Canal.
Mullus flavolineatus.— Martens, 1866, **16** : 378, Red Sea.
Mulloidichthys flavolineatus.— Tortonese, 1968 (51): 18, Elat.— Thomas, 1969, **3** :
73–75, Pl. 7, fig. C (R.S. quoted).— Randall, 1974 (1) : 275, Red Sea.
Mulloides auriflamma (not Forsskål, misinterpretation).— Klunzinger, 1870, **20** : 742,
Quseir; 1884 : 50, Red Sea.— Al-Houssaini, 1947a, **78** : 121–153, Figs 1–9, Red
Sea.
Mulloidichthys auriflamma.— Weber & Beaufort, 1931, **6** : 376–378 (R.S. quoted).—
Fowler, 1933, **12** : 263–266 (R.S. quoted).— Smith, 1949 : 231, Pl. 28, fig. 572,
S. Africa.— Ben-Tuvia & Steinitz, 1952 (2): 8, Elat.— Saunders, 1960, **79** : 242,
Red Sea; 1968 (3): 495, Red Sea.— Ben-Tuvia, 1968 (52): 48, Elat, Ethiopia.—
Bayoumi, 1972, **2** : 170, Red Sea.
Mulloides samoensis Günther, 1873, *J. Mus. Godeffroy* **2** : 57, Pl. 43, fig. B, Samoa
(syn. v. Randall).
Mulloidichthys samoensis.— Lachner, 1960, **2** : 40–42, Pl. 78, fig. A, Tb. 81, Red
Sea.— Thomas, 1969, **3** : 71–73, Pl. 7, fig. B, Tbs 33–34 (R.S. quoted).

92.1.2   *Mulloides vanicolensis* Valenciennes, 1831
Upeneus vanicolensis Valenciennes, in Cuv. Val., 1831, *Hist. nat. Poiss.* **7** : 521.
Holotype: MNHN A-2520, Vanicolo.
Mulloides erythrinus Klunzinger, 1884, *Fische Rothen Meeres* : 50 (on *Mulloides
ruber* Klunzinger, 1870 : 743, preoccupied by Lacepède, 1801).
Mulloidichthys erythrinus.— Fowler, 1933, **12** : 266 (R.S. quoted).
Mulloides ruber Klunzinger, 1870, *Verh. zool.-bot. Ges. Wien* **20** : 743. Type: MNS
743, Quseir, destroyed (syn. of *Mulloides erythrinus*, v. Klunzinger, 1884, i.e.
Mulloides vanicolensis).
Mulloidichthys vanicolensis.— Weber & Beaufort, 1831, **6** : 375–376, Indian Ocean.—
Randall, 1974 (1) : 275–277, Red Sea.

Mullidae

92.2   *PSEUDUPENEUS* Bleeker, 1862c*   Gender: M
        Versl. Meded. K. Akad. wet. Amst. 14 : 134 (type species: *Pseudupeneus prayensis*,
        Bleeker, 1863, by orig. design.).
        Parupeneus Bleeker, 1863, 1868; 1863b, *Ned. Tijdschr. Dierk.* 1 : 234.
        Parupeneus Bleeker, 1868, *Versl. Meded. K. Akad. wet. Amst.* 2 : 344 (type species:
        Mullus bifasciatus Lacepède, 1801, by orig. design.). Invalidated by Rosenblatt &
        Hoese, 1968 (1) : 175.

92.2.1 *Pseudupeneus cinnabarinus* (Cuvier, 1829)
        Upeneus cinnabarinus Cuvier, in Cuv. Val., 1829, *Hist. nat. Poiss.* 3 : 475. Type:
        MNHN A-1696, Trinquemale (Ceylon).
        Upeneus pleurospilos Bleeker, 1853a, *Natuurk. Tijdschr. Ned.-Indië* 4 : 110. Syn-
        type: RMNH 5743, 25005, Amboina.
        Upeneus pleurospilos.– Klunzinger, 1870, 20 : 746–747, Quseir.
        Parupeneus pleurospilus.– Weber & Beaufort, 1931, 6 : 399–401 (R.S. quoted).–
        Thomas, 1969, 3 : 61–63, Pl. 6, fig. A (R.S. ? quoted).
        Pseudupeneus pleurospilus.– Fowler, 1933, 12 : 273–275, Fig. 19 (R.S. quoted).–
        Smith, 1949 : 230, Pl. 28, fig. 569, S. Africa.– Steinitz & Ben-Tuvia, 1955 (11) : 6,
        Elat.– Paperna, 1972, 39 : 42, Elat.
        Parupeneus luteus (not Valenciennes, in Cuv. Val.).– Klunzinger, 1884 : 52, Red Sea.–
        Weber & Beaufort, 1931, 6 : 401–402 (R.S. quoted).– Thomas, 1969, 3 : 69–70,
        Pl. 7, fig. A (R.S. quoted).
        Pseudupeneus luteus.– Fowler, 1933, 12 : 313–314 (R.S. quoted).
        Upeneoides luteus.– Gruvel & Chabanaud, 1937, 35 : 24, Fig. 28, Suez Canal (mis-
        identification).

92.2.2 *Pseudupeneus cyclostomus* (Lacepède, 1801)
        Mullus cyclostomus Lacepède, 1801, *Hist. nat. Poiss.* 3 : 383, 404, 405, Fig. 3
        (based on descr. and drawing by Commerson, no loc.).
        Upeneus cyclostoma.– Rüppell, 1838 : 101, Mohila.– Günther, 1859, 1 : 409 (R.S.
        quoted).– Klunzinger, 1870, 20 : 745, Quseir.– Gruvel, 1936, 29 : 166, Suez Canal.
        Parupeneus cyclostomus.– Weber & Beaufort, 1931, 6 : 407–408, Indian Ocean.–
        Lachner, 1960, 2 : 29–34 (R.S. quoted).– Thomas, 1969, 3 : 65–69, Pl. 6, fig. c
        (R.S. quoted).
        Pseudupeneus cyclostomus.– Fowler, 1933, 12 : 304–309 (R.S. quoted).– Ben-
        Tuvia & Steinitz, 1952 (2) : 8, Elat.– Roux-Estève & Fourmanoir, 1955, 30 : 198,
        Abu Latt.– Roux-Estève, 1956, 32 : 79, Abu Latt.– Paperna, 1972, 39 : 42, Elat.
        Mullus chryserydros Lacepède, 1801, *Hist. nat. Poiss.* 3 : 384, 406, 408. Type: MNHN
        A-3502, Mauritius (syn. v. Lachner).
        Parupeneus chryserythrus.– Klunzinger, 1884 : 52, Red Sea.
        Parupeneus chryserydros.– Weber & Beaufort, 1931, 6 : 404–406 (R.S. quoted).

92.2.3 *Pseudupeneus forsskali* Fourmanoir & Guézé, 1976
        Pseudupeneus forsskali Fourmanoir & Guézé, 1976, O.R.S.T.O.M. (47) : 45–48
        (based on *Mullus auriflamma* Forsskål, 1775).
        Mullus auriflamma Forsskål, 1775, *Descr. Anim.*, ed. X : 30. Holotype: ZMUC 49343,
        Jiddah. Suppressed by Nielsen & Klausewitz and accepted by the International
        Commission on Zoological Nomenclature, *Bull. Zool. Nomencl.*, 1968, 25 (1) :
        14–15.
        Mullus auriflamma.– Bloch & Schneider, 1801 : 79 (on Forsskål).– Klausewitz &
        Nielsen, 1965, 22 : 14–15, Pl. 4, fig. 8, Jiddah.
        Parupeneus auriflamma.– Klausewitz, 1967c (2) : 59, 60, 61, Sarso Isl.
        Upeneus barberinus (not Lacepède).– Rüppell, 1838 : 101, Massawa.– Günther, 1859,
        1 : 405 (R.S. quoted); 1874 (7) : 57 (R.S. quoted).– Klunzinger, 1870, 20 : 745,
        Quseir.– Day, 1875 : 124 (R.S. quoted).– Tillier, 1902, 15 : 297, Suez Canal.–
        Bamber, 1915, 31 : 481, Sudan.– Fowler, 1933, 12 : 283–287, Fig. 21 (R.S.

quoted).– Gruvel, 1936, **29** : 166, Suez Canal.– Gruvel & Chabanaud, 1937, **35** : 23, Fig. 27, Suez Canal.– Ben-Tuvia, 1968 (52) : 42, Elat, Dahlak (misidentification v. Klausewitz & Nielsen and v. Fourmanoir & Guézé).

Mullus (Upeneus) barberinus.– Martens, 1866, **16** : 378, Quseir.– Playfair & Günther, 1866 : 40 (R.S. quoted).

Parupeneus barberinus.– Klunzinger, 1884 : 52, Red Sea.– Weber & Beaufort, 1931, **6** : 392–394, Fig. 77 (R.S. quoted).– Magnus, 1963a : 358, Ghardaqa; 1966 : 372, Ghardaqa.– Thomas, 1969, **3** : 39–48, Pl. 4, fig. 8, Tbs 22–26 (R.S. quoted).

Pseudupeneus barberinus.– Tortonese, 1935–36 [1937], **45** : 182–183 (sep. : 32–33, Massawa).– Smith, 1949 : 229, Pl. 27, fig. 566, S. Africa.– Ben-Tuvia & Steinitz, 1952 (2) : 8, Elat.– Roux-Estève & Fourmanoir, 1955, **30** : 198, Abu Latt.– Roux-Estève, 1956, **32** : 79, Abu Latt.– Saunders, 1960, **79** : 242, Red Sea.– Clark, Ben-Tuvia & Steinitz, 1968 (49) : 21, Entedebir (misidentification v. Klausewitz & Nielsen and v. Fourmanoir & Guézé).

92.2.4   *Pseudupeneus macronema* (Lacepède, 1801)

Mullus macronema Lacepède, 1892, *Hist. nat. Poiss.* **3** : 383, 404, 405, Pl. 13, fig. 2 (based on descr. and drawing by Commerson, no loc.).

Upeneus macronemus.– Günther, 1859, **1** : 405–406 (R.S. quoted).– Klunzinger, 1870, **20** : 744–745, Quseir.– Day, 1875 : 123–124, Pl. 31, fig. 1 (R.S. quoted); 1889, **2** : 29–30, Fig. 12 (R.S. quoted).

Mullus micronemus (misprint).– Playfair & Günther, 1866 : 40 (R.S. quoted).

Parupeneus macronema.– Klunzinger, 1884 : 51 (R.S. quoted).– Weber & Beaufort, 1931, **6** : 388–390 (R.S. quoted).– Marshall, 1952, **1** : 231, Aqaba, Dahab, Sinafir Isl.– Steinitz & Ben-Tuvia, 1955 (11) : 6, Elat.– Tortonese, 1968 (1) : 18–19, Elat.– Thomas, 1969, **3** : 51–53, Pl. 4, fig. C (R.S. quoted).

Pseudupeneus macronemus.– Fowler, 1933, **12** : 279–280, Red Sea.– Tortonese, 1935–36 [1937], **45** : 183 (sep. : 33), Red Sea.– Paperna, 1972, **39** : 42, Elat.

Pseudupeneus macronema.– Smith, 1949 : 229, Fig. 565, S. Africa.– Roux-Estève & Fourmanoir, 1955, **30** : 198, Abu Latt.– Roux-Estève, 1956, **32** : 79, Abu Latt.

Upeneus macronema.– Ben-Tuvia, 1968 (52) : 42, Elat, Dahlak.

Upeneus lateristriga Cuvier, in Cuv. Val., 1829, *Hist. nat. Poiss.* **3** : 463. Holotype: MNHN, lost (syn. v. Klunzinger and v. Fowler).– Rüppell, 1838 : 101, Massawa; 1852 : 5, Red Sea.

92.2.5   *Pseudupeneus rubescens* (Lacepède, 1801)

Mullus rubescens Lacepède, 1801, *Hist. nat. Poiss.* **3** : 384, 408 (based on descr. by Commerson).

Upeneus spilurus Bleeker, 1854e, *Natuurk. Tijdschr. Ned.-Indië* **6** : 395–396. Also in *Verh. batav. Genoot. Kunst. Wet.*, 1854–57, **26** (4) : 68–69, Pl. 2, fig. 2. Holotype: RMNH 1879, Nagasaki.

Upeneus spilurus.– Klunzinger, 1870, **20** : 747, Quseir.

Parupeneus spilurus.– Weber & Beaufort, 1931, **6** : 397–398, Indian Ocean.

Parupeneus notospilus Klunzinger, 1884, *Fische Rothen Meeres* : 51, Pl. 5, fig. 3, Quseir (on *Upeneus spilurus.*– Klunzinger, 1870).

92.3   *UPENEUS* Cuvier, 1829   Gender: M

Règne anim. **2** : 157 (type species: *Mullus vittatus* Forsskål, 1775, by subs. design. of Bleeker, 1876 : 333).

Upeneoides Bleeker, 1849b, *Verh. batav. Genoot. Kunst. Wet.* **22** : 64 (type species: *Mullus vittatus* Forsskål, 1775, by orig. design.).

92.3.1   *Upeneus asymmetricus* Lachner, 1954

Upeneus asymmetricus Lachner, 1954, *Proc. U.S. natn. Mus.* **103** : 211, Pl. 13, fig. B. Holotype: USNM 154659♀, Philippines; Paratypes: USNM 154660 (2 ex.), 154661, Philippines.

Upeneus asymmetricus.– Kissil, 1971 (1) : 10, Gulf of Elat.– Ben-Tuvia & Grofit, 1973, **8** (1) : 15, 16, Tbs 2–5, Gulf of Suez.

Upeneoides tragula (not Richardson).– Norman, 1927, **22** : 300, Suez Canal.

Upeneus tragula.– Fowler, 1933, **12** : 339–344, Fig. 32 (Suez quoted).– Saunders, 1960, **79** : 242, Red Sea.– Tortonese, 1968 (51) : 18, Elat.– Bayoumi, 1972, **2** : 170, Red Sea (misidentification).

Upeneus bensasi (not Temminck & Schlegel).– Norman, 1939, 7 : 63, Red Sea.– Bayoumi 1972, **2** : 164, Red Sea (misidentification).

92.3.2   ***Upeneus moluccensis* (Bleeker, 1855)**
Upeneoides moluccensis Bleeker, 1855, *Natuurk. Tijdschr. Ned.-Indië* 8 : 409. Holotype : RMNH 5722, Amboina.

Upeneus moluccensis.– Weber & Beaufort, 1931, **6** : 367–368, Indian Ocean.– Ben-Tuvia, 1955 (4494) : 1177–1178, found in the eastern Mediterranean earlier than first record from the Red Sea. Formerly misidentified in the eastern Mediterranean as *Mulloidichthys auriflamma* ; 1968 (52) : 41–42, Entedebir.– Thomas, 1969, **3** : 21–22 (R.S. quoted).

92.3.3   ***Upeneus sulphureus* Cuvier, 1829***
Upeneus sulphureus Cuvier, in Cuv. Val., 1829, *Hist. nat. Poiss.* **3** : 450–451, Sonde. Syntypes : MNHN, apparently lost.

Upeneus sulphureus.– Weber & Beaufort, 1931, **6** : 364–365, Indian Ocean.– Fowler, 1933, **12** : 330–334, Fig. 30 (R.S. quoted).– Smith, 1949 : 229, Pl. 28, fig. 563, S. Africa.– Thomas, 1969, **3** : 17–21, Pl. 2, fig. A (R.S. quoted).– Bayoumi, 1972, **2** : 164, Red Sea.

Upeneoides sulphureus.– Günther, 1859, **1** : 398–399, Red Sea.

92.3.4   ***Upeneus vittatus* (Forsskål, 1775)**
Mullus vittatus Forsskål, 1775, *Descr. Anim.* : x, 31. Holotype : ZMUC P-49344, Jiddah.

Mullus vittatus.– Bloch & Schneider, 1801 : 79 (R.S. on Forsskål).– Shaw, 1889, **2** : 25, Fig. 10 (R.S. quoted).– Playfair & Günther, 1866 : 40 (R.S. quoted).– Klausewitz & Nielsen, 1965, **22** : 15–16, Pl. 4, fig. 9, Jiddah.

Upeneus vittatus.– Rüppell, 1838 : 101, Jiddah; 1852 : 5, Red Sea.– Klunzinger, 1884 : 49, Red Sea.– Weber & Beaufort, 1931, **6** : 365–367, Indian Ocean.– Fowler, 1933, **12** : 334–338, Fig. 31 (R.S. quoted); 1945, **26** : 125, Fig. 6 (R.S. quoted).– Smith, 1949 : 228, Pl. 27, fig. 561, S. Africa.– Lachner, 1954, **103** : 516–517, Pl. 13, fig. E (R.S. quoted).– Clark, Ben-Tuvia & Steinitz, 1968 (49) : 21, Entedebir.– Ben-Tuvia, 1968 (52) : 42, Red Sea.– Thomas, 1969, **3** : 23–27, Pl. 2, fig. C, Tbs 12–14 (R.S. quoted).– Randall, 1974 (1) : 275–277, Fig. 1, Red Sea.

Upenoides vittatus.– Klunzinger, 1870, **20** : 741, Quseir.– Day, 1875 : 120, Pl. 30, fig. 2 (R.S. quoted).– Borodin, 1930, **1** : 53, Red Sea, P. Said.

Upeneoides vittatus.– Günther, 1859, **1** : 397–398 (R.S. quoted).– Day, 1875 : 120, Pl. 30, fig. 2 (R.S. quoted); 1889, **2** : 25, Fig. 10 (R.S. quoted).– Gruvel, 1936, **29** : 165, Fig. 45, Suez Canal.– Gruvel & Chabanaud, 1937, **35** : 24, Suez Canal.

92.3.a*   *Upeneus indicus* Shaw, 1803, *Gen. Zool. Syst. nat. Hist.* **4** : 611, Indian Ocean (based on Rahtee goolvinda Russell, 1803, **2** : 42, Pl. 157).

Upeneus indicus.– Day, 1875 : 126, Pl. 31, fig. 4 (R.S., pass. ref.); 1889, **2** : 32 (R.S. quoted).

Parupeneus indicus.– Thomas, 1969, **3** : 55–60, Textfig. 5A, Pl. 5, fig. c, Tbs 29–32 (R.S. quoted).

92.A.a   *Mullus erythreus* Sauvage, 1881, *Bull. Soc. philomath. Paris* **5** : 101, Red Sea. No type material. Descr. very brief; not sufficient to ascertain its taxonomic status.

93   MONODACTYLIDAE

G: 1
Sp: 2

93.1   *MONODACTYLUS* Lacepède, 1801   Gender: M
Hist. nat. Poiss. 4 : 131 (type species: *Monodactylus falciformis* Lacepède, 1801,
by monotypy).

93.1.1   **Monodactylus argenteus (Linnaeus, 1758)**
Chaetodon argenteus Linnaeus, 1758, *Syst. Nat.*, ed. X : 272, India. Type: ZMU,
Linnaean Coll., 103.
Psettus argenteus.– Günther, 1860, **2** : 487–488 (R.S. quoted).– Playfair & Günther,
1866 : 64 (R.S. quoted).– Klunzinger, 1870, **20** : 794, Quseir; 1884 : 117, Quseir.–
Day, 1876 : 235, Pl. 51B, fig. 5 (R.S. quoted).
Monodactylus argenteus.– Fowler & Bean, 1929, **8** : 13–16 (R.S. quoted).– Weber &
Beaufort, 1936, **7** : 207–210, Fig. 54 (R.S. quoted).– Smith, 1949 : 234, Fig. 581,
S. Africa.
Scomber rhombeus Forsskål, 1775, *Descr. Anim.* : xii, 58. Holotype: ZMUC P-50556,
Jiddah (syn. v. Klunzinger).– Bloch & Schneider, 1801 : 34–35 (R.S. on
Forsskål).– Klausewitz & Nielsen, 1965 : 23, Pl. 29, fig. 51, Jiddah.
Psettus rhombeus.– Cuvier, in Cuv. Val., 1831, 7 : 245, Massawa.– Rüppell, 1852 :
10, Red Sea.

93.1.2   **Monodactylus falciformis Lacepède, 1801**
Monodactylus falciformis Lacepède, 1801, *Hist. nat. Poiss.* **3** : 132–133 (1800,
2, Pl. 5, fig. 4). Holotype: MNHN 5441, Indian Ocean.
Psettus falciformis.– Günther, 1860, **2** : 488, Red Sea.– Day, 1876 : 234–235, Pl.
51A, fig. 6 (R.S. quoted); 1889, **2** : 180 (R.S. quoted).– Boulenger, 1915, **3** :
120, Fig. 89, Red Sea.– Borodin, 1930, **1** (2) : 55, P. Sudan.
Monodactylus falciformis.– Fowler & Bean, 1929, **8** : 13 (R.S. quoted).– Tortonese,
1935–36, **45** : 183 (sep. : 33), Massawa; 1947, **43** : 87, Sudan.– Smith, 1949 :
233–234, Pl. 29, fig. 580, S. Africa.

94   PEMPHERIDAE

G: 2
Sp: 5

94.1   *PARAPRIACANTHUS* Steindachner, 1870b   Gender: M
Sber. Akad. Wiss. Wien **61** (1) : 623 (type species: *Parapriacanthus ransonneti*
Steindachner, 1870, by monotypy).

94.1.1   **Parapriacanthus guentheri (Klunzinger, 1871)**
Pempherichthys güntheri Klunzinger, 1871, *Verh. zool.-bot. Ges. Wien* **21** : 470–
471. Syntypes: BMNH 1871.7.15.35, Quseir; MNS 1752, Quseir.
Parapriacanthus güntheri.– Klunzinger, 1884 : 81–82, Pl. 5, fig. 4, Red Sea.– Fowler,
1931b, **11** : 48 (R.S. quoted).– Smith, 1949 : 247, Fig. 640, S. Africa.

94.2   *PEMPHERIS* Cuvier, 1829   Gender: M
Règne anim. ed. II, **2** : 195 (type species: *Pempheris touea* Cuvier, 1829, by subs.
design. of Jordan, 1917).

94.2.1   **Pempheris mangula Cuvier, 1829**
Pempheris mangula Cuvier, 1829, *Règne anim.* ed. II, **2** : 195 (based on Mangula
kutti Russell, 1803, *Fish. Coromandel* **2** : 10, Pl. 114, Vizagapatam).

Pempheris mangula.– Rüppell, 1836 : 36–37, Mohila; 1852 : 10, Red Sea.– Klunzinger, 1870, **21** : 469–470, Quseir; 1884 : 81, Red Sea.– Fowler, 1931b, **11** : 55–57 (R.S. quoted).– Ben-Tuvia & Steinitz, 1952 (2) : 8, Elat.– Tortonese, 1968 (51) : 16–18, Fig. 3, Elat.

Pempheris rhomboideus Kossmann & Räuber, 1877a, *Verh. naturh.-med. Ver. Heidelb.* **1** : 397–398, Pl. 1, fig. 4, Red Sea; 1877b : 18, Pl. 1, fig. 4, Red Sea. Apparently no type material (Klausewitz in lit.) (syn. v. Klunzinger, 1884).

Pempheris erythrea Kossmann & Räuber, 1877a, *Verh. naturh.-med. Ver. Heidelb.* **1** : 398, Red Sea; 1877b : 18, Red Sea (syn. v. Klunzinger, 1884).

94.2.2 *Pempheris oualensis* **Cuvier**, 1831
Pempheris oualensis Cuvier, in Cuv. Val., 1831, *Hist. nat. Poiss.* 7 : 299–303. Type: MNHN A-221, Oualan.
Pempheris oualensis.– Weber & Beaufort, 1936, 7 : 216–217, Fig. 55, Indian Ocean.– Smith, 1949 : 248, Pl. 34, fig. 642, S. Africa.
Pempheris otaitensis Cuvier, in Cuv. Val., 1831, *Hist. nat. Poiss.* 7 : 304, Pl. 191. Tahiti. Type: MNHN A-927, Tahiti.– Kossmann & Räuber, 1877a, **1** : 398, Red Sea; 1877b : 18, Red Sea (syn. v. Smith).– Weber & Beaufort, 1936, 7 : 217–218, Indian Ocean.

94.2.3 *Pempheris schwenki* **Bleeker**, 1855
Pempheris schwenki Bleeker, 1855a, *Natuurk. Tijdschr. Ned.-Indië* 8 : 314. Syntypes: RMNH 6160 (2 ex.), Batu Isl.
Pempheris schwenki.– Weber & Beaufort, 1936, 7 : 219, Indian Ocean.– Smith, 1949 : 247, S. Africa (doubtful).– Bayoumi & Gohar, 1967, **20** : 83, Fig. 11, Red Sea.

94.2.4 *Pempheris vanicolensis* **Cuvier**, 1831
Pempheris vanicolensis Cuvier, in Cuv. Val., 1831, *Hist. nat. Poiss.* 7 : 305. Syntypes: MNHN A-224 (2 ex.), Vanicolo; A-418 (2 ex.), Vanicolo.
Pempheris vanicolensis.– Weber & Beaufort, 1936, 7 : 218–219, Indian Ocean.– Randall, *Red Sea Reef Fishes* 1983, Red Sea.

94.2.a *Pempheris molucca* Cuvier, 1829, *Règne anim.* : 195, on Renard, **1** : 15, 85.– Day, 1876 : 175, Pl. 42, fig. 2 (R.S. quoted).
Pempheris molucca.– Weber & Beaufort, 1936, 7 : 213–216, Fig. 56, Indian Ocean.– Smith, 1949 : 248, S. Africa.
Pempheris sp. (probably *Pempheris moluca* Cuv. Val.) Marshall, 1952, **1** : 235, Faraun Isl.

95 **KYPHOSIDAE**

G: 1
Sp: 3

95.1 *KYPHOSUS* **Lacepède**, 1801   Gender: M
Hist. nat. Poiss. **3** : 114 (type species: *Kyphosus bigibbus* Lacepède, 1801, by monotypy).
Pimelepterus Lacepède, 1802, *Hist. nat. Poiss.* **4** : 429 (type species: *Pimelepterus bosquii* Lacepède, 1802, by monotypy).
Xyster Lacepède, 1803, *Hist. nat. Poiss.* **5** : 484 (type species: *Xyster fuscus* [Commerson MS] Lacepède, 1802, by monotypy).

95.1.1 *Kyphosus bigibbus* **Lacepède**, 1801
Kyphosus bigibbus Lacepède, 1801, *Hist. nat. Poiss.* **3** : 115, Pl. 8, fig. 1 (based on

drawing by Commerson). Identified by Cuvier in Cuv. Val., 1831, 7:256, on *Dorsuarius nigrescens* Lacepède. Holotype: MNHN B-2162 (Bauchot, 1963:170).
Kyphosus bigibbus.– Fowler, 1931a:248, P. Sudan; 1933, 12:205–208 (R.S. quoted).– Smith, 1949:247, Pl. 34, fig. 639, S. Africa; 1953:247, Pl. 105, fig. 639.– Saunders, 1960, 79:242, Red Sea; 1968 (3):495, Red Sea.
Xyster fuscus [Commerson MS] Lacepède, 1803, *Hist. nat. Poiss.* 5:484, 485. Holotype: MNHN B-2162, Madagascar. The same specimen is also the holotype of *Kyphosus bigibbus* (v. Bauchot, 1963 (20):174, also for synonymy).
Pimelepterus fuscus.– Rüppell, 1836:34, Pl. 10, fig. 3, Et Tur (syn. v. Smith); 1852: 10, Red Sea.– Günther, 1859, 1:498, Red Sea.– Martens, 1866, 16:378, Quseir.– Klunzinger, 1884:65–66, Quseir.– Day, 1875:143 (R.S. quoted).
Pimelopterus fuscus (sic).– Klunzinger, 1870, 20:796, Quseir.
Pimelepterus fallax Klunzinger, 1884, *Fische Rothen Meeres*:64–65, Quseir (based on *Pimelopterus tahmel*).– Klunzinger, 1870:795 (specimens MNS 1746; 2 ex.) (syn. v. Smith).

95.1.2   *Kyphosus cinerascens* (Forsskål, 1775)
Sciaena cinerascens Forsskål, 1775, *Descr. Anim.*:xii, 53, Red Sea. Type lost.
Cichla cinerascens.– Bloch & Schneider, 1801:341 (R.S. on Forsskål).
Pimelepterus cinerascens.– Day, 1875:143, Pl. 35, fig. 3 (R.S. quoted); 1889:48–49, Fig. 18 (R.S. quoted).– Klunzinger, 1884:64, Red Sea.
Kyphosus cinerascens.– Fowler, 1931a:248, P. Sudan; 1933, 12:211–214 (R.S. quoted).– Weber & Beaufort, 1936, 7:224–226 (R.S. quoted).– Smith, 1949: 246, Fig. 638, 638a, S. Africa.
Pimelepterus tahmel Rüppell, 1836, *Neue Wirbelth., Fische*:35, Pl. 10, fig. 4. Holotype: SMF 2892, Jiddah (syn. v. Klunzinger, 1884, and v. W.B.); 1852:10, Red Sea (in part).– Günther, 1859, 1:499, Red Sea.– Playfair & Günther, 1866: 46 (R.S. quoted).– Picaglia, 1894, 3:29, Assab.
Pimelopterus tahmel.– Klunzinger, 1870, 20:795–796 (in part), Quseir (acc. to Klunzinger, 1884:64).

95.1.3   *Kyphosus vaigiensis* (Quoy & Gaimard, 1824)
Pimelepterus vaigiensis Quoy & Gaimard, 1825, *Voy. Uranie, Zool.*:386–387, Pl. 62, fig. 4. Syntypes: MNHN 9602 (2 ex.), Papous Isl.
Pimelepterus waigiensis (sic).– Klunzinger, 1884:65, Red Sea.
Pimelepterus vaigiensis.– Day, 1889, 2:48 (R.S. quoted).
Kyphosus vaigiensis.– Fowler, 1933, 12:209–211 (R.S. quoted).– Weber & Beaufort, 1936, 7:227–229, Fig. 58 (R.S. quoted).– Smith, 1949:246, S. Africa.
Pimelepterus marciac Cuvier, in Cuv. Val., 1831, *Hist. nat. Poiss.* 7:267 (based on Piméleptère marciac, vulnerable name of *Pimelepterus vaigiensis* Quoy & Gaimard).– Rüppell, 1836:35, Jiddah; 1852:10, Red Sea.
Pimelepterus tahmel (not Rüppell).– Klunzinger, 1870, 20:795–796, Quseir (in part) (misidentification v. Klunzinger, 1884).

96   **EPHIPPIDAE**

G:3
Sp:4

96.1   *DREPANE* Cuvier in Cuv. Val., 1831   Gender: F
Hist. nat. Poiss. 7:129 (type species: *Chaetodon punctatus* Linnaeus, 1758, by subs. design. of Jordan, 1917).

96.1.1   *Drepane punctata* (Linnaeus, 1758)
Chaetodon punctatus Linnaeus, 1758, *Syst. Nat.*, ed. X:273, Asia.

Drepane punctata.– Day, 1875 : 116, Pl. 29, fig. 5 (R.S. quoted); 1889, **2** : 21–22 (R.S. quoted).– Fowler & Bean, 1929, **8** : 27–29 (R.S. quoted).– Weber & Beaufort, 1936, **7** : 180–182, Fig. 47 (R.S. quoted).– Tortonese, 1935–36 [1937], **45** : 184 (sep. : 34), Massawa.– Fowler, 1945, **26** : 124 (R.S. quoted).– Smith, 1949 : 232, Fig. 576, S. Africa.– Playfair & Günther, 1866 : 39 (R.S. quoted).

96.2   **PLATAX** Cuvier, 1817 [1816]   Gender: M
Règne anim. **2** : 334 (type species: *Chaetodon teira* Forsskål, 1775, by subs. design. of Jordan, 1917).

96.2.1   *Platax orbicularis* (Forsskål, 1775)
Chaetodon orbicularis Forsskål, 1775, *Descr. Anim.* : xii, 59. Holotype: ZMUC P-5168 (dried skin), Jiddah.
Chaetodon orbicularis.– Bloch & Schneider, 1801 : 321 (R.S. on Forsskål).– Klausewitz & Nielsen, 1965, **22** : 23, Pl. 30, fig. 52, Jiddah.
Platax orbicularis.– Rüppell, 1829 : 67–68, Pl. 18, fig. 3, Red Sea; 1852 : 10, Red Sea.– Cuvier, in Cuv. Val., 1831, **7** : 232–233, Jiddah.– Klunzinger, 1870, **20** : 793, Red Sea.– Picaglia, 1894, **13** : 29, Red Sea.– Fowler & Bean, 1929, **8** : 21–24 (R.S. quoted).– Weber & Beaufort, 1936, **7** : 189–191, Figs 49b, 50 (R.S. quoted).– Tortonese, 1935–36 [1937], **45** : 183 (sep. : 33), Massawa.– Norman, 1939, **7** : 63, Red Sea.– Fowler, 1945, **26** : 125, Fig. 5 (R.S. quoted).– Marshall, 1952, **1** : 235–236, Sinafir Isl.– Abel, 1960a, **49** : 442, 445, Ghardaqa.– Klausewitz, 1967c (2) : 59, Sarso Isl.
Platax albipunctatus Rüppell, 1829, *Atlas Reise N. Afrika, Fische* : 69–70, Pl. 18, fig. 4. Lectotype: SMF 1472, Massawa; Paralectotypes: SMF 5350, 5351, Massawa (syn. v. Klunzinger).
Platax ehrenbergii Cuvier, in Cuv. Val., 1831, *Hist. nat. Poiss.* **7** : 221–222. Holotype: MNHN A-175, Massawa; Paratypes: MNHN A-176, Mauritius, A-186, no loc., A-3835, Red Sea (syn. v. Klunzinger).
Chaetodon pentacanthus Lacepède, 1802, *Hist. nat. Poiss.* **4** : 454, 473, Pl. 11, fig. 2, Indo-Pacific (based on drawing by Commerson) (syn. v. Klunzinger).
Platax pentacanthus.– Cuvier, in Cuv. Val., 1831, **7** : 235 (R.S. on Forsskål).
Platax guttulatus Cuvier, in Cuv. Val., 1831, **7** : 227 (based on *Platax albipunctatus* Rüppell, 1828) (syn. v. Klunzinger).
Chaetodon vespertilio Bloch, 1887, *Naturgesch. ausl. Fische* : 67–68, Pl. 199, E. India (syn. v. W.B.).
Platax vespertilio.– Rüppell, 1852 : 10, Red Sea.– Klunzinger, 1870, **20** : 792–793, Quseir; 1884 : 118–119, Red Sea.– Day, 1876 : 236–237, Pl. 51A, fig. 5 (R.S. quoted).

96.2.2   *Platax pinnatus* (Linnaeus, 1758)
Chaetodon pinnatus Linnaeus, 1758, *Syst. Nat.*, ed. X : 272–273. One specimen in NRMS, Linnaean Coll. 57, probably a type, Indian Ocean.
Platax pinnatus.– Fowler & Bean, 1929, **8** : 18–21 (R.S. quoted).– Weber & Beaufort, 1936, **6** : 192–194, Fig. 49c, Indian Ocean.– Tortonese, 1935–36 [1937], **45** : 183 (sep. : 33), Massawa.– Smith, 1949 : 232, Fig. 577, S. Africa.– Ben-Tuvia & Steinitz, 1952 (2) : 8, Elat. (Does not exist in the Red Sea, Peng-Chee Lim, via Randall).

96.2.3   *Platax teira* (Forsskål, 1775)
Chaetodon teira Forsskål, 1775, *Descr. Anim.* : xiii, 60–61, Lohaja. Type lost.– Bloch & Schneider, 1801 : 221 (R.S. on Forsskål).
Platax teira.– Rüppell, 1829 : 68–69, Jiddah; 1836 : 33, 37 (W.B. **7** : 185); 1852 : 10, Red Sea.– Klunzinger, 1870, **20** : 791–792, Red Sea; 1884 : 119, Red Sea.– Day, 1889, **2** : 182–183, Fig. 63 (R.S. quoted).– Weber & Beaufort, 1936, **7** : 185–189, Figs 49a, 50, 51 (R.S. quoted).– Randall, 1983, Red Sea.

96.3 *TRIPTERODON* **Playfair & Günther**, 1866 Gender: M
Fishes of Zanzibar : 42 (type species: *Tripterodon orbis* Playfair & Günther, 1866, by orig. design.).

96.3.1 ***Tripterodon orbis*** **Playfair & Günther**, 1866
Tripterodon orbis Playfair & Günther, 1866, *Fishes of Zanzibar* : 42–43 Pl. 7, fig. 1. Holotype: BMNH 1867.3.9.133, Zanzibar.
Tripterodon orbis.– Klunzinger, 1884 : 63, Massawa.– Smith, 1949 : 233, Fig. 578, Pl. 29, fig. 578, S. Africa.

97 CHAETODONTIDAE

G: 10
Sp: 25

97.I POMACANTHINAE

97.1 *APOLEMICHTHYS* **Fraser-Brunner**, 1933 Gender: M
Proc. zool. Soc. Lond. : 578 (type species: *Holacanthus xanthurus* Bennett, 1832, by monotypy).

97.1.1 ***Apolemichthys xanthotis*** **(Fraser-Brunner**, 1951)
Holacanthus (Apolemichthys) xanthotis Fraser-Brunner, 1951, *Proc. zool. Soc. Lond.* **120** : 43–44, Pl. 1, fig. 1. Holotype: BMNH 1959.4.22.1, Mukalla Bay.
Apolemichthys xanthotis.– Klausewitz & Wongratana, 1970, **51** : 328–331, Figs 3–6, Tbs 3–4, Gulf of Aqaba.
Holacanthus xanthotis.– Randall & Maugé, 1978 (514) : 297–303, Fig. 1 (R.S. quoted).

97.2 *ARUSETTA* **Fraser-Brunner**, 1933, 1951 Gender: F
Proc. zool. Soc. Lond. 1933 : 569, 572 (type species: *Chaetodon asfur* Forsskål, 1775, as subgenus); 1951, *Copeia* (1) : 89 (replacement name for *Euxiphipops*, as genus).
Heteropyge (not Silvestri, 1897) Fraser-Brunner, 1933, *Proc. zool. Soc. Lond.* : 569 (type species: *Holacanthus xanthometopon* Bleeker, 1853, by orig. design.).
Euxiphipos Fraser-Brunner, 1934, *Copeia* : 192 (replacement name for *Heteropyge*).

97.2.1 ***Arusetta asfur*** **(Forsskål**, 1775)
Chaetodon asfur Forsskål, 1775, *Descr. Anim.* : xiii, 61, Jiddah. Type lost.
Chaetodon asfur.– Bloch & Schneider, 1801 : 219–220 (R.S. on Forsskål).
Holacanthus asfur.– Rüppell, 1830 : 132, Pl. 34, fig. 2, Red Sea; 1836 : 31, Red Sea; 1852 : 9, Red Sea.– Günther, 1860, **2** : 45, Red Sea.– Playfair & Günther, 1866 : 37 (R.S. quoted).– Klunzinger, 1870, **20** : 790, Red Sea; 1884 : 60–61, Pl. 8, fig. 2, Red Sea.– Kossmann & Räuber, 1877a, **1** : 393–394, Red Sea; 1877b : 14, Red Sea.– Kossmann, 1879, **2** : 22, Red Sea.– Picaglia, 1894, **13** : 28–29, Assab.– Borsieri, 1904 (3) **1** : 198–199, Massawa.– Bamber, 1915, **31** : 481, W. Red Sea.– Fowler & Bean, 1929, **8** : 177 (R.S. quoted).– Tortonese, 1935–36 [1937], **45** : 189 (sep. : 39), Massawa.
Heteropyge asfur.– Fraser–Brunner, 1933 : 572–573, Fig. 15, Red Sea.– Baschieri-Salvadori, 1954, **14** : 100, Pl. 8, fig. 3, Dahlak, Sudan.
Euxiphipops asfur.– Steinitz & Ben-Tuvia, 1955 (11) : 7, Elat.
Pomacanthus (Pomacanthodes) asfur.– Roux-Estève & Fourmanoir, 1955, **30** : 198, Abu Latt.– Roux-Estève, 1956, **32** : 84, Abu Latt.

Chaetodontidae

Pomacanthus asfur.– Clark, Ben-Tuvia & Steinitz, 1968 (49) : 21, Entedebir.
Pomacanthodes asfur.– Abel, 1960a, **49** : 445, Ghardaqa.
Arusetta asfur.– Klausewitz, 1967c : 62, 65, Sarso Isl.

97.3   *CENTROPYGE* Kaup, 1860   Gender: F
        Arch. Naturgesch. **26** : 140 (type species: *Holacanthus tibicen* Cuvier & Valen-
        ciennes, 1801, by monotypy).

97.3.1 *Centropyge multispinis* (Playfair & Günther, 1866)
        Holacanthus multispinis Playfair & Günther, 1866, *Fishes of Zanzibar* : 37, Pl. 6,
        fig. 4. Syntypes: BMNH 1865.2.27.49, 1867.3.9.106, Zanzibar.
        Centropyge multispinis.– Fraser-Brunner, 1933 : 591–592, Ceylon.– Baschieri-
        Salvadori, 1954, **14** : 101, Pl. 8, fig. 4, Dahlak.– Randall & Klausewitz, 1977,
        57 (4–6) : 238–240 (R.S. quoted).
        Holacanthus vrolikii (not Bleeker).– Klunzinger, 1870, **20** : 787, Quseir; 1884 : 60,
        Quseir.– Fowler & Bean, 1929, **8** : 164–166 (R.S. quoted).
        Centropyge vrolikii (not Bleeker).– Fraser-Brunner, 1933 : 593–594 (R.S. quoted).–
        Weber & Beaufort, 1936, **7** : 167–168 (R.S. quoted).– Roux-Estève & Fourmanoir,
        1955, **30** : 198, Abu Latt.– Roux-Estève, 1956, **32** : 84, Abu Latt (misidentifica-
        tion, Randall in lit.).

97.4   *GENICANTHUS* Swainson, 1839   Gender: M
        Nat. Hist. Fish. **2** : 170, 212 (type species: *Holacanthus lamarcki* Lacepède, by
        subs. design. of Swain, 1882).

97.4.1 *Genicanthus caudovittatus* (Günther, 1860)
        Holacanthus caudovittatus Günther, 1860, *Cat. Fishes Br. Mus.* **2** : 44–45. Holo-
        type: BMNH 1860.6.22.2, Mauritius.
        Genicanthus melanospilus caudovittatus.– Dor, 1970 (54) : 18, Elat.
        Holacanthus melanospilus (not Bleeker, 1857).– Klunzinger, 1884 : 60, Quseir.
        Genicanthus melanospilus.– Fraser-Brunner, 1933 : 574–575, Textfig. 17 (R.S. on
        Klunzinger).– Weber & Beaufort, 1936, **7** : 153–154 (R.S. quoted) (in part)
        (misidentification v. Randall).
        Genicanthus caudovittatus.– Randall, 1975, **25** : 409–411, Figs 9–10, Gulf of Aqaba.

97.5   *POMACANTHUS* Lacepède, 1802   Gender: M
        Hist. nat. Poiss. **4** : 517 (type species: *Chaetodon arcuatus* Linnaeus, 1758, by subs.
        design. of Jordan & Gilbert, 1882 : 615).
        Pomacanthodes Gill, 1862 [1863], *Proc. Acad. nat. Sci. Philad.* **14** : 244 (type species:
        Pomacanthodes zonipectus Gill, 1863, by monotypy).
        Pomacanthops Smith, 1955, *Ann. Mag. nat. Hist.* **8** : 383 (type species: *Holacanthus
        maculosus* (not Forsskål) Klunzinger, 1884, by monotypy).

97.5.1 *Pomacanthus imperator* (Bloch, 1787)
        Chaetodon imperator Bloch, 1787, *Naturgesch. ausl. Fische* **3** : 51–52, Pl. 194.
        Holotype: ZMB 8570 (dried skin), Japan.
        Holacanthus imperator.– Klunzinger, 1870, **20** : 787–788, Quseir; 1884 : 61, Red
        Sea.– Günther, 1874 (6) : 53–54, Pl. 41, fig. A (R.S. quoted).– Fowler & Bean,
        1929, **8** : 189–190 (R.S. quoted).
        Pomacanthus (Pomacanthodes) imperator.– Fraser-Brunner, 1933 : 556–558, Pl. 1
        (R.S. quoted).– Weber & Beaufort, 1936, **7** : 132–135, Figs 32–33 (R.S.
        quoted).– Baschieri-Salvadori, 1954, **14** : 98–99, Pl. 6, fig. 3, Pl. 7, fig. 1, Dahlak.–
        Roux-Estève & Fourmanoir, 1955, **30** : 198, Abu Latt.– Roux-Estève, 1956, **32** :
        83, Abu Latt.
        Pomacanthus imperator.– Smith, 1949 : 235, Pl. 30, fig. 585, S. Africa.– Steinitz &
        Ben-Tuvia, 1955 (11) : 7, Elat.– Tortonese, 1968 (51) : 20, Elat.

Pomacanthodes imperator.– Abel, 1960a, **49** : 445, Ghardaqa.– Klausewitz, 1967c (2) : 62, Sarso Isl.

97.5.2   **Pomacanthus maculosus (Forsskål, 1775)**
Chaetodon maculosus Forsskål, 1775, *Descr. Anim.* : xiii, 62, Lohaja. Holotype: ZMUC P-52402 (dried skin), Red Sea.
Chaetodon maculosus.– Bloch & Schneider, 1801 : 220 (R.S. on Forsskål).– Shaw, 1801, **1** : 351, 354, 367 (R.S. quoted).– Klausewitz & Nielsen, 1965, **22** : 23–24, Pl. 33, fig. 55, Lohaja.
Holacanthus maculosus.– Cuvier, in Cuv. Val., 1831, **7** : 176, Lohaja.– Rüppell, 1836 : 31, Red Sea.– Günther, 1860, **2** : 45, Red Sea.– Klunzinger, 1884 : 61–62, Pl. 8, fig. 1, Red Sea.
Pomacanthus maculosus.– Fraser-Brunner, 1933 : 561–563, Textfig. 9, Red Sea.– Saunders, 1960, **79** : 242, Red Sea; 1968 (3) : 495, Red Sea.– Clark, Ben-Tuvia & Steinitz, 1968 (49) : 21, Entedebir.
Pomacanthodes maculosus.– Klausewitz, 1967c (2) : 61, 65, Sarso Isl.
Holacanthus lineatus Rüppell, 1830, *Atlas Reise N. Afrika, Fische* : 133–134. Syntypes: SMF 426, Massawa (syn. v. Günther and v. Fraser-Brunner); 1836 : 32, 36, Pl. 10, fig. 1, Jiddah; 1852 : 9, Red Sea.– Klunzinger, 1870, **20** : 790, Red Sea.
Holacanthus caerulescens Rüppell, 1830, *Atlas Reise N. Afrika, Fische* : 133. Paralectotypes: SMF 2834, 2835, Red Sea; 1836 : 31, Red Sea (syn. v. Günther).– Kossmann & Räuber, 1877a, **1** : 393, Red Sea; 1877b : 14, Red Sea.– Kossmann, 1879, **2** : 22, Red Sea.
Holacanthus haddaja Cuvier, in Cuv. Val., 1831, *Hist. nat. Poiss.* **7** : 175–176, Massawa. No type material (syn. v. Günther and v. Fraser-Brunner).
Holacanthus heddaje.– Rüppell, 1852 : 9, Red Sea.
Holacanthus mokhella [Ehrenberg MS] Cuvier, in Cuv. Val., 1831, *Hist. nat. Poiss.* **7** : 177, Massawa. No type material (syn. v. Fraser-Brunner).– Günther, 1860, **2** : 42 (R.S. quoted) (footnote).
Pomacanthops filamentosus Smith, 1955, *Ann. Mag. nat. Hist.* **8** : 383, Fig. d (based on *Pomacanthus maculosus.*– Klunzinger, 1884) (syn. v. Klausewitz & Nielsen).– Baschieri-Salvadori, 1954, **14** : 99, Pl. 7, fig. 2, Pl. 8, fig. 1, Dahlak, Sudan, Egypt.

97.5.3   *Pomacanthus semicirculatus* (Cuvier, 1831)
Holacanthus semicirculatus Cuvier, in Cuv. Val., 1831, *Hist. nat. Poiss.* **7** : 191– 193, Pl. 183. Holotype: MNHN A-083, Bourou; Paratypes: MNHN A-150, Timor, A-606, New Ireland.
Pomacanthus semicirculatus.– Fowler & Bean, 1929, **8** : 185–188, Fig. 9 (R.S. quoted).– Smith, 1949 : 235, Pl. 30, fig. 584, S. Africa.
Pomacanthus (Pomacanthodes) semicirculatus.– Fraser-Brunner, 1933 : 563–565, Fig. 10 (R.S. quoted).– Weber & Beaufort, 1936, **7** : 141–145, Figs 36–37 (R.S. quoted).
Holacanthus nicobariensis var. *semicirculatus.*– Day, 1875 : 112, Pl. 28, fig. 6 (R.S. quoted).
Holacanthus striatus var. *semicirculatus.*– Kossmann & Räuber, 1877a, **1** : 393, Red Sea; 1877b : 14, Red Sea.
Holacanthus coeruleus [Ehrenberg MS] Cuvier, in Cuv. Val., 1831, *Hist. nat. Poiss.* **7** : 194. Holotype: MNHN A-615, Red Sea (syn. v. Fraser-Brunner).– Günther, 1860, **2** : 54 (R.S. quoted).– Klunzinger, 1884 : 61, Red Sea.

97.5.4   *Pomacanthus striatus* (Rüppell, 1836)
Holacanthus striatus Rüppell, 1836, *Neue Wirbelth., Fische* : 32–33, Pl. 10, fig. 2. Holotype: SMF 1436, Massawa; 1852 : 10, Red Sea.
Holacanthus striatus.– Günther, 1860, **2** : 53, Red Sea.– Klunzinger, 1870, **20** : 789, Red Sea.– Kossmann & Räuber, 1877a, **1** : 392–393, Red Sea; 1877b : 13–14, Red Sea.– Schmeltz, 1877 (6) : 13, Red Sea.– Kossmann, 1879, **2** : 22, Red Sea.

Chaetodontidae

Pomacanthus (Pomacanthodes) striatus.– Fraser-Brunner, 1933 : 560–561, Fig. 8, Red Sea.– Weber & Beaufort, 1936, 7 : 137–139 (R.S. quoted).
Pomacanthus striatus.– Smith, 1949 : 235, Pl. 29, fig. 583, S. Africa.

97.6   *PYGOPLITES* **Fraser-Brunner, 1933**   Gender: M
Proc. zool. Soc. Lond. : 587 (type species: *Chaetodon diacanthus* Boddaert, 1772, by monotypy).

97.6.1   *Pygoplites diacanthus* **(Boddaert, 1771)**
Chaetodon diacanthus Boddaert, 1771, *Chaetodonte diacantho* (no pagination), Pl. 9, Amboina. No type material (Boeseman in lit.).
Holacanthus diacanthus.– Klunzinger, 1870, **20** : 786–787, Quseir; 1884 : 60, Red Sea.– Günther, 1874 (6) : 50–51, Pl. 11, fig. B (R.S. quoted).– Fowler & Bean, 1929, **8** : 169–172, Fig. 8 (R.S. quoted).
Pygoplites diacanthus.– Fraser-Brunner, 1933 : 587–588, Fig. 25 (R.S. on Klunzinger).– Weber & Beaufort, 1936, 7 : 157–159, Fig. 41 (R.S. quoted).– Baschieri-Salvadori, 1954, **14** : 100–101, Pl. 8, fig. 2, Dahlak.– Roux-Estève & Fourmanoir, 1955, **30** : 198, Abu Latt.– Roux-Estève, 1956, **32** : 84, Abu Latt.– Abel, 1960a, **49** : 445, Ghardaqa.– Klausewitz, 1967c (2) : 62, Sarso Isl.
Chaetodon dux Gmelin, 1789, *Syst. Nat. Linn.* **1** : 1255, India (syn. v. Klunzinger).
Holacanthus dux.– Rüppell, 1836 : 32, 37, Jiddah; 1852 : 10, Red Sea.

97.II   **CHAETODONTINAE**

97.7   *CHAETODON* [Artedi] **Linnaeus, 1758***   Gender: M
Syst. Nat., ed. X, **1** : 272 (type species: *Chaetodon capistratus* Linnaeus (ex Artedi), 1758, by subs. design. of Jordan & Gilbert, 1882 [1883]).
Gonochaetodon Bleeker, 1876a, *Archs néerl. Sci.* **11** : 306 (type species: *Chaetodon triangulum* [Kuhl & Van Hasselt] Cuvier, in Cuv. Val., 1831, by orig. design.).
Anisochaetodon Klunzinger, 1884, *Fische Rothen Meeres* (type species: *Chaetodon auriga* Forsskål, 1775, by subs. design. of Jordan, 1920).

97.7.1   *Chaetodon auriga* **Forsskål, 1775**
Chaetodon auriga Forsskål, 1775, *Descr. Anim.* : xiii, 60, Lohaja, Jiddah. Holotype: ZMUC P-52401 (dried skin).
Chaetodon auriga.– Bloch & Schneider, 1801 : 226 (R.S. on Forsskål).– Shaw, 1803, **1** : 348 (R.S. quoted).– Cuvier, in Cuv. Val., 1831, 7 : 79, Massawa.– Rüppell, 1835 : 28, Red Sea; 1852 : 9, Red Sea.– Günther, 1860, **2** : 7, Red Sea.– Klunzinger, 1870, **20** : 775–776, Quseir.– Day, 1875 : 106, Pl. 27, fig. 3 (R.S. quoted); 1889, **2** : 5–6 (R.S. quoted).– Bamber, 1915, **31** : 481, W. Red Sea.– Fowler & Bean, 1929 : 116–120 (R.S. quoted).– Smith, 1949 : 237, Pl. 31, fig. 592, S. Africa.– Tortonese, 1957a, **10** : 124, Massawa.– Saunders, 1960, **79** : 242, Red Sea (*aurifa*, misprint).– Klausewitz & Nielsen, 1965, **22** : 23, Pl. 32, fig. 54, Red Sea.– Klausewitz, 1967c (2) : 62, Sarso Isl.
Chaetodon (Anisochaetodon) auriga.– Klunzinger, 1884 : 56, Red Sea.
Chaetodon (Linophora) auriga.– Ahl, 1923, **89** : 147–152 (R.S. quoted).– Tortonese, 1935–36 [1937], **45** : 185 (sep. : 35), Red Sea.
Anisochaetodon (Linophora) auriga.– Weber & Beaufort, 1936, 7 : 103–106 (R.S. quoted).– Roux-Estève & Fourmanoir, 1955, **30** : 198, Abu Latt.– Roux-Estève, 1956, **32** : 81, Abu Latt.
Anisochaetodon auriga.– Marshall, 1952, **1** : 235, Sinafir Isl.– Steinitz & Ben-Tuvia, 1955 (11) : 6, Elat.– Abel, 1960a, **49** : 442, Ghardaqa.
Anisochaetodon auriga auriga.– Klausewitz, 1960b, **23** : 176, Figs 1b–c, Red Sea.
Chaetodon (Linophora) auriga auriga.– Nalbant, 1971, **1** : 215, Red Sea.

172

Chaetodon setifer Günther, 1860, *Cat. Fishes Br. Mus.* 2 : 6, Red Sea (syn. v. Klunzinger).– Playfair & Günther, 1866 : 32 (R.S. quoted).

7.7.2 **Chaetodon austriacus Rüppell**, 1836
Chaetodon austriacus Rüppell, 1836, *Neue Wirbelth., Fische* : 30, Pl. 9, fig. 2, Jiddah. Paratypes : SMF 1466 (2 ex.); 1852 : 9, Red Sea.
Chaetodon austriacus.– Fraser-Brunner, 1950, 20 : 48, 2, Figs 2–2a.– Klausewitz, 1960b, 23 : 177, Fig. 3b, Red Sea; 1967c (2) : 62, Sarso Isl.– Abel, 1960a, 49 : 442, Ghardaqa.– Tortonese, 1968 (51) : 19, Elat.
Chaetodon trifasciatus austriacus.– Klunzinger, 1884 : 55–56, Red Sea.– Ahl, 1923, 89 : 57–58, Red Sea.
Chaetodon (Rhabdophorus) austriacus.– Baschieri-Salvadori, 1954, 14 : 88–90, Pl. 1, fig. 1, Pl. 2, fig. 1, Mersa Halaib.
Chaetodon (Rhabdophorus) fasciatus (sic) *austriacus.*– Roux-Estève & Fourmanoir, 1955, 30 : 198, Abu Latt.
Chaetodon (Rhabdophorus) trifasciatus austriacus.– Roux-Estève, 1956, 32 : 80–81, Abu Latt.
Chaetodon vittatus Bloch & Schneider, 1801, *Syst. Ichthyol.* : 227, Sumatra (syn. v. W.B. and v. Fraser-Brunner).– Klunzinger, 1870, 20 : 782–783, Quseir.– Day, 1875 : 107, Pl. 27, fig. 5 (R.S. quoted).
Chaetodon klunzingeri Kossmann & Räuber, 1877a, *Verh. naturh.-med. Ver. Heidelb.* 1 : 391, Red Sea; 1877b : 13, Red Sea. Apparently no type material (Klausewitz in lit.) (syn. v. Fraser-Brunner).
Chaetodon trifasciatus (not Mungo-Park).– Day, 1889, 2 : 7 (R.S. quoted) (in part).
Chaetodon (Rhabdophorus) trifasciatus.– Weber & Beaufort, 1936, 7 : 66–69 (R.S. quoted) (in part).– Tortonese, 1935–36 [1937], 45 : 184 (sep. : 34) Red Sea (misidentification v. Fraser-Brunner).

7.7.3 **Chaetodon fasciatus Forsskål**, 1775
Chaetodon fasciatus Forsskål, 1775, *Descr. Anim.* : xii, 59–60. Holotype : ZMUC P-52400, Jiddah.
Chaetodon fasciatus.– Rüppell, 1852 : 9, Red Sea.– Günther, 1860, 2 : 24, Red Sea.– Klunzinger, 1870, 20 : 778–779, Quseir; 1884 : 56, Red Sea.– Bamber, 1915, 31 : 481, W. Red Sea.– Ahl, 1923, 89 : 117–119 (R.S. quoted).– Marshall, 1952, 1 : 235, Sinafir Isl.– Baschieri-Salvadori, 1954, 14 : 93–94, Pl. 3, fig. 2, Pl. 4, fig. 2, Dahlak, Sudan, Egypt.– Steinitz & Ben-Tuvia, 1955 (11) : 6, Elat.– Abel, 1960a, 49 : 445, Ghardaqa.– Klausewitz & Nielsen, 1965, 22 : 23, Pl. 31, fig. 53, Jiddah.– Klausewitz, 1967c (2) : 61, 66, Sarso Isl.– Tortonese, 1968, (51) : 19, Elat.
Chaetodon (Oxychaetodon) fasciatus.– Baschieri-Salvadori, 1954, 14 : 92–93, Pl. 3, fig. 1, Pl. 4, fig. 1, Dahlak.
Chaetodon (Chaetodontops) fasciatus.– Roux-Estève & Fourmanoir, 1955, 30 : 198, Abu Latt.– Roux-Estève, 1956, 32 : 81, Abu Latt.
Chaetodon flavus Bloch & Schneider, 1801, *Syst. Ichthyol.* : 225 (R.S. on *Chaetodon fasciatus* Forsskål).– Rüppell, 1829 : 40, Pl. 9, fig. 1, Red Sea.

7.7.4 **Chaetodon larvatus** [Ehrenberg MS] Cuvier, 1831
Chaetodon larvatus [Ehrenberg MS] Cuvier, in Cuv. Val., 1831, *Hist. nat. Poiss.* 7 : 45–46. Syntypes: ZMB 1240, 1241, Massawa.
Chaetodon larvatus.– Rüppell, 1852 : 9, Red Sea.– Günther, 1860, 2 : 31–32 (R.S. quoted).– Playfair & Günther, 1866 : 36 (R.S. quoted).– Klunzinger, 1870, 20 : 776–777, Red Sea.– Kossmann & Räuber, 1877a, 1 : 391, Red Sea; 1877b : 12, Red Sea.– Picaglia, 1894, 13 : 28, Assab, Massawa.– Borsieri, 1904 (3), 1 : 198, Massawa.– Ahl, 1923, 89 : 177–178, Massawa.– Tortonese, 1957, 10 : 125, Massawa.– Klausewitz, 1967c (2) : 61, 66, Sarso Isl.– Clark, Ben-Tuvia & Steinitz, 1968 (49) : 21, Entedebir.

Chaetodontidae

Gonochaetodon larvatus.– Fraser-Brunner, 1950, **120** : 44, Pl. 1, fig. 2, Red Sea.–
Abel, 1960a, **49** : 442, Ghardaqa.– Tortonese, 1968 (51) : 19–20, Elat, Dahlak.
Chaetodon (Anisochaetodon) triangulum larvatus.– Klunzinger, 1884 : 57, Red Sea.
Chaetodon (Gonochaetodon) triangulum larvatus.– Tortonese, 1935–36 [1937] :
185 (sep. : 35), Massawa.– Roux-Estève & Fourmanoir, 1955, **30** : 198, Abu Latt.
Chaetodon (Gonochaetodon) larvatus.– Baschieri-Salvadori, 1954, **14** : 95–96, Pl. 5,
fig. 1, Pl. 6, fig. 4, Dahlak.
Gonochaetodon triangulum larvatus.– Roux-Estève, 1956, **32** : 80, Abu Latt.
Chaetodon triangulum (not Cuv. Val.).– Fowler & Bean, 1929 : 136–139 (R.S.
quoted) (in part).
Chaetodon karraf [Ehrenberg MS] Cuvier, in Cuv. Val., 1831, *Hist. nat. Poiss.* **7** :
46–47, Massawa (based on drawing by Ehrenberg). (Possibly one of the specimens,
ZMB 1242, is the type, acc. to Bauchot, 1963 (20) : 135) (syn. v. Klunzinger and
v. Bauchot : 132).
Chaetodon (Anisochaetodon) triangulum karraf.– Klunzinger, 1884 : 57–58, Red Sea.
Chaetodon larvatus var. *karraf.–* Ahl, 1923, **89** : 179, Red Sea. The supposed ocular
band in this form was no doubt the hind edge of the red frontal zone, which
remains dark after preservation (Fraser-Brunner, pers. commun.).

97.7.5   *Chaetodon leucopleura* **Playfair & Günther, 1866**
Chaetodon leucopleura Playfair & Günther, 1866, *Fishes of Zanzibar* : 35, Pl. 6,
fig. 3. Holotype: BMNH 1867.3.9.116, Zanzibar.
Chaetodon leucopleura.– Ahl, 1923 : 72 (Zanzibar on Playfair & Günther).– Klause-
witz, 1970c (5) : 2, Figs 4–5, Farasan Arch.

97.7.6   *Chaetodon lineolatus* [Quoy & Gaimard MS] **Cuvier, 1831**
Chaetodon lineolatus [Quoy & Gaimard MS] Cuvier, in Cuv. Val., 1831, *Hist. nat.
Poiss.* **7** : 40–41. Syntypes: MNHN 9801 (2 ex.), Mauritius.
Chaetodon lineolatus.– Günther, 1860, **2** : 30, Red Sea.– Playfair & Günther, 1866 :
35 (R.S. quoted).– Klunzinger, 1870, **20** : 779, Red Sea.– Ahl, 1923, **89** : 167–
169, Red Sea.– Smith, 1949 : 238, Fig. 601, Pl. 39, fig. 601, S. Africa.– Klause-
witz, 1967c (2) : 62, Sarso Isl.
Chaetodon (Anisochaetodon) lineolatus.– Klunzinger, 1884 : 57, Red Sea.
Anisochaetodon (Oxychaetodon) lineolatus.– Weber & Beaufort, 1936, **7** : 114–116
(R.S. quoted).– Roux-Estève & Fourmanoir, 1955, **30** : 198, Abu Latt.– Roux-
Estève, 1956, **32** : 82, Abu Latt.
Chaetodon (Oxychaetodon) lineolatus.– Baschieri-Salvadori, 1954, **14** : 94–95, Pl. 4,
fig. 3, Om El Gurush.
Chaetodon lunatus [Ehrenberg MS] Cuvier, in Cuv. Val., 1831, *Hist. nat. Poiss.* **7** : 57.
Holotype: ZMB 1236, Red Sea (syn. v. Klunzinger and v. Bauchot).– Rüppell,
1836 : 30–31, Pl. 9, fig. 3, Jiddah; 1852 : 9, Red Sea.

97.7.7   *Chaetodon melannotus* **Bloch & Schneider, 1801**
Chaetodon melannotus Bloch & Schneider, 1801, *Syst. Ichthyol.* : 224. Holotype:
ZMB 1253, Tranquebar.
Chaetodon melanotus.– Klunzinger, 1870, **20** : 777–778, Quseir; 1884 : 56, Quseir.–
Day, 1875 : 108, Pl. 28, fig. 1 (R.S. quoted); 1889, **2** : 9 (R.S. quoted).– Ahl,
1923, **89** : 128–131 (R.S. quoted).– Smith, 1949 : 237, Pl. 31, Fig. 596, S. Africa;
1953, Pl. 104, fig. 594, S. Africa.– Saunders, 1960, **79** : 242, Red Sea.
Chaetodon (Chaetodontops) melanotus.– Weber & Beaufort, 1936, **7** : 87–90 (R.S.
quoted).
Chaetodon melannotus.– Fowler & Bean, 1929, **8** : 101–104 (R.S. quoted).
Chaetodon (Chaetodontops) melannotus.– Baschieri-Salvadori, 1954, **14** : 90–91,
Pl. 2, fig. 2, Giftum Isl., Mersa Halaib.

174

Chaetodon dorsalis [Reinward MS] Rüppell, 1829 : 41, Pl. 9, fig. 2. Type material:
SMF 424, Mohila; 1852 : 9, Red Sea (syn. v. Klunzinger).– Günther, 1860, **2** :
28–29 (R.S. quoted).– Playfair & Günther, 1866 : 34 (R.S. quoted).

Chaetodon marginatus [Ehrenberg MS] Cuvier, in Cuv. Val., 1831, *Hist. nat. Poiss.* **7** :
57. Holotype: ZMB 1254, Red Sea (syn. v. Klunzinger).

Chaetodon ocellicaudus [Solander MS] Cuvier, in Cuv. Val., 1831, *Hist. nat. Poiss.* **7** :
69. Holotype: MNHN 9914, Timor?– Schmeltz, 1877 (6) : 13, Red Sea. Distinct
species (not in the Red Sea) acc. to Bauchot, 1963 (20) : 126. Acc. to W.B., 1936,
7 : 89, *Chaetodon ocellicaudus* is var. of *Chaetodon melannotus*.

7.7.8   **Chaetodon melapterus Guichenot, 1862**
Chaetodon melapterus Guichenot, 1862, *Notes sur l'Ile de la Réunion* : 6. Syn-
types: MNHN 1316 (2 ex.), Reunion Isl.
Chaetodon melapterus.– Weber & Beaufort, 1936, 7 : 69. Syn. in *Chaetodon tri-
fasciatus*. Valid, Rose (in press), Red Sea.

7.7.9   **Chaetodon mesoleucos Forsskål, 1775**
Chaetodon mesoleucos Forsskål, 1775, *Descr. Anim.* : xiii, 61, Mocha. No type
material.
Chaetodon mesoleucus.– Rüppell, 1836 : 29, Pl. 9, fig. 1, Jiddah; 1852 : 9, Red Sea.–
Günther, 1860, **2** : 28, Red Sea.– Klunzinger, 1870, **20** : 782, Red Sea.– Bamber,
1915, **31** : 481, W. Red Sea.– Ahl, 1923, **89** : 173–174, Jiddah.– Clark, Ben-Tuvia
& Steinitz, 1967 (49) : 21, Entedebir (*mesoleucas*, misprint).
Chaetodon (Anisochaetodon) mesoleucus.– Klunzinger, 1884 : 57, Red Sea.
Chaetodon (Oxychaetodon) mesoleucos.– Baschieri-Salvadori, 1954, **14** : 95, Pl. 4,
fig. 4, Dahlak, Sudan, Egypt.– Tortonese, 1957, **10** : 124–125, Massawa.– Klause-
witz, 1967c (2) : 61, 66, Sarso Isl.
Anisochaetodon (Oxychaetodon) mesoleucus.– Roux-Estève & Fourmanoir, 1955,
30 : 198, Abu Latt.– Roux-Estève, 1956, **32** : 82, Abu Latt.

7.7.10   **Chaetodon paucifasciatus Ahl, 1923**
Chaetodon chrysurus paucifasciatus Ahl, 1923, *Arch. Naturgesch.* **89** : 162–163,
Quseir (based mostly on descr. by Klunzinger, the type in poor condition).
Chaetodon chrysurus Desjardins, 1833, *Proc. zool. Soc. Lond.* **11** : 117, Holotype:
MNHN 9672, Mauritius. (Name not valid, preoccupied.)
Anisochaetodon (Linophora) chrysurus paucifasciatus.– Fraser-Brunner, 1950–1951,
120 : 48, Pl. 2, fig. 4, Red Sea.
Chaetodon chrysurus paucifasciatus.– Baschieri-Salvadori, 1954, **14** : 91–92, Pl. 2,
fig. 4, Mersa Halaib, Quseir.– Tortonese, 1968 (51) : 19, Elat.
Anisochaetodon chrysurus paucifasciatus.– Abel, 1960a, **49** : 445–446, Ghardaqa.
Chaetodon chrysurus.– Day, 1889, **2** : 6 (R.S. quoted) (in part).– Smith, 1949 : 238,
Pl. 32, fig. 602, S. Africa.
Anisochaetodon (Linophora) chrysurus.– Weber & Beaufort, 1936, **7** : 111–114,
Fig. 28 (R.S. quoted) (in part).– Roux-Estève & Fourmanoir, 1955, **30** : 198,
Abu Latt.– Roux-Estève, 1956, **32** : 82, Abu Latt.
Chaetodon guttatissimus (not Bennett).– Klunzinger, 1870, **20** : 780–781, Quseir.–
Day, 1875 : 106–107, Pl. 27, fig. 4 (R.S. quoted) (misidentification v. Ahl).
Chaetodon mertensii (not Cuv. Val.).– Day, 1875 : 105–106, Pl. 27, fig. 2, Red Sea
(in part).– Fowler & Bean, 1929, **8** : 127–129 (R.S. quoted).– Ben-Tuvia &
Steinitz, 1955 (2) : 8, Elat.
Chaetodon (Anisochaetodon) mertensii.– Klunzinger, 1884 : 57, Quseir (misidentifica-
tion v. Ahl).
Chaetodon miliaris (not Quoy & Gaimard).– Day, 1889, **1** : 7 (R.S. quoted) (on
Chaetodon guttatissimus.– Day, 1875).
Chaetodon paucifasciatus.– Burgess, 1979 : 402–406, 4 figs, Elat.

97.7.11   *Chaetodon semilarvatus* [Ehrenberg MS] **Cuvier**, 1831
          Chaetodon semilarvatus [Ehrenberg MS] Cuvier, in Cuv. Val., 1831, *Hist. nat. Poiss.* 7 : 39. Holotype: MNHN 9772, Red Sea; Paratypes: ZMB 1235 (2 ex.), Massawa.
          Chaetodon semilarvatus.– Klunzinger, 1870, **20** : 779–780, Quseir.– Fowler & Bean, 1929, **8** : 130 (R.S. quoted).– Klausewitz, 1967c (2) : 61, 66, Sarso Isl.
          Chaetodon (Anisochaetodon) semilarvatus.– Klunzinger, 1884 : 57, Pl. 11, fig. 1, Red Sea.
          Chaetodon (Oxychaetodon) semilarvatus.– Ahl, 1923, 89 : 166–167, Quseir.– Baschieri-Salvadori, 1954, **14** : 92–93, Pl. 3, fig. 1, Pl. 4, fig. 1, Dahlak.
          Anisochaetodon (Oxychaetodon) semilarvatus.– Roux-Estève & Fourmanoir, 1955, **30** : 198, Abu Latt.– Roux-Estève, 1956, **32** : 83, Abu Latt.
          Anisochaetodon semilarvatus.– Abel, 1960a, **49** : 445–456, Ghardaqa.

97.7.12   *Chaetodon vagabundus* **Linnaeus**, 1758
          Chaetodon vagabundus Linnaeus, 1758, *Syst. Nat.*, ed. X : 176, India.
          Chaetodon vagabundus.– Günther, 1860, **2** : 25–26 (R.S. quoted).– Playfair & Günther, 1866 : 32 (R.S. quoted).– Day, 1875 : 105, Pl. 27, fig. 1 (R.S. quoted); 1889, **2** : 4–5, Fig. 1 (R.S. quoted).– Fowler & Bean, 1929 : 120–124 (R.S. quoted).
          Anisochaetodon (Linophora) vagabundus.– Weber & Beaufort, 1936, **7** : 106–109 (R.S. quoted).
          Chaetodon pictus Forsskål, 1775, *Descr. Anim.* : xiii, 65, Mocho. Type lost (syn., Randall in lit.).– Bloch & Schneider, 1801 : 226 (R.S. on Forsskål)– Günther, 1860, **2** : 24–25 (R.S. quoted).– Klunzinger, 1870, **20** : 781–782 (R.S. quoted).– Day, 1875 : 105, Pl. 26, fig. 6 (R.S. quoted).
          Chaetodon (Anisochaetodon) vagabundus var. *pictus.–* Klunzinger, 1884, *Fische Rothen Meeres* : 56–57 (R.S. quoted).
          Chaetodon (Linophora) vagabundus var. *pictus.–* Ahl, 1923, 89 : 154–156 (R.S. quoted).

97.7.a   *Chaetodon collare* Bloch, 1787, *Naturgesch. ausl. Fische* 3 : 116, Pl. 216, fig. 1, Japan.
          Chaetodon collare.– Fowler & Bean, 1929, **8** : 104–106 (R.S., pass. ref.).

97.7.b   *Chaetodon falcula* Bloch, 1795, *Naturgesch. ausl. Fische* 9 : 102, Pl. 426, fig. 2.
          Chaetodon falcula.– Fowler & Bean, 1929, **8** : 134 (R.S., pass. ref.).
          Anisochaetodon (Oxychaetodon) falcula.– Weber & Beaufort, 1936, **7** : 116–119 (R.S., pass. ref.). Fowler & Bean do not mention record or origin. The Chaetodontidae are very conspicuous, and since there is no known record it is probably a mistake.

97.8   *FORCIPIGER* **Jordan & McGregor** in Jordan & Evermann, 1898   Gender: M
          Bull. U.S. Fish Commn : 1671 (type species: *Chaetodon longirostris* Broussonet, 1782, by subs. design. of Jordan & McGregor, 1898 [1899], *Rep. U.S. Commn Fish.* : 279).

97.8.1   *Forcipiger flavissimus* **Jordan & McGregor**, 1898
          Forcipiger flavissimus Jordan & McGregor, in Jordan and Evermann, 1898, *Bull. U.S. Fish Commn* : 279. Holotype: SU 5709, Mexico; Paratype: BMNH 1898. 10.29.43, Mexico.
          Forcipiger flavissimus.– Ahl, 1923, 89 : 10–11.– Randall & Caldwell, 1970 (4) : 727–731, Fig. 3.
          Forcipiger longirostris (not Broussonet).– Klausewitz, 1970c (5) : 1–2, Figs 1–3, Sarso Isl, Massawa (misidentification, Randall pers. commun. and v. Randall & Caldwell).

97.9   *HENIOCHUS* Cuvier, 1817 [1816]   Gender: M
        Règne anim. **2** : 335 (type species: *Chaetodon macrolepidotus* Linnaeus, 1758,
        by subs. design. of Jordan, 1917 : 105).

97.9.1 *Heniochus diphreutes* Jordan, 1903
        Henioches diphreutes Jordan, 1903, *Proc. U.S. natn Mus.* **26** : 694, Fig. 3, Japan.
        Holotype: SU[CAS] 7247, Nagasaki.
        Heniochus diphreutes.– Allen & Kuiter, 1978, **61** (1) : 1–18, Figs. 1, 2, 4, 5, Tb. 1,
        Red Sea.
        Chaetodon acuminatus Linnaeus, 1758, *Syst. Nat.*, ed. X : 272, India. (One speci-
        men, NRMS Linnaean Coll. 53, is possibly a type.)
        Heniochus acuminatus.– Klunzinger, 1884 : 58, Pl. 8, fig. 3, Quseir.– Fowler & Bean,
        1929, **8** : 154–156 (R.S. quoted) (in part).– Weber & Beaufort, 1936, 7 : 37–39,
        Fig. 12 (R.S. quoted) (in part).– Roux-Estève & Fourmanoir, 1955, **30** : 198,
        Abu Latt.– Roux-Estève, 1956, **32** : 80, Abu Latt.– Klausewitz, 1969e, **50** : 59–
        61, Figs 1, 3–4, 11, 14, 17, Elat (misidentification v. Allen & Kniter).
        Chaetodon macrolepidotus Linnaeus, 1758, *Syst. Nat.*, ed. X : 274, India (syn. v.
        Klausewitz).– Ahl, 1923, **89** : 33–37 (R.S. quoted) (in part).– Günther, 1874
        (6) : 48–49, Pl. 37 (R.S. quoted) (misidentification, v. Allen & Kuiter).

97.9.2 *Heniochus intermedius* Steindachner, 1893
        Heniochus intermedius Steindachner, 1893, *Sber. Akad. Wiss. Wien* **102** : 222–226,
        Pl. 2, fig. 2, Suez.
        Heniochus intermedius.– Ahl, 1923, **89** : 33, Suez.– Klausewitz, 1967c (2) : 66, Sarso
        Isl.; 1969e, **50** : 63–71, Figs 2, 12–13, 15, 18, Elat, Massawa.
        Heniochus macrolepidotus (not Linnaeus).– Rüppell, 1836 : 31, 36, Red Sea; 1852 : 9,
        Red Sea.– Klunzinger, 1870, **20** : 784–785, Quseir; 1884 : 58, Pl. 8, fig. 3, Quseir
        (misidentification v. Klausewitz, 1969e).
        Heniochus acuminatus (not Linnaeus).– Fowler & Bean, 1929, **8** : 154–156 (R.S.
        quoted) (in part).– Weber & Beaufort, 1936, 7 : 37–39 (R.S. quoted) (in part).–
        Baschieri-Salvadori, 1954, **14** : 97, Pl. 5, fig. 2, Pl. 6, fig. 2, Dahlak, Egypt (mis-
        identification v. Klausewitz, 1969e).

INCERTAE SEDIS

        Heniochus macrolepidotus.– Picaglia, 1894, **13** : 28, Assab.– Gruvel & Chabanaud,
        1937, **35** : 25, Suez Canal.
        Heniochus acuminatus.– Bamber, 1915, **31** : 481, W. Red Sea.– Tortonese, 1935–36
        [1937], **45** : 188 (sep.: 38), Red Sea; 1968 (51) : 20, Elat.– Ben-Tuvia & Steinitz,
        1952 (2) : 8, Elat.– Abel, 1960a, **49** : 449, Fig. 16, Ghardaqa.– Clark, Ben-Tuvia &
        Steinitz, 1968 (49) : 21, Entedebir.

97.10   *MEGAPROTODON* Guichenot, 1848   Gender: M
        Revue zool. **11** : 12 (type species: *Chaetodon bifascialis* Cuvier, in Cuv. Val., 1831,
        by monotypy).

97.10.1 *Megaprotodon trifascialis* (**Quoy & Gaimard**, 1825)
        Chaetodon trifascialis Quoy & Gaimard, 1825, *Voy. Uranie, Zool.* **2** : 379, Pl. 62,
        fig. 5. Holotype: MNHN 9908, Guam.
        Chaetodon trifascialis.– Fowler & Bean, 1929, 8 : 139–141 (R.S. quoted).
        Chaetodon (Megaprotodon) trifascialis.– Baschieri-Salvadori, 1954, **14** : 96–97, Pl. 6,
        fig. 1, Mersa Halaib.
        Chaetodon triangularis Rüppell, 1829, *Atlas Reise N. Afrika, Fische* : 42, Pl. 9, fig. 3.
        Holotype: SMF 1642, Et Tur (syn. v. Klunzinger).

Chaetodon strigangulus [Solander MS] Cuvier, in Cuv. Val., 1831, *Hist. nat. Poiss.* 7 :
42, Pl. 172 (nomen nudum in Gmelin, 1789 : 1269, acc. to Bauchot, 1963 (20) :
130). Lectotype: MNHN 9680, Tahiti; Paratype: RMNH 469, Java.– Rüppell,
1852 : 9, Red Sea.– Günther, 1860, 2 : 4–5 (R.S. quoted).– Playfair & Günther,
1866 : 32 (R.S. quoted).– Klunzinger, 1870, 20 : 775, Red Sea.

Chaetodon (Megaprotodon) strigangulus.– Klunzinger, 1884 : 58, Quseir.– Ahl, 1923,
89 : 179–181 (R.S. quoted).

Megaprotodon strigangulus Steinitz & Ben-Tuvia, 1955 (11) : 6, Gulf of Aqaba.

98   **PENTACEROTIDAE**

G: 1
Sp: 1

98.1   *HISTIOPTERUS* Temminck & Schlegel, 1843   Gender: M
Fauna Japonica : 86 (type species: *Histiopterus typus* Temminck & Schlegel, 1843,
by orig. design.).

98.1.1   *Histiopterus spinifer* Gilchrist, 1904
Histiopterus spinifer Gilchrist, 1904, *Mar. Invest. S. Afr.* 3 : 3, Pl. 21, Mossel Bay
(S. Africa).
Histiopterus spinifer.– Norman, 1939, 7 (1) : 65, Gulf of Aden.– Smith, 1949 : 242,
Pls 35, 105, S. Africa (R.S. quoted, but mentioned from Gulf of Aden); 1964
(29) : 569–570, Pl. 87, fig. 1, Tb. 1, S. Africa, Gulf of Aden.– Klausewitz, 1980,
61 (1/2) : 20–22, Fig. 3, Central Red Sea.

98a   **CICHLIDAE**

G: 1
Sp: 1

98a.A   *TILAPIA* Smith, 1849   Gender: F
Illustr. Zool. S. Africa 4, Pl. 5 (unpaginated) (type species: *Tilapia sparmanni*
Smith, 1849, by monotypy).

98a.A.a   *Tilapia zillii* (Gervais, 1848)
Acerina zillii Gervais, 1848, *Annls Sci. nat. Zool.* 10 : 203, Sahara. No type
material.
Tilapia zillii.– Bayoumi, 1969 : 255, Bay of Suez. Does not exist in the Red Sea.

99   **POMACENTRIDAE**

G: 13
Sp: 38

99.1   *ABUDEFDUF* Forsskål, 1775   Gender: M
Descr. Anim. : 59 (type species: *Chaetodon sordidus* Forsskål, 1775, by orig.
design.). Assumed through vernacular name.

99.1.1a   *Abudefduf bengalensis* (Bloch, 1787)
Chaetodon bengalensis Bloch, 1787, *Naturgesch. ausl. Fische* 3 : 110–111, Pl. 223,
fig. 2. Syntype: ZMB 2722 (included in 2 ex.), Bengal.

Glyphisodon bengalensis.— Cuvier, in Cuv. Val., 1830, 5 : 458, Massawa.— Rüppell, 1852 : 22, Red Sea.
Abudefduf bengalensis.— Fowler & Bean, 1928 : 128—129 (R.S. quoted).— Beaufort (W.B.), 1940, 3 : 403—404 (R.S. quoted).— Smith, 1960 : 332, Pl. 30D (R.S. quoted). Doubtful, v. Allen & Randall, 1980 : 2.
Chaetodon abudafur hanni Forsskål, 1775, *Descr. Anim.* : xiii, 65, Red Sea. Type lost (syn. v. Fowler & Bean).

99.1.2 **Abudefduf sexfasciatus (Lacepède, 1801)**
    Labrus sexfasciatus Lacepède, 1801, *Hist. nat. Poiss.* 3 : 430, 477, 479, Pl. 19, fig. 2. Syntypes: MNHN A-121 (2 ex.), Indian Ocean, 5136, Malabar.
    Glyphisodon sexfasciatus.— Tortonese, 1935—36 [1937], 45 (63) : 43, Massawa.
    Abudefduf sexfasciatus.— Fowler & Bean, 1928 : 129—132 (R.S. quoted).— Tortonese, 1947, 43 : 87, Massawa.— Roux-Estève & Fourmanoir, 1955, 30 : 198, Abu Latt.— Roux-Estève, 1956, 32 : 87, Abu Latt (on Roux-Estève & Fourmanoir, 1955).— Smith, 1960 : 332, Pl. 29C (R.S. quoted).— Klausewitz, 1967c (2) : 60, Sarso Isl.— Clark, Ben-Tuvia & Steinitz. 1968 (49) : 22, Entedebir.— Allen & Randall, 1980 [1981], 29 (1—3) : 7—11, Fig. 1, Tbs. 1—2, Gulf of Aqaba, Jiddah.
    Glyphisodon coelestinus Cuvier, in Cuv. Val., 1830, *Hist. nat. Poiss.* 5 : 464. Syntypes: MNHN 5136, Malabar, A-121 (2 ex.), Indian Ocean (syn. v. Allen & Randall).
    Glyphidodon coelestinus.— Günther, 1862, 4 : 38—39 (R.S. quoted).— Playfair & Günther, 1866 : 82—83 (R.S. quoted).— Day, 1877 : 386—387, Pl. 83, fig. 2 (R.S. quoted).— Borsieri, 1904 (3) 1 : 213, Massawa.
    Abudefduf coelestinus.— Beaufort (W.B.) 1940, 8 : 409—411 (R.S. quoted).

99.1.3 **Abudefduf sordidus (Forsskål, 1775)**
    Chaetodon sordidus Forsskål, 1775, *Descr. Anim.* : xiii, 62—63. Holotype: ZMUC P-56264, Jiddah.
    Chaetodon sordidus.— Klausewitz & Nielsen, 1965, 22 : 24, Pl. 34, fig. 57, Jiddah.
    Glyphisodon sordidus.— Rüppell, 1828 : 34, Pl. 8, fig. 1, Mohila; 1852 : 22, Red Sea.— Cuvier, in Cuv. Val., 1830, 5 : 466, Et Tur.
    Glyphidodon sordidus.— Günther, 1862, 4 : 41—42, Red Sea; 1881 (15) : 231 (R.S. quoted).— Klunzinger, 1871 : 525—526, Quseir.— Day, 1877 : 385, Pl. 83, fig. 1 (R.S. quoted).
    Abudefduf sordidus.— Fowler & Bean, 1928 : 132—135 (R.S. quoted).— Beaufort (W.B.), 1940, 8 : 399—401 (R.S. quoted).— Marshall, 1952, 1 (8) : 236, Gulf of Aqaba.— Steinitz & Ben-Tuvia, 1955 (11) : 7, Elat.— Smith, 1960 : 333, Pl. 29E (R.S. quoted).— Allen & Randall, 1980 [1981], 29 (1—3) : 11—12, Fig. 2, Ras Muhammad, Jiddah.

99.1.4 **Abudefduf vaigiensis (Quoy & Gaimard, 1824)**
    Glyphisodon vaigiensis Quoy & Gaimard, 1824, *Voy. Uranie, Zool.* : 391. Syntypes: MNHN 5317 (5 ex.), Vaigiou.
    Abudefduf vaigiensis.— Allen & Randall, 1980 [1981], 29 (1—3) : 13—14, Fig. 3, Gulf of Aqaba, Jiddah.
    Abudefduf saxatilis vaigiensis.— Beaufort (W.B.), 1940, 8 : 404—408 (in part).
    ?*Chaetodon saxatilis* (not Linnaeus).— Forsskål, 1775 : xiii, 62, Red Sea.
    Glyphisodon saxatilis.— Rüppell, 1828 : 35—36, Red Sea (in part); 1835 : 126, Red Sea.— Martens, 1866, 16 : 379, Sherm Abu-Nechle (Red Sea).— Tortonese, 1935—36 [1937], 45 : (193) (sep. : 43), Red Sea.— Gruvel & Chabanaud, 1937, 35 : 26, Suez Canal.
    Glyphidodon saxatilis.— Klunzinger, 1871, 21 : 524—525 (in part), Quseir.— Günther, 1881 (15) : 229 (R.S. quoted).— Kossmann & Räuber, 1877a, 1 : 405, Red Sea; 1877b : 24, Red Sea.

Pomacentridae

Abudefduf saxatilis.– Fowler & Bean, 1928, 7 : 124–128 (R.S. quoted).– Ben-Tuvia & Steinitz, 1952 (2) : 9, Elat.– Baschieri-Salvadori, 1955, **15** : 64, Dahlak.– Smith, 1960 : 332–333, Pl. 29B (R.S. quoted).– Abel, 1960a, **49** : 457, Ghardaqa.– Klausewitz, 1967c : 61, Sarso Isl.– Clark, Ben-Tuvia & Steinitz, 1968 (49) : 22, Entedebir.– Tortonese, 1968 (51); 22, Elat (misidentification v. Allen & Randall).
Glyphisodon rathi Cuvier, in Cuv. Val., 1830, *Hist. nat. Poiss.* **5** : 456. Syntypes: MNHN 5315, Java, 8326, Celebes, 8497, Red Sea (syn. v. Smith).

99.1.a   *Glyphisodon septemfasciatus* Cuvier, in Cuv. Val., 1830, *Hist. nat. Poiss.* **5** : 463–464. Syntypes: MNHN 8372, Mauritius.
Glyphidodon septemfasciatus.– Günther, 1881, **2** : 230 (R.S. quoted).
Abudefduf septemfasciatus.– Fowler & Bean, 1928, 7 : 135–136 (R.S. quoted).

99.2   ***AMBLYGLYPHIDODON*** Bleeker, 1877b   Gender : M
Natuurk. Verh. holland. Maatsch. Wet. Haarlem **2** : 92 (type species *Glyphisodon aureus* [Kuhl & Van Hasselt MS] Cuvier, in Cuv. Val., 1830, by orig. design.).

99.2.1   ***Amblyglyphidodon flavilatus* Allen & Randall, 1981**
Amblyglyphidodon flavilatus Allen & Randall, 1980 [1981], Israel J. Zool. **29** (1–3) : 14–18, Figs 4–5, Tb. 3. Holotype: BPBM 13398, Taba (Elat); Paratypes: BMNH 1976.9.20.8.9 (2 ex.), Ethiopia; BPBM 14671, Ras El Burqa, 19892, Elat, 20347, Sanganib Reef (P. Sudan), 20474 (2 ex.), Elat; HUJ 8372, Ras El Burqa; MNHN: 1977-454 (2 ex.), Gulf of Tadjourah; USNM 216478 (13 ex.), Ethiopia; WAM P25619-001 (2 ex.), Ethiopia.

99.2.2   ***Amblyglyphidodon leucogaster* (Bleeker, 1847)**
Glyphisodon leucogaster Bleeker, 1847, *Verh. batav. Genoot. Kunst. Wet* **21** (1) : 26. Holotype: RMNH 6849, Batavia.
Glyphidodon leucogaster.– Klunzinger, 1871, **21** : 523–524, Quseir.– Day, 1877 : 388, Pl. 81, fig. 3 (R.S. quoted).
Abudefduf leucogaster.– Fowler & Bean, 1928, 7 : 171–173 (R.S. quoted).– Beaufort (W.B.), 1940, 8 : 416–418 (R.S. quoted).– Steinitz & Ben-Tuvia, 1955 (11) : 7, Elat.– Baschieri-Salvadori, 1955, **15** : 66, Pl. 6, fig. 1, Dahlak.– Roux-Estève & Fourmanoir, 1955, **30** : 198, Abu Latt.– Roux-Estève, 1956, **32** : 86, Abu Latt.– Smith, 1960 : 335, Pl. 29D (R.S. quoted).
Amblyglyphidodon leucogaster.– Allen & Randall, 1980 [1981], **29** (1–3) : 19–21, Figs 6–7, Elat.

99.3   ***AMPHIPRION*** Schneider in Bloch & Schneider, 1801   Gender. M
Syst. Ichthyol. : 200 (type species: *Lutjanus ephippium* Bloch, 1790, by subs. design. of Jordan, 1917).

99.3.1   ***Amphiprion bicinctus* Rüppell, 1830**
Amphiprion bicinctus Rüppell, 1830, *Atlas Reise N. Afrika, Fische* : 139–140, Pl. 35, fig. 1. Lectotype: SMF 1460, Et Tur or Massawa; Paralectotypes: SMF 2716, 4934, Et Tur or Massawa; 1852 : 22, Red Sea.
Amphiprion bicinctus.– Günther, 1862, **4** : 8, Red Sea.– Playfair & Günther, 1866 : 80–81 (R.S. quoted).– Klunzinger, 1871, **21** : 518–519, Quseir.– Pellegrin, 1912, **3** : 8, Red Sea.– Beaufort (W.B.), 1940, 8 : 338–342 (R.S. quoted).– Ben-Tuvia & Steinitz, 1952 (2) : 8, Elat.– Marshall, 1952, **1** (8) : 236, Dahab.– Smith, 1960 : 320, Pl. 30F, Red Sea.– Abel, 1960a, **49** : 449, 453, Ghardaqa; 1960b : 34, Ghardaqa.– Graffe, 1963 : 410, Elat.– Graffe & Hackinger, 1967 : 170–176, Figs 1a–o, Elat.– Klausewitz, 1967c : 61, Sarso Isl.; 1970, **51** (3–4) : 191, Elat, Massawa, Sarso Isl.– Clark, Ben-Tuvia & Steinitz, 1968 (49) : 22, Entedebir.– Tortonese, 1968 (51) : 20, Elat.– Allen & Randall, 1980 [1981], **29** (1–3) : 21–23, Figs 8–9, Elat.

Lutjanus ephippium var. *bicinctus.*– Günther, 1881 (15) : 224 (R.S. quoted).
Amphiprion clarkii Bennett, 1828 (not valid, v. Smith, 1960 : 320).– Day, 1877 :
378–379 (R.S., pass. ref.).
Amphiprion polymnus (not Linnaeus, 1758).– Fowler & Bean, 1928, 7 : 6–9 (R.S.,
pass. ref.).– Tortonese, 1937 (1935–36), 45 : 193 (sep. : 43), Red Sea; 1947,
43 : 87, Massawa (misidentification, v. Smith, 1960 : 319).
Amphiprion xanthurus (not Cuv. Val.).– Baschieri-Salvadori, 1955, 15 : 58, Pl. 1, fig. 1
(the young of *Amphiprion bicinctus*, v. Allen & Randall).

99.4   *CHROMIS* Cuvier, 1814*   Gender: F
           Bull. Soc. philomath. Paris : 88 (type species: *Sparus chromis* Linnaeus, 1758,
by orig. design.).
Heliases Cuvier, in Cuv. Val., 1830, *Hist. nat. Poiss.* 5 : 493, 494 (type species: *Heliases
insolatus* Cuvier, in Cuv. Val., 1830, by subs. design. of Jordan, 1917).

99.4.1   *Chromis axillaris* (Bennett, 1831)
           Heliases axillaris Bennett, 1831b, *Proc. zool. Soc. Lond.* 1 : 128, Mauritius. No type
in BMNH, probably lost.
Chromis axillaris.– Smith, 1960 (19) : 324, S. Africa.– Allen & Randall, 1980 [1981],
29 (1–3) : 23–25, Figs 10–11, Elat.*

99.4.2   *Chromis caerulea* (Cuvier, 1830)
           Heliases caeruleus Cuvier, in Cuv. Val., 1830, *Hist. nat. Poiss.* 5 : 497, New Guinea.
Syntypes: MNHN: 5644 (2 ex.), New Guinea.
Chromis caeruleus.– Fowler & Bean, 1928, 7 : 61–64 (R.S. quoted).– Beaufort
(W.B.), 1940, 8 : 451–453, Fig. 52 (R.S. quoted).– Marshall, 1952, 1 (8) : 230,
Sinafir Isl., Sharm esh Sheikh, Dissei, Mersa Halaib, Giftum Isl.– Smith, 1960 (19) :
323, Pl. 28D, Red Sea.– Abel, 1960, 49 : 455–456, Ghardaqa.– Klausewitz,
1967c : 61, Sarso Isl.– Clark, Ben-Tuvia & Steinitz, 1968 (49) : 22, Entedebir.
Chromis caerulea.– Allen & Randall, 1980 [1981], 29 (1–3) : 25–27, Figs 12–13,
Elat.
Heliases frenatus Cuvier, in Cuv. Val., 1830, *Hist. nat. Poiss.* 5 : 498. Syntypes: MNHN
A-253 (3 ex.), 5744 (4 ex.), Guam (syn. v. Fower & Bean and v. Smith).
Chromis coeruleus frenatus.– Roux-Estève & Fourmanoir, 1955, 30 : 198, Abu Latt.–
Roux-Estève, 1956, 32 : 87, Abu Latt.
Pomacentrus viridis [Ehrenberg MS] Cuvier, in Cuv. Val., 1830, *Hist. nat. Poiss.* 5 :
420–421, Massawa (based on drawing by Ehrenberg) (syn. v. Smith, and v. Allen
& Randall).
Dascyllus cyanurus Rüppell, 1838, *Neue Wirbelth., Fische* : 127–128, Pl. 31, fig. 4.
Lectotype: SMF 1253, Massawa; Paralectotypes: SMF 4932, 4933, Massawa
(syn. v. Smith); 1852 : 22, Red Sea.– Günther, 1862, 4 : 15 (R.S. quoted); 1881
(15) : 238 (R.S. quoted).– Klunzinger, 1871, 21 : 520, Red Sea (on Rüppell).–
Borsieri, 1904 (3) 1 : 215.
Heliases lepisurus Cuvier, in Cuv. Val., 1830, *Hist. nat. Poiss.* 5 : 498. Syntypes: MNHN
8254 (4 ex.), New Guinea (syn. v. Smith).
Heliastes lepidurus.– Kossmann & Räuber, 1877a, 1 : 406, Red Sea; 1877b : 24, Red
Sea.– Kossmann, 1879, 2 : 21, Red Sea.

99.4.3   *Chromis dimidiata* (Klunzinger, 1871)
           Heliastes dimidiatus Klunzinger, 1871, *Verh. zool.-bot. Ges. Wien.* 21 : 529. Type:
MNS 1756, Quseir, not available.
Heliastes dimidiatus.– Günther, 1881 (15) : 237, Pl. 125, fig. B, Red Sea.
Chromis dimidiatus.– Fowler & Bean, 1928, 7 : 45–47 (R.S. quoted).– Beaufort
(W.B.), 1940, 8 : 460–461 (R.S. quoted).– Baschieri-Salvadori, 1955, 15 : 61, Pl. 2,
fig. 3, Pl. 3, fig. 2, Mersa Halaib, Giftum Isl.– Roux-Estève & Fourmanoir, 1955,
30 : 198, Abu Latt.– Roux-Estève, 1956, 32 : 88, Abu Latt.– Smith, 1960 (19) :

324, Pl. 31I (R.S. quoted).– Abel, 1960a, **49** : 443, Ghardaqa.– Klausewitz, 1967c (2) : 61, Sarso Isl.

Chromis dimidiata.– Allen & Randall, 1980 [1981], **29** (1–3) : 28–29, Fig. 14, Elat.

99.4.4a   *Chromis nigrura* **Smith**, 1960

Chromis nigrurus Smith, 1960, *Ichthyol. Bull. Rhodes Univ.* (19) : 325, Fig. 3, Pl. 29, fig. 1. Holotype: RUSI 295, Inhaca.

Chromis nigrurus.– Dor, 1970 (54) : 19, Red Sea.[1]

99.4.5   *Chromis pembae* **Smith**, 1960

Chromis pembae Smith, 1960, *Ichthyol. Bull. Rhodes Univ.* (19) : 323, Pl. 31, fig. E. Holotype: RUSI 58, Pemba Isl.; Paratypes: RUSI 2336 (3 ex.), Pemba Isl.

Chromis pembae.– Randall & Swerdloff, 1973, *Pacif. Sci.* **27** : 344, Gulf of Aqaba.– Allen & Randall, 1980 [1981], **29** (1–3) : 29–31, Figs 15–16, Elat, Dahab.

99.4.6   *Chromis ternatensis* **(Bleeker, 1856)**

Heliases ternatensis Bleeker, 1856d, *Natuurk. Tijdschr. Ned.-Indië* **10** : 377. Types: RMNH 6512 (3 ex.), Ternate.

Chromis ternatensis.– Beaufort (W.B.), 1940, **8** : 458–460, Indian Ocean.

Chromis ternatensis.– Baschieri-Salvadori, 1955, **15** : 60–61, Pl. 2, fig. 2, Pl. 3, fig. 1, Dur Gulla, Mersa Halaib, Giftum Isl.– Smith, 1960 (19) : 325, Fig. 3, S. Africa.– Allen & Randall, 1980 [1981], **29** (1–3) : 31–32, Fig. 17, Ras Muhammad.

99.4.7   *Chromis trialpha* **Allen & Randall**, 1981

Chromis trialpha Allen & Randall, 1980 [1981], *Israel J. Zool.* **29** (1–3) : 33–37, Figs 18–19, Tbs 4–5. Holotype: BPBM 17890, Ras Muhammad; Paratypes: BPBM 17912 (5 ex.), Suakin, 18257 (3 ex.), Gulf of Aqaba, 19777, P. Sudan, 20433 (2 ex.), P. Sudan; HUJ 8370, Sanganib Reef (P. Sudan); BMNH 1977.7.18.1, Ras Muhammad; USNM 217562, Ras Muhammad; WAM P-25797-001 (2 ex.), Jiddah.

99.4.8   *Chromis weberi* **Fowler & Bean**, 1928

Chromis weberi Fowler & Bean, 1928, *Bull. U.S. natn. Mus.* **7** : 41–43, Pl. 1. Type: USNM 72713, Java.

Chromis weberi.– Allen & Randall, 1980 [1981], **29** (1–3) : 37–39, Figs 20–21, Gulf of Aqaba, Jiddah.

99.5   ***CHRYSIPTERA* Swainson, 1839**   Gender: F

Nat. Hist. Fish. **2** : 216 (type species: *Glyphisodon cyaneus* Quoy & Gaimard, 1824 : 392, by subs. design.).

Glyphidodontops Bleeker, 1877, *Verh. holland. Maatsch. Wet.* **2** : 128 (type species: *Glyphisodon azureus* Cuvier, 1830 = *Glyphisodon cyaneus* Quoy & Gaimard, 1824).

99.5.1   *Chrysiptera annulata* **(Peters, 1855)**

Pomacentrus annulatus Peters, 1855, *Sber. dt Akad. Wiss.* : 455, *Arch. Naturgesch.* **21** : 265. Syntypes: ZMB 2762 (3 ex.), 2763 (3 ex.), Mozambique.

Pomacentrus annulatus.– Klunzinger, 1871, **21** : 520–521, Quseir.– Beaufort (W.B.), 1940, **8** : 368 (R.S. quoted).– Abel, 1960a, **49** : 443, Ghardaqa.– Klausewitz, 1964a : 131–132, Fig. 8, Ghardaqa.

Abudefduf annulatus.– Smith, 1960 (19) : 331, Pl. 31H (R.S. quoted).– Magnus, 1963a : 358, Ghardaqa.

Chrysiptera annulata.– Allen & Randall, 1980 [1981], **29** (1–3) : 39–41, Figs 22–23, Nabeq.

---

[1] Acc. to Allen & Randall possibly misidentification of *C. weberi* or *C. ternatensis*.

99.5.2 ***Chrysiptera unimaculata*** **(Cuvier** in Cuv. Val., 1830)

Glyphisodon unimaculatus Cuvier, in Cuv. Val., 1830, *Hist. nat. Poiss.* **5** : 478, Timor. No type material.

Chrysiptera unimaculata.– Allen & Randall, 1980 [1981], **29** (1–2) : 41–45, Figs 24–27, Difnein Isl. (Ethiopia), Jiddah.

Glyphidodon antjerius var. *unimaculatus*.– Klunzinger, 1871, **21** : 527–528, Quseir.

Glyphisodon biocellatus Quoy & Gaimard, 1825, *Voy. Uranie, Zool.* : 389. Holotype: MNHN 8361, Guam.– Rüppell, 1838 : 127, Pl. 3, Massawa; 1852 : 22, Red Sea.

Abudefduf biocellatus.– Fowler & Bean, 1928 : 166–168 (R.S. quoted).– Beaufort (W.B.), 1940, **8** : 439 (R.S. quoted).– Marshall, 1952, **1** (8) : 236, Abu-Zabad.– Baschieri-Salvadori, 1955, **15** : 67, Massawa, Mersa Halaib.– Smith, 1960 (19) : 337, Pl. 28E (R.S. quoted).– Clark, Ben-Tuvia & Steinitz, 1968 (49) : 22, Entedebir (misidentification v. Allen & Randall).

Glyphidodon antjerius var. *biocellatus*.– Klunzinger, 1871, **21** : 528, Quseir.

Glyphisodon antjerius [Kuhl & Van Hasselt MS] Cuvier, in Cuv. Val., 1830, *Hist. nat. Poiss.* **5** : 481–482. Holotype? : RMNH 889, Antjer (Java) (misidentification v. Allen & Randall).

Glyphidodon antjerius.– Day, 1877 : 387, Pl. 81, figs 4–5 (R.S. quoted) (misidentification v. Allen & Randall).

Glyphidodon zonatus (not Cuv. Val.).– Klunzinger, 1871, **21** : 528–529, Quseir.

Abudefduf zonatus.– Smith, 1960 (19) 337, Pls 28G, 30A (R.S. quoted) (misidentification v. Allen & Randall).

99.6 ***DASCYLLUS*** **Cuvier**, 1829 Gender: M

Règne anim. 1829, **2** : 179 (type species: *Chaetodon aruanus* Linnaeus, 1758, by monotypy).

Tetradrachmum Cantor, 1849 [1850] *J. Asiat. Soc. Beng.* **18** : 1223 (type species: *Chaetodon arcuatus* Shaw, replacement name for *Dascyllus* Cuvier).

99.6.1 ***Dascyllus aruanus*** **(Linnaeus**, 1758)

Chaetodon aruanus Linnaeus, 1758, *Syst. Nat.*, ed. X : 275.

Chaetodon aruanus.– Bloch & Schneider, 1801 : 220 (R.S. on Forsskål).

Pomacentrus aruanus.– Rüppell, 1828 : 39, Red Sea.

Dascyllus aruanus.– Rüppell, 1852 : 22, Red Sea.– Günther, 1862, **4** : 12, Red Sea.– Klunzinger, 1871, **21** : 519, Quseir.– Kossmann, 1877, **1** : 404, Red Sea; 1881 (15) : 235, Pl. 124, fig. B, Red Sea.– Klunzinger, 1871, **21** : 519, Quseir.– Kossman & Räuber, 1877a, **1** : 404, Red Sea; 1877b : 23, Red Sea.– Borsieri, 1904 (3), **1** : 215, Massawa.– Bamber, 1915, **31** : 481, W. Red Sea.– Fowler & Bean, 1928 : 21–25 (R.S. quoted).– Beaufort (W.B.), 1940, **8** : 467–468 (R.S. quoted).– Fowler, 1945, **26** : 127, Fig. 7 (R.S. quoted).– Tortonese, 1947, **43** : 87, Massawa.– Ben-Tuvia & Steinitz, 1952 (2) : 9, Elat.– Marshall, 1952, **1** (8) : 236, Sinafir Isl., Graa, Dahab.– Roux-Estève & Fourmanoir, 1955, **30** : 198, Abu Latt.– Roux-Estève, 1956, **32** : 88, Abu Latt.– Abel, 1960a, **49** : 453, Ghardaqa.– Smith, 1960 (19) : 327, Pl. 32E (R.S. quoted).– Klausewitz, 1967c : 61, Sarso Isl.– Tortonese, 1968 : 21, Elat.– Allen & Randall, 1980 [1981], **29** (1–3) : 45–46, Fig. 28, Red Sea.

Chaetodon abu-dafar Forsskål, 1775, *Descr. Anim.* : xiii, 65. Type lost, Jiddah (syn. v. Klunzinger).

99.6.2 ***Dascyllus marginatus*** **(Rüppell**, 1828)

Pomacentrus marginatus Rüppell, 1828, *Atlas Reise N. Afrika, Fische* : 38, Pl. 8, fig. 2. Syntypes: SMF 1498, 2751, Massawa; MNHN 8130 (2 ex.), Red Sea.

99.6.2.1 ***Dascyllus marginatus marginatus*** **(Rüppell**, 1828)

Dascyllus marginatus marginatus.– Marshall, 1952, **1** (8) : 237–238, Fig. 2a, Dahab.

Dascyllus marginatus.– Ehrenberg in Cuv. Val., 1830, **5** : 439, Pl. 2, Massawa.–
Rüppell, 1852 : 22, Red Sea.– Günther, 1862, **4** : 14, Red Sea.– Playfair &
Günther, 1866 : 81 (R.S. quoted).– Klunzinger, 1871, **21** : 520, Quseir.– Schmeltz,
1877 (6) : 16, Red Sea; 1879 (7) : 51, Red Sea.– Kossmann & Räuber, 1877a,
1 : 404, Red Sea; 1877b : 23, Red Sea.– Kossmann, 1879, **2** : 23, Red Sea.– Bor-
sieri, 1904 (3), **1** : 214, Massawa, Dilemmi, Entufash Isl.– Bamber, 1915, **31** :
481, W. Red Sea.– Fowler & Bean, 1928, 7 : 17–20 (R.S. quoted).– Beaufort
(W.B.), 1940, **8** : 465–467, Fig. 54 (R.S. quoted).– Tortonese, 1947, **43** : 87,
Massawa; 1968 (51) : 21–22, Elat.– Ben-Tuvia & Steinitz, 1952 (2) : 9, Elat.–
Marshall, 1952, **1** (8) : 236, Dahab.– Baschieri-Salvadori, 1955, **15** : 59, Pl. 1,
fig. 4, Red Sea.– Smith, 1960 : 328, Pl. 32H, Gulf of Aqaba.– Abel, 1960a, **49** :
456, Fig. 15, Ghardaqa.– Klausewitz, 1967c : 61, Sarso Isl.– Allen & Randall,
1980 [1981], **29** (1–3) : 47–48, Figs 29–30, Gulf of Aqaba.
Tetradrachmum marginatum.– Pellegrin, 1912, **3** : 8, Red Sea.

99.6.3   ***Dascyllus trimaculatus* (Rüppell, 1829)**
Pomacentrus trimaculatus Rüppell, 1829, *Atlas Reise N. Afrika Fische* : 39, Pl. 8,
Fig. 3. Lectotype: SMF 1445, Massawa; Paralectotypes SMF 2750, 5113, Massawa;
Syntype: MNHN 8128, Red Sea.
Dascyllus trimaculatus.– Cuvier, in Cuv. Val., 1830, **5** : 441, Massawa.– Rüppell,
1852 : 22, Red Sea.– Günther, 1862, **4** : 13, Red Sea; 1881 (15) : 236 (R.S.
quoted).– Klunzinger, 1871, **21** : 519–520, Quseir.– Fowler & Bean, 1928 : 14–
17, Red Sea.– Tortonese, 1935–36 [1937], **45** : 193 (sep. : 43) Red Sea; 1947,
43 : 87, Red Sea; 1968 : 21, Elat.– Beaufort (W.B.), 1940, **8** : 463–465, Fig. 53
(R.S. quoted).– Ben-Tuvia & Steinitz, 1952 (2) : 9, Elat.– Steinitz & Ben-Tuvia,
1955 (11) : 7, Elat.– Smith, 1960 : 328, Pls 32 C,F (R.S. quoted).– Abel, 1960a,
49 : 455, Ghardaqa.– Allen & Randall, 1980 [1981], **29** (1–3) : 49–51, Figs 31–
32, Red Sea.
Tetradrachmum trimaculatum.– Day, 1888b : 801 (R.S. quoted); 1889, **2** : 379–380
(R.S. quoted).

99.7   *NEOPOMACENTRUS* **Allen, 1975**
Damselfish South Seas : 166 (type species: *Glyphisodon anabatoides* Bleeker,
1847, by orig. design.).

99.7.1   ***Neopomacentrus cyanomos* (Bleeker, 1856)**
Pomacentrus cyanomos Bleeker, 1856e, *Natuurk. Tijdschr. Ned.-Indië* **11** : 89,
Batavia. Apparently no type material.
Neopomacentrus cyanomos.– Allen & Randall, 1980 [1981], **29** (1–3) : 51–52,
Fig. 33, Gulf of Aqaba.

99.7.2   ***Neopomacentrus miryae* Dor & Allen, 1977**
Neopomacentrus miryae Dor & Allen, 1977, *Proc. biol. Soc. Wash.* **90** : 183–188,
Fig. 1, Tbs 1–2. Holotype: BPBM 20322, Dahab; Paratypes: BPBM 14327, Elat,
18208 (2 ex.), Dahab; BMNH 1976.5.4.1–2; HUJ 4825 (3 ex.), Elat; TAU 3225
(11), Elat; MNHN (3 ex.), 1976–8; USNM 215463 (2 ex.), Elat, 216432 (31 ex.),
Ras El Burqa; WAM P-25523-002, Elat.
Neopomacentrus miryae.– Allen & Randall, 1980 [1981], **29** (1–3) : 52–54, Figs
34–35, Elat.

99.7.3   ***Neopomacentrus xanthurus* Allen & Randall, 1981**
Neopomacentrus xanthurus Allen & Randall, 1980 [1981], *Israel J. Zool.* **29**
(1–3) : 54–59, Figs 36–37, Tb. 6. Holotype: BPBM 17908, Suakin; Paratypes:
BPBM 20432, Suakin; BMNH 1976.9.20.10–13 (4 ex.), Harat Isl. (Ethiopia);
HUJ 8371, P. Sudan; TAU P-3780 (7 ex.), Entedebir; MNHN 1967-117 (5 ex.),

Harat Isl.; USNM 216479 (106 ex.), Harat Isl.; WAM P-25794-003 (8 ex.), P-25790-005 (2 ex.), P-25795-001 (4 ex.), Jiddah.

Abudefduf azysron (not Bleeker).– Baschieri-Salvadori, 1955, **15** : 66–67, Pl. 6, fig. 2, Dahlak, Dur Gulla, Mersa Halaib (misidentification v. Allen & Randall).

Abudefduf fallax (not Peters).– Brüss, 1973, **54** : 34, Figs 1–3 (in part) (misidentification v. Allen & Randall).

99.7.a   *Neopomacentrus anabatoides* (Bleeker, 1847)

Glyphisodon anabatoides Bleeker, 1847, *Verh. batav. Genoot. Kunst. Wet.* **21** : 28, Java. Syntype: RMNH 6502.

Neopomacentrus anabatoides.– Allen, 1975 : 170, 1 fig., E. Indian Ocean.

Abudefduf anabatoides.– Beaufort (W.B.), 1940, 8 : 412–414, Indian Ocean.– Roux-Estève & Fourmanoir, 1955, **30** : 198, Abu Latt.– Roux-Estève, 1956, **32** : 85, Abu Latt.– Smith, 1960 (19) : 333, Pl. 32K (R.S. quoted). Red Sea records misidentification, probably *Neopomacentrus xanthurus* (Allen in lit.).

99.8   *PARAGLYPHIDODON* Bleeker, 1877b   Gender: M
Natuurk. Verh. holland. Maatsch. Wet. Haarlem **2** : 116 (type species: *Paraglyphidodon oxycephalus* Bleeker, 1877, by subs. design. of Jordan, 1919).

99.8.1   *Paraglyphidodon melas* ([Kuhl & Van Hasselt MS] Cuvier, 1830)

Glyphisodon melas [Kuhl & Van Hasselt MS] Cuvier, in Cuv. Val., 1830, *Hist. nat. Poiss.* **5** : 472–473. Syntypes: RMNH 1283, 1284 (stuffed), Java.

Glyphidodon melas.– Günther, 1862, 4 : 45 (R.S. quoted).– Playfair & Günther, 1866 : 83 (R.S. quoted).– Klunzinger, 1871, **21** : 526, Red Sea.– Kossmann & Räuber, 1877a, **1** : 406, Red Sea; 1877b : 24, Red Sea.

Abudefduf melas.– Fowler & Bean, 1928 : 161–163 (R.S. quoted).– Beaufort (W.B.), 1940, 8 : 424–425, Indian Ocean.– Steinitz & Ben-Tuvia, 1955 (11) : 7, Elat.– Baschieri-Salvadori, 1955, **15** : 67, Dahlak.– Roux-Estève & Fourmanoir, 1955, **30** : 198, Abu Latt.– Roux-Estève, 1956, **32** : 86, Abu Latt.– Smith, 1960 (19) : 336, Pl. 30C (R.S. quoted).

Paraglyphidodon melas.– Allen & Randall, 1980 [1981], **29** (1–3) : 59–61, Figs 38–39, Elat, Ghardaqa, Sudan.

Glyphisodon ater [Ehrenberg MS] Cuvier, in Cuv. Val., 1830, *Hist. nat. Poiss.* **5** : 473. Type: ZMB 2730, Massawa (syn. v. W.B. and v. Allen & Randall).

Glyphidodon melanopus Bleeker, 1863c, *Ned. Tijdschr. Dierk.* **1** : 267, Java. Syntype: BMNH 1862.2.28.25 (the young of *Paraglyphidodon melas*, v. Allen & Randall).

Abudefduf melanopus.– Beaufort (W.B.), 1940, 8 : 422 (Indian Ocean quoted).– Smith, 1960 (19) : 336, Pl. 28H, S. Africa.– Dor, 1970 (54) : 19–20, Elat.

99.9   *PLECTROGLYPHIDODON* Fowler & Ball, 1924   Gender: M
Proc. Acad. nat. Sci. Philad. **76** : 271 (type species: *Plectroglyphidodon johnstonianus* Fowler & Ball, 1924, by monotypy).

99.9.1   *Plectroglyphidodon lacrymatus* (Quoy & Gaimard, 1825)

Glyphidodon lacrymatus Quoy & Gaimard, 1825, *Voy. Uranie, Zool.* : 388–389, Pl. 62, fig. 7. Holotype: MNHN 8336, Guam.

Glyphidodon lacrymatus.– Klunzinger, 1871, **21** : 527 (in part), Quseir.

Abudefduf lacrymatus.– Fowler & Bean, 1928 : 151–153 (R.S. quoted).– Beaufort (W.B.), 1940, 8 : 439–440 (R.S. quoted).– Baschieri-Salvadori, 1955, **15** : 65, Mersa Halaib.– Roux-Estève & Fourmanoir, 1955, **30** : 198, Abu Latt.– Roux-Estève, 1956, **32** : 87, Abu Latt (on Roux-Estève & Fourmanoir, 1955).– Smith, 1960 : 334–335, Pl. 26H (R.S. quoted).– Clark, Ben-Tuvia & Steinitz, 1968 : 22, Entedebir.

Plectroglyphidodon lacrymatus.– Allen & Randall, 1980 [1981], **29** (1–3) : 61–63, Fig. 40, Gulf of Aqaba.

Pomacentridae

99.9.2   *Plectroglyphidodon leucozona* (Bleeker, 1859)
          Glyphisodon leucozona Bleeker, 1859b, *Natuurk. Tijdschr. Ned.-Indië* **19** : 338.
          Probable syntypes: RMNH 6495; BMNH 1862.2.28.25.

99.9.2.1 *Plectroglyphidodon leucozona cingulum* Klunzinger, 1871
          Glyphidodon cingulum Klunzinger, 1871, *Verh. zool.-bot. Ges. Wien* **21** : 526.
          Syntypes: SMF 1208 (2 ex.), Quseir.
          Abudefduf cingulum.– Smith, 1960 : 334, Pl. 31C (juv.), Pl. 30H, H' (19) (adult),
          S. Africa.
          Abudefduf leucozona.– Beaufort (W.B.) 1940, 8 : 440–442 (R.S. quoted).
          Plectroglyphidodon leucozonus cingulum.– Allen & Randall, 1980 [1981], **29** (1–3) :
          63–67, Figs 41–43, Tb. 7, Gulf of Aqaba.

99.10   *POMACENTRUS* Lacepède, 1802   Gender: M
          Hist. nat. Poiss. **4** : 505 (type species: *Chaetodon pavo* Bloch, by subs. design. of
          Bleeker, 1877).

99.10.1   *Pomacentrus albicaudatus* Baschieri-Salvadori, 1955
          Pomacentrus albicaudatus Baschieri-Salvadori, 1955, *Riv. Biol. colon.* **15** : 46,
          Dahlak, Dissei, Mersa Halaib.
          Pomacentrus albicaudatus.– Smith, 1960 : 345, Pl. 32M (R.S. on Baschieri-Salvadori).–
          Allen & Randall, 1980 [1981], **29** (1–3) : 67–68, Fig. 44, Sudan, Jiddah.

99.10.2   *Pomacentrus aquilus* **Allen & Randall**, 1981
          Pomacentrus aquilus Allen & Randall, 1980 [1981], *Israel J. Zool.* **29** (1–3) :
          68–74, Figs 45–47, Tbs 8–9. Holotype: BPBM 20480, Marsa el Mukabeila;
          Paratypes: BPBM 14668 (3 ex.), Ras El Burqa, 19864 (5 ex.), Marsa el Mukabeila;
          HUJ 8373 (7 ex.), Das Isl. (Persian Gulf); TAU P-3312 (8 ex.), Ras Gara; BMNH
          1976.9.20.1–7 (7 ex.), Das Isl. (Persian Gulf); USNM 215157 (52 ex.), Marset
          Mahash el Ala, Marset Abu Samra, 215158 (13 ex.), Strait of Jubal, 215159,
          Delemone Isl. (Ethiopia), 216476 (20 ex.), Mombasa, 216477 (4 ex.), Nossi Bay
          (Madagascar); WAM P-25527-10 (3 ex.), Elat; ZMA 114269 (12 ex.) Nossi Bay
          (Madagascar).

99.10.3   *Pomacentrus leptus* **Allen & Randall**, 1981
          Pomacentrus leptus Allen & Randall, 1980 [1981], *Israel J. Zool.* **29** (1–3) : 74–
          79, Figs 48–49, Tb. 10. Holotype: BPBM 19698, Towartit Reef (P. Sudan);
          Paratypes: BPBM 17893 (2 ex.), Towartit Reef; HUJ 8369, Sanganib Reef (P.
          Sudan); BMNH 1977.2.1.1–5 (5 ex.), Sciumma Isl. (Ethiopia); MNHN 1977-453
          (7 ex.), Djibouti; SMF 4946, Sarso Isl., 13716 (5 ex.), Sciumma Isl.; USNM
          213672 (25 ex.), Sciumma Isl.; WAM P-25786-001 (4 ex.), Khawr Kalbuch
          (Muscat, Oman).

99.10.4   *Pomacentrus pavo* (Bloch, 1787)
          Chaetodon pavo Bloch, 1787, *Naturgesch. ausl. Fische* **3** : 60–61, Pl. 198, fig. 1.
          Type: ZMB 2752, E. Indian Ocean.
          Pomacentrus pavo.– Rüppell, 1828 : 37, Massawa.– Klunzinger, 1871, **21** : 523 (R.S.
          on Rüppell).– Fowler & Bean, 1928 : 68–70 (R.S. quoted).– Beaufort (W.B.),
          1940, 8 : 385–387 (R.S. quoted).– Smith, 1960 : 344, Pl. 27G, Pl. 29G (R.S.
          quoted) (doubtful, v. Allen & Randall).

99.10.5   *Pomacentrus sulfureus* Klunzinger, 1871
          Pomacentrus sulfureus Klunzinger, 1871, *Verh. zool.-bot. Ges. Wien.* **21** : 521.
          Type: BMNH 1571.7.15.36, Quseir.
          Pomacentrus sulfureus.– Baschieri-Salvadori, 1955, **15** : 63, Pl. 4, fig. 3, Dur Gulla,
          Mersa Halaib.– Roux-Estève & Fourmanoir, 1955, **30** : 197, Abu Latt.– Roux-

Estève, 1956, **32** : 85, Abu Latt.– Smith, 1960 : 345, Pl. 28C (R.S. quoted).–
Klausewitz, 1967c : 61, 66, Sarso Isl.– Tortonese, 1968 : 20, Elat.– Allen &
Randall, 1980 [1981], **29** (1–3) : 79–81, Figs 50–51, Gulf of Aqaba, Farasan Isl.,
Massawa.

99.10.6   *Pomacentrus trichourus* **Playfair & Günther**, 1866

Pomacentrus trichourus Playfair & Günther, 1866, *Fishes of Zanzibar* : 146, Pl. 17,
fig. 5. Type: BMNH 1865.2.27.47, Zanzibar.
Pomacentrus trichourus.– Smith, 1960 (19) : 343, Pl. 27C, Pl. 28B, S. Africa.– Dor,
1970 (54) : 20, Elat, Marsa Murach, Shura el Manqata.– Allen & Randall, 1980
[1981], **29** (1–3) : 81–82, Figs 52–53, Shura el Manqata, P. Sudan.

99.10.7   *Pomacentrus trilineatus* [Ehrenberg MS] **Cuvier**, 1830

Pomacentrus trilineatus [Ehrenberg MS] Cuvier, in Cuv. Val., 1830, *Hist. nat.
Poiss.* **5** : 428. Holotype: MNHN 8142, Red Sea.– Günther, 1862, **4** : 25, Mas-
sawa.– Playfair & Günther, 1866 : 82 (R.S. quoted).– Klunzinger, 1871, **21** : 522,
Quseir.– Day, 1877 : 382 (R.S. quoted).– Kossmann & Räuber, 1877a, **1** : 404–
405, Red Sea; 1877b : 23–24, Red Sea.– Kossmann, 1879, **2** : 21, Red Sea.–
Borsieri, 1904 (3), **1** : 214, Massawa, Nocra.– Allen & Randall, 1980 [1981],
29 (1–3) : 83–86, Figs 54–56, Difnein Isl, Farasan Isl. Suakin, Sanganib Reef.
Pomacentrus tripunctatus Cuvier, in Cuv. Val., 1830, *Hist. nat. Poiss.* **5** : 421. Syn-
types: MNHN 8245 (4 ex.), Vanicolo.
Pomacentrus tripunctatus.– Bamber, 1915, **31** : 481, W. Red Sea.– Fowler & Bean,
1928 : 89–96 (R.S. quoted).– Tortonese, 1935–36 [1937], **45** : 193 (sep. : 43),
Red Sea; 1947, **43** : 87, Massawa.– Beaufort (W.B.), 1940, **8** : 388–392 (R.S.
quoted).– Ben-Tuvia & Steinitz, 1952 (2) : 9, Elat.– Roux-Estève & Fourmanoir,
1955, **30** : 198, Abu Latt.– Baschieri-Salvadori, 1955, **15** : 63, Dahlak, Mersa
Halaib.– Roux-Estève, 1956, **32** : 85, Abu Latt.– Smith, 1960 : 343–344, Pl. 26I,
J, Pl. 27H (R.S. quoted).– Abel, 1960a, **49** : 457, Ghardaqa.– Clark, Ben-Tuvia &
Steinitz, 1968 (49) : 22, Entedebir (misidentification v. Allen & Randall).
Pomacentrus vanicolensis Cuvier, in Cuv. Val., 1830, *Hist. nat. Poiss.* **5** : 421. Syn-
types: MNHN 8270 (4 ex.), Vanicolo (syn. v. Fowler & Bean).
Pomacentrus vanicolensis.– Rüppell, 1852 : 22, Red Sea.
Pomacentrus biocellatus Rüppell, 1838 : 127, Pl. 31, fig. 3, Massawa (syn. v. Allen &
Randall).

99.10.a   *Pomacentrus opercularis*.– Abel, 1960a, **49** : 443, Ghardaqa (not identifiable, Allen
in lit.).

99.10.b   *Pomacentrus taeniurus* Bleeker, 1856a, *Act. Soc. Sci. Indo-Neerl.* **1** : 51, Amboina.
Pomacentrus taeniurus.– Abel, 1960a, **49** : 443, Ghardaqa (doubtful, Allen in lit.).

99.11   *PRISTOTIS* **Rüppell**, 1838   Gender: M

Neue Wirbelth., Fische : 128 (type species: *Pristotis cyanostigma* Rüppell, 1838,
by monotypy).

99.11.1   *Pristotis cyanostigma* **Rüppell**, 1835

Pristotis cyanostigma Rüppell, 1835, *Neue Wirbelth., Fische* : 128, Pl. 31, fig. 5.
Lectotype: SMF 1508, Massawa; Paralectotypes: SMF 4926–4931, Massawa;
1852 : 22, Red Sea.
Pristotis cyanostigma.– Günther, 1862, **4** : 22 (R.S. quoted).– Smith, 1960 : 340,
Pl. 27J, Red Sea.– Allen & Randall, 1980 [1981], **29** (1–3) : 86–87, Fig. 57, Red
Sea.
Pomacentrus cyanostigma.– Klunzinger, 1871, **21** : 523, Red Sea.– Kossmann, 1877,
1 : 405, Red Sea; 1879, **2** : 21, Red Sea.– Kossmann & Räuber, 1877, **1** : 24, Red
Sea.– Borsieri, 1904 : 214, Massawa.– Bamber, 1915, **31** : 481, W. Red Sea.

99.11.2   *Pristotis jerdoni* (**Day**, 1873)
           Pomacentrus jerdoni Day, 1873, *Proc. zool. Soc. Lond.* : 237. Holotype: ZMI 1612,
           Madras.
           Daya jerdoni.− Beaufort (W.B.), 1940, **8** : 349, Indian Ocean.
           Pomacentrus jerdoni.− Bayoumi, 1972, **2** : 164, Gulf of Suez.
           Pristotis jerdoni.− Allen, 1975 : 227, from Persian Gulf to Australia.

99.12   *STEGASTES* **Jenyns**, 1842   Gender: M
           Zool. Voy. Beagle, Fish. : 63 (type species: *Stegastes imbricatus* Jenyns, 1842,
           by monotypy).

99.12.1   *Stegastes lividus* ([Forster MS] **Bloch & Schneider**, 1801)
           Chaetodon lividus [Forster MS, **III** : 17] Bloch & Schneider, 1801, *Syst. Ichthyol.* :
           235−236, Pacific Ocean. "Type not in BMNH, presumed lost" (Whitehead in lit.).
           Pomacentrus lividus.− Günther, 1881, **2** : 228, Red Sea.− Fowler & Bean, 1928 :
           116−118 (R.S. quoted).− Beaufort (W.B.), 1940, **8** : 356−357, Indian Ocean.−
           Roux-Estève & Fourmanoir, 1955, **30** : 198, Abu Latt.− Roux-Estève, 1956, **32** :
           85, Abu Latt.− Smith, 1960 : 342, Pl. 31G (R.S. quoted).
           Stegastes lividus.− Allen & Randall, 1980 [1981], **29** (1−3) : 87−89, Fig. 58 (R.S.
           quoted).
           Pomacentrus punctatus Quoy & Gaimard, 1824, *Voy. Uranie, Zool.* : 395. Holotype:
           MNHN 8505, Mauritius (syn. v. Smith).− Rüppell, 1828 : 37−38, Red Sea.−
           Günther, 1862, **4** : 29−30 (R.S. quoted).− Playfair & Günther, 1866 : 82 (R.S.
           quoted).− Klunzinger, 1871, **21** : 522, Quseir.− Day, 1877 : 384, Pl. 80, fig. 8
           (R.S. quoted).− Picaglia, 1894, **13** : 33, Red Sea.

99.12.2   *Stegastes nigricans* ([Commerson MS] **Lacepède**, 1802)
           Holocentrus nigricans [Commerson MS] Lacepède, 1802, *Hist. nat. Poiss.* **4** : 332,
           367, no loc.
           Pomacentrus nigricans.− Beaufort (W.B.), 1940, **8** : 357−359, Fig. 46, Indian Ocean.−
           Smith, 1960 (19) : 342, Pl. 27E, Pl. 31F, S. Africa.− Brüss, 1973, **54** : 33−37,
           Sanganib Reef (P. Sudan).
           Stegastes nigricans.− Allen & Randall, 1980 [1981], **29** (1−3) : 89−93, Figs 59−62,
           Jiddah, P. Sudan.

99.13   *TEIXEIRICHTHYS* **Smith**, 1953   Gender: M
           Mems Mus. Dr Alvaro Castro (2) : 13 (type species: *Teixeirichthys mossambicus*
           Smith, 1953 = *Pomacentrus jordani* Rutter, 1897, as restricted by Allen & Randall,
           1978).

99.13.1   *Teixeirichthys jordani* (**Rutter**, 1897)*
           Pomacentrus jordani Rutter, 1897, *Proc. Acad. nat. Sci. Philad.* : 77. Type: CAS
           (SU) 1760, Swetov (China).
           Teixeirichthys jordani.− Allen & Randall, 1980 [1981], **29** (1−3) : 93−95, Figs 63−
           64, Gulf of Aqaba.
           Teixeirichthys obtusirostris (not Günther).− Dor, 1970 (54) : 19, Elat (misidentifi-
           cation v. Allen & Randall).

00 CIRRHITIDAE

G: 4
Sp: 5

)0.1 *CIRRHITICHTHYS* **Bleeker**, 1856 Gender: M

Natuurk. Tijdschr. Ned.-Indië **10** : 474 (type species: *Cirrhites graphidopterus* Bleeker, 1853, by orig. design.) (acc. to Norman, 1944 : 328, v. also Randall, 1963a : 429). 1857, *Act. Soc. Sci. Indo-Neerl.* **2** : 39 (acc. to Weber & Beaufort, 1911, **1** : 133).

)0.1.1 ***Cirrhitichthys calliurus*** **Regan**, 1905

Cirrhitichthys calliurus Regan, 1905, *J. Bombay nat. Hist. Soc.* **16** : 322, Pl. B, 3. Syntypes: BMNH 1904.5.25, Muscat.

Cirrhites aureus Temminck & Schlegel, 1842, *Fauna Japonica* : 15, Pl. 7, fig. 2. Lectotype: RMNH 536 (selected by Boeseman), Nagasaki; Paralectotypes: RMNH 4742a, 4742b, Nagasaki.

Cirrhitichthys aureus.– Kotthaus, 1976 (23) : 52, 57, Figs 384–385, S. Red Sea (misidentification, Randall in lit.).

)0.1.2 ***Cirrhitichthys oxycephalus*** (**Bleeker**, 1855)

Cirrhites oxycephalus Bleeker, 1855b, *Natuurk. Tijdschr. Ned.-Indië* **8** : 408–409. Holotype: RMNH 5844, Amboina.

Cirrhitichthys oxycephalus.– Randall, 1963a, **114** : 437–439, Fig. 29, Red Sea.

Cirrhites aprinus (not Cuv. Val.).– Klunzinger, 1884 : 67–68, Red Sea (with the opinion that it is identical with *Cirrhites oxycephalus*).

Cirrhitichthys aprinus.– Beaufort (W.B.), 1940, **8** : 9–12, Fig. 3 (R.S. quoted).– Ben-Tuvia & Steinitz, 1952 (2) : 9, Elat (misidentification v. Randall).

)0.2 *CIRRHITUS* **Lacepède**, 1803 Gender: M

Hist. nat. Poiss. **5** : 2 (type species: *Cirrhitus maculatus* Lacepède, 1803, by monotypy).

)0.2.1 ***Cirrhitus pinnulatus*** ([Forster MS, **2** : 108] **Schneider**, in Bloch & Schneider, 1801)

Labrus pinnulatus [Forster MS] Schneider, in Bloch & Schneider, 1801, *Syst. Ichthyol.* : 264, Tahiti (based on descr. by Forster).

Cirrhitus pinnulatus.– Beaufort (W.B.), 1940, **8** : 2–4, Fig. 1 (R.S. quoted).– Smith, 1949 : 181, Pl. 14, fig. 394, S. Africa.– Saunders, 1960, **79** : 241, Red Sea.– Randall, 1963a, **114** : 396–398, Fig. 2, Red Sea.

Cirrhitus maculatus Lacepède, 1803, *Hist. nat. Poiss.* **5** : 2, 3 (based on descr. by Commerson). Type: MNHN A-5499 (2 ex.), Indian Ocean (syn. v. Randall).

Cirrhitus maculosus (misprint, Rüppell, 1838 : 95).– Rüppell, 1828 : 13–15, Pl. 4, fig. 1, N. Red Sea.

Cirrhites maculatus.– Cuvier, in Cuv. Val., 1829, **3** : 69, Massawa.– Rüppell, 1838 : 95, Red Sea; 1852 : 3, Red Sea.– Günther, 1874 (7) : 71–72 (R.S. quoted).

Cirrhitichthys maculatus.– Günther, 1860, **2** : 74–75, Red Sea.– Klunzinger, 1870, **20** : 798, Quseir.

Labrus marmoratus Lacepède, 1801, *Hist. nat. Poiss.* **3** : 438, 492, 493, Pl. 5, fig. 3 (based on descr. and drawing by Commerson). Holotype: MNHN A-5449 bis, Indian Ocean (syn. v. Beaufort and v. Randall).

Cirrhitichthys marmoratus.– Day, 1875 : 146 (R.S. quoted).

Cirrhites marmoratus.– Klunzinger, 1884 : 67, Red Sea.

Cirrhitus spilotoceps Schultz, 1950, *Proc. U.S. natn. Mus.* **100** : 551, Pl. 13C. Holotype: USNM 147598, Red Sea; Paratype: USNM 149583, Red Sea (syn. v. Randall).

100.3   *OXYCIRRHITES* Bleeker, 1857a   Gender: M
         Act. Soc. Sci. Indo-Neerl. 2 : 39 (type species: *Oxycirrhites typus* Bleeker, 1857, by
         monotypy).

100.3.1 *Oxycirrhites typus* Bleeker, 1857
         Oxycirrhites typus Bleeker, 1857a, *Act. Soc. Sci. Indo-Neerl.* 2 : 40. Holotype:
         RMNH 5846, Amboina.
         Oxycirrhites (Oxycirrhites) typus.– Beaufort (W.B.), 1940, 8 : 15–16, Fig. 4, Indian
         Ocean.
         Oxycirrhites typus.– Randall, 1963a, 114 : 445–448, Fig. 35, Tb. 4.– Doubilet, 1975,
         148 : 344–345 (coloured plate), Red Sea.

100.4   *PARACIRRHITES* Bleeker, 1875a   Gender: M
         Rech. faune Madagascar : 93 (type species: *Grammistes forsteri* Schneider, in Bloch
         & Schneider, 1801, by monotypy). Also in *Verh. K. Akad. Wet., Amst.* 15 : 2, 5
         (acc. to Norman, 1944 : 328 and Randall, 1963a : 404).

100.4.1 *Paracirrhites forsteri* (Schneider, 1801)
         Grammistes forsteri Schneider, in Bloch & Schneider, 1801, *Syst. Ichthyol.* : 191
         (based on *Perca taeniatus*, Forster MS, 3 : 14, St Christine, Marquesas Isl. (Poly-
         nesia)).
         Cirrhites forsteri.– Klunzinger, 1870, 20 : 797–798, Quseir.– Günther, 1874 (7):
         69 (R.S. quoted).– Day, 1875 : 144–145, Pl. 35, fig. 4 (R.S. quoted); 1889, 2 :
         49–50, Fig. 19 (R.S. quoted).
         Cirrhites (Paracirrhites) forsteri.– Klunzinger, 1884 : 68, Red Sea.
         Paracirrhites forsteri.– Beaufort (W.B.), 1940, 8 : 5–7, Fig. 2 (R.S. quoted).– Smith,
         1949 : 181, Pl. 14, fig. 395, S. Africa.– Randall, 1963, 114 : 406–408, Pl. 4, fig. 9,
         Red Sea.

101   MUGILIDAE

                                                                                      G: 5
                                                                                     Sp: 12

101.1   *CRENIMUGIL* Schultz, 1946   Gender: M
         Proc. U.S. natn. Mus. 96 : 387 (type species: *Mugil crenilabis* Forsskål, 1775, by
         orig. design.).

101.1.1 *Crenimugil crenilabis* (Forsskål, 1775)
         Mugil crenilabis Forsskål, 1775, *Descr. Anim.* : xiv, 73, Red Sea. Type lost.
         Mugil crenilabis.– Bloch & Schneider, 1801 : 115–116 (R.S. on Forsskål).– Rüppell,
         1838 : 132, Red Sea.– Valenciennes, in Cuv. Val., 1836, 11 : 123–124, Red Sea.–
         Günther, 1861, 3 : 458 (R.S. quoted); 1881 (15): 219, Pl. 122, fig. A (R.S.
         quoted).– Klunzinger, 1870, 20 : 826, Quseir; 1884 : 132, Pl. 2, figs 2, 2a, Red
         Sea.– Day, 1876 : 355 (R.S. quoted); 1889, 2 : 350 (R.S. quoted).– Weber &
         Beaufort, 1922, 4 : 256–257 (R.S. quoted).– Fowler, 1931a, 83 : 247, P. Sudan.–
         Roux-Estève & Fourmanoir, 1955, 30 : 196, Abu Latt.– Roux-Estève, 1956, 32 :
         65, Abu Latt.
         Mugil crenilabris (misprint).– Rüppell, 1852 : 11, Red Sea.
         Crenimugil crenilabis.– Smith, 1949 : 319, Fig. 880, S. Africa.– Klausewitz, 1967c
         (2) : 57, 62, 66, Sarso Isl.– Ben-Tuvia, 1975, 27 : 18, Fig. 1f, Elat, Nabek.
         Liza crenilabis.– Marshall, 1952, 1 : 242, Dahab, Sinafir Isl.
         Mugil fasciatus Valenciennes, in Cuv. Val., 1836, *Hist. nat. Poiss.* 11 : 125. Holotype:
         MNHN A-3637, Red Sea (syn. v. Günther, 1861, 3 : 458).

?*Mugil rüppellii* Günther, 1861, *Cat. Fishes Br. Mus.* **3** : 458–459. Holotype: BMNH 1845.10.29.57, Red Sea (syn. v. W.B.).

1.2 ***LIZA*** **Jordan & Swain, 1884** Gender: F

Proc. U.S. natn. Mus. **7** : 261 (type species: *Mugil capito* Cuvier, 1829, by orig. design.).

1.2.1 ***Liza aurata*** **(Risso,** 1810)

Mugil auratus Risso, 1810, *Ichthyol. Nice* : 343. Type lost.

Liza aurata.– Ben-Tuvia, 1975, **27** : 18, Fig. 1e, Gulf of Aqaba, Gulf of Suez.

1.2.2 ***Liza carinata*** ([Ehrenberg MS] **Valenciennes** in Cuv. Val., 1836)

Mugil carinatus [Ehrenberg MS] Valenciennes, in Cuv. Val., *Hist. nat. Poiss.* **11** : 148–149. Syntypes: MNHN A-3619, Bombay, A-3629, Guam Isl., A-3631 (2 ex.), Pondichery, A-3643 (2 ex.), Red Sea, A-3820 (4 ex.), Seychelles.

Mugil carinatus.– Day, 1888 : 800 (R.S. quoted); 1889, **2** : 344 (R.S. quoted).

Liza carinata.– Trewavas & Ingham, 1972, **167** : 24–26 (R.S. quoted). (Acc. to Trewavas & Ingham there are two subspecies: *Liza carinata carinata*, Red Sea and *Liza carinata klunzingeri*, coast of India).– Ben-Tuvia, 1975, **27** : 18, Fig. 1c, Gulf of Suez.

1.2.3 ***Liza cunnesius*** **(Valenciennes** in Cuv. Val., 1836)

Mugil Cunnesius Valenciennes, in Cuv. Val., 1836, *Hist. nat. Poiss.* **11** : 114–115. Holotype: MNHN A-4636, Moluques; Paratypes: MNHN A-3701 (3 ex.), Bombay, A-3702 (3 ex.), Bombay, A-3726 (2 ex.), Malabar, A-3727 (2 ex.), Malabar.

Mugil cunnesius.– Rüppell, 1838 : 133; 1852 : 11, Red Sea.– Günther, 1861, **3** : 434–435 (R.S. quoted).– Klunzinger, 1870, **20** : 830, Quseir; 1884 : 132, Red Sea.– Day, 1876 : 349, Pl. 74, fig. 3 (R.S. quoted); 1889, **2** : 342–343 (R.S. quoted).– Kossmann & Räuber, 1877a, **1** : 396, Red Sea; 1877b : 16, Red Sea.– Kossmann, 1879, **2** : 22, Red Sea.– Bamber, 1915, **31** : 482, W. Red Sea.– Weber & Beaufort, 1922, **4** : 242–243 (R.S. quoted).

1.2.4 ***Liza macrolepis*** **(Smith, A., 1849)**

Mugil macrolepis Smith, A., 1849, *Illustr. Zool. S. Africa* (no pag.), Pl. 28, fig. 2, 2a (text after plate). Holotype: BMNH 1859.5.7.56, S. Africa.

Liza macrolepis.– Smith, J.L.B., 1949 : 322, Fig. 886, S. Africa.

Mugil smithii Günther, 1861, *Cat. Fishes Br. Mus.* **3** : 447–448, Textfig. Holotype: BMNH 1848.2.1.6 (syn. v. Smith, J.L.B.).– Bamber, 1915, **31** : 412, N. Red Sea.

Mugil troscheli Bleeker, 1858–1859a, *Natuurk. Tijdschr. Ned.-Indië* **16** : 277. Syntypes: RMNH 6402 (2 ex.), Sumatra, Borneo (syn. v. Smith, J.L.B.).– Saunders, 1968 (3) : 496, Red Sea.

01.2.5a ***Liza oligolepis*** **(Bleeker,** 1858–1859)

Mugil oligolepis Bleeker, 1858–1859a, *Natuurk. Tijdschr. Ned.-Indië* **16** : 275. Syntypes: RMNH (7 ex.), Sumbawa.

Mugil oligolepis.– Weber & Beaufort, 1922, **4** : 245–246, Indian Ocean.– Tortonese (with query), 1968 (51) : 14–15, Elat.

Liza oligolepis.– Smith, 1949 : 321, Fig. 885, S. Africa.

01.2.6 ***Liza subviridis*** **(Valenciennes,** 1836)

Mugil subviridis Valenciennes, in Cuv. Val., 1836, *Hist. nat. Poiss.* **11** : 115–116. Syntypes: MNHN A-3649 (2 ex.), Bombay, A-3650, Ganges, 3651, Pondichery.

Liza subviridis.– Ben-Tuvia, 1975, **27** : 18, Fig. 1d, Dorom Isl., Ethiopia.

01.2.7 ***Liza tade*** **(Forsskål,** 1775)

Mugil crenilabis tade Forsskål, 1775, *Descr. Anim.* : xiv, 74, Red Sea. No type material.

Mugil crenilabis tade.– Bloch & Schneider, 1801 : 116 (R.S. on Forsskål).– Klausewitz & Nielsen, 1965, **22** : 26, Pl. 37, fig. 68 (R.S. on Forsskål).

Mugil tade.– Valenciennes, in Cuv. Val., 1836, *Hist. nat. Poiss.* **6** : 153–155 (R.S. quoted).– Rüppell, 1852 : 11, Red Sea.– Klunzinger, 1870, **20** : 828–829, Quseir; 1884 : 133, Pl. 10, fig. 3a, Red Sea.– Weber & Beaufort, 1922, **4** : 236, Indian Ocean.– Tortonese, 1935–36 [1937], **45** : 171 (sep. : 21), Massawa.

101.2.8 ***Liza vaigiensis* (Quoy & Gaimard, 1825)**

Mugil vaigiensis Quoy & Gaimard, 1825, *Voy. Uranie, Zool.* : 337–338, Pl. 59, fig. 2. Holotype: MNHN A-3641, Vaigiou.

Mugil waigiensis.– Günther, 1861, **3** : 435–436, Textfig., Red Sea.– Martens, 1866, **16** : 378, Quseir.– Klunzinger, 1870, **20** : 828, Red Sea; 1884 : 133, Red Sea.– Day, 1876 : 359, Pl. 73, fig. 4 (R.S. quoted); 1889, **2** : 356 (R.S. quoted).– Kossmann & Räuber, 1877a, **1** : 395, Red Sea; 1877b : 16, Red Sea.– Kossmann, 1879, **2** : 22, Red Sea.– Ben-Tuvia, 1968 (52) : 44, Dahlak, Massawa.

Mugil vaigiensis.– Boulenger, 1916, **4** : 97, Fig. 59, Red Sea.– Weber & Beaufort, 1922, **4** : 244–245 (R.S. quoted).

Ellochelon vaigiensis.– Smith, 1949 : 320–321, Fig. 883, S. Africa.

Mugil macrolepidotus Rüppell, 1830, *Atlas Reise N. Afrika, Fische* : 140–141, Pl. 32, figs 2a, b. Lectotype: SMF 3067, Red Sea; Paralectotype: SMF 3081, Red Sea; Syntype: MNHN A-843, Red Sea (syn. v. Klunzinger and v. Blanc & Hureau, 1971 (15) : 695); 1838 : 140, Red Sea; 1852 : 11, Red Sea.

101.3 ***MUGIL* [Artedi] Linnaeus, 1758** Gender: M

Syst. Nat., ed. X : 316 (type species: *Mugil cephalus* Linnaeus, 1758, by monotypy).

101.3.1 ***Mugil cephalus* Linnaeus, 1758**

Mugil cephalus Linnaeus, 1758, *Syst. Nat.*, ed. X : 316, Europe. One specimen in NRMS, Linnaean Coll. 43, possibly a type (Fernholm in lit.).

Mugil cephalus.– Weber & Beaufort, 1922, **4** : 253–256 (R.S. quoted).– Fowler, 1931a, **83** : 247, P. Sudan.– Smith, 1949 : 317, Fig. 877, S. Africa.– Ben-Tuvia, 1975, **27** : 18, Fig. 1a, Elat, Dahab, Gulf of Suez, Dahlak, Ethiopia.

Mugil crenilabis our Forsskål, 1775, *Descr. Anim.* : xiv, 74. Holotype: ZMUC P-71372, Red Sea (syn. v. Klunzinger, 1884).– Klausewitz & Nielsen, 1965, **22** : 26, Pl. 36, fig. 67, Red Sea.

Mugil oeur.– Rüppell, 1838 : 131, Red Sea.– Klunzinger, 1870, **20** : 829, Quseir; 1884 : 132, Pl. 10, fig. 1b, Red Sea.– Day, 1876 : 353, Pl. 75, fig. 3 (R.S. quoted); 1889, **2** : 348–349, Fig. 114 (R.S. quoted).

Mugil our.– Rüppell, 1852 : 11, Red Sea.

Myxus superficialis Klunzinger, 1870, *Verh. zool.-bot. Ges. Wien* **20** : 831. Syntypes: SMF 1869 (2 ex.), Quseir (syn. v. Klunzinger, 1884).

101.4 ***OEDALECHILUS* Fowler, 1904*** Gender: M

Proc. Acad. nat. Sci. Philad. **55** : 748 (type species: *Mugil labeo* Cuvier, by orig. design.). (*Plicomugil* not valid, Thompson via Randall).

101.4.1 ***Oedalechilus labiosus* (Valenciennes, 1836)**

Mugil labiosus Valenciennes, in Cuv. Val., 1836, *Hist. nat. Poiss.* **11** : 125–126. Syntypes: MNHN A-3616, A-3617, Red Sea.

Mugil labiosus.– Günther, 1861, **3** : 454 (R.S. quoted).– Klunzinger, 1870, **20** : 830–831, Red Sea; 1884 : 133, Pl. 10, fig. 4, 4a, Red Sea.– Day, 1889, **2** : 352–353 (R.S. quoted).– Weber & Beaufort, 1922, **4** : 259–260, Fig. 67 (R.S. quoted).– Roux-Estève & Fourmanoir, 1955, **30** : 196, Abu Latt.– Roux-Estève, 1956, **32** : 66, Abu Latt.

Crenimugil labiosus.– Ben-Tuvia & Steinitz, 1952 (2): 6, Elat.– Ben-Tuvia, 1968, (52): 44, Elat, Sinai, Dahlak.
Oedalechilus labiosus.– Marshall, 1952, 1: 242, Mualla, Sharm esh Sheikh.
Plicomugil labiosus.– Schultz, 1953, 1: 320–322, Figs 49–50, Tb. 30, Red Sea.– Ben-Tuvia, 1975, 27: 18, Fig. 1g, Gulf of Aqaba, Sinafir Isl., Ethiopia.

101.5   *VALAMUGIL* Smith, 1948   Gender: M
         Ann. Mag. nat. Hist. 14: 833 (type species: *Mugil seheli* Forsskål, 1775, by orig. design.).

101.5.1   *Valamugil seheli* (Forsskål, 1775)
          Mugil crenilabis seheli Forsskål, 1775, *Descr. Anim.*: xiv, 73–74. Holotype: ZMUC P-71373 (dried skin), Lohaja.
          Mugil seheli.– Bloch & Schneider, 1801: 116 (R.S. on Forsskål).– Valenciennes, in Cuv. Val., 1836, 11: 152–153 (R.S. quoted).– Klunzinger, 1870, 20: 827, Quseir; 1884: 132, Pl. 10, fig. 1, 1a, Red Sea.– Day, 1876: 355 (R.S. quoted); 1889, 2: 350 (R.S. quoted).– Tillier, 1902, 13: 295, Bitter Lake, Lake Timsah; 1912, 15: 292, 318, Suez Canal.– Boulenger, 1916, 4: 91, Fig. 55, Massawa.– Weber & Beaufort, 1922, 4: 252–253 (R.S. quoted).– Norman, 1927, 22: 380, Kabret, Suez Canal; 1929: 616, Lake Timsah, Lake Menzaleh.– Gruvel, 1936, 29: 156, Kabret.– Gruvel & Chabanaud, 1937, 35: 13, Suez Canal.– Tortonese, 1948, 33: 279, Lake Timsah.
          Mugil (Liza) seheli.– Tortonese, 1935–36 [1937], 45: 172 (sep.: 22), Massawa.
          Valamugil seheli.– Smith, 1949: 323, Fig. 889, S. Africa.– Ben-Tuvia, 1975, 27: 18, Fig. 1b, Gulf of Aqaba, Dahlak, Ethiopia.
          Mugil axillaris Valenciennes, in Cuv. Val., 1836, *Hist. nat. Poiss.* 11: 131. Syntypes: MNHN A-842, Mauritius, A-3622, New Guinea (syn. v. Day, 1876: 356).
          Mugil axillaris.– Günther, 1876 (11): 131, Red Sea.

101.A.a   *Myxus trimaculatus* Klunzinger, 1870, *Verh. zool.-bot. Ges. Wien* 20: 832, Quseir. Probably a young *mugil*.

102   SPHYRAENIDAE
                                                                       G: 1
                                                                       Sp: 8

102.1   *SPHYRAENA* [Artedi] **Bloch & Schneider,** 1801   Gender: F
        Syst. Ichthyol.: 109 (type species: *Esox sphyraena* Linnaeus, 1758, by tautonomy).
        Agrioposphyraena Fowler, 1903, *Proc. Acad. nat. Sci. Philad.* 55: 749 (type species: *Esox barracuda* Walbaum, 1792, by orig. design.).
        Sphyraenella Smith, 1956b, *Ichthyol. Bull. Rhodes Univ.* (3): 38 (type species: *Sphyraena flavicauda* Rüppell, 1838, by orig. design.).

102.1.1   *Sphyraena barracuda* (Walbaum, 1792)
          Esox barracuda Walbaum, 1792, *Artedi Pisc.*: 94.
          Agrioposphyraena barracuda.– Smith, 1956b (3): 41, Pl. 7, figs 4a–c (R.S. quoted).
          Sphyraena barracuda.– Fowler, 1945, 26: 119, Fig. 3 (R.S. quoted).– Ben-Tuvia, 1968 (52): 45, Entedebir.– De Sylva, 1973, 15: 84–85, Fig. 4a (R.S. on Rüppell).
          Esox sphyraena (not Linnaeus).– Forsskål, 1775: xvi, Red Sea.– Klausewitz & Nielsen, 1965, 22: 25, Red Sea (misidentification v. Klunzinger and v. De Sylva).
          Sphyraena dussumieri Valenciennes, in Cuv. Val., 1831, *Hist. nat. Poiss.* 7: 508, New Guinea, Maldives, Red Sea. Type: MNHN lost (syn. v. Smith and v. De Sylva).
          Sphyraena affinis Rüppell, 1838, *Neue Wirbelth., Fische*: 98–99, Jiddah. Holotype: SMF 2805 (syn. v. De Sylva); 1852: 4, Red Sea.

Sphyraenidae

Sphyraena agam Rüppell, 1838, *Neue Wirbelth., Fische* : 99, Pl. 25, fig. 2. Holotype: SMF 2818, Red Sea (syn. v. Smith and v. De Sylva); 1852 : 4, Red Sea.– Günther, 1860, **2** : 341 (R.S. on Rüppell).– Klunzinger, 1870, **20** : 822, Quseir; 1884 : 129, Red Sea.

Sphyraena sphyraena var. *picuda* Bloch & Schneider, 1801, *Syst. Ichthyol.* : 110, Pl. 29, fig. 1, S. America (syn. v. Smith and v. De Sylva).

Sphyraena picuda.– Weber & Beaufort, 1922, **4** : 224–225 (R.S. quoted) (syn. v. Smith).– Marshall, 1952, **1** : 242, Sinafir Isl.

102.1.2   ***Sphyraena chrysotaenia*** Klunzinger, 1884

Sphyraena chrysotaenia Klunzinger, 1884, *Fische Rothen Meeres* : 129, Pl. 11, fig. 3, Red Sea (acc. to De Sylva, 1973, **15** : 83–84, syn. of *Sphyraena flavicauda*). (A valid species, Ben-Tuvia in lit.).

Sphyraenella chrysotaenia.– Smith, 1956b (3) : 39, Pl. 1, fig. 2 (R.S. quoted).– Ben-Tuvia, 1968 (52) : 44, Tb. 14, Massawa.

102.1.3   ***Sphyraena flavicauda*** Rüppell, 1838

Sphyraena flavicauda Rüppell, 1838, *Neue Wirbelth., Fische* : 100, Pl. 25, fig. 3. Lectotype: SMF 506, Massawa; Paratypes: SMF 6776, 8141–43, Massawa; 1852 : 4, Red Sea.

Sphyraena flavicauda.– Günther, 1860, **2** : 340–341 (R.S. on Rüppell).– Smith, 1956b, (3) : 38–39, Pl. 1, fig. 1, S. Africa.– De Sylva, 1973, **15** : 83–84, Fig. 3f, Red Sea.

102.1.4   ***Sphyraena forsteri*** Cuvier, 1829

Sphyraena forsteri Cuvier, in Cuv. Val., 1829, *Hist. nat. Poiss.* **3** : 353–354. Acc. to Valenciennes, in Cuv. Val., 1831, **7** : 509–510, based on descr. and drawing by Forster, from Tahiti. Neotype: MNHN A-3537, design. by Klausewitz & Bauchot, 1967a, *Bull. Mus. natn. Hist. nat. Paris* **39** : 117–120, 1 fig.

Sphyraena forsteri.– Wray et al., 1979 : 39, Red Sea.

102.1.5   ***Sphyraena jello*** Cuvier, 1829

Sphyraena jello Cuvier, in Cuv. Val, 1829, *Hist. nat. Poiss.* **3** : 349–350. Holotype: MNHN A-8411, Indian Ocean.

Sphyraena jello.– Rüppell, 1838 : 98, Red Sea.– Günther, 1860, **2** : 337 (R.S. quoted).– Klunzinger, 1870, **20** : 823–824, Quseir; 1884 : 129, Pl. 9, figs 1, 1a, Red Sea.– Day, 1889, **2** : 335–336 (R.S. quoted).– Weber & Beaufort, 1922, **5** : 220–222 (R.S. quoted).– Tortonese, 1935–36 [1937], **45** : 171 (sep. : 21), Massawa.– Marshall, 1952, **1** : 242, Sinafir Isl.– Roux-Estève & Fourmanoir, 1955, **30** : 196, Abu Latt.– Roux-Estève, 1956, **32** : 65, Abu Latt.– Klausewitz, 1967c (2) : 62, Sarso Isl.– Ben-Tuvia, 1968 (52) : 45, Tb. 15, Ethiopia.– De Sylva, 1973, **15** : 86–87, Fig. 4d, Indo-Pacific.

Sphyraena permisca Smith, 1956b, *Ichthyol. Bull. Rhodes Univ.* (3) : 45, Pl. 2, fig. 8. Holotype: RUSI 83 (R.S. on *Sphyraena jello.–* Klunzinger, 1870 and 1884) (syn. v. De Sylva).

Esox sphyraena minor Forsskål, 1775, *Descr. Anim.* : xvi, Jiddah. Type lost (syn. v. Klunzinger).

102.1.6   ***Sphyraena obtusata*** Cuvier, 1829

Sphyraena obtusata Cuvier, in Cuv. Val., 1829, *Hist. nat. Poiss.* **3** : 350. Syntypes: MNHN 9600 (2 ex.), P. Jackson, A-3530, Bourbon, A-3531, A-5846, Pondichery.

Sphyraena obtusata.– Klunzinger, 1870, **20** : 820–821, Quseir; 1884 : 128–129, Red Sea.– Günther, 1877 (13) : 212–213, Pl. 119, fig. B (R.S. quoted).– Weber & Beaufort, 1922, **4** : 226–228 (R.S. quoted).– Chabanaud, 1933, **58** : 290, Lake Timsah, Suez Canal; 1934, **6** : 158, Lake Timsah, Suez Canal.– Gruvel, 1936, **29** :

172, Fig. 50, Suez Canal.— Gruvel & Chabanaud, 1937, **35** : 14, Lake Timsah, Suez Canal.— Ben-Tuvia & Steinitz, 1952 (2) : 6, Elat.— De Sylva, 1973, **15** : 83, Fig. 3e, Indo-Pacific.

102.1.7 **Sphyraena putnamiae Jordan & Seale**, 1905
Sphyraena putnamiae Jordan & Seale, 1905a, *Proc. Davenport Acad. Sci.* **10** : 1, 4. Holotype: CAS(SU) 9063, Hong Kong.
Sphyraena bleekeri Williams, 1959, *Ann. Mag. nat. Hist.* **2** : 122, Pl. 2D. Msuka Bay (Tanzania) (syn. De Sylva via Randall, in lit.).— De Sylva, 1973, **15** : 85, Fig. 4b, Red Sea.— Randall, *Red Sea Reef Fishes* (in press), Red Sea.

102.1.8 **Sphyraena qenie Klunzinger**, 1870
Sphyraena qenie Klunzinger, 1870, *Verh. zool.-bot. Ges. Wien* **20** : 823, Quseir. Type: NMW, no number.
Sphyraena Kenie Klunzinger, 1884 : 129, Pl. 9, fig. 2, 2a, Red Sea.
Sphyraena qenie.— Smith, 1965b (3) : 43—44 (R.S. quoted).— Ben-Tuvia, 1968 (52) : 45, Entedebir.— De Sylva, 1973, **15** : 85—86, Fig. 4c (R.S. quoted).

103 **LABRIDAE**

G : 26
Sp : 65

103.1 *ANAMPSES* (Cuvier) **Quoy & Gaimard**, 1824   Gender : M
Voy. Uranie, Zool. : 276 (type species: *Anampses cuvier* Quoy & Gaimard, 1824, by monotypy).

103.1.1 **Anampses caeruleopunctatus Rüppell**, 1829
Anampses caeruleopunctatus Rüppell, 1829, *Atlas Reise N. Afrika, Fische* : 42—43, Pl. 10, fig. 1. Holotype: SMF 2745, Et Tur; 1852 : 20, Red Sea.
Anampses caeruleopunctatus.— Valenciennes, in Cuv. Val., 1840, **14** : 5—9, Et Tur.— Günther, 1862, **4** : 135 (R.S. quoted).— Playfair & Günther, 1866 : 91 (R.S. quoted).— Day, 1889 : 40 (R.S. quoted).— Fowler & Bean, 1928, **7** : 228—230 (R.S. quoted).— Beaufort (W.B.), 1940, **8** : 105—106 (R.S. quoted).— Smith, 1949 : 288, Pl. 54, fig. 786, S. Africa.— Saunders, 1960, **79** : 242, Red Sea.
Anampses coeruleopunctatus.— Klunzinger, 1871, **21** : 534—535, Red Sea.— Day, 1877 : 395, Pl. 87, fig. 4 (R.S. quoted).— Borodin, 1930, **1** : 60, P. Sudan.— Gruvel & Chabanaud, 1937, **35** : 27, Suez Canal.— Steinitz & Ben-Tuvia, 1955a (11) : 7, Aqaba.— Randall, 1972a : 160—163, Fig. 1, Pl. 1, figs B, C, Red Sea.
Anampses diadematus Rüppell, 1835, *Neue Wirbelth., Fische* : 21, Pl. 6, fig. 3. Holotype: SMF 1580, Et Tur (the male of *caeruleopunctatus*, v. Randall); 1852 : 20, Red Sea.— Valenciennes, in Cuv. Val., 1840, **14** : 14, Red Sea.— Günther, 1862, **4** : 137 (R.S. quoted); 1881 (15) : 252 (R.S. quoted).— Playfair & Günther, 1866 : 91 (R.S. quoted).— Klunzinger, 1871, **21** : 533, Quseir.— Fowler & Bean, 1928, **7** : 230—231 (R.S. quoted).— Beaufort (W.B.), 1940, **8** : 104—105 (R.S. quoted).— Smith, 1949 : 288, Pl. 54, fig. 785, S. Africa.

103.1.2 **Anampses melanurus Bleeker**, 1857
Anampses melanurus Bleeker, 1857a, *Act. Soc. Sci. Indo-Neerl.* **2** : 79. Holotype: BMNH 1846.5.15.47, Amboina.

103.1.2.1 **Anampses melanurus lineatus Randall**, 1972[1]
Anampses melanurus lineatus Randall, 1972a, *Micronesica* **8** (1, 2) : 172—175,

[1] *Anampses lineatus* is considered by Randall, *Red Sea Reef Fishes*, as a species.

Fig. 7. Holotype: BPBM 13268, Elat; Paratypes: BPBM 13269, 13270, Elat; USNM 208027, Elat; 1974 (21) : 14, Pl. 2, figs 3–4 (R.S. on Randall, 1972).

103.1.3   *Anampses meleagrides* Valenciennes, 1839
Anampses meleagrides Valenciennes, in Cuv. Val., 1840, *Hist. nat. Poiss.* 14 : 12–13. Holotype: MNHN A-8248, Mauritius.
Anampses meleagrides.– Beaufort (W.B.), 1940, 8 : 102, Fig. 19, Indian Ocean.– Randall, 1972 : 166–169, Figs 3–4, Gulf of Aqaba; 1974 : 14, Pl. 2, figs 1–2 (on Randall, 1972).
Anampses amboinensis Bleeker, 1857a, *Act. Soc. Sci. Indo-Neerl.* 2 : 80. Lectotype: RMNH 6567, Amboina; Paralectotype: MNHN 1862.2.28.92, Amboina.– Randall, 1972a : 166–169, Gulf of Aqaba (male of *Anampses meleagrides*, v. Randall, 1972a and 1974).

103.1.4   *Anampses twistii* Bleeker, 1856
Anampses twistii Bleeker, 1856a, *Act. Soc. Sci. Indo-Neerl.* 1 : 56–57. Holotype: RMNH 6562, Amboina.
Anampses twistii Amboina.– Beaufort (W.B.), 1940, 8 : 107–108, Indian Ocean.– Smith, 1957f (7) : 103, S. Africa.– Dor, 1970 (54) : 21, Elat.– Randall, 1972a : 182–183, Pl. 2D, Red Sea.

103.2   *BODIANUS* Bloch, 1790   Gender: M
Naturgesch. ausl. Fische 4 : 31, 33 (type species: *Bodianus bodianus* Bloch, 1790, by absolute tautonomy).
Diastodon Bowdich, 1825, *Excur. Madeira* : 328 (type species: *Diastodon speciosus* Bowdich, 1825, by monotypy).
Lepidaplois Gill, 1862, *Proc. Acad. nat. Sci. Philad.* 14 : 140 (type species: *Labrus axillaris* Bennett, 1831, by monotypy).

103.2.1   *Bodianus anthioides* (Bennett, 1831)
Crenilabrus anthioides Bennett, 1831b, *Proc. zool. Soc. Lond.* : 167. No type material, Mauritius.
Bodianus anthioides.– Beaufort (W.B.), 1940, 8 : 46–47, Indian Ocean.
Crenilabrus anthioides.– Steinitz & Ben-Tuvia, 1955a (11) : 7, Elat.
Lepidaplois anthiodes.– Smith, 1957f (7) : 101, S. Africa.

103.2.2   *Bodianus axillaris* (Bennett, 1831)
Labrus axillaris Bennett, 1831b, *Proc. zool. Soc. Lond.* : 166. Type: BMNH 1856.2.15.13, Mauritius.
Cossyphus axillaris.– Günther, 1881 (15) : 239–240, Pl. 138, fig. E (R.S. quoted).
Diastodon axillaris.– Tortonese, 1935–36 [1937], 45 : 194 (sep. : 44), Massawa.
Lepidaplois axillaris.– Smith, 1949 : 287, Pl. 52, fig. 775, S. Africa.

103.2.3   *Bodianus diana* (Lacepède, 1802)
Labrus diana [Commerson MS] Lacepède, 1802, *Hist. nat. Poiss.* 3 : 450–451, 522, 523, 524, Pl. 32, fig. 1 (based on drawing by Commerson).
Cossyphus diana.– Klunzinger, 1871, 21 : 549, Quseir.
Lepidaplois diana.– Fowler & Bean, 1928, 7 : 204–206 (R.S. quoted).– Smith, 1949 : 287, Pl. 52, fig. 774, S. Africa.– Saunders, 1960, 79 : 242, Red Sea.
Bodianus diana.– Beaufort (W.B.), 1940, 8 : 44–46, Fig. 9 (R.S. quoted).
Lepidaplois aldabrensis Smith, 1955, **Ann.** *mag. Nat. Hist.* 8 : 932–933, Pl. 24, fig. A. Holotype: RUSI 281, Aldabra (young of *Bodianus diana*, Martin Gomon, pers. commun. via J. Randall).– Dor, 1970 (54) : 20, Ras El Burqa.

103.2.4   *Bodianus opercularis* (Guichenot, 1847)
Cossyphus opercularis Guichenot, 1847, *Rev. Zool.* : 283. Syntypes: MNHN A-8271, A-8272, Madagascar.

Bodianus opercularis.– Randall, 1981, **13** (1–3) : 99, Pl. 3, fig. 10, Elat.
Lepidaplois opercularis.– Smith, 1957d (7) : 103, Comores.

103.3   *CHEILINUS* Lacepède, 1801*   Gender: M
         Hist. nat. Poiss. **3** : 529 (type species: *Cheilinus trilobatus* Lacepède, 1801, by subs.
         design. of Bonaparte, 1841, *Icon. Fauna ital.*, fasc. 30).

103.3.1 *Cheilinus arenatus* Valenciennes, 1840
         Cheilinus arenatus Valenciennes, in Cuv. Val., 1840, *Hist. nat. Poiss.* **14** : 101–102,
         Pl. 397. Holotype: MNHN A-8224, Bourbon.
         Cheilinus arenatus.– Beaufort (W.B.), 1940, 8 : 93–94, Indian Ocean.– Smith, 1957f
         (7) : 108, Pl. 1E, S. Africa.– Randall, 1981, **13** (1–3) : 95–96, Pl. 2, fig. 7, Elat.

103.3.2 *Cheilinus bimaculatus* Valenciennes, 1840
         Cheilinus bimaculatus Valenciennes, in Cuv. Val., 1840, *Hist. nat. Poiss.* **14** : 96–
         97. Holotype : MNHN A-7470, Sandwich Isls.
         Cheilinus bimaculatus.– Beaufort (W.B.), 1940, 8 : 84–86, Indian Ocean.– Smith,
         1949 : 293, Pl. 61, fig. 815, S. Africa; 1957f (7) : 108 (R.S., pass. ref.).
         Cheilinus mossambicus Günther, 1862, *Cat. Fishes Br. Mus.* **4** : 127. Holotype: BMNH
         1861.5.2.45, Mozambique (syn. v. Smith).– Pellegrin, 1912, **3** : 8, Red Sea.

103.3.3 *Cheilinus diagramma* (Lacepède, 1802)
         Labrus diagramma [Commerson MS] Lacepède, 1802, *Hist. nat. Poiss.* **3** : 448,
         517, 518, 519, Pl. 1, fig. 2. Holotype: MNHN B-2155, Equatorial Ocean.
         Cheilinus diagramma.– Beaufort (W.B.), 1940, 8 : 88–90 (R.S. quoted).– Steinitz &
         Ben-Tuvia, 1955 (11) : 7, Elat.
         Cheilinus diagrammus.– Fowler & Bean, 1928, 7 : 354–357 (R.S. quoted).– Torto-
         nese, 1935–36 [1937], **45** : 194 (sep. : 44), Massawa.– Smith, 1949 : 294, Fig.
         817; 1953, Pl. 107, fig. 817, S. Africa; 1957f (7) : 109, S. Africa.– Saunders,
         1960, 79 : 242, Red Sea; 1968 (3) : 496, Red Sea.– Bayoumi, 1972 : 175, Red Sea.
         Cheilinus coccineus Rüppell, 1828, *Atlas Reise N. Afrika, Fische* : 23–24. Lectotype:
         SMF 937, Jiddah; Paralectotypes: SMF 4704–4706, Jiddah (syn. v. Klunzinger,
         1871); 1852 : 21, Red Sea.
         Sparus radiatus Bloch & Schneider, 1801, *Syst. Ichthyol.* : 270, Pl. 56 (syn. v. W.B.).
         Cheilinus radiatus.– Valenciennes, in Cuv. Val., 1840, **14** : 91–92, Red Sea.– Rüppell,
         1852 : 21, Red Sea.– Borsieri, 1904 (3) **1** : 216–217, Massawa, Dissei.
         Chilinus radiatus.– Klunzinger, 1871, **21** : 556, Quseir.– Günther, 1881 (15) : 247,
         Pl. 135, fig. A (R.S. quoted).

103.3.4 *Cheilinus fasciatus* (Bloch, 1791)
         Sparus fasciatus Bloch, 1791, *Naturgesch. ausl. Fische* **5** : 18–19, Pl. 257. Syn-
         types: ZMB 2651, 8158 (dried skin), 8577 (dried skin), Japan.
         Cheilinus fasciatus.– Rüppell, 1828 : 23, Massawa; 1852 : 21, Red Sea.– Günther,
         1862, **4** : 129–130 (R.S. quoted).– Playfair & Günther, 1866 : 89 (R.S. quoted).–
         Day, 1877 : 394, Pl. 84, fig. 1 (R.S. quoted); 1889, **2** : 399 (R.S. quoted).– Bor-
         sieri, 1904 (3), **1** : 216, Massawa.– Fowler & Bean, 1928, 7 : 350–352 (R.S.
         quoted).– Tortonese, 1935–36 [1937], **45** : 195 (sep. : 45), Massawa.– Beaufort
         (W.B.), 1940, 8 : 81–83, Fig. 16 (R.S. quoted).– Roux-Estève & Fourmanoir,
         1955, **30** : 198, Abu Latt.– Roux-Estève, 1956, **32** : 89, Abu Latt.– Smith, 1957f
         (7) : 109, S. Africa.
         Chilinus fasciatus.– Klunzinger, 1871, **21** : 555, Red Sea.
         Cheilinus quinquecinctus Rüppell, 1835, *Neue Wirbelth., Fische* : 19, Pl. 6, Fig. 1.
         Holotype: SMF 2701, Jiddah; Paratypes: SMF 2732, 2740, Jiddah (syn. v. Smith);
         1852 : 21, Red Sea.– Saunders, 1960, 79 : 242, Red Sea.– Günther, 1862, **4** :
         130, Red Sea.
         Cheilinus fasciatus quinquecinctus.– Klausewitz, 1967c (2) : 59, Sarso Isl.
         Chilinus quinquecinctus.– Klunzinger, 1871, **21** : 555, Red Sea.

Labridae

103.3.5 *Cheilinus lunulatus* (Forsskål, 1775)
Labrus lunulatus Forsskål, 1775, *Descr. Anim.* : xi, 37. Holotype: ZMUC P-5846, Jiddah.
Labrus lunulatus.– Bloch & Schneider, 1801 : 257 (R.S. on Forsskål).– Hemprich & Ehrenberg, 1899, Pl. 8, fig. 2a–c (no loc.).– Klausewitz & Nielsen, 1965, **22** : 17, Pl. 7, fig. 16, Pl. 8, fig. 16, Red Sea.
Cheilinus lunulatus.– Rüppell, 1828 : 21–22, Pl. 6, fig. 1, Mohila; 1852 : 21, Red Sea.– Valenciennes, in Cuv. Val., 1840, **14** : 88–91, Red Sea.– Playfair & Günther, 1866 : 89 (R.S. quoted).– Tortonese, 1935–36 [1937], **45** (63) : 45, Red Sea.– Steinitz & Ben-Tuvia, 1955a (11) : 7, Aqaba.– Roux-Estève & Fourmanoir, 1955, **30** : 198, Abu Latt.– Roux-Estève, 1956, **32** : 90, Abu Latt.– Smith, 1957d (7) : 109 (R.S. quoted).– Saunders, 1960, **79** : 242, Red Sea.
Chilinus lunulatus.– Klunzinger, 1871, **21** : 554, Quseir.

103.3.6 *Cheilinus mentalis* Rüppell, 1828
Cheilinus mentalis Rüppell, 1828, *Atlas Reise N. Afrika, Fische* : 24. Lectotype: SMF 1149, Massawa; Paralectotypes: SMF 5044–5045, Massawa; MNHN A-9043, Massawa; 1852 : 21, Red Sea.
Cheilinus mentalis.– Valenciennes, in Cuv. Val., 1840, **14** : 101, Massawa.– Günther, 1862, **4** : 131 (R.S. on Rüppell).– Tortonese, 1935–36 [1937], **45** : 195 (sep. : 45), Massawa.– Beaufort (W.B.), 1940, **8** : 86–88 (R.S. quoted).– Marshall, 1952, **1** (8) : 239, Aqaba.– Smith, 1957d (7) : 109 (R.S. quoted).
Chilinus mentalis.– Klunzinger, 1871, **21** : 556, Red Sea.– Kossmann & Räuber, 1877a, **1** : 409, Red Sea; 1877b : 27, Red Sea.– Kossmann, 1879, **2** : 21, Red Sea.
Cheilinus venosus Valenciennes, in Cuv. Val., 1840, *Hist. nat. Poiss.* **14** : 100–101. Syntypes: MNHN A-9053, Suez, A-8281, Egypt, A-7468, Red Sea, A-7471, Red Sea (syn. v. Randall, 1981, **13** : 96).
Cheilinus venosus.– Bauchot, 1963 (20) : 17, Red Sea.
Cheilinus rhodochrous (not Playfair & Günther, 1866).– Bamber, 1915, **31** : 482, Red Sea.– Beaufort (W.B.), 1940, **8** : 90–91 (R.S. quoted).– Smith, 1957f (7) : 109 (R.S. quoted) (misidentification v. Randall, 1981, **13** : 96).
Cheilinus arenatus (not Valenciennes in Cuv. Val., 1840).– Roux-Estève & Fourmanoir, 1955, **30** : 198, Abu Latt.– Roux-Estève, 1956, **32** : 90, Abu Latt (misidentification v. Randall, 1981, **13** : 96).

103.3.7 *Cheilinus trilobatus* Lacepède, 1802*
Cheilinus trilobatus [Commerson MS] Lacepède, 1802, *Hist. nat. Poiss.* **3** : 529, 537–538, Pl. 31, fig. 3. Syntype: MNHN B-2129, B-2131, Reunion Isl., Madagascar.
Cheilinus trilobatus.– Rüppell, 1828 : 22–23, Red Sea; 1835 : 27, Red Sea.– Day, 1877 : 394, Pl. 82, fig. 4 (R.S. quoted).– Borsieri, 1904 (3), **1** : 216, Massawa.– Bamber, 1915, **31** : 481, W. Red Sea.– Fowler & Bean, 1928, **7** : 347–350 (R.S. quoted).– Tortonese, 1935–36 [1937], **45** : 195 (sep. : 45), Massawa; 1947, **43** : 87, Massawa.– Gruvel & Chabanaud, 1937, **35** : 27, Suez Canal.– Beaufort (W.B.), 1940, **8** : 79–81 (R.S. quoted).– Smith, 1949 : 294, Pl. 56, fig. 816, S. Africa; 1957f (7) : 109, S. Africa.– Steinitz & Ben-Tuvia, 1955 (11) : 8, Elat, Aqaba.– Roux-Estève & Fourmanoir, 1955, **30** : 198, Abu Latt.– Roux-Estève, 1956, **32** : 89, Abu Latt.– Abel, 1960a, **49** : 457, Ghardaqa.– Saunders, 1960, **79** : 242, Red Sea; 1968 (3) : 496, Red Sea.– Clark, Ben-Tuvia & Steinitz, 1968 (49) : 23, Entedebir.
Chilinus trilobatus.– Klunzinger, 1871, **21** : 553–554, Quseir.– Kossmann & Räuber, 1877, **1** : 409, Red Sea; 1877b : 26, Red Sea.– Kossmann, 1879, **2** : 21, Red Sea.– Day, 1889, **2** : 398–399 (R.S. quoted).– Picaglia, 1894, **13** : 33–34, Assab.
Labrus lunulatus var. b., Forsskål, 1775, *Descr. Anim.* : xi, 37, Jiddah (syn. v. Klunzinger).– Klausewitz & Nielsen, 1956, **22** : 17, Red Sea.

Cheilinus abudjubbe Rüppell, 1835, *Neue Wirbelth., Fische* : 18, Red Sea. Type lost (footnote) (syn. v. Fowler & Bean).
Cheilinus fasciato-punctatus Steindachner, 1863, *Verh. zool.-bot. Ges. Wien* 13 : 1114, Pl. 23, Red Sea (syn. v. Randall).
Labrus radiatus (not Bloch & Schneider, not Cuv. Val.).– Hemprich & Ehrenberg, 1899 : 8, Pl. 8, fig. 1a–c (misidentification v. Klunzinger).

103.3.8   **Cheilinus undulatus Rüppell, 1835**
Cheilinus undulatus Rüppell, 1835, *Neue Wirbelth., Fische* : 20, Pl. 6, fig. 2. Holotype: SMF 2733, Jiddah; 1852 : 21, Red Sea.
Cheilinus undulatus.– Valenciennes, in Cuv. Val., 1840, 14 : 108 (R.S. quoted).– Fowler & Bean, 1928, 7 : 352–354 (R.S. quoted).– Beaufort (W.B.), 1940, 8 : 83–84 (R.S. quoted).– Smith, 1957f (7) : 109 (R.S. on Rüppell).– Saunders, 1960, 79 : 242, Red Sea.– Klausewitz, 1967c (2) : 62, Sarso Isl.– Randall, Head & Sanders, 1978, 3 (2) : 235–238, Fig. 1, Sudan.
Chilinus undulatus.– Günther, 1862, 4 : 129 (R.S. quoted).– Playfair & Günther, 1866 : 88–89 (R.S.? quoted).– Klunzinger, 1871, 21 : 552–553, Quseir.– Day, 1889 : 339 (R.S. quoted).

103.4   *CHEILIO* **Lacepède, 1802**   Gender: M
Hist. nat. Poiss. 4 : 432 (type species: *Cheilio aruanus* Lacepède, 1802, by subs. design. of Bonaparte, 1841, *Icon. Fauna ital.*, fasc. 30).

103.4.1   *Cheilio inermis* **(Forsskål, 1775)**
Labrus inermis Forsskål, 1775, *Descr. Anim.* : xi, 34. Lectotype: ZMUC P-5739 (dried skin), Mocho; Paralectotype: ZMUC P-5740 (dried skin), Mocho.
Labrus inermis.– Schneider, in Bloch & Schneider, 1801 : 262 (R.S. on Forsskål).– Klausewitz & Nielsen, 1965, 22 : 16, Pl. 6, fig. 14, Mocho.
Chilio inermis.– Klunzinger, 1871, 21 : 530, Quseir.
Cheilio inermis.– Day, 1877 : 407, Pl. 88, fig. 4 (R.S. quoted); 1889 : 416–417, Fig. 143 (R.S. quoted).– Fowler & Bean, 1928, 7 : 335–338 (R.S. quoted).– Beaufort (W.B.), 1940, 8 : 109–111, Fig. 20 (R.S. quoted).– Smith, 1949 : 285, Pl. 62, fig. 770, S. Africa; 1957f (7) : 101 (R.S. quoted).– Saunders, 1960, 79 (3) : 242, Red Sea.– Klausewitz, 1967c (2) : 60, Sarso Isl.
Labrus fusiformis Rüppell, 1835, *Neue Wirbelth., Fische* : 7–8, Pl. 1, fig. 4. Holotype: SMF 2705, Jiddah, Massawa (syn. v. Klunzinger).
Cheilio forskali Valenciennes, in Cuv. Val., 1839, *Hist. nat. Poiss.* 13 : 349–351. Holotype: MNHN A-9223, Suez (syn. v. Klunzinger).– Rüppell, 1852 : 20, Red Sea.
Cheilio auratus [Commerson MS] Lacepède, 1803, *Hist. nat. Poiss.* 4 : 433. Holotype: MNHN B-3132, Mauritius (syn. v. Klunzinger).
Cheilio auratus.– Valenciennes, in Cuv. Val., 8 : 441 (R.S. quoted).

103.5   *CHOERODON* **Bleeker, 1845**   Gender: M
Natuur. geneesk. Arch. Neêrl.-Ind. 2 : 513 (type species: *Labrus macrodontus* Lacepède, 1801, by monotypy).
Xyphocheilus Bleeker, 1856–1857, *Natuurk. Tijdschr. Ned.-Indië* 12 : 223 (type species: *Xyphocheilus typus* Bleeker, 1856–1857, by monotypy).

103.5.1   *Choerodon robustus* **(Günther, 1862)**
Xiphochilus robustus Günther, 1862, *Cat. Fishes Br. Mus.* 4 : 98–99, Mauritius. Holotype: BMNH 1840.12.12.10.
Xiphochilus robustus.– Klunzinger, 1871, 21 : 550–551, Quseir.– Steinitz & Ben-Tuvia, 1955 (11) : 8, Aqaba.
Choerodon robustus.– Smith, 1957f (7) : 101, S. Africa.

Labridae

103.6   *CIRRHILABRUS* Temminck & Schlegel, 1845   Gender: M
         Fauna Japonica : 167 (type species: *Cirrhilabrus temminckii* Bleeker, 1775, by
         subs. design. of Bleeker, 1775).

103.6.1 *Cirrhilabrus blatteus* Springer & Randall, 1974
         Cirrhilabrus blatteus Springer & Randall, 1974, *Israel J. Zool.* **23** : 48–52, Figs
         2–3. Holotype: USNM 211870, Gulf of Elat; Paratypes: HUJ 6863; BPBM 16849,
         16850; USNM 211871, Gulf of Elat.

103.6.2 *Cirrhilabrus rubriventralis* Springer & Randall, 1974
         Cirrhilabrus rubriventralis Springer & Randall, 1974, *Israel J. Zool.* **23** : 52–54,
         Figs 4–5. Holotype: USNM 212007, Gulf of Elat; Paratypes: USNM 212008,
         212009, 212010, 212011; HUJ F-5914; SMF 12785; BPBM 16851, 16852, Gulf of
         Elat.

103.7   *CORIS* [Commerson MS] Lacepède, 1801   Gender: F
         Hist. nat. Poiss. **3** : 96 (type species: *Coris aygula* Lacepède, 1801, by subs. design.
         of Jordan, 1917).
         Julis Cuvier, 1814, *Bull. Soc. philomath. Paris* : 90, as subgenus (type species: *Labrus
         julis* Linnaeus, 1758, by absolute tautonomy).

103.7.1 *Coris aygula* Lacepède, 1802
         Coris aygula [Commerson MS] Lacepède, 1802, *Hist. nat. Poiss.* **3** : 96–98, Pl. 4,
         fig. 2. Syntypes: MNHN B-2128 (2 ex.), Mauritius.
         Coris aygula.– Günther, 1862, **4** : 201–202, Red Sea.– Klunzinger, 1871, **21** : 539,
         Quseir.– Day, 1877 : 408, Pl. 88, fig. 5 (R.S. quoted); 1889 : 418 (R.S. quoted).–
         Beaufort (W.B.), 1940, **8** : 247–249 (R.S. quoted).– Steinitz & Ben-Tuvia, 1955
         (11) : 8, Elat.– Tortonese, 1968 (51) : 23, Elat.
         Julis aygula.– Rüppell, 1828 : 25–26, Pl. 6, fig. 3, N. Red Sea, Gulf of Setie; 1852 :
         20, Red Sea.
         Julis semipunctatus Rüppell, 1835, *Neue Wirbelth., Fische* : 12–13, Pl. 3, fig. 3. Holo-
         type: SMF 339, Mohila (syn. v. Klunzinger).
         Julis coris Valenciennes, in Cuv. Val., 1839, *Hist. nat. Poiss.* **13** : 491–498 (R.S. on
         Coris aygula Lacepède) (syn. v. Klunzinger).
         Labrus cingulum [Commerson MS] Lacepède, 1801, *Hist. nat. Poiss.* **3** : 448, 517,
         519, 520, Pl. 28, fig. 1, Mauritius (the young of *Coris aygula*, v. Klunzinger). No
         type material.
         Julis cingulum.– Valenciennes, in Cuv. Val., 1839, **13** : 428–430 (R.S. quoted).–
         Rüppell, 1852 : 20, Red Sea.
         Coris cingulum.– Günther, 1862, **4** : 203 (R.S. quoted).– Klunzinger, 1871, **21** : 539–
         540, Quseir (the young of *Coris aygula*).
         Coris angulatus [Commerson MS] Lacepède, 1801, *Hist. nat. Poiss.* **3** : 96–99, Pl. 4,
         fig. 2 (based on drawing by Commerson) (syn. v. Günther).
         Coris angulata.– Fowler & Bean, 1928, **7** : 303–304 (R.S. quoted) (syn. of *aygula*,
         which has priority).– Smith, 1949 : 292, Fig. 806; 1953, Pl. 101, fig. 806, Pl. 104,
         fig. 806, S. Africa; 1957f (7) : 107, S. Africa.– Abel, 1960a, **49** : 457, Ghardaqa.–
         Saunders, 1960, **79** : 242, Red Sea.

103.7.2 *Coris caudimacula* (Quoy & Gaimard, 1834)
         Julis caudimacula Quoy & Gaimard, 1834, *Voy. Astrolabe, Zool.* : 710–711, Pl. 15,
         fig. 2. Holotype: MNHN A-2282, Mauritius.
         Julis caudimacula.– Valenciennes, in Cuv. Val., 1839, **13** : 526 (R.S. quoted).
         Coris caudimacula.– Klunzinger, 1871, **21** : 540–541, Quseir.– Beaufort (W.B.),
         1940, **8** : 251–252, Indian Ocean.– Smith, 1949 : 292, Pl. 58, fig. 807, S. Africa.
         Halichoeres multicolor Rüppell, 1835, *Neue Wirbelth., Fische* : 15, Pl. 5, fig. 3. Holo-
         type: SMF 2714, Jiddah (syn. v. Smith).

Julis multicolor.– Valenciennes, in Cuv. Val., 1839, **13** : 465–466 (Jiddah on Rüppell).– Rüppell, 1852 : 20, Red Sea.
Coris multicolor.– Günther, 1862, **4** : 198 (R.S. quoted); 1909 (8) : 274–275 (R.S. quoted).– Klunzinger, 1871, **21** : 541, Quseir (analogical with *Coris caudimacula*).– Fowler & Bean, 1928, **7** : 308–309 (R.S. quoted).– Smith, 1949 : 292 (doubtfully distinct from *Coris caudimacula*). (I agree with Klunzinger & Smith that it is a synonym, based on my examination of a series of over 10 specimens in HUJ.)

103.7.3   **Coris gaimard Quoy & Gaimard, 1824**
Julis gaimard Quoy & Gaimard, 1824, *Voy. Uranie, Zool.* : 265, Pl. 54, fig. 1. Holotype : MNHN A-9272, Sandwich Isls.

103.7.3.1 *Coris gaimard africana* **Smith**, 1957g, *Ichthyol. Bull. Rhodes Univ.* (8) : 119, Textfig. 1, Pls 1A, 2A. Holotype : RUSI 87.
Coris africana.– Smith & Smith, 1963 : 38, Pl. 82A, Seychelles.– Dor, 1970 : 21 (54) Dahab. (Only a sub-species, Randall, pers. commun.)

103.7.4   **Coris variegata (Rüppell, 1835)**
Halichoeres variegatus Rüppell, 1835, *Neue Wirbelth., Fische* : 14–15, Pl. 4, fig. 2. Lectotype : SMF 1343, Massawa; Paralectotypes : SMF 5031, Massawa; MNHN A-9269, Massawa.
Julis variegatus.– Valenciennes, in Cuv. Val., 1839, **13** : 462–464, Massawa.– Rüppell, 1852 : 20, Red Sea.
Coris variegata.– Günther, 1862, **4** : 198–199, Red Sea.– Klunzinger, 1871, **21** : 540 (R.S. on Rüppell).– Fowler & Bean, 1928, **7** : 304–306 (R.S. quoted).– Beaufort (W.B.), 1940, **8** : 249–250 (R.S. quoted).– Smith, 1957f (7) : 107 (R.S. quoted).
Coris (Hemicoris) variegata.– Kossmann & Räuber, 1877a, **1** : 406, Red Sea; 1877b : 25, Red Sea.

103.8   *EPIBULUS* **Cuvier, 1814**   Gender : M
Bull. Soc. philomath. Paris : 141 (type species : *Sparus insidiator* Pallas, 1770, by monotypy).

103.8.1   *Epibulus insidiator* **(Pallas, 1770)**
Sparus insidiator Pallas, 1770, *Spicil. Zool.* (8) : 41, Pl. 5, fig. 1, Java.
Epibulus insidiator.– Beaufort (W.B.), 1940, **8** : 73–74, Indian Ocean.– Roux-Estève & Fourmanoir, 1955, **30** : 198, Abu Latt.– Roux-Estève, 1956, **32** : 89, Abu Latt.

103.9   *GOMPHOSUS* **[Commerson MS] Lacepède, 1801**   Gender : M
Hist. nat. Poiss. **3** : 100 (type species : *Gomphosus caeruleus* Lacepède, 1801, by subs. design. of Jordan, 1917).

103.9.1   *Gomphosus coeruleus* **Lacepède, 1801**
Gomphosus coeruleus [Commerson MS] Lacepède, 1801, *Hist. nat. Poiss.* **3** : 101–103, Pl. 5, fig. 1. Syntypes : MNHN B-8237, B-2134, B-2139, Mauritius.

103.9.1.1 *Gomphosus caeruleus klunzingeri* **Klausewitz, 1962**
Gomphosus caeruleus klunzingeri Klausewitz, 1962a, *Senckenberg. biol.* 43 (1) : 12–15, Pl. 1, fig. 3. Holotype : SMF 1520; Paratypes : SMF 1142, Quseir; 5029, Sarso Isl.
Gomphosus caeruleus klunzingeri.– Tortonese, 1968 (51) : 22, Elat.
Gomphosus coeruleus.– Klunzinger, 1871, **21** : 534–535, Quseir.– Picaglia, 1894, **13** : 33, Red Sea.– Beaufort (W.B.), 1940, **8** : 113–114 (R.S. quoted).– Smith, 1949 : 288, Pl. 54, fig. 783, S. Africa.– Roux-Estève & Fourmanoir, 1955, **30** : 198, Abu Latt.– Roux-Estève, 1956, **32** : 91, Abu Latt.
Gomphosus caeruleus.– Klausewitz, 1967c (2) : 62, Sarso Isl.

Labridae

Gomphosus melanotus Bleeker, 1855, *Natuurk. Tijdschr. Ned.-Indië* 8 : 457. Types:
RMNH 6638 (2 ex., incl. holotype), Cocos Isls (syn. v. Klausewitz, 1962).— Klun-
zinger, 1871, **21** : 535, Quseir.
Gomphosus varius (not Lacepède).— Fowler & Bean, 1928, 7 : 332—333 (R.S.
quoted).— Beaufort (W.B.) 1940, 8 : 114—117 (R.S. quoted) (misidentification v.
Klausewitz, 1962a).

103.10   *HALICHOERES* Rüppell, 1835   Gender: M
Neue Wirbelth., Fische : 14 (type species: *Halichoeres bimaculatus* Rüppell, 1835,
by subs. design. of Jordan & Snyder, 1902).
Platyglossus Bleeker, 1861c [1862], *Proc. zool. Soc. Lond.* : 411 (type species: *Julis
annularis* [Kuhl van Hasselt MS] Valenciennes, in Cuv. Val., 1839, by orig. design.).

103.10.1   *Halichoeres bimaculatus* Rüppell, 1835*
Halichoeres bimaculatus Rüppell, 1835, *Neue Wirbelth., Fische* : 17, Pl. 5, fig. 2.
Holotype: SMF 1164, Massawa.
Halichoeres bimaculatus.— Smith, 1957f (7) : 106, S. Africa.
Julis bimaculatus.— Rüppell, 1852 : 20, Red Sea.
Platyglossus bimaculatus.— Günther, 1862, 4 : 157 (R.S. quoted).— Playfair &
Günther, 1866 : 95 (R.S. quoted).— Klunzinger, 1871, **21** : 545, Red Sea.— Day,
1877 : 401, Pl. 85, fig. 5 (R.S. quoted); 1889 : 404 (R.S. quoted).

103.10.2   *Halichoeres centiquadrus* (Lacepède, 1801)*
Halichoeres centiquadrus [Commerson MS] Lacepède, 1801, *Hist. nat. Poiss.* **3** :
437, 493, 497. Syntypes: MNHN B-2138 (2 ex.), B-2139 (2 ex.), B-2140 (2 ex.),
B-2141, Mauritius, B-2142 (2 ex.), B-2143 (3 ex.), no loc. (they are also the syn-
types of *Labrus hortulanus*, v. Bauchot, 1963 (20) : 80—81).
Halichoeres centiquadrus.— Beaufort (W.B.), 1940, 8 : 189—192 (R.S. quoted).—
Steinitz & Ben-Tuvia, 1955 (11) : 8, Elat.— Fowler & Bean, 1928, 7 : 253—255,
Pls 19—20 (R.S. quoted).— Smith, 1949 : 290, Pl. 56, fig. 793, S. Africa; 1957f
(7) : 106, S. Africa.— Roux-Estève & Fourmanoir, 1955, **30** : 198, Abu Latt.—
Roux-Estève, 1956, **32** : 94, Abu Latt.— Klausewitz, 1967c : 60, 61, Sarso Isl.
Halichoeres eximius Rüppell, 1835, *Neue Wirbelth., Fische* : 16, Pl. 5, fig. 1, S. half of
Red Sea. Type lost (syn. v. Günther).
Julis hortulanus [Commerson MS] Lacepède, 1801, *Hist. nat. Poiss.* 3 : 449, 518,
Pl. 29, fig. 2, Mauritius. For types see *Halichoeres centiquadrus* (syn. v. Smith).—
Rüppell, 1852 : 20, Red Sea.
Platyglossus hortulanus.— Günther, 1862, 4 : 147, Red Sea.— Playfair & Günther,
1866 : 94—95 (R.S. quoted).— Klunzinger, 1871, **21** : 546—547, Quseir.— Day,
1877 : 399—400, Pl. 85, fig. 3 (R.S. quoted); 1889 : 406—407 (R.S. quoted).

103.10.3   *Halichoeres margaritaceus* (Valenciennes, 1839)*
Julis margaritaceus Valenciennes, in Cuv. Val., 1839, *Hist. nat. Poiss.* 13 : 484.
Syntypes: MNHN A-9201 (5 ex.), Vanicoro.
Halichoeres margaritaceus.— Beaufort (W.B.) 1940, 8 : 216—217, Indian Ocean.—
Marshall, 1952, **1** : 239, Abu-Zabad.— Smith, 1957f (7) : 106.

103.10.4   *Halichoeres marginatus* Rüppell, 1835
Halichoeres marginatus Rüppell, 1835, *Neue Wirbelth., Fische* : 16—17. Syntypes:
SMF 1154 (2 ex.), Massawa, Mohila.
Halichoeres marginatus.— Fowler & Bean, 1928, 7 : 265—266, Pl. 33 (R.S. quoted).—
Beaufort (W.B.), 1940, 8 : 197—198 (R.S. quoted).— Smith, 1957f (7) : 106 (R.S.
quoted).— Clark, Ben-Tuvia & Steinitz, 1968 (49) : 23, Entedebir.
Julis marginatus.— Rüppell, 1852 : 20, Red Sea.
Platyglossus marginatus.— Günther, 1862, 4 : 160 (R.S. quoted).— Klunzinger, 1871,

21 : 545, Red Sea.– Day, 1877 : 398–399, Pl. 84, figs 5–6 (R.S. quoted); 1889 : 405 (R.S. quoted).

.03.10.5 ***Halichoeres nebulosus*** **(Valenciennes, 1839)**

Julis nebulosus Valenciennes, in Cuv. Val., 1839, *Hist. nat. Poiss.* **13** : 461–462. Holotype: MNHN A-9125, Bombay.

Platyglossus nebulosus.– Günther, 1862, **4** : 151–152, Red Sea.– Klunzinger, 1871, **21** : 544–545, Quseir.– Day, 1877 : 400, Pl. 85, fig. 2 (R.S. quoted); 1889 : 407–408 (R.S. quoted).

Halichoeres nebulosus.– Fowler & Bean, 1928 : 273–275, Pl. 27 (R.S. quoted).– Beaufort (W.B.), 1940, **8** : 218–220 (R.S. quoted).– Smith, 1957f (7) : 106 (R.S. quoted).

103.10.6 ***Halichoeres scapularis*** **(Bennett, 1831)**

Julis scapularis Bennett, 1831b, *Proc. zool. Soc. Lond.* **1** : 167. Type: BMNH 1852.9.13.86, Mauritius.– Schmeltz, 1877 (6) : 16, Red Sea; 1879 (7) : 54, Red Sea.

Platyglossus scapularis.– Klunzinger, 1871, **21** : 545–546, Quseir.– Day, 1877 : 400–401, Pl. 85, fig. 4 (R.S. quoted); 1889 : 408 (R.S. quoted).– Borsieri, 1904 (3), **1** : 215–216. Massawa, Dahlak Arch., Nocra, Dissei.– Günther, 1909 (8) : 263 (R.S. quoted).

Halichoeres scapularis.– Fowler & Bean, 1928, **7** : 255–258, Pls 21–22 (R.S. quoted).– Beaufort (W.B.), 1940, **8** : 186–188 (R.S. quoted).– Smith, 1949 : 290, Pl. 55, fig. 795, S. Africa; 1957f (7) : 106, S. Africa.– Roux-Estève & Fourmanoir, 1955, **30** : 198, Abu Latt.– Roux-Estève, 1956, **32** : 93, Abu Latt.– Klausewitz, 1967c : 60, 61, Sarso Isl.– Clark, Ben-Tuvia & Steinitz, 1968 (49) : 23, Entedebir.

Halichoeres (Güntheria) scapularis.– Tortonese, 1935–36 [1937], **45** : 194 (sep. : 44), Massawa.

Halichoeres caeruleovittatus Rüppell, 1835, *Neue Wirbelth., Fische* : 14, Pl. 4, fig. 1. Lectotype: SMF 1166, Jiddah; Paralectotype: SMF 5033, Jiddah (syn. v. Klunzinger).

Julis caeruleovittatus Rüppell, 1852 : 20, Red Sea.– Valenciennes, in Cuv. Val., 1839, **13** : 466–467, Red Sea.

Platyglossus (Güntheria) pagenstacheri Kossmann & Räuber, 1877a, *Verh. naturh.-med. Ver. Heidelb.* **1** : 407, Pl. 1, fig. 4, Red Sea; 1877b : 25, Pl. 1, fig. 4, Red Sea. Apparently no type material (Klausewitz in lit.) (syn. v. Fowler & Bean).

103.10.7 ***Halichoeres zeylonicus*** **(Bennett, 1832)**

Julis zeylonicus Bennett, 1832, *Proc. Zool. Soc. Lond.* **1** : 183. Holotype appears to be lost (Günther).

Halichoeres zeylonicus.– Randall & Smith, 1982 (45) : 10–12, Pl. 5. Figs A–B, Tbs 1–2. The valid name of Halichoeres bimaculatus Rüppell, 1835.

103.11 ***HEMIGYMNUS*** **Günther, 1861** Gender: M

Ann. Mag. nat. Hist. 8 : 386 (type species: ***Labrus fasciatus*** Bloch, by monotypy).

103.11.1 ***Hemigymnus fasciatus*** **(Bloch, 1792)**

Labrus fasciatus Bloch, 1792, *Naturgesch. ausl. Fische* **6** : 6–7, Pl. 290. Holotype: ZMB 8583 (skin), Japan.

Hemigymnus fasciatus.– Klunzinger, 1871, **21** : 547, Red Sea.– Day, 1877 : 396 (R.S. quoted); 1889, **2** : 402–403 (R.S. quoted).– Picaglia, 1894, **13** : 33, Assab.– Fowler & Bean, 1928, **7** : 245–247 (R.S. quoted).– Tortonese, 1935–36 [1937], **45** : 194 (sep. : 44), Massawa.– Gruvel & Chabanaud, 1937, **35** : 27, Suez Canal.– Beaufort (W.B.), 1940, **8** : 143–145 (R.S. quoted).– Smith, 1949 : 288, Pl. 61, fig. 787, S. Africa; 1957f (7) : 103, S. Africa.– Roux-Estève & Fourmanoir, 1955,

30 : 198, Abu Latt.– Roux-Estève, 1956, **32** : 91, Abu Latt.– Abel, 1960a, **49** : 457, Ghardaqa.

Halichoeres sexfasciatus Rüppell, 1835, *Neue Wirbelth., Fische* : 18, Pl. 5, fig. 3. Holotype : SMF 370, Jiddah (syn. v. Klunzinger).

Tautoga sexfasciata Rüppell, 1852 : 20, Red Sea.– Günther, 1862, **4** : 139 (R.S. quoted).

Hemigymnus sexfasciatus.– Günther, 1862, **4** : 139 (R.S. quoted).– Schmeltz, 1877 (6) : 16, Red Sea.– Kossmann & Räuber, 1877a, **1** : 407, Red Sea; 1877b : 25–26, Red Sea.

103.11.2   *Hemigymnus melapterus* (Bloch, 1791)

Labrus melapterus Bloch, 1791, *Naturgesch. ausl. Fische* **5** : 137–138. Syntype : ZMB 8578, Japan (possibly lost, Karrer in lit.).

Hemigymnus melapterus.– Beaufort (W.B.), 1940, **8** : 145–147, Fig. 24, Indian Ocean.– Smith, 1953 : 289, Fig. 788, Pl. 107, fig. 788, S. Africa.– Klausewitz, 1967c : 61, Sarso Isl.

103.12   *HOLOGYMNOSUS* Lacepède, 1801   Gender : M

Hist. nat. Poiss. **3** : 556 (type species: *Hologymnosus fasciatus* Lacepède, 1801, by monotypy).

103.12.1   *Hologymnosus semidiscus* (Lacepède, 1801)*

Labrus semidiscus Lacepède, 1801, *Hist. nat. Poiss.* **3** : 429, 472, 474, 476, Pl. 6, fig. 2. Syntype : MNHN B-2137, Mauritius.

Hologymnosus semidiscus.– Beaufort (W.B.), 1940, **8** : 253–255, Fig. 37, Indian Ocean.– Smith, 1949 : 292, Pl. 59, fig. 810, S. Africa; 1957f : 107, S. Africa.– Dor, 1970 (54) : 21, Elat.

103.13   *LABROIDES* Bleeker, 1851   Gender : M

Natuurk. Tijdschr. Ned.-Indië **2** : 249 (type species: *Labroides paradiseus* Bleeker, 1851, by monotypy).

103.13.1   *Labroides dimidiatus* (Valenciennes, 1839)*

Cossyphus dimidiatus Valenciennes, in Cuv. Val., 1839, *Hist. nat. Poiss.* **13** : 136–138. Holotype : SMF 1453, Et Tur (in *Labrus latovittatus* Rüppell).

Cossyphus dimidiatus.– Rüppell, 1852 : 19, Red Sea.

Labroides dimidiatus.– Günther, 1862, **4** : 119 (R.S. quoted); 1881 (15) : 243 (R.S. quoted).– Playfair & Günther, 1866 : 87 (R.S. quoted).– Klunzinger, 1871, **21** : 548, Quseir.– Day, 1877 : 393, Pl. 87, fig. 1 (R.S. quoted).– Fowler & Bean, 1928, **7** : 222–223 (R.S. quoted).– Beaufort (W.B.), 1940, **8** : 148–150, Fig. 25 (R.S. quoted).– Fowler, 1945, **26** : 127, Fig. 7 (R.S. quoted).– Marshall, 1952, **1** (8) : 239, Mualla.– Smith, 1957f (7) : 107, S. Africa.– Abel, 1960a, **49** : 457, Ghardaqa.– Klausewitz, 1967c : 61, Sarso Isl.– Clark, Ben-Tuvia & Steinitz, 1968 (49) : 23, Entedebir.– Tortonese, 1968 (51) : 23, Elat.

Fissilabrus dimidiatus.– Smith, 1949 : 291, Pl. 63, fig. 805, S. Africa.

Labrus latovittatus Rüppell, 1835, *Neue Wirbelth., Fische* : 7, Pl. 7, fig. 2, Et Tur. Type lost. Preoccupied by Lacepède, 1802.

103.14   *LARABICUS* Randall & Springer, 1973   Gender : M

Proc. biol. Soc. Wash. : 289 (type species: *Labrus quadrilineatus* Rüppell, 1835, by monotypy).

103.14.1   *Larabicus quadrilineatus* (Rüppell, 1835)

Labrus quadrilineatus Rüppell, 1835, *Neue Wirbelth., Fische* : 6, Pl. 2, fig. 1. Holotype : SMF 1588, Massawa, lost.

Cossyphus quadrilineatus.– Valenciennes, in Cuv. Val., 1839, **13** : 135–136 (R.S. quoted).– Rüppell, 1852 : 19, Red Sea.

Labroides quadrilineatus.– Günther, 1862, 4 : 120, Red Sea.– Playfair & Günther, 1866 : 87.– Klunzinger, 1871, **21** : 548 (R.S. on Rüppell).– Kossmann & Räuber, 1877a, **1** : 408, Red Sea; 1877b : 26, Red Sea.– Smith, 1957d : 107 (R.S. quoted).– Abel, 1960a, **49** : 457, Ghardaqa.

Larabicus quadrilineatus.– Randall & Springer, 1973, **86** (23) : 291–293, Figs 2, 6, 9, Elat, Massawa.

Cossyphus taeniatus Ehrenberg, in Cuv. Val., 1839, *Hist. nat. Poiss.* **13** : 134–135. Syntypes: ZMB 2471 (2 ex.), Massawa (syn. v. Klunzinger).

Labrichthys cousteaui Estève, in Roux-Estève & Fourmanoir, 1955, *Annls Inst. océanogr., Monaco* **39** : 199. Holotype & Paratype: MNHN 52–254, Abu Latt (syn. v. Randall & Springer).– Roux-Estève, 1956, **32** : 92, Fig. 3, Abu Latt.– Clark, Ben-Tuvia & Steinitz, 1968 (49) : 23, Entedebir.

03.15 **MACROPHARYNGODON** Bleeker, 1861c, 1862a   Gender: M
Proc. zool. Soc. Lond. : 414 (type species: *Julis geoffroy* Quoy & Gaimard, by orig. design.).

03.15.1 *Macropharyngodon bipartitus* **Smith**, 1957
Macropharyngodon bipartitus Smith, 1957f, *Ichthyol. Bull. Rhodes Univ.* (7) : 104–105, Textfig. 2, Pl. 2B. Holotype: RUSI 63, S. Africa.

03.15.1.1 *Macropharyngodon bipartitus marisrubri* **Randall**, 1978
Macropharyngodon bipartitus marisrubri Randall, 1978, *Bull. mar. Sci.* **28** (4) : 759–761, Fig. 5A–B, Tb. 4. Holotype: BPBM 13404, Elat; Paratypes: HUJ F7224 (2 ex. ♀ & ♂) Elat; USNM 215268, Marsa el Mukabila, 215269 (2 ex.), El Hamira, 215270 Ras Burka, 215271, Marset Abu Samra; HUJ F5992, El Hamira; BPBM 13878 (2 ex.), Elat; CAS 34699, Elat.
Macropharyngodon bipartitus.– Dor, 1970 (54) : 21, Elat.
Macropharyngodon varialvus Smith, 1957f, *Ichthyol. Bull. Rhodes Univ.* (7) : 105–106, Textfig. 3, Pl. 3. Holotype: RUSI 290; Paratypes: RUSI 838, Zanzibar, 839 (5 ex.) Aldabra, Pinda, 840, Pinda (the female of *Macropharyngodon bipartitus*, v. Randall).– Dor, 1970 (54) : 21, Elat.

03.16 **MINILABRUS** Randall & Dor, 1980   Gender: M
Israel J. Zool. **29** (4) : 153–162 (type species: *Minilabrus striatus*, by monotypy).

03.16.1 *Minilabrus striatus* **Randall & Dor**, 1980
Minilabrus striatus Randall & Dor, 1979 [1980], *Israel J. Zool.* **29** (4) : 153–162, 3 figs, 1 tb. Holotype: BPBM 22604, Um Aabak; Paratypes: BPBM 22502, Um Aabak, 19755, P. Sudan, 22605, Suakin Harbour (Sudan); CAS 44229, Um Aabak; BMNH 1979.7.17.2, Um Aabak; HUJ 9302–9303, Um Aabak; SMF 15159, Um Aabak; USNM 218283, Sciumma Isl. (Ethiopia), 218282, Melita Bay (Ethiopia).

03.17 **NOVACULICHTHYS** Bleeker, 1861   Gender: M
Proc. zool. Soc. Lond., 1861c : 414; 1862a, *Versl. Meded. K. Akad. wet. Amst.* **13** : 102 (type species: *Labrus taeniurus* Lacepède, 1801, by orig. design.).

03.17.1 *Novaculichthys macrolepidotus* (**Bloch**, 1791)
Labrus macrolepidotus Bloch, 1791, *Naturgesch. ausl. Fische* **5** : 135, Pl. 284, fig. 2, no loc.
Novaculichthys macrolepidotus.– Weber & Beaufort, 1940, 8 : 67–69, Indian Ocean.– Smith, 1957d (7) : 108, S. Africa.– Randall, 1981, *Senckenberg. mar.* 1981, **13** (1–3) : 98–99, Pl. 3, fig. 9, Ras Muhammad.

Labridae

103.17.2 *Novaculichthys taeniourus* (Lacepède, 1801)
  Labrus taeniourus [Commerson MS] Lacepède, 1801, *Hist. nat. Poiss.* 3 : 448–
  449, 488, 517, 518, 520, Pl. 29, fig. 1. Holotype: MNHN B-2145, Madagascar.
  Novaculichthys taeniourus.– Beaufort (W.B.), 1940, 8 : 69–70, Fig. 14, Indian
  Ocean.– Smith, 1949 : 293, Pl. 60, fig. 841, S. Africa; 1957d (7) : 108, S. Africa.
  Xyrichthys altipinnis Rüppell, 1835, *Neue Wirbelth., Fische* : 22, Pl. 7, fig. 1, Jiddah.
  Type lost (syn. v. Smith); 1852 : 21, Red Sea.
  Novacula altipinnis.– Günther, 1862, 4 : 173 (R.S. on Rüppell).– Klunzinger, 1871,
  21 : 530–531, Red Sea.
  Julis bifer Lay & Bennett, 1839, *Zool. Cap. Beechey's Voy.* : 64, Pl. 18, fig. 2,
  Mauritius. Type unknown (syn. acc. to Schultz, 1960, 2 : 144–146, the young of
  Xyrichthys taeniourus).
  Novaculichthys bifer.– Beaufort (W.B.), 1940, 8 : 71–72, Indian Ocean.– Roux-
  Estève & Fourmanoir, 1955, 30 : 198, Abu Latt.– Roux-Estève, 1956, 32 : 88,
  Abu Latt.– Smith, 1957d (7) : 108, S. Africa.

103.18 *PARACHEILINUS* Fourmanoir in Roux-Estève & Fourmanoir, 1955   Gender: M
  Annls Inst. océanogr., Monaco 30 : 199 (type species: *Paracheilinus octotaenia*
  Fourmanoir, 1955, by monotypy).

103.18.1 *Paracheilinus octotaenia* Fourmanoir, 1955
  Paracheilinus octotaenia Fourmanoir, in Roux-Estève & Fourmanoir, 1955, *Annls
  Inst. océanogr., Monaco* 30 : 199–200, Fig. 1. Holotype: MNHN 52–296, Abu
  Latt.
  Paracheilinus octotaenia.– Roux-Estève, 1956, 32 : 90, Abu Latt.– Randall &
  Harmelin-Vivien, 1977 (436) : 331–332, Fig. 1, Gulf of Aqaba.

103.19 *PSEUDOCHEILINUS* Bleeker, 1861c   Gender: M
  Proc. zool. Soc. Lond. : 409 (type species: *Cheilinus hexataenia* Bleeker, 1857, by
  orig. design.).

103.19.1 *Pseudocheilinus evanidus* Jordan & Evermann, 1903
  Pseudocheilinus evanidus Jordan & Evermann, 1902 [1903], *Bull. U.S. Fish
  Commn* 22 : 192, Hilo (Hawaii).
  Pseudocheilinus evanidus.– Smith, 1957d (7) : 108, Pl. 1C, S. Africa.– Randall, 1981,
  13 (1–3) : 94–95, Pl. 2, fig. 6, Elat, Sharm el Moyia, P. Sudan.

103.19.2 *Pseudocheilinus hexataenia* (Bleeker, 1857)
  Cheilinus hexataenia Bleeker, 1857a, *Act. Soc. Sci. Indo-Neerl.* 2 : 84. Holotype:
  RMNH 6562, Amboina.
  Pseudochilinus hexataenia.– Klunzinger, 1871, 21 : 557, Quseir.– Günther, 1881
  (15) : 250 (R.S. quoted).
  Pseudocheilinus hexataenia.– Beaufort (W.B.), 1940, 8 : 97–98, Fig. 18 (R.S.
  quoted).– Smith, 1949 : 294, Pl. 61, fig. 819, S. Africa.– Marshall, 1952, 1 : 239,
  Sinafir Isl., Sharm esh Sheikh.

103.20 *PSEUDODAX* Bleeker, 1861b   Gender: M
  Versl. Meded. K. Akad. wet. Amst. 12 : 229 (type species: *Odax moluccanus*
  Valenciennes, in Cuv. Val., 1840, by orig. design.).

103.20.1 *Pseudodax moluccanus* Valenciennes in Cuv. Val., 1840
  Odax moluccanus Valenciennes, in Cuv. Val., 1840, *Hist. nat. Poiss.* 14 : 305, Pl.
  408, fig. 2. Syntype: MNHN A-8231, Moluccas.
  Pseudodax moluccanus.– Beaufort (W.B.), 1940, 8 : 25–26, Fig. 6, Indian Ocean.–
  Smith, 1957d (7) : 101, Mozambique.– Randall, 1981, 13 (1–3) : 99–101, Pl. 3,
  figs. 11–12, Dahab, P. Sudan.

03.21 ***PTERAGOGUS* Peters, 1855** Gender: M

Arch. Naturgesch. **21** : 261 (footnote) (type species: *Cossyphus opercularis* Peters, 1855, by orig. design.).

03.21.1 ***Pteragogus cryptus* Randall, 1981**

Pteragogus cryptus Randall, 1981, *Senckenberg. mar.* **13** (1–3) : 82–83, Pl. 1, figs 1–2. Holotype: BPBM 13379 ♂, Elat; Paratypes: BPBM 19889, 24766, Elat, 17905, Suakin Harbor, 19723, P. Sudan; USNM, El Hamira, Red Sea, El Hamira, 222297, Suakin Harbor, Jiddah; BMNH 1980.8.11.3, Elat; CAS 46594, P. Sudan; RUSI 461, Dahab.

03.21.2 ***Pteragogus pelycus* Randall, 1981**

Pteragogus pelycus Randall, 1981, *Senckenberg. mar.* **13** (1–3) : 82–83, Pl. 1, figs 1–2, Taba, Marsa el Makabeila (Elat), Nuweiba, El Muzeini.

Cossyphus opercularis Peters, 1855, *Arch. Naturgesch.* **21** : 261–262. Holotype?: ZMB 2474, Mozambique (preoccupied by Guichenot, 1847).

Cossyphus opercularis.– Kossmann & Räuber, 1877a, **1** : 408, Red Sea; 1877b : 26, Red Sea.

Duymaeria opercularis.– Klunzinger, 1871, **21** : 551–552, Quseir.

Pteragogus opercularis.– Smith, 1949 : 290, Pl. 59, fig. 797, S. Africa; 1957f (7) : 107 (R.S., pass. ref.).– Budker & Fourmanoir, 1954 (3) : 324, Ghardaqa.– Saunders, 1960, **79** : 242, Red Sea; 1968 (3) : 495, Red Sea.– Klausewitz, 1964a : 132–133, Ghardaqa.

03.22 ***STETHOJULIS* Günther, 1861** Gender: F

Ann. Mag. nat. Hist. **8** : 386 (type species: *Julis strigiventer* Bennett, 1832, by subs. design. of Jordan, 1919).

03.22.1 ***Stethojulis albovittata* (Bonnaterre, 1788)**

Labrus albovittata Bonnaterre, 1788, *Tabl. encyc. méth. . . . Ichthyol.* : 108–109, Pl. 98, fig. 399, no loc. (on Kolreuter).

Stethojulis albovittata.– Klunzinger, 1871, **21** : 542, Quseir.– Fowler & Bean, 1928, **7** : 241–242 (R.S. quoted).– Beaufort (W.B.), 1940, **8** : 159–161 (R.S. quoted).– Smith, 1949 : 291, Pl. 57, Fig. 802, S. Africa.– Marshall, 1952, **1** : 239, Abu-Zabad.– Roux-Estève & Fourmanoir, 1955, **30** : 198, Abu Latt.– Roux-Estève, 1956, **32** : 92–93, Abu Latt.

Stethojulis axillaris (not *Julis axillaris* Quoy & Gaimard).– Klunzinger, 1871, **21** : 541–542, Quseir.– Beaufort (W.B.), 1940, **8** : 167–169, Fig. 28 (R.S. quoted).– Smith, 1949 : 291, Pl. 57, fig. 800, S. Africa.– Marshall, 1952, **1** : 239, Abu-Zabad.– Roux-Estève & Fourmanoir, 1955, **30** : 198, Abu Latt.– Roux-Estève, 1956, **32** : 93, Abu Latt.– Klausewitz, 1967 : 61, Sarso Isl.– Clark, Ben-Tuvia & Steinitz, 1968 : 23, Entedebir. *Stethojulis axillaris* in the W. Indian Ocean is the primary phase of *Stethojulis albovittata. Stethojulis axillaris* Quoy & Gaimard from the Pacific is the female of *Stethojulis balteata* (Randall in lit. and v. Randall & Kay, 1974, **28** : 101).

03.22.2 ***Stethojulis interrupta* (Bleeker, 1851)**

Julis (Halichoeres) interruptus Bleeker, 1851g, *Natuurk. Tijdschr. Ned.-Indië* **2** : 252–253. Holotype: RMNH 6575, Banda-Neira.

Stethojulis interrupta.– Klunzinger, 1871, **21** : 543–544, Quseir.– Fowler & Bean, 1928, **7** : 240–241 (R.S. quoted).– Beaufort (W.B.), 1940, **8** : 161–163 (R.S. quoted).– Smith, 1949 : 291, Pl. 57, fig. 803, S. Africa.

Julis (Halichoeres) kallosoma Bleeker, 1852c, *Natuurk. Tijdschr. Ned.-Indië* **3** : 289. Probable syntypes: RMNH 6577 (5 ex.), Amboina, Wahai; BMNH 1862.2.28.113. (The female of ***Stethojulis interrupta***, Randall, pers. commun.).– Klunzinger, 1871, **21** : 543, Quseir.– Fowler & Bean, 1928, **7** : 238–240 (R.S. quoted).– Beaufort (W.B.), 1940, **8** : 165–167 (R.S. quoted).

Labridae

103.22.a   *Stethojulis strigiventer* (not Bennett).– Roux-Estève & Fourmanoir, 1955 : 198, Abu
Latt.– Clark, Ben-Tuvia & Steinitz, 1968 : 23, Entedebir (misidentification, Randall,
pers. commun.).

103.22.b   *Stethojulis trilineata* Bloch & Schneider, 1801, *Syst. Ichthyol.* : 253.– Klunzinger,
1871, **21** : 543 (var. of *Stethojulis albovittata*), Red Sea.
Stethojulis trilineata.– Smith, 1957f (7) : 107 (R.S., pass. ref.).

103.23   *SUEZICHTHYS* Smith, 1958   Gender: M
S. Afr. J. Sci. **54** (12) : 3 (type species: *Labrichthys caudovittatus* Steindachner,
1898, by orig. design.).
Suezia Smith, 1957d, *Ichthyol. Bull. Rhodes Univ.* (7) : 106–107 (type species:
Labrichthys caudovittatus Steindachner, 1898, preoccupied in Crustacea).

103.23.1   *Suezichthys caudovittatus* (Steindachner, 1898)
Labrichtys caudovittatus Steindachner, 1898b, *Sber. Akad. Wiss. Wien* **107** : 783–
784, Pl. 1, fig. 3, Suez.
Suezia caudovittatus.– Smith, 1957f (7) : 107 (R.S. on Steindachner).– Randall &
Springer, 1973, **86** (23) : 280 (footnote), Ghardaqa.

103.23.2   *Suezichthys russelli* **Randall, 1981**
Suezichthys russelli Randall, 1981, *Senckenberg. mar.* **13** (1–3) : 90–94, Pl. 2,
fig. 5, Tb. 3. Holotype: BPBM 20783 ♀, Ras Abu Galum (Gulf of Aqaba) ; Para-
type: HUJ 9613, Ras Muhammad.

103.24   *THALASSOMA* Swainson, 1839   Gender: N
Nat. Hist. Fish. **2** : 172, 224 (type species: *Scarus purpureus* Forsskål, 1775, *sensu*
Rüppell, 1828, by monotypy).

103.24.1a   *Thalassoma fuscum* (Lacepède, 1801)
Labrus fuscus Lacepède, 1801, *Hist. nat. Poiss.* **3** : 437, 493. Syntypes: MNHN
B-2416 (2 ex.), B-2147 (2 ex.), B-2148 (2 ex.), B-2149 (2 ex.), B-2150 (2 ex.),
Mauritius.
Thalassoma fuscum.– Fowler & Steinitz, 1956, **5B** : 278, Elat (probably misidentifi-
cation of *Thalassoma purpureum*, Randall in lit.).

103.24.2   *Thalassoma hebraicum* (Lacepède, 1801)
Labrus hebraicus Lacepède, 1801, *Hist. nat. Poiss.* **3** : 454, 526, 527, 528, Pl. 29,
fig. 3. Holotype: MNHN B-2153, Mauritius.
Julis hebraica.– Playfair & Günther, 1866 : 98 (R.S. quoted).– Day, 1877 : 404,
Pl. 86, fig. 2 (R.S. quoted).
Thalassoma hebraicum.– Smith, 1949 : 287, Pl. 53, fig. 778, S. Africa ; 1957f (7) :
103, S. Africa.
Julis genivittatus Valenciennes, in Cuv. Val., 1839, *Hist. nat. Poiss.* **13** : 416. Syntypes:
MNHN A-8310 (mounted), A-8311 (2 ex.), A-2168 (2 ex.), A-9169 (2 ex.), B-2156
(2 ex.), B-2157 (3 ex.), B-2160 (3 ex.), B-2161 (3 ex.), all from Mauritius, B-2159
(2 ex.), Madagascar (syn. v. Smith).
Julis genivittata.– Günther, 1862, **4** : 183, Red Sea.
Thalassoma genivittatus.– Beaufort (W.B.), 1940, **8** : 138–139 (R.S. quoted).

103.24.3   *Thalassoma lunare* (Linnaeus, 1758)
Labrus lunaris Linnaeus, 1758, *Syst. Nat.*, ed. X : 283, India. Type: ZMU, Linnaean
Coll., 195.
Julis lunaris.– Rüppell, 1835 : 11–12, Red Sea ; 1852 : 20, Red Sea.– Valenciennes,
in Cuv. Val., 1839, **13** : 409–415, Massawa.– Klunzinger, 1871, **21** : 535–536,
Quseir.– Kossmann & Räuber, 1877a, **1** : 406, Red Sea ; 1877b : 25, Red Sea.–

Day, 1877 : 403–404, Pl. 86, fig. 1 (R.S. quoted); 1889, **2** : 413 (R.S. quoted).–
Kossmann, 1879, **2** : 21, Red Sea.– Giglioli, 1888, **2** : 71, Assab.– Picaglia, 1894,
13 : 33, Massawa.– Pellegrin, 1912, **13** : 8, Red Sea.– Bamber, 1915 : 481, W. Red
Sea.– Gruvel & Chabanaud, 1937, **35** : 27, Suez.

Thalassoma lunare.– Fowler & Bean, 1928, **7** : 321–324, Suez Canal.– Tortonese,
1935–36 [1937], **45** : 194 (sep. : 44), Massawa, Sciakohir (near Suez).– Beaufort
(W.B.), 1940, **8** : 133–135 (R.S. quoted).– Smith, 1949 : 287, Pl. 53, fig. 777,
S. Africa; 1957f (7) : 103.– Marshall, 1952, **1** : 239, Ras Muhammad.– Steinitz &
Ben-Tuvia, 1955 (11) : 8, Elat.– Roux-Estève & Fourmanoir, 1955, **30** : 198, Abu
Latt.– Roux-Estève, 1956, **32** : 91, Abu Latt.– Abel, 1960a, **49** : 457, Ghardaqa.–
Klausewitz, 1967c : 60, Sarso Isl.– Clark, Ben-Tuvia & Steinitz, 1968 (49) : 23,
Entedebir.

Thalassoma lunaris.– Saunders, 1960, **79** : 242, Red Sea; 1968 (3) : 495, Red Sea.

Scarus gallus Forsskål, 1775, *Descr. Anim.* : x, 26–27. Holotype: ZMUC P-5738
(dried skin), Lohaja (syn. v. Klunzinger).– Klausewitz & Nielsen, 1965, **22** : 14,
Pl. 2, fig. 5, Lohaja.

? *Trichopus arabicus* Shaw, 1803, *Gen. Zool. Syst. nat. Hist.* **1** : 390 (on *Scarus gallus*
Forsskål).

Julis trimaculatus Rüppell, 1835, *Neue Wirbelth., Fische* : 13. Holotype: SMF 1145,
Massawa (syn. v. Klunzinger).

103.24.4 *Thalassoma purpureum* (Forsskål, 1775)

Scarus purpureus Forsskål, 1775, *Descr. Anim.* : x, 27–28, Jiddah, no type
material.

Grammistes purpureus.– Bloch & Schneider, 1801 : 190 (R.S. quoted).

Julis purpureus.– Rüppell, 1828 : 25, Pl. 6, fig. 2, Red Sea; 1852 : 20, Red Sea.–
Günther, 1862, **4** : 189 (R.S. quoted).– Martens, 1866, **16** : 379, Quseir.– Klun-
zinger, 1871, **21** : 537–538, Quseir.– Pellegrin, 1912, **3** : 8 (R.S. quoted).

Julis purpurea.– Day, 1878 : 404–405, Pl. 86, fig. 3 (R.S. quoted); 1889 : 414 (R.S.
quoted).

Thalassoma purpureum.– Beaufort (W.B.), 1940, **8** : 127–129 (R.S. quoted).– Smith,
1949 : 287, Pl. 53, fig. 779, S. Africa; 1957f (7) : 103, S. Africa.– Abel, 1960a,
49 : 457, Ghardaqa.– Saunders, 1960, **79** : 242, Red Sea; 1968 (3) : 495, Red Sea.–
Klausewitz, 1967c (2) : 61, Sarso Isl.– Clark, Ben-Tuvia & Steinitz, 1968 (49) :
23, Entedebir.– Tortonese, 1968 (51) : 23, Elat.

Julis semicaeruleus Rüppell, 1835, *Neue Wirbelth., Fische* : 10, Pl. 3, fig. 1. Holotype:
SMF 1148, Jiddah; Paratypes: SMF 2708, 2720, Jiddah (syn. v. Klunzinger);
1852 : 20, Red Sea.– Valenciennes, in Cuv. Val., 1839, **8** : 442–443, Suez.

Julis trilobata (not Lacepède) var. b.– Günther, 1862, **4** : 187–188, Red Sea (in *Julis
semicoeruleus* Rüppell).

Julis umbrostigma Rüppell, 1835, *Neue Wirbelth., Fische* : 11, Pl. 3, fig. 2. Holotype:
SMF 1484, Red Sea; Paratype: SMF 2718, Red Sea (syn., the female of *Thalas-
soma purpureum*, Randall in lit.); 1852 : 20, Red Sea.– Günther, 1862, **4** : 185
(R.S. quoted); 1909 (8) : 294 (R.S. quoted).– Klunzinger, 1871, **21** : 538, Quseir.

Thalassoma umbrostigma.– Fowler & Bean, 1928, **7** : 325–326 (R.S. quoted).–
Beaufort (W.B.), 1940, **8** : 125–126 (R.S. quoted).– Smith, 1957f (7) : 103,
S. Africa.

103.24.5 *Thalassoma quinquevittata* (Lay & Bennett, 1839)*

Scarus quinque-vittatus Lay & Bennett, 1839, *Zool. Cap. Beechey's Voy.* : 66,
Pl. 19, fig. 3, Loo Choo (based on drawing by Beechey).

Thalasoma quinquevittatus.– Smith, 1957f (7) : 103 (R.S., pass. ref.).

Julis güntheri Bleeker, 1862a, *Versl. Meded. K. Akad. wet. Amst.* **13** : 279. Syntypes:
RMNH 6632, BMNH 1862.2.28.124 (syn. v. Smith).

Thalassoma güntheri Beaufort (W.B.), 1940, **8** : 130–132 (R.S. quoted).– Marshall,
1952, **1** : 239, Sinafir Isl., Tiran Isl., Sharm esh Sheikh.

103.24.6   *Thalassoma rueppellii* (Klunzinger, 1871)*
   Julis rüppellii Klunzinger, 1871, *Verh. zool.-bot. Ges. Wien* **21** : 536–537, Quseir.
   Julis purpureus (not Forsskål).– Rüppell, 1828 : 25, Pl. 6, fig. 2, Red Sea (misidenti-
   fication v. Klunzinger).
   Thalassoma klunzingeri Fowler & Steinitz, 1956, *Bull. Res. Coun. Israel* **5B** : 278–279.
   Holotype: ANSP 72138, Elat; Paratypes: SFRS, no number (2 ex.), same data as
   holotype. *Thalassoma klunzingeri* exactly fits the descr. of *Thalassoma rüppelli*
   (Klunzinger) and descr. with drawing of *Julis purpureus*.– Rüppell, 1828. Only
   one form exists in the Red Sea.

103.25   **WETMORELLA** Fowler & Bean, 1928   Gender: F
   Bull. U.S. natn. Mus. **7** : 211 (type species: *Wetmorella philippina* Fowler & Bean,
   1928, by monotypy).

103.25.1   *Wetmorella philippina* Fowler & Bean, 1928
   Wetmorella philippina Fowler & Bean, 1928, *Bull. U.S. natn. Mus.* **7** : 211–212,
   Pl. 17. Type: USNM 89968, Philippines.
   Wetmorella philippina.– Smith, 1957f (7) : 108, Pl. 2C (R.S., pass. ref.).

103.25.1.1   *Wetmorella philippina bifasciata* Schultz & Marshall, 1954
   Wetmorella philippina bifasciata Schultz & Marshall, 1954, *Proc. U.S. natn. Mus.* :
   441–442, Figs 52–59, Pl. 52, Pl. 12, figs A, B. Holotype: BMNH 1951.9.18.1;
   Paratype: BMNH 1951.9.18.2, Suakin (Sudan).

103.26   **XYRICHTYS** Cuvier, 1814   Gender: M
   Bull. Soc. philomath. Paris : 87 (type species: *Coryphaena novacula* Linnaeus,
   1758, by orig. design.), misprinted *Xyrichlys*, also spelt *Xyrichthys* by some
   authors).
   Hemipteronotus Lacepède, 1801, *Hist. nat. Poiss.* **3** : 214 (type species: *Hemipte-
   notus quinquemaculatus*). Genus not valid, v. Bauchot & Quignard in *CLOFNAM*,
   1973, **1** : 442.
   Iniistius Gill, 1862 [1863], *Proc. Acad. nat. Sci. Philad.* **14** : 143 (type species: *Xyrich-
   thys pavo* Cuvier, in Cuv. Val., 1839, by orig. design.).
   Novacula Cuvier, 1816, *Règne anim.* : 265 (type species: *Coryphaena novacula* Lin-
   naeus, 1758, by absolute tautonomy).

103.26.1   *Xyrichtys bimaculatus* Rüppell, 1829
   Xyrichthys bimaculatus Rüppell, 1829, *Atlas Reise N. Afrika, Fische* : 43–44,
   Pl. 10, fig. 2. Syntypes: SMF 180 (2 ex.), Massawa; MNHN A-3685, Massawa
   (syn. v. Smith, 1957d).
   Novacula bimaculata.– Rüppell, 1852 : 21, Red Sea.– Klunzinger, 1871, **21** : 532
   (R.S. on *Xyrichthys bimaculatus* Rüppell).
   Xyrichtys bimaculatus.– Randall, 1981, **13** (1–3) : 97, Red Sea.

103.26.2   *Xyrichtys javanicus* (Bleeker, 1862)
   Novacula javanica Bleeker, 1862a, *Versl. Meded. K. Akad. wet. Amst.* **13** : 305–
   307. Holotype: RMNH 2342, Java.
   Xyrichthys javanicus.– Beaufort (W.B.), 1940, **8** : 65–66, Indian Ocean.
   Hemipteronotus javanicus.– Dor, 1970 (54) : 22, 1 textfig., Elat.

103.26.3   *Xyrichtys melanopus* Bleeker, 1857
   Novacula melanopus Bleeker, 1857a, *Acta Soc. Sci. Indo-Neerl.* **2** : 82. Syntypes:
   RMNH 6624 (2 ex.), Amboina.
   Hemipteronotus melanopus.– Beaufort (W.B.), 1940, **8** : 58–60, Indian Ocean.– Dor
   & Fraser-Brunner, 1977, **26** : 135–136, 1 fig., Eritrea.

103.26.4 **Xyrichtys niger (Steindachner, 1901)**
Novacula (Iniistius) nigra Steindachner, 1900 [1901], *Denkschr. Akad. Wiss. Wien* 70 : 505, Pl. 4, fig. 2, Honolulu.
Xyrichtys niger.– Randall, 1981, **13** (1–3) : 97–98, Pl. 2, fig. 8, Gulf of Aqaba, Marsa el Muqabila.

103.26.5 **Xyrichtys pavo (Valenciennes, 1840)**
Xyrichthys pavo Valenciennes, in Cuv. Val., 1840, *Hist. nat. Poiss.* **14** : 61–63, Pl. 394. Syntypes: MNHN A-9088, A-9089, Mauritius.
Iniistius pavo.– Beaufort (W.B.), 1940, **8** : 63–65, Fig. 13 (R.S. quoted).– Smith, 1949 : 293, Pl. 60, fig. 811, S. Africa; 1957d (7) : 108, S. Africa.
Novacula tetrazona Bleeker, 1858–1859c, *Natuurk. Tijdschr. Ned.-Indië* 17 : 169, Bali. Syntypes: RMNH 6618 (2 ex.); BMNH 1862.2.28.87 (syn. v. W.B.).
Novacula tetrazona.– Klunzinger, 1871, **21** : 531, Quseir (syn. v. W.B., 1940).

103.26.6 **Xyrichtys pentadactylus (Linnaeus, 1758)**
Coryphaena pentadactyla Linnaeus, 1758, *Syst. Nat.*, ed. X : 261–262, India.
Novacula pentadactyla.– Klunzinger, 1871, **21** : 532, Quseir.
Hemipteronotus pentadactylus.– Fowler & Bean, 1928, 7 : 370–372 (R.S. quoted).– Beaufort (W.B.), 1940, **8** : 57–58, Fig. 12 (R.S. quoted).– Smith, 1949 : 293, Pl. 60, fig. 812, S. Africa; 1957d (7) : 108, S. Africa.– Tortonese, 1968 (51) : 23, Elat.

104 SCARIDAE

G: 6
Sp: 17

104.I SCARINAE

104.1 **BOLBOMETOPON Smith, 1956**   Gender: N
Ichthyol. Bull. Rhodes Univ. (1) : 8 (type species: *Scarus muricatus* Valenciennes, in Cuv. Val., 1939, by monotypy).

104.1.1 **Bolbometopon muricatum (Valenciennes, 1840)**
Scarus muricatus Valenciennes, in Cuv. Val., 1840, *Hist. nat. Poiss.* **14** : 208–209, Pl. 402, Java. No type material.
Scarus muricatus.– Baschieri & Salvadori, 1953, 8 : 234–240, 1 textfig., 2 pls, Dahlak.
Callyodon muricatus.– Beaufort (W.B.), 1940, 8 : 288–289, Indian Ocean.
Bolbometopon muricatus.– Smith, 1956a (1) : 8, Pl. 42, fig. H, Pl. 45, figs A, B, C, D; 1959a (16) : 278, Pl. 42, fig. H, Pl. 45, figs A, B, C, D (R.S., pass. ref.).– Clark, Ben-Tuvia & Steinitz, 1968 (49) : 23, Entedebir.– Schultz, 1969 (17) : 3 (R.S. quoted).*
Chlorurus gibbus (not Rüppell).– Schultz, 1958 (214) : 26–27, Pls 1 A, 7 (R.S. quoted) (misidentification v. Schultz, 1969).

104.2 **CETOSCARUS Smith, 1956a**   Gender: M
Ichthyol. Bull. Rhodes. Univ. (1) : 16 (type species: *Scarus pulchellus* Rüppell, 1835, by orig. design.).

104.2.1 **Cetoscarus bicolor (Rüppell, 1829)**
Scarus bicolor Rüppell, 1829, *Atlas Reise N. Afrika, Fische* : 82, Pl. 21, fig. 3. Holotype: SMF 2700, Jiddah; 1852 : 21, Red Sea.

Scaridae

Scarus bicolor.– Valenciennes, in Cuv. Val., 1840, **15** : 264, Red Sea.
Pseudoscarus bicolor.– Günther, 1862, **4** : 219, Red Sea; 1909 (16) : 305 (R.S. quoted).
Scarus (Pseudoscarus) bicolor.– Guichenot, 1865, **11** : 53, Red Sea.
Callyodon bicolor.– Fowler & Bean, 1928, **7** : 496–498 (R.S. quoted).– Beaufort (W.B.), 1940, **8** : 272–273 (R.S. quoted).
Callyodon (Pseudoscarus) bicolor.– Tortonese, 1935–36 [1937], **45** : 197 (sep. : 47), Red Sea.
Cetoscarus bicolor.– Smith, 1956a (1) : 17, Pl. 44, figs C, D, E; 1959d (16) : 280, Pl. 44, figs C, D, E.– Randall & Bruce, 1983 (47) : 6, Pl. 1, figs C–E, Red Sea.
Chlorurus bicolor.– Schultz, 1958 (214) : 27–28, Pls 1B, 8A–C (Jiddah on Rüppell).
Bolbometopon bicolor.– Schultz, 1969 (17) : 4, Pl. 1C, D (R.S. quoted).
Pseudoscarus pulchellus var. *bicolor* Klunzinger, 1871, *Verh. zool.-bot. Ges. Wien* **21** : 560–561, Quseir.
Scarus pulchellus Rüppell, 1835, *Neue Wirbelth., Fische* : 25–26, Pl. 8, fig. 3. Holotype: SMF 2695, Jiddah (the female of *Bolbometopon bicolor* acc. to Randall, 1963b : 225); 1852 : 21, Red Sea.– Valenciennes, in Cuv. Val., 1840, **14** : 266–267 (R.S. quoted).
Pseudoscarus pulchellus.– Klunzinger, 1871, **21** : 559–560, Quseir.

104.3   *HIPPOSCARUS* Smith, 1956a   Gender: M
           Ichthyol. Bull. Rhodes Univ. (1) : 17 (type species: *Scarus harid* Forsskål, 1775, by monotypy).

104.3.1   *Hipposcarus harid* (Forsskål, 1775)

104.3.1.1 *Hipposcarus harid harid* (Forsskål, 1775)
           Scarus harid Forsskål, 1775, *Descr. Anim.* : x, 30. Holotype: ZMUC P-2952 (skin), Red Sea.
           Scarus harid.– Bloch & Schneider, 1801 : 278 (R.S. on Forsskål).– Shaw, 1803, **1** : 400 (R.S. quoted).– Rüppell, 1829 : 80, Pl. 21, fig. 1, Red Sea.– Valenciennes, in Cuv. Val., 1840, **14** : 247–252, Pl. 404, Jiddah.– Schultz, 1958 (214) : 50–52, Fig. 5, Pl. 9B, Red Sea; 1969 (17) : 5–9, Red Sea.– Saunders, 1960, 79 : 243, Red Sea; 1968 (3) : 496, Red Sea.– Klausewitz & Nielsen, 1965, **22** : 14, Pl. 3, fig. 7, Red Sea.– Ben-Tuvia, 1968 (52) : 43, Dahlak.
           Pseudoscarus harid.– Günther, 1862, **4** : 220, Jiddah.– Playfair & Günther, 1866 : 104 (R.S. quoted).– Klunzinger, 1871, **21** : 561, Quseir.– Day, 1878 : 411 (R.S. quoted); 1889, **2** : 424 (R.S. quoted).– Bamber, 1915, **31** : 482, W. Red Sea.– Gohar & Latif, 1959 (10) : 145–189, Ghardaqa; 1961a (11) : 95–126, 10 figs, Ghardaqa; 1961b (11) : 127–146, Figs 1–10, Ghardaqa.
           Scarus (Pseudoscarus) harid.– Guichenot, 1865, **11** : 45–46, Red Sea.– Martens, 1866, **16** : 379, Quseir.
           Callyodon harid.– Fowler & Bean, 1928, **7** : 420–423 (R.S. quoted).– Beaufort (W.B.), 1940, **8** : 276–277 (R.S. quoted).– Roux-Estève & Fourmanoir, 1955, **30** : 200, Abu Latt.– Roux-Estève, 1956, **32** : 94–95, Abu Latt.– Klausewitz, 1967c : 61, Sarso Isl.
           Hipposcarus harid.– Smith, 1956a (1) : 17–18, Pl. 44, figs A, B (R.S. quoted).– Clark, Ben-Tuvia & Steinitz, 1968 (49) : 24, Entedebir. Randall & Bruce, 1983.*
           Hipposcarus harid harid.– Smith, 1959d (16) : 276 (R.S. quoted).
           Scarus harid harid.– Schultz, 1969 (17) : 9, 4 tbs, Red Sea.
           Scarus mastax Rüppell, 1829, *Atlas Reise N. Afrika, Fische* : 80–81, Pl. 21, fig. 2, Ras Muhammad, Jubal Isl., Gunsche. Holotype: SMF 4424 (syn. v. Schultz, 1958); 1852 : 21, Red Sea.– Valenciennes, in Cuv. Val., 1840, **14** : 246–247, Ras Muhammad.
           Scarus (Pseudoscarus) mastax.– Guichenot, 1865, **11** : 44–45, Red Sea.

Scarus wurk [Ehrenberg MS] syn. in *Scarus mastax.*– Valenciennes, in Cuv. Val, 1840, *Hist. nat. Poiss.* **14** : 246–247, Red Sea.

Scarus harid var. *mastax.*– Klunzinger, 1871, **21** : 562–563, Red Sea.

Scarus latus [Ehrenberg MS] Valenciennes, in Cuv. Val., 1840, *Hist. nat. Poiss.* **14** : 245–246. Type: ZMB 2687, Red Sea (syn. v. Klunzinger).

Pseudoscarus latus.– Günther, 1862, **4** : 232 (R.S. quoted).

Pseudoscarus ruppelli Valenciennes, in Cuv. Val., 1840, *Hist. nat. Poiss.* **14** : 259–261, Red Sea. No type material (syn. v. Klunzinger).

Scarus Rüppellii.– Rüppell, 1852 : 21, Red Sea.

Pseudoscarus cyanurus Valenciennes, in Cuv. Val., 1840, *Hist. nat. Poiss.* **14** : 261. Syntypes: MNHN 1724, 1725, Jiddah (syn. v. Klunzinger).– Günther, 1862, **4** : 217 (R.S. quoted).

Scarus (Pseudoscarus) cyanurus.– Guichenot, 1865, **11** : 52–53, Jiddah.

104.4   *SCARUS* Forsskål, 1775   Gender: M

Descr. Anim. : 25 (type species: *Scarus psittacus* Forsskål, 1775, designated by Jordan & Gilbert, 1882, *Bull. U.S. natn. Mus.* : 938).

CALLYODON Scopoli, 1777 [subgenus]

The subgenus *Callyodon* was proposed as a genus by Scopoli, 1777 [on Gronovius, 1763, **1** : 72], *Introd. hist. nat.* : 449 (type species: *Scarus crocensis* Bloch = *Calliodon lineatus* Bloch & Schneider, 1801, designated by Jordan & Gilbert, 1882 [1883], *Bull. U.S. natn. Mus.* : 606). It was retained as a subgenus by Schultz, 1969 (17) : 24.

Chlorurus Swainson, 1839, *Nat. Hist. Fish.* **2** : 227 (type species: *Scarus gibbus* Rüppell, by subs. design. of Swain, 1882 [1883], *Proc. Acad. nat. Sci. Philad.* **34** : 274).

Pseudoscarus Bleeker, 1861a, *Versl. Meded. K. Akad. wet. Amst.* **12** : 70 (type species: *Scarus microrhinos* Bleeker, by subs. design. of Jordan & Evermann, 1898, *Bull. U.S. natn. Mus.* Pt. 2 : 1655).

Xanothon Smith, 1956a, *Ichthyol. Bull. Rhodes Univ.* (1) : 4 (type species: *Callyodon bipallidus* Smith, by orig. design.)

Xenoscarops Schultz, 1958, *Bull. U.S. natn. Mus.* (214) : 23 (type species: *Scarus perrico* Jordan & Gilbert, 1881).

104.4.1a   *Scarus caudofasciatus* (Günther, 1862)

Pseudoscarus caudofasciatus Günther, 1862, *Cat. Fishes Br. Mus.* **4** : 238, Mauritius. Holotype: BMNH 1840.12.12.24.

Callyodon caudofasciatus.– Smith, 1956a (1) : 10, S. Africa; 1959d (16) : 271, S. Africa.

Scarus (Callyodon) caudofasciatus.– Schultz, 1969, **17** : 27, Pl. 5C, Red Sea. It does not penetrate the Red Sea (Randall in lit.).

104.4.2   *Scarus collana* **Rüppell**, 1835

Scarus collana Rüppell, 1835, *Neue Wirbelth., Fische* : 25, Pl. 8, fig. 2. Lectotype: SMF 1202, Massawa; Paralectotype: SMF 2725, Massawa; 1852 : 21, Red Sea.

Pseudoscarus collana.– Günther, 1862, **4** : 230–231, Red Sea.

Scarus (Pseudoscarus) collana.– Guichenot, 1865, **11** : 53–54, Red Sea.

Scarus collaris (on Rüppell) Valenciennes, in Cuv. Val., 1840, **14** : 265–266, Red Sea. (The reference in Rüppell is *Scarus collana*.).– Randall & Bruce, 1983, P. Sudan.*

Scarus ghardaquensis Bebars, 1978, *Cybium* **3** (3) : 76–81, 2 figs. Holotype: MNHN 1975-892, ♂, Ghardaqa (syn. v. Randall & Bruce).

Pseudoscarus ismailius Kossmann & Räuber, 1877a, *Verh. naturh.-med. Ver. Heidelb.* **1** : 410, Red Sea; 1877b : 27–28, Red Sea. Type lost (syn. v. Randall & Bruce).

213

104.4.3   *Scarus ferrugineus* Forsskål, 1775

        Scarus ferrugineus Forsskål, 1775, *Descr. Anim.* : x, 29, Red Sea. No type material.

        Scarus ferrugineus.– Bloch & Schneider, 1801 : 287 (R.S. on Forsskål).– Günther, 1862, 4 : 217 (R.S. quoted).– Randall & Ormond, 1978, 63 (3) : 244–247, Figs 1B–C, Gulf of Aqaba.– Randall & Bruce, 1983 (47) : 16, Pl. 6, Figs A, B, Red Sea.

        Scarus aeruginosus Valenciennes, in Cuv. Val., 1840, *Hist. nat. Poiss.* 14 : 257–258. Holotype: MNHN 2487, Red Sea (syn. v. Randall & Ormond).

        Scarus (Pseudoscarus) aeruginosus.– Guichenot, 1865, 11 : 51, Red Sea.

        Scarus (Hemistoma) aeruginosus.– Schultz, 1958 (214) : 96–97, Pls 3A, 19B (R.S. quoted).

        Scarus (Callyodon) aeruginosus.– Schultz, 1969 (17) : 33–34, Pl. 7D (R.S. quoted).

        Callyodon aeruginosus.– Smith, 1959d (16) : 279, Red Sea.

        Callyodon blochii (not Valenciennes in Cuv. Val.).– Roux-Estève & Fourmanoir, 1955, 30 : 200, Abu Latt.– Roux-Estève, 1956, 32 : 95, Abu Latt (misidentification, Randall in lit.).

        Scarus caerulescens Ehrenberg, in Cuv. Val., 1839, *Hist. nat. Poiss.* 14 : 230–231, Red Sea (syn. v. Randall & Ormond).– Günther, 1862, 4 : 217 (R.S. quoted).

        Scarus (Pseudoscarus) caerulescens.– Guichenot, 1865, 11 : 39–40, Red Sea.

        Pseudoscarus coerulescens.– Klunzinger, 1871, 21 : 569–570, Quseir.

        Pseudoscarus augustinus Kossmann & Räuber, 1877a, *Verh. naturh.-med. Ver. Heidelb.* 1 : 409–410, Red Sea; 1877b : 27, Red Sea, apparently no type material (Klausewitz in lit.) (syn. v. Randall & Bruce).

        Pseudoscarus troscheli (not Bleeker).– Picaglia, 1894, 13 : 34, Assab. Probably *Scarus ferrugineus* or *Scarus fuscopurpureus* (Randall in lit.).

        Scarus dubius (not Bennett, 1828 : 37).– Beaufort (W.B.), 1940, 8 : 300–302 (R.S. quoted).– Saunders, 1960, 79 : 242, Red Sea.

        Callyodon dubius.– Roux-Estève & Fourmanoir, 1955, 30 : 200, Abu Latt.– Roux-Estève, 1956, 32 : 95, Abu Latt (misidentification v. Schultz, 1969).

        Scarus (Scarus) rhoduropterus (not Bleeker).– Schultz, 1958 (214) : 67, Pl. 11B; 1969 (17) : 18–19, Pl. 4B, Red Sea. Probably *Scarus ferrugineus* or *Scarus fuscopurpureus* (Randall in lit.).

        Scarus marshalli Schultz, 1958, *Bull. U.S. natn. Mus.* (214) : 88, Fig. 24. Holotype: BMNH 1955.11.4.5, Marsa Sheikh Sa'sd; Paratype: 1955.11.4.6 (2 ex.) same data as holotype (syn. v. Randall & Ormond).

        Scarus (Callyodon) marshalli.– Schultz, 1969 (17) : 30, Red Sea.

        Callyodon marshalli.– Smith, 1959d (16) : 279, Fig. 10 (R.S. quoted).– Clark, Ben-Tuvia & Steinitz, 1968 (49) : 23, Entedebir.

104.4.4   *Scarus frenatus* Lacepède, 1802

        Scarus frenatus [Commerson MS] Lacepède, 1802, *Hist. nat. Poiss.* 4 : 3, 12, 15, Pl. 1, fig. 2 (based on descr. by Commerson).

        Scarus (Hemistoma) frenatus.– Schultz, 1958 (214) : 83, Fig. 13, Red Sea.

        Scarus (Callyodon) frenatus.– Schultz, 1969 (17) : 27–29, Pl. 6B, Red Sea.

        Callyodon frenatus.– Beaufort (W.B.), 1940, 8 : 290–292, Indian Ocean.– Smith, 1959d (16) : 271 (R.S. quoted).

        Scarus frenatus Randall & Bruce, 1983 (47) : 17–18, Pl. 2, Figs F–H, Red Sea.

        Scarus sexvittatus Rüppell, 1835, *Neue Wirbelth., Fische* : 26–27. Holotype: SMF 2698, Jiddah; 1852 : 21, Red Sea (acc. to Randall, 1963b : 227, probably the female of *Scarus frenatus*).– Valenciennes, in Cuv. Val., 1840, 14 : 267–268 (R.S. on Rüppell).

        Pseudoscarus sexvittatus.– Günther, 1862, 4 : 232, Jiddah (on Rüppell).

104.4.5   *Scarus fuscopurpureus* (Klunzinger, 1871)

        Pseudoscarus forskalii var. *fuscopurpureus* Klunzinger, 1871, *Verh. zool.-bot. Ges. Wien* 21 : 567. Lectotype: BMNH 1871.7.15.13, Quseir; Syntypes: SMF 1244, Quseir; NMW (no number).

Scarus fuscopurpureus.– Randall & Bruce, 1983 (47) : 18, Pl. 6, Figs C, D, Red Sea.
Callyodon oktodon (not Bleeker).– Roux-Estève & Fourmanoir, 1955, **30** : 200, Abu Latt.– Roux-Estève, 1956, **32** : 95, Abu Latt (misidentification, Randall in lit.).
Scarus (Scarus) taeniurus (not Cuv. Val.).– Schultz, 1958 (214) : 61–64, Fig. 8 (R.S. on *Pseudoscarus forskalii* var. *fuscopurpureus* Klunzinger); 1969 (17) : 15–17, Tb. 8, Red Sea.

104.4.6   ***Scarus genazonatus* Randall & Bruce, 1983**
Scarus genazonatus Randall & Bruce, 1983, *Ichthyol. Bull. J.L.B. Smith Inst.* (47) : 19–20, Pl. 6. Holotype: BPBM 18136 ♂, Marsa el Muqabila; Paratypes: BMNH 1980.6.13.1, Suakin Harbour; BPBM 19894, Elat, 20842, Elat, 21505, Jiddah Harbour; USNM 223879, Elat; RUSI 462, Jiddah Harbour.

104.4.7   ***Scarus ghobban* Forsskål, 1775**
Scarus ghobban Forsskål, 1775, *Descr. Anim.* : x, 28, Jiddah. No type material.
Scarus ghobban.– Bloch & Schneider, 1801 : 286–287 (R.S. on Forsskål).– Shaw, 1803 : 319 (R.S. quoted).– Rüppell, 1829 : 78–79, Massawa; 1852 : 21, Red Sea.– Valenciennes, in Cuv. Val., 1840, **14** : 216–217 (R.S. quoted).– Tortonese, 1947a, **43** : 87, Massawa.– Saunders, 1960, 79 : 242, Red Sea; 1968 (3) : 496, Red Sea.*
Scarus (Hemistoma) ghobban.– Schultz, 1958 (214) : 84, Pl. 16C, D (R.S. on Forsskål).
Scarus (Callyodon) ghobban.– Schultz, 1969 (17) : 29–30, Pl. 6D (R.S. quoted).
Pseudoscarus ghobban.– Günther, 1862, 4 : 230, Red Sea.– Klunzinger, 1871, **21** : 563–565, Quseir.– Kossmann & Räuber, 1877a, **1** : 409, Red Sea; 1877b: 27, Red Sea.– Day, 1877 : 412 (R.S. quoted) (*ghobbam* sic); 1889, **2** : 425 (R.S. quoted).– Kossmann, 1879, **2** : 21, Red Sea.– Borsieri, 1904 (3), **1** : 216, Massawa.– Borodin, 1930, **1** : 60, P. Sudan.
Scarus (Pseudoscarus) ghobban.– Guichenot, 1865, **11** : 32, 72, Massawa.
Pseudoscarus ghobham (sic).– Gruvel & Chabanaud, 1937, **35** : 27, Suez Canal.
Callyodon ghobban.– Tortonese, 1935–36, **45** : 196 (sep. : 46), Fig. 4 (lateral line scales), Massawa.– Beaufort (W.B.), 1940, 8 : 304–306 (R.S. quoted).– Smith, 1956a (1) : 10, Pl. 43, fig. H, S. Africa; 1959d (16) : 266–268, 270–271, 278, Pl. 43H, S. Africa.– Abel, 1960a, **49** : 457, Ghardaqa.– Clark, Ben-Tuvia & Steinitz, 1968 (49) : 23, Entedebir.
Scarus pyrrhostethus Richardson, 1846, *Ichthyol. China and Japan* : 262 (based on drawing by Reeves) (syn. v. Smith and v. Schultz).
Pseudoscarus pyrrhostethus.– Günther, 1862, 4 : 223 (R.S. quoted).– Schmeltz, 1877 (6) : 16, Massawa; 1879 (7) : 55, Massawa.
Scarus dussumieri Valenciennes, in Cuv. Val., 1840, *Hist. nat. Poiss.* **14** : 252–253. Syntype: MNHN 1720 (2 ex.), Seychelles (acc. to Smith, 1959d : 271 and to Schultz, 1969 : 32–33, syn. of *Scarus ghobban*).
Callyodon dussumeiri.– Beaufort (W.B.), 1940, 8 : 308–309 (R.S., pass. ref.).
Scarus guttatus Bloch & Schneider, 1801, *Syst. Ichthyol.* : 294, Indian Ocean (based on descr. by Sonnerat, 1774, **3** : 227, Pl. 2) (syn. v. Smith and v. Schultz).– Saunders, 1960, 79 : 243, Red Sea; 1968 (3) : 496, Red Sea.
Scarus scabriusculus Valenciennes, in Cuv. Val., 1840, *Hist. nat. Poiss.* **14** : 271. Holotype: MNHN 2493, no loc. (syn. v. Schultz).
Scarus (Pseudoscarus) scabriusculus.– Guichenot, 1865, **11** : 56, Red Sea.
Scarus (Xenoscarops) fehlmanni Schultz, 1969, *Smithson. Contr. Zool.* (17) : 24, Fig. 2. Holotype: USNM 202419, Straits of Jubal, Red Sea. Paratypes: USNM 202415–212418, Red Sea (syn. v. Randall & Bruce).

104.4.8   ***Scarus gibbus* Rüppell, 1829**
Scarus gibbus Rüppell, 1829, *Atlas Reise N. Afrika, Fische* : 81–82, Pl. 20, fig. 2. Lectotype: SMF 2686, Mohila; Paralectotypes: SMF 2710, 6272, Mohila; 1852 : 21, Red Sea.

Scaridae

Scarus gibbus.– Valenciennes, in Cuv. Val., 1840, **14** : 231–232, Red Sea.*
Scarus (Scarus) gibbus.– Schultz, 1969 (17) : 10–13, Pl. 2C, Tbs 5–6, Red Sea.
Pseudoscarus gibbus.– Günther, 1862, **4** : 240 (Mohila on Rüppell).– Klunzinger, 1871, **21** : 568–569, Quseir.
Chlorurus gibbus.– Smith, 1956a (1) : 16 (R.S. quoted); 1959b (16) : 273, Fig. 5, Red Sea.– Schultz, 1958 (214) : 26–27, Pls 1A, 7.
Callyodon gibbus.– Abel, 1960a, **49** : 457, Ghardaqa.
Scarus viridis [Ehrenberg MS] Valenciennes, in Cuv. Val., 1840, *Hist. nat. Poiss.* **14** : 231, Red Sea (syn. in *Scarus gibbus*).
Scarus microrhinos Bleeker, 1854b, *Natuurk. Tijdschr. Ned.-Indië* **6** : 200–202. Type : BMNH 1862.2.28.54, Batavia, Java (syn. v. Schultz, 1969).
Callyodon microrhinos.– Roux-Estève & Fourmanoir, 1955, **30** : 200, Abu Latt.– Roux-Estève, 1956, **32** : 94, Abu Latt.

104.4.9   ***Scarus niger* Forsskål, 1775**
Scarus niger Forsskål, 1775, *Descr. Anim.* : x, 28–29. Holotype : ZMUC P-5951, Red Sea.*
Scarus niger.– Bloch & Schneider, 1801 : 287–288 (R.S. on Forsskål).– Shaw, 1803, **1** : 398 (R.S. quoted).– Rüppell, 1835 : 24–25, Pl. 8, fig. 1, Jiddah; 1852 : 21, Red Sea.– Valenciennes, in Cuv. Val., 1840, **14** : 232–233, Red Sea.– Klausewitz & Nielsen, 1965, **22** : 14, Pl. 3, fig. 7, Red Sea.– Saunders, 1960, **79** : 243, Red Sea.
Scarus (Callyodon) niger.– Schultz, 1958 (214) : 93–94, Fig. 19, Pls 18b, 27b (R.S. on Forsskål); 1969 (17) : 31–32, Pl. 6E, Red Sea.
Pseudoscarus niger.– Günther, 1862, **4** : 236 (Jiddah on Rüppell).– Klunzinger, 1871, **21** : 570, Quseir.– Borsieri, 1904 (3), **1** : 216, Massawa.– Bamber, 1915, **31** : 482, W. Red Sea.
Callyodon niger.– Smith, 1956a (1) : 13, Pl. 43, figs C, G (R.S. quoted); 1959d (16) : 279, Pl. 43C, G (R.S. quoted).– Abel, 1960a, **49** : 457, Ghardaqa.– Clark, Ben-Tuvia & Steinitz, 1968 (49) : 24, Entedebir.
Pseudoscarus niger var. *viridis* Klunzinger, 1871, *Verh. zool.-bot. Ges. Wien* **21** : 570, Red Sea.
Pseudoscarus madagascariensis Steindachner, 1887a, *Sber. Akad. Wiss. Wien* **96** : 61, Pl. 2, fig. 1; 1887b, *Anz. Akad. Wiss. Wien* **24** : 230–231, Madagascar. Type : NMW, no number (syn., Randall in lit.).
Callyodon madagascariensis.– Smith, 1956a (1) : 11, Pl. 44, fig. J; 1959d (16) : 279, Pl. 44, fig. J, S. Africa.
Scarus madagascariensis.– Schultz, 1958 (214) : 131, Red Sea.
Scarus (Callyodon) madagascariensis.– Schultz, 1969 (17) : 32, Red Sea.

104.4.10   ***Scarus psittacus* Forsskål, 1775**
Scarus psittacus Forsskål, 1775, *Descr. Anim.* : x, 29, Jiddah. Type lost. Neotype : BPBM 19789, ♂, N. of Jiddah, by Randall & Ormond, 1978.
Scarus psittacus.– Bloch & Schneider, 1801 : 288 (R.S. on Forsskål).– Shaw, 1803, **1** : 397 (R.S. quoted).– Randall & Ormond, 1978, **63** (3) : 240–244, Fig. 1 A, Red Sea.– Randall & Bruce, 1983 (47) : 27, Pl. 4, figs G,H, Red Sea.
Callyodon (Pseudoscarus) psittacus.– Tortonese, 1935–36 [1937], **45** : 197–199 (sep. : 47–49), Fig. 5, Massawa.
?*Scarus hertit* [Ehrenberg MS] Valenciennes, in Cuv. Val., 1840, *Hist. nat. Poiss.* **14** : 215–216 (syn. v. Randall & Bruce).
Scarus forsteri Valenciennes, in Cuv. Val., 1840, *Hist. nat. Poiss.* **14** : 275–276, Tahiti (based on drawing by Forster). Neotype : USNM 202607, Tahiti (syn., Randall in lit.).
Scarus (Scarus) forsteri.– Schultz, 1958 (214) : 64–66, Figs 9, 23; 1969 (17) : 17 (R.S. on *Pseudoscarus forskalii* Klunzinger).
Pseudoscarus forskalii Klunzinger, 1871, *Verh. zool.-bot. Ges. Wien* **21** : 566–567. Type : BMNH 71.7.15.4, Quseir (syn. v. Randall & Ormond).

Xanothon bataviensis (not Bleeker, 1857 : 342).— Smith, 1959d (16) : 268 (R.S. on *Pseudoscarus forskalii* Klunzinger, i.e. of *Scarus psittacus*).

104.4.11   **Scarus scaber** Valenciennes, 1840
Scarus scaber Valenciennes, in Cuv. Val., 1840, *Hist. nat. Poiss.* **14** : 239. Syntypes: MNHN 588; B-2042, Mauritius.
Scarus oviceps Valenciennes, in Cuv. Val., 1840, *Hist. nat. Poiss.* **14** : 244—245, Jiddah. Holotype: MNHN 561, Tahiti (syn., Randall in lit.).
Scarus (Callyodon) oviceps.— Schultz, 1958 (214) : 93, Pl. 18B; 1969 (17) : 31 (R.S. quoted).
Scarus oviceps.— Randall, 1963b (2) : 226, Pl. 1, figs A, B, C (R.S. on Cuv. Val.).
Scarus pectoralis Valenciennes, in Cuv. Val., 1840, *Hist. nat. Poiss.* **14** : 269—270, Red Sea. No type material (acc. to Randall, 1963b (2) : 226, it is the adult male of *Scarus oviceps*).— Rüppell, 1852 : 21, Red Sea.— Schultz, 1958 (214) : 99—100, Fig. 25, Pl. 19D (R.S. on Cuv. Val.).
Scarus (Pseudoscarus) pectoralis.— Guichenot, 1865, **11** : 55—56, Jiddah.
Pseudoscarus pectoralis.— Klunzinger, 1871, **21** : 565—566, Red Sea.
Callyodon pectoralis.— Günther, 1862, **4** : 237—238 (R.S. quoted).— Smith, 1956a (1) : 15, Pl. 42, fig. J (R.S., pass. ref.).

104.4.12   **Scarus sordidus** Forsskål, 1775
Scarus sordidus Forsskål, 1775, *Descr. Anim.* : x, 30, Red Sea. No type material.
Scarus sordidus.— Bloch & Schneider, 1801 : 287 (R.S. on Forsskål).— Shaw, 1803, **1** : 400 (R.S. quoted).— Tortonese, 1947a, **43** : 87, Massawa.— Smith, 1959d (16) : 269 (not identifiable).— Ben-Tuvia, 1968 (52) : 43, Dahlak. Randall & Bruce, 1983.*
Scarus (Scarus) sordidus.— Schultz, 1958 (214) : 68—72, Pl. 12A, B, fig. 11 (R.S. on Forsskål); 1969 (17) : 19—21, Pl. 4c, Tbs 9—11, Straits of Jubal, Ghardaqa.
Pseudoscarus sordidus.— Klunzinger, 1871, **21** : 568, Quseir.— Day, 1877 : 413 (R.S quoted).
Callyodon sordidus.— Fowler & Bean, 1928, **7** : 398—407, Pl. 46 (R.S. quoted).— Abel, 1960a, **49** : 457, Ghardaqa.
Scarus nigricans [Ehrenberg MS] Valenciennes, in Cuv. Val., 1840, *Hist. nat. Poiss.* **14** : 213—214. Type: ZMB 2679, Red Sea (acc. to Klunzinger, 1871 : 568, syn. of *Pseudoscarus sordidus*; acc. to Schultz, 1958 : 12 and 1969 : 1, not identifiable) (*nigrans* misprint, 1958, corrected in 1969 (17) : 1).
Scarus nigricans.— Günther, 1862, **4** : 217 (R.S. quoted).
Scarus mentalis [Ehrenberg MS] Valenciennes, in Cuv. Val., 1840, *Hist. nat. Poiss.* **14** : 233—234. Type: ZMB 2683, Gulf of Aqaba (acc. to Klunzinger, 1871 : 568, syn. of *Pseudoscarus sordidus* or of *Pseudoscarus harid*; acc. to Smith, 1956a : 20, doubtful species).
Scarus erythrodon Valenciennes, in Cuv. Val., 1840, *Hist. nat. Poiss.* **14** : 255—256. Holotype: MNHN 575, Mauritius (syn. v. Schultz, 1969).
Callyodon erythrodon.— Roux-Estève & Fourmanoir, 1955, **30** : 200, Abu Latt.— Roux-Estève, 1956, **32** : 96, Abu Latt.
Xanothon erythrodon.— Smith, 1956a (1) : 7—8, Pl. 45, fig. F (R.S., pass. ref.).
Xanothon bipallidus Smith, 1959d, *Ichthyol. Bull. Rhodes Univ.* (16) : 278, Pl. 41D. Holotype: RUSI 67 (R.S. quoted) (syn. v. Schultz, 1969 and v. Randall & Bruce).— Clark, Ben-Tuvia & Steinitz, 1969 (49) : 24, Entedebir.
Scarus bipallidus.— Ben-Tuvia, 1968 (52) : 43, Red Sea, Entedebir.

104.4.a   *Scarus lunulatus* Valenciennes, in Cuv. Val., 1840, *Hist. nat. Poiss.* **14** : 268—269, Red Sea. No type material (acc. to Smith, 1956a, and to Schultz, 1958, doubtful).— Günther, 1862, **1** : 217 (R.S. quoted).
Scarus (Pseudoscarus) lunulatus.— Guichenot, 1865, **11** : 54, Red Sea. Not identifiable (Randall in lit.).

104.4.b   *Xanothon fowleri* Smith, 1956a, *Ichthyol. Bull. Rhodes Univ.* (1) : 5 (in text of *Xanothon frenatus*); 1959d (16) : 268, Pl. 42G (based on a species of *Scarus ghobban.*– Rüppell, in BMNH No. 1860.11.9.98).– Schultz, 1969 (17) : 15, syn. of *Scarus taeniurus*. *Scarus taeniurus* syn. of *Scarus psittacus* (Randall in lit.).

104.II   **SPARISOMATINAE**

104.5   *CALOTOMUS* Gilbert, 1890   Gender : M
          Proc. U.S. natn. Mus. **13** : 70 (type species : *Calotomus xenodon* Gilbert, 1890, by monotypy).

104.5.1 *Calotomus spinidens* (Quoy & Gaimard, 1825)
          Scarus spinidens Quoy & Gaimard, 1825, *Voy. Uranie, Zool.* : 289. Holotype : MNHN 571, Vaigiou.
          Cryptotomus spinidens.– Beaufort (W.B.), 1940, **8** : 262–265, Fig. 39 (R.S. quoted).– Smith, 1949 : 296, Pl. 62, fig. 827, S. Africa.– Ben-Tuvia & Steinitz, 1952 (11) : 9, Elat.
          Calotomus spinidens.– Schultz, 1958 (214) : 124–125, Pls 5B, 24C; 1969 (17) : 38, Pl. 8D (R.S., pass. ref.).– Saunders, 1960, **79** : 243, Red Sea.
          Scarus viridescens Rüppell, 1835, *Neue Wirbelth., Fische* : 23, Pl. 7, fig. 2. Holotype : SMF 2760, Jiddah (syn. v. Schultz, 1958).
          Scarus (Callyodon) viridescens.– Rüppell, 1852 : 21, Red Sea.
          Callyodon viridescens.– Günther, 1862, **4** : 214, Red Sea.– Playfair & Günther, 1866 : 103 (R.S. quoted).– Klunzinger, 1871, **21** : 558–559, Quseir.– Day, 1877 : 410, Pl. 90, fig. 2 (R.S. quoted).
          Leptoscarus viridescens.– Fowler & Bean, 1928, **71** : 378–379 (R.S. quoted).

104.6   *LEPTOSCARUS* Swainson, 1839   Gender : M
          Nat. Hist. Fish. : 226 (type species : *Scarus vaigiensis* Quoy & Gaimard, 1824, by monotypy).

104.6.1 *Leptoscarus vaigiensis* (Quoy & Gaimard, 1825)
          Scarus vaigiensis Quoy & Gaimard, 1825, *Voy. Uranie, Zool.* : 288. Holotype : MNHN 567, Vaigiou.
          Leptoscarus vaigiensis.– Beaufort (W.B.), 1940, **8** : 257–258, Indian Ocean.– Smith, 1949 : 296, Pl. 62, fig. 826, S. Africa.– Marshall, 1952, **1** : 240, Abu-Zabad.– Schultz, 1958 (214) : 126–127, Pls 4A, 25A–B, Red Sea; 1969 (17) : 39–40 (R.S., pass. ref.).– Saunders, 1960, **79** : 243, Red Sea.
          Scarus caeruleopunctatus Rüppell, 1835, *Neue Wirbelth., Fische* : 24, Pl. 7, fig. 3. Holotype : SMF 1504, Jiddah; Paratype : SMF 2743, Jiddah (syn. v. Schultz).– Valenciennes, in Cuv. Val., 1840, **14** : 262–264, Jiddah.
          Scarus (Callyodon) caeruleopunctatus.– Rüppell, 1852 : 21, Red Sea.
          Scarichthys caeruleopunctatus.– Günther, 1862, **4** : 213 (R.S. quoted).– Day, 1877 : 410, Pl. 87, fig. 5 (R.S. quoted); 1889, **2** : 422, Fig. 147 (R.S. quoted).
          Scarichthys coeruleopunctatus.– Klunzinger, 1871, **21** : 557–558, Quseir.
          Scarus (Scarichthys) coeruleopunctatus.– Guichenot, 1865, **11** : 19–20, Jiddah.
          Leptoscarus coeruleopunctatus.– Beaufort (W.B.), 1940, **8** : 259–260, Indian Ocean.
          Scarichthys coeruleopunctatus.– Fowler & Bean, 1928, **7** : 375–376 (R.S. quoted).
          Scarus rubronotatus [Ehrenberg MS] Valenciennes, in Cuv. Val., 1840, *Hist. nat. Poiss.* **14** : 212, Gulf of Aqaba. Type : ZMB 2678, not available (syn. v. Schultz, 1958).– Günther, 1862, **4** : 217 (R.S. quoted).
          Scarus bottae Valenciennes, in Cuv. Val, 1840, *Hist. nat. Poiss.* **14** : 262. Syntype : MNHN 2456, 2457, 2458, Jiddah (syn. v. Schultz, 1958).
          Scarus (Scarichthys) bottae Guichenot, 1865, **11** : 20–21, Jiddah.

105 OPISTOGNATHIDAE

G: 2
Sp: 3

105.1 ***OPISTOGNATHUS* Cuvier, 1817 [1816]** Gender: M
Règne anim. : 240 (type species: *Opistognathus sonnerati* Cuvier, 1816, by monotypy).

105.1.1 ***Opistognathus nigromarginatus* Rüppell, 1830**
Opisthognathus nigromarginatus Rüppell, 1830, *Atlas Reise N. Afrika, Fische*: 114–115, Pl. 28, fig. 4. Lectotype: SMF 591, Massawa; Paralectotype: 12948, Massawa; 1838 : 140, Massawa.
Opisthognathus nigromarginatus.– Günther, 1860, **2** : 254–255 (R.S. quoted).– Playfair & Günther, 1866 : 69 (R.S. quoted).– Klunzinger, 1871, **21** : 486 (R.S. on Rüppell).– Day, 1876 : 266–267, Pl. 57, fig. 5 (R.S. quoted); 1889, **2** : 226, Fig. 61 (R.S. quoted).– Smith, 1949 : 179, Fig. 386, S. Africa.
Opistognathus sonneratii Cuvier, 1817 [1816], *Règne anim.* **2** : 252. Nomen nudum (without descr.).
Opisthognathus sonneratii Valenciennes, in Cuv. Val., 1836, *Hist. nat. Poiss.* **14** : 498–504. Syntype: MNHN A-2107, Pondichery. One syntype: ZMB from Red Sea lost (syn. v. Klunzinger).
Opistognathus Sonneratii.– Rüppell, 1852 : 15, Red Sea.
Opisthognathus ocellatus Ehrenberg, syn. in *Opisthognathus sonnerati* Valenciennes, in Cuv. Val., 1836, **14** : 498, Red Sea (syn. v. Klunzinger).

105.1.?2 *Opisthognathus muscatensis* (not Boulenger).– Dor, 1970 (54) : 22, Dahlak (misidentification, this is a new species, Smith-Vaniz in lit.).

105.2 ***STALIX* Jordan & Snyder, 1902** Gender: F
Proc. U.S. natn. Mus. **24** : 495 (type species: *Stalix histrio* Jordan & Snyder, by orig. design.).

105.2.1 ***Stalix histrio* Jordan & Snyder, 1902**
Stalix histrio Jordan & Snyder, 1902, *Proc. U.S. natn. Mus.* **24** : 495. Holotype: SU 6543, Waranoura (Japan).
Stalix histrio.– Smith-Vaniz, 1974 (1) : 280–282, Figs 1, 2, 4a, Tb. 1, Gulf of Aqaba.

106 MUGILOIDIDAE

G: 1
Sp: 3

106.1 ***PARAPERCIS* Bleeker, 1863b** Gender: F
Ned. Tijdschr. Dierk. **1** : 236 (type species: *Sciaena cylindrica* Bloch, 1793, by orig. design.).
Percis Bloch & Schneider, 1801, *Syst. Ichthyol.* : 179 (type species: *Percis maculata* Bloch & Schneider, 1801 (not *Percis* Klein nor *Percis* Scopoli, by monotypy).

106.1.1 ***Parapercis hexophthalma* (Ehrenberg, 1829)**
Percis hexophthalma [Ehrenberg MS] Cuvier, in Cuv. Val., 1829, *Hist. nat. Poiss.* **3** : 271, Massawa.
Blennius hexophthalma [Ehrenberg MS] syn. in *Percis cylindrica* Rüppell, 1828 : 19. Holotype: MNHN, Massawa, apparently lost.
Percis hexophthalma.– Rüppell, 1852 : 4, Red Sea.– Günther, 1860, **2** : 239, Red

Sea.– Playfair & Günther, 1866 : 68 (R.S. quoted).– Day, 1876 : 263–264, Pl. 57, fig. 4 (R.S. quoted).– Pellegrin, 1912, 3 : 7, Massawa.

Parapercis hexophthalma.– Tortonese, 1935–36 [1937], **45** : 206 (sep. : 56), Red Sea; 1968 : 23, Elat.– Smith, 1949 : 177, Pl. 13, fig. 380, S. Africa; 1953, Pl. 104, fig. 380, S. Africa.– Marshall, 1950 (22) : 192–193, Pl. 19, Red Sea.– Beaufort (W.B.) 1951, **9** : 24–25 (R.S. quoted).– Ben-Tuvia & Steinitz, 1952 (2) : 9, Elat.– Saunders, 1960, **79** : 241, Red Sea; 1968 (3) : 493, Red Sea.– Cantwell, 1964 : 268–270, Figs 1J, 3J, 9C, Red Sea.

Percis polyophthalma [Ehrenberg MS] Cuvier, in Cuv. Val., 1829, *Hist. nat. Poiss.* **3** : 272–273, Massawa (syn. acc. to Marshall, 1950, and to Randall, 1976, in lit.).– Rüppell, 1852 : 4, Red Sea.– Playfair & Günther, 1866 : 68 (R.S. quoted).– Klunzinger, 1870, **20** : 816–817, Quseir; 1884 : 123, Red Sea.– Picaglia, 1894, **13** : 30, Massawa.

Parapercis polyophthalma.– Gruvel, 1936, **29** : 174, Suez Canal.– Gruvel & Chabanaud, 1937, **35** : 28, Suez Canal.– Cantwell, 1964, **18** : 270-271, Figs 1J, 3J, 9C, Red Sea.– Klausewitz, 1967c (2) : 61, Sarso Isl.

Percis cylindrica Rüppell, 1828, *Atlas Reise N. Afrika, Fische* : 19–20, Pl. 5, fig. 2. Holotype: SMF 1458, Red Sea; Paratypes: SMF 5361–5362, Red Sea (syn., preoccupied by Bloch, 1792).

Percis caudimaculata Rüppell, 1838, *Neue Wirbelth., Fische* : 98. Holotype: SMF 1461, Red Sea; Paratype: SMF 5360, Red Sea (syn. v. Klunzinger).

106.1.2   ***Parapercis nebulosa* (Quoy & Gaimard, 1824)**
Percis nebulosa Quoy & Gaimard, 1824, *Voy. Uranie, Zool.* : 349. Holotype: MNHN A-3105, W. Australia.
Parapercis nebulosa.– Smith, 1949 : 177, S. Africa.– Bayoumi, 1972, **2** : 163, Gulf of Suez.

106.1.3   ***Parapercis simulata* Schultz, 1968**
Parapercis simulata Schultz, 1968, *Proc. U.S. natn. Mus.* **129** (3636) : 5–9, Pl. 1. Tbs 1–5, Safaga. Holotype: USNM 200760, Somalia; Paratype: USNM 200759, 200761, Somalia, data as for Holotype.

106α   **PERCOPHIDIDAE**

G : 1
Sp : 1

106α.1   ***BEMBROPS* Steindachner, 1876 [1877]**   Gender : M
Sber. Akad. Wiss. Wien **74** (1) : 211 (type species: *Bembrops caudimacula* Steindachner, 1876 [1877], by orig. design.).

106α.1.1   ***Bembrops adenensis* Norman, 1939**
Bembrops adenensis Norman, 1939, *Scient. Rep. John Murray Exped.* **7** (1) : 69–70, Fig. 24. Syntypes: BMNH 1939.5.24.1226–1231, 1939.5.24.1232–1271, Gulf of Aden.
Bembrops adenensis.– Klausewitz, 1980, **61** : 17–20, Figs 1–2, Central Red Sea.

07 TRICHONOTIDAE

G: 1
Sp: 1

07.1 ***TRICHONOTUS* Bloch & Schneider, 1801** Gender: M
Syst. Ichthyol. : 179 (type species: *Trichonotus setiger* Bloch & Schneider, 1801, by monotypy).

07.1.1 ***Trichonotus nikii* Clark & Van Schmidt, 1966**
Trichonotus nikii Clark & Van Schmidt, 1966, *Bull. Sea Fish. Res. Stn Israel* (42) : 29. Holotype: HUJ E64/80, ♂, Elat.

08 URANOSCOPIDAE

G: 1
Sp: 3

08.1 ***URANOSCOPUS* Linnaeus, 1758** Gender: M
Syst. Nat., ed. X : 250 (type species: *Uranoscopus scaber* Linnaeus, 1758, by monotypy).

08.1.1 ***Uranoscopus fuscomaculatus* Kner, 1868**
Uranoscopus fuscomaculatus Kner, 1868, *Sber. Akad. Wiss. Wien* **58** : 319–320. Holotype: NMW 59954, Candavu.
Uranoscopus fuscomaculatus.– Beaufort (W.B.), 1951, **9** : 48, Indian Ocean.– Dor, 1970 (54) : 23, 1 textfig., Elat.

08.1.2 ***Uranoscopus guttatus* Cuvier, 1829**
Uranoscopus guttatus Cuvier, in Cuv. Val., 1829, *Hist. nat. Poiss.* **3** : 305–307. Holotype: MNHN A-3097, Pondichery.
Uranoscopus guttatus.– Gruvel, 1936, **29** : 175, Suez Canal.– Gruvel & Chabanaud, 1937, **35** : 29, Suez Canal.

08.1.3 ***Uranoscopus oligolepis* Bleeker, 1878**
Uranoscopus oligolepis Bleeker, 1878b, *Versl. Meded. K. wet. Amst.* **13** : 55. Syntypes: RMNH 5941, 4383, 4384.
Uranoscopus oligolepis.– Beaufort (W.B.), 1951, **9** : 47, Fig. 11, Indian Ocean.– Halstead, 1970, Pl. 6, fig. 1, Red Sea (without descr.).

09 CHAMPSODONTIDAE

G: 1
Sp: 2

09.1 ***CHAMPSODON* Günther, 1867** Gender: M
Proc. zool. Soc. Lond. : 102 (type species: *Champsodon vorax* Günther, 1867, by orig. design.).

09.1.1 ***Champsodon capensis* Regan, 1908***
Champsodon capensis Regan, 1908, *Trans. Linn. Soc. Lond.* **12** : 244–245, Pl. 27, fig. 2. Syntypes: BMNH 1903.1.29.6–9.
Champsodon capensis.– Smith, 1949 : 175, Fig. 376, S. Africa.– Beaufort (W.B.), **9** : 3–4, 1 fig., Indian Ocean.– Kotthaus, 1977 (25) : 25–26, Figs 407, 409, 428, S. Red Sea.

109.1.2   *Champsodon omanensis* **Regan, 1908***
            Champsodon omanensis Regan, 1908, *Trans. Linn. Soc. Lond.* **12** : 245–246,
            Pl. 27, fig. 1. Type: BMNH 1903.7.8.2, Bourbon Isl.
            Champsodon omanensis.– Dor, 1970 (54) : 23–24, 1 textfig., Gulf of Aqaba, Gulf of
            Suez, Dahlak Arch.

110   **BLENNIIDAE**

G: 19
Sp: 41

110.I   **BLENNIINI**

110.1   *PICTIBLENNIUS* **Whitley, 1930c**   Gender: M
          Mem. Qd Mus. **10** (1) : 19 (type species: *Blennius intermedius* Ogilby, 1915, by
          orig. design.).

110.1.1   *Pictiblennius cyclops* **(Rüppell, 1830)**
            Salarias cyclops Rüppell, 1830, *Atlas Reise N. Afrika, Fische* : 113, Pl. 28, fig. 3.
            Holotype: SMF 1885, Et Tur; 1852 : 16, Red Sea.
            Blennius cyclops.– Klunzinger, 1871, **21** : 494, Quseir.– Kossmann & Räuber, 1877a,
            1 : 402, Red Sea; 1877b : 21, Red Sea.– Kossmann, 1879, **2** : 22, Red Sea.–
            Smith, 1959b (14) : 231, Pl. 14H (R.S. quoted).
            Pictiblennius cyclops.– Bath, 1977, **57** : 202–204, 205, 206, Fig. 56, Massawa, P.
            Taufiq.
            Blennius cyclops var. *punctatus* Kossmann & Räuber, 1877, *Verh. naturh.-med. Ver.
            Heidelb.* **1** : 402–403, Red Sea; 1877b : 21, Red Sea (acc. to Smith, 1959 (14) :
            236, probably syn.).
            Blennius semifasciatus Rüppell, 1835, *Neue Wirbelth., Fische* : 135. Holotype: SMF
            1885, Massawa (syn. v. Klunzinger and v. Smith); 1852 : 16, Red Sea.– Günther,
            1861, **3** : 214–215 (R.S. quoted).– Norman, 1927, **22** : 387, Bitter Lake, P. Taufiq,
            Suez Canal.
            Blennius cristatus (not Linnaeus, 1758 : 256).– Abel, 1960a, **49** : 443, Ghardaqa
            (misidentification, distribution only Mediterranean and Atlantic).

110.II   **NEMOPHINI**

110.2   *ASPIDONTUS* **[Cuvier] Quoy & Gaimard, 1834**   Gender: M
          Voy. Astrolabe, Zool. **3** : 719 (type species: *Aspidontus taeniatus* Quoy & Gaimard,
          1834, by monotypy).
          Blennechis Valenciennes, in Cuv. Val., 1836, *Hist. nat. Poiss.* **11** : 280, Pl. 326 (type
          species: *Blennechis filamentosus* Valenciennes, in Cuv. Val., 1836 = *Aspidontus
          taeniatus* Quoy & Gaimard, 1834, by subs. design. of Jordan & Seale, 1906 : 431).

110.2.1   *Aspidontus dussumieri* **(Valenciennes, 1836)**
            Blennechis dussumieri Valenciennes, in Cuv. Val., 1836, *Hist. nat. Poiss.* **11** : 282–
            283. Holotype: MNHN A-2084, Bourbon Isl.
            Aspidontus dussumieri.– Smith-Vaniz, 1976 (19) : 63–64, Figs 28, 31, 127–130,
            Tbs 4, 11–13, Gulf of Aqaba, Quseir, P. Sudan, Suakin.

110.2.2   *Aspidontus taeniatus* **Quoy & Gaimard, 1834**
            Aspidontus taeniatus Quoy & Gaimard, 1834, *Voy. Astrolabe, Zool.* **3** : 719, Pl. 19,
            fig. 4, Guam. No type material.

10.2.2.1   *Aspidontus taeniatus tractus* Fowler, 1903

    Aspidontus tractus Fowler, 1903, *Proc. Acad. nat. Sci. Philad.* 4 : 170, Pl. 7. Holotype: ANSP 24207, Zanzibar.

    Aspidontus taeniatus tractus.– Smith-Vaniz, 1876 (19) : 62–63, Figs 31, 126, Gulf of Aqaba, Straits of Jubal.

    Aspidontus taeniatus.– Smith-Vaniz & Randall, 1973 : 1–11, Figs 1–2, Tbs 1–3 (in part).

    Petroscirtes taeniatus.– Beaufort (W.B.), 1951, 9 : 369 (in part), Red Sea.

    Blennechis filamentosus Valenciennes, in Cuv. Val., 1836, *Hist. nat. Poiss.* 11 : 280. Holotype: MNHN A-2046, New Guinea (syn. v. Smith-Vaniz & Randall).– Smith, 1959b (14) : 235–236, Pl. 17, fig. 3, Red Sea.

    Petroscirtes filamentosus.– Klunzinger, 1871, 21 : 495–496, Quseir.

10.3   *MEIACANTHUS* Norman, 1943   Gender: M

    Ann. Mag. nat. Hist. 10 (72) : 805 (type species: *Petroscirtes oualensis* Günther, 1888, by orig. design.).

10.3.1   *Meiacanthus nigrolineatus* Smith-Vaniz, 1969

    Meiacanthus nigrolineatus Smith-Vaniz, 1969, *Proc. biol. Soc. Wash.* 82 : 349–354, Fig. 1, Tbs 1–2. Holotype: USNM 200301, Straits of Jubal; Paratypes: USNM 200601 (4 ex.), 201480 (3 ex.), 201485 (1 ex.), Red Sea.

    Meiacanthus (Meiacanthus) nigrolineatus Smith-Vaniz, 1976 (19) : 95–97, Figs 46, 144–146 and frontispiece, Tbs 15–17, Gulf of Aqaba, Gulf of Suez, Straits of Jubal, Dahlak Arch., Zubair Isl.

    Petroscirtes temmincki (not Bleeker).– Clark, Ben-Tuvia & Steinitz, 1968 (49) : 23, Entedebir (misidentification, Springer, pers. commun.).

10.4   *PETROSCIRTES* Rüppell, 1830   Gender: M

    Atlas Reise N. Afrika, Fische : 110 (type species: *Petroscirtes mitratus* Rüppell, 1830, by monotypy).

    DASSON Jordan & Hubbs, 1925 [subgenus]

    The subgenus *Dasson* was proposed as a genus by Jordan & Hubbs, 1925, *Mem. Carneg. Mus.* 10 : 318 (type species: *Aspidontus trossulus* Jordan & Snyder, 1902 = *Blennechis breviceps* Valenciennes, in Cuv. Val., 1836, by orig. design.). It was retained as a subgenus by Smith-Vaniz, 1976 (19) : 19.

10.4.1   *Petroscirtes (Dasson) ancylodon* Ruppell, 1838

    Petroscirtes ancylodon Rüppell, 1838, *Neue Wirbelth., Fische* : 140, Pl. 1, fig. 1. Holotype: SMF 1818, Massawa; 1852 : 16, Red Sea; 1852 : 21, Red Sea.

    Petroscirtes ancylodon.– Günther, 1861, 3 : 235 (R.S. quoted).– Klunzinger, 1871, 21 : 497 (R.S. on Rüppell).– Borsieri, 1904 (3), 1 : 210, Red Sea.– Bamber, 1915, 31 : 483, Pl. 46, fig. 2, Suez Canal.– Norman, 1927, 32 : 381, Lake Timsah, Suez Canal.– Chabanaud, 1932, 4 : 831, Lake Timsah, Suez Canal.– Gruvel, 1936, 29 : 173, Suez Canal.– Gruvel & Chabanaud, 1937, 35 : 29, Lake Timsah.

    Dasson ancylodon.– Smith, 1959b (14) : 233–234, Fig. 2, Red Sea.

    Petroscites (Dasson) ancylodon.– Smith-Vaniz, 1976 (19) : 50–51, Figs 17, 119, 120, Tbs 5–7, 10, Gulf of Suez, Gulf of Aqaba, Ghardaqa, Massawa.

    Petroscirtes breviceps (not Valenciennes in Cuv. Val.).– Chabanaud, 1934, 6 : 160, Lake Timsah, Suez Canal.– Gruvel, 1936, 29 : 174, Suez Canal.– Gruvel & Chabanaud, 1937, 35 : 29, Lake Timsah, Suez Canal (misidentification, Springer in lit.).

    Dasson variabilis (not Cantor).– Springer, 1968 (284) : 7, Ghardaqa (misidentification, Springer, pers. commun. and v. Smith-Vaniz).

110.4.2   *Petroscirtes (Petroscirtes) mitratus* Rüppell, 1830

    Petroscirtes mitratus Rüppell, 1830, *Atlas Reise N. Afrika, Fische* : 111, Pl. 28, fig. 1. Holotype: SMF 1853, Jubal Isl.; 1852 : 16, Red Sea.

Petroscirtes mitratus.– Günther, 1861, **3** : 237–238, Red Sea; 1877, **13** : 198 (R.S. quoted).– Klunzinger, 1871, **21** : 496, Quseir.– Borsieri, 1904 (3), **1** : 210, Massawa.– Bamber, 1915, **31** : 483, W. Red Sea.– Beaufort (W.B.), 1951, **9** : 367, Indian Ocean.– Ben-Tuvia & Steinitz (2) : 9, Elat.– Smith, 1959b (14) : 231, Pl. 19M, S. Africa.– Springer, 1968 (284) : 9, Red Sea.

Petroscirtes (Petroscirtes) mitratus.– Smith-Vaniz, 1976 (19) : 32–36, Figs 10, 15, 19, 20, 100–102, Tbs 4–8, Gulf of Aqaba, Ras Muhammad, Gulf of Suez, Straits of Jubal, Massawa.

110.5 *PLAGIOTREMUS* Gill, 1865   Gender : M
Ann. Lyceum nat. Hist. **8** : 138 (type species: *Plagiotremus spilistius* Gill, 1865, by monotypy).

MUSGRAVIUS **Whitley,** 1961 [subgenus] (as a subgenus of *Pescadorichthys* Tomiyama [= *Ecsenius* McCulloch] ; type species: *Pescadorichthys (Musgravius) laudandus* Whitley, 1961, by orig. design.).

RUNULA **Jordan & Bollman,** 1890 [subgenus]
The subgenus *Runula* was proposed as a genus by Jordan & Bollman, *Proc. U.S. natn. Mus.* **12** : 171 (type species: *Runula azalea* Jordan & Bollman, 1890, by orig. design.). It was retained as a subgenus by Smith-Vaniz, 1976 (19) : 19.

110.5.1 *Plagiotremus (Musgravius) townsendi* **(Regan,** 1905)
Petroscirtes townsendi Regan, 1905, **16** : 328, Pl. 3, fig. 7. Holotype : BMNH 1899.5.8.100, Gulf of Oman.

Plagiotremus (Musgravius) townsendi.– Smith-Vaniz, 1976 (19) : 132–133, Figs 65, 79, 82b, 167 and frontispiece, Tbs 19–23, Gulf of Aqaba, Straits of Jubal, P. Sudan.

110.5.2 *Plagiotremus (Runula) rhinorhynchos* **(Bleeker,** 1852)
Petroskirtes rhinorhynchos Bleeker, 1852c, *Natuurk. Tijdschr. Ned.-Indië* **3** : 273. Lectotype : RMNH 26470, Wahai ; Paralectotype : RMNH 4770, Ceram.

Runula rhinorhynchus.– Beaufort (W.B.), 1951, **9** : 361, Indonesia.– Smith, 1959b (14) : 234, Pl. 17, fig. 7, S. Africa.– Abel, 1960a, **49** : 4, Ghardaqa.– Dor, 1970 (54) : 25, Elat.

Plagiotremus (Runula) rhinorhynchos.– Smith-Vaniz, 1976 (19) : 133–136, Figs 66, 72c, 74, 76, 78, 82c, 168–171, Tbs 4, 19–25, Gulf of Aqaba, Ras Muhammad.

110.5.3 *Plagiotremus (Runula) tapeinosoma* **(Bleeker,** 1857)
Petroskirtes tapeinosoma Bleeker, 1857a, *Act. Soc. Sci. Indo-Neerl.* **2** : 64–65. Lectotype : RMNH 26469, Amboina ; Paralectotype : RMNH 4769, Amboina.

Petroskirtes tapeinosoma.– Klunzinger, 1871, **21** : 495, Quseir.– Beaufort (W.B.), 1951, **9** : 362 (R.S. quoted).

Aspidontus tapeinosoma.– Steinitz & Ben-Tuvia, 1955 (11) : 8, Elat.

Runula tapeinosoma.– Smith, 1959b (14) : 234–235, Pl. 19B (R.S. quoted).– Abel, 1960a, **49** : 459, Ghardaqa.

Plagiotremus (Runula) tapeinosoma.– Smith-Vaniz, 1976 (19) : 138–145, Figs 67, 72d, 73, 74, 77, 80, 82d, 174–176, Tbs 4, 19–23, 26, Gulf of Aqaba, Ras Muhammad, Straits of Jubal.

110.6 *XIPHASIA* Swainson, 1839   Gender : F
Nat. Hist. Fish. **2** : 239 (type species: *Xiphasia setifer* Swainson, 1839, by monotypy).

110.6.1 *Xiphasia setifer* **Swainson,** 1839
Xiphasia setifer Swainson, 1839, *Nat. Hist. Fish.* **2** : 259 (descr. based on Tonkah talawaree Russell, 1803 : 28, Pl. 39, Vizagapatam).

Xiphasia setifer.– Beaufort (W.B.), 1951, **9** : 381, Indian Ocean.– Smith, 1959b (14) :

236, Pl. 14L, S. Africa.– Fridman & Masri, 1971 (1):6, 1 fig., Elat.– Smith-Vaniz, 1976 (19):70–72, Figs 33, 35–39, 131, Tbs 4, 14, Gulf of Aqaba, Gulf of Suez, Eritrea.

110.III OMOBRANCHINI

110.7   *ENCHELYURUS* **Peters, 1868**   Gender: M
         Mber. K. preuss. Akad. Wiss. : 268 (type species: *Enchelyurus flavipes* Peters, 1868, by monotypy).

110.7.1   *Enchelyurus kraussi* **(Klunzinger, 1871)**
         Petroscirtes kraussii Klunzinger, 1871, *Verh. zool.-bot. Ges. Wien* **21** : 497. Lectotype: ZMB 8029, Quseir; Paralectotypes: ZMB 10506, Quseir; SMF 1662 (2 ex.), Quseir.
         Petroscirtes kraussii.– Beaufort (W.B.), 1951, **9** : 378, Indian Ocean.
         Enchelyurus kraussi.– Marshall, 1952, **1** (8):241, Graa (Red Sea).– Smith, 1959b (14):234, Pl. 18J (R.S. quoted).– Springer, 1972 (130):6–7, Figs 5, 9, Tbs 1–6, Gulf of Aqaba, P. Sudan.

110.7.2   *Enchelyurus petersi* **(Kossmann & Räuber, 1877)**
         Petroscirtes petersi Kossmann & Räuber, 1877a, *Verh. naturh.-med. Ver. Heidelb.* **1** : 402, Pl. 2, fig. 9, Red Sea; 1877b : 21, Pl. 2, fig. 9, Red Sea. Apparently no type material (Klausewitz in lit.).
         Cruantus petersi.– Smith, 1959b (14):234, Pl. 18K, Red Sea.
         Enchelyurus petersi.– Springer, 1972 (130):7–8, Figs 5, 10, Tbs 1–6, Elat, Ras Misalla, Et Tur.

110.8   *OMOBRANCHUS* [Ehrenberg MS, Pl. 9, fig. 1] **Valenciennes, 1836**   Gender: M
         Valenciennes, in Cuv. Val., 1836, *Hist. nat. Poiss.* **11** : 287, syn. in *Blennechis fasciolatus* (type species: *Omobranchus fasciolatus* [Ehrenberg MS] Valenciennes, in Cuv. Val., 1836, by subs. design. of Swainson, 1839).
         Cruantus Smith, 1959b, *Ichthyol. Bull. Rhodes Univ.* (14):234 (type species: *Omobranchus dealmeida* Smith, 1949 (= *Petroscirtes ferox* Herre, 1927), by orig. design.).

110.8.1   *Omobranchus fasciolatus* **([Ehrenberg MS] Valenciennes, 1836)**
         Blennechis fasciolatus [Ehrenberg MS] Valenciennes, in Cuv. Val., 1836, *Hist. nat. Poiss.* **11** : 287–288 (based on a then unpublished figure). Neotype: USNM 204487, Ethiopia.
         Omobranchus fasciolatus Hemprich & Ehrenberg, 1899, Pl. 9, figs 1A, a, c, Red Sea.– Springer & Gomon, 1975 (177):34–38, Figs 4, 17, 42, Tb. 8, Suez Canal, Gulf of Suez, Et Tur, Massawa, Dahlak Arch.
         Petroscirtes kallosoma (not Bleeker, 1858 : 227).– Borsieri, 1904, (3) **1** : 210, Dahlak Arch.– Beaufort (W.B.), 1951, **9** : 373–374 (R.S. on Borsieri) (misidentification, Springer in lit.).
         Petroscirtes mekranensis (not Regan).– Bamber, 1915, **31** : 483, Suez.
         Omobranchus mekranensis (not Regan).– Norman, 1927, **22** : 381, Suez (misidentification, Springer in lit.).
         Petroscirtes vinciguerrae Borsieri, 1904, *Annali Mus. civ. Stor. nat. Giacomo Doria* (3), **1** : 211. Holotype: MSNG (ce-32051, Massawa (syn. v. Springer & Gomon).
         Dasson kochi (not Weber).– Clark, Ben-Tuvia & Steinitz, 1968 (49):23, Entedebir (misidentification, Springer in lit.).

Blenniidae

110.8.2   *Omobranchus punctatus* (**Valenciennes**, 1836)
  Blennechis punctatus Valenciennes, in Cuv. Val., 1836, *Hist. nat. Poiss.* 11 : 286.
  Holotype: MNHN 716, Bombay.
  Omobranchus punctatus.– Bath, 1979 [1980], **60** (5–6) : 317–319, 1 fig., Isma'iliya.
  The distribution of *Omobranchus punctatus* is from W. Indian Ocean (Delagoa Bay)
  to Australia, including the Persian Gulf. It was recorded at Isma'iliya near Gulf of
  Suez; thus it must certainly exist in the Red Sea.

110.8.3   *Omobranchus steinitzi* **Springer & Gomon**, 1975
  Omobranchus steinitzi Springer & Gomon, 1975, *Smithson. Contr. Zool.* (177):
  70–71, Figs 7, 30, 43. Holotype: USNM 209433 ♂, Cundabilu; Paratypes: USNM
  209434 (2 ex.), ♂♂, Cundabilu; HUJ E62/399a, ♀, Cundabilu.

110.IV   **SALARIINI**

110.9   *ALLOBLENNIUS* **Smith-Vaniz & Springer**, 1971   Gender: M
  Smithson. Contr. Zool. (73) : 10 (type species: *Rhabdoblennius pictus* Lotan,
  1970, by orig. design.).

110.9.1   *Alloblennius jugularis* (**Klunzinger**, 1871)
  Blennius jugularis Klunzinger, 1871, *Verh. zool.-bot. Ges. Wien* **21** : 493. Lecto-
  type: ZMB 10496 ♂, Quseir; Paralectotype: ZIAS 2617 ♀, Quseir.
  Rhabdoblennius jugularis.– Chapman, in Beaufort (W.B.), 1951, **9** : 348, Indian Ocean.
  Glyptoparus jugularis.– Smith, 1959b (14) : 250 (R.S. quoted).– Lotan, 1969, **18** :
  376, Dahlak Arch.
  Alloblennius jugularis.– Smith-Vaniz & Springer, 1971 (73) : 10–12, Figs 8a, 50,
  Ras el Burqa, Ras Muhammad, Quseir, Sciumma Isl. (Ethiopia), Cundabilu.

110.9.2   *Alloblennius pictus* (**Lotan**, 1969)
  Rhabdoblennius pictus Lotan, 1969, *Israel J. Zool.* **18** : 376, Fig. 7. Holotype:
  HUJ 10093, Elat; Paratypes: HUJ 10094 (6 ex.), Dahlak Arch.
  Alloblennius pictus.– Smith-Vaniz & Springer, 1971 (73) : 12–14, Figs 1b, 8b, 49,
  Elat, Straits of Jubal, Massawa, Delemone Isl. (Ethiopia).

110.10   *ALTICUS* [Commerson MS] **Lacepède**, 1800   Gender: M
  Hist. nat. Poiss. **2** : 458 (type species: *Alticus saliens* Lacepède, 1800 = *Alticus
  saltatorius* [Commerson MS] Lacepède, 1800, by monotypy).
  Lophalticus Smith, 1957a, *Ann. Mag. nat. Hist.* **9** : 889 (type species: *Salarias kirki*
  Günther, 1868, by orig. design.).

110.10.1   *Alticus kirki* (**Günther**, 1868)
  Salarias kirki Günther, 1868, *Ann. Mag. nat. Hist.* **1** : 457–458. Holotype: BMNH
  1868.2.29.48, Zanzibar.

110.10.1.1   *Alticus kirkii magnusi* **Klausewitz**, 1964
  Lophalticus kirkii magnusi Klausewitz, 1964a, *Senckenberg. biol.* **45** (2) : 133–
  135, Figs 9–10. Holotype: SMF 6444 ♂, Quseir; Paratypes: SMF 6443, Sarso Isl.;
  BMNH 1788.11.11.24 (2 ex.), Muscat.
  Lophalticus kirkii magnusi.– Magnus, 1965 : 542–556, Figs 1–10, Red Sea.– Clark,
  Ben-Tuvia & Steinitz, 1968 (49) : 23, Entedebir.– Lotan, 1969, **18** : 364, Sharm esh
  Sheikh, Dahlak Arch.
  Salarias kirkii.– Borsieri, 1904 (3), **1** : 208 (R.S. quoted).
  Lophalticus kirki.– Smith, 1959b (14) : 240, Pl. 18C, D (R.S. quoted).

Salarias tridactylus (not *Blennius tridactylus* Bloch & Schneider.– Klunzinger, 1871, **21** : 489, Quseir (misidentification v. Klausewitz).
Alticus saliens (not Forster).– Magnus, 1963b, **93** : 128–132, Figs 1–4, Quseir (misidentification v. Klausewitz).

110.10.2   *Alticus saliens* Lacepède, 1800
   Blennius saliens Lacepède, 1800, *Hist. nat. Poiss.* **2** : 458 (based on descr. in Commerson MS of *Alticus saltatorius*).
   Alticus saliens.– Chapman, in Beaufort (W.B.), 1951, **9** : 349–350 (R.S. quoted).– Smith, 1959b (14) : 239, Pl. 18H (R.S. quoted).– Magnus, 1963b, **93** : 128–132, Figs. 1–4, Quseir.
   Salarias alticus Valenciennes, in Cuv. Val., 1836, *Hist. nat. Poiss.* **9** : 337–338, Red Sea. Syntypes: MNHN A-1793, Red Sea (2 ex.), A-1794, Bay of Ganges, A-1795, New Ireland, A-1797, Java, 855, Ceylon (syn. v. Klunzinger).
   Blennius tridactylus Bloch & Schneider on *Blennius gobioides* Forster MS IV : 3 (syn. v. Smith).
   Salarias tridactylus.– Klunzinger, 1871, **21** : 489–490, Quseir.– Day, 1878 : 330, Pl. 70, fig. 3 (R.S. quoted).
   Salarias scandens Ehrenberg, Red Sea in *Salarias alticus* Valenciennes, in Cuv. Val., 1836, **9** : 337–338 (syn. v. Klunzinger).

110.11   *ANTENNABLENNIUS* Fowler, 1931a   Gender: M
   Proc. Acad. nat. Sci. Philad. **83** : 248 (type species: *Blennius hypenetes* Klunzinger, 1871, by orig. design.).

110.11.1   *Antennablennius australis* Fraser-Brunner, 1951
   Antennablennius australis Fraser-Brunner, 1951, *Ann. Mag. nat. Hist.* (12), **4** : 219–220, Fig. 5. Holotype: BMNH 1920.12.6.24, Delagoa Bay; Paratype: BMNH 1920.7.24.58, St. Lucia Bay.
   Antennablennius australis.– Smith, 1959b (14) : 248, Pl. 14E, S. Africa.– Lotan, 1969, **18** : 376, Dahlak Arch.
   Rhabdoblennius australis.– Clark, Ben-Tuvia & Steinitz, 1968 (49) : 23, Entedebir (*Rahbdoblennius*, misprint).

110.11.2   *Antennablennius hypenetes* (Klunzinger, 1871)
   Blennius hypenetes Klunzinger, 1871, *Verh. zool.-bot. Ges. Wien* **21** : 492, Quseir.
   Blennius hypenetes.– Borsieri, 1904 (3), **1** : 209, Nocra, Massawa, Dahlak Arch., Dissei.– Steinitz & Ben-Tuvia, 1955 (11) : 8, Elat.
   Rhabdoblennius hypenetes.– Roux-Estève & Fourmanoir, 1955, **30** : 200, Abu Latt.– Roux-Estève, 1956, **32** : 96, Abu Latt.
   Antennablennius hypenetes.– Smith, 1959b (14) : 248, Fig. B (R.S. quoted).– Klausewitz, 1967c (2) : 52, Sarso Isl.– Lotan, 1969, **18** : 375–376, Elat, Dahlak Arch.

110.11.3   *Antennablennius velifer* Smith, 1959
   Antennablennius velifer Smith, 1959b, *Ichthyol. Bull. Rhodes Univ.* (14) : 249, Pl. 15, fig. 2 (R.S. quoted). Holotype: RUSI 266 ♂, Delgado.
   Antennablennius hypenetes (not Klunzinger, 1871 : 492).– Fraser-Brunner, 1951 (12), **4** : 216, Fig. 3, Red Sea (in part, misidentification v. Smith).

110.12   *ATROSALARIAS* Whitley, 1933   Gender: M
   Rec. Aust. Mus. **19** : 93 (type species: *Salarias phaiosoma* Bleeker, 1855 = *Salarias fuscus* Rüppell, 1838, by orig. design.).

110.12.1   *Atrosalarias fuscus* (Rüppell, 1838)
   Salarias fuscus Rüppell, 1838, *Neue Wirbelth., Fische* : 135, Fig. 2, Massawa.

Blenniidae

110.12.1.1 **Atrosalarias fuscus fuscus** (Rüppell, 1838)
Salarias fuscus Rüppell, 1838, *Neue Wirbelth., Fische* : 135, Fig. 2. Lectotype: SMF 1892, Nocra; Paralectotype: SMF 8521, Nocra; 1852 : 16, Red Sea.
Salarias fuscus.– Günther, 1860, 3 : 245 (R.S. quoted); 1877 (13) : 202 (R.S. quoted).– Klunzinger, 1871, **21** : 489, Quseir.– Day, 1878 : 330, Pl. 70, fig. 2 (R.S. quoted).– Borsieri, 1904 (3), 1 : 209, Massawa, Dissei.
Atrosalarias fuscus.– Chapman, in Beaufort (W.B.), 1951, 9 : 255, Red Sea.– Smith, 1959b (14) : 239, Fig. 4 (R.S. quoted).– Lotan, 1969, 18 : 364, Elat, Dahlak.
Atrosalarias fuscus fuscus.– Springer & Smith-Vaniz, 1968, **124** (3643) : 1–22, Fig. 1, Pl. 1, Tb. 1, Elat, Sarso Isl., Massawa, Um Aabak.
Salarias niger ([Ehrenberg MS] Valenciennes, in Cuv. Val., 1836, *Hist. nat. Poiss.* **11** : 327. Types: ZMB 9854 (2 ex.), Red Sea (syn. v. Springer & Smith-Vaniz).– Kossman & Räuber, 1877a, **1** : 402, Pl. 2, fig. 8, Red Sea; 1877b : 21, Pl. 2, fig. 8, Red Sea.– Kossmann, 1879, 2 : 22, Red Sea.
Salarias ruficaudus [Ehrenberg MS] Valenciennes, in Cuv. Val., 1836, *Hist. nat. Poiss.* **11** : 328–329. Types: ZMB 1948 (2 ex.), Massawa (syn. v. Springer & Smith-Vaniz).– Günther, 1861, 3 : 240 (R.S. quoted) (footnote).

110.13 **CIRRIPECTES** Swainson, 1839*   Gender: M
Nat. Hist. Fish. **2** : 79, 80, 182, 275 (type species: *Salarias variolosus* Valenciennes, in Cuv. Val., 1836, by monotypy).

110.13.1 *Cirripectes variolosus* (Valenciennes, 1836)[1]
Salarias variolosus Valenciennes, in Cuv. Val., 1836, *Hist. nat. Poiss.* **11** : 317–318. Holotype: MNHN 4411, Guam.
Cirripectus variolosus.– Chapman, in Beaufort (W.B.), 1951, 9 : 249–251, Red Sea.– Marshall, 1952, 1 (8) : 241, Abu-Zabad.– Smith, 1959b (14) : 238, Pl. 19L (R.S. quoted).– Clark, Ben-Tuvia & Steinitz, 1968 (49) : 22, Entedebir.– Lotan, 1969 : 363–364, Marsa Murach, Ras Muhammad, Dahlak Arch.
Salarias sebae Valenciennes, in Cuv. Val., 1836, *Hist. nat. Poiss.* **11** : 233. Holotype: MNHN A-2059, no loc. (syn. v. Smith).– Klunzinger, 1871, **21** : 491, Quseir.
Cirripectus sebae.– Steinitz & Ben-Tuvia, 1955 (11) : 8, Elat.

110.14 **ECSENIUS** McCulloch, 1923   Gender: M
Rec. Aust. Mus. **14** : 121 (type species: *Ecsenius mandibularis* McCulloch, 1923, by orig. design.).

Anthiiblennius Starck, 1969 [subgenus]
Notul. Nat. (419) : 1–9 (type species: *Ecsenius (Anthiiblennius) midas* Starck, 1969, by monotypy).

110.14.1 *Ecsenius (Anthiiblennius) midas* Starck, 1969
Ecsenius (Anthiiblennius) midas Starck, 1969, *Notul. Nat.* (419) : 1. Holotype: ANSP 111148, D'Aros Isl.; Paratypes: USNM 202422; ANSP 111854, D'Aros Isl.
Ecsenius (Anthiiblennius) midas.– Springer, 1971 (72) : 13–14, Figs 2, 12, Tbs 1–10, Dahab, Ras Muhammad; 1972 (134) : 1, Red Sea.

Ecsenius McCulloch, 1923 [subgenus]

110.14.2 *Ecsenius (Ecsenius) aroni* Springer, 1971
Ecsenius (Ecsenius) aroni Springer, 1971, *Smithson. Contr. Zool.* (72) : 24–25, Figs 1, 19. Holotype: USNM 204468, El Hamira; Paratypes: USNM 204556,

[1] Misidentification. *C. variolosus* is restricted to the Pacific Ocean. The Red Sea species is *C. reticulatus* Fowler, 1946, 98 : 173 (J.T. Williams in lit.).

204690, El Hamira, 204550, 204558, 204560, Sinai Peninsula, 204557, Marsa Muqabila, 204561, 204562, Ras Muhammad.

110.14.3 *Ecsenius (Ecsenius) frontalis* (Ehrenberg, 1836)
Salarias frontalis [Ehrenberg MS] Valenciennes, in Cuv. Val., 1836, *Hist. nat. Poiss.* **11** : 328. Syntypes: ZMB 1947 (5 damaged specimens), Massawa.
Salarias frontalis.– Bamber, 1915, **31** : 484, Pl. 46, fig. 1, Suakin.
Ecsenius frontalis.– Chapman, in Beaufort (W.B.), 1951, 9 : 352–354, Fig. 50, Red Sea.– Chapman & Schultz, 1952 : 512–513, Red Sea.– Smith, 1959b (14) : 246, Fig. 11 (R.S. quoted).– Klausewitz, 1960e, **41** (5–6) : 297, Pl. 44, fig. 1, Ghardaqa.– Springer, 1968 (284) : 7, Straits of Jubal.– Lotan, 1969, **18** : 369, Elat, El Hamira Bay, Marsa Murach, El Kura.
Ecsenius (Ecsenius) frontalis.– Springer, 1971 (72) : 14–20, Figs 1, 13–15, Tbs 1–10, Gulf of Aqaba, Gulf of Suez, Ghardaqa, Massawa.
Salarias nigrovittatus Rüppell, 1835, *Neue Wirbelth., Fische* : 136. Holotype: SMF 1680, Massawa; 1852 : 16, Red Sea (acc. to Springer, 1971 (72) : 15–20, probably a colour pattern form of *Ecsenius frontalis*).
Salarias nigrovittatus.– Klunzinger, 1871, **21** : 490, Quseir.
Ecsenius nigrovittatus.– Smith, 1959b (14) : 246 (R.S. quoted).– Klausewitz, 1960b, **41** (5–6) : 298–299, Pl. 44, figs 3–4, Ghardaqa.– Abel, 1960a, **49** : 443, Ghardaqa.– Lotan, 1969, **18** : 370, Fig. 3, Dahlak Arch.
Ecsenius frontalis nigrovittatus.– Clark, Ben-Tuvia & Steinitz, 1968 (49) : 22, Entedebir.
Ecsenius albicaudatus Lotan, 1969, *Israel J. Zool.* **18** : 372. Holotype: HUJ 8309, Marsa Murach; Paratype: HUJ 8310, Marsa Murach (acc. to Springer, 1971 (72) : 15–20, probably a colour pattern form of *Ecsenius frontalis*).

110.14.4 *Ecsenius (Ecsenius) gravieri* (Pellegrin, 1906)
Salarias gravieri Pellegrin, 1906, *Bull. Mus. Hist. nat., Paris* 7 : 93. Holotype: MNHN 1904-319, Tadjoura Bay.
Ecsenius gravieri.– Smith, 1959b (14) : 246, Fig. 12 (R.S. quoted).
Ecsenius (Ecsenius) gravieri.– Springer, 1971 (72) : 22–24, Figs 1, 17–18, Tbs 1–10, Gulf of Aqaba, Gulf of Suez, Ghardaqa.
Ecsenius klausewitzi Lotan, 1969, *Israel J. Zool.* **18** : 371, Fig. 4. Holotype: HUJ 10095, Entedebir; Paratypes: HUJ 10096 (2 ex.), Elat (syn. acc. to Lotan, pers. commun., and to Springer).

110.14.5 *Ecsenius (Ecsenius) nalolo* Smith, 1959
Ecsenius nalolo Smith, 1959b, *Ichthyol. Bull. Rhodes Univ.* (14) : 245–246, Fig. 10. Holotype: RUSI 254, Pinda.
Ecsenius nalolo.– Klausewitz, 1960e, **41** (5–6) : 297–298, Pl. 44, fig. 2, Ghardaqa.– Springer, 1968 (284) : 7, Red Sea.– Lotan, 1969, **18** : 369, Elat, El Kura.
Ecsenius (Ecsenius) nalolo.– Springer, 1971 (72) : 33–35, Figs 2, 30, Tbs 1–10, Gulf of Aqaba, Egypt, Sudan, Ethiopia.

110.15 *EXALLIAS* Jordan & Evermann, 1905   Gender: M
Bull. U.S. Fish Commn **23** : 503 (type species: *Salarias brevis* Kner, 1868, by orig. design.).

110.15.1 *Exallias brevis* (Kner, 1868)
Salarias brevis Kner, 1968, *Sber. Akad. Wiss. Wien* **58** : 334, Pl. 6, fig. 18. Holotype: NMW 75387, Samoa Isl.
Exallias brevis.– Smith, 1959b (14) : 237, Pl. 17, figs 11–12, S. Africa.– Smith-Vaniz & Springer, 1971 (73) : 23–24, Fig. 30, Red Sea.

Blenniidae

110.16   *HIRCULOPS* Smith, 1959b   Gender: M
            Ichthyol. Bull. Rhodes Univ. (14) : 247 (type species: *Blennius cornifer* Rüppell,
            1830, by orig. design.).

110.16.1   *Hirculops cornifer cornifer* (Rüppell, 1830)
            Blennius cornifer Rüppell, 1830, *Atlas Reise N. Afrika, Fische* : 112. Holotype:
               SMF 589, Jiddah; 1838 : 131, 135 (on Atlas); 1852 : 16, Red Sea.
            Blennius cornifer.– Klunzinger, 1871, **21** : 493–494, Quseir.– Steinitz & Ben-Tuvia,
               1955 (11) : 8, Elat.
            Rhabdoblennius cornifer.– Chapman, in Beaufort (W.B.), 1951, **9** : 348–349 (R.S.
               quoted).
            Hirculops cornifer cornifer.– Smith, 1959b (14) : 247 (R.S. quoted).– Klausewitz,
               1964a, **45** (2) : 137–138, Fig. 13, Ghardaqa.
            Hirculops cornifer.– Springer, 1968 (284) : 8, Gulf of Suez.– Lotan, 1969, **18** : 375,
               Abu-Zabad, Dahlak Arch.

110.17   *ISTIBLENNIUS* Whitley, 1943   Gender: M
            Aust. Zool. **10** (2) : 185 (type species: *Salarias mülleri* Klunzinger, 1880, by orig.
               design.).
            Halmablennius Smith, 1948, *Ann. Mag. nat. Hist.* (11) **14** : 340 (type species: *Salarias
               unicolor* Rüppell, 1838, by orig. design.).
            Alticops Smith, 1947, *Ann. Mag. nat. Hist.* **14** : 340 (type species: *Salarias perioph-
               thalmus* Valenciennes, in Cuv. Val., 1836, by orig. design.).

110.17.1   *Istiblennius andamanensis* (Day, 1869)
            Salarias andamanensis Day, 1869, *Proc. zool. Soc. Lond.* : 611. Type: BMNH
               1889.2.1.3606, Andaman.
            Istiblennius andamanensis.– Smith, 1959b (14) : 242, Pl. 16, fig. 7 (R.S. quoted).
            Salarias cyanostigma (not Bleeker and not Klunzinger).– Pfeffer, 1893 : 15, Red Sea
               (misidentification v. Smith).

110.17.2   *Istiblennius edentulus* (Bloch & Schneider, 1801)
            Blennius edentulus Bloch & Schneider, 1801, *Syst. Ichthyol.* : 172–173, Huhaing
               Isl. on *Blennius truncatus* Forster MS 3 : 25, ed. 1844 (based on painting in Forster
               Coll., folio 182, BMNH).
            Salarias edentulus.– Chapman, in Beaufort (W.B.), **9** : 328–332 (R.S. quoted).– Clark,
               Ben-Tuvia & Steinitz, 1968 (49) : 23, Entedebir.
            Alticops edentulus.– Ben-Tuvia & Steinitz, 1952 (2) : 9, Elat.
            Istiblennius edentulus.– Marshall, 1951, **1** (8) : 242, Abu-Zabad, Dahab.– Smith,
               1959b (14) : 243, Pl. 14G, S. Africa.– Klausewitz, 1967c (2) : 52, Sarso Isl.

110.17.3   *Istiblennius flaviumbrinus* (Rüppell, 1830)
            Salarias flaviumbrinus Rüppell, 1830, *Atlas Reise N. Afrika, Fische* : 113–114.
               Lectotype: SMF 1893, Mohila; Paralectotypes: SMF 8053–8056, Mohila.
            Salarias flavo-umbrinus.– Rüppell, 1838 : 135, Pl. 32, fig. 1, Mohila, Massawa; 1852 :
               16, Red Sea.– Günther, 1861, **3** : 241, Red Sea.– Klunzinger, 1871, **21** : 489,
               Quseir.– Picaglia, 1894, **13** : 31, Assab.
            Istiblennius flavo-umbrinus.– Klausewitz, 1967c (2) : 52, Sarso Isl.
            Halmablennius flaviumbrinus.– Smith, 1959b (14) : 245, Pl. 19N (R.S. quoted).–
               Lotan, 1969, **18** : 366–367, Fig. 1, Elat, Dahlak Arch.
            Salarias dama [Ehrenberg MS] Valenciennes, in Cuv. Val., 1836, *Hist. nat. Poiss.* **9** :
               336–337. Type: ZMB 1957, Red Sea (acc. to Bauchot, 1967 : 36, possibly the
               holotype) (syn. v. Klunzinger).– Hemprich & Ehrenberg, 1889, Pl. 9, figs 3a–c,
               Red Sea.
            Salarias cervus [Hemprich & Ehrenberg MS] Sauvage, 1879, *Bull. Soc. philomath.,
               Paris* **4** : 218. Holotype: MNHN 2208, Red Sea (syn. v. Bauchot, 1967 : 26).–
               Smith, 1959b (14) : 250 (R.S. quoted).

110.17.4   *Istiblennius lineatus* (Valenciennes, 1836)
    Salarias lineatus Valenciennes, in Cuv. Val., 1836, *Hist. nat. Poiss.* **11** : 314–315.
    Holotype: MNHN 1396, Java.
    Salarias lineatus.– Day, 1878 : 332, Pl. 70, fig. 8, Red Sea.– Giglioli, 1888, **2** : 70,
    Assab.– Chapman, in Beaufort (W.B.), 1951, **9** : 309–313, Indian Ocean.
    Halmablennius lineatus.– Smith, 1959b (14) : 244–245, Figs 8–9 (R.S. quoted).

110.17.5   *Istiblennius periophthalmus* (Valenciennes, 1836)
    Salarias periophthalmus Valenciennes, in Cuv. Val., 1836, *Hist. nat. Poiss.* **11** :
    311–312, Pl. 328. Holotype: MNHN 857, Santa Cruz Arch.

110.17.5.1 *Istiblennius periophthalmus biseriatus* (Valenciennes, 1836)
    Salarias biseriatus Valenciennes, in Cuv. Val., 1836, *Hist. nat. Poiss.* **11** : 316.
    Holotype: MNHN A-2150, Indian Arch.
    Salarias cyanostigma (not Bleeker).– Klunzinger, 1871, **21** : 490–491, Quseir (mis-
    identification v. Smith).
    Salarias periophthalmus.– Chapman, in Beaufort (W.B.), 1951, **9** : 300–304 (R.S.
    quoted).
    Istiblennius periophthalmus.– Smith, 1959b (14) : 243, Pl. 14B (R.S. quoted).
    Istiblennius periophthalmus biseriatus.– Klausewitz, 1963, **44** : 98, 99 (R.S. quoted).–
    Lotan, 1969, **18** : 366, Elat, Dahlak Arch.

110.17.6   *Istiblennius rivulatus* (Rüppell, 1830)
    Salarias rivulatus Rüppell, 1830, *Atlas Reise N. Afrika, Fische* : 114. Lectotype:
    SMF 1843, Et Tur; Paralectotype: SMF 6446, Et Tur.
    Blennius rivulatus.– Rüppell, 1852 : 16, Red Sea.
    Salarias rivulatus.– Günther, 1861, **3** : 244 (R.S. quoted).
    Istiblennius rivulatus.– Klausewitz, 1964a, **45** (2) : 135–137, Fig. 11, Ghardaqa.–
    Tortonese, 1968 (51) : 23, Elat.– Springer, 1968 (284) : 9, Red Sea.– Lotan, 1969,
    18 : 365–366, Elat, Sharm esh Sheikh.
    Salarias quadricornis var. *rivulatus.–* Klunzinger, 1871, **21** : 487, Quseir.
    Salarias quadricornis Valenciennes, in Cuv. Val., 1836, *Hist. nat. Poiss.* **11** : 329, Pl.
    329. Syntypes: MNHN 767, Seychelles, A-2002, A-2003, A-2004, A-2007, A-2304,
    Mauritius (syn. v. Klausewitz).– Rüppell, 1852 : 16, Red Sea.– Klunzinger, 1871,
    21 : 486–487, Quseir.– Günther, 1877 (13) : 209 (R.S. quoted).– Day, 1878 :
    331, Pl. 70, fig. 4 (R.S. quoted).– Borsieri, 1904 (3), **1** : 208, Massawa, Dahlak,
    Nocra, Sciumma, Dissei, Diprein Isl.– Pellegrin, 1912, **3** : 7, Massawa.
    Salarias hyalinus (young of *quadricornis*) Klunzinger, 1871, *Verh. zool.-bot. Ges. Wien*
    21 : 487–488, Quseir.
    Salarias coloratus (young of *quadricornis*) Klunzinger, 1871, *Verh. zool.-bot. Ges. Wien*
    21 : 488, Quseir.
    Salarias transiens (young of *quadricornis*) Klunzinger, 1871, *Verh. zool.-bot. Ges. Wien*
    21 : 488, Quseir.
    Salarias unitus (young of *quadricornis*) Klunzinger, 1871, *Verh. zool.-bot. Ges. Wien*
    21 : 488, Quseir.
    Salarias oryx [Ehrenberg MS] Valenciennes, in Cuv. Val., 1836, *Hist. nat. Poiss.* **11** :
    335–336. Syntypes: MNHN A-1803 (3 ex.), A-1804 (3 ex.), Red Sea; ZMB 1945
    (3 ex.), Red Sea (syn. v. Klausewitz).

110.17.7   *Istiblennius steinitzii* (Lotan, 1969)
    Halmablennius steinitzii Lotan, 1969, *Israel J. Zool.* **18** : 367–368, Fig. 2. Holo-
    type: HUJ E 62/4040b ♂; Paratypes: HUJ E-62 (90 specimens), Entedebir.

110.17.8   *Istiblennius unicolor* (Rüppell, 1838)
    Salarias unicolor Rüppell, 1838, *Neue Wirbelth., Fische* : 136. Holotype: SMF
    1866, Massawa; 1852 : 16, Red Sea.

Blenniidae

Salarias unicolor.– Günther, 1861, **3** : 259 (R.S. quoted).– Playfair & Günther, 1866 :
77–78 (R.S. quoted).– Klunzinger, 1871, **21** : 488, Red Sea.– Day, 1878 : 334,
Pl. 71, fig. 1 (R.S. quoted); 1889, **2** : 320–321 (R.S. quoted).– Borsieri, 1904,
1 : 209, Nocra, Entedebir, Seimma.– Pellegrin, 1912, **3** : 7, Massawa.

110.18   *MIMOBLENNIUS* **Smith-Vaniz & Springer, 1971**   Gender : M
Smithson. Contr. Zool. (73) : 29 (type species : *Blennius atrocinctus* Regan, 1909,
by orig. design.).

110.18.1   *Mimoblennius cirrosus* **Smith-Vaniz & Springer, 1971**
Mimoblennius cirrosus Smith-Vaniz & Springer, 1971, *Smithson. Contr. Zool.*
(73) : 31, 32, Figs 13b, 39. Holotype : USNM 204491 ♂, Sheikh el Abu (Ethiopia);
Paratype : USNM 204645 ; HUJ 270d (4 ex.), Ophir Bay.
Mimoblennius cirrosus.– Springer & Spreitzer, 1978 (268) : 15, Fig. 11, Tbs 2–3,
Gulf of Aqaba, Dahlak Arch.

110.19   *SALARIAS* **Cuvier, 1817 [1816]**   Gender : M
Règne anim. **2** : 251 (type species : *Salarias quadripennis*, Cuvier, 1816 = *Blennius
fasciatus* Bloch, 1786, by monotypy).

110.19.1   *Salarias fasciatus* **(Bloch, 1786)**
Blennius fasciatus Bloch, 1786, *Naturgesch. ausl. Fische* **2** : 110–111, Pl. 162,
fig. 1, E. India. ZMB 1942 (2 ex.), possibly types (Karrer in lit.).
Salarias fasciatus.– Valenciennes, in Cuv. Val., 1836, **11** : 324, Red Sea.– Günther,
1861, **3** : 244, Red Sea; 1877 (13) : 201 (R.S. quoted).– Playfair & Günther,
1866 : 77 (R.S. quoted).– Kossmann & Räuber, 1877, **1** : 401–402, Red Sea;
1877b : 20, Red Sea.– Kossmann, 1879, **2** : 22, Red Sea.– Day, 1878 : 330–331
(R.S. quoted); 1889, **2** : 313 (R.S. quoted).– Pellegrin, 1912, **3** : 7, Massawa, Daret
Isl.– Chapman, in Beaufort (W.B.), 1951, **9** : 315–318, Red Sea.– Roux-Estève &
Fourmanoir, 1955, **30** : 200, Abu Latt.– Roux-Estève, 1956, **32** : 96, Abu Latt.–
Smith, 1959b (14) : 241, Pl. 15, fig. 1 (R.S. quoted).– Klausewitz, 1967c (2) :
60, 61, Sarso Isl.– Springer, 1968 (284) : 10, Straits of Jubal.– Lotan, 1969,
18 : 364, Abu-Zabad, Dahlak Arch.
Istiblennius fasciatus.– Marshall, 1952, **1** (8) : 242, Abu-Zabad, Sinafir Isl.
Blennius gattorugine (not Linnaeus).– Forsskål, 1775 : x, 23, Red Sea.– Klausewitz &
Nielsen, 1965 : 13 (R.S. on Forsskål) (misidentification v. Günther, 1861).
Salarias quadripennis Cuvier, 1817 [1816], *Règne anim.* **2** : 251, *Salarias quadripinnis*
in Cuvier, 1829 : 238 (R.S. on *Blennius gattorugine* Forsskål, 1775 : 23).
Salarias quadripinnis.– Rüppell, 1830 : 112–113, Pl. 28, fig. 2, Red Sea; 1852 : 16,
Red Sea.– Valenciennes, in Cuv. Val., 1836, **11** : 318, Red Sea.– Bamber, 1915,
31 : 484, W. Red Sea.
Salarias ornatus Hemprich & Ehrenberg, 1899, *Symbol. Phys.* Pl. 9, fig. 2a–f. Type :
ZMB 1946, Red Sea (syn. v. Smith).

111   CONGROGADIDAE
G : 1
Sp : 1

111.1   *HALIOPHIS* **Rüppell, 1829**   Gender : M
Atlas Reise N. Afrika, Fische : 49 (type species : *Muraena guttata* Forsskål, 1775,
by monotypy).

111.1.1   *Haliophis guttatus* **(Forsskål, 1775)**
Muraena guttata Forsskål, 1775, *Descr. Anim.* : x, 22, Jiddah. Type lost.

232

Muraena guttata.– Bloch & Schneider, 1801:487–488 (R.S. on Forsskål).– Shaw, 1803, 4:28 (R.S. quoted).
Haliophis guttatus.– Rüppell, 1829:49, Pl. 1, fig. 2, Red Sea; 1852:17, Red Sea.– Günther, 1862, 4:389 (R.S. on Rüppell).– Klunzinger, 1871, 21:575–576, Quseir.– Kossmann & Räuber, 1877a, 1:411, Red Sea; 1877b:28, Red Sea.– Kossmann, 1879, 2:21, Red Sea.– Bamber, 1915, 31:484, W. Red Sea.– Fowler, 1945, 26:128 (R.S. quoted).– Beaufort (W.B.), 1951, 9:388–389, Fig. 57, Indian Ocean.– Marshall, 1952, 1 (8):242, Sharm esh Sheikh, Sinafir Isl.– Steinitz & Ben-Tuvia, 1955 (11):9, Aqaba, Elat.– Roux-Estève & Fourmanoir, 1955, 30:200, Abu Latt.– Roux-Estève, 1956, 32:97, Abu Latt.– Clark, Ben-Tuvia & Steinitz, 1968 (49):23, Fig. 4, Entedebir.

112   TRYPTERYGIIDAE

G: 3
Sp: 11

112.1   *ENNEAPTERYGIUS* Rüppell, 1835   Gender: M
Neue Wirbelth., Fische:2 (type species *Enneapterygius pusillus* Rüppell, 1835, by monotypy).

112.1.1   *Enneapterygius abeli* (Klausewitz, 1960)
Tripterygion abeli Klausewitz, 1960a, *Senckenberg. biol.* 41:11–13, 2 figs. Holotype: SMF 4780 ♂, Ghardaqa; Paratypes: SMF 4781 ♂, 4782 ♀, Ghardaqa.
Tripterygion abeli.– Abel, 1960a, 49:459, Ghardaqa.– Clark, Ben-Tuvia & Steinitz, 1968 (49):23, Entedebir.
Enneapterygius abeli.– Clark, 1979 [1980], 28 (2–3):97–99, Figs 2a–b, 4c, 10, Elat, Ras Muhammad, Gulf of Suéz, Ghardaqa, Zubair, Wasset, Dahab, Ras Gara, Ras Tanaka.

112.1.2   *Enneapterygius altipinnis* Clark, 1980
Enneapterygius altipinnis Clark, 1979 [1980], *Israel J. Zool.* 28 (2–3):99–101, Figs 3b, 6c, 11. Holotype: USNM 205807 ♀, Gulf of Elat; Paratypes: HUJ 5481, Marsa Muqabila, 5482, Ras El Burqa, 5501, Sciumma Isl. (Ethiopia); TAU 4076b, Wasset, 4398, Dahab; USNM 205808, 205809, 212247, Ras El Burqa, 212248, Massawa.

112.1.3   *Enneapterygius* n. sp. 1 Clark, 1980
Enneapterygius n. sp. 1 Clark, 1979 [1980], *Israel J. Zool.* 28 (2–3):101–102, Figs 3c, 12. TAU N.S. 3838, Dahab; USNM 205810, Sciumma Isl. (Ethiopia), 205811, Difnein Isl. (Ethiopia); USNM uncatalogued, Ras Muhammad; HUJ uncatalogued, Ras Muhammad. All type material lost.

112.1.4   *Enneapterygius* n. sp. 2 Clark, 1980
Enneapterygius n. sp. 2 Clark, 1979 [1980], *Israel J. Zool.* 28 (2–3):104–105, Figs 4a, 14. USNM 205800 ♀, 205801, 205802, Ras El Burqa; HUJ 5356a, Elat. All type material lost.

112.1.5   *Enneapterygius destai* Clark, 1980
Enneapterygius destai Clark, 1979 [1980], *Israel J. Zool.* 28 (2–3):102–103, Figs 4b, 13. Holotype: USNM 214629 ♀, Delemone Isl. (Ethiopia); Paratypes: HUJ 5488, Ras Muhammad, 5489, Marsa Muqabila, 5490, Difnein Isl. (Ethiopia), 5498, Marsa Murach, 5502, Sciumma Isl. (Ethiopia), E62/3678c, Um Aabak, E62/4329, Dahlak; TAU N.S. 4397, Dahab; USNM 205798, Massawa, 205799, Sciumma Isl.; SMF 9494, P. Sudan; MBSG, Shadwan Isl.

112.1.6   *Enneapterygius obscurus* **Clark**, 1980
        Enneapterygius obscurus Clark, 1979 [1980], *Israel J. Zool.* **28** (2–3) : 105–106, Figs 4d, 15. Holotype: USNM 205818 ♀, El Hamira; Paratypes: USNM 205819, El Hamira, 205820, Ethiopia; HUJ 5483, Gulf of Aqaba, 5486, Melita Bay (Ethiopia).

112.1.7   *Enneapterygius pallidus* **Clark**, 1980
        Enneapterygius pallidus Clark, 1979 [1980], *Israel J. Zool.* **28** (2–3) : 107, Figs 4e, 16. Holotype: USNM 212156 ♂, El Hamira; Paratypes: USNM 205829, Sciumma Isl. (Ethiopia), 212246, El Hamira.

112.1.8   *Enneapterygius pusillus* **Rüppell**, 1838
        Enneapterygius pusillus Rüppell, 1838, *Neue Wirbelth., Fische* : 2–3, 109, Pl. 1, fig. 2. Holotype: SMF 492, Massawa; Paratypes: SMF 4778–4779, Massawa.
        Enneapterygius pusillus.– Günther, 1860, **2** : 132 (R.S. quoted).– Smith, 1949 : 359 (R.S. quoted), S. Africa.– Ben-Tuvia & Steinitz, 1952 (2) : 9, Elat.– Clark, 1979 [1980], **28** (2–3) : 44–46, Figs 3a, 17, Gulf of Aqaba, Gulf of Suez, Ghardaqa, Massawa, Dahlak, Zubair Isl.
        Tripterygium pusillum.– Klunzinger, 1871, **21** : 498, Quseir.
        Tripterygion pusillum.– Clark, Ben-Tuvia & Steinitz, 1968 (49) : 23, Entedebir.

112.2   *HELCOGRAMMA* **McCulloch & Waite**, 1918   Gender: N
        Rec. S. Aust. Mus. **1** : 51 (type species: *Helcogramma decurrens* McCulloch & Waite, 1918, by orig. design.).

112.2.1   *Helcogramma obtusirostre* **(Klunzinger, 1871)**
        Tripterygium obtusirostre Klunzinger, 1871, *Verh. zool.-bot. Ges. Wien* **21** : 498, Quseir.
        Enneapterygius obtusirostre.– Smith, 1949 : 359, Pl. 82, fig. 1007, S. Africa.
        Tripterygium obtusirostris.– Steinitz & Ben-Tuvia, 1955 (11) : 9, Elat.
        Tripterygion obtusirostre.– Clark, Ben-Tuvia & Steinitz, 1968 (49) : 23, Entedebir.
        Helcogramma obtusirostre.– Clark, 1979 [1980], **28** (2–3) : 85–87, Figs 3e, 5b, 6b, 7, Pl. 1, Elat, Mualla, Ras El Burqa, Ras Abu Suwera, Cundabilu, Entedebir.
        Helcogramma trigloides.– Marshall, 1952, **1** : 242, Mualla (misidentification v. Clark).

112.2.2   *Helcogramma steinitzi* **Clark**, 1980
        Helcogramma steinitzi Clark, 1979 [1980], *Israel J. Zool.* **28** (2–3) : 88–93, Figs 3d, 5a, 6a & 8, Pls II–V. Holotype: USNM 205787 ♂; Paratypes: USNM 205788, 205789, El Hamira, 205790, 205791, 205792, 205833, Ras El Burqa, 205824, Marsa Muqabila, 205826, Delemone Isl. (Ethiopia), 205828, Sciumma Isl. (Ethiopia), 205830, Harat Isl. (Ethiopia), 205832, Difnein Isl. (Ethiopia); HUJ E64/36a, Marsa el At, 4656, Ras el Hamira, 5351, 5352, Elat, 65/391b, Cundabilu; TAU N.S. 2623a, Marsa Murach, N.S. 4076a, Wasset, N.S. 4541, Marsa et At, N.S. 12158b, Ras Tanaka, N.S. 12161, Abu Durba.
        Helcogramma trigloides.– Marshall, 1952 : 242, Mualla (misidentification v. Clark).

112.3   *NORFOLKIA* **Fowler**, 1953   Gender: F
        Trans. R. Soc. N.Z. **81** : 260 (type species: *Norfolkia lairdi*, by orig. design.).

112.3.1   *Norfolkia springeri* **Clark**, 1980
        Norfolkia springeri Clark, 1979 [1980], *Israel J. Zool.* **28** (2–3) : 95–96, Figs 4f, 9. Holotype: USNM 205793 ♀, Gulf of Aqaba; Paratypes: USNM 205795, Ras El Burqa; HUJ 5355, Ras Muhammad.

113a CLINIDAE

113a.A.a *Cristiceps argentatus.*– Kossmann, 1879, **2** : 22, Red Sea.
Loc. probably a mistake. Distribution only in Mediterranean and Adriatic Seas.

114 CALLIONYMIDAE

G : 3
Sp : 12

114.1 ***CALLIONYMUS* Linnaeus, 1758***   Gender : M
Syst. Nat. : 249 (type species: *Callionymus lyra* Linnaeus, 1758, by subs. design.
of Jordan, 1917).
Calliurichthys Jordan & Fowler, 1905, *Proc. U.S. natn. Mus.* **25** : 941 (type species:
Callionymus japonicus Houttuyn, 1782, by subs. design. of Jordan, Tanaka &
Snyder, 1913).

114.1.1 ***Callionymus bentuviai* Fricke, 1981**
Callionymus bentuviai Fricke, 1981, *Proc. Calif. Acad. Sci.* **42** (14) : 366, fig. 12.
Holotype: HUJ 9935, Eritrea; Paratypes: HUJ 8068 (2 ex.), Eritrea, ZIM 5532
(2 ex.), Red Sea.
Diplogrammus africanus Kotthaus, 1977b (25) : 38–40 (part) (misidentification v.
Fricke).

114.1.2 ***Callionymus delicatulus* Smith, 1963**
Callionymus delicatulus Smith, 1963b, *Ichthyol. Bull. Rhodes Univ.* (28) : 557,
Fig. 6. Paratype: RUSI 143, Seychelles.
Callionymus (Calliurichthys) delicatulus.– Fricke, 1982, **16** : 141–143, Figs 9–10,
Sharm esh Sheikh, Entedebir Isl., Enteraia Isl.

114.1.3 ***Callionymus erythraeus* Ninni, 1934**
Callionymus erythraeus Ninni, 1934, *Notas Resum. Inst. esp. Oceanogr.* **85** : 55,
Pl. 13, Red Sea.
Callionymus erythraeus.– Smith, 1963b (28) : 555, Pl. 48D, E (R.S. quoted).– Fricke,
1980, **83** : 63–72, Figs 2–3, Tbs 1–2 (R.S. quoted).

114.1.4 ***Callionymus filamentosus* Valenciennes, 1837**
Callionymus filamentosus Valenciennes, in Cuv. Val., 1837, *Hist. nat. Poiss.* **12** :
303–305, Pl. 359. Syntype: MNHN A-1556, Celebes.
Callionymus filamentosus.– Klunzinger, 1871, **21** : 485, Quseir.– Norman, 1929 :
615, Suez Canal; 1939, **26** (1) : 73, Red Sea.– Ninni, 1934, **85** : 44, Pl. 8, Red Sea,
Suez.– Fowler, 1945, **26** : 128 (R.S., pass. ref.).– Beaufort (W.B.), 1951, **9** : 57–
59 (R.S. quoted).– Smith, 1963b (28) : 556–557, Pl. 84a–c (R.S. quoted).
Calliurichthys filamentosus.– Chabanaud, 1932, **4** (7) : 832, Bitter Lake, Suez Canal;
1934, **6** (1) : 160, Lake Timsah.– Gruvel & Chabanaud, 1937, **35** : 28, Bitter Lake,
Lake Timsah.

114.1.5 ***Callionymus gardineri* Regan, 1908**
Callionymus gardineri Regan, 1908, *Trans. Linn. Soc. Lond. (Zool.)* (2), **12** : 248,
Pl. 30, fig. 5. Holotype: BMNH 1908.3.23.26, Cargados Carajos Isl. (Indian Ocean).
Callionymus gardineri.– Fricke (in lit.), Wadi Tagiba, Sinai, Safadja Isl. Bab-el-
Mandeb, Perim.
Callionymus japonicus (not Houttuyn).– Kotthaus, 1977b (25) : 36–37, Figs 418,
428, S. Red Sea (misidentification, Fricke in lit.).

Callionymidae

114.1.6.a   *Callionymus marleyi* **Regan, 1919***
        Callionymus marleyi Regan, 1919, *Ann. Durban Mus.* **2** : 201–202, Textfig. 4,
        Pl. 86B. Types: BMNH 1919.4.1.23–24 (2 ex.)., Durban.
        Callionymus marleyi.– Smith, 1963b (28) : 554, **Pl. 68B (R.S. quoted).**
        Callionymus sagitta (not Pallas, 1770 : 29).– Ninni, 1934 (2) 85 : 53, Pl. 12, Red Sea
        (misidentification v. Smith).

114.1.7   *Callionymus muscatensis* **Regan, 1906**
        Callionymus muscatensis Regan, 1905 [1906], *J. Bombay nat. Hist. Soc.* **16** :
        326–327. Syntypes: BMNH 1904.5.25.149–150, Muscat.
        Callionymus muscatensis.– Fricke (in lit.), Red Sea.
        Callionymus spiniceps (not Regan).– Kotthaus, 1977b (25) : 37–38, Figs 420, 428,
        S. Red Sea (misidentification, Fricke in lit.).

114.1.8   *Callionymus oxycephalus* **Fricke, 1980**
        Callionymus (Spinicapitichthys) oxycephalus Fricke, 1980, *Annali Mus. civ. Stor.*
        nat. Giacomo Doria 83 : 95–101, Figs 13–14, Tb. 9. Holotype: MNHN 1966-159,
        ♂, Gulf of Suez; Paratypes: MNHN B-2904 (4 ex. ♂♂) (5 ex. ♀♀), Gulf of Suez.

114.1.9   *Callionymus persicus* **Regan, 1905**
        Callionymus persicus Regan, 1905, *J. Bombay nat. Hist. Soc.* **16** : 325–326, Pl. 3,
        fig. 1. Syntypes: BMNH 1898.6.29.142–143, 1899.5.8.91–92, 1901.1.30.77,
        1904.5.25.207–212, Persian Gulf.
        Callionymus persicus.– Bayoumi, 1972, **2** : 163, Gulf of Suez.

114.1.a   *Callionymus longicaudatus* (not Temminck & Schlegel).– Smith, 1936b (28) : 556 in
        Callionymus japonicus. Erroneously recorded from Suez after Playfair & Günther,
        but no reference can be found in Playfair & Günther.

114.2   *DIPLOGRAMMUS* **Gill, 1865b***   Gender : M
        Ann. Lyceum nat. Hist. **8** : 143 (type species: *Callionymus goramensis* Bleeker,
        1858, by monotypy).

114.2.1   *Diplogrammus (Climacogrammus) gruveli* **Smith, 1963b**
        Diplogrammus (Diplogramoides) gruveli Smith, 1963b, *Ichthyol. Bull. Rhodes*
        Univ. (28) : 251–252, Textfig. 2, Pl. 86G. Holotype: RUSI 154, Suez Canal. Para-
        type: MNHN 1963-186, Gulf of Suez.
        Diplogrammus (Climacogrammus) gruveli.– Fricke, 1981, **15** : 689–691, Fig. 3, Tb. 2,
        Gulf of Aqaba, Gulf of Suez.
        Diplogrammus goramensis (not Bleeker, 1858 : 214).– Chabanaud, 1932 (2) **4** : 832,
        Fig. 1, Bitter Lake, Suez Canal.– Gruvel & Chabanaud, 1937, **35** : 28, Bitter Lake
        (misidentification v. Smith).

114.2.2   *Diplogrammus (Climacogrammus) infulatus* **Smith, 1963**
        Diplogrammus (Climacogrammus) infulatus Smith, 1963b, *Ichthyol. Bull. Rhodes*
        Univ. (28) : 551–552, Pl. 83E–I. Holotype: RUSI 131 ♂, Inhaca; Paratype: RUSI
        169 ♀, Inhaca.
        Diplogrammus (Climacogrammus) infulatus.– Fricke, 1981, **15** : 689–691, Fig. 3,
        Tb. 2, Red Sea.

114.3   *SYNCHIROPUS* **Gill, 1860a**   Gender : M
        Proc. Acad. nat. Sci. Philad. **11** : 129 (type species: *Callionymus lateralis* Richard-
        son, by orig. design.).

114.3.1   *Synchiropus sechellensis* **Regan, 1908**
        Synchiropus sechellensis Regan, 1908, *Trans. Linn. Soc. Lond.* **12** : 249, Pl. 30, Fig. 1.

Synchiropus sechellensis.– Smith, 1963b (28) : 560–561, Pl. 84G, H, Seychelles.
Synchiropus (Synchiropus) sechellensis.– Fricke, 1981, 1 : 84–87, Fig. 27, Gulf of
Suez.

14.3.a *Synchiropus lineolatus* (not *Gallionymus linolatus* Valenciennes (C.V.) 1837).– Smith,
1963b (28) : 561, Pl. 84F (R.S. quoted). Erroneously recorded as from the Red Sea
by Smith after Ninni, 1934, but no reference can be found in Ninni (Fricke in lit.).

14.A.a *Eleuterochir opercularis* (not *Callionymus opercularis* Valenciennes (C.V.), 1837).–
Smith, 1963b (28) : 558, Pl. 84 N, Red Sea (mentioned after Ninni).
Callionymus opercularis.– Ninni, 1934, 85 : 51, Pl. 11, Red Sea. Erroneously recorded
by Ninni as from the Red Sea (Fricke in lit.).

15   GOBIIDAE

G : 39
Sp : 82

15.I   ELEOTRINAE

15.1 *XENISTHMUS* Snyder, 1908   Gender : M
Proc. U.S. nat. Mus. **35** : 105 (type species: *Xenisthmus proriger* Snyder, 1908,
by orig. design.).

15.1.1 *Xenisthmus polyzonatus* (Klunzinger, 1871)
Eleotris polyzonatus Klunzinger, 1871, *Verh. zool.-bot. Ges. Wien* **21** : 482, Quseir.
Xenisthmus polyzonatus.– Smith, 1958a (11) : 154 (R.S. quoted).– Clark, 1968 (49) :
7, Ghardaqa.

15.II   GOBIINAE

15.2 *ACENTROGOBIUS* Bleeker, 1874b   Gender : M
Archs Neerl. Sci. **9** : 321 (type species: *Gobius chlorostigma* Bleeker, 1849, by orig.
design.).

15.2.1 *Acentrogobius belissimus* Smith, 1959
Acentrogobius belissimus Smith, 1959a, *Ichthyol. Bull. Rhodes Univ.* (13) : 202,
Pl. 11A. Holotype : RUSI 276, Mozambique ; Paratype : RUSI 696, Zanzibar.
Acentrogobius belissimus.– Goren, 1979 [1980], **28** (2–3) : 160–162, 1 fig., Suakin
(Sudan).

15.2.2a *Acentrogobius cauerensis* (Bleeker, 1853)[1]
Gobius cauerensis Bleeker, 1853b, *Natuurk. Tijdschr. Ned.-Indië* **4** : 269–270.
Holotype : RMNH 4523, Cauer.
Acentrogobius cauerensis.– Koumans (W.B.), 1953, **10** : 68–70 (R.S. quoted).–
Steinitz & Ben-Tuvia (*kauerensis*, sic), 1955 (11) : 10, Elat.– Smith, 1959a (13) :
202, Pl. 11C, D, S. Africa.– Goren, 1979, 60 (1–2) : 18–20, 1 fig., Elat, Ras el
Burqa, Wasset, Nabek, Ras Muhammad, Et Tur, Sudan, Um Aabak.
Gobius capistratus Peters, 1855, *Arch. Naturgesch.* **1** : 251, Mozambique (syn. v. W.B.
and v. Smith).– Klunzinger, 1871, **21** : 476, Quseir.

[1] Acc. to Randall, *Red Sea Reef Fishes*, the name is *Gnatholepis anjerensis* (Bleeker,
1851c), **1** : 251, which has priority and is the valid name.

Gobiidae

115.2.3   *Acentrogobius meteori* **Klausewitz & Zander, 1967**
          Acentrogobius meteori Klausewitz & Zander, 1967, *"Meteor" Forsch. Ergebn.*
          (2) : 85–87. Holotype: SMF 8188, Farasan Arch.; Paratypes: SMF 8527, Farasan
          Arch., ZMH 2902–2905, Farasan Arch.– Goren, 1979, **60** (1–2) : 20–21, Fig. 2,
          Ras el Burqa, Wasset, Dahab, Et Tur, Massawa, Dahlak Arch.

115.2.4   *Acentrogobius ornatus* (**Rüppell**, 1830)[2]
          Gobius ornatus Rüppell, 1830, *Atlas Reise N. Afrika, Fische* : 135. Lectotype:
          SMF 1738; Paralectotypes: SMF 4918–19, Massawa; 1835 : 137, Massawa; 1852 :
          15, Red Sea.
          Gobius ornatus.– Günther, 1861, **3** : 21, Red Sea.– Klunzinger, 1871, **21** : 473–474,
          Quseir.– Day, 1878 : 294, Pl. 63, fig. 1 (R.S. quoted); 1889 : 265 (R.S. quoted).–
          Borsieri, 1904 (3), **1** : 206, Massawa, Nocra Isl., Dahlak, Mandola Isl., Gulf of
          Amphila.– Tortonese, 1935–1936 [1937], **45** : 199–201 (sep. : 49–51), Eritrea.–
          Goren, 1979, **60** (1–2) : 21, Fig. 3, Ras el Burqa, Wasset, Nabek, Abu-Rudeis,
          Ghardaqa, Dahlak Arch.
          Acentrogobius ornatus.– Koumans (W.B.), 1953, **10** : 71–73 (R.S. quoted).– Marshall,
          1952, **1** (8) : 241, Abu-Zabad.– Roux-Estève & Fourmanoir, 1955, **30** : 201, Abu
          Latt.– Roux-Estève, 1956, **32** : 100, Abu Latt.– Smith, 1959a (13) : 202, Pl. 12G,
          S. Africa.– Klausewitz, 1964a (2) : 138–139, Fig. 14, Ghardaqa; 1967c : 52,
          61, Sarso Isl.
          Gobius ventralis [Ehrenberg MS] Valenciennes, in Cuv. Val., 1837, *Hist. nat. Poiss.*
          12 : 113–114 (based on drawing by Ehrenberg), Massawa (syn. v. Klunzinger and
          v. W.B.).

115.2.5   *Acentrogobius spence* (**Smith**, 1947)[3]
          Gobius spence Smith, 1946 [1947], *Ann. Mag. nat. Hist.* **13** : 809–810. Syntypes:
          RUSI 190 (4 ex.), Inhaca Isl.
          Acentrogobius spence (Smith, 1959a) (13) : 203, Fig. 19, S. Africa.– Goren, 1978,
          58 : 143–145, Figs 1–2, Elat, Nuweiba, Wasset, Ras es Sudr, Ras Misalla, Et Tur,
          Ghardaqa, Dahlak; 1979, **60** (1–2) : 22, Fig. 4, loc. as for 1978.

115.3   *AMBLYCENTRUS* **Goren, 1979**   Gender: M
          Senckenberg. biol. **60** (1–2) : 22 (type species: *Biat magnusi* Klausewitz, 1968,
          by orig. design.).

115.3.1   *Amblycentrus arabicus* (**Gmelin**, 1789)
          Gobius arabicus Gmelin, 1789, *Syst. nat. Linn.* **1** : 1198 (based on *Gobius anguil-
          laris* (not Linnaeus).– Forsskål, 1775).
          Gobius arabicus.– Bloch & Schneider, 1801 : 72 (R.S. on Forsskål).– Valenciennes,
          in Cuv. Val., 1837, **12** : 108–110, Red Sea.– Rüppell, 1838 : 139, 141, Pl. 32,
          fig. 5, Jiddah; 1852 : 15, Red Sea.– Günther, 1861, **3** : 74, Red Sea.– Klunzinger,
          1871, **21** : 478, Quseir.– Giglioli, 1888, **2** : 69–70, Assab.– Tortonese, 1935–36
          [1937], **45** : 201–203 (sep. : 51–53), Fig. 6, Eritrea; 1947, **43** : 88, Eritrea.
          Flabelligobius arabicus.– Smith, 1959a (13) : 205, Pl. 13M (R.S. quoted).
          Amblycentrus arabicus.– Goren, 1979, **60** (1–2) : 23–24, Fig. 6, Nabek, Jiddah,
          Dahlak.
          Gobius anguillaris (not Linnaeus, 1758 : 264).– Forsskål, 1775 : x, 23–24, Jiddah,
          (misidentification v. Klunzinger).
          Gobius bimaculatus [Ehrenberg MS] Valenciennes, in Cuv. Val., 1837, *Hist. nat. Poiss.*
          12 : 108–110. Syntypes: MNHN A-1358 (4 ex.), Massawa (syn. v. Klunzinger).

          [2] Acc. to Randall, *Red Sea Reef Fishes*, the species belongs to the genus *Istigobius*
          Whitley, 1932. V. Istigobius, add. 436.
          [3] Acc. to Randall, *Red Sea Reef Fishes*, the name is *Istigobius decoratus* (Herre,
          1927), (23) : 181, Pl. 13, fig. 3, which has priority and is the valid name.

15.3.2   *Amblycentrus magnusi* (Klausewitz, 1968)
Biat magnusi Klausewitz, 1968b, *Senckenberg. biol.* 49 : 13–17, Figs 1–3. Holo-
type : SMF 9129, Ghardaqa.
Amblycentrus magnusi.– Goren, 1979, 60 (1–2) : 23, Fig. 5, Gulf of Suez, Ghardaqa.

15.4   *AMBLYELEOTRIS* Bleeker, 1874a   Gender : M
Versl. Meded. K. Akad. wet. Amst. 8 : 373 (type species : *Eleotris periophthalmus*
Bleeker, 1853, by orig. design.).

15.4.1   *Amblyeleotris periophthalmus* (Bleeker, 1853)
Eleotris periophthalmus Bleeker, 1853c, *Natuurk. Tijdschr. Ned.-Indië* 4 : 477–
478. Holotype : RMNH 4674, Batavia.
Eleotris periophthalmus.– Borsieri, 1904 (3), 1 : 207, Nocra, Dahlak Isl.
Amblyeleotris periophthalmus.– Koumans (W.B.), 1953, 10 : 341–342, Fig. 83
(R.S. ? quoted).– Smith, 1958a (11) : 152, Pl. 3M (R.S. quoted).

15.4.2   *Amblyeleotris steinitzi* Klausewitz, 1974
Cryptocentrus steinitzi Klausewitz, 1974a, *Senckenberg. biol.* 55 (1–3) : 69–76,
Figs 1–2. Holotype : SMF 12440, El Hamira ; Paratypes : SMF 12441, 12442
(♂ and ♀), Marsa Murach.
Cryptocentrus steinitzi.– Goren, 1979, 60 (1–2) : 32, Fig. 14, El Hamira, Dahab.–
Karplus, 1979, 49 : 173–196, Figs 1–13, Tbs 1–5, Elat.

15.4.3   *Amblyeleotris sungami* Klausewitz, 1969
Cryptocentrus sungami Klausewitz, 1969c, *Senckenberg. biol.* 50 (1–2) : 41–46,
Figs 1–4. Holotype : SMF 9619 ; Paratype : SMF 9620, Suakin.– Goren, 1979,
60 (1–2) : 32–33, Fig. 15, Elat, Suakin.

15.5   *AMBLYGOBIUS* Bleeker, 1874b   Gender : M
Archs néerl. Sci. 9 : 298, 322 (type species : *Gobius sphinx* Valenciennes, in Cuv.
Val., 1837, by orig. design.).

15.5.1   *Amblygobius albimaculatus* (Rüppell, 1830)
Gobius albimaculatus Rüppell, 1830, *Atlas Reise N. Afrika, Fische* : 135–136.
Lectotype : SMF 1733, Massawa ; Paralectotypes : SMF 4844, 4845, Massawa.
Gobius albomaculatus.– Rüppell, 1838 : 137, Massawa ; 1852 : 15, Red Sea.– Günther,
1861, 3 : 69, Massawa.– Playfair & Günther, 1866 : 71 (R.S. quoted).– Klunzinger,
1871, 21 : 477–478, Quseir.– Budker & Fourmanoir, 1954 (3) : 324, Ghardaqa.–
Roux-Estève & Fourmanoir, 1955, 30 : 201, Abu Latt.
Amblygobius albimaculatus.– Koumans (W.B.), 1953, 10 : 141–143, Fig. 33, Red
Sea.– Roux-Estève, 1956, 32 : 100, Abu Latt.– Smith, 1959a (13) : 204, Pl. 10B
(R.S. on Rüppell).– Klausewitz, 1960c, 61 (3–4) : 149–150, 1 fig., Farasan Isl.,
Sarad Sarso ; 1967c (2) : 58, 60, 61, Sarso Isl.– Saunders, 1960, 79 : 243, Red Sea ;
1968 (3) : 496, Red Sea.– Magnus, 1963a, 93 : 358, Ghardaqa ; 1966, 2 : 372,
Ghardaqa.– Clark, Ben-Tuvia & Steinitz, 1968 (49) : 22, Entedebir.– Goren, 1979,
60 (1–2) : 24–25, Fig. 7, Elat, Nabek, Biliar, Et Tur, Ghardaqa, Sudan, Dahlak.
Amblygobius albomaculatus.– Budker & Fourmanoir, 1954, 26 (3) : 324, Ghardaqa.
Gobius quinqueocellatus Valenciennes, in Cuv. Val., 1837, *Hist. nat. Poiss.* 12 : 95–96,
Massawa (based on drawing by Ehrenberg) (syn. v. Klunzinger).
Gobius semitaeniatus [Ehrenberg MS] syn. in *Gobius quinqueocellatus* Valenciennes,
in Cuv. Val., 1837, *Hist. nat. Poiss.* 12 : 95–96, Massawa.

15.6   *ASTERROPTERYX* Rüppell, 1830   Gender : M
Atlas Reise N. Afrika, Fische : 138 (type species : *Asterropteryx semipunctatus*
Rüppell, 1838, by monotypy).

239

Gobiidae

115.6.1   *Asterropteryx semipunctatus* **Rüppell**, 1830
           Asterropterix semipunctatus Rüppell, 1830, *Atlas Reise N. Afrika, Fische* : 138–
           139, Pl. 34, fig. 4. Holotype: SMF 1691, Massawa; 1838 : 140, Red Sea; 1852 : 15,
           Red Sea.
           Asterropterix semipunctatus.– Smith, 1958a (11) : 143, Pl. 2J (R.S. on Rüppell).
           Asterropteryx semipunctatus.– Rüppell, 1838 : 140, Red Sea.– Günther, 1861, **3** :
           132 (R.S. quoted).– Klunzinger, 1871, **21** : 484, Quseir.– Bamber, 1915, **31** :
           483, W. Red Sea.– Koumans (W.B.), 1953, **10** : 290–291, Fig. 73 (R.S. quoted).–
           Clark, 1968 (49) : 6, Dahlak Arch., Ghardaqa.– Clark, Ben-Tuvia & Steinitz, 1968
           (49) : 22, Entedebir.
           Eleotris semipunctatus.– Günther, 1877 (13) : 187–188, Pl. 111, fig. D, Red Sea.
           Priolepis auriga [Ehrenberg MS], in *Asterropteryx semipunctatus* Klunzinger, 1871,
           Verh. zool.-bot. Ges. Wien **21** : 484. Type: ZMB 2115, Red Sea, Hemprich &
           Ehrenberg, 1899, Pl. 9, figs. 7a–c, Red Sea.
           Eleotris cyanostigma Bleeker, 1855d, *Natuurk. Tijdschr. Ned.-Indië* **8** : 452. Syntypes:
           RMNH 4756 (2 ex.), Cocos Isls (syn. v. W.B. and v. Smith).– Kossmann & Räuber,
           1877a, **1** : 400, Red Sea; 1877b : 20, Red Sea.– Kossmann, 1879, **2** : 22, Red Sea.–
           Borsieri, 1904 (3), **1** : 207, Massawa, Nocra, Dahlak Arch.

115.7   *BATHYGOBIUS* **Bleeker**, 1878a   Gender: M
           Archs néerl. Sci. **13** : 54 (type species: *Gobius nebulopunctatus* Valenciennes,
           in Cuv. Val., 1837 = *Gobius fuscus* Rüppell, 1830, by monotypy).

115.7.1   *Bathygobius cyclopterus* **(Valenciennes**, 1837)
           Gobius cyclopterus Valenciennes, in Cuv. Val., 1837, *Hist. nat. Poiss.* **12** : 59.
           Holotype: MNHN A-1355, Melanesia.
           Bathygobius cyclopterus.– Goren, 1977 [1978], 58 (5–6) : 269–271, Elat, Dahab,
           Ghardaqa, Cundabilu; 1979, **60** (1–2) : 26, Fig. 9, loc. as for 1978.

115.7.2   *Bathygobius fishelsoni* **Goren**, 1978
           Bathygobius fishelsoni Goren, 1978, *Senckenberg. biol.* **58** (5–6) : 271–272,
           Figs 6–7. Holotype: HUJ 7554, El Bilayim; Paratypes: HUJ 5697c, 7627, Et Tur;
           1979, **60** (1–2) : 26–27, Fig. 8, Et Tur, Ghardaqa, Entedebir.

115.7.3   *Bathygobius fuscus* **(Rüppell**, 1830)
           Gobius fuscus Rüppell, 1830, *Atlas Reise N. Afrika, Fische* : 137–138, Red Sea
           (in text of *Gobius diadematus*). Holotype: SMF 1716, Red Sea.
           Gobius fuscus.– Ben-Tuvia & Steinitz, 1952 (2) : 10, Elat.
           Bathygobius fuscus.– Koumans (W.B.), 1953, **10** : 187–191, Fig. 45 (R.S. quoted).–
           Marshall, 1952, **1** (8) : 241, Dahab, Mualla, Abu-Zabad.– Smith, 1959a (13) : 212,
           Pl. 11I, S. Africa.– Saunders, 1960, **79** : 243, Red Sea; 1968 (3) : 496, Red Sea.–
           Clark, Ben-Tuvia & Steinitz, 1968 (49) : 22, Entedebir.– Goren, 1978, 58 (5–6) :
           267–269, Figs 1, 8, Nabek, El Bilayim, Et Tur, Ghardaqa, Entedebir; 1979, **60**
           (1–2) : 27–28, Fig. 10, loc. as for 1978.
           Gobius punctillatus Rüppell, 1830, *Atlas Reise N. Afrika, Fische* : 138 (in text of
           Gobius diadematus). Lectotype: SMF 1635, Red Sea (syn. v. Günther and v.
           Smith).
           Gobius punctillatus.– Valenciennes, in Cuv. Val., 1837, **12** : 57–58.
           Gobius albopunctatus Valenciennes, in Cuv. Val., 1837, *Hist. nat. Poiss.* **12** : 57.
           Syntypes: MNHN 1400–01, Mauritius (syn. v. Smith).– Rüppell, 1838 : 138,
           Mohila; 1852 : 15, Red Sea.– Günther, 1861, **3** : 25, Egypt; 1877 (13) : 172–173,
           Pl. 110, fig. A (R.S. quoted).– Klunzinger, 1871, **21** : 473, Quseir.– Day, 1878 :
           294, Pl. 63, fig. 7 (R.S. quoted); 1889, **2** : 265–266 (R.S. quoted).– Borsieri,
           1904 (3), **1** : 205, Massawa.
           Gobius nebulopunctatus Valenciennes, in Cuv. Val., 1837, *Hist. nat. Poiss.* **12** : 58.
           Syntypes: MNHN A-1330, Mauritius, A-1331 (5 ex.), 2730, Red Sea (syn. v.

Koumans (W.B.) and v. Smith).– Rüppell, 1838 : 139, Et Tur; 1852 : 52, Red Sea.– Günther, 1861, **3** : 26, Red Sea.– Playfair & Günther, 1866 : 71 (R.S. quoted).– Klunzinger, 1871, **21** : 472, Quseir.– Picaglia, 1894, **13** : 31, Massawa.– Borsieri, 1904 (3), **1** : 205, Massawa, Rig Rig, Dahlak Isl., Nocra, Entedebir, Madok, Amphila.

115.8   *CALLOGOBIUS* Bleeker, 1874b   Gender : M
Archs néerl. Sci. **9** : 298, 318 (type species: *Eleotris hasseltii* Bleeker, 1851, by orig. design.).
Mucogobius McCulloch, 1912, *Rec. West. Aust. Mus.* **1** : 93 (type species: *Gobius mucosus* Günther, by orig. design.).

115.8.1   *Callogobius clarki* (Goren, 1978)
Drombus clarki Goren, 1978, *Senckenberg. biol.* **59** (3–4) : 200–201, Fig. 6, Tb. 3. Holotype: HUJ 5697, Et Tur; 1979, **60** (1–2) : 36, Fig. 19, Et Tur.
Callogobius clarki Goren, 1979 [1980], **28** (4) : 213, Tbs 1–2, Ras Abu Gallum.

115.8.2   *Callogobius dori* Goren, 1980
Callogobius dori Goren, 1979 [1980], *Israel J. Zool.* **28** (4) : 210–213, 4 figs, 2 tbs. Holotype: BMNH 1978.9.8.7, P. Sudan; Paratypes: BMNH 1978.9.8.8–11, P. Sudan, TAU 5378, Wasset, 7456, Ras el Burqa.

115.8.3   *Callogobius flavobrunneus* (Smith, 1958)
Mucogobius flavobrunneus Smith, 1958a, *Ichthyol. Bull. Rhodes Univ.* (11) : 145–146, Fig. 6, Pl. 2C. Holotype: RUSI 211, Pinda; Paratypes: RUSI 727 (6 ex.), Zanzibar, Red Sea; 1877b : 19, Red Sea.
Mucogobius flavobrunneus.– Clark, 1968 (49) : 6, Entedebir, Cundabilu.– Clark, Ben-Tuvia & Steinitz, 1968 (49) : 22, Entedebir.
Callogobius flavobrunneus.– Goren, 1979 [1980], **28** (4) : 14, Tbs 1–2, Abulat, Museri, Cundabilu, Entedebir.
Callogobius hasselti (not Bleeker).– Roux-Estève & Fourmanoir, 1955, **30** : 201, Abu Latt.– Roux-Estève, 1956, **32** : 101, Abu Latt (misidentification v. Goren).

115.8.4   *Callogobius irrasus* (Smith, 1959)
Drombus irrasus Smith, 1959a, *Ichthyol. Bull. Rhodes Univ.* (13) : 211–212, Fig. 31. Holotype: RUSI 186, Seychelles; Paratype: RUSI 739, Pinda.
Drombus irrasus.– Goren, 1979, **60** (1–2) : 36–37, Fig. 20, Ras Muhammad.
Callogobius irrasus.– Goren, 1979 [1980], **28** (4) : 213–214, Tbs 1–2, Ras Muhammad, Suakin.

115.9   *CORYOGALOPS* Smith, 1958a   Gender : M
Ichthyol. Bull. Rhodes Univ. (11) : 144 (type species: *Coryogalops anomolus* Smith, by monotypy).

115.9.1a   *Coryogalops anomolus* Smith, 1958
Coryogalops anomolus Smith, 1958a, *Ichthyol. Bull. Rhodes Univ.* (11) : 144–145. Holotype: RUSI 251, Zanzibar; Paratypes: RUSI 873, Ibo, 874, Shimoni.– Clark, 1968 (49) : 6, Entedebir, Cundabilu.– Clark, Ben-Tuvia & Steinitz, 1968 (49) : 22, Entedebir (*anomalus*, misprint) (misidentification of *Coryogalops sufensis*, Goren, pers. commun.).

115.9.2   *Coryogalops sufensis* Goren, 1979
Coryogalops sufensis Goren, 1979, *Cybium* (6) : 91–95, 2 figs. Holotype: TAU 7156, Ras Gara; Paratypes: HUJ (2 ex.), Ras es Sudr; TAU 7157, Nabek, 7158, Dahab; HUJ 4679, Nabek.

241

115.10   *CORYPHOPTERUS* Gill, 1864   Gender: M
          Proc. Acad. nat. Sci. Philad. **15** : 263 (type species: *Coryphopterus glaucofraenum*
          Gill, 1863 [1864], by orig. design.).

115.10.1 *Coryphopterus ocheticus* (Norman, 1927)
          Gobius ocheticus Norman, 1927, *Trans. zool. Soc. Lond.* **22** : 381, Figs 92–93,
          P. Said, Lake Timsah, Tousson, Bitter Lake, Kabret, P. Taufiq, Gulf of Suez.
          Syntypes: BMNH 1925.9.19.113–131, Suez, 1925.12.13.57–61, Suez.
          Gobius ocheticus.– Chabanaud, 1932, **2** (7) : 831, Bitter Lake; 1934, **6** : 160, Lake
          Timsah.– Gruvel, 1936, **29** : 173, Suez Canal.– Tortonese, 1947, **2** : 4, Suez Canal.
          Pomatoschistus (Ninnia) ocheticus.– Gruvel & Chabanaud, 1937, **35** : 28, Suez Canal.
          Coryphopterus ocheticus.– Smith, 1959a (13) : 211, Pl. 13H (R.S. quoted).

115.11   *CRYPTOCENTRUS* [Ehrenberg MS] **Valenciennes** in Cuv. Val., 1837   Gender: M
          Hist. nat. Poiss. **12** : 111 (type species: *Cryptocentrus meleagris* Ehrenberg, in
          Cuv. Val., 1837, by orig. design.).
          Cryptocentroides Popta, 1922, *Zoöl. Meded. Leiden* **8** : 32 (type species: *Crypto-
          centroides dentatus* Popta, 1922, by monotypy).

115.11.1 *Cryptocentrus caeruleopunctatus* (Rüppell, 1830)
          Gobius caeruleopunctatus Rüppell, 1830, *Atlas Reise N. Afrika, Fische* : 134–135.
          Lectotype: SMF 1936, Massawa; Paralectotypes: SMF 4771, 4772, Massawa;
          1838 : 137, Pl. 32, fig. 3, Massawa; 1852 : 15, Red Sea.
          Gobius caeruleopunctatus.– Günther, 1861, **3** : 70–71, Massawa.
          Gobius coeruleopunctatus.– Klunzinger, 1871, **21** : 479, Red Sea.– Schmeltz, 1877
          (6) : 14, Red Sea.– Kossmann & Räuber, 1877a, **1** : 399, Red Sea; 1877b : 19,
          Red Sea.– Borsieri, 1904 (3), **1** : 204, Massawa.
          Cryptocentrus caeruleopunctatus.– Smith, 1959a (13) : 193, Pl. 13A (R.S. quoted).–
          Magnus, 1963a : 358, Ghardaqa; 1967c : 58, 60, Sarso Isl.– Klausewitz, 1960c,
          41 (3–4) : 150–152, Textfig. 2, Pl. 21, fig. 1, Farasan Isl., Sarad Sarso; 1964a :
          139, Fig. 15, Ghardaqa; 1967c : 58, 60, Sarso Isl.– Clark, Ben-Tuvia & Steinitz,
          1968 (49) : 22, Entedebir.– Goren, 1979, **60** (1–2) : 28–29, Fig. 11, Elat, Nabek,
          Ghardaqa, Sanganib (P. Sudan), Dahlak.
          Gobius pavoninus [Ehrenberg MS] Valenciennes, in Cuv. Val., 1837, *Hist. nat. Poiss.*
          12 : 112–113. Syntypes: MNHN 5381 (3 ex.), Massawa; Hemprich & Ehrenberg,
          1899 : 9, Pl. 9, fig. 4a–c, Red Sea (syn. v. Klunzinger).

115.11.2 *Cryptocentrus cryptocentrus* (Valenciennes, 1837)
          Gobius cryptocentrus Valenciennes, in Cuv. Val., 1837, *Hist. nat. Poiss.* **12** : 111–
          112, Pl. 346. Holotype: MNHN A-1166, Massawa.
          Gobius cryptocentrus.– Günther, 1861, **3** : 71–72 (R.S. quoted).– Klunzinger, 1871,
          21 : 479 (R.S. quoted).
          Cryptocentroides cryptocentrus.– Smith, 1959a (13) : 213, Pl. 13L (R.S. quoted).
          Cryptocentrus cryptocentrus.– Klausewitz, 1960c, **41** (3–5) : 152–154, Figs 3–5,
          Ghardaqa, Massawa.– Goren, 1979, **60** (1–2) : 29–30, Fig. 12, Nabek, Ghardaqa,
          Massawa.
          Cryptocentrus meleagris [Ehrenberg MS] (syn. in *Gobius cryptocentrus*) Valenciennes,
          in Cuv. Val., 1837, *Hist. nat. Poiss.* **10** : 111, Red Sea.
          Cryptocentrus fasciatus [Ehrenberg MS] Klunzinger, 1871, *Verh. zool.-bot. Ges.
          Wien* **21** : 479 (syn. in *Gobius cryptocentrus*). Syntypes: ZMB 2077 (4 ex.), Red
          Sea.
          Cryptocentrus fasciatus Hemprich & Ehrenberg, 1899, Pl. 9, fig. 5, Red Sea (syn.
          acc. to Klunzinger and v. Goren).

115.11.3 *Cryptocentrus lutheri* **Klausewitz, 1960**
          Cryptocentrus lutheri Klausewitz, 1960c, *Senckenberg. biol.* **41** (3–4) : 154–156,

Textfig. 6, Pl. 21, figs 2–3. Holotype: SMF 4773, Farasan Isl.; 1967c (2): 58, 60, 61, Sarso Isl.

Cryptocentrus lutheri.– Palmer, 1963: 448, Fig. 1 (R.S. quoted).– Goren, 1979, **60** (1–2): 30–31, Fig. 13, Gulf of Elat, Farasan Isl.

Cryptocentrus octofasciatus (not *Gobius octofasciatus* Regan, 1908).– Luther, 1958: 145, Fig. 3.– Abel, 1960a, **49**: 459, Ghardaqa (misidentification v. Klausewitz).

115.12   ***CTENOGOBIOPS* Smith, 1959a**   Gender: M
Ichthyol. Bull. Rhodes Univ. (13): 191 (type species: *Ctenogobiops crocineus* Smith, 1959, by monotypy).

115.12.1   *Ctenogobiops crocineus* **Smith, 1959**
Ctenogobiops crocineus Smith, 1959a, *Ichthyol. Bull. Rhodes Univ.* (13): 191–192. Holotype: RUSI 201, Seychelles; Paratype: RUSI 894, Seychelles.
Ctenogobiops crocineus.– Goren, 1979, **60** (1–2): 33–34, Fig. 16, Elat.

115.12.2   *Ctenogobiops feroculus* **Lubbock & Polunin, 1977**
Ctenogobiops feroculus Lubbock & Polunin, 1977, *Revue suisse Zool.* **84**: 509–511, Fig. 5, Pl. 2. Holotype: BMNH 1975.5.5.22, New Caledonia; Paratypes: BMNH 1976.9.22.1–2, Seychelles; MHNG 1545.39, P. Sudan.

115.12.3   *Ctenogobiops klausewitzi* **Goren, 1978**
Ctenogobiops klausewitzi Goren, 1978, *Senckenberg. biol.* **59** (3–4): 193–195, Fig. 2. Holotype: HUJ 5698b, Et Tur; Paratypes: HUJ 5698c (7 ex.), Et Tur, Wasset, Nocra; 1979, **60** (1–2): 34, Fig. 17, loc. as for 1978.

115.12.4   *Ctenogobiops maculosus* **(Fourmanoir, 1955)**
Cryptocentroides maculosus Fourmanoir, in Roux-Estève & Fourmanoir, 1955, *Annls. Inst. océanogr., Monaco* **30**: 201. Holotype: MNHN 52-297, Abu Latt.
Cryptocentroides maculosus.– Roux-Estève, 1956, **32**: 101, Abu Latt.
Ctenogobius maculosus.– Clark, Ben-Tuvia & Steinitz, 1968 (49): 22, Entedebir.– Goren, 1979, **60** (1–2): 34–35, Fig. 18, Farasan Isl., Dahlak Arch.

115.12α   ***DISCORDIPINNA* Hoese & Fourmanoir, 1978**
Jap. J. Ichthyol. **25** (1): 19–21 (type species: *Discordipinna griessingeri* Hoese & Fourmanoir, 1978, by orig. design.).

115.12α.1   *Discordipinna griessingeri* **Hoese & Fourmanoir, 1978**
Discordipinna griessingeri Hoese & Fourmanoir, 1978, *Jap. J. Ichthyol.* **25** (1): 19–24, 4 figs, 1 tb. Holotype: USNM 214889, El Hamira; Paratypes: AMS 18124-001, Cocos Isl., 18354-095, Fiji; 18740-013, Yonge Reef (Australia); ANSP 128413, Cocos Isl.; BPBM 5884, Tahiti; 11266 Marquesas Isl.; USNM 214887, Ras Muhammad; 214888, El Hamira; 216941, Brandon Shore.
Discordipinna griessingeri.– Goren, 1979, **60** (1–2): 62 (R.S. quoted).

115.13   ***EILATIA* Klausewitz, 1974b**   Gender: F
Senckenberg. biol. **55**: 206 (type species: *Eilatia latruncularia* Klausewitz, 1974, by monotypy).

115.13.1   *Eilatia latruncularia* **Klausewitz, 1974b**
Eilatia latruncularia Klausewitz, 1974b, *Senckenberg. biol.* **55**: 206–210, Figs 1–4. Holotype: SMF 12762 ♂, Marsa Murach; Paratype: SMF 12763 ♀, Marsa Murach.
Eilatia latruncularia.– Goren, 1979, **60** (1–2): 37–38, Fig. 21, Marsa Murach.

115.14   ***EVIOTA* Jenkins, 1903**   Gender: F
Bull. U.S. Fish. Commn **13**: 501 (type species: *Eviota epiphanes* Jenkins, 1903, by orig. design.).

Gobiidae

115.14.1   *Eviota distigma* **Jordan & Seale**, 1905 [1906]
        Eviota distigma Jordan & Seale, 1905 [1906], *Bull. Bur. Fish., Wash.* **25** : 389,
        Fig. 79. Syntypes: USNM 51767 (4 ex.), Samoa; USNM 216467, Samoa; CAS(SU)
        8710, Samoa.
        Eviota distigma.– Koumans (W.B.), 1953, **10** : 319–320, Indian Ocean.– Marshall,
        1952, **1** : 240, Sharm Esh Sheikh.– Lachner & Karnella, 1978 (286) : 7–9, Fig. 4,
        Gulf of Suez, Gulf of Aqaba, Ethiopia.
        Eviota stigmapteron Smith, 1958a, *Ichthyol. Bull. Rhodes Univ.* (11) : 141, Fig. 2,
        Pl. 1H. Holotype: RUSI 260, Aldabra (syn. v. Lachner & Karnella).– Clark, 1968
        (49) : 6, Entedebir.– Clark, Ben-Tuvia & Steinitz, 1968 (49) : 22, Entedebir.

115.14.2   *Eviota guttata* **Lachner & Karnella**, 1978
        Eviota guttata Lachner & Karnella, 1978, *Smithson. Contr. Zool.* (286) : 9–11,
        Figs 2a, 3b, 5. Holotype: USNM 218013, Massawa; Paratypes: USNM 218014
        (8 ex.), Massawa, 218015 (5 ex.), Melita Bay, 218016 (5 ex.), Ras Coral, 218017
        (31 ex.), Harat Isl., 218018 (10 ex.), Difnein Isl., 218019 (16 ex.), 218020, Ras El
        Burqa, 218021 (15 ex.) Marsa Muqabila, 218022, 218023 (27 ex.), El Hamira,
        218024 (5 ex.), Marset Abu Samra; CAS 40598 (9 ex.), Sciumma Isl.; ANSP
        138900 (7 ex.), Marsa Muqabila; AMS I.20060-001 (11 ex.), Marsa Mokrah.

115.14.3   *Eviota pardalota* **Lachner & Karnella**, 1978
        Eviota pardalota Lachner & Karnella, 1978, *Smithson. Contr. Zool.* (286) : 11–13,
        Figs 6–7. Holotype: USNM 218006, Gulf of Suez; Paratypes: USNM 218007
        (3 ex.), Gulf of Suez, 218008 (2 ex.), Melita Bay, 218009, Ras Coral, 218010,
        El Hamira, 218011 (7 ex.), Marsa Muqabila, 218012 (2 ex.), Ras El Burqa; ANSP
        138901 (2 ex.), Sheikh el Abu; CAS 40597 (7 ex.), Massawa; AMS I.20061-001,
        Ras El Burqa.

115.14.4   *Eviota prasina* **(Klunzinger**, 1871)
        Eleotris prasinus Klunzinger, 1871, *Verh. zool.-bot. Ges. Wien* **21** : 481–482.
        Syntype: SMF 1693, Quseir.
        Eleotris prasinus.– Borsieri, 1904 (3), **1** : 206, Nocra, Dahlak.– Ben-Tuvia & Steinitz,
        1952 (2) : 10 (*prasimus*, misprint).
        Eviota prasinus.– Clark, 1968 (49) : 5, Elat, Ghardaqa, Cundabilu, Entedebir.– Clark,
        Ben-Tuvia & Steinitz, 1968 (49) : 22, Entedebir.
        Eviota prasina.– Lachner & Karnella, 1978 (286) : 13–14, Figs 3a, c, 8, Gulf of Aqaba,
        Dahlak, Zubair Isl.

115.14.5   *Eviota sebreei* **Jordan & Seale**, 1906
        Eviota sebreei Jordan & Seale, 1906, *Bull. Bur. Fish., Wash.* **25** : 390. Holotype:
        USNM 51765, Samoa Isls.
        Eviota sebreei.– Lachner & Karnella, 1978 (286) : 14–15, Figs 1b, 2c, 9, Gulf of
        Aqaba, El Hamira, Marsa Muqabila, Ras El Burqa.

115.14.6   *Eviota zebrina* **Lachner & Karnella**, 1978
        Eviota zebrina Lachner & Karnella, 1978, *Smithson. Contr. Zool.* (286) : 15–
        19, Figs 2b, 10, 11. Holotype: USNM 218026, Seychelles; Paratypes: USNM
        218027(22) Seychelles; ANSP 138902 (15 ex.), Bacon Isl., 138903 (4 ex.), Praslin
        Isl., 138904 (18 ex.), 138905 (28 ex.), Faon Isl., 138906 (99 ex.), 138907 (5 ex.),
        Mahé, 138908 (33 ex.), no loc.; CAS 40599 (31 ex.), no loc. Nontype material:
        Gulf of Aqaba, Marsa Mokrah, El Hamira, Marsa Muqabila, Ras Muhammad, Sudan.

115.14.a   *Eviota gymnocephalus* **Weber**, 1913
        Eviota gymnocephalus Weber, 1913, *Fische Siboga Exped.* : 452, Fig. 87. Syntypes:
        ZMA 110.957 (5 ex.), Maurus Reef (Indonesia), 110.958 (5 ex.), Borneo-Bank,
        110.962 (4 ex.), 110.963, 110.968 (2 ex.), Molukken, 110.964, Sula Isl., 110.965,

W. New Guinea, 110.967, Timor.– Koumans (W.B.), 1953, **10** : 318–319, Indian Ocean.– Marshall, 1952, **1** : 240, Sharm Esh Sheikh, Sharm El Moyia, Graa, Dahab (misinterpretation, syn. of *Eviota zonura*. Acc. to Lachner & Karnella, 1980 (315) : 70, not in the Red Sea).

115.15   *FUSIGOBIUS* Whitley, 1930a   Gender : M
          Aust. Zool. **6** : 122 (type species: *Gobius neophytus* Günther, 1877, by orig. design.).

115.15.1   *Fusigobius longispinus* Goren, 1978
          Fusigobius longispinus Goren, 1978a, *Senckenberg. biol.* **59** (3–4) : 201–203, Fig. 7. Holotype : HUJ 7018, Elat; 1979, **60** (1–2) : 38–39, Fig. 22, Elat.

115.15.2   *Fusigobius neophytus* (Günther, 1877)
          Gobius neophytus Günther, 1877, *J. Mus. Godeffroy* (13) : 174, Pl. 108, fig. E. Syntypes : BMNH 1876.5.19.74, 1873.4.3.187, 1876.3.4.68, 1876.3.4.72.

115.15.2.1 *Fusigobius neophytus africanus* Smith, 1959
          Fusigobius neophytus africanus Smith, 1959a, *Ichthyol. Bull. Rhodes Univ.* (13) : 208, Pl. 11. Holotype : RUSI 187, Mozambique; Paratypes : RUSI 881, Mahé, 882, 900, Aldabra, 883, 880 (16 ex.), Zanzibar, 899, 901 (2 ex.), Pinda.
          Fusigobius neophytus africanus.– Goren, 1979, **60**, 1–2 : 39–40, Fig. 23, Elat, Dahab, Ras Muhammad, Sudan, Nocra.

115.16   *GLADIOGOBIUS* Herre, 1933   Gender : M
          Copeia : 23 (type species: *Gladiogobius ensifer* Herre, 1933, by monotypy).

115.16.1   *Gladiogobius ensifer* Herre, 1933
          Gladiogobius ensifer Herre, 1933, *Copeia* (1) : 23. Holotype : FMNH 17412, Vaigiou Isl.; Paratypes : CAS(SU) 26389 (2 ex.), 25499 (2 ex.), Philippines, 25498, Vaigiou Isl.
          Gladiogobius ensifer.– Koumans (W.B.), 1953, **10** : 32–33, Fig. 6, Indian Ocean.– Smith, 1959a (13) : 189, Pl. 11J, S. Africa.– Goren, 1979, **60** (1–2) : 40–41, Fig. 24, Nocra.

115.17   *GLOSSOGOBIUS* Gill, 1862   Gender : M
          Ann. Lyceum nat. Hist. **7** : 46 (type species: *Gobius platycephalus* Richardson, 1854, by orig. design.).

115.17.1   *Glossogobius giuris* Hamilton-Buchanan, 1822
          Gobius giuris Hamilton-Buchanan, 1822, *Fish. Ganges* : 50–52, Pl. 33. Type material not in BMNH.
          Glossogobius giuris.– Koumans (W.B.), 1953, **10** : 165–168, Figs 39, 40, Indian Ocean.– Smith, 1959 (13) : 214, Pl. 9C, S. Africa.– Goren, 1979, **60** (1–2) : 41–42, Fig. 25, Massawa, Nocra.

115.18   *GNATHOLEPIS* Bleeker, 1874b   Gender : F
          Archs néerl. Sci. **9** : 318 (type species: *Gobius anjerensis* Bleeker, 1850, by orig. design.).

115.18.1   *Gnatholepis baliurus* (Valenciennes, 1837)
          Gobius baliurus [Kuhl & Van Hasselt MS] Valenciennes, in Cuv. Val., 1837, *Hist. nat. Poiss.* **12** : 61. Holotype : MNHN 733, Java.
          Gnatholepis baliurus.– Koumans (W.B.), 1953, **10** : 169–170, Fig. 41, Indian Ocean.– Smith, 1959a (13) : 213, Pl. 11H, S. Africa.– Goren, 1979, **60** (1–2) : 42, Fig. 26, Harkika (Dahlak).

Gobiidae

115.19   *GOBIODON* [Kuhl & Van Hasselt] **Bleeker**, 1856g   Gender: M
           Natuurk. Tijdschr. Ned.-Indië **11** : 407 (type species: *Gobius histrio* Cuvier &
           Valenciennes, 1837).

115.19.1   *Gobiodon ceramensis* **(Bleeker**, 1852)
           Gobius ceramensis Bleeker, 1852h, *Natuurk. Tijdschr. Ned.-Indië* **3** : 704. Syn-
           types: RMNH 6264 (4 ex., partly syntypes), Wahai (Ceram).
           Gobiodon ceramensis.– Bamber, 1915, **31** : 384, W. Red Sea.

115.19.2   *Gobiodon citrinus* **(Rüppell**, 1838)
           Gobius citrinus Rüppell, 1838, *Neue Wirbelth., Fische* : 139, Pl. 32, fig. 4. Syn-
           types: SMF 1873, Massawa; 1852 : 15, Red Sea.
           Gobiodon citrinus.– Günther, 1861, **3** : 87 (R.S. quoted).
           Gobiodon citrinus.– Klunzinger, 1871, **21** : 480, Quseir.– Playfair & Günther, 1866 :
           72 (R.S. quoted).– Kossmann & Räuber, 1877a, **1** : 399, Red Sea; 1877b : 19,
           Red Sea.– Kossmann, 1879, **2** : 22, Red Sea.– Day, 1878 : 298, Pl. 64, fig. 2
           (R.S. quoted); 1889, **2** : 271–272, Fig. 91 (R.S. quoted).– Bamber, 1915, **31** :
           483, W. Red Sea.– Marshall, 1952, **1** (8) : 241, Sinafir Isl., Sharm esh Sheikh.–
           Koumans (W.B.), 1953, **10** : 11–12 (R.S. quoted).– Smith, 1959a (13) : 219,
           Pl. 10M, S. Africa.– Abel, 1960a, 49 : 457, Ghardaqa.
           Gobius citrinus.– Günther, 1877 (13) : 181, Pl. 109, fig. E, Red Sea.

115.19.3   *Gobiodon quinquestrigatus* **(Valenciennes**, 1837)
           Gobius quinquestrigatus Valenciennes, in Cuv. Val., 1837, *Hist. nat. Poiss.* **12** :
           134. Syntypes: MNHN 2965 (2 ex.), Tongatabou.
           Gobiodon quinquestrigatus.– Marshall, 1952, **1** : 241, Dahab, Sinair Isl., Sharm esh
           Sheikh, Tiran Isl.– Koumans (W.B.), 1953, **10** : 10–11, Fig. 2 (R.S. quoted).

115.19.4   *Gobiodon reticulatus* **Playfair & Günther**, 1866
           Gobiodon reticulatus Playfair & Günther, 1866, *Fishes of Zanzibar* : 72. Syntypes:
           BMNH 1864.3.10.11, 1869.3.9.515–517, Aden.– Schmeltz, 1877 (6) : 14, Red Sea.
           Gobiodon reticulatus.– Bamber, 1915, **31** : 483, W. Red Sea.– Smith, 1959a (13) :
           219, Pl. 13C (R.S. quoted).
           Gobiodon punctatus Kossmann & Räuber, 1877a, *Verh. naturh.-med. Ver. Heidelb.* **1** :
           400, Pl. 2, fig. 7, Red Sea; 1877b : 19, Pl. 2, fig. 7, Red Sea. Apparently no type
           material (Klausewitz in lit.) (syn v. Smith).

115.19.5   *Gobiodon rivulatus* **(Rüppell**, 1830)
           Gobius rivulatus Rüppell, 1830, *Atlas Reise N. Afrika, Fische* : 136. Syntypes:
           SMF 3586 (7 ex.), Jubal Isl.; 1838 : 138, Jubal Isl.; 1852 : 15, Red Sea.
           Gobiodon rivulatus.– Günther, 1861, **3** : 87, Jubal Isl.; 1877 (13) : 180–181, Pl. 109,
           figs F, G (R.S. quoted).– Klunzinger, 1871, **21** : 481, Quseir.– Kossmann &
           Räuber, 1877a, **1** : 400, Red Sea; 1877b : 19, Red Sea.– Kossmann, 1879, **2** :
           22, Red Sea.– Borsieri, 1904 (3), **1** : 204, Massawa, Nocra, Gubbet Sogra, Dahlak
           Isl., Dilemmi, Entufash Isl., Sheikh el Abuk Isl. (Red Sea).– Ben-Tuvia & Steinitz,
           1952 (2) : 10, Elat.– Smith, 1959a (13) : 219, Pl. 10, figs K, L, N, S. Africa.– Abel,
           1960a, 49 : 457, Ghardaqa.
           Gobiodon erythrospilus Bleeker, 1875b, *Archs néerl. Sci.* **10** : 122. Syntypes: RMNH
           6187 (86 ex.), Batu, Cocos, Solor, Sumbava, Timor, Celebes, Buru, Goram (syn. v.
           Smith).– Marshall, 1952, **1** (8) : 241, Dahab, Tiran Isl.
           Gobius venustus Sauvage, 1879, *Bull. Soc. philomath. Paris* **4** : 51, Red Sea. No type
           material (syn. v. Smith).

115.20   *GOBIUS* [Artedi] **Linnaeus**, 1758   Gender: M
           Syst. Nat., ed. X : 262 (type species: *Gobius niger* Linnaeus, 1758, by subs. design.
           of Bleeker, 1874).

115.20.1 ***Gobius cobitis* Pallas**, 1811
Gobius cobitis Pallas, 1811, *Zoogr. rosso-asiat.* **3** : 160, Pl. 37, figs 2a–b.
Gobius cobitis.– Goren & Klausewitz, 1978, **59** (1–2) : 21–22, Fig. 1, Abu-Durba.– Goren, 1979, **60** (1–2) : 43, Fig. 28, Abu-Durba.

115.20.2 ***Gobius koseirensis* Klunzinger**, 1871
Gobius koseirensis Klunzinger, 1871, *Verh. zool.-bot. Ges. Wien* **21** : 474, Quseir.
Gobius koseirensis.– Smith (*kosierensis*, misprint), 1959a (13) : 214 (R.S. quoted).

115.20.3a ***Gobius leucomelas*** [Hemprich & Ehrenberg MS] **Peters**, 1868
Gobius leucomelas [Hemprich & Ehrenberg MS] Peters, 1868b, *Mber. dt. Akad. Wiss. Berl.* : 147–148, Massawa. Type: ZMB 2112 (2 ex.). Acc. to Smith, 1959a (13) : 215, "possibly *Oplopomus caninoides* Bleeker".

115.20.4 ***Gobius niger* Linnaeus**, 1758
Gobius niger Linnaeus, 1758, *Syst. Nat.*, ed. X : 262. Type: ZMU, Linnaean Coll. 184.
Gobius niger.– Chabanaud, 1932, **4** : 831, Suez Isthmus.– Tortonese, 1948, **33** : 284, Lake Timsah.– Smith, 1959a (13) : 215, Suez on Tortonese.

115.20.5 ***Gobius paganellus* Linnaeus**, 1758
Gobius paganellus Linnaeus, 1758, *Syst. Nat.*, ed. X : 263, Med. Sea.
Gobius paganellus.– Goren & Klausewitz, 1978, **59** (1–2) : 22–23, Figs 2–4, El Hamira.– Goren, 1979, **60** (1–2) : 44, Fig. 27, El Hamira.

115.20.a *Gobius pallidus* Valenciennes, in Cuv. Val., 1837, *Hist. nat. Poiss.* **12** : 102, Mauritius. Type lost. (Smith, 1959a (13) : 215, mentioned ***Gobius pallidus*** from Eritrea, by Borsieri, but it is not mentioned in Borsieri.)

115.21 ***HETERELEOTRIS* Bleeker**, 1874b — Gender: F
Archs néerl. Sci. **9** : 306 (type species: *Gobius diadematus* Rüppell, 1830, by orig. design.).

115.21.1 ***Heterelestris diademata* (Rüppell**, 1830)
Gobius diadematus Rüppell, 1830, *Atlas Reise N. Afrika, Fische* : 137. Holotype: SMF 1786, Suez; 1838 : 138–139, Suez; 1852 : 15, Red Sea.
Gobiosoma diadematum.– Günther, 1861, **3** : 85–86 (R.S. quoted).– Klunzinger, 1871, **21** : 483–484, Quseir.
Eleotris (Gobiosoma) diademata.– Kossmann & Räuber, 1877a, **1** : 400–401, Red Sea; 1877b : 20, Red Sea.
Heterelestris diademata.– Ben-Tuvia & Steinitz, 1952 (2) : 10, Elat.
Heterelestris diadematus.– Smith, 1958a (11) : 159 (R.S. quoted).– Clark, 1968 (49) : 7, Entedebir.– Clark, Ben-Tuvia & Steinitz, 1968 (49) : 22, Entedebir.

115.22 ***LIOTERES* Smith**, 1958a — Gender: M
Ichthyol. Bull. Rhodes Univ. (11) : 156 (type species: *Lioteres caminatus* Smith, 1958, by orig. design.).

115.22.1 ***Lioteres simulans* Smith**, 1958
Lioteres (Pseudolioteres) simulans Smith, 1958a, *Ichthyol. Bull. Rhodes Univ.* (11) : 157–158, Fig. 13. Type: BMNH 1925.12.31.51, Gulf of Suez.
Lioteres simulans.– Clark, 1968 (49) : 7 (R.S. quoted).
Gobiosoma diadematum.– Klunzinger, 1871, **21** : 483–484, Quseir (in part).
Eleotris (Gobiosoma) diadematum.– Kossman & Räuber, 1877a, **1** : 400, Red Sea; 1877b : 20, Red Sea (misidentification v. Smith).

Gobiidae

115.22.2   *Lioteres vulgare* (**Klunzinger**, 1871)
           Gobiosoma vulgare Klunzinger, 1871, *Verh. zool.-bot. Ges. Wien* **21** : 484, Quseir.
           Gobiosoma vulgare.– Ben-Tuvia & Steinitz, 1952 (2) : 10, Elat.
           Hetereleotris vulgare.– Marshall, 1952, **1** (8) : 241, Sinafir Isl., Tiran Isl., Mualla,
           Dahab.
           Lioteres (Lioteres) vulgare.– Smith, 1958a (11) : 157, Textfig. 12, Pl. 3D, Red Sea.
           Litores vulgare (sic).– Magnus, 1967b (5) : 657, Red Sea.
           Lioteres vulgare.– Clark, 1968 (49) : 7, Ghardaqa, Cundabilu, Nocra, Entedebir.
           Lioteres vulgaris.– Clark, Ben-Tuvia & Steinitz, 1968 (49) : 22, Entedebir.

115.23   *LOTILIA* **Klausewitz**, 1960c   Gender : F
           Senckenberg. biol. **41** (3–4) : 158 (type species: *Lotilia graciliosa* Klausewitz,
           1960, by monotypy).

115.23.1   *Lotilia graciliosa* **Klausewitz**, 1960
           Lotilia graciliosa Klausewitz, 1960c, *Senckenberg. biol.* **41** (3–4) : 158–160,
           Figs 8–10. Holotype: SMF 4794, Farasan Isl.; 1970b : 177–179, Fig. 1, Suakin
           (Sudan).– Goren, 1979, **60** (1–2) : 44–45, Fig. 29, Elat, Suakin, Farasan Isl.

115.24   *MINICTENOGOBIOPS* **Goren**, 1978   Gender : M
           Senckenberg. biol. **59** (3–4) : 192 (type species: *Mimictenogobius sinaii* Goren,
           1978, by monotypy).

115.24.1   *Minictenogobiops sinaii* **Goren**, 1978
           Minictenogobiops sinaii Goren, 1978, *Senckenberg. biol.* **59** (3–4) : 192–193,
           Fig. 1. Holotype: TAU 6126, Ras Muhammad; Paratypes: TAU 6127, Ras Muham-
           mad, HUJ 6556 (5 ex.), Ras Muhammad, SMF 13796, 13798, 13838–9, Et Tur;
           1979, **60** (1–2) : 45–46, Fig. 30, Suez Canal, El Hamira, Dahab, Ras Malab, El
           Bilayim, Nabek, Et Tur, Ras Muhammad.

115.25   *MONISHIA* **Smith**, 1959   Gender : F
           Ichthyol. Bull. Rhodes Univ. (13) : 206 (type species: *Bathygobius william*, by
           orig. design.).

115.25.1a *Monishia anchialinae* (**Klausewitz**, 1975)
           Cabillus anchialinae Klausewitz, 1975, *Senckenberg. biol.* **56** : 203–207, Figs 1–5.
           Holotype: SMF 13229, Ras Muhammad; Paratypes: SMF 13230–13232, Ras
           Muhammad.
           Monishia anchialinae.– Goren, 1979, **60** (1–2) : 46–48, Fig. 31, Elat, Ras Muhammad,
           Et Tur, Nocra (syn. of *Coryphopterus ocheticus*, Goren, pers. commun.).

115.26   *OPLOPOMUS* [Ehrenberg MS] **Valenciennes**, in Cuv. Val., 1837   Gender : M
           Hist. nat. Poiss. **12** : 66 (type species: *Gobius oplopomus* [Ehrenberg MS] Valen-
           ciennes, in Cuv. Val., 1837, by orig. design.).

115.26.1   *Oplopomus oplopomus* (**Valenciennes**, 1837)
           Gobius oplopomus Valenciennes, in Cuv. Val., 1837, *Hist. nat. Poiss.* **12** : 66–67.
           Holotype: MNHN, Massawa, apparently lost.
           Gobius oplopomus.– Günther, 1861, **3** : 15 (R.S. quoted).– Klunzinger, 1871, **21** :
           471, Red Sea (R.S. quoted).
           Oplopomus oplopomus.– Koumans (W.B.), 1953, **10** : 29–30, Fig. 5, Red Sea.–
           Smith, 1959a (13) : 188–189, Pl. 11B (R.S. quoted).– Clark, Ben-Tuvia & Steinitz,
           1968 : 22, Entedebir.– Goren, 1979, **60** (1–2) : 48, Fig. 32, Nocra.
           Gobius bitelatus Valenciennes, in Cuv. Val., 1837, *Hist. nat. Poiss.* **12** : 89. Type:
           MNHN A-1105 (2 ex.), Red Sea (syn. v. Smith).– Günther, 1861, **3** : 35 (R.S.
           quoted).– Klunzinger, 1871, **21** : 476 (R.S. quoted).

Oplopomus pulcher Ehrenberg, syn. in *Gobius oplopomus* Valenciennes, in Cuv. Val., 1837, *Hist. nat. Poiss.* **12** : 66, Massawa (footnote) Hemprich & Ehrenberg, 1899, Pl. 9, fig. 6A, a, c, Red Sea.

115.27 ***OXYURICHTHYS* Bleeker**, 1858–1859 Gender: M

Natuurk. Tijdschr. Ned.-Indië **16** : 408 (type species: *Oxyurichthys microlepis* Bleeker, 1858–1859b, by orig. design.).

115.27.1 ***Oxyurichthys papuensis* (Valenciennes,** 1837)

Gobius papuensis Valenciennes, in Cuv. Val., 1837, *Hist. nat. Poiss.* **12** : 106–107. Holotype: MNHN A-1174, New Guinea.

Oxyurichthys papuensis.– Koumans (W.B.), 1953, **10** : 46–49, Fig. 12, Indian Ocean.– Smith, 1959a (13) : 203–204, Pl. 10I (R.S. quoted).– Goren, 1979, **60** (1–2) : 49, Fig. 33, Massawa, Dahlak.

Apocryptes (Gobichthys) petersii Klunzinger, 1871, *Verh. zool.-bot. Ges. Wien* **21** : 480, Quseir (syn. v. Smith).– Borsieri, 1904 (3), **1** : 207, Nocra Isl., Dahlak, Mandola, Gulf of Amphila.

15.28 ***PARAGOBIODON* Bleeker**, 1873a Gender: M

Ned. Tijdschr. Dierk. **4** : 129 (type species: *Gobius echinocephalus* Rüppell, 1830, by orig. design.).

15.28.1 ***Paragobiodon echinocephalus* (Rüppell,** 1830)

Gobius echinocephalus Rüppell, 1830, *Atlas Reise N. Afrika, Fische* : 136–137, Pl. 34, fig. 3. Holotype: SMF 1722, Massawa; 1838 : 138, Massawa; 1852 : 15, Red Sea.

Gobius echinocephalus.– Valenciennes, in Cuv. Val., 1837, **12** : 134–135, Massawa.– Günther, 1861, **3** : 34–35, Massawa; 1877 (13) : 175, Pl. 108, fig. D (R.S. quoted).– Klunzinger, 1871, **21** : 475–476, Quseir.– Kossmann & Räuber, 1877a, **1** : 399, Red Sea; 1877b : 19, Red Sea.– Borsieri, 1904 (3), **1** : 205, Massawa, Dilemmi Isl., Dahlak, Scheikh el Abuk Isl. (Red Sea).– Bamber, 1915, **31** : 483, Sudan, W. Red Sea.

Paragobiodon echinocephalus.– Gruvel, 1936, **29** : 173, Suez Canal.– Gruvel & Chabanaud, 1937, **35** : 28, Suez Canal.– Ben-Tuvia & Steinitz, 1952 (2) : 10, Elat.– Marshall, 1952, **1** (8) : 241, Sinafir Isl.– Koumans (W.B.), 1953, **10** : 3–5, Fig. 1 (R.S. quoted).– Smith, 1959a (13) : 218, Pl. 12B, S. Africa.– Clark, Ben-Tuvia & Steinitz, 1968 (49) : 22, Entedebir.

15.28.2 ***Paragobiodon xanthosoma* (Bleeker,** 1852)

Gobius xanthosoma Bleeker, 1852, *Natuurk. Tijdschr. Ned.-Indië* **3** : 703. Holotype: RMNH 4545 (included in 10 ex.), Ceram.

Paragobiodon xanthosoma.– Goren & Voldarski, 1981, **29** (1–3) : 150–152, 1 fig., Muqebla, Wasset.

5.29 ***PTERELEOTRIS* Gill**, 1863e [1864] Gender: F

Proc. Acad. nat. Sci. Philad. **15** : 271 (type species: *Eleotris microlepis* Bleeker, 1856, by orig. design.).

Encaeura Jordan & Hubbs, 1925, *Mem. Carnegie Mus.* **10** : 303 (type species: *Encaeura evides* Jordan & Hubbs, 1925, by orig. design.).

5.29.1 ***Ptereleotris evides* (Jordan & Hubbs,** 1925)

Encaeura evides Jordan & Hubbs, 1925, *Mem. Carnegie Mus.* **10** (2) : 303–304, Pl. 11, fig. 2. Holotype: FMNH (7931?); Paratype: CAS(SU) 23551, Wakanoura (Japan).

Ptereleotris tricolor Smith, 1956 [1957], *Ann. Mag. nat. Hist.* **9** : 817, Fig. 1. Holotype: RUSI 273, Wumizi Isl. (S. Africa) (syn., Hoese in lit.); 1958a (11) 155, Pl. 1, figs A, B.– Klausewitz, 1970a : 67–71, Figs 1–4, P. Sudan.

Gobiidae

115.29.2 *Ptereleotris microlepis* (Bleeker, 1856)
Eleotris microlepis Bleeker, 1856f, *Natuurk. Tijdschr. Ned.-Indië* **11** : 102. Holo-type: RMNH 4668; Paratype: BMNH 1866.2.15.10.
Ptereleotris microlepis.– Koumans (W.B.), 1953, **10** : 367–368, Fig. 91, Indian Ocean.– Smith, 1958a (11) : 155, Pl. 1C, S. Africa.– Clark, 1968 (49) : 7, Cunda-bilu, Nocra.

115.30 *QUISQUILIUS* Jordan & Evermann, 1903   Gender: M
Bull. U.S. Fish Commn 1902 [1903], **22** : 203 (type species: *Quisquilius eugenius* Jordan & Evermann, 1903, by orig. design.).

115.30.1 *Quisquilius cinctus* (Regan, 1908)
Gobiomorphus cinctus Regan, 1908, *Trans. Linn. Soc. Lond.* **12** : 240. Syntypes: BMNH 1908.3.23.217–218.
Quisquilius cinctus.– Goren, 1979, **60** (1–2) : 50–51, Fig. 34, Elat, Nabek, Ras Muhammad, Sudan.

115.30.2 *Quisquilius flavicaudatus* Goren, 1982
Quisquilius flavicaudatus Goren, 1982, *Zoöl. Meded. Leiden* **56** (11) : 139–142, 1 fig., 1 tb. Holotype: TAU 7743, Marsa Murach; Paratypes: TAU 7744 (2 ex.), Marsa Murach, 7747 (3 ex.), Sharm esh Sheikh; RMNH 28186 (2 ex.), Sharm esh Sheikh, 28187 (2 ex.), Marsa Murach.

115.30.3 *Quisquilius mendelssohni* Goren, 1978
Quisquilius mendelssohni Goren, 1978, *Senckenberg. biol.* **59** (3–4) : 195–197, Fig. 3, Tb. 2. Holotype: TAU 6208, Nuweiba; Paratypes: TAU 6209, Elat, SMF 13797 (2 ex.), Elat; 1979, **60** (1–2) : 51, Fig. 35, loc. as for 1978.

115.31 *SEYCHELLEA* Smith, 1956 [1957]   Gender: F
Ann. Mag. nat. Hist. **9** : 726 (type species: *Seychellea hectori* Smith, 1956, by orig. design.).

115.31.1 *Seychellea hectori* Smith, 1957*
Seychellea hectori, 1956 [1957], *Ann. Mag. nat. Hist.* **9** : 726, Fig. 3. Holotype: RUSI 214, Mahé; Paratypes: RUSI 730 (36 ex.), 731 (20 ex.), Mahé; 1959a (13) : 204, Pl. 10J, S. Africa.
Seychellea hectori.– Goren, 1979, **60** (1–2) : 51–52, Fig. 36, Elat, Wasset, Nocra.

115.32 *SILHOUETTEA* Smith, 1959a   Gender: F
Ichthyol. Bull. Rhodes Univ. (13) : 213 (type species: *Silhouettea insinuans* Smith, 1959, by monotypy).

115.32.1 *Silhouettea chaimi* Goren, 1978
Silhouettea chaimi Goren, 1978, *Senckenberg. biol.* **59** (3–4) : 197–198, Fig. 4. Holotype: HUJ 7579b, Nabek; Paratypes: HUJ 7579c (5 ex.), 7581, Nabek; 1979, **60** (1–2) : 53, Fig. 37, Nabek, Abu-Rodeis.

115.32.2 *Silhouettea insinuans* Smith, 1959
Silhouettea insinuans Smith, 1959a, *Ichthyol. Bull. Rhodes Univ.* (13) : 214, Fig. 33, Pl. 11E. Holotype: RUSI 204, Silhouette (Seychelles); Paratypes: RUSI 888 (16 ex.), Nangata, 884 (2 ex.), Inhaca, 885, Cosmoledo, 886, 889, Pinda; 895 (16 ex.), Silhouette.
Silhouettea insinuans.– Goren, 1979, **60** (1–2) : 53–54, Fig. 38, Dahab, Nabek, Abu-Rodeis.

115.33 *SMILOGOBIUS* Herre, 1934   Gender: M
Notes Fish. Zool. Mus. Stanf. Univ. **1** : 88 (type species: *Smilogobius inexplicatus* Herre, by orig. design.).

15.33.1a **_Smilogobius singapurensis_ Herre, 1936**
Smilogobius singapurensis Herre, 1936, *Bull. Raffles Mus.* **12** : 13, Pl. 10. Holotype: SU 29087, Singapore; Paratypes: SU 16963, Singapore; BMNH 1937.9.22, Singapore.
Smilogobius singapurensis.– Koumans (W.B.), 1953, **10** : 26–27, Fig. 4, Singapore.– Roux-Estève & Fourmanoir, 1955, **30** : 201, Abu Latt.– Roux-Estève, 1956, **32** : 100, Abu Latt.– Smith, 1959a (13) : 188, Pl. 13J (R.S. quoted) (misidentification of *Cryptocentrus caeruleopunctatus*, Goren, pers. commun.).

15.34 ***VALENCIENNEA* Bleeker, 1856g** Gender: F
Natuurk. Tijdschr. Ned.-Indië **11** : 412 (type species: *Eleotris strigata* Broussonet, 1782, by monotypy) (acc. to Norman, 1944 : 397). Acc. to Weber & Beaufort, 1911, **1** : 407 and to Jordan, 1919 : 348, the date is 1868.
Eleotriodes Bleeker, 1857c, *Natuurk. Tijdschr. Ned.-Indië* **13** : 372 (type species: *Eleotriodes sexguttata* Bleeker, 1857, by orig. design.).

15.34.1 **_Valenciennea puellaris_ (Tomiyama, 1956)**
Eleotriodes puellaris Tomiyama, 1956, *Fishes of Japan* **60** : 1136–1139, Pl. 224, fig. 574. Holotype: UMUTZ 18924, Kiragawa (Japan).
Valenciennea puellaris.– Randall, *Red Sea Reef Fishes* 1983 : 164, Fig. 300, Red Sea.

15.34.2 **_Valenciennea sexguttata_ (Valenciennes, 1837)**
Eleotris sexguttata Valenciennes, in Cuv. Val., 1837, *Hist. nat. Poiss.* **12** : 254. Holotype: MNHN A-1570, Trinquemale (Ceylon).
Eleotriodes sexguttatus.– Koumans (W.B.), 1935, **10** : 339–341, Fig. 82 (R.S. quoted).– Steinitz & Ben-Tuvia, 1955 (11) : 10, Elat.– Roux-Estève, 1956, **32** : 101, Abu Latt.– Smith, 1958a (11) : 150, Pl. 2G (R.S. quoted).– Klausewitz, 1967c : 59, 60, 61, Sarso Isl.– Clark, 1968 (49) : 6, Ghardaqa, Cundabilu, Um Aabak, Nocra, Enteraria.– Clark, Ben-Tuvia & Steinitz, 1968 (49) : 22, Entedebir.

15.34.3 **_Valenciennea wardii_ (Playfair & Günther, 1866)**
Eleotris wardii Playfair & Günther, 1866, *Fishes of Zanzibar* : 73, Pl. 9, fig. 3, Zanzibar. Type: BMNH 1867.3.7.510, no loc.
Eleotriodes wardii.– Smith, 1958a (11) : 151, Pl. 3E, S. Africa.– Dor, 1970 (54) : 25, Red Sea.

15.35 ***VANDERHORSTIA* Smith, 1949** Gender: F
Ann. Mag. nat. Hist. **2** : 97 (type species: *Gobius delagoae* Barnard, 1937, by monotypy).

15.35.1 **_Vanderhorstia delagoae_ (Barnard, 1937)**
Gobius delagoae Barnard, 1937, *Ann. S. Afr. Mus.* **32** : 62–63, Fig. 3. Type: SAM 19857, Delagoa Bay.
Gobius delagoae.– Budker & Fourmanoir, 1954 : 324, Ghardaqa.
Vanderhorstia delagoae.– Smith, 1959a (13) : 192, Fig. 4, S. Africa.– Magnus, 1963a : 358, Ghardaqa; 1967a : 518–519, Figs 2, 5, 6, 7, Ghardaqa.– Klausewitz, 1964a : 140, Fig. 16, Ghardaqa.– Goren, 1979, **60** (1–2) : 54–55, Fig. 39, Elat, Wasset, Ghardaqa, Dahlak.

15.35.2 **_Vanderhorstia mertensi_ Klausewitz, 1974b**
Vanderhorstia mertensi Klausewitz, 1974b, *Senckenberg. biol.* **55** : 210–212, Figs 5–7. Holotype: SMF 12754 ♂, Marsa Murach; Paratype: SMF 12755 ♀, Marsa Murach.
Vanderhorstia mertensi.– Goren, 1979, **60** (1–2) : 55–56, Fig. 40, Marsa Murach.

Gobiidae

115.36   *YONGEICHTHYS* Whitley, 1932   Gender: M
          Scient. Rep. Gt. Barrier Reef Exped. 1928–29, **4** : 302 (type species: *Gobius
          criniger* Valenciennes, in Cuv. Val., 1837).

115.36.1 *Yongeichthys nebulosus* (Forsskål, 1775)
          Gobius nebulosus Forsskål, 1775, *Descr. Anim* : x, 24, Jiddah. Type lost.
          Gobius nebulosus.– Bloch & Schneider, 1801 : 72–73 (R.S. on Forsskål).
          Ctenogobius nebulosus.– Smith, 1959a (13) : 197, Pl. 9A, S. Africa.
          Yongeichthys nebulosus.– Goren, 1979, **60** (1–2) : 56, Fig. 41, Nabek, Massawa.
          Gobius criniger Valenciennes, in Cuv. Val., 1837, *Hist. nat. Poiss.* **12** : 82–83. Holo-
          type: MNHN A-1348, New Guinea; Paratype: MNHN A-1350, Malabar (syn. v.
          Smith).
          Ctenogobius criniger.– Koumans (W.B.), 1953, **10** : 178–180, Fig. 44 (R.S. quoted).

115.36.2 *Yongeichthys pavidus* (Smith, 1959)
          Ctenogobius pavidus Smith, 1959, *Ichthyol. Bull. Rhodes Univ.* (13) : 196–197,
          Figs 9–10. Holotype: RUSI 200, Palma; Paratypes: RUSI 934 (9 ex.), Palma,
          Mozambique.
          Yongeichthys pavidus.– Goren, 1979, **60** (1–2) : 57, Fig. 42, Nabek.

115.37   *ZONOGOBIUS* Bleeker, 1874b   Gender: M
          Archs néerl. Sci. **9** : 323 (type species: *Gobius semifasciatus* Kner, 1868, by orig.
          design.).
          Priolepis Valenciennes, in Cuv. Val., 1837, *Hist. nat. Poiss.* **12** : 67 (type species:
          Priolepis mica [Ehrenberg MS] Valenciennes, in Cuv. Val., 1837, by monotypy).

115.37.1 *Zonogobius avidori* Goren, 1978
          Zonogobius avidori Goren, 1978, *Senckenberg. biol.* **59** (3–4) : 198–200, Fig. 5.
          Holotype: TAU 6203, Elat; Paratypes: TAU 6204, 6205 (2 ex.), Elat; SMF 13794,
          Elat. Additional specimens, Wasset, Musseri.
          Zonogobius avidori Goren, 1979, **60** (1–2) : 58, Fig. 43, Elat, Wasset, Musseri.

115.37.2 *Zonogobius semidoliatus* (Valenciennes, 1837)
          Gobius semidoliatus Valenciennes, in Cuv. Val., 1837, *Hist. nat. Poiss.* **12** : 67–68.
          Type: MNHN A-1124, Vanicolo.
          Gobius semidoliatus.– Günther, 1861, **3** : 31 (R.S. quoted); 1877 (13) : 174, Pl. 109,
          fig. H (R.S. quoted).– Klunzinger, 1871, **21** : 475, Quseir.– Day, 1878 : 295–296,
          Pl. 59, fig. 6 (R.S. quoted); 1889, **2** : 266–267 (R.S. quoted).
          Zonogobius semidoliatus.– Koumans (W.B.), 1953, **10** : 149–150, Fig. 36 (R.S.
          quoted).– Steinitz & Ben-Tuvia, 1955 (11) : 10, Elat.– Smith, 1959a, (13) : 209,
          Fig. 28 (R.S. quoted).– Clark, Ben-Tuvia & Steinitz, 1968 (49) : 22, Entedebir.–
          Goren, 1979, **60** (1–2) : 58–59, Fig. 44, Elat, Wasset, Nabek, Entedebir.
          Priolepis mica Ehrenberg (syn. in *Gobius semidoliatus*) Valenciennes, in Cuv. Val.,
          1837, *Hist. nat. Poiss.* **12** : 67, Red Sea.– Hemprich & Ehrenberg, 1899 : 9, Pl. 9,
          fig. 8a–d, Red Sea.

115.III   **PERIOPHTHALMINAE**

115.38   *PERIOPHTHALMUS* Bloch & Schneider, 1801   Gender: M
          Syst. Ichthyol. : 63 (type species: *periophthalmus papilio* Bloch & Schneider,
          1801, by orig. design.).

115.38.1 *Periophthalmus koelreuteri* (Pallas, 1770)
          Gobius koelreuteri Pallas, 1770, *Spicil. Zool.* **8** : 8.

15.38.1.1 ***Periophthalmus koelreuteri africanus*** **Eggert**, 1935

Periophthalmus koelreuteri africanus Eggert, 1935, *Zool. Jb.* **67** : 78–79, Pl. 5, fig. 21. Type: ZMB 18365, Red Sea.

Periophthalmus koelreuteri africanus.– Smith, 1959a (13) : 219–220, Pl. 12C, S. Africa.

Periophthalmus koelreuteri africana.– Klausewitz, 1967a : 211–222, 10 figs, Red Sea.

Periophthalmus koelreuteri.– Rüppell, 1838 : 140, Red Sea; 1852 : 15, Red Sea.– Valenciennes, in Cuv. Val., 1837, **12** : 181–189 (R.S. quoted).– Günther, 1861, **3** : 97–100 (R.S. quoted).– Playfair & Günther, 1866 : 73 (R.S. quoted).– Klunzinger, 1871, **21** : 485 (R.S. on Rüppell).– Picaglia, 1894, **13** : 32, Massawa.– Tortonese, 1935–36 [1937], **45** : 203 (sep. : 53), Eritrea.– Koumans (W.B.), 1953, **10** : 207–210 (R.S. quoted).

15.38.2 ***Periophthalmus sobrinus*** **Eggert**, 1935

Periophthalmus sobrinus Eggert, 1935, *Zool. Jb.* **67** : 95–96, Pl. 9, figs 37–38, Red Sea.

Periophthalmus sobrinus.– Smith, 1959a (13) : 220, Pl. 12E, S. Africa.

Periophthalmus koelreuteri.– Rüppell, 1838 : 140, Red Sea (in part) (misidentification, Klausewitz in lit.).

16 MICRODESMIDAE

G: 1
Sp: 1

16.1 ***PARAGUNNELLICHTHYS*** **Dawson**, 1970 — Gender: M

Proc. biol. Soc. Wash. **83** (25) : 267 (type species: *Paragunnellichthys springeri* Dawson, 1970, by monotypy).

16.1.1 ***Paragunnellichthys springeri*** **Dawson**, 1970

Paragunnellichthys springeri Dawson, 1970, *Proc. biol. Soc. Wash.* **83** (25) : 267–272, Fig. 1. Holotype: USNM 204613, Sharm el Moyia (S. Sinai).

17 ACANTHURIDAE

G: 4
Sp: 15

17.I ACANTHURINAE

17.1 ***ACANTHURUS*** **Forsskål**, 1775 — Gender: M

Descr. Anim. : 59 (type species: *Chaetodon sohal* Forsskål, by subs. design. of Jordan, 1917).

Hepatus Gronovius, 1763, *Zoophylac.* : 113 (non-binominal; suppressed by Opinion 89, Xth Int. Congr. Zool., Annex : 1608).

Teuthis Linnaeus, 1766, *Syst. Nat.*, ed. XII, **1** : 507 (in part) (type species: *Teuthis javus*, by subs. design., suppr. by Opinion 93 of International Commission on Zoological Nomenclature, *ibid.*, Annex : 1608–1609).

Acronurus Gronovius, 1854, *Cat. Fishes Br. Mus.* : 190 (type species: *Acanthurus argenteus* Quoy & Gaimard, 1824, by subs. design. of Jordan, 1919 : 307).

117.1.1 ***Acanthurus bleekeri*** **Günther**, 1861

Acanthurus bleekeri Günther, 1861, *Cat. Fishes Br. Mus.* **3** : 335–336, E. Indian

Arch. (based on *Acanthurus mata* (not Cuv. Val.).— Bleeker, 1854, 7 : 432, Java.

Acanthurus Bleekeri.— Klunzinger, 1871, **21** : 509, Quseir.— Beaufort (W.B.), 1951, **9** : 162–163 (R.S. quoted). Randall, 1956, **10** : 180–182, Figs 2c, 7, Tb. 3 (R.S. on Klunzinger).

Acanthurus (Rhombotides) Bleekeri.— Klunzinger, 1884 : 85, Quseir.

Hepatus bleekeri.— Fowler & Bean, 1929, 8 : 220–222 (R.S. quoted).— Fowler, 1945, **26** (1) : 126 (R.S. quoted).

117.1.2 **Acanthurus nigricans (Linnaeus, 1758)**

Chaetodon nigricans Linnaeus, 1758, *Syst. Nat.*, ed. X : 274, Red Sea. No type material (Wheeler via Randall).

Chaetodon nigrofuscus var. *gahhm* Forsskål, 1775, *Descr. Anim.* : xiii, 64, Red Sea. Type lost (syn., Randall in lit.).

Acanthurus gahhm.— Rüppell, 1829 : 58, Jiddah, Massawa; 1838 : 131, Red Sea; 1852 : 11, Red Sea.— Valenciennes, in Cuv. Val., 1835, **10** : 219–220, Red Sea.— Beaufort (W.B.) 1951, **9** : 150–152 (R.S. quoted).— Randall, 1956, **10** : 207–209, Fig. 2s, Pl. 3, Tbs 15–16 (R.S. quoted).— Klausewitz, 1967c (2) : 57, 61, Sarso Isl.— Clark, Ben-Tuvia & Steinitz (*gaham*, misprint), 1968 (49) : 21, Entedebir.

Acanthurus gahm.— Günther, 1861, **3** : 338 (R.S. quoted); 1875 (9) : 113–114, Pl. 74 (R.S. quoted).— Klunzinger, 1871, **21** : 506–507, Quseir.

Acanthurus (Rhombotides) gahm.— Klunzinger, 1884 : 84–85, Red Sea (in part v. Randall).

117.1.3 **Acanthurus nigrofuscus (Forsskål, 1775)**

Chaetodon nigrofuscus Forsskål, 1775, *Descr. Anim.* : xiii, 64, Jiddah. Type lost.

Acanthurus nigrofuscus.— Shaw, 1803, **4** : 383 (R.S. on Forsskål).— Valenciennes, in Cuv. Val., 1835, **10** : 216, Red Sea.— Günther, 1861, **3** : 331 (R.S. quoted).— Marshall, 1952, **1** : 240, Mualla, Abu-Zabad.— Randall, 1956, **10** : 190–193, Fig. 2h, Pl. 1, Tbs 8–9, Red Sea.— Tortonese, 1968 (51) : 24, Elat.

Acanthurus (Rhombotides) nigrofuscus.— Klunzinger, 1884 : 84, Red Sea.

Hepatus nigrofuscus.— Fowler & Bean, 1929, 8 : 237–240 (R.S. quoted).— Tortonese, 1933, **43** : 224–227, Eritrea; 1935–36 [1937], **45** : 189 (sep. : 39), Eritrea.— Fowler, 1945, **26** : 126 (R.S. quoted).

Teuthis nigrofuscus.— Ben-Tuvia & Steinitz, 1952 (2) : 8, Elat.

Acanthurus nigricans (not *Chaetodon nigricans* Linnaeus).— Bloch & Schneider, 1801, *Syst. Ichthyol.* : 211–214 (R.S. on *Chaetodon nigrofuscus* Forsskål).— Rüppell, 1829 : 57–58, Massawa.— Saunders, 1960, 79 : 242, Red Sea; 1968 (3) : 495, Red Sea (misidentification v. Randall).

Hepatus nigricans.— Fowler & Bean, 1929, 8 : 233–237 (R.S. quoted).— Tortonese, 1935–36 [1937], **45** : 189 (sep. : 39), Massawa.— Fowler, 1945, **26** : 126 (R.S. quoted) (misidentification v. Randall).

Acanthurus niger Ehrenberg, in Rüppell, 1829, *Atlas Reise N. Afrika, Fische* : 58 (footnote). Type material: SMF 3045, 3134 (dried), Red Sea (syn. v. Klunzinger, 1884).

Acanthurus rubropunctatus Rüppell, 1829, *Atlas Reise N. Afrika, Fische* : 59–60, Pl. 15, fig. 1, N. Red Sea (syn. v. Randall); 1852 : 11, Red Sea.— Günther, 1861, **3** : 333 (R.S. in Rüppell).— Klunzinger, 1871, **21** : 508, Quseir.

Acronurus argenteus (not Quoy & Gaimard).— Klunzinger, 1871, **21** : 510, Quseir. Probably the young of *Acanthurus nigrofuscus* (Randall in lit.).

Acronurus lineolatus Klunzinger, 1871, *Verh. zool.-bot. Ges. Wien* **21** : 511, Quseir. Acc. to Klunzinger, var. of *Acronurus argenteus*.

117.1.4 **Acanthurus sohal (Forsskål, 1775)**

Chaetodon sohal Forsskål, 1775, *Descr. Anim.* : xiii, 63–64, Red Sea. Lectotype: ZMUC P-6749, Red Sea; Paralectotype: ZMUC P-6750, Red Sea.

Chaetodon sohal.— Klausewitz & Nielsen, 1965, **22** : 24, Pl. 34, fig. 58, Red Sea.

Acanthurus sohal.– Bloch & Schneider, 1801 : 215 (R.S. on Forsskål).– Rüppell, 1829 : 56–57, Pl. 16, fig. 1, N. Red Sea; 1852 : 11, Red Sea.– Valenciennes, in Cuv. Val., 1835, **10** : 227–229, Red Sea.– Günther, 1861, **3** : 334–335, Red Sea.– Martens, 1866, **16** : 378, Mirsa Elei.– Klunzinger, 1871, **21** : 507, Quseir.– Roux-Estève & Fourmanoir, 1955, **30** : 200, Abu Latt.– Roux-Estève, 1956, **32**: 98, Abu Latt.– Randall, 1956, **10** : 194–195, Figs 1g, 2j, 13, Red Sea.– Klausewitz, 1960b : 177, Fig. 4a, Red Sea; 1967c (2) : 61, 66, Sarso Isl.– Abel, 1960a, **49** : 446, Figs 2–3, Ghardaqa.– Saunders, 1960, **79** : 242, Red Sea; 1968 (3) : 495, Red Sea.– Clark, Ben-Tuvia & Steinitz, 1968 (49) : 21, Entedebir.– Ben-Tuvia, 1968 (52) : 39–40, Tb. 10, Dahlak.

Acanthurus (Rhombotides) sohal.– Klunzinger, 1884 : 83–84, Red Sea.

Hepatus sohal.– Fowler & Bean, 1929, **8** : 216–217 (R.S. quoted).– Tortonese, 1935–36 [1937], **45** : 190 (sep. : 40), Red Sea.– Fowler, 1945, **26** : 124 (R.S. quoted).

Acanthurus carinatus Bloch & Schneider, 1801, *Syst. Ichthyol.* : 216 (R.S. on *Acanthurus sohal* Forsskål).

117.1.5 **_Acanthurus tennenti_ Günther, 1861**

Acanthurus tennenti Günther, 1861, *Cat. Fishes Br. Mus.* **3** : 337–338, Ceylon. Holotype : BMNH 1857.6.13.48, Ceylon.

Acanthurus fowleri (not Beaufort (W.B.)).– Roux-Estève & Fourmanoir, 1955, **30** : 200, Abu Latt.– Roux-Estève, 1956, **32** : 98, Abu Latt (misidentification, Randall, pers. commun.).

117.1.6 **_Acanthurus xanthopterus_ Valenciennes, 1835**

Acanthurus xanthopterus Valenciennes, in Cuv. Val., 1835, *Hist. nat. Poiss.* **10** : 215–218. Syntype : MNHN 745, Seychelles.

Acanthurus xanthopterus.– Randall, 1956, **10** : 215–218, Fig. 2x, Pl. 3, Tbs 19–20, Red Sea.– Tortonese, 1956, **23** : 721–725, Red Sea.– Klausewitz, 1967c (2) : 59, 60, 66, Sarso Isl.

Acanthurus matoides (not Valenciennes in Cuv. Val.).– Klunzinger, 1871, **21** : 508, Quseir.– Day, 1876 : 205 (R.S. quoted).– Picaglia, 1894, **13** : 32, Assab.– Pellegrin, 1912, **3** : 6, Massawa.– Beaufort (W.B.), 1951, **9** : 156–160 (R.S. quoted) (misidentification v. Randall).

Teuthis matoides.– Bamber, 1915, **31** : 482, W. Red Sea.

Acanthurus blochi Valenciennes, in Cuv. Val., 1835, *Hist. nat. Poiss.* **10** : 209–214. Syntypes : MNHN, Mauritius, Seychelles, probably lost (syn. v. Randall).– Günther, 1875 (9) : 109–110, Pl. 69, fig. B (R.S. quoted).

Teuthis güntheri Jenkins, 1902 [1903], *Bull. U.S. Fish Commn* **22** : 477, Fig. 29, Honolulu (syn. v. Randall).– Bamber, 1915, **31** : 482, W. Red Sea.

Acanthurus fuliginosus (not Lesson).– Saunders, 1960, **79** : 242, Red Sea (misidentification v. Randall).

117.A.a *Acronurus aegyptius* Gray, 1854, *Cat. Fish. Gronow* **2** : 191, Red Sea (based on descr. by Hasselquist).

117.2 **_CTENOCHAETUS_ Gill, 1885*** Gender : M

Proc. U.S. natn. Mus. **7** : 279 (type species : *Acanthurus strigosus* Bennett, 1828, by orig. design.).

117.2.1 **_Ctenochaetus striatus_ (Quoy & Gaimard, 1825)**

Acanthurus striatus Quoy & Gaimard, 1825, *Voy. Uranie, Zool.* **2** : 373–374, Pl. 63, fig. 3, Arch. Mariannes. Apparently no type material.

Ctenochaetus striatus.– Randall, 1955c, **40** (4) : 155–159, Textfigs 1A, 3B–D, Pl. 1, figs D–F, Red Sea.– Klausewitz, 1967c (2) : 61, Sarso Isl.

Acanthurus ctenodon Cuvier, 1829, *Règne anim.* **2** : 224 (nomen nudum, Bauchot in lit.). Described again by Valenciennes, in Cuv. Val., 1835, *Hist. nat. Poiss.* **10**: 241, Pl. 289. Syntypes: MNHN 7064, New Guinea, 7065, Caroline Isl. (syn. v. Randall).

Acanthurus (Ctenodon) ctenodon.– Klunzinger, 1871, **21**: 509–510, Quseir.

Acanthurus strigosus (not Bennett).– Günther, 1875 (9): 116, Pl. 79, figs B, C (R.S. quoted).– Day, 1876: 207, Pl. 47, fig. 2 (R.S. quoted); 1889, **2**: 143–144 (R.S. quoted).– Borodin, 1930 (2): 57, P. Sudan.

Acanthurus (Ctenodon) strigosus.– Klunzinger, 1884: 85, Red Sea.

Ctenochaetus strigosus.– Borodin, 1930 (2): 58, P. Sudan.– Smith, 1949: 240, Pl. 33, fig. 614, S. Africa.– Beaufort (W.B.), 1951, **9**: 128–131, Fig. 24 (R.S. quoted).– Steinitz & Ben-Tuvia, 1955 (11): 7, Elat.– Roux-Estève & Fourmanoir, 1955, **30**: 200, Abu Latt.– Roux-Estève, 1956, **32**: 97–98, Abu Latt.– Saunders, 1960, 79: 242, Red Sea; 1968 (3): 495, Red Sea.– Clark, Ben-Tuvia & Steinitz, 1968 (49): 21, Entedebir (misidentification v. Randall).

117.3   *ZEBRASOMA* Swainson, 1839   Gender: N
Nat. Hist. Fish. **2**: 156, 178, 256 (type species: *Acanthurus velifer* Bloch, 1795, by monotypy).

117.3.1   *Zebrasoma veliferum* (Bloch, 1795)
Acanthurus velifer Bloch, 1795, *Naturgesch. ausl. Fische* **9**: 106–107, Pl. 427, fig. 1. Holotype: ZMB 1753, Tamul.

Acanthurus velifer.– Rüppell, 1829: 58–59, Pl. 15, fig. 2, Mohila; 1852: 11, Red Sea.– Valenciennes, in Cuv. Val., 1835, **10**: 251–254, Red Sea.– Martens, 1866, **16**: 378, Ras Benass (Red Sea).– Klunzinger, 1871, **21**: 505–506, Quseir.– Day, 1878, 207–208 (R.S. quoted); 1889, **2**: 144–145 (R.S. quoted).– Saunders, 1960, 79: 242, Red Sea; 1968 (3): 495, Red Sea.

Acanthurus (Harpurus) velifer.– Klunzinger, 1884: 85, Red Sea.

Zebrasoma veliferum.– Fowler & Bean, 1929, 8: 255–258 (R.S. quoted).– Tortonese, 1935–36 [1937], **45**: 190 (sep.: 40), Fig. 3 (dentition), Red Sea.– Beaufort (W.B.), 1951, **9**: 167–169, Fig. 28 (R.S. quoted).– Steinitz & Ben-Tuvia, 1955 (11): 6, Elat, Aqaba.– Randall, 1955b: 398–401, Figs 1a, 2, 3, Pl. 1, Tb. 1, Egypt.– Roux-Estève & Fourmanoir, 1955, **30**: 200, Abu Latt.– Roux-Estève, 1956, **32**: 98, Abu Latt.– Abel, 1960a, 49: 446, Ghardaqa.– Klausewitz, 1967c: 61, 66, Sarso Isl.– Clark, Ben-Tuvia & Steinitz, 1968: 21, Entedebir.

Acanthurus rüppellii Bennett, 1835, *Proc. zool. Soc. Lond.*: 207, Mauritius. No type material (syn. v. Klunzinger and v. Randall).– Günther, 1861, **3**: 345, Red Sea.

Zebrasoma rüppellii.– Bamber, 1915, **31**: 482, W. Red Sea.

117.3.2   *Zebrasoma xanthurum* (Blyth, 1852)
Acanthurus xanthurus Blyth, 1852, *Rep. Ceylon Fish.* (appendix Kelaert): 50, Ceylon.

Acanthurus xanthurus.– Klunzinger, 1871, **21**: 504–505, Quseir.– Day, 1876: 207 (R.S. quoted); 1889, **2**: 144 (R.S. quoted).

Acanthurus (Harpurus) xanthurus.– Klunzinger, 1884: 85, Red Sea.

Zebrasoma xanthurum.– Ben-Tuvia & Steinitz, 1952 (2): 8, Elat.– Randall, 1955b: 402, Figs 1c, 5, Tb. 1, Red Sea.– Roux-Estève & Fourmanoir, 1955, **30**: 200, Abu Latt.– Roux-Estève, 1956, **32**: 99, Abu Latt.– Abel, 1960a, 49: 446, Ghardaqa.– Clark, Ben-Tuvia & Steinitz, 1968 (49): 21, Entedebir.– Tortonese, 1968 (51): 24, Elat.

117.II   NASINAE

117.4   *NASO* Lacepède, 1801   Gender: M
Hist. nat. Poiss. **3** : 105 (type species: *Naso fronticornis* Lacepède, 1801 = *Chaetodon unicornis* Forsskål, 1775, by subs. design. of Jordan, 1917).
Monoceros Schneider, in Bloch & Schneider, 1801, *Syst. Ichthyol.* : 180 (type species: *Monoceros biaculeatus* Schneider, name preoccupied by Zimmerman in Mollusca).
Naseus [Commerson MS] Cuvier, 1817 [1816], *Règne anim.* **2** : 331, Emend. pro *Naso* Lacepède.
Priodon Quoy & Gaimard, 1824, *Voy. Uranie, Zool.* : 377 (type species: *Priodon annulatus* Quoy & Gaimard, 1824, by monotypy).
Callicanthus Swainson, 1839, *Nat. Hist. Fish.* **2** : 256 (type species: *Aspisurus elegans* Rüppell, 1838 = *Acanthurus lituratus* Bloch & Schneider, 1801, by monotypy).

117.4.1   *Naso annulatus* (Quoy & Gaimard, 1825)
Priodon annulatus Quoy & Gaimard, 1825, *Voy. Uranie, Zool.* : 377–378. Holotype: MNHN A-4155, Timor (registered in catalogue as *Naseus annulatus*).
Naseus annulatus.– Klunzinger, 1884 : 87, Red Sea.
Naso annulatus.– Beaufort (W.B.), 1951, **9** : 177–178, Indian Ocean.– Smith, 1966 (32) : 649–650, Fig. 4B (R.S. quoted).
Naseus annularis Valenciennes, in Cuv. Val., 1835, *Hist. nat. Poiss.* **10** : 302–304, Pl. 294 (based on *Priodon annulatus* Quoy & Gaimard) (syn. v. Klunzinger, 1884 and v. Smith).– Klunzinger, 1871, **21** : 512–513, Quseir.

117.4.2   *Naso brevirostris* (Valenciennes, 1835)
Naseus brevirostris Valenciennes, in Cuv. Val., 1835, *Hist. nat. Poiss.* **10** : 277–280, Pl. 291. Holotype: MNHN A-7488, no loc. (mentioned in catalogue as donor "Ancien Cabinet", and in descr. ad donor "Cabinet de Roi"). Paratypes: MNHN A-7017 (2 ex.), Mauritius, A-7018, New Guinea.
Naseus brevirostris.– Rüppell, 1838 : 130, Red Sea.– Klunzinger, 1871, **21** : 511–512, Quseir; 1884 : 86, Red Sea.– Day, 1889, **2** : 146–147, Fig. 55 (R.S. quoted).
Naso brevirostris.– Fowler & Bean, 1929, **8** : 268–271, Fig. 17 (R.S. quoted).– Fowler, 1945, **26** (1) : 126 (R.S. quoted).– Beaufort (W.B.), 1951, **9** : 175–177 (R.S. quoted).– Abel, 1960a, **49** : 442, Ghardaqa.– Smith, 1966 (32) : 650–652, Fig. 5 A–G, Pl. 104C (R.S. quoted).

117.4.3   *Naso hexacanthus* (Bleeker, 1855)
Priodon hexacanthus Bleeker, 1855, *Natuurk. Tijdschr. Ned.-Indië* **8** : 393, 421, Amboina.
Naso hexacanthus.– Beaufort (W.B.), 1951, **9** : 182, Indian Ocean.– Randall, *Red Sea Reef Fishes*, 1983 : 150, Fig. 267, Red Sea.
Naso (Atulonotus) hexacanthus.– Smith, 1966 (32) : 664–668, Figs 9D, 10, 11, Red Sea, S. Africa.
Naseus (Aspisurus) vomer Klunzinger (not 1871), 1884 : 87, Pl. 13, fig. 2, Red Sea (misidentification v. Smith).

117.4.4   *Naso lituratus* ([Forster MS] **Bloch & Schneider**, 1801)
Acanthurus lituratus on *Harpurus lituratus* [Forster MS, **3** : 10] Schneider, in Bloch & Schneider, 1801 : 216. Syntypes: BMNH 1962.12.14.7–9, Tahiti.
Aspisurus lituratus.– Rüppell, 1838 : 130, Red Sea; 1852 : 11, Red Sea.
Naseus lituratus.– Valenciennes, in Cuv. Val., 1835, **10** : 282–286, Gulf of Suez.– Günther, 1861, **3** : 353–355, Red Sea.– Playfair & Günther, 1866 : 58 (R.S. quoted).– Klunzinger, 1871, **21** : 513–514, Quseir.
Naseus (Aspisurus) lituratus.– Klunzinger, 1884 : 87, Red Sea.
Naso lituratus.– Fowler & Bean, 1929, **8** : 278–280 (R.S. quoted).– Fowler, 1945,

26 (1) : 126 (R.S. quoted).— Beaufort (W.B.), 1951, **9** : 183—184 (R.S. quoted).— Roux-Estève & Fourmanoir, 1955, **30** : 200, Abu Latt.— Roux-Estève, 1956, **32** : 99, Abu Latt.— Abel, 1960, **49** : 446, Ghardaqa.

Callicanthus lituratus.— Smith, 1966 (32) : 641—644, Textfig. 2A, Pl. 103 (R.S. quoted).

Aspisurus elegans Rüppell, 1829, *Atlas Reise N. Afrika, Fische* : 61—62, Pl. 16, fig. 2. Holotype : SMF 7644, N. Red Sea (syn. v. Klunzinger and v. Smith).

Monoceros ecornis Ehrenberg, syn. in *Aspidontus elegans* Rüppell, 1829 : 61.

117.4.5   *Naso unicornis* (Forsskål, 1775)

Chaetodon unicornis Forsskål, 1775, *Descr. Anim.* : xiii, 63, Jiddah. Type lost; 1776 : 7, Pl. 23, Jiddah.

Chaetodon unicornis.— Bonnaterre, 1778 : 82, Pl. 95, fig. 39 (R.S. quoted).— Klausewitz & Nielsen, 1965, **22** : 8, Fig. 3 (R.S. quoted).

Aspisurus unicornis.— Rüppell, 1829 : 60—61, N. Red Sea; 1852 : 11, Red Sea.

Naseus unicornis.— Günther, 1861, **3** : 348—349, Red Sea; 1875 (9) : 118—121, Textfigs 1—4, Pl. 78 (R.S. quoted).— Klunzinger, 1871, **21** : 512, Quseir; 1884 : 86—87, Red Sea.— Day, 1878 : 209 (R.S. quoted); 1889, **2** : 147 (R.S. quoted).— Steinitz & Ben-Tuvia, 1955 (11) : 7, Elat.

Naso unicornis.— Fowler & Bean, 1929, **8** : 264—268, Fig. 16 (R.S. quoted).— Fowler, 1945, **26** : 126 (R.S. quoted).— Beaufort (W.B.), 1951, **9** : 173—175, Fig. 29 (R.S. quoted).— Roux-Estève & Fourmanoir, 1955, **30** : 200, Abu Latt.— Roux-Estève, 1956, **32** : 99, Abu Latt.— Hass, 1950 : 22, 1 fig., Red Sea.— Abel, 1960a, **49** : 442, Ghardaqa.— Smith, 1966 (32) : 645—647, Figs 3A—E, 4A, Pl. 103B (R.S. quoted).

Monoceros biaculeatus Schneider, in Bloch & Schneider, 1801, *Syst. Ichthyol.* : 180—181, Pl. 42 (R.S. on *Naso unicornis* Forsskål).

Naso fronticornis Lacepède, 1801, *Hist. nat. Poiss.* **3** : 105, 106, Pl. 7, fig. 2, Red Sea (based on drawing by Commerson) (syn. v. Klunzinger and v. Smith).

Naseus fronticornis.— Valenciennes, in Cuv. Val., 1835, **10** : 259—264, Red Sea.

Acronurus corniger Gray, 1854, *Cat. Fish. Gronow* **2** : 191 (R.S. on *Chaetodon unicornis* Forsskål) (syn. v. Smith).

117.4.6   *Naso vomer* (Klunzinger, 1871)

Naseus vomer Klunzinger, 1871, *Verh. zool.-bot. Ges. Wien* **21** : 514, Quseir. Holotype : ZMB 10583, Quseir.

Naseus vomer.— Steindachner, 1898, **107** (1) : 786—787, Daedalus Reef; 1902b, **39**, ?Red Sea.— Gohar, 1954, **2** (2—3) : 25, Red Sea.

Naso vomer.— Fowler & Bean, 1929, **8** : 282—283, Fig. 22 (R.S. quoted).— Fowler, 1945, **26** (1) : 126 (R.S. quoted).— Smith, 1966 (32) : 663—665, Figs 9C, 12E (R.S. quoted).

118   SIGANIDAE

G : 1
Sp : 4

118.1   *SIGANUS* Forsskål, 1775   Gender : M

Descr. Anim. : x, 25 (type species : *Scarus [Siganus] rivulatus* Forsskål, 1775, by monotypy).

Teuthis Linnaeus, 1766, *Syst. Nat.*, ed. XII : 507 (in part) (type species : *Teuthis javus* Linnaeus, suppressed by Opinion 93, International Commission on Zoological Nomenclature).

Amphacanthus Bloch & Schneider, 1801 : 206 (type species: *Chaetodon guttatus* Bloch, 1787 (in part) = *Teuthis javus* Linnaeus, 1766, by subs. design. of Desmarest, 1874, *Encycl. Hist. Nat. Rept. Poiss.* Chenu : 240).

118.1.1 Siganus argenteus (Quoy & Gaimard, 1825)

Amphacanthus argenteus Quoy & Gaimard, 1825, *Voy. Uranie, Zool.* : 368, Pl. 2, fig. 3. Syntypes: MNHN A-7043 (4 ex.), Guam, 7454 (9 ex.), 7455 (10 ex.), Marianne Arch. *Argenteus* is a young form, but has priority over the name *rostratus* given to the adult by Valenciennes (Woodland in lit.).

Amphacanthus rostratus Valenciennes, in Cuv. Val., 1835, *Hist. nat. Poiss.* 10 : 158, Massawa (based on drawing by Ehrenberg) (syn., Woodland in lit.).– Klunzinger, 1871, 21 : 503, Quseir.

Teuthis rostrata.– Playfair & Günther, 1866 : 50, Pl. 10, fig. 2 (R.S. quoted).– Klunzinger, 1884 : 76, Red Sea.

Siganus rostratus.– Fowler & Bean, 1929, 8 : 310–311 (R.S. quoted).– Fowler, 1945, 26 : 126 (R.S. quoted).– Beaufort (W.B.), 1951, 9 : 102–104 (R.S. quoted).– Ben-Tuvia & Steinitz, 1952 (2) : 9, Elat.– Paperna, 1972, 39 : 33, Elat.

118.1.2 Siganus luridus (Ehrenberg, 1829)

Amphacanthus luridus Ehrenberg, in Rüppell, 1829, *Atlas Reise N. Afrika, Fische* : 45–46. Lectotype: SMF 1943; Paralectotypes: SMF 5153–4, 5406–7, 7986, 7991, 8549.

Amphacanthus luridus.– Valenciennes, in Cuv. Val., 1835, 10 : 150–151, Massawa, Suez.– Rüppell, 1852 : 11, Red Sea.– Klunzinger, 1871, 21 : 503, Quseir.– Tillier, 1902, 15 : 318, Bay of Suez.

Teuthis lurida.– Günther, 1861, 3 : 321, Red Sea.– Klunzinger, 1884 : 76, Red Sea.

Siganus luridus.– Fowler, 1931a, 83 : 248, P. Sudan; 1945, 26 : 126 (R.S. quoted).– Saunders, 1960, 79 : 243, Red Sea.– Ben-Tuvia, 1964 (37) : 7–9, Fig. 2, Elat.– Paperna, 1972, 39 : 33, Elat.

118.1.3 Siganus rivulatus (Forsskål, 1775)

Scarus siganus rivulatus Forsskål, 1775, *Descr. Anim.* : x, 25–26. Lectotype: ZMUC P-6689 (dried skin); Paralectotype: ZMUC P-6690 (dried skin), Lohaja.

Scarus siganus rivulatus.– Klausewitz & Nielsen, 1965, 22 : 13–14, Pl. 2, fig. 4.

Siganus rivulatus.– Bamber, 1915, 31 : 482, W. Red Sea.– Fowler & Bean, 1929, 8 : 323–324 (R.S. quoted).– Fowler, 1931a, 83 : 248, P. Sudan; 1945, 26 : 126, Fig. 7 (R.S. quoted).– Tortonese, 1935–36 [1937], 45 : 190 (sep. : 40), Egypt, Massawa; 1948, 33 : 283, Suez Canal.– Smith, 1949 : 328, Pl. 67, fig. 902, S. Africa.– Ben-Tuvia & Steinitz, 1952 (2) : 8–9, Elat.– Ben-Tuvia, 1964 (37) : 5–6, Fig. 1, Elat.– Clark, Ben-Tuvia & Steinitz, 1968 (49) : 21, Entedebir.– Paperna, 1972, 39 : 33, Elat.– Ben-Tuvia, Kissil & Popper, 1973, 1 : 359–364, Figs 1–3, Elat.– Popper, Gordin & Kissil, 1973, 2 : 37–44, Figs 1–6, Tbs 1–2, Elat.

Teuthis rivulatus.– Marshall, 1952, 1 (8) : 240, Um Nageila, Sinafir Isl.

Amphacanthus siganus Rüppell, 1829, *Atlas Reise N. Afrika, Fische* : 44–45, Pl. 11, fig. 1, Et Tur. Type lost (syn. v. Ben-Tuvia, 1964); 1838 : 130, Red Sea; 1852 : 11, Red Sea.– Valenciennes, in Cuv. Val., 1835, 10 : 152–156, Suez, Et Tur, Massawa.– Norman, 1927, 22 (3) : 381, Suez Canal, Kabret.– Gruvel, 1936, 29 : 169, Suez Canal.

Amphacanthus sigan.– Klunzinger, 1871, 21 : 502, Quseir.– Kossmann & Räuber, 1877a, 1 : 403, Red Sea; 1877b : 22, Red Sea.– Kossmann, 1879, 2 : 22, Red Sea.

Amphacanthus (Siganus) siganus.– Gruvel, 1936, 29 : 169, Suez Canal.

Teuthis sigan.– Klunzinger, 1884 : 75–76, Red Sea.– Pfeffer, 1893 (2) : 139, Suez.

Teuthis sigana.– Günther, 1861, 3 : 322–323 (R.S. quoted).– Borsieri, 1904 (3), 1 : 200, Duleit, Massawa.

Teuthis siganus.– Tillier, 1902, 15 : 297, Suez Canal.

Siganidae

Siganus siganus.– Chabanaud, 1932, **4** : 830, Bitter Lake, Suez Canal; 1934, **6** (1) : 159, Lake Timsah.– Gruvel & Chabanaud, 1937, **35** : 25, Fig. 29, Suez Canal.

Siganus nebulosa (not Quoy & Gaimard).– Bamber, 1915, **31** : 482, W. Red Sea.– Norman, 1929 (4) : 615, Suez Canal.

Siganus nebulosus.– Norman, 1939, **7** (1) : 71, Zubair Isl., Red Sea (misidentification acc. to Bauchot, 1964, **36** : 575).

Siganus spinus (not Linnaeus).– Saunders, 1960, **79** : 243, Red Sea (probably misidentification).

118.1.4   **Siganus stellatus (Forsskål, 1775)**
Scarus stellatus Forsskål, 1775, *Descr. Anim.* : x, 26, Jiddah. Type lost.
Teuthis stellata.– Günther, 1861, **3** : 320, Red Sea.– Day, 1878 : 168, Red Sea; 1889, **2** : 92 (R.S. quoted).– Klunzinger, 1884 : 76, Red Sea.– Pellegrin, 1912, **3** : 6, Red Sea.
Amphacanthus stellatus.– Bloch & Schneider, 1801 : 209 (R.S. on Forsskål).– Playfair & Günther, 1866 : 50 (R.S. quoted).– Klunzinger, 1871, **21** : 503–504, Quseir.– Picaglia, 1894, **13** : 32, Assab.
Siganus stellatus.– Bamber, 1915, **31** : 482, W. Red Sea.– Fowler & Bean, 1929, **8** : 314 (R.S. quoted).– Tortonese, 1935–36, **45** : 190 (sep. : 40), Red Sea.– Fowler, 1945, **26** : 126 (R.S. quoted).– Smith, 1949 : 328, Pl. 35, fig. 902a, S. Africa.– Beaufort (W.B.), 1951, **9** : 120–121 (R.S. quoted).– Roux-Estève & Fourmanoir, 1955, **30** : 200, Abu Latt.– Roux-Estève, 1956, **32** : 97, Abu Latt.– Abel, 1960a, **49** : 457, Ghardaqa.– Klausewitz, 1967c (2) : 60, Sarso Isl.– Clark, Ben-Tuvia & Steinitz, 1968 : 21, Entedebir.
Amphacanthus punctatus Rüppell, 1829, *Atlas Reise N. Afrika, Fische* : 46, Pl. 11, fig. 2. Lectotype : SMF 3454, Red Sea; Paralectotype : SMF 8101, Red Sea (syn. v. Klunzinger).
Amphacanthus nuchalis Valenciennes, in Cuv. Val., 1835, *Hist. nat. Poiss.* **10** : 140 (R.S. on *Scarus stellatus* Forsskål and on *Amphacanthus punctatus* Rüppell (syn. v. Klunzinger).– Rüppell, 1852 : 11, Red Sea.

118.1.a   **Siganus albopunctatus (Temminck & Schlegel, 1845)**
Amphacanthus albopunctatus Temminck & Schlegel, 1845, *Fauna Japonica* : 128–129, Pl. 68, fig. 2. Type : RMNH 1997, Nagasaki.
Siganus albopunctatus.– Fowler & Bean, 1929, **8** : 297 (R.S. quoted).– Fowler, 1945, **26** : 126 (R.S. quoted) (doubtful, Woodland in lit.).

118.1.b   **Siganus javus (Linnaeus, 1766)**
Teuthis javus Linnaeus, 1766, *Syst. Nat.*, ed. XII, **1** : 507, Java.
Teuthis brevirostris Gray, 1854, *Cat. Fish. Gronow* **II** : 142 (R.S., pass. ref.) (syn., Woodland in lit.).

119   **TRICHIURIDAE**

G : 2
Sp : 2

119.1   *TENTORICEPS* Whitley, 1948–49 [1950]   Gender : M
Rec. Aust. Mus. **22** : 94 (type species : *Trichiurus cristatus* Klunzinger, 1871, by orig. design.).

119.1.1   *Tentoriceps cristatus* (Klunzinger, 1884)
Trichiurus cristatus Klunzinger, 1884, *Fische Rothen Meeres* : 121, Pl. 13, fig. 5, Quseir.
Tentoriceps cristatus.– Tucker, 1956 : 110–112, Fig. 17 (R.S. quoted).

119.2   *TRICHIURUS* Linnaeus, 1758   Gender: M
         Syst. Nat., ed. X : 246 (type species: *Trichiurus lepturus* Linnaeus, 1758, by mono-
         typy).

119.2.1 *Trichiurus lepturus* Linnaeus, 1758
         Trichiurus Lepturus Linnaeus, 1758, *Syst. Nat.*, ed. X, 1 : 246, America, China.
         Trichiurus lepturus.– Smith, 1949 : 313, Fig. 869, S. Africa.– Tucker, 1956 : 114–
         118, Fig. 18, Tb. 5 (R.S. quoted).
         Clupea haumela Forsskål, 1775, *Descr. Anim.* : xiii, 72, Mocho. Type lost (syn. v.
         Smith and v. Tucker).
         Trichiurus haumela Bloch & Schneider, 1801, *Syst. Ichthyol.* : 518 (R.S. on Fors-
         skål).– Rüppell, 1852 : 14, Red Sea.– Klunzinger, 1871, **21** : 471, Red Sea; 1884 :
         121, Red Sea.– Norman, 1927, **22** : 381, P. Said, Kabret.– Chabanaud, 1932, **4**
         (7) : 827, Bitter Lake, Suez Canal.– Gruvel, 1936, **29** : 170, Suez Canal.– Gruvel
         & Chabanaud, 1937, **35** : 15, Suez Canal.– Beaufort (W.B.), 1951, **9** : 194–196,
         Fig. 31 (R.S. quoted).

119α   # GEMPYLIDAE
                                                                          G : 1
                                                                          Sp : 1

119α.1   *THYRSITOIDES* Fowler, 1929   Gender: M
         Annal. natal. Mus. **6** : 25 (type species: *Thyrsidoides marley* Fowler, 1929, by
         orig. design.).

119α.1.1 *Thyrsitoides marley* Fowler, 1929
         Thyrsitoides marley Fowler, 1929, *Annal. natal. Mus.* **6** : 25, S. Africa.
         Thyrsitoides marley.– Smith, 1949 : 311, Fig. 866, S. Africa.– Ben-Tuvia, 1982,
         article 26, Gulf of Aqaba.

120   # SCOMBRIDAE
                                                                          G : 10
                                                                          Sp : 11

120.1   *AUXIS* Cuvier, 1829   Gender: M
         Règne anim. **2** : 199 (type species: *Scomber bisus* Rafinesque, 1810 = *Auxis rochei*
         Risso, 1810, by orig. design.).

120.1.1 *Auxis thazard* (Lacepède, 1801)
         Scomber thazard Lacepède, 1801, *Hist. nat. Poiss.* **3** : 9–13, New Guinea (based on
         Commerson MS).
         Auxis thazard.– Beaufort (W.B.), 1951, **9** : 227–228, Indian Ocean.– Ben-Tuvia,
         1962 (32) : 6, Fig. 1, Elat; 1968 (52) : 29–32, Fig. 2a, Elat, Massawa.

120.2   *EUTHYNNUS* [Lütken MS] Jordan & Gilbert, 1883   Gender: M
         Bull. U.S. natn. Mus. 1882 [1883b] (16) : 429 (type species: *Thynnus thunnina*
         Cuvier, 1829, by orig. design.).

120.2.1 *Euthynnus affinis* (Cantor, 1850)
         Thynnus affinis Cantor, 1849 [1850], *J. Asiat. Soc. Beng.* **18** : 1088–1090 (sep. :
         106–108). Holotype: BMNH 1860.3.19.214, Penang.
         Euthynnus affinis affinis.– Fraser-Brunner, 1949, *Ann. Mag. nat. Hist.* **2** : 624, Fig. 1a
         (R.S. quoted) (not a valid subspecies, Collette in lit.).

Scombridae

Euthynnus affinis.– Steinitz & Ben-Tuvia, 1955, *Bull. Sea Fish. Res. Stn Israel* (11):
9, Elat (v. Fraser-Brunner).– Fowler & Steinitz, 1956, VB (3–4): 280, Elat.–
Ben-Tuvia, 1968: 32–33, Fig. 2b, Elat, Massawa.
Euthynnus alleteratus affinis.– Beaufort (W.B.), 1951, 9: 218–221, Fig. 38 (R.S.
quoted).
Euthynnus alleteratus (not *Scomber alleteratus* Rafinesque, 1810).– Ben-Tuvia &
Steinitz, 1952 (2): 10, Elat (misidentification v. Fraser-Brunner).
Gymnosarda alleterata.– Tortonese, 1935–36 [1937], 45: 191 (sep.: 41), Massawa
(misidentification v. Fraser-Brunner).
Thynnus thunnina (not Cuvier, 1829).– Klunzinger, 1884: 111–112, Quseir.– Day,
1889, 2: 205–206, Fig. 72 (R.S. quoted) (misidentification v. Fraser-Brunner).

120.3   *GRAMMATORCYNUS* Gill, 1862 [1863a] *   Gender: M
         Proc. Acad. nat. Sci. Philad. 14: 125 (type species: *Thynnus bilineatus* Rüppell,
         1836, by orig. design.).

120.3.1 *Grammatorcynus bicarinatus* (Quoy & Gaimard, 1825)
         Thynnus bicarinatus Quoy & Gaimard, 1825, *Voy. Uranie, Zool.*: 357, Pl. 61,
         fig. 1, Baie de Chiens Marins. No type material.
         Grammatorcynus bicarinatus.– Beaufort (W.B.), 1951, 9: 215–216, Fig. 37 (R.S.
         quoted).– Roux-Estève & Fourmanoir, 1955, 30: 201, Abu Latt.– Roux-Estève,
         1956, 32: 99–100, Abu Latt.– Ben-Tuvia, 1968 (52): 35, Fig. 3g, Massawa.
         Thynnus bilineatus Rüppell, 1836, *Neue Wirbelth., Fische*: 39–40, Pl. 12, fig. 2.
         Holotype: SMF 2755, Massawa (syn. v. Beaufort); 1852: 13, Red Sea.– Günther,
         1860, 2: 366–367 (R.S. on Rüppell).– Klunzinger, 1871, 21: 443, Quseir.
         Grammatorcynus bilineatus.– Klunzinger, 1884: 113–114, Red Sea.

120.4   *GYMNOSARDA* Gill, 1862 [1863a]   Gender: F
         Proc. Acad. nat. Sci. Philad. 14: 125 (type species: *Thynnus unicolor* Rüppell,
         1836, by orig. design.).
         Pelamys Cuvier, in Cuv. Val., 1832, *Hist. nat. Poiss.* 8: 149 (type species: *Scomber
         sarda* Bloch, 1793).

120.4.1 *Gymnosarda unicolor* (Rüppell, 1836)
         Thynnus (Pelamis) unicolor Rüppell, 1836, *Neue Wirbelth., Fische*: 40–41, Pl. 12,
         fig. 1. Holotype: SMF 2739 (stuffed specimen), Jiddah.
         Pelamys unicolor.– Rüppell, 1852: 13, Red Sea.
         Gymnosarda unicolor.– Collette & Chao, 1975, 73: 613–614, Red Sea.
         Pelamys nuda Günther, 1860, *Cat. Fishes Br. Mus.* 2: 368 (replacement name for
         Thynnus unicolor Rüppell, 1836, preoccupied in *Pelamys* by *Scomber unicolor* G.
         St. Hilaire, 1817) (v. Collette & Chao).– Klunzinger, 1871, 21: 443–444, Quseir.

120.5   *KATSUWONUS* Kishinouye, 1915   Gender: M
         Suisan Gakkwai Ho 1: 21 (as a subgenus) (in Japanese); 1923, *J. Coll. Agric.
         imp. Univ. Tokyo*: 452 (type species: *Scomber pelamis* Linnaeus, 1758, by orig.
         design.).

120.5.1 *Katsuwonus pelamis* (Linnaeus, 1758)
         Scomber Pelamis Linnaeus, 1758, *Syst. Nat.*, ed. X, 1: 297, Pelagic between tropics.
         Euthynnus pelamis.– Gruvel, 1936, 29: 165, Fig. 43, Suez Canal.– Tortonese, 1947,
         2: 4, Suez Canal.– Smith, 1949: 298, Pl. 65, fig. 829, S. Africa.– Beaufort (W.B.),
         1951, 9: 217–218, Indian Ocean.– Steinitz & Ben-Tuvia, 1955 (11): 9, Elat.
         Euthynnus (Katsuvonus) pelamis.– Marshall, 1952, 1: 240, Aqaba.
         Katsuwonus pelamis.– Ben-Tuvia, 1962, 4 (2): 10, Pl. 8, fig. 3, Elat, Massawa;
         1968: 33, Fig. 2c, Elat, Massawa.

120.6   *RASTRELLIGER* Jordan & Starks, 1908, in Jordan & Dickerson   Gender: M
         Proc. U.S. natn. Mus. **34** : 607 (type species: *Scomber brachysomus* Bleeker, 1851,
         by orig. design.).

120.6.1 *Rastrelliger kanagurta* (Cuvier, 1816)
         Scomber kanagurta Cuvier, 1817 [1816], *Règne anim.* **2** : 313 (based on Kanagurta
         Russell, 1803, *Fish. Coromandel* **2** : 28, Pl. 136).
         Somber (misprint) *kanagurta.–* Rüppell, 1828 : 93–94, Gomfuda (Red Sea).
         Scomber kanagurta.– Rüppell, 1836 : 37, Red Sea; 1852 : 13, Red Sea.– Cuvier, in
         Cuv. Val., 1832, 8 : 49–51, Red Sea.– Klunzinger, 1871, **21** : 441–442, Quseir;
         1884 : 109, Red Sea.
         Rastrelliger kanagurta.– Tortonese, 1935–36 [1937], **45** : 191 (sep. : 41), Massawa.–
         Smith, 1949 : 299, Pl. 68, fig. 837, S. Africa.– Beaufort (W.B.), 1951, 9 : 212–215,
         Fig. 36 (R.S. quoted).– Saunders, 1960, 79 : 241, Red Sea.– Ben-Tuvia, 1962, 4
         (3–4) : 11, Elat, Massawa; 1968 (52) : 35, Elat, Massawa.– Collette, 1970 (54) : 4
         (R.S. specimen compared with Mediterranean specimen).
         Scomber chrysozonus Rüppell, 1836, *Neue Wirbelth., Fische* : 37–38, Pl. 11, fig. 1.
         Lectotype: SMF 487, Massawa, selected by Klausewitz; Paralectotype: SMF 6781,
         Massawa (syn. v. Klunzinger); 1852 : 13, Red Sea.– Günther, 1860, 2 : 360 (R.S.
         on Rüppell).– Boeseman, 1962 (1) : 4, Kamaran (Red Sea).
         Scomber microlepidotus Rüppell, 1836, *Neue Wirbelth., Fische* : 38, Pl. 11, fig. 2,
         Massawa (syn. v. Beaufort & Chapman); 1852 : 13, Red Sea.– Günther, 1860,
         2 : 361 (R.S. quoted).– Playfair & Günther, 1866 : 60 (R.S. quoted).– Klunzinger,
         1871, **21** : 443 (R.S. on Rüppell, 1836, loc. cit.).– Day, 1876 : 250–251, Pl. 54,
         figs 3–5 (R.S. quoted); 1889, 2 : 203, Fig. 71 (R.S. quoted).
         Scomber loo Lesson, 1829, *Dict. Class. Hist. Nat.* **15** : 277. Holotype: MNHN 2910,
         New Ireland (syn. acc. to Collette, 1966 : 365).– Steindachner, 1868 : 987–988,
         Red Sea.

120.7   *SARDA* Cuvier, 1829   Gender: F
         Règne anim. **2** : 199 (type species: *Scomber sarda* Bloch, 1793, by monotypy).

120.7.1 *Sarda orientalis* (Temminck & Schlegel, 1844)
         Pelamys orientalis Temminck & Schlegel, 1844, *Fauna Japonica* (5–6) : 99, Pl. 52.
         Lectotype: RMNH 2286, Japan, selected by Boeseman, 1947, 28 : 94–95; Para-
         lectotypes: RMNH 842, 1244, Japan.
         Sarda orientalis.– Smith, 1949 : 299, Pl. 64, fig. 832, S. Africa.– Ben-Tuvia, 1962, 4
         (2) : 11, Pl. 9, fig. 6, Elat.

120.8   *SCOMBER* [Artedi] **Linnaeus**, 1758   Gender: M
         Syst. Nat., ed. X : 297 (type species: *Scomber scombrus* Linnaeus, 1758, by orig.
         design.).

120.8.1 *Scomber japonicus* **Houttuyn**, 1782
         Scomber japonicus Houttuyn, 1782, *Verh. holland. Maatsch. Wet.* **20** : 331, Japan.
         Type lost.
         Scomber japonicus.– Smith, 1949 : 300, Textfig. 839, Pl. 68, fig. 839, S. Africa.–
         Fraser-Brunner, 1950, 3 : 153, Red Sea.– Ben-Tuvia, 1962, 4 (3–4) (33–34) : 11,
         Elat, Massawa; 1968 : 35, Elat, Ethiopia.
         Scomber janesaba Bleeker, 1854, *Natuurk. Tijdschr. Ned.-Indië* : 406–407. Syntype:
         RMNH 6036 (3 ex.), Nagasaki.– Klunzinger, 1871, **21** : 442–443, Quseir (syn. v.
         Fraser-Brunner); 1884 : 110, Red Sea.– Beaufort (W.B.), 1951, 9 : 208–209 (R.S.
         quoted).

120.9   *SCOMBEROMORUS* Lacepède, 1801   Gender: M
         Hist. nat. Poiss. 3 : 292 (type species: *Scomberomorus plumieri* Lacepède, 1801 =
         Scomber regalis Bloch, 1793, by orig. design.).

Cybium Cuvier, 1829, *Règne anim.* **2** : 199 (type species: *Scomber commerson* Lacepède, 1800, by orig. design.).

120.9.1 ***Scomberomorus commerson*** **(Lacepède,** 1800)

Scomber commerson Lacepède, 1800, *Hist. nat. Poiss.* **2** : 598, 600–603, Pl. 20, fig. 1 (based on drawing by Commerson), no loc.

Cybium commersonii.– Rüppell, 1829 : 94, 1830 : 95, Pl. 25, fig. 1, Massawa; 1836 : 41, Red Sea; 1852 : 13, Red Sea.– Martens, 1866, **16** : 378, Meriar Isl. (Red Sea).– Klunzinger, 1871, **21** : 444–445, Quseir; 1884 : 112–113, Quseir.– Day, 1876 : 255–256, Pl. 56, fig. 5 (R.S. quoted); 1889, **2** : 211–212, Fig. 74 (R.S. quoted).

Scomberomorus commerson.– Fowler, 1945, **26** (1) : 121, Fig. 4 (R.S. quoted).– Smith, 1949 : 301, Pl. 64, fig. 840, S. Africa.– Ben-Tuvia, 1868 (52) : 35, Fig. 3h, Elat, Massawa, Ethiopia; 1962, **4** (2) (32) : 11, Pl. 9, fig. 8, Massawa.– Marshall, 1952, **1** : 240, Sinafir Isl.– Bayoumi, 1972, **2** : 175, Red Sea.

Scomberomorus commersoni.– Beaufort (W.B.), 1951, **9** : 230–232 (R.S. quoted).– Saunders, 1960, **79** : 241, Red Sea.

Scomber thynnus (not Linnaeus, 1758).– Forsskål, 1775 : xvi, 30, Red Sea (misidentification v. Beaufort).

120.10 ***THUNNUS*** **South,** 1845 Gender: M

Encycl. Metropol. **51** : 620 (emendation of *Thynnus* Cuvier, 1817 [1816], therefore taking the same type species: *Scomber thynnus* Linnaeus, 1758).

Thynnus Cuvier, 1817 [1816], *Règne anim.* **2** : 313 (type species: *Scomber thynnus* Linnaeus, 1758, by absolute tautonomy, preoccupied by *Thynnus* Fabricius, 1775, in Hymenoptera).

Germo Jordan, 1888 [1889], *Proc. Acad. nat. Sci. Philad.* **40** : 180 (replacement name for *Orcynus* Cuvier, 1817 [1816], preoccupied by *Orcynus* Rafinesque, 1815, therefore taking the same type species: *Scomber germo* Lacepède, 1800 [= *Scomber alalunga* Bonnaterre, 1788]).

Neothunnus Kishinouye, 1923, *J. Coll. Agric. imp. Univ. Tokyo* **8** : 445 (type species: *Thynnus macropterus* Temminck & Schlegel, 1844 = *Scomber albacares* Bonnaterre, 1788, by subs. design. of Jordan & Hubbs, 1925 : 218).

Kishinoella Jordan & Hubbs, 1925, *Mem. Carneg. Mus.* **10** : 216, 219 (type species: *Thunnus rarus* Kishinouye, 1923 = *Thynnus tonggol* Bleeker, 1851, by orig. design.).

120.10.1 ***Thunnus albacares*** **(Bonnaterre,** 1788)

Scomber albacares Bonnaterre, 1788, *Tabl. encyc. méth. Ichthyol.* : 140, Madeira.

Thunnus albacares.– Ben-Tuvia, 1968 : 33, Fig. 2d, Elat, Massawa.

Germo albacora.– Smith, 1949 : 299, Pl. 66, fig. 835, S. Africa.– Steinitz & Ben-Tuvia, 1955 (11) : 10, Elat.

Thynnus (Neothunnus) albacora.– Marshall, 1952, **1** : 240, Aqaba.

Neothynnus albacora.– Ben-Tuvia, 1962, **4** (2) (32) : 10, Pl. 8, fig. 4, Massawa.

Thynnus macropterus Temminck & Schlegel, 1844, *Fauna Japonica* : 98, Pl. 51, S.W. Japan, no type material, based on Pl. 51 (acc. to Gibbs & Collette, 1967 : 104, v. also for synonymy).– Day, 1889, **2** : 207 (R.S. quoted).

? *Thynnus (Orcynus) macropterus*.– Klunzinger, 1884 : 112, Quseir.

Thunnus macropterus.– Beaufort (W.B.), 1951, **9** : 223–225, Fig. 39 (R.S. quoted).

120.10.2 ***Thunnus tonggol*** **(Bleeker,** 1851)

Thynnus tonggol Bleeker, 1851d, *Natuurk. Tijdschr. Ned.-Indië* **1** : 356–357. No type material (v. Gibbs & Collette, 1967, **66** : 120).

Thunnus tonggol.– Beaufort (W.B.), 1951, **9** : 225–226, Indian Ocean.– Gibbs & Collette, 1967, **66** (1) : 120–121 (R.S. quoted).– Ben-Tuvia, 1968 : 33–34, Fig. 3e, Ethiopia.

Kishinoella tongol.– Ben-Tuvia, 1962, **4** (2) (32) : 11, Pl. 9, fig. 5, Massawa.

121 ISTIOPHORIDAE

G: 1
Sp: 1

121.1 *ISTIOPHORUS* Lacepède, 1801 Gender: M
Hist. nat. Poiss. **3**: 374–375 (type species: *Scomber gladifer* Lacepède, 1801, by monotypy = *Xiphias platypterus* Shaw & Nodder, 1792, the latter design. by Opinion 903).

121.1.1 *Istiophorus platypterus* (Shaw & Nodder, 1791)
Xiphias platypterus Shaw & Nodder, 1791, *Nat. Miscell.* (28), no pagination, Pl. 88. Holotype: BMNH 1964.7.2.1, Indian Ocean. (See Whitehead, 1964, *Bull. zool. Nom.* **21** (6): 444–447.)
Scomber gladius Bloch, 1793, *Naturgesch. ausl. Fische* **7**: 81–85, Pl. 345, Brazil (based on drawing by Solomon) (syn. v. Whitehead, 1964a, **21**: 444).
Histiophorus gladius.– Klunzinger, 1871, *Verh. zool.-bot. Ges. Wien* **21**: 468–469, Quseir; 1884: 122, Quseir.– Beaufort (W.B.), 1951, **9**: 240–241 (R.S. quoted).
Istiophorus gladius.– Smith, 1949: 315, Pl. 67, fig. 874, S. Africa.
Histiophorus ancipitirostris Cuvier, in Cuv. Val., 1832, *Hist. nat. Poiss.* **8**: 309. Holotype: MNHN A-9463, Red Sea (syn. v. *CLOFNAM*, 1973: 477).
Histiophorus immaculatus Rüppell, 1830a, *Isis, Jena*: 39. Holotype: SMF 1619, Red Sea (syn. v. *CLOFNAM*, 1973: 477); 1835a (3): 187, Red Sea; 1835b, **2**: 71–74, Pl. 15, Jiddah; 1836: 42–43, Pl. 11, fig. 3, Jiddah; 1852: 14, Red Sea.– Günther, 1860, **2**: 514 (R.S. quoted).– Klunzinger, 1871, **21**: 469 (R.S. on Rüppell, 1835, loc. cit.); 1884: 122 (R.S. on Rüppell).– Day, 1876: 199 (R.S. quoted).
Istiophorus triactis Ehrenberg (syn. of *Histiophorus gladius* in Klunzinger, 1871, *Verh. zool.-bot. Ges. Wien*: 468). Hemprich & Ehrenberg, 1899, Pl. 10, fig. A, B, a–e, cc–dd, Red Sea.

122 ARIOMMIDAE

G: 1
Sp: 2

122.1 *ARIOMMA* Jordan & Snyder, 1904 Gender: F
Proc. U.S. natn. Mus. **27**: 942 (type species: *Ariomma lurida* Jordan & Snyder, 1964, by orig. design.).

122.1.1 *Ariomma brevimanus* (Klunzinger, 1884)
Cubiceps brevimanus Klunzinger, 1884, *Fische Rothen Meeres*: 116, Pl. 12, fig. 3, Quseir.– Regan, 1902, **10**: 124 (R.S. quoted).– Fowler, 1945, **26** (1): 120 (R.S. quoted).
Ariomma brevimanus.– Haederich, 1967, **135**: 93 (R.S. quoted).

122.1.2 *Ariomma dollfusi* (Chabanaud, 1930)
Cubiceps dollfusi Chabanaud, 1930, *Bull. Mus. natn Hist. nat., Paris* **2**: 519, Gulf of Suez. Syntypes: MNHN, apparently lost; BMNH 1931.4.16.1, Gulf of Suez.
Cubiceps dollfusi.– Gruvel & Chabanaud, 1937, **35**: 15, Gulf of Suez.
Ariomma dollfusi.– Haederich, 1967, **135**: 94, Gulf of Suez.

123   **STROMATEIDAE**

G: 1
Sp: 1

123.1   *STROMATEUS* [Artedi] **Linnaeus**, 1758   Gender: M
Syst. Nat., ed. X : 248 (type species: *Stromateus fiatola* Linnaeus, 1758, by mono-
typy).

123.1.1   *Stromateus fiatola* **Linnaeus**, 1758
Stromateus Fiatola Linnaeus, 1758, ed. X : 248, Mediterranean Sea, Red Sea.
Stromateus fiatola.– Gruvel & Chabanaud, 1937 : 15, P. Suez.– Smith, 1949 : 303,
Pl. 63, fig. 845, S. Africa.

XX PLEUROMECTIFORMES
(Fam. 124–128)

124 PSETTODIDAE

G: 1
Sp: 1

124.1 ***PSETTODES*** **Bennett,** 1831b Gender: M
Proc. zool. Soc., Lond. : 147 (type species: *Psettodes belcheri* Bennett, 1831, by monotypy).

124.1.1 ***Psettodes erumei*** **(Bloch & Schneider, 1801)**
Pleuronectes erumei Bloch & Schneider, 1801, *Syst. Ichthyol.* : 150–151. Type: ZMB 7403, Tranquelibar.
Hippoglossus erumei.– Rüppell, 1830 : 121, Massawa; 1852 (*erumeri*, misprint) : 18, Red Sea.
Psettodes erumei.– Günther, 1862, **4** : 402 (R.S. quoted).– Playfair & Günther, 1866 : 112 (R.S. quoted).– Klunzinger, 1871, **21** : 570, Quseir.– Day, 1889 (2) : 439–440, Fig. 155 (R.S. quoted).– Weber & Beaufort, 1929, **5** : 97–98, Fig. 24 (R.S. quoted).– Tortonese, 1935–36 [1937], **45** : 170 (sep. : 20), Massawa.– Smith, 1949 : 155, Fig. 299, S. Africa.– Fowler, 1956, **1** : 159–160 (R.S. quoted).

125 BOTHIDAE

G: 5
Sp: 9

125.1 ***ARNOGLOSSUS*** **Bleeker,** 1862c Gender: M
Versl. Meded. K. Akad. wet. Amst. **13** : 427 (type species: *Pleuronectes arnoglossus* Bloch & Schneider, 1801 = *Pleuronectes laterna* Walbaum, 1792, by tautonomy).

125.1.1 ***Arnoglossus intermedius*** **(Bleeker, 1866)**
Platophrys (Arnoglossus) intermedius Bleeker, 1866b, *Ned. Tijdschr. Dierk.* **3** : 47–49. Holotype: RMNH 6746, Celebes.
Bothus (Arnoglossus) intermedius.– Weber & Beaufort, 1929, **5** : 130–131, Indian Ocean.
Asterorhombus (Arnoglossus) intermedius.– Chabanaud, 1948, **20** : 12, Gulf of Suez.

125.1.2 ***Arnoglossus tapeinosoma*** **(Bleeker, 1866)***
Platophrys (Arnoglossus) tapeinosoma Bleeker, 1866b, *Ned. Tijdschr. Dierk.* **3** : 49–50. Holotype: RMNH 6748, Sumatra.
Bothus (Arnoglossus) tapeinosoma.– Weber & Beaufort, 1929, **5** : 127–128, Indian Ocean.
Arnoglossus tapeinosoma.– Dor, 1970 (54) : 25, 1 textfig., Eritrea.

125.2 ***BOTHUS*** **Rafinesque,** 1810* Gender: M
Caratt. Gen. Spec. Sicil. : 23 (type species: *Bothus rumolo* Rafinesque, 1810, by subs. design.).

Parabothus Norman, 1931, *Ann. Mag. nat. Hist.* 8 : 600 (type species: *Arnoglossus polylepis* Alcock, 1889, by orig. design.).

Platophrys Swainson, 1839, *Nat. Hist. Fish.* 2 : 187, 302 (type species: *Rhombus ocellatus* Agassiz, 1831, by monotypy).

Rhomboidichthys Bleeker, 1856a, *Act. Soc. Sci. Indo-Neerl.* 1 : 67 (type species: *Rhombus myriaster* Temminck & Schlegel, 1846, by monotypy).

125.2.1   **Bothus budkeri** Chabanaud, 1942

Bothus budkeri Chabanaud, 1942b, *Bull. Mus. natn Hist. nat., Paris* 14 : 397–402, Ghardaqa. Holotype: MNHN 1942-31 ♂, Ghardaqa; Paratypes: MNHN 1942-32, ♀, 1942-33, Ghardaqa.

Parabothus budkeri.– Chabanaud, 1949b, 74 : 149–150, Ghardaqa.– Budker & Fourmanoir, 1954 (3) : 324, Ghardaqa.

125.2.2   **Bothus pantherinus** (Rüppell, 1830)

Rhombus pantherinus Rüppell, 1830, *Atlas Reise N. Afrika, Fische* : 121–122, Pl. 31, fig. 1. Lectotype: SMF 7550, Mohila; Paralectotypes: SMF 7551–52, Mohila.

Psetta pantherina.– Rüppell, 1852 : 19, Red Sea.

Bothus pantherinus.– Ben-Tuvia & Steinitz, 1952 (2) : 11, Elat.– Tortonese, 1955, 15 : 55, Dahlak.– Fowler, 1956 : 170, Figs. 88–89 (R.S. quoted).– Magnus, 1966, 2 : 372, Ghardaqa.– Bayoumi, 1972 : 167, Red Sea.

Rhomboidichthys pantherinus.– Playfair & Günther, 1866 : 112 (R.S. quoted).– Klunzinger, 1871, 21 : 571, Quseir.– Kossmann & Räuber, 1877, 1 : 411, Red Sea; 1877b : 28, Red Sea.– Picaglia, 1894, 13 : 34, Assab.– Borsieri, 1904 (3), 1 : 217, Massawa.– Pellegrin, 1913, 3 : 9, Assab.

Platophrys pantherinus.– Day, 1877 : 425, Pl. 92, figs 3–4 (R.S. quoted); 1889, 2 : 443–444 (R.S. quoted).– Bamber, 1915, 31 : 485, W. Red Sea.– Fowler, 1931 : 249, P. Sudan.– Tortonese, 1935–36 [1937], 45 : 170 (sep. : 20), Eritrea.

Bothus (Platophris) pantherinus.– Weber & Beaufort, 1929, 5 : 123–124 (R.S. quoted).– Smith, 1949 : 160, Fig. 317, South Africa.– Magnus, 1963a, 93 : 358, Ghardaqa.– Klausewitz, 1967c (2) : 59, 61, Sarso Isl.

125.3   **ENGYPROSOPON** Günther, 1862   Gender: N

Cat. Fishes Br. Mus. 4 : 431 (type species: *Rhombus mogkii* Bleeker, 1854, by monotypy).

Scaeops Jordan & Starks, 1904, *Bull. U.S. Fish Commn* 22 : 627 (type species: *Rhombus grandisquama* Temminck & Schlegel, 1846, by orig. design.).

125.3.1   **Engyprosopon grandisquama** (Temminck & Schlegel, 1846)

Rhombus grandisquama Temminck & Schlegel, 1846, *Fauna Japonica* (Pts 10–14) : 183–184, Pl. 92, figs 3–4, Japan. Type: RMNH 3533a.

Engyprosopon grandisquama.– Smith, 1949 : 159, S. Africa.– Fowler, 1956 : 167 (R.S. quoted).

Rhombus poecilurus Bleeker, 1852c, *Natuurk. Tijdschr. Ned.-Indië* 3 : 293–294. Holotype: RMNH 6738 (included in 2 ex., Amboina) (syn. v. Fowler).

Scaeops poecilura.– Bamber, 1915, 31 : 485, W. Red Sea.

Bothus (Arnoglossus) poecilurus.– Weber & Beaufort, 1929, 5 : 131–132, Fig. 31 (R.S. quoted).

125.3.2   **Engyprosopon latifrons** (Regan, 1908)

Scaeops latifrons Regan, 1908, *Trans. Linn. Soc. Lond.* 12 : 233, Pl. 25, fig. 3, Maldives. Holotype & Paratype: BMNH 1907.3.23.143–144; Paratypes: BMNH 1901.12.31.99–106, Maldives, 1908.3.23.137–138, Carqadas, 1908.3.23.139–144, Seychelles.

Pleuronectidae

Engyprosopon latifrons.– Gruvel & Chabanaud, 1937, **35** : 6, Suez Canal.– Norman, 1939, 7 : 100, Red Sea.– Fowler, 1956, 1 : 167–168, Fig. 85 (R.S. quoted).

125.3.3 **Engyprosopon maldivensis (Regan, 1908)**
Scaeops maldivensis Regan, 1908, *Trans. Linn. Soc. Lond.* **12** : 234, Pls 24–25, fig. 1. Holotype: BMNH 1901.12.31.94 ♂, Maldives; Paratype: BMNH 1901.12.31.95 ♀, Maldives.
Engyprosopon maldivensis.– Chabanaud, 1942 [1943], **14** : 396–397, Ghardaqa; 1949, 74 : 148–149, Red Sea.– Budker & Fourmanoir, 1954 (3) : 324, Ghardaqa.

125.4 **LAEOPS Günther, 1880**   Gender: M
Zool. Voy. Challenger : 29 (type species: *Laeops parviceps* Günther, 1880, by orig. design.).
Lambdopsetta Smith & Pope, 1906 [1907], *Proc. U.S. natn. Mus.* **31** : 496 (type species: *Lambdopsetta kitharae* Smith & Pope, 1907, by orig. design.).

125.4.1 **Laeops kitharae (Smith & Pope, 1907)**
Lambdopsetta kitharae Smith & Pope, 1906 [1907], *Proc. U.S. natn. Mus.* **31** (1489) 496–498, Fig. 12. Holotype: USNM 55612, Kagoshima.
Laeops kitharae.– Smith, 1949 : 158, S. Africa.– Dor, 1970 (54) : 26, 1 textfig., Eritrea.

125.5 **PSEUDORHOMBUS Bleeker, 1862c**   Gender: M
Versl. Meded. K. Akad. wet. Amst. **13** : 426 (type species: *Rhombus polyspilos* Bleeker, 1853, by orig. design.).

125.5.1 **Pseudorhombus arsius (Hamilton-Buchanan, 1823 [1822])**
Pleuronectes arsius Hamilton-Buchanan, 1822 [1823], *Fish. Ganges* : 128–130, 373, Ganges. No type material.
Pseudorhombus arsius.– Day, 1889, 2 : 441–442, Fig. 157 (R.S. quoted).– Weber & Beaufort (W.B.), 1929, 5 : 105–106, Indian Ocean.– Smith, 1949 : 156, Pl. 10, fig. 304, S. Africa.– Dor, 1970 (54) : 25, Eritrea.

126   PLEURONECTIDAE

G: 1
Sp: 1

126.1 **SAMARIS Gray, 1831**   Gender: M
Zool. Misc. London : 4 (type species: *Samaris cristatus* Gray, 1831, by monotypy).

126.1.1 **Samaris cristatus Gray, 1831**
Samaris cristatus Gray, 1831, *Zool. Miscell.* : 5. Holotype: BMNH 1977.4.22.8, China.
Samaris cristatus.– Weber & Beaufort (W.B.), 1929, 5 : 138–140, Fig. 34, Indian Ocean.– Smith, 1949 : 156, Pl. 10, fig. 303, S. Africa.– Dor, 1970 (54) : 26–27, Dahlak.

127 **SOLEIDAE**

G: 5
Sp: 5

127.1   *AESOPIA* **Kaup**, 1858   Gender: F
         Arch. Naturgesch. **24** (1) : 97 (type species: *Solea cornuta* Cuvier, 1817 [1816], by
         subs. design. of Günther, 1862, **4** : 487).

127.1.1 *Aesopia heterorhina* (**Bleeker**, 1856)
         Solea heterorhinos Bleeker, 1856a, *Act. Soc. Sci. Indo-Neerl.* **1** : 64–66. Syntypes:
         RMNH 6758 (3 ex.), BMNH 1862.6.3.13, Amboina.
         Solea heterorhina.– Weber & Beaufort (W.B.), 1929, **5** : 148, Fig. 38, Indian Ocean.
         Aesopia heterorhinos.– Dor, 1970 (54) : 27, Elat.

127.2   *ASERAGGODES* **Kaup**, 1858   Gender: M
         Arch. Naturgesch. **24** (1) : 103 (type species: *Aseraggodes guttulatus* Kaup, 1858,
         by subs. design. of Jordan, 1919 : 282).

127.2.1 *Aseraggodes sinusarabici* **Chabanaud**, 1931
         Aseraggodes sinus-arabici Chabanaud, 1931, *Bull. Soc. Zool. Fr.* **56** : 296–298.
         Holotype: MNHN 1966-136, Gulf of Suez; Paratypes: MNHN 1966-137, 138, 139,
         Gulf of Suez, 1966-140, Red Sea.
         Aseraggodes sinus-arabici.– Gruvel & Chabanaud, 1937, **35** : 6, Figs 5–8, Suez Canal.–
         Fowler, 1956 : 179 (R.S. quoted).– Clark, Ben-Tuvia & Steinitz, 1968 (49) : 21,
         Entedebir.

127.3   *CORYPHAESOPIA* **Chabanaud**, 1930   Gender: F
         Bull. Inst. océanogr. Monaco (555) : 9, 17 (type species: *Aesopia cornuta* Kaup,
         1858, by orig. design.).

127.3.1 *Coryphaesopia cornuta* (**Kaup**, 1858)
         Aesopia cornuta Kaup, 1858, *Arch. Naturgesch.* **24** : 98–99 (on *Solea cornuta*
         Cuvier, 1817 [1816], nomen nudum).
         Coryphaesopia cornuta.– Smith, 1949 : 161, Fig. 319, S. Africa.– Dor, 1970 (54) :
         27, Eritrea.

127.4   *PARDACHIRUS* **Günther**, 1862   Gender: M
         Cat. Fishes Br. Mus. **4** : 478 (type species: *Achirus marmoratus* Lacepède, 1802,
         by orig. design.).
         Achirus Lacepède, 1802, *Hist. nat. Poiss.* **2** : 658 (type species: *Pleuronectes achirus*
         Linnaeus, as fixed by Jordan & Gilbert, 1883. *Achirus fasciatus* Lacepède was
         wrongly supposed to be identical with *Pleuronectes achirus* Linnaeus).

127.4.1 *Pardachirus marmoratus* (**Lacepède**, 1802)
         Achirus marmoratus Lacepède, 1802, *Hist. nat. Poiss.* **4** : 660–661, **3**, Pl. 12,
         fig. 3, Mauritius (based on descr. by Commerson). Type lost.
         Achirus marmoratus.– Günther, 1862, **4** : 478–479, Red Sea.
         Pardachirus marmoratus.– Klunzinger, 1871, **21** : 572, Quseir.– Kossmann & Räuber,
         1877a, **1** : 411, Red Sea; 1877b : 28, Red Sea.– Kossmann, 1879, **2** : 21, Red Sea.–
         Tortonese, 1935–36 [1937], **45** : 170 (sep. : 20), Red Sea.– Smith, 1949 : 161,
         Pl. 104, fig. 322, S. Africa.– Clark & George, 1979, **4** (2) : 110–113, figs 1, 2, 4, 5,
         8–11, Tbs 1–4, Elat.
         Achirus barbatus Lacepède, 1802, *Hist. nat. Poiss.* **4** : 658, 660 (syn. v. Günther and
         v. Smith).– Rüppell, 1830 : 122, Pl. 31, fig. 2, Mohila; 1838 : 84, Red Sea; 1852 :
         19, Red Sea.

127.A   **SOLEA Quensel, 1806**   Gender: F
   K. svenska VetenskAkad. Handl. **27** : 53 (type species: *Solea vulgaris* Quensel, 1806, by orig. design.).

127.A.a   *Solea vulgaris* Quensel, 1806, *K. svenska VetenskAkad. Handl.* **27** : 230.
   Solea vulgaris.− Steinitz, 1967 : 169, Red Sea (pass. ref.).

127.5   **ZEBRIAS Jordan & Snyder, 1900**   Gender: M
   Proc. U.S. natn. Mus. **23** : 380 (type species: *Solea zebrina* Temminck & Schlegel, 1846, by orig. design.).
   Synaptura Cantor, 1849 [1850], *J. Asiat. Soc. Beng.* **18** (2) : 1204 (sep. 1850 : 222). (Replacement name for *Brachirus* Swainson, 1839, taking the same type species: *Pleuronectes orientalis* Bloch & Schneider, 1801).

127.5.1   **Zebrias regani (Gilchrist, 1902)**
   Synaptura regani Gilchrist, 1902, *Mar. Invest. S. Afr.* **1** : 160−161, Pl. 45. Type: BMNH 1903.12.31.12, Natal.
   Zebrias regani.− Smith, 1949 : 161, Pl. 10, fig. 320, S. Africa.− Dor, 1970 (54) : 27, Red Sea.

128   # CYNOGLOSSIDAE

                                                                        G : 2
                                                                        Sp : 11

128.1   *CYNOGLOSSUS* Hamilton-Buchanan, 1822   Gender: M
   Fish. Ganges : 32, 365 (type species: *Cynoglossus lingua* Hamilton-Buchanan, 1822, by monotypy).
   Arelia Kaup, 1858, *Arch. Naturgesch.* **24** (1) : 107 (type species: *Pleuronectes Arel* Bloch & Schneider, 1801, by subs. design. of Jordan, 1919).
   Cynoglossoides Bonde, 1922, *Rep. Fish. mar. biol. surv. Un. S. Afr.* **1** : 22, 23 (type species: *Cynoglossus attenuatus* Gilchrist, 1905, by orig. design.).
   Dollfusichthys Chabanaud, 1931, *Bull. Soc. zool. Fr.* **56** : 304 (type species: *Dollfusichthys sinus-arabici* Chabanaud, 1931, by monotypy).
   Trulla Kaup, 1858, *Arch. Naturgesch.* **24** (1) : 109 (type species: *Plagusia Trulla cantori* Kaup = *Plagusia trulla* Cantor, by tautonomy).

128.1.1   **Cynoglossus arel (Bloch & Schneider, 1801)**
   Pleuronectes arel Bloch & Schneider, 1801, *Syst. Ichth.* : 159. Holotype: ZMB 2431, Tranquebar.
   Plagusia macrolepidota Bleeker, 1851e, *Natuurk. Tijdschr. Ned.-Indië* **1** : 415−416, Batavia. Syntypes: RMNH: 6785, 26209, proposed as lectotype and paralectotype by Boeseman (syn. v. Menon, 1977 (238) : 60).
   Cynoglossus macrolepidotus.− Weber & Beaufort, 1929, **5** : 205−206, Indian Ocean.− Chabanaud, 1947, **19** : 157, Gulf of Suez; 1954, **26** : 466 (R.S. quoted).

128.1.2   **Cynoglossus dollfusi (Chabanaud, 1931)**
   Paraplagusia dollfusi Chabanaud, 1931, *Bull. Soc. zool. Fr.* **56** : 303, P. Suez. No type material.
   Cynoglossus (Trulla) Dollfusi Gruvel & Chabanaud, 1937, *Mém. Inst. Egypte* **35** : 8, Figs 9−12, P. Suez. No type material.
   Trulla dollfusi.− Fowler, 1956 : 183, Fig. 97 (R.S. quoted).
   Cynoglossus dollfusi.− Menon, 1977 (238) : 54−55, P. Suez.
   Cynoglossus cleopatrides Chabanaud, 1949a, *Bull. Soc. zool. Fr.* **74** : 146−148. Holo-

type: MNHN 1949-24, Gulf of Suez; 1950, **22** (2) : 338–339, Gulf of Suez; 1954, **26** : 466 (R.S. quoted) (syn. v. Menon).

128.1.3   *Cynoglossus gilchristi* **Regan**, 1920
  Cynoglossus gilchristi Regan, 1920, *Ann. Durban Mus.* **2** : 205. Holotype: BMNH 1903.9.29.2.
  Cynoglossoides gilchristi.– Smith, 1949 : 165, Fig. 337, S. Africa.– Bayoumi, 1972, **2** : 163, Red Sea.
  Cynoglossus gilchristi.– Menon, 1977 (238) : 80–81, Textfig. 38, Pl. 16, figs a, b, S. Africa.

128.1.4   *Cynoglossus kopsi* **(Bleeker,** 1851)
  Plagusia kopsi Bleeker, 1851j, *Natuurk. Tijdschr. Ned.-Indië* **2** : 494. Lectotype: RMNH 7680, Riau Archipelago (selected by Menon).
  Cynoglossus brachycephalus Bleeker, 1866–1872, *Atlas Ichth. Ind. Neerl.* **6** : 38, Pl. 13, fig. 6. Lectotype: RMNH, W. Sumatra; Paralectotype: RMNH 17877, W. Sumatra (selected by Chabanaud) (syn. v. Menon).
  Cynoglossus (Cynoglossus) brachycephalus brachycephalus.– Chabanaud, 1951, **23** (1) : 78, Ghardaqa.
  Cynoglossus kopsi.– Menon, 1977 (238) : 42–45, Textfig. 20, Pl. 6, figs a, b, Persian Gulf.

128.1.5   *Cynoglossus lachneri* **Menon**, 1977
  Cynoglossus lachneri Menon, 1977, *Smithson. Contr. Zool.* (238) : 40, Pl. 5, Map 5. Holotype: USNM 201852, Mombasa (Kenya); Paratypes: USNM 171046, Madagascar; 203693, Nossi-Be (Madagascar); MCZH 11551, Zanzibar; NMW 43874, Red Sea; RUSI, Seychelles; RUSI, Gulf of Oman; ZSI 6207/2, Harkiko Bay; 6208/2, Inhaca; 6209/2, Pinda Beach.

128.1.6   *Cynoglossus lingua* **Hamilton & Buchanan**, 1823
  Cynoglossus lingua Hamilton & Buchanan, 1822 [1823], *Fish. Ganges* : 32–33, 365, Ganges (apparently no type material v. Menon).
  Cynoglossus lingua.– Weber & Beaufort, 1929, **5** : 203–204, Indian Ocean.– Gruvel & Chabanaud, 1937, **35** : 10, Fig. 13, P. Suez.– Smith, 1949 : 166, Fig. 339, S. Africa.– Chabanaud, 1954, **26** : 466 (R.S. quoted).– Fowler, 1956, **1** : 186, Fig. 100, Suez Canal.– Menon, 1977 (238) : 65–67, Textfig. 31, Pl. 12, figs c, d, Indian Ocean.

128.1.7   *Cynoglossus pottii* **Steindachner**, 1902
  Cynoglossus pottii Steindachner, 1902, *Anz. Akad. Wiss. Wien* **39** (26) : 336, Et Tur.
  Cynoglossus pottii.– Fowler, 1956, **1** : 187 (R.S. on Steindachner).

128.1.8   *Cynoglossus quadrilineatus* **(Bleeker,** 1851)[1]
  Plagusia quadrilineata Bleeker, 1851e, *Natuurk. Tijdschr. Ned.-Indië* **1** : 412. Syntypes: RMNH 6789 (18 ex.), Batavia, Sumatra, Bangka (syn. v. Fowler).
  Cynoglossus quadrilineatus.– Klunzinger, 1871, **21** : 573, Quseir.– Day, 1889, **2** : 457 (R.S. quoted).
  Pleuronectes bilineatus Gmelin, 1789, **1** : 1235, Sinai (preoccupied by *Pleuronectes bilineatus* Bloch, 1787).
  Plagusia bilineata.– Rüppell, 1830 : 123, Massawa; 1852 : 19, Red Sea.
  Cynoglossus bilineatus.– Weber & Beaufort, 1929, **5** : 194–196 (R.S. quoted).– Chabanaud, 1954, **26** : 466 (R.S. quoted).– Fowler, 1956 : 184–186 (R.S.

[1] *Achirus bilineatus* Lacepède, 1802, **4** : 6 has the priority, so that the valid name is *Cynoglossus bilineatus* (Lacepède, 1802).

quoted).– Menon, 1977 (238): 36–38, Textfig. 17, Pl. 4, figs a, b. Indian and Pacific Oceans.
Arelia bilineata.– Smith, 1949 : 166, Pl. 11, fig. 341, S. Africa.

128.1.9　**Cynoglossus sealarki Regan, 1908**
Cynoglossus sealarki Regan, 1908, *Trans. Linn. Soc. Lond.* **12** : 235, Pl. 26, fig. 1. Syntypes: BMNH 1908.3.23.135–136, Seaya-de-Amalch.
Cynoglossus sealarki.– Chabanaud, 1947 : 156, Gulf of Suez; 1954, **26** : 466 (R.S. quoted).– Menon, 1977 (238) : 56–57, Textfig. 26, Pl. 10, figs a, b, Indian Ocean.

128.1.10　**Cynoglossus sinusarabici (Chabanaud, 1931)**
Dollfusichthys sinusarabici Chabanaud, 1931, *Bull. Soc. zool. Fr.* **56** : 304–305. Lectotype: MNHN 1967-600a, Gulf of Suez (selected by Menon); Paralectotypes: MNHN 1967-600b (14 ex.), Gulf of Suez.
Dollfusichthys sinusarabici.– Gruvel, 1936, **29** : 151, Fig. 22, Suez Canal.– Gruvel & Chabanaud, 1937, **35** : 6–7, Figs 5–8, Suez Canal.– Fowler, 1956 : 188, Fig. 104 (R.S. quoted).
Cynoglossus (Dollfusichthys) sinusarabici Chabanaud, 1939 (763) : 30, Gulf of Suez; 1954, **26** : 466 (R.S. quoted).
Cynoglossus sinusarabici.– Menon, 1977 (238) : 55–56, Textfig. 25, Pl. 9 c, d, Gulf of Suez.
Cynoglossus brachycephalus (not Bleeker).– Chabanaud, 1951, **23** (1) : 77–81, Ghardaqa (misidentification v. Menon).

128.1.a　*Plagusia puncticeps* Richardson, 1846, *Ichthyol. China & Japan* : 280, China. No type material.
Cynoglossus puncticeps.– Weber & Beaufort, 1929, **5** : 198–199, Indian Ocean.– Fowler, 1956 : 187 (Eritrea on Pellegrin).
Plagusia brachyrhynchos Bleeker, 1851e, *Natuurk. Tijdschr. Ned.-Indië* **1** : 414. Syntypes: RMNH 6796; BMNH 1862.6.3.15 (syn. v. W.B. and v. Fowler).
Cynoglossus brachyrhynchus.– Pellegrin, 1912, **3** : 9, Eritrea (because of poor condition, identity doubtful).

128.2　*PARAPLAGUSIA* Bleeker, 1865e　　　　　　　　　　　　　　Gender: F
Ned. Tijdschr. Dierk. **2** : 274 (type species: *Pleuronectes bilineatus* Bloch, 1787, by orig. design.).

128.2.1　*Paraplagusia bilineata* (Bloch, 1787)
Pleuronectes bilineatus Bloch, 1787, *Naturgesch. ausl. Fische* **3** : 29–30, Pl. 188. ZMB 2432 (3 ex. incl. the syntype), China.
Plagusia bilineata.– Klunzinger, 1871, **21** : 573–574, Red Sea.– Day, 1877 : 431 (R.S. quoted); 1889, **2** : 452 (R.S. quoted).
Paraplagusia bilineata.– Weber & Beaufort, 1929, **5** : 183–184, Figs 50–51 (R.S. quoted).– Smith, 1949 : 165, Fig. 335, S. Africa.– Fowler, 1956, **1** : 180–182 (R.S. quoted).
Plagusia dipterygia Rüppell, 1830, *Atlas Reise N. Afrika, Fische* : 123–124, Pl. 31, fig. 3. Holotype: SMF 3455, N. Red Sea (syn. v. Klunzinger); 1852 : 19, Red Sea.
Plagusia marmorata Bleeker, 1851e, *Natuurk. Tijdschr. Ned.-Indië* **1** : 411. Syntypes: RMNH 6775 (15 ex.), Jakarta (syn. v. Klunzinger and v. Smith).– Günther, 1862, **4** : 491 (R.S. quoted).

XXI TETRAODONTIFORMES
(Fam. 129–133)

129 BALISTIDAE

G: 20
Sp: 26

129.I BALISTINAE

129.1 ***ABALISTES* Jordan & Seale**, 1905 [1906] Gender: M

Bull. Bur. Fish., Wash. **25** : 364 (type species: *Balistes stellaris* Bloch & Schneider, 1801, by orig. design.; replacement name for *Leiurus* Swainson, 1839, preoccupied).

129.1.1 ***Abalistes stellatus*** [Lacepède] **Anonymous**, 1798

Balistes stellatus Anonymous, 1798, *Allg. lit. Zeitung* **3** : 682 (on Baliste étoilé, Lacepède, 1798, *Hist. nat. Poiss.* **1** : 333, 350–351, Pl. 15, fig. 1). Type based on Commerson MS, Mauritius.

Balistes stellatus.– Rüppell, 1829, *Atlas Reise N. Afrika, Fische* : 31, Massawa; 1852 : 34, Red Sea.– Günther, 1870, **8** : 212–213, Red Sea.– Klunzinger, 1871, **21** : 621–622, Quseir.– Day, 1878 : 687, Pl. 177, fig. 1 (R.S. quoted).– Picaglia, 1894, **13** : 36, Red Sea.– Pellegrin, 1912, **3** : 11, Red Sea.– Beaufort (W.B.), 1962, **11** : 285–287 (R.S. quoted).

Balistes stellaris Bloch & Schneider, 1801, *Syst. Ichthyol.* : 476 (syn. v. Beaufort (W.B.).) Playfair & Günther, 1866 : 135 (R.S. quoted).

Abalistes stellaris.– Smith, 1949 : 407, Pl. 89, fig. 1156, S. Africa.– Clark & Gohar, 1953 : 23, 79, Ghardaqa (syn. v. Beaufort (W.B.).– Tortonese, 1954b, **14** : 75, Dahlak.

129.2 ***BALISTAPUS* Tilesius**, 1820 Gender: M

Mém. Acad. Sci. St. Petersb. **7** : 309 (type species: *Balistes capistratus* Tilesius, 1820 = *Balistes undulatus* Mungo Park, 1797, by monotypy).

129.2.1 ***Balistapus undulatus* (Mungo-Park, 1797)**

Balistes undulatus Mungo-Park, 1797, *Trans. Linn. Soc. Lond.* **3** : 37. Type: BMNH 1863.11.12.1, Sumatra.

Balistes undulatus.– Günther, 1870, **8** : 226–227, Red Sea.– Klunzinger, 1871, **21** : 629–630, Quseir.– Day, 1878 : 691–692, Pl. 177, fig. 4 (R.S. quoted); 1889, **2** : 479 (R.S. quoted).– Pellegrin, 1912, **3** : 11, Red Sea.– Beaufort (W.B.), 1962 : 297–299 (R.S. quoted).– Klausewitz, 1974, **55** : 44–45, Fig. 3 (R.S. quoted).

Balistes (Balistapus) undulatus.– Tortonese, 1935–36 [1937], **45** : 209 (sep. : 59), Red Sea.

Balistapus undulatus.– Tortonese, 1947, **43** : 87, Massawa; 1954b, **14** : 76, Dahlak.– Smith, 1949 : 410, Pl. 91, fig. 1171, S. Africa.– Marshall, 1952, **1** : 243, El Hibeiq.– Clark & Gohar, 1953 (8) : 30, Pl. 2, fig. 1, Ghardaqa.– Steinitz & Ben-Tuvia, 1955 (11) : 10, Elat.– Roux-Estève & Fourmanoir, 1955, **30** : 201, Abu Latt.– Roux-Estève, 1956, **32** : 104, Abu Latt.– Saunders, 1960, **79** : 243, Red Sea.

Balistes aculeatus minor Forsskål, 1775, *Descr. Anim.* : xvii, no loc. No type material (syn. v. Klunzinger).– Rüppell, 1828 : 28–29 (R.S. quoted).

Balistes lineatus Schneider, in Bloch & Schneider, 1801, *Syst. Ichthyol.* : 466, Coromandel. Holotype: ZMB 5902 (stuffed), (syn. v. Klunzinger).– Rüppell, 1829 : 29, Mohila; 1837 : 60, Red Sea; 1852 : 34, Red Sea.– Playfair & Günther, 1866 : 134 (R.S. quoted).– Sanzo, 1930a, **167** : 55–61, Quseir, Assab; 1930b, **11 bis** : 411, Quseir.

129.3   ***BALISTOIDES*** Fraser-Brunner, 1935   Gender: M
Ann. Mag. nat. Hist. **15** : 659, 662 (type species: *Balistes viridescens* Bloch & Schneider, 1801, by orig. design.).

129.3.1   *Balistoides viridescens* (Bloch & Schneider, 1801)
Balistes viridescens Bloch & Schneider, 1801, *Syst. Ichthyol.* : 477, on Baliste verdatre Lacepède, 1798, **1** : 335, 378, Pl. 16, fig. 3. Holotype: MNHN A-8516, Mauritius.
Balistes viridescens.– Rüppell, 1829 : 30, Jiddah; 1852 : 34, Red Sea.– Günther, 1870, **8** : 220–221, Red Sea.– Klunzinger, 1871, **21** : 625, Quseir.– Day, 1878 : 689–690, Pl. 177, fig. 2 (R.S. quoted); 1889, **2** : 476–477 (R.S. quoted).– Beaufort (W.B.), 1962, **11** : 287–288 (R.S. quoted).
Balistoides viridescens.– Playfair & Günther, 1866 : 135 (R.S. quoted).– Clark & Gohar, 1953 (8) : 25, Fig. 2, Ghardaqa.– Tortonese, 1954b, **14** : 75, Dahlak.– Smith, 1949 : 408, Pl. 89, fig. 1160, S. Africa.– Klausewitz, 1974, **55** : 47–48, Fig. 5 (R.S. quoted).

129.4   ***CANTHIDERMIS*** Swainson, 1839   Gender: M
Nat. Hist. Fish. **2** : 194, 325 (type species: *Balistes angulosus* Quoy & Gaimard, 1824, by subs. design.).

129.4.1   *Canthidermis maculatus* (Bloch, 1786)
Balistes maculatus Bloch, 1786, *Naturgesch. ausl. Fische* **2** : 25, Pl. 151, W. India. Syntypes: ZMB 4140, 4141 (2 ex.), 5904 (stuffed).
Canthidermis longirostris Tortonese, 1945b, *Riv. Biol. colon.* **14** : 77, Fig. 1. Holotype: MCZR 20162, Dahlak (syn., Tortonese in lit.).

129.5   ***MELICHTHYS*** Swainson, 1839   Gender: M
Nat. Hist. Fish. **2** : 194, 325 (type species: *Balistes ringens* (not Linnaeus) Osbeck, 1757 [1765] = *Balistes niger* Bloch, 1796, by subs. design. of Fraser-Brunner, 1935).

129.5.1   *Melichthys indicus* Randall & Klausewitz, 1973
Melichthys indicus Randall & Klausewitz, 1973, *Senkenberg. biol.* **54** (1–3) : 64–69, Figs 4–6, Tb. 3. Holotype: ANSP 105837, Similian Island (Thailand); Paratypes: RMNH 7286, Sumatra; MNHN 54–40, Aldabra; SMF 4258, 8662, 10972, Ceylon, 5243, Maldives, 8751, Nicobars; BPBM 12513, Ceylon; RUSI 665, Aldabra, 666, Seychelles, 667, Seychelles, Aldabra.– Klausewitz, 1974, **55** : 51–52, Fig. 8 (R.S. quoted).
Melichthys ringens (not Linnaeus).– Sanzo, 1930a, **167** : 72–77, Quseir, Assab; 1930b, **11 bis** : 425, Pl. 4, fig. 41, Pl. 5, fig. 51, Textfig. 16, Assab.– Smith, 1949 : 408, fig. 1159, S. Africa (misidentification v. Randall & Klausewitz).

129.6   ***ODONUS*** Gistel, 1848   Gender: M
Naturgesch. Thierr. : xi (replacement name for *Xenodon* Rüppell).
Xenodon Rüppell, 1836, *Neue Wirbelth., Fische* : 52 (type species: *Xenodon niger* (not *Balistes niger* Bloch) Rüppell, 1836 : 53, by orig. design.). Preoccupied in Reptilia by Boie, 1826.

Balistidae

Zenodon Swainson, 1839, *Nat. Hist. Fish.* **2** : 194, 325 (*Zenodon* written in error for *Xenodon* Rüppell).
Erythrodon Rüppell, 1852, *Verz. Mus. Senckenb. Samml.* : 34. Replacement name for *Xenodon* Rüppell.

129.6.1   *Odonus niger* (Rüppell, 1836)
Xenodon (Balistes) niger Rüppell, 1836, *Neue Wirbelth., Fische* : 53, Pl. 14, fig. 3. Holotype: 5232, Jiddah.
Erythrodon niger Rüppell, 1852 : 34, Red Sea.– Playfair & Günther, 1866 : 133 (R.S. quoted).
Odonus niger.– Smith, 1949 : 407, Pl. 89, fig. 1155, S. Africa.– Marshall, 1952, **1** : 243, El Hibeiq, Sharm esh Sheikh.– Clark & Gohar, 1953 (8) : 23, Fig. 1, Ghardaqa.– Roux-Estève & Fourmanoir, 1955, **30** : 201, Abu Latt.– Roux-Estève, 1956, **32** : 103, Abu Latt.– Klausewitz, 1974, **55** : 54–55, Fig. 10 (R.S. quoted).
Balistes erythrodon Günther, 1870, *Cat. Fishes Br. Mus.* **8** : 228 (R.S. on *Xenodon niger* Rüppell) (syn. v. W.B.).– Klunzinger, 1871, **21** : 630–631, Quseir.– Day, 1878 : 692, Pl. 175, fig. 4 (R.S. quoted); 1889, **2** : 480 (R.S. quoted).– Beaufort (W.B.), 1962 : 295–296 (R.S. quoted).
Zenodon erythrodon.– Ben-Tuvia & Steinitz, 1952, *Bull. Sea Fish. Res. Stn Israel* (2) : 11, Elat.

129.7   *PSEUDOBALISTES* Bleeker, 1866   Gender: M
Ned. Tijdschr. Dierk. **3** : 11 (type species: *Balistes flavimarginatus* Rüppell, 1829, by orig. design.).

129.7.1   *Pseudobalistes flavimarginatus* (Rüppell, 1829)
Balistes flavimarginatus Rüppell, 1829, *Atlas Reise N. Afrika, Fische* : 33. Holotype: SMF 2933, Jiddah; 1837 : 54–55, Pl. 15, fig. 1, Jiddah; 1852 : 34, Red Sea.– Günther, 1870, **8** : 223 (R.S. quoted); 1910 (17) : 443 (R.S. quoted).– Klunzinger, 1871, **21** : 626, Quseir.– Day, 1878 : 690, Pl. 178, fig. 1 (R.S. quoted); 1889, **2** : 477 (R.S. quoted).– Bamber, 1915, **31** : 485, W. Red Sea.– Tortonese, 1935–36 [1937], **45** : 206–207 (sep. : 56–57), Red Sea.– Beaufort (W.B.), 1962, **11** : 306–308 (R.S. quoted).
Pseudobalistes flavimarginatus.– Smith, 1949 : 409, Textfig. 1167; 1953, Pl. 106, fig. 1167, S. Africa.– Clark & Gohar, 1953 : 30, Fig. 6a–b, Marsa Alam (near Quseir).– Tortonese, 1954b, **14** : 77, Dahlak.– Klausewitz, 1974, **55** : 55–57, Figs 11–12 (R.S. quoted).
Pseudobalistes flavomarginatus.– Roux-Estève & Fourmanoir, 1955, **30** : 201, Abu Latt.– Roux-Estève, 1956, **32** : 104, Abu Latt.

129.7.2   *Pseudobalistes fuscus* (Bloch & Schneider, 1801)
Balistes fuscus Bloch & Schneider, 1801, *Syst. Ichthyol.* : 471 (based on Baliste grande tache Lacepède, 1798, **1** : 378).
Balistes fuscus.– Günther, 1870, **8** : 222, Red Sea.– Klunzinger, 1871, **21** : 623–624, Quseir.– Day, 1878 : 690, Pl. 178, fig. 4 (R.S. quoted).– Bamber, 1915, **31** : 485, W. Red Sea.– Tortonese, 1935–36 [1937], **45** : 207 (sep. : 57), Red Sea.– Beaufort (W.B.), 1962, **11** : 305–306 (R.S. quoted).
Pseudobalistes fuscus.– Smith, 1949 : 410, Pl. 91, fig. 1168, S. Africa.– Clark & Gohar, 1953 : 28–29, Fig. 5a–c, Pl. 1, fig. 1, Ghardaqa.– Abel, 1960a, **49** : 460, Ghardaqa.– Saunders, 1960, **79** : 243, Red Sea.– Magnus, 1963a, **93** : 358, Ghardaqa.
Xanthichthys fuscus.– Ben-Tuvia & Steinitz, 1952 (2) : 11, Elat.
Balistes caerulescens Rüppell, 1829, *Atlas Reise N. Afrika, Fische* : 32, Pl. 7, fig. 2. Lectotype: SMF 105, Jiddah; Paralectotypes: SMF 2936–37, Jiddah (syn. v. Klunzinger); 1837 : 60, Red Sea; 1852 : 34, Red Sea.– Playfair & Günther, 1866 : 133 (R.S. on Rüppell).

Balistes rivulatus Rüppell, 1837, *Neue Wirbelth., Fische* : 56, Pl. 16, fig. 2. Lectotype:
SMF 279, Jiddah; Paralectotypes: SMF 2950, 4430, Jiddah (syn. v. Klunzinger);
1852 : 34, Red Sea.– Günther, 1870 : 222 (R.S. on Rüppell).

129.8   *RHINECANTHUS* Swainson, 1839   Gender: M
           Nat. Hist. Fish. 2 : 194, 325 (type species: *Balistes ornatissimus* Lesson, 1830 =
           Balistes aculeatus Linnaeus, 1758, by subs. design. of Swain, 1882 [1883]).

129.8.1   *Rhinecanthus assasi* (Forsskål, 1775)
           Balistes verrucosus assasi Forsskål, 1775, *Descr. Anim.* : xiv, 75, Jiddah. No type
           material.
           Balistes assasi.– Shaw, 1804 (R.S. quoted).– Rüppell, 1837 : 53, Red Sea; 1852 : 34,
           Red Sea.– Hollard, 1854, 1 : 331 (R.S. quoted).– Martens, 1866, 16 : 379, Scherm
           Elei (Red Sea).– Günther, 1870, 8 : 224, Red Sea.– Klunzinger, 1871, 21 : 627–
           628, Quseir.– Giglioli, 1888, 6 : 72, Assab.– Bamber, 1915, 31 : 485, W. Red Sea.
           Balistes (Balistapus) assasi.– Tortonese, 1935–36 [1937], 45 : 208 (sep. : 58), Red
           Sea.
           Balistapus assasi Tortonese, 1954b : 76, Dahlak.– Clark, Ben-Tuvia & Steinitz, 1968
           (49) : 22, Entedebir.
           Rhinecanthus assasi.– Marshall, 1952, 1 : 243, Abu-Zabad, Sinafir Isl.– Clark & Gohar,
           1953 (8) : 30–32, Pl. 2, fig. 2, Ghardaqa.– Roux-Estève & Fourmanoir, 1955,
           30 : 201, Abu Latt.– Roux-Estève, 1956, 32 : 104, Abu Latt.– Abel, 1960a, 49 :
           460, Ghardaqa.– Klausewitz, 1960b, 23 : 176, Red Sea.– Saunders, 1960, 79 :
           243, Red Sea; 1968 (3) : 496, Red Sea.– Magnus, 1963a, 93 : 358, Ghardaqa.
           Balistes aculeatus (not Linnaeus).– Rüppell, 1829, *Atlas Reise N. Afrika, Fische* :
           27–28, Pl. 7, fig. 1, Red Sea.– Playfair & Günther, 1866 : 134–135 (R.S. on
           Rüppell) (misidentification v. Klunzinger).– Shaw, 1804, 5 : 414, Pl. 169 (R.S.
           quoted).– Day, 1878 : 690–691, Pl. 178, fig. 3 (R.S. quoted); 1889, 2 : 478
           (R.S. quoted).– Sanzo, 1930a, 167 : 63–68, Quseir, P. Sudan; 1930b, 11 bis : 417,
           Quseir, P. Sudan.– Beaufort (W.B.), 1962, 11 : 303–305 (R.S. quoted).
           Balistes (Balistapus) aculeatus.– Tortonese, 1935–36 [1937], 45 : 207–208 (sep. :
           57–58), Red Sea.
           Balistapus aculeatus.– Borodin, 1930, 1 (2) : 62, Red Sea.
           Rhinecanthus aculeatus.– Fowler, 1928 : 452 (R.S. quoted).– Al Hussaini, 1947 : 35,
           Red Sea (misidentification v. Klunzinger and acc. to Klausewitz, 1974, 55 : 57–
           59).

129.8.2   *Rhinecanthus verrucosus* (Linnaeus, 1758)
           Balistes verrucosus Linnaeus, 1758, *Syst. Nat.*, ed. X : 328, India.
           Balistes verrucosus.– Beaufort (W.B.), 1962, 11 : 301–303, Indian Ocean.
           Rhinecanthus verrucosus.– Ben-Tuvia & Steinitz, 1952 (2) : 11, Elat.

129.8.a   *Rhinecanthus rectangulus* (Bloch & Schneider, 1801), *Syst. Ichthyol.* : 465–466,
           India (based on Baliste écharpe Lacepède, 1798, 1 : 352–354, Pl. 16, fig. 1, Com-
           merson MS, Mauritius).
           Balistes rectangulus.– Playfair & Günther, 1866 : 134 (R.S. quoted).– Clark & Gohar,
           1953 (8) : 33 "doesn't exist in the Red Sea".

129.9   *SUFFLAMEN* Jordan, 1916   Gender: N
           Copeia (29) : 27 (type species: *Balistes capistratus* Shaw, 1804, by orig. design.).
           Hemibalistes Fraser-Brunner, 1935, *Ann. Mag. nat. Hist.* 15 : 662 (type species: *Baliste*
           bursa Bloch & Schneider, 1801, by orig. design.).

129.9.1   *Sufflamen albicaudatus* (Rüppell, 1829)
           Balistes albicaudatus Rüppell, 1829, *Atlas Reise N. Afrika, Fische* : 33. Lectotype:
           SMF 907, Massawa; Paralectotypes: SMF 2941, 5247, Massawa; 1837 : 54, Massawa.

Balistidae

Sufflamen albicaudatus.– Clark & Gohar, 1953 (8): 25, Fig. 3, Pl. 1, fig. 2, Dished El Dabba.– Tortonese, 1954b, **14**: 76, Dahlak; 1956, **23**: 721–725, Red Sea; 1968 (51): 25, Elat.– Klausewitz, 1974, **55** (1–3): 49–51, Fig. 7 (R.S. quoted).

Balistes niger (not Mungo Park).– Günther, 1870, **8**: 218 (in part), Red Sea.– Klunzinger, 1871, **21**: 627, Quseir.– Kossmann & Räuber, 1877a, **1**: 413, Red Sea; 1877b: 30, Red Sea.– Pellegrin, 1912, **3**: 11, Red Sea.– Tortonese, 1935–36, **45**: 207, Red Sea. Misinterpretation acc. to Beaufort (W.B.) and to Klausewitz.

Balistes armatus (not Bloch & Schneider).– Sanzo, 1930, **11 bis**: 421–423, P. Sudan, Jiddah. Misinterpretation acc. to Beaufort (W.B.) and to Klausewitz.

Balistes chrysopterus (not Bloch).– Beaufort (W.B.), 1962, **11**: 292–294 (in part), (R.S. quoted).

Hemibalistes chrysopterus.– Ben-Tuvia & Steinitz, 1952 (2): 11, Elat (misidentification v. Klausewitz).

129.9.a   *Sufflamen bursa* (Bloch & Schneider, 1801), *Syst. Ichthyol.*: 476 (based on Baliste bourse Lacepède, 1798, **1**: 335, 375).

Balistes bursa.– Fowler, 1928, **10**: 450 (R.S. quoted, pass. ref.).– Beaufort (W.B.), 1962, **11**: 294–295 (R.S.? quoted).– Clark & Gohar, 1953 (8): 25 "doesn't exist in the Red Sea".

129.II   **MONACANTHINAE**

129.10   *ALUTERA* [Cuvier] **Oken, 1817**   Gender: F
Isis, Jena: 1183 (type species: *Balistes monoceros* Linnaeus, 1758, by orig. design.).
Osbeckia Jordan & Evermann, 1902, *Bull. U.S. natn. Mus.* **25**: 276 (type species: *Balistes scriptus* Osbeck, 1765 (1757), by orig. design.).

129.10.1   *Alutera monoceros* [Osbeck] **Linnaeus, 1758**
Balistes Monoceros [Osbeck] Linnaeus, 1758, *Syst. Nat.*, ed. X, **1**: 327.
Aluteres monoceros.– Sanzo, 1930 (11): 403, Pl. 1, fig. 4, Pl. 3, figs 39–40, Gulf of Suez.
Alutera monoceros.– Smith, 1949: 405, Pl. 89, fig. 1152, S. Africa.– Clark & Gohar, 1953 (8): 47–48, Fig. 13, Ghardaqa.– Beaufort (W.B.), 1962, **11**: 338–339, Indian Ocean.

129.10.2   *Alutera scripta* (Osbeck, 1765)
Balistes scriptus Osbeck, 1765, *Reise Ostind. China*: 174 (translation) (on *Iter Chinensis*, 1757: 144, before Linnaeus, 1758, not valid).
Alutera scripta.– Tortonese, 1954b, **14**: 81, Mersa Halaib.– Beaufort (W.B.), 1962, **11**: 339–340 (R.S. quoted).– Clark & Gohar, 1953 (8): 48, Fig. 14, Ghardaqa.
Monacanthus scriptus.– Klunzinger, 1871, **21**: 632–633, Quseir.– Day, 1878: 694, Pl. 178 (Pl. 180, misprint in text), fig. 3 (R.S. quoted); 1889, **2**: 483 (R.S. quoted).
Osbeckia scripta.– Smith, 1949: 406, S. Africa.

129.11   *AMANSES* **Gray, 1835**   Gender: M
Illustr. Ind. Zool. **2**: 98 (type species: *Monacanthus hystrix* Burton, 1834 = *Balistes scopas* Cuvier, 1829, by monotypy).

129.11.1   *Amanses scopas* (Cuvier, 1829)
Acanthurus scopas Cuvier, 1829, *Règne anim.* **2**: 224. No type material.
Amanses scopas.– Tortonese, 1954b, **14**: 80, Dur Gulla.– Randall, 1964a (2): 333–335, Fig. 1 (R.S. quoted).
Monacanthus scopas.– Beaufort (W.B.), 1962, **11**: 334, Indian Ocean.

Thamnaconus penicularius Fourmanoir, in Roux-Estève & Fourmanoir, 1955, *Annls. Inst. océanogr., Monaco* 30:202, Fig. 2. Holotype: MNHN 52-295, Abu Latt (syn. v. Randall, 1964 : 333).– Roux-Estève, 1956, 32 : 103, Abu Latt.

129.12 **BRACHALUTERES** Bleeker, 1866a   Gender: M
Ned. Tijdschr. Dierk. 3:13 (type species: *Aluterius trossulus* Richardson, 1845, by orig. design.).

129.12.1 *Brachaluteres baueri* Richardson, 1845
Brachaluteres baueri Richardson, 1845, *Voy. Erebus & Terror* : 68. Type based on drawing by Bauer, Australia.

129.12.1.1 *Brachaluteres baueri fahaqa* Clark & Gohar, 1953
Brachaluteres baueri fahaqa Clark & Gohar, 1953, *Publs mar. biol. Stn Ghardaqa* (8) : 45–47, Figs. 11–12, Ghardaqa.

129.13 **CANTHERHINES** Swainson, 1839   Gender: M
Nat. Hist. Fish. 2 : 194, 327 (type species: *Cantherhines nasutus* Swainson, 1839; invalid replacement name for *Balistes sandwichiensis* Quoy & Gaimard, 1824, by monotypy).

129.13.1 *Cantherhines pardalis* (Rüppell, 1837)
Monacanthus pardalis Rüppell, 1837, *Neue Wirbelth., Fische* : 57–58, Pl. 15, fig. 3. Holotype: SMF 2957, Et Tur; 1852 : 34, Red Sea.
Monacanthus pardalis.– Playfair & Günther, 1866 : 136 (R.S. on Rüppell).– Klunzinger, 1871, 21 : 631–632, Quseir.– Picaglia, 1894, 13 : 36, Assab.
Cantherhines pardalis.– Randall, 1964a (2) : 355–358, Figs 15–16, Red Sea.
Amanses sandwichiensis (not Quoy & Gaimard, 1824).– Smith, 1949 : 403, Textfig. 1144, Pl. 88, fig. 1144, S. Africa.– Ben-Tuvia & Steinitz, 1952 (2):11, Elat.– Clark & Gohar, 1953 (8) : 43, Fig. 9 (R.S. on Rüppell).
Monacanthus sandwichiensis.– Beaufort (W.B.), 1962, 11 : 332–334 (R.S. quoted) (misidentification v. Randall).

129.14 **MONACANTHUS** [Cuvier] Oken, 1817   Gender: M
Isis, Jena : 152 (type species: *Balistes chinensis* Bloch, 1786, on Osbeck, 1757, by subs. design. of Bleeker, 1866).

129.14.1 *Monacanthus cirrosus* Kossmann & Räuber, 1877
Monacanthus cirrosus Kossmann & Räuber, 1877a, *Verh. naturh.-med. Ver. Heidelb.* 1:413–414, Pl. 2, fig. 10, Red Sea; 1877b : 30, Pl. 2, fig. 10, Red Sea. Holotype: SMF 14385, Massawa (Klausewitz in lit.).

129.15 **OXYMONACANTHUS** Bleeker, 1865b   Gender: M
Ned. Tijdschr. Dierk. 2 : 143 (type species: *Oxymonacanthus chrysospilus* Bleeker, 1865 = *Balistes hispidus* var. *longirostris* Bloch & Schneider, 1801, by orig. design.).

129.15.1 *Oxymonacanthus halli* Marshall, 1952
Oxymonacanthus halli Marshall, 1952, *Bull. Br. Mus. nat. Hist. (Zool.)* 1 (8) : 244–245, Fig. 3. Holotype and Paratype: BMNH 1951.1.16.689–690, Sinafir Isl.
Oxymonacanthus halli.– Clark & Gohar, 1953 (8) : 40–42, Pl. 3, fig. 4, Ghardaqa.– Abel, 1960a, 49 : 460, Ghardaqa.– Klausewitz, 1960b, 23 : 176, Fig. 2, Red Sea.
Oxymonacanthus longirostris (not Bloch & Schneider).– Roux-Estève & Fourmanoir, 1955, 30:201, Abu Latt.– Roux-Estève, 1956, 32:102–103, Abu Latt (misidentification).

Balistidae

129.16   *PARALUTERES* Bleeker, 1866a   Gender: M
          Ned. Tijdschr. Dierk. 3 : 14 (type species: *Alutarius prionurus* Bleeker, 1866,
          by orig. design.).

129.16.1 *Paraluteres arqat* Clark & Gohar, 1953
          Paraluteres arqat Clark & Gohar, 1953, *Publs mar. biol. Stn Ghardaqa* (8) : 43–45,
          Fig. 10, Ghardaqa.

129.17   *PARAMONACANTHUS* Bleeker, 1866a   Gender: M
          Ned. Tijdschr. Dierk. 3 : 12 (type species: *Monacanthus curtorhynchus* Bleeker,
          1855, by orig. design.).

129.17.1 *Paramonacanthus barnardi* Fraser-Brunner, 1941
          Paramonacanthus barnardi Fraser-Brunner, 1941, *Ann. Mag. nat. Hist.* 8 : 193.
          Holotype apparently lost; Paratype: BMNH 1913.4.7.164. Zanzibar.
          Paramonacanthus barnardi.– Smith, 1949 : 402, Pl. 88, fig. 1139, S. Africa.– Budker
          & Fourmanoir, 1954 (3) : 324, Ghardaqa.

129.17.2 *Paramonacanthus falcatus* Kotthaus, 1979
          Paramonacanthus falcatus Kotthaus, 1979, *Meteor Forsch. Ergebn.* (28) : 31–32,
          Figs 481–493. Holotype: ZIM 5633, Perim; Paratypes: 5634 (14 ex.), Perim,
          5635, Somalia.

129.18   *PSEUDOMONACANTHUS* Bleeker, 1866a   Gender: M
          Ned. Tijdschr. Dierk. 3 : 12 (type species: *Monacanthus macrurus* Bleeker, 1857,
          by orig. design.).

129.18.1 *Pseudomonacanthus pusillus* (Rüppell, 1829)
          Monacanthus pusillus Rüppell, 1829, *Atlas Reise N. Afrika, Fische* : 34 (in text of
          Balistes albicaudatus : 33–34). Holotype: SMF 3488, Massawa; 1852 : 34, Red Sea.
          Monacanthus pusillus.– Günther, 1870, 8 : 229 (Massawa on Rüppell).– Klunzinger,
          1871, 21 : 632, Red Sea.
          Pseudomonacanthus pusillus.– Clark & Gohar, 1953 (8) : 37 (probably *Paramona-
          canthus oblongus*). The number of rays is smaller than in all other species, probably
          a valid species (Klausewitz in lit.).

129.18.a *Pseudomonacanthus macrurus* (Bleeker, 1857)
          Monacanthus macrurus Bleeker, 1856–57, *Natuurk. Tijdschr. Ned.-Indië* 12 : 226–
          228. Syntype: RMNH 7487, Nias.
          Monacanthus macrurus.– Picaglia, 1894, 13 : 36, Assab (with query).– Beaufort
          (W.B.), 1962, 11 : 331–332 (R.S. on Picaglia).

129.19   *STEPHANOLEPIS* Gill, 1861b [1862]   Gender: F
          Proc. Acad. nat. Sci. Philad. 13 : 78 (type species: *Monacanthus setifer* Bennett,
          1831 = *Balistes hispidus* Linaeus, 1766, by monotypy).
          Pervagor Whitley, 1930, *Aust. Zool.* 6 (2) : 120. Proposed as a subgenus of *Stephano-
          lepis* (type species: *Monacanthus alternans* Ogilby, 1898 [1899], by orig. design.).

129.19.1 *Stephanolepis diaspros* Fraser-Brunner, 1940
          Stephanolepis diaspros Fraser-Brunner, 1940, *Ann. Mag. nat. Hist.* 5 : 528–529,
          Fig. 4. Holotype: BMNH 1888.12.9.204, Muscat; Paratypes: BMNH 1887.11.11.
          344–346, Persian Gulf.
          Stephanolepis diaspros.– Ben-Tuvia, 1966 (2) : 267–268 (Suez Canal quoted); 1971,
          20 : 26, Med. Sea & Red Sea.– Tortonese, 1967, 4 : 1–4, Fig. 1 (R.S. quoted).
          Stephanolepis ocheticus Fraser-Brunner, 1940, *Ann. Mag. nat. Hist.* 5 : 529–531,
          Fig. 5, Gulf of Suez, Gulf of Aqaba. Holotype: BMNH 1970.3.3.2, Isma'iliya; Para-

type: BMNH 1925.9.19.146–147, Isma'iliya (syn. acc. to Tortonese in *CLOFNAM*, 1973 : 643).– Clark & Gohar, 1953 (8) : 37–40, Fig. 8, Ghardaqa, Suez.

Monacanthus setifer (not Bennett, 1830).– Tillier, 1902, **15** : 292, 297, 299, Suez Canal.– Norman, 1927, **22** : 381, Isma'iliya, Kabret.– Gruvel, 1936, **29** : 168, Suez Canal.– Gruvel & Chabanaud, 1937, **35** : 29, Suez Canal (misidentification v. Fraser-Brunner and v. Tortonese).

129.19.2   *Stephanolepis melanocephalus* (Bleeker, 1853)

      Monacanthus melanocephalus Bleeker, 1853e, *Natuurk. Tijdschr. Ned. Indië* **5** : 95–96. Holotype: BMNH 1867.11.28.342; Paratypes: RMNH 7304 (7 ex.).

      Monacanthus melanocephalus.– Kossmann & Räuber, 1877a, **1** : 413, Red Sea; 1877b : 30, Red Sea.– Tortonese, 1935–36 [1937], **45** : 209–210 (sep. : 59–60), Fig. 7, Massawa.– Beaufort (W.B.), 1962, **11** : 316–317 (R.S. quoted).

      Pervagor melanocephalus.– Smith, 1949 : 401, Pl. 88, fig. 1137, S. Africa.– Clark & Gohar, 1953 (8) : 35, P. Sudan.– Tortonese, 1945, **14** : 80, Dahlak.– Clark, Ben-Tuvia & Steinitz, 1968 (49) : 22, Entedebir (*melonocephalus*, misprint).

129.19.3   *Stephanolepis oblongus* Temminck & Schlegel, 1850

      Monacanthus oblongus Temminck & Schlegel, 1850, *Fauna Japonica* **6** : 291. Type: RMNH 4133b.

      Paramonacanthus oblongus.– Clark & Gohar, 1953 (8) : 35–37, Fig. 7a–b, Ghardaqa.

      Stephanolepis cf. *oblongus*.– Ben-Tuvia & Steinitz, 1952 (2) : 11, Elat.– Saunders, 1960, 79 : 243, Red Sea; 1968 (3) : 496, Red Sea.

129.20   *THAMNACONUS* Smith, 1949   Gender: M

      Sea Fishes S. Africa : 404 (type species: *Cantherines arenaceus* Barnard, 1927, by orig. design.).

129.20.1   *Thamnaconus modestoides* (Barnard), 1927, **21** (Part 2) : 958.

129.20.1.1   *Thamnaconus modestoides erythraeensis* Bauchot & Maugé, 1978

      Thamnaconus modestoides erythraeensis Bauchot & Maugé, 1978, *Bull. Mus. natn. Hist. nat., Paris* (520) : 539–545, 2 figs. Holotype: MNHN 1979-1089, Gulf of Aqaba; Paratypes: HUJ (2 ex.), Gulf of Aqaba.

130   OSTRACIONIDAE

                                                G: 3

                                               Sp: 4

130.1   *LACTORIA* Jordan & Fowler, 1902   Gender: F

      Proc. U.S. natn. Mus. **25** : 278 (type species: *Ostracion cornutus* Linnaeus, 1758, by orig. design.).

130.1.1   *Lactoria cornuta* (Linnaeus, 1758)

      Ostracion cornutus Linnaeus, 1758, *Syst. Nat.*, ed. X : 331, India. Type: ZMUC, Linnaean Coll. GA-58.

      Ostracion cornutus.– Day, 1878 : 697, Pl. 176, fig. 4 (R.S. quoted); 1889, **2** : 486–487 (R.S. quoted).– Picaglia, 1894, **13** : 36, Assab.– Beaufort (W.B.), 1962, **11** : 350–352 (R.S. quoted).

      Ostracion (Lactoria) cornutum.– Tortonese, 1935–36 [1937], **45** : 211 (sep. : 61), Red Sea.

      Lactoria cornuta.– Smith, 1949 : 413, Pl. 92, fig. 1178, S. Africa (*Cornutus*, misprint).– Clark & Gohar, 1953 (8) : 52, Jebel Zukur.– Tortonese, 1966, **76** : 80 (R.S. quoted).

Ostracionidae

130.2   *OSTRACION* Linnaeus, 1758   Gender: N
         Syst. Nat., ed. X : 330 (type species: *Ostracion tetragonus* Linnaeus, 1758, by subs.
         design. of Bleeker, 1866).

130.2.1 *Ostracion cyanurus* Rüppell, 1828
         Ostracion cyanurus Rüppell, 1828, *Atlas Reise N. Afrika, Fische* : 4–5, Pl. 1, fig. 2.
         Lectotype: SMF 285, Mohila; Paralectotypes: SMF 291, 7839, Mohila; 1852 : 34,
         Red Sea.
         Ostracion cyanurus.– Hollard, 1857 : 167–168 (R.S. quoted).– Klunzinger, 1871,
         21 : 636, Quseir.– Sanzo, 1930, **11** : 433, Adius Island, Massawa.– Clark & Gohar,
         1953 (8) : 51–52, Pl. 3, figs 1a–d, Ghardaqa.– Tortonese, 1954b, **14** : 82, Dahlak;
         1966, **81** : 79, Elat; 1968 : 26, Elat.– Klausewitz, 1967c (2) : 62, Sarso Isl.– Clark,
         Ben-Tuvia & Steinitz, 1968 (49) : 22, Entedebir.

130.2.2 *Ostracion cubicus* Linnaeus, 1758
         Ostracion cubicus Linnaeus, 1758, *Syst. Nat.*, ed. X : 332, India (syn. v. Beaufort).–
         Forsskål, 1775 : xvii, Red Sea.– Rüppell, 1828 : 3–4, Red Sea; 1852 : 34, Red
         Sea.– Hollard, 1857, **7** : 162–163, Red Sea.– Günther, 1870, **8** : 260 (R.S.
         quoted).– Klunzinger, 1871, **21** : 635–636, Quseir.– Day, 1878 : 696, Pl. 181,
         fig. 3 (R.S. quoted); 1889, **2** : 485 (R.S. quoted).– Picaglia, 1894, **13** : 36, Assab.–
         Tillier, 1904, **15** : 318, Isthmus of Suez.– Borsieri, 1904 (3), **1** : 220, Massawa.–
         Sanzo, 1930, **11** : 436, Massawa, Dahlak, Keebir.– Gruvel & Chabanaud, 1937,
         35 : 29, Suez Canal.– Ben-Tuvia & Steinitz, 1952 (2) : 11, Elat.– Clark & Gohar,
         1953 (8) : 50–51, Pl. 4, fig. 2, Ghardaqa.– Clark, Ben-Tuvia & Steinitz, 1968
         (49) : 22, Entedebir (*cubiceps*, misprint).– Tortonese, 1968 (51) : 25–26, Elat.–
         Randall, 1972b (4) : 761–763, Figs 5–6 (R.S. quoted).
         Ostracion tuberculatus [Artedi] Linnaeus, 1758, *Syst. Nat.*, ed. X : 331, India.
         Ostracion tuberculatum.– Tortonese, 1935–36 [1937], **45** : 211 (sep. : 61), Massawa.
         Ostracion tuberculatus.– Tortonese, 1947a, **43** : 87, Massawa; 1954b, **14** : 82, Dahlak;
         1966, **76** : 78–79, Elat.– Smith, 1949 : 412, Textfig. 1177, Pl. 92, fig. 1177,
         S. Africa.– Marshall, 1952, **1** : 245, Sinafir Isl.– Roux-Estève & Fourmanoir,
         1955, **30** : 202, Abu Latt.– Roux-Estève, 1956, **32** : 105, Abu Latt.– Abel, 1960a,
         49 : 460, Ghardaqa.– Beaufort (W.B.), 1962, **11** : 355–356 (R.S. quoted).– Klause-
         witz, 1967c (2) : 62, Sarso Isl.
         Ostracion argus Rüppell, 1828, *Atlas Reise N. Afrika, Fische* : 4, Pl. 1, fig. 1. Lecto-
         type: SMF 255, Red Sea (syn. v. Beaufort); 1852 : 34, Red Sea.– ? Martens, 1866,
         21 : 379, Ras Benass, Red Sea.– Klunzinger, 1871, **21** : 636, Quseir.– Tortonese,
         1954b : 83, Dahlak.
         Ostracion tetragonus Linnaeus, 1754 (not valid, before 1758).– Playfair & Günther,
         1866 : 129 (R.S. quoted) (syn. v. Beaufort (W.B.)).

130.3   *TETROSOMUS* Swainson, 1839   Gender: M
         Hist. Nat. Fish. **2** : 194, 324 (type species: *Ostracion turritus* Forsskål, 1775 =
         Ostracion gibbosus Linnaeus, 1758, by monotypy).
         Rhinesomus Swainson, 1839, *Hist. nat. Fish.* **2** : 194, 324 (type species: *Ostracion
         trigonus* Linnaeus, 1758, by monotypy).

130.3.1 *Tetrosomus gibbosus* (Linnaeus, 1758)
         Ostracion gibbosus Linnaeus, 1758, *Syst. Nat.*, ed. X : 332.
         Ostracion gibbosus.– Beaufort (W.B.), 1962, **11** : 347–348 (R.S. quoted).
         Tetrosomus gibbosus.– Smith, 1949 : 412, Fig. 1175, S. Africa.– Tortonese, 1966,
         76 : 82, Elat; 1968 (51) : 26, Elat.
         Rhinesomus gibbosus.– Ben-Tuvia & Steinitz, 1952 (2) : 11, Elat.– Clark & Gohar,
         1953 (8) : 52, Pl. 1, fig. 3, Ghardaqa.– Tortonese, 1954b, **14** : 83, Dahlak.
         Ostracion turritus Forsskål, 1775, *Descr. Anim.* : xiv, 75–76, Mocho. Type lost (syn. v.
         Beaufort).– Bloch & Schneider, 1801 : 500 (R.S. on Forsskål).– Rüppell, 1828:

5–6, Massawa; 1852:34, Red Sea.– Playfair & Günther, 1866:129 (R.S. quoted).– Klunzinger, 1871, **21**:634, Quseir.– Day, 1878:695–696, Pl. 181, fig. 4 (R.S. quoted); 1889, **2**:484, Fig. 174 (R.S. quoted).– Sanzo, 1930, **11**: 241, Massawa, P. Sudan.– Gruvel & Chabanaud, 1937, **35**:30, Suez Canal, Bitter Lake.

131 TETRAODONTIDAE

G: 4
Sp: 13

131.I TETRAODONTINAE

131.1 *AMBLYRHYNCHOTES*[1] (Bibron, 1855, Amblyrhynchote, vernacular name) **Troschel, 1856**   Gender: M
Arch. Naturgesch. **22**:88 (type species: *Tetraodon honckeni* Bloch, 1785, by orig. design.).

131.1.1 *Amblyrhynchotes hypselogeneion* (**Bleeker**, 1852)[1]
Tetraodon hypselogeneion Bleeker, 1852c, *Natuurk. Tijdschr. Ned.-Indië* **3**:300–301. Syntypes: RMNH 7312 (12), Amboina.
Tetrodon hypselogeneion.– Day, 1878:702, Pl. 183, fig. 5 (R.S. quoted); 1889, **2**:492 (R.S. quoted).
Amblyrhynchotes hypselogeneion.– Smith, 1949:418, S. Africa.– Clark & Gohar, 1953 (8):57, Fig. 1, Ghardaqa.– Tortonese, 1968 (51):26, Elat.
Sphaeroides hypselogenion.– Tortonese, 1935–36 [1937], **45**:212 (sep.:62), Massawa.
Sphoeroides hypselogeneion.– Beaufort (W.B.) 1962, **11**:388–389 (R.S. quoted).
Tetraodon honkenji (not Bloch, 1785).– Rüppell, 1829:65, Pl. 17, fig. 2, Et Tur.
Tetrodon honkenii.– Playfair & Günther, 1866:130 (R.S. on Rüppell).– Sanzo, 1930, **11**:382, P. Suez (misidentification v. Rüppell, 1852, and W.B.).
Tetrodon poecilonotus (not Temminck & Schlegel).– Rüppell, 1852:34, Red Sea.– Klunzinger, 1871, **21**:637–638, Quseir.– Gruvel & Chabanaud, 1937, **35**:30, Suez Canal (misidentification v. W.B.).

131.1.2 *Amblyrhynchotes spinosissimus* (**Regan**, 1908)
Teterodon spinosissimus Regan, 1908, *Trans. Linn. Soc.* **12**:2. Holotype: BMNH 1908.3.23.299.
Amblyrhynchotes spinosissimus.– Smith, 1949:419, Fig. 1200, S. Africa.– Budker & Fourmanoir, 1954 (3):324, Ghardaqa.

131.2 *AROTHRON* **Müller, 1839**   Gender: M
Phys. Math. Abh. K. Akad. Wiss. Berlin:252 (type species: *Arothron testudinarius* Müller, 1839 = *Tetrodon stellatus* Bloch & Schneider, by orig. design.).

131.2.1 *Arothron hispidus* (**Linnaeus**, 1758)
Tetraodon hispidus Linnaeus, 1758, *Syst. Nat.*, ed. X, **1**:333. Type: ZMU, Linnaean Coll. 102, India.

131.2.1.1 *Arothron hispidus perspicillaris* (**Rüppell**, 1829)
Tetraodon perspicillaris Rüppell, 1829, *Atlas Reise N. Afrika, Fische*:63–64. Paralectotypes: SMF 260, 6196–99, 6200–01, 8184, Red Sea.

[1] The correct genus is *Torquigener* Whitley, 1930c; the name of the species is doubtful (Graham via Randall in lit.).

Tetraodon hispidus.– Forsskål, 1775 : xvii, 76, Lohaja.– Beaufort (W.B.), 1962, 11 : 402–404 (R.S. quoted).

Tetrodon hispidus.– Günther, 1870, 8 : 297 (R.S. quoted).– Klunzinger, 1871, 21 : 641–642, Quseir.– Kossmann & Räuber, 1877a, 1 : 414, Red Sea; 1877b : 30, Red Sea.– Kossmann, 1879, 2 : 21, Red Sea.– Day, 1878 : 706, Pl. 183, fig. 2 (R.S. quoted); 1889, 2 : 495 (R.S. quoted).– Picaglia, 1894, 13 : 37, Assab.– Bamber, 1915, 31 : 485, W. Red Sea.– Tortonese, 1935–36 [1937], 45 : 211 (sep. : 61), Red Sea.
Arothron hispidus.– Smith, 1949 : 420, Pl. 93, fig. 1207, S. Africa.– Ben-Tuvia & Steinitz, 1952 (2) : 11, Elat.– Marshall, 1952, 1 : 246, Gulf of Suez, Sinafir Isl.– Clark & Gohar, 1953 (8) : Pl. 3, fig. 3, Ghardaqa.– Tortonese, 1954b, 14 : 84–85, Quseir.– Abel, 1960a, 49 : 460, Ghardaqa.

Arothron perspicillaris Rüppell, 1852 : 35, Red Sea (*Arothon*, misprint).
Tetrodon perspicillaris.– Martens, 1866, 16 : 379, Mirsa Elei (Red Sea).– Sanzo, 1930 : 385, Et Tur, Gulf of Suez.
Arothron hispidus perspicillaris.– Klausewitz, 1960b : 176, Red Sea; 1964a : 140–142, Fig. 18, Ghardaqa; 1967c (2) : 62, Sarso Isl.– Tortonese, 1968 (51) : 27, Elat, Massawa.
Tetraodon ocellatus (not Linnaeus, 1758).– Forsskål, 1775 : xvii, Red Sea. The specimen is in ZMUC. (Misidentification acc. to Klunzinger and to Klausewitz & Nielsen, 1965 : 26, Pl. 38, fig. 70, Red Sea.)
Tetraodon semistriatus Rüppell, 1836, *Neue Wirbelth., Fische* : 58–59, Pl. 16, fig. 3. Lectotype : SMF 6202, Massawa (syn. v. Klunzinger).
Arothron semistriatus Rüppell, 1852 : 35, Red Sea (*Aruthon*, misprint) (syn. v. Beaufort (W.B.)).
Tetrodon laterna Richardson, 1844, *Zool. Voy. Sulphur* : 124. No type material.– Playfair & Günther, 1866 : 31 (R.S. quoted) (syn. v. Klunzinger).
Tetrodon pusilus Klunzinger, 1871, *Verh. zool.-bot. Ges. Wien* 21 : 645, Quseir (syn. acc. to Fowler MS, 5 : 93).

131.2.2   *Arothron immaculatus* (Bloch & Schneider, 1801)
Tetrodon immaculatus Bloch & Schneider, 1801, *Syst. Ichthyol.* : 507 (based on Tetrodon sans tache Lacepède, 1798, 1 : 475, 486, Pl. 24, fig. 1), no loc.
Tetrodon immaculatus.– Playfair & Günther, 1866 : 132 (R.S. quoted).– Günther, 1870 (8) : 291–292 (R.S. quoted).– Klunzinger, 1871, 21 : 642–643, Quseir.– Day, 1878 : 703–704, Pl. 183, fig. 4 (R.S. quoted); 1889, 2 : 493 (R.S. quoted).– Picaglia, 1894, 13 : 37, Assab.– Bamber, 1915, 31 : 485, W. Red Sea.– Tortonese, 1935–36 [1937], 45 : 211 (sep. : 61), Massawa.
Tetraodon immaculatus.– Beaufort (W.B.), 1962, 11 : 40, Indian Ocean.
Arothron immaculatus.– Smith, 1949 : 420, Pl. 93, fig. 1203, S. Africa.
Tetraodon sordidus Rüppell, 1829, *Atlas Reise N. Afrika, Fische* : 64. Holotype : SMF 276, Massawa; Paratype : SMF 7618, Massawa (syn. v. Klunzinger); 1837 : 60, Pl. 16, fig. 4, Red Sea.
Arothron sordidus Rüppell, 1852 : 35, Red Sea (*Arothon*, misprint).– Clark & Gohar, 1953 (8) : 81, Fig. 20 (R.S. on Rüppell).

131.2.3   *Arothron nigropunctatus* (Bloch & Schneider, 1801)
Tetrodon nigropunctatus Bloch & Schneider, 1801, *Syst. Ichthyol.* : 507–508. Holotype : ZMB 4283, Tranquelibar.
Tetrodon nigropunctatus.– Klunzinger, 1871, 21 : 643–644, Quseir.– Day, 1878 : 704, Pl. 180, fig. 4 (R.S. quoted); 1889, 2 : 494 (R.S. quoted).
Tetraodon nigropunctatus.– Roux-Estève & Fourmanoir, 1955, 30 : 202, Abu Latt.– Roux-Estève, 1956, 32 : 105, Abu Latt.– Beaufort (W.B.), 1962, 11, 408–410 (R.S. quoted).

Arothron nigropunctatus.– Smith, 1949 : 420, Pl. 94, fig. 1204, S. Africa.
Amblyrhynchotes nigropunctatus diadematus.– Tortonese, 1954b, **14** : 83, Dahlak.
Tetraodon diadematus Rüppell, 1829, *Atlas Reise N. Afrika, Fische* : 65, Pl. 17, fig. 3.
Lectotype: SMF 264, Red Sea; Paralectotype: SMF 4643, Red Sea (syn. v. Klunzinger and v. Beaufort).– Clark, Ben-Tuvia & Steinitz, 1968 (49) : 22, Entedebir.
Arothron diadematus Rüppell, 1852 : 35, Red Sea (*Arothon*, misprint).
Amblyrhynchotus diadematus.– Marshall, 1952, **1** : 245, Mualla.
Tetrodon aff. *diademata.–* Steinitz & Ben-Tuvia, 1955 (**11**) : 11, Elat.
Amblyrhynchotes diadematus.– Clark & Gohar, 1953 (8) : 59, Pl. 5, fig. 1, Ghardaqa.–
Abel, 1960a, 49 : 444, Ghardaqa.– Klausewitz, 1967c (2) : 59, Sarso Isl.

131.2.4   *Arothron reticularis* **(Bloch & Schneider, 1801)**
Tetrodon reticularis Bloch & Schneider, 1801, *Syst. Ichthyol.* : 506. Holotype: ZMB 4304 (dried), Malabar.
Tetraodon reticularis.– Roux-Estève & Fourmanoir, 1955, **30**: 202, Abu Latt.–
Roux-Estève, 1956, **32** : 105, Abu Latt.– Beaufort (W.B.), 1962 : 401–402, Indian Ocean.

131.2.5   *Arothron stellatus* **(Bloch & Schneider, 1801)** *
Tetrodon lagocephalus var. *stellatus* Bloch & Schneider, 1801, *Syst. Ichthyol.* : 503 (based on Tetrodon étoilé Lacepède, 1798, **1** : 475, 491, Mauritius).
Tetrodon stellatus.– Playfair & Günther, 1866 : 132 (R.S. quoted).– Klunzinger, 1871, **21** : 644, Quseir.– Day, 1878 : 705, Pl. 183, fig. 3 (R.S. quoted).– Borsieri, 1904 (3), **1** : 220, Massawa.– Bamber, 1915, **31** : 485, W. Red Sea.– Tortonese, 1935–36 [1937], **45** : 211 (sep. : 61), Massawa; 1954b, **14** : 84, Dahlak.
Tetraodon stellatus.– Beaufort (W.B.), 1962, **11** : 399–401 (R.S. quoted).
Arothon (misprint) *stellatus.–* Rüppell, 1852 : 35, Red Sea.
Arothron stellatus.– Smith, 1949 : 420, Pl. 95, fig. 1205, S. Africa.
Tetraodon calamara Rüppell, 1829, *Atlas Reise N. Afrika, Fische* : 64, Pl. 17, fig. 1.
Syntype: SMF 266, Red Sea (syn. v. Klunzinger).
Tetrodon calamara.– Martens, 1866, **16** : 379, Mirsa Elei (Red Sea).
Tetraodon aerostaticus Jenyns, 1842, *Zool. Voy. Beagle, Fish.* : 152. Holotype: ZMC, no number (syn. v. Beaufort).
Arothron aerostaticus.– Smith, 1949 : 420, Pl. 94, fig. 1206, S. Africa.– Clark & Gohar, 1953 (8) : 59–60, Fig. 19a–d, Ghardaqa.

131.II   **CANTHIGASTERINAE**

131.3   *CANTHIGASTER* **Swainson, 1839**   Gender: F
Nat. Hist. Fish. **2** : 194 (type species: *Tetraodon rostratus* Bloch, 1786, by subs. design. of Bleeker, 1866).

131.3.1   *Canthigaster coronata* **(Vaillant & Sauvage, 1875)**
Tetraodon (Anosmius) coronatus Vaillant & Sauvage, 1875, *Revue Mag. Zool.* **3** : 286–287. Holotype: MNHN 9006, Hawaii.
Canthigaster coronatus.– Tyler, 1967, **119** : 53–73, Figs 1–6, Red Sea.
Canthigaster cinctus (not *Tetraodon cinctus* Richardson, 1848).– Marshall, 1952, **1** : 246, Aqaba (syn. v. Tyler).– Clark & Gohar, 1953 (8) : 64–65, Massawa.

131.3.2   *Canthigaster margaritata* **(Rüppell, 1829)**
Tetraodon margaritatus Rüppell, 1829, *Atlas Reise N. Afrika, Fische* : 66, Et Tur. Type lost.
Tetrodon margaritatus.– Klunzinger, 1871, **21** : 646–647, Quseir.– Day, 1878 : 707–708 (R.S. quoted); 1889, **2** : 497 (R.S. quoted).– Picaglia, 1894, **13** : 37, Ghardaqa.– Sanzo, 1930, **11** : 389, Massawa.

Tetraodontidae

Canthigaster margaritatus.— Smith, 1949 : 421, Pl. 94, fig. 1210, S. Africa.— Clark & Gohar, 1953 : (8) 63—64, Pl. 3, fig. 2, Ghardaqa.— Tortonese, 1954b, **14** : 85, Mersa Halaib; 1968 (51) : 26, Elat.— Abel, 1960a, **49** : 460, Ghardaqa.— Beaufort (W.B.), 1962, **11** : 367—369 (R.S. quoted).

131.3.3   *Canthigaster pygmaea* **Allen & Randall,** 1977
Canthigaster pygmaea Allen & Randall, 1977, *Rec. Aust. Mus.* **30** (17) : 498—499, Fig. 15, Tb. 9. Holotype: BPBM 18012, Elat; Paratypes: BMNH 1975.1.13.1—2, Gulf of Aqaba; BPBM 17875, 17876 (2 ex.), P. Sudan; CAS 31792, Ras Muhammad, 31793 (5 ex.), Marsa Mokrah; HUJ F-4756 (3 ex.), Ras Muhammad, 7005 (2 ex.), 7006 (2 ex.), Ras el Hamira, F-7007 (10 ex.), F-7008 (4 ex.), Gulf of Smithsonia; MNHN 1975-3, Coral Island; SMF 13227 (4 ex.), El Hamira; USNM 212284 (13 ex.), Marset Mugalia, 212287 (23 ex.), Ras El Burqa, 212286, Ras Muhammad; WAM P25124-001, Elat, P25125-001 (2 ex.), El Hamira.

131.4   *LAGOCEPHALUS* **Swainson,** 1839   Gender: M
Nat. Hist. Fish. **2** : 194, 328 (type species: *Tetraodon stellatus* Donovan, 1804 = *Tetraodon lagocephalus* Linnaeus, 1758, by tautonomy).
Gastrophysus Müller, 1843, *Arch. Naturgesch.* 9 (1) : 330, replacement name for *Physogaster* Müller, 1841, preoccupied by Lacordaire, 1830 (type species: *Tetrodon lunaris* Bloch & Schneider, 1801, by orig. design.).

131.4.1   *Lagocephalus lunaris* **(Bloch & Schneider,** 1801)
Tetrodon lunaris Bloch & Schneider, 1801, *Syst. Ichthyol.* : 505. Syntypes: ZMB 4226, 4227, 8186 (dried), Malabar.
Tetraodon lunaris.— Rüppell, 1836 : 59, Suez.— Chabanaud, 1932, **4** : 835, Bitter Lake, Suez Canal.— Gruvel & Chabanaud, 1937, **35** : 30, Bitter Lake, Suez Canal.
Gastrophysus lunaris.— Rüppell, 1852 : 34, Red Sea.— Smith, 1949 : 418, Pl. 93, fig. 1195, S. Africa.
Tetrodon lunaris.— Playfair & Günther, 1866 : 131 (R.S. on Rüppell).— Klunzinger, 1871, **21** : 639, Quseir.— Day, 1878 : 701, Pl. 182, fig. 2 (R.S. quoted); 1889, **2** : 491, Fig. 176 (R.S. quoted).— Giglioli, 1888, **6** : 72, Assab.— Tillier, 1902, **15** : 297, Suez Canal.— Sanzo, 1930, **11** : 375, P. Suez.
Lagocephalus lunaris.— Clark & Gohar, 1953 (8) : 57, Fig. 17, Suez, Ghardaqa.— Bayoumi, 1972, **2** : 165, Red Sea.
Sphoeroides lunaris.— Beaufort (W.B.), 1962, **11** : 378—379 (R.S. quoted).

131.4.2   *Lagocephalus sceleratus* **(Forster,** 1778)
Tetrodon sceleratus [Forster MS, **1** : 403] Gmelin, 1789, *Syst. Nat. Linn.* : 1444, Pacific Ocean. "Virtual iconotype, Georg Forster drawing No. 244, BMNH" (Whitehead in lit.).
Tetrodon sceleratus.— Klunzinger, 1871, **21** : 640, Quseir.— Day, 1878 : 701—702 (R.S. quoted); 1889, **2** : 491 (R.S. quoted).— Picaglia, 1894, **13** : 37, Assab.
Gastrophysus sceleratus.— Smith, 1949 : 418, Pl. 94, fig. 1194, S. Africa.
Lagocephalus sceleratus.— Marshall, 1952, **1** : 245, Sinafir Isl.— Clark & Gohar, 1953 (8) : 55—56, Pl. 5, fig. 2, Ghardaqa.
Sphoeroides sceleratus.— Beaufort (W.B.), 1962, **11** : 376—378 (R.S. quoted).
Tetrodon argenteus Lacepède, 1804, *Annls Mus. Hist. nat., Paris* **4** : 211, Pl. 58, fig. 2 (syn. v. Klunzinger).— Playfair & Günther, 1866 : 130 (R.S. quoted).

131.4.3   *Lagocephalus spadiceus* **(Richardson,** 1844)
Tetrodon spadiceus Richardson, 1844, *Zool. Voy. Sulphur* : 123. Holotype: BMNH 1970.3.3.1, China.
Gastrophysus spadiceus.— Smith, 1949 : 418, Pl. 93, fig. 1196, S. Africa.

Sphoeroides spadiceus.– Beaufort (W.B.), 1962, **11** : 379–381, Fig. 85 (R.S. quoted). Its distribution is throughout the Indian Ocean and W. Pacific. It has penetrated into the Mediterranean where it is occasionally found. Thus it should also be present in the Red Sea.

131.4.4   *Lagocephalus suezensis* **Clark & Gohar, 1953**
       Lagocephalus suezensis Clark & Gohar, 1953, *Publs mar. biol. Stn Ghardaqa* (8) : 56–57, Fig. 16, Ghardaqa.
       Lagocephalus suezensis.– Bayoumi, 1972, **2** : 165, Red Sea.

132   DIODONTIDAE

G : 2
Sp : 4

132.1   *CHILOMYCTERUS* [Bibron MS] **Brisout de Barneville, 1846**   Gender : M
       Revue Mag. Zool. 9 : 140, 142 (type species: *Chilomycterus reticulatus* (not *Diodon reticulatus* Linnaeus) Brisout de Barneville = *Diodon tigrinus* Cuvier, 1818, by monotypy).
       Cyclichthys Kaup, 1855, *Arch. Naturgesch.* **21** (1) : 231 (type species: *Chilomycterus orbicularis* Kaup, not Bloch, by orig. design.).

132.1.1   *Chilomycterus orbicularis* **(Bloch, 1785)***
       Diodon orbicularis Bloch, 1785, *Naturgesch. ausl. Fische* **1** : 73–74, Pl. 127, Molucca. No type material available.
       Diodon orbicularis.– Beaufort (W.B.), 1962, **11** : 414, Indian Ocean.
       Cyclichthys orbicularis.– Steinitz & Ben-Tuvia, 1953a, (11) : 11, Elat.– Smith, 1949 : 416, Fig. 1189, S. Africa.

132.1.2   *Chilomycterus spilostylus* **Leis & Randall, 1981**
       Chilomycterus spilostylus Leis & Randall, 1981, *Rec. Aust. Mus.* **34** (3) : 363–371, 4 figs, 1 tb. Holotype: BPBM 13896, Elat; Paratypes: AMS I 20145-001, Taba; BMNH 1979.9.24.1, El Hamira; BPBM 20456, Elat; 22724, Philippines; HUJ 8343, Elat; SU 68649, S. China Sea; USNM 191665, Red Sea.
       Diodon echinatus Gray, 1854, *Cat. Fish. Gronow* : 27, Cape of Good Hope. No type material.
       Cyclichthys echinatus.– Smith, 1949 : 416, Textfig. 1188, Pl. 92, fig. 1188, S. Africa.
       Cyclichthys echinatus.– Steinitz & Ben-Tuvia, 1955 (11) : 11, Elat.
       Chilomycterus echinatus.– Clark & Gohar, 1953 (8) : 67, Suez (misidentification, v. Leis & Randall).

132.2   *DIODON* **Linnaeus, 1758**   Gender : M
       Syst. Nat., ed. X : 334 (type species: *Diodon hystrix* Linnaeus, 1758, by design. of International Commission on Zoological Nomenclature, Opinion 77).

132.2.1   *Diodon holocanthus* **Linnaeus, 1758**
       Diodon holacanthus Linnaeus, 1758, *Syst. Nat.*, ed. X : 335, India.
       Diodon holacanthus.– Tortonese, 1935–36 [1937], **45** : 213 (sep. : 63), Massawa.– Smith, 1949 : 415, S. Africa.– Beaufort (W.B.), 1962, **11** : 410–412, Ind. Oc.

132.2.2   *Diodon hystrix* **Linnaeus, 1758**
       Diodon hystrix Linnaeus, 1758, *Syst. Nat.*, ed. X : 335, India. Type: ZMUC, Linnaean Coll., GA-57.
       Diodon hystrix.– Forsskål, 1775 : xvii, Red Sea.– Klunzinger, 1871, **21** : 647–648, Quseir.– Day, 1878 : 708, Pl. 179, fig. 4 (R.S. quoted).– Tortonese, 1935–36 [1937], **45** : 213 (sep. : 63), Massawa; 1954b, **16** : 85, Dahlak.– Smith, 1949 :

415, Fig. 1182, S. Africa.– Clark & Gohar, 1953 (8) : 65–67, Fig. 21, Pl. 4, fig. 1, Ghardaqa.– Steinitz & Ben-Tuvia, 1955 (11) : 11, Elat.– Beaufort (W.B.), 1962, 11 : 412–413, Fig. 88, Indian Ocean.– Leis, 1978, 76 : 545–549, Figs 9–11, Elat.

Diodon attinga (misprint) (not *Diodon atringa* Linnaeus, 1758).– Rüppell, 1852 : 35, Red Sea (syn. v. Günther, 1870, 8 : 306 and v. Beaufort (W.B.)).

133 MOLIDAE

G: 1
Sp: 1

133.1   *MASTURUS* Gill, 1884   Gender: M
Proc. U.S. natn. Mus. 7 : 425 (type species: *Orthagoriscus oxyuropterus* Bleeker, 1873, by monotypy).

133.1.1   *Masturus lanceolatus* (Liénard, 1841)
Orthogariscus lanceolatus Liénard, 1841, *Revue zool.* : 291.
Masturus lanceolatus.– Fraser-Brunner, 1951d, **1** : 107, Fig. 10, Red Sea.– Clark & Gohar, 1953 (8) : 68 (R.S. quoted).– Beaufort (W.B.), 1962, **11** : 419–421, Indian Ocean.
Mola lanceolata.– Smith, 1949 : 422, Fig. 1214, S. Africa.
Orthogoriscus mola (not Linnaeus).– Klunzinger, 1871, **21** : 648, Quseir (acc. to Fraser-Brunner, 1951, *Orthogariscus mola* is a misidentification, and the specimen is *Masturus lanceolatus*).
Mola mola (not Linnaeus).– Fowler, 1945, **26** : 128 (R.S. quoted).

BIBLIOGRAPHY

Abdalla M.M. & Salah M.K. 1952. Studies of the Vitamin "A" in the Red Sea Fish. *Proc. pharm. Soc. Egypt* **34** (12) : 196–202, 4 tbs.

Abe T. 1939. A list of fishes of Palao Island. *Palao trop. biol. Stn Stud.* (4) : 523–583.

Abe T. & Haneda Y. 1973. Description of a new fish of the genus *Photoblepharon* (family Anomalopidae), from the Red Sea. *Bull. Sea Fish. Res. Stn Israel* (60) : 57–62, 4 figs, 2 tbs.*

Abel B.F. 1960a. Zur Kenntnis des Verhaltens und der Ökologie von Fischen an Korallenriffen bei Ghardaqa (Rotes Meer). *Z. Morph. Ökol. Tiere* **49** : 430–503, 22 figs.

—— 1960b. Fische zwischen Seeigel-Stacheln. *Natur Volk* **90** (2) : 33–37, 3 figs.

—— 1961. Über die Beziehungen Mariner Fische zu Hartbodenstrukturen. *Sber. öst. Akad. Wiss.*, Sect. 1, **170** (5–6) : 223–263, 5 figs.

—— 1963. Anemonen und Anemonenfische. *Neptun* (9) : 246–250, 3 figs.

Agassiz L. 1829–1831. In von Spix J.B., *Selecta Genera et Species Piscium quos in Itinere Per Brasiliam Annos 1817–1820*. 138 pp., 101 pl. (1829, 1 : 1–82, Pls 1–48; 1831, 2 : 83–138, Pls 49–101).

—— 1833–1844. *Recherches sur les Poissons Fossiles*. Neuchâtel, 5 vols text, 5 vols atlas. **3** : 390 + 32 pp. 1836, 1837, 1843, 1844 (in parts). **4** : 296 + 22 pp. 1833, 1838, 1839, 1844 (in parts).

—— 1835. Über das der Glarner-Schiefer-Formation nach ihren Fischresten. *Neues Jahrb. Mineral.* : 293–307.

Ahl B. 1923. Zur Kenntnis der Knochenfischfamilie Chaetodontidae, insbesondere der Unterfamilie Chaetodontinae. *Arch. Naturgesch.* **89**, Sect. A (5) : 1–205, 2 pls.

Ahl J.N. 1789. Specimen ichthyologicum de Muraena et Ophichtho. Diss., Uppsala, 14 pp., 2 pls.

Alcock A.W. 1890a. Natural history notes from H.M. Indian marine survey steamer 'Investigator', Commander R.F. Hoskyn, R.N., commanding, no. 18. On the bathybial fishes of the Arabian Sea, obtained during the season 1889–1890. *Ann. Mag. nat. Hist.* (6) 6 (34) : 295–311.

—— 1890b. On some undescribed shore-fishes from the Bay of Bengal. *Ibid.*, pp. 425–443, 3 figs.

—— 1893. Natural history notes from H.M. Indian marine survey steamer 'Investigator', Series II, no. 9. An account of deep-sea collection made during the season of 1892–93. *J. Asiat. Soc. Beng.* **62** : 169–184, Pls 8–9.*

Alfred E.R. 1961. The Javanese fishes described by Kuhl and Van Hasselt. *Bull. natn. Mus. St. Singapore* (30) : 80–88, Pls 3–8. (English transl. of the letter from Van Hasselt . . . 1823.)

Al-Hussaini A.H. 1945. The anatomy and histology of the alimentary tract of the coral feeding fish, *Scarus sordidus* Klunzinger. *Bull. Inst. Egypte* **27** : 349–377, 15 figs.

—— 1947a. The anatomy and histology of the alimentary tract of the bottom feeder, *Mulloides auriflamma* Forsskål. *J. Morph.* **78** : 121–153, 9 figs.

—— 1947b. The anatomy and histology of the alimentary tract of the plankton feeder, *Atherina forskali* Rüppell. *Ibid.*, **80** : 251–286, 8 figs.

—— 1947c. The feeding habits and the morphology of the alimentary tract of some teleosts living in the neighbourhood of the marine biological station Ghardaqa, Red Sea. *Publs mar. biol. Stn Ghardaqa* (5) : 1–61, 12 figs.

—— 1952. The feeding habits and guts of teleosts, especially of the N. Red Sea. *Istanb. Univ. Fen Fak. Mecm.*, Ser. B., **17** (2) : 121–129.

Allen G.R. 1975. *Damselfishes of the South Seas*. Neptune, New Jersey, 240 pp., 130 species with colour illustrations for every species.

Allen G.R. & Kuiter R.H. 1978. *Heniochus diphreutes* Jordan, a valid species of butterflyfishes (Chaetodontidae) from the Indo-West Pacific. *J. Proc. R. Soc. West. Aust.* **61** (1) : 11–18, 5 figs, 1 tb.

Allen G.R. & Randall J.E. 1977. Review of the sharpnose pufferfishes (subfamily Canthigasterinae) of the Indo-Pacific. *Rec. Aust. Mus.* **30** (17) : 475–517, 15 figs, 9 tbs.
—— 1980. A review of the damselfishes (Teleostei: Pomacentridae) in the Red Sea. *Israel J. Zool.* **29** (1–3) : 1–78, 64 figs, 10 tbs.
Alleyne H.G. & Mcleay W. 1877. The ichthyology of the Chevert expedition. *Proc. Linn. Soc. N.S.W.* **1** : 261–268.*
Amirthalingam C. 1969. A new fish from the Red Sea. *Sudan Notes Rec.* **50** : 129–133, 1 fig., 3 pls.
Anonymous. 1798. Naturgeschichte Paris, B. Plossan, Histoire naturelle des Poissons par le Cit. La Cépède. **1**, 532 pp. *Allg. lit. Zeit.*, Jena, **3** (287) : 673–678. *Ibid.*, (288) : 681–685.
Arnold D.C. 1956. A systematic revision of the fishes of the teleost family Carapidae (Percomorphi, Blennioidea) with description of two new species. *Bull. Br. Mus. nat. Hist.* (Zool.) **4** (6) : 245–307, 20 figs.
Aron W. & Goodyear R.H. 1969. Fishes collected during a midwater trawling survey of the Gulf of Elat and the Red Sea. *Israel J. Zool.* **18** : 237–244, 1 fig., 2 tbs.
Artedi P. 1738. Ichthyologia, sive opera omnia de piscibus scilicet . . . Omnia in hoc opere perfectiora, quam antea ulla. Posthuma vindicavit, recognovit, coeptavit et edidit Carolus Linnaeus . . . *Lugduni Batavorum* . . . Pars III (Genera Piscium) : iv, 88 pp.
—— 1793. Synonymia nominum piscium fere omnium; Ichthyologiae, Paris IV, ed. II, *Grypesvaldiae* : 3 unnumb. + 140 pp.
Asso I. de. 1801. Introducción a la ichthyologia oriental de España. *An. Cienc. nat. Madrid* **4** : 28–52, Pls 33–35.

Bamber R.C. 1915. Reports on the marine biology of the Sudanese Red Sea, from collections made by Cyril Crossland, M.A., D.Sc., F.L.S. XXII. The Fishes. *J. Linn. Soc.* (Zool.) **31** (210) : 477–485, Pl. 46.
Bancroft E.N. 1829. On the fish known in Jamaica as the sea devil (*Cephalopterus manta*). *Zool. J. Lond.* **4** : 444–457.
Baranes A. 1973. Taxonomy and Behavior of the Genera *Mustelus* and *Triaenodon* (Triakidae, Pisces) of the Mediterranean and Red Seas. M.Sc. Thesis, The Hebrew University of Jerusalem. Part 1, pp. 2 + 1–67, 41 figs, 8 tbs; Part 2, pp. 68–93, 6 figs, 5 tbs; Part 3, pp. 94–108, 8 figs.
Baranes A. & Ben-Tuvia A. 1978a. Occurrence of the sandbar shark *Carcharhinus plumbeus* in the northern Red Sea. *Israel J. Zool.* **27** (1) : 45–51, 4 figs, 1 tb.
—— 1978b. On sharks, skates and rays in the Gulf of Elat. *Israel Land and Nature* **4** (1) : 20–28, 8 textfigs.
—— 1978c. Note on *Carcharhinus altimus* (Springer, 1950) from the northern Red Sea. *Cybium* Ser. 3e, (4) : 61–64, 3 figs.
—— 1979. Two rare carcharinids, *Hemipristis elongatus* and *Iago omanensis* from the northern Red Sea. *Israel J. Zool.* **28** (1) : 39–50, 11 figs, 2 tbs.
Barnard K.H. 1925, 1927. A monograph of the marine fishes of South Africa. *Ann. S. Afr. Mus.*, 1925, **21** (1) : 1–418, 18 figs, 17 pls; 1927 (Part 2), **21** : 419–1065, Figs 19–32, Pls 18–38.
—— 1937. Further notes on South African marine fishes. *Ibid.*, **32** : 41–67, 4 figs, Pls VI–VIII.
Baschieri-Salvadori F. 1954. Note biologiche su *Scarus muricatus* Cuv. Val. *Boll. Pesca Piscic. Idrobiol.* **8** (2) : 234–240, 1 textfig., 2 pls.
—— 1955. Spedizione subacquea italiana nel Mar Rosso. Richerche Zoologiche. I. Parte narrativa. *Riv. Biol. colon.*, 1953, **13** : 5–23, 5 figs.
—— 1956. *Ibid.* VII. Chetodontidi. *Riv. Biol. colon.*, 1954, **14** : 87–110, 8 pls.
—— 1957. *Ibid.* IX. Pomacentridi. *Riv. Biol. colon.*, 1955, **15** : 57–68, 6 pls.
Bass A.J., D'Aubrey J.D. & Kistnasamy N. 1973. Sharks of the east coast of southern Africa. I. The genus *Carcharhinus* (Carcharhinidae). *S. Afr. Assoc. Mar. Biol. Res.*, Oceanogr. Res. Inst., Investig. Rep. (33) : 1–168.
—— 1975. *Ibid.* III. The families Carcharhinidae (excluding *Mustelus* and *Carcharhinus*) and Sphyrnidae. *Ibid.* (38) : 1–100, 26 figs, Pls 89–100, 23 tbs.
Bath H. 1977. Revision der Blenniinae (Pisces : Blenniidae). *Senckenberg. biol.* **57** (4–6) : 167–234, 78 figs.

—— 1979 [1980]. *Omobranchus punctatus* (Valenciennes, 1836) neu im Suez-Kanal (Pisces: Blenniidae). *Ibid.*, **60** (5–6) : 317–319, 1 fig.

Bauchot M.-L. 1963. Catalogue critique des types de poissons du Muséum National d'Histoire Naturelle. Labridae, Chaetodontidae, Scatophagidae, Toxotidae, Monodactylidae, Ephippidae, Scorpidae, Pempheridae, Kyphosidae, Girellidae. *Publs Mus. natn. Hist. nat.* (20), 195 pp.

—— 1965. *Ibid.* Famille de Siganidae (Poissons Téléostéens Perciformes). *Bull. Mus. natn. Hist. nat., Paris* (2) **36** (5) : 570–577.

—— 1967. *Ibid.* Sous ordre des Blennioidei. *Publs div. Mus. natn. Hist. nat.* (21), 70 pp.

—— 1970. *Ibid.* (suite) (Lampridiformes, Stephanobéryciformes, Béryciformes, Zeiformes, Coryphaeniformes). *Ibid.*, (24), 55 pp.

Bauchot M.-L. & Blache J. 1979. Présence d'*Ariosoma balearicum* (de la Roche, 1909) en Mer Rouge (Pisces, Teleostei, Congridae). *Bull. Mus. natn. Hist. nat., Paris*, (4) **1** (4) : 1131–1137, 2 figs, 1 tb.

Bauchot M.-L. & Blanc M. 1961. Catalogue des types de Scombroidei (Poissons Téléostéens Perciformes) des collections du Muséum National d'Histoire naturelle de Paris. *Bull. Mus. natn. Hist. nat., Paris*, Ser. 2, **33** (4) : 369–379.

Bauchot M.-L. & Daget J. 1972. Catalogue critique des types de poissons du Muséum National d'Histoire Naturelle. (Famille des Sparidae). *Bull. Mus. natn. Hist. nat., Paris*, Ser. 3, Zool. 18 (24): 33–99.

Bauchot M.-L., Daget J., Hureau J.-C. & Monod Th. 1970. La problème des 'auteurs secondaires' en taxonomie. *Bull. Mus. natn. Hist. nat., Paris* **42** (2) : 301–304.

Bauchot M.-L., Desoutter M. & Allen G.R. 1978. Catalogue critique des types de poissons du Muséum National d'Histoire Naturelle (suite) (Famille des Pomacentridae). *Bull. Mus. natn. Hist. nat., Paris*, Ser. 3e, Suppl. 1 : 1–56.

Bauchot M.-L. & Guibé J. 1960. Catalogue des types de poissons du Muséum National d'Histoire Naturelle. Famille des Scaridae, *Ibid.*, **32** (4) : 290–300.

Bauchot M.-L. & Maugé L.A. 1978. Première capture d'un *Thamnaconus* dans le golfe d'Aqaba: *Thamnaconus modestoides erythraeensis* n. ssp. (Pisces, Monacanthidae). *Bull. Mus. natn. Hist. nat., Paris*, Ser. 3e (520), Zool. 356 : 539–545, 2 figs.

—— 1980. *Muraenichthys erythraensis* n. sp. de Mer Rouge et première mention de *Muraenichthys laticauda* (Ogilby, 1897) en Mer Rouge (Pisces, Anguilliformes, Ophichthidae). *Ibid.*, **2** (3) : 933–939, 2 figs, 2 tbs.

Bayoumi A.R. 1967. On gill-rakers of some pelagic fishes from the Gulf of Suez. *Proc. Egypt. Acad. Sci.* 1966–67, **20** : 90–100, 8 figs.

—— 1969. Notes on the occurrence of *Tilapia zillii* in Suez Bay. *Mar. Biol. Hamburg* **4** (3) : 255–256.

—— 1972. Recent biological investigations in the Red Sea along the A.R.E. coasts. 1. On some demersal fishes of economic importance from the Red Sea, with notes on migration of fish through the Suez Canal. *Bull. Inst. Oceanogr. fish. Cairo* **2** : 157–183, 1 map.

Bayoumi A.R. & Gohar H.A.F. 1967. Morphological studies on the air-bladder in some fishes from the Red Sea. *Proc. Egypt. Acad. Sci.* **20** : 79–89, 21 figs.

Beaufort L.F. de (W.B.). 1940. *The Fishes of the Indo-Australian Archipelago*. Percomorphi (continued). Cirrhitidae, Labridae, Scaridae, Pomacentridae. Leiden, Vol. 8, xv + 508 pp., 56 figs.

—— 1951. *Ibid.*, Chiasmodontiformes, Trachiniformes, Callyonymiformes, Kurtoidae, Stromateidae, Siganidae, Acanthuridae, Scombridae (Blenniidae by Chapman). Leiden, Vol. 9, xi + 484 pp., 89 figs.

—— 1962. *Ibid.*, Scleroparei, Hypostomides, Pediculati, Plectognathi, Opisthomi, Discocephali (Xenopterygii by Briggs). Leiden, Vol. 11, xi + 481 pp., 100 figs.

Bebars M.I. 1978. *Scarus ghardquensis*, n. sp., a new parrotfish (Pisces, Scaridae) from the Red Sea, with a note on sexual dichromatism in the family. *Cybium*, Ser. 3, **3** (3) : 76–81, 2 figs.

Belloti C. 1874. Sopra due specie di pesca raccolte in Egitto durante l'inverno del 1873–1874. *Atti Soc. ital. Sci. nat.* **17** : 262–265.

Bennett E.T. 1828. Observations on the fishes contained in the collection of the Zoological Society. On some fishes from the Sandwich Islands. *Zool. J. Lond.* **4** : 31–43, 1 pl.

Bennett

—— 1828–1830. *A Selection from the Most Remarkable and Interesting Fishes Found on the Coast of Ceylon*. London, 30 pp., 30 pls. 1828 : 1–10; 1829 : 11–15; 1830 : 16–30.

—— 1830. Lists & Descriptions of Fish Collected in Sumatra and Java; in Raffles, Lady Sophia, *Memoir of the Life and Public Services of Sir T.S. Raffles*. London, 723 pp. (Pisces, pp. 686–694).

—— 1831a. Observations of a collection of fishes forming during the voyages of H.M.S. Chanticleer with characters of two new species. *Proc. zool. Soc. Lond.* p. 112.

—— 1831b. Observations on a collection of fishes from the Mauritius with characters of new genera and species. *Proc. zool. Soc. Lond.*, Pt. 1, pp. 126–128; p. 147; pp. 165–169.

—— 1832. *Ibid.*, Pt. 2, p. 184.

—— 1832a. Characters of several new species of fishes from Ceylon presented by Dr. Sibbald. *Ibid.* : 182–184.

—— 1832b. Characters of two new species of fishes from the Mauritius presented by Mr. Telfair. *Ibid.* : 184.

—— 1835. Characters of several fishes from the Isle de France. *Ibid.* : 206–208.

Bennett F.D. 1840. *Narrative of a Whaling Voyage round the Globe from the Year 1833 to 1836*. London, 2, 395 pp., 16 textfigs, 1 pl.

Ben-Tuvia A. 1953. New Erythrean fishes from the Mediterranean Coast of Israel. *Nature, Lond.* 172 : 464–465.

—— 1953. Mediterranean fishes of Israel. *Bull. Sea Fish. Res. Stn, Israel* (8), 40 pp., 20 figs.

—— 1955. Two Indo-Pacific fishes, *Dasyatis uarnak* and *Upeneus moluccensis* in the eastern Mediterranean. *Nature, Lond.* 176 : 1177–1178.

—— 1958. A comparison between the fish fauna of the eastern Mediterranean and the Red Sea *Fishermen's Bull., Haifa* (15) : 26–28 (Hebrew with English abstract).

—— 1962–1963. Fisheries investigations of the Israel South Red Sea expedition. *Ibid.* (32–35) : 3–27 (Hebrew with English abstract).

—— 1964. Two siganid fishes of Red Sea origin in the eastern Mediterranean. *Bull. Sea Fish. Res. Stn, Israel* (37) : 3–9.

—— 1966. Red Sea fishes recently found in the Mediterranean. *Copeia* (2) : 254–275, 2 figs, 1 tb.

—— 1968. Report on the fisheries investigations of the Israel South Red Sea Expedition, 1962. *Bull. Sea Fish. Res. Stn, Israel* (52) : 21–55, 6 figs, 18 tbs.

—— 1971. On the occurrence of the Mediterranean serranid fish *Dicentrarchus punctatus* (Bloch) in the Gulf of Suez. *Copeia* (4) : 741–743.

—— 1971. Revised list of the Mediterranean fishes of Israel. *Israel J. Zool.* 20 : 1–39.

—— 1972. Schools of milkfish (*Chanos chanos*) in the Gulf of Elat (Red Sea). *Fisheries and Fish Breeding in Israel* 7 (1) : 32–33 (Hebrew with English abstract).

—— 1973. Man-made changes in the eastern Mediterranean Sea and their effect on the fishery resources. *Mar. Biol. Berlin* 19 : 197–203, 1 tb.

—— 1975. Mugilid fishes of the Red Sea with a key to the Mediterranean and Red Sea species. *Bamidgeh* [*Bull. Fish Culture Israel*] 27 (1) : 14–20, 1 fig.

—— 1976. *Fish Collections from the Eastern Mediterranean, the Red Sea and Inland Waters of Israel*. The Hebrew University of Jerusalem, pp. 5–32, 20 figs, 2 tbs.

—— 1978. Immigration of fishes through the Suez Canal. *Fishery Bull.* 76 (1) : 249–255, 1 fig., 2 tbs.

—— 1982. New records of fishes from the deep waters of the Gulf of Aqaba, Red Sea (Abstract). *Fourth Congress of European Ichthyologists*, 20–24.9.1982, Hamburg.

—— 1982. Deep sea fishing and fishes in the Gulf of Aqaba (Gulf of Elat). *9th Report of the H. Steinitz Marine Biology Laboratory*, Elat, 1981.*

Ben-Tuvia A. & Grofit E. 1973. Exploratory trawling in the Gulf of Suez, November 1972. *Fisheries and Fish Breeding in Israel* 8 (1) : 8–16, 4 figs (Hebrew with English abstract).

Ben-Tuvia A., Kissil G.W. & Popper D. 1973. Experiments in rearing rabbitfish (*Siganus rivulatus*) in sea water. *Aquaculture* (1) : 359–364, 3 figs.

Ben-Tuvia A. & Lourie A. 1969. A Red Sea grouper *Epinephelus tauvina* caught on the Mediterranean coast of Israel. *Israel J. Zool.* 18 : 245–247, 1 fig.

Ben-Tuvia A. & Steinitz H. 1952. Report on a collection of fishes from Eylat (Gulf of Aqaba). *Bull. Sea Fish. Res. Stn, Israel* (2) : 1–12.

Ben-Yami M. 1964. *Report on the Fisheries in Ethiopia*. Jerusalem, Min. Foreign Affairs, Dept. Internatl. Coop., 105 pp.

—— 1968. Observation on the distribution and behaviour of pelagic schooling fish in the southern Red Sea. *Bull. Sea Fish. Res. Stn, Israel* (51) : 31–46, 5 figs, 3 tbs.

Ben-Yami M. & Glaser T. 1974. The invasion of *Saurida undosquamis* (Richardson) into the Levant Basin – An example of biological effect of interoceanic canals. *Fishermen's Bull., Haifa* 72 (2) : 359–373.

Berg C. 1895. Enumeración sistematica y sinonimica de los Peces de las Costas Argentina y Uruguaya. *An. Mus. nac. B. Aires* **4** : 1–120.

Berknkamp H.O. 1975. Neunachweis zur Verbreitung des Büschelbarsches, *Oxycirrhites typus* (Bleeker, 1857). *Aquarienfreund* 4 (3) : 46–50, 2 figs.

Berry F.H. 1972 (1974). Synopsis of the species of *Trachurus*. *Quart. Jour. Florida Acad. Sci.* **35** (4) : 177–211, 4 figs, 12 tbs.

Berry F. & Baldwin W.J. 1966. Triggerfishes (Balistidae) of the eastern Pacific. *Proc. Calif. Acad. Sci.*, Ser. 4, **34** (9) : 429–474, 19 figs.

Berry F.H. & Cohen L. 1972 [1974]. Synopsis of the species of *Trachurus* (Pisces, Carangidae). *Q. Jl Fla Acad. Sci.* **35** : 178–211, 4 figs, 12 tbs.

Bertin L. 1939. Catalogue des types de poissons du Muséum Natural d'Histoire Naturelle Cyclostomes et Selaciens. *Bull. Mus. natn. Hist. nat., Paris*, Ser. 2e, **11** (1) : 51–98.

—— 1940. *Ibid.*, Part 2. Dipneustes, Chondrostéens, Holostéens, Isospondyles, *Bull. Mus. natn. Hist. nat., Paris*, Ser. 2e, **11** : 244–322.

—— 1943a. Les Clupeiformes du canal de Suez comparés à ceux de la Mer Rouge et de la Méditerranée. *Ibid.* **15** : 386–391.

—— 1943b. Revue critique des Dussumieridae actuels et fossiles. Description d'un genre nouveau. *Bull. Inst. océanogr. Monaco* (853) : 1–32, 6 figs.

Bertin L. & Dollfus R.P. 1948. Revision des espèces du genre *Decapterus* (Téleostéens Scombriformes). *Mém. Mus. natn. Hist. nat., Paris* **26** (1) : 1–29, 7 figs, 2 pls.

Bertin L. & Estève R. 1950. *Catalogue des types de poissons du Muséum National d'Histoire naturelle.* Haplomes Hétéromes, Catosteomes. Paris, 60 pp.

Bianconi G.G. 1855. *Specimena Zoologica Mosambicana quibus vel Novae vel Minus Notae Animalium Species Illustrantur*. Bononiae (10) : 215–230, 2 pls.

Bibron G. 1846. v. **Brisout de Barneville.**

—— 1855. v. Duméril A.H.A.

Bigelow H.B. & Schroeder W.C. 1948. Sharks; in Fishes of the Western North Atlantic. *Mem. Sears Found. Mar. Res.* **1** (1) : 59–576, Figs 6–106.

—— 1953. Fishes of the Western North Atlantic. Sawfishes, Guitarfishes, Skates and Rays; Chimaeroids. *Mem. Sears Found. Mar. Res.* **1** (2), xv + 588 pp., 127 figs.

Bini G. 1933. La pesca del nostro Colonie. *Boll. Pesca Piscic. Idrobiol.*, year 9(5), 9 pp.

Blainville H.M. 1816. Prodrome d'une nouvelle distribution systématique du règne animal. *Bull. Soc. philomath. Paris* 8 : 105(=113)–124.

Blanc M. & Hureau J.C. 1968. Catalogue critique des types de poissons du Muséum National d'Histoire Naturelle (poissons a joues cuirassées). *Publs Mus. natn. Hist. nat.* (23), 71 pp.

—— 1972. Catalogue critique des types de poissons du Muséum national d'Histoire naturelle. (Mugiliformes et Polynémiformes). *Bull. Mus. Hist. nat., Paris*, Ser. 3, Zool. (15) : 673–735.

Bleeker P. 1845. Bijdragen tot de geneeskundige Topographie van Batavia. Generisch overzicht der Fauna. *Natuur. geneesk. Arch. Neêrl.-Ind.* **2** : 505–528.

—— 1847. Labroideorum ctenoideorum bataviensium diagnoses et adumbrationies. *Verh. batav. Genoot. Kunst. Wet.* **21** (1) : 1–33.

—— 1849a. A contribution to the knowledge of the ichthyological fauna of Celebes. *J. Indian Archipel. & E. Asia* **3** : 65–74.

—— 1849b. Bijdrage tot de Kennis der Percoïden van den Malayo-Molukschen Archipel, met beschrijving van 22 nieuwe soorten. *Verh. batav. Genoot. Kunst. Wet.* **22** : 1–64.

—— 1849c. Bijdrage tot de kennis der ichthyologische fauna van het eiland Madura, met beschrijving van eenige nieuwe species. *Ibid.*, pp. 1–16.

—— 1849d. Bijdrage tot de kennis der ichthyologische fauna van het eiland Bali, met beschrijving van eenige nieuwe species. *Ibid.*, pp. 1–11.

—— 1849e. Bijdrage tot de kennis der Scleroparei van den Soenda-Molukschen Archipel. *Ibid.* 22 : 1–10.

—— 1851a. Over eenige nieuwe soorten van Belone en Hemiramphus van Java. *Natuurk. Tijdschr. Ned.-Indië* 1 : 93–95.

—— 1851b. Visschen van Banka. *Ibid.*, pp. 159–161.

—— 1851c. Over eenige nieuwe soorten van Blennioiden en Gobioiden van den Indischen Archipel. *Ibid.*, pp. 236–258.

—— 1851d. Over eenige nieuwe geslachten en soorten van Makreelachtige visschen van den Indischen Archipel. *Ibid.*, pp. 341–372.

—— 1851e. Over eenige nieuwe soorten van Pleuronectoïden van den Indischen Archipel. *Ibid.*, pp. 401–416.

—— 1851f. Over eenige nieuwe soorten van *Megalops, Dussumieria, Notopterus* en *Astronesthes*. *Ibid.*, pp. 417–424.

—— 1851g. Nieuwe bijdrage tot de kennis Percoidei, Scleroparei, Sciaenoidei, Maenoidei, Chaetodontoidei en Scomberoidei van den Soenda-Molukschen Archipel. *Ibid.* 2 : 163–179.

—— 1851h. Nieuwe bijdrage tot de kennis der ichthyologische fauna van Celebes. *Ibid.*, pp. 209–224.

—— 1851i. Bijdrage tot de kennis der ichthyologische fauna van de Banda-eilanden. *Ibid.*, pp. 225–261.

—— 1851j. Bijdrage tot de kennis der ichthyologische fauna van Riouw. *Ibid.* 2 : 469–497.

—— 1852a. Bijdrage tot de kennis der ichthyologische fauna van Singapore. *Ibid.* 3 : 51–86.

—— 1852b. Bijdrage tot de kennis der ichthyologische fauna van Blitong (Billiton) met besschrijving van eenige nieuwe soorten van zoetwatervisschen. *Ibid.*, pp. 87–100.

—— 1852c. Bijdrage tot de kennis der ichthyologische fauna van de Moluksche eilanden. Visschen van Amboina en Ceram. *Ibid.*, pp. 229–309.

—— 1852d. Bijdrage tot de kennis der ichthyologische fauna van het eiland Banka. *Ibid.*, pp. 443–460.

—— 1852e. Bijdrage tot de kennis der Makreelachtige visschen van den Soenda-Molukschen Archipel. *Verh. batav. Genoot. Kunst. Wet.* 24 : 1–93.

—— 1852f. Bijdrage tot de kennis der Plagiostomen van den Indischen Archipel. *Ibid.*, pp. 1–92.

—— 1852g. Diagnostische beschrijvingen van nieuwe of weinig bekende vischsoorten van Sumatra. Tiental I–IV. *Natuurk. Tijdschr. Ned.-Indië* 3 : 569–608.

—— 1852h. Nieuwe bijdrage tot de kennis der ichthyologische fauna van Ceram. *Ibid.*, pp. 689–714.

—— 1852i. Nieuwe bijdrage tot de kennis der ichthyologische fauna van het eiland Banka. *Ibid.*, pp. 715–738.

—— 1852j. Derde bijdrage tot de kennis der ichthyologische fauna van Celebes. *Ibid.*, pp. 739–782.

—— 1853a. Derde bijdrage tot de kennis der ichthyologische fauna van Amboina. *Ibid.* 4 : 91–130.

—— 1853b. Diagnostische beschrijvingen van nieuwe of weinig bekende vischsoorten van Sumatra. Tiental V–X. *Ibid.*, pp. 243–302.

—— 1853c. Diagnostische beschrijvingen van nieuwe of weinig bekende vischsoorten van Batavia. Tiental I–VI. *Ibid.*, pp. 451–516.

—— 1853d. Nieuwe bijdrage tot de kennis der ichthyologische fauna van Ternate en Halmaheira (Gilolo). *Ibid.*, pp. 595–610.

—— 1853e. Bijdrage tot de kennis der ichthyologische fauna van Solor. *Ibid.* 5 : 67–96.

—— 1853f. Vierde bijdrage tot de kennis der ichthyologische fauna van Celebes. *Ibid.*, pp. 153–174.

—— 1853g. Derde bijdrage tot de kennis der ichthyologische fauna van Ceram. *Ibid.*, pp. 233–248.

—— 1853h. Vierde bijdrage tot de kennis der ichthyologische fauna van Amboina. *Ibid.*, pp. 317–352.

—— 1853i. *Antennarius notophthalmus*, eene nieuwe soort van de Meeuwenbaai. *Ibid.*, pp. 543–545.

—— 1853j. Bijdrage tot de kennis der Muraenoïden en symbranchoïden van den Indischen Archipel. *Verh. batav. Genoot. Kunst. Wet.* 25 : 1–76.

—— 1853k. Nalezingen op de ichthyologie van Japan. *Ibid.*, pp. 1–56.

—— 1854a. Derde bijdrage tot de kennis der ichthyologische fauna van de Banda-eilanden. *Natuurk. Tijdschr. Ned.-Indië* 6 : 89–114.

—— 1854b. Species piscium bataviensium novae vel minus cognitae. *Ibid.*, pp. 191–202.

—— 1854c. Bijdrage tot de kennis der ichthyologische fauna van het eiland Flores. *Ibid.*, pp. 311–338.

—— 1854d. *Syngnathus tapeinosoma*, eene nieuwe zeenaald van Anjer. *Ibid.*, pp. 375–376.

—— 1854e. Faunae ichthyologicae japonicae species novae. *Ibid.*, pp. 395–426.

—— 1854f. Vijfde bijdrage tot de kennis der ichthyologische fauna van Amboina. *Ibid.*, pp. 455–508.

—— 1854g. Vijfde bijdrage tot de kennis der ichthyologische fauna van Celebes. *Ibid.* 7 : 225–260.

—— 1854h. Specierum piscium javanensium novarum vel minus cognitarum diagnoses adumbratae. *Ibid.*, pp. 415–448.

—— 1854i. Zesde bijdrage de kennis der ichthyologische fauna van Celebes. *Ibid.*, pp. 449–452.

—— 1854–57. Nieuwe nalezingen op de ichthyologie van Japan. *Verh. batav. Genoot. Kunst. Wet.* 26 : 1–132.

—— 1855a. Bijdrage tot de kennis der ichthyologische fauna van de Batoe-eilanden. *Natuurk. Tijdschr. Ned.-Indië* 8 : 305–328.

—— 1855b. Zesde bijdrage tot de kennis der ichthyologische fauna van Amboina. *Ibid.*, pp. 391–434.

—— 1855c. Zevende bijdrage tot de kennis der ichthyologische fauna van Celebes. *Ibid.*, pp. 435–444.

—— 1855d. Vierde bijdrage tot de kennis der ichthyologische fauna van de Kokos-eilanden. *Ibid.*, pp. 445–460.

—— 1856a. Beschrijvingen van nieuwe en weinig bekende vischsoorten van Amboina, verzameld op eene reis door den Molukschen Archipel, gedaan in het gevolg van den Gouverneur-Generaal Duymaer van Twist in September en October 1855. *Act. Soc. Sci. Indo-Neerl.* 1 : 1–76.

—— 1856b. Beschrijvingen van nieuwe of weinig bekende vischsoorten van Menado en Makassar grootendeels verzameld op eene reis naar den Molukschen Archipel in het gevolg van den Gouverneur-General Duymaer von Twist. *Ibid.*, pp. 1–80.

—— 1856c. Tweede bijdrage tot de kennis der ichthyologische fauna van het eiland Bintang. *Natuurk. Tijdschr. Ned.-Indië* 10 : 345–356.

—— 1856d. Zevende bijdrage tot de kennis der ichthyologische fauna van Ternate. *Ibid.*, pp. 357–386.

—— 1856e. Verslag omtrent eenige vischsoorten gevangen aan de Zuidkust van Malang in Oost-Java. *Ibid.* 11 : 81–92.

—— 1856f. Vijfde bijdrage tot de kennis der ichthyologische fauna van de Banda-eilanden. *Ibid.*, pp. 93–110.

—— 1856g. Bijdrage tot de kennis der ichthyologische fauna van het eiland Borea. *Ibid.*, pp. 383–414.

—— 1856–1857. Bijdrage tot de kennis der ichthyologische fauna van Nias. *Ibid.* 12 : 211–228.

—— 1856–1857a. Achtste bijdrage tot de kennis der ichthyologische fauna van Ternate. *Ibid.* 12 : 191–210.

—— 1857a. Achtste bijdrage tot de kennis der vischfauna van Amboina. *Act. Soc. Sci. Indo-Neerl.* 2 : 1–102.

—— 1857b. Descriptiones specierum piscium javanensium novarum vel minus cognitarum diagnosticae. *Natuurk. Tijdschr. Ned.-Indië* 13 : 323–368.

—— 1857c. Bijdrage tot de kennis der ichthyologische fauna van de Sangi-eilanden. *Ibid.*, pp. 369–380.

—— 1858. Bijdrage tot de kennis der vischfauna van den Goram-Archipel. *Ibid.* 15 : 197–218.

—— 1858a. Vierde bijdrage tot de kennis der vischfauna van Biliton. *Ibid.* 15 : 219–240.

—— 1858b. Vierde bijdrage tot de kennis der ichthyologische fauna van Japan. *Act. Soc. Sci. Indo-Neerl.* 3 : 1–46.

—— 1858–1859a. Conspectus specierum Mugilis Archipelagi indici analyticus. *Natuurk. Tijdschr. Ned.-Indië* **16** : 275–280.

—— 1858–1859b. Vischsoorten gevangen bij Japara, verzameld door S.A. Thurkow. *Ibid.*, pp. 406–409.

—— 1858–1859c. Derde bijdrage tot de kennis der ichthyologische fauna van Bali. *Ibid.* **17** : 141–175.

—— 1859a. Bijdrage tot de kennis der vischfauna van Nieuw-Guinea. *Act. Soc. Sci. Indo-Neerl.* **6** : 1–24.

—— 1859b. Over eenige vischsoorten van de Zuidkust-wateren van Java. *Natuurk. Tijdschr. Ned.-Indië* **19** : 329–352.

—— 1859–1860a. Tiental vischsoorten van de Kokos-eilanden, verzameld door A.J. Anderson. *Ibid.* **20** : 142–143.

—— 1859–1860b. Vischsoorten van de Kokos-eilanden, verzameld door A.J. Anderson. *Ibid.*, p. 202.

—— 1860. Dertiende bijdrage tot de kennis der vischfauna van Celebes. Visschen van Bonthain, Badjoa, Sindjai, Lagoesi en Popenoea. *Act. Soc. Sci. Indo-Neerl.* **8** : 1–60.

—— 1861a. Iets over de vischfauna van het eiland Pinang. *Versl. Meded. K. Akad. wet. Amst.* **12** : 64–80.

—— 1861b. Iets over de geslachten der Scaroïden en hunne Indisch-archipelagische soorten. *Ibid.*, pp. 228–244.

—— 1861c. Conspectus generum labroideorum analyticus. *Proc. zool. Soc. Lond.*, pp. 408–418.

—— 1862a. Synonyma Labroideorum Indo-archipelagicorum hucusque observatorum revisa, adjectis specierum novarum descriptionibus. *Versl. Meded. K. Akad. wet. Amst.* **13** : 274–308.

—— 1862b. Sur quelques genres de la famille des Pleuronectoïdes. *Ibid.*, pp. 422–429.

—— 1862c. Notices ichthylogiques (I–X). *Ibid.* **14** : 123–141. (VI) Sur un nouveau genre de la famille des Mulloïdes (*Pseudupeneus*), pp. 133–134.

—— 1862–1878. *Atlas ichthyologique des Indes Orientales Néerlandaises, publié sous les auspices du Gouvernement colonial néerlandais.* Amsterdam, 9 vols. 1862. Vol. 1, Scaroïdes et Labroïdes, xx + 168 pp., pls I–XLVIII; 1862, vol. 2, Siluroïdes, Chacoïdes et Hétérobranchoïdes, 112 pp., pls XLIX–CI; 1863, vol. 3, Cyprins, 150 pp., pls CII–CXLIV; 1864, vol. 4, Murènes, Synbranches, Leptocéphales, 132 pp., pls CXLV–CXCIII; 1865, vol. 5, Baudroies, Ostracions, Gymnodontes, Balistes, 152 pp., pls CXCIV–CCXXXI; 1866–1872, vol. 6, Pleuronectes, Scombrésoces, Clupées, Clupésoces, Chauliodontes, Saurides, 170 pp., pls CCXXXII–CCLXXVIII; 1873–1876, vol. 7, Percoïdes I; Priacanthiformes, Serraniformes, Grammisteiformes, Percaeformes, Datniaeformes, 126 pp., pls CCLXXIX–CCCXX; 1876–1878, vol. 8, Percoides II (Spariformes); Bogodoides, Cirrhitéoides, 156 pp., pls CCCXXI–CCCLIV, CCCLX–CCCLXII; 1876–1878, vol. 9, Toxoteoidei, Pempheridoidei, Chaetodontoidei, Nandoidei, 80 pp., pls CCCLV–CCCLIX, CCCLXIII–CCCCXX.

—— 1863a. Mémoire sur les poissons de la côte de Guinée. *Natuurk. Verh. holland. Maatsch. Wet. Haarlem* (2) **18** : 1–136, pls 1–28.

—— 1863b. Onzième notice sur la faune ichthyologique de l'île de Ternate. *Ned. Tijdschr. Dierk.* **1** : 228–238.

—— 1863c. Septième mémoire sur la faune ichthyologique de l'île Timor. *Ibid.*, pp. 262–276.

—— 1864. Deuxième notice sur la faune ichthyologique de l'île de Saparoea. *Versl. Meded. K. Akad. Wet. Amst.* **16** : 359–361.

—— 1865a. Synonyma Muraenorum indo-archipelagicorum hucusque observatorum revisa, adjectis habitationibus citationibusque, ubi decriptiones figuraeque eorum recentiores reperiuntur. *Ned. Tijdschr. Dierk.* **2** : 123–136.

—— 1865b. Quatrième notice sur la faune ichthyologique de l'île de Bouro. *Ibid.*, pp. 141–151.

—— 1865c. Sixième notice sur la faune ichthyologique de Siam. *Ibid.*, pp. 171–176.

—— 1865d. Enumération des espèces de poissons actuellement connues de l'île de Céram. *Ibid.*, pp. 182–193.

—— 1865e. Enumération des espèces de poissons actuellement connues de l'île d'Amboine. *Ibid.*, pp. 270–293.*

—— 1866a. Systema Balistidorum, Ostracionidorum, Gymnodontidorumque revisum. *Ibid.* **3** : 8–19.

—— 1866b. Synonyma Balistidorum, Ostracionidorum, Gymnodontidorumque Indo-archipelagicorum hucusque observatorum revisa, adjectis habitationibus citationibusque, ubi descriptiones figuraeque eorum recentiores reperiuntur. *Ibid.*, pp. 20–40.

—— 1866c. Description de quelques espèces inèdites des genres *Pseudorhombus* et *Platophrys* de l'Inde archipèlagique. *Ibid.*, pp. 43–50.

—— 1866d. Sur les espèces d'Exocet de l'Inde archipélagique. *Ibid.*, pp. 105–129.

—— 1866e. Revision des espèces de *Mastacembelus* (*Belone* Cuv.) de l'Inde archipélagique. *Ibid.*, pp. 214–256.

—— 1868. Troisième notice sur la faune ichthylogique de l'île d'Obi. *Versl. Meded. K. Akad. Wet. Amst.* (2) **2** : 275.

—— 1869a. Description d'une espèce inédite de *Caesio* de l'île de Nossibé. *Ibid.* **3** : 78–79.

—— 1869b. Description d'une espèce inédite de *Chaetopterus* de l'île d'Amboine. *Ibid.*, pp. 80–85.

—— 1869c. Neuvième notice sur la faune ichthyologique du Japon. *Ibid.*, pp. 237–259.

—— 1873a. Mémoire sur la faune ichthyologique de Chine. *Ned. Tijdschr. Dierk.* **4** : 113–154.

—— 1873b. Mededeelingen omtrent eene herziening der Indisch-Archipelagische soorten van *Epinephelus, Lutjanus, Dentex* en verwante geslachten. *Versl. Meded. K. Akad. wet. Amst.* (2) **7** : 40–46.

—— 1873c. Révision des espèces indo-archipelagiques des genres *Lutjanus* et *Aprion*. *Verh. K. Akad. Wet., Amst.* **13** : 1–102.

—— 1873d. Sur les espèces Indo-archipelagiques d'*Odontanthias* et de *Pseudopriacanthus*. *Ned. Tijdschr. Dierk.* **4** : 235–240.

—— 1874a. Notice sur les genres *Amblyeleotris, Valenciennesia* et *Brachyeleotris*. *Versl. Meded. K. Akad. wet. Amst.* (2) **8** : 372–376.

—— 1874b. Esquisse d'un système naturel des Gobioïdes. *Archs néerl. Sci.* **9** : 289–331.

—— 1875a. *Recherches sur la faune de Madagascar et de ses dépendances d'après les decouvertes de François P.L. Pollen et D.C. van Dan.* 4ème partie. *Poissons de Madagascar et de l'île de la Réunion.* Leiden, 106 pp.

—— 1875b. Gobioideorum species insulindicae novae. *Archs néerl. Sci.* **10** : 113–134.

—— 1875c. Sur les espèces insulindiennes de la famille des Cirrhitéoides. *Versl. Meded. K. Akad. wet. Amst.* **15** : 1–20.

—— 1876a. Systema Percarum revisum. *Archs néerl. Sci.* **11**, Part 1 : 247–288; Part 2 : 289–340.

—— 1876b. Notice sur les genres *Gymnocaesio, Pterocaesio, Paracaesio* et *Liocaesio*. *Versl. Meded. K. Akad. wet. Amst.* (2) **9** : 149–154.

—— 1876c. Genera familiae Scorpaenoideorum conspectus analyticus. *Ibid.*, pp. 294–300.

—— 1876d. Description de quelques espèces inédites de Pomacentroïdes de l'Inde archipélagique. *Ibid.* **10** : 384–391.

—— 1877a. Notice sur les espèces nominales de Pomacentroïdes de l'Inde archipélagique. *Archs. néerl. Sci.* **12** : 38–41.

—— 1877b. Mémoire sur les Chromides marins ou Pomacentroïdes de l'Inde archipélagique. *Natuurk. Verh. holland. Maatsch. Wet. Haarlem* **2** (6) : 1–166.

—— 1877c. Vischsoorten van Nieuw-Guinea, van Singapore, China, Japan en Mauritius. *Versl. Meded. K. Akad. wet. Amst.*, Proc.-Verb. 27 Oct. 1877.

—— 1878a. Quatrième Mémoire sur la faune ichthyologique de la Nouvelle-Guinée. *Archs. néerl. Sci.* **13** : 35–66.

—— 1878b. Revision des espèces insulindiennes du genre *Uranoscopus* L. *Versl. Meded. K. Akad. Wet. Amst.* (2) **13** : 47–59.

—— 1879. Revision des espèces insulindiennes de la famille des Callionymoïdes. *Ibid.* **14** : 79–107.

Blegvad H. 1944. Fishes of the Iranian Gulf. *Dan. scient. Invest. Iran.* Part 3, 247 pp., 12 pls, 135 figs, 5 maps.

Bloch M.E. 1785–1795. *Naturgeschichte der ausländischen Fische.* I–III, 9 parts, Berlin. 1785, Part 1, viii + 136 pp., Pls CIX–CXLIV; 1786, Part 2, viii + 160 pp., Pls CXLV–CLXXX; 1787, Part 3, xii + 146 pp., Pls CLXXXI–CCXVI; 1790, Part 4, vii + 128 pp., Pls CCXVII–CCLII; 1791, Part 5, vi + 152 pp., Pls CCLIII–CCLXXXVIII; 1792, Part 6, iv + 126 pp., Pls

CCLXXXIX–CCCXXIII; 1793, Part 7, xii + 144 pp., Pls CCCXXV–CCCLX; 1794, Part 8, iv + 174 pp., Pls CCCLXI–CCCXCVI; 1795, Part 9, ii + 192 pp., Pls CCCXCVII–CCCCXXIX.

Bloch M. E. & Schneider J. G. 1801. *M.E. Blochii Systema Ichthyologiae iconibus ex illustratum. Post obitum auctoris opus inchoatum absolvit, correxit, interpolavit J.G. Schneider. Saxo,* Berlin, lx + 584 pp., 110 pls.

Blyth E. 1852. Report on Ceylon mammals, birds, reptiles and fishes. Appendix in E.F. Kelaert, *Prodromus Faunae Zeylanicae.* Ceylon, pp. 30–50.

Boddaert P. 1771. *Over den tweedornigen klipvish De Chaetodonte diacantho.* Amsterdam, 43 pp., 1 coloured plate.

—— 1781. Beschreibung zweier merkwürdiger Fische (*Sparus palpebratus* und *Muraena colubrina*). *Neue nord. Beytr.* (Pallas), **2** : 55–57, Pl. 4, figs. 1–3.

Boeseman M. 1947. Revision of the fishes collected by Burger and Van Siebold in Japan. *Zoöl. Meded Leiden* **28**, viii + 242 pp., Pls 1–5.

—— 1964. Scombroid types in the Leiden Museum collection; in Proc. Symp. Scombroid Fishes. *J. mar. biol. Assoc. India*, Symp. Ser. 1, pp. 461–468, 5 pls.

Böhlke J. 1953. A catalogue of the type specimens of recent fishes in the Natural History Museum of Stanford University. *Stanford ichthyol. Bull.* **5** : 1–168.

Bonaparte C. L. 1832–1841. Iconografia della Fauna italica per le quattro classi degli Animali Vertebrati, vol. III, Pesci, Roma, without pagination, 75 puntate (in 30 fasc.), 78 pls. 1832, Fasc. I (Puntate 1–6), 2 pls; 1833 : II–V (7–28), 12 pls; 1834 : VI–XI (29–58), 12 pls; 1835 : XII–XIV (59–79), 12 pls; 1836 : XV–XVIII (80–93), 10 pls; 1837 : XIX–XXI (94–103 & 105–109), 5 pls; 1838 : XXII–XXIII (104 & 110–120), 2 pls; 1839 : XXIV–XXVI (121–135), 8 pls; 1840 : XXVII–XXIX (136–154), 10 pls; 1841 : XXX (155–160), 5 pls.

Bonnaterre H. J. 1788. *Tableau encyclopédique et méthodique des trois règnes de la Nature.* Paris, Ichthyologie, lvi + 215 pp., 102 pls.

Borodin M. A. 1930. Scientific results of the yacht "Ara" expedition during the years 1926 to 1930, while in command of William K. Vanderbilt. *Bull. Vanderbilt mar. Mus.* **1** (2) : 39–64, 2 pls.

—— 1932. *Ibid.* **1** : 65–101, 2 pls.

Borsieri C. 1904. Contribuzione alla conoscenza della fauna ittiologica della colonia Eritrea. *Annali Mus. civ. Stor. nat. Giacomo Doria*, Ser. 3, **1** : 187–220.

Botros G. A. 1971. Fishes of the Red Sea. *Oceanogr. mar. Biol.* **9** : 221–348, 6 tbs.

Bouchon-Navaro Y. 1980. Quantitative distribution of the Chaetodontidae on a fringing reef of the Jordanian coast (Gulf of Aqaba, Red Sea). *Tethys* **9** (3) : 247–251, 3 figs, 3 tbs.

Bouchon-Navaro Y. & Harmelin-Vivien M. L. 1981. Quantitative distribution of herbivorous reef fishes in the Gulf of Aqaba (Red Sea). *Mar. Biol.*, Berlin, **63** : 79–86, 2 figs, 5 tbs.

Boulenger G. A. 1887. An account of the fishes obtained by Surgeon-Major A.S.G. Jayakar at Muscat, East Coast of Arabia. *Proc. zool. Soc. Lond.* **43** : 653–667, Pl. 54.

—— 1895. *Catalogue of the Perciform Fishes in the British Museum.* London, vol. 1, xix + 394 pp., 27 figs, 15 pls.

—— 1901. On some deep sea fishes collected by Mr. F.W. Townsend in the Sea of Oman. *Ann. Mag. nat. Hist.*, Ser. 7, **7** : 261–263, Pl. 6.

—— 1915. *Catalogue of the Fresh-Water Fishes of Africa.* London, vol. 3, xii + 526 pp., 351 figs.

Bowdich T. E. 1825. *Excursions in Madeira and Porto Santo during the Autumn of 1823, while on his Third Voyage to Africa.* London, xii + 278 pp., XI pls + 57 figs (10 n. num. pls) + 1 pl. [Fishes of Madeira, pp. 121–125].

Breder C. M. 1928. Scientific results of the second oceanographic expedition of the 'Pawnee', 1926: Nematognathi, Apodes, Isospondyli, Synentognathi and Thoracostraci from Panama to Lower California. *Bull. Bingham oceanogr. Coll.* **2** (2) : 1–25, 10 figs.

Briggs J. C. 1955. A Monograph of the Clingfishes (Order Xenopterygii). *Stanford ichthyol. Bull.* **6**, 224 pp., 114 figs, 15 maps.

—— 1962. In Beaufort L.F., *The Fishes of the Indo-Australian Archipelago.* Xenopterygii. Vol. 11, pp. 444–453, Figs 97–100.

—— 1966. A new clingfish of the genus *Lepadichthys* from the Red Sea. *Bull. Sea Fish. Res. Stn Israel* (42) : 37–46, 2 figs.

Briggs J.C. & Link G. 1963. New clingfishes of the genus *Lepadichthys* from the northern Indian Ocean and Red Sea (Pisces, Gobiesocidae). *Senckenberg. biol.* 44 (2): 101–105, 2 figs, 1 map.

Brisout de Barneville C.N.F. [Bibron MS]. 1846. Note sur les Diodoniens. *Revue Zool.* 9: 136–143.

Broussonet P.M.A. 1782. *Ichthyologia sistens piscium descriptiones et icones.* London, iv + 41 pp., 11 pls.

Brunelli G. & Bini G. 1934. Sulla immigrazione di una specie di "Teuthis" dal mar Rosso al Mare Egeo. *Atti. Accad. naz. Lincei Rc.* (6), 19 (4): 255–260.

Brusina C. 1888. Morsri psi Crljenoga Mora. *Glasn. hrv. narodosl. Drust.*, Fishes, pp. 223–228.

Brüss R. 1973. *Abudefduf fallax* und *Pomacentrus nigricans*, zwei Neunachweise für das Rote Meer (Pisces: Perciformes: Pomacentridae). *Senckenberg. biol.* 54: 33–37, 3 figs.*

Bruun A.F. 1943. Cyril Crossland. *Vidensk. Meddr. dansk. naturh. Foren* 106: xii bis xvi.

Budker P. 1939. Compte rendu sommaire d'une mission en Mer Rouge et à la côte Française des Somalis. *Bull. Mus. Hist. nat., Paris* 11 (4): 352–355.

Budker P. & Fourmanoir P. 1954. Poissons de la Mer Rouge et du Golfe de Tadjoura (Missions Budker: 1938–39 et Chédeville: 1953). *Bull. Mus. Hist. nat., Paris* 26 (3): 322–325.

Burgess W.E. 1979. *Butterflyfishes of the World – A Monograph of the Family Chaetodontidae.* New York, 832 pp., 487 col. ills., 210 black and white ills., 12 maps.

Campagno L.J.V. & Springer S. 1971. *Iago*, A new genus of carcharhinid sharks, with a description of *I. omanensis. Fishery Bull. Fish Wildl. Serv. U.S.* 69 (3): 615–626, 3 figs, 3 tbs.

Cantor T.E. 1849. Catalogue of Malayan fishes. *J. Asiat. Soc. Beng.* 18: i–xiii + 983–1443. (Sep., 1850, xiii + 461 pp., Calcutta).

Cantor T.E. & Thompson W. 1840. On a new genus of fishes from India (*Bregmaceros macclellandi* Cantor MS). *Ann. Mag. nat. Hist.* 4: 184.

Cantwell G.E. 1964. A revision of the genus *Parapercis*, family Mugiloididae. *Pacif. Sci.* 18 (3): 239–280, 9 figs.

Castle P.H.J. 1964. Congrid leptocephali in Australasian waters with description of *Conger wilsoni* (Bl. & Schn.) and *C. verrauxi* Kaup. *Zool. Publs. Vict. Univ. Wellington* (37): 1–45, 11 figs.

—— 1967. Taxonomic notes on the Eel, *Muraenesox cinereus* in the western Indian Ocean. *Spec. Publs Rhodes Univ.* (2), 10 pp., 1 pl., 1 tb.

—— 1968. The congrid eels of the western Indian Ocean and the Red Sea. *Ichthyol. Bull. Rhodes Univ.* (33): 685–726, 1 fig., pls 105–108.

—— 1969. An index and bibliography of eel larvae. *Spec. Publ. J.L.B. Smith Inst. Ichthyol.* (7), 121 pp.

—— 1981 [1982]. Tiefenwasser – und Tiefseefische aus dem Roten Meer. III. A new species of *Uroconger* from Red Sea Benthos (Pisces: Teleostei: Congridae). *Senckenberg biol.* 62 (4–6): 205–209, 2 figs.

Castle P.H.J. & Williamson G.R. 1975. Systematics and distribution of eels of the *Muraenesox* group (Anguilliformes, Muraenesocidae). A preliminary report and key. *Spec. Publ. J.L.B. Smith Inst. Ichthyol.* (15): 1–9, 4 figs.

Catesby M. 1743. *The Natural History of Carolina, Florida and the Bahama Islands: containing the figures of Birds, Beasts, Fishes, Serpents, Insects and Plants with their descriptions in English and French, etc.* London, vol. 2, pp. 1–100 + i–xliv + 6 pp. not num., 100 col. pls (1 publ. in 1731) (2nd ed., 1754, revised by Mr. Edwards; 3rd ed., 1771, revised by G. Edwards.)

Chabanaud P. 1930. Les genres de Poissons Hétérosomates de la sous-famille des Soleinae. *Bull. Inst. Océanogr., Monaco* (555), 23 pp.

—— 1930. Description d'un nouveau *Cubiceps* de la Mer Rouge. *Bull. Mus. natn. Hist. nat., Paris* 2: 519–523.

—— 1931. Sur divers poissons soléiformes de la région indo-pacifique. *Bull. Soc. zool. Fr.* 56: 291–305.

—— 1932. Poissons recueillis dans le Grand Lac Amer (Isthme de Suez) par M. le Professeur A. Gruvel en 1932. *Bull. Mus. natn. Hist. nat., Paris,* Ser. 2, 4: 822–835, 2 figs.

—— 1933a. Sur divers poissons de la Mer Rouge et du Canal de Suez. Description de deux espèces nouvelles. *Bull. Inst. océanogr., Monaco* (627): 1–12, 7 figs.

Chabanaud

—— 1933b. Contribution à l'étude de la faune ichthyologique du Canal de Suez. *Bull. Soc. zool. Fr.* **58** : 287–292.

—— 1933c. Atrophie de l'organe nasal nadiral chez certains poissons heterosomes. *C. r. hebd. Séanc. Acad. Sci., Paris* **197** : 192–194.

—— 1934. Poissons recueillis dans le lac Timsah (Isthme de Suez) par le Prof. Gruvel en 1933. *Bull. Mus. natn. Hist. Nat., Paris*, Ser. 2, **6** (1) : 156–160.

—— 1939. Catalogue systematique et chronologique des Téléostéens dissymétriques du globe. *Bull. Inst. océanogr., Monaco* (763) : 1–31. List of addenda & corrigenda.

—— 1942a. Notules Ichthyologiques. XVII. Additions à la synonymie de *Pegusa lascaris*. Présence possible de cette espèce dans la Mer Rouge. *Ibid.* **14** (6) : 395–396.

—— 1942b. XVII. Additions à la faune de la Mer Rouge. *Ibid.*, pp. 396–402.

—— 1943. Notules Ichthyologiques. XX. L'habitat du Soléidé *Pegusa lascaris* (Risso) ne serait-il pas circumafricain? *Bull. Mus. Hist. nat., Paris* (2) **15** : 289–291.

—— 1947. Notules Ichthyologiques. XXX. Additions à la faune de la Mer Rouge. *Ibid.* **19** (2) : 156–157.

—— 1948. Notules Ichthyologique. XXXVIII. Addition à la faune de la Mer Rouge, *Asterorhombus intermedius. Ibid.* **20** : 153.

—— 1948. Description d'un nouveau *Cynoglossus* de l'Inde. *Ann. Mag. nat. Hist.* (11) **14** : 813–815.

—— 1949a. Description d'un nouveau *Cynoglossus* de la Mer Rouge. *Bull. Soc. zool. Fr.* **74** : 146–148.

—— 1949b. Revision de deux Bothides de la Mer Rouge. *Ibid.*, pp. 148–150.

—— 1950a. Notules Ichthyologiques. XLV. Nouvelle description du holotype d'un *Cynoglossus* de la Mer Rouge. *Bull. Mus. natn. Hist., Paris*, Ser. 2, **22** (2) : 338–339.

—— 1951. Definition et nomenclature des morphes pleurogramiques des Cynoglossidae. Revision de quatre espèces du genre *Cynoglossus* (suite et fin). *Ibid.* **23** (1) : 77–81.

—— 1954. Notules Ichthyologiques. XLVII. Présence inédite d'un *Cynoglossus* dans la Méditerranée orientale. *Ibid.* (2) **26** (4) : 465–466.

Chapman W.M. 1951. In Beaufort L.F. The Fishes of the Indo-Australian Archipelago, 9, Blenniidae, pp. 243–355.

Chapman W.M. & Schultz L.P. 1952. Review of the fishes of the blennioid genus *Ecsenius*, with description of five new species. *Proc. U.S. natn. Mus.* **102** (3310) : 507–528, Figs 90–96, 2 tbs.

Chervinsky J. 1959. A systematic and biological comparison between *Saurida grandisquamis*, from the Mediterranean and the Red Sea. *Fishermen's Bull., Haifa* (19) : 10–14 (Hebrew with English abstract).

Clark E. 1951. *Lady with a Spear*. New York, 244 pp.

—— 1953. *Lebensrätsel des Meeres*. Wien, 223 pp.

—— 1966. Pipefishes of the genus *Siokunichthys* Herald in the Red Sea, with description of a new species. *Bull. Sea Fish. Res. Stn Israel* (41) : 3–6, 2 figs.

—— 1968. Eleotrid gobies collected during the Israel South Red Sea expedition (1962) with a key to Red Sea species. *Ibid.* (49) : 3–7.

—— 1971a. Observations on a garden eel colony at Elat. *Scient. Newsletter*, Elat (1) : 5.

—— 1971b. The Red Sea garden eel. *Bull. Am. Littoral Soc.* **7** (1) : 4–10.

—— 1972. The Red Sea's garden of eels. *Natn. geogr. Mag.* **142** (5) : 724–735, 14 figs.

—— 1979 [1980]. Red Sea fishes of the family Tripterygiidae with descriptions of eight new species. *Israel J. Zool.* **28** (2–3) : 65–113, 17 figs, 5 pls.

Clark E. & Ben-Tuvia A. 1973. Red Sea fishes of the family Branchiostegidae with a description of a new genus and species *Asymmetrurus oreni. Bull. Sea Fish. Res. Stn Israel* (60) : 63–74, Figs 1–8.

Clark E., Ben-Tuvia A. & Steinitz H. 1968. Observation on a coastal fish community, Dahlak Archipelago, Red Sea. *Ibid.* (49) : 15–31, 4 figs, 2 tbs.

Clark E. & Chao S. 1973. A toxic secretion from the Red Sea flatfish *Pardachirus marmoratus* (Lacepède). *Ibid.* (60) : 53–56, Figs 1–4.

Clark E. & Doubilet D. 1974. The Red Sea sharkproof fish. *Natn. geogr. Mag.* **146** (5) : 719–727, 13 figs.

—— 1975. The strangest sea. *Ibid.* **148** (3) : 338–343, 6 figs.

302

—— 1978. Flashlight fish of the Red Sea. *Ibid.* **154** (5) : 719–728, 10 figs.

Clark E. & George A. 1976. A comparison of the toxic soles *Pardachirus marmoratus* of the Red Sea and *P. pavoninus* from southern Japan. *Rev. Trav. Inst. Pêches Marit.* **40** (3–4) : 545–546, 1 tb. (abstract).

—— 1979. Toxic soles, *Pardachirus marmoratus* from the Red Sea and *P. pavoninus* from Japan, with notes on other species. *Env. Biol. Fish* **4** (2) : 103–123, 15 figs, 7 tbs.

Clark E. & Gohar H.A.F. 1953. The fishes of the Red Sea: Order Plectognathi. *Publs mar. biol. Stn Ghardaqa* (8) : 1–80, 22 figs, 2 maps.

Clark E. & Schmidt K. Von. 1966. A new species of *Trichonotus* from the Red Sea. *Bull. Sea Fish. Res. Stn Israel* (42) : 29–36, 3 figs, 1 tb.

CLOFNAM, v. Hureau & Monod.

Cloquet H. 1818. *Dictionnaire des Sciences Naturelles de Levrault*, 1816–1830. Encyclopedie méthodique, vol. 4 (Aurata sarba).

Cocco A. 1833. Su di alcuni pesci de'mari di Messina. *Giorn. Sci. Lett. Arti Sicilia* **42** : 9–21, 1 pl. (also publ. in *Maurolico* **2** : 236–244).

—— 1838. Su di alcuni Salmonidi del mare di Messina; lettera al ch. Principe C.L. Bonaparte. *Nuovi Ann. Sci. nat., Bologna* **1** (2) : 161–194, Pls V–VIII.

Cohen D.M. 1973. Zoogeography of the Fishes of the Indian Ocean. *Ecological Study, Anal. and Synth.* **3** : 451–463, 1 fig., 1 tb. References: 521–544.

Cohen D.M. & Nielsen J.G. 1978. Guide to the identification of genera of the fish order Ophidiiformes with a tentative classification of the order. *NOAA Tech. Rep.* NMFS (417) : vii + 1–72, 102 figs, Washington.

Cohen S. 1975. *Red Sea diver's guide*, ed. 2. Seapen Books, Tel-Aviv, 180 pp.

Collette B.B. 1965. Hemiramphidae (Pisces Synentoganthi) from tropical W. Africa. *Atlantide Rep.* (8) : 217–235, 9 figs, 5 tbs.

—— 1966. Revue critique des types de Scombridae des collections du Muséum National d'Histoire naturelle de Paris. *Bull. Mus. natn. Hist. nat., Paris* (2) **38** (4) : 362–375.

—— 1967. Further comments on suppression of some names in the family Belonidae (Pisces). Z.N. (S.) 1723. *Bull. zool. Nom.* **24** (4) : 196–199.

—— 1970. *Rastrelliger kanagurata*, another Red Sea immigrant into the Mediterranean Sea, with a key to the Mediterranean species of Scombridae. *Bull. Sea Fish. Res. Stn Israel* (54) : 3–6, 1 fig.

—— 1974. The garfishes (Hemiramphidae) of Australia and New Zealand. *Rec. Aust. Mus.* **29** (2) : 11–105, 23 figs, 10 tbs.

—— 1976. Indo-West Pacific halfbeaks (Hemiramphidae) of the genus *Rhynchorhamphus* with descriptions of two new species. *Bull. Mar. Sci.* **26** (1) : 72–98, 9 figs, 5 tbs.*

Collette B.B. & Berry F.H. 1965. Recent studies on the needlefishes (Belonidae): An evaluation. *Copeia* (3) : 386–392.

—— 1966. Proposed suppression of the nomina oblita in the family Belonidae (Pisces). Z. N. (S.) 1723. *Bull. zool. Nom.* **22** (5/6) : 325–329.

Collette B.B. & Chao L.N. 1975. Systematics and morphology of the Bonitos (*Sarda*) and their relatives (Scombridae, Sardini). *Fish. Bull. F.A.O.* **73** (3) : 516–625, 70 figs, 23 tbs.

Collette B.B. & Gibbs R.H. 1963. *Preliminary Field Guide to the Mackerel and Tuna-like Fishes of the Indian Ocean (Scombridae).* Washington (Smithsonian Inst.), 48 pp., 10 pls.

Collete B.B. & Parin N.V. 1970. Needlefishes (Belonidae) of the eastern Atlantic Ocean. *Atlantide Rep.* (11) : 1–60, 13 figs, 16 tbs.

Commerson Ph. 1769–1770. Bibliothèque Museum Hist. Nat. Paris, MSS.

Cope E.D. 1870. Observations on some fishes new to the American fauna, found at Newport, R.I. *Proc. Acad. nat. Sci. Philad.* **00** : 118–121.

—— 1870 [1871]. Contribution to the ichthyology of the lesser Antilles. *Trans. Am. phil. Soc.* **14** (3) : 445–483, 10 figs, 1 chart.

Cressey R. 1981. Revision of Indo-West Pacific Lizardfishes of the genus *Synodus* (Pisces: Synodontidae). *Smithson. Contr. Zool.* (342), 53 pp., 44 figs, 4 tbs.

Cressey R.F. & Collette B.B. 1970. Copepods and needlefishes: A study in host-parasite relationships. *Fish. Bull. F.A.O.* **68** (3) : 347–432, 189 figs, 9 tbs.

Crossland C. 1920. Some common Red Sea fishes. *Sudan Notes Rec.* **3** (2) : 117–129.

Cuvier G. 1798. *Tableau élémentaire de l'histoire naturelle des animaux*. Paris, xvi + 710 pp, 14 pls.

—— 1814. Observations et recherches critiques sur différents poissons de la Méditerranée, et à leur occasion sur des poissons d'autres mers, plus ou moins liés avec eux. *Bull. Soc. philomath.,* Paris, pp. 80–92. [Report by A.D. = A.G. Desmarets.]

—— 1815. Observation et recherches critiques sur différents poissons de la Méditerranée et à leur occasion sur des poissons d'autres mers plus ou moins liés avec eux. *Mém. Mus. natn. Hist. nat., Paris* 1 : 226–241, 11 pls; pp. 312–330, 16 pls; pp. 353–363; pp. 451–466, 23 pls.

—— 1815a. Sur le poisson appelé *Centrogaster equula* Gm, *Caesio poulain* Lacep., et quelques espèces voisines. *Mém. Mus. Hist. nat. Paris* 1 : 462–466, Pl. 23, fig. 2.

—— 1817 [1816]. *Le règne animal distribué d'après son organisation, pour servir de base à l'histoire naturelle des animaux et d'introduction à l'anatomie comparée*. Paris, 4 vols, Poissons, 2 : 104–351.

—— 1817. Sur le genre *Chironectes* Cuv. (*Antennarius* Commerson). *Mém. Mus. natn. Hist. nat., Paris* 3 : 418–435, Pls 16–18.

—— 1818. Sur les Diodons, vulgairement Orbés épineux. *Mém. Mus. Hist. nat. Paris* 4 : 127–137, Pls V, VII.

—— 1829. *Le règne animal distribué d'après son organisation, pour servir de base à l'histoire naturelle des animaux et d'introduction à l'anatomie comparée*. Paris, Nouvelle édition, 2 : 122–406.

—— 1834. *The Animal Kingdom . . . by the Baron Cuvier . . . with Additional Descriptions . . . by E. Griffith, C.H. Smith (and P.B. Lord)*. Pisces. London, vol. 10, 680 pp., 62 pls.

Cuvier G. & Valenciennes A. 1828–1849. *Histoire naturelle des poissons*. Paris-Strasbourg, 22 vols, 11030 pp., 621 pls (numb. 1–650). 1828, **1**, xvi + 573 pp., Pls 1–8 [author: Cuvier]; 1828, **2**, xxi + 490 pp, Pls 9–40 [Cuv., pp. 1–238, 249–262, 387–490; Val., pp. 238–249, 262–386]; 1829, **3**, xxiii + 500 pp., Pls 41–71 [Cuv.]; 1829, **4**, xxvi + 518 pp., Pls 72–99 [Cuv.]; 1830, **5**, xxviii + 499 pp., Pls 100–140 [Cuv.]; 1830, **6** : xxiv + 559 pp., Pls 141–169 [Val., pp. 1–425, 493–559; Cuv., pp. 426–491]; 1831, **7**, xxix + 531 pp., Pls 170–208 [Cuv., pp. 1–440; Val., pp. 441–531]; 1832, **8**, xix + 509 pp., Pls 209–245 [Cuv., pp. 1–470; Val., pp. 471–509]; 1833, **9**, xxix + 512 pp., Pls 246–279 [Cuv., pp. 1–198, 330–359, 372–427; Val., pp. 199–329, 359–371, 429–512]; 1835, **10**, xxiv + 482 pp., Pls 280–306 [Val]; 1836, **11**, xx + 506 pp., Pls 307–343 [Val.]; 1837, **12**, xxix + 507 pp., Pls 344–368 [Val.]; 1839, **13**, xix + 505 pp., Pls 369–388 [Val.]; 1840, **14**, xxii + 464 pp., Pls 389–420 [Val.]; 1840, **15**, xxi + 540 pp., Pls 421–455; 1842, **16**, xx + 472 pp., Pls 456–487 [Val.]; 1844, **17**, xxiii + 497 pp., Pls 487–519 [Val.]; 1846, **18**, xix + 505 pp., Pls 520–553 [Val.]; 1847, **19**, xix + 544 pp., Pls 554–590 [Val.]; 1847, **20**, xviii + 472 pp., Pls 591–606 [Val.]; 1848, **21**, xiv + 536 pp., Pls 607–633 [Val.]; 1849, **22**, xx + 532 pp., Pls 634–650 [Val.].

D'Ancona U. 1928a. Murenoidi (Apodes) del Mar Rosso e del Golfo di Aden. *Memoria R. Com. talassogr. ital.*, 146 pp., 5 pls.

—— 1928b. Notizie preliminari sugli stadi larvali di murenoidi raccolti dal Pr. Luigi Sanzo nel Mar Rosso e nel golfo di Aden durante la crociera della R.V. Ammiraglio Magnaghi 1923–1924. *Atti Accad. naz. Lincei Rc.* 7 : 427–431.

—— 1928c. Sulla possibilita di ordinare sistematicamente le specie larvali dei Murenoidi. *Ibid.*, pp. 516–520.

—— 1930. Richerche di biologia marina sui materiali raccolti della R.N. Ammiraglio Magnaghi anno 1923–1924; Memoria VI Murenoidi (Apodes) del Mar Rosso. *Annali idrogr., Genova* 11 : 243–259, 1 pl.

D'Ancona U. & Cavinati G. 1965. The fishes of the family Bregmacerotidae. *Dana Rep.* (64), 92 pp., 59 figs.

Darom D. 1976. *The Red Sea*. 28 pp., 20 textfigs. 24 two-tone pls, 72 col. pls. Sadan Publ. House, Tel-Aviv.

Dawson C.E. 1970. A new wormfish (Gobioidea: Microdesmidae) from the northern Red Sea. *Proc. biol. Soc. Wash.* 83 (25) : 267–272, 2 figs.

—— 1976. Review of the Indo-Pacific pipefish genus *Choeroichthys* (Pisces: Syngnathidae), with descriptions of two new species. *Ibid.* 89 (3) : 39–66, 9 figs, 5 tbs.

—— 1977a. Review of the Indo-Pacific pipefish genus *Lissocampus* (Syngnathidae). *Ibid.* **89** (53): 599–620, 7 figs, 3 tbs.
—— 1977b. Review of the pipefish genus *Corythoichthys* with description of three new species. *Copeia* (2): 295–338, 21 figs, 17 tbs.
—— 1977c. Synopsis of syngathine pipefishes usually referred to the genus *Ichthyocampus* Kaup, with description of new genera and species. *Bull. mar. Sci.* **27** (4): 595–650, 19 figs, 14 tbs.
—— 1978. Review of the Indo-Pacific pipefish genus *Hippichthys* (Syngnathidae). *Proc. biol. Soc. Wash.* **91** (1): 132–157, 7 figs, 4 tbs.
—— 1979. Notes on western Atlantic pipefishes with description of *Syngnathus caribbaeus* n. sp. and *Cosmocampus* n. gen. *Proc. biol. soc. Wash.* **92** (4): 671–676, 1 fig.
—— 1980. Notes on some Siboga expedition pipefishes previously referred to the genus *Syngnathus. Bijdr. Dierk.* **50** (1): 221–226, 4 figs.
—— 1981. Review of the Indo-Pacific pipefish genus *Doryrhamphus* Kaup (Pisces: Syngnathidae), with descriptions of a new species and a new subspecies. *Ichthyol. Bull. J.L.B. Smith Inst.* (44): 27 pp., 17 figs, 8 tbs.*
Dawson C.E. & Randall J.E. 1975. Notes on Indo-Pacific pipefishes (Pisces: Syngnathidae) with description of two new species. *Proc. biol. Soc. Wash.* **88** (25): 263–280, 9 figs.
Dawson C.E., Yasuda F. & Imai C. 1979. Elongate dermal appendages in species of *Yozia* (Syngnathidae) with remarks on *Trachyrhamphus. Jap. J. Ichthyol.* **25** (4): 244–250, 5 figs.
Day F. 1867. On some new and imperfectly known fishes of India. *Proc. zool. Soc. Lond.*, pp. 699–707.
—— 1869. Remarks on some of the fishes in the Calcutta Museum. Part 3. *Ibid.*, pp. 611–623.
—— 1870. On the fishes of the Andaman Islands. *Ibid.*, pp. 670–705.
—— 1873a. On some new fishes of India. *J. Linn. Soc. (Zool.)* **11**: 524–530.
—— 1873b. The sea fishes of India and Burma. *Rep. Sea Fish. and Fisher. India*, Calcutta, pp. cliii–cccxxxii.
—— 1873c. On new or imperfectly known fishes of India. *Proc. zool. Soc. Lond.*, pp. 236–240.
—— 1875–78 [+ 1888, Supplement]. *The Fishes of India, being a Natural History of the Fishes known to inhabit the Seas and Fresh Water of India, Burma and Ceylon.* London, Part 1, 1875, pp. 1–168, Pls I–XL; Part 2, 1876, pp. 169–368, Pls XLI–LXXVIII (+ LI A–C); Part 3, 1877, pp. 369–552, Pls LXXIX–CXXXVIII; Part 4, 1878, pp. i–xx + 553–778, Pls CXXXIX–CXCV. (Text and Plates in separate volumes.) Suppl., 1888, pp. 779–816, 7 figs.
—— 1888. Supplement to *Fishes of India*, London, pp. 779–816, 7 figs.
—— 1889. *The fauna of British India including Ceylon and Burma*. Fishes. London, vol. 1, xviii + 548 pp., 164 figs; vol. 2, xiv + 509 pp., 177 figs.
DeKay J.E. 1842. Zoology of New York, or the New York fauna. Comprising detailed descriptions of all the animals hitherto observed within the state borders. Class V. Fishes. *Natural History of New York Geological Survey, Albany* **1** (3–4), Fishes, xv + 415 pp., 79 pls.
De la Pylaie M. v. **Pylaie M. de La.**
Della Croce N. & Castle P.H.J. 1966. Leptocephali from the Mozambique Channel. *Boll. Musei Ist. biol. Univ. Genova* **34** (211): 149–164, 1 fig.
Del Prato A. 1891. I vertebrati raccolti nella colonia Eritrea dal capitano Vittorio Bottego. *Boll. Sez. Fior. Soc. Africana d'Italia* **7**: 1–61.
Delsman H.C. 1934. Basking shark in the Bab el Mandeb. *Nature, Lond.* **133** (3353): 176.
Demidov V.F. & Viskrebentsev B.F. 1970. The distribution and some biological features of the main commercial ichthyofauna in the north-west part of the Red Sea. *Trudȳ asov.-chenomorsk nauch. rybokhoz. Sta.* **30**: 30–113 (Russian with English summary).
Deraniyagala P.E.P. 1931. Further notes on the anguilliform fishes of Ceylon. *Spolia zeylan.* **16**: 131–137, Pls 31–32.
Desjardins J. 1833. Abstract, 3rd Report, Proc. Société d'Histoire Naturelle de l'Isle Maurice. *Proc. Zool. Soc. Lond.* **2**: 117.
De Sylva D.P. 1973 [1975]. Barracudas (Pisces: Sphyraenidae) of the Indian Ocean and adjacent seas – a preliminary review of their systematics and ecology. *J. mar. biol. Ass. India* **15** (1): 74–94, 4 figs, 1 tb.
De Vis C.W. 1884. Descriptions of new genera and species of Australian fishes. *Proc. Linn. Soc. N.S.W.*, 1883 (1884), **8**: 283–289.

Dietrich S. 1968. Die Zusammenleben von Riffanemonen und Anemonenfischen. *Z. Tierpsychol.* **25** (8) : 933–954, 5 figs, 2 tbs.

Dollfus R. O. & Petit G. 1938. Les Syngnathidae de la Mer Rouge. Liste des espèces avec la description d'une sous-espèce nouvelle. *Bull. Mus. natn. Hist. nat., Paris* (2) **10** (5) : 496–506.

Dooley J. K. 1978. Systematics and biology of the tilefishes (Perciformes: Branchiostegidae and Malacanthidae), with descriptions of two new species. *NOAA Technical Report NMFS Circular 411*, N.Y., iv + 78 pp., 44 figs.

Dooley J. K. & Rau N. 1982. A remarkable tilefish record and comments on the Philippine tilefish. *Jap. J. Ichthyol.* **28** (4) : 450–452, 1 fig.

Dor M. 1965. *Zoological Lexicon, Vertebrata.* Tel-Aviv (Hebrew with systematic list in Latin). *Inimicus filamentosus*, p. 370.

—— 1970. Nouveaux poissons pour la Faune de la Mer Rouge. *Bull. Sea Fish. Res. Stn Israel* (54) : 7–28, 12 figs.

—— 1975. The dates of publication of Günther's "Andrew Garrett's Fische der Südsee". *Israel J. Zool.* **24** : 192.

Dor M. & Allen G. R. 1977. *Neopomacentrus miryae*, a new species of pomacentrid fish from the Red Sea. *Proc. biol. Soc. Wash.* **90** (1) : 183–188, 1 fig., 2 tbs.

Dor M. & Fraser-Brunner A. 1977. Record of *Hemipteronotus melanopus* (Teleostei: Labridae) from the Red Sea. *Israel J. Zool.* **26** : 135–136, 1 fig.

Dor M. & Palmer G. 1977. New records of two ophichthid eels from the Red Sea. *Israel J. Zool.* **26** (1–2) : 137–140, 4 figs.

Dubilet D. 1975. Rainbow world beneath the Red Sea. *Natn. geogr. Mag.* **148** (3) : 344–365, 23 figs.

Duméril A. H. A. 1852. Monographie de la famille des torpediniens ou poissons plagiostomes electriques description d'un genre nouveau de 5 espèces nouvelles et de 2 espèces nommées dans le Musée de Paris mais non encore decrites. *Revue Mag. Zool.* **4**, pp. 176–189, 227–224, 270–285. (Sep. 46 pp.)

—— 1855. Note sur un travail inédit de Bibron relatif aux poissons Plectognathes Gymnodontes (Diodons et Tetrodons). *Rev. Mag. Zool.* (2), **7** : 274–282.

—— 1865–1870. *Histoire naturelle des poissons, ou Ichthyologie générale.* Paris, 2 vol.; **1**, 1865, 720 pp.; **2**, 624 pp., 14 pls.

Duméril A. M. C. 1806. *Zoologie analytique ou méthode naturelle de classification des animaux, rendue plus facile à l'aide de tableaux synoptiques.* Paris, xxii + 344 pp.

Duncker G. 1912. Die Gattungen der Syngnathidae. *Mitt. naturh. Mus. Hamb.* **29** : 219–240.

—— 1915. Revision der Syngnathidae. Erster Teil. *Mitt. zool. Mus. Hamb.* **32** (2) : 9–120, 10 figs, 1 pl.

—— 1940. Über einige syngnathidae aus dem Roten Meer. *Publs mar. biol. Stn Ghardaqa* (3) : 83–88, 3 figs.

Edwards A. & Randall J. E. 1982 [1983].*

Ege V. 1933. On some new fishes of the families Sudidae and Stomiatidae. *Vidensk. Meddr dansk. naturh. Foren.* **94** : 223–236.

Eggert B. 1935. Beitrag zur Systematik, Biologie und geographischen Verbreitung der Priophthalminae. *Zool. Jb.* **67** : 29–116, 16 figs, 9 pls.

Ehrenberg C. G. 1829. Über den Fisch *Holocentrum christianum. Isis, Jena* **22** : 1310–1314.

Eigenmann C. H. & Eigenmann R. S. 1890. Additions to the fauna of San Diego. *Proc. Calif. Acad. Sci.*, Ser. 2, **3** : 1–24.

El-Toubi M. R. & Hamdi A. R. 1959. Studies on the head skeleton of *Rhinobatus halavi, Rhynchobatus djiddensis* and *Trygon kuhlii. Publs mar. biol. Stn Ghardaqa* (10) : 3–39, 5 pls.

Eschmeyer W. N. 1969. A new scorpionfish of the genus *Scorpaenodes* and *S. muciparus* (Alcock) from the Indian Ocean, with comments on the limits of the genus. *Proc. Calif. Acad. Sci.* (76) : 1–11, 1 tb., 1 fig.

Eschmeyer W. N. & Dor M. 1978. *Cocotropus steinitzi*, a new species of the fish family Aploactinidae (Pisces: Scorpaeniformes) from the Red Sea and Andaman Islands. *Israel J. Zool.* **27** (4) : 165–168, 1 fig.

Eschmeyer W. N., Hallacher L. E. & Rama-Rao K. V. 1979. The scorpionfish genus *Minous* (Scorpaenidae, Minoinae) including a new species from the Indian Ocean. *Proc. Calif. Acad. Sci.* **41** (20) : 453–473, 9 figs, 3 tbs.

Eschmeyer W. N. & Rama-Rao K. V. 1972. Two new scorpionfishes (genus *Scorpaenodes*) from the Indo-West-Pacific, with comments on *Scorpaenodes muciparus* (Alcock). *Ibid.* **39** (5) : 55–64, 1 fig., 1 tb.

—— 1973. Two new stonefishes (Pisces: Scorpaenidae) from the Indo-West-Pacific, with a synopsis of the subfamily Synanceiinae. *Ibid.* **39** (18) : 337–382, 13 figs, 5 tbs.

Eschmeyer W. N., Rama-Rao K. V. & Hallacher L. E. 1979. Fishes of the scorpionfish subfamily Choridactylinae from the western Pacific and the Indian Ocean. *Ibid.* **41** (21) : 475–500, 10 figs, 1 tb.

Eschmeyer W. N. & Randall J. E. 1975. The scorpaenid fishes of the Hawaiian Islands, including new species and new records (Pisces: Scorpaenidae). *Ibid.* **40** (11) : 265–334, 25 figs, 4 tbs.

Euphrasen B. A. 1790. *Raja narinari. K. svenska VetenskAkad. Handl.* **2** : 217–219, Pl. X.

Eydoux F. & Gervais P. 1837. Poissons; in Guerin, Voyage de la Favorite. *Magasin Zool. Paris,* Cl. IV, 4 pp., Pls 16–17.

—— 1839. *Voyage autour du monde sur la Corvette "La Favorite" pendant les années 1830–1832.* Paris, vol. 5, Part, pp. 77–80, Pls 31–32.

Eydoux F. & Souleyet F. L. A. 1841. *Voyage autour du monde pendant les années 1836–1839 sur la corvette "La Bonite".* Paris, vol. 1, pp. 157–215, 10 pls.

Fenton H. & Steinitz H. 1967. *Eilat – a Marine Research Laboratory.* Jerusalem, (20) : 61–72, 4 figs, 6 col. pls, 1 map.

Fischer von Waldheim G. 1813. *Zoognosia Tabulis Synopticis Illustrata in Usum praelectionum Academiae Imperialis Medico-Chirurgicae Mosquenis.* Moscow, 3rd ed., 2 vols; vol. 1, xii + 466 pp; vol. 2, xxiii + 605 pp.

Fishelson L. 1964. Observations on the biology and behavior of Red Sea coral fishes. *Bull. Sea Fish. Res. Stn Israel* (37) : 11–26, 10 figs, 1 tb.

—— 1965. Observations and experiments on the Red Sea anemones and their symbiotic fish *Amphiprion bicinctus. Ibid.* (39) : 3–16, 7 figs.

—— 1966a. Preliminary observations on *Lepadichthys lineatus* Briggs, a clingfish associated with crinoids. *Ibid.* (42) : 41–48, 8 figs.

—— 1966b. *Solenostomus cyanopterus* Bleeker (Teleostei: Solenostomidae) in Eilat (Gulf of Akaba). *Israel. J. Zool.* **15** : 95–103, 7 figs, 2 tbs.

—— 1966c. *Spirastrella inconstans* Dendy (Porifera) as an ecological niche in the littoral zone of the Dahlak archipelago (Eritrea). *Bull. Sea Fish. Res. Stn Israel* (41) : 17–25, 5 figs, 1 tb.

—— 1968. Structure of the vertebral column in *Lepadichthys lineatus*, a clingfish associated with crinoids. *Copeia* (4) : 859–861, 5 figs.

—— 1970. Spawning behaviour of the cardinal fish *Cheilodipterus lineatus* in Eilat (Red Sea). *Ibid.* (2) : 370–371.

—— 1970. Behaviour and ecology of a population of *Abudefduf saxatilis* (Pomacentridae, Teleostei) at Eilat (Red Sea). *Anim Behav.* **18** : 225–237, 12 figs.

—— 1971. Ecology and distribution of the benthic fauna in the shallow waters of the Red Sea. *Mar. Biol. Berlin* **10** (2) : 113–133, 11 figs, 5 tbs.

—— 1972. Histology and ultrastructure of the skin of *Lepadichthys lineatus* (Gobiesocidae: Teleostei). *Ibid.* **17** (4) : 357–364, 5 figs.

—— 1973. Observations on skin structure and sloughing in the stone fish *Synanceja verrucosa* and related fish species as a functional adaptation to their mode of life. *Z. Zellforsch. mikrosk. Anat.* **140** : 497–508, 17 figs.

—— 1974. Histology and ultrastructure of the recently found buccal toxic gland in the fish *Meiacanthus nigrolineatus* (Blenniidae). *Copeia* (2) : 386–392, 4 figs.

—— 1975a. Ethology and reproduction of pteroid fishes found in the Gulf of Aqaba (Red Sea), especially *Dendrochirus brachypterus* (Cuvier), (Pteroidae, Teleostei). *Pubbl. Staz. zool. Napoli* **39** (Suppl.) : 635–656, 24 figs.

—— 1975b. Observations on behaviour of the fish *Meiacanthus nigrolineatus* Smith-Vaniz (Blennii-dae) in nature (Red Sea) and in captivity. *Aust. J. mar. Freshwat. Res.* **26** : 329–341, 7 figs.

—— 1975c. Ecology and physiology in sex reversal in *Anthias squamipinnis* (Peters) (Teleostei, Anthiidae) ; in *Intersexuality in Animal Kingdom*, R. Reinboth (ed.). Mainz, pp. 284–294.

—— 1976. Spawning and larval development of the blennid fish *Meiacanthus nigrolineatus* from the Red Sea. *Copeia* (4) : 798–800, 3 figs.

—— 1977a. Ultrastructure of the epithelium from the ovary wall of *Dendrochirus brachypterus* (Pteroidae, Teleostei). *Cell Tissue Res.* **177** : 375–381, 4 pls.

—— 1977b. Stability and instability of marine ecosystems, illustrated by examples from the Red Sea. *Helgoländer wiss. Meeresunters* **30** (1–4) : 18-–29, 9 figs, 1 tb.

—— 1977c. Sociobiology of feeding behavior of coral fish along the coral reef of the Gulf of Elat (Gulf of Aqaba), Red Sea. *Israel J. Zool.* **26** (1–2) : 114–134, 13 figs.

—— 1980. Partitioning and sharing of space and food resources by fishes. In Bardach et al. (eds). *Fish behaviour and its use in the capture and culture of fishes. ICLARM*, Manila, **5** : 415–445, 5 figs.*

Fishelson L., Popper D. & Avidor A. 1974. Biosociology and ecology of pomacentrid fishes around the Sinai Peninsula (northern Red Sea). *J. Fish. Biol.* **6** : 119–133, 1 fig., 4 pls.

Fishelson L., Popper D. & Gunderman N. 1971. Diurnal cyclic behaviour of *Pempheris oualensis* Cuv. & Val. (Pempheridae, Teleostei). *J. nat. Hist.* **5** : 503–506, 4 figs.

Forsskål P. 1775. *Descriptiones Animalium; Avium, Amphibiorum, Piscium, Insectorum, Vermium, quae in Itinere Orientali Observavit.* Hauniae, 20 + xxxiv + 164 pp., 1 map.

—— **1776.** *Icones Rerum Naturalium quas in Itinere Orientali Depingi Curavit.* (C. Niebuhr, ed.) Copenhagen, 15 pp., 43 pls.

Forster J. R. 1778. *Observations made during a voyage round the world.* London, 649 pp.

—— 1788. *Enchiridion Historiae Naturali Inserviens quo Termini et Delineationes ad Avium, Piscium, Insectorum et Plantarum Adumbrationes Intelligendas et Concinnandas, Secundum Methodum Systematis Linneani Continentur.* Halae, 248 pp. (French transl., 1799.)

—— 1795. *Faunula indica id est catalogus animalium Indiae Orientalis . . . coincinnatus a Joanne Latham et Hugone Davies.* Ed. II, 38 pp. Halae.

—— 1844. *Descriptiones Animalium quae in Itinere ad Maris Australis Terras per Annos 1772, 1773 et 1774 Suscepto Collegit Observavit et Delineavit.* (Lichtenstein ed.), Berlin, xiii + 424 pp.

Fourmanoir P. 1967. Nouvelle détermination proposée pour un Apogonide de la Mer Rouge et de l'Océan Indien. *Bull. Mus. natn. Hist. nat., Paris*, Ser. 2, **39** (2) : 265–266.

Fourmanoir P. & Guézé P. 1976. *Pseudupeneus forsskali* nom. nov. (= *Mullus auriflamma* Forsskål 1775). Travaux et Documents de l'*Q.R.S.T.O.M.* (47) : 45–48.

Fowler H. W. 1903 [1904]. New and little known Mugilidae and Sphyraenidae. *Proc. Acad. nat. Sci. Philad.* **55** : 743–752, Pls 44–46.

—— 1904. A collection of fishes from Sumatra. *J. Acad. nat. Sci. Philad.* **12** : 495–560, Pls 7–28.

—— 1919. Notes on synentognathous fishes. *Proc. Acad. nat. Sci. Philad.* **71** (1) : 2–15, 4 textfigs.

—— 1928. The fishes of Oceania. *Mem. Bernice P. Bishop Mus.* **101**, iii + 540 pp., 82 figs, 49 pls.

—— 1929. New and little known fishes from Natal. *Annal. Natal Mus.* **6**, 245 pp.

—— 1931a. The fishes obtained by the "Schauensse" South African expedition, 1930. *Proc. Acad. nat. Sci. Philad.* **83** : 233–240, 3 figs.

—— 1931b. The fishes of the families Pseudochromidae, Lobotidae . . . and Teraponidae, collected by the United States Bureau of Fisheries Steamer "Albatross", chiefly in Philippine Seas and adjacent waters. *Bull. U.S. natn. Mus.* (100) **11**, ix + 388 pp., 29 figs.

—— 1933. The fishes of the families Banjosidae, Lethrinidae, Sparidae . . . Enoplosidae collected by the United States Bureau of Fisheries Steamer "Albatross" chiefly in Philippine Seas and adjacent waters. *Ibid.* **12**, v + 465 pp., 31 figs.

—— 1934. Natal fishes obtained by Mr. H.W. Bell-Marley. *Ann. Natal Mus.* **7** : 403–433.

—— 1935. South African fishes received from Mr. H.W. Bell-Marley in 1935. *Proc. Acad. nat. Sci. Philad.* **87** : 361–408, 39 figs.

—— 1938. Description of new fishes obtained by the United States Bureau of Fisheries Steamer "Albatross" chiefly in Philippine Seas and adjacent waters. *Ibid.* **85** : 31–135, Textfigs 6–61.

—— 1938a. The fishes of the George Vanderbilt South Pacific Expedition, 1937. *Monogr. Acad. nat. Sci. Philad.* **2** : i–viii + 1–349, 11 pls.

—— 1941. Contributions to the biology of the Philippine Archipelago and adjacent regions. The fishes of the groups Elasmobranchii, Holocephali, Isospondyli and Ostariophysi obtained by the United States Bureau of Fisheries Steamer "Albatross" in 1907 to 1910, chiefly in the Philippine Islands and adjacent seas. *Bull. U.S. natn. Mus.* (100) **13**, x + 879 pp., 30 figs.

—— 1945. The fishes of the Red Sea. *Sudan Notes Rec.* **26** : 113–137, 7 figs.

—— 1946. A collection of fishes obtained in the Riu Kiu Islands by Captain Ernest R. Tinkham A.U.S. *Proc. Acad. nat. Sci. Philad.* **98** : 128–218.

—— 1953. On a collection of fishes made by Dr. Marshall Laird at Norfolk Island. *Trans. R. Soc. N.Z.* **81** : 257–267, 12 figs.

—— 1956. *Fishes of the Red Sea and Southern Arabia*. Branchiostomida to Polynemida. Jerusalem, 240 pp., 117 figs.

—— 1957? Fishes of the Red Sea and Southern Arabia. Percida to Lophiida. Manuscript in the Academy of Natural Sciences of Philadelphia.

Fowler H.W. & Ball S.C. 1928. Descriptions of new fishes obtained by the Tanager Expedition of 1923 in the Pacific Islands west of Hawaii. *Proc. Acad. nat. Sci. Philad.* **80** : 269–274.

Fowler H.W. & Bean B.A. 1928. Contributions to the biology of the Philippine Archipelago and adjacent regions. The fishes of the families Pomacentridae, Labridae, and Callyodontidae collected by the United States Bureau of Fisheries steamer "Albatross" chiefly in Philippine seas and adjacent waters. *Bull. U.S. natn. Mus.* (100) **7**, viii + 525 pp., 49 pls.

—— 1929. Contributions to . . . regions. The fishes of the series Capriformes, Ephippiformes, and Squamipennes collected by . . . "Albatross" chiefly in Philippine seas and adjacent waters. *Ibid.* (100) **8**, xi + 352 pp., 25 figs.

—— 1930. Contributions to . . . regions. The fishes of the families Amiidae, Chandidae, Duleidae and Serranidae obtained by . . . "Albatross" in 1907 to 1910, chiefly in the Philippine Islands and adjacent seas. *Ibid.* (100) **10**, ix + 334 pp., 27 figs.

Fowler H.W. & Steinitz H. 1956. Fishes from Cyprus, Iran, Iraq, Israel and Oman. *Bull. Res. Coun. Israel* **5B** (3–4) : 260–292, 33 figs.

Fraser T.H. 1972. Comparative osteology of the shallow water cardinal fishes (Perciformes: Apogonidae) with reference to the systematics and evolution of the family. *Ichthyol. Bull. Smith. Inst.*, Grahamstown, (34), 5 + 1–105 pp., 44 pls, 6 tbs.

—— 1974. Redescription of the cardinal fish *Apogon endekataenia* Bleeker (Apogonidae), with comments on previous usage of the name. *Proc. biol. Soc., Wash.* **87** : 3–30, Fig. 1.

Fraser-Brunner A. 1933. A revision of the chaetodont fishes of the subfamily Pomacanthinae. *Proc. zool. Soc. Lond.*, pp. 543–599, 29 figs, 1 pl.

—— 1934. Substitute name for *Heteropyge* Fraser-Brunner, a genus of chaetodont fishes. *Copeia* (1) : 192.

—— 1938. Notes on the scatophagid fishes, with a description of a species new to the science. *Aquarist Pondkpr* **8** (8) : 72–75, 3 figs.

—— 1940a. Notes on the plectognath fishes. III. On *Monacanthus setifer* Bennett and related species, with a key to the genus *Stephanolepis* and descriptions of four new species. *Ann. Mag. nat. Hist.* (11) **5** : 518–535, 7 figs.

—— 1940b. Notes on the plectognath fishes. IV. Sexual dimorphism in the family Ostracionitidae. *Ibid.* **6** : 390–392, 1 fig.

—— 1941. Notes on the Plectognath fishes. VI. A synopsis of the genera of the family Aluteridae and descriptions of seven new species. *Ibid.* **8** : 176–199, 9 figs.

—— 1949a. On the fishes of the genus *Euthynnus*. *Ibid.* (12) **2** : 622–627, 2 figs.

—— 1949b. Notes on the electric rays of the genus *Torpedo*. *Ibid.*, pp. 943–947, 1 fig.

—— 1950. A synopsis of the hammerhead sharks (*Sphyrna*) with description of a new species. *Rec. Aust. Mus.* **22** (3) : 212–219, 3 figs.

—— 1951a. Pattern development in the chaetodont fish *Pomacanthus annularis* Bloch, with a note on the status of *Euxiphipops* Fraser-Brunner. *Copeia* (1) : 88–89, 1 pl.

—— 1951b. *Holacanthus xanthotis*, sp. n., and other chaetodont fishes from the Gulf of Aden. *Proc. zool. Soc. Lond.*, 1950–1951, **120** : 43–48, 1 fig., 2 pls.

—— 1951c. Some new blennioid fishes with a key to the genus *Antennablennius. Ann. Mag. nat. Hist.* (12) **4** : 213–220, 6 figs.
—— 1951d. The ocean sunfishes (family Molidae). *Bull. Br. Mus. nat. Hist. (Zool).* **1** (6) : 87–121, 18 figs.
—— 1954. A synopsis of the centropomid fishes of the subfamily Chandidae, with descriptions of a new genus and two new species. *Bull. Raffles Mus.* (25) : 185–212, 4 figs.
Fraser-Brunner A. & Whitley G.P. 1949. A new pipefish from Queensland. *Rec. Aust. Mus.* **22** (2) : 148–150, 2 figs.
Fricke H.W. 1966a. Zum Verhalten des Putzersfisches *Labroides dimdiatus. Z. Tierpsychol.* **23** (1) : 1–3, 2 figs.
—— 1966b. Attrapenversuche mit einigen plakatfarbigen Korallenfischen im Roten Meer. *Ibid.*, pp. 4–7, 2 figs.
—— 1966c. Partnerschaft von Kardinalfischen (*Apogon* sp.) und den Gorgonenhaupt (*Astroboa nuda Lyman*) im Roten Meer. *Ibid.*, (3) : 267–269, 2 figs.
—— 1969. Biologie et comportement de *Gorgasia sillneri* (Klausewitz) et *Taeniocoger hassi* (Klausewitz, Eibl-Eibersfeldt (Télèosteon). *C. r. hebd. Séanc. Acad. Sci., Paris* **269** : 1678–1680, 2 figs.
—— 1970a. Zwischenartliche Beziehungen der tropischen Meerbarben *Pseudupeneus barberinus* und *Pseudupeneus macronema* mit einigen anderen marinen Fischen. *Natur. Mus. Frankf.* **100** (2) : 71–80, 5 figs.
—— 1970b. Ökologische und verhaltensbiologische Beobachtungen an den Röhrenaalen *Gorgasia sillneri* und *Taeniocoger hassi* (Pisces, Apodes, Heterocongridae). *Z. Tierpsychol.* **27** : 1076–1099, 10 figs, 17 pls.
—— 1970c. Erste Funde Junger Röhrenaale von *Gorgasia sillneri* Klausewitz und *Taenioconger hassi* (Klausewitz & Eibesfeldt). *Senckenberg biol.* **51** (5–6) : 307–310.
—— 1970d. Ein mimetisches Kolektiv-Beobachtungen an Fischwärmen, die Seeigel nachahmen. *Mar. Biol. Berlin* **5** (4) : 307–314, 8 figs.
—— 1970e. Ökologische und verhaltensbiologische Beobachtungen an den Röhrenaalen *Gorgasia sillneri* und *Taeniconger hassi. Z. Tierpsychol.* **27** : 1076–1099.
—— 1971. Fische als Feinde tropischer Seeigel. *Mar. Biol. Berlin* **9** : 328–338.
—— 1973a. Individual partner recognition in fish: Field studies on *Amphiprion bicinctus. Naturwissenschaften* (4) : 1–3, 1 fig.
—— 1973b. Eine Fisch-Seeigel-Partnerschaft. Untersuchungen optischer Reizparameter beim Formenkennen. *Mar. Biol. Berlin* **19** (4) : 289–297, 5 figs, 6 tbs.
—— 1973c. Behaviour as part of ecological adaptation in *in situ* studies in the coral reef. *Helgoländer wiss. Meeresunters.* **24** : 120–144, 18 figs.
—— 1974. Öko-Ethologie des monogamen Anemonenfisches *Amphiprion bicinctus* (Freiwasseruntersuchung aus dem Roten Meer). *Z. Tierpsychol.* **36** : 429–513.
—— 1975a. Sozialstructur und ökologische Spezialisierung von verwandten Fischen (Pomacentridae). *Ibid.* **39** : 492–520.
—— 1975b. Lösen einfacher Probleme bei einem Fisch (Freiwasserversuche en *Balistes fuscus. Ibid.* **38** : 18–33, 9 figs.
—— 1975c. Evolution of social systems through site attachment in fish. *Ibid.* **39** : 206–210.
—— 1975d. The role of behaviour in marine symbiotic animals. *Symp. Soc. exp. Biol.* (29) : 581–593.
—— 1977. Community structure, social organization and ecological requirements of coral reef fish (Pomacentridae). *Helgoländer wiss. Meeresunters.* **30** (1–4) : 412–426.*
Fricke H. & Fricke S. 1977. Monogamy and sex change by aggressive dominance in coral reef fish. *Nature, Lond.* **266** (5605) : 830–832.
Fricke R. 1980. Neue Fundorte und noch nicht beschriebene Geschlechstunterschiede einiger Arten der Gattung *Callionymus* (Pisces, Perciformes, Callionymidae), mit Bemerkungen zur Systematik innerhalb dieser Gattung und Beschreibung einer neuen Untergattung und einer neuen Art. *Annali Mus. civ. Stor. nat. Giacomo Doria* **83** : 57–105, 14 figs, 9 tbs.
—— 1981a. *Theses Zoologicae* **1**. Revision of the genus *Synchiropus* (Teleostei: Callionymidae). 194 pp., 46 figs, 9 tbs. Braunschweig.
—— 1981b. The *kaianus*-group of the genus *Callionymus* (Pisces: Callionymidae), with descriptions of six new species. *Proc. Calif. Acad. Sci.* **42** (14) : 349–377, 18 figs, 2 tbs.

—— 1981c. *Diplogrammus (Climacogrammus) pygmaeus* sp. nov., a new Callionymid fish (Pisces: Perciformes: Callionymoidei) from the South Arabian Coast, Northwestern Indian Ocean. *J. Nat. Hist.* **15** : 685–692, 3 figs, 2 tbs.

—— 1982. New species of *Callionymus* with a revision of the *variegatus*-group of that genus (Teleostei: Callionymidae). *J. nat. Hist.* **16** : 127–146, 10 figs, 1 tb.*

Fridman D. 1972. Notes on the ecology of a new species of *Photoblepharon* (Pisces, Anomalepidae) from the Gulf of Elat (Aqaba). *Scient. Newsletter*, Elat, (2) : 1–2, 1 textfig.

Fridman D., Levy E. & Darom D. 1977. *A guide to the coral world of Eilat*. 50 pp. 137 figs.

Fridman D. & Masry D. 1971. *Xiphasia setifer* Swainson. A blenniid fish new for the Gulf of Elat. *Ibid.* (1) : 6, 1 textfig.

Fritzsche R.A. 1976. A review of the cornetfish, genus *Fistularia* (Fistulariidae), with a discussion of intrageneric relationships and zoogeography. *Bull. mar. Sci.* **26** (2) : 196–204, 4 figs.

Frøiland Ø. 1972a. The Scorpaenids of the Red Sea (Pisces: Scorpaenidae), a Taxonomical and Zoogeographical Study. Thesis, University of Bergen. 160 pp., 23 figs, 11 tbs.

—— 1972b. On the identity of *Sebastapistes tristis* (Klunzinger), (Pisces: Scorpaenidae). *Senckenberg. biol.* **53** : 357–360, 3 figs.

Fuchs T. 1901. Über den Charakter der Tiefseefauna des Roten Meeres auf Grund der von den Osterreichischen Tiefsee-Expedition gewonnenen Ausbeute. *Sber. Akad. Wiss., Wien*, Math-nat., Cl. **110** (1) : 249–258.

Gallotti A.M. 1972. Observazioni intorno ad alcuni pesci ossei del mar Rosso. *Annali Mus. Civ. Stor. nat. Giacomo Doria* **79** : 27–31.

—— 1973. Facts and perspectives related to the spreading of Red Sea organisms into the eastern Mediterranean. *Ibid.*, pp. 322–329.

Garman S. 1899. Reports on an exploration off the west coast of Mexico, Central and South America, and off the Galapagos Islands in charge of Alexander Agassiz, by the U.S. Fish Commission Steamer "Albatross" during 1891, Lieut. Commander Z.L. Tanner, U.S.A. commanding. XXVI. The Fishes. *Mem. Mus. comp. Zool. Harv.* **24** : 1–431, 97 pls, 1 map.

—— 1903. Some fishes from Australasia. *Bull. Mus. comp. Zool. Harv.* **39** (8) : 229–241. Pl. 1.

—— 1908. New Plagiostomia and Chismopnea. *Ibid.* **51** : 249–256.

—— 1913. The Plagiostomia: sharks, skates and rays. *Mem. Mus. comp. Zool. Harv.* **36**, xiii + 528 pp., 77 pls (text and atlas in separate volumes).

Garret A. 1864. Descriptions of new species of fishes. *Proc. Calif. Acad. Sci.* **3** (Part 2) : 103–107.

Garrick J.A.F. 1967. Revision of sharks of genus *Isurus* with description of a new species (Galeoidea, Lamnidae). *Proc. U.S. natn. Mus.* **118** (3537) : 663–690, 9 figs, 4 pls, 2 tbs.*

Geoffroy Saint-Hilaire E. 1809. Histoire naturelle des poissons du Nil; in *Description de l'Égypte....* Paris, Hist. Nat., vol. 1, pp. 1–52.

—— 1817. Poissons de la Mer Rouge et de la Méditerranée; in *Description de l'Égypte. . . .* Paris, Planches Histoire Naturelle, vol. 1, Poissons, Pls 18–27.

Geoffroy Saint-Hilaire I. 1829. Histoire naturelle des poissons de la Mer Rouge et de la Méditerranée; in C.L.F. Panckoucke, Description de l'Egypte. *Hist. Nat. Zool. Paris* **24** : 339–400, Pls 18–27.

George C.J. 1972. Notes on the breeding and movements of the rabbitfishes *Siganus rivulatus* (Forsskål) and *S. luridus* Rüppell in the coastal waters of the Lebanon. *Annali Mus. civ. Stor. nat. Giacomo Doria* **79** : 32–44, 3 figs, 3 tbs.

George C.J. & Athanassiou V.A. 1965. On the occurrence of *Scomberomorus commersoni* (Lacepède) in St George Bay, Lebanon. *Doriana* **4** : 1–4.

—— 1966. Observations on *Upeneus asymmetricus* Lachner, 1954, in St George Bay, Lebanon. *Annali Mus. civ. Stor. nat. Giacomo Doria* **76** : 68–74.

Gervais F.L.P. 1848. Sur les animaux vertébrés de l'Algérie envisagés sous le double rapport de la géographie zoologique et de la domestication. *Annls Sci. nat. Zool.*, Ser. 3, **10** : 202–208.

Gibbs R.H. & Collette B.B. 1967. Comparative anatomy and systematics of the tunas, genus *Thunnus*. *Fishery Bull. Fish. Wildl. Serv. U.S.* **66** (1) : 65–130, 33 figs, addnal figs A1–A3, 5 tbs.

Giglioli E.H. 1888. Note intorno agli animali vertebrati raccolti dal Conte Augusto Boutourline e dal D. Leopoldo Traversi ad Assab e nello Scioa negli anni 1884–87. *Annali Mus. civ. Stor. nat. Giacomo Doria* (2) **6** : 67–73.

Gilbert C.H. 1890. A preliminary report on the fishes collected by the steamer "Albatross" on the Pacific coast of North America during the year 1889, with descriptions of twelve new genera and ninety-two new species. *Proc. U.S. natn. Mus.* **13** : 49–126.

—— 1905. The deep sea fishes of the Hawaiian islands. *Bull. U.S. Fish Commn*, 1903 [1905], **23** (2) : 577–713, figs 230–276, pls 66–101.

Gilbert C.R. 1967. A revision of the hammerhead sharks (family Sphyrnidae). *Proc. U.S. natn. Mus.* **119** (3599) : 1–88, 22 figs, 10 pls, 2 tbs.

Gilchrist J.D.F. 1902. South African fishes. *Mar. Invest. S. Afr.* **2** : 101–313, 6 pls.

—— 1903. Descriptions of new South African fishes. *Ibid.*, pp. 203–211, 10 pls.

—— 1904. Descriptions of new South African fishes. *Ibid.* **3** : 1–16.

—— 1922. *Rep. Fish. mar. biol. Surv. Un. S. Afr. Rep.*, iii : 67–68.

Gilchrist J.D.F. & Thompson W.W. 1908 [1909]. Descriptions of fishes from the coast of Natal. *Ann. S. Afr. Mus.* **6** : 145–206, 213–279.

Gill Th. N. 1858. Synopsis of the fresh-water fishes of the western portion of the Island of Trinidad, West Indies. *Ann. Lyceum nat. Hist.* **6** : 363–430.

—— 1859a. Description of a new generic form of Gobinae from the Amazon River. *Ibid.* **1** : 45–48.

—— 1859b [1860]. Description of *Hyporhamphus*, a new genus of fishes allied to *Hemirhamphus* Cuv. *Proc. Acad. nat. Sci. Philad.* **11** : 131.

—— 1859c [1860]. On the genus *Callionymus* of authors. *Ibid.*, pp. 128–130.

—— 1859d [1860]. Notes on a collection of Japanese fishes, made by Dr J. Morrow. *Ibid.*, p. 146.

—— 1860 [1861]. Monograph of the genus *Labrax* of Cuvier. *Ibid.* **12** : 108–119.

—— 1861a [1862]. Catalogue of the fishes of the eastern coast of North America, from Greenland to Georgia. *Ibid.* **13** (suppl.) : 1–63.

—— 1861b [1862]. On several new generic types of fishes. *Ibid.*, pp. 77–78.

—— 1862. Analytical synopsis of the order Squali, and revision of the nomenclature of the genera. *Ann. Lyceum nat. Hist.* **7** : 367–413.

—— 1862a [1863]. On the limits and arrangement of the family of Scombroids. *Proc. Acad. nat. Sci. Philad.* **14** : 124–127.

—— 1862b [1863]. Catalogue of the fishes of lower California in the Smithsonian Institution, collected by Mr. J. Xantus. *Ibid.*, Part 1, pp. 140–151, Part 2, pp. 244–261.

—— 1862c [1863]. Remarks on the relations of the genera and other groups of Cuban fishes. *Ibid.*, pp. 235–242.

—— 1862d [1863]. Note on some genera of fishes of western North America. *Ibid.*, pp. 329–333.

—— 1863a [1864]. Catalogue of the fishes of Lower California in the Smithsonian Institution, collected by Mr. J. Xantus. *Ibid.* **15** : 80–88.

—— 1863b [1864]. Descriptions of some new species of Pediculati and the classification of the group. *Ibid.*, pp. 88–92.

—— 1863c [1864]. Notes on the Labroids of the western coast of North America. *Ibid.*, pp. 221–224.

—— 1863d [1864]. Descriptions of the gobioid genera of the western coast of temperate North America. *Ibid.*, pp. 262–267.

—— 1863e [1864]. On the Gobioids of the eastern coast of the United States. *Ibid.*, pp. 268–271.

—— 1863f [1864]. Note on the genera of Hemirhamphinae. *Ibid.*, pp. 272–273.

—— 1865a. On a remarkable new type of fishes allied to *Nemophis*. *Ann. Lyceum nat. Hist.* **8** : 138–141, Pl. 3.

—— 1865b. On a new family type of fishes related to the Blennoids. *Ibid.*, pp. 141–144.

—— 1884. Synopsis of the plectognath fishes. *Proc. U.S. natn. Mus.* **7** : 411–427.

—— 1885. Synopsis of the genera of the superfamily Teuthidoidea (families Teuthididae and Siganidae). *Ibid.*, pp. 275–281.

—— 1890. Osteological characteristics of the family Muraenesocidae. *Ibid.* **13** (815) : 231–234.

Girard A.A. 1858 [1859]. Notes upon new genera and new species of fishes in the Museum of the Smithsonian Institution and collected in connection with the United States and Mexican

Boundary Survey; Major William Emery Commissioner. *Proc. Acad. nat. Sci. Philad.* 10 : 167–171.

Girard C. F. 1859 [1860]. Ichthyological notices. *Ibid.* 11 : 55–68.

Gistel J. 1848. *Naturgeschichte des Tierreichs für höhere Schulen.* Stuttgart, xvi + 216 pp., 32 col. pls, illustr. in text.

Gmelin J. F. 1789. *Caroli a Linné, Systema Naturae per Regna Tria Naturae, Secundum Classes, Ordines, Genera, Species, cum Characteribus, Differentiis, Synonymis Locis,* 13th ed., 3 vols in 9 parts. Lipsiae, Pisces, vol. 1 (3) : 1126–1516.

Gohar H. A. F. 1948. Commensalism between fish and anemone with a description of the eggs of *Amphiprion bicinctus* Rüppell. *Publs mar. biol. Stn Ghardaqa* (6) : 35–44, 1 fig., 5 pls.

—— 1954. The place of the Red Sea between the Indian Ocean and the Mediterranean. *Istanb. Univ. Fen Fak. Hidrobiol.,* Ser. B., 2 (2–3) : 47–82, 1 map.

Gohar H. A. F. & Bayoumi A. R. 1959. On the anatomy of *Manta ehrenbergi* with notes on *Mobula kuhlii. Publs mar. biol. Stn Ghardaqa* (10) : 191–238, 32 figs, 3 pls, 1 tb.

Gohar H. A. F. & Hamdi A. R. 1963a. The jaws and teeth of *Aetobatus narinari. Ibid.* (12) : 177–190, 6 figs.

Gohar H. A. F. & Latif A. F. A. 1959. Morphological studies of the gut of some scarid and labrid fishes. *Ibid.* (10) : 145–189, 50 figs, 8 tbs.

—— 1961a. On the histology of the alimentary tract in representative scarid and labrid fishes (from the Red Sea). *Ibid.* (11) : 95–126, 10 figs.

—— 1961b. The carbohydrases of some scarid and labrid fishes (from the Red Sea). *Ibid.,* pp. 127–146, 6 figs, 9 tbs.

—— 1961c. Gut lipase of some scarid and labrid fishes (from the Red Sea). *Ibid.,* pp. 215–234, 9 figs, 13 tbs.

—— 1963. Digestive proteolytic enzymes of some scarid and labrid fishes from the Red Sea. *Ibid.* (12) : 3–42, 18 figs, 31 tbs.

Gohar H. A. F. & Mazhar F. M. 1964a. The Elasmobranchs of the north-western Red Sea. *Ibid.* (13) : 3–144, 81 figs, 16 pls, 2 maps.

—— 1964b. The internal anatomy of Selachii of the N.W. Red Sea. *Ibid.,* pp. 145–239, 49 figs, 11 pls.

—— 1964c. Keeping Elasmobranchs in vivaria. *Ibid.,* pp. 241–250, 3 pls.

Golani D. 1981. The biology of *Adioryx ruber* (Forsskål, 1775) in the Mediterranean and morphological and meristic comparison of the Mediterranean and Red Sea populations. M.Sc. Thesis, Department of Zoology, The Hebrew University of Jerusalem. 62 pp., 21 figs, 21 tbs (Hebrew with English summary).

Golani D. & Ben-Tuvia A. 1982. First records of the Indo-Pacific daggertooth pike-conger, *Muraenesox cinereus,* in the eastern Mediterranean and in the Gulf of Elat (Gulf of Aqaba). *Israel J. Zool.* 31 (1–2) : 54–57, 2 figs.

Golvan Y. J. 1962. Catalogue systématique des noms de genres de poissons actuels de la X' édition du "Systema naturae" de Charles Linne jusquea la fin de l'annés 1959. *Annls Parasit. hum. comp.,* 227 pp.

Goode G. B. & Bean T. H. 1895 [1896]. Oceanic ichthyology, a treatise on the deep-sea and pelagic fishes of the world, based chiefly upon the collections made by steamers "Blake", "Albatross" and "Fishhawk" in the northwestern Atlantic. *Smithson. Contr. Knowl.* 30, and *Spec. Bull. U.S. natn. Mus.,* 1895 [1896] and *Mem. Mus. comp. Zool. Harv.* 1 (Text), xxxv + 553 pp.; 2 (Atlas), xxiii + 26 pp., unnumbered textfigs, 123 pls containing 417 figs.

Goren M. 1978. *Acentrogobius spence* (Smith) new for the Red Sea (Pisces: Gobiidae). *Senckenberg. biol.* 58 (3–4) : 143–145, 2 figs.

—— 1978. Comparative study of *Bathygobius fuscus* (Rüppell) and related species of the Red Sea, including *B. fishelsoni* n. sp. (Pisces: Gobiidae). *Ibid.,* (5–6) : 267–273, 9 figs.

—— 1978. A new gobiid genus and seven new species from Sinai coasts (Pisces: Gobiidae). *Ibid.* 59 (3–4) : 191–203, 7 figs, 3 tbs.

—— 1979. A new gobioid species *Corygalops sufensis* from the Red Sea (Pisces: Gobiidae). *Cybium,* Ser. 3e, (6) : 91–95, 2 figs.

—— 1979. The Gobiinae of the Red Sea (Pisces: Gobiidae). *Senckenberg. biol.* 60 (1–2) : 13–64, 44 figs, 2 tbs, 2 maps.

Goren

—— 1979 [1980]. On the occurrence of *Acentrogobius belissimus* Smith, 1959, in the Red Sea. *Israel J. Zool.* **28** (2–3) : 160–162, 1 fig.

—— 1980. Red Sea fishes assigned to the genus *Callogobius* Bleeker with description of a new species (Teleostei, Gobiidae). *Israel. J. Zool.* **28** (4) : 209–217, 4 figs, 2 tbs.

—— 1982. *Quisquilius flavicaudatus*, a new gobiid fish from the coral reef of the Red Sea. *Zoöl. Meded. Leiden* **56** (11) : 139–142, 1 fig., 1 tb.

Goren M. & Karplus I. 1980. *Fowleria abocellata*, a new cardinal fish from the Gulf of Elat, Red Sea (Pisces: Apogonidae). *Zoöl. Meded. Leiden* **55** (20) : 231–234, 1 fig., 1 pl.

Goren M. & Klausewitz W. 1978. Two Mediterranean new gobid fishes in the Red Sea (Pisces: Gobiidae). *Senckenberg. biol.* **59** (1–2) : 19–24, 4 figs.

Goren M. & Valdovski Z. 1980 [1981]. *Paragobiodon xanthosoma* (Bleeker, 1852) new for the Red Sea (Pisces: Gobiidae). *Israel J. Zool.* **29** (1–3) : 150–152, 1 fig.

Gorgy S. 1966. Contribution a l'étude du milieu marin et de la pêche en Mer Rouge. *Revue Trav. Inst. scient. tech. Pêch. marit.* **30** (1) : 93–112, 6 figs, 2 tbs.

Gosline W. A. 1951. The osteology and classification of the ophichthid eels of the Hawaiian Islands. *Pacif. Sci.* **5** (4) : 298–320, 18 textfigs.

Graffe G. 1962. Beobachtungen über zwischenartliche Beziehungen im Roten Meer. *Pyramide*, Innsbruck, **10** (3) : 127–128, 1 textfig.

—— 1963. Die Anemonen-Fisch-Symbiose und ihre Grundlage nach Freilanduntersuchungen bei Eilat/Rotes Meer. *Naturwissenschaften* **50** (11) : 410.

—— 1964. Zur Anemonen-Fisch-Symbiose, nach Freilanduntersuchungen bei Eilat/Rotes Meer. *Z. Tierpsychol.* **21** (4) : 468–485, 2 figs, 2 tbs.

Graffe G. & Hackinger A. 1967. Die Jugendentwicklung des Anemonenfisches *Amphiprion bicinctus. Natur Mus. Frankf.* **97** (5) : 170–176, Figs a–o.

Gray J.E. 1831. Description of Three New Species of Fish including two Undescribed Genera Discovered by John Reeves in China. *Zool. Miscellany*, London, pp. 4–5.

—— 1830–1835. *Illustrations of Indian Zoology; Chiefly Selected from the Collection of Major General Hardwicke.* (Two volumes, each of ten parts) 1830–1832, vol. 1, Pls 1–100; 1833–1835, vol. 2, Pls 1–102 (dating given by Sawyer, 1953).

—— 1851. *List of the Specimens of Fish in the Collection of the British Museum.* London, Pt. 1: Chondropterygii, 160 pp., 2 pls.

—— 1854. v. Gronow L.T.

Greenfield D.W. 1974. A revision of the squirrelfish genus *Myripristis* Cuvier (Pisces: Holocentridae). *Nat. Hist. Mus. Los Angeles County, Sci. Bull.* (19) : 1–54, 23 figs, Col. Figs 24–27, 17 tbs.

Greenwood P.H., Rosen D.E., Weitzman S.H. and Myers G.S. 1966. Phyletic studies of teleostean fishes, with a provisional classification of living forms. *Bull. Am. Mus. nat. Hist.* **131** : 339–456, 9 textfigs, Pls 21–23, 32 maps.

Griffith E. & Smith C.H. 1834. The Class Pisces. Arranged by the Baron Cuvier, v. **Cuvier.**

Gronovius L.T. 1763. Zoophylacii Gronoviani Fasciculus Primus exhibens Animalia Quadrupeda, Amphibia atque Pisces, quae in Museo suo Adservat, rite Examinavit, systematice Disposuit, Descripsis atque iconibus Illustravit L.T. Gronovius, J.U.D. . . . Lugduni Batavorum, 236 + 1 pp., 18 pls.

Gronow L.T. 1854. *Catalogue of Fishes Collected and Described by Laurence Theodore Gronow*, now in the British Museum. Edited from the manuscript by J.E. Gray. London, vii + 196 pp.

Gruvel A. 1936. Contribution à l'étude de la bionomie générale et de l'exploration de la faune du Canal de Suez. *Mém. Inst. Egypte* **29** : 1–255, 62 figs, 25 pls, 1 map.

Gruvel A. & Chabanaud P. 1937. Missions A. Gruvel dans le Canal de Suez. II. Poissons. *Ibid.* **35** : 1–31, 29 figs.

Gudger E.W. 1938. Four whale sharks rammed by steamers in the Red Sea region. *Copeia* (4) : 170–173.

—— 1940. Twenty five years quest of the whale shark. *Scient. Monthly* **50** : 225–233, 7 figs.

—— 1940. A tiger shark and a basking shark rammed by steamers. *Science, N.Y.* **91** (2363) : 356–357.

Guichenot A. 1847a. Descriptions de deux nouvelles espèces de Cossyphes. *Revue Zool.* : 282–284.

—— 1847b. Voyage en Abyssinie éxécuté pendant les années 1839 . . . 1843. Paris, *Histoire Naturelle – Zoologie*, vol. 6, Poissons, pp. 225–238, Pls 5–8.

—— 1848. Notice sur l'établissement d'un nouveau genre de Chétodons. *Rev. Zool.* **11** : 12–14.

—— 1865. Catalogue des Scarides de la collection du Musée de Paris. *Mém Soc. natn. Sci. nat. math. Cherbourg* **11** : 1–75.

Günther A. 1859. Catalogue of the acanthopterygian fishes in the collection of the British Museum. 1. Gasterosteidae, Berycidae, Percidae, Aphredoderidae, Pristipomatidae, Mullidae, Sparidae. London, xxxi + 524 pp.

—— 1860. Catalogue of the acanthopterygian fishes in the collection of the British Museum. 2. Squamipinnes, Cirrhitidae, Triglidae, Trachinidae, Polynemidae, Sphyraenidae, Trichiuridae, Scombridae, Carangidae, Xiphiidae. London, xxi + 548 pp.

—— 1861a. A preliminary synopsis of the labroid genera. *Ann. Mag. nat. Hist.* (3) **8** : 382–389.

—— 1861b. Catalogue of the acanthopterygian fishes in the collection of the British Museum. 3. Gobiidae, Discoboli, Pediculati, Blenniidae, Labyrinthici, Mugilidae, Notacanthi. London, xxv + 586 pp.

—— 1862. Catalogue of the fishes in the British Museum. 4. Catalogue of the Acanthopterygii, Pharyngognathi and Anacanthini in the collection of the British Museum. London, xxi + 534 pp.

—— 1864. Catalogue of the fishes in the British Museum. 5. Catalogue of the Physostomi containing the families Siluridae, Characinidae, Haplochitonidae, Sternoptychidae, Scopelidae, Stomiatidae in the collection of the British Museum. London, xxii + 455 pp.

—— 1866. Catalogue of the fishes in the British Museum. 6. Catalogue of the Physostomi containing the families Salmonidae, Percopsidae, Galaxidae, Mormyridae, Gymnarchidae, Esocidae, Umbridae, Scombresocidae, Cyprinodontidae in the collection of the British Museum. London, xv + 368 pp.

—— 1867. Description of some little known species of fishes in the collection of the British Museum. *Proc. zool. Soc. Lond.*, pp. 99–104, 1 fig., Pl. 10.

—— 1868a. Catalogue of the fishes in the British Museum. 7. Catalogue of the Physostomi containing the families Heterpygii, Cyprinidae, Gonorhynchidae, Hyodontidae, Osteoglossidae, Clupeidae, Chirocentridae, Alepocephalidae, Notopteridae, Halosauridae in the collection of the British Museum. London, xx + 512 pp.

—— 1868b. Additions to the ichthyological fauna of Zanzibar. *Ann. Mag. nat. Hist.* (4) **1** : 457–459, 1 fig.

—— 1870. Catalogue of the fishes in the British Museum. 8. Catalogue of the Physostomi containing the families Gymnotidae, Symbranchidae, Muraenidae, Pegasidae and of the Lophobranchii, Plectognathi, Dipnoi, Ganoidei, Chondropterygii, Cyclostomata, Leptocardii in the collection of the British Museum. London, xxv + 549 pp.

—— 1871. Thirteen new species of fishes from collections made by Dr. A.B. Meyer at Monado. *Proc. zool. Soc. Lond.*, pp. 652–675.

—— 1873–77. Andrew Garrett's Fische der Südsee beschrieben und ridigirt von A. Günther. *J. Mus. Godeffroy*, 1873, Fasc. III (1), pp. 1–24, Pls 1–20; 1874, Fasc. VI (2), pp. 25–56; Fasc. VII (3) : 57–96, Pls 21–60; 1875, Fasc. IX (4), pp. 97–128, Pls 61–83; 1876, Fasc. XI (5), pp. 129–168, Pls 84–100; 1877, Fasc. XIII (6), pp. 169–216, Pls 101–120.

—— 1880. Report on the shore fishes; in Zoology of the voyage of H.M.S. Challenger. *Challenger Reports*, Zool. **1** (6) : 1–82, 32 pls.

—— 1881. Andrew Garrett's Fische der Südsee. *J. Mus. Godeffroy*, Fasc. XV (7), pp. 217–256, Pls 121–140.

—— 1887. Report on the deep-sea fishes collected by H.M.S. Challenger during the years 1873–76. *Challenger Reports*, Zool. **22** : lxv + 268 pp., 7 figs, 66 pls.

—— 1909–10. Andrew Garrett's Fische der Südsee. *J. Mus. Godeffroy*, 1909. Fasc. XVI (8), pp. i–iv + 216–388, Pls 141–160.

—— 1910. *Ibid.*, Fasc. XVII (9), pp. 389–515, Pls 161–180.

Haas G. 1946. On the fishes of the Gulf of Aqaba. *Jerusalem Nat. Club Bull.* (27), 3 pp.

Haas G. & Steinitz H. 1947. Erythrean fishes on the Mediterranean coast of Palestine. *Nature, Lond.* **160** : 28.

Hackinger A. 1959. Freilandbeobachtungen an Aktinien und Korallenfischen. *Mitt. biol. Stn Wilhelminenberg.* **2** : 72−74.

Haedrich R. L. 1967. The stromateid fishes: systematics and a classification. *Bull. Mus. comp. Zool. Harv.* **135** (2) : 31−139, 56 figs.

Halstead B. W. 1967, 1970. *Poisonous and Venomous Marine Animals of the World*. Washington, 1967, vol. 2, xxxii + 1070 pp., 99 figs, 186 pls, 14 tbs. 1970, vol. 3, xxv + 1006 pp., 151 figs, 123 pls, 3 tbs.

Hamdi A. R. 1952. Hyoid arch of Rhinobatidae. *Nature, Lond.* **170** (4317) : 166.

—— 1956a. The development of the spiracular cartilage of *Rhinobatus halavi. Proc. Egypt. Acad. Sci.* **11** : 74−78, 3 figs.

—— 1956b. The development of the extra visceral cartilage of *Rhinobatus halavi. Ibid.*, pp. 79−83, 8 figs.

—— 1957. The development of the hyoid arch in the Rhinobatidae. *Ibid.* **12** : 58−71, 8 figs.

—— 1959a. The structure and development of the nasal cartilage in Selachii. *Ibid.* **13** : 18−22, 7 figs.

—— 1959b. The development of the neurocranium of *Rhinobatus halavi. Ibid.*, pp. 23−38, 15 figs.

—— 1960a. The head skeleton of *Rhinoptera bonasus* (Mitchill). *Ibid.* **14** : 74−80, 2 pls.

—— 1960b. The morphological significance of the labial cartilage in Selachii. *Ibid.*, pp. 82−89, 8 figs.

—— 1961a. The extravisceral cartilages of four selachians (from the Red Sea) *Mustelus manazo, Sphyrna zygaena, Dasyatis uarnak, Stoasodon narinari. Publs mar. biol. Stn Ghardaqa* (11) : 191−203, 4 figs.

—— 1961b. The development of the branchial arches of *Rhinobatus halavi. Ibid.*, pp. 205−213, 4 figs.

—— 1964a. The development of the mandibular arch of *Rhychobatus djiddensis. Proc. Egypt. Acad. Sci.* **17** : 1−3, 6 figs.

—— 1964b. Studies on the orbital region in selachian neurocranium. *Ibid.*, pp. 407, 2 figs.

—— 1974. Studies on the structure and development of the rostral cartilages in Selachii. *Ibid.* **25** : 17−19, 2 figs.

Hamdi A. R. & Gohar H. A. F. 1974. The development of the optic stalk of *Rhinobatus granulatus. Proc. Egypt. Acad. Sci.* **25** : 21−22, 2 figs.

Hamdi A. R. & Khalil M. S. 1964a. The connections and relations of neurocranium and viscerocranium of *Rhinobatus granulatus, Raja miraletus, Pteroplatea altavela, Aetomylus milvus* and *Stoasodon narinari. Ibid.* **1** : 60−69, 5 figs.

—— 1964b. The hyoid arch in Batoidei. *Ibid.* **17** : 71−73, 4 figs.

—— 1972a. The viscerocranium of *Aetomylus milvus. Bull. Fac. Sci. Egypt. Univ.* (44) : 57−63, 4 figs.

—— 1972b. The neurocranium of *Aetomylus milvus. Ibid.*, pp. 65−72, 5 figs.

—— 1973a. The so-called pseudohyoid in Selachii. *Proc. Egypt. Acad. Sci.* **24** : 1−4, 6 figs.

—— 1973b. Studies of the arrangement of hypobranchials in Selachii. *Ibid.*, pp. 5−9, 9 figs.

Hamdi A. R., Khalil M. S. & Hassan S. H. 1974. Studies on the neurocranium of *Dasybatus sephen. Ibid.* **25** : 139−144, 5 figs.

—— 1974. Studies on the viscerocranium of *Dasybatus sephen. Ibid.*, pp. 145−149, 7 figs.

Hamilton-Buchanan F. 1822. *An Account of the Fishes Found in the River Ganges and its Branches*. Edinburgh, vii + 405 pp., 39 pls.

Harry R. R. 1953a. Studies on the bathypelagic fishes of the family Paralepididae. 1. Survey of the genera. *Pacif. Sci.* **7** (2) : 219−249, 22 textfigs.

—— 1953b. Studies of the bathypelagic fishes of the family Paralepididae (Order Iniomi). A revision of the North Pacific species. *Proc. Acad. Nat. Sci. Philad.* **105** : 169−230, 28 textfigs, 3 tbs.

Hass H. 1950. In the mouth of the devil ray. *Ill. Lond. News*, 22 July, p. 22, 5 figs.

Hasselquist F. 1766. *Voyage and Travels in the Levant, 1749−52*. London, 456 pp. (*Chaetodon nigricans*, p. 223).

Heckel J. J. 1837. Ichthyologische Beiträge zu den familien der Cottoiden, Scopaenoiden, Gobioiden und Cyprinoiden. *Annln wien. Mus. Naturg.* **2** (1) : 143−164, Pls 8−9.

Hemprich F. W. & Ehrenberg C. G. 1899. *Symbolae physicae, seu Icones et Descriptiones Piscium* *qui ex itinere per African borealem et Asiam occidentalem* (Hilgendorf, ed.). Berlin, decas prima, Pls I–X.

Herald E. S. & Randall J. E. 1972c. Five new Indo-Pacific pipefishes. *Proc. Calif. Acad. Sci.*, Ser. 4, **39** (11) : 121–140, 6 figs, 3 tbs.

Hermann D. J. 1783. *Tabula Affinitatum Animalium olim Academico Specimine Edita. Nunc Uberiore Commentario Illustrata...* Strasbourg, 370 pp., 3 pls.

Herre A. W. 1927. Gobies of the Philippines and the Chinese Sea. *Monogr. Philipp. Bur. Sci.* (23), 522 pp., 30 pls.

—— 1933. Twelve new Philippine fishes. *Copeia* (1) : 17–25.

—— 1934. *Notes on Fishes in the Zoological Museum Stanford University.* I. The fishes of the Herre Philippine expedition of 1931. Hong Kong, 106 pp.

—— 1936. Eleven new fishes from the Malay peninsula. *Bull. Raffles Mus.* **12** : 5–16, 11 pls.

—— 1953. Check list of Philippine fishes. *Res. Rep. U.S. Fish Wildl. Serv.* **20**, 977 pp.

Herzberg A. 1965. Preliminary data on proximate composition of some Mediterranean and Red Sea fishes. *Rapp. Comm. Int. Mer Medit.* **18** (2) : 253–255, 3 tbs.

Herzberg A. & Pasteur R. 1969. Proximate composition of commercial fishes from the Mediterranean and the Red Sea. *Fish. Ind. Res. U.S.A.* **5** (2) : 39–65, 20 figs.

Hoese D. F. & Fourmanoir P. 1978. *Discordipinna griessingeri*, a new genus and species of gobiid fish from the tropical Indo-West-Pacific. *Jap. J. Ichthyol.* **25** (1) : 19–24, 4 figs, 1 tb.

Hollard H. L. G. M. 1953. Monography Balistidae. *Annls. Sci. nat. Zool.*, Ser. 4, **1** : 303–339, 3 pls.

—— 1957. Monography Ostracionidae. *Ibid.* **7** : 121–171, 13 pls.

Holm Å. 1957. Specimina Linneaena I Uppsala Bevarade zoologisca samlingar från Linnés tid (with English summary). *Uppsala Univ. Arsskr.* (6) : 1–68.

Hora S. L. 1925. Notes on fishes in the Indian Museum. 13. On certain new and rare species of "pipe fish" (family Syngnathidae). *Rec. Indian Mus.* **27** (6) : 460–468, Textfigs 4–7.

Hornell J. 1935. The Fisheries of the Gulf of Aqaba. *Report on the Fisheries of Palestine*, London, pp. 249–261.

Houttuyn M. 1782. Beschryving van eenige Japanese Visschen en andere Zee-Schepzelen. *Verh. holland Maatsch. Wet.* **20** (2) : 311–350.

Hubbs C. L. 1927. The Suez Canal as a means in the dispersal of marine fishes. *Copeia* (165) : 94.

Hureau J. C. & Monod Th. 1973. *CLOFNAM* (Check-List of the Fishes of the North-Eastern Atlantic and of the Mediterranean), Pairs, vol. 1, xxii + 683 pp.; vol. 2, 331 pp., 1 map.

Issel A. 1872. *Viaggio nel mar Rosso et tra i Bogor* : Milano, Appendix, pp. 126–127.

Jatzow R. & Lenz H. 1898. Fische von Ost Afrika, Madagascar und Aldabra. *Abh. senckenb. naturforsch. Ges.* **21** (3) : 497–531, 3 pls.

Jenkins O. P. 1903. Report on the collection of fishes made in the Hawaiian islands, with descriptions of new species. *Bull. U.S. Fish Commn* **22** : 415–416.

Jenyns L. 1842. *The Zoology of the Voyage of H.M.S. "Beagle" during the Years 1832–1836*, vol. 4, Fishes. London, xvii + 172 pp., 29 pls.

Jordan D. S. 1888. On the generic names of the tunny. *Proc. Acad. nat. Sci. Philad.* **40** : 180.

—— 1903. Supplementary note on *Bleekeria mitsukurii* and on certain Japanese fishes. *Proc. U.S. natn. Mus.* **26** : 693–696.

—— 1916. The nomenclature of American fishes as affected by the opinions of the International Commission on Zoological Nomenclature. *Copeia* **29** : 25–28.

—— 1917. Notes on *Glossamia* and related genera of cardinal fishes. *Copeia* (44) : 46–47.

—— 1917–1920. *The Genera of Fishes, with the Accepted Type of Each.* Stanford, 1917, Part 1, from **Linnaeus to Cuvier**, 1758–1833, pp. 1–161; 1919, Part 2, from Agassiz to Bleeker, 1833–1858, pp. ix + 163–284 + i–xiii; 1919, Part 3, from Günther to Gill, 1859–1880, pp. 285–410 + i–xv; 1920, Part 4, from 1881 to 1920, pp. 411–576 + i–xviii.

—— 1923. *A Classification of Fishes including Families and Genera as Far as Known. Stanf. Univ. Publs* (Biol. Sci.), vol. 3 (2) : 77–243 + x. (New edition 1963; reprint 1968, addition to *Genera of Fishes*, 1917–1920.)

Jordan D.S. & Bollman C.H. 1889 [1890]. Scientific results of explorations by the U.S. Fish Commission steamer "Albatross". IV. Descriptions of new species of fishes collected at the Galapagos Island and along the coast of the United States of Colombia, 1887–1888. *Proc. U.S. natn. Mus.* **12** : 149–183.

Jordan D.S. & Evermann B.W. 1896–1900. The fishes of North and Middle America, a descriptive catalogue of the species of fish-like vertebrates found in the waters of North America, north of the isthmus of Panama. *Bull. U.S. natn. Mus.* (47), Part I, 1896, pp. lx + 1–1240; Part II, 1898, pp. xxx + 1241–2183; Part III, 1898, pp. xxiv + 2183–3136; Part IV, 1900, pp. ci + 3137–3313, 392 pls (958 figs).

—— 1902 [1904]. Description of new genera and species of fishes from the Hawaiian Islands. *Bull. U.S. Fish. Comm* **22** : 161–208.

—— 1905. The aquatic resources of the Hawaiian Islands. I. The shore fishes of the Hawaiian Islands, with a general account of the fish fauna. *Ibid.*, 1903 [1905], **23** (1) : i–xxviii + 1–574, 229 figs, 65 pls.*

Jordan D.S. & Fordice M.W. 1886 [1887]. A review of the American species of Belonidae. *Proc. U.S. natn. Mus.* **9** : 339–361.

Jordan D.S. & Fowler H.W. 1902. A review of the trigger-fishes, file-fishes, and trunk-fishes of Japan. *Ibid.* **25** : 251–286, 6 textfigs.

—— 1903. A review of the dragonets (Callionymidae) and related fishes of the waters of Japan. *Ibid.*, pp. 939–959.

Jordan D.S. & Gilbert C.H. 1883. Synopsis of the fishes of North America. *Ibid.*, (16), 1882 [1883], pp. lvi + 1018.

Jordan D.S. & Hubbs C.L. 1925. Record of fishes obtained by D.S. Jordan in Japan, 1922. *Mem. Carneg. Mus.* **10** (2) : 93–346, Pls 5–12.

Jordan D.S. & Jordan E.K. 1922. A list of the fishes of Hawaii, with notes and descriptions of new species. *Ibid.*, (1) : 1–92.

Jordan D.S. & McGregor R.C. 1898 [1899]. List of fishes collected at the Revillagigedo Archipelago and neighboring islands. *Rep. U.S. Commnr Fish.*, pp. 273–284, Pls 4–7.

Jordan D.S. & Richardson R.E. 1908. A review of the flat-heads, gurnards, and other mail-cheeked fishes of the waters of Japan. *Proc. U.S. natn. Mus.* **33** : 629–670, 9 textfigs.

—— 1909. A catalogue of the fishes of the Island of Formosa or Taiwan, based on the collection of Dr. Hans Sauter. *Mem. Carneg. Mus.* **4** (4) : 159–204, 29 textfigs, 12 pls.

—— 1910. *Check List of the Species of Fishes from the Philippine Archipelago*. Manila, 78 pp.

Jordan D.S. & Seale A. 1905. List of fishes collected by Dr Bashford Dean on the Island Negros, Philippines. *Proc. U.S. natn. Mus.* **28** : 769–803.

—— 1905a. List of fishes collected at Hong Kong by Captain William Finch, with descriptions of five new species. *Proc. Davenport Acad. Sci.* **10** : 1–17, 13 pls.

—— 1906. The fishes of Samoa: description of the species found in the archipelago, with a provisional check-list of the fishes of Oceania. *Bull. Bur. Fish., Wash.*, 1905 [1906], **25** : 173–455, 111 figs, Col. Pls 38–53.

—— 1925. Analysis of the genera of anchovies or Engraulidae. *Copeia* (141) : 27–52.

Jordan D.S. & Snyder J.O. 1900. A list of fishes collected in Japan by Keinosuke Otaki, and by the United States steamer "Albatross," with descriptions of fourteen new species. *Proc. U.S. natn. Mus.* **23** : 335–380, Pls 9–20.

—— 1901a. A review of the apodal fishes or eels of Japan, with description of nineteen new species. *Ibid.*, pp. 837–890.

—— 1901b. A review of the cardinal fishes of Japan. *Ibid.*, (1240) : 891–913, 2 pls.

—— 1901c. A review of the hypostomide and lophobranchiate fishes of Japan. *Ibid.* **24** : 1–20.

—— 1902. A review of the trachinoid fishes and their supposed allies found in the waters of Japan. *Ibid.* **24** : 461–497.

—— 1908. Descriptions of three new species of carangoid fishes from Formosa. *Mem. Carneg. Mus.* **4** : 37–40.

Jordan D.S. & Starks E.C. 1895. The fishes of Puget sound. *Proc. Calif. Acad. Sci.* (2) **5** : 785–855, 38 pls.

—— 1902a. A review of the hemibranchiate fishes of Japan. *Proc. U.S. natn. Mus.* **26** (1308) : 57–73, 3 figs.

—— 1902b. List of fishes dredged by the steamer "Albatross" off the coast of Japan in the summer of 1900, with description of new species and a review of Japanese Macrouridae (by Jordan & Gilbert). *Bull. U.S. Fish Commn* 17 : 577–613.

—— 1904. A revision of the scorpaenid fishes of Japan. *Proc. U.S. natn. Mus.* 27 : 91–175, 21 textfigs, 2 pls.

—— 1908. On a collection of fishes from Fiji, with notes of certain Hawaiian fishes; in Jordan D.S. & Dickerson M.C. *Ibid.* 34 : 603–617, 6 textfigs.

Jordan D. S. & Swain. 1884. A review of the American species of marine Mugilidae. *Ibid.* 7 : 261.

Jordan D. S., Tanaka S. & Snyder J. O. 1913. A catalogue of the fishes of Japan. *J. Coll. Sci. imp. Univ. Tokyo* 33 (1) : 1–497, 396 figs.

Kaempfer E. 1778. *Amoentatum Exoticarum Politicon-Physicon Medicarum.* V. Quibus continuentur variae relationes, observationes & descriptiones rerum persicarum ulterioris Asiae. Lemongoviae, 912 pp. + index, 16 unnumbered plates, text illustrated.

Kanazawa R. H. 1958. A revision of the eels of the genus *Conger*, with descriptions of four new species. *Proc. U.S. natn. Mus.* 108 (3400) : 219–267, 7 figs, 7 tbs, 4 pls.

Karplus I. 1978. A feeding association between the grouper *Epinephelus fasciatus* and the moray eel *Gymnothorax griseus. Copeia* (1) : 164.

—— 1979. The tactile communication between *Cryptocentrus steinitzi* (Pisces, Gobiidae) and *Alpheus purpurilenticularis* (Crustacea, Alpheidae). *Z. Tierpsychol.* 49 : 173–196, 13 figs, 5 tbs.

Karplus I. & Ben-Tuvia S. 1979. Warning signals of *Cryptocentrus steinitzi* (Pisces, Gobiidae) and predator models. *Z. Tierpsychol.* 51 : 225–232.

Karplus I., Szlep R. & Tsurnamal M. 1972. Associative behavior of the fish *Cryptocentrus cryptocentrus* (Gobiidae) and the pistol shrimp *Alpheus djiboutensis* (Alpheidae) in artificial burrows. *Mar. Biol. Berlin* 15 (2) : 95–104, 13 figs.

—— 1972. Analysis of the mutual attraction in the association of the fish *Cryptocentrus cryptocentrus* (Gobiidae) and the shrimp *Alpheus djiboutensis* (Alpheidae). *Ibid.* 17 (4), 275–283.

—— 1974. The burrows of alpheid shrimp associated with gobiid fish in the northern Red Sea. *Ibid.* 24 (3) : 259–268, 6 figs, 2 tbs.

Karplus I., Tsurnamal M., Szlep R. & Algom D. 1979. Film analysis of the tactile communication between *Cryptocentrus steinitzi* (Pisces, Gobiidae) and *Alpheus purpurilenticularis* (Crustacea, Alpheidae). *Z. Tierpsychol.* 49 : 337–351.

Karrer C. 1982.*

Karrer C. & Klausewitz W. 1982.*

Kaup J. J. 1826. Beiträge zur Amphibiologie und Ichthyologie. *Isis, Jena* 18 : 87–89.

—— 1853. Übersicht der Lophobranchier. *Arch. Naturgesch.* 19 : 226–234.

—— 1855. Übersicht über die Species einiger Familien der Sclerodermen. *Ibid.* 21 : 215–233.

—— 1856a. *Catalogue of the Apodal Fish in the Collection of the British Museum.* London, vii + 163 pp., 4 pls.

—— 1856b. *Catalogue of the Lophobranchiate Fish in the Collection of the British Museum.* London, iv + 80 pp., 4 pls.

—— 1858. Übersicht der Soleinae der vierten subfamilie der Pleuronectidae. *Arch. Naturgesch.* 24 (1) : 94–104.

—— 1860. Über die Chaetodontidae. *Ibid.* 26 (1) : 133–156.

Keller C. 1883. Die Fauna in Suez-Kanal und die Diffusion der Mediterranen und Erythräischen Thierwelt. *Neue Denkschr. Allg. schweiz. Ges. ges. Naturw.* 28 (3) : 1–39, 2 pls.

—— 1888. Die Wanderung der marinen Tierwelt im Suez-Kanal. *Zool. Anz.* 11 : 359–364, 389.

Khalil M. S. & Hassan S. H. 1974. The gradation of benthonic adaptations in Batoidei. *Proc. Egypt. Acad. Sci.* 25 : 167–169, 2 figs.

Kishinouye K. 1915. A study of the mackerels, cybiids, and tunas. *Suisan Gakkai Ho* 1 (1) : 1–24 (in Japanese, translation by W.G. Van Campen published in *U.S. Fish and Wildl. Serv., Spec. Sci. Rep. Fish.* 24, 14 pp.).

—— 1923. Contributions to the comparative study on the so-called Scombroid Fishes. *J. Coll. Agric. imp. Univ. Tokyo* 8 (3) : 291–475, 26 figs, 22 pls.

Kissil G.W. 1971. Occurrence of *Upeneus asymmetricus* Lachner, 1954 (Pisces, Perciformes) in the Gulf of Elat (Aqaba). *Scient. Newsletter*, Elat, (1) : 10.

Klausewitz W. 1958a. Der Strahlen-Feuerfisch, *Pterois radiata*, eine interessante Neueinführung. *Aquar.-u. Terrar.-Z.* **11** (2) : 48–51.

—— 1958b. Unterwasserforschung im Roten Meer. *Natur Volk* **88** (4) : 132–138, 5 figs.

—— 1959a. Fische aus dem Roten Meer. I. Knorpelfische (Elasmobranchii). *Senckenberg. biol.* **40** (1/2) : 43–50, 7 figs.

—— 1959b. *Ibid.* II. Knochenfische der Familie Apogonidae (Pisces, Percomorphi). *Ibid.* **40** (5/6) : 251–262, 11 figs.

—— 1960a. *Ibid.* III. *Tripterygion abeli* n. sp. (Pisces, Blennioidea, Clinidae). *Ibid.* **41** (1/2) : 11–13, 2 figs.

—— 1960b. Systematisch-evolutive Untersuchungen über die Abstammung einiger Fische des Roten Meeres. *Zool. Anz.* (Suppl.) **23** : 175–182, 5 figs.

—— 1960c. Fische aus dem Roten Meer. IV. Einige systematische und ökologische bemerkenswerte Meergrundeln (Pisces, Gobiidae). *Senckenberg biol.* **41** (3/4) : 149–162, 10 figs, Pl. 21.

—— 1960d. Die Typen und Typoide des Naturmuseums Senckenberg, (23): Pisces, Chondrichthyes, Elasmobranchii. *Ibid.* (5–6) : 289–296, 6 figs, Pls 42–43.

—— 1960e. Fische aus dem Roten Meer. V. Über einige Fische der Gattung *Ecsenius* (Pisces, Salariidae). *Ibid.* **41** (5–6) : 297–299, Pl. 44.

—— 1961. Seenadeln im Korallenriff. *Natur Volk* **91** (2) : 48–51, 1 textfig., 1 addnal. fig.

—— 1962a. Taxionomische Untersuchungen an der Gattung *Gomphosus* (Pisces, Percomorphi, Labridae). *Senckenberg. biol.* **43** (1) : 11–16, 1 pl.

—— 1962b. Röhrenaale im Roten Meer. *Natur Mus. Frankf.* **92** (3) : 95–98, 4 figs.

—— 1962c. *Gorgasia sillneri*, ein neuer Röhrenaal aus dem Roten Meer (Pisces, Apodes, Heterocongridae). *Senckenberg. biol.* **43** (6) : 433–435, 2 figs.

—— 1963. Der Rassenkreis von *Istiblennius periophthalmus* (Fische, Salariidae). *Ibid.* **44** : 97–100, 3 figs.

—— 1964a. Fische aus dem Roten Meer. VI. Taxionomische und ökologische Untersuchungen an einigen Fischarten der Küstenzone. *Ibid.* **45** (2) : 123–144, 18 figs.

—— 1964b. Über den Maskenkugelfisch *Arothron diadematus*. *Aquar.-u. Terrar.-Z.* (11) : 333–334, 2 textfigs.

—— 1964c. Die Erforschung der Ichthyofauna des Roten Meeres. Weinheim, xxxvi pp., 3 figs. (Foreword to a Reprint of Klunzinger 1870–1871.)

—— 1965. Über die ungewöhnliche Ausbildung des Schädeldaches von *Pomadasys hasta*. *Senckenberg. leth.* **46a** : 161–175, 1 fig., Pls 7–10.

—— 1966. Fische aus dem Roten Meer. VII. *Siphamia permutata* n. sp. (Pisces, Perciformes, Apogonidae). *Senckenberg biol.* **47** (3) : 217–222, 3 figs.

—— 1967a. Über einige Bewegungsweisen der Schlammspringer (*Periophthalmus*). *Natur Mus. Frankf.* **97** (6) : 211–222, 10 figs.

—— 1967b. Geschichte der Ichthyologischen Sektion. *Senckenberg. biol.* **48**, suppl. B : 41–54.

—— 1967c. Die physiographische Zonierung der Saumriffe von Sarso. *Meteor Forsch.-Ergebn.*, D (2) : 44–68, 16 figs.

—— 1968a. Remarks on the zoogeographical situation of the Mediterranean and the Red Sea. *Annali Mus. civ. Stor. nat. Giacomo Doria* **77** : 323–328.

—— 1968b. Fische aus dem Roten Meer. VIII. *Biat magnusi* n. sp., eine neue Meergrundel (Pisces, Osteichthyes, Gobidae), *Senckenberg. biol.* **49** (1) : 13–17, 3 figs.

—— 1968c. *Pseudochromis fridmani* n. sp. aus dem Golf von Aqaba (Pisces, Osteichthyes, Pseudochromidae). *Ibid.* **49** (6) : 443–450, 3 figs.

—— 1969a. Eilat, ein neues meeres-biologisches Institut am Roten Meer. *Natur Mus. Frankf.* **99** (3) : 117–124, 8 figs.

—— 1969b. Fische aus dem Roten Meer. X. *Callechelys marmoratus* (Bleeker) ein Neunachweis für das Rote Meer (Pisces, Apodes, Ophichthidae). *Senckenberg. biol.* **50** (1–2) : 39–40.

—— 1969c. Fische aus dem Roten Meer. XI. *Cryptocentrus sungami* n. sp. (Pisces, Gobiidae). *Ibid.* **50** (1–2) : 41–46, 4 figs.

—— 1969d. *Pomacanthops maculosus* (Forsskål) und *Zebrasoma xanthurum* (Blyth), zwei Neunachweise für den Persichen Golf (Pisces, Teleostei, Pomacanthidae und Acanthuridae). *Ibid.* 50 (1–2) : 47–48, 1 fig.

—— 1969e. Vergleichend-taxonomische Untersuchungen an Fischen der Gattung *Heniochus* (Pisces, Osteichthyes, Perciformes, Chaetodontidae). *Ibid.* 50 (1–2) : 49–89, 30 figs, 10 tbs, no numbers.

—— 1969f. Das König Salmo-Fischen (*Pseudochromis fridmani*). *Aquarien Magazin*, Stuttgart, (8) : 342–343.

—— 1970a. Biogeographische und osteologische Untersuchungen an *Ptereleotris tricolor* J.L.B. Smith (Pisces: Eleotridae). *Senckenberg. biol.* 51 (1–2) : 67–71, 4 figs.

—— 1970b. Wiederfund von *Lotilia graciliosa* (Pisces: Gobiidae). *Ibid.* 51 (3–4) : 177–179, 1 fig.

—— 1970c. *Forcipiger longirostris* und *Chaetodon leucopleura* (Pisces, Perciformes, Chaetodontidae), zwei Neunachweise für das Rote Meer, und einige zoogeographische Probleme der Rotmeer-Fische. *Meteor Forsch.-Ergebn.*, D (5) : 1–5, 5 figs.

—— 1972. Littoralfische der Maldiven. II. Kaiserfische der Familie Pomacanthidae (Pisces: Perciformes). *Senckenberg. biol.* 53 (5–6) : 361–372, 6 figs.

—— 1972 [1974]. The zoogeographical and paleogeographical problem of the Indian Ocean and the Red Sea according to the ichthyofauna of the littoral. *J. mar. biol. Ass. India* 14 (2) : 697–706.

—— 1974a. Littoralfische der Maldiven. IV. Die Familie der Drückerfische, Balistidae (Pisces: Tetraodontiformes: Balistoidei). *Senckenberg. biol.* 55 (1–3) : 39–67, 20 figs.

—— 1974b. Fische aus den Roten Meer. XIII. *Cryptocentrus steinitzi* n. sp., ein neuer "Symbiose-Gobiide" (Pisces: Gobiidae). *Ibid.* 55 (1–3) : 69–76, 2 figs.

—— 1974c. Fische aus den Roten Meer. XIV. *Eilatia latruncularia* n. gen., n. sp., und *Vanderhorstia mertensi* n. sp. vom Golf von Aqaba (Pisces: Gobiidae: Gobiinae). *Ibid.* 55 (4–6) : 205–212, 7 figs.

—— 1975. Fische aus den Roten Meer. XV. *Cabillus anchialinae*, eine neue Meergrundel von der Sinai-Halbinsel (Pisces: Gobiidae: Gobiinae). *Ibid.* 56 (4–6) : 203–207, 5 figs.

—— 1976. *Cirrhilabrichthys filamentosus* n. gen., n. sp., aus der Javasee (Pisces: Labridae). *Ibid.* 57 (1–3) : 11–14, 3 figs.

—— 1978. Zoogeography of the littoral fishes of the Indian Ocean, based on the distribution of the Chaetodontidae and Pomacanthidae. *Ibid.* 59 (1–2) : 25–39, 3 figs, 2 tbs, 2 maps.

—— 1980. Tiefenwasser und Tiefseefische aus dem Roten Meer. I. Einleitung und Neunachweise für *Bembrops adenensis* Norman 1939 und *Histiopterus spinifer* Gilchrist 1904 (Pisces: Perciformes, Percophididae und Pentacerotidae). *Ibid.* 61 (1–2) : 11–24, 3 figs, 1 tb., 2 maps.

—— 1981. Tiefenwasser und Tiefseefische aus dem Roten Meer. IV. Neunachweis von *Lophiodes mutilus* (Alcock), mit Bemerkungen über *Lophius* (*Chirolophius*) *quinqueradiatus* Brauer und *Chirolophius papillosus* (Weber) (Pisces: Lophiformes, Lophiidae). *Senckenberg. mar.* 13 (4–6) : 193–203, 1 fig., 2 pls.*

Klausewitz W. & Bauchot M.-L. 1967. Remarques sur quelques types d'*Holocentrum* des collections du Museum National d'Histoire Naturelle de Paris (Pisces, Beryciformes, Holocentridae). *Bull. Mus. natn. Hist. nat., Paris*, Ser. 2, 39 (1) : 121–126.

—— 1967a. Réhabilitation de *Sphyraena forsteri* Cuvier in Cuv. Val. 1829 et désignation d'un néotype (Pisces: Mugiliformes, Sphyraenidae). *Ibid.* 39 (1) : 117–120, 1 fig.

Klausewitz W. & Frøiland Ø. 1970. Fische aus dem Roten Meer XII. *Scorpaenodes steinitzi* n. sp. von Eilat, Golf von Aqaba (Pisces: Scorpaenidae). *Senckenberg. biol.* 51 (5–6) : 317–321, 2 figs.

Klausewitz W. & Hentig R. 1975. *Xarifania hassi* und *Gorgasia maculata*, zwei Neunachweise für die Komoren (Pisces: Teleostei: Congridae: Heterocongrinae). *Ibid.* 56 (4–6) : 209–216, 7 figs.

Klausewitz W. & Nielsen J.G. 1965. On Forsskål's collection of fishes in the Zoological Museum of Copenhagen. *Spolia zool. Mus. haun.* 22, 29 pp., 3 figs, 38 pls.

Klausewitz W. & Wongratana T. 1970. Vergleichende Untersuchungen an *Apolemichthys xanthurus* und *xanthotis* (Pisces: Perciformes; Pomacanthidae). *Senckenberg. biol.* 51 (5–6) : 323–332, 6 figs.

Klausewitz W. & Zander C.D. 1967. *Acentrogobius meteori* n. sp. (Pisces, Gobiidae). *Meteor Forsch.-Ergebn.*, (D) (2) : 85–87, 2 figs.

Klein J. T. 1775–81. *Neuer Schauplatz der Natur, nach den Richtigsten Beobachtungen und Versuchen, in Alphabetischer Ordnung, vorgestellt durch eine Gesellschaft von Gelehrten.* Leipzig. [=Gesellschaft Schauplatz], vol. 1, 1775, xiv + 1044 pp.; vol. 2, 1776, 842 pp.; vol. 3, 1776, 836 pp.; vol. 4, 1777, 874 pp.; vol. 5, 1777, 840 pp.; vol. 6, 1778, 5 + 782 pp.; vol. 7, 1779, 820 pp.; vol. 8, 1779, 824 pp.; vol. 9, 1780, 832 pp.; vol. 10, 1781, 604 pp.

Klunzinger C. B. 1870. Eine zoologische Excursion auf ein Korallenriff des Rothen Meeres. *Verh. zool.-bot. Ges. Wien* **20** : 389–394.

—— 1870–1871. Synopsis der Fische des Rothen Meeres. *Ibid.*, 1870, **20**, pt. 1, pp. 669–834; 1871, **21**, pt. 2, pp. 441–688, 1352–1368.

—— 1871. Über den Fang und die Anwendung der Fische und andere Meersgeschöpfe im Rothen Meer. *Z. Ges. Erdk. Berl.* **6** : 58–72.

—— 1872. Eine zoologische Excursion auf ein Korallriff das Rothen Meeres, bei Koseir. *Ibid.* **7** : 20–56.

—— 1878a. *Bilder aus Oberägypten, der Wüste und dem Rothen Meere.* Stuttgart, 400 pp. (Pisces: 365–373).

—— 1878b. Zur Wirbelthier Fauna im und am Rothen Meer. *Z. Ges. Erdk. Berl.* **13** : 61–96.

—— 1884. *Die Fische des Rothen Meeres.* Stuttgart, Part 1, 133 pp., 13 pls.

—— 1915. *Erinnerungen aus meinem Leben als Arzt und Naturforscher zu Koseir am Roten Meer.* Würzburg, 89 pp., 15 figs.

Knapp L. W. 1979. Ergebnisse der ichthyologischen Untersuchungen während der Expedition der Forschungschiffes "Meteor" in den Indischen Ozean, Oktober 1964 bis Mai 1965. A. Systematischer Teil, Scorpaeniformes, Families Platycephalidae und Bembridae. *Meteor Forsch-Ergebn.*, (D) (29) : 48–54, figs 515–527.

Kner R. 1868a. Über neue Fische aus dem Museum der Herren Johann Cäsar Godeffroy & Sohn in Hamburg. *Sber. Akad. Wiss. Wien* **58**, pt. 1 (7) : 26–31.

—— 1968b. Folge neuer Fische aus dem Museum der Herren Johann Cäsar Godeffroy und Sohn in Hamburg. *Ibid.* (8) : 293–356, 9 pls.

Koelreuter J. G. 1770. Piscium variorum e Museo Petropolitano excerptorum descriptiones. *Novi. Comment. Acad. Sci. Imp. Petropol.* **8** : 404–430.

Kossmann R. 1879. Mittheilungen aus Museen, Instituten etc. Tauschantrag. *Zool. Anz.* **2** : 21–22.

Kossmann R. & Räuber H. 1877a. Wissenschaftliche Reise in die Küstengebiete des Rothen Meeres, Fische. *Verh. naturh.-med. Ver. Heidelb.* **1** : 378–420, 5 figs, 3 pls.

—— 1877b. *Wissenschaftliche Reise in die Küstengebiete des Rothen Meeres.* Fische. 33 pp., 5 figs, 13 pls.

Kosswig C. 1950. Erythräische Fische im Mittelmeer und an der Grenze der Ägäes. *Syllog. biol. Festschr. Kleinschmidt*, pp. 203–212.

Kotthaus A. 1966. Erforschung im Indischen Ozean. "Meteor" Expedition, 1964–1965. *Umschau* (4) : 118–123, 8 figs.

—— 1967. Fische des Indischen Ozeans. Ergebnisse der ichthyologischen Untersuchungen während der Expedition des Forschungsschiffes "Meteor" in den Indischen Ozean, Oktober 1964 bis Mai 1965. A. Systematischer Teil. I. Clupeiformes, Iniomi. *Meteor Forsch.-Ergebn.*, (D) (1) : 1–84, 96 figs.

—— 1968. III. Ostariophysi und Apodes. *Ibid.* (3) : 14–56, Figs 97–152.

—— 1969. V. Solenichthyes und Anacanthini. *Ibid.* (4) : 32–46, Figs 177–194.

—— 1970a. VII. Percomorphi (1). *Ibid.* (6) : 43–55, Figs 217–233.

—— 1970b. VIII. Percomorphi (2). *Ibid.*, pp. 56–75, Figs 234–260.

—— 1972. IX. Iniomi (Nachtrag: Fam. Myctophidae). *Ibid.* (12) : 11–35, Figs 261–285, 2 pls.

—— 1973. X. Percomorphi (3). *Ibid.* (16) : 17–32, Figs 286–301.

—— 1974a. XI. Percomorphi (4). *Ibid.* (17) : 33–54, Figs 302–326.

—— 1974b. XII. Percomorphi (5). *Ibid.* (18) : 44–54, Figs 327–336.

—— 1975. XVI. Percomorphi (6). *Ibid.* (21) : 30–53, Figs 354–374.

—— 1976. XVII. Percomorphi (7). *Ibid.* (23) : 45–61, Figs 375–389.

—— 1977a. XVIII. Percomorphi (8). *Ibid.* (24) : 37–53, Figs 390–406.

—— 1977b. XIX. Percomorphi (9). *Ibid.* (25) : 24–44, Figs 407–428.

—— 1977c. XX. Pleuronectiformes (Heterosomata). *Ibid.* (26) : 1–20, Figs 429–452.

—— 1979. XXI. Diverse Ordnungen. *Ibid.* (28) : 6–54, Figs 453–514.

—— 1980. XXIV. Teleostei: Zusammenfassung und Gesamtverzeichnis. *Ibid.* (32): 45−60.

Koumans F. P. 1953. *The Fishes of the Indo-Australian Archipelago.* Gobiidae, Taenioidae, Eleotridae, Rhyacichthyidae; in Weber & de Beaufort, vol. 10. Leiden, xiii + 423 pp., 95 figs.

Kreft I. 1964. *Platycephalus indicus* (L. 1758) ein neues Fauneelement Der Ägyptisches Mittelmeerküste. *Arch. Fisch. Wiss.* **14** (3): 148−152, 1 fig.

Kropach Ch. 1975 [1976]. The pinecone fish *Monocentris japonicus* (Houttuyn), a first live record from the Red Sea. *Israel J. Zool.* **24**: 194−196, 1 pl.

Krukenberg C. F. W. 1888. Die Durchfluthung des Isthmus von Suez in chronologischer, hydrographischer und historischer Beziehung. *Vergl. Physiol. Stud.*, Heidelberg, (II) Section V., 156 pp., 2 pls.

Kuhl H. & Van Hasselt J. K. 1824. Notice anatomique sur quelque poissons. *Bull. Sci. Nat. Ferusac* **2**: 206−207.

Kuiter R. H. & Randall J. E. 1981. Three look-alike Indo-Pacific labrid fishes, *Halichoeres margaritaceus, H. nebulosus* and *H. miniatus. Rev. fr. Aquariol.* **8** (1): 13−18, 10 figs, 1 tb.

Lacepède B. G. E. 1798−1803. *Histoire Naturelle des Poissons*, Paris. 1798, vol. 1, cxlvii + 532 pp., 25 pls, 1 tb.; 1800, vol. 2, lxiv + 632 pp., 20 pls; 1801, vol. 3, lxvi + 558 pp., 34 pls; 1802, vol. 4, xliv + 728 pp., 16 pls; 1803, vol. 5, lxviii + 803 pp., 21 pls.

—— 1803 (An. XI de la République). Mémoire sur plusieurs animaux de la Nouvelle Hollande dont la description n'a pas encore été publiée. *Annls Mus. Hist. nat., Paris*, pp. 84−211.

Lachner E. A. 1951. Studies of certain apogonid fishes from the Indo-Pacific: with descriptions of three new species. *Proc. U.S. natn. Mus.* **101** (3290): 581−610, Fig. 105, Pls 17−19, 6 tbs.

—— 1954. A revision of the goatfish genus *Upeneus* with description of two new species. *Ibid.* **103** (3330): 497−532, Pls 13−14.

—— 1955. Inquilinism and a new record for *Paramia bipunctata*, a cardinal fish from the Red Sea. *Copeia* (1): 53−54.

Lachner E. A. & Karnella S. J. 1978. Fishes of the genus *Eviota* of the Red Sea with descriptions of three new species (Teleostei: Gobiidae). *Smithson. Contr. Zool.* (286): 1−23, 11 figs.

—— 1980. Fishes of the Indo-Pacific genus *Eviota* with descriptions of eight new species (Teleostei: Gobiidae). *Ibid.* (315): 1−127, 66 figs, 12 tbs.

Landau R. 1965. Determination of age and growth rate in *Euthynnus alleteratus* and *E. affinis* using vertebrae. *Rep. Comm. Int. Mer. Mediterr.* **18** (1): 241−243, 3 tbs.

Latham J. F. 1794. Essay on the various species of saw-fish. *Trans. Linn. Soc. Lond.* **2**: 273−282, Pls 26−27.

Latham J. & Davies H. 1795. v. Forster 1795.

Latif A. F. A. 1967. Pancreatic ampule in some teleost fishes from Red Sea. *Publs mar. biol. Stn Ghardaqa* (14): 3−29, 115 figs.

Latif A. F. A. & Shenouda Th. S. 1972. Biological studies on *Rhonciscus striatus* (Fam. Pomadasyidae) from the Gulf of Suez. *Bull. Inst. océanogr. Fish.* **2**: 103−104, 12 figs, 11 tbs.

Laue M. 1895. *Christian Gottfried Ehrenberg. Ein Vertreter der deutschen Naturforschung im neunzehnten Jahrhundert. 1795−1876.* Berlin, 287 pp.

Lay G. T. & Bennett E. T. 1839. Fishes; in *Zoology of Captain Beechey's Voyage.* London, pp. 41−75, Pls 16−23.

Le Danois Y. 1959. Etude ostéologique, myologique et systematique des poissons du sous-ordre des Orbiculates. *Annl. Inst. océanogr., Paris* **36** (1), 274 pp., 221 figs, 1 tb.

—— 1960 [1961]. Catalogue des types de poissons du Museum National d'Histoire Naturelle (Triacanthidae, Balistidae, Monocanthidae et Aluteridae). *Bull. Mus. natn. Hist. nat., Paris*, Ser. 2, **32** (6): 513−527.

—— 1961a. Catalogue des types de poissons Orbiculates du Muséum National d'histoire Naturelle II. Familles des Tetraodontidae, Lagocephalidae, Colomesidae, Diodontidae et Triodontidae. *Ibid.* **33** (5): 462−478.

—— 1961b. Remarques sur les poissons Orbiculates du sous-ordre des Ostracioniformes. *Mém. Mus. natn. Hist. nat. Paris*, Ser. A, Zool. **19** (2): 207−338, 57 figs.

—— 1964. Etude anatomique et systématique des Antennaires, de l'ordre des Pediculates. *Mém. Mus. natn. Hist. nat. Paris*, Ser. A, Zool. **31** (1), 163 pp., 76 figs.

Le Danois

—— 1970. Etude sur des poissons pediculates de la famille des Antenariidae recoltés dans la Mer Rouge et description d'une espèce nouvelle. *Israel J. Zool.* 19 (2) : 83–94, 3 figs.

Leis J.M. 1978. Systematics and zoogeography of the porcupinefishes (*Diodon*, Diodontidae, Tetraodontiformes), with comments on egg and larval development. *Fishing Bull.* 76 (3) : 535–567, 23 figs.

Leis J.M. & Randall J.E. 1981. *Chilomycterus spilostylus*, a new species of Indo-Pacific burrfish (Pisces: Tetraodontiformes, Diodontidae). *Rec. Aust. Mus.* 34 (3) : 363–371, 4 figs, 1 tb.

Lengy J. & Fishelson L. 1972. On an immature didymozoid larva (Trematoda: Didymozoidae), in the muscles and swim bladder of *Anthias squamipinnis* (Anthidae) from the Gulf of Aqaba. *J. Parasit.* 58 (5) : 879–881.

Lesson R.P. 1827. Espèce nouvelle de *Diacope* Cuv., *Diacope macolor*. *Bull. Sci. nat. Ferussac.* 12 : 138–139.

—— 1829. Scombre, in *Dict. Class. Hist. Nat.*, Bory de St. Vincent, ed., 15 : 276–280.

—— 1830. Les poissons; in L.I. Duperry (ed.), *Voyage autour du monde sur la corvette "La Coquille", pendant les années 1822–1825*. Paris, vol. 2, Zoologie, pp. 66–238, 58 pls in atlas (separate).

Le Sueur C.A. 1818. Description of several new species of North American fishes. *J. Acad. nat. Sci. Philad.* 1 : 222–235, 359–368, 3 pls.

—— 1821a. Observations on several genera and species of fish, belonging to the natural family of the Esoces. *Ibid.* 2 (1) : 124–138, Pl. 10.

—— 1821b. Description of a squalus of a very large size, which was taken on the coast of New Jersey. *Ibid.*, pp. 343–352.

Lewinsohn Ch. & Fishelson L. 1867. The second Israel Red Sea expedition, 1965. (General Report.) *Israel J. Zool.* 16 : 59–68.

Liénard I.F. 1840. Description d'une nouvelle espèce du genre Mole (*Orthagoriscus*, Schneider) et nommée *Orthagoriscus lanceolatus*. Memoire lu à la Société d'Histoire Naturelle de l'Ile Maurice le 7 Mars 1839 (extrait). *Revue zool.*, 291–292.

—— 1841. *Ibid. Magasin Zool. Paris*, Ser. 2, 3 : 1–8, Pl. 4.

Linck H.F. 1790. Versuch einer Einteilung der Fische nach den Zähnen. *Mag. Phys. Naturgesch.* 6 (3) : 28–38.

Linnaeus C. 1758. *Systema Naturae*, Ed. X. Holmiae, vol. 1, 824 pp.

—— 1766. *Ibid.*, Ed. XII. Holmiae, vol. 1, 532 pp.

—— 1788. *Ibid.*, Ed. XIII, v. Gmelin.

Lönnberg E. 1896. Linnean type-specimens of birds, reptiles, batrachians, and fishes in the Zoological Museum of the R. University in Uppsala revised by. . . *Bih. K. svenska VetenskAkad. Handl.* 22 (IV) (1) : 1–45.

Lotan R. 1969. Systematic remarks on fishes of the family Salariidae in the Red Sea. *Israel J. Zool.* 18 : 363–378, 7 figs.

Lourie A. & Ben-Tuvia A. 1970. Two Red Sea fishes, *Pelates quadrilineatus* (Bloch) and *Crenidens crenidens* (Forsskål), in the Eastern Mediterranean. *Ibid.* 19 (4) : 203–207, 2 figs.

Lowe R.T. 1839. A supplement to a synopsis of the Fishes of Madeira. *Proc. zool. Soc. Lond.* 7 : 76–92 (also publ. in *Trans. zool. Soc. Lond.*, 1842, 3 (1) : 1–20).

—— 1843. Notices of fishes newly observed or discovered in Madeira during the years 1840, 1841 and 1842. *Proc. zool. Soc. Lond.* 11 : 81–95.

Lubbock R. 1975. Fishes of the family Pseudochromidae (Perciformes) in the northwest Indian Ocean and Red Sea. *J. Zool., Lond.* 167 : 115–157, 5 pls, 5 tbs.

Lubbock R. & Polunin N.V.C. 1977. Notes on the Indo-West Pacific genus *Ctenogobiops* (Teleostei: Gobiidae), with descriptions of three new species. *Revue suisse Zool.* 84 : 505–514, 9 figs, 3 pls.

Lubbock R. & Randall J.E. 1978. Fishes of the genus *Liopropoma* (Teleostei: Serranidae) in the Red Sea. *J. Linn. Soc. (Zool.)* 64 : 187–195, 2 figs, 1 tb.

Luther W. 1958a. Symbiose von Fischen (Gobiidae) mit einem Krebs (*Alpheus djiboutensis*) im Roten Meer. *Z. Tierpsychol.* 15 (2) : 175–177, 3 figs.

—— 1958b. Symbiose von Fischen mit Korallentieren und Krebsen im Roten Meer. *Natur Volk.* 88 (5) : 141–146, 3 figs.

—— 1964. Zur Anemonen-Fisch Symbiose, nach Freilanduntersuchungen bei Eilat/Rotes Meer. *Z. Tierpsychol.* **21** (4) : 468–485, 2 figs, 2 tbs.

Lütken Ch.F. 1851. Nogle bemaerkinger om naeseborenes stiling hos de i gruppe med *Ophisurus* staaende slaegter af aalefamilien. *Vidensk. Meddr dansk. naturh. Foren.*, pp. 1–21.

Magnus D.B.E. 1963a. Der Federstern *Heterometra savignyi* im Roten Meer. *Natur Mus. Frankf.* **93** (9) : 355–368, 11 figs.

—— 1963b. *Alticus saliens* ein amphibisch lebender Fisch. *Ibid.* (4) : 128–132, 4 figs.

—— 1964. Zum Problem der Partnerschaften mit Diadem-Seeigeln. *Zool. Anz.* (suppl.) **27** : 404–417, 12 figs.

—— 1965. Bewegungsweisen des amphibischen Schleimfisches *Lophalticus kirkii Magnusi* Klausewitz (Pisces, Salariidae) im Biotop. *Verh. dt. zool. Ges.* (54) : 541–555, 10 figs.

—— 1966. Zur Ökologie einer nachtaktiven Flachwasser-Seefeder (Octocoralia Pennatularia) im Roten Meer. *Veröff. Inst. Meerforsch. Bremerh.* **2** : 369–380, 9 figs.

—— 1967a. Zur Ökologie sedimentbewohnender Alpheus-Garnelen (Decapoda, Natantia) des Roten Meeres. *Helgoländer wiss. Meeresunters* **15** : 506–522, 7 figs.

—— 1967b. Ecological and ethological studies and experiments on the echinoderms of the Red Sea. *Stud. trop. Oceanogr.* (5) : 635–664, 15 figs.

Maillard C. & Paperna I. 1978. Hexabothriidae from the hammerhead shark (*Sphyrna mokarran*) from the Red Sea. *Ann. Parasit.* **53** : 487–494.

Marshall N.B. 1950. Fishes from the Cocos-Keeling Islands. *Bull. Raffles Mus.* (22) : 166–205, Pls 18–19, 1 map.

—— 1952. Recent biological investigations in the Red Sea. *Endeavour* **11** (43) : 137–142, 6 figs.

—— 1952. The "Manihine" Expedition to the Gulf of Aqaba 1948–1949. IX. Fishes. *Bull. Br. Mus. nat. Hist.* (Zool.) **1** (8) : 221–252, 3 figs.

—— 1963. Diversity, distribution and speciation of deep-sea fishes. *Publ. Syst. Assoc.* (5) : 181–195, 2 figs, 1 tb.

Marshall N.B. & Bourne D.N. 1964. A photographic survey of benthic fishes in the Red Sea and Gulf of Aden with observations on their population density, diversity and habits. *Bull. Mus. comp. Zool. Harv.* **132** (2) : 223–244, 4 figs, 4 pls.

Martens E. 1866. Verzeichniss der von Schweinfurth im 1864 gesammelte zoologische Gegenstände, Fische. *Verh. zool.-bot. Ges. Wien* **16** : 378–379.

Masry D. 1971. A photographic note on the intimate relationship between a young symbiotic fish *Amphiprion bicinctus* Rüppell and its anemone host at Elat (Red Sea). *Israel J. Zool.* **20** : 139–142.

McCosker J.E. 1970. A review of the eel genera *Leptenchelys* and *Muraenichtys*, with the description of a new genus, *Schismorhynchus*, and a new species, *Muraenichthys chilensis. Pacif. Sci.* **24** (4) : 506–516.

—— 1977. Fright posture of the plesiopid fish *Calloplesiops altivelis*: An example of batesian mimicry. *Science, N.Y.* **197** : 400–401, Fig. 1.

—— 1978. Synonymy and distribution of *Calloplesiops* (Pisces: Plesiopidae). *Copeia* (4) : 707–710, Fig. 1.

—— 1979. The snake eels (Pisces, Ophichthidae) of the Hawaiian islands, with the description of two new species. *Proc. Calif. Acad. Sci.* **42** (2) : 57–67, 6 figs, 2 tbs.

McClelland J. 1844. Description of a collection of fishes made at Chasun and Ningpo in China by G.R. Playfair. *Calcutta J. nat. Hist.* **4** : 390–413, Pls XXI–XXV.

—— 1845. Apodal fishes of Bengal. *Ibid.* **5** (8) : 151–226, 11 pls.

McCulloch A.R. 1912. Notes on some Western Australian fishes. *Rec. West Aust. Mus.* **1** (2) : 78–97, 2 figs.

—— 1923. Fishes from Australia and Lord Howe Island, no. 2. *Rec. Aust. Mus.* **14** : 113–125, Pls XIV–XVI.

McCulloch A.R. & Waite E.R. 1918. Some new and little known fishes from South Australia. *Rec. S. Aust. Mus.* **1** : 39–78, Textfigs 26–31, Pls 2–7.

Mead G.W. & Maul G.E. 1958. *Taractes asper* and the systematic relationships of the Steinegeriidae and Trachyberycidae. *Bull. Mus. comp. Zool. Harv.* **119** (6) : 393–417, 7 figs, 1 pl.

Meek S. E. & Hildebrand S. F. 1923, 1925. The marine fishes of Panama, Part 2. *Publs Field Mus. nat. Hist.* (Zool. ser.) 15. 1923, Part 1, i–xiv + 1–330 pp., 24 pls; 1925, Part 2, xv–xix + 331–707 pp., Pls 25–71.

Mees G. F. 1962. A preliminary revision of Belonidae. *Zool. Verh. Leiden* (54): 1–96, 11 figs, 1 pl., 7 tbs.

Melouk M. A. 1948. The relation between the vertebral column and the occipital region of the chondrocranium in the Selachii and the phylogenetic significance. *Publs mar. biol. Stn Ghardaqa* (6): 46–51.

—— 1949. The external features in the development of the Rhinobatidae. *Ibid.*, pp. 1–98, 12 figs, 11 pls.

—— 1954. On the early development and innervation of the mandibular line in the Elasmobranchii. *Bull. Fac. Sci. Egypt. Univ.* (32): 71–72.

—— 1957. On the development of *Carcharinus melanopterus* (Q.G.). *Ibid.* (9): 229–252, 24 figs.

—— 1959. On the later development of the lateral canal system of the Rayformes with remarks on its phylogenetic origin and functional specialisation. *Ibid.* (34): 51–63, 12 figs.

Menon A. G. K. 1977. A systematic monograph of the tongue soles of the genus *Cynoglossus* Hamilton-Buchanan (Pisces: Cynoglossidae). *Smithson. Contr. Zool.* (238), 129 pp., 21 pls, 48 figs (figs 4–11 maps), 2 tbs.

Menon A. G. K. & Yadzani G. M. 1963. Catalogue of the type specimens in the zoological survey of India. *Rec. Zool. Surv. India* 61, Part 2, Fishes, pp. 91–190.

Mertens R. 1949. *Eduard Rüppell. Leben und Werk eines Forschungsreisenden.* Frankfurt, 388 pp.

Misra K. S. 1969. *The Fauna of India and the Adjacent Countries.* Pisces, Elasmobranchii and Holocephali. Faridabad, 276 pp, 75 figs, 19 pls (first edition 1962).

Mitchill S. L. 1815. The fishes of New York described and arranged. *Trans. lit. phil. Soc. N.Y.* 1 (5): 355–492, 6 pls.

Monod Th. 1963. Achille Valenciennes et l'histoire naturelle des poissons. *Mém. Inst. fr. Afr. noire* 68 (Mélanges ichthyologiques): 9–45, 6 figs.

—— 1973. Sur un poisson énigmatique provenant d'Eilat (Mer Rouge). *Bull. Sea Fish. Res. Stn Israel* (60): 5–8, 8 figs.

Morgans J. F. C. 1965. East African fishes of the *Epinephelus tauvina* complex with a description of a new species. *Ann. Mag. nat. Hist.* (13) 8: 257–271, 3 pls.

Müller J. 1839. Vergleichende Anatomie der Myxinoiden, der Cyclostomen mit durchbohrten Gaumen. Part 3. IV. Ueber das Gefäs System. *Abh. dt. Akad. Wiss. Berl.*, pp. 175–303, 5 pls.

—— 1842. Untersuchungen über die Schwimmblase der Fische mit Bezug auf einige neue Fischgattungen. *Ber. Akad. Wiss. Berlin*, pp. 202–210.

—— 1843a. Beitrage zur Kenntniss der natürlichen Familien der Knochenfische. *Mber. dt. Akad. Wiss. Berl.*, pp. 211–219.

—— 1843b. Beitrage zur Kenntniss der natürlichen Familien der Fische. *Arch. Naturgesch.* 9 (1): 292–330, 381–384.

—— 1845. Untersuchungen über die Eingeweide der Fische; Schluss der vergleichenden Anatomie der Myxinoiden. *Phys. Math. Abh. K. Akad. Wiss. Berlin*, 1843 (1845), pp. 109–170, 5 pls.

Müller J. & Henle F. G. J. 1837a. Gattungen der Haifische und Rochen, nach ihrer Arbeit: 'Über die Naturgeschichte der Knorpelfische'. *Ber. Akad. Wiss. Berl.*, pp. 111–118.

—— 1837b. Über die Gattungen der Plagiostomen. *Arch. Naturgesch.* 3 (1): 394–401, 434.

—— 1837c. Nachträgliche Bemerkung zu Müller's & Henle's Aufsatz über die Gattungen der Plagiostomen. *Ibid.*, p. 434.

—— 1838. On the generic characters of cartilaginous fishes, with descriptions of new genera. *Mag. nat. Hist.* (5) 2: 33–37, 88–91.

—— 1841. *Systematische Beschreibung der Plagiostomen.* Berlin, xxii + 200 pp., 60 pls.

Müller J. & Troschel E. H. 1849. *Horae ichthyologicae.* Beschreibung und Abbildung neuer Fische. Berlin, (3), 28 pp., 5 pls.

Mungo-Park A. I. S. 1797. Description of eight new fishes from Sumatra. *Trans. Linn. Soc. Lond.* 3: 33–38, Pl. 6.

Munro Fox H. 1927. Appendix to the report on fishes. *Trans. zool. Soc. Lond.* 22: 389–390, Tb. 33.

Nagaty H. F. 1937a. Trematodes of fishes from the Red Sea. Pt. 1. Studies on the Family Bucephalidae Poche, 1907. *Fac. Med. Pub.* (12), Egypt. Univ., pp. 1–172, 64 figs, 26 tbs, A Monograph.

—— 1937b. Trematodes of fishes from the Red Sea. Pt. 2. The genus *Hamacreaaium* Linton, 1910 (Fam. Allocreadiidae), with a description of two new species. *J. Egypt. med. Ass.* **24** (7) : 300–310, 3 figs, 2 tbs.

—— 1937c. Trematodes of fishes from the Red Sea. Pt. 3. On seven new allocreadiid species. *Publs mar. biol. Stn Ghardaqa* (4) : 1–27, 11 figs, 3 tbs.

—— 1937d. Trematodes of fishes from the Red Sea. Pt. 4. On some new and known forms with a single testis. *Parasitology* **34** (5) : 355–363, 9 figs.

—— 1937e. Trematodes of fishes from the Red Sea, Pt. 5. On three new opecoelids and one mesometrid. Studies from the Department of Zoology, University of Nebraska, U.S.A. no. 271, *Ibid.* **40** (4) : 367–371, 7 figs, 1 tb.

—— 1937f. Trematodes of fishes from the Red Sea. Pt. 6. On five distomes including one new genus and four new species. Studies from the Department of Zoology, University of Nebraska, U.S.A. no. 284. *Ibid.* **42** (2) : 151–155, 5 figs.

—— 1937g. Trematodes of fishes from the Red Sea. Pt. 7. On two gyliauchenids and three allocreadoids, including four new species. Studies from the Department of Zoology, University of Nebraska, U.S.A. no. 287. *Ibid.* (5) : 523–527, 9 figs.

—— 1937h. Trematodes of fishes from the Red Sea. Pt. 8. Five species in the families Schistorchidae, Acanthocolpidae and Heterophyidae. Studies from the Department of Zoology, University of Nebraska, U.S.A. no. 290. *Ibid.* **43** (2) : 217–220, 9 figs.

—— 1937i. List of Trematodes of fishes and their hosts, so far recorded by the author from the Red Sea. *J. Egypt. med. Ass.* **41** (9, 10) : 455–460.

Nagaty H. F. & Tahia M. A. A. 1961a. Trematodes of fishes from the Red Sea. Pt. 9. Six new anaporrhutine species including a new genus. *Parasitology* **47** (5) : 765–769, 11 figs, 2 pls.

—— 1961b. Trematodes of fishes from the Red Sea. Pt. 10. On three new Cryptogonimidae including two new genera. *Ibid.* **51** (1, 2) : 233–236, 3 figs.

—— 1961c. Trematodes of fishes from the Red Sea. Pt. 11. On a new fellodistomid genus including two species. *J. vet. Sci.* **1** (1) : 11–17, 2 figs.

—— 1962a. Trematodes of fishes from the Red Sea. Pt. 12. On four acanthocolpids including a new species. *Parasitology* **52** (1, 2) : 187–191, 4 figs.

—— 1962b. Trematodes of fishes from the Red Sea. Pt. 13. On three new hemiurid species. *J. Arab vet. med. Ass.* **22** (3) : 225–230, 3 figs.

—— 1962c. Trematodes of fishes from the Red Sea. Pt. 14. On three new hemiurid species including a new genus. *Ibid.*, pp. 231–237, 3 figs.

—— 1962d. Trematodes of fishes from the Red Sea. Pt. 15. Four new species of *Hamacreadium*, family Allocreadiidae. *Parasitology* **48** (3) : 384–386, 4 figs.

—— 1962e. Trematodes of fishes from the Red Sea. Pt. 16. On three new species of *Hamacreadium* (family Allocreadiidae). *J. Arab vet. med. Ass.* **22** (4) : 301–305, 3 figs.

—— 1962f. Trematodes of fishes from the Red Sea. Pt. 17. On three allocreadiid species and one schistorchid species. *Ibid.*, pp. 307–314, 4 figs.

—— 1962g. Trematodes of fishes from the Red Sea. Pt. 19. On three new species of *Podocotyle* (family Allocreadiidae). *Parasitology* **48** (5) : 746–747, 3 figs.

—— 1969. Trematodes of fishes from the Red Sea. Pt. 18. On two new and one known allocreadiid species. *J. Egypt. vet. med. Ass.* **29** (1, 2) : 1–4, 3 figs.

—— 1972. Trematodes of fishes from the Red Sea. Pt. 20. On four monorchids, including a new genus and three new species. *Ibid.* **32** (3, 4) : 207–213, 4 figs.

Nalbant T. T. 1971. On butterfly fishes from the Atlantic, Indian and Pacific Ocean (Pisces, Perciformes, Chaetodontidae). *Steenstrupia* **1** (20) : 207–228, 10 figs.

—— 1973. Studies on chaetodont fishes with some remarks on their taxonomy (Pisces, Perciformes, Chaetodontidae). *Trav. Mus. Hist. nat. Gr. Antipa* **13** : 303–331, 22 figs.

—— 1974. Some osteological characters in butterfly fishes with special references to their phylogeny and evolution (Pisces, Perciformes, Chaetodontidae). *Ibid.* **15** : 303–312, 20 figs.

Nardo G. D. 1827. Prodromus observationum et disquisitionum Adriaticae ichthyologiae. *Giorn. Fisica Nat. Pavia* **10** : 22–40 (also publ. in *Isis, Jena*, 1826, pp. 473–488).

Nardo

—— 1840. Considerazioni sulla famiglia dei pisci Mola, e sui caratteri che li destinguono. *Ann. Sci. Lombardo-Veneto* **10** : 105–112.

Naseef S. 1961. Preliminary report on age determination by scales and growth of sardines in the Gulf of Suez. *Bull. Tokai reg. Fish. Res. Lab.* (31) : 131–143, 7 figs, 1 pl., 6 tbs.

Necrasov V.V. 1966. A new subspecies of *Trachurus* [*Trachurus mediterraneus indicus* subsp. n.] . *Zool. Zh.* **45** : 141–144, 1 fig. (Russian with English summary).

Neve P. 1972. Dangerous Red Sea fishes. *J. Saudi Arab. nat. Hist. Soc.* **1** (3) : 3–14, 15 figs.

Neve P. & Aiidi H. 1972. Red Sea fish : check list no. 1. *Ibid.* (5) : 8–20, 12 figs.

Nielsen J.G. 1974. *Fish Types in the Zoological Museum of Copenhagen.* Copenhagen, 115 pp.

Nielsen J.G. & Klausewitz W. 1968. *Siganus* Forsskål 1775 (Pisces Siganidae), proposed validation under the plenary powers. Z.N.(S.) 1721. *Bull. zool. Nom.* **25** (1) : 26–28.

Ninni E. 1931. Relazione sulla campagne explorative di pesca nel Mar Rosso, Febbraio–Maggio, 1929. *Boll. Pesca Piscic. Idrobiol.* **7** (2) : 241–315, 24 figs, 2 maps.

—— 1934. I *Callionymus* dei mari d'Europa con un'aggiunta di quelli esotici esistenti nei Musei d'Italia ed una nuova specie de *Callionymus* del Mar Rosso. *Notas Resum. Inst. esp. Oceanogr.*, Ser. 2, **85** : 1–59, 13 pls.

Norman J.R. 1926a. A synopsis of the rays of the family Rhinobatidae. *Proc. zool. Soc. Lond.*, pp. 941–982, 9 figs.

—— 1926b. Zoological results of the Cambridge expedition to the Suez Canal, 1924. I. General part. *Trans. zool. Soc. Lond.* **22** (1) : 1–64.

—— 1927a. Cambridge expedition to the Suez Canal. XXV. Report on the fishes. *Ibid.* (3) : 375–389, Figs 92–93.

—— 1927b. Appendix to the report on fishes. *Ibid.*, pp. 389–390.

—— 1929. Note on the fishes of the Suez Canal. *Proc. zool. Soc. Lond.* (4) : 615–616.

—— 1931. Notes on flat fishes (Heterosomata). III. Collections from China, Japan and the Hawaiian Islands. *Ann. Mag. nat. Hist.* (10), **8** : 517–604.

—— 1934. *A Systematic Monograph of the Flatfishes* (*Heterosomata*). Vol. 1: Psettodidae, Bothidae, Pleuronectidae. London, 459 pp, 317 figs.

—— 1935a. A revision of the lizard fishes of the genera *Synodus, Trachinocephalus* and *Saurida. Ann. Mag. nat. Hist.* (10) : 99–135, 18 figs.

—— 1935b. The carangid fishes of the genus *Decapterus* Bleeker. *Ann. Mag. nat. Hist.* (10) **16** : 252–264, 4 figs.

—— 1939. Fishes: John Murray Expedition, 1933–1934. *Scient. Rep. John Murray Exped.* **7** (1) : 1–116, 41 figs.

—— 1943. Notes on the blennioid fishes. I. A. Provisional synopsis of the genera of the family Blenniidae. *Ann. Mag. nat. Hist.* (11) **10** (72) : 793–812.

—— 1944. *A Draft Synopsis of the Orders, Families and Genera of Recent Fish-like Vertebrates.* London, unpublished manuscript (photo offset copies distributed by British Museum of Natural History), 649 pp.

Nystrom E. 1887. Redogorelse för den Japanska Fisksamlingen. I. Uppsala Universitets Zoologisca Museum. *Bih. K. svenska VetenskAkad. Handl.* **13** (4) : 1–54.

Ogilby J.D. 1888. *Catalogue of the Fishes in the Collection of the Australian Museum.* Part 1: Recent Palaeichthyan Fishes. Sydney, 26 pp.

—— 1897. Some new genera and species of fishes. *Proc. Linn. Soc. N.S.W.* **22** : 245–257.

—— 1898. New genera and species of fishes. *Ibid.* **23** : 32–41, 280–299.

Oken L. 1817. Class 5 : Fische. *Isis, Jena* **8** (148) : 1181–1183 (misprinted 1781–83).

Olfers I.J.P.M. von. 1831. *Die Gattung* Torpedo *in ihren naturhistorischen und antiquarischen Beziehungen erläutert.* Berlin, 36 pp., 3 pls.

Oren O.H. 1962. The Israel South Red Sea expedition. *Nature, Lond.* **194** (4834) : 1134–1137.

Osbeck P. 1765. *Reise nach Ostindien und China* [transl. from Swedish by J.G. Georgi] . Rostock, xxvi + 552 pp. + 13 ff. n. num., 13 pls. [Orig. ed. (Swedish), 1757, before Linnaeus, not valid.]

Owen R. 1853. *Descriptive Catalogue of the Osteological Series Contained in the Museum of the Royal College of Surgeons of England.* I. Pisces, Reptilia, Aves, Marsupialia. London, 350 pp.

Ozawa T. & Tsukahara H. 1973. On the occurrence of the engraulid fish, *Stolephorus buccaneri* Strasburg in the oceanic region of the Equatorial Western Pacific. *J. Fac. Agr., Kysuhu Univ.* **17** : 151–171, 7 figs, 4 tbs.

Paget G.W. 1921. *Report on the Fisheries of Egypt for the Year 1920.* Cairo Government Press, 45 pp., 4 figs, 2 maps.

Pallas P.S. 1767. *Spicilegia Zoologica Quibus Novae Imprimis et Obscurae Animalium Species Iconibus, Descriptionibus atque Commentarius Illustrantur.* Berlin, 2 vols. Vol. 1, 1769, (7) : 1–42, 6 pls; (8) : 1–54, 5 pls.

— 1811 [probably 1814]. *Zoographia Rosso-Asiatica, Sistens Omnium Animalium in Extenso Imperio Rossico et Adjacentibus Maribus Observatorum Recensionem, Domicilia, Mores et Descriptiones Anatomen atque Icones Plurimorum.* 3 vol. Petropoli, Vol. 3, 428 pp. (Plates are mentioned in the text but are unpublished.)

Palmer G. 1963. A record of the gobiid fish *Cryptocentrus lutheri* Klausewitz from the Persian Gulf, with notes on the genus *Cryptocentrus. Senckenberg. biol.* **44** (6) : 447–450, 1 fig.

Paperna I. 1965. Monogenetic trematodes from the gills of the Red Sea fishes. *Bull. Sea Fish. Res. Stn Israel* (39) : 17–26, 3 pls.

— 1972a. Monogenetic trematodes of Cyprinodont fishes in the Near East. *Zool. Anz.* **188** (1/2) : 114–116, 1 fig.

— 1972b. Monogenea from Red Sea fishes. I. Monogenea of fish of the genus *Siganus. Proc. helminth. Soc. Wash.* **39** : 33–39, 4 figs, 3 tbs.

— 1972c. Monogenea from Red Sea fishes. II. Monogenea of Mullidae. *Ibid.*, pp. 39–45, 26 figs, 2 tbs.

— 1972d. Monogenea from Red Sea fishes. III. Dactylogyridae from littoral and reef fishes. *J. Helminth.* **46** (1) : 47–62.

— 1972e. Parasitological implications of fish migration through interoceanic canals. XVIIe. Congress International de Zoologie, Monte-Carlo, Theme (3), 9 pp.

— 1974. Parasitological investigation of fishes in the Red Sea and the Indian Ocean. Int. Comm. of Parasitology (sec. 6-2) : 1640.

— 1975. Parasites and diseases of the grey mullet (Mugilidae), with special reference to the seas of the Near East. *Aquaculture* **5** : 65–80, 8 figs, 3 tbs.

— 1977. The monogenea of marine catfish. *Inst. Biol. Publ. espec.* **4** : 99–116.

Paperna I. & Overstreet R.M. Parasites and Diseases of Mullets (Mugilidae). Cambridge (IBP series), 118 pp (in press).

Paperna I. & Por D. 1977. Preliminary data on the Gnathiidae (Isopoda) of the Northern Red Sea, the Bitter Lakes, and the Eastern Mediterranean, and the biology of *Gnathia piscivora* n. sp. *Rapp. Comm. Int. Mer Medit.* **24** (4) : 195–197.

Pappenheim P. 1914. Die Fische der deutschen Südpolar Expedition, 1901–1903. II. Die Tiefsee-fische. *Dt. Südpol.-Exp.* (Zool.) **15** (7) : 161–200, 10 figs, Pls IX–X.

Parin N.V. 1964. Taxonomic status, geographic variation and distribution of the oceanic halfbeak, *Euleptorhamphus viridis* (van Hasselt) (Hemirhamphidae, Pisces). *Trudy̆ Inst. Okeanol.* **73** : 185–203, 5 textfigs, 3 tbs, 1 map (Russian with English summary). English transl. in *Bur. Comm. Fish. Ichthyol. Lab.*, No. 33.

— 1967. Review of marine Belonidae of the western Pacific and Indian Oceans. *Trudy̆ Okeanogr. Kom.* **84** : 3–83, 25 figs (in Russian). English translation in *U.S. natn. Mus. Wash.* (68), 97 pp.

Parin N.V., Collette B.B. & Shcherbachev Y.N. 1980. Beloniform fishes of the World Ocean. *Trudy̆ Inst. Okeanol.* **97** : 1–173, 47 figs, 26 tbs.

Parin N.V. & Shcherbachev Y.N. 1972. A new species of halfbeak – *Rhynchorhamphus arabicus* Parin & Shcherbachev (Beloniformes, Hemiramphidae) from the waters of southern Yemen. *Voprosy̆ Ikhtiol.* **12** (3) : 569–571 (in Russian). English translation in *J. Ichthyol.* **12** : 523–526.

Pellegrin J. 1906. Sur un *Salarias* nouveau de la baie de Tadjourah. *Bull. Mus. Hist. nat., Paris* **12** : 93–94.

— 1912. Poissons du Musée de Naples provenant des expeditions du "Vettor Pisani" et du "Dogali" et de la Mer Rouge. *Ann. Mus. Zool., Napoli* **3** (27) : 1–11.

—— 1914. Sur une collection de poissons de Madagascar. *Bull. Soc. zool. Fr.* 39 (5) : 221–234.

Peters W.C.H. 1855a. Übersicht der in Mozambique beobachteten Fische. *Arch. Naturgesch.* 1 : 234–282.

—— 1855b. Übersicht der in Mozambique beobachteten Seefische. *Mber. dt. Akad. Wiss. Berl.*, pp. 428–466.

—— 1864 [1865]. Über einige neue Säugethiere, Amphibien und Fische. *Ibid.*, 381–399.

—— 1868. *Naturwissenschaftliche Reise nach Mossambique.* Zoologie. Berlin, 116 pp., 20 pls.

—— 1868a [1869]. Über eine neue Untergattung der Flederthiere (Peronymus) und über neue Gattungen und Arten von Fischen. *Mber. K. Preuss. Akad. Wiss.* : 145–148.

—— 1868b [1869]. Über die von Herrn Dr F. Jagor in dem ostindischen Archipel. gesammelten Fischen und dem K. Zoologischen Museum übergebenen Fische. *Ibid.*, pp. 254–281.

—— 1868c [1869]. Über eine von dem Baron Carl von der Decken entdeckte neue Gattungen von Welsen, Chilognathus und einige andere Süswasserfische aus Ost-Afrika. *Ibid.*, pp. 598–602, 1 pl.

—— 1869 [1870]. Über neue oder wenig bekannte Fische des Berliner zoologischen Museums. *Ibid.*, pp. 703–711.

Pfeffer G. 1889. Übersicht der von Herrn Dr. Franz Stuhlman in Egypten auf Sansibar und den gegenüberliegenden Festlände gesammelten Reptilien, Amphibien, Fische, Mollusken und Krebse. *Jb. hamb. wiss. Anst.* (2) 6 (Fishes) : 12–23.

—— 1893. Ostafrikanische Fische gesammelt von F. Stuhlmann in 1888–1889. *Ibid.*, 1892–1893, pp. 129–171, 3 pls.

Picaglia L. 1894. Pesci del Mar Rosso pescati nella campagna idrographica della Regia Nave Scilla nel 1891–92. *Atti Soc. Nat. Mat.* (3) 13 : 22–40.

Plate L. 1908. *Apogonichthys strombi* n. sp. ein symbiotisch lebender Fisch von den Bahamas. *Zool. Anz.* 33 : 393–399, 2 figs.

Playfair R.L. & Günther A. 1866. *The Fishes of Zanzibar, with a List of the Fishes of the Whole East Coast of Africa.* London, 153 pp., 21 pls. (Acanthopterygii, pp. 1–80, Playfair. Pharyngognathi etc., pp. 80–146, Günther.)

Plessis Y. 1973. Note sur la chronologie des publications de Francis Day dans son travail sur la faune des Indes. *Cah. Pacif.* (17) : 115–118.

Poey F. 1861. Poissons de Cuba, espèces nouvelles, in *Memorias sobre la historia natural de la Isla de Cuba*. Havana, vol. 2, pp. 115–356.

—— 1865. Peces nuevos de la Isla de Cuba, in *Repertorio Fisico-natural de la Isla de Cuba*. Havana, vol. 1, pp. 181–203.

Polunin N.V.C. & Lubock R. 1977. Prawn-associated gobies (Teleostei: Gobiidae) from the Seychelles, western Indian Ocean: systematics and ecology. *J. Zool., Lond.* 183 : 63–101, 20 figs, 5 tbs.

Popper D. & Fishelson L. 1973. Ecology and behavior of *Anthias squamipinnis* (Peters 1855) (Anthidae, Teleostidae) in the coral habitat of Eilat (Red Sea). *J. Exp. Zool.* 184 (3) : 409–423, 5 figs., 1 pl.

Popper D., Gordin H. & Kissil G.W. 1973. Fertilization and hatching of rabbitfish *Siganus rivulatus. Aquaculture* 2 : 37–44, 6 figs.

Popper D. & Gundermann N. 1975. Some ecological and behavioral aspects of siganid populations in the Red Sea and Mediterranean coasts of Israel in relation to their suitability for aquaculture. *Ibid.* 6 (2) : 127–141, 6 figs, 5 tbs.

Popta C.M.L. 1922. Vierte und letzte Fortsetzung und Beschreibung von neuen Fischarten der Sunda-Expedition. *Zoöl. Meded. Leiden* 7 : 27–39.

Por F.D. 1978. *Lessepsian Migration*. New York, 278 pp., 47 figs, 10 pls, 10 tbs, 2 maps.

Por F.D., Aron W., Steinitz H. & Ferber I. 1972. The biota of the Red Sea and the eastern Mediterranean (1967–1972) – a survey of the marine life of Israel and surroundings, *Israel J. Zool.* 21 (3–4) : 459–523.

Porter C. 1973. Ecology and distribution of commercial fishes of the Gulf of Elat (Gulf of Aqaba) and Gulf of Suez. M.Sc. Thesis, Department of Zoology, The Hebrew University of Jerusalem. 65 pp., 27 figs, 1 map (Hebrew with English abstract).

Postel P., Fourmanoir E. & Guézé P. 1963. Serranidés de la Reunion. *Mém. Inst. fr. Afr. noire* 68 (Mélanges ichthyologiques) : 339–384, 16 figs, 2 tbs.

Pylaie M. de La. 1834 [1835]. Recherches en France sur les poissons de l'océan pendant les années 1832 et 1833. *Congrès scient. France*, pp. 524–534.

Quensel C. 1806. Försök att närmare bestämma och naturligare uppställa svenska arterna af flunderslägtet. *K. svenska Vetensk Akad. Handl.* 27 : 44–56, 203–233.

Quoy J. R. C. & Gaimard J. P. 1824–6. *Voyage autour du monde. . . Exécuté sur les corvettes de S.M. l'Uranie et la Physicienne, pendant les années 1817–1820*. Paris, 712 pp., 96 pls. Fishes, 1825, pp. 182–401.

—— 1834. *Voyage de découvertes de "l'Astrolabe", pendant les années 1826–1829 sous le commandement de M.J. Dumont d'Urville*. Poissons, vol. 3. Paris, pp. 647–720, 20 pls.

Radcliffe L. 1911. Notes on some fishes of the genus *Amia*, family of Cheilodipteridae, with descriptions of four new species from the Philippine Islands. *Proc. U.S. natn. Mus.* 41 : 245–261, 3 figs, 5 pls.*

Rafail S. Z. 1972. Studies of Red Sea fisheries by light and purse-seine near Al-Ghardaqa. *Bull. Inst. Oceanogr. fish. Cairo* 2 : 23–49, 2 figs, 16 tbs.

—— 1972. A statistical study of length–weight relationship of eight Egyptian fishes. *Ibid.*, pp. 135–136, 6 tbs.

Rafinesque-Schmaltz C. S. 1810a. *Caratteri di alcuni nuovi generi e nuove specie di animali (principalmente di pesci) e piante della Sicilia, con varie osservazioni sopra i medisimi*. Palermo, 105 pp., 20 pls. (Reprint, 1967, Asher-Amsterdam.)

—— 1810b. *Indice d'ittiologia siciliana ossia catalogo metodico dei nomi latini, italiani, e siciliani dei pesci, che si rinvengono in Sicilia*. Messina, 70 pp., 2 pls. (Reprint, 1967, Asher-Amsterdam.)

—— 1815. *Analyse de la nature, ou tableau de l'univers et des corps organisés*. Palermo, 224 pp.

Ramsay E. P. & Ogilby J. D. 1886. Descriptions of new or rare Australian fishes. *Proc. Linn. Soc. N.S.W.* 10 : 575–579.

Randall H. A. & Allen G. R. 1977. A revision of the damselfish genus *Dascyllus* (Pomacentridae) with the description of a new species. *Rec. Aust. Mus.* 31 (9) : 349–385, 11 figs, 3 tbs.

Randall J. E. 1955a. *Stethojulis renardi*, the adult male of the labrid fish *Stethojulis strigiventer*. *Copeia* (3) : 237.

—— 1955b. A revision of the surgeon fish genera *Zebrasoma* and *Paracanthurus*. *Pacif. Sci.* 9 (4) : 396–412, 8 figs, 1 pl., 1 tb.

—— 1955c. A revision of the surgeon fish genus *Ctenochaetus* Family Acanthuridae with descriptions of five new species. *Zoologica, N. Y.* 40 (4) : 149–166, 3 figs, 2 pls, 3 tbs.

—— 1955d. An analysis of the genera of surgeon fishes (family Acanthuridae). *Pacif. Sci.* 9 (3) : 359–367.

—— 1956. A revision of the surgeon fish genus *Acanthurus*. *Ibid.* 10 (2) : 159–235, 23 figs, 3 pls, 24 tbs.

—— 1958. A review of the labrid fish genus *Labroides*, with descriptions of two new species and notes on ecology. *Ibid.* 12 (4) : 327–347, 6 figs, 1 pl., 1 tb.

— - 1960. A new species of *Acanthurus* from the Caroline Islands, with notes on the systematics of other Indo-Pacific surgeonfishes. *Ibid.* 14 (3) : 267–279, 7 figs, 5 tbs.

—— 1963a. Review of the hawkfishes (family Cirrhitidae). *Proc. U.S. natn. Mus.* 114 : 389–451, 16 pls, 4 tbs.

—— 1963b. Notes on the systematics of the parrotfishes (Scaridae) with emphasis on sexual dichromatism. *Copeia* (2) : 225–237, 4 figs, 3 pls.

—— 1964a. A revision of the filefish genera *Amanses* and *Cantherhines*. *Ibid.*, pp. 331–361, 18 figs, 2 tbs.

—— 1964b. Notes on the groupers of Tahiti, with description of a new serranid fish genus. *Pacif. Sci.* 18 (3) : 281–296, 12 figs.

—— 1965. A review of the razorfish genus *Hemipteronotus* (Labridae) of the Atlantic Ocean. *Copeia* (4) : 487–501, 11 figs.

—— 1969. How dangerous is the moray eel? *Aust. nat. Hist.* 16 (6) : 177–182, 5 figs.

Randall

—— 1969a. Conservation in the sea: A survey of Marine Parks. *Oryx*, London, **10** (1) : 31–38, Pls 7–12.

—— 1971. Progress in Marine Parks. *Sea Front.* **17** (1) : 2–16, 11 figs.

—— 1972a. A revision of the labrid fish genus *Anampses*. *Micronesica* **8** (1–2) : 151–195, 10 figs, 3 col. pls, 3 tbs.

—— 1972b. The Hawaiian trunkfishes of the genus *Ostracion*. *Copeia* (4) : 756–768, 10 figs.

—— 1973. Tahitian fish names and a preliminary checklist of the fishes of the Society Islands. *Occ. Pap. Bernice P. Bishop Mus.* **24** (11) : 167–214.

—— 1974a. Notes and color illustrations of labrid fishes of the genus *Anampses*. *UO* (21) : 10–16, 2 pls.

—— 1974b. The Effect of Fishes on Coral Reefs. *Proc. 2nd Int. Coral Reef Symp.* Brisbane, Vol. 1, pp. 159–166.

—— 1974c. The status of the goatfishes (Mullidae) described by Forsskål. *Copeia* (1) : 275, 1 fig.

—— 1975. A revision of the Indo-Pacific angelfish genus *Genicanthus*, with descriptions of three new species. *Bull. Mar. Sci.* **25** (3) : 393–421, 17 figs, 1 pl., 4 tbs.

—— 1977. Contribution to the biology of the whitetip reef shark (*Triaenodon obesus*). *Pacif. Sci.* **31** (2) : 143–164, 11 figs.

—— 1978. A revision of the Indo-Pacific labrid fish genus *Macropharyngodon*, with descriptions of five new species. *Ibid.* **28** (4) : 742–770, 6 figs, 7 tbs.

—— 1980. Revision of the fish genus *Plectranthias* (Serranidae: Anthiinae) with descriptions of 13 new species. *Micronesica* **16** (1) : 101–187, 32 figs, 18 tbs.

—— 1980a. A survey of ciguatera at Enewetak and Bikini, Marshall Islands, with notes on the systematics and food habits of ciguatoxic fishes. *Fishery Bull. Fish. Wildl. Serv. U.S.* **78** (2) : 201–249, 51 figs.

—— 1981. Two new species and six new records of labrid fishes from the Red Sea. *Senckenberg. marit.* **13** (1–3) : 79–109, 2 textfigs, 3 pls, 3 tbs.

—— 1981a. A review of the Indo-Pacific sand tilefish. Genus *Hoplolatilus* (Perciformes: Malacanthidae). *Freshwat. Mar. Aquar.* **4** (12) : 39–46, 12 figs, 1 tb.

—— 1981b. Examples of Antitropical and Antiequatorial distribution of Indo-West-Pacific fishes. *Pacif. Sci.* **35** (3) : 197–209.

—— 1982. A review of the labrid fish Genus *Hologymnosus*. *rev. fr. Aquaecol.* **9** (1) : 13–20, 10 figs, 2 tbs.*

Randall J. E., Aida K., Hibiya T., Mitsuura N., Kamiya H. & Hashimoto Y. 1971. Grammistin, the skin toxin of soapfishes, and its significance in the classification of the Grammistidae. *Publs Seto mar. biol. Lab.* **19** (2/3) : 157–190, 23 figs, 4 tbs.

Randall J. E., Aida K., Oshima Y., Hori K. & the late Hashimoto Y. 1981. Occurrence of a crinotoxin and hamagglutinin in the skin mucus of the moray eel *Lycodontis nudivomer*. *Mar. Biol. Berlin* **62** : 179–184, 5 figs.

Randall J. E. & Ben-Tuvia A. 1982. A review of the groupers (Pisces: Serranidae: Epinephelinae) of the Red Sea, with description of a new species of *Cephalopholis*. *Bull. mar. Sci.* **33** (2) : 373–426, 27 figs, 1 tb.

Randall J. E. & Böhlke J. E. 1981. The status of the cardinalfishes *Apogon evermanni* and *A. anisolepis* (Perciformes: Apogonidae) with description of a related new species from the Red Sea. *Proc. Acad. nat. Sci. Philad.* **133** : 129–140, 1 pl., 4 tbs.

Randall J. E. & Brock V. E. 1960. Observations on the ecology of Epinephelinae and Lutjanid fishes of the Society Islands, with emphasis on food habits. *Trans. Am. Fish. Soc.* **89** (1) : 9–16.

Randall J. E. & Bruce R. W. 1983. The parrotfishes of the subfamily Scarinae of the western Indian Ocean, with description of three new species. *Ichthyol. Bull. J.L.B. Smith Inst. Ichthyol.* (47) : 1 + 39 pp., 6 pls, 4 tbs.

Randall J. E. & Caldwell D. K. 1970. Clarification of the species of the butterflyfish genus *Forcipiger*. *Copeia* (4) : 727–731, 3 figs, 3 tbs.

Randall J. E. & Carpenter K. E. 1980. Three new Labrid fishes of the genus *Cirrhilabrus* from the Philippines. *Rev. fr. Aquariol.* **7** (1) : 17–26, 10 figs, 6 tbs.

Randall J. E. & Choat J. H. 1980. Two new parrotfishes of the genus *Scarus* from the Central and South Pacific, with further examples of sexual dichromatism. *Zool. J. Linn. Soc.* **70** (4) : 383–419, 33 figs, 3 tbs.

Randall J.E. & Dooley J.K. 1974. Revision of the Indo-Pacific branchiostegid fish genus *Hoplolatilus* with descriptions of two new species. *Copeia* (2) : 457–471, 12 figs, 6 tbs.

Randall J.E. & Dor M. 1980 [1981]. Description of a new genus and species of labrid fish from the Red Sea. *Israel J. Zool.* 29 (4) : 153–162, 3 figs, 1 tb.

Randall J.E. & Fridman D. 1980 [1981]. *Chaetodon auriga* X *Chaetodon fasciatus*, a hybrid butterflyfish from the Red Sea. *Rev. fr. Aquariol.* 7 (4) : 113–116, 5 figs, 1 tb.

Randall J.E. & Guézé P. 1981. The holocentrid fishes of the genus *Myripristis* of the Red Sea, with clarification of the *murdjan* and *hexagonus* complexes. *Contr. Sci.* (334) : 1–16, 14 figs, 6 tbs.

Randall J.E. & Harmelin-Vivien M.L. 1977. A review of the labrid fishes of the genus *Paracheilinus* with description of two new species from the western Indian Ocean. *Bull. Mus. natn. Hist. nat., Paris*, Ser. 3e, (436) : 329–342, 4 figs, 2 tbs.

Randall J.E., Head M. & Sanders A.P.L. 1978. Food habits of the giant humphead wrasse, *Cheilinus undulatus* (Labridae). *Envir. Biol. Fish.* 3 (2) : 235–238, 1 fig., 3 tbs.

Randall J.E. & Helfman G.S. 1973. Attacks on humans by the blacktip reef shark (*Carcharhinus melanopterus*). *Pacif. Sci.* 27 (3) : 226–238, 4 figs, 1 tb.

Randall J.E. & Kay J.C. 1974. *Stethojulis axillaris*, a junior synonym of the Hawaiian labrid fish *Stethojulis balteata*, with a key to the species of the genus. *Ibid.* 28 (2) : 101–107, 1 fig., 1 pl., 2 tbs.

Randall J.E. & Klausewitz W. 1973. A review of the triggerfish genus *Melichthys*, with description of a new species from the Indian Ocean. *Senckenberg. biol.* 54 (1–3) : 57–69, 6 figs, 3 tbs.

—— 1977. *Centropyge flavipectoralis*, a new angelfish from Sri Lanka (Ceylon) (Pisces: Teleostei: Pomacanthidae). *Ibid.* 57 (4–6) : 235–240, 2 figs, 2 tbs.

Randall J.E. & Kotthaus A. 1977. *Suezichthys tripunctatus*, a new deep-dwelling Indo-Pacific labrid fish. *Meteor Forsch.-Ergebn.* D (24) : 33–36, 3 figs, 1 tb.

Randall J.E. & Levy M.F. 1976. A near-fatal shark attack by a mako in the northern Red Sea. *Israel J. Zool.* 25 (1–2) : 61–70, 5 figs.

Randall J.E. & Lubbock R. 1981. Labrid fishes of the genus *Paracheilinus*, with descriptions of three new species from the Philippines. *Jap. J. Ichthyol.* 28 (1) : 19–30, 1 fig., 2 pls, 3 tbs.

Randall J.E. & Maugé L.A. 1978. *Holacanthus guezei*, a new angelfish from Reunion. *Bull. Mus. natn. Hist. nat., Paris*, Ser. 3e, (514) : Zoologie (353) : 297–303, 1 fig., 1 tb.

Randall J.E. & Ormond F.G. 1978. On the Red Sea parrotfishes of Forsskål, *Scarus psittacus* and *S. ferrugineus*. *J. Linn. Soc. (Zool.)* 63 (3) : 239–248, 1 fig.

Randall J.E. & Smith M.M. 1982. A review of the labrid fishes of the genus *Halichoeres* of the western Indian Ocean, with descriptions of six new species. *Ichthyol. Bull. J.L.B. Smith Inst.* (45), 26 pp., 8 col. pls, 8 tbs.

Randall J.E. & Springer V.G. 1973. The monotypic Indo-Pacific labrid fish genera *Labrichthys Diproctacanthus* with description of a new related genus *Larabicus*. *Proc. biol. Soc. Wash.* 86 (23) : 279–298, 10 figs.

Randall J.E. & Swerdloff S.N. 1973. A review of the damselfish genus *Chromis* from the Hawaiian Islands, with descriptions of three new species. *Pacif. Sci.* 27 (4) : 327–349, 12 figs, 5 tbs.

Ranzani C. 1840. De novis speciebus piscium; dissertationes quattuor. *Novi Comment. Acad. sci. Inst. bonon.* 4 : 65–83, Pls 8–13.

Reed W. 1964. *Red Sea Fisheries of Sudan*. Khartoum, 116 pp., 67 figs, 1 chart.

Regan C.T. 1902. A revision of the fishes of the family Stromateidae. *Ann. Mag. nat. Hist.* (7) 10 : 115–131.

—— 1903. Descriptions de poissons nouveaux. . . du Museum d'Histoire Naturelle de Génève. *Revue suisse Zool.* 11 : 413–420, Pls 13–14.

—— 1905 [1906]. On fishes from the Persian Gulf, the Sea of Oman, and Karachi, collected by F.W. Townsend. *J. Bombay nat. Hist. Soc.* 16 : 318–333, Pls A–C.

—— 1908. Report on the marine fishes collected by J. Stanley Gardiner in the Indian Ocean. *Trans. Linn. Soc. Lond.* (2) 12 (3) : 217–255, Pls 23–32.

—— 1909. Descriptions of new marine fishes from Australia and the Pacific. *Ann. Mag. nat. Hist.* (8) 4 : 438–440.

—— 1919. Fishes from Durban, Natal, collected by H.W. Bell Marley and Romer Robinson. *Ann. Durban Mus.* **2** (2) : 76–77.

—— 1920. Revision of flat-fishes of Natal. *Ann. Durban Mus.* **2** (5) : 205–222, 5 textfigs.

Renard L. 1718–1719. Poissons, écrevisses et crabes. . . que l'on trouve autour des ilses Moluques, et sur des côtes des Terres Australes. . . Ouvrage. . . que contient un très grand nombre de poissons. Amsterdam, 2 vols.

Richardson J. 1840. On some new species of fishes from Australia. *Proc. zool. Soc. Lond.* **8** : 25–30.

—— 1844–45. *The Zoology of the Voyage of H.M.S. Sulphur under the Command of Captain Sir Edward Belcher, during the Years 1836–42.* I. Ichthyology. London, pp. 1–150, 30 pls. Pt. 1, pp. 1–50, 1st Apr. 1844; Pt. 2, pp. 51–86, no date; Pt. 3, pp. 87–150, 26 Aug. 1845.

—— 1845. *The Zoology of the Voyage of H.M.S. Erebus & Terror, under the Command of Captain Sir James Clark Ross, F.R.S.* London, viii + 139 pp., 60 pls.

—— 1846. *Report on the Ichthyology of the Seas of China and Japan.* In *Rep. Brit. Assoc. Adv. Sci.*, 16th meeting (1845), pp. 183–320.

—— 1848. *The Zoology of the Voyage of H.M.S. Samarang, under the Command of Sir Edward Belcher, during the Years 1843–1846*. London, 28 pp., 10 pls.

—— 1856. Ichthyology. *Encycl. Britannica*, ed. 8, **12** : 313.

Risso A. 1810. *Ichthyologie de Nice ou histoire naturelle des poissons du department des Alpes Maritimes*. Paris, xxxvi + 380 pp., 11 pls.

—— 1826. *Histoire naturelle de l'Europe Meridionale, particulièrement de Nice et des Alpes Maritimes*. Paris, vol. 3, xvi + 480 pp., 16 pls.

Rofen R.R. 1960. Biological results of the Snellius expedition. XIX. Reidentification of the bathypelagic fishes of the family Paralepididae collected by Snellius. Expedition of the East Indies. *Temminkia* **10** : 200–208, 1 pl.

—— 1966. Family Paralepididae in fishes of the western North Atlantic. *Mem. Sears Found. Mar. Res.* **1** (5) : 511–564, Figs 185–203.

Roghi G. 1954. Dahlak. Con la Spedizione Nazionale Subaquea in Mar Rosso. Appendice a cura di Francesco Baschieri. Milano, 280 pp., 1 map.

Roghi G. & Baschieri F. 1954. *Dahlak, with the Italian National Underwater Expedition in the Red Sea*. London. 280 pp., 2 figs, 42 pls, 1 map.

Röse **A.F.** 1793. *Petri Artedi Angermannia-Sueci Synonymia Nominum Piscium fere omnium . . . Ichthyologiae*, Greifswald. Pars IV, ed. II, 140 pp.

Rosenblatt R.H. & Hoese D.F. 1968. Sexual dimorphism in the dentition of *Pseudupeneus*, and its bearing of the generic classification of the Mullidae. *Copeia* (1) : 175–176, 1 fig.

Roux Ch. 1973. Les dates pour "l'Histoire Naturelle des Poissons" de Lacepède. *Bull. Liaison Mus. Hist. Nat.* (14) : 33–36.

—— 1976. La date de la première édition du Règne Animal de Cuvier. *Ibid.* (25) : 16.

Roux-Estève R. 1956. Résultats scientifiques des campagnes de la "Calypso". X. Poissons. *Annls Inst. océanogr., Monaco* **32** : 61–115, 4 figs.

Roux-Estève R. & Fourmanoir P. 1955. Résultats scientifiques des campagnes de la "Calypso". VII. Poissons capturés par la mission de la "Calypso" en Mer Rouge. *Ibid.* **30** : 195–203, 2 figs.

Rüppell E. 1828–1830. Atlas zu der Reise im nördlichen Afrika von Eduard Rüppell, Zoologie **4**, Fische des rothen Meeres. Frankfurt am Main, 141 + 3 pp., 35 col. pls. Part 1, 1828, pp. 1–26, Pls 1–6; Part 2, 1829, pp. 27–94, Pls 7–24; Part 3, 1830, pp. 95–141, Pls 25–35.

—— 1830a. Über eine neue Gattung *Histoiphorus* aus dem Rothen Meer. *Isis, Leipzig*, p. 39.

—— 1835a. Memoir on a new species of swordfish (*Histoiphorus immaculatus*). *Proc. zool. Soc. Lond.* (3) : 187.

—— 1835b. Memoire sur une nouvelle espèce de poisson du genre Histiophore de la Mer Rouge. *Trans. zool. Soc. Lond.* **2** : 71–74, Pl. 15.

—— 1835–1838. Neue Wirbelthiere zu der Fauna von Abyssinien gehörig. Fische des Rothen Meeres. Frankfurt am Main, 148 pp., 33 pls. Part 1, 1835, pp. 1–28, Pls 1–7; Part 2, 1836, pp. 29–52, Pls 8–14; Part 3, 1837, pp. 53–80, Pls 15–21; Part 4, 1838, pp. 81–148, Pls 22–33.

—— 1852. *Verzeichniss der in dem Museum der Senckenbergischen naturforschenden Gesellschaft aufgestellten Sammlungen*. Vol. 4, *Fische und deren Skelette*. Frankfurt am Main, 40 pp.

Russell P. 1803. *Descriptions and Figures of Two Hundred Fishes; Collected at Vizagapatam on the Coast of Coromandel.* 2 vols. London, vol. 1, vii + [1] + 78 + 4 pp., Figs I–C; vol. 2, 85 + [4] pp., Figs CI–CCVIII.

Rutter C. M. 1897. A collection of fishes obtained in Swatow, China, by Miss Adele M. Fielde. *Proc. Acad. nat. Sci. Philad.* : 56–90, Tbs 1–10.

Santucci R. 1934a. Le recherche par lo studio della biologia della fauna delle acque eritree (Nota preliminare). *Boll. Musei Lab. Zool. Anat. comp. R. Univ. Genova* **14** (75) : 3–7.

—— 1934b. Richerche sulla fauna del Mar Rosso. La biologia della acque territoriali eritree. *Memorie R. Com. talassogr. ital.* **214** : 1–119, 28 pls.

—— 1934c. La presenza nelle acque del Mar Rosso del Rhincodon typus A. Smith. *Boll. Musei Lab. Zool. Anat. comp. R. Univ. Genova* **14** (76) : 1–14, 7 figs.

Sanzo L. 1926. Ricerche biologische nella crociera idrografica con la R. Nave Ammiraglio Magnaghi in Mar Rosso. *Atti. Soc. ital. Prog. Sci.* (1925) **14** : 516–519.

—— 1927. Contributo alla conoscenza di uova e larve di Plectognathi. *Boll. Ist. Zool. R. Univ. Roma.* **V** : 125–128.

—— 1930a. Plectognathi. Ricerche biologiche su materiali raccolti dal Prof. L. Sanzo nella Campagna Idrografica nel Mar Rosso della J.N. Ammiraglio Magnaghi 1923–1924. *Memorie R. Com. talassogr. ital.* **167** : 1–111, 21 figs, 7 pls.

—— 1930b. *Ibid.* Also *Annali idrogr., Genova* **11** bis (mem. VII), pp. 361–476.

—— 1933. Contributo alla *conoscenza* di uova, larvo e stade giovanili in *Echeneis naucrates* L. *Annali idrogr., Genova* **11** bis, **1** : 201–211, 1 textfig., 9 addnal figs.

Sato T. 1978. A synopsis of the sparoid fish genus *Lethrinus*, with the description of a new species. *Bull. Univ. Mus. Univ. Tokyo* (15), 70 pp., 35 figs, 12 pls, 26 tbs.

Saunders D. C. 1960. A survey of the blood parasites in the fish of the Red Sea. *Trans. Am. microsc. Soc.* **79** (3) : 239–252, 1 pl., 1 tb.

—— 1967. Neutrophils and arneth counts from some Red Sea fishes. *Copeia* (3) : 681–683, 1 fig.

—— 1968. Differential blood cell counts of 50 species of fishes from the Red Sea. *Ibid.*, pp. 491–498, 2 tbs.

Sauvage H. E. 1873. Notice sur quelques poissons d'espèces nouvelles ou peu connues provenant des Mers de l'Inde et de la Chine. *Nouv. Archs Mus. Hist. nat. Paris* (1) **9** : 49–62, Pls 6–7.

—— 1878. Description de poissons nouvelles ou imparfaitement connus de la collection du Muséum d'Histoire Naturelle. Familles des Scorpaenides, des Platycephalidés et des Triglidés. *Ibid.* (2) **1** : 109–158, 2 pls.

—— 1880a. Description des gobioides nouveaux ou peu connus de la collection du Muséum d'Histoire Naturelle. *Bull. Soc. philomath. Paris*, Ser. 7, **4** : 40–58.

—— 1880b. Description de quelque Blennoides de la collection du Muséum d'Histoire Naturelle. *Ibid.* **4** : 215–220.

—— 1881a. Description de quelque poissons de la collection du Muséum d'Histoire Naturelle. *Ibid.* **5** : 101–104.

—— 1881b. Sur une collection de Poissons de Swatow (S. China). *Ibid.* **7** : 104–107.

—— 1883. Description de quelques poissons de la collection de Muséum d'Histoire Naturelle. *Ibid.*, pp. 156–161.

—— 1891. *Histoire naturelle de poissons* ; in Grandidier; A. *Histoire physique naturelle et politique de Madagascar.* Paris, vol. 16, 543 pp., 50 pls.

Sawyer F. C. 1953. The dates of issue of J.E. Gray's "Illustrations of Indian Zoology" (London, 1830–1835). *J. Soc. Biblphy nat. Hist.* **3** (1) : 48–55.

Schaeffer J. C. 1760. *Epistola ad Regio-Borussicam Societatem Litterariam Duisburgensem de Studii Ichthyologici Faciliori ac Tutiori Methodo, Adiectis Nonnullis Speciminibus.* Ratisbonae, 24 pp., 1 pl.

Schmeltz J. D. E. 1877. Museum Godeffroy, Hamburg, Catalog VI. Pisces, pp. 11–18.

—— 1879. Museum Godeffroy, Hamburg, Catalog VII. Pisces, pp. 36–64.

—— 1882. Museum Godeffroy, Hamburg, Catalog VIII : 4–8.

Schmidt G. D. & Paperna I. 1978. *Sclercollum rubrimaris* gen. and sp.n. (Rhadinorhynchidae,

Gorgorhynchidae) and other Acanthocephala of marine fishes from Israel. *J. Parasit.* **64** (5): 846–850.

Schrank F. von P. 1798. *Fauna Boica. Durchgedachte Geschichte der in Baiern einheimischen und zahmen Thiere.* Nürnberg, vol. 1, xii + 720 pp. [Fische: 295–340].

Schultz L.P. 1946. A revision of the genera of mullets, fishes of the family Mugilidae, with descriptions of three new genera. *Proc. U.S. natn. Mus.* **96** : 377–395, Figs 28–32.

—— 1948. A revision of six subfamilies of atherine fishes with descriptions of new genera and species. *Ibid.* **98** (3220) : 1–48, 9 textfigs, 2 pls.

—— 1950. Three new species of fishes of the genus *Cirrhitus* (family Cirrhitidae) from the Indo-Pacific. *Ibid.* **100** : 547–551.

—— 1957. The frogfishes of the family Antennariidae. *Ibid.* **107** (3383) : 47–105, 8 figs, 14 pls.

—— 1958. Review of the parrotfishes, family Scaridae. *Bull. U.S. natn. Mus.* (214) : 1–143, 31 figs, 27 pls.

—— 1968. Four new fishes of the genus *Parapercis*, fam. Mugiloididae, with notes of other species from the Indo-Pacific Area. *Proc. U.S. natn. Mus.* **124** (3636) : 1–16, 4 pls, 6 tbs.

—— 1969. The taxonomic status of the controversial genera and species of parrotfishes with a descriptive list. *Smithson. Contr. Zool.* (17), 49 pp., 2 figs, 8 pls.

Schultz L.P., Chapman W.M., Lachner E.A. & Woods L.P. 1960. Fishes of the Marshall and Marianas Islands. *Bull. U.S. natn. Mus.* (202), 2, ix + 438 pp., Pls 75–123.

Schultz L.P., Herald E.S., Lachner E.A., Welander A.D. & Woods L.P. 1953. *Ibid.* 1, xxxii + 685 pp., 74 pls.

Schultz L.P. & Marshall N.E. 1954. A review of the labrid fish genus *Wetmorella* with descriptions of new forms from the tropical Indo-Pacific. *Proc. U.S. natn. Mus.* **103** (3327) : 439–447, Figs 52–54, Pl. 12, 2 tbs.

Schultz L.P., Woods L.P. & Lachner E.A. 1966. Fishes of the Marshall and Marianas Islands, *Bull. U.S. natn. Mus.* (202), 3, vii + 176 pp., Pls 124–148.

Scopoli G.A. 1777. *Introductio ad Historiam Naturalem . . . Leges Naturae.* Prague, x + 506 pp.

Seale A. 1909. New species of Philippine fishes. *Philipp. J. Sci.* **4** : 491–543, Pls I–XIII.

Seba A. 1761. *Locupletissimi Rerum Naturalium Thesauri Accurata Descriptio et Iconibus Artificiosissimis Expressio, . . . Descripsit et Depingendum Curavit.* Amsterdam, vol. 3, pp. 1–212, 116 pls (Latin and French).

Shaw G. 1797. The *zebra Gymnothorax*; in *The Naturalist's Miscellany*. London, vol. 9, 2 pp. (no pagination), Pl. 322.

—— 1803–1804. *General Zoology or Systematic Natural History . . . with Plates from the First Authorities and Most Select Specimens.* London, Pisces, 1803, vol. 4, Pt. 1, pp. i–vii + 1–186, Pls 1–25; Pt. 2, pp. i–xv + 187–632, Pls 26–92; 1804, vol. 5, Pt. 1, pp. i–vi + 1–250, Pls 93–132; Pt. 2, pp. i–viii + 251–463, Pls 133–182.

Shaw G. & Nodder F.P. 1791. *Xiphias platypterus*. The broadfinned swordfish; in *The Naturalist's Miscellany*. London, vol. 28 (no pagination), Pl. 88.

—— 1795. *Muraena meleagris*; in *The Naturalist's Miscellany*. London, vol. 7, Article 2 (no pagination), Pl. 220.

Shimzu T. & Yamakawa T. 1979. Review of the squirrelfishes (Subfamily Holocentrinae: Order Beryciformes) of Japan, with a description of a new species. *Japan J. Ichthyol.* **26** (2): 109–147, Figs 1–23, 1 tb.

Slobodkin L.B. & Fishelson L. 1974. The effect of the cleaner fish *Labroides dimidiatus* on the point diversity of fishes on the reef front of Eilat. *Am. Nat.* **108** : 369–376, 1 fig., 1 tb.

Smith A. 1829. Contributions to the natural history of South Africa. *Zool. J. Lond.* **4** : 433–444.

—— 1838–50. *Illustrations from the Zoology of South Africa, Consisting Chiefly of Figures and Descriptions of the Objects of Natural History Collected during an Expedition into the Interior of South Africa, in the Years 1834, 1835 and 1836.* London, 5 vols (vol. 4, 1849: Pisces, no pagination, 31 pls).

Smith H.M. & Pope T.E.B. 1906–1907. List of fishes collected in Japan in 1903, with descriptions of new genera and species. *Proc. U.S. nat. Mus.* **31** (1489) : 459–492, 12 figs.

Smith J.L.B. 1938. The South African fishes of the families Sparidae and Denticidae. *Trans. R. Soc. S. Afr.* **26** (3) : 225–305, 25 figs, Pls 18–29.

—— 1946 [1947]. New species and new records of fishes from South Africa. *Ann. Mag. nat. Hist.* (11) **13** : 793—821.

—— 1947. Brief revisions and new records of South African marine fishes. *Ibid.* (2) **14** : 335—346, 3 figs.

—— 1948. A generic revision of the mugilid fishes of South Africa. *Ibid.* (11) **14** : 833—843, 15 figs.

—— 1949. *The Sea Fishes of Southern Africa.* Johanesburg, 550 pp., 103 pls, 519 figs. 1965. *Ibid.*, 5th ed., 580 pp., 111 pls, 557 figs.

—— 1949a. Forty two fishes new to South Africa, with notes on others. *Ann. Mag. nat. Hist.* (12) **2** : 97—111.

—— 1952. Preliminary notes on fishes of the family Plectorhynchidae from South and East Africa, with descriptions of two new species. *Ibid.* **5** : 711—716, Pl. 26.

—— 1953. *The Sea Fishes of Southern Africa.* Johanesburg, revised enlarged edition, 564 pp., 107 pls.

—— 1953a. Fishes taken in the Mozambique Channel by Mussolini P. Fajardo. *Mems Mus. Dr. Alvaro de Castro* (2) : 5—20, 2 figs, 1 pl.

—— 1954. Pseudoplesiopsine fishes from South and East Africa. *Ann. Mag. nat. Hist.* (12) **7** : 195—208, 3 figs.

—— 1955a. New species and new records of fishes from Mozambique. *Mems Mus. Dr. Alvaro de Castro* (3) : 3—27, 32 figs, 3 pls.

—— 1955b. The fishes of the family Pomacanthidae in the western Indian Ocean. *Ann. Mag. nat. Hist.* (12) **8** : 377—384, Pls 4—5.

—— 1956a. The parrot fishes of the family Callyodontidae of the western Indian Ocean. *Ichthyol. Bull. Rhodes Univ.* (1) : 1—23, Pls 41—45.

—— 1956b. The fishes of Aldabra. Part IV. *Ann. Mag. nat. Hist.* (12) **8** : 928—937, 1 fig., Pl. 24.

—— 1956c. The fishes of the family Sphyraenidae in the western Indian Ocean. *Ichthyol. Bull. Rhodes Univ.* (3) : 37—46, 1 fig., 2 pls.

—— 1956d. Two new plectorhynchid fishes from Ceylon with a note on *Sciaena foetela*, Forsskål, 1775. *Ann. Mag. nat. Hist.* (12) **9** : 97—101, Pl. 2.

—— 1956 [1957a]. The fishes of Aldabra. Part V. *Ibid.*, pp. 721—729, 3 figs.

—— 1957b. The fishes of Aldabra. Part VII. *Ibid.*, pp. 888—892, 1 fig.

—— 1957c. The fishes of the family Scorpaenidae in the western Indian Ocean. Part I. The subfamily Scorpaeninae *Ichthyol. Bull. Rhodes Univ.* (4) : 49—72, 5 figs, 4 pls.

—— 1957d. The fishes of the family Scorpaenidae in the western Indian Ocean. Part II. The subfamilies Pteroinae, Apistinae, Setarchinae and Sebastinae. *Ibid.* (5) : 73—88, Figs 6—9, Pls 5—6.

—— 1957e. Sharks of the genus *Isurus* Rafinesque 1810. *Ibid.* (6) : 89—96, 1 fig., 1 pl.

—— 1957f. List of the fishes of the family Labridae in the western Indian Ocean with new records and five new species. *Ibid.* (7) : 99—114, 4 figs, 2 pls.

—— 1957g. The labrid fishes of the subgenus *Julis* Cuvier 1814 (in *Coris* Lacepède 1802) from South and East Africa. *Ibid.* (8) : 117—120, 1 fig., 2 pls.

—— 1958a. Fishes of the family Eleotridae in the western Indian Ocean. *Ibid.* (11) : 137—163, 17 figs, 3 pls.

—— 1958b. Fishes of the families Tetrarogidae, Caracanthidae and Synanciidae from the western Indian Ocean with further notes on scorpaenid fishes. *Ibid.* (12) : 167—181, Pls 7—8.

—— 1958c. Rare fishes from South Africa. *S. Afr. J. Sci.* **54** (12) : 319—322, 2 figs.

—— 1959a. Gobioid fishes of the families Gobiidae, Periophthalmidae, Trypauchenidae, Taenioididae and Kraemeridae of the western Indian Ocean. *Ichthyol. Bull. Rhodes Univ.* (13) : 185—225, 42 figs, Pls 9—13.

—— 1959b. Fishes of the families Blenniidae and Salariidae of the western Indian Ocean. *Ibid.* (14) : 229—252, 16 figs, Pls 14—19.

—— 1959c. Serioline fishes (yellowtails: amberjacks) from the western Indian Ocean. *Ibid.* (15) : 255—261, 6 figs.

—— 1959d. The identity of *Scarus gibbus* Rüppell 1828 and of other parrotfishes of the family Callyodontidae from the Red Sea and the western Indian Ocean. *Ibid.* (16) : 265—282, 10 figs, Pls 41—45.

—— 1959e. Fishes of the family Lethrinidae from the western Indian Ocean. *Ibid.* (17) : 285–295, 1 fig., Pls 20–25.

—— 1960. Coral fishes of the family Pomacentridae from the western Indian Ocean and the Red Sea. *Ibid.* (19) : 317–347, 6 figs, Pls 26–33.

—— 1961a. Fishes of the family Anthiidae from the Red Sea and the western Indian Ocean. *Ibid.* (21) : 359–369, 5 figs, Pls. 34–35.

—— 1961b. Fishes of the family Apogonidae. *Ibid.* (22) : 373–418, 11 figs, Pls 46–52.

—— 1962a. The moray eels of the western Indian Ocean and the Red Sea. *Ibid.* (23) : 421–444, 6 figs, Pls 53–62.

—— 1962b. Sand-dwelling eels of the western Indian Ocean and the Red Şea. *Ibid.* (24) : 447–466, 12 figs, Pls 63–68.

—— 1962c. Fishes of the family Gaterinidae of the western Indian Ocean and the Red Sea, with a résumé of all known Indo-Pacific species. *Ibid.* (25) : 469–502, 22 figs, Pls 69–72.

—— 1962d. The rare "furred-tongue" *Uraspis uraspis* (Günther) from South Africa and other new records from there. *Ibid.* (26) : 505–511, Pls 73–74.

—— 1963a. Fishes of the family Syngnathidae from the Red Sea and the western Indian Ocean. *Ibid.* (27) : 513–543, 19 figs, Pls 75–82.

—— 1963b. Fishes of the families Draconettidae and Callionymidae from the Red Sea and the western Indian Ocean. *Ibid.* (28) : 547–564, 8 figs, Pls 83–86.

—— 1964. Fishes of the family Pentacerotidae. *Ibid.* (29) : 567–578, 2 figs, Pls 87–91, 2 tbs.

—— 1964a. The clingfishes of the western Indian Ocean and the Red Sea. *Ibid.* (30) : 581–597, 1 fig., Pls 92–97.

—— 1964b [1965]. A new sponge-dwelling apogonid fish from the Red Sea. *Ann. Mag. nat. Hist.* (13) 7 : 529–531, 1 fig.

—— 1964c [1965]. The discovery in Mozambique of the little known eel, *Ophichthys tenuis* Günther, 1870. A redescription of *Caecula pterygera* Vahl, 1794, notes on other species and on generic relationships. *Ann. Mag. nat. Hist.* (13) 7 : 711–723, Pls 15–16.

—— 1965. Fishes of the family Atherinidae of the Red Sea and the western Indian Ocean, with a new freshwater genus and species from Madagascar. *Ichthyol. Bull. Rhodes Univ.* (31) : 601–632, 8 figs, Pls 98–102.

—— 1966. Fishes of the sub-family Nasinae with a synopsis of the Prionurinae. *Ibid.* (32) : 635–682, 13 figs, Pls 103–104.

—— 1967a. Studies in carangid fishes. No. 1. Naked thoracic areas. *Occ. Pap. Rhodes Univ. Dept. Ichthyol.* (12) : 139–141, Pls 30–31.

—— 1967b. *Ibid.*, No. 2. The identity of *Scomber malabaricus* Bloch – Schneider, 1801. *Ibid.* (13) : 143–153, 1 fig., Pls 32–33.

—— 1967c. *Ibid.*, No. 3. The genus *Trachinotus* Lacepède, in the western Indian Ocean. *Ibid.* (14) : 157–166, Pls 34–37.

—— 1968a. A new liparine fish from the Red Sea. *J. nat. Hist.* **2** : 105–109, 1 fig., 2 tbs.

—— 1968b. Studies in carangid fishes. No. 4. The identity of *Scomber sansun* Forsskål, 1775. *Occ. Pap. Rhodes Univ. Dept. Ichthyol.* (15) : 173–184, Pls 38–39.

—— 1968c. *Ibid.*, No. 5. The genus *Chorinemus* in the western Indian Ocean. *Ibid.* (17) : 217–227.

Smith J.L.B. & Smith M.M. 1963. *Fishes of Seychelles*. Grahamstown, pp. 1–66 + 205–215, Pls 1–56, Col. Pls 57–98.

Smith M.M. 1967–1968. *Echidna tritor* (Vaillant & Sauvage, 1875), the large adult of *Echidna polyzona* (Richardson, 1845), and other interesting fishes collected by Dr. R.A.C. Jensen in southern Mozambique waters. *Mems Inst. Invest. cient. Mocamb.* 9 : 294–308, 3 pls.

—— 1969a. J.L.B. Smith, his life, work, bibliography and list of new species. *Occ. Pap. Rhodes Univ. Dept. Ichthyol.* (16) : 8 [8] + 185–215, 1 pl.

—— 1969b. Comment on the proposed validation of *Siganus Forsskål*, 1775. Z.N. (S) 1721. *Bull. zool. Nomencl.* **25** (6) : 200–201.

—— 1973. Identity of *Caranx armatus* (Pisces: Carangidae). *Copeia* (2) : 352–355.

Smith-Vaniz W.F. 1969. A new species of *Meiacanthus* (Pisces: Blenniidae: Nemophidinae) from the Red Sea, with a review of the Indian Ocean species. *Proc. Biol. Soc. Wash.* **82** : 349–354, 1 fig., 2 tbs.

—— 1974. A review of the jawfish genus *Stalix* (*Opistognathidae*). *Copeia* (1): 280–283, 4 figs, 1 tb.

—— 1976. The saber-toothed blennies, tribe Nemophini (Pisces: Blenniidae). *Proc. Acad. nat. Sci., Philad.*, Monograph 19, pp. 1–196, 179 figs, 28 tbs.

Smith-Vaniz W. F., Bauchot M. L. & Desoutter M. 1979. Catalogue critique des types de poissons du Muséum National d'Histoire Naturelle (Familles des Carangidae et des Nemastiidae). *Bull. Mus. nat. Hist. nat., Paris*, Ser. 4e, 1 (2 suppl.): 1–66, 8 figs.

Smith-Vaniz W. F. & Randall J. E. 1973. *Blennechis filamentosus* Valenciennes, the prejuvenile of *Aspidontus taeniatus* Quoy and Gaimard (Pisces: Blenniidae). *Notul. Nat.* (448), 11 pp., 3 figs, 3 tbs.

Smith-Vaniz W. F. & Springer V. G. 1971. Synopsis of the tribe Salarini, with description of five new genera and three new species (Pisces: Blenniidae). *Smithson. Contr. Zool.* 73, 72 pp., 51 figs, 6 tbs.

Smith-Vaniz W. F. & Staiger J. C. 1973. Comparative revision of Scomberoides *Oligoplites, Parona*, and *Hypacanthus* with comments on the phylogenetic position of *Campogramma* (Pisces: Carangidae). *Proc. Calif. Acad. Sci.* 39 (13): 185–256, 26 figs, 7 tbs.

Snyder J. O. 1908. Descriptions of eighteen new species and two new genera of fishes from Japan and the Riu Kiu Islands. *Proc. U.S. natn. Mus.* 35: 93–111.

South J. F. 1845. *Thunnus*; in Smedley, Rose & Rose (eds.), Encyclopaedia Metropolitana, 25: 620–622.

Southwell T. & Prashad B. 1919. Notes from the Bengal Fisheries Laboratory, No. 6. Embryological and developmental studies of Indian fishes. *Rec. Indian Mus.* 16 (2): 15–240, Pls 16–19.

Spärck R. 1963. Peter Forsskåls Arabiske Rejse og zoologiske Samlinger. *Nordenskiold-samf. tidskr.* 23: 100–136.

Springer S. 1941. A new species of hammerhead shark of the genus *Sphyrna*. *Proc. Fla Acad. Sci.*, 1940 (1941), 5: 46–52, 6 figs, 1 pl.

—— 1950. A revision of North American sharks allied to the genus *Carcharhinus*. *Am. Mus. Novit.* (1451), pp. 1–13.

Springer V. G. 1964. Revision of the carcharinid shark genera *Scoliodon Loxodon, Rhizoprionodon*. *Proc. U.S. natn. Mus.* 115: 559–632, 14 figs, 2 pls, 17 tbs.

—— 1968. Osteology and classification of the fishes of the family Blenniidae. *Bull. U.S. natn. Mus.* (284): 1–85, 16 figs, 11 pls.

—— 1971. Revision of the fish genus *Ecsenius* (Blenniidae, Blenniinae, Salarini). *Smithson. Contr. Zool.* (72), 74 pp., 36 figs, 18 tbs.

—— 1972. Synopsis of the tribe Omobranchini with description of three new genera and two new species (Pisces: Blenniidae). *Ibid.* (130): 1–31, 16 figs.

—— 1972. Additions to revisions of the blenniid fish genera *Ecsenius* and *Entomacrodus*, with descriptions of three new species of *Ecsenius*. *Ibid.* (134): 1–13, 3 figs, 4 tbs.

—— 1982. Pacific Plate Biogeography, with special reference to Shorefishes. *Ibid.* (367), 181 pp., 65 figs, Tbs a–c.

Springer V. G. & Gomon M. F. 1975. Revision of the blenniid fish genus *Omobranchus* with descriptions of three new species and notes on other species of the tribe Omobranchini. *Ibid.* (177): 1–135, 52 figs. (Fishes, 1–35; Graphs, 36–52), 17 tbs.

Springer V. G. & Randall J. E. 1974. Two new species of the labrid fish genus *Cirrhilabrus* from the Red Sea. *Israel J. Zool.* 23: 45–54, 6 figs, 2 tbs.

Springer V. G. & Smith-Vaniz W. F. 1968. Systematics and distribution of the monotypic Indo-Pacific blenniid fish genus *Atrosalarias*. *Proc. U.S. natn. Mus.* 124 (3643), 12 pp., 1 fig., 1 pl., 1 tb.

—— 1972. Mimetic relationships involving fishes of the family Blenniidae. *Smithson. Contr. Zool.* (112), 36 pp., 4 textfigs, 7 pls.

Springer V. G. & Spreitzer A. E. 1978. Five new species and a new genus of Indian Ocean blenniid fishes, tribe Salariini, with a key to genera of the tribe. *Ibid.* (268), iii + 1–20 pp., 11 figs, 4 tbs.

Starck W. A. 1969. *Ecsenius (Anthiblennius) midas*, a new subgenus and species of mimic blenny from the western Indian Ocean. Part II. *Notul. Nat.* 419, 9 pp., 4 textfigs.

Starks E. C. 1908. On a communication between the air-bladder and the ear in certain spiny-rayed fishes. *Science, N. Y.*, new ser. 28 (722): 613–614.

339

Steindachner F. 1861a. Ichthyologische Mitteilungen. *Verh. zool.-bot. Ges. Wien* **10** : 71–80.

—— 1861b. Ichthyologische Mitteilungen. Part 3. *Ibid.* **11** : 175–182, Pl. 5.

—— 1863. Über einige Labroiden des Wiener Museums. *Ibid.* **13** : 1111–1114.

—— 1868. Ichthyologische Notizen. VII. *Sber. Akad. Wiss. Wien* **57** (1) : 965–1008, 5 pls.

—— 1870a. Ichthyologische Notizen. X. Fische aus Japan und China. *Sber. Akad. Wiss. Wien* **61** (1) : 623–642 (sep. : 1–19), 15 pls, 12 figs.

—— 1870b. Ichthyologische Notizen. VII. *Sber. Akad. Wiss. Wien.* Math. Naturwiss. Cl. 57. Pt. 1 : 965–1008 (Separat. 44), 5 pls, 7 figs.

—— 1876 [1877]. Ichthyologische Beiträge. V. *Ibid.* **74** (1) : 49–240.

—— 1881. Über eine Sammlung von Flussfischen von Tohizona auf Madagaskar. *Ibid.*, 1880, Part 1 (2) : 238–266, 6 pls.

—— 1883. Ichthyologische Beiträge. XII. *Ibid.*, 1882, **86** (Part 1) : 61–82 (sep. 16 pp.), 5 pls, 8 figs.

—— 1887a. Ichthyologische Beiträge. *Ibid.* **96** : 56–68, 4 pls.

—— 1887b. Ichthyologische Beiträge. *Anz. Akad. Wiss. Wien.* **24** (9) : 230–231.

—— 1893. Ichthyologische Beiträge. *Sber. Akad. Wiss. Wien* **102** : 215–243, 3 pls.

—— 1895. Briefliche Mittheilungen von dem wissenschaftlichen Leiter der Expedition S.M. Sciffes "Pola" im Rothen Meere aus Djeddah. *Anz. Akad. Wiss. Wien* **32** (24–25) : 258–259.

—— 1898a. Über eine neue Kuhlia-Art aus dem Golfe von Akabah. *Sber. Akad. Wiss. Wien* **107**, Part 1 : 461–464, 1 pl.

—— 1898b. Über einige neue Fischarten aus dem Rothen Meer, gesammelt während der I. und II. Österreichischen Expedition nach dem Rothen Meere in den Jahren 1895–1896 und 1897–1898. *Ibid.* (7) : 780–788, 8 figs, 5 pls.

—— 1902a. Wissentschaftliche Ergebnisse der südarabischen Expedition in den Jahren 1898 bis 1899. Fische Südarabien und Socotra. *Anz. Akad. Wiss. Wien* **39** (24) : 318.

—— 1902b. Über zwei neue Fischarten aus dem Rothen Meere. *Ibid.* (26) : 336–338.

—— 1902c. Fische aus Südarabien und Sokotra. *Denkschr. Akad. Wiss. Wien* **71** : 1–46, 2 pls.

Steindachner F. & Döderlein L. 1883. Beiträge zur Kentniss der Fische Japans. *Ibid.* **47**, Part 1 : 211–247, 7 pls.

Steinitz H. 1959. Observations on *Pterois volitans* (L.) and its venom. *Copeia* (2) : 158–160.

—— 1967. A tentative list of immigrants via the Suez Canal. *Israel J. Zool.* **16** : 166–169.

—— 1968. Remarks on the Suez Canal as pathway and as habitat. *Rapp. Comm. Int. Mer. Médit.* **19** : 139–141.

—— 1973. Fish ecology of the Red Sea and Persian Gulf (Abstract); in *The Biology of the Indian Ocean, Ecological Studies.* Heidelberg, vol. 3, pp. 465–466.

Steinitz H. & Ben-Tuvia A. 1972. Fishes of the Suez Canal. *Israel J. Zool.* **21** : 385–389.

—— 1955a. Fishes from Eylath (Gulf of Aqaba), Red Sea. Second Report. *Bull. Sea Fish. Res. Stn Israel* (11) : 1–15.

—— 1955b. Two rare fishes from Eilat (Gulf of Aqaba). *Bull. Res. Coun. Israel* **58** (2) : 191–192.

Steinitz W. 1929. Die Wanderung indopazifischer Arten ins Mittelmeer seit Beginn der Quartärperiode. *Int. Rev. Hydrobiol. Hydrogr.* **22** : 1–90.

Strasburg D. W. 1960. A new Hawaiian engraulid fish. *Pacif. Sci.* **14** (4) : 395–399, 2 figs, 2 tbs.

Streets T. H. 1877. Contributions to the natural history of the Hawaiian and Fanning Islands and Lower California. *Bull. U.S. natn. Mus.*, Ichthyology (7) : 43–102.

Stresemann E. 1954. Hemprich und Ehrenberg Reise zweier naturforschender Freunde im Orient, geschildert an ihren Briefen aus den Jahren 1819–1826. *Abh. dt. Akad. Wiss. Berlin*, Kl. Math. Nat. (1) : 1–177.

Ströman P. 1896. *Leptocephalids in the University Zoological Museum at Upsala.* Upsala, vi + 53 pp., 5 pls.

Suckow G. A. 1797. *Anfangsgründe der theoretischen und angewandten Naturgeschichte der Thiere.* Leipzig, vol. 4, Fische (*Bodianus louti*, p. 517).

Swain J. 1882 [1883]. A review of Swainson's genera of fishes. *Proc. Acad. nat. Sci., Philad.* **34** : 272–284.

Swainson W. 1838–39. *On the Natural History and Classification of Fishes, Amphibians and Reptiles or Monocardian Animals.* London, 1838, vol. 1, 368 pp., 100 figs; 1839, vol. 2, 448 pp., 135 figs.

Talbot F. H. 1957. The fishes of the genus *Lutianus* of East African Coast. *Ann. Mag. nat. Hist.* (12) **10** : 241–258, Pls 4–12.

Tanaka S. 1917. Six species of fishes new to Japan. *Zool. Mag. Tokyo* **29** : 37–40.

Taylor W. R. 1970. Comments on the names *Heterotis* Ehrenberg and *Clupisudis* Swainson, with a request to place certain works attributed to Hemprich and Ehrenberg, 1828, on the official index of rejected works in zoology. Z.N. (S.) 1807. *Bull. zool. Nom.* **26** (5–6) : 180–182.

Temminck C. J. & Schlegel H. 1842–1850. Pisces, 324 pp., 144 pls; in Ph. Fr. von Siebold, *Fauna Japonica*. [1842, Part 1, pp. 1–20; 1843, Parts II–IV, pp. 21–72; 1844, Parts V–VI, pp. 73–112; 1845, Parts VII–IX, pp. 113–172, Pls I–CXLIII + A; 1846, Parts X–XIV, pp. 173–269, 1850 : 270–324.]

Thomas P. A. 1969. Goat fishes (family Mullidae) of the Indian Seas. *J. mar. biol. Assoc. India* **3**, 174 pp., 24 figs, 8 pls, 72 tbs.

Thompson W. 1840. On a new genus of fishes from India. *Ann. Mag. nat. Hist.* (n.s.) **4** : 184–187, Figs 5–7.*

Thunberg C. P. 1791. Tvänne utländska fiskar. *K. svenska VetenskAkad. Handl.* (2) **12** : 191–192, Pl. VI.

—— 1792. Beskrifning Pa Atskillige Förut Okände fiskar af Abbor-slägtet. *VetenskAkad. Nya handl.* **13** : 141–143, Pl. V.

—— 1793. Beskrifning pa nya Fisk-arter utaf Abbor-slägtet ifran Japan. *Ibid.* **14** : 198–200, Pl. VIII.

Tilesius [von Tilenau] W. G. 1809. Description de quelques Poissons observés pendant son voyage autour du monde. *Mém. Soc. nat. Moscou* **2** : 212–249, Pls 13–17.

—— 1812. *Naturhistorische Früchte der ersten Kaiserlich-Russichen, unter der Kommando des Herrn v. Krusenstern glücklich vollbrachten Erdumseelung*. 130 pp., 5 col. pls.

—— 1820. De piscium Australium novo genere. *Mém. Acad. Sci. St. Petersb.* **7** : 301–310.

Tillier J. E. 1902. Le Canal de Suez et sa faune ichthyologique. *Mém. Soc. zool. Fr.* **15** : 279–318, 1 map.

Tillier M. 1913. Note sur la pénétration de deux espèces de poissons de la Mer Rouge dans les eaux du canal de Suez. *Bull. Soc. Aquicult. Paris* **25** : 90–92.

Tomiyama I. 1956. *Eleotriodes puellaris* new species (Eleotridae). *Fishes of Japan* **60** : 1136–1139, Pl. 224, Fig. 574. Publ. Kazama Shobo, Tokyo.

Torchio M. 1968. Sulla eventuale presenza in acque mediterranee di individui dei generi *Cephalopholis* Bl. Schn. e *Chaetodon* L. *Natura* **59** (3–4) : 210–212, fig. 1, pl. 2.

Tortonese E. 1933a. Intorno al *Cephalopholis hemistictus* (Rüppell). *Boll. Musei Zool. Anat. comp. R. Univ. Torino* **43** (35) : 205–209.

—— 1933b. Intorno ad alcuni pesci del Mar Rosso. *Ibid.* **43** (38) : 221–228, 1 pl.

—— 1934. La collezione ittiologica del R. Museo Zoologico di Torino. *Ibid.* (3) **44** (54) : 1–7.

—— 1935–36 [1937]. Pesci del mar Rosso. *Ibid.* **45** (63) : 153–218 (sep., pp. 1–68), 7 figs.

—— 1939. Risultati ittiologici del viaggio di circumnavigazione del globo della R.N. Magenta (1865–68). *Ibid.*, pp. 177–421, 9 pls.

—— 1947a. Materiali Zoologici dell'Eritrea raccolti da G. Muller durante la spedizione dell'Instituto Sieroterapico Milanese e conservati al Museo di Trieste. Pt. VII. Su alcuni Clupeidi, Percoidi e Gobidi del Mar Rosso e Somalia. *Boll. Soc. adriat. Sci. nat.* **43** : 81–89, 1 fig.

—— 1947b. Biologia del canale di Suez. *Historia Nat. Roma* (10) : 41–46.

—— 1948. Ricerche zoologiche nel Canale di Suez e dintorni. II. Pesci. *Archo zool. ital.* **33** : 275–291, 2 figs.

—— 1950a. Studi sui plagiostomi. II. Evoluzione corologia e sistematica della famiglia Sphyrnidae (Pesci martello). *Boll. Musei Zool. Anat. comp. R. Univ. Torino* **2** (2) : 1–39, 11 figs.

—— 1950b. A note on the hammerhead shark, *Sphyrna tudes* Val., after a study of the types. *Ann. Mag. nat. Hist.* (12) **3** : 1030–1033.

—— 1951. I caratteri biologici del Mediterraneo orientali e i problemi relativi. *Attual. zool.* **7** : 207–251.

—— 1952. Some field-notes on the fauna of the Suez Canal (Timsah and Bitter lakes). *Istanb. Univ. Fen. Fak. Hidrobiol.* **1** (1) : 1–6.

—— 1953. Su alcuni pesci Indo-Pacifici immigrati nel Mediterraneo orientale. *Boll. Zool. agr. Bachic.* **20** (4–5–6) : 73–81, 3 figs.

Tortonese

—— 1954a. Spedizione subaquea italiana nel Mar Rosso. Ricerche zoologiche. IV. Plagiostomi. *Riv. Biol. colon.* **14** : 1–21, 5 figs.

—— 1954b. VI. Plettognathi. *Ibid.* **14** : 71–86, 1 fig.

—— 1955. VIII. Pesci Isospondili, Apodi, Sinentognati, Eterosomi e Discocefali. *Ibid.* **15** : 49–55.

—— 1956. Mimetismo mulleriano e rapporti filogenetici. *Boll. Zool. agr. Bachic.* **23** (2) : 721–725, 1 fig.

—— 1957a. Su alcuni pesci eritrei e somali del museo civico di storia naturale di Venezia. *Boll. Mus. Civ. Stor. nat. Venezia* **10** : 121–128, 3 pls.

—— 1957b. Studi sui Plagiostomi. VIII. I *Pristis* del Museo Civico di Genova. *Doriana* **2** (81) : 1–10.

—— 1962. Biologia marina. La spedizione israelina in Mar Rosso. *Natura e Montagna*, Ser. 2 (3–4) : 2.

—— 1963a. Catalogo dei tipi di Pesci del Museo Civico di Storia Naturale di Genova, Part 3. *Annali Mus. civ. Stor. nat. Giacomo Doria* **73** : 333–350.

—— 1963b. Elenco riveduto del Leptocardi, Ciclostomi, Pesci cartilagine e ossei del Mare Mediterraneo. *Ibid.* **74** : 156–185.

—— 1964a. The main biogeographical features and problems of the Mediterranean fish fauna. *Copeia* (1) : 98–107.

—— 1964b. Contributo allo studio dei Cirrhitidae. *Doriana* **3** (148) : 1–8, 1 fig.

—— 1966. Note sistematiche e nomenclatoriali intorno agli Aracanidi e agli Ostracionidi. *Annali Mus. civ. Stor. nat. Giacomo Doria* **76** : 75–89.

—— 1967. Un Pesce Plettognato nuovo per i mari italiani: *Stephanolepis diaspros* Fr-Br. *Doriana* **4** (181) : 1–4.

—— 1968. Fishes from Eilat. *Bull. Sea Fish. Res. Stn Israel* (51) : 6–30, 3 figs.

—— 1970. On the occurrence of *Siganus* (Pisces) along the coast of S. Africa. *Doriana* **4** (191) : 1–2.

—— 1972 [1973]. Facts and perspectives related to the spreading of Red Sea organisms into the Eastern Mediterranean. *Annali Mus. civ. Stor. nat. Giacomo Doria* **79** : 322–329.*

Trewavas E. 1958. Red Sea fishes (Review). *Nature, Lond.* **181** (4605) : 298.

Trewavas E. & Ingham S. E. 1972. A key to the species of Mugilidae (Pisces) in the northeastern Atlantic and Mediterranean, with explanatory notes. *J. Zool., Lond.* **167** : 15–29, 2 figs.

Troschel F. H. 1840. Über einige Bloch'sche Fisch-Arten. *Arch. Naturgesch.* **6** : 267–281.

—— 1856. Bericht über die Leistungen in der Ichthyologie während des Jahres 1855. *Arch. Naturgesch.* **22** (2) : 67–89.

Tucker D. W. 1956. Studies on the trichiuroid fishes. 3. A preliminary revision of the family Trichiuridae. *Bull. Br. Mus. nat. Hist.*, Zool. **4** (3) : 73–130, Pl. 10, 23 figs.

Tyler J. C. 1966. A new species of serranoid fish of the family Anthiidae from the Indian Ocean. *Notul. Nat.* (389) : 1–6, 1 fig.

—— 1967. A diagnosis of the two transversely barred Indo-Pacific pufferfishes of the genus *Canthigaster* (*valentini* and *coronatus*). *Proc. Acad. nat. Sci., Philad.* **119** : 53–73, 6 figs, 3 tbs.

—— 1980. Osteology, Phylogeny and higher classification of the fishes of the order Plectognathi (Tetraodontiformes). *NOAA Tech. Rep. NMFS* Circ. 434, 422 pp., 326 figs.

Vaillant L. L. & Sauvage H. E. 1875. Note sur quelque espèces nouvelles de poissons des îles Sandwich. *Rev. Mag. Zool.*, Ser. 3, **3** : 278–287.

Valenciennes M. A. 1822. Sur le sous-genre marteau, *Zygaena*. *Mém Mus. Hist. nat., Paris* **9** : 222–228, 2 pls.

—— 1832. Descriptions des plusieurs espèces nouvelles de poissons du genre *Apogon*. *Nouv. Ann. Mus. Hist. nat. Paris* **1** : 51–60, 4 figs.

—— 1861. Notes sur les animaux d'abyssinie rapportés par M. Courbon. *C. r. hebd. Séanc. Acad. Sci., Paris* **52** : 433.

Van Hasselt J. C. 1823a. Uittreksel uit een' brief van Dr. J.C. Van Hasselt aan den heer C.J. Temminck. *Algem. Konst.-en Letter-bode* **1** (20) : 329.

—— 1823b. Uittreksel uit een' brief van den Heer J.C. van Hasselt, aan den heer C.J. Temminck, geschreven uit Tjecande, Residentie Bantam, den 29sten December 1822. *Ibid.* **2** : 130–133.

—— 1824. Sur les poissons de Java. Extrait d'une première lettre du Dr J. [P.] Van Hasselt à M.C.J. Temminck. *Bull. Sci. nat. Géol.* 2 : 89–92 [also 1823, *Algem. Konst.-en Letter-bode* 20 : 314–317].

Vari R.P. 1978. The terapon perches (Percoidei, Teraponidae). A cladistic analysis and taxonomic revision. *Bull. Am. Mus. nat. Hist.* 159 (5) : 175–340, 94 figs, 3 tbs.

Vinciguerra D. 1919. Sulla presenza della *Rhina ancylostoma* Bloch nel Mar Rosso. *Annali Mus. civ. Stor. nat. Giacomo Doria* (3) 8 : 251–253.

Vine P.J. 1974. Effects of algal grazing and aggressive behavior of the fishes *Pomacentrus lividus* and *Acanthurus sohal* on coral-reef ecology. *Mar. Biol. Berlin* 24 (2) : 131–136, 3 figs.

Von Bonde C. 1921 [1922]. The Heterosomata (flatfishes) collected by the S.S. "Pickle". *Rep. Fish. mar. biol. Surv. Un. S. Afr.* (2) : 3–29, 55 pls.

Waite E.R. 1904. Additions to the fish-fauna of Lord Howe Island, no. 4. *Rec. Aust. Mus.* 5 : 135–186, 32 figs, Pls 17–24.

Waite E.R. & Hale H.M. 1921. Review of the lophobranchiate fishes (pipe-fishes and sea-horses) of South Australia. *Rec. S. Aust. Mus.* 1 (4) : 293–324.

Wakiya Y. 1924. The carangoid fishes of Japan. *Ann. Carneg. Mus.* 15 (2–3) : 139–244, Pls 15–38.

Walbaum J.J. 1792. *Petri Artedi sueci Genera Piscium in quibus systema totum ichthyologiae Proponitur cum Clasibus, Ordinibus, Generum Characteribus, Specierum Differentiis, Observationibus Plurimis.* Ichthyologiae Pars III. Grypeswaldiae [ed. II], 723 pp., 3 pl.

Weber M. 1902. *Siboga Expeditie.* Introduction et description de l'Expédition. Leiden, 159 pp.

—— 1909. Diagnosen neuer Fische der Siboga-Expedition. *Notes Leyden Mus.* 31 : 143–169.

—— 1913. Die Fische der Siboga-Expedition. *Siboga Rep.* 57 : i–xii + 1–710, 123 figs, 12 pls.

Weber M. & Beaufort L.F. de. 1911. *The Fishes of the Indo-Australian Archipelago.* Index of the Ichthyological Papers of P. Bleeker. Leiden, vol. 1, xii + 440 pp. 2nd reprint, 1964.

—— 1913. *Ibid.* Malacopterygii, Myctophoidea, Ostariophysi: I. Siluroidea. Leiden, vol. 2, xiii + 404 pp., 151 figs. 2nd reprint, 1965.

—— 1916. *Ibid.* Ostariophysi: II. Cyprinoidea, Apodes, Synbranchii. Leiden, vol. 3, xv + 455 pp., 214 figs.

—— 1922. *Ibid.* Heteromi, Solenichthyes, Synentognathi, Percesoces, Labrynthici, Microcyprini. Leiden, vol. 4, xiii + 410 pp., 103 figs.

—— 1929. *Ibid.* Anacanthini, Allotriognathi, Heterosomata, Berycomorphi, Percomorphi. (Families: Kuhlidae, Apogonidae, Plesiopidae, Pseudoplesiopidae, Priacanthidae, Centropomidae.) Leiden, vol. 5, xiv + 458 pp., 98 figs.

—— 1931. *Ibid.* Perciformes (continued). (Families: Serranidae, Theraponidae, Sillaginidae, Emmelichthyidae, Bathyclupeidae, Coryphaenidae, Carangidae, Rachycentridae, Pomatomidae, Lactariidae, Menidae, Leiognathidae, Mullidae.) Leiden, vol. 6, xii + 448 pp., 81 figs.

—— 1936. *Ibid.* Perciformes (continued). (Families: Chaetodontidae, Toxotidae, Monodactylidae, Pempheridae, Kyphosidae, Lutjanidae, Lobotidae, Sparidae, Nandidae, Sciaenidae, Malacanthidae, Cepolidae.) Leiden, vol. 7, xvi + 607 pp., 106 figs.

—— 1940. *Ibid.*, Vol. 8, v. Beaufort, 1940.

—— 1951. *Ibid.*, Vol. 9, v. Beaufort, 1951.

—— 1953. *Ibid.*, Vol. 10, v. Koumans, 1953.

—— 1962. *Ibid.*, Vol. 11, v. Beaufort, 1962.

Wheeler A. 1958. The Gronovius fish collection: a catalogue and historical account. *Bull. Br. Mus. nat. Hist.*, Hist. (Zool.) Ser., 1 (5) : 185–249, Pls 26–34.

Whitehead P.J.P. 1962. Notes on the herring-like fishes of the Israel South Red Sea expedition 1962 (and some earlier collections). *Bull. Sea Fish. Res. Stn Israel* (41) : 7–16, 3 tbs.

—— 1963. A revision of the recent round herrings (Pisces, Dussumieridae). *Bull. Br. Mus. nat. Hist. (Zool.)* 10 (6) : 305–380, 33 figs.

—— 1964a. *Xiphias platypterus* Shaw & Nodder, 1792 (Pisces): Application to validate this *nomen oblitum* for the Indian Ocean sailfish (genus *Istiophorus*). Z.N. (S.) 1657. *Bull. zool. Nom.* 21, Part 6 : 444–446, Pl. 5.

Whitehead

—— 1964b. A redescription of *Clupelosa bulan* Bleeker and notes on the genera *Herklotsichthys, Sardinella* and *Escualosa* (Pisces, Clupeidae). *Ann. Mag. nat. Hist.* (13) 7 : 33–47, 3 figs, 3 tbs.

—— 1965. A review of the elopoid and clupeoid fishes of the Red Sea and adjacent regions. *Ibid.* 12 (7) : 227–281, 4 figs.

—— 1967a. The clupeoid fishes described by Lacepède, Cuvier & Valenciennes. *Bull. Br. Mus. nat. Hist.* (Zool.), Suppl. : 2–180, 15 figs, 11 pls.

—— 1967b. Indian Ocean anchovies collected by the Anton Bruun and Te Vega, 1963–64. *J. mar. biol. Ass. India* 9 (1) : 13–37, 4 figs.

—— 1967c. The dating of the 1st edition of Cuvier's *Le règne animal distribué d'après son organisation. J. Soc. Biblphy nat. Hist.* 4 (6) : 300–301.

—— 1969. The clupeoid fishes described by Bloch and Schneider. *Bull. Br. Mus. nat. Hist.* (Zool.), 17 (7) : 265–279.

—— 1973. A synopsis of the clupeoid fishes of India. *J. mar. biol. Ass. India* 14 (1) : 160–256, 68 figs.

Whitehead P.J.P., Boeseman M. & Wheeler A.C. 1966. The types of Bleeker's elopoid and clupeiod fishes. *Zool. Verh. Leiden* (84), 159 pp., 19 pls.

Whitehead P.J. & Talwar P.K. 1976. Francis Day (1829–1889) and his collections of Indian Fishes. *Bull. Br. Mus. nat. Hist.* (Hist.) 5 (1) : 1–189.

Whitley G.P. 1928. Fishes from the Great Barrier Reef collected by Mr Melbourne Ward. *Rec. Aust. Mus.* 16 (6) : 294–304, 2 figs.

—— 1929a. Some fishes of the order Amphiprioniformes. *Mem. Qd Mus.* 9 (3) : 207–247, 4 figs, Pls XXVII–XXVIII.

—— 1929b. Studies in ichthyology. No. 3. *Rec. Aust. Mus.* 17 (3) : 101–156, 5 figs., Pls XXX–XXXIV.

—— 1929c. Additions to the check-list of the fishes of New South Wales. No. 2. *Aust. Zool.* 5 (4) : 353–357.

—— 1930a. Additions to the check-list of the fishes of New South Wales. *Ibid.* 6 (3) : 117–123, 1 pl.

—— 1930b. Five new generic names for Australian fishes. *Ibid.*, pp. 250–251, Pls XXX–XXXI, 45 textfigs.

—— 1930c. Ichthyological miscellanea. *Mem. Qd Mus.* 10 (1) : 8–31, 1 fig., 1 pl.

—— 1931. New names for Australian fishes. *Aust. Zool.* 6 (4) : 310–334, Pls 25–27, 1 textfig.

—— 1932a. Studies in ichthyology. *Rec. Aust. Mus.* 18 (6) : 321–348, 3 figs, Pls XXXVI–XXXIX.

—— 1932b. Fishes. *Sci. Rep. Great Barrier Reef Exped.*, 1928–1929, vol. 4 (9), pp. 267–316, 5 textfigs, 4 pls.

—— 1933. Studies in ichthyology. No. 7. *Rec. Aust. Mus.* 19 : 60–112, 1 fig., Pls 11–15.

—— 1939. Taxonomic notes on sharks and rays. *Aust. Zool.* 9 (3) : 227–262, Fig. 18, Pls 20–22.

—— 1940a. Illustrations of some Australian fishes. *Ibid.* (4) : 397–428, 44 figs.

—— 1940b. The fishes of Australia. Part 1. The sharks, rays, devil-fish and other primitive fishes of Australia and New Zealand. *Roy. zool. Soc. N.S. Wales, Austral. Zool. Handbook*, 280 pp., 303 figs.

—— 1941. Ichthyological notes and illustrations. *Aust. Zool.* 10 (1) : 1–52, 32 figs.

—— 1943. Ichthyological descriptions. Notes. *Proc. Linn. Soc. N.S.W.* 68 : 114–144, 12 textfigs.

—— 1948. Studies in ichthyology. No. 13. *Rec. Aust. Mus.* 22 (1) : 70–94, 11 figs.

—— 1949. A new pipefish from Queensland. *Ibid.* 22 (2) : 148–150, 2 figs.

—— 1951. New fish names and records. *Proc. R. zool. Soc. N.S.W.*, Year 1949–50, pp. 61–68, 2 figs.

—— 1959. Ichthyological snippets. *Aust. Zool.* 12 (4) : 310–323, 3 figs.

Williams F. 1958. Fishes of the family Carangidae in British East African waters. *Ann. Mag. nat. Hist.* (13), 1 : 369–430, 27 figs, 3 tbs.

—— 1959. The barracudas (genus *Sphyraena*) in British East African waters. *Ibid.* 2 : 92–128, 2 pls.

—— 1961. On *Uraspis wakivai* sp. n. (Pisces, Carangidae) from the western Indian Ocean with a review of the species of *Uraspis* Bleeker, 1855. *Ibid.* 4 : 65–87, Figs 4–6, 1 pl.

Williams P., Heemstra C. & Shameem A. 1980. Notes on Indo-Pacific Carangid fishes of the genus

Carangoides Bleeker. II. The *Carangoides armatus* group. *Bull. Mar. Sci.* 30 (1) : 13–20, 3 figs, 3 tbs.

Winterbottom R. 1974. The familial phylogeny of the Tetraodontiformes (Acanthopterygi : Pisces) as evidenced by their comparative myology. *Smithson. Contr. Zool.* (155), 4 + 1–201 pp., 185 figs.

Wlandi Nicolas G. Poissons des mers chaudes. *Orbis pictus* 28 : 1–11, 18 pls.

Woodward A. S. & Sherborn C. D. 1890. Dates of publication of "Recherches sur les poissons fossiles" par L. Agassiz ; in *A Catalogue of British Fossil Vertebrata*. London, pp. xxv–xxix.

Wray T. (editor) and contributors: Amoudi M., Hull L., Peacock N., Vine P. & Wilson A. 1979. *Commercial Fishes of Saudi Arabia*. Published by the Ministry of Agriculture and Water Resources of the Kingdom of Saudi Arabia. 120 pp.

Zander C. D. 1967. Beiträge zur Ökologie und Biologie Littoralbewohnender Salariidae und Gobiidae (Pisces) aus dem Roten Meer. *"Meteor" Forsch.-Ergebn.*, (D), (2) : 69–84, 16 figs.

Zander C. D. 1972a. Beziehungen zwichen Körperbau und Lebensweise bei Bleniidae (Pisces aus dem Roten Meer). I. Äussere Morphologie. *Mar. Biol. Berlin*, pp. 238–246, 5 figs, 2 tbs.

—— 1972b. Beziehungen . . . Roten Meer. II. Flossen und ihren Muskulatur. *Z. Morph. Ökol. Tiere* 71 : 299–327.

—— 1972c. Beziehungen . . . Roten Meer. III. Morphologie des Auges. *Mar. Biol. Berlin* 28 (1) : 61–71, 5 figs, 2 pls, 3 tbs (English summary).

INDEX

349

albimaculatus Gobius 115.5.1
albimarginata Eulamia 6.1.1
albimarginata Galeolamna 6.1.1
albimarginatus Carcharhinus 6.1.1
albimarginatus Carcharias 6.1.1
albimarginatus Carcharias (Prionodon)
  6.1.1
albipunctatus Platax 96.2.1
albobrunnea Scorpaena 58.6.1
albobrunneus Scorpaenopsis 58.6.1
albomaculatus Amblygobius 115.5.1
albomaculatus Gobius 115.5.1
albomarginatus Carcharias 6.1.1, 6.8.1
albopunctatus Amphacanthus 118.1.a
albopunctatus Gobius 115.7.3
albopunctatus Siganus 118.1.a
albovittata Labrus 103.22.1
albovittata Stethojulis 103.22.1
albovittatum Diagramma 87.2.1
albovittatus Gaterin 87.2.1
albovittatus Plectorhynchus 87.2.1
ALBULA 17.1
Albula bananus 17.1.1
Albula conorhynchus 17.1.1
Albula glossodonta 17.1.1
Albula vulpes 17.1.1
ALBULIDAE 17
aldabrensis Lepidaplois 103.2.3
ALECTIS 79.1
Alectis ciliaris 79.1.1
Alectis indica 79.1.2
Alectis indicus 79.1.2
ALEPES 79.2
Alepes djedaba 79.2.1
Alepes djeddaba 79.2.1
Alepes kalla 79.2.2
Alepes mate 79.2.2
ALLANETTA 49.1
Allanetta afra 49.1.1
Allanetta forskali 49.2.1.2
alleterata Gymnosarda 120.2.1
alleteratus affinis Euthynnus 120.2.1
alleteratus Euthynnus 120.2.1
ALLOBLENNIUS 110.9
Alloblennius jugularis 110.9.1
Alloblennius pictus 110.9.2
ALOPIAS 3.1
Alopias vulpinus 3.1.1
ALOPIIDAE 3
Alosa kowal 25.5.1
Alosa punctata 25.4.1
Alosa sirm 25.5.6
Alosa teres 25.2.1
Alticops 110.17
Alticops edentulus 110.17.2
ALTICUS 110.10

Alticus kirki 110.10.1
Alticus kirkii magnusi 110.10.1.1
alticus Salarias 110.10.2
Alticus saliens 110.10.1.1
Alticus saliens 110.10.2
altimus Carcharhinus 6.1.2
altimus Eulamia 6.1.2
altipennis Cypselurus 44.1.1
altipennis Exocoetus 44.1.1
altipinnis Conger 23.2.1
altipinnis Enneapterygius 112.1.2
altipinnis Novacula 103.17.2
altipinnis Xyrichthys 103.17.2
altivelis Calloplesiops 70.1.1
altivelis Plesiops 70.1.1
ALUTERA 129.10
Alutera monoceros 129.10.1
Alutera scripta 129.10.2
Aluteres monoceros 129.10.1
AMANSES 129.11
Amanses sandwichiensis 129.13.1
Amanses scopas 129.11.1
Ambassis 65.1
Ambassis commersonii 65.1.1
Ambassis gymnocephalus 65.1.2
Ambassis klunzingeri 65.1.2
Ambassis safgha 65.1.3
Ambassis urotaenia 65.1a
AMBLYCENTRUS 115.3
Amblycentrus arabicus 115.3.1
Amblycentrus magnusi 115.3.2
AMBLYELEOTRIS 115.4
Amblyeleotris periophthalmus 115.4.1
Amblyeleotris steinitzi 115.4.2
Amblyeleotris sungami 115.4.3
AMBLYGLYPHIDODON 99.2
Amblyglyphidodon flavilatus 99.2.1
Amblyglyphidodon leucogaster 99.2.2
AMBLYGOBIUS 115.5
Amblygobius albimaculatus 115.5.1
Amblygobius albomaculatus 115.5.1
AMBLYRHYNCHOTES 131.1
Amblyrhynchotus diadematus 131.2.3
Amblyrhynchotes hypselogeneion
  131.1.1
Amblyrhynchotes nigropunctatus
  diadematus 131.2.3
Amblyrhynchotes spinosissimus 131.1.2
amboinensis Anampses 103.1.3
amboinensis Pteroidichthys 58.9.1
Amentum 26.2
Amentum heterolobum 26.2.2
Amia 74.1
Amia angustata 74.1.3
Amia bandanensis 74.1.5
Amia cyanosoma 74.1

argenteum Pristipoma 87.3.1
argenteus Acronurus 117.1.3
argenteus Amphacanthus 118.1.1
argenteus Chaetodon 93.1.1
argenteus Monodactylus 93.1.1
argenteus Pomadasys 87.3.1
argenteus Psettus 93.1.1
argenteus Siganus 118.1.1
argenteus Tetrodon 131.4.2
argentimaculata Diacope 84.4.1
argentimaculata Sciaena 84.4.1
argentimaculatus Lutianus 84.4.1
argentimaculatus Lutjanus 84.4.1
argentimaculatus Mesoprion 84.4.1
Argentina glossodonta 17.1.1
Argentina machnata 16.1.1
Argo 83.1
Argo steindachneri 83.1.1
argus Cephalopholis 66.3.1
argus Epinephelus 66.3.1
argus Ostracion 130.2.2
argyrea Cichla 86.1.2
argyreus Gerres 86.1.2
argyreus Gerres 86.1.5
argyrogrammicus Pristipomoides 84.6.1
argyrogrammicus Serranus 84.6.1
ARGYROPS 90.2
Argyrops filamentosus 90.2.1
Argyrops megalommatus 90.2.2
Argyrops spinifer 90.2.3
ARGYROSOMUS 91.1
Argyrosomus regius 91.1.1
aries Chrysophris 90.8.2
ARIIDAE 36
ARIOMMA 122.1
Ariomma brevimanus 122.1.1
Ariomma dollfusi 122.1.2
ARIOMMIDAE 122
ARIOSOMA 23.1
Ariosoma anago 23.1.3
Ariosoma balearicum 23.1.1
Ariosoma mauritianum 23.1.2
ariosoma mauritianum Leptocephalus
    23.1.2
Ariosoma scheelei 23.1.3
ARIUS 36.1
Arius nasutus 36.1.1
Arius (Netuma) thalassinus 36.1.1
Arius thalassinus 36.1.1
armata Citula 79.3.3
armata Sciaena 79.3.3
armatus Balistes 129.9.1
armatus Carangoides 79.3.3
armatus Caranx 79.3.3
armatus Caranx (Carangoides) 79.3.3
armatus Scomber 79.3.3

Arndha 19.1
ARNOGLOSSUS 125.1
Arnoglossus intermedius 125.1.1
Arnoglossus tapeinosoma 125.1.2
aroni Ecsenius (Ecsenius) 110.14.2
aronis Carcharias 6.8.1
AROTHRON 131.2
Arothron aerostaticus 131.2.5
Arothron diadematus 131.2.3
Arothron hispidus 131.2.1
Arothron hispidus 131.2.1.1
Arothron hispidus perspicillaris
    131.2.1.1
Arothron immaculatus 131.2.2
Arothron nigropunctatus 131.2.3
Arothron perspicillaris 131.2.1.1
Arothron reticularis 131.2.4
Arothron semistriatus 131.2.1.1
Arothron sordidus 131.2.2
Arothron stellatus 131.2.5
arqat Paraluteres 129.16.1
arsius Pleuronectes 125.5.1
arsius Pseudorhombus 125.5.1
aruanus Chaetodon 99.5.1
aruanus Dascyllus 99.6.1
aruanus Pomacentrus 99.6.1
Arudha zebra 19.1.3
ARUSETTA 97.2
Arusetta asfur 97.2.1
ASERAGGODES 127.2
Aseraggodes sinusarabici 127.2.1
asfur Chaetodon 97.2.1
asfur Euxiphipops 97.2.1
asfur Heteropyge 97.2.1
asfur Holacanthus 97.2.1
asfur Pomacanthodes 97.2.1
asfur Pomacanthus 97.2.1
asfur Pomacanthus (Pomacanthodes)
    97.2.1
asper Platycephalus 61.5.1
asper Rogadius 61.5.1
asperrima Raja 13.4.1
asperrimus Urogymnus 13.4.1
ASPIDONTUS 110.2
Aspidontus dussumieri 110.2.1
Aspidontus taeniatus 110.2.2,
    110.2.2.1
Aspidontus taeniatus tractus 110.2.2.1
Aspidontus tapeinosoma 110.5.3
Aspidontus tractus 110.2.2.1
Aspisurus elegans 117.4.4
Aspisurus lituratus 117.4.4
Aspisurus unicornis 117.4.5
assabensis Serranus 66.5.4
assasi Balistapus 129.8.1
assasi Balistes 129.8.1

Benthosema pterota 34.2.1
Benthosema pterotum 34.2.1
bentuviai Callionymus 114.1.1
bentuviae Dunckerocampus 57.6.2.1
bentuviai Siokunichthys 57.13.1
(BENTUVIAICHTHYS) 74.6
Bentuviaichtys nigrimentum 74.6.1
berbis Equula 82.2.1
berbis Leiognathus 82.2.1
berda Acanthopagrus 90.1.1
berda Chrysophris 90.1.1
berda Chrysophrys 90.1.1
berda Sparus 90.1.1
berda Sparus (Chrysoblephus) 90.1.1
BERYCIFORMES (fam. 50–53)
biaculeatus Gastrotokeus 57.14.1
biaculeatus Monoceros 117.4.4
biaculeatus Syngnathoides 57.14.1
biaculeatus Syngnathus 57.14.1
Biat magnusi 115.3.2
bicarinatus Grammatorcynus 120.3.1
bicarinatus Thynnus 120.3.1
bicinctus Amphiprion 99.3.1
bicoarctata erythraensis Yozia 57.16.1
bicoarctata Yozia 57.16.1
bicoarctatus Syngnathus 57.16.1
bicolor Bolbometopon 104.2.1
bicolor Callyodon 104.2.1
bicolor Callyodon (Pseudoscarus) 104.2.1
bicolor Cetoscarus 104.2.1
bicolor Chlorurus 104.2.1
bicolor Pseudoscarus 104.2.1
bicolor Pseudoserranus 66.8.1
bicolor Scarus 104.2.1
bicolor Scarus (Pseudoscarus) 104.2.1
bifasciata Chrysophrys 90.1.2
bifasciatus Acanthopagrus 90.1.2
bifasciatus Apogon 74.1.19
bifasciatus Chaetodon 90.1.2
bifasciatus Chrysophris 90.1.2
bifasciatus Chrysophrys (Sparus) 90.1.2
bifasciatus Sparus 90.1.2
bifasciatus Sparus (Chrysoblephus) 90.1.2
bifasciatus Sparus (Chrysophrys) 90.1.2
bifer Julis 103.17.2
bifer Novaculichthys 103.17.2
bigibba Histiophryne 40.2.1
bigibbus Antennarius 40.2.1
bigibbus Histiophryne 40.2.1
bigibbus Kyphosus 95.1.1
bigibbus Lophius 40.2.1
bilineata Arelia 128.1.8
bilineata Muraena 19.3.1
bilineata Paraplagusia 128.2.1

bilineata Plagusia 128.1.8, 128.2.1
bilineatus Achirus 128.1.8
bilineatus Cynoglossus 128.1.8
bilineatus Grammatorcynus 120.3.1
bilineatus Pleuronectes 128.1.8, 128.2.1
bilineatus Thynnus 120.3.1
bimaculata Novacula 103.26.1
bimaculatus Cheilinus 103.3.2
bimaculatus Gobius 115.3.1
bimaculatus Halichoeres 103.10.1.a
bimaculatus Julis 103.10.1
bimaculatus Platyglossus 103.10.1
bimaculatus Scolopsides 85.3.1
bimaculatus Scolopsis 85.3.1
bimaculatus Xyrichthys 103.26.1
bindus Equula 82.2.2
bindus Leiognathus 82.2.2
biocellatus Abudefduf 99.5.2
bicocellatus Glyphisodon 99.5.2
biocellatus Pomacentrus 99.10.7
bipallidus Scarus 104.4.12
bipallidus Xanothon 104.4.12
bipartitus Macropharyngodon 103.15.1
bipartitus marisrubri Macropharyngodon
    103.15.1.1
bipinnulata Seriola 79.6.1
bipinnulatus Elagatis 79.6.1
bipinnulatus Seriolichthys 79.6.1
bipunctata ?Harengula 25.4.1
bipunctata Paramia 74.4.1
bipunctatus Cheilodipterus 74.4.1
bipunctatus Dentex 85.1.2
birostris ehrenbergii Manta 15.1.1
birostris Manta 15.1.1
biseriatus Salarias 110.17.5.1
bispinosa Lepidotrigla 60.1.1
bitelatus Gobius 115.26.1
bixanthopterus Caranx 79.4.2
blatteus Cirrhilabrus 103.6.1
bleekeri Acanthurus 117.1.1
bleekeri Acanthurus (Rhombotides)
    117.1.1
bleekeri Caranx 79.3.5
bleekeri Carcharhinus 6.1.11
bleekeri Carcharias 6.1.11
bleekeri Carcharias (Prionodon) 6.1.11
bleekeri Hepatus 117.1.1
bleekeri Sphyraena 102.1.7
Blennechis 110.2
Blennechis dussumieri 110.2.1
Blennechis fasciolatus 110.8.1
Blennechis filamentosus 110.2.2.1
Blennechis punctatus 110.8.2
BLENNIIDAE 110
BLENNINI 110.I.(1)
Blennius cornifer 110.16.1

brevis Exallias 110.15.1
brevis salarias 110.15.1
BROSMOPHYCIOPS 42.1
Brosmophyciops pautzkei 42.1.1
Brosmophyciops sp. 42.1.1
BROTULA 42.2
Brotula multibarbata 42.2.1
buccaneeri Stolephorus 26.2.1
budkeri Bothus 125.2.1
budkeri Parabothus 125.2.1
bulan Harengula 25.5.1
bungus Lethrinus 88.2.5
burdi Pomacentrus 66.3.3
buroensis Lycodontis 19.2.11 (add.)
bursa Balistes 129.9.a
bursa Sufflamen 129.9.a
Butirinus glossodontus 17.1.1
Butyrinus 17.1
Butyrinus bananus 17.1.1
Butyrinus glossodontus 17.1.1
bynoensis Sebastapistes 58.6.4

caballa Equula 82.2.4
Cabillus anchialinae 115.25.1a
cabrilla Perca 66.8.1
cabrilla Pseudoserranus 66.8.1
cabrilla Serranus 66.8.1
caerulea Chromis 99.4.2
caerulaureus Caesio 84.2.1
caerulaureus striatus Caesio 84.3.1
caeruleolineata Diacope 84.4.5
caeruleolineatus Lutjanus 84.4.5
caeruleolinatus Mesoprion 84.4.5
caeruleolineatus Plesiops 70.2.1
caeruleopinnatus Carangoides 79.3.2
caeruleopinnatus Caranx 79.3.2
caeruleopunctatus Anampses 103.1.1
caeruleopunctatus Cryptocentrus
    115.11.1
caeruleopunctatus Epinephelus 66.5.3a
caeruleopunctatus Gobius 115.11.1
caeruleopunctatus Scarichthys 104.6.1
caeruleopunctatus Scarus 104.6.1
caeruleopunctatus Scarus (Callyodon)
    104.6.1
caeruleopunctatus Serranus 66.5.3a
caeruleovittatus Halichoeres 103.10.6
caeruleovittatus Julis 103.10.6
caerulescens Balistes 129.7.2
caerulescens Holacanthus 97.5.2
caerulescens Scarus 104.4.3
caerulescens Scarus (Pseudoscarus)
    104.4.3
caeruleum Myctophum 34.1.1
caeruleus Chromis 99.4.2

caeruleus Gomphosus 103.9.1.1
caeruleus Heliases 99.4.2
caeruleus klunzingeri Gomphosus
    103.9.1.1
CAESIO 84.2
Caesio azuraureus 84.2.1
Caesio caerulaureus 84.2.1
Caesio caerulaureus striatus 84.3.1
Caesio chrysozona 84.2.a
Caesio lunaris 84.2.2
Caesio striatus 84.3.1
Caesio suevicus 84.2.3
Caesio xanthonotus 84.2.b
Caesio xanthurus 84.2.4
Caesiomorus 79.12
Caesiomorus baillonii 79.12.1
Caesiomorus blochii 79.12.2
Caesiomorus quadripunctatus 79.12.1
CAESIONINAE 84.II.(2)
calamara Tetraodon 131.2.5
calamara Tetrodon 131.2.5
calla Caranx 79.2.2
CALLECHELYS 24.1
Callechelys marmorata 24.1.1
Callechelys marmoratus 24.1.1
Callechelys melanotaenia 24.1.2
Callechelys striata 24.1.2
Callechelys striatus 24.1.2
Callicanthus 117.4
Callicanthus lituratus 117.4.4
CALLIONYMIDAE 114
CALLIONYMUS 114.1
Callionymus bentuviai 114.1.1
Callionymus (Calliurichthys) delicatulus
    114.1.2
Callionymus delicatulus 114.1.2
Callionymus erythraeus 114.1.3
Callionymus filamentosus 114.1.4
Callionymus gardineri 114.1.5
Callionymus indicus 61.4.1
Callionymus japonicus 114.1.5
Callionymus longicaudatus 114.1.a
Callionymus marleyi 114.1.6.a
Callionymus muscatensis 114.1.7
Callionymus opercularis 114.A.a
Callionymus oxycephalus 114.1.8
Callionymus persicus 114.1.9
Callionymus sagitta 114.1.6
Callionymus (Spinicapitichthys)
    oxycephalus 114.1.8
Callionymus spiniceps 114.1.6
Calliurichthys 114.1
Calliurichthys filamentosus 114.1.4
calliurus Cirrhitichthys 100.1.1
CALLOGOBIUS 115.8
Callogobius clarki 115.8.1

361

coloratus Salarias 110.17.6
colubrina Muraena 24.3.1
colubrinus Chlevastes 24.3.1
colubrinus Myrichthys 24.3.1
colubrinus Myrichthys (Chlevastes)
   24.3.1
colubrinus Ophichthys 24.3.1
commerson Scomber 120.9.1
commerson Scomberomorus 120.9.1
commersoni Antennarius 40.1.5
commersoni Scomberomorus 120.9.1
commersonianus Chorinemus 79.10.1
commersonianus Scomberoides 79.10.1
commersonii Ambassis 65.1.1
commersonii Chanda 65.1.1
commersonii Chironectes 40.1.5
commersonii Cybium 120.9.1
commersonii Fistularia 54.1.1
commersonii Hemiramphus 45.1.1
commersonii Hemirhamphus 45.1.1
commersonii Lophius 40.1.5
compressus Caranx 79.3.7
compressus Caranx (Carangoides) 79.3.7
concolor Gymnomuraena 19.4.1
concolor Ginglymostoma 4.2.1
concolor Nebrius 4.2.1
concolor Uropterygius 19.4.1
CONGER 23.2
Conger altipinnis 23.2.1
Conger cinereus 23.2.1
Conger cinereus cinereus 23.2.1
Conger talabanoides 20.1.1
Congrellus 23.1
CONGRESOX 20.1
Congresox talabanoides 20.1.1
congricinerei Leptocephalus 23.2.1
CONGRIDAE 23
CONGRINAE 23.I (1)
CONGROGADIDAE 111
congroides Leptocephalus 23.A.2
Congrus 23.4
Congrus lepturus 23.4.2
conorhynchus Albula 17.1.1
convexus bruuni Oxyporhamphus
   45.4.1.1
convexus Hemirhamphus 45.4.1
convexus Oxyporhamphus 45.4.1
COOKEOLUS 73.1.1 (add.)
corallina Muraena 19.2.2
corallinus Gymnothorax 19.2.2
corallinus Lycodontis 19.2.2
corallinus Scorpaenodes 58.4.1
cordyla Megalaspis 79.8.1
cordyla Scomber 79.8.1
CORIS 103.7
Coris africana 103.7.3.1

Coris angulata 103.7.1
Coris angulatus 103.7.1
Coris aygula 103.7.1
Coris caudimacula 103.7.2
Coris cingulum 103.7.1
Coris gaimard 103.7.3
Coris gaimard africana 103.7.3.1
Coris (Hemicoris) variegata 103.7.4
coris Julis 103.7.1
Coris multicolor 103.7.2
Coris variegata 103.7.4
cornifer Blennius 110.16.1
cornifer cornifer Hirculops 110.16.1
cornifer Hirculops 110.16.1
cornifer Rhabdoblennius 110.16.1
corniger Acronurus 117.4.5
cornuta Aesopia 127.3.1
cornuta Coryphaesopia 127.3.1
cornuta Lactoria 130.1.1
cornutum Ostracion (Lactoria) 130.1.1
cornutus Ostracion 130.1.1
coronata Canthigaster 131.3.1
coronatus Canthigaster 131.3.1
coronatus Tetraodon (Anosmius)
   131.3.1
CORYOGALOPS 115.9
Coryogalops anomolus 115.9.1
Coryogalops sufensis 115.9.2
CORYPHAENA 80.1
Coryphaena hippurus 80.1.1
Coryphaena pentadactyla 103.26.6
CORYPHAENIDAE 80
CORYPHAESOPIA 127.3
Coryphaesopia cornuta 127.3.1
CORYPHOPTERUS 115.10
Coryphopterus ocheticus 115.10.1
CORYTHOICHTHYS 57.3
Corythoichthys brevirostris 57.11.1
Corythoichthys fasciatus 57.3.1
Corythoichthys flavofasciatus 57.3.1
Corythoichthys flavofasciatus
   flavofasciatus 57.3.1
Corythoichthys haematopterus 57.3.1
Corythoichthys nigripectus 57.3.2
Corythoichthys schultzi 57.3.3
Corythoichthys sealei 57.3.1
COSMOCAMPUS 57.4
Cosmocampus maxweberi 57.4.1
Cossyphus axillaris 103.2.2
Cossyphus diana 103.2.3
Cossyphus dimidiatus 103.13.1
Cossyphus opercularis 103.2.4,
   103.21.2
Cossyphus quadrilineatus 103.14.1
Cossyphus taeniatus 103.14.1
cotroneii Leptocephalus 23.A.2

368

Cottus insidiator 61.4.1
Cotylis fimbriata 39.A.a
cousteaui Labrichthys 103.14.1
coval Kowala 25.5.1
crassispina Plectorhynchus 87.2.5
crassispinum Diagramma 87.2.5
CRENIDENS 90.4
Crenidens crenidens 90.4.1
crenidens Crenidens 90.4.1
Crenidens crenidens crenidens 90.4.1
crenidens crenidens Crenidens 90.4.1
Crenidens forsskali 90.4.1
Crenidens indicus 90.4.1
crenidens Sparus 90.4.1
crenilabis Crenimugil 101.1.1
crenilabis Liza 101.1.1
crenilabis Mugil 101.1.1
crenilabis our Mugil 101.3.1
crenilabis seheli Mugil 101.5.1
crenilabis tade Mugil 101.2.7
crenilabris Mugil 101.1.1
Crenilabrus anthioides 103.2.1
CRENIMUGIL 101.1
Crenimugil crenilabis 101.1.1
Crenimugil labiosus 101.4.1
criniger Ctenogobius 115.36.1
criniger Gobius 115.37.1
crinitus Micrognathus 57.15.a
crinitus Syngnathus 57.15.a
Cristiceps argentatus 113a.A.a
cristatus Blennius 110.1.1
cristatus Samaris 126.1.1
cristatus Tentoriceps 119.1.1
cristatus Trichiurus 119.1.1
crocineus Ctenogobiops 115.12.1
crocodila Belone 46.3.3
crocodila Cociella 61.1.1
crocodila Strongylura 46.3.3
crocodilus Belone 46.3.3
crocodilus crocodilus Tylosurus 46.3.3
crocodilus Platycephalus 61.1.a
crocodilus Strongylura 46.3.3
crocodilus Tylosurus 46.3.3
Cruantus 110.8
Cruantus petersi 110.7.2
crumenophthalmus Caranx 79.11.1
crumenophthalmus Caranx (Selar)
    79.11.1
crumenophthalmus Scomber 79.11.1
crumenophthalmus Selar 79.11.1
Cryptocentroides 115.11
Cryptocentroides cryptocentrus 115.11.2
Cryptocentroides maculosus 115.12.4
CRYPTOCENTRUS 115.11
Cryptocentrus caeruleopunctatus
    115.11.1

cryptocentrus Cryptocentroides
115.11.2
cryptocentrus Cryptocentrus 115.11.2
Cryptocentrus fasciatus 115.11.2
cryptocentrus Gobius 115.11.2
Cryptocentrus lutheri 115.11.3
Cryptocentrus meleagris 115.11.2
Cryptocentrus octofasciatus 115.11.3
Cryptocentrus steinitzi 115.4.2
Cryptocentrus sungami 115.4.3
Cryptotomus spinidens 104.5.1
cryptus Pteragogus 103.21.1
CTENOCHAETUS 117.2
Ctenochaetus striatus 117.2.1
Ctenochaetus strigosus 117.2.1
(CTENODON) 117.2 (add.)
ctenodon Acanthurus 117.2.1
ctenodon Acanthurus (Ctenodon)
    117.2.1
CTENOGOBIOPS 115.12
Ctenogobiops crocineus 115.12.1
Ctenogobiops feroculus 115.12.2
Ctenogobiops klausewitzi 115.12.3
Ctenogobiops maculosus 115.12.4
Ctenogobius criniger 115.36.1
Ctenogobius nebulosus 115.36.1
Ctenogobius pavidus 115.36.2
Cubiceps brevimanus 122.1.1
Cubiceps dollfusi 122.1.2
cubicus Ostracion 130.2.2
cunnesius Liza 101.2.3
cunnesius Mugil 101.2.3
cupreus Apogon 74.1.b
cuspidata Pristis 9.1.1
cuspidatus Pristis 9.1.1
cuvier Galeocerdo 6.2.1
cuvier Squalus 6.2.1
cuvieri Galeocerdo 6.2.1
cyanomos Neopomacentrus 99.7.1
cyanomos Pomacentrus 99.7.1
cyanopterum Solenostoma 56.1.1
cyanopterus Exocoetus 44.1.2
cyanopterus Cypselurus 44.1.2
cyanopterus Cypsilurus 44.1.2
cyanopterus Solenostomus 56.1.1
cyanosoma Amia 74.1.6
cyanosoma Apogon 74.1.6
cyanosoma Apogon (Amia) 74.1.6
cyanosoma Apogon (Nectamia) 74.1.6
cyanosoma Ostorhynchus 74.1.6
cyanospilos Syngnathus 57.8.1
cyanospilus Hippichthys 57.8.1
cyanospilus Syngnathus 57.15.1
cyanospilus Syngnathus
    (Parasyngnathus) 57.8.1
cyanostigma Eleotris 115.6.1

374

flavimarginatus Balistes 129.8.1
flavimarginatus Gymnothorax 19.2.3
flavimarginatus Lycodontis 19.2.3
flavimarginatus Pseudobalistes 129.7.1
flavimarginatus Serranus 66.9.1
flavissimus forcipiger 97.8.1
flaviumbrinus Halmablennius 110.17.3
flaviumbrinus Istiblennius 110.17.3
flaviumbrinus Salarias 110.17.3
flavivertex Pseudochromis 69.2.2
flavobrunneus Callogobius 115.8.3
flavobrunneus Mucogobius 115.8.3
flavofasciatus Corythoichthys 57.3.1
flavofasciatus flavofasciatus
    Corythoichthys 57.3.1
flavofasciatus Syngnathus 57.3.1
flavolineatus Mulloides 92.1.1
flavolineatus Mulloidichthys 92.1.1
flavolineatus Mullus 92.1.1
flavolineatus Upeneus 92.1.1
flavomarginata Muraena 19.2.3
flavomaculatum Diagramma 87.2.2
flavomaculatus Gaterin 87.2.2
flavomaculatus Plectorhynchus 87.2.2
flavomarginatus Lycodontis 19.2.3
flavo-umbrinus Istiblennius 110.17.3
flavo-umbrinus Salarias 110.17.3
flavus Chaetodon 97.7.3
fleurieu Amia 74.1.8
fleurieu Apogon (Nectamia) 74.1.8
fleurieu ostorhynchus 74.1.8
FORCIPIGER 97.8
Forcipiger flavissimus 97.8.1
Forcipiger longirostris 97.8.1
FORMIONIDAE 81
forskael Holocentrus 66.5.6
forskali Allanetta 49.2.a
forskali Cheilio 103.4.1
forskali Crenidens 90.4.1
forsskali Pseudupeneus 92.2.3
forskalii Atherina 49.2.1.1, 49.2.1.2
forskalii Carcharias 6.7.1
forskalii fuscopurpureus Pseudoscarus
    104.4.5
forskalii Holocentrus 66.5.6
forskalii Pseudoscarus 104.4.10
forskalii Trigon 13.1.4
forsteri Caranx 79.4.3
forsteri Cirrhites 100.4.1
forsteri Cirrhites (Paracirrhites) 100.4.1
forsteri Grammistes 100.4.1
forsteri Paracirrhites 100.4.1
forsteri Scarus 104.4.10
forsteri Scarus (Scarus) 104.4.10
forsteri Sphyraena 102.1.4
fowleri Acanthurus 117.1.5

fowleri Xanothon 104.4.b
FOWLERIA 74.5
Fowleria abocellata 74.5.1
Fowleria aurita 74.5.2
Fowleria isostigma 74.5.3
Fowleria marmorata 74.5.4
Fowleria variegata 74.5.5
fraenatus Apogon 74.1.20
fraenatus Apogon (Pristiapogon)
    74.1.21
fraenatus Apogon (Pristiapogon)
    74.1.20
fraenatus Pristiapogon 74.1.20
fraxineus Apogon (Nectamia) 74.1.9
fraxineus Apogonichthyoides 74.1.9
frenata Amia 74.1.20
frenatus Callyodon 104.4.4
frenatus Heliases 99.4.2
frenatus Scarus 104.4.4
frenatus Scarus (Callyodon) 104.4.4
frenatus Scarus (Hemistoma) 104.4.4
fridmani Pseudochromis 69.2.3
frontalis Ecsenius 110.14.3
frontalis Ecsenius (Ecsenius) 110.14.3
frontalis nigrovittatus Ecsenius 110.14.3
frontalis Salarias 110.14.3
fronticornis Naseus 117.4.5
fronticornis Naso 117.4.5
fucata Archamia 74.3.1
fucatus Apogon 74.3.1
fuliginosus Acanthurus 117.1.6
fulviflamma Diacope 84.4.7
fulviflamma Lutianus 84.4.7
fulviflamma Lutjanus 84.4.7
fulviflamma Lutjanus (Neomaenis)
    84.4.7
fulviflamma Mesoprion 84.4.7
fulviflamma Perca 84.4.7
fulviflamma Sciaena 84.4.7
fulvoguttatus Carangoides 79.3.5
fulvoguttatus Caranx 79.3.1, 79.3.5
fulvoguttatus Caranx (Carangoides)
    79.3.5
fulvoguttatus flava Caranx 79.3.1
fulvoguttatus Scomber 79.3.5
furca Labrus 84.1.1
furcatum Pristipoma 87.3.2
furcatus Grammistes 87.3.2
furcatus Pomadasys 87.3.2
fusca Amia 74.1a
fuscopurpureus Scarus 104.4.5
fuscoguttatus Epinephelus 66.5.7
fuscoguttatus rogan Serranus 66.1.1
fuscoguttatus Serranus 66.5.7
fuscomaculatus Uranoscopus 108.1.1
fuscoventralis Dysomma 24α.1.1 (add.)

377

fuscum Thalassoma 103.24.1a
fuscus Apsilus 84.2.4
fuscus Atrosalarias 110.12.1, 110.12.1.1
fuscus Balistes 129.7.2
fuscus Bathygobius 115.7.3
fuscus fuscus Atrosalarias 110.12.1.1
fuscus Gobius 115.7.3
fuscus Hippocampus 57.9.1
fuscus Labrus 103.24.1.a
fuscus Pimelepterus 95.1.1
fuscus Pimelopterus 95.1.1
fuscus Pseudobalistes 129.7.2
fuscus Salarias 110.12.1, 110.12.1.1
fuscus Xanthichthys 129.7.2
fuscus Xyster 95.1.1
fusiformis Labrus 103.4.1
FUSIGOBIUS 115.15
Fusigobius longispinus 115.15.1
Fusigobius neophytus 115.15.2
Fusigobius neophytus africanus
   115.15.2.1

GADIFORMES (fam. 41–43)
gahhm Acanthurus 117.1.2
gahm Acanthurus 117.1.2
gahm Acanthurus (Rhombotides)
   117.1.2
gaimard africana Coris 103.7.3.1
gaimard Coris 103.7.3
gaimard Julis 103.7.3
GALEOCERDO 6.2
Galeocerdo cuvier 6.2.1
Galeocerdo cuvieri 6.2.1
Galeocerdo obtusus 6.2.1
Galeocerdo tigrinus 6.2.1
Galeolamna 6.1
Galeolamna albimarginata 6.1.1
Galeolamna limbata 6.1.5
Galeolamna melanoptera 6.1.7
Galeolamna menisorrah 6.1.8
Galeolamna sorrah 6.1.10
Galeolamna spallanzani 6.1.11
gallus Caranx 79.1.2
gallus Ptarmus 59.1.1
gallus Scarus 103.24.3
gallus Scyris 79.1.2
gallus Tetraroge 59.1.1
gambarur Hyporhampus 45.3.3
gamberur Hemiramphus 45.3.3
gamberur Hemirhamphus 45.3.3
gamberur Hyporhamphus
   (Reporhamphus) 45.3.3
gardineri Callionymus 114.1.5
GASTEROSTEIFORMES (fam. 54–57)
Gasterosteus canadus 77.1.1

Gasterosteus ductor 79.9.1
Gasterosteus japonicus 51.1.1
Gasterosteus volitans 58.10.3
Gastrophysus 131.4
Gastrophysus lunaris 131.4.1
Gastrophysus sceleratus 131.4.2
Gastrophysus spadiceus 131.4.3
Gastrotokeus 57.14
Gastrotokeus biaculeatus 57.14.1
Gaterin 87.2
Gaterin albovittatus 87.2.1
Gaterin flavomaculatus 87.2.2
Gaterin gaterinus 87.2.3
Gaterin harrawayi 87.2.4
gaterin Holocentrus 87.2.3
Gaterin (Leitectus) harrawayi 87.2.4
Gaterin lineatus 87.1.1
Gaterin nigrus 87.2.5
Gaterin playfairi 87.2.6
Gaterin schotaf 87.2.7
Gaterin sordidus 87.2.8
gaterina Diagramma 87.2.3
gaterina schotaf Sciaena 87.2.7
gaterina Sciaena 87.2.3
gaterinus Gaterin 87.2.3
gaterinus Plectorhynchus 87.2.3
gattorugine Blennius 110.19.1
GAZZA 82.1
Gazza argentaria 82.1.1
Gazza equulaeformis 82.1.1
Gazza equuliformis 82.1.1
Gazza minuta 82.1.1
GEMPYLIDAE 119α
Genazonatus Scarus 104.4.6
GENICANTHUS 97.4
Genicanthus caudovittatus 97.4.1
Genicanthus melanospilus 97.4.1
Genicanthus melanospilus caudovittatus
   97.4.1
genivittata Julis 103.24.2
genivittatus Julis 103.24.2
genivittatus Thalassoma 103.24.2
Genyoroge 84.4
Genyoroge bengalensis 84.4.2
Genyoroge gibba 84.4.8
Genyoroge macolor 84.5.1
Genyoroge melanura 84.4.8
Genyoroge nigra 84.5.1
Genyoroge rivulata 84.4.15
geoffroyi Epinephelus 66.5.8
geoffroyi Serranus 66.5.9
geometrica Dalophis 19.3.1
geometrica Echidna 19.3.1
geometrica Muraena 19.3.1
geometrica Siderea 19.3.1
geometricus Gymnothorax 19.3.1

Hemiscyllium colax 4.A.a
Hemiscyllium griseum 4.A.b
hemistictos Epinephelus 66.3.2
hemistiktos Cephalopholis 66.3.2
hemistiktos Serranus 66.3.2
hemistictus Cephalopholis 66.3.2
hemistictus Cephalopholis
    (Enneacentrus) 66.3.2
hemistictus Epinephelus 66.3.2
hemistictus Serranus 66.3.2
(Hemistoma) 104.4.4
hemprichii Carcharias 6.2.1
hemprichii Muraena 19.2.4
HENIOCHUS 97.9
Heniochus acuminatus 97.9.1, 97.9.2
Heniochus diphreutes 97.9.1
Heniochus intermedius 97.9.2
Heniochus macrolepidotus 97.9.2
hepatica Gymnothorax 19.2.4
hepatica Muraena 19.2.4
hepatica Muraena (Gymnothorax)
    19.2.4
hepatica Strophidon 19.2.4
hepaticus Gymnothorax 19.2.4
hepaticus Lycodontis 19.2.4
Hepatus 117.1
Hepatus bleekeri 117.1.1
Hepatus nigricans 17.1.3
Hepatus nigrofuscus 117.1.3
Hepatus sohal 117.1.4
Hepsetia 49.2
Hepsetia pinguis 49.2.1.2
hepsetus Atherina 49.2.1.1
heptagonum Scyllium 4.3.1
heptastigma Apogon 74.1.10
heptastigma Apogon (Amia) 74.1.10
heptastigma Apogon (Nectamia)
    74.1.10
heptastigma Ostorhynchus 74.1.10
HERKLOTSICHTHYS 25.4
Herklotsichthys punctata 25.4.1
Herklotsichthys punctatus 25.4.1
Herklotsichthys quadrimaculatus 25.4.2
Herklotsichthys vittatus 25.5.5
herrei Siokunichthys 57.13.2
hertit Scarus 104.4.10
HETERELEUTRIS 115.21
Hetereleotris diademata 115.21.1
Hetereleotris diadematus 115.21.1
Hetereleotris vulgare 115.22.2
HETEROCONGRINAE 23.II.(5)
Heterogaleus 6.3
Heterogaleus ghardaqensis 6.3.1
heteroloba Anchoviella 26.2.2
heteroloba Encrasicholina 26.2.2
heteroloba Engraulis 26.2.2

heterolobum Amentum 26.2.2
heterolobus Engraulis 26.6.2
heterolobus Stolephorus 26.2.2
Heteropyge 97.2
Heteropyge asfur 97.2.1
heterorhina Asesopia 127.1.1
heterorhina Solea 127.1.1
heterorhinos Aesopia 127.1.1
heterorhinos Solea 127.1.1
hexacanthus Naso 117.4.3
hexacanthus Naso (Atulonotus) 117.4.3
hexacanthus Priodon 117.4.3
hexagonatus Holocentrus 66.8.a
hexagonatus Serranus 66.8.a
hexagonus Myripristis 53.3.2
hexataenia Cheilinus 103.19.2
hexataenia Pseudocheilinus 103.19.2
hexophthalma Blennius 106.1.1
hexophthalma Parapercis 106.1.1
hexophthalma Percis 106.1.1
hians Ablennes 46.1.1
hians Athlennes 46.1.1
hians Belone 46.1.1
Himantura 13.1
Himantura uarnak 13.1.5
HIPPICHTHYS 57.8
Hippichthys cyanospilus 57.8.1
Hippichthys spicifer 57.8.2
HIPPOCAMPUS 57.9
Hippocampus aff. kuda 57.9.3
Hippocampus fuscus 57.9.1
Hippocampus guttulatus 57.9.3
Hippocampus histrix 57.9.2
Hippocampus kuda 57.9.3
Hippocampus lichtensteinii 57.9.a
Hippocampus obscurus 57.9.1
Hippocampus suezensis 57.9.4
Hippoglossus erumei 124.1.1
HIPPOSCARUS 104.3
Hipposcarus harid 104.3.1, 104.3.1.1
Hipposcarus harid harid 104.3.1
hippurus Coryphaena 80.1.1
hippus Caranx 79.4.1
HIRCULOPS 110.16
Hirculops cornifer 110.16.1
Hirculops cornifer cornifer 110.16.1
hirsutus Parascorpaenodes 58.4.3
hirsutus Scorpaenodes 58.4.3
HIRUNDICHTHYS 44.3
Hirundichthys rondeletti 44.3.1
Hirundichthys socotranus 44.3.2
hispidus Antennarius 40.1.6
hispidus Arothron 131.2.1
hispidus Arothron 131.2.1.1
hispidus Lophius 40.1.6
hispidus perspicillaris Arothron 131.2.1.1

hispidus Tetraodon 131.2.1, 131.2.1.1
hispidus Tetrodon 131.2.1.1
Histiophorus ancipitirostris 121.1.1
Histiophorus gladius 121.1.1
Histiophorus immaculatus 121.1.1
HISTIOPHRYNE 40.2
Histiophryne bigibba 40.2.1
Histiophryne bigibbus 40.2.1
Histiophryne tuberosa 40.2.2
HISTIOPTERUS 98.1
Histiopterus spinifer 98.1.1
HISTRIO 40.3
Histrio histrio 40.3.1
histrio Histrio 40.3.1
histrio Lophius 40.3.1
histrio marmoratus Lophius 40.3.1
histrio Stalix 105.2.1
histrix Hippocampus 57.9.2
hoedtii Malacanthus 76.3.1
Holacanthus (Apolemichthys) xanthotis
   97.1.1
Holacanthus asfur 97.2.1
Holacanthus caerulescens 97.5.2
Holacanthus caudovittatus 97.4.1
Holacanthus coeruleus 97.5.3
Holacanthus diacanthus 97.6.1
holocanthus Diodon 132.2.1
Holacanthus dux 97.6.1
Holacanthus haddaja 97.5.2
Holacanthus heddaje 97.5.2
Holacanthus imperator 97.5.1
Holacanthus lineatus 97.5.2
Holacanthus maculosus 97.5.2
Holacanthus melanospilus 97.4.1
Holacanthus mokhella 97.5.2
Holacanthus multispinis 97.3.1
Holacanthus nicobariensis
   semiciriculatus 97.5.3
Holacanthus semicirculatus 97.5.3
Holacanthus striatus 97.5.4
Holacanthus striatus semicirculatus
   97.5.3
Holacanthus vrolikii 97.3.1
Holacanthus xanthotis 97.1.1
HOLOCENTRIDAE 53
Holocentrum argenteum 53.1.3
Holocentrum caudimaculatum 53.1.1
Holocentrum christianum 53.2.1
Holocentrum diadema 53.1.2
Holocentrum lacteoguttatum 53.1.3
Holocentrum orientale 53.1.4
Holocentrum platyrrhinum 53.2.1
Holocentrum rubrum 53.1.4
Holocentrum sammara 53.2.1
Holocentrum spiniferum 53.1.5
Holocentrus bengalensis 84.4.2

Holocentrus caudimaculatus 53.1.1
Holocentrus coeruleopunctatus 66.5.3
Holocentrus diadema 53.1.2
Holocentrus erythraeus 66.5.6
Holocentrus forskael 66.5.6
Holocentrus forskalii 66.5.6
Holocentrus gaterin 87.2.3
Holocentrus hexagonatus 66.8.a
Holocentrus lacteoguttata 53.1.3
Holocentrus lacteoguttatum 53.1.3
Holocentrus leopardus 66.7.a
Holocentrus malabaricus 66.5.9
Holocentrus nigricans 99.12.2
Holocentrus quadrilineatus 71.1.1
Holocentrus quinquelineatus 84.4.b
Holocentrus rabaji 90.1.2
Holocentrus ruber 53.1.4
Holocentrus rubrum 53.1.4
Holocentrus salmoides 66.5.9
Holocentrus sammara 53.2.1
Holocentrus schotaf 87.2.7
Holocentrus servus 71.2.1
Holocentrus spinifer 53.1.1, 53.1.5
Holocentrus tauvina 66.5.15
HOLOGYMNOSUS 103.12
Hologymnosus semidiscus 103.12.1
homei Carapus 43.1.1
homei Oxybeles 43.1.1
honkenii Tetrodon 131.1.1
honkenji Tetraodon 131.1.1
HOPLOLATILUS 76.2
Hoplolatilus (Asymmetrurus) oreni
   76.2.1
HOPLOSTETHUS 50.1
Hoplostethus mediterraneus 50.1.1
hortulanus Julis 103.10.2
hortulanus Platyglossus 103.10.2
hoshinonis Synodus 32.2.2
hungi Apogon (Nectamia) 74.1.11
hungi Jaydia 74.1.11
hyalinus Salarias 110.17.6
hyalosoma Apogon 74.1.22
hyalosoma Apogon (Yarica) 74.1.22
hypenetes Antennablennius 110.11.2
hypenetes Antennablennius 110.11.3
hypenetes Blennius 110.11.2
hypenetes Rhabdoblennius 110.11.2
Hypoatherina 49.1
Hypoatherina gobio 49.1.1
Hypolophus 13.1
Hypolophus sephen 13.1.4
Hypoprion acutus 6.8.1
HYPORHAMPHUS 45.3
Hyporhamphus acutus 45.3 (add.)
Hyporhamphus dussumieri 45.2.1
Hyporhamphus gamberur 45.3.3

Hyporhamphus (Reporhamphus) affinis
   45.3.1
Hyporhamphus (Reporhamphus)
   balinensis 45.3.2
Hyporhamphus (Reporhamphus)
   gamberur 45.3.3
Hyporhamphus xanthopterus 45.3.a
HYPOTREMATA (fam. 9–15)
hypselogeneion Amblyrhynchotes
   131.1.1
hypselogeneion Sphaeroides 131.1.1
hypselogeneion Tetraodon 131.1.1
hypselogeneion Tetrodon 131.1.1
hystrix Diodon 132.2.2

IAGO 6.4
Iago omanensis 6.4.1
Ichthyocampus bannwarthi 57.1.0.1
Ichthyocampus belcheri 57.12.1
igneus Apogon 74.1.1
ignobilis Caranx 79.4.1
ignobilis Caranx (Caranx) 79.4.1
ignobilis Scomber 79.4.1
iluocaeteoides Dinematichthys 42.3.1
imbricata Dasyatis 13.1.2
imbricata Raja 13.1.2
imbricatus Dasyatis 13.1.2
immaculatus Antennarius 40.1.7
immaculatus Arothron 131.2.2
immaculatus Caranx 79.3.1
immaculatus Histiophorus 121.1.1
immaculatus Tetraodon 131.2.2
immaculatus Tetrodon 131.2.2
imperator Chaetodon 97.5.1
imperator Holacanthus 97.5.1
imperator Pomacanthodes 97.5.1
imperator Pomacanthus 97.5.1
imperator Pomacanthus
   (Pomacanthodes) 97.5.1
impudicus Caranx (Carangoides) 79.3.6
indica Alectis 79.1.2
indica Anchoviella 26.2.3
indica Scyris 79.1.2
indicus Alectis 79.1.2
indicus Callionymus 61.4.1
indicus Crenidens 90.4.1
indicus Engraulis 26.2.3
indicus Melichthys 129.5.1
indicus Parupeneus 92.3.a
indicus Platycephalus 61.4.1
indicus Saurus 32.2.3
indicus Stolephorus 26.2.3
indicus Scyris 79.1.2
indicus Synodus 32.2.3
indicus Synodus 32.2.2

indicus Trachurus 79.13.1
indicus Upeneus 92.3.a
inermis Cheilio 103.4.1
inermis Chilio 103.4.1
inermis Labrus 103.4.1
inermis Minous 58.13.4 (add.)
inermis Scolopsides 85.3.3
inermis Scolopsis 85.3.3
infulatus Diplogrammus
   (Climacogrammus) 114.2.2
infuscus Apogon (Apogonichthys)
   74.2.1
Iniistius 103.26
Iniistius pavo 103.26.5
INIMICUS 58.12
Inimicus filamentosus 58.12.1
insidiator Cottus 61.4.1
insidiator Epibulus 103.8.1
insidiator Platycephalus 61.4.1
insidiator Sparus 103.8.1
insinuans Silhouettea 115.32.2
intermedius Arnoglossus 125.1.1
intermedius Asterorhombus
   (Arnoglossus) 125.1.1
intermedius Bothus (Arnoglossus)
   125.1.1
intermedius Heniochus 97.9.2
intermedius Platophrys
   (Arnoglossus) 125.1.1
interrupta Muraena 19.2.9
interrupta Stethojulis 103.22.2
interruptus Julis (Halichoeres)
   103.22.2
irrasus Callogobius 115.8.4
irrasus Drombus 115.8.4
ismailius Pseudoscarus 104.4.2
Isogomphodon 6.1
Isogomphodon maculipinnis 6.1.3
isostigma Apogonichthys 74.5.3
isostigma Fowleria 74.5.3
israelitarum Apistus 58.1.1
ISTIBLENNIUS 110.17
Istiblennius andamanensis 110.17.1
Istiblennius edentulus 110.17.2
Istiblennius fasciatus 110.19.1
Istiblennius flaviumbrinus 110.17.3
Istiblennius flavo-umbrinus 110.17.3
Istiblennius lineatus 110.17.4
Istiblennius periophthalmus 110.17.5
Istiblennius periophthalmus 110.17.5.1
Istiblennius periophthalmus biseriatus
   110.17.5.1
Istiblennius rivulatus 110.17.6
Istiblennius steinitzii 110.17.7
Istiblennius unicolor 110.17.8
ISTIGOBIUS 115.39 (add.)

Leptocephalus magnaghii 23.4.2
Leptocephalus mauritianus 23.1.2
Leptocephalus muraena undulatae
  19.2.10
Leptocephalus muraenae hepatica
  19.2.4
Leptocephalus muraenoides 19.A.2
Leptocephalus ophichthoides 24.A.2
Leptocephalus ophisomatis anagoi
  23.1.3
Leptocephalus sanzoi 23.1.3
Leptocephalus saurencheloides 22.A.3
Leptocephalus scheelei 23.1.3
Leptocephalus synaphobranchoides
  24.A.b
Leptocephalus vermicularis 24.A.c
leptodon Pristis 9.1.2
LEPTOSCARUS 104.6
Leptoscarus coeruleopunctatus 104.6.1
Leptoscarus vaigiensis 104.6.1
Leptoscarus viridescens 104.5.1
lepturus Congrus 23.4.2
lepturus Trichiurus 119.2.1
lepturus Uroconger 23.4.2
leptus Pomacentrus 99.10.3
Lestidium pofi 33.1.1
LESTROLEPIS 33.1
Lestrolepis pofi 33.1.1
LETHRINELLA 88.1
Lethrinella microdon 88.1.1
Lethrinella miniata 88.1.2
Lethrinella miniatus 88.1.2
Lethrinella variegata 88.1.3
Lethrinella variegatus 88.1.3
Lethrinella xanthocheilus 88.1.4
Lethrinella xanthochilus 88.1.4
LETHRINIDAE 88
LETHRINUS 88.2
Lethrinus abbreviatus 88.2.4, 88.2.7
Lethrinus acutus 88.1.3
Lethrinus borbonicus 88.2.5
Lethrinus bungus 88.2.4
Lethrinus ehrenbergi 88.2.a
Lethrinus elongatus 88.1.3
Lethrinus gothofredi 88.2.6
Lethrinus harak 88.2.1
Lethrinus kallopterus 88.2.2
Lethrinus karwa 88.2.b
Lethrinus latifrons 88.1.3
Lethrinus lentjan 88.2.4
Lethrinus mahsena 88.2.5
Lethrinus mahsenoides 88.2.5
Lethrinus microdon 88.1.1
Lethrinus miniatus 88.1.2
Lethrinus nebulosus 88.2.6
Lethrinus nebulosus chumchum 88.2.6

Lethrinus nebulosus ochrolineatus
  88.2.6
Lethrinus obsoletus 88.2.7
Lethrinus ramak 88.1.3 88.2.7
Lethrinus rostratus 88.1.2
Lethrinus sanguineus 88.2.8
Lethrinus variegatus 88.1.3
Lethrinus xanthochilus 88.1.4
leuciscus Cyprinus 48.1.1
leucogaster Abudefduf 99.2.2
leucogaster Amblyglyphidodon 99.2.2
leucogaster Glyphidodon 99.2.2
leucogaster Glyphisodon 99.2.2
leucogrammicus Anyperodon 66.2.1
leucogrammicus Serranus 66.2.1
leucomelas Gobius 115.20.3a
leucopleura Chaetodon 97.7.5
leucostigma Serranus 66.5.3a
leucozona Abudefduf 99.9.2
leucozona cingulum Plectroglyphidodon
  99.9.2.1
leucozona Glyphisodon 99.9.2
leucozona Plectroglyphidodon 99.9.2
leucozonus cingulum
  Plectroglyphidodon 99.9.2
lewini Sphyrna (Sphyrna) 7.1.1
lewini Zygaena 7.1.1
Lichia lysan 79.10.1
Lichia tolooparah 79.10.2
lichtensteinii Hippocampus 57.9.a
limbata Eulamia 6.1.5
limbata Galeolamna 6.1.5
limbatus Carcharhinus 6.1.5
limbatus Carcharias (Prionodon) 6.1.5
lineata Diacope 84.4.11a
lineata Perca 74.4.2
lineatum Diagramma 87.1.1
lineatus Anampses 103.1.2.1
lineatus Balistes 129.2.1
lineatus Cheilodipterus 74.4.2
lineatus Cheilodipterus 74.4.4
lineatus Chilodipterus 74.4.2
lineatus Gaterin 87.1.1
lineatus Halmablenius 110.17.4
lineatus Holacanthus 97.5.2
lineatus Istiblennius 110.17.4
lineatus Lepadichthys 39.1.2
lineatus Lutjanus 84.4.11a
lineatus Plectorhynchus 87.1.1
lineatus Plotosus 37.1.1
lineatus Salarias 110.17.4
lineatus Scolopsis 85.3.2
lineatus Silurus 37.1.1
lineolata Archamia 74.3.2
lineolata Diacope 84.4.12
lineolatus Acronurus 117.1.3

lineolatus Anisochaetodon
  (Oxychaetodon) 97.7.6
lineolatus Apogon 74.3.2
lineolatus Chaetodon 97.7.6
lineolatus Chaetodon (Anisochaetodon)
  97.7.6
lineolatus Chaetodon (Oxychaetodon)
  97.7.6
lineolatus Leiognathus 82.2.5
lineolatus Lutianus 84.4.12
lineolatus Lutjanus 84.4.12
lineolatus Mesoprion 84.4.12
lineolatus Mesoprion (Diacope) 84.4.12
lineolatus Synchiropus 114.3.a
lingua Cynoglossus 128.1.6
(LINOPHORA) 97.7 (add.)
liocephalus Trygon 13.1.1
liogaster Clupea 25.5.3
lioglossus Lutianus 84.4.14
lioglossus Lutjanus 84.4.14
lioglossus Mesoprion (Mesoprion)
  84.4.14
LIOPROPOMA 66.6
Liopropoma mitratum 66.6.1
Liopropoma susumi 66.6.2
LIOTERES 115.22
Lioteres (Lioteres) vulgare 115.22.2
Lioteres (Pseudolioteres) simulans
  115.22.1
Lioteres simulans 115.22.1
Lioteres vulgare 115.22.2
Lioteres vulgaris 115.22.2
LIPARIS 62.1
Liparis fishelsoni 62.1.1
LISSOCAMPUS 57.10
Lissocampus bannwarthi 57.10.1
Litores vulgare 115.22.2
lituratus Acanthurus 117.4.4
lituratus Aspisurus 117.4.4
lituratus Callicanthus 117.4.4
lituratus Naseus 117.4.4
lituratus Naseus (Aspisurus) 117.4.4
lituratus Naso 117.4.4
lividus Chaetodon 99.12.1
lividus Pomacentrus 99.12.1
lividus Stegastes 99.12.1
LIZA 101.2
Liza aurata 101.2.1
Liza carinata 101.2.2
Liza crenilabis 101.1.1
Liza cunnesius 101.2.3
Liza macrolepis 101.2.4
Liza oligolepis 101.2.5a
Liza subviridis 101.2.6
Liza tade 101.2.7
Liza vaigiensis 101.2.8

longicaudatus Callionymus 114.1.a
longiceps Papilloculiceps 61.3.2
longiceps Platycephalus 61.3.2
longiceps Sardinella 25.5.4
longicornis Scorpaena 58.2.2
longimanus Carcharhinus 6.1.6
longimanus Squalus 6.1.6
longipinnis Lepidotrigla 60.1.2
longirostris Canthidermis 129.4.1
longirostris Forcipiger 97.8.1
longirostris Oxymonocanthus 129.15.1
longispinus Fusigobius 115.15.1
Longmania 6.1
Longmania brevipinna 6.1.3
loo Scomber 120.6.1
Lophalticus 110.10
Lophalticus kirki 110.10.1.1
Lophalticus kirkii magnusi 110.10.1.1
LOPHIIDAE 39.α
LOPHIIFORMES 39α–40
Lophiocharon caudimaculatus 40.1.1
LOPHIODES 39.α.1
Lophiodes mutilus 39.α.1.1
Lophius bigibbus 40.2.1
Lophius commersonii 40.1.5
Lophius hispidus 40.1.6
Lophius histrio 40.3.1
Lophius histrio marmoratus 40.3.1
Lophius mutilus 39α.1.1
LOTILIA 115.23
Lotilia graciliosa 115.23.1
louti Bodianus 66.9.1
louti Epinephelus 66.9.1
louti flavimarginatus Pseudoserranus
  66.9.1
louti Perca 66.9.1
louti Pseudoserranus 66.9.1
louti Serranus 66.9.1
louti Variola 66.9.1
LOXODON 6.5
Loxodon macrorhinus 6.5.1
lubbocki Pseudoplesiops 69.3.1 (add.)
lucetia Vinciguerria 28.2.1
lucetius Maurolicus 28.2.1
luetkeni Paralepis 33.2.1
lunare Thalassoma 103.24.3
lunaria Perca 66.1.1
lunaria Serranus 66.1.1
lunaris Caesio 84.2.2
lunaris Gastrophysus 131.4.1
lunaris Julis 103.24.3
lunaris Labrus 103.24.3
lunaris Lagocephalus 131.4.1
lunaris Sphoeroides 131.4.1
lunaris Tetraodon 131.4.1
lunaris Tetrodon 131.4.1

macclellandi Bregmaceros 41.1.2
machnata Argentina 16.1.1
machnata Elops 16.1.1
MACOLOR 84.5
macolor Diacope 84.5.1
macolor Genyoroge 84.5.1
Macolor niger 84.5.1
macrenteron Leptocephalus 23.1.2
macrodon Centropomus 74.4.5
macrodon Cheilodipterus 74.4.5
macrodon Chilodipterus 74.4.5
macrolepidota Plagusia 128.1.1
macrolepidotus Chaetodon 97.9.1
macrolepidotus Cynoglossus 128.1.1
macrolepidotus Heniochus 97.9.2
macrolepidotus Labrus 103.17.1
macrolepidotus Mugil 101.2.8
macrolepidotus Novaculichthys
    103.17.1
macrolepis Diacope 84.4.1
macrolepis Liza 101.2.4
macrolepis Mugil 101.2.4
macronema Mullus 92.2.4
macronema Parupeneus 92.2.4
macronema Pseudupeneus 92.2.4
macronema Upeneus 92.2.4
macronemeus Pseudupeneus 92.2.4
macronemus Upeneus 92.2.4
MACROPHARYNGODON 103.15
Macropharyngodon bipartitus 103.15.1,
    103.15.1.1
Macropharyngodon varialvus 103.15.1.1
macrophthalmus Caranx 79.11.1
macrophthalmus Caranx (Selar) 79.11.1
macrophthalmus Syngnathus 57.15.1
macrophthalmus Syngnathus
    (Parasyngnathus) 57.15.1
macropterus Thunnus 120.10.1
macropterus Thynnus 120.10.1
macropterus Thynnus (Orcynus)
    120.10.1
macrorhinus Loxodon 6.5.1
macrorhynchus Halicampoides 57.7.1
macrorhynchus Halicampus 57.7.1
macrorhynchus Phanerotokeus 57.7.1
macrurus Monacanthus 129.18a
macrurus Pseudomonacanthus 129.18.a
maculata Rhinobatus 10.2.1
maculatum areolatum Plectropoma
    66.7.1
maculatum Plectropoma 66.7.1
maculatum Pristipoma 87.3.4
maculatus Anthias 87.3.4
maculatus Balistes 129.4.1
maculatus Bodianus 66.7.1
maculatus Canthidermis 129.4.1

maculatus Cirrhites 100.2.1
maculatus Cirrhitichthys 100.2.1
maculatus Cirrhitus 100.2.1
maculatus Plectropomus 66.7.1
maculatus Pomadasys 87.3.4
maculipinna Platychephalus 61.2.1
maculipinnis Carcharhinus 6.1.3
maculipinnis Isogomphodon 6.1.3
maculipinnis Platycephalus 61.2.1
maculosa Muraena 24.3.2
maculosus Chaetodon 97.5.2
maculosus Cirrhitus 100.2.1
maculosus Cryptocentroides 115.12.4
maculosus Ctenogobiops 115.12.4
maculosus Holacanthus 97.5.2
maculosus Myrichthys 24.3.2
maculosus Myrichthys (Myrichthys)
    24.3.2
maculosus Ophichthys 24.3.2
maculosus Pomacanthodes 97.5.2
maculosus Pomacanthus 97.5.2
madagascariensis Callyodon 104.4.9
madagascariensis Pseudoscarus 104.4.9
madagascariensis Scarus 104.4.9
madagascariensis Scarus (Callyodon)
    104.4.9
maderensis Sebastapistes 58.6.2
madurensis Scorpaena 58.6.2
magnaghii Leptocephalus 23.4.2
magnusi Amblycentrus 115.3.2
magnusi Biat 115.3.2
mahsena Lethrinus 88.2.4
mahsena Sciaena 88.2.5
mahsenoides Lethrinus 88.2.3
mahsenoides Lethrinus 88.2.5
mahsenus Sparus 88.2.4
malabaricus Carangoides 79.3.6
malabaricus Caranx 79.3.2, 79.3.6
malabaricus Caranx (Carangoides)
    79.3.2, 79.3.6
malabaricus Epinephelus 66.5.9
malabaricus Holocentrus 66.5.9
malabaricus Lutjanus 84.4.13
malabaricus Scomber 79.3.6
malabaricus Serranus 66.5.9
malabaricus Sparus 84.4.13
MALACANTHUS 76.3
Malacanthus brevirostris 76.3.1
Malacanthus hoedtii 76.3.1
Malacanthus latovittatus 76.3.2
maldivensis Engyprosopon 125.3.3
maldivensis Scaeops 125.3.3
malleus Zygaena 7.1.1
manazo Mustelus 6.6.1
mangula Pempheris 94.2.1
MANTA 15.1

392

Manta birostris 15.1.1
Manta birostris ehrenbergii 15.1.1
Manta ehrenbergii 15.1.1
marciac pimelepterus 95.1.3
margaritaceus Halichoeres 103.10.3a
margaritaceus Julis 103.10.3
margaritata Canthigaster 131.3.2
margaritatus Canthigaster 131.3.2
margaritatus Tetraodon 131.3.2
margaritatus Tetrodon 131.3.2
marginatum Tetradrachmum 99.6.2
marginatus Chaetodon 97.7.7
marginatus Dascyllus 99.6.2
marginatus Dentex 85.1.3
marginatus Esox 45.2.2
marginatus Halichoeres 103.10.4
marginatus Hemiramphus 45.1.2
marginatus Hemirhamphus 45.2.2
marginatus Julis 103.10.4
marginatus marginatus Dascyllus
   99.6.2.1
marginatus Nemipterus 85.1.3
marginatus Platyglossus 103.10.4
marginatus Pomacentrus 99.6.2
marisrubri marisrubri Tylosurus 46.3.3
marleyi Callionymus 114.1.6
marley Thyrsitoides 119α.1.1
marmorata Callechelys 24.1.1
marmorata Dalophis 24.1.1
marmorata Fowleria 74.5.4
marmorata panthera Torpedo 11.1.1
marmorata Plagusia 128.2.1
marmorata Torpedo 12.1.1
marmoratus Achirus 127.4.1
marmoratus Antennarius 40.3.1
marmoratus Apogonichthys 74.5.4
marmoratus Callechelys 24.1.1
marmoratus Cirrhites 100.2.1
marmoratus Cirrhitichthys 100.2.1
marmoratus Labrus 100.2.1
marmoratus Pardachirus 127.4.1
marshalli Callyodon 104.4.3
marshalli Scarus 104.4.3
marshalli Scarus (Callyodon) 104.4.3
martensii Astronesthes 29.1.1
mastax Scarus 104.3.1.1
mastax Scarus (Pseudoscarus) 104.3.1.1
MASTURUS 133.1
Masturus lanceolatus 131.1.1
mate Alepes 79.2.2
mate Atule 79.2.2
mate Caranx 79.2.2
mate Caranx (Selar) 79.2.2
matoides Acanthurus 117.1.6
matoides Teuthis 117.1.6
mauritiana Anguilla 18.A.a

mauritianum Ariosoma 23.1.2
mauritianus Caranx 79.11.1
mauritianus Leptocephalus 23.1.2
MAUROLICUS 28.1
Maorolicus lucetius 28.2.1
Maurolicus mucronatus 28.1.1
Maurolicus muelleri 28.1.1
maxweberi Cosmocampus 57.4.1
maxweberi Syngnathus (Parasyngnathus)
   57.4.1
mediterraneus Hoplostethus 50.1.1
mediterraneus indicus Trachurus
   79.13.1
MEGALASPIS 79.8
Megalaspis cordyla 79.8.1
Magalaspis rottleri 79.8.1
megalommatus Argyrops 90.2.2
megalommatus Pagrus 90.2.2
megalommatus Sparus 90.2.2
megalommatus Sparus (Pagrus) 90.2.2
MEGAPROTODON 97.10
Megaprotodon strigangulus 97.10.1
Megaprotodon trifascialis 97.10.1
MEIACANTHUS 110.3
Meiacanthus (Meicanthus) nigrolineatus
   110.3.1
Meiacanthus nigrolineatus 110.3.1
mekranensis Omobranchus 110.8.1
mekranensis Petroscirtes 110.8.1
melampygus Caranx 79.4.2
melampygus Caranx (Caranx) 79.4.2
melannotus Chaetodon 97.7.7
melannotus Chaetodon (Chaetodontops)
   97.7.7
melanocephalus Monacanthus 129.19.2
melanocephalus Pervagor 129.19.2
melanocephalus Stephanolepis 129.19.2
melanoptera Eulamia 6.1.7
melanoptera Galeolamna 6.1.7
melanopterus Carcharhinus 6.1.7
melanopterus Carcharias 6.1.7
melanopterus Carcharias (Prionodon)
   6.1.7
melanopus Abudefduf 99.8.1
melanopus Glyphidodon 99.8.1
melanopus Hemipteronotus 103.26.3
melanopus Novacula 103.26.3
melanopus Xyrichtys 103.26.3
melanospila Taeniura 13.3.2
melanospilos Taeniura 13.3.2
melanospilus caudovittatus Genicanthus
   97.4.1
melanospilus Genicanthus 97.4.1
melanospilus Holacanthus 97.4.1
melanostigma Belone 46.1.1
melanotaenia Callechelys 24.1.2

393

melanotaenia Ophichthys 24.1.2
melanotus Belone 46.3.1.1
melanotus Chaetodon 97.7.7
melanotus Chaetodon (Chaetodontops)
   97.7.7
melanotus Gomphosus 103.9.1.1
melanotus Tylosurus 46.3.1.1
melanura Clupea 25.5.5
melanura Diacope 84.4.8
melanura Genyoroge 84.4.8
melanura Sardinella 25.5.5
melanurus Anampses 103.1.2
melanurus Bodianus 66.5.2
melanurus lineatus Anampses 103.1.2.1
melanurus Serranus 66.5.2
melapterus Chaetodon 97.7.8
melapterus Hemigymnus 103.11.2
melapterus Labrus 103.11.2
melas Abudefduf 99.8.1
melas Glyphidodon 99.8.1
melas Glyphisodon 99.8.1
melas Paraglyphidodon 99.8.1
melasma Saurus 32.2.b
meleagrides Arampses 103.1.3
meleagris Cryptocentrus 115.11.2
meleagris Gymnothorax 19.2.6
meleagris Lycodontis 19.2.6
meleagris Muraena 19.2.6
meleagris Muraena (Gymnothorax)
   19.2.6
meleagris Sebastes 66.5.14
Meletta venenosa 25.4.2
MELICHTHYS 129.5
Melichthys indicus 129.5.1
Melichthys ringens 129.5.1
mendelssohni Quisquilius 115.30.3
menisorrah Carcharhinus 6.1.8
menisorrah Carcharias 6.1.8
menisorrah Carcharias (Prionodon)
   6.1.8
menisorrah Eulamia 6.1.8
menisorrah Galeolamna 6.1.8
mentalis Caranx 79.14.1
mentalis Caranx (Hypocaranx) 79.14.1
mentalis Cheilinus 103.3.6
mentalis Chilinus 103.3.6
mentalis Scarus 104.4.12
mentalis Ulua 79.14.1
mento Exocoetus 44.4.1
mento Parexocoetus 44.4.1
merra Epinephelus 66.5.10a
merra Serranus 66.5.10a
mertensi Vanderhorstia 115.35.2
mertensii Chaetodon 97.7.10
mertensii Chaetodon (Anisochaetodon)
   97.7.10

mesoleucos Chaetodon 97.7.10
mesoleucos Chaetodon (Oxychaetodon)
   97.7.9
mesoleucus Anisechaetodon
   (Oxychaetodon) 97.7.9
mesoleucus Chaetodon 97.7.9
mesoleucus Chaetodon
   (Anisochaetodon) 97.7.9
Mesoprion 84.4
Mesoprion annularis 84.4.13
Mesoprion argentimaculatus 84.4.1
Mesoprion bohar 84.4.3
Mesoprion caeruleolineatus 84.4.5
Mesoprion (Diacope) kasmira 84.4.10
Mesoprion (Diacope) lineolatus 84.4.12
Mesoprion (Diacope) niger 84.5.1
Mesoprion (Diacope) rivulatus 84.4.15
Mesoprion (Diacope) sebae 84.4.17
Mesoprion ehrenbergi 84.4.6
Mesoprion erythrinus 84.4.13
Mesoprion fulviflamma 84.4.7
Mesoprion gibbus 84.4.8
Mesoprion janthinuropterus 84.4.11
Mesoprion lineolatus 84.4.12
Mesoprion (Mesoprion) annularis
   84.4.13
Mesoprion (Mesoprion) coeruleolineatus
   84.4.5
Mesoprion (Mesoprion) lioglossus
   84.4.14
Mesoprion monostigma 84.4.14
Mesoprion quinquelineatus 84.4.b
Mesoprion russellii 84.4.17
meteori Acentrogobius 115.2.3
mica priolepis 115.37.2
micracanthus Platycephalus 61.4.2
microchir Myrophis 24.8.1
MICRODESMIDAE 116
microdon Epinephelus 66.5.11
microdon Lethrinella 88.1.1
microdon Lethrinus 88.1.1
microdon Serranus 66.5.11
MICROGNATHUS 57.11
Micrognathus brevirostris 57.11.1
Micrognathus crinitus 57.15.a
microlepidotus Scomber 120.6.1
microlepis Aprion (Pristipomoides)
   84.6.3
microlepis Chaetopterus 84.6.3
microlepis Eleotris 115.29.2
microlepis Pristipomoides 84.6.3
microlepis Ptereleotris 115.29.2
micromaculatus Apogon (Nectamia)
   74.1.13
micromaculatus Ostorhynchus 74.1.13
micronemus Mullus 92.2.4

Monodactylus falciformis 93.1.2
monodactylus Minous 58.13.2
monostigma Diacope 84.4.14
monostigma Lutianus 84.4.14
monostigma Lutjanus 84.4.14
monostigma Mesoprion 84.4.14
MONOTAXIS 89.2
Monotaxis grandoculis 89.2.1
monstrum Dicerobatis 15.2.1
mormyrus Pagellus 90.A.a
morrhua Epinephalus 66.5.12
morrhua Serranus 66.5.12
moseas Cyprinodon 48.1.1
mosis Mustelus 6.6.2
mossambica Parascorpaena 58.2.2
mossambica Scorpaena 58.2.2
mossambicus Cheilinus 103.3.2
Mucogobius 115.8
Mucogobius flavobrunneus 115.8.2
mucronatus Maurolicus 28.1.1
MUGIL 101.3
Mugil auratus 101.2.1
Mugil axillaris 101.5.1
Mugil carinatus 101.2.2
Mugil cephalus 101.3.1
Mugil chanos 35.1.1
Mugil crenilabis 101.1.1
Mugil crenilabis our 101.3.1
Mugil crenilabis seheli 101.5.1
Mugil crenilabis tade 101.2.7
Mugil crenilabris 101.1.1
Mugil cunnesius 101.2.3
Mugil fasciatus 101.1.1
mugil Kuhlia 72.1.1
Mugil labiosus 101.4.1
Mugil (Liza) seheli 101.5.1
Mugil macrolepidotus 101.2.8
Mugil macrolepis 101.2.4
Mugil mugilem salmoneus 35.1.1
Mugil oeur 101.3.1
Mugil oligolepis 101.2.5a
Mugil our 101.3.1
Mugil rüppellii 101.1.1
mugil Sciaena 72.1.1
Mugil seheli 101.5.1
Mugil smithii 101.2.4
Musil subviridis 101.2.6
Mugil tade 101.2.7
Mugil troscheli 101.2.4
Mugil vaigiensis 101.2.8
Mugil waigiensis 101.2.8
MUGILIDAE 101
MUGILOIDIDAE 106
mülleri Ginglymostoma 4.1.1
mülleri Maurolicus 28.1.1
mülleri Salmo 28.1.1

MULLIDAE 92
Mulloides 92.1
Mulloides auriflamma 92.1.1
Mulloides erythrinus 92.1.2
Mulloides flavolineatus 92.1.1
Mulloides ruber 92.1.2
Mulloides samoensis 92.1.1
Mulloides vanicolensis 92.1.2
mulloidichthys 92.1
Mulloidichthys auriflamma 92.1.1
Mulloidichthys erythrinus 92.1.2
Mulloidichthys flavolineatus 92.1.1
Mulloidichthys samoensis 92.1.1
Mulloidichthys vanicolensis 92.1.2
Mullus auriflamma 92.2.3
Mullus chryserydros 92.2.2
Mullus cyclostomus 92.2.2
Mullus erythreus 92.A.a
Mullus flavolineatus 92.1.1
Mullus macronema 92.2.3
Mullus micronemus 92.2.3
Mullus rubescens 92.2.5
Mullus (Upeneus) barberinus 92.2.2
Mullus vittatus 92.3.4
multibarbata Brotula 42.2.1
multibarbis Choridactylus 58.11.1
multibarbus Choridactylus 58.11.1
multicolor Coris 103.7.2
multicolor Halichoeres 103.7.2
multicolor Julis 103.7.2
multidens Dentex 89.3.1
multidens Pentapodus 89.3.1
multispinis Centropyge 97.3.1
multispinis Holacanthus 97.3.1
multitaeniata Lepidamia 74.1.2
multitaeniatus Apogon 74.1.2
multitaeniatus Apogon (Lepidamia)
    74.1.2
multiannulatus bentuviae
    Dunckerocampus 57.6.2.1
multiannulatus Dorichthys 57.6.2
multiannulatus Dunckerocampus
    57.6.2
munzingeri Carcharias 6.7.1
Muraena afra 19.2.1
Muraena anguilla 18a.A.a
Muraena arabica 20.2.1
Muraena atra 19.2.2
Muraena balearica 23.1.1
Muraena bilineata 19.3.1
Muraena cinerascens 19.2.10
Muraena colubrina 24.3.1
Muraena corallina 19.2.2
Muraena flavimarginata 19.2.3
Muraena flavomarginata 19.2.3
Muraena geometrica 19.3.1

narinari Aëtobatis 14.1.1
narinari Aëtobatus 14.1.1
narinari Raja 14.1.1
narinari Stoasodon 14.1.1
Naseus 117.4
Naseus annularis 117.4.1
Naseus annulatus 117.4.1
Naseus (Aspisurus) lituratus 117.4.4
Naseus (Aspisurus) vomer 117.4.3
Naseus brevirostris 117.4.2
Naseus fronticornis 117.4.5
Naseus lituratus 117.4.4
Naseus unicornis 117.4.5
Naseus vomer 117.4.6
NASINAE 117.II.(4)
NASO 117.4
Naso annulatus 117.4.1
Naso (Atulonotus) hexacanthus 117.4.3
Naso brevirostris 117.4.2
Naso fronticornis 117.4.5
Naso hexacanthus 117.4.3
Naso lituratus 117.4.4
Naso unicornis 117.4.5
Naso vomer 117.4.6
nasutus Arius 36.1.1
NAUCRATES 79.9
Naucrates ductor 79.9.1
naucrates Echeneis 78.1.1
NEAMIA 74.8 (add.)
Neamia octospina 74.8.1 (add.)
NEBRIUS 4.2
Nebrius concolor 4.2.1
Nebrius ferrugineum 4.1.1
nebulopunctatus Gobius 115.7.3
nebulosa Echidna 19.1.1
nebulosa Muraena 19.1.1
nebulosa Parapercis 106.1.2
nebulosa Percis 106.1.2
nebulosa Saurida 32.1.1
nebulosa Sciaena 88.2.6
nebulosa Siganus 118.1.3
nebulosus chumchum Lethrinus 88.2.6
nebulosus Ctenogobius 115.36.1
nebulosus Gobius 115.36.1
nebulosus Halichoeres 103.10.5
nebulosus Julis 103.10.5
nebulosus Lethrinus 88.2.6
nebulosus ochrolineatus Lethrinus
    88.2.6
nebulosus Platyglossus 103.10.5
nebulosus Saurus 32.2.a
nebulosus Siganus 118.1.3
nebulosus Yongeichthys 115.36.1
nectabanus Bregmaceros 41.1.3
(NECTAMIA) 74.1.(3)
NEENCHELYIDAE 21

NEENCHELYS 21.1
Neenchelys microtretus 21.1.1
NEGAPRION 6.7
Negaprion acutidens 6.7.1
NEMIPTERIDAE 85
NEMIPTERUS 85.1
Nemipterus celebicus 85.1.1
Nemipterus japonicus 85.1.2
Nemipterus marginatus 85.1.3
Nemipterus tolu 85.1.4
NEMOPHINI 110.II.(2)
neophytus Gobius 115.15.2
neophytus africanus Fusigobius
    115.15.2.1
neophytus Fusigobius 115.15.2
NEOPOMACENTRUS 99.7
Neopomacentrus anabatoides 99.7.1a
Neopomacentrus cyanomos 99.7.1
Neopomacentrus miryae 99.7.2
Neopomacentrus xanthurus 99.7.3
Neothunnus 120.10
Neothynnus albacora 120.10.1
NETTASTOMATIDAE 22
nicobariensis semiciriculatus
    Holacanthus 97.5.3
niger Acanthurus 117.1.3
niger Apolectus 81.1.1
niger Balistes 129.9.1
niger Callyodon 104.4.9
niger Erythrodon 129.6.1
niger Gobius 115.20.4
niger Lutianus 84.5.1
niger Lutjanus 84.5.1
niger Macolor 84.5.1
niger Mesoprion (Diacope) 84.5.1
niger Odonus 129.6.1
niger Parastromateus 81.1.1
niger Pseudoscarus 104.4.9
niger Salarias 110.12.1.1
niger Scarus 104.4.9
niger Scarus (Callyodon) 104.4.9
niger Scomber 77.1.1
niger Stromateus 81.1.1
niger viridis Pseudoscarus 104.4.9
niger Xenodon (Balistes) 129.6.1
niger Xyrichthys 103.26.4
nigra Diacope 84.5.1
nigra Elacate 77.1.1
nigra Genyoroge 84.5.1
nigra Lutjanus 84.5.1
nigra Novacula (Iniistius) 103.26.4
nigra Sciaena 84.5.1
nigricans Acanthurus 117.1.2
nigricans Acanthurus 117.1.3
nigricans Chaetodon 117.1.2
nigricans Hepatus 117.1.3

400

rubra Perca 53.1.4
rubra Sciaena 53.1.4
rubriventralis Cirrhilabrus 103.6.2
rubronotatus Scarus 104.6.1
rubro-punctata Scorpaena 58.4.2
rubropunctatus Acanthurus 117.1.3
rubropunctatus Sebastes 58.4.2
rubrum Holocentrum 53.1.4
rubrum Holocentrus 53.1.4
rueppelli Lycodontis 19.2.9
rueppelli Thalassoma 103.24.6
ruficaudus Salarias 110.12.1.1
(RUNULA) 110.5.1
Runula rhinorhynchus 110.5.2
Runula tapeinosoma 110.5.3
rüppelli Olistus 79.3.3
rüppelli Pseudoscarus 104.3.1
rüppelli Seriola 79.17.1
rüppelliae Dalophis 19.2.9
rüppellii Acanthurus 117.3.1
rüppellii Caranx 79.7.1
rüppellii Gerres 86.1.1
rüppellii Ginglymostoma 4.2.1
rüppellii Gymnothorax 19.2.9
rüppellii Julis 103.24.6
rüppellii Mugil 101.1.1
rüppellii Muraena 19.2.9
rüppellii Muraena (Gymnothorax)
   19.2.9
rüppellii Scarus 104.3.1.1
rüppellii Scolopsides 85.3.4
rüppellii Scolopsis 85.3.4
ruppellii Zebrasoma 117.3.1
russelli Caranx 79.5.2
russelli Decapterus 79.5.2
russelli Lutianus 84.4.16
russelli Lutjanus 84.4.16
russelli Pterois 58.10.2
russelli Suezichthys 103.23.2
russelli Trachinotus 79.12.a
russellii Lutjanus 84.4.16
russellii Mesoprion 84.4.17
rutilans Aphareus 84.1.1

safgha Ambassis 65.1.3
safgha Chanda 65.1.3
safgha Perca 65.1.3
safgha Sciaena 65.1.3
sagitta Callionymus 114.1.6a
SALARIAS 110.19
Salarias alticus 110.10.2
Salarias andamanensis 110.17.1
Salarias biseriatus 110.17.5.1
Salarias brevis 110.15.1
Salarias cervus 110.17.3

Salarias coloratus 110.17.6
Salarias cyanostigma 110.17.1,
   110.17.5.1
Salarias cyclops 110.1.1
Salarias dama 110.17.3
Salarias edentulus 110.17.2
Salarias fasciatus 110.19.1
Salarias filamentosus 110.13.2 (add.)
Salarias flaviumbrinus 110.17.3
Salarias flavo-umbrinus 110.17.3
Salarias frontalis 110.14.3
Salarias fuscus 110.12.1, 110.12.1.1
Salarias gravieri 110.14.4
Salarias hyalinus 110.17.6
Salarias kirki 110.10.1
Salarias kirkii 110.10.1.1
Salarias lineatus 110.17.4
Salarias niger 110.12.1.1
Salarias nigrovittatus 110.14.3
Salarias ornatus 110.19.1
Salarias oryx 110.17.6
Salarias periophthalmus 110.17.5,
   110.17.5.1
Salarias quadricornis 110.17.6
Salarias quadricornis rivulatus 110.17.6
Salarias quadripennis 110.19.1
Salarias quadripinnis 110.19.1
Salarias rivulatus 110.17.6
Salarias ruficaudus 110.12.1.1
Salarias scandens 110.10.2
Salarias sebae 110.13.1
Salarias transiens 110.17.6
Salarias tridactylus 110.10.1.1,
   110.10.2
Salarias unicolor 110.17.8
Salarias unitus 110.17.6
Salarias variolosus 110.13.1
SALARIINI 110.IV.(9)
saliens Alticus 110.10.1.1
saliens Alticus 110.10.2
saliens Blennius 110.10.2
Salmo mülleri 28.1.1
Salmo myops 32.3.1
Salmo tumbil 32.1.2
Salmo variegatus 32.2.4
salmoides Holocentrus 66.5.9
salmoides Serranus 66.5.9
salmoneus Chanos 35.1.1
salmoneus Mugil mugilem 35.1.1
SALMONIFORMES (fam. 28–34)
salmonoides Serranus 66.5.9
SAMARIS 126.1
Samaris cristatus 126.1.1
sammara Flammeo 53.2.1
sammara Holocentrum 53.3.1
sammara Holocentrus 53.3.1

Scarus caudofasciatus 104.4.1a
Scarus collana 104.4.2
Scarus collaris 104.4.2
Scarus dubius 104.4.3
Scarus dussumieri 104.4.7
Scarus erythrodon 104.4.12
Scarus ferrugineus 104.4.3
Scarus forsteri 104.4.10
Scarus frenatus 104.4.4
Scarus fuscopurpureus 104.4.5
Scarus gallus 103.24.3
Scarus genazonatus 104.4.6
Scarus ghardaquensis 104.4.2
Scarus ghobban 104.4.7
Scarus gibbus 104.4.8
Scarus guttatus 104.4.7
Scarus harid 104.3.1.1
Scarus harid harid 104.3.1.1
Scarus harid mastax 104.3.1.1
Scarus (Hemistoma) aeruginosus
    104.4.3
Scarus (Hemistoma) frenatus 104.4.4
Scarus (Hemistoma) ghobban 104.4.7
Scarus hertit 104.4.10
Scarus latus 104.3.1.1
Scarus lunulatus 104.4.a
Scarus madagascariensis 104.4.9
Scarus marshalli 104.4.3
Scarus mastax 104.3.1.1
Scarus mentalis 104.4.12
Scarus microrhinos 104.4.8
Scarus muricatus 104.1.1
Scarus niger 104.4.9
Scarus nigricans 104.4.12
Scarus oviceps 104.4.11
Scarus pectoralis 104.4.11
Scarus (Pseudoscarus) aeruginosus
    104.4.3
Scarus (Pseudoscarus) bicolor 104.2.1
Scarus (Pseudoscarus) caerulescens
    104.4.3
Scarus (Pseudoscarus) collana 104.4.2
Scarus (Pseudoscarus) cyanurus
    104.3.1.1
Scarus (Pseudoscarus) ghobban 104.4.7
Scarus (Pseudoscarus) harid 104.3.1.1
Scarus (Pseudoscarus) lunulatus 104.4.a
Scarus (Pseudoscarus) mastex 104.3.1.1
Scarus (Pseudoscarus) pectoralis
    104.4.11
Scarus (Pseudoscarus) scabriusculus
    104.4.7
Scarus psittacus 104.4.10
Scarus pulchellus 104.2.1
Scarus purpureus 103.24.4
Scarus pyrrhostethus 104.4.7

Scarus quinque-vittatus 103.24.5
Scarus rubronotatus 104.6.1
Scarus rüppellii 104.3.1.1
Scarus scaber 104.4.11
Scarus scabriusculus 104.4.7
Scarus (Scarichthys) bottae 104.6.1
Scarus (Scarichthys) coeruleopunctatus
    104.6.1
Scarus (Scarus) forsteri 104.4.10
Scarus (Scarus) gibbus 104.4.8
Scarus (Scarus) rhoduropterus 104.4.3
Scarus (Scarus) sordidus 104.4.12
Scarus (Scarus) taeniurus 104.4.5
Scarus sexvittatus 104.4.4
Scarus siganus rivulatus 118.1.3
Scarus sordidus 104.4.12
Scarus spinidens 104.5.1
Scarus stellatus 118.1.4
Scarus vaigiensis 104.6.1
Scarus viridescens 104.5.1
Scarus viridis 104.4.8
Scarus wurk 104.3.1.1
Scarus (Xenoscarops) fehlmanni 104.4.7
sceleratus Gastrophysus 131.4.2
sceleratus Lagocephalus 131.4.2
sceleratus Lagocephalus (Gastrophysus)
    131.4.2
sceleratus Sphoeroides 131.4.2
sceleratus Tetrodon 131.4.2
scheelei Ariosoma 23.1.3
scheelei Leptocephalus 23.1.3
schismatorhynchus Belone 46.1.1
schlegelii Rhinobatos 11.1.4
schlegelii Rhinobatus (Rhinobatus)
    11.1.4
schotaf Diagramma 87.2.4
schotaf Gaterin 87.2.7
schotaf Holocentus 87.2.7
schotaf Plectorhynchus 87.2.7
schotaf Plectorhynchus 87.2.4 87.2.6
schotaf Sciaena 87.2.7
schultzei Muraenichthys 24.7.4
schultzi Corythoichthys 57.3.3
schwenki Pempheris 94.2.3
Sciaena abu-mugaterin 87.2.3
Sciaena aquila 91.1.1
Sciaena argentata 84.4.1
Sciaena argentea 87.3.1
Sciaena argentimaculata 84.4.1
Sciaena armata 79.3.3
Sciaena bohar 84.4.3
Sciaena cinerascens 95.1.2
Sciaena cirrosa 91.A.a
Sciaena faetela 87.2.a
Sciaena fulviflamma 84.4.7
Sciaena gaterina 87.2.3

Siganus albopunctatus 118.1.a
siganus Amphacanthus 118.1.3
siganus Amphacanthus (Siganus)
   118.1.3
Siganus argenteus 118.1.1
Siganus javus 118.1.b
Siganus luridus 118.1.2
Siganus nebulosa 118.1.3
Siganus nebulosus 118.1.3
Siganus rivulatus 118.1.3
Siganus rostratus 118.1.1
Siganus siganus 118.1.3
siganus Siganus 118.1.3
Siganus spinus 118.1.3
Siganus stellatus 118.1.4
siganus Teuthis 118.1.3
sihama Atherina 75.1.1
sihama Sillago 75.1.1
sihamus Platycephalus 75.1.1
SILHOUETTEA 115.32
Silhouettea chaimi 115.32.1
Silhouettea insinuans 115.32.2
SILLAGINIDAE 75
SILLAGO 75.1
Sillago erythraea 75.1.1
Sillago sihama 75.1.1
sillneri Gorgasia 23.5.1
SILURIFORMES (fam. 36–37)
Silurus arab 37.1.1
Silurus lineatus 37.1.1
simmene Pristipoma 87.3.8
simulans Lioteres 115.22.1
simulans Lioteres (Pseudolioteres)
   115.22.1
simulata Parapercis 106.1.3
sinaii Minictenogobiops 115.24.1
sinaitica Saurida 32.1.1
singapurensis Smilogobius 115.33.1
sinus arabici Aseraggodes 127.2.1
sinus arabici Cynoglossus
   (Dollfusichthys) 128.1.10
sinus arabici Dollfusichthys 128.1.10
sinus-persici Torpedo 12.1.2
SIOKUNICHTHYS 57.13
Siokunichthys bentuviai 57.13.1
Siokunichthys herrei 57.13.2
SIPHAMIA 74.7
Siphamia permutata 74.7.1
SIREMBO 42.4
Sirembo jerdoni 42.4.1
sirm Alosa 25.5.6
sirm Clupea 25.5.6
sirm Clupea (Amblygaster) 25.5.6
sirm Sardinella 25.5.3
sirm Sardinella 25.5.6
sloani Chauliodus 30.1.1

Smaris oyena 86.1.5
SMILOGOBIUS 115.33
Smilogobius singapurensis 115.33.1a
smithii Mugil 101.2.4
snyderi Apogon 74.1.21
snyderi Apogon (Pristiapogon) 74.1.21
snyderi Pristiapogon 74.1.21
sobrinus Periophthalmus 115.38.2
socotranus Cypsilurus 44.3.2
socotranus Exocoetus 44.3.2
socotranus Hirundichthys 44.3.2
sohal Acanthurus 117.1.4
sohal Acanthurus (Rhombotides)
   117.1.4
sohal Chaetodon 117.1.4
sohal Hepatus 117.1.4
SOLEA 127.A
Solea heterorhina 127.1.1
Solea heterorhinos 127.1.1
Solea vulgaris 127.A.a
SOLEIDAE 127
Solenostoma cyanopterum 56.1.1
Solenostoma cyanopterus 56.1.1
Solenostomatichthys 56.1
Solenostomatichthys paradoxus 56.1.1
SOLENOSTOMIDAE 56
SOLENOSTOMUS 56.1
Solenostomus cyanopterus 56.1.1
Somber kanagurta 120.6.1
sonneratii Opisthognathus 105.1.1
sonneratii Opistognathus 105.1.1
sordidum Diagramma 87.2.8
sordidus Abudefduf 99.1.3
sordidus Arothron 131.2.2
sordidus Callyodon 104.4.12
sordidus Chaetodon 99.1.3
sordidus Gaterin 87.2.8
sordidus Glyphidodon 99.1.4
sordidus Glyphisodon 99.1.4
sordidus Plectorhynchus 87.2.8
sordidus Pseudoscarus 104.4.12
sordidus Scarus 104.4.12
sordidus Scarus (Scarus) 104.4.12
sordidus Tetraodon 131.2.2
sorrah Carcharhinus 6.1.10
sorrah Carcharias (Prionodon) 6.1.10
sorrah Galeolamna 6.1.10
SORSOGONA 61.6
Sorsogona prionota 61.6.1
spadiceus Gastrophysus 131.4.3
spadiceus Lagocephalus 131.4.3
spallanzani Carcharhinus 6.1.11
spallanzani Eulamia 6.1.11
spallanzani Galeolamna 6.1.11
spallanzani Isurus 2.1.1
spallanzani Lamna 2.1.1

spallanzani Lamna (Oxyrrhina) 2.1.1
spallanzani Squalus 6.1.11
spallanzanii Oxyrhina 2.1.1
SPARIDAE 90
SPARISOMATINAE 104.II.(5)
Sparus berda 90.1.1
Sparus bifasciatus 90.1.2
Sparus (Chrysoblephus) berda 90.1.1
Sparus (Chrysoblephus) bifasciatus 90.1.2
Sparus (Chrysophrys) bifasciatus 90.1.2
Sparus (Chrysophrys) haffara 90.8.1
Sparus (Chrysophrys) sarba 90.8.2
Sparus crenidens 90.4.1
Sparus fasciatus 103.3.4
Sparus filamentosus 90.2.1
Sparus grandoculis 89.2.1
Sparus haffara 90.8.1
Sparus harak 88.2.1
Sparus insidiator 103.8.1
Sparus japonicus 85.1.2
Sparus latus 90.1.a
Sparus mahsenus 88.2.4
Sparus malabaricus 84.4.13
Sparus megalommatus 90.2.2
Sparus miniatus 88.1.2
Sparus (Pagrus) megalommatus 90.2.2
Sparus (Pagrus) spinifer 90.2.3
Sparus palpebratus 52.1.1
Sparus radiatus 103.3.3
Sparus sarba 90.8.2
Sparus spinifer 90.2.3
speciosus Caranx 79.7.1
speciosus Caranx (Gnathanodon) 79.7.1
speciosus Caranx (Hypocaranx) 79.7.1
speciosus Gnathanodon 79.7.1
speciosus Scomber 79.7.1
spence Acentrogobius 115.2.5
spence Gobius 115.2.5
Sphaerodon grandoculis 89.2.1
Sphaeroides hypselogenion 131.1.1
Sphoeroides hypselogeneion 131.1.1
Sphoeroides lunaris 131.4.1
Sphoeroides sceleratus 131.4.2
Sphoeroides spadiceus 131.4.3
SPHYRHAENA 102.1
Sphyraena acus 46.3.1
Sphyraena agam 102.1.1
Sphyraena affinis 102.1.1
Sphyraena barracuda 102.1.1
Sphyraena bleekeri 102.1.7
Sphyraena chrysotaenia 102.1.2
Sphyraena dussumieri 102.1.1
sphyraena Esox 102.1.1
Sphyraena flavicauda 102.1.3
Sphyraena forsteri 102.1.4

Sphyraena jello 102.1.5
Sphyraena kenie 102.1.8
sphyraena minor Esox 102.1.5
Sphyraena obtusata 102.1.6
Sphyraena permisca 102.1.5
Sphyraena picuda 102.1.1
sphyraena picuda Sphyraena 102.1.1
Sphyraena putnamiae 102.1.7
Sphyraena qenie 102.1.8
Sphyraena sphyraena picuda 102.1.1
Sphyraenella 102.1
Sphyraenella chrysotaenia 102.1.2
SPHYRAENIDAE 102
SPHYRNA 7.1
Sphyrna diplana 7.1.1
Sphyrna mokarran 7.1.2
Sphyrna oceanica 7.1.1
Sphyrna (Sphyrna) lewini 7.1.1
Sphyrna (Sphyrna) mokarran 7.1.2
Sphyrna tudes 7.1.2
Sphyrna zygaena 7.1.1
SPHYRNIDAE 7
spicifer Hippichthys 57.8.2
spicifer Syngnathus 57.8.2
spicifer Syngnathus (Parasyngnathus) 57.8.2
spiloptera Lepidotrigla 60.1.2
spiloptera longipinnis Lepidotrigla 60.1.2
spilostylus Chilomycterus 132.1.2
Spilotichthys 87.1.1
Spilotichthys pictus 87.1.1
spilotoceps Cirrhitus 100.2.1
spilurus Lutjanus 84.4.c
spilurus Parupeneus 92.2.5
spilurus Upeneus 92.2.5
(SPINICAPITICHTHYS) 114.1 (add.)
spiniceps Callionymus 114.1.7
spinidens Calotomus 104.5.1
spinidens Cryptotomus 104.5.1
spinidens Scarus 104.5.1
spinifer Adioryx 53.1.5
spinifer Argyrops 90.2.3
spinifer Chrysophrys 90.2.3
spinifer Histiopterus 98.1.1
spinifer Holocentrus 53.1.1 53.1.5
spinifer pagrus 90.2.3
spinifer Sparus 90.2.3
spinifer Sparus (Pagrus) 90.2.3
spinifera Perca 53.1.5
spinifera Sciaena 53.1.5
spiniferum Holocentrum 53.1.5
spinosissimus Amblyrhynchotes 131.1.2
spinus Siganus 118.1.3
splendens Equula 82.2.6
splendens Leiognathus 82.2.6

Thynnus (Neothunnus) albacora
120.10.1
Thynnus (Orcynus) macropterus
120.10.1
Thynnus (Pelamis) unicolor 120.4.1
thynnus Scomber 120.9.1
Thynnus thunnina 120.2.1
Thynnus tonggol 120.10.2
THYRSITOIDES 119α.1
Thyrsitoides marley 119α.1.1
tigrina Dalophis 24.3.2
tigrina Gymnomuraena 24.3.2
tigrina Muraena 24.3.2
tigrinus Galeocerdo 6.2.1
tigrinus Squalus 4.3.1
tigrinus Uropterygius 24.3.2
TILAPIA 98a.A
Tilapia zillii 98a.A.a
tol Chorinemus 79.10.3
tol Scomberoides 79.10.3
toloo Chorinemus 79.10.2
tolooparah Chorinemus 79.10.2
tolooparah Lichia 79.10.2
tolu Dentex 85.1.1, 85.1.4
tolu Nemipterus 85.1.3
tolu Synagris 85.1.1, 85.1.4
tonggol Kishinoella 120.10.2
tonggol Thunnus 120.10.2
tonggol Thynnus 120.10.2
TORPEDINIDAE 12
TORPEDO 12.1
Torpedo marmorata 12.1.1
Torpedo marmorata panthera 12.1.1
Torpedo panthera 12.1.1
Torpedo sinuspersici 12.1.2
Torpedo suessii 12.1.2
TORQUIGENER 131.1
tota cinerea Muraena 20.2.1
townsendi Petroscirtes 110.5.1
townsendi Plagiotremus (Musgravius)
110.5.1
townsendi Platycephalus 61.6.1
TRACHICHTHYIDAE 50
TRACHINOCEPHALUS 32.3
Trachinocephalus myops 32.3.1
TRACHINOTUS 79.12
Trachinotus baillonii 79.12.1
Trachinotus blochii 79.12.2
Trachinotus falcatus 79.12.2
Trachynotus ovatus 79.12.2
Trachinotus quadripunctatus
79.12.1
Trachinotus russelli 79.12.a
TRACHURUS 79.13
trachurus Caranx 79.13.1
Trachurus indicus 79.13.1

Trachurus mediterraneus indicus
79.13.1
Trachurus trachurus 79.13.1
trachurus Trachurus 79.13.1
trachycephalus Aploactis 58.13.4
trachycephalus Minous 58.13.4
Trachynotus bailloni 79.12.1
Trachynotus ovatus 79.12.2
TRACHYRHAMPHUS 57.16 (add.)
tractus Aspidontus 110.2.2.1
tragula Upeneoides 92.3.1
tragula Upeneus 92.3.1
transiens Salarias 110.17.6
triactis Istiophorus 121.1.1
TRIAENODON 6.9
Triaenodon obesus 6.9.1
trialpha Chromis 99.4.7
triangularis Chaetodon 97.10.1
triangulum Chaetodon 97.7.4
triangulum karraf Chaetodon
(Anisochaetodon) 97.7.4
triangulum larvatus Chaetodon
(Anisochaetodon) 97.7.4
triangulum larvatus Chaetodon
(Gonochaetodon) 97.7.4
triangulum larvatus Gonochaetodon
97.7.4
TRICHIURIDAE 119
TRICHIURUS 119.2
Trichiurus cristatus 119.1.1
Trichiurus haumela 119.2.1
Trichiurus lepturus 119.2.1
TRICHONOTIDAE 107
TRICHONOTUS 107.1
Trichonotus nikii 107.1.1
Trichopus arabicus 103.24.3
trichourus Pomacentrus 99.10.6
tricirrhitus Bothus 125.2.3 (add.)
tricolor Ptereleotris 115.29.1
tricuspidata Odontaspis 1.1.1
tricuspidatus Carcharias 1.1.1
tridactylus Blennius 110.10.2
tridactylus Salarias 110.10.1.1,
110.10.2
trifascialis Chaetodon 97.10.1
trifascialis Chaetodon (Megaprotodon)
97.10.1
trifascialis Megaprotodon 97.10.1
trifasciatus austriacus Chaetodon 97.7.2
trifasciatus austriacus Chaetodon
(Rhabdophorus) 97.7.2
trifasciatus Chaetodon 97.7.2
trifasciatus Chaetodon (Rhabdophorus)
97.7.2
TRIGLIDAE 60
trigloides Helcogramma 112.2.2

Xenisthmus polyzonatus 115.1.1
Xenodon 129.6
Xenodon (Balistes) niger 129.6.1
(Xenoscarops) 104.4.7
XIPHASIA 110.6
Xiphasia setifer 110.6.1
Xiphias platypterus 121.1.1
Xiphochilus robustus 103.5.1
Xyphocheilus 103.5
Xyrichthys altipinnis 103.17.2
Xyrichthys bimaculatus 103.26.1
Xyrichthys niger 103.26.4
XYRICHTYS 103.26
Xyrichtys javanicus 103.26.2
Xyrichtys melanopus 103.26.3
Xyrichtys pavo 103.26.5
Xyrichtys pentadactylus 103.26.6
Xystaema rappi 86.1.6
Xyster 95.1
Xyster fuscus 95.1.1

(YARICA) 74.1.(22)
YONGEICHTHYS 115.36
Yongeichthys nebulosus 115.36.1
Yongeichthys pavidus 115.36.2
YOZIA 57.16
Yozia bicoarctata 57.16.1
Yozia bicoarctata erythraensis 57.16.1

zebra Arudha 19.1.3

zebra Echidna 19.1.3
zebra Gymnothorax 19.1.3
zebra Muraena 19.1.3
ZEBRASOMA 117.3
Zebrasoma rüppellii 117.3.1
Zebrasoma veliferum 117.3.1
Zebrasoma xanthurum 117.3.2
ZEBRIAS 127.5
Zebrias regani 127.5.1
zebrina Eviota 115.14.6
Zenodon 129.6
Zenodon erythrodon 129.6.1
Zeus argentarius 82.1.1
Zeus ciliaris 79.1.1
zeylonicus Halichoeres 103.10.7
zillii Acerina 98.b.A.a
zillii Tilapia 98b.A.a
zonatus Abudefduf 99.5.2
zonatus Glyphisodon 99.5.2
Zonichthys 79.17
Zonichthys nigrofasciatus 79.17.1
ZONOGOBIUS 115.37
Zonogobius avidori 115.37.1
Zonogobius semidoliatus 115.37.2
(ZORAMIA) 74.1.(23)
Zygaena 7.1
Zygaena erythraea 7.1.1
Zygaena lewini 7.1.1
Zygaena malleus 7.1.1
Zygaena mokarran 7.1.2
zygaena Sphyrna 7.1.1

ADDENDA

6.1.1 *Carcharhinus albimarginatus.*– Klausewitz, 1960a, 41 (5–6) : 293, Pl. 42, fig. 3, Ras Muhammad.

6.1.12 *Carcharhinus wheeleri* Garrick, 1982
     Carcharhinus wheeleri Garrick, 1982, NOAA Tech. Rep. NMFS Circul. 445 : 111– 116, Tbs 54–57. Holotype: USNM 197418 ♂, Red Sea.

6.6.2 *Mustelus canis.*– Gohar & Mazhar, 1964a (13) : 84–87, Pl. 6, figs a, b, Pl. 10, fig. 2 (misidentification v. Baranes).

11.1.3 *Rhinobatos obtusus.* Probably misidentification, *R. obtusus* is not in the Red Sea, Randall in lit.

19.2.11 *Lycodontis buroensis* (Bleeker, 1856)
     Muraena buroensis Bleeker, 1857d, *Natuurk. Tijdschr. Ned.-Indië* 13 : 79. Type: BMNH 1867.11.28.270, Buro (Amboina).
     Lycodontis buroensis, Red Sea (Böhlke in lit.).
     Muraena corallina Klunzinger, 1871, 21 : 614. Acc. to Smith, 1962a (23) : 439, possibly syn.

19.2.12 *Lycodontis monochrous* (Bleeker, 1856)
     Muraena monochrous Bleeker, 1856d, *ibid.*, 10 : 384. Type: BMNH 1867.11. 28.244, E. Indian Archipelago.
     Lycodontis monochrous.– Smith, 1962a (23) : 437, Pl. 61D, S. Africa.– Böhlke, Red Sea (in lit.).

24α **DYSOMMIDAE**

                        G : 1
                        Sp : 1

24α.1 *DYSOMMA* Alcock, 1889   Gender: N
     Ann. Mag. Nat. Hist. 4 : 449 (type species: *Dysomma bucephalus* Alcock, 1889, by orig. design.).

24α.1.1 *Dysomma fuscoventralis* Karrer & Klausewitz, 1982
     Dysomma fuscoventralis Karrer & Klausewitz, 1982, *Senckenberg biol.*, 82 (4–6) : 199–203, 3 figs. Holotype: SMF 15660 ♂, central Red Sea; Paratypes: SMF 15661–15662, central Red Sea, 15663–15665, west central Red Sea.

39.1.1 *Lepadichthys erythraeus.*– Smith, 1964 (30) : 586, Pl. 92A (R.S. quoted).

40.1.4 *Antennarius coccineus.*– Randall, 1983 : 35, Fig. 26, Red Sea.
40.1.5 *Antennarius commersoni.*– Randall, 1983 : 35, 1 fig., Red Sea.

40.1.8   *Antennarius notophthalmus.*– Kotthaus, 1979, XXI (28):46, Fig. 494, Bab-el-
         Mandeb.

42.5   ***OPHIDION*** [Artedi] Linnaeus, 1758   Gender: N
         Syst. Nat., ed. X : 259 (type species: *Ophidion barbatum* Linnaeus, by monotypy).
         Ophidion.– Kotthaus, 1979, *Meteor Forsch. Ergebn.* XXI (28):11, Figs 459, 469,
         S. Red Sea.

43.3   ***ECHIODON*** Thompson, 1837   Gender: M
         Proc. zool. Soc. Lond., 1837 : 55 (type species: *Echiodon drummondii* Thompson,
         by monotypy).
         Echiodon.– Kotthaus, 1979, *Meteor Forsch. Ergebn.* XXI (28) : 9, Figs 455, 456,
         469, S. Red Sea.

45.3.4   *Hyporhamphus acutus* Günther, 1871
         Hyporhamphus acutus Günther, 1871, *Proc. zool. Soc. Lond.* : 671, Cook Islands.
         Hyporhamphus acutus.– Randall, 1983, *Red Sea Reef Fishes* : 31, Red Sea.

49.2   ***ATHERINOMORUS*** Fowler, 1903a   Gender: M
         Proc. Acad. nat. Sci. Philad. : 730 (type species: *Atherina laticeps* Poey, by orig.
         design.).

49.2.1   *Atherinomorus lacunosus* (Bloch & Schneider, 1801)
         Atherina lacunosa Bloch & Schneider, 1801, *Syst. Ichthyol.* : 112.

53.1   ***SARGOCENTRON*** Fowler, 1904   Gender: N
         Proc. Acad. nat. Sci. Philad. 55 : 235 (type species: *Holocentrum leo* Cuvier in Cuv.
         Val. 1829, by orig. design.). Instead of *Adioryx* Starks (acc. to Randall 1983 : 37,
         Sargocentron is an earlier valid name).

57.5.1.1 *Doryrhamphus excisus abbreviatus* Dawson, 1981
         Doryrhamphus excisus abbreviatus Dawson, 1981, *Ichthyol. Bull. J.L.B. Smith
         Inst.* (44) : 9–10, Figs 2, 4, Tbs 1–6. Holotype: USNM 226–446, Strait of Jubal;
         Paratypes: 226447 Et Tur, 226448 Strait of Jubal, 226452, Ghardaqa; BMNH
         1915.10.25.3, Jiddah; SMF: 8124, Ghardaqa.
57.9.1   *Hippocampus fuscus.*– Klausewitz, 1964a, 45 (2) : 126, Fig. 3, Ghardaqa.
57.9.2   *Hippocampus histrix.*– Klausewitz, 1964a, 45 (2) : 127–128, Fig. 4, Ghardaqa.

57.16   ***TRACHYRHAMPHUS*** Kaup, 1853   Gender: M
         Arch. Naturgesch. 24 (1) : 231 (type species: *Trachyrhamphus serratus* Kaup,
         1853, by orig. design.). Acc. to Randall, 1983 : 34, *Trachyrhamphus* takes priority
         over *Yozia*.

58.5.a   *Scorpaenopsis rosea*, identity doubtful, no description.
58.11.1 *Choridactylus multibarbis* (sic).– Kotthaus, 1979 (28) : 26–27, Figs 470, 477, S. Red
         Sea.

58.13.5 *Minous inermis* Alcock, 1889
         Minous inermis Alcock, 1889, *J. Asiat. Soc. Beng.* 58 : 299, Pl. 22, Fig. 4. Type:
         Malabar (India).
         Minous inermis.– Smith, 1958b (12) : 175, Pl. 8M, Gulf of Aden.– Kotthaus, 1979
         (28) : 27–28, Figs 478, 493, Bab-el-Mandeb.

61.1.1   *Cociella crocodila.*– Randall, 1983 : 17, 1 fig., Red Sea.

69.3   *PSEUDOPLESIOPS* Bleeker, 1858   Gender: M
        Natuurk. Tijdschr. Ned.-Indië 15 : 217 (type species: *Pseudoplesiops typus*, by orig.
        design.).

69.3.1 *Pseudoplesiops lubbocki* Edwards & Randall, 1983
        Pseudoplesiops lubbocki Edwards & Randall, 1982 [1983]. *Rev. fr. Aquariol.* 9
        (4): 111–114, 2 figs, 1 tb. Holotype: BPBM 28114, Gulf of Aqaba; Paratypes:
        BPBM 19699, Ras Muhammad, BPBM 28118, P. Sudan, BPBM 28119, Gulf of
        Aqaba, BMNH 1982.6.9.1–4, Gulf of Aqaba, USNM 233899 (4 ex.), Gulf of
        Aqaba.

73.1.1 *Priacanthus boops.* Acc. to Randall, 1983 : 55, this species belongs to a different
        genus: *Cookeolus* Fowler, 1928.

        COOKEOLUS Fowler, 1928   Gender: M
        Mem. Bernice P. Bishop Mus. 10 : 190 (type species: *Anthias boops* Schneider in
        Bl. Schn. 1801, by orig. design.).

74.1.8 *Apogon (Nectamia) fleurieu* (Lacepède, 1802)
        Ostorhynchus fleurieu.– Kotthaus, 1970b, VIII (6): 62–64, Figs 245, 246, 250.
        N. of Perim.
74.1.19 Acc. to Randall, 1983 : 65, *Apogon bifasciatus* is a valid species, and not a synonym of
        A. taeniatus.

74.1.24 *Apogon (Nectamia) bifasciatus* Rüppell, 1838
        Apogon bifasciatus Rüppell, 1838 : 86–87, is considered by Randall, 1983, as a
        valid species, and not as a synonym of *Apogon taeniatus.* For complementary
        information v. 74.1.19 (*Apogon taeniatus*).

74.1.25 *Apogon exostigma* (Jordan & Starks, 1906)
        Amia exostigma Jordan & Starks, in Jordan & Seale, 1906, *Bull. Bur. Fish. Wash.*
        25 : 238, Fig. 31. Type: USNM 51732, Samoa.
        Apogon exostigma.– Randall, 1983 : 64, Fig. 86, Red Sea.

74.1.26 *Apogon isus* Randall & Böhlke, 1981
        Apogon isus Randall & Böhlke, 1981, *Proc. Acad. nat. Sci. Philad.* 133: 136–139,
        Pl. 1D, Tbs 2, 4. Holotype: BPBM 17895 ♀, P. Sudan; Paratypes: USNM 222156,
        Strait of Jubal; BPBM 18165 (2 ex.) Dahab, 24763, P. Sudan; ROM 36591 (2 ex.),
        P. Sudan; CAS 46538, Suakin; SMF 15699, Suakin; HUJ 8472 (2 ex.), Jiddah;
        ANSP 144106 (4 ex.), 35 km N. of Jiddah; MNHN 1977.455, Gulf of Aden.

74.8   *NEAMIA* Smith & Radcliffe, 1912   Gender: F
        In Radcliffe, 1912, *Proc. U. S. natn. Mus.* 41 : 441 (type species: *Neamia octospina*,
        by orig. design.).

74.8.1 *Neamia octospina* Smith & Radcliffe, 1912
        Neamia octospina Smith & Radcliffe in Radcliffe, 1912, *Proc. U. S. natn. Mus.* 41 :
        441, Pl. 36, Fig. 2. Holotype: USNM 70251, Palawan Isl. (Philippines).
        Neamia octospina.– Fishelson, 1982, Gulf of Aqaba.– Smith & Hemstra (Eds) (in
        press), Red Sea.

84.7   *PARACAESIO* Bleeker, 1875a   Gender: M
        Recherches . . . Poissons de Madagascar : 92 (type species: *Caesio xanthurus*, 1869,
        by orig. design.).

84.7.1   *Paracaesio sordidus* Abe & Shinohara, 1962
          Paracaesio sordidus Abe & Shinohara, 1962, *Jap. J. Ichthyol.* 9 : 163, Textfigs 1–5,
          Pl. 1, fig. 1. Type: ZI 52043, Okinawa.

85.3.5   *Scolopsis ciliatus* (Lacepède, 1802)
          Holocentrus ciliatus Lacepède, 1802, *Hist. nat. Poiss.* 4 : 333, 371.
          Scolopsis (?) *ciliatus.–* Kotthaus, 1975 (21) : 32–33, Figs 356, 357, 374, S. Red Sea.

87.1   Acc. to Norman, 1944 : 288, *Diagramma* is a synonym of *Plectorhynchus.* Randall,
          1983 : 75, also uses the name *Plectorhynchus* for *Diagramma pictum.*

88.1.2   *Lethrinus elongatus* Valenciennes, 1830
          Lethrinus elongatus, Valenciennes in Cuv. Val., 1830, *Hist. nat. Poiss.* 6 : 289, Red
          Sea.
          Lethrinus miniatus.– Sato, 1978 (15) : 40–42, Fig. 23, Pls 6C, 7C, Tb. 14, Sarso Isl.,
          Java, Australia. Acc. to Randall, 1983 : 77, Fig. 115, *L. miniatus* is a misidentifica-
          tion. It is a southwest Pacific species. The valid name for the Red Sea species is
          Lethrinus elongatus Valenciennes in Cuv. Val., 1830, 6 : 289, Red Sea.
88.1.3   *Lethrinella variegata.–* Kotthaus, 1975, XVI (21) : 45, Figs 370, 374, Bab-el-Mandeb.
          Lethrinus variegatus.– Sato, 1978 (15) : 49–50, Fig. 28, Pl. 11A, Red Sea.– Randall,
          1983 : 77, Fig. 116, Red Sea.

89.1.1   Acc. to Randall, 1983 : 76, the valid name is *Gymnocranius robinsoni* Gilchrist &
          Thomson, 1908.

92.2   The Red Sea species of *Pseudupeneus* Bleeker, 1862, belongs to the genus *Parupeneus*
          Bleeker, 1863.
92.3.3   *Upeneus sulphureus.–* Kotthaus, 1975 (21) : 42–43, Figs 368, 374, N. of Perim.
92.3.a   *Parupeneus indicus.–* Kotthaus, 1975 (21) : 43–45, Figs 369, 374, N. of Perim.

97.7   *Chaetodontops* Bleeker, 1876a, *Archs néerl. Sci.* 11, Part 2 : 304 (type species: *Chaeto-
          don collaris* Bloch, 1787, by orig. design.). Proposed as a genus. Proposed as a sub-
          genus by most authors.
          Linophora Kaup, 1860, *Arch. Naturgesch.* **26** (1) : 137 (type species: *Chaetodon auriga*
          Forsskål, 1775, by orig. design. Proposed as a genus. Proposed as a subgenus by
          most authors.
          Oxychaetodon Bleeker, 1876a, *Archs néerl. Sci.* 11, Part 2 : 306 (type species:
          Chaetodon lineolatus Cuvier in Cuv. Val., 1831, by orig. design.). Proposed as a
          genus. Proposed as a subgenus by most authors.
          Rabdophorus (*Rhabdophorus* by most authors) Swainson, 1839, *Nat. Hist. . . . Fish.*
          2 : 211 (type species: *Chaetodon ephippium* Cuvier in Cuv. Val., 1831, by mono-
          typy). Proposed as a genus. Proposed as a subgenus by most authors.

99.4.1   *Chromis pelloura* Randall & Allen, 1982
          Chromis pelloura Randall & Allen, 1982, *Freshwater Mar. Aquar. Calif.* 5 (11) :
          15–19, 4 figs. Holotype: BPBM 21523, Elat. Paratypes: BPBM 27855 (2 ex.),
          CAS 50046, MNHN 1982-73 (2 ex.), USNM 231351, all the same data as Holotype;
          MNHN 1977-869, Elat. Replaces *Chromis axillaris,* which is a misidentification.
99.13.1   *Teixeirichthys obtusirostris.–* Kotthaus, 1976 (23) : 49, Figs 380, 389, S. Red Sea.

101.4   *Plicomugil* Schultz in Schultz et al., 1953
          Bull. U.S. natn. Mus. (202) : 320 (type species: *Mugil labiosus* Valenciennes in Cuv.
          Val., 1836, by orig. design.).

103.3.7   Acc. to Randall, 1983 : 113, *Cheilinus abudjubbe* is a valid species, and not a synonym
          of *Cheilinus trilobatus.*

103.3.9   *Cheilinus abudjubbe* Rüppell, 1835
           Cheilinus abudjubbe Rüppell, 1835, *Neue Wirbelth., Fische* : 18, Red Sea. Type
           lost. Acc. to Randall, it is a valid species.
           Cheilinus abudjubbe. – Randall, 1983 : 113, Fig. 193, Red Sea.
103.10.1   Acc. to Randall & Smith, 1982 (45) : 10, *Halichoeres bimaculatus* Rüppell, 1835 is a
           synonym of *Halichoeres zeylonicus* (Bennett, 1832) which has priority.
103.10.2   Valenciennes in Cuv. Val., 1839, placed *H. hortulanus* first and *H. centiquadrus* as a
           synonym. As first reviser, his choice of *hortulanus* takes precedence over the page
           priority of *centiquadrus* (Randall & Smith, 1982 (45) : 4).
103.10.3a Acc. to Randall & Smith, 1982 (45) : 10, it is not in the Red Sea, and is a misidentifica-
           tion of *Halichoeres nebulosus*.

103.12.1   *Hologymnosus annulatus* (Lacepède, 1802)
           Labrus annulatus Lacepède, 1802, *Hist. nat. Poiss.* 3 : 526, Pl. 28. Syntype : MNHN
           B-2137, Mauritius.
           Hologymnosus annulatus. – Randall, 1983 : 121, Fig. (3) 213, Red Sea. The same type
           as *Hologymnosus semidiscus.* Valenciennes in Cuv. Val., 1839, 13 : 501, the first
           reviser, realized *annulatus* and *semidiscus* were the same species. He chose to use
           annulatus. This takes precedence over page priority (Randall in lit.).
103.13.1   *Labroides dimidiatus.* – Kotthaus, 1977, (24) : 42, Figs 395, 403, N. of Perim.
103.24.5   *Thalassoma quinquevittata* is not in the Red Sea, Randall, 1983 : 124.
           Thalassoma güntheri of Marshall is *Th. rueppelli* = *Th. klunzingeri*, Randall in lit.
103.24.6   *Julis rueppelli* is preoccupied by Bennett, 1831, so *Th. klunzingeri* becomes the correct
           name (Randall in lit.).

109.1.2   *Champsodon omanensis.* – Klausewitz, 1982, 14 (1–2) : 39–45, 3 figs, Central Red
           Sea.

110.13.1   *Cirripectes castaneus* (Valenciennes, 1836)
           Salarias castaneus Valenciennes, in Cuv. Val., 1836, *Hist. nat. Poiss.* 11 : 324.
           Holotype : MNHN A1799, Mauritius. Replaces *Cirripectes variolosus* mentioned
           from the Red Sea, which is a misidentification (Williams in lit.).
           Cirripectes castaneus. – Randall, 1983 : 153, Fig. 273, Red Sea.

110.13.2   *Cirripectes filamentosus* (Alleyne & Macleay, 1877)
           Salarias filamentosus Alleyne & Macleay, 1877, *Proc. Linn. Soc. N.S.W.* 1 (4) :
           337–338, Pl. 14, fig. 1. Holotype : AMS I. 16408-001, Cape York (Australia).
           Cirripectes filamentosus. – Williams (in lit.), Red Sea.

113   **AMMODYTIDAE**
                                                                                    G : 1
                                                                                    Sp : 1

113.1   *EMBOLICHTHYS* Jordan, 1903   Gender : M
           Proc. U.S. natn. Mus. 26 : 693 (type species : *Bleekeria mitsukurii* Jordan & Ever-
           mann, 1902, by orig. design.).

113.1.1   *Embolichthys mitsukurii* (Jordan & Evermann, 1902)
           Bleekeria mitsukurii, Jordan & Evermann, 1902, *Proc. U.S. natn. Mus.* 25 (1889) :
           334, Formosa.
           Embolichthys mitsukurii. – Kotthaus, 1977b, (25) : 29–30, Fig. 428, Bab-el-Mandeb.

114.1   *Spinicapitichthys* Fricke, 1980, *Annali Mus. civ. Stor. nat. Giacomo Doria* 83 : 60
           (type species : *Callionymus spiniceps* Regan, 1908, by orig. design.). Proposed as
           a subgenus by Fricke.

114.1.6   *Callionymus marleyi*, "Might live in the S. Red Sea, but this has not yet been proved" (Fricke in lit.).

114.2   *Climacogrammus* Smith, 1963b, *Ichthyol. Bull. Rhodes Univ.* (28) : 550 (type species: *Diplogrammus goramensis* Bleeker, 1858, by monotypy). Proposed as subgenus of *Diplogrammus*.

115.39   *ISTIGOBIUS* Whitley, 1932b
Sci. Rep. Great Barrier Reef Exped. 4 (9) : 301 (type species: *Gobius stephensoni* Whitley, by orig. design.). Replaces a part of *Acentrogobius*, v. 115.2.4, 115.2.5a.

115.39.1   *Istigobius decoratus* (Herre, 1927)
Rhinogobius decoratus Herre, 1927, *Monogr. Philipp. Bur. Sci.* (23) : 181, Pl. 13, fig. 3, Philippines. Type material probably destroyed (Randall in lit.).

117.2   *Ctenodon* Swainson, 1839, 2 : 255 (type species: *Chaetodon sohal* Forsskål, by subs. design.). Preoccupied by Wagler, 1830, for a reptile. Klunzinger used the name as a subgenus for *Ctenochaetus striatus* (*Acanthurus (Ctenodon) ctenodon*).

120.3.1   *Grammatorcynus bilineatus* (Rüppell, 1836)
Thynnus bilineatus Rüppell, 1836 : 39–40, is a valid species and not a synonym of *Grammatorcynus bicarinatus* Quoy & Gaimard.
Grammatorcynus bilineatus.– Collette, 1983, *Proc. biol. Soc. Wash.* 96 (4) : 715–718.

125.1.2   *Arnoglossus tapeinosoma.*– Kotthaus, 1977c (26) : 5, Figs 434, 452, S. Red Sea.

125.2.3   *Bothus tricirrhitus* Kotthaus, 1977
Bothus tricirrhitus Kotthaus, 1977c, *Meteor Forsch.-Ergebn.* (26) : 11–13, Figs 441, 452. Holotype: ZIM 5561 ♂, Gulf of Aden. Paratype: ZIM 5562, Bab-el-Mandeb.

131.2.5   *Arothron stellatus.*– Kotthaus, 1979, (28) : 43, Fig. 494, S. Red Sea.

132.1.1   *Chilomycterus orbicularis.*– Kotthaus, 1979, (28) : 40–42, Figs 494, 495, S. Red Sea.

32α   # HARPADONTIDAE
G : 1
Sp : 1

32α.1   *HARPADON* Le Sueur, 1825   Gender : M
J. Acad. nat. Sci. Philad. 5 : 50 (type species: *Salmo microps* Le Sueur, by orig. design.).

32α.1.1   *Harpadon erythraeus* Klausewitz, 1983, *Senckenberg. biol.* 64 (1–3) : 35–45, 11 figs, 2 tbs. Holotype: SMF 17720, Central Red Sea. Paratypes: 17721, Sudan; 17722a–c (3 ex.) Central Red Sea; 17723a–b (2 ex.) Central Red Sea.

76.2.2   *Hoplolatilus geo* Fricke & Kacher, 1982, *Senckenberg. Marit.* 14 (5–6) : 245–259, 4 textfigs, 2 pls. Red Sea.

107α   # LIMNICHTHYIDAE
G : 1
Sp : 1

107α.1   *LIMNICHTHYS* Waite, 1904   Gender : M
Rec. Austral. Mus. 5 : 180 (type species: *Limnichthys fasciatus* Waite, by orig. design.).

107α.1.1   *Limnichthys nitidus* Smith, 1958, *Ann. Mag. nat. Hist.* (13) 1 : 247–249, 1 fig. Type: RUSI.
Limnichthys nitidus.– Nelson, 1978, *N.Z.J. Zool.* 5 : 360, Gulf of Aqaba.

Abe T. & Shinohara S. 1962. Description of new Lutianid fish from the Ryukyu Islands. *Jap. J. Ichthyol.* 9 : 163–170, 1 Pl, 6 figs.

Alcock A. W. 1889. On the bathybial fishes of the Bay of Bengal and neighboring waters, obtaining during the season of 1888–1889. *Ann. Mag. Nat. Hist.* 4 : 376–399, 450–461.

Alleyne M. D. & Macleay W. 1877. The Ichthyology of the Chevert Expedition. *Proc. Linn. Soc. N.S.W.* 1 (4) : 321–359, Pl. 14, 3 figs.

Brüss R. & Ben-Tuvia A. 1983. Tiefenwasser und Tiefseefische aus dem Roten Meer. III. Über das Vorkommen von *Acropoma japonicum* Günther 1859 (Pisces: Teleostei: Perciformes: Acropomatidae), *Senckenbergiana Maritima* 15 (1–3) : 14–19, 1 fig., 1 pl., 1 tb.

Collette B. B. 1983. Recognition of two species of double-lined mackerels (*Grammatorcynus*: Scombridae). *Proc. Biol. Soc. Wash.* 96 (4) : 715–718.

Dawson C. E. 1981. Notes on four pipefishes (Syngnathidae) from the Persian Gulf. *Copeia* (1) : 87–95, 6 figs.

—— 1981. Review of the Indo-Pacific pipefish genus *Doryrhamphus* Kaup (Pisces: Syngnathidae), with description of a new species and a new subspecies. *Ichthyol. Bull. J.L.B. Smith Inst. Ichthyol.* (44), 27 pp., 17 figs, 8 tbs.

—— 1982. Review of the genus *Micrognathus* Duncker (Pisces: Syngnathidae), with description of *M. natans*, n. sp. *Proc. Biol. Soc. Wash.* : 657–687, 13 figs, 3 tbs.

Edwards A. & Randall J. E. 1982 [1983]. A new dottyback of the genus *Pseudoplesiops* (Teleostei: Perciformes: Pseudochromidae) from the Red Sea. *Rev. fr. Aquariol.* 9 (4) : 111–114, 2 figs, 1 tb.

Fishelson L. 1981. *Eilat Coral Reef Fish.* 141 pp, 85 textfigs, Figs hors text 1–90, in colour, 91–178.

Fricke H. & Kacher H. 1982. A mound-building deep water sand tilefish of the Red Sea: *Hoplolatilus geo* n. sp. (Perciformes: Branchiostegidae). Observation from a research submersible. *Senckenbergiana Marit.* 14 (5–6) : 245–259, 4 textfigs, 2 pls.

Fricke R. 1982. Nominal genera and species of dragonets (Teleostei: Callionymidae, Dragonettidae). *Annali Mus. civ. Stor. nat. Giacomo Doria* 84 : 53–92.

Garrick J. A. F. 1982. Sharks of the genus *Carcharhinus*. *NOAA Technical Report NMFS Circul.* 445 : vii + 194 pp.

Jordan D. S. & Evermann B. W. 1902. Notes on a collection of fishes from the Island of Formosa. *Proc. U.S. natn. Mus.* 25 : 315–368.

Karrer C. 1982. Anguilliformes du Canal de Mozambique (Pisces: Teleostei). *O.R.S.T.O.M.* 23, 116 pp., 31 figs.

Karrer C. & Klausewitz W. 1982. Tiefenwasser und Tiefseefische aus dem Roten Meer. II. *Dysomma fuscoventralis* n. sp., ein Tiefsee-Aal aus dem zentralen Roten Meer (Teleostei: Anguilliformes: Synaphobranchidae: Dysomminae). *Senckenberg. biol.* 82 (4–6) : 199–203, 3 figs.

Klausewitz W. 1982. Tiefenwasser und Tiefseefische aus dem Roten Meer. V. Über die verticale Verbreitung von *Champsodon omanensis* Regan (Pisces: Teleostei: Perciformes: Trachinoidei: Champsodontidae). *Senckenberg. marit.* 14 (1–2) : 39–45, 3 figs.

Radcliffe L. 1912. Descriptions of fifteen new fishes of the family Cheilodipteridae from the Philippine Islands and contiguous waters. *Proc. U.S. natn. Mus.* 41 : 431–446.

Randall J. E. 1982. A review of the labrid fish genus *Hologymnosus*. *Rev. fr. Aquariol.* 1 : 13–20, 10 figs, 2 tbs.

Randall J. E. & Allen G. R. 1982. *Chromis pelloura*, a new species of damselfish from the Northern Red Sea. *Fresh Water Mar. Aquar.* 5 (11) : 15–19, 4 figs.

Randall J. E. 1983. *Red Sea reef fishes*. London. 192 pp., 325 colour ills, 1 map.

—— 1983. *The divers' guide to Red Sea reef fishes*. London, 365 colour ills.

Thompson W. 1837. Notes relating to the Natural History of Ireland, with a description of a new genus of fishes (*Echiodon*). *Proc. zool. Soc. Lond.* 5 : 52–66.

Tortonese E. 1980. Poissons observés près de la côte arabe de la Mer Rouge (Arabie saoudite). *Cybium*, Ser. 3e (9) : 61–68.

סדר: ישראל ולרשטיין
נדפס בישראל

כתבי האקדמיה הלאומית הישראלית למדעים

החטיבה למדעי־הטבע

רשימה ערוכה של דגי ים־סוף

מאת

מנחם דור

ירושלים תשמ״ד